산림기사 · 산업기사
필기

Ⅰ권 | 이론

예문사

머리말 PREFACE

《산림기사 · 산업기사 필기》로 여러분을 만나 뵙게 되어 반갑습니다.

초록을 가진 식물은 광합성을 통하여 스스로 에너지를 만들고 이용하는 생물로, 무기물을 탄수화물과 같은 유기물로 만드는 유일한 존재입니다. 정말 놀라운 능력이지요?

이로 인해 생태계가 시작되고, 인간 또한 살아갈 수 있기에 저는 감히 식물이 없고서는 인간 역시 존재할 수 없다고 단언합니다.

식물 중에서도 목질이 발달한 줄기로 다년간 살아가는 것을 수목이라고 하며, 수목이 집단적으로 생육하고 있는 것을 산림이라고 합니다.

저자는 어릴 때부터 수목에 대한 관심이 많았고, 그저 보고만 있어도 마음까지 싱그러워지며 생기가 돋는 것을 여러 번 경험한 바 있습니다. 그러한 힘이 이끈 탓인지 대학도 관련 학과에 진학했으며, 지금도 수목과 관련된 업종에 종사하고 있으니 수목과는 참으로 끈끈한 인연이 아닐 수 없습니다.

나무가 이루고 있는 초록과 갈색의 외형을 보고만 있어도 마음이 평온해지는 힘 때문일까요? 마음의 평안을 찾아 산속에서 등산, 캠핑, 야영 등을 하기 위해 산을 찾는 사람들은 해마다 꾸준히 늘고 있습니다.

자연 속에서 얻을 수 있는 맑은 공기, 깨끗한 물, 아름다운 경관 등 숲이 우리에게 주는 무상의 혜택이 감사할 따름입니다.

이처럼 최근에는 수요만큼이나 공급도 많아져 도시림뿐만 아니라 산간 오지에도 각종 산림시설들이 설치되고 있습니다. 프로그램 또한 다양해져 자연 속에서 다채로운 활동도 즐길 수 있습니다.

이러한 시기에 산림 자격은 그 필요성이 대두되고 있습니다.

산림기사 · 산업기사는 산에 나무를 심고 효율적이며 합리적인 임업경영을 수행하기 위한 자격제도입니다. 산림과 관련한 기술이론 지식을 가지고 영림계획편성, 경영분석, 산림휴양시설의 설계 및 관리 등의 기술업무 수행과 산림실무의 사방설계 및 시공, 임도설계, 시공 임업기계 비용, 기술 등의 직무를 수행합니다.

우리나라는 산림이 국토의 약 64%를 점유하는 산림국가입니다. 앞으로도 산림자원의 효율적 이용 및 개발에 관심이 더욱 증대될 것이며, 관련 자격 취득자의 필요성 또한 증가될 것으로 보입니다.

열심히 공부하셔서 꼭 좋은 결과가 있기를 기원합니다!

이정희 올림

이 책의 **특징** FEATURE

수종별 컬러 사진 수록

본문의 내용이 쉽게 떠오르도록 저자가 다년간 직접 촬영한 컬러 사진 수록

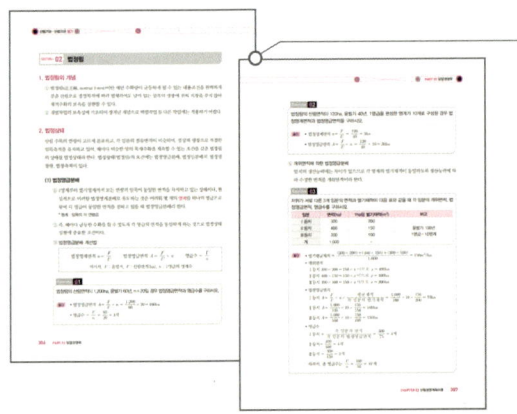

본문 사이사이에 문제를 배치하여 개념이 쏙쏙

이론을 학습하고 연계된 문제를 바로 풀어 보며 한 번 더 개념 다지기

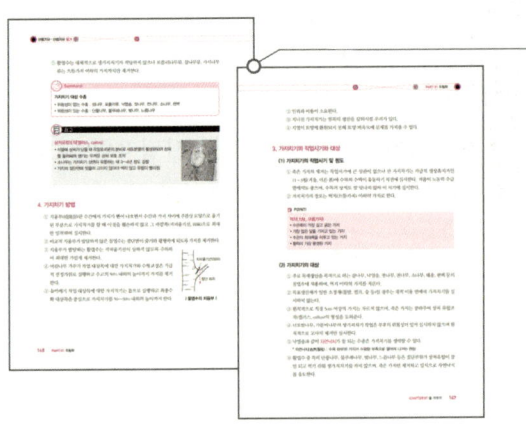

다양한 구성으로 핵심내용 완벽 정리

핵심내용을 참고/Point/Summary/ 용어설명 등 요소별로 세분화하여 쉽게 이해할 수 있도록 구성

Engineer Forest
Industrial Engineer Forest

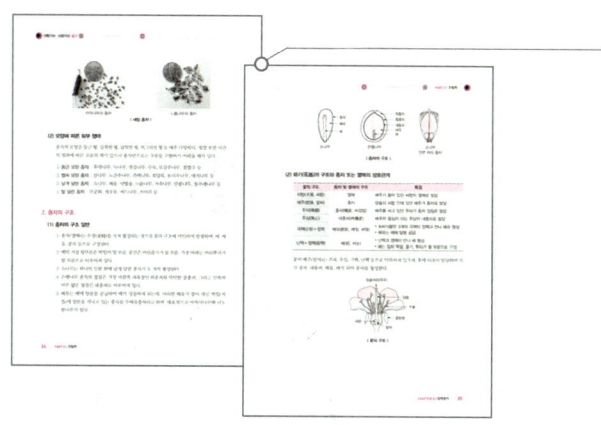

이해를 돕기 위해 곳곳에 그림 다수 삽입

이론 내용만으로 이해하기 어려운 곳에는 그림을 삽입하여 한눈에 볼 수 있게 배려

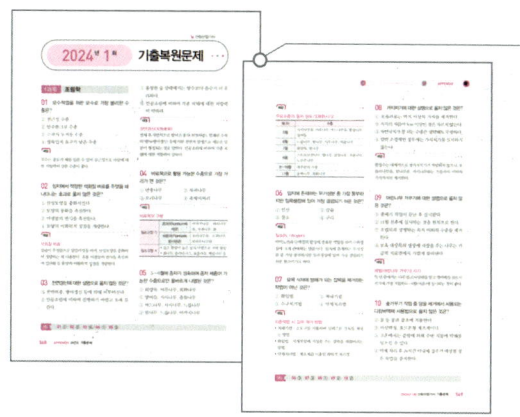

최신 기출문제 수록

출제경향을 이해하고, 직접 풀어 보면서 실력을 다질 수 있도록 최신 기출문제와 함께 쉽게 정리한 해설 수록

참고 REFERENCE

비슷한 식생

[참나무류]

[갈참나무]

[떡갈나무 잎 앞면]

[떡갈나무 잎 뒷면]

[굴참나무]

[굴참나무 수간]

[상수리나무 잎 앞면]

[상수리나무 잎 뒷면]

[졸참나무]

[신갈나무]

[단풍나무과]

[고로쇠나무]   [당단풍나무]   [고로쇠와 당단풍의 잎]

[우상복엽류]

[가죽나무]   [두릅나무]   [두릅나무 가시]

[붉나무]   [붉나무 열매]   [개옻나무]

참고 REFERENCE

[싸리나무류]

[측백나무과]

 활엽수

[가막살나무] 　　[개암나무] 　　[개암나무 열매]

[고욤나무] 　　[고욤나무 꽃] 　　[국수나무]

[누리장나무] 　　[동백나무] 　　[때죽나무]

참고 REFERENCE

[아까시나무]	[아까시나무 가시]	[아왜나무]
[으름덩굴]	[음나무]	[음나무 가시]
[자귀나무]	[자귀나무 잎과 열매]	[쥐똥나무]
[쥐똥나무 꽃]	[진달래]	[찔레나무]

참고 REFERENCE

[청미래덩굴]    [층층나무]    [칡]

[팥배나무]    [호랑가시나무]    [화살나무]

[회양목]    [후박나무]    [자작나무 수간]

침엽수

[구상나무]

[구상나무 잎 뒷면 기공]

[낙엽송 구과]

[낙엽후 낙엽송]

[노간주나무 수간]

[노간주나무 잎]

[독일가문비]

[리기다소나무 잎과 겨울눈]

[리기다소나무 수간]

[메타세콰이어 잎]

[백송]

[백송 수간]

참고 REFERENCE

[삼나무]  [삼나무 잎]  [섬잣나무]

[섬잣나무 잎]  [소나무 수간]  [소나무 새잎]

[소나무(육송) 겨울눈]  [곰솔(해송) 겨울눈]  [잣나무]

[잣나무 새잎과 수구화수]  [전나무 잎]  [전나무 잎과 겨울눈]

[주목] [향나무] [소나무(육송) 수간]

[곰솔(해송) 수간] [소나무 솔방울] [소나무 종자]

병충해

[그을음병]

[흰가루병]

[배나무붉은별무늬병1]

[배나무붉은별무늬병2]

참 고 REFERENCE

[대추나무빗자루병]

[오동나무빗자루병]

[소나무재선충병(솔수염하늘소)]

[파상땅해파리버섯]

[밤나무혹벌1]

[밤나무혹벌2]

[복숭아명나방1]

[복숭아명나방2]

[미국흰불나방1]

[미국흰불나방2]

[아까시잎혹파리]

[외줄면충]

[참나무겨우살이1]

[참나무겨우살이2]

차 례 CONTENTS

1권

제1편 조림학

CHAPTER 01 산림일반
- 01 우리나라의 산림 ············ 3
- 02 산림의 형성 ············ 7
- 03 산림의 분류 ············ 8

CHAPTER 02 조림일반
- 01 수목의 구조와 형태 ············ 14
- 02 수목의 분류 ············ 20
- 03 주요 조림 수종 ············ 30

CHAPTER 03 임목종자
- 01 종자의 구조 ············ 33
- 02 종자의 산지 ············ 37
- 03 종자의 저장관리 ············ 38
- 04 종자의 품질 ············ 48
- 05 종자의 발아 촉진 ············ 54

CHAPTER 04 묘목생산 및 식재
- 01 번식 일반 ············ 61
- 02 실생묘 양성 ············ 62
- 03 무성번식묘 생산 ············ 72
- 04 용기묘 생산 ············ 80
- 05 묘목의 품질검사 및 규격 ············ 82
- 06 묘목의 식재 ············ 84

CHAPTER 05 수목의 생리·생태
- 01 수목의 생장 ············ 92
- 02 임목과 수분 ············ 95
- 03 임목과 양분 ············ 103

04 임목과 광선 ··· 107
05 임목의 생장조절물질 ·· 113
06 산림생태계 ·· 115

CHAPTER 06 산림토양

01 산림토양의 일반적 특성 ·· 118
02 산림토양의 물리적 특성 ·· 124
03 산림토양의 화학적 특성 ·· 128
04 임지시비 방법 ··· 131

CHAPTER 07 숲 가꾸기

01 숲 가꾸기 일반 ··· 135
02 임지무육 ·· 138
03 풀베기 ·· 140
04 덩굴 제거 ·· 143
05 어린나무 가꾸기 ··· 144
06 가지치기 ·· 146
07 솎아베기(간벌) ··· 149
08 천연림 보육 ·· 156
09 복층림 조성 ·· 158

CHAPTER 08 산림갱신

01 산림갱신 일반 ··· 159
02 갱신방법 ·· 160
03 산림작업종 ·· 163

제2편 산림보호학

CHAPTER 01 일반피해

01 인위적인 피해 ··· 179
02 기상 및 기후에 의한 피해 ·· 185
03 동물에 의한 피해 ··· 193
04 환경오염 피해 ··· 194

CHAPTER 02 수목병
01 수목병 일반 ·· 201
02 주요 수목병 ·· 215

CHAPTER 03 산림해충
01 산림해충 일반 ·· 239
02 주요 산림해충 ·· 252

CHAPTER 04 농약
01 농약의 종류 ·· 270
02 농약의 사용법 ·· 273
03 농약의 독성 및 저항성 ·· 276

제3편 임업경영학

CHAPTER 01 산림경영일반
01 산림경영의 이해 ·· 281
02 산림경영의 특성 ·· 289
03 산림경영의 생산요소 ··· 290
04 산림의 경영순환과 경영형태 ·· 293
05 복합산림경영과 협업 ··· 297

CHAPTER 02 산림경영계획이론
01 산림경리와 경영의 내용 ··· 299
02 법정림 ··· 306
03 산림생산 ··· 311
04 산림의 수확조정 ·· 315

CHAPTER 03 산림평가
01 산림평가의 이론 ·· 323
02 임지의 평가 ·· 334
03 임목의 평가 ·· 339

CHAPTER 04 산림경영계산

01 산림관리회계와 산림자산 ········· 344
02 산림원가 관리 ········· 348
03 산림경영의 분석 ········· 350
04 손익분기점의 분석 ········· 354
05 산림투자 결정 ········· 356

CHAPTER 05 산림측정

01 직경의 측정 ········· 359
02 수고의 측정 ········· 362
03 연령의 측정 ········· 364
04 생장량 측정 ········· 366
05 벌채목의 재적 측정 ········· 371
06 수간석해 ········· 377
07 임목의 재적 측정 ········· 379
08 임분의 재적 측정 ········· 384

CHAPTER 06 산림경영계획 실제

01 산림경영계획의 업무내용 ········· 391
02 산림의 다목적 경영계획 ········· 399
03 산림경영계획의 기법 ········· 402

CHAPTER 07 산림휴양

01 산림휴양자원 ········· 404
02 산림휴양 및 환경 관련 법규 ········· 409
03 산림휴양시설 ········· 414

제4편 임도공학

CHAPTER 01 임도망 계획

01 임도의 종류와 기능 ········· 425
02 임도밀도와 산지 개발도 ········· 428
03 도상배치 ········· 435

차 례 CONTENTS

CHAPTER 02 임도와 환경
01 모암과 흙의 특성 ·· 438
02 지형과 임도관계 ··· 442

CHAPTER 03 임도의 구조
01 임도구조 일반 ·· 444
02 종단구조 ··· 449
03 횡단구조 ··· 452
04 평면구조 ··· 456

CHAPTER 04 임도설계
01 노선 선정계획 ·· 461
02 임도측량 ··· 462
03 설계도 작성 ··· 469
04 설계서 작성 ··· 471

CHAPTER 05 임도시공
01 노선정리와 토공작업 ·· 478
02 배수 및 집수정 공사 ·· 483
03 사면 안정공사 ·· 487
04 사면 보호공사 ·· 494
05 임도 유지관리 및 안전관리 ······································· 496

CHAPTER 06 산림측량
01 측량일반 ··· 500
02 컴퍼스 및 평판 측량 ·· 506
03 고저측량 ··· 512
04 트래버스 측량 ·· 516
05 항공사진측량 ··· 524

CHAPTER 07 임업기계
01 임업기계 일반 ·· 525
02 육림 및 수확 기계·장비 ··· 526

03 산림토목 기계·장비 ··· 533
04 산림수확 ··· 539

제5편 사방공학

CHAPTER 01 사방과 토양 침식
01 사방 일반 ··· 555
02 물의 순환과 강우 특성 ······································ 557
03 침식의 종류와 특성 ·· 569

CHAPTER 02 비탈면 안정 녹화
01 비탈면 안정·녹화공법 ······································ 573
02 비탈면 안정·녹화재료 ······································ 580

CHAPTER 03 야계사방공사
01 야계사방 일반 ··· 590
02 야계사방공사의 종류 ··· 592

CHAPTER 04 산지사방공사
01 산지사방 일반 ··· 606
02 산지사방공사의 종류 ··· 608

CHAPTER 05 특수지 사방공사
01 훼손지 복원공사 ··· 622
02 등산로 복원공사 ··· 624
03 해안사방공사 ··· 624

차례 CONTENTS

과년도 기출문제

2018년 1회 산림기사	3
2018년 1회 산림산업기사	24
2018년 2회 산림기사	39
2018년 2회 산림산업기사	60
2018년 3회 산림기사	76
2018년 3회 산림산업기사	97
2019년 1회 산림기사	113
2019년 1회 산림산업기사	132
2019년 2회 산림기사	146
2019년 2회 산림산업기사	164
2019년 3회 산림기사	178
2019년 3회 산림산업기사	197
2020년 1·2회 산림기사	211
2020년 1·2회 산림산업기사	230
2020년 3회 산림기사	243
2020년 3회 산림산업기사	261
2020년 4회 산림기사	275
2021년 1회 산림기사	292
2021년 1회 산림산업기사	313
2021년 2회 산림기사	328
2021년 3회 산림기사	350
2022년 1회 산림기사	371
2022년 1회 산림산업기사	391
2022년 2회 산림기사	406
2022년 3회 산림기사	428
2023년 1회 산림기사	449
2023년 1회 산림산업기사	469
2023년 2회 산림기사	485
2023년 3회 산림기사	506
2024년 1회 산림기사	527
2024년 1회 산림산업기사	548
2024년 2회 산림기사	564
2024년 3회 산림기사	585

Engineer Forest
Industrial Engineer Forest

PART 01

조림학

- CHAPTER 01 산림일반
- CHAPTER 02 조림일반
- CHAPTER 03 임목종자
- CHAPTER 04 묘목생산 및 식재
- CHAPTER 05 수목의 생리 · 생태
- CHAPTER 06 산림토양
- CHAPTER 07 숲 가꾸기
- CHAPTER 08 산림갱신

CHAPTER 01 산림일반

SECTION 01 우리나라의 산림

1. 산림과 임분

(1) 산림(山林)

① 수목이 집단적으로 생육하고 있는 토지로서 임목과 임지를 합한 전체적인 모습을 일컫는다.

② 「산림자원의 조성 및 관리에 관한 법률」에서 '산림'의 정의
다음 어느 하나에 해당하는 것을 말한다. 다만, 농지, 초지, 주택지, 도로 등의 토지에 있는 입목·죽(竹)과 그 토지는 제외한다.
- 집단적으로 자라고 있는 입목·죽과 그 토지
- 집단적으로 자라고 있던 입목·죽이 일시적으로 없어지게 된 토지
- 입목·죽을 집단적으로 키우는 데에 사용하게 된 토지
- 산림의 경영 및 관리를 위하여 설치한 도로(임도)
- 위 네 가지의 토지에 있는 암석지와 소택지
    * 소택지(沼澤地) : 늪과 연못으로 둘러싸인 습한 땅

(2) 임분(林分)

일정한 토지를 점하고 있는 수목 집단으로서 수목의 종류, 수목의 나이, 생육 상태, 임상 등이 거의 비슷하여 주위의 다른 수목 집단과 구별될 때를 말하며, 적어도 1ha 이상은 되어야 한다.

2. 우리나라의 산림대

기후는 위도와 고도에 따라 기온이 변화하면서 나타나는 것으로, 산림 식물은 주로 이 기온 변화에 따라 수종이 수평적·수직적으로 달라지며 대면적의 거대한 띠 모양을 형성하는데, 이 띠를 산림대(山林帶) 또는 산림식물대(山林植物帶)라고 부른다.

(1) 수평적 산림대

① 위도에 따라 변하는 수평적 산림대에는 열대림, 난대림, 온대림, 냉대림, 한대림 등이 있다. 우리나라의 수평적 산림대에는 남부로부터 난대림, 온대 남부림, 온대 중부림, 온대 북부림, 한대림이 있고, 연평균 기온에 따라 구분한다.

▌우리나라의 수평적 산림대 ▌

② 우리나라 수평적 산림대의 특징
- 우리나라에는 열대림이 분포하지 않는다.
- 온대림이 차지하는 면적이 가장 넓으며, 난대림이 차지하는 면적이 가장 좁다.
- 난대림은 상록활엽수, 온대림은 낙엽활엽수, 한대림은 상록침엽수가 비교적 우세하다.
- 대한민국에도 한라산 등 일부 고산지대에 한대림이 존재한다.
- 제주도는 난대림, 온대림, 한대림이 모두 존재한다.

[우리나라의 수평적 산림대와 그 특징수종]
우리나라는 연평균 기온을 중심으로 14℃ 이상인 곳을 난대림, 5~14℃인 곳을 온대림, 5℃ 미만인 곳을 한대림으로 구분하고 있다.

산림대	분포지역	연평균 기온	대표 특징수종
난대림 (상록활엽수림)	제주도, 울릉도, 남해안과 도서지역 일부	14℃ 이상	• 활엽수 : 가시나무, 붉가시나무, 호랑가시나무, 동백나무, 사철나무, 후박나무, 구실잣밤나무, 생달나무, 녹나무, 감탕나무, 돈나무, 먼나무, 아왜나무, 식나무, 꽝꽝나무, 멀구슬나무 등 • 침엽수 : 삼나무, 편백나무 등
온대림 (낙엽활엽수림)	한반도 전역, 이북	5~14℃	• 활엽수 : 참나무류, 서어나무류, 단풍나무류, 느티나무, 느릅나무, 벚나무, 물푸레나무, 밤나무, 박달나무 등 • 침엽수 : 소나무, 잣나무, 전나무 등

산림대	분포지역	연평균 기온	대표 특징수종
온대 남부림	전라도, 경상도 이남	–	• 활엽수 : 서어나무류, 참나무류, 노각나무, 푸조나무, 동백나무, 때죽나무, 밤나무 등 • 침엽수 : 소나무, 삼나무, 편백나무, 해송, 향나무 등
온대 중부림	서울, 경기, 강원 일부, 황해도	–	• 활엽수 : 참나무류, 서어나무류, 밤나무, 붉나무, 단풍나무류, 오리나무류, 음나무, 버드나무류 등 • 침엽수 : 소나무, 잣나무, 전나무, 향나무, 해송 등
온대 북부림	이북 중부	–	• 활엽수 : 밤나무, 참나무류, 벚나무류, 단풍나무류, 음나무, 오리나무류, 버드나무류, 자작나무류, 피나무류 등 • 침엽수 : 소나무, 잣나무, 전나무 등
한대림 (상록침엽수림)	개마고원 일대와 고산지역	5℃ 미만	침엽수 : 가문비나무, 분비나무, 주목, 잎갈나무, 종비나무, 잣나무, 전나무, 눈주목, 구상나무 등

※ 상록성인 참나무속의 가시나무류에는 가시나무, 붉가시나무, 종가시나무, 개가시나무 등이 있다.

(2) 수직적 산림대

① 고도에 따라 변하는 수직적 산림대는 산정으로부터 고산대, 아고산대, 산지대, 구릉대로 나뉜다. 우리나라에서 그 수직적 특징이 가장 잘 나타나는 곳은 한라산으로 산록에는 난대림의 식생이, 산정으로 갈수록 온대림·한대림의 식생이 골고루 분포한다.

[우리나라의 수직적 산림대]

구분	백두산	설악산	지리산	한라산
난대림	–	–	–	600m 이하
온대림	700m 이하	1,000m 이하	1,300m 이하	600~1,500m
한대림	700m 이상	1,000m 이상	1,300m 이상	1,500m 이상

② 온량지수와 한랭지수

㉠ 온량지수(warmth index, 溫量指數)
- 월평균기온이 5℃ 이상인 달에 대해 그 월평균기온과 5℃와의 차를 1년 동안 합한 값
- 식물은 여러 조건이 적당할 때 5℃ 이상이면 생장이 가능하다는 점에 착안하여 고안된 개념으로 이 온량지수를 통해 식물의 실제 분포 상태를 파악할 수 있다.
- 온량지수에 따른 산림대 구분
  - 온량지수 180℃ 이상 : 열대림 또는 아열대림
  - 온량지수 100~85℃ : 온대 중부림
  - 온량지수 0~15℃ : 한대림

㉡ 한랭지수(coldness index, 寒冷指數)
  월평균기온이 5℃ 이하인 달에 대해 그 월평균기온과 5℃와의 차를 1년 동안 합한 값

ⓒ 일생육적산온도

일평균기온이 5℃ 이상인 날에 대해 그 일평균기온과 5℃와의 차를 1년 동안 합한 값

Exercise 01

월평균기온이 다음과 같은 지역의 한랭지수는?

월	1	2	3	4	5	6	7	8	9	10	11	12
평균기온(℃)	−3	1	8	12	17	21	24	25	20	14	7	2

풀이 월평균기온이 5℃ 이하인 달은 1월, 2월, 12월이므로 각 달의 기온에 −5를 하면, −8, −4, −3이므로 (−8)+(−4)+(−3)=−15이다.
∴ 한랭지수 = −15

참고

열대우림(熱帶雨林)의 특징
- 적도 부근의 열대지방에 발달하는 산림이다.
- 연평균 강우량이 2,000mm 이상으로 많은 비가 내린다.
- 풍부한 태양광과 수분으로 광합성 효율이 좋아 1차 생산성이 상당히 높다.
- 상록활엽수가 우점하는 빽빽한 밀림이 형성되며, 동식물의 종다양성이 풍부하다.
- 강우에 따른 과도한 침식과 수용성 물질의 용탈로 토양이 척박하다.
- 용탈로 인해 주로 철과 알루미늄의 성분만이 땅에 남아 붉은색을 띠는 라테라이트 토이다.
- 양분경쟁으로 수목의 뿌리는 대부분 얕고 넓게 퍼지는 천근성이다.

SECTION 02 산림의 형성

1. 지질지대의 구분

지각이 처음 생성된 이후부터 인류의 역사가 시작되기 전인 1만 년 전까지를 지질시대라 하며, 선캄브리아대, 고생대, 중생대, 신생대로 구분한다.

① 고생대 : 캄브리아기, 오르도비스기, 실루리아기, 데본기, 석탄기, 페름기
② 중생대 : 트라이아스기, 쥐라기, 백악기
③ 신생대 : 제3기, 제4기

2. 시대별 종의 출현

(1) 고생대

① 데본기
석송, 속새류, 고사리와 같은 양치식물들이 번성하기 시작하여 중기에는 지구상 최초의 숲을 이루나 오늘날의 숲과는 차이가 있다.

② 석탄기
이때의 숲은 울창한 산림이었지만 어둡고 조용한 침묵의 숲이었으며, 조산운동으로 땅에 묻혀 오늘날 인류에게 화석연료를 제공하게 된다.

③ 페름기
새롭게 형성된 지층으로부터 종려나무와 소철, 소나무, 전나무, 은행나무 등의 겉씨식물이 나타나게 되면서 새로운 숲을 형성한다.

(2) 중생대

① 트라이아스기 · 쥐라기
겉씨식물의 번성이 지속되며 숲이 이루어진다.

② 백악기
플라타너스와 같은 속씨식물인 활엽수가 나타나게 되어 진정한 모습의 숲이 시작된다.

SECTION 03 산림의 분류

1. 생성 원인에 따른 분류

산림의 생성 원인에 따라 구분하는 것으로 자연의 힘으로 이루어진 산림을 천연림(天然林), 사람의 힘으로 이루어진 산림을 인공림(人工林)이라 한다.

(1) 천연림(天然林)

① 사람의 힘 없이 자생하여 이루어진 산림을 말한다.
② 엄밀히 따지면, 오랜 세월 동안 사람의 힘이 전혀 가해지지 않았으며 산불이나 병해충 등의 극심한 해를 받은 적도 없는 자연 그대로의 산림, 즉 자연의 힘으로 이루어진 극상림의 숲을 원시림(처녀림)이라 하며, 인공이 가해진 사실은 있으나 현재는 자연의 상태로 돌아와 천연의 모습을 하고 있는 산림을 천연림이라 부른다.
③ 파괴되었던 천연림이 사람의 인위적 관리 없이 자연적으로 회복되었을 때 2차림이라 한다.
④ 천연림은 원시림, 천연림, 불완전 천연림과 같은 자연적 구조를 갖고 있는 산림을 말하며, 2차림, 맹아림 등은 천연림에 포함시키지 않는다.
⑤ 산림군집을 수직적으로 볼 때 산림 식생의 층상구조가 잘 나타나는 산림이다.

(2) 인공림(人工林)

인공조림 등 인위적인 힘으로 이루어진 산림을 말한다. 천연갱신에 의하여 조성된 산림일지라도 이미 그곳에 사람의 힘이 가해졌을 때는 인공림으로 본다.

2. 수종 수에 따른 분류

산림을 구성하는 수종의 수에 따라 구분하는 것으로 한 가지 수종으로 구성된 산림을 순림(純林), 두 가지 이상의 수종으로 구성된 산림을 혼효림(混淆林)이라 한다.

(1) 순림(純林, pure forest)

① 한 가지 수종으로 이루어진 산림을 말한다. 엄격히 따지면 한 가지로만 구성된 산림은 거의 없으며 한 수종의 수관점유면적이나 입목본수비율이 75% 이상인 임분을 (단)순림이라 규정한다.

② 순림이 형성되는 이유
- 인공조림에 의하여 순림을 조성한 경우
- 기상 및 토양조건이 극단적이거나 특수하여 특정 수종의 생존에만 유리한 경우
  (지력이 빈약할수록 혼효가 어렵고 순림이 잘 형성된다)
- 산불 후에 양수의 순림이 나타나는 경우
  (주로 사시나무, 자작나무류가 잘 나타난다)
- 강한 음수 수종이 다른 나무에 피음을 주어 경쟁에서 이기는 경우
  (양수보다 음수가 순림이 잘 형성된다)
- 종자에 다량의 양분을 축적하여 다른 수종 유묘와의 경쟁에서 이기는 경우
  (도토리는 단순림을 잘 형성한다)

③ 순림의 장점
- 가장 유리한 수종으로만 임분을 형성할 수 있다.
- 경제적으로 가치 있는 나무를 대량생산할 수 있다.
- 산림작업(조림, 무육 등)과 경영을 간편하고 경제적으로 수행할 수 있다.
- 임목의 벌채비용과 시장성이 유리하게 될 수 있다.
- 바라는 수종으로 쉽게 임분을 조성할 수 있다.
- 경관상으로 더 아름다울 수 있다.

④ 순림은 경제적 측면에서는 이로울 수 있으나, 각종 병해충에는 취약한 단점이 있다.

(2) 혼효림(混淆林, mixed forest)

① 두 가지 이상의 수종으로 이루어진 산림을 말하며, 따뜻한 지방에서 잘 나타나는 경향이 있다. 혼효림의 종류에는 수종이 고르게 섞여 있는 단목혼효(單木混淆)와 무더기로 섞여 있는 군상혼효(群狀混淆), 줄로 섞여 있는 열상혼효(列狀混淆) 등이 있다.

② 혼효림의 장점
- 심근성과 천근성 수종이 혼생할 때 바람 저항성이 증가하고 토양 단면의 공간 이용 또한 보다 효율적이다.
- 유기물의 분해가 빨라져 무기양분의 순환이 더 잘 된다.
- 수관에 의한 공간의 이용이 효율적이다.
- 혼효림 내의 기후상태는 변화의 폭이 좁아진다.
- 산림 병해충 등 각종 재해에 대한 저항력이 높다.
- 생물 다양성이 높으며, 환경적 기능이 우수하다.

③ 혼효림은 인공적으로 조성하기에는 기술적으로 복잡하고, 보호관리에 많은 경비가 소요되는 단점이 있다.

3. 수목의 연령에 따른 분류

산림을 구성하는 수목의 연령에 따라 구분하는 것으로 연령이 비슷한 수목으로 이루어진 산림을 동령림(同齡林), 연령이 다른 수목으로 이루어진 산림을 이령림(異齡林)이라 한다.

(1) 동령림(同齡林, even-aged forest)

① 한 임분을 구성하는 모든 수목의 나이가 동일한 경우의 산림을 말하는 것이나 사실상 그러한 산림은 흔치 않으며, 보통 어떤 임분을 구성하고 있는 개체목의 수령 범위가 평균임령의 20% 이내이면 동령림으로 취급한다.
② 임업상으로는 나무의 굵기와 높이가 비슷하면 동령으로 취급한다.
③ 동령림의 흉고직경급별 본수분포는 평균 직경급에서 최대가 되며, 직경급이 높거나 낮아지면 점차 감소하는 종형곡선의 정규분포를 나타낸다.
④ 동령림의 장점
  • 조림 및 육림작업, 축적조사, 수확 등이 더 간편하다.
  • 일반적으로 단위면적당 더 많은 목재를 생산할 수 있다.
  • 인공식재로 벌기를 단축시킬 수 있다.
  • 생산되는 원목의 질이 우량하며 규격이 고르다.

(2) 이령림(異齡林, uneven-aged forest)

① 한 임분을 구성하는 개체목들의 나이가 서로 다른 임분을 말하며, 우리나라 서해안의 해송림 이층림이나 열대지방에서 흔히 볼 수 있는 다층림 등이 대표적인 예이다.
② 일정한 주기로 상층목을 벌채하고 갱신시키는 택벌작업에 의해 조성되는 임분도 전형적인 이령림이다.
③ 균형적인 이령림의 흉고직경급별 본수분포는 직경급이 낮을 때 본수가 많으며, 직경급이 커질수록 본수가 점차 감소하는 역 J자형의 곡선을 나타낸다.
④ 역 J자형의 곡선은 이령림, 택벌림 등 연령과 영급이 다양한 임분에서 나타나는 곡선이다.
⑤ 이령림의 장점
  • 지속적인 수입이 가능하여 소규모 임업경영에 적용할 수 있다.
  • 주기적 벌채 시마다 가치가 없는 개체목을 제거할 수 있다.

- 시장 여건에 맞는 유연한 벌채를 할 수 있다.
- 천연갱신에 유리하다.
- 병충해 등 각종 유해인자에 대한 저항력이 높다.

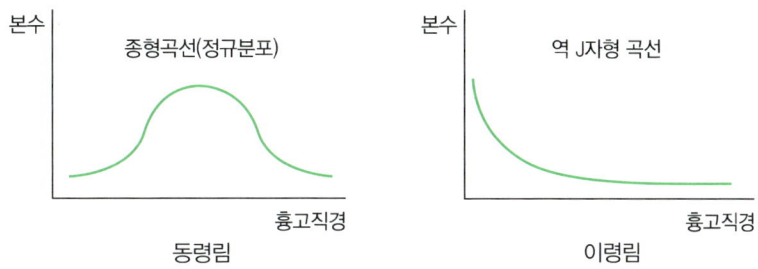

┃ 동령림과 이령림의 직경급별 본수분포 ┃

[동령림과 이령림의 차이점]

구분	동령림	이령림
임관	얇고 수평적이다.	깊고 복잡하다.
풍해	작업상 주의를 요한다.	거의 없다.
소경목	피압된다.	장차 유용임목이 된다.
갱신	단기적으로 이루어진다.	윤벌기 전체에 걸쳐 이루어진다.
지력	감퇴된다.	지력보호상 유리하다.
입지정비	불량수종의 정비가 쉽다.	수종정비가 더 어렵다.
내해성	병충해의 위험이 많다.	병충해의 위험이 비교적 적다.
임상유기물	일시에 다량이 쌓여 산불 등의 위험성이 높다.	지속적으로 소량씩 쌓여 위해의 정도가 낮다.

4. 수목의 발생기원에 따른 분류

산림을 구성하는 수목의 발생기원에 따라 구분하는 것으로 종자로부터 발달하여 이루어진 산림을 교림(喬林), 움이나 맹아로부터 발달하여 이루어진 산림을 왜림(矮林)이라 한다.

(1) 교림(喬林, high forest)

① 종자 또는 삽목에 의해 발달한 수목으로 이루어진 산림으로 주로 침엽수가 교림을 형성한다.
② 용재를 생산하는 키가 큰 숲을 형성하여 고림(高林)이라고도 부른다.

(2) 왜림(矮林, coppice forest)

① 움이나 맹아가 발달한 수목으로 이루어진 산림으로 주로 활엽수가 왜림(맹아림)을 형성한다.
② 연료재나 펄프재 등을 생산하는 키가 낮은 숲을 형성하여 저림(低林)이라고도 부른다.

(3) 중림(中林)

교림수종과 왜림수종이 같은 임지에 함께 조성되었을 때의 산림을 말한다. 일반적으로 상층은 교림을, 하층은 왜림을 조성하여 작업을 진행한다.

5. 경영 목적에 따른 분류

산림의 경영 목적에 따라 구분하는 것으로 물질생산 등의 경제적 이익을 중시하는 산림을 경제림(經濟林), 물질생산보다는 공익적 기능을 중시하는 산림을 보안림(保安林)이라 한다.

(1) 경제림(經濟林)

목재, 산림 부산물 등의 물질 생산을 위해 경영되며 채산성을 따져 경제적 이익을 얻고자 하는 산림으로 우리가 경영하는 대부분의 산림이 경제림에 속한다.

(2) 보안림(保安林)

국토 보존, 수원 함양, 경관 유지, 야생동물 보호, 보건 휴양 등의 비생산적인 간접 이익을 주 목적으로 국가가 지정한 산림이며, 공공의 이익을 보다 중시한다. 공익을 우선으로 하는 보안림에는 생활환경보안림, 토석방비보안림, 수원함양보안림, 어촌보안림 등이 있다.

(3) 다용림(多用林)

경제림과 보안림의 기능을 함께 지니고 있는 산림으로 용재를 생산하면서 목축경영, 약초생산, 휴양경영 등 여러 면에서 경영되고 있다.

6. 수목의 종류와 특성에 따른 분류

산림을 구성하는 수목의 종류와 특성에 따라 구분하는 것으로 주로 잎이 바늘모양인 침엽수로 이루어진 산림을 침엽수림(針葉樹林), 잎이 넓은 그물모양인 활엽수로 이루어진 산림을 활엽수림(闊葉樹林)이라 한다.

(1) 침엽수림(針葉樹林)

① 침엽수는 분류상 나자식물(裸子植物, 겉씨식물)에 속하는 수목으로 대체로 잎이 좁고 뾰족한 바늘과 같은 잎맥을 보이며, 줄기가 곧고 수관이 좁아 일정 면적에 많은 나무를 심을 수 있어 경제적으로 중요한 수종이다. 이러한 특징의 수목으로 이루어진 산림을 침엽수림이라 한다.

② 침엽수는 보통 상록수가 대부분이지만 은행나무, 낙엽송(일본잎갈나무), 낙우송, 메타세쿼이아 등 잎이 지는 낙엽침엽수도 있다.

(2) 활엽수림(闊葉樹林)

① 활엽수는 분류상 피자식물(被子植物, 속씨식물)에 속하는 수목으로 대체로 잎이 넓은 그물모양의 잎맥을 보이며, 원줄기가 곧지 못하고 수관이 넓게 퍼져 일정 면적에 많은 나무를 심기 어려운 수종이다. 이러한 특징의 수목으로 이루어진 산림을 활엽수림이라 한다.

② 활엽수는 보통 낙엽수가 대부분이며, 우리나라의 임상별 산림면적 비율은 침엽수림, 활엽수림, 혼효림 순으로 많다.

7. 산림의 소유 주체에 따른 분류

산림의 소유 주체에 따라 구분하는 것으로 국가 소유의 산림을 국유림(國有林), 지방자치단체 및 그 밖의 공동단체, 개인 등이 소유한 산림을 민유림(民有林)이라 한다.

(1) 국유림(國有林)

국가가 소유하는 산림으로 산림청이 관할하는 국유림(요존, 불요존)과 타 부처가 관할하는 국유림으로 나눌 수 있다.

(2) 민유림(民有林)

민유림은 국가 이외의 곳이 소유하는 산림으로 다시 공유림과 사유림으로 나뉜다. 지방자치단체 및 그 밖의 공공단체가 소유하는 산림을 공유림(公有林), 개인, 회사, 단체, 문중 등이 소유하는 국공림 이외의 산림을 사유림(私有林)이라 한다. 소유별 산림면적 비율은 사유림, 국유림, 공유림 순으로 많다.

CHAPTER 02 조림일반

SECTION 01 수목의 구조와 형태

1. 수목의 기본 구조

수목의 구조는 식물에 필요한 양분을 만들고 개체를 유지하는 기관인 영양기관과 후대 생산에 관여하는 기관인 생식기관으로 크게 나눌 수 있다. 잎, 줄기, 뿌리는 영양기관에, 꽃, 열매, 종자는 생식기관에 해당한다.

(1) 잎(leaf)

① 엽록소가 있어 빛과 이산화탄소를 이용하여 광합성 작용을 하는 기관이다.
② 잎은 뒷면의 기공(氣孔)을 통하여 가스교환과 증산작용을 한다.
③ 잎은 크게 잎자루(엽병), 잎맥, 엽육조직으로 구성되어 있다.
④ 나무마다 잎의 특징과 배열상태가 달라 잎만으로도 수목의 구별이 가능한 경우가 많다.
⑤ 기공(氣孔)
　㉠ 정의 : 2개의 공변세포에 의해 만들어진 구멍으로 주로 잎 뒷면에 분포한다. 주변의 광선과 습도의 정도에 따라 열리고 닫히며 기체의 통로 역할을 한다.
　㉡ 기능
　　• 가스교환 : 이산화탄소 흡수와 산소 방출
　　• 증산작용 : 수분이 기체가 되어 식물체 밖으로 빠져나가는 현상

> **참고**
>
> **엽육조직(葉肉組織, 잎살)**
> • 잎의 실질적 육질부분으로 크게 책상조직과 해면조직으로 구성되어 있다.
> 　(단, 나자식물 중 소나무의 엽육조직은 책상조직과 해면조직으로 명확히 분화되어 있지 않음)
> • 기공으로 기체가 출입하며, 엽육조직의 세포 간극을 통해 이산화탄소의 흡수와 산소의 방출이 촉진된다.
> 　– 책상조직(柵狀組織, 울타리조직) : 잎 윗면 표피 바로 밑에 빽빽하게 울타리가 쳐진 듯 배열되어 있는 세포층으로 엽록체가 가장 많이 함유되어 있어 광합성이 활발하게 일어나는 조직
> 　– 해면조직(海綿組織, 해면상조직) : 책상조직 밑의 세포층으로 세포 간극이 넓고 불규칙하며 엉성하여 기체의 이동이 용이한 조직

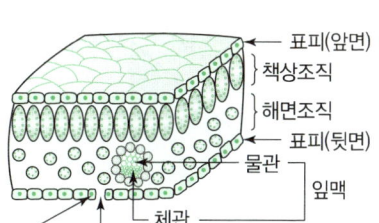

❙ 잎의 구조 ❙

(2) 줄기(stem)

① 양분과 수분을 저장하거나 통과시키며, 단단한 기둥의 역할을 하여 몸체를 지탱하는 기관이다.
② 뿌리에서 흡수한 수분과 무기양분을 위쪽으로 이동시키며 탄수화물을 주로 아래방향으로 운반하거나 저장하는 기능을 한다.
③ 목본식물은 2차 부피생장을 하는 형성층이 존재하여 견고하며 굵은 줄기를 형성한다.
④ 수목의 굵은 단일 줄기를 수간(樹幹)이라 하며, 이것을 목재로 이용한다.
⑤ 목재의 주성분은 셀룰로오스, 리그닌, 헤미셀룰로오스 순으로 구성되어 있으며, 그 외에 녹말, 유지, 당류, 수지, 탄닌 등이 함유되어 있다.
⑥ 목질부의 주요 구성성분
  ㉠ 셀룰로오스
    • 포도당이 모여 만들어진 것으로 세포막의 주성분
    • 목질부에 가장 많이 함유되어 있는 일종의 식물 섬유소
  ㉡ 리그닌
    • 세포를 끌어당겨 접합시키는 물질
    • 셀룰로오스 다음으로 많이 함유
    • 주로 탄소, 산소, 수소로 구성
    • 그 양이 많을수록 임목이 단단해지며 색이 진해지는 특성
    • 변재보다 심재에, 춘재보다 추재에 많이 함유
  ㉢ 헤미셀룰로오스 : 셀룰로오스와 함께 세포막을 구성
⑦ 수목 줄기 단면의 구조
  ㉠ 목부(木部)
    • 수분과 양분의 통도 및 지탱 역할
    • 심재와 변재, 춘재와 추재로 구성

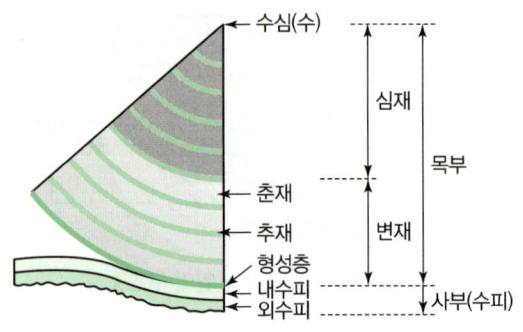

▎수목 줄기 단면의 구조 ▎

- ⓛ 사부(篩部)
  - 탄수화물의 이동 및 지탱 역할
  - 수피부분으로 내수피와 외수피로 구분
- ⓒ 형성층(形成層)
  - 나무의 줄기와 뿌리의 부피생장에 관여하는 조직
  - 목부와 사부 사이에 존재하는 얇은 세포층
  - 수피 바로 안쪽에 원통형으로 둘러싸여 있음
- ⓔ 심재(心材)
  - 줄기 가운데 짙게 착색된 부분
  - 형성층이 오래전에 생산한 목부조직
  - 죽은 조직으로 단지 나무를 기계적으로 지탱해 주는 역할
- ⓜ 변재(邊材)
  - 심재 바깥쪽에 비교적 옅은 색을 가진 부분
  - 형성층이 비교적 최근에 생산한 목부조직
  - 살아 있는 조직으로 뿌리의 수분을 위쪽으로 이동시키며 동시에 탄수화물 저장
- ⓗ 춘재(春材)
  - 기온이 온난하여 생장이 왕성한 봄철에 만들어진 목부조직
  - 세포의 지름이 크고 세포벽이 얇아 색이 흐림
- ⓢ 추재(秋材)
  - 비교적 생장이 왕성하지 않은 가을철에 만들어진 목부조직
  - 세포의 지름이 작고 세포벽이 두꺼워 색이 진함
- ⓞ 연륜(年輪, 나이테)
  - 봄에 형성된 춘재와 여름·가을에 형성된 추재 사이의 뚜렷한 경계선(1년에 1개)으로 수목의 연령을 나타냄

- 열대지방은 생장기와 휴지기가 일정치 않아 연륜이 없음
ⓩ 수심(樹心, pith) : 수목의 가장 중심부, 심

참고

목본식물의 조직

종류	기능	관련 조직
표피조직	식물의 표면 보호 및 수분 증발 억제	표피층, 털, 기공 등
유조직	원형질을 가지고 살아 있으며, 세포분열이 일어남	생장점, 형성층, 분열조직 등
후막조직	세포벽이 두껍고, 원형질이 없으며, 지탱 역할, 대사 기능이 없음	엽병, 엽맥, 줄기 등
목부조직	수분의 통도 및 지탱 역할	도관, 가도관, 수선, 춘재, 추재 등
사부조직	탄수화물의 이동과 지탱 역할	반세포 등
분비조직	수지, 점액, 유액 등 분비	수지구, 밀선 등

※ 그 외 코르크조직, 후각조직 등이 있다.

(3) 뿌리(root)

① 땅속으로 뻗어 수목의 몸체를 고정하고 지상부를 지탱하는 기관이다.
② 생장에 필요한 수분과 양분을 흡수하며 탄수화물을 저장하는 기능을 한다.
③ 일반적으로 배수가 잘 되고 건조한 토양에서는 직근(直根)이, 습기가 많고 배수가 불량한 토양에서는 측근(側根)이 형성되는 경향이 있다.
④ 뿌리는 근주, 주근, 부근, 세근 등으로 구성되어 있다.
  ㉠ 근주(根株) : 줄기와 뿌리의 이음부
  ㉡ 주근(主根) : 굵은 주된 뿌리로 항근(抗根), 심근(心根), 평근(平根)으로 구성
  ㉢ 부근(副根) : 주근에서 뻗은 약간 굵은 곁뿌리로 수하근(垂下根)과 유근(紐根)으로 구성
  ㉣ 세근(細根) : 가장 가는 뿌리로 수근(鬚根), 백근(白根)으로 구성, 물과 양분의 흡수 담당

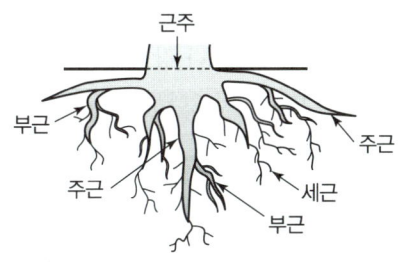

|뿌리의 구조|

> **참고**
>
> **카스페리안 대(casparian strip)**
> - 뿌리의 내피에 발달하며, 양분 운반에 관여하는 띠 형상의 조직
> - 뿌리털을 통해 흡수한 물에 녹아 있는 무기양료 중에서 식물체가 필요한 양료만 선택적으로 흡수하게 하는 역할
> - 내피에서 자유공간을 없애 무기염이 더 이상 자유롭게 뿌리 속으로 이동할 수 없도록 방지
> - 뿌리털을 통해 흡수한 물의 이동을 효율적으로 차단하는 역할

2. 수목의 형태

(1) 수형(樹形)

① 수목의 잎, 가지, 줄기 등이 총체적으로 나타내는 형상을 수형이라 하며, 수종에 따라 고유형이 있으나 환경에 따라 그 모양새가 변화하기도 한다.

② 수형에는 자연적인 형태(자연수형)와 인위적인 형태(인공수형)가 있으며, 자연수형은 다시 모양이 일정한 정형(整形)과 불규칙한 부정형(不整形)으로 구별할 수 있다. 인공수형 중에는 여러 형상을 인공적으로 자르고 다듬어 만든 토피어리가 있다.

(2) 수관형(樹冠形)

① 가지와 잎이 무성히 달린 수목의 상층부를 수관(樹冠)이라 하며, 하나하나의 수관이 모인 임분 전체의 수관을 임관(林冠)이라 한다.

② 수관은 줄기의 신장 방식에 영향을 받아 모양의 차이가 생기며, 가지가 돋아나는 형상에 따라 단축분지(單軸分枝)와 가축분지(假軸分枝)로 구분한다.
  ㉠ 단축분지 : 주축(主軸)이 측지(側枝) 세력보다 강하게 성장하는 것으로 굵고 곧은 줄기가 하늘로 쭉 뻗는 경향을 보이며 대부분의 침엽수종이 이에 속한다. 정아우세현상(측아억제)으로 주축의 끝에서 정아가 자라 줄기를 형성한다.
  ㉡ 가축분지 : 측지가 주축 세력보다 강하게 성장하는 것으로 가지가 옆으로 넓게 퍼지는 경향을 보이며 느티나무, 버드나무, 밤나무 등이 이에 속한다.

③ 단축분지와 같은 신장을 보이는 것을 정신(頂伸), 가축분지와 같은 신장을 보이는 것을 계신(季伸)이라 하며, 침엽수종은 정신을, 활엽수종은 계신을 하며 생장한다.

POINT!

정아우세현상
- 측아(側芽, 곁눈)보다 정아(頂芽, 줄기의 끝눈)의 세력이 우세하게 나타나는 현상
- 줄기 끝 생장점의 정아에서 생성된 호르몬인 옥신이 정아의 생장은 촉진하고 측아의 발달은 억제
- 대부분의 침엽수에 나타나며 둥근 원뿔 형태의 수형

(3) 수간형(樹幹形)

① 수목의 가장 굵은 단일 줄기를 수간(樹幹)이라 하며, 이 줄기의 형성이 정아로부터 이루어지느냐 측아로부터 이루어지느냐에 따라 수간의 형태가 달라진다.

② 수간은 유전적·환경적 영향에 따라 곡직성(曲直性)이 달라지는데, 보통 침엽수는 직간(直幹)을, 활엽수는 곡간(曲幹)을 형성하는 경우가 많다.

참고

수목의 명칭
- 수관(樹冠) : 가지와 잎이 무성히 달린 수목의 상층부
- 수간(樹幹) : 수목의 굵은 단일 줄기
- 지하고(枝下高) : 지상에서 가지 시작점까지의 줄기 높이
- 수고(樹高) : 수목의 지상부로부터 가장 높은 가지 끝까지의 높이

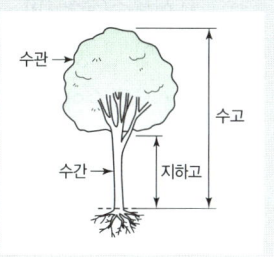

SECTION·02 수목의 분류

1. 수목의 분류

(1) 수고와 형태에 따른 구분

① 교목(喬木 또는 高木)
- 보통 한 개의 뚜렷하고 굵은 줄기로 8m 이상 자라는 키가 큰 수목
- 소나무, 밤나무, 참나무, 가문비나무, 박달나무, 느티나무 등

② 관목(灌木 또는 低木)
- 주된 줄기가 없이 여러 개의 줄기가 모여나며, 2m 이하로 자라는 키가 작은 수목
- 개나리, 진달래, 산철쭉, 회양목, 매자나무, 쥐똥나무, 작살나무, 싸리나무 등

(2) 낙엽 유무에 따른 구분

① 상록수(常綠樹)
- 일 년 동안 계절에 관계없이 항상 푸른 잎을 달고 있는 수목
- 상록수에는 잎이 넓은 상록활엽수와 잎이 좁은 상록침엽수가 있음
- 붉가시나무, 가시나무, 동백나무, 소나무, 리기다소나무, 전나무, 가문비나무 등

② 낙엽수(落葉樹)
- 가을 겨울에 잎이 퇴색하거나 낙엽을 하는 수목
- 낙엽수에는 잎이 넓은 낙엽활엽수와 잎이 좁은 낙엽침엽수가 있음
- 참나무, 벚나무, 느티나무, 은행나무, 낙엽송, 낙우송 등

(3) 잎의 형태와 종자 노출 여부에 따른 구분

① 침엽수(針葉樹) : 겉씨식물(나자식물, 裸子植物)
- 잎이 좁고 평행한 잎맥(평행맥)을 보이며, 밑씨가 씨방에 싸여 있지 않고 밖으로 드러나 있는 수종
- 도관이 없고 가도관(헛물관)이 발달, 체관에는 반세포가 없음
- 한 꽃 안에 암술과 수술 중 하나만 있는 단성화(單性花)이며, 단일수정을 함
- 소나무, 잣나무, 전나무, 분비나무, 가문비나무, 잎갈나무, 향나무, 비자나무, 은행나무 등

② 활엽수(闊葉樹) : 속씨식물(피자식물, 被子植物)
- 잎이 넓은 그물모양의 잎맥을 보이며, 밑씨가 씨방으로 싸여 있는 수종
- 도관이 발달하고, 체관에 반세포가 있음
- 한 꽃 안에 암술과 수술이 모두 있는 양성화(兩性花)가 많으며, 중복수정을 함

[속씨식물(피자식물)의 구분]

구분	떡잎 수	관다발(유관속)	잎맥	뿌리
쌍떡잎식물 [雙子葉植物]	2장	규칙적(원통형)	그물맥(망상맥)	주근(원뿌리)
외떡잎식물 [單子葉植物]	1장	불규칙적(흩어짐)	평행맥(나란히맥)	수염뿌리

> **참고**
>
> **관다발(유관속) 조직**
> - 물관부
>   - 식물의 뿌리에서 흡수된 물과 질소, 인산, 칼륨 등의 무기양분이 잎까지 이동하는 통로
>   - 목부의 변재부에 존재, 관다발 형성 세포가 목부방향으로 분열하여 형성되는 조직
>   - 물관에는 도관과 가도관의 형태가 있으며, 활엽수는 도관이, 침엽수는 가도관이 발달
>   - 도관(導管) : 하나의 긴 대롱과 같은 형태의 물관. 참나무류는 도관의 지름이 커서 수액상승 속도가 다른 수종에 비해 빠름
>   - 가도관(假導管) : 길이가 짧고 가는 섬유질 같은 물관. 무수히 많은 가도관이 물과 양분의 이동통로가 되며 기계적으로 수목을 지탱
> - 체관부
>   - 식물의 잎에서 광합성으로 만들어진 포도당(탄수화물)과 같은 양분이 줄기나 뿌리로 이동하는 통로
>   - 사부의 내수피에 존재, 관다발 형성 세포가 사부방향으로 분열하여 형성되는 조직
> - 형성층
>   물관부와 체관부 사이에 있는 얇은 세포층으로 식물의 비대생장에 관여함

(4) 음지에 견디는 정도에 따른 구분

① 음수
- 약한 광선에도 광합성을 효율적으로 수행하여 생장·발육할 수 있는 수목
- 주목, 회양목, 사철나무, 가문비나무, 전나무, 너도밤나무 등

② 양수
- 충분한 광선에서만 생장·발육이 가능한 수목
- 낙엽송, 자작나무, 포플러류, 소나무류, 은행나무, 밤나무 등

2. 주요 수종과 특징

(1) 침엽수의 주요 수종

[주요 침엽수 구과목(球果目)의 분류(괄호 안은 학명)]

과	속		종
낙우송과	낙우송속(*Taxodium*)		낙우송
	메타세쿼이아속(*Metasequoia*)		메타세쿼이아
	삼나무속(*Cryptomeria*)		삼나무
소나무과	소나무속(*Pinus*)	소나무류	소나무, 곰솔(해송), 리기다소나무
		잣나무류	잣나무, 섬잣나무, 눈잣나무
	잎갈나무속(*Larix*)		잎갈나무, 일본잎갈나무(낙엽송)
	가문비나무속(*Picea*)		가문비나무, 종비나무, 독일가문비
	전나무속(*Abies*)		전나무, 분비나무, 구상나무
측백나무과	측백속(*Thuja*)		측백나무, 눈측백나무
	편백속(*Chamaecyparis*)		편백나무, 화백나무
	향나무속(*Juniperus*)		향나무, 눈향나무, 노간주나무

① 소나무(*Pinus densiflora*)
- 우리나라에서 가장 넓은 분포 면적을 차지하는 수종으로 북한의 고원과 고산을 제외한 전역에서 자생한다.
- 햇빛을 좋아하는 양수이며, 물과 양분에 대한 요구도가 낮은 편이다.
- 소나무는 인공조림도 하지만 천연갱신이 용이한 수종이다.

② 곰솔(*Pinus thunbergii*)
- 해안선의 좁은 지대나 남쪽 도서 지방에 분포하며 초기 생장은 소나무보다 빠르나 목재의 재질은 소나무보다 좋지 못하다.
- 초기 생장이 빨라 소나무에 비해 실생묘의 양성이 쉬운 편이다.
- 해송이라고도 부르며, 소나무와 함께 양수로 직사광선을 받는 곳에서 생장이 왕성하고, 해안 방풍림 조성에 많이 쓰이는 수종이다.

[소나무와 곰솔의 비교]

구분	잎	수피	겨울눈
소나무 (적송, 육송)	짧고 가늘며 부드럽다.	적갈색	끝이 뾰족한 작은 솔방울 모양의 타원형, 붉은 갈색
곰솔 (흑송, 해송)	길고 억세며 두껍고 거칠다.	흑갈색 (암흑색)	위가 뾰족하고 울룩불룩한 긴 병 모양, 회백색

③ 방크스소나무(*Pinus banksiana*)
- 미국이 원산이며, 내건성이 높아 주로 척박한 건조지에 식재되고 있다.
- 구과(球果)는 아주 단단하여 성숙하여도 실편이 벌어지지 않고 수년 동안 가지에 매달려 있으며, 산불과 같은 고온에서만 실편이 열려 종자가 나출된다.

④ 리기다소나무(*Pinus rigida*)
- 미국이 원산이며, 우리나라에 20세기 초에 도입된 수종으로 척박지에서도 적응력이 좋고 우리나라 풍토에 잘 맞아 전국 어디에서나 잘 자란다.
- 잎이 3개씩 비틀리며 모여나고, 발아력과 맹아력이 좋으며, 건조와 추위에도 잘 견뎌 사방조림 수종으로 많이 식재되고 있다.

▌리기다소나무의 구과와 종자▐

- 목재의 재질은 떨어지지만 내한성이 매우 강해, 내한성은 약하나 재질이 좋고 생장속도가 빠른 테다소나무와의 교잡을 통해 장점만을 가진 리기테다소나무도 조림되고 있다.
- 리기테다소나무는 우리나라에서 교배되어 만들어진 신품종이다.

⑤ 잣나무(*Pinus koraiensis*)
- 우리나라의 재래종으로 주로 높은 산지의 한랭한 기후에서 생장하며, 온대 북부에서 한대에 걸쳐 분포한다.
- 침엽이 5개씩 모여나며, 심근성이고 목재의 색이 붉어 홍송(紅松)이라고도 부른다.
- 소나무과 중 목재로서 재질이 가장 뛰어나다.
- 어릴 때는 음수의 성질을 띠며 천천히 자라다가 점차 양수로 변하여 햇빛 요구량이 많아지며 생장이 빨라진다.
- 습기가 다소 있으며 부식질이 많은 비옥한 토양에서 생장이 좋으므로 토양 수분이 충분한 계곡이나 산복의 비옥지에 식재하는 것이 좋다.

[소나무류와 잣나무류의 비교]

구분	잎		아린	실편	잎마디	목재의 특징
	수	유관속				
소나무류	2~3개	2개	끝까지 남음	끝이 두껍고 가시가 있음	잎이 달렸던 자리가 도드라짐	굳고, 춘추재의 전환이 급함(hard pine)
잣나무류	3~5개	1개	곧 떨어짐	끝이 얇고 가시가 없음	잎이 달렸던 자리가 밋밋함	연하고, 춘추재의 전환이 점진적임(soft pine)

* 아린(芽鱗) : 겨울눈을 싸고 있던 비늘 껍질
* 실편(實片) : 솔방울을 이루고 있는 단단한 비늘 조각

[소나무류와 잣나무류의 잎 수 비교]

구분	잎의 수	수종
소나무류	2개	소나무, 해송, 방크스소나무, 반송
	3개	리기다소나무, 테다소나무, 리기테다소나무, 백송
잣나무류	5개	잣나무, 눈잣나무, 섬잣나무, 스트로브잣나무

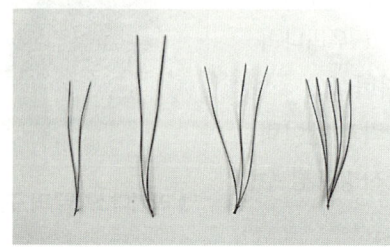

┃소나무류와 잣나무류의 잎 수 비교┃

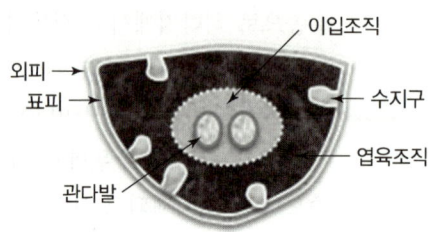

┃소나무 잎 횡단면의 모식도┃

⑥ 일본잎갈나무(*Larix leptolepis/Larix kaempferi*)
- 일본이 원산으로 우리나라에 들여와 용재 생산에 주로 쓰이는 경제수종 중 하나이며, 일본잎갈나무 또는 가을에 낙엽이 지기 때문에 낙엽송이라 부른다.
- 잎은 20~30개씩 한데 뭉쳐나고, 줄기가 곧고 키가 크며, 생장이 빠르고 목재의 재질이 우수하다.

⑦ 가문비나무(*Picea jezoensis*)
- 고산의 한랭한 곳에 많이 분포하는 수종으로 어릴 때는 생장이 느리나 후에는 빨라진다.
- 잎이 한데 뭉쳐나는 소나무속과 달리 잎은 하나씩 따로 나고, 구과는 둥근 기둥모양을 하고 있으며 아래를 향해 달리는 것이 특징이다.
- 독일가문비는 유럽이 원산인 수종이다.

⑧ 전나무(*Abies holophylla*)
- 가문비나무와 함께 대표적인 음수이다. 어릴 때 생장이 느리지만 약 10년생이 되면서부터 점차 빨리 자라기 시작한다.
- 가문비나무속과 같이 잎은 따로 나며 구과도 둥근 기둥모양을 하고 있으나 위를 향해 달리는 것이 가문비나무와 다른 점이다.

⑨ 구상나무(*Abies koreana*)

- 우리나라의 대표적인 재래종으로 주로 높은 산에 분포하며, 다른 전나무속의 나무들과 같이 구과가 하늘을 향해 달린다.
- 잎의 끝이 뾰족한 다른 침엽수와는 달리 잎의 끝이 둥글게 두 갈래로 갈라져 오목한 것이 특징이다. 분비나무도 이러한 형상을 하고 있으나 구상나무의 잎이 더 짧고 넓은 편이다.

┃ 구상나무의 잎 뒷면 ┃

⑩ 삼나무(*Cryptomeria japonica*)

- 일본이 원산으로 우리나라에서는 기온이 온난한 제주도나 남부지방에 조림용으로 식재되며, 습도가 높은 곳에서 생장이 좋은 특성이 있다.
- 줄기가 곧고 키가 크며, 풍성한 푸른 잎을 달고 있어 제주도에서 방풍림으로 많이 이용된다.

⑪ 편백나무(*Chamaecyparis obtusa*)

- 일본이 원산으로 삼나무와 함께 도입되어 우리나라의 따뜻한 남부지방에 주로 식재되고 있다.
- 잎 뒷면에는 Y자 모양의 흰색 기공선이 있어 화백(W자 모양)과 구별된다.

[편백과 화백의 비교]

구분	원산지	생물학적 분류	잎의 특징
편백	일본	측백나무과 편백속 자웅동주(암수한그루)	잎끝이 둥글고, 뒷면에 Y자 모양의 흰색 기공선이 있음
화백			잎끝이 뾰족하고, 뒷면에 W자 모양의 흰색 기공선이 있음

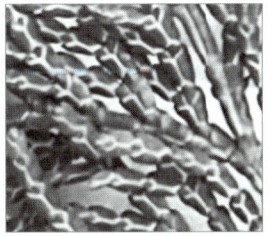
편백

화백

┃ 편백과 화백의 기공선 ┃

⑫ 노간주나무(*Juniperus rigida*)
우리나라 재래종으로 전국의 건조한 산지나 암석지대에 자생하며, 사방사업에서 암벽 녹화용으로 식재되기도 한다.

⑬ 은행나무(*Ginkgo biloba*)
- 각종 병해충 및 대기오염, 산불 등에 강하며 단풍이 아름다워 가로수나 공원수, 풍치수로 식재된다. 1속 1종이며, 수명이 긴 장수목이다.
- 침엽수 중 유일하게 잎이 넓으며, 자웅이주(雌雄異株, 암수딴그루)로 암꽃과 수꽃이 따로 피고 암나무에만 열매가 열린다.

(2) 활엽수의 주요 수종

[주요 활엽수의 분류(괄호 안은 학명)]

과	속		종
참나무과	밤나무속(*Castanea*)		밤나무, 약밤나무
	참나무속(*Quercus*)	가시나무류	가시나무, 붉가시나무, 종가시나무, 개가시나무
		참나무류	상수리나무, 굴참나무, 신갈나무, 떡갈나무, 갈참나무, 졸참나무
	너도밤나무속(*Fagus*)		너도밤나무
	모밀잣밤나무속(*Castanopsis*)		모밀잣밤나무, 구실잣밤나무
버드나무과	포플러속 (*Populus*, 사시나무속)	백양절	은백양, 사시나무
		흑양절	미루나무, 양버들
		황철나무절	황철나무, 물황철나무
	버드나무속(*Salix*)		버드나무, 수양버들, 왕버들, 능수버들
자작나무과	자작나무속(*Betula*)		자작나무, 박달나무, 거제수나무
	오리나무속(*Alnus*)		오리나무, 사방오리나무, 물오리나무
	서어나무속(*Carpinus*)		서어나무, 소사나무, 까치박달나무
	개암나무속(*Corylus*)		개암나무, 참개암나무, 물개암나무
느릅나무과	느릅나무속(*Ulmus*)		느릅나무, 왕느릅나무, 난티나무, 비술나무
	느티나무속(*Zelkova*)		느티나무
장미과	조팝나무아과		조팝나무, 국수나무
	장미아과		산딸기, 찔레나무
	앵도나무아과		벚나무, 왕벚나무, 산벚나무, 매실나무, 앵도나무
	능금아과		배나무, 사과나무, 모과나무, 팥배나무, 산사나무, 윤노리나무, 마가목
콩과(*Fabaceae*, 협과)			아까시나무, 주엽나무, 자귀나무, 박태기나무, 싸리나무, 칡

① 참나무류

낙엽활엽교목으로 우리나라 전국에 6종이 분포하고 있다.
- 상수리나무(*Quercus acutissima*) : 전국의 해발고도가 낮은 산지에 분포하며, 생장이 빠르고 목재가 단단하다. 여러 특징이 굴참나무와 유사하지만 잎 뒷면에 광택이 나

고 연녹색을 띠는 것이 다르다.
- 굴참나무(*Quercus variabilis*) : 전국의 해발고도가 낮은 산지에 분포한다. 특징이나 모양새가 상수리나무와 유사하지만 잎 뒷면이 회백색이고 수피에 코르크층이 발달했다.
- 신갈나무(*Quercus mongolica*) : 전국의 해발고도가 높은 산지에 분포한다. 잎 뒷면에 털이 거의 없고 잎자루가 짧으며, 잎 밑이 사람의 귓불 모양(이저, 耳底)으로 넓게 갈라져 있다.
- 떡갈나무(*Quercus dentata*) : 전국의 해발고도가 낮은 산지에 분포하며, 참나무류 중 대체로 잎이 가장 큰 편이다. 잎자루가 거의 없고 갈색털이 밀생하며 잎 아래쪽이 사람의 귓불 모양이다.
- 갈참나무(*Quercus aliena*) : 전국의 해발고도가 낮은 산지에 분포하며, 잎 뒷면이 회백색이고 잎자루가 길다.
- 졸참나무(*Quercus serrata*) : 주로 중부 이남의 해발고도가 낮은 산지에 분포하며, 참나무류 중 대체로 잎이 가장 작고 잎자루는 길다.

[참나무류의 분류]

구분	백색 계통	흑색 계통
줄기	껍질이 비교적 흰색	껍질이 비교적 검은색
잎 크기	잎이 넓은 편	잎이 좁은 편
열매 성숙시기	1년	2년
수종	떡갈나무, 졸참나무, 신갈나무, 갈참나무	상수리나무, 굴참나무

② 너도밤나무(*Fagus engleriana*)

울릉도에 자생하는 수종으로 음수이며, 결실주기가 5년 이상으로 상당히 길다.

③ 사시나무속(*Populus*)
- 사시나무속은 줄기가 곧게 자라며 생장이 빠르고 습기가 있는 토양을 좋아한다.
- 은백양과 양버들은 유럽이, 미루나무(미류나무)는 미국이 원산이다.

> **참고**
>
> **교잡종 포플러**
> 포플러 간의 교배를 통하여 얻은 새로운 품종으로 생장이 빠른 속성수이며 우리나라 주요 경제수종에 속한다.
> - 현사시나무(은수원사시, 은사시) : 은백양(*Populus alba*) + 수원사시나무
> - 수원포플러 : 물황철나무 + 양버들(*Populus nigra*)
> - 양황철나무 : 양버들 + 황철나무
> - 이태리포플러 : 미루나무(*Populus deltoides*) + 양버들

④ 버드나무(*Salix koreensis*)
- 전국의 계곡이나 하천, 저수지 등 습한 곳에서 흔하게 자라는 수목으로 양수이다.
- 4월경 꽃이 핀 직후 열매가 성숙하여 5월이면 종자를 얻을 수 있다.

⑤ 자작나무속(*Betula*)
- 박달나무(*Betula schmidtii*) : 수피가 약간 어두운 회색을 띠며, 목재가 단단하다.
- 자작나무(*Betula platyphylla*) : 수피가 희고 수평으로 갈라지며, 높은 산지에 분포한다.
- 거제수나무(*Betula costata*) : 깊은 산속에 분포하며, 수액을 채취하여 약수로 이용한다.

⑥ 오리나무(*Alnus japonica*)

  전국 산야의 습한 곳에 분포하며, 암꽃과 수꽃이 한 나무에 같이 피는 자웅동주(雌雄同株)의 수목이다. 양분요구도가 적고 토양을 비옥하게 하는 효과가 있어 주로 척박한 곳에 식재된다.

⑦ 느릅나무(*Ulmus davidiana*)

  전국의 산지에 흔하게 자라며 종자에 날개가 달린 시과(翅果)이다.

⑧ 느티나무(*Zelkova serrata*)
- 전국에 분포하나 주로 남쪽 지방에 많이 나타나며, 생장이 빠르고 낮은 땅을 좋아하는 수목이다.
- 오래도록 살아남아 예로부터 당산목이나 정자나무로 이용되어 왔다.

⑨ 콩과(*Fabaceae*, 협과)
- 아까시나무 : 기수우상복엽이며, 소엽은 타원형이고 가장자리가 밋밋하다.
- 주엽나무 : 우수우상복엽이며, 소엽은 긴 타원형이고 가장자리에 물결모양의 톱니가 있다.

| 아까시나무의 열매 |

참고

우상복엽(羽狀複葉)
- 깃털의 형상과 같이 잎자루를 중심으로 여러 개의 작은 잎이 줄지어 붙어 있는 잎
- 소엽의 개수가 짝수면 우수우상복엽, 홀수면 기수우상복엽

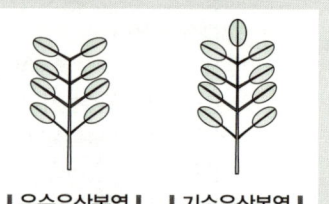

| 우수우상복엽 | 기수우상복엽 |

3. 학명(scientific name, 學名)

모든 동식물은 세계적으로 통용되는 이름인 학명(學名)으로 구분하기 쉽게 나타내고 있다. 식물의 분류 단위는 계(界), 문(門), 강(綱), 목(目), 과(科), 속(屬), 종(種)의 순으로 좁아진다.

(1) 학명의 특징

① 사용하는 언어는 라틴어이거나 라틴어화한 말이다.
② 속명, 종명(종소명), 명명자의 순으로 표기한다.
③ 속명의 첫 글자는 대문자로 시작하고, 종명은 전체를 소문자로 표기한다.
④ 명명자의 이름은 첫 글자를 대문자로 쓰거나 모두 대문자로 쓰기도 하고 생략하기도 한다.
⑤ 종명 뒤에는 아종($ssp.$ 또는 $subsp.$), 품종($for.$ 또는 $f.$), 변종($var.$ 또는 $v.$) 등을 덧붙여 나타내기도 한다.
⑥ 명명자는 고딕체로 나타내고, 이 외는 이탤릭체로 나타낸다.

예) 소나무 : *Pinus densiflora* S. et Z.
            속명   종명   명명자(두 명)

반송(盤松) : *Pinus densiflora for. multicaulis* UYEKI
            속명   종명   품종   품종명   명명자

(2) 수종별 주요 학명

① 침엽수

구분	학명	구분	학명
전나무	*Abies holophylla*	가문비나무	*Picea jezoensis*
구상나무	*Abies koreana*	방크스소나무	*Pinus banksiana*
분비나무	*Abies nephrolepis*	소나무	*Pinus densiflora*
개비자나무	*Cephalotaxus koreana*	잣나무	*Pinus koraiensis*
편백나무	*Chamaecyparis obtusa*	섬잣나무	*Pinus parviflora*
화백나무	*Chamaecyparis pisifera*	리기다소나무	*Pinus rigida*
삼나무	*Cryptomeria japonica*	곰솔(해송)	*Pinus thunbergii*
은행나무	*Ginkgo biloba*	낙우송	*Taxodium distichum*
향나무	*Juniperus chinensis*	주목	*Taxus cuspidata*
노간주나무	*Juniperus rigida*	측백나무	*Thuja orientalis*
일본잎갈나무 (낙엽송)	*Larix kaempferi* / *Larix leptolepis*	비자나무	*Torreya nucifera*

② 활엽수

구분	학명	구분	학명
단풍나무	Acer palmatum	양버들	Populus nigra
가죽나무	Ailanthus altissima	벚나무	Prunus serrulata
사방오리나무	Alnus firma	왕벚나무	Prunus yedoensis
오리나무	Alnus japonica	붉가시나무	Quercus acuta
자작나무	Betula platyphylla	상수리나무	Quercus acutissima
박달나무	Betula schmidtii	갈참나무	Quercus aliena
동백나무	Camellia japonica	떡갈나무	Quercus dentata
밤나무	Castanea crenata	신갈나무	Quercus mongolica
너도밤나무	Fagus engleriana	졸참나무	Quercus serrata
꽝꽝나무	Ilex crenata	굴참나무	Quercus variabilis
가래나무	Juglans mandshurica	아까시나무	Robinia pseudoacacia
호두나무	Juglans sinensis Juglans regia	버드나무	Salix koreensis
		느릅나무	Ulmus davidiana
후박나무	Machilus thunbergii	비술나무	Ulmus pumila
돈나무	Pittosporum tobira	느티나무	Zelkova serrata
사시나무	Populus davidiana	–	–

SECTION · 03 주요 조림 수종

1. 조림정책의 변화

우리나라는 현재 산림이 국토의 약 63%를 차지하는 산림국가로 예로부터 산림 자원이 풍부하였으나, 조림에 대한 의식은 높지 않았다. 또한 일제의 수탈과 해방 직후의 도벌과 남벌, 6·25 전쟁 등을 겪으며 산림은 점차 더 소실되고 극도로 황폐해져 갔다. 이로 인해 황폐한 국토를 보전하기 위한 산림시업들이 국가 차원에서 시행되기 시작했다.

(1) 제1차 치산녹화 10년 계획(1973~1978)

① 비전 및 목표 : 황폐된 국토의 속성 녹화 기반 구축
② 황폐된 산림을 단기간에 녹화시킨다는 목표하에 범국민적 조림운동으로 추진하였다.

③ 1973년에 10년 계획으로 진행하였으나, 속성수 조림을 통해 계획량을 짧은 기간 내에 달성하며 4년을 앞당겨 국토 녹화를 이룩하였다.

(2) 제2차 치산녹화 10년 계획(1979~1987)

① 비전 및 목표 : 장기수 위주의 경제림 조성과 국토 녹화 완성
② 용재 생산을 위한 대규모 경제림 조성을 목표로 1차에 이은 국토 녹화를 완성하기 위한 여러 정책들을 시행하였다.

(3) 제3차 산지자원화 계획(국가산림계획, 1988~1997)

① 비전 및 목표 : 녹화의 바탕 위에 산지자원화 기반 조성
② 그동안 이루어낸 국토 녹화의 바탕 위에 산림의 경제적 가치나 공익효용의 가치를 증대시켜 산림의 전체적 효용 가치를 제고하고자 추진되었다.

(4) 제4차 산림기본계획(1998~2007)

① 비전 및 목표 : 지속 가능한 산림경영 기반 구축
② 산림을 21세기에 걸맞은 자원으로 육성하여 지속적으로 관리함으로써 인간과 자연의 공생, 개발과 보전의 조화, 경제와 환경의 통합이념을 실현할 수 있도록 사람과 숲의 하모니를 기본 목표로 시업을 실행하였다.

(5) 제5차 산림기본계획(2008~2017)

① 비전 및 목표 : 지속 가능한 산림경영의 확산과 녹색 복지국가 실현
② 4차의 지속 가능한 산림경영의 기반 위에 그 실천을 확산하고, 산림이 국가의 복지에도 기여하여 인간과 자연이 하나되어 살아갈 수 있는 터전으로서의 역할을 목표로 한다.

(6) 제6차 산림기본계획(2018~2037)

2017년 「산림기본법」 개정으로 계획기간이 10년에서 20년으로 연장

① 비전 및 목표 : 경제산림, 복지산림, 생태산림으로서의 다양한 가치 창출
② 국민의 소득을 창출하는 경제산림, 삶의 질을 향상하는 복지산림, 사람과 자연이 공존하는 생태산림으로서 기능하여 경제적, 사회적, 문화적, 생태적, 정신적인 역할의 지속 가능한 경영으로 모든 국민이 숲과 함께 행복할 수 있는 국가를 구현한다.

2. 주요 조림 수종

(1) 조림 수종의 선택 요건

- 성장 속도가 빠르고, 재적 성장량이 높은 것
- 질이 우수하여 수요가 많은 것
- 가지가 가늘고 짧으며, 줄기가 곧은 것
- 각종 위해에 대하여 저항력이 강한 것
- 입지에 대하여 적응력이 큰 것
- 산물의 이용 가치가 높고 수요량이 많은 것
- 종자채집과 양묘가 쉽고, 식재하여 활착이 잘 되는 것
- 임분 조성이 용이하고 조림의 실패율이 적은 것

(2) 우리나라의 재래수종과 도입수종

① 재래수종(자생종, 향토종)

소나무, 해송, 잎갈나무, 잣나무, 전나무(젓나무), 구상나무, 노간주나무, 굴참나무 등

② 도입수종(외래종)

- 일본 : 낙엽송(일본잎갈나무), 삼나무, 편백, 화백, 일본전나무, 사방오리나무, 가이즈카향나무 등
- 미국 : 리기다소나무, 낙우송, 플라타너스, 아까시나무, 미루나무, 연필향나무, 미국 물푸레나무, 방크스소나무, 버지니아소나무, 스트로브잣나무 등
- 유럽 : 은백양, 양버들, 독일가문비나무, 유럽소나무, 이태리포플러 등

(3) 우리나라의 주요 경제수종

우리나라가 중점적으로 권장하고 있는 경제수종은 장기수 15종, 속성수 5종, 유실수 2종으로 총 22종이다.

[우리나라 경제수종의 종류]

구분		수종
장기수(15종)	침엽수(10종)	강송(금강송), 잣나무, 전나무, 낙엽송, 삼나무, 편백, 해송, 리기테다소나무, 스트로브잣나무, 버지니아소나무
	활엽수(5종)	참나무류, 자작나무류, 물푸레나무, 느티나무, 루브라참나무
속성수(5종)		이태리포플러, 현사시나무, 양황철나무, 수원포플러, 오동나무
유실수(2종)		밤나무, 호두나무

CHAPTER 03 임목종자

SECTION 01 종자의 구조

1. 종자의 외부 형태

(1) 크기에 따른 외부 형태

종자의 크기에 따라 대립, 중립, 소립, 세립으로 나누며, 우리나라는 잣나무 종자의 크기를 기준으로 판단한다.

① 대립(大粒) 종자
- 잣 종자보다 큰 크기의 종자
- 리터당 1,000립 이하
- 밤나무, 참나무, 칠엽수, 호두나무, 가래나무, 은행나무, 동백나무 등

┃호두나무┃

② 중립(中粒) 종자
- 잣 종자만 한 크기의 종자
- 리터당 1,000~3,000립
- 잣나무, 쪽동백나무, 너도밤나무, 백합나무 등

③ 소립(小粒) 종자
- 잣 종자보다 작은 크기의 종자
- 리터당 3,000~10만 립
- 소나무, 전나무, 구상나무, 아까시나무, 느티나무 등

┃쪽동백나무┃

④ 세립(細粒) 종자
- 잣 종자보다 현저히 작은 크기의 종자
- 리터당 10만 립 이상
- 낙엽송, 느릅나무, 편백, 오리나무, 자작나무 등

자작나무의 종자

느릅나무의 종자

| 세립 종자 |

(2) 모양에 따른 외부 형태

종자의 모양은 둥근 형, 길쭉한 형, 납작한 형, 찌그러진 형 등 매우 다양하다. 빛깔 또한 시간의 경과에 따른 고유의 색이 있으나 종자만으로는 수종을 구별하기 어려울 때가 있다.

① **둥근 모양 종자** : 후박나무, 녹나무, 생강나무, 주목, 모감주나무, 칠엽수 등
② **볍씨 모양 종자** : 삼나무, 노간주나무, 측백나무, 회양목, 보리수나무, 매자나무 등
③ **날개 달린 종자** : 소나무, 해송, 낙엽송, 느릅나무, 가죽나무, 단풍나무, 물푸레나무 등
④ **털 달린 종자** : 무궁화, 개오동, 버드나무, 으아리 등

2. 종자의 구조

(1) 종자의 구조 일반

① 종자(열매)는 수정(受精)을 거쳐 형성되는 것으로 꽃의 구조에 기인하여 발생하며, 배, 배유, 종피 등으로 구성된다.
② 배의 가장 윗부분은 떡잎이 될 부분, 중간은 어린줄기가 될 부분, 가장 아래는 어린뿌리가 될 부분으로 이루어져 있다.
③ 소나무는 하나의 인편 위에 날개 달린 종자가 두 개씩 형성된다.
④ 은행나무 종자의 껍질은 가장 바깥쪽 과육질인 외종피와 딱딱한 중종피, 그리고 안쪽의 아주 얇은 껍질인 내종피로 이루어져 있다.
⑤ 배유는 배에 양분을 공급하여 배가 성장하게 되는데, 이러한 배유가 없이 대신 떡잎(자엽)에 양분을 지니고 있는 종자를 무배유종자라고 하며, 대표적으로 아까시나무와 너도밤나무가 있다.

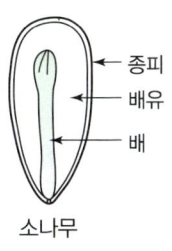 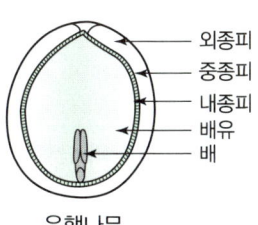 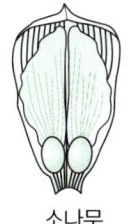

┃ 종자의 구조 ┃

(2) 화기(花器)의 구조와 종자 또는 열매의 상호관계

꽃의 구조	종자 및 열매의 구조	특징
자방(子房, 씨방)	열매	배주가 들어 있던 씨방이 열매로 발달
배주(胚珠, 밑씨)	종자	암술의 씨방 안에 있던 배주가 종자로 발달
주피(珠被)	종피(種皮, 씨껍질)	배주를 싸고 있던 주피가 종자 껍질로 발달
주심(珠心)	내종피(內種皮)	배주의 중심이 되는 주심이 내종피로 발달
극핵(2개) + 정핵	배유(胚乳, 배젖, 씨젖)	• 속씨식물은 2개의 극핵이 정핵과 만나 배유 형성 • 배유는 배에 양분 공급
난핵 + 정핵(웅핵)	배(胚, 씨눈)	• 난핵과 정핵이 만나 배 형성 • 배는 장차 떡잎, 줄기, 뿌리가 될 부분으로 구성

꽃의 배주(밑씨)는 주피, 주심, 극핵, 난핵 등으로 이루어져 있으며, 후에 이것이 발달하여 각각 종피, 내종피, 배유, 배가 되어 종자를 형성한다.

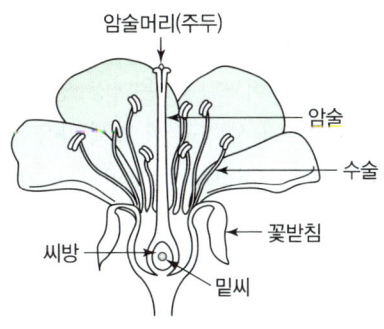

┃ 꽃의 구조 ┃

3. 종자의 형성

(1) 수정(受精)

① 종자식물의 형성은 암술의 씨방 안의 난핵과 수술의 정핵이 결합하는 수정(受精)이라는 과정을 거쳐 이루어진다. 이때, 침엽수종과 활엽수종은 수정의 형식이 다르게 나타 난다.
② 침엽수종은 한 개의 정핵(n)과 한 개의 난핵(n)이 만나 2n의 배를 형성하는 단일수정(單一受精)을 하며, 배유(n)는 수정 전에 이미 완성된다.
③ 활엽수종은 한 개의 정핵(n)과 한 개의 난핵(n)이 만나 2n의 배를 형성하며, 또 다른 정핵(n)이 2개의 극핵(2n)과 만나 3n의 배유를 형성하는 중복수정(重複受精)이 이루어진다.

[침엽수(겉씨식물)와 활엽수(속씨식물)의 수정]

침엽수종	한 개의 정핵(n) + 난핵(n) ⇒ 2n의 배	단일수정
	배유(n)는 수정 전에 형성	
활엽수종	한 개의 정핵(n) + 난핵(n) ⇒ 2n의 배	중복수정
	또 다른 정핵(n) + 2개의 극핵(2n) ⇒ 3n의 배유	

(2) 종자의 발달과 성숙

① 수정을 마친 종자는 일정한 과정을 거치며 분화하고 발달하여 성숙단계에 이르게 된다.
② 종자의 성숙기는 수목의 유전성, 입지환경, 위도와 고도 등에 영향을 받아 조금씩 차이를 나타내며, 종자 고유의 빛깔, 모양, 경도, 비중 등으로 그 성숙기를 판단할 수 있다.
③ 주요 수종의 3가지 종자 발달 형태
  • 개화한 해의 봄에 종자 성숙[꽃 핀 직후 열매 성숙]
    예 사시나무, 미루나무, 버드나무, 은백양, 양버들, 황철나무, 느릅나무
  • 개화한 해의 가을에 종자 성숙[꽃 핀 그해 가을 열매 성숙]
    예 삼나무, 편백, 낙엽송, 전나무, 가문비나무, 자작나무류, 오동나무, 오리나무류, 떡갈나무, 졸참나무, 신갈나무, 갈참나무
  • 개화 후 다음 해 가을에 종자 성숙[꽃 핀 이듬해 가을 열매 성숙]
    수분 이후 종자 성숙까지 긴 기간이 소요
    * 수분(受粉) : 암술머리[株頭]에 수술의 꽃가루[花粉]가 붙는 일
    예 소나무류, 상수리나무, 굴참나무, 잣나무
④ 침엽수종의 4가지 구과 발달 형태
  • 개화한 해의 5~6월경에 빨리 자라 수정하고 가을에 성숙 예 삼나무

- 개화한 해에 수정하여 크게 자라고, 다음 해에는 크게 자라지 않으며, 2년째 가을에 성숙 예 향나무
- 개화한 해에는 거의 자라지 않고, 다음 해 5~6월경에 빨리 자라 수정하여 2년째 가을에 성숙 예 소나무
- 개화한 해에는 거의 자라지 않고, 다음 해 봄에 수정하여 크게 자라며 3년째 가을에 성숙 예 노간주나무

SECTION 02 종자의 산지

1. 종자의 산지

① 수목은 보통 자라난 지역의 기후나 토양 조건 등에 알맞게 적응한 상태이므로 환경이 다른 지역으로 옮겨 심으면 조림의 결과가 좋지 못한 경우가 많다. 이렇듯 종자의 산지는 조림의 성과에 큰 영향을 미치므로 가능한 한 조림지 부근의 임분에서 종자를 얻거나 조림지와 기후, 환경, 토양 조건이 비슷한 곳에서 종자를 채취하여 묘목을 양성하는 것이 좋다.

② 종자 채취 시에는 종자의 산지와 출처를 유의하여 적지에 조림하여야 좋은 성과를 가져올 수 있다.
- 종자 산지(産地) : 종자의 원산지
- 종자 출처(出處) : 종자를 채취한 곳

예 경기도에서 종자를 채취한 리기다소나무를 서울에 식재할 경우 종자 산지는 미국이며, 종자 출처는 경기도이다.

2. 종자의 생태형

(1) 종자의 생태형 일반

① 같은 종이 다른 생육 환경에 적응하여 다른 유전적 형질을 고정적으로 갖게 되는 것을 생태형(生態型)이라 한다.
② 우리나라의 소나무는 분포지역에 따라 대표적으로 동북형, 금강형, 중남부평지형, 위봉형, 안강형, 중남부고지형의 6가지 생태형으로 나타난다.

(2) 우리나라 소나무(*Pinus densiflora*) 6종의 생태형

구분	내용
동북형	줄기가 곧고, 수관은 난형(卵形)이며, 지하고가 짧다.
금강형	• 줄기가 곧고, 수관이 가늘고 좁으며, 지하고가 길다(적설량이 많은 곳에서 자라 눈의 압력으로 가지가 도태되어 가늘고 짧아지며 곧아짐). • 학명 : *Pinus densiflora* f. *erecta*
중남부평지형	줄기가 굽고 수관이 천박하며 넓게 퍼지고 지하고가 길다.
위봉형	50년생까지는 전나무와 같이 수관이 좁으나 그 이후는 수관이 확대되고 줄기의 신장생장이 늦어진다.
안강형	줄기가 매우 굽고, 수관이 천박하여 정부(頂部)는 거의 수평에 가까우며, 노목(老木)이 없다.
중남부고지형	금강형과 중남부평지형의 중간형이다.

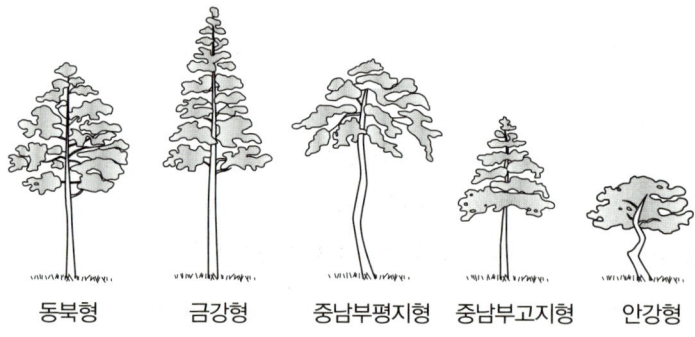

∥ 우리나라 소나무 6종의 생태형 ∥

SECTION 03 종자의 저장관리

1. 종자결실량 예측

수목은 적정 결실(結實) 연령에 도달하면 꽃이 피고 열매를 맺게 되는데, 수종에 따라 또는 주위 입지나 환경에 따라 개체의 차이가 나타나게 된다. 수종, 입지, 환경, 수목 상태 등 각종 인자들을 미루어 보아 결실량의 정도를 가늠해 볼 수 있는데 이것을 종자결실량(種子結實量) 예측이라 한다.

(1) 주요 수종의 결실 주기

① 소나무는 자웅동주로서, 수분은 늦봄에 이루어지고 수정은 다음 해 초여름에 이루어져

약 13개월 만에 결실을 맺게 되며, 격년결실 현상이 잘 나타난다.
② 어느 해에는 다량의 결실을 보이고 양료 소비로 인해 다음 해에는 결실량이 줄어드는 것을 격년결실(隔年結實)이라 한다. 각 수목은 특징적인 결실 주기성(週期性)을 가지고 있다.

[주요 수종의 결실 주기]

결실 주기	수종
매년(해마다)	오리나무류, 포플러류, 버드나무류
격년결실	오동나무, 소나무류, 자작나무류, 아까시나무
2~3년	낙우송, 참나무류(상수리, 굴참), 들메나무, 느티나무, 삼나무, 편백
3~4년	가문비나무, 전나무, 녹나무
5년 이상	낙엽송(일본잎갈나무), 너도밤나무

(2) 개화·결실의 촉진

① 수목이 꽃이 피고 열매를 맺게 되는 개화·결실(開花結實) 현상은 각 개체의 유전적 특성에 따른 내적 인자와 외부의 인위적 조절에 따른 외적 인자에 의하여 그 수량이나 시기가 달라질 수 있다.
② 외부요인으로 수광량의 증가, 적절한 시비, 호르몬 처리, 수정의 유도 등이 개화·결실의 촉진을 도모할 수 있다.
③ 광합성의 결과로 만들어진 탄수화물은 수목의 개화·결실에 크게 관여하여 수목 상층부에 축적되었을 때 결실량을 증대시킨다. 즉, 수목체 내에 질소성분보다 탄수화물의 양이 많아 C/N율이 높아지면 꽃눈 형성이 빨라져 개화·결실이 촉진되고 개화량 또한 많아지게 된다.

POINT!

C/N율
- 식물체 내 탄수화물(carbohydrate)과 질소(nitrogen)의 비율
- 비율이 높아지면 화성(花成)을 유도, 낮아지면 영양생장이 지속

(3) 개화·결실의 촉진방법

① 수관의 소개(樹冠疏開) : 간벌 등의 솎아베기는 임목밀도를 낮추어 수관을 성기게 만들고 남아 있는 수목의 수광량(受光量)을 증가시켜 광합성이 활발히 일어나게 한다. 그 결과로 C/N율이 커지고 결실량이 증대된다.

② **시비(施肥)** : 비료의 3요소인 질소, 인산, 칼륨을 알맞게 주거나 질소보다는 인산, 칼륨을 ha당 더 많이 시비하여 수목의 영양 상태를 좋게 하면 개화·결실에 효과적이다.
③ **환상박피(環狀剝皮)** : 수간의 둘레를 따라 수피를 환상으로 벗겨 내는 환상박피를 통해 탄수화물의 지하부 이동을 차단하고 상층부에 머물게 하여 개화·결실을 촉진한다.
④ **접목(椄木)** : 광합성 산물인 탄수화물이 접목의 연결부에서 흐름이 원활하지 못해 지하부로 이동하지 못하고 C/N율이 커지면 그로 인해 개화·결실 촉진을 유도할 수 있다.
⑤ **식물 생장촉진호르몬(생장조절물질)** : 옥신(NAA), 지베렐린(GA_3) 등의 생장촉진호르몬을 수목에 처리하면 화아분화(花芽分化)가 촉진되어 결실을 돕는다. 지베렐린(GA_3)을 삼나무, 편백, 낙우송 등에 처리하면 화아분화에 효과적이다.
⑥ **인식화분(認識花粉, 멘토르 화분)** : 수정환경이 주어져도 수정이 이루어지지 않아 종자가 생성되지 않는 성질을 불화합성(不和合性)이라 하며, 이 불화합성을 인식하여 화합성으로 유도하는 물질을 가지고 있는 화분(花粉, 꽃가루)을 인식화분이라 한다.
자체의 수정 능력은 없게 만든 혼합용 화분으로 미루나무와 은백양의 종간교잡 등에 이용하며, 은백양의 불화합 화분에 멘토르 화분을 섞어서 미루나무에 수분을 하면 수정이 이루어진다.
⑦ **스트레스** : 관수를 억제하여 수분스트레스를 주거나 저온 자극 등으로 스트레스를 주면 개화·결실이 촉진될 수 있다.
⑧ **그 밖의 기계적 처리** : 단근(斷根, 뿌리 끊기), 전지(剪枝, 가지치기) 등을 통하여 광합성을 촉진하고 질소의 흡수를 억제하여 개화·결실을 유도한다. 또한 줄기에 철선 묶기 등의 자극을 주어 결실을 촉진할 수도 있다.

> **Summary!**
>
> **개화·결실의 촉진방법**
> - 수관의 소개 : 간벌, 임분 밀도 조절, 수광량 증가
> - 시비 : 비료 3요소를 알맞게 또는 질소보다는 인산, 칼륨을 많이 시비
> - 환상박피 : 탄수화물의 지하부 이동 차단
> - 접목 : 탄수화물의 지하부 이동 차단
> - 식물 생장촉진호르몬(생장조절물질) : 지베렐린, 옥신
> - 인식화분(멘토르 화분) : 불화합성 → 화합성 유도
> - 스트레스 : 관수 억제, 저온 자극
> - 그 밖의 기계적 처리 : 단근, 전지, 철선묶기
>
> 충분한 관수 ×

2. 종자의 채취

(1) 종자의 채취시기와 방법

① 수목의 종자는 성숙기를 고려하여 적기에 채취(採取)하여야 이후 발아력과 생산력에 문제가 없으므로 주의를 기울여 실시한다.
② 침엽수종의 경우 종자의 자연탈락 직전이 좋으나 일반적으로 조금 미리 채집한다.
③ 종자를 채취할 때는 가능한 한 나무에 상처를 주지 않도록 주의하여 적절한 방법으로 실시한다.
④ 주요 수종의 종자 성숙기(채취시기)

월(月)	수종
5월	사시나무류, 미루나무, 버드나무류, 황철나무, 양버들
6월	느릅나무, 벚나무, 시무나무, 비술나무
7월	회양목, 벚나무
8월	스트로브잣나무, 향나무, 섬잣나무, 귀룽나무, 노간주나무
9~10월	대부분의 수종
11월	동백나무, 회화나무

⑤ 일반적인 종자의 채취방법
- 벌도법(伐倒法) : 종자성숙기에 벌채예정목 또는 이용 가치가 적은 나무를 벌채하여 채집
- 절지법(折枝法) : 결실가지의 기부 또는 중간부를 잘라서 채집. 종자의 보속생산 불가능
- 장대따기 : 장대로 털어서 채집 예 밤나무, 참나무류
- 훑어따기 : 손으로 훑어서 채집 예 편백, 느티나무, 느릅나무
- 송이따기 : 송이째 채집 예 단풍나무류, 물푸레나무류, 오동나무

(2) 종자 채취와 관련된 용어

① 채종림(採種林)
- 우량한 조림용 종자를 채집할 목적으로 지정된 형질이 우수한 임분
- 채종원의 종자만으로 조림 종자 수를 채울 수 없을 때는 채종림에서 부족한 종자량을 충당
- 우량목이 전 수목의 50% 이상, 불량목이 20% 이하인 임분에서 채종림 선발

② 채종원(採種園)
- 우량한 조림용 종자의 지속적 생산·공급을 목적으로 채종림에서 선발된 수형목의 종자 또는 클론에 의해 조성된 1세대 채종원으로 인위적인 수목의 집단

- 보다 우수한 종자를 대량생산함과 동시에 보다 쉽게 종자를 채취할 수 있도록 운영·관리하는 종자생산 공급원

③ 수형목(秀型木)
- 채종원이나 채수포에 필요한 접수, 삽수, 종자를 채취할 목적으로 수형과 표현형이 우량하여 지정한 수목
- 표현형이 특히 우수한 임목
    * 표현형(表現型) : 겉으로 드러나는 생물의 표현적 형질

④ 채수포(採穗圃, 클론보존원)
  우량한 접수나 삽수를 채취할 목적으로 조성된 수목의 집단

⑤ 클론(clone)
  접목, 삽목, 취목, 조직배양 등으로 무성번식된 단일 개체들의 집합체
    * 무성번식(無性繁殖) : 암수의 수정과정 없이 단독 개체가 다음 세대를 이루는 것

(3) 채종원과 채종림

① 채종원의 입지
- 외부 화분(花粉)에 의한 수정을 막기 위하여 동종 임분으로부터 500m 이상 격리시켜야 함
- 한 채종원의 면적은 적어도 5ha를 초과해야 함
- 선발된 수형목에서 남쪽으로 되도록 근거리에 위치
- 한해(寒害)가 없으며, 기후조건이 개화·결실에 알맞은 곳
- 평지 또는 완경사지로 기계화 작업이 가능한 곳
- 노동력 수급이 쉬우며 교통이 편리한 곳

② 채종원의 관리
- 성숙한 접수로 접목묘를 만들어 조기개화 촉진
- 클론이나 유전형을 임의 배치하여 자식(自殖)을 피함
- 채종원은 비배, 넓은 간격 유지, 환상박피, 단근, 관수, 밑깎기작업, 병충해 방제 등을 통하여 종자의 개화 촉진 및 최대 생산을 도모
- 풀을 나게 하여 지표면 침식을 막도록 하나 해마다 풀을 깎아주어야 함

③ 채종림 지정 기준
- 1단지의 면적이 1ha 이상이고 모수가 1ha당 150본 이상인 산림
- 지정기준을 명확히 판정할 수 있는 수령·수고에 달한 산림이거나 생육발달 단계에 이르고 개체 간 특성이 균일한 임분으로 구성된 산림

- 벌채나 도남벌이 없었던 산림
- 동일 수종의 불량 임분 또는 교잡종을 형성할 수 있는 수종의 임분과 충분한 거리가 있는 산림
- 임분 내 임목은 병해충 피해가 없고 생태적 조건에 적응이 된 산림
- 재적생산은 유사한 생태적 환경에서 평균 재적생산보다 우수하고 생장형태는 수간의 통직성과 원통성이 좋아야 하고 분지상태가 양호하며 가지가 가늘고 자연 낙지가 잘 된 산림
- 보호관리 및 채종작업이 편리한 산림

④ 채종림 해제 기준
- 수령이 노쇠하여 종자의 결실을 기대할 수 없는 임분으로서 피해 및 노쇠모수가 현존 본수의 50% 이상일 때
- 조림계획의 변경으로 해당 수종의 종자가 불필요할 때
- 그 밖에 해제의 필요성이 있거나 해제가 불가피할 때

⑤ 수형목의 지정 기준

[침엽수]

구분	인공림	천연림
요령	• 임상의 둘레나 도로변의 나무 혹은 고립목은 제외한다. • 수령은 20년생 이상이고, 벌기령 이전의 것으로 한다. • 지위는 한 지위에 편중하지 아니하도록 한다. • 1만 m²당 3본 이상은 선발하지 아니하도록 한다.	• 임상의 둘레나 도로변의 나무 혹은 고립목은 제외한다. • 수령은 될 수 있는 한 30년 이상의 것으로 한다. • 지위는 한 지위에 편중하지 아니하도록 한다. • 1만 m²당 1본 이상은 선발하지 아니하도록 한다.
기준	• 상층 임관에 속할 것 • 주위 정상목 10본의 평균보다 수고는 5%, 직경은 20% 이상 클 것. 다만, 형질이 뛰어날 때는 생장이 평균 이상일 경우 선발 가능 • 생장이 왕성할 것 • 수관이 좁고 가지가 가늘며 한쪽으로 치우치지 말 것 • 밑가지들이 말라 떨어지기 쉽고 그 상처가 잘 아물 것 • 심한 병충에 걸리지 않은 것 • 수간이 완만하고 굽거나 비틀어지지 않은 것 • 상당량의 종자가 달릴 것	• 최근 30~50년간의 직경생장이 20% 이상, 수고생장이 5% 이상으로 주위 정상목 10본의 평균보다 클 것. 다만, 형질이 뛰어날 때는 생장이 평균 이상일 경우 선발 가능 • 생장이 왕성할 것 • 수관이 좁고 가지가 가늘며 한쪽으로 치우치지 말 것 • 밑가지들이 말라 떨어지기 쉽고 그 상처가 잘 아물 것 • 심한 병충에 걸리지 않은 것 • 수간이 완만하고 굽거나 비틀어지지 않은 것 • 상당량의 종자가 달릴 것

[활엽수]

구분	인공림	천연림
요령	• 임상의 둘레나 도로변의 나무 혹은 고립목은 제외한다. • 수령은 될 수 있는 한 10년생 이상, 벌기령 이전의 것으로 한다. • 지위는 한 지위에 편중하지 아니하도록 한다. • 1만 m²당 3본 이상은 선발하지 아니하도록 한다.	• 임상의 둘레나 도로변의 나무 혹은 고립목은 제외한다. • 수령은 될 수 있는 한 30년 이상의 것으로 한다. • 지위는 한 지위에 편중하지 아니하도록 한다. • 1만 m²당 2본 이상은 선발하지 아니하도록 한다.
기준	• 상층 임관에 속할 것 • 주위 정상목 10본의 평균보다 수고는 5%, 직경은 20% 이상 클 것. 다만, 형질이 뛰어날 때는 생장이 평균 이상만 되면 선발 가능 • 수간이 완만하고 굽거나 비틀어지지 않은 것 • 수간이 분지하지 않은 것. 다만, 중앙부 이상에서 분지한 것은 무방함 • 지하고가 높은 것 • 자연 낙지성이 큰 것 • 가지가 가는 것 • 병충에 걸리지 않은 것 • 상당량의 종자가 달릴 것	• 최근 15년 이상의 직경생장이 20% 이상, 수고 생장이 5% 이상으로 주위 정상목 10본의 평균보다 클 것. 다만, 형질이 뛰어날 때는 생장이 평균 이상만 되면 선발 가능 • 수간이 완만하고 굽거나 비틀어지지 않은 것 • 수간이 분지하지 않은 것. 다만, 중앙부 이상에서 분지한 것은 무방함 • 지하고가 높은 것 • 자연 낙지성이 큰 것 • 가지가 가는 것 • 병충에 걸리지 않은 것 • 상당량의 종자가 달릴 것

⑥ 수형목의 지정해제 기준
- 차대검정 실시 후 형질이 불량한 것으로 판정될 때
    * 차대검정(次代檢定) : 자식 세대의 형질로 어버이 세대의 형질을 판단하는 테스트
- 선발된 수형목의 클론보존원 조성이 완료된 때
- 그 밖에 불가피한 사유로 수형목의 지정 가치가 없거나 해제가 불가피할 때

3. 종자의 조제

채집한 열매나 구과에서 잘 다듬어진 깨끗한 종자를 얻어내는 것을 조제(調製)라고 하며, 건조(乾燥), 탈종(脫種), 정선(精選)의 과정을 거친다.
- 종자건조법 : 양광건조법, 반음건조법, 인공건조법
- 종자탈종법 : 건조봉타법, 부숙마찰법, 도정법, 구도법
- 종자정선법 : 입선법, 풍선법, 사선법, 액체선법(수선법, 식염수선법, 알코올선법)

(1) 종자의 건조(乾燥)

구분	내용
양광건조법 (陽光乾燥法, 햇볕건조)	• 햇볕이 잘 드는 곳에 펴 널고, 2~3회 뒤집어 건조, 양건법 • 구과의 인편이 벌어져 종자가 60~70% 빠질 때까지 실시 • 소나무류
반음건조법 (半陰乾燥法, 음지건조)	• 햇볕에 약한 종자를 통풍이 잘 되는 옥내에서 건조 • 오리나무류, 포플러류, 화백
인공건조법 (人工乾燥法)	• 구과건조기를 이용하여 건조 • 보통 25℃에서 시작해 40℃까지 온도 유지, 50℃ 이상은 금물

(2) 종자의 탈종(脫種)

종자의 건조가 끝나고 열매껍질이나 구과로부터 종자를 분리하는 작업

구분	내용
건조봉타법 (乾燥棒打法)	• 건조한 구과나 열매를 막대기로 가볍게 두드려 탈종 • 아까시나무, 박태기나무, 오리나무
부숙마찰법 (腐熟摩擦法)	• 부숙시킨 후 마찰하거나 비벼서 과피를 분리 • 은행나무, 벚나무, 향나무, 주목, 비자나무, 호두나무, 가래나무
도정법(搗精法)	• 정미기에 넣어 밀랍층(왁스층)을 깎아 제거 • 발아 촉진 겸함 • 옻나무
구도법(臼搗法)	• 절구에 넣어 약하게 찧는 방법 • 옻나무, 아까시나무

(3) 종자의 정선(精選)

쭉정이, 종자날개, 나무껍질, 나뭇잎, 흙 등의 이물질을 제거하여 좋은 종자를 가려내는 작업

구분		내용
풍선법(風選法)		• 바람을 일으키는 기기를 사용하여 불순물을 분리 • 소나무류, 가문비나무류, 낙엽송류에 적용 • 전나무, 삼나무에는 효과 낮음
사선법(篩選法)		종자보다 크거나 작은 체로 쳐서 불순물 제거 후 종자 선별
액체선법 (液體選法)	수선법 (水選法)	• 깨끗한 물에 일정 시간 종자를 침수시켜 선별 • 가라앉은 종자가 충실한 종자 • 잣나무, 향나무, 상수리나무, 주목, 측백 등의 중대립종자에 적용
	식염수선법 (食鹽水選法)	• 물에 소금을 탄 비중액(1.18)을 이용하여 선별 • 옻나무처럼 비중이 큰 종자의 선별에 이용
입선법(粒選法)		• 종자 낱알을 눈으로 보며 직접 손으로 하나하나 선별 • 밤나무, 호두나무, 가래나무, 상수리나무, 칠엽수, 목련 등의 대립종자

① 정선종자의 수득률(收得率, 수율)
- 채집한 열매를 정선하여 실제로 얻은 종자의 비율
- 대립종자일수록 수율이 큰 편이며, 소립종자일수록 수율이 작은 편이나 모든 종자에 해당되지는 않음
- 소나무(2.7), 해송(2.4) 등은 수율이 작은 편
- 가래나무(50.9), 호두나무(50.2), 은행나무(28.5) 등은 수율이 큰 편

[수종별 종자의 수율]   (단위 : %)

수종	수율	수종	수율
방크스소나무	1.7	잣나무	12.5
가문비나무	2.1	벚나무	18.2
해송	2.4	전나무	19.3
소나무	2.7	은행나무	28.5
리기다소나무	2.8	붉나무	35.0
측백	3.2	옻나무	40.2
노간주나무	4.1	호두나무	50.2
편백	11.4	가래나무	50.9
향나무	12.4	–	–

4. 종자의 저장

일반적으로 임목종자는 정선이 완료된 후 파종 전까지 일정 기간 저장에 들어가게 된다. 채종 즉시 파종하여야 발아력을 상실하지 않는 수종도 있으나 보통은 어느 정도의 저장기간이 필요할 때가 많다.

종자마다의 특성에 따라 알맞은 저장의 시기, 기간, 조건 등이 다르므로 그 특징을 파악하여 종자의 활력에 지장을 주지 않도록 저장하는 것이 무엇보다 중요하다.

(1) 건조저장법(乾燥貯藏法)

소나무, 해송, 리기다소나무, 삼나무, 편백, 낙엽송 등 소립종자의 침엽수종에 적용

① 상온(실온)저장법
- 건조된 종자를 용기에 넣고 창고 등의 실내(상온)에 보관하는 방법
- 1년 이상 장기 저장할 경우 건조제와 함께 밀봉하여 보관

② 밀봉(저온)저장법
- 충분히 건조된 종자를 용기에 밀봉하여 5℃ 이하의 냉실에 보관하는 방법
- 가장 오랜 기간 종자저장 가능
- 용기에 건조제(실리카겔, 생석회, 나뭇재)와 종자의 생리활동을 억제하는 황화칼륨을 종자 무게의 10% 정도 동봉하면 효과가 큼
- 낙엽송과 같이 결실주기가 긴 수종이나 상온저장이 어려운 종자에 적용

(2) 보습저장법(保濕貯藏法)

참나무류, 가시나무류, 가래나무, 목련 등 건조에 약한 수종에 적용

① 노천매장법(露天埋藏法)
- 노천에 일정 크기(깊이 50~100cm)의 구덩이를 파고 종자를 모래와 섞어서 묻어 저장하는 방법
- 건조에 의하여 생활력을 잃기 쉬운 수종의 종자에 적합
- 저장과 함께 종자 후숙에 따른 발아 촉진의 효과
- 양지 바르고 배수가 좋으며 지하수가 고이지 않는 장소에 매장
- 겨울에 눈이나 빗물이 그대로 스며들 수 있도록 저장

[종자의 노천매장 시기]

구분	종류
정선 후 곧 매장 (종자채취 직후)	백합나무, 목련, 백송, 들메나무, 벚나무, 단풍나무, 느티나무, 잣나무, 호두나무, 은행나무
늦어도 11월 말까지 매장	벽오동나무, 팽나무, 물푸레나무, 신나무, 피나무, 층층나무, 옻나무
파종 약 1개월(한 달) 전에 매장	소나무, 해송, 리기다소나무, 낙엽송, 가문비나무, 전나무, 측백, 편백, 삼나무 등 거의 모든 침엽수

② 보호저장법(건사저장법, 乾沙)
- 일정 습기를 지니고 있는 종자의 함수량 유지를 위해 종자와 모래를 섞어 용기에 담고 빗물이나 눈 녹은 물이 스며들지 않는 창고 등에 저장하는 방법
- 밤이나 도토리 등과 함수량이 많은 전분(澱粉)종자를 추운 겨울 동안 동결하지 않고 동시에 부패하지 않도록 저장
- 밤나무, 상수리나무, 굴참나무, 칠엽수, 은행나무 등의 종자에 적용

③ 냉습적법(冷濕積法)
- 종자의 발아 촉진을 위한 후숙(後熟)에 중점을 둔 저장방법
- 종자를 이끼, 톱밥, 모래 등의 보습재료와 섞어 용기에 넣고 3~5℃의 냉실에 저장

Summary!

종자의 조제와 저장

구분	종류
종자건조법	양광건조법, 반음건조법, 인공건조법
종자탈종법	건조봉타법, 부숙마찰법, 도정법, 구도법
종자정선법	입선법, 풍선법, 사선법, 액체선법(수선법, 식염수선법, 알코올선법)
건조저장법	상온(실온)저장법, 밀봉(저온)저장법
보습저장법	노천매장법, 보호저장법(건사저장법), 냉습적법

SECTION 04 종자의 품질

1. 유전적 품질

(1) 품질 일반

① 조림용 묘목 생산을 위해 채종된 종자는 그 유전적 품질이 어떠한가에 따라 조림지의 생산성에 큰 영향을 미친다. 이 때문에 유전적으로 우수한 종자를 채집하기 위해 채종원을 조성하거나 채종림과 채종임분을 지정하여 우량종자를 생산·채취하고 있다.
② 우량한 종자의 품질 관리를 위해서는 우수한 유전적 특성의 계승에 노력하며, 우수 유전형질을 개량하여 신품종 개발과 연구 등이 활발히 이루어져야 하겠다.
③ 종자의 퇴화 방지 및 특성 유지 방법
- 영양번식 : 우량한 유전형질을 후대에 그대로 지속 가능
- 격리재배 : 자연교잡(自然交雜)을 막아 유전적 퇴화 방지
- 저온저장 : 입증된 우수 종자가 오래 발아력을 유지하도록 저온에 저장

④ 밤나무의 개량 품종

밤나무는 우리나라의 대표적인 유실수로 과실의 생산과 함께 용재수로도 우수한 장점이 있다. 이러한 밤나무는 해충의 공격으로 피해를 보는 경우가 많아 내충성이 강하며, 내한성이 좋고, 수확량도 풍부한 신품종이 도입 및 육성되고 있으며 아래와 같은 종들이 있다.
- 조생종 : 개화·결실이 빠른 종으로 단택, 이취 등이 있다.
- 중생종 : 개화·결실이 일반적인 가을 종으로 미풍, 은기, 이평, 축파, 유마 등이 있다.
- 만생종 : 개화·결실이 늦는 종으로 석추 등이 있다.

(2) 임목육종

① 임목육종(林木育種)은 병해충에 강하며 생산성이 높고 품질이 우수한 개체를 개발·육성하는 것이다. 선발육종법, 교잡육종법, 도입육종법, 돌연변이육종법 등이 있다.
② 선발육종법(選拔育種法)이란 기존의 수목집단에서 형질이 우수한 개체를 선발하여 신품종으로 개량하는 것으로 우리나라는 소나무 개량에 주로 사용한다.
③ 선발육종법은 겉으로 드러난 외관적 형질로 선발 여부를 판별하는 것이므로 반드시 다음 세대의 육성을 통해 선발이 타당했는지를 검정할 필요가 있다. 차세대에 나타나는 유전형질 검사를 통해 부모세대의 유전적 특성을 판단하는 것을 차대검정(次代檢定)이라 한다.

2. 종자의 분류

(1) 침엽수종의 종자 분류

① 건구과(乾毬果)
- 솔방울과 같이 목질의 비늘조각을 달고 있으며, 둥그런 모양을 하고 있는 과실
- 소나무류, 전나무류, 가문비나무류, 낙엽송, 삼나무

② 육과(肉果)
- 종자가 과육질의 구조물로 덮여 있는 과실
- 은행나무, 주목류, 비자나무류, 향나무류

| 소나무 |

| 낙엽송 |

| 주목 |

| 향나무 |

(2) 활엽수종의 종자 분류

① **건열과(乾裂果)** : 열매가 성숙하면 건조하여 과피가 갈라지거나 벌어지고 종자가 떨어져 나오는 과실

  ㉠ 삭과(朔果)
   - 열매가 캡슐의 형태로 나뉘어 각 칸 속에 하나 또는 여러 개의 종자가 들어 있는 과실
   - 오동나무류, 포플러류, 동백나무, 개오동나무, 버드나무류

  ㉡ 협과(莢果)
   - 콩깍지와 같은 열매를 맺어 콩과라고도 하며, 과피가 두 줄로 갈라지며 여러 개의 종자가 나출되는 과실
   - 아까시나무, 주엽나무, 자귀나무, 박태기나무, 싸리나무, 칡

┃자귀나무 잎과 열매┃

  ㉢ 대과(大果)
   - 건조한 과피가 하나의 봉선을 따라 벌어지는 단단한 과실
   - 목련류

② **건폐과(乾閉果)** : 열매가 성숙하고 건조하여도 과피가 갈라지거나 벌어지지 않아 종자가 나출되지 않는 폐쇄적인 과실

  ㉠ 수과(瘦果)
   - 과피가 얇고 막질인 과실
   - 으아리류

  ㉡ 견과(堅果)
   - 과피가 목질 또는 혁질인 과실
   - 밤나무, 참나무류, 오리나무류, 자작나무류, 개암나무류

  ㉢ 시과(翅果)
   - 과피에 날개가 달린 과실
   - 단풍나무류, 물푸레나무류, 느릅나무류, 가죽나무, 들메나무, 느티나무

  ㉣ 영과(穎果)
   - 과피가 상당히 얇으며, 종피와 완전히 유착되어 있는 과실
   - 주로 곡류(穀類), 대나무류, 벼과식물

┃단풍나무 열매┃

③ 습과(濕果) : 종자를 싸고 있는 과육 부분이 수분이 많은 육질(肉質) 또는 장질(漿質) 등으로 이루어진 과실
  ㉠ 핵과(核果) : 호두나무, 가래나무, 살구나무, 복숭아나무, 벚나무, 산딸나무류
  ㉡ 장과(漿果) : 포도나무류, 감나무류, 까치밥나무류, 매자나무류
  ㉢ 이과(梨果) : 배나무류, 사과나무류, 마가목류, 산사나무류
  ㉣ 감과(柑果) : 밀감, 레몬

| 산딸나무 |

| 까치밥나무 |

| 마가목 |

Summary!

종자의 분류

침엽수종			건구과, 육과
활엽수종	건열과		삭과, 협과, 대과
	건폐과		수과, 견과, 시과, 영과
	습과		핵과, 장과, 이과, 감과

3. 종자 품질검사 기준

(1) 실중량 및 용적량

① 실중(實重, 1,000 seeds weight)
  • g 단위로 표시하는 종자 1,000립의 무게로 천립중(千粒重)이라고도 한다.
  • 종자의 무게는 대립종자는 100알을 4번 반복, 중립종자는 500알을 4번 반복, 소립종자는 1,000알을 4번 반복 측정하여 그 평균치를 사용한다.
  • 종자가 무겁고 충실할수록 실중의 값이 크게 나타난다.

② 용적중(容積重)
  • g 단위로 표시하는 종자 1리터(1,000mL)의 무게이다.
  • 종자가 1리터 미만일 경우 브라웰곡립계로도 측정 가능하다.

> **Exercise 02**
>
> 1,000개 종자의 실중이 500g이고, 용적중이 600g일 때 2L의 종자립수는?
>
> **풀이** 종자 1,000개에 500g이므로 1개에 0.5g이고, 1L당 용적중 600g을 0.5g으로 나누면 1,200개이다. 즉, 1L당 종자는 1,200개이므로 2L일 때는 2,400개가 된다.

(2) 순량률(純量率, purity percent)

① 어떤 종자의 시료 중에 각종 협잡물 등을 제외한 순정종자의 양(무게, g)을 백분율로 나타낸 것이다.
② 대립종자(칠엽수, 비자, 호두), 날개종자, 과육종자는 정확한 순량률을 구하기 어려워 순량률을 산출하지 않는다.
③ 잣나무, 은행나무, 밤나무 등은 순량률 98% 이상으로 높게 나타난다.

$$순량률(\%) = \frac{순정종자량(g)}{전체\ 시료\ 종자량(g)} \times 100$$

(3) 발아율 및 발아세

① 발아율(發芽率)
  - 전체 시료 종자수에 대한 일정 기간 내에 발아한 종자수를 백분율로 나타낸 것이다.
  - 곰솔 92%, 테다소나무 90%, 소나무 · 떡갈나무 87%로 발아율이 좋다.

$$발아율(\%) = \frac{발아한\ 종자수}{전체\ 시료\ 종자수} \times 100$$

② 발아세(發芽勢)
  - 전체 시료 종자수에 대한 단기간 내 일시에 대다수가 고르게 발아한 종자수를 백분율로 나타낸 것이다. 즉, 종자가 가장 많이 발아한 날까지 발아한 종자수의 백분율이다.
  - 일정 기간 이후 산발적으로 발아한 종자는 계산에서 제외한다.
  - 발아율보다 수치가 작다.
  - 발아율에서 발아세를 뺀 값에 속하는 종자는 불량묘가 될 가능성이 높다.

$$발아세(\%) = \frac{가장\ 많이\ 발아한\ 날까지\ 발아한\ 종자수}{전체\ 시료\ 종자수} \times 100$$

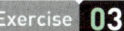

100개의 종자를 가지고 발아시험 결과 경과일에 따른 발아종자수가 다음과 같을 때 발아세는?

경과일수	1	2	3	4	5	6	7	8	9	10
발아종자수	0	0	3	7	10	35	9	8	3	4

풀이   가장 많이 발아한 날은 6일이고 6일까지 발아한 종자수는 $3+7+10+35=55$이므로

$$발아세(\%) = \frac{가장\ 많이\ 발아한\ 날까지\ 발아한\ 종자수}{전체\ 시료\ 종자수} \times 100$$

$$= \frac{55}{100} \times 100 = 55\%$$

(4) 효율(效率)

① 종자 품질의 실제 최종 평가기준이 되는 종자의 사용가치로 순량률과 발아율을 곱해 백분율로 나타낸 것이다.
② 곰솔 88%, 테다소나무 86%, 소나무 81%로 효율이 높다.

$$효율(\%) = \frac{순량률(\%) \times 발아율(\%)}{100}$$

 Summary!

종자 품질검사 기준
- 실중(實重) : 종자 1,000립의 무게, g 단위
- 용적중(容積重) : 종자 1리터의 무게, g 단위
- 순량률(純量率) : 전체 시료 종자량(g)에 대한 순정종자량(g)의 백분율
- 발아율(發芽率) : 전체 시료 종자수에 대한 발아종자수의 백분율
- 발아세(發芽勢) : 전체 시료 종자수에 대한 가장 많이 발아한 날까지 발아한 종자수의 백분율
- 효율(效率) : 종자의 실제 사용가치로 순량률과 발아율을 곱한 백분율

SECTION · 05 종자의 발아 촉진

1. 종자의 휴면현상

① 대부분의 종자는 내외적인 여러 원인에 의해 일정 기간 동안 생리활동을 멈추고 휴면에 들어가는데, 이러한 현상을 종자의 발아휴면성이라고 한다.
② 주로 종자 자체의 내적 원인과 발아에 불리한 외부 환경에 의해 휴면이 일어나며, 발아에 적당한 환경이 주어져도 발아를 하지 않는다.
③ 휴면현상은 크게 종피에 기인한 휴면, 종자 내부 원인에 기인한 휴면, 종자 내외부 모두의 원인에 기인한 휴면으로 나눌 수 있다.

2. 종자휴면의 원인

(1) 종피에 기인한 휴면(종피휴면)

① 종피의 불투수성
- 종피가 단단하고 두껍거나 왁스층으로 덮인 종자는 수분의 흡수가 어려워 휴면 유발
- 잣나무, 자귀나무, 산수유나무, 대추나무, 가래나무 등

② 종피의 기계적·물리적 압박
- 종피가 배의 발달을 기계적·물리적으로 압박하여 발육을 억제
- 잣나무, 호두나무, 주목, 산사나무, 복숭아나무 등

③ 종피의 가스교환 억제
종피가 종자 발아에 필요한 산소의 흡수와 이산화탄소의 방출을 막아 휴면 유발

④ 종피의 발아억제물질 존재
- 종자의 종피에 발아 및 생장을 억제하는 물질이 다량 존재하여 휴면 유도
- 식물호르몬인 ABA(Abscisic Acid, 아브시스산)가 종자의 발아 및 생장억제작용을 지배하는 휴면 유도 물질
- 사과나무, 배나무, 포도나무 등

(2) 종자 내부 원인에 기인한 휴면

① 미발달배(미성숙배)
- 종자의 배가 아직 충분히 발달되지 않은 미성숙한 상태로 나출되어 한동안 휴면하며,

휴면 후 생리적 후숙과정을 통해 발아 가능
- 은행나무, 주목, 향나무, 들메나무 등

② 생리적 휴면(배휴면)

배, 배유, 내종피 등의 종자 내부조직의 생리적 원인에 의해 일어나는 휴면

(3) 종자 내외부 모두의 원인에 기인한 휴면

종자 내외부 모두의 원인에 기인한 휴면으로 '이중휴면성'이 있다. 그 특징은 다음과 같다.
- 한 종자가 내적·외적 여러 원인 중 두 가지 이상의 원인에 의해 휴면성을 갖게 되는 경우
- 주목은 종피의 불투수성, 기계적 압박, 미숙배 등의 여러 원인으로 휴면

> **Summary!**
>
> **종자휴면의 원인**
> - 종피의 불투수성
> - 종피의 기계적·물리적 압박
> - 종피의 가스교환 억제
> - 종피의 발아억제물질 존재 : ABA(Abscisic Acid, 아브시스산)
> - 미발달배(미성숙배) : 은행나무, 주목, 향나무, 들메나무 → 후숙으로 발아 가능
> - 생리적 휴면(배휴면)
> - 이중휴면성 : 주목(종피의 불투수성, 기계적 압박, 미숙배)

3. 종자의 발아조건

(1) 발아의 기작

① 종자는 발아에 필요한 영양분이 충분하며 휴면과 관련된 각종 요인들이 제거되고 적절한 환경이 주어질 때 생장을 개시한다. 이때 발아에는 적당한 온도와 수분, 충분한 산소 등이 요구된다.

② 종자가 수분을 흡수하면 호르몬이 생성되고 효소의 활성이 강화되어 종자 내 저장물질의 분해와 이동이 시작되며 그로 인해 배의 생장이 개시된다. 드디어 배가 종피를 뚫고 어린 뿌리를 내리며 줄기와 떡잎을 지상으로 뻗어 어린싹이 발아한다.

③ 종자의 발아과정

수분 흡수 – 호르몬 생성 – 효소 활성 – 배 생장 개시 – 종피 파열 – 유묘 출현

④ 지하자엽(地下子葉)형 발아
- 떡잎이 땅 위로 올라오지 않고, 땅속에 묻힌 채 새잎만 생장하는 것 = 땅속떡잎
- 호두나무, 칠엽수, 밤나무, 참나무류가 대표적

(2) 발아의 조건

① 수분
종자가 수분을 흡수하면 종피가 연화되어 부드러워지고 내부조직은 팽윤하여 종피가 벗겨지기 쉬운 상태가 된다. 종자 내의 영양물질이 이용되기 시작하면서 가스교환이나 각종 효소의 활동이 왕성해진다. 이렇듯 수분의 흡수는 종자의 발아에서 아주 중요한 요소이다.

② 온도
온도는 수분과 함께 종자의 발아에 결정적 영향을 주는 요소이다. 식물은 주로 밤낮의 온도 차이가 발생할 때 자극을 받아 발아하게 된다. 식물마다 발아의 최적온도는 다양하나 온대수목은 대체적으로 25℃ 전후에서 발아하는 경우가 많다.

③ 산소
대부분의 종자는 충분한 산소 호흡이 이루어져야 발아에 필요한 에너지를 생성할 수 있다.

④ 광선
광선은 종자의 발아에 크게 영향을 주지는 않으나, 종에 따라 빛을 좋아하는 호광성(好光性) 종자와 빛을 싫어하는 혐광성(嫌光性) 종자도 있다.

(3) 종자의 발아촉진법

① 기계적 처리법
두껍고 견고하거나 왁스층이 발달한 종피에 기계적으로 상처를 내어 발아를 촉진하는 방법 = 종피의 가상처리(加傷處理)법, 종피파상(種皮破傷)법

② 침수처리법
종자를 수일간 물에 담가 종피의 연화, 발아억제물질 제거 등의 효과로 발아를 촉진하는 방법
㉠ 냉수침지법
- 온도가 낮은 깨끗한 냉수에 수일간 담갔다가 파종하는 방법 = 냉수처리법
- 소나무류, 편백, 삼나무, 낙엽송 등 주로 종피가 얇은 침엽수류 종자에 적용

ⓒ 온탕침지법
- 온도가 높은 온탕에 수일간 담가두거나 열탕에 수분간 담갔다가 다시 냉탕으로 옮겨 침지 후 파종하는 방법 = 온탕처리법, 열탕처리법
- 자귀나무, 아까시나무, 주엽나무 등의 콩과수목 종자에 적용

③ 황산처리법
- 황산을 종피에 처리하여 부식시키거나 종피에 붙어 있는 납질층(밀랍, wax)을 제거하는 방법
- 아까시나무, 주엽나무와 같은 콩과식물, 종피가 밀랍으로 이루어진 옻나무, 피나무 등의 종자에 적용

④ 노천매장법
건조로 생활력을 잃기 쉬운 종자를 노천에 모래와 섞어 묻어서 저장과 발아 촉진을 겸할 수 있는 방법

⑤ 고저온처리법
- 식물은 밤낮의 기온차 자극에 의하여 발아하므로 인위적인 고저온 처리로 발아를 돕는 방법 = 변온처리법
- 여름에 성숙하는 회양목 등의 종자에 적용

⑥ 화학약품처리법
발아를 촉진시키는 지베렐린, 시토키닌(사이토키닌), 에틸렌, 질산칼륨 등의 화학자극제를 이용하는 방법 ✏️ 메틸렌, 황화칼륨 ✕

⑦ 기타
㉠ 광처리법 : 발아에 유효한 광선을 종자에 조사하여 발아 촉진
㉡ 파종시기 변경
- 종자를 채취한 그 해 가을에 파종하여 다음 해 봄에 발아할 수 있도록 돕는 방법
- 추파법(秋播法), 채파법(採播法)
- 잣나무, 향나무, 목련 등의 종자에 적용

> **Summary!**
>
> **발아촉진법(휴면타파)**
> - 기계적 처리법 : 종피의 가상처리
> - 침수처리법 : 냉수침지법(소나무류, 편백, 삼나무, 낙엽송), 온탕침지법(콩과수목)
> - 황산처리법 : 아까시나무, 주엽나무, 옻나무, 피나무
> - 노천매장법 : 저장 및 발아 촉진
> - 고저온처리법 : 변온처리
> - 화학약품처리법 : 지베렐린, 시토키닌(사이토키닌), 에틸렌, 질산칼륨
> - 광처리법 : 광선 조사
> - 파종시기 변경 : 추파법, 채파법

(4) 종자의 수명

① 종자의 천연적인 수명은 수종에 따라 다양하다. 버드나무, 포플러류는 상당히 짧으며, 소나무류는 1~2년, 자귀나무류나 아까시나무 등의 콩과식물은 10년 이상 지속된다.
② 일반적으로 종피에 지방질을 다량 함유한 콩과식물의 종자가 수명이 길다.

4. 종자의 발아검사

발아검사란 종자가 발아할 수 있는 활성이 있는지 알아보는 검사로 종자의 활력검사라고도 한다. 실험실에서 직접 발아시험을 진행하거나 화학반응으로 배를 검사하는 등 여러 방법이 이용되고 있다.

(1) 항온기에 의한 방법

① 일정한 최적온도를 유지하는 항온발아기를 이용하여 종자의 발아력을 시험하는 방법
② 항온기의 최적온도는 23℃
③ 발아에 요구되는 시험기간은 종자마다 상이

④ 수종별 발아시험기간
- 14일(2주) : 사시나무, 느릅나무 등
- 21일(3주) : 가문비나무, 아까시나무, 편백, 화백 등
- 28일(4주) : 소나무, 해송, 낙엽송, 삼나무, 자작나무, 오리나무 등
- 42일(6주) : 전나무, 목련, 느티나무, 옻나무 등

(2) 환원법(효소검출법, 테트라졸륨 검사법)

① 테트라졸륨 수용액을 이용하여 종자(배)의 활력을 검정하는 화학반응 검사법
② 종자 내 산화효소가 살아 있는지 시약의 발색반응으로 확인
③ 휴면종자, 수확 직후의 종자, 발아시험기간이 긴 종자에 효과적인 방법
④ 처리방법
- 순정종자를 깨끗한 물에 24시간 침수하여 종피가 연해지면 메스로 종자를 절개하여 배를 적출한다.
- 배지에 테트라졸륨 또는 테룰루산소다(테룰루산칼륨) 1%의 수용액에 적신 여과지 등을 깔고 적출한 배를 담는다.
- 빛을 차단하고 30℃로 맞춘 항온기 내에 24시간 두고 착색반응을 조사한다.
- 산화효소가 살아 있지 않은 죽은 조직에는 아무런 변화가 없다. 테트라졸륨을 처리한 종자는 적색이나 분홍색일 때 건전종자이고, 테룰루산소다를 처리한 종자는 어두운 흑갈색이거나 흑색일 때 건전종자이다.

POINT!

테트라졸륨(TTC 용액)
- 백색 분말이며, 물에 녹아도 색의 변화가 없다.
- 광선에 노출되면 못 쓰게 되므로 어두운 곳에 보관한다.
- 적색 또는 분홍색일 때 건전종자이며, 죽은 조직에는 변화가 없다.
- 휴면종자에도 반응이 잘 나타난다.

(3) 절단법

종자를 절단하고 배와 배유의 발달 정도를 직접 육안으로 확인하여 종자의 발아력과 충실도를 알아보는 방법

(4) X선 분석법

① 종자에 X선을 쪼여 필름에 나타냄으로써 종자의 충실도를 확인하는 방법 = X선법
② 종자 내부의 기계적 상흔, 해충 피해 양상, 쭉정이 여부 등의 모습을 쉽게 관찰 가능
③ 종자를 중금속류 용액에 처리 후 사용하면 X선의 식별효과가 증대
④ 죽은 조직은 X선을 투과하지 못해 검게 나타나며, 살아 있는 종자는 X선을 잘 투과하여 밝게 나타남

> **Summary!**
>
> **종자의 발아검사방법(종자의 활력검사)**
> - 항온기에 의한 방법
> - 환원법(효소검출법, 테트라졸륨 검사법)
> - 절단법
> - X선 분석법

CHAPTER 04 묘목생산 및 식재

SECTION 01 번식 일반

1. 유성번식(有性繁殖)

(1) 유성번식 일반

① 꽃의 암술과 수술의 수분·수정과정에 의해 종자가 생겨나고 다음 세대를 이루며 번식하는 방식이다.
② 종자로 번식하는 종자번식(種子繁殖), 실생번식(實生繁殖)에 해당하며, 영양기관이 아닌 종실(種實)로 번식한 묘목을 실생묘(實生苗)라 한다.
③ 생식기관(生殖器官)
  유성생식을 위한 기관으로 꽃, 열매, 종자가 있다.

(2) 유성번식의 특징

① 번식이 쉬우며 모종(묘목)의 대량생산이 가능하다.
② 일반적으로 발육이 좋으며 수명도 길다.
③ 품종개량을 통해 우량종(새로운 품종)의 개발이 가능하다.
④ 종자의 이동이 간편하며 안전하다.
⑤ 육묘비가 적게 소요된다.

2. 무성번식(無性繁殖)

(1) 무성번식 일반

① 암수의 수정과정에 의한 것이 아닌 식물체의 뿌리, 줄기, 잎 등의 영양기관을 이용하여 번식하는 방식이다.

② 무성번식은 종자번식이 어려운 수목의 후계목 조성을 가능하게 하며, 영양기관을 이용하여 영양번식(營養繁殖)이라고도 한다.
③ 영양번식에는 접목(접붙이기), 삽목(꺾꽂이), 취목(휘묻이), 분주(포기나누기), 조직배양 등의 여러 방식이 있다.
④ 영양기관(營養器官)
무성생식을 위한 기관으로 잎, 줄기, 뿌리가 있다.

(2) 무성번식의 특징

① 모수의 유전형질을 그대로 이어받는다.
② 초기 생장이 빠르다.
③ 개화 및 결실이 빠르다.
④ 생장이 빨라 묘목 양성기간이 단축된다.
⑤ 결실이 불량한 수목의 번식에 적합하다.
⑥ 종자번식이 어려운 수종의 묘목을 얻을 수 있다.
⑦ 종자번식에 비해 수명이 짧다.
⑧ 실생묘에 비해 대량생산이 어렵다.
⑨ 실생번식보다 기술이 필요하다.

(3) 무성번식을 하는 이유

① 종자번식이 불가능하거나 어려울 때
② 모수의 유전성을 그대로 이어받고자 할 때
③ 개화, 결실 등 어떤 특성을 살리고자 할 때

SECTION 02 실생묘 양성

1. 묘포설계

임업묘포(林業苗圃)는 주로 산지 조림용 묘목을 양성하는 장소로 묘포의 적지선정, 구획, 설계 및 조성 등을 통해 구성한다. 묘포의 설계는 묘목의 품질에 상당한 영향을 미치므로 엄격한 기준을 적용하여 관리·감독하여야 한다.

(1) 설치 목적에 따른 묘포 구분

① 고정묘포(固定苗圃)
고정적 묘포시설을 갖추고 장기적 또는 영구적으로 이용하는 묘포이다.

② 임시묘포(臨時苗圃)
단기간 양묘를 위해 임시적으로 설치한 묘포로 이동묘포라고도 한다. 조림예정지 부근에 묘목을 일정 기간 옮겨 심는 임간묘포(林間苗圃, 산지묘포)는 대부분 임시묘포로 식재목의 활착을 도우며 운반도 편리한 장점이 있다.

(2) 묘포지의 선정 조건(묘포의 적지 선정 시 고려사항)

① 토양
- 사양토나 식양토로 너무 비옥하지 않은 곳
- 토심이 깊은 곳
- pH 6.5 이하의 약산성 토양인 곳

② 경사
평탄지보다 관배수가 좋은 5° 이하의 완경사지인 곳

③ 기후·방위
- 위도가 높고 한랭한 지역은 동남향이 유리
- 따뜻한 남쪽 지방에서는 북향이 유리
- 해가림이 필요한 수종은 묘상의 구획을 동서방향으로 길게 하는 것이 유리
- 사방이 높은 산으로 막힌 산간지역의 좁은 계곡지역은 피함(기류 정체로 서리 피해가 심함)

④ 기타
- 교통과 노동력의 공급이 편리한 곳
- 서북향에 방풍림이 있어 북서풍을 차단할 수 있는 곳
- 가능한 한 조림지의 환경과 비슷한 곳

(3) 묘포의 구성

묘포는 크게 육묘지(포지), 부속지, 제지로 구성되어 있다.

① 육묘지(포지)
- 묘목이 자라고 있는 재배지. 휴한지, 보도(통로) 포함
- 육묘상의 면적은 전체 묘포면적의 60~70%

② 부속지

묘목재배를 위한 부대시설 부지. 창고, 관리실, 작업실 등

③ 제지

포지와 부속지를 제외한 나머지 부분. 계단 경사면 등

(4) 묘포의 구획

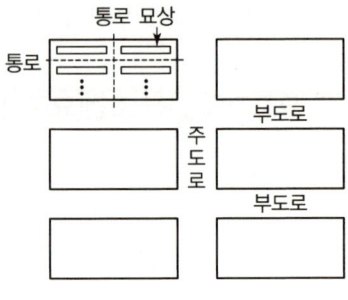

┃묘포의 구획┃

① 묘포는 크게 주도로와 부도로의 대구획으로 나누고, 다시 작은 통로(보도)로 세분하며 그 사이에 묘상을 둔다.
② 주도로는 경운기 등을 운행할 수 있도록 2~3m 안팎의 노폭을 유지하고, 주도로에 직각으로 부도로를 설치한다.
③ 보통 주도로 사이의 간격은 80~100m, 부도로 사이의 간격은 40m 정도로 한다.
④ 묘상의 폭은 1m, 길이는 10~20m로 동서로 길게 하여 모판이 남쪽을 향하도록 하며, 보도의 폭은 보통 30~40cm 정도로 한다.
⑤ 북서쪽에는 방풍림을 설치하여 찬바람을 막는다.

2. 종자파종

종자 심기를 파종(播種)이라고 하며, 파종을 하기 전 부적당한 토양의 조건을 정비하여 발아에 적당한 환경을 조성하고 알맞은 파종상(播種床)을 만들어야 한다.

(1) 정지(整地)

정지는 파종 전에 토양을 정리·정돈하는 기계적 작업으로 경운(밭갈이), 쇄토(흙깨기), 진압(다지기) 등의 작업이 있다.

① 경운(耕耘, 밭갈이)

단단해진 토양을 갈아엎어 흙덩이를 부수며 부드럽게 하는 작업으로 통기성과 투수성을 좋게 하며 잡초를 제거하는 등 여러 효과가 있다. 경운은 제초효과 등으로 파종 후나 출아 후 실시하기도 한다.

> **POINT!**
>
> **경운작업의 효과**
> - 토양이 팽윤해지고 공기와 수분의 유통이 좋아진다.
> - 토양을 부드럽게 하고 통기가 잘 되도록 하여 토양 산소량을 많게 한다.
> - 호기성 토양 미생물이 증식할 수 있는 환경을 제공한다.
> - 토양 중의 유용 미생물이 증식한다.
> - 토양의 풍화작용을 도와 영양분을 가용성으로 만든다.
> - 토양의 보수력 및 흡열력, 비료의 흡수력을 증가시킨다.
> - 잡초를 제거하고, 잡초종자가 땅속 깊숙이 묻혀 잡초 발생을 억제한다.
> - 시비의 효과를 고르게 한다.

② 쇄토(碎土, 흙깨기)

밭갈이 작업 후 대강 반전시켜 놓은 흙덩이를 좀 더 잘게 부수는 작업으로 잔돌이나 잡물질 등도 함께 제거한다.

③ 진압(鎭壓, 다지기)

쇄토 후 느슨해진 토양을 긴밀히 하기 위해 표토를 다지는 작업으로 진압판이나 롤러 등을 이용하여 다진다. 진압은 끊어진 모세관을 이어주어 모세관수의 공급을 용이하게 하며 보수력을 높여 종자의 발아가 동시에 일어나도록 돕는다.

(2) 작상(作床, 상 만들기)

파종 전에 묘목 양성을 위한 묘상(苗床)을 만드는 작업으로 묘상은 보도면과의 상대적 높이 차이에 따라 고상, 평상, 저상으로 분류한다.

① 고상(高床)
- 묘상의 높이가 보도보다 15cm 정도 높은 상
- 소나무류, 낙엽송, 삼나무, 전나무 등

② 평상(平床)
- 묘상의 높이와 보도의 높이가 같은 상
- 오리나무, 자작나무 등

③ 저상(低床)
- 묘상의 높이가 보도보다 7~10cm 정도 낮은 상
- 버드나무류, 사시나무류 등

| 묘상의 종류 |

(3) 파종(播種, 씨뿌리기)

파종을 위한 각종 밑 작업이 끝나면 파종을 하게 된다. 수종에 따라 적당한 파종량과 방법을 결정하여 씨를 뿌리며, 씨뿌림 후 흙을 덮거나 다지기를 하는 등 파종 후에도 여러 과정이 필요하다.

① 파종량 결정
- 씨뿌림 양은 다음 계산식에 따라 산정한다.

  m^2당 파종량
  $$파종량(g/m^2) = \frac{가을에\ m^2당\ 남길\ 묘목수}{1g당\ 종자입수 \times 순량률 \times 발아율\ (\times 득묘율)}$$
  $$= \frac{S}{D \times P \times G (\times L)}$$

  파종상 전체 면적에 대한 파종량
  $$파종량(g/파종상\ 전체) = \frac{파종상\ 면적(m^2) \times 가을에\ m^2당\ 남길\ 묘목수}{1g당\ 종자입수 \times 순량률 \times 발아율\ (\times 득묘율)}$$
  $$= \frac{A \times S}{D \times P \times G (\times L)}$$

- 파종량 계산은 해당 종자의 각종 사항을 고려하여 가을에 기대되는 일정 묘목본수를 일정 면적에 남기고자 할 때의 파종량을 결정하는 것이다.
- 1g당 종자입수(種子粒數)는 g당 평균 종자입수로 나타낸다.
- 순량률, 발아율, 득묘율은 백분율(%)이 아닌 소수로 바꿔 계산한다.
- 순량률과 발아율을 곱한 것은 종자의 효율이다.
- 득묘율(得苗率)은 묘목 잔존율이라고도 하며, 파종된 종자입수에 대한 잔존 묘목수의 비율로 보통 0.3~0.5 정도의 범위에서 결정되나 간단하게 계산할 때는 적용하지 않기도 한다.
- 가을에 m^2당 남길(잔존) 묘목수는 묘목잔존본수 또는 발생기대본수라고도 한다.

Exercise 04

파종상 실면적 500m^2, m^2당 묘목잔존본수 600본, 1g당 종자평균입수 60립, 순량률 90%, 발아율 90%, 묘목잔존율 30%인 경우 파종량은 몇 kg인가?

풀이 파종량(g) $= \frac{A \times S}{D \times P \times G \times L} = \frac{500 \times 600}{60 \times 0.9 \times 0.9 \times 0.3} =$ 약 20,576g = 약 21kg

Exercise 05

발생기대본수가 3,000본/m², 평균입도 1,000립/g인 종자가 순량률이 50%, 발아율이 80%라면 1ha의 면적을 파종하기 위해 구입해야 할 종자량은?

풀이 파종량(g) = $\dfrac{A \times S}{D \times P \times G} = \dfrac{10,000 \times 3,000}{1,000 \times 0.5 \times 0.8} = 75,000\text{g} = 75\text{kg}$

Exercise 06

평균입수를 S, 순량률을 P, 발아율을 B, 발생기대본수를 C라고 했을 때, 비탈파종녹화를 위한 파종량 W의 산출식을 쓰시오.

풀이 파종량(W) = $\dfrac{C}{S \times P \times B}$

② 파종시기

파종시기는 수종이나 지역 등에 따라 차이를 보이나 일반적으로는 봄에 파종하여 싹을 틔운다.

POINT!

추파법(秋播法, 채파법)
- 수종에 따라서는 가을에 파종해야 하는 종자도 있는데, 이는 종자의 수명이 짧아 채종한 즉시 파종해야 활력을 잃지 않기 때문이다. 가을에 채취하고 가을에 파종한다 하여 추파(秋播)라고 하며 채종한 즉시 파종한다 하여 채파(採播)라고도 한다.
- 버드나무, 사시나무(포플러), 미루나무, 회양목 등은 봄, 여름에 종자가 성숙하므로 채종 즉시 파종하여야 발아와 생장에 좋다.

③ 파종방법
  ㉠ 점파(點播, 점뿌림)
   - 일직선으로 종자를 하나씩 띄엄띄엄 심는 방법
   - 상수리나무, 밤나무, 호두나무, 칠엽수, 은행나무 등과 같은 대립종자
  ㉡ 조파(條播, 줄뿌림)
   - 일정 간격을 두고 줄지어 뿌리는 방법
   - 아까시나무, 느티나무, 옻나무, 싸리나무 등과 같은 중립종자

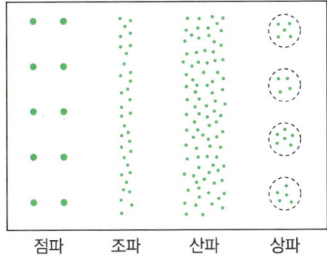

❙ 파종법의 종류 ❙

ⓒ 산파(散播, 흩어뿌림)
- 파종상 전체에 고르게 흩어뿌리는 방법
- 소나무류, 삼나무, 낙엽송, 오리나무, 자작나무 등과 같은 세립종자

ⓔ 상파(床播, 모아뿌림)
- 종자를 몇 개씩 모아 점뿌림 형식으로 심는 방법
- 30cm 정도의 원형 파종상을 만들어 파종

④ 복토(覆土, 흙덮기)
파종 후 종자 위에 흙을 고르게 뿌려 덮어주는 작업으로 복토 두께는 종자의 2~3배 정도로 한다. 자작나무나 오리나무 같은 세립종자는 가는 모래로 살짝만 뿌려 덮어주는 것이 좋다.

⑤ 짚덮기
복토 후 파종상 위에 짚을 덮어 건조 방지 및 수분 유지, 빗물로 인한 흙과 종자의 유실 방지, 잡초 발생 억제 등의 효과를 볼 수 있으며, 또한 파종상의 습도를 높여 발아를 촉진시킨다.

3. 파종상 묘목의 관리

파종상 묘목은 아직은 어린 시기로 주위 여러 환경에 노출되어 해를 받기 쉬우므로 해가림, 솎아내기, 제초, 관수, 단근, 시비 작업 등을 철저히 하여 관리한다.

(1) 해가림

① 어린 묘목은 강한 빛에 쉽게 건조해지며 한해(旱害)를 받을 수가 있으므로 발이나 망 등을 이용하여 해가림을 해 준다. 특히나 음수 수종은 해가림에 신경을 써주어야 한다.
② 그러나 해가림도 8월 중순경부터는 서서히 제거해 주어야 건실한 묘목으로 자랄 수 있다. 구름이 끼고 비가 오는 날이나 아침과 저녁, 밤중에는 걷어 주는 것이 좋다.
③ 해가림 수종
- 해가림이 필요한 수종 : 가문비나무, 전나무, 잣나무, 삼나무, 낙엽송 등의 침엽수
- 해가림이 필요 없는 수종 : 소나무, 리기다소나무, 곰솔(해송), 사시나무, 아까시나무 등의 양수

(2) 솎아내기

발아 후 본엽이 나오기 시작하면 불량한 묘목을 2~3회 솎아내어 차기 묘목의 생육공간을 넓혀주고 생장을 도와준다.

(3) 제초(除草)

잡초를 제거하는 작업으로 잡초가 어릴 때 실시하는 것이 효과적이며, 묘목의 생장에 필요한 양분, 수분, 광을 잡초에게 뺏기지 않도록 관리하여 준다.

(4) 관수(灌水)

어린 묘목은 건조에 취약하므로 뿌리까지 수분이 스며들 수 있도록 충분히 관수해 준다.

(5) 단근(斷根, 뿌리 끊기)

① 굵은 직근(直根)을 잘라 양수분의 흡수를 담당하는 가는 측근(側根)과 세근(細根)을 발달시키는 작업으로 조림지에 이식하였을 때 활착률이 좋아지며 T/R률이 낮은 건실한 묘목을 생산할 수 있다.
② 묘목의 굴취를 용이하게 하고 묘목의 생장을 조절하기 위해 실시하는 것으로 묘목을 포지에 세워둔 채로 도구를 이용해 절단한다.
③ 상수리나무, 굴참나무, 졸참나무와 같이 직근만 발달하는 1년생 산출묘는 단근을 하여 세근의 촉진을 도와야 하며, 느티나무, 낙엽송, 전나무, 삼나무, 편백 등과 같이 뿌리가 낮게 깔리는 천근성 수종은 1년생으로 산출하나 단근하지 않고 후에 2년생 이상으로 단근한다. 소나무와 곰솔(해송)은 직근성이지만 2년생 이상으로 단근한다.

* 산출묘(山出苗) : 묘포에서 조림지로 나가는 묘목
* 천근성(淺根性) : 뿌리가 토양 표면의 얕은 곳에서 뻗는 성질
* 직근성(直根性) : 굵고 주된 뿌리가 땅속 깊이 곧게 쭉 뻗는 성질

[수종에 따른 단근작업]

단근 여부	직근성	천근성
1년생 산출묘로 단근 O	상수리나무, 굴참나무, 졸참나무	-
1년생 산출묘로 단근 X	-	느티나무, 낙엽송, 전나무, 삼나무, 편백
2년생 이상으로 단근 O	소나무, 곰솔(해송)	느티나무, 낙엽송, 전나무, 삼나무, 편백

④ 단근의 효과(목적)
- 가는 뿌리의 발달 촉진
- 활착률의 향상

- T/R률이 낮은 묘목 생산
- 품질 좋은 묘목 생산

> **POINT!**
>
> **T/R률**
> - 식물의 뿌리(root) 생장량에 대한 지상부(top) 생장량의 비율
> - 지상부의 무게를 지하부의 무게로 나눈 값으로 묘목의 지상부와 지하부의 중량비
> - 뿌리(root)에 대한 가지(shoot)의 비율로 보아 S/R률이라고도 함
> - 일반적으로 값이 작아야 묘목이 충실
> - 근계의 발달과 충실도를 판단하는 지표로 자주 쓰임
> - 수종과 연령에 따라 다르며, 보통 우량한 묘목의 T/R률은 3.0 정도
> - 건조한 지역의 경우 지상부는 축소되고 지하부는 발달하여 T/R률 값이 작음
> - 뿌리의 생육이 나빠져 T/R률이 커지는 경우 : 토양 내 과수분, 일조 부족, 석회 부족, 질소 다량 시비 (질소 > 인산 · 칼륨) 등

(6) 시비(施肥, 비료주기)

① 묘포에서의 시비는 비료의 3요소인 질소, 인산, 칼륨과 각종 필수영양소를 공급하여 묘목의 생육을 돕는 작업이다.

② 비료는 시비시기에 따라 기비와 추비, 효과 출현 속도에 따라 속효성과 지효성(완효성) 등으로 구분할 수 있다.

[기비와 추비]

구분	내용
기비 (基肥, 밑거름)	• 파종 전에 미리 주는 밑거름 • 주로 지효성 퇴비나 무기질 비료 사용 • 지효성 비료는 상 만들기 1개월 전에 시비 • 속효성 비료는 상 만들기 직후에 시비
추비 (追肥, 덧거름)	• 묘목의 생육 도중에 생장 촉진을 위해 추가로 주는 덧거름 • 주로 속효성 비료 사용 • 파종상에서는 1, 2차 솎음 후에 주며 늦어도 7월 중순까지 실시 • 이식상에서는 묘목이 활착한 후 실시

- 속효성(速效性) 비료 : 효과가 빠르게 나타나는 비료
- 지효성(遲效性) 비료 : 효과가 천천히 나타나는 비료 = 완효성(緩效性) 비료

4. 판갈이 작업(상체)

(1) 판갈이 일반

① 판갈이는 파종상에서 키운 묘목을 다른 상(床)으로 옮겨 심는 작업으로 상체(床替) 또는 이식(移植)이라고도 한다.
② 자라나는 묘목의 생육공간 확대로 생장과 근계 발달을 촉진시키고, 조림지에서의 활착을 도울 수 있다.
③ 특히 잔뿌리의 발달을 촉진시켜 충실한 묘목으로 자랄 수 있는 기반을 마련한다. 작업은 되도록이면 새싹이 트지 않은 초봄에 실시하는 것이 좋다.

(2) 상체연도

① 수종마다 생장속도, 근계 발달 상황 등이 달라 상체의 시기도 달라지게 된다.
② 소나무류나 낙엽송, 편백 등은 초기 생장이 빨라 1년생으로 상체하며, 참나무류는 직근만 발달하는 수종으로 측근이 발달할 때까지 두었다가 2년생으로 상체한다.
③ 가문비나무나 전나무는 생장이 더뎌 파종상에 오래 거치하였다가 상체하게 된다.

> **POINT!**
>
> **수종별 상체연도**
> - 1년생 상체 : 소나무류, 낙엽송(일본잎갈나무), 삼나무, 편백
> - 2년생 상체 : 참나무류(측근 발달 후)
> - 오랜 거치 후 상체 : 가문비나무, 전나무

(3) 상체밀도

① 판갈이로 묘목을 옮겨 심을 때 수종의 특징 및 땅의 상황 등에 따라 성기게 심을지(소식, 疏植), 밀하게 심을지(밀식, 密植)를 결정하게 된다.
② 소식의 조건
 - 묘목이 클수록 소식한다.
 - 지엽이 옆으로 확장하는 수종일수록 소식한다.
   (삼나무, 편백은 소식 ↔ 소나무, 해송은 밀식)
 - 양수는 음수보다 소식한다.
 - 땅이 비옥할수록 소식한다.
 - 상체상에 한동안 거치할 때 소식한다.

SECTION 03 무성번식묘 생산

1. 접목(椄木, grafting, 접붙이기)

(1) 접목의 특징

① 접목은 잘라낸 식물의 일부분을 서로 접합시켜 하나의 완성된 개체를 만드는 무성번식 방법이다.
② 지하부가 되는 식물을 대목(臺木), 지상부가 되는 식물을 접수(椄穗)라고 한다.
③ 대목과 접수의 형성층이 맞닿도록 접하면 캘러스 조직이 발달하고 활발한 세포분열이 일어나 두 식물이 하나로 유합된다.
  * 캘러스(callus) : 상처유합조직으로 형성층에서 생성

(2) 접목의 장단점

① 장점
  - 클론 보존 : 모수의 형질을 그대로 이어받아 클론(clone, 유전적 동일 개체)을 보존할 수 있다.
  - 대목효과 : 대목의 이로운 특성을 활용하는 것으로 특정 병충해에 강한 대목을 이용하거나 추위에 약한 접수를 강한 대목에 접목하면 한랭지에서도 재배가 가능하다.
  - 개화·결실의 촉진 : 어린 대목에 성숙한 접수를 접목하면 개화·결실이 실생묘보다 빠르다.
  - 상처의 보철 : 수목의 상처 부위에 접목을 통한 보철로 수세를 회복할 수 있다.
  - 바이러스의 연구 : 접목을 통해 바이러스를 표면으로 나타내어 종류나 특성 등을 연구할 수 있다.
  - 그 외 : 원하는 수형(樹形)으로 가꿀 수 있으며, 삽목묘보다 수관이 곧게 자라는 특성이 있어 과수, 유실수, 꽃나무 등의 번식에 많이 이용된다.

② 단점
  - 접목묘가 실생묘보다 수명이 짧다.
  - 숙련된 기술이 필요하다.
  - 시간과 비용이 많이 든다.

(3) 접합에 영향을 미치는 인자

① 접목친화성
- 대목과 접수가 유전적으로 가까운 종일수록 친화성이 좋아 접목 성공률을 높일 수 있다.
- 접수와 같은 종의 대목(共臺, 공대)으로 접목하면 다른 종을 접목하는 것보다 성공률이 높다.
- 접목의 친화력은 식물계통상 같은 종 다른 품종인 동종이품종(同種異品種) 간이 가장 좋으며, 다음으로 동속이품종(同屬異品種) 간, 동과이속(同科異屬) 간 순이다. 그러나 참나무류, 호두나무, 너도밤나무 등과 같이 동종이라도 접목이 어려운 경우가 있으며, 탱자나무와 감귤처럼 다른 속이라도 접목이 가능한 경우가 있다.

② 대목과 접수의 생리적인 상태
- 접수는 휴면상태이고 대목은 생리적 활동을 시작한 상태가 접합에 가장 좋다.
- 접수는 직경 0.5~1cm 정도의 발육이 왕성한 1년생 가지를 휴면상태일 때 채취하여 저장하였다가 이용한다.

③ 온도와 습도
- 온도는 20~30℃ 내외로 조정하며, 습도는 높게 유지해야 캘러스 조직의 발달을 도울 수 있다. 또한 산소를 충분히 공급해 주는 것도 중요하다.
- 호두나무는 대체로 접목이 어렵다. 접목 시 25~30℃의 높은 온도를 유지해야 접목에 성공할 수 있다.

(4) 접목의 종류

① 절접(切接)
- 일반적으로 가장 많이 적용되는 방법이다.
- 눈 2~3개가 붙은 접수를 알맞게 조제하고, 대목에 접수 꽂을 자리를 가로로 쪼갠 후 대목과 접수의 형성층을 맞추어 삽입하고 묶어서 고정한다.

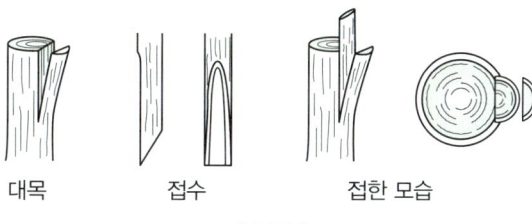

┃절접┃

② 할접(割接)
- 대목이 굵고, 접수가 가늘 때 적용되는 방법으로 소나무류의 접목에 흔히 이용된다.
- 대목의 중심부를 수직방향으로 쪼개어 접수의 형성층을 맞추고 삽입하여 고정한다.

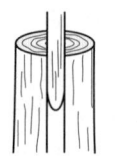 

▮ 할접 ▮

③ 복접(腹椄)
- 대목에 칼로 비스듬하게 삭면을 만들고 조제한 접수를 끼워 넣는 방법으로 수목의 복부에 칼집을 넣어 접목한다 하여 복접이라 한다.
- 대목은 절단하지 않은 채 실시하며, 활착이 이루어진 후에 잘라 준다.

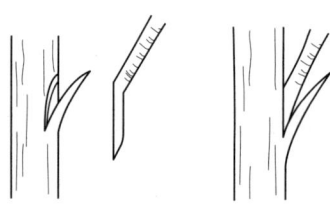

▮ 복접 ▮

④ 설접(舌椄)
- 대목과 접수의 굵기(크기)가 비슷할 때 적용하며 혀모양과 같이 접목하는 방법이다.
- 조직이 유연하고 굵지 않은 대목에 주로 이용되며, 호두나무 등에 적용한다.

▮ 설접 ▮

⑤ 박접(剝椄)
- 대목에 1줄 또는 2줄로 칼집을 넣어 수피를 젖힌 후 접수를 삽입하여 접붙이는 방법이다.
- 밤나무에 흔히 적용한다.

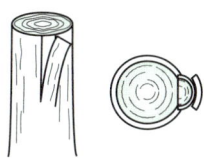

┃ 박접 ┃

⑥ 교접(橋椄)
- 나무줄기가 상처를 입어 수분과 양분의 통과가 어렵게 되었을 때 상처의 상하부를 연결시켜 접목하는 방법이다.
- 통도기능을 가능하게 함으로써 수목의 수세 회복을 도울 수 있다.

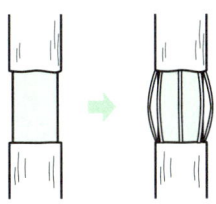

┃ 교접 ┃

⑦ 아접(芽椄, 눈접)
- 대목의 수피에 칼집을 내고 눈(접아)을 끼워 넣는 접목방법이다.
- 칼집은 T자나 거꾸로 된 L자형으로 내며, 접목용 비닐테이프 등으로 묶어 준다.
- 호두나무, 장미, 복숭아나무 등에 적용한다.

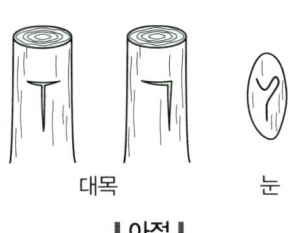

┃ 아접 ┃

⑧ 유대접(幼臺椄)
  - 어린새싹을 대목으로 하여 접목하는 방법이다.
  - 참나무류, 밤나무와 같은 대립종자에 주로 사용된다.
  - 대립종자를 미리 발아시켜 새싹의 위쪽 유경(어린줄기)을 자르고, 줄기를 아래로 내려 쪼개어 접수를 꽂아 접목한다.

2. 삽목(挿木, cutting, 꺾꽂이)

(1) 삽목의 특징

① 삽목은 줄기, 잎, 뿌리 등 식물 영양기관의 일부분을 땅에 꽂아 여러 기관을 갖춘 완전한 하나의 개체를 만드는 무성번식 방법이다.
② 일반적으로 식물체의 일부분을 꺾어 땅에 꽂아 뿌리를 내린다 하여 꺾꽂이라고 부른다.
③ 삽목에 이용되는 식물의 일부분을 삽수(挿樹)라 한다.

(2) 삽목 발근에 영향을 미치는 인자

삽목을 통해 새로운 개체가 형성되기까지는 뿌리내림(발근)이 관건이 된다. 이러한 삽목 발근은 삽목상의 환경조건, 삽수의 생리적 특성, 삽수의 채취 위치, 삽목 요령, 발근촉진제 처리 등 여러 인자의 영향을 받으며 이루어진다.

① 삽목상의 환경조건
  ㉠ 온도
    - 20~25℃가 가장 적합하다.
    - 10℃에서 미약한 발근활동이 시작되고, 15℃에서 대체적으로 발근활동이 가능하다.
    - 30℃ 이상 높은 온도에서는 발근이 어렵고 삽수에 문제가 생길 수 있다.
    - 삽목상의 지상부 온도보다 지하부 온도를 조금 높게 유지하면 발근을 촉진할 수 있다.
    - 밤낮의 적당한 온도 변화도 발근활동에 도움을 준다.
  ㉡ 수분
    - 삽수에 적절한 수분을 공급하여야 한다.
    - 과도한 수분증산이 삽수의 고사 원인이 될 수 있으므로 발근에 시간이 오래 걸리는 수종은 잎의 증산을 억제해주는 증산억제제를 살포한다.
      * 증산억제제(蒸散抑制劑) : 묘목의 고사 방지와 활착을 돕는 역할로 식물체의 표면에 살포하면 얇은 피막이 형성되어 증산을 억제함

- 대기습도는 적절히 높은 것이 좋으나, 고온다습한 환경은 병을 발생시킬 수 있으므로 주의한다.
  ⓒ 산소·광선
  - 통기성이 좋아야 한다.
  - 강한 광선에 따른 건조를 막기 위해 해가림을 실시한다.
  ② 토양 유해미생물
  - 유기물이 많은 삽목상은 여러 유해미생물을 발생시키므로 피한다.
  - 발근에 시간이 오래 걸리면 유해미생물이 번식하여 삽수가 부패하거나 발근율이 떨어지는 등의 문제가 발생할 수 있다.
  - 삽목상은 병충해를 예방하기 위해 미리 살균처리를 한다.

> 📝 POINT!
>
> **좋은 삽목상**
> 무균상으로 보수력이 높고 배수성과 통기성이 좋은 상 예 마사토
> ✏️ 유기물이 많아 양분(양료)이 충분한 토양 ✕

② 삽수의 생리적 특징
- 삽수의 양분조건 : 식물체 내의 탄수화물(C)과 질소(N)의 비율을 나타내는 C/N율이 높은 경우. 즉, 질소함량에 비해 탄수화물의 함량이 높을 때(C>N) 발근이 잘 이루어진다.
- 모수의 나이 : 어린나무에서 채취한 삽수가 성숙한 나무에서 채취한 삽수보다 발근력이 좋으며, 모수의 나이는 발근에 크게 영향을 미친다. 삽수는 주로 어린나무에서 생장이 왕성한 1년생 가지를 채취하며, 수목의 생리활동이 시작하는 초봄에 서둘러 삽목하여 준다.

③ 삽수의 채취 위치
- 수관 상부보다 하부의 가지에서 채취한 삽수가 발근이 잘 된다.
- 주지(主枝)보다 측지(側枝)에서 채취한 삽수가 발근이 잘 된다.
- 가지의 선단부보다 기부에서 채취한 삽수가 발근이 잘 된다.
- 꽃이 피는 생식지보다 영양지에서 채취한 삽수가 발근이 잘 된다.

④ 삽목 요령
- 삽수의 끝눈은 따뜻한 남쪽을 향하게 한다.
- 삽수가 건조하거나 눈이 상하지 않도록 한다.
- 일반 수종은 상면에 비스듬히 경사지게 꽂아주고, 포플러류 같은 속성수는 삽수를 수직으로 세워 깊게 꽂는다.

- 1m²당 포플러류는 200∼300본 삽목하며, 소나무류는 400본 이상 꽂을 수 있다.
- 비가 온 직후 상면이 너무 습할 때는 실시하지 않는다.
- 삽수 보관 시에는 4℃ 내외의 서늘하며 습도 유지가 가능한 곳에 저장한다.

⑤ 발근촉진제 처리
- 삽수의 아랫부분을 발근촉진제 희석액에 담거나 분말에 묻혀 삽목하면 발근효과가 좋아진다.
- 발근촉진제(發根促進劑) : 인돌부틸산(인돌젖산, IBA), 인돌초산(인돌아세트산, IAA), 나프탈렌초산(나프탈렌아세트산, NAA), 루톤액, 3∼5%의 설탕물 등
- 발근촉진제 처리방법 : 저농도액침지법, 고농도순간침지법, 분제처리법 등
- 인돌부틸산(IBA)이 여러 식물에 특히 효과가 좋아 많이 이용되며, 인돌초산(IAA)은 광선에 불안정하고 비교적 쉽게 약효가 소실될 수 있다.

(3) 발근 정도에 따른 수종 구분

유전에 기인하여 수종에 따라서도 삽목 시 발근되는 정도가 다르게 나타난다. 발근이 비교적 잘 되는 수종도 있고, 어려운 수종도 있다.

① 삽목 발근이 쉬운 수종
버드나무류, 은행나무, 사철나무, 플라타너스, 개나리, 삼나무, 주목, 쥐똥나무, 포플러류, 진달래, 측백, 화백, 회양목, 향나무, 동백나무, 무궁화, 배롱나무, 비자나무, 꽝꽝나무 등

② 삽목 발근이 어려운 수종
소나무, 해송, 잣나무, 전나무, 참나무류, 오리나무, 느티나무, 감나무, 밤나무, 호두나무, 벚나무, 사과나무, 대나무류, 목련류 등

| 측백나무 삽목 |

| 동백나무 삽목 |

(4) 삽목의 종류

① 지삽(枝挿)
- 가지를 삽수로 이용하여 삽목하는 방법으로 가장 일반적이다.
- 소지삽(小枝挿) : 작은 가지 삽목

② 근삽(根挿)
- 뿌리의 일부를 삽수로 이용하여 삽목하는 방법이다.
- 사시나무류, 오동나무 등에 흔히 적용한다.

③ 엽아삽(葉芽挿)
- 잎과 그 아래에 붙은 눈을 함께 삽목하는 방법이다.
- 소나무류, 오동나무, 동백나무 등에 적용한다.

3. 취목(取木, layering, 휘묻이)

(1) 취목의 특징

① 취목은 모식물에 붙어 있는 가지를 자르지 않은 상태에서 뿌리를 발생시켜 새로운 개체를 만드는 무성번식 방법이다.
② 일반적으로 땅에 줄기를 휘어 묻어 뿌리 내리게 하므로 휘묻이라고 부르나, 휘지 않고 공중에서 그대로 작업하여 뿌리를 발생시키는 방법의 취목도 있다.
③ 모식물에 붙어 있는 채로 양수분의 공급을 받으며 뿌리를 내리고 일정 기간 성장하면 분리하여 이용한다.

(2) 일반취목

① 휘묻이, 압조법(壓條法), 복조법(伏條法)이라고도 부른다. 뿌리를 발생시키고자 하는 가지의 부분에 환상으로 껍질을 벗기고 발근촉진제 등을 발라 휘어 묻는 방법이다.
② 휘어 묻는 방법에 따라 단순취목, 단부취목, 파상취목, 매간취목 등이 있다.
- 단순취목(單純取木) : 가지를 휘어 묻어 고정하고, 가지 끝은 지상으로 나오도록 하는 방법
- 단부취목(端部取木) : 가지 끝을 땅에 묻는 방법
- 파상취목(波狀取木) : 덩굴식물을 물결모양으로 지상과 지하를 오가며 묻는 방법
- 매간취목(埋幹取木) : 수목 전체 또는 대부분을 수평으로 눕혀 묻는 방법

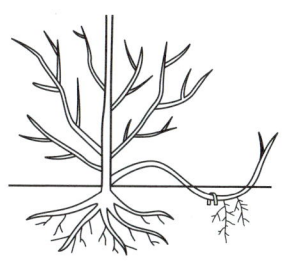

| 일반취목 |

(3) 공중취목

① 가지를 휘어 작업하지 않고, 지상 그대로의 가지에 상처를 내어 점토 또는 물이끼 등을 비닐로 싸매어 뿌리 내리게 하는 방법이다.
② 상처에 발근촉진제를 바르면 더 효과적이며 뿌리가 내리고 성장하면 잘라서 이용한다.

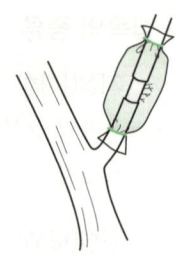

| 공중취목 |

4. 분주(分株, dividing, 포기 나누기)

① 분주는 여러 갈래로 이루어진 모식물의 포기를 나누어 새로운 개체를 얻는 무성번식 방법이다.
② 여러 포기의 줄기와 무성한 뿌리로 번식하는 관목류에 적당하다.

SECTION 04 용기묘 생산

1. 용기묘 일반

(1) 용기묘의 특성

① 용기묘는 묘목을 처음부터 용기 안에서 키워 옮겨 심는 묘목 양성법으로 포트(pot)묘라고도 한다.
② 용기에 담긴 채로 운반되며, 묘목의 굴취 없이 뿌리와 흙이 밀착된 상태 그대로 심어 활착률이 높고 식재시기에 제한 없이 조림이 가능하다.
③ 일반 노지묘보다 생장과 근계 발육이 빨라 속성양묘에 이용하기 좋다.

| 용기묘 |

(2) 용기묘의 장단점

① 장점
 • 옮겨 심은 후 활착률이 높다.
 • 식재시기에 제한이 없으며 연중 조림이 가능하다.
 • 생장이 빨라 생산기간을 단축시킬 수 있다.

- 운반 시 건조로 인한 활력 저하 및 고사 등의 피해를 줄일 수 있다.
- 제초작업이 생략될 수 있다.

② 단점
- 운반비, 식재비 등 양묘비용이 많이 든다.
- 양묘에 기술과 시설을 요한다.
- 관수가 까다롭고, 관리가 복잡하다.
- 조림 시 용기묘는 노지묘보다 소묘이므로 조림지에서의 적응성이 떨어져 조림에 실패할 확률이 높다.

2. 용기묘의 종류 및 설비

(1) 용기묘의 종류

① 지피 포트, 비닐 포트, 플라스틱 포트, 스티로폼 포트, 종이 포트 등 다양한 용기묘가 사용되고 있다.
② 산림용 용기묘 포트로 가장 많이 이용되고 있는 것은 플라스틱 포트로 여러 면에서 실용적이다.
③ 지피 포트는 피트모스를 압착·성형하여 만든 용기로 통기성·배수성이 좋아 묘목 생육에도 좋으며, 포트 화분째로 그대로 옮겨 심을 수 있어 용기 분해로 인한 비료효과도 좋고 친환경적이나 값이 비싸 실용화되지는 못하고 있다.

▌플라스틱 포트▐

(2) 용기육묘 설비

① 용기묘 생산에는 온실뿐만 아니라 묘목관리를 위한 시비 및 관수, 냉·난방 등의 여러 시설이 필요하고, 인위적 시설에서 육묘를 진행하는 만큼 기술적으로 세심한 관리가 필요하다.
② 포트대는 용기를 놓을 수 있는 받침대로 높이는 보통 지면에서 60~80cm 정도로 설치하는데, 지면에서 띄우는 이유는 포트 밖으로 나온 뿌리가 땅속으로 뻗지 못하게 하고, 세근의 발달을 촉진시키기 위해서이다.
③ 포트대 아래는 공기 순환이 잘 되도록 하여 뿌리가 썩지 않도록 주의한다.

▌용기육묘 설비▐

3. 묘목 굳히기(硬化, 경화)

(1) 묘목 굳히기 일반

① 경화는 온실의 온화한 환경에서 자란 묘목이 실제 조림지의 노지환경에 적응할 수 있도록 훈련시키는 작업을 말한다. 용기묘는 온실에서 키운 후 경화과정을 거쳐 산지에 식재하게 된다.
② 하우스 육묘 시에는 빠른 생장을 위하여 질소질 비료를 많이 주지만, 경화 시에는 질소질 비료를 적게 주고 칼륨질 비료를 많이 주어 줄기를 견고하게 하고 내한성·내병성을 강화하여 준다.
③ 또한 관수량을 서서히 줄여 묘목의 체내 수분함량이 줄었을 때 실질적 육질 부분인 건물량(乾物量)이 늘도록 도우며, 온도를 낮추고 직사광선에 서서히 노출시켜 노지환경에 적응하도록 한다.

(2) 경화의 효과

① 불량환경에 대한 저항성 증가
② 건물량 증가
③ 잎살이 두꺼워지고 큐티클층이 발달
④ 지하부 발달 촉진

SECTION 05 묘목의 품질검사 및 규격

1. 묘목의 품질검사

묘목은 규격 기준에 준하는 품질검사를 실시하여 적합하다고 인정되는 것을 산림용 묘목으로 생산·출하하고 있다. 묘목의 품질은 산지에 식재 시 생산성에 큰 영향을 줄 수 있으므로 엄격한 품질검사가 반드시 필요하다.

(1) 우량 묘목의 조건

① 측아보다 정아의 발달이 우세한 것
② T/R률 값이 3 정도 또는 값이 작은 것
③ 하아지가 발달하지 않은 것
  * 하아지(夏芽枝) : 여름·가을에 생긴 눈에서 자라난 가지

④ 가지가 사방으로 고루 뻗어 발달한 것

⑤ 줄기가 굵고 곧으며, 도장되지 않은 것

⑥ 주지의 세력이 강하고 곧게 자란 것

⑦ 근계의 발달이 충실하며, 주근보다 측근과 세근이 발달한 것

⑧ 발육이 왕성하고 조직이 충실한 것

⑨ 양호한 발달 상태와 왕성한 수세를 지닌 것

⑩ 우량한 유전성을 지닌 것

⑪ 온도 저하에 따른 고유의 변색과 광택을 가질 것

(2) 묘목의 연령(묘령, 苗齡)

묘령의 표기는 실생묘, 삽목묘, 접목묘에 따라 조금씩 차이가 있다.

① **실생묘의 연령**

앞에는 파종상에서 지낸 연수, 뒤에는 상체상(판갈이, 이식)에서 지낸 연수를 숫자로 표기한다. 또한 S(spring), F(fall), P(root pruning, 단근작업) 등의 알파벳을 넣어 파종시기와 단근작업의 유무도 함께 상세히 나타내기도 한다.

- 1−0 묘 : 상체된 적이 없는 1년생의 실생묘
- 1−1 묘 : 파종상에서 1년, 상체되어 1년을 지낸 2년생의 실생묘
- 2−0 묘 : 상체된 적이 없는 2년생의 실생묘
- 2−1 묘 : 파종상에서 2년, 상체되어 1년을 지낸 3년생의 실생묘
- 2−1−1 묘 : 파종상에서 2년, 그 뒤 두 번 상체되어 각각 1년씩 지낸 4년생 실생묘
- 2−2−1 묘 : 파종상에서 2년, 그 뒤 두 번 상체되어 각각 2년과 1년을 지낸 5년생 실생묘
- F2P−1 묘 : 가을에 파종하여 2년 후 단근하고, 상체하여 1년이 지난 3년생 실생묘
- S1P−2P−1 묘 : 봄에 파종하여 1년 후 단근하고, 상체하여 2년 후 단근하고, 다시 상체하여 1년이 지난 4년생 실생묘

② **삽목묘의 연령**

분수로 나타내며, 뿌리의 나이를 분모, 줄기의 나이를 분자로 표기한다. 실생묘나 접목묘와 구분하기 위해 삽목(cutting)의 C자를 앞에 붙여 표시하기도 한다.

- 0/0 묘 : 뿌리도 줄기도 없는 삽수 자체로서 실생묘의 씨앗에 해당
- 1/1 묘 : 삽목한 지 1년이 경과되어 뿌리 1년, 줄기 1년 된 삽목묘
- 0/1 묘 : 삽목 1년 후 지상부를 잘라 1년 된 뿌리만 있는 삽목묘
- 0/2 묘 : 2년 된 뿌리만 있는 삽목묘
- 1/2 묘 : 0/1 묘가 1년 경과하여 뿌리 2년, 줄기 1년 된 삽목묘

- 2/3 묘 : 0/1 묘가 2년 경과하여 뿌리 3년, 줄기 2년 된 삽목묘
  - 삽목묘(揷木苗) : 분모와 분자의 나이가 같을 때의 묘목 예 1/1 묘, 2/2 묘
  - 근묘(根苗, 근주묘, 뿌리묘목) : 뿌리만 있고 줄기가 없는 묘목 예 0/1 묘, 0/2 묘
  - 대절묘(臺切苗) : 지상부의 줄기를 잘라 뿌리가 줄기보다 1~2년 정도 오래된 묘목 예 1/2 묘, 2/3 묘

③ 접목묘의 연령

뿌리를 분모로, 줄기를 분자로 표기하는 것은 삽목묘와 같으나 접목(grafting)의 G자를 앞에 넣어 G1/1, G1/2 등으로 표기하여 삽목묘와 구분한다.

2. 묘목의 규격

산림용 묘목은 「종묘사업 실시요령」에 근거하여 수종과 묘령별 묘목규격 기준에 합격하여야 산에 심을 수 있다. 수종별, 묘령별로 간장, 근원경, H/D율의 규격표를 적용하여 기준에 합당할 때 산출한다. 🖉 산림용 묘목의 규격 결정 요인 : 묘령, 간장, 근원경, H/D율 등. 흉고직경 ×

[산림용 묘목의 규격 기준]

구분	내용
간장 (幹長)	• 줄기의 밑동에서부터 상단부 끝눈까지의 길이(cm) • 전체 수간의 길이
근원경 (根元徑)	• 지표면에 드러난 줄기 밑동의 최소 직경(mm) • 근원의 지름, 근원직경 • 근원경이 굵으면 근계 발달
H/D율	• 근원경(diameter)에 대한 간장(height)의 비율(%) • mm 단위로 계산 • 뿌리가 발달하여 근원경이 큰 것, 즉 H/D율이 낮으면 우량 묘목

SECTION · 06 묘목의 식재

1. 굴취 및 포장

(1) 굴취 및 포장 일반

① 굴취(掘取)는 묘목을 이식하기 위해 캐내는 작업으로 주로 해빙이 되는 이른 봄에 실시하나 늦가을에 하기도 한다.

② 굴취는 포지에 어느 정도 습기가 있을 때 작업하며, 뿌리에 상처를 주지 않도록 주의한다.
③ 굴취한 묘목은 건전한 것을 골라 규격별로 선묘(選苗, 묘목의 선별)하여 다발로 묶어 둔다.
④ 묘목을 식재지까지 운반하기 위해 알맞은 크기로 다발묶음하여 포장하는 것을 곤포(梱包, packing)라 한다.

(2) 묘목 굴취의 적기

① 실시 : 습도가 높고, 흐리며, 바람이 없고, 서늘한 날, 아침 이슬이 마른 시간 등
② 금지 : 비가 오거나 바람이 심하게 부는 날, 아침 이슬이 마르지 않은 새벽 등

2. 운반(運搬)

① 운반은 포지에서 양성된 묘목을 식재될 산지까지 수송하는 일로, 되도록 포장 당일 조림지에 도착하도록 한다.
② 운반 시 건조로 인해 활력을 잃지 않도록 주의하고, 비를 맞히지 않도록 한다. 또한, 무게에 의해 억눌려 뜨지 않도록 해야 하며, 묘목에 손상이 없도록 주의해야 한다.

3. 가식(假植)

(1) 가식 일반

① 가식은 묘목을 심기 전 일시적으로 도랑을 파서 그 안에 뿌리를 묻어 건조를 방지하고 생기를 회복시키는 작업이다. 조림지에 심기 전 임시로 근처 가까운 곳에 심어 조림지의 환경에 적응하도록 돕는 것이다.
② 묘포에서 캐낸 묘목의 뿌리가 마르지 않도록 굴취 후에는 1일 이내에 운반하여 신속히 산지에 가식한다.
③ 묘목을 묶어 가식할 때 일반적인 묶음별 그루수(속당본수)는 20본이다.

(2) 가식의 장소

① 배수와 통기가 좋은 사질양토인 곳
② 토양습도가 적당한 곳
③ 배수가 양호하며, 그늘지고 서늘한 곳
④ 물이 고이거나 과습하지 않은 곳
⑤ 건조한 바람과 직사광선을 막을 수 있는 곳

⑥ 주변의 대기 습도가 적당히 높은 곳
⑦ 조림지의 최근거리에 위치한 곳

✎ 부식토, 습지, 유기질 비료가 많은 땅 ✕

(3) 묘목의 가식방법

① 가을에는 묘목의 끝이 남쪽으로 향하게 하여 45° 정도 경사지게 뉘여서 가식한다.
② 봄에 굴취된 묘목은 노출된 가지의 끝이 북쪽을 향하도록 하여 비스듬히 눕혀 묻는다.
③ 지제부가 10cm 이상 깊게 묻히도록 한다.
④ 뿌리부분을 부채살 모양으로 열가식한다.
⑤ 단기간 가식하고자 할 때에는 묘목을 다발째로 비스듬히 뉘여서 뿌리를 묻는다.
⑥ 장기간 가식하고자 할 때에는 묘목을 다발에서 풀어 낱개로 펴고 도랑에 세워 묻는다.
⑦ 가식지 주변에 배수로를 설치한다.
⑧ 비가 오거나 비 온 후에는 가급적 바로 가식하지 않는다.
⑨ 동해에 약한 유묘는 움가식을 한다.
　＊움가식 : 구덩이를 파 깊숙이 묻고 거적이나 짚 등으로 덮어 동해 예방
⑩ 낙엽수는 묘목 전체를 땅속에 묻어도 된다. ✎ 상록수 ✕
⑪ 조림예정지가 원거리에 있거나 해빙이 늦은 지역은 조림예정지 부근에 가식 월동을 한다.
⑫ 추위나 바람의 피해가 우려되는 곳은 묘목의 정단부분이 바람과 반대방향이 되도록 뉘여서 묻는다.

4. 묘목의 식재

(1) 묘목 식재 일반

① 묘상에서 키운 묘목을 굴취, 포장, 운반, 가식의 과정을 거쳐 드디어 산지에 식재함으로써 인공조림지를 조성하게 된다.
② 식재시기는 주로 봄이지만 가을에 식재하기도 한다. 봄철에는 서리의 피해가 우려되지 않을 때 심는 것이 좋고, 겨울철에는 동해나 한해를 고려하여야 한다.
③ 각 조림지의 기후나 토양조건에 맞는 적절한 조림수종을 선택해야 하는 것은 물론이고 식재시기, 식재밀도, 식재방법 등을 충분히 고려하여 묘목을 식재하는 것이 조림의 성패를 크게 좌우하는 인자가 된다.
④ 식재조림을 위한 묘목의 선정 기준
　• 묘목의 뿌리나 줄기를 손톱이나 칼로 약간 벗겨 보면 습기가 있고 백색으로 윤기가 돌아야 한다.

- 묘목의 동아(冬芽)가 자라지 않고 단단하여야 하며, 흰색의 세근이 4~5mm 이상 자라지 않은 상태여야 한다.
- 악취가 나는 묘목은 조림 대상에서 제외한다.
- 묘목은 약간 습윤한 상태에서 저장하여야 한다.

> **참고**
>
> **지존작업(ground clearance)**
> - 묘목식재 전에 조림 예정지에서 잡초, 덩굴식물, 관목 등을 제거하는 조림 준비작업이다.
> - 잡목 제거 방법
>   - 쳐내기법 : 소도구를 이용하여 인력으로 잡목을 쳐내는 방법
>   - 화입법(火入法) : 식재작업에 지장을 주는 잡목을 태워버리는 방법
>   - 약제처리법 : 제초제를 이용한 화학적 처리법

(2) 묘목의 식재밀도

① 식재밀도에 따른 특징
- 식재밀도는 ha당 심는 수목의 본수로 나타내며 그 정도에 따라 여러 특징을 보인다.
- 식재밀도가 높을수록 연륜폭이 좁아져 지름은 가늘지만 완만한 목재를 생산할 수 있으며, 가지의 생장이 억제되어 총생산량 중 가지의 비율이 감소하고 간재적의 비율은 증가한다.
- 반면, 밀도가 낮을수록 단목재적은 빨리 증가하여 직경생장이 좋아지고 초살도가 높은 용재를 생산한다.
  * 초살도(梢殺度) : 수간 하부의 직경생장이 증가하여 상부로 갈수록 좁아지며 뾰족해지는 현상
- 식재밀도는 수고생장에도 영향을 주지만 직경생장에 더 큰 영향을 끼친다.

② 밀식조림의 장단점
  ㉠ 장점
  - 수관이 조기에 울폐되어 임지의 침식과 건조 방지 및 보호 효과
  - 잡초의 발생을 억제하여 풀베기 작업 비용 절감
  - 수목의 지름은 가늘지만 곧은 완만재 생산
  - 가지의 생장을 막아 마디가 적으며 지하고가 높은 수목 생산
  - 가지치기 비용 절감
  - 키가 큰 나무를 빨리 이용하고자 할 때 유리
  - 제벌, 간벌의 여유(선목의 여유)가 있어 우량 임분으로 유도 가능
  - 간벌로 인한 중간 수입 기대

ⓒ 단점
- 묘목대, 조림비, 무육관리비, 노동력 등이 다량 소요
- 밀립하면 줄기가 가늘고 근계 발달이 약화되어 풍해, 설해, 병충해 등의 피해 우려

③ 식재밀도에 영향을 미치는 인자
- 밀도를 결정할 때에는 경영목표, 지리적 조건, 수종의 특성, 산주의 경영 여건 등 여러 인자를 고려하고 분석하여 시행한다.
- 연료재나 펄프재 등의 소경재 생산에는 밀식조림하여 대량생산하는 것이 좋으나, 교통이 불편한 오지림에서는 수목의 운반이 어려워 밀식 소경재 생산은 불리하다.
- 비옥한 임지에서는 수목의 생장속도가 빨라 소식하며, 광선요구량이 많은 양수도 소식하는 것이 유리하다. 그러나 양수라도 줄기가 자유롭게 굽어 형질이 악화되는 느티나무, 소나무, 해송 등은 밀식을 하여 고급재로 생산할 수 있다.

[식재밀도에 영향을 미치는 인자]

구분	밀식(密植)	소식(疏植)
경영목표	소경재 생산	대경재 생산
지리적 조건	교통이 편리한 곳	교통이 불편한 오지림
토양의 비옥도	비옥도가 낮은 토양	비옥도가 높은 토양
양음수	음수	양수
수종의 특성	소나무, 해송, 느티나무 등 줄기가 굽는 수종	-

(3) 식재망

일정한 간격과 형상으로 묘목을 식재하는 것을 식재망이라고 한다. 규칙적인 배열과 비규칙적인 배열의 식재망이 있는데, 규칙적 식재망에는 장방형(직사각형), 정방형(정사각형), 정삼각형, 이중정방형 등의 종류가 있다.

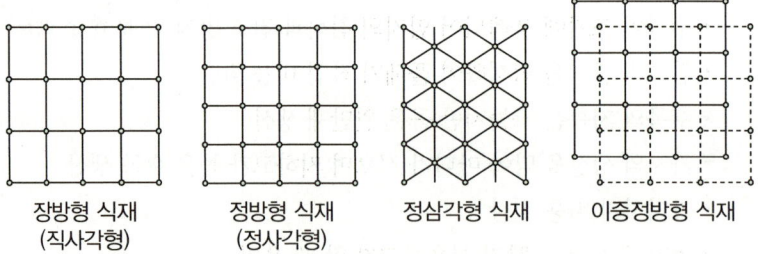

장방형 식재 (직사각형) 정방형 식재 (정사각형) 정삼각형 식재 이중정방형 식재

▎규칙적 식재망의 종류 ▎

① 장방형 식재

묘목의 묘간거리와 줄사이거리가 다른 직사각형 형태로 식재하는 방법

$$N = \frac{A}{a \times b}$$

여기서, N : 소요 묘목 본수, A : 조림지 면적(m²), a : 묘간거리(m), b : 줄사이거리(m)

Exercise 07

잣나무 묘목을 가로 2.5m, 세로 2m 간격으로 2ha에 식재할 경우 필요한 묘목 본수는?

풀이 $N = \dfrac{A}{a \times b} = \dfrac{20,000}{2.5 \times 2} = 4,000$주

② 정방형 식재
- 묘목의 묘간거리와 줄사이거리가 같은 정사각형 형태로 식재하는 방법
- 가장 일반적으로 많이 쓰이는 식재망
- ha당 1.8m×1.8m의 정방형으로 3,086본을 식재하는 것이 널리 이용

$$N = \frac{A}{a^2}$$

여기서, N : 소요 묘목 본수, A : 조림지 면적(m²), a : 묘간거리(m)

③ 정삼각형 식재
- 묘목의 전체 간격이 모두 같은 정삼각형 형태로 식재하는 방법
- 일정 면적에 대해 정방형 식재보다 15.5% 본수 증가
- 정방형 식재보다 묘목 1본의 면적은 86.6%로 감소
- 일정 면적당 많은 묘목을 심을 수 있는 장점

$$N = \frac{A}{a^2} \times 1.155 \text{ 또는 } N = \frac{A}{a^2 \times 0.866}$$

여기서, N : 소요 묘목 본수, A : 조림지 면적(m²), a : 묘간거리(m)

Exercise 08

묘간거리가 2m인 정삼각형 식재 때의 1ha당 묘목의 본수는?

풀이 1ha=10,000m²이므로, 본수는 $N = \dfrac{A}{a^2} \times 1.155 = \dfrac{10,000}{2^2} \times 1.155 = 2,887.5$본

④ 이중정방형 식재
- 정방형 식재를 이중으로 겹쳐 식재하는 방법
- 정방형 식재의 2배에 해당하는 묘목 식재 가능

$$N = \frac{A}{a^2} \times 2$$

여기서, N : 소요 묘목 본수, A : 조림지 면적(m²), a : 묘간거리(m)

(4) 식재방법 및 순서

① 식재방법
- 토양 표면의 돌, 잡초, 낙엽 등을 정리하여 치우고 구덩이에 유입되지 않도록 한다.
- 깨끗한 표토를 가려 한쪽으로 잘 모아 둔다.
- 수종, 근계 발달 상황 등에 따라 충분한 크기의 구덩이를 판다.
- 묘목의 뿌리를 잘 펴서 구덩이 안에 바로 세우고, 뿌리가 굽지 않도록 한다.
- 펼친 뿌리 위로 치워 두었던 비옥한 표토를 채우고, 흙이 70%가량 채워지면 묘목을 살짝 위로 당기듯이 흔들면서 나머지 흙도 채운다.
- 원지면보다 약간 두둑하고 높게 흙을 채운 후 발로 밟아 잘 다져 준다.
- 건조를 막기 위해 치워 두었던 낙엽과 잡초 등을 덮어 마무리한다.

② 식재순서
지피물 제거 – 구덩이 파기 – 묘목 삽입 – 흙 채우기 – 다지기

> **참고**
>
> **뿌리돌림**
> - 묘목 식재 및 수목이식 시 활착을 돕고자 미리 뿌리를 잘라 세근의 발달을 촉진시키는 방법
> - 뿌리돌림 시기는 수종마다 차이가 있으며, 아래와 같다.
>   - 낙엽수종(낙엽송 포함) : 11~12월 상순 또는 2~3월 상순
>   - 상록침엽수종 : 3~4월 상순 또는 10월 중순
>   - 상록활엽수종 : 5~6월(장마철) 또는 9~10월

(5) 보식(補植)

식재 후 묘목이 활착하지 못한 곳은 다시 식재하여 보충해 준다.

① 활착률 80% 미만일 경우
조림수종 또는 다른 수종으로 대체하여 보식

② 활착률 50% 미만일 경우

조림수종이 입지조건에 부적합하여 정상적인 생육을 기대하기 어려울 뿐만 아니라 임분조성이 어려우므로 입지에 맞는 수종으로 재조림 실시

5. 파종조림

묘목을 양성하여 식재하는 것이 아닌 종자를 직접 임지에 파종하여 조림하는 것으로 직파조림(直播造林)이라고도 부른다.

(1) 파종조림의 특징

① 발아율과 치묘(稚苗)의 생존율이 낮다.
② 발아된 치묘는 생존율이 낮아 발아 후 1~2년 사이에 고사하는 경우가 많다.
③ 일단 발아하여 크게 성장하면 식재묘목보다 환경에 잘 적응하여 환경 변화에 강하다.
④ 발아된 묘목의 자연적인 발달을 도모할 수 있다.
⑤ 묘목 양성 비용이 들지 않아 경제적이다.
⑥ 묘포장의 양묘방법보다 종자량은 많이 든다.
⑦ 파종을 위한 조림예정지 정리작업과 파종 후 흙덮기작업 등이 필요하다.

(2) 파종조림의 수종 및 성패 요인

① 파종조림은 여러 장애 요인에 의해 실패할 가능성이 크다. 가장 큰 원인은 조류나 설치류(토끼, 들쥐, 다람쥐) 등의 소동물로 인한 것인데, 이러한 피해를 막기 위해서는 파종 시 종자 보호물을 설치하여 대비하여야 한다.
② 파종조림은 식재조림이 어려운 암석지, 급경사지, 붕괴지, 척박지 등에 적용한다. 직근이 주로 발달하는 소나무나 참나무류는 이식 시 활착이 불량하여 식재조림이 아닌 파종조림을 적용하는 것이 효과적인 수종이다.
③ 파종조림이 용이한 수종
 • 침엽수 : 소나무, 해송, 리기다소나무
 • 활엽수 : 참나무류(상수리, 굴참, 졸참, 갈참, 떡갈, 신갈), 밤나무, 가래나무, 벚나무, 옻나무
④ 파종조림의 성패에 영향을 주는 요인
 수분조건, 동물의 피해, 건조의 피해, 서릿발의 피해, 토의(土衣, 흙옷) 등
 * 흙옷 : 흙이 섞인 빗방울이 어린 묘목에 튀어 옷과 같이 덮어 쓰게 되는 현상으로 광합성이나 호흡작용을 막아 고사에 이르게 함

CHAPTER 05 수목의 생리·생태

SECTION 01 수목의 생장

수목의 생장은 크게 개체의 크기가 증가하는 영양생장과 꽃눈이 생기고 개화·결실을 하는 생식생장으로 구분할 수 있다. 수목이 영양생장에서 생식생장으로 생육기가 전환하는 데 가장 크게 영향을 미치는 환경조건은 온도와 일장이다.

[영양생장과 생식생장]

구분	내용
영양생장	• 키가 크거나 직경이 굵어지는 등 수목 자체의 양적인 크기 증가 • 종자가 발아하여 잎, 줄기, 뿌리가 자라는 현상 • 발아하여 화아분화 전까지의 기간
생식생장	• 꽃눈이 형성되어 꽃이 피고 열매가 열리는 과정 • 화아분화하여 개화·결실에 이르는 기간 • 생식적인 발육의 단계 • 시간의 경과에 따라 수목이 완성되는 과정

* 화아분화(花芽分化) : 꽃눈이 형성되어 발육하는 일

1. 영양생장

영양생장은 수목의 양적인 크기 증가로 수고생장(길이생장), 지름생장(직경생장), 뿌리생장 등이 있다. 길이와 지름의 생장으로 수목의 전체 재적생장이 증가하는 것이다.

(1) 수고생장

① 수목의 길이가 길어지는 현상으로 줄기나 뿌리 끝의 생장점에서 일어난다. 지상부는 가지의 눈이 자라 새로운 가지를 만들면서 키가 커지게 된다.
② 온대지방에서는 수목의 줄기가 자라는 양상을 유한생장과 무한생장, 고정생장과 자유생장으로 나눠 설명할 수 있다.

[줄기생장형에 따른 분류]

구분	내용
유한생장 (有限生長)	• 일정 기간 동안만 자라며 생장에 제한이 있음 • 한 가지당 1년에 1회 또는 2~3회 정아가 형성하여 생장 • 정아우세현상이 뚜렷하여 굵은 원줄기가 발달하고 위가 뾰족한 원뿔형 수형 • 일정한 크기에 도달하면 생장이 멈춤 • 참나무류와 소나무류, 가문비나무류 등 대부분의 침엽수
무한생장 (無限生長)	• 오랫동안 생장을 계속하여 생장에 제한이 없음 • 줄기 끝의 정아가 아닌 측아(곁눈)가 발달하여 생장 • 측아우세현상이 뚜렷하여 옆으로 넓게 펴지는 수형 • 수백 년 동안 생장하는 노거수(老巨樹)도 많음 • 버드나무, 자작나무, 아까시나무, 버즘나무 등 대부분의 활엽수
고정생장 (固定生長)	• 다음 해에 자랄 줄기의 원기가 겨울눈(동아) 속에 형성되어 있다가 봄에 싹이 트고 여름에 생장이 정지 • 줄기의 생장이 전년도에 형성된 겨울눈에 의해 이미 결정 • 봄에만 수고생장을 하며, 이후에는 느림 • 참나무, 적송, 잣나무, 가문비나무, 너도밤나무 등
자유생장 (自由生長)	• 다음 해에 자랄 줄기의 원기가 겨울눈(동아) 속에 형성되어 있다가 봄에 자라 봄잎을 만들고 이어서 새로 만들어지는 원기가 또 여름 동안 계속해서 여름잎을 만들면서 가을까지 생장 • 봄부터 여름, 가을까지 새 가지가 계속 자람 • 생장이 빠른 속성수의 생장 • 포플러, 은행나무, 낙엽송, 버드나무, 자작나무 등 • 가을 늦게까지 자라다가 겨울눈을 미처 만들지 못해 새 가지가 얼어 죽는 경우가 많음

(2) 지름생장

① 지름생장은 목부와 사부 사이에 있는 형성층의 분열활동으로 직경이 굵어지며 이루어진다.
② 형성층의 세포분열을 통해서 안쪽으로는 물관부조직을, 바깥쪽으로는 체관부조직을 형성하며 비대생장을 하는 것이다. 목부와 사부를 추가로 생산하며 형성층은 계속 분열조직으로 남는다.
③ 형성층이 생산하는 목부와 사부 조직의 비율은 조금씩 다르나, 일반적으로 목부의 생산량이 더 많다.

(3) 뿌리생장

① 뿌리는 유근(어린뿌리)이 직근으로 발달하기 시작하면서 측근이 생기고 많은 뿌리털이 발달하게 된다. 가는 뿌리털들은 물과 양분의 흡수를 담당하고, 점차 직경이 굵어지며 비대생장을 하게 된다.
② 직경이 굵어지는 것은 지름생장의 원리와 같아 형성층이 만들어지며, 안쪽으로 목부조직을 바깥쪽으로 사부조직을 추가하며 형성된다.

③ 뿌리의 분포는 토성의 영향을 많이 받아 점질토에서는 뿌리의 침투가 불량하며, 사질토에서는 근계가 깊숙이 발달하게 된다.
④ 건조한 곳에서 자란 수목일수록 근계가 발달하여 T/R률이 작다.

> **참고**
>
> **건조탈출식물**
> 건조한 환경에서도 잘 견디며 원예, 조경, 농경 등에 도입되었다가 그 일부가 탈출하여 번성하게 된 식물
> - 지상/뿌리 비율이 작다(반대로 뿌리/지상 비율이 크다).
> - 왜소하며, 생활사가 짧다.
> - 우기 동안 개화 · 결실이 완성된다.
>
> **굴지성(屈地性, 굴중성)**
> - 수목이 중력의 자극에 의해 특정 방향으로 자라는 성질
> - 줄기는 광합성을 위해 중력의 반대방향인 위로(음성굴지성), 뿌리는 영양분 흡수를 위해 중력방향인 아래로(양성굴지성) 자라는 현상

2. 생식생장

(1) 생식생장의 특징

① 생식생장은 꽃눈이 형성되어 개화 · 결실에 이르고 후대를 이어가는 생식의 발육단계이다.
② 수목이 일정 크기로 자라면 영양생장을 멈추고 꽃눈 형성 후 꽃을 피우며 생식생장을 한다.
③ 소나무와 해송의 암꽃 분화시기는 8월 중순부터 9월 상순까지이며, 침엽수종은 보통 꽃피는 전해의 여름에 꽃눈이 분화하여 일본잎갈나무는 7월경 분화한다.
④ 개화생리의 순서 : 화아형성 – 화아분화 – 수분 – 수정

(2) 꽃의 분류

① 양성화(兩性花, 완전화) : 암술과 수술이 다 들어 있는 꽃 예 자귀나무, 벚나무
② 단성화(單性花, 불완전화) : 암술과 수술 중 하나만 있는 꽃

> **POINT!**
>
> **단성화(불완전화)의 분류**
> - 자웅동주(雌雄同株)
>   – 암꽃과 수꽃이 같은 나무에서 달리는 것
>   – 소나무류, 삼나무, 오리나무류, 호두나무, 참나무류, 가래나무
>   – 암수한그루, 일가화(一家花)

- 자웅이주(雌雄異株)
  - 암꽃과 수꽃이 각각 다른 나무에서 달리는 것
  - 은행나무, 소철, 포플러류, 주목, 호랑가시나무, 꽝꽝나무, 가죽나무
  - 암수딴그루, 이가화(二家花)

┃ 리기다소나무의 암구화수 ┃

┃ 리기다소나무의 수구화수 ┃

SECTION · 02 임목과 수분

1. 수분포텐셜

(1) 수분포텐셜의 정의

① 수분포텐셜(water potential)이란 물이 가진 상대적 수분이동 에너지로 그리스 문자인 ψ(프사이)로 표시하며, 단위는 Mpa(megapascal)을 사용한다.
② 물분자가 농도차, 압력차 등에 의해 어느 한쪽에서 다른 쪽으로 이동하여 평형을 이루려는 성질이다.
③ 식물의 수분은 수분포텐셜이 높은 쪽에서 낮은 쪽으로 이동한다.
④ 토양의 수분포텐셜이 뿌리의 수분포텐셜보다 높아야 식물 뿌리가 토양으로부터 수분을 흡수할 수 있다.
⑤ 토양의 수분포텐셜이 가장 높고, 식물이 중간, 대기권이 가장 낮을 때, 수분이 토양으로부터 식물을 통과해 대기권으로 이동하게 된다.

(2) 수분포텐셜의 구성

① 수분의 이동은 농도차에 의한 삼투포텐셜과 압력차에 의한 압력포텐셜, 토양이나 식물 등이 원래부터 가지고 있는 물의 이동에너지인 기질포텐셜에 의해 이루어진다.

② 수목의 수분포텐셜＝삼투포텐셜＋압력포텐셜＋기질포텐셜(매트릭스포텐셜)
식물세포에서는 보통 삼투포텐셜과 압력포텐셜의 상대적 힘으로 수분포텐셜이 정해지며, 기질포텐셜은 구성인자로는 두고 있으나 그 수치가 너무 미미하여 포함시키지는 않는다.

㉠ 삼투포텐셜
- 농도가 낮은 쪽(높은 수분포텐셜)에서 농도가 높은 쪽(낮은 수분포텐셜)으로 물이 이동하는 힘인 삼투압에 의해 발생하는 수분이동에너지
- 일반적인 물의 수분포텐셜은 0이며, 용질이 추가될수록 음수(−)의 값이 커진다.
- 식물은 세포 속에 여러 용질이 용해되어 있어 일정 농도를 가지게 되므로 삼투포텐셜은 항상 음수(−) 값을 나타낸다.
- 삼투압이 높을수록(농도가 짙을수록) 삼투포텐셜은 낮아지고, 그로 인해 수분포텐셜도 낮아진다.

㉡ 압력포텐셜
- 압력차에 의해서도 물은 이동하며, 높은 압력에서 낮은 압력 쪽으로 물을 밀어내어 이동하게 된다.
- 세포가 수분을 흡수하여 팽팽해지면 세포벽 쪽으로 밀어내는 압력인 팽압이 생기고 그로 인해 압력포텐셜이 발생한다.
- 세포가 수분을 많이 흡수할수록 팽압이 커지므로 압력포텐셜도 커진다.
- 수분을 최대한으로 흡수하여 팽팽해진 세포는 −값인 삼투포텐셜과 ＋값인 압력포텐셜의 절대값이 같아져 수분포텐셜은 0이 된다.

③ 식물의 수분포텐셜이 낮아지면 다음 현상이 나타난다.
- 위조현상과 기공폐쇄 수반
- CO_2 부족으로 광합성률 저하
- 팽압 저하로 생장 감소
- 수분포텐셜이 영구위조점 이하로 떨어지면 식물체 고사

2. 토양수분

(1) 토양수분의 용어

① 토양수분장력(pF, potential Force)
- 토양이 물을 흡착하고 유지하려는 힘으로 수주(물기둥)의 높이로 표시하며, 물의 높이로 토양이 물을 끌어당기는 힘의 정도를 측정한다.
- 토양수분흡착력의 단위로 수주 높이(H)에 log를 취하여 pF로 표시한다. $pF = \log H(cm)$

- pF＝log10³＝3이란 10³cm(1,000cm, 10m)의 힘으로 토양에 흡착·유지되어 있는 수분이다.
- pF＝3은 1기압이며, 수주의 높이는 약 1,000cm이다.

② 최대용수량
- 강우 등으로 토양의 모든 공극이 물로 포화되어 모관수가 최대로 포함된 상태의 수분함량으로 pF값은 0이다.
- 수목생육에 알맞은 최적함수량은 최대용수량의 60～80%이다.
- 최대용수량 상태인 경우 과습의 피해가 나타날 수 있다.

③ 포장용수량
- 강우 등으로 토양의 모든 공극이 물로 포화되면, 큰 공극의 수분은 중력에 의해 배수되고, 일정 수분은 중력에 저항하여 작은 공극인 모세관에 남게 되는데, 이때의 수분함량은 pF 2.7이다.
- 중력수가 완전히 배제된 후, 모세관수만을 최대로 보유할 때의 상태이다.
- 토양 내 수분이 평형상태에 도달하며, 식물에게 이용될 수 있는 수분범위의 최대수분함량이다.

④ 수분당량
물로 포화시킨 토양에 중력의 약 1,000배의 원심력으로 탈수하였을 때 토양 중에 잔류하는 수분함량이다.

⑤ 위조계수
  ㉠ 초기위조점 : 토양 수분이 부족하여 식물이 시들기 시작하는 함수상태. pF 3.9
  ㉡ 영구위조점
    - 초기위조를 지나 수분이 계속 감소하면 식물이 수분을 전혀 흡수하지 못하여 영구히 시들어버리는 함수상태가 되고, 수목이 이 영구위조점을 넘어서면 아무리 수분을 공급해 주어도 회복 불가능. pF 4.2
    - 포화습도의 공기 중에 시든 식물을 둔다 하더라도 시든 식물이 회복되지 않을 때의 수분량
  ㉢ 위조계수 : 영구위조점에서의 토양수분함량

⑥ 흡습계수
식물이 이용할 수 없는 마른 토양상태인 흡습수의 함량으로 pF 4.5이다.

(2) 토양수분의 분류

① 결합수

토양 내 작은 교질 입자 주변에 존재하거나 화학적으로 결합하여 고체를 구성하는 pF 7.0 이상의 수분으로 식물이 흡수 이용할 수 없으며, 토양을 100~110℃로 가열해도 분리되지 않는 결정수이다.

② 흡습수

습도가 높은 대기 중에 건조 토양을 두면 토양입자가 수분을 흡수하여 표면에 흡착하는데 이때의 수분을 말하며, 토양알갱이와 단단히 붙어 있어 수목이 이용할 수 없다. 즉, 토양 입자에 매우 큰 분자 인력에 의해 얇은 층으로 흡착되어 있는 토양수분이다.

③ 모세관수(모관수)
- 중력에 저항하여 토양입자와 물분자 간의 부착력에 의해 모세관 사이에 남아 있는 수분으로 pF 2.7~4.5이며 수목의 뿌리가 이용 가능한 수분이다.
- 모세관수의 pF 범위는 2.7~4.5이나, 수목생장이 가능한 토양의 유효수분은 pF 2.7의 포장용수량에서 pF 4.2의 영구위조점 전까지의 수분이며, 모세관수는 수목이 가장 유용하게 이용하는 유효수분이다.

④ 중력수(자유수, 유리수)

중력의 작용에 의해 아래로 이동하여 배수되는 수분으로 토양공극으로부터 쉽게 제거된다. 중력수는 모관수를 채우는 급원으로 보아 수목이 이용 가능한 토양수분의 범위이나 유효수분은 아니다.

⑤ 팽윤수

토양입자에 포함되어 있는 팽윤성 물질이 수화팽윤되어 보유하게 되는 수분으로 pF 4.2~5.5이며 식물의 이용이 불가능하다.

[토양수분의 분류]

분류	pF 범위	식물의 이용 가능성
결합수	pF 7.0 이상	×
흡습수	pF 4.5~7	×
모관수	pF 2.7~4.5	식물의 유효수분, ○
중력수	pF 2.5 이하	모관수의 급원, △
팽윤수	pF 4.2~5.5	×

3. 수분의 흡수과정

(1) 수분의 흡수 일반

① 수목의 뿌리에서 수분의 흡수가 가장 왕성하게 이루어지는 부위는 근모부(뿌리털)이며, 양분의 흡수는 생장점에서 이루어진다.
② 식물은 잎을 통한 증산작용으로 수분이 배출되고 그때 발생되는 끌어올리는 힘에 의해 뿌리가 수동적으로 수분을 흡수하게 된다. 식물 대부분의 수분 흡수는 이 수동적 방법에 의해 일어나며, 수분 흡수의 과정에서 에너지를 소모하지 않는다.
③ 증산작용이 일어나지 않는 시기에는 뿌리의 삼투압에 의해 능동적으로 수분을 흡수하게 된다.

> **참고**
>
> **수목 내 물의 주요 기능**
> - 세포 원형질의 구성성분이다(세포 생중량의 80~90%).
> - 광합성과 가수분해의 반응물질이다.
> - 여러 대사물질을 다른 곳으로 운반시키는 운반체이다.
> - 세포의 팽압을 유지한다.

(2) 일반적 수분의 흡수과정

① 농도차에 의해 세포 내로 수분이 들어가려는 힘인 삼투압과 세포 밖으로 수분을 밀어내려는 힘인 막압의 차이에 의해 수분의 흡수과정이 발생하는데, 이때 삼투압과 막압의 차이를 흡수압 또는 확산압차(DPD)라고 부른다.
② 토양에서 식물뿌리로 수분이 흡수되는 것은 확산압차(DPD)에 의한 힘과 흡수에 반하는 여러 요인들에 의해 이루어진다.
③ 뿌리로 흡수된 수분은 세포 사이에서의 확산압차(DPD)에 의해 이동하게 되는데, 이때의 확산압차를 확산압차구배(DPDD)라 한다.

(3) 뿌리의 능동적 흡수과정

① 증산작용이 약하거나 일어나지 않을 때 뿌리는 자체의 힘으로 수분을 흡수하게 되는데, 이때의 뿌리세포 자체의 흡수력에 의한 수분 흡수를 능동적 흡수라 한다.
② 뿌리세포가 무기염류를 축적하여 농도가 짙어지면 삼투현상에 의해 외부로부터 물을 흡수한다.
③ 세포가 물을 가득 흡수하면 삼투압은 저하되고, 세포가 팽팽해지면서 팽압이 늘어난다.

④ 팽팽해진 세포에는 수분을 밖으로 밀어내려는 막압이 작용하고 물은 뿌리의 내부 다른 세포로 이동하여 물관에 도달하게 된다.
⑤ 이러한 삼투압, 팽압, 막압의 반복으로 물이 식물체 내로 흡수·전달된다.

4. 증산작용(蒸散作用)

수분이 기체가 되어 식물체 밖으로 빠져나가는 현상으로 주로 잎의 기공을 통해 일어난다. 증산작용은 수분과 함께 무기염류의 흡수와 이동을 촉진하며, 잎의 온도를 낮추어 준다.

(1) 증산작용의 촉진과 억제

① 광도가 강하거나, 온도가 높을 때 또는 대기습도가 낮을 때는 기공이 크게 열리게 되어 증산작용이 활발하게 일어난다.
② 광도와 온도가 높으면 식물은 증산을 통해 체내의 온도를 낮추고, 대기습도가 낮아 공기가 건조하면 대기 중의 수분과 식물체 내의 수분 평형을 맞추고자 기공이 열리게 되는 것이다.
③ 광도와 온도가 높은 낮에는 증산작용이 왕성하며, 반대로 광도와 온도가 떨어지는 밤에는 증산작용이 감소한다.
④ 기공이 자주 여닫히거나, 크기가 크고 많아도 증산작용은 잘 일어난다. 일반적으로 엽면적이 크면 기공의 수나 양이 많아 증산작용이 활발하다.
⑤ 바람이 너무 강하게 불면 증산작용이 지나치게 활발해져 수목이 시들고 고사할 수 있다.
⑥ 토양이 너무 건조하면 뿌리는 수분흡수력을 증대시키고 잎은 기공을 닫아 식물 체 내의 수분을 유지하려고 한다.

> **POINT!**
>
> **증산작용이 잘 일어나는 조건**
> - 광도가 강할 때
> - 대기습도가 낮을 때
> - 기공이 자주 여닫힐 때
> - 바람이 강하게 불 때
> - 온도가 높을 때
> - 기공의 수가 많고 클 때
> - 엽면적이 클 때
> - 낮일 때

(2) 기공의 개폐기작

① 잎의 기공이 열리고 닫히는 것은 빛의 세기, 습도, 이산화탄소 농도 등의 여러 인자에 의한 공변세포의 팽압 변화로 나타나며, 세포의 팽창과 축소로 일어난다.

② 기공은 두 개의 공변세포로 이루어져 있으며, 팽압이 증가하면 세포의 안쪽은 두꺼워 잘 늘어나지 않지만 바깥쪽은 얇아 쉽게 늘어나고 한쪽으로 휘게 되면서 기공이 열린다. 이때 이 팽압의 변화는 칼륨이온(K^+)을 받거나 내어 줌으로써 일어난다.

③ 식물의 잎은 빛의 자극을 받으면 공변세포에서 칼륨이온(K^+)을 흡수하여 삼투압이 증가한다. 삼투압 증가로 공변세포 내로 수분이 유입되고 팽창하여 팽압이 증가하면 기공이 열리는 것이다.

④ 또한 식물체가 건조로 스트레스를 받으면 ABA 호르몬이 분비되고, 칼륨이온(K^+)을 공변세포 밖으로 내보내 수분도 이동하게 되면서 세포가 팽압을 잃고 축소하여 기공이 닫히게 된다.

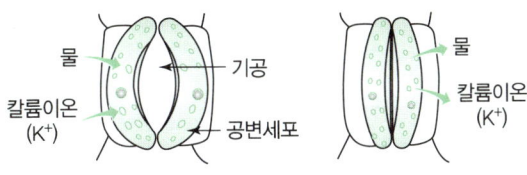

▌기공의 개폐 ▌

(3) 기공개폐의 변화

① 광도 : 순광합성이 가능한 정도의 광도이면 기공은 충분히 열린다. 아침에 해가 뜰 때 열리며, 저녁에는 서서히 닫힌다.

② 온도 : 온도가 상승하면 식물은 기공을 열어 체내 온도를 낮추지만, 30℃ 이상으로 고온에 이르면 기공을 닫아 스스로를 보호한다.

③ 이산화탄소 : 엽육조직의 세포 간극에 있는 이산화탄소의 농도가 낮으면 광합성에 필요한 이산화탄소의 공급을 위해 기공이 열리고, 이산화탄소의 농도가 높으면 기공이 닫힌다.

④ 수분포텐셜 : 잎의 수분포텐셜이 낮으면 수분스트레스를 받아 기공이 닫히고, 높으면 기공이 열린다.

(4) 요수량

① 요수량(要水量)

식물이 건물질 1g을 생산하는 데 소비되는 수분량(g), 식물의 수분요구량

* 건물질(乾物質) : 식물이 수분을 완전히 배제한 건조 상태일 때의 실질적 육질부분

② 증산계수(蒸散計數)

- 식물이 건물질 1g을 생산하는 데 소비되는 증산량(g)

- 소비되는 수분량이 거의 대부분 증산되므로 요수량과 증산계수는 같은 뜻으로 쓰인다.

③ 증산능(蒸散能, 증산능률)
- 1kg(1,000cc)의 물을 증산시켜 얻은 건물질의 양을 g 단위로 나타낸 것
- 어떤 수목이 1,000cc의 물을 증산시켜 2g의 건물질을 생산하였다면 증산능은 2이며, 1g의 건물질을 만드는 증산량은 500cc로 증산계수는 500이다.

④ 수목의 요수량
- 일반적으로 요수량이 작은 식물이 건조한 토양과 가뭄에 대한 저항성이 강하다.
- 소나무는 요수량이 작아 건조하고 척박한 환경인 능선부에서도 잘 자란다.
- 버드나무, 낙우송, 오리나무, 미루나무 등은 토양수분 요구도가 높아 요수량도 크다.

5. 수분스트레스

(1) 수분스트레스 일반

① 수분스트레스란 수목이 체내의 수분이 부족해 생리적 장해를 일으키는 현상이다.
② 세포가 수분 부족으로 팽압을 잃고 축소하며, 기공이 닫히고, 광합성에 지장을 주게 되어 심하면 생장에 문제를 가져오기도 한다.
③ 주로 해가 뜨거운 여름철 낮에 과도한 증산작용으로 급속히 시들면서 발생한다.
④ 수분이 충분하면 직경생장이 왕성하여 연륜폭이 넓어지고, 춘재의 양이 증가한다. 반대로 부족하면 춘재에서 추재로의 이행을 촉진하여 추재의 양이 증가한다.

(2) 수분 부족 스트레스를 받은 수목의 일반적 현상

① 체내의 수분 부족으로 세포의 팽압이 감소한다.
② 조직이나 기관이 긴장을 잃고 시들기 시작하여 위조(萎凋)한다.
③ ABA를 생산하기 시작하여 기공의 크기에 영향을 주고 기공폐쇄가 일어난다.
④ 생화학적인 반응을 감소시켜 효소의 활동을 둔화시킨다.
⑤ 추재의 양이 증가한다.

SECTION 03 임목과 양분

1. 무기염류의 흡수

(1) 무기염류

① 무기염류는 식물생육에 필요한 무기질 영양소로 수분과 함께 식물이 생장하는 데 없어서는 안 될 중요한 양분이다.
② 그중 식물생육에 꼭 있어야 하는 필수원소는 식물조직 내에 0.1%(1,000ppm) 이상 함유되어 있는 다량원소 9종과 0.1%(1,000ppm) 이하 함유되어 있는 미량원소 8종으로 총 17종이다.
③ 이 중 탄소, 산소, 수소는 대기나 토양의 물로부터 얻어 사용하며, 무기염류라 하지는 않으나 식물생육 필수영양소이다.
④ 또한 알루미늄(Al), 규소(Si) 등의 무기원소도 있으나 필수원소는 아니다. 알루미늄(Al) 같은 경우는 과다 시 오히려 수목에 해를 끼치고, 규소(Si)는 작물체를 튼튼히 하여 도복을 막고 품질 향상에 도움을 주어 벼재배에 많이 이용되고 있는 영양소이다.

[필수원소의 종류]

구분	내용
다량원소(9종)	탄소(C), 산소(O), 수소(H), 질소(N), 칼륨(K), 칼슘(Ca), 인(P), 마그네슘(Mg), 황(S)
미량원소(8종)	철(Fe), 염소(Cl), 망간(Mn), 붕소(B), 아연(Zn), 구리(Cu), 몰리브덴(Mo), 니켈(Ni)

(2) 무기염류의 이동

① 무기염류의 이동성이란 원소들의 용해도와 사부조직으로 들어갈 수 있는 용이성을 의미한다.
② 무기염류는 종류에 따라 식물체 내에서의 이동성에 차이를 보이며, 이동성이 높은지 낮은지에 따라 결핍증상이 먼저 나타나는 곳이 달라지게 된다.
③ 이동성이 높은 원소는 성숙잎(노엽)에서 어린잎(유엽)으로 염류가 쉽게 이동하여 결핍증상이 성숙잎에 나타나고, 이동성이 낮은 원소는 가지 끝에 달리는 어린잎까지 쉽게 이동하지 못해 결핍증상이 어린잎에 나타난다.

[무기염류의 체내 이동성]

구분	내용
체내 이동성이 낮은 영양소	• 칼슘(Ca), 철(Fe), 망간(Mn), 붕소(B) • 결핍 시 가지선단이나 어린잎(유엽, 신엽, 새잎)에 증세 발현
체내 이동성이 높은 영양소	• 질소(N), 칼륨(K), 인산(P), 마그네슘(Mg) • 결핍 시 성숙잎(노엽, 늙은 잎)에 증세 발현

(3) 수종에 따른 무기양분 요구도

① 산림수목은 농작물보다 양분 요구량이 적으며, 수목 간에는 대체적으로 활엽수보다 침엽수의 양분 요구량이 적다. 그러나 침엽수 중에서도 낙우송과 독일가문비는 요구량이 많으며, 잣나무가 보통, 소나무가 가장 적게 요구한다.
② 소나무류는 활엽수와의 경쟁에서 밀려 산능선과 같은 건조하며 척박한 환경에서도 적응하여, 수분과 양분요구도가 매우 낮은 수종이다.

✎ 소나무류 < 침엽수 < 활엽수 < 농작물

[수종별 무기양분 요구도]

무기양분 요구도	수종
많음	오동나무, 느티나무, 밤나무, 전나무, 물푸레나무, 미루나무, 참나무류, 낙우송, 백합나무
중간	잣나무, 낙엽송, 서어나무, 버드나무
적음	소나무, 해송, 향나무, 오리나무, 아까시나무, 자작나무

※ 무기양분 요구도의 크기 비교
  • 소나무 < 잣나무 < 낙우송
  • 소나무 < 자작나무 < 백합나무

2. 양분의 역할 및 결핍증상

무기양분 각각의 역할은 조금씩 다르며, 그에 따른 결핍증상도 다양하게 나타난다. 대표적인 결핍증상으로는 엽록소 형성에 문제가 생겨 누렇게 갈변하는 황화현상이 있는데, 엽록소 구성물질인 질소, 마그네슘의 결핍이나 칼륨, 철, 망간 등의 부족으로 나타난다.
또한 식물이 가장 많이 필요한 원소는 질소, 인산, 칼륨으로 비료의 3요소에 해당하며, 모자라게 되면 여러 결핍 증상이 나타난다.

(1) 질소(N, nitrogen)

① 아미노산과 단백질의 합성에 중요한 역할을 하여 수목생장에 크게 관여하는 양분이다.
② 엽록소의 주요 구성성분으로 부위별로는 잎에 가장 많고 측지, 주지, 수간 순으로 많다.
③ 질소는 질산태(NO_3^-)와 암모니아태(NH_4^+)의 형태로 식물에 흡수된다.
④ 임지에 존재하는 무기성분 중 가장 풍부하지만 임목생장에 있어 가장 결핍되기 쉬운 원소이기도 하다.
⑤ 산불 시 가장 잃기 쉬운 양분으로 산불 발생 임지는 질소가 부족한 메마른 땅이 된다.
⑥ 체내 이동성이 높아 결핍 시 성숙잎에 먼저 증세가 나타난다.
⑦ 결핍 시 생장이 나쁘며, T/R률이 작아지고, 짧은 잎이 발생하며 성숙잎의 황화현상이 두

드러지게 나타난다. 대표적으로 상수리나무도 질소가 결핍되면 잎색이 황백화되고, 잎의 길이가 짧아진다.
⑧ 과잉 시 지상부가 팽배해지며, 잎색이 진하고 과실의 착색이 지연되는 현상이 발생한다.

(2) 인(P, phosphorus)

① 인지질과 핵산의 구성성분이며, 에너지의 저장과 공급에 중요한 역할을 한다.
② 질소 다음으로 부족되기 쉬운 영양소이다.
③ 뿌리의 발달을 촉진하며, 수목기관 중에서는 잎에 다량 함유하고 있다.
④ 인산은 토양 중의 철이나 알루미늄과 쉽게 결합하여 고정되므로 질소나 칼륨질보다 식물의 이용률이 떨어진다.
⑤ 주로 인산이온($H_2PO_4^-$)의 형태로 식물에 흡수된다.
⑥ 체내 이동성이 높아 결핍 시 성숙잎에 먼저 증세가 나타난다.
⑦ 결핍 시 왜성화로 묘목의 생장이 불량하며, 소나무잎은 자주색으로 변색한다.
⑧ 과잉 시 철과 결합하므로 철의 부족으로 어린잎에 황화현상을 가져오기도 한다.

> **참고**
>
> **수목체 내에서 지질(脂質, lipid)의 기능**
> - 세포의 구성성분 : 인지질은 원형질막의 구성성분
> - 보호층 조성 : 식물체 표면을 보호하는 피복층 구성
> - 저항성 증진 : 각종 병해충 및 내한성 등 증진
> - 저장물질의 역할 : 열매의 저장물질
> - 2차 산물의 역할 : 지질의 대사를 통한 2차 산물 생성
>
> **지질의 종류**
> - 지방산과 지방산 유도체 : 지방산, 납(wax), 큐틴(cutin), 단순지질(지방, 기름), 복합지질(인지질, 당지질) 등
> - 이소프레노이드(Isoprenoid) 화합물 : 고무, 수지(resin), 테르펜(terpene, 정유), 카로테노이드(carotenoids) 등
> - 페놀(Phenol) 화합물 : 리그닌(lignin), 탄닌(tannin) 등

(3) 칼륨(K, potassium)

① 칼륨이온은 세포 원형질막의 투과성이 높아 식물 분열조직의 생장, 광합성 작용 등에 아주 중요한 양이온(+)이다.
② 식물의 광합성 시 탄수화물(전분)의 생성 및 이동을 크게 촉진한다. 즉, 탄소동화작용을 촉진하는 생체촉매 역할을 한다.
③ 칼륨이온(K^+)의 형태로 식물에 흡수된다.

④ 질소와 인 다음으로 결핍되기 쉬운 원소이다.
⑤ 잎의 기공에서 이루어지는 개폐기작에 가장 크게 관여하는 무기양분이다.
⑥ 체내 이동성이 높아 결핍 시 성숙잎에 먼저 증세가 나타난다.
⑦ 결핍 시 검은 반점과 황화현상이 나타나고, 뿌리썩음병 등을 유발하며, 내건성 및 내동성이 저하한다.
⑧ 과잉 시 칼슘과 마그네슘의 흡수가 저해되어 결핍증상이 나타난다.

(4) 칼슘(Ca, calcium)

① 세포막의 구성성분으로 식물체가 구조적으로 견고할 수 있도록 돕는다.
② 유해물질이 세포 안으로 들어오는 것을 조절하여 중화 및 해독작용을 한다.
③ 체내 이동성이 낮아 결핍 시 어린잎에 먼저 증세가 나타난다.
④ 칼슘이온(Ca^{2+})의 형태로 식물에 흡수된다.

(5) 마그네슘(Mg, magnesium)

① 질소와 함께 엽록소의 주요 구성성분이다.
② 체내 이동성이 높아 결핍 시 성숙잎에 먼저 증세가 나타난다.
③ 마그네슘이온(Mg^{2+})의 형태로 식물에 흡수된다.
④ 종자에 많이 함유되어 있으며 전분종자보다 지방종자에 더 많고, 뿌리에는 비교적 적다.
⑤ 결핍 시 잎맥 사이의 색이 먼저 누렇게 변하면서 황화현상이 나타난다.
⑥ 인산과 잘 결합하여 이동을 돕는데, 마그네슘이 결핍되면 인산의 이용 또한 감소한다.
⑦ 칼륨 등과 길항작용하여 서로의 흡수를 방해한다.

(6) 황(S, sulfur)

① 질소와 함께 아미노산의 구성성분이자 단백질합성의 필수원소이다.
② 황이온(SO_4^{2-})의 형태로 식물에 흡수된다.

(7) 철(Fe, iron)

① 체내 이동성이 낮아 결핍 시 어린잎에 먼저 황화현상이 나타난다.
② 결핍 시 잎맥 사이의 색이 먼저 누렇게 변하면서 황화하는 것은 마그네슘과 비슷하나 성숙잎이 아닌 어린잎에서 먼저 나타나는 것이 다르다.
③ 아주 적은 양으로도 식물체에 충분한 효과가 있는 대표적 미량원소이다.
④ 결핍 시에는 철화합물을 직접 수간주사하여 보충할 수 있다.

(8) 기타

① 붕소(B, boron)와 망간(Mn, manganese)

체내 이동성이 낮아 결핍 시 어린잎에 먼저 증세가 나타난다.

② 아연(Zn, zinc)

식물생장호르몬인 옥신(auxin)의 분비에 관여해 아연 결핍 시 잎이 작아지며 생장이 억제된다.

③ 구리(Cu, copper)

매우 적은 양만 필요하여 결핍현상이 나타나기가 극히 드물지만, 결핍 시 새잎의 끝부분부터 황백화 현상이 나타나며, 소나무는 어린 줄기와 잎이 꼬이는 증상이 타나난다.

SECTION 04 임목과 광선

1. 광합성과 호흡

광합성(光合成)이란 식물이 빛을 이용하여 물(H_2O)과 이산화탄소(CO_2)를 원료로 포도당과 같은 유기 양분을 만드는 과정으로 탄소동화작용이라고도 한다.

광합성을 통해 유기물을 만들며 동시에 호흡으로 에너지를 소비하고 남은 양을 축적하여 생장한다. 이렇듯 식물은 유일하게 스스로 에너지를 만들고 이용하는 생물이다.

(1) 광합성과 호흡의 기작

① 식물은 광합성을 할 때 이산화탄소를 흡수하고 산소를 방출하며, 반대로 호흡을 할 때 산소를 흡수하고 이산화탄소를 방출한다.

② 광합성과 호흡의 화학식

$$6CO_2 + 6H_2O \xrightarrow{\text{광합성}} C_6H_{12}O_6 + 6O_2$$
$$\text{이산화탄소} + \text{물} \longleftrightarrow \text{포도당} + \text{산소}$$
$$6CO_2 + 6H_2O \xleftarrow{\text{호흡}} C_6H_{12}O_6 + 6O_2$$

③ 양분을 합성하여 에너지를 저장하는 과정이 광합성이라면 양분을 분해하여 에너지를 소모하는 과정은 호흡이다.

④ 광합성은 엽록체에서 일어나며, 호흡은 주로 미토콘드리아라는 소기관에서 일어난다.
⑤ 광합성 과정에 가장 크게 관여하는 것은 엽록소(잎파랑이)라는 색소로 엽록체의 작은 기관 안에 들어 있다. 엽록체는 엽록소를 함유한 그라나(grana)라는 부분과 엽록소가 없는 스트로마(stroma)라는 부분으로 이루어져 있으며, 그라나에서는 광반응(명반응)을, 스트로마에서는 암반응을 진행한다.
⑥ 광합성의 과정
  - 광반응 : 엽록소에서 흡수한 빛에너지를 이용한 물의 광분해 반응(산소방출)과 식물활동에 필요한 에너지인 ATP(아데노신 3인산)를 만드는 광인산화 반응으로 엽록체의 그라나에서 진행
  - 암반응 : 빛이 없어도 가능한 탄수화물(포도당)을 합성하는 과정으로 엽록체의 스트로마에서 진행
⑦ 광합성의 조건
  - 광합성이 반응하기 위해서는 알맞은 광도, 이산화탄소, 수분, 온도 등의 조건이 충족되어야 한다.
  - 특히 이산화탄소는 기공을 통하여 대기 중에서 얻는데, 대기 중의 이산화탄소 농도는 0.03%로 식물이 충분한 광합성을 하기에는 부족하여 부족분을 보충해 주면 광합성량을 늘릴 수 있다.
  - 또한 미풍이 불어도 이산화탄소를 공급하게 되어 광합성에 도움이 된다. 온도도 중요 요인으로 작용하여 온도가 낮으면 광도가 충분해도 광합성에 문제가 생길 수 있다.

> **참고**
>
> **파이토크롬(phytochrome, 피토크롬)**
> - 환경 속의 빛을 감지하여 식물의 발아, 분화, 성장, 개화, 결실 등의 여러 과정을 조절하는 감광 색소 단백질이다.
> - 낮은 광도에서 더욱 반응하여, 암흑 속에서 기른 식물체에서 많이 검출된다.
> - 햇빛을 받으면 합성이 일부 금지되거나 파괴된다.
> - 분자량이 12만 달톤(dalton) 정도 되는 두 개의 동일한 폴리펩티드(polypeptide)로 구성되어 있다.
>   (달톤 : 고분자 물질의 질량 표시 단위, 폴리펩티드 : 아미노산 덩어리)
> - 피롤(pyrrole) 4개가 모여 이루어진 발색단을 지닌다.
>   (피롤 : 질소를 가진 화합물, 발색단 : 발색이 되는 원자단)
>
> **카로테노이드(carotenoids)**
> - 식물에서 노란색, 오렌지색, 빨간색 등을 나타내는 광합성 색소이다.
> - 빛에너지를 흡수하여 엽록소에 전달함으로써 광합성을 돕는 보조색소 역할을 담당한다.
> - 광도가 높을 경우 광산화작용에 의한 엽록소의 파괴를 방지한다.

(2) 광합성 용어

① **진정 광합성**

식물은 호흡을 통해 이산화탄소를 방출하며 유기물을 소모하는데, 이때의 에너지를 무시하고 본 절대적인 광합성이다. 즉, 호흡을 무시한 절대적 광합성이다.

② **외견상 광합성**

호흡에 의한 유기물 소모를 빼고 외견상으로 나타나는 광합성으로 에너지의 소모량을 빼고 실질적으로 이루어낸 광합성만을 일컫는다.

③ **광보상점(光補償點)**
- 호흡에 의한 이산화탄소 방출량과 광합성에 의한 이산화탄소 흡수량이 동일한 경우의 광도이다.
- 광합성량과 호흡량이 일치하는 광도로 만들어지는 에너지의 전부가 소모되어 축적되는 광합성량이 없다.
- 식물은 광보상점 이상이 되어야 탄수화물이 축적되고 축적된 양만큼 생장이 가능하다.
- 양지식물은 광보상점이 높고, 음지식물은 낮다.

④ **광포화점(光飽和點)**
- 보상점 이상으로 광도가 증가하면 광합성량도 계속 증가하지만 어느 단계에 이르러서는 광도가 증가하여도 광합성량은 증가하지 않는데 이때의 광도를 말한다. 즉, 광이 포화상태가 되어 더 이상 광합성을 하지 않게 되는 것이다.
- 양지식물은 광포화점이 높고, 음지식물은 낮다.

(3) 탄수화물의 계절적인 변화

① 수목체 내 탄수화물 함량의 계절적 변화는 상록수가 낙엽수에 비해 적은 편이며, 낙엽수에서 다채롭게 일어난다.
② 온대지방의 낙엽수는 겨울의 추위에 내한성을 높이고자 가을에 수목체 내의 탄수화물의 농도가 최고치에 달하고, 봄에는 새로운 잎과 가지의 생장을 위해 저장되어 있는 탄수화물을 에너지로 이용하므로 늦은 봄에는 최저치가 된다.
③ 가을에 최대로 축적되었던 탄수화물(전분)이 겨울철에 들어서면서 환원당의 형태로 변화하여 수목의 내한성이 증가한다. 즉, 겨울철에는 전분 함량이 감소하고 환원당의 함량이 증가한다.
④ 재발성개엽 수종은 줄기생장이 이루어질 때마다 생장에 탄수화물이 이용되므로 탄수화물이 감소한 다음 후에 다시 증가한다.
   * 재발성개엽(再發性開葉) 수종 : 생장조건이 좋으면 연이어 자유생장을 하는 수종

⑤ 수목은 가을에 광합성량이 줄면서 엽록소의 생산을 중지하여 녹색을 띠던 잎의 색이 안토시아닌으로 인해 붉게 단풍이 든다.

2. 광선에 의한 생장반응

햇빛은 광합성에서 가장 중요한 인자로 빛이 없으면 식물은 에너지를 생성할 수 없어 생장이 불가능하며, 그로 인해 자연생태계의 물질과 에너지의 순환에 큰 차질을 가져올 것이다. 자연구성의 근원이자 시작점은 태양광선이라 해도 과언이 아니다.

광선은 크게 광질(光質), 광도(光度), 일장(日長)의 세 가지 형태로 식물에 영향을 끼치고 있다.

> **참고**
>
> **식물의 주광성(走光性)**
> - 식물이 빛의 방향으로 자라는 성질이다.
> - 산림에 빈 공간이 생기면 주변 수목들이 점차 자라 들어가고, 숲 가장자리 수목은 햇빛을 받으려고 바깥쪽으로 기울어 자라게 되는 현상이다.

(1) 광질별 생장반응

① 빛은 파장의 길이에 따라 성질을 달리하는데 이것을 광질(光質)이라 하며, 짧은 것부터 자외선, 가시광선, 적외선으로 구분한다.
② 파장길이 400~700nm의 가시광선은 엽록체가 주로 흡수하여 광합성에 이용하는 유효한 광파장으로, 수목의 생장에 관여한다. 그중 적색광과 청색광이 특히 유효하며, 나머지 부분은 다소 미흡하다.
③ 파장이 짧은 자외선은 오히려 식물생육에 해롭다.

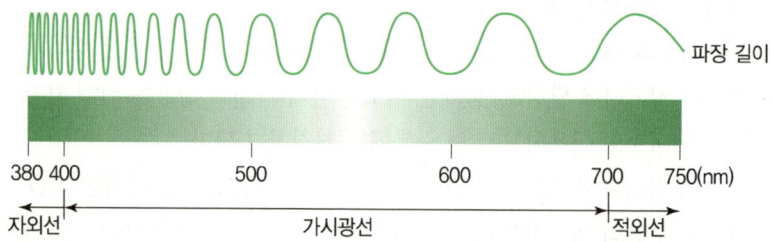

(2) 광도별 생장반응

① 내리쬐는 빛의 세기나 양을 광도(光度)라 하며, 광합성에 크게 영향을 미친다.
② 광도는 위도, 고도, 방위, 경사, 계절, 시각 등에 따라 다르게 나타난다.

③ 한 나무 안에서도 빛을 잘 받는 양엽(陽葉)과 그렇지 못한 음엽(陰葉)이 존재하며 특성에 차이를 보인다.
④ 양엽은 광합성에 유리하여 광포화점이 높으며, 책상 조직이 빽빽하게 잘 발달하였고, 증산작용 억제를 위해 큐티클층과 잎의 두께가 두껍다.
⑤ 음엽은 적은 빛이라도 효율적으로 이용하고자 잎이 넓으며 엽록소의 함량이 상대적으로 많지만 책상 조직의 발달이 엉성하고, 큐티클층과 잎의 두께가 얇다.

[양엽과 음엽의 특징]

구분	양엽(陽葉)	음엽(陰葉)
엽록소 함량	상대적으로 적음	상대적으로 많음
광보상점, 광포화점	높음	낮음
호흡량	많음	적음
책상조직	발달하여 빽빽하게 배열	엉성하게 배열
잎의 모양	조직이 발달하여 두꺼움	넓고 얇음

(3) 일장별 생장반응

① 일장(日長)은 낮의 길이를 의미하는 것으로 광주기(光週期)라고도 한다.
② 초본식물은 낮의 길이의 길고 짧음에 따라 개화·결실에 크게 영향을 받지만, 수목은 대체적으로 영향을 받지 않는다.

[일장에 따른 식물 구분]

구분	내용
장일식물	14시간 이상의 긴 일장에서 개화하는 식물
정일식물	12~14시간의 정해진 일장에서만 개화하는 식물
단일식물	12시간 이하의 짧은 일장에서 개화하는 식물
중성식물	• 일장의 길이와 관계없이 일정 크기가 되면 개화하는 식물 • 일장의 영향을 받지 않음

3. 내음성(耐陰性)

내음성이란 수목이 햇빛을 좋아하거나 싫어하는 정도를 나타내는 것이 아닌 그늘에서도 견딜 수 있는 정도를 나타낸 것이다. 빛이 적은 환경에서도 잘 자라면 내음성이 높고, 잘 자라지 못하면 내음성이 낮다고 표현한다.

(1) 수목별 내음성

① 수목은 그늘에서 견딜 수 있는 내음성의 정도에 따라 양수와 음수 또는 중용수로 나뉜다.
② 햇빛이 있어야 잘 자라는 양수(陽樹)는 광보상점과 광포화점이 높아 광도가 높을 때 광합성이 활발하며, 비교적 햇빛이 적어도 잘 자라는 음수(陰樹)는 광보상점과 광포화점이 낮아 저조한 광량에도 충분히 효율적으로 광합성을 수행한다.
③ 일반적으로 양수는 빛을 받지 못하는 가지가 자연적으로 떨어져 자연전지(自然剪枝)가 잘 이루어지며, 마찬가지로 빛을 충분히 받지 못한 나무는 도태되어 자연간벌 속도도 빠르게 나타난다.
④ 반대로 음수는 가지가 떨어지지 않아 가지가 많으며, 음지에서도 잘 견뎌 수관밀도가 높게 나타난다. 이러한 수관밀도로 내음성을 판단할 수도 있다.

[수목별 내음성]

구분	내용
극음수	주목, 사철나무, 개비자나무, 회양목, 금송, 나한백
음수	가문비나무, 전나무, 너도밤나무, 솔송나무, 비자나무, 녹나무, 단풍나무, 서어나무, 칠엽수
중용수	잣나무, 편백나무, 목련, 느릅나무, 참나무
양수	소나무, 해송, 은행나무, 오리나무, 오동나무, 향나무, 낙우송, 측백나무, 밤나무, 옻나무, 사시나무, 노간주나무, 삼나무
극양수	낙엽송(일본잎갈나무), 버드나무, 자작나무, 포플러, 잎갈나무

(2) 내음성의 영향인자

① 내음성은 동일 수종이라도 온도, 위도, 고도, 수령, 토양양분과 수분, 종자의 크기 등 여러 인자의 영향을 받으며 커지거나 작아지는 등의 변화를 보인다.
② 수목은 주변의 온도가 높아 따뜻해지면 빛이 적어도 어느 정도 견딜 수 있는 힘이 생기며 내음성이 커진다. 반대로 고위도 지방이나 높은 고도에서 자란 수목은 추위로 인해 더 많은 광량을 요구하며 내음성은 약하다.
③ 일반적으로 수목은 어릴 때는 음지에서도 비교적 생장이 좋아 내음성이 강한 편이나 자라남에 따라 많은 광량을 요구하고 햇빛을 선호하게 된다. 즉, 어린 묘목 시기는 내음력이 강하나 성장하면서 점차 감소하는 것이다.
④ 토양의 양분이나 수분이 식물생육에 충분한 조건이라면 수목은 광량이 작더라도 비교적 잘 견디며 생장할 수 있다. 같은 맥락에서 많은 양분을 함유한 대립종자를 가진 수종일수록 내음성은 강하다.

[내음성의 영향인자]

구분	내용
온도	온도가 높을수록 수목의 광선요구량은 감소하고 내음성은 증가한다.
위도	고위도 지방에서 자란 수목은 광합성을 위하여 더 높은 광도를 요구한다. 즉, 광선요구량은 크고, 내음성은 약하다.
고도	고도가 높을수록 광선요구량은 증가하고 내음성은 감소한다.
수령	어릴 때는 내음성이 강하나, 성장할수록 내음성은 감소한다.
토양양분과 수분	양분과 수분조건이 적당하면 광선요구량은 감소하고 내음성은 증가한다.
종자의 크기	대립종자를 지닌 수종이 내음성이 강하다.

SECTION·05 임목의 생장조절물질

1. 생장조절물질의 정의

① 생장조절물질이란 식물체 내에서 생산·합성되고 작용 부위로 이동하여 생장과 발육 및 기타 생리적 기능에 소량으로도 크게 영향을 미치는 호르몬이다. 식물생장조정제, 식물생장호르몬 등으로도 불린다.
② 대표적 생장조절물질로는 옥신, 지베렐린, 시토키닌, 아브시스산, 에틸렌 등이 있고, 종자의 발아촉진제로 지베렐린, 에틸렌, 시토키닌, 질산칼륨 등이 널리 이용되고 있다.

2. 생장조절물질의 종류

(1) 옥신(auxin)

① 수목의 정아에서 생성되어 측아생장을 억제하고 정아생장을 촉진시키는 호르몬으로 길이생장에 관여한다.
② 옥신 중 특히 2,4-D(이사디)는 제초제로 널리 이용되고 있다.
③ 옥신에는 식물체 내에서 합성되어 만들어지는 천연호르몬과 산업적으로 합성되어 만들어진 합성호르몬이 있다.
④ 옥신의 종류
 • 천연호르몬 : IAA(인돌초산, 인돌아세트산)

- 합성호르몬 : NAA(나프탈렌초산, 나프탈렌아세트산), IBA(인돌젖산, 인돌부틸산), 2,4-D, 4-CPA, BNOA(나프톡신산)

⑤ 생리적 효과 : 정아우세, 뿌리생장 촉진, 발근 촉진, 개화·결실 촉진, 제초제 효과, 단위결과의 유도 등

(2) 지베렐린(gibberellin)

① 줄기의 신장생장을 촉진하며 개화·결실을 돕는 호르몬으로 벼의 키다리병을 일으키는 곰팡이에서 처음 추출되었다.
② 줄기생장에 크게 관여하며, 옥신과 함께 사용할 때 신장생장에 더욱 효과가 있다.
③ 종자의 휴면을 타파하여 발아를 촉진하는 대표적 물질이기도 하다.
④ 모든 지베렐린은 산성으로 GA(gibberellin acid)로 표기하며, GA_3가 대표적이다.
⑤ GA_3는 편백·측백 등의 측백나무과와 삼나무·낙우송 등의 낙우송과 수목의 화아분화를 유도하여 개화결실 촉진에 특히 효과적이다.
⑥ 일반적으로 지베렐린이 처리된 수목은 개화량이 많아지고, 개화기간이 길어진다.
⑦ 생리적 효과 : 줄기의 신장생장 촉진, 개화·결실 촉진, 종자의 휴면 타파, 발아 촉진 등

(3) 시토키닌(cytokinin, 사이토키닌)

① 식물의 세포분열을 촉진하여 생장에 관여하는 호르몬이다.
② 뿌리에서 생성되어 측아의 발달을 촉진하고 정아우세현상을 억제한다.
③ 옥신은 정아의 발달에, 시토키닌은 측아의 발달에 관여하여 두 힘의 길항작용에 의해 수목생육이 지배되며 나타난다. 즉, 시토키닌은 옥신과 길항작용을 하여 정아우세현상을 억제한다.
④ 생리적 효과 : 측아생장 촉진, 발아 촉진, 노화 억제 등

(4) 아브시스산(abscisic acid, ABA, 앱시스산)

① 옥신, 지베렐린, 시토키닌과 같은 생장촉진물질과 달리 식물의 생장을 억제하는 대표적 생장억제물질이다.
② 종자의 발아를 억제하여 휴면을 유도하거나, 수분 부족 상황에서 기공을 닫는 등 수목이 불량환경에 처했거나 스트레스를 받을 때 다량 생성된다.
③ 잎, 꽃, 열매가 떨어져 나가는 탈리현상을 유도하여 낙엽, 노화 등을 촉진한다.
④ 생리적 효과 : 생장 억제, 종자의 휴면 유도, 발아 억제, 낙엽 촉진 등

(5) 에틸렌(ethylene)

① 과실의 성숙 · 노화 및 잎과 기관의 노화 · 탈락 등을 촉진하는 기체 상태의 식물호르몬이다.
② 에틸렌을 유발하는 대표 약제로 에세폰(ethephon, 에테폰)이 있으며 에스렐(ethrel)이라고도 한다.
③ 생리적 효과 : 과실의 성숙 · 노화 촉진, 과실의 착색 촉진, 발아 촉진 등

> **참고**
>
> 타감작용(allelopathy, 알렐로퍼시, 상호대립억제작용)
> 식물이 다른 식물의 발아나 생장을 억제하기 위해 생화학적 물질(타감물질)을 분비하여 서로 대립하며 영향을 미치는 현상

SECTION 06 산림생태계

1. 질소순환

(1) 질소의 이용

① 대기 중의 질소가스가 형태를 바꾸며 토양, 식물, 동물을 거쳐 다시 질소가스로 환원되는 순환과정을 질소순환이라 한다.
② 공기 중의 약 78%가 질소(N_2)로 이루어져 있으나, 생물은 이 기체 상태의 질소를 그대로 이용할 수 없다.
③ 이러한 질소는 질소고정이라는 과정을 거쳐 암모늄이온(NH_4^+)이나 질산이온(NO_3^-)과 같은 무기질 질소로 변하였을 때 식물이 흡수 · 이용 가능하다. 이때의 질소를 암모늄태 질소(NH_4^+-N), 질산태 질소(NO_3^--N)라 한다.

(2) 질소고정

대기 중에 존재하는 기체상태의 질소를 식물이 이용 가능한 형태로 전환하는 과정을 질소고정이라 한다. 질소고정 과정에는 세 가지 방법이 있다.

① 산업적으로 질소를 고정하여 질소 비료를 생산하고 식물에 직접 무기태 질소를 공급하는 것

② 토양 중의 질소고정균이 공중질소를 이온의 형태로 고정하는 것
③ 공중 방전에 의해, 즉 번개가 칠 때 질소가 빗물에 녹아 이용되는 것

(3) 질소의 순환과정

① 토양 내에서 유기물이었던 질소(유기태 질소)가 세균이나 곰팡이(진균)에 의해 암모니아로 분해되고 암모늄화 작용으로 암모늄 이온(NH_4^+)으로 변화하여 암모늄태 질소(NH_4^+-N)가 생성된다.
② 이 암모늄태 질소(NH_4^+-N)는 질화균(세균)의 질산화작용에 의해 아질산이 되고 이어 질산이온(NO_3^-)으로 산화되어 질산태 질소(NO_3^--N)가 된다.
③ 위 두 과정에서 생성된 암모늄태 질소(NH_4^+-N)와 질산태 질소(NO_3^--N)가 식물이 이용 가능한 형태가 되는 것이다.
④ 마지막으로 질산이온(NO_3^-)은 탈질균(세균)에 의한 탈질작용으로 다시 질소가스(N_2)로 환원되어 대기 중으로 날아가 질소의 순환이 이루어지게 된다.
⑤ 산성이 강한 산림토양에서는 세균이 살지 못하므로 세균보다 진균이 동식물의 사체를 암모늄태 질소로 분해하는 데 더 크게 기여하며, 질산화 작용이 거의 일어나지 않아 수목은 대부분 암모늄태 질소 형태로 질소를 흡수한다. 질산화 작용이 억제되더라도 뿌리는 균근의 도움 등으로 암모늄태 질소를 직접 흡수할 수 있게 된다.

> **POINT!**
>
> **토양 내 질소의 변화**
>
>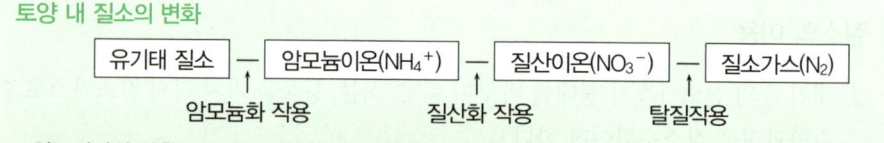
>
> - 암모니아화 작용 : 유기질소화합물이 암모니아로 분해
> - 암모늄화 작용 : 암모니아가 암모늄이온으로 산화
> - 질산화 작용 : 암모늄이온이 아질산이온이 되었다가 질산이온으로 산화
> - 탈질작용 : 질산이온이 질소가스로 환원되어 대기 중으로 방출

2. 산림천이

(1) 산림천이 일반

① 천이(遷移)란 일정 장소에서 시간의 흐름에 따라 방향성을 가지고 자연적으로 식생 군집이 변화해 가는 현상을 말한다. 특정 지역에 있는 종들의 방향적이고 계속적인 변화를 의미한다.
② 우리나라와 같은 온대지역은 맨땅에 이끼류가 들어오기 시작해 초본류, 이어 관목, 양수

교목이 차례로 번성하며, 인위적인 요인으로 산림이 파괴되지 않는다면 마지막으로 음수 교목의 숲이 형성된다.

③ 수목에 있어 산림천이의 선구 수종은 자작나무, 오리나무, 사시나무, 버드나무 등의 양수이다.

④ 온대지역의 산림천이 과정

이끼류 → 1, 2년생 초본 → 다년생 초본 → 관목 → 양수교목 → 음수교목

> **참고**
>
> **식생의 반작용**
> 식생이 입지에 주는 영향을 식생의 반작용이라 한다. 초기 식물들이 들어와 나고 죽기를 반복하면서 점차 후대 식물이 생장하기에 쉬운 환경을 만들게 되고, 보다 다양한 생물들이 자리 잡으면서 환경조건이 더욱 유리하게 되는 현상으로 천이 진행의 원동력이 된다.

(2) 천이의 종류

① 1차 천이

식물이 전혀 없는 나지에 선구식물이 들어와 비교적 안정된 식물사회로 변화하는 천이이다.

② 2차 천이

원래의 식생이 화재, 태풍, 병충해 등의 자연적 교란이나 인간활동에 의한 인위적 교란을 받은 후 다시 진행하는 천이이다. 천이 도중에 다시 진행되는 천이이므로 1차 천이에 비해 생산력이 높은 단계에서 시작되어 진행이 빠르다.

(3) 극상(極相)

① 극상이란 천이의 마지막 단계로 안정된 식생이 계속되는 최종적인 군집의 형상이며 극성상이라고도 한다.

② 우리나라의 대표적 극상 수종은 음수인 서어나무이다.

③ 아극상(亞極相) : 어떤 원인에 의해 극성상에 도달하지 못하고 머물러 있는 상태

④ 우리나라 산림천이의 특징
- 극상 이전의 단계인 소나무 같은 수종을 조림하여 극상 인자를 제거했다.
- 우리나라의 특수 산림사업인 사방지에서의 천이가 있다.
- 산불로 인한 2차 천이가 빈번하다.
- 천이 양상 : 양수인 사시나무, 자작나무, 버드나무, 잎갈나무 발달 → 잎갈나무 우세 → 음수인 가문비나무, 전나무 발달

CHAPTER 06 산림토양

SECTION 01 산림토양의 일반적 특성

1. 토양의 형성

(1) 토양의 형성 일반

① 토양은 기후, 지형, 생물(식생), 시간 등의 여러 환경에 지속적으로 영향을 받으며 형성된다.
② 처음 암석이었던 것이 풍화작용을 거쳐 토양의 최초 재료인 모재(母材)가 되고 계속되는 풍화작용과 토양생성작용에 의해 드디어 형태적 특징을 갖춘 토양이 된다.
③ 즉, 풍화작용과 토양생성작용으로 암석이 토양으로 형성·발달하는 것이다.

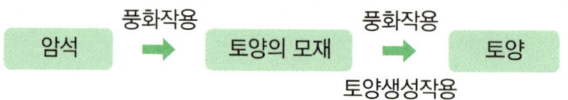

(2) 풍화작용(風化作用)

① 풍화작용은 오랜 세월 암석이 비바람을 맞으며, 물리적·화학적으로 붕괴되고 분해되어 점차 잘게 부스러진 물질(토양무기모재)로 변하는 과정이다.
② 이 풍화작용에 의해 토양의 원재료인 모재가 생성된다.
③ 화학적 풍화작용의 종류
  • 수화작용 : 물 분자가 토양의 이온 등을 에워싸 용해시키는 작용
  • 산화작용 : 토양이 산소와 결합하는 작용
  • 탄산염화작용 : 탄산이 염기와 만나 탄산염을 만드는 작용
  • 가수분해작용 : 물분자에 의한 분해작용

(3) 토양생성작용

① 토양생성작용은 풍화작용에 의해 형성된 토양모재가 풍화작용과 함께 여러 작용을 통해 유기물을 포함한 층위 분화의 일정한 형태적 특징을 갖는 성숙한 토양이 되는 과정이다.

② 즉, 무기물의 토양모재에 유기물, 미생물, 수분 등이 첨가되면서 식물이 생육할 수 있는 토양이 되는 작용이다.

③ 토양생성작용은 기후, 지형, 생물(식생), 시간 등의 여러 인자 중 기후에 가장 크게 영향을 받으며 이루어진다.

④ 토양생성작용의 종류
- 포드졸화 작용, 라테라이트화 작용, 석회화 작용, 글라이화 작용 등
- 포드졸화 작용 : 한랭습윤한 산림토양에서 잘 발생하며, 회백색의 토양층 형성

(4) 우리나라 산림토양의 분류

① 토양통(土壤統)은 토양분류의 가장 기본단위로 동일한 토양 모재로부터 발달된 토양이다. 같은 생성과정을 거쳤기 때문에 표토의 토성을 제외하고는 토양의 단면 특성이 같다.

② 토양군(土壤群)은 토양의 중분류 단위로 우리나라 산림토양은 갈색산림토양군, 암적색산림토양군, 적황색산림토양군, 화산회산림토양군 등의 8개로 분류한다.

③ 갈색산림토양은 여름 기온이 높고 강수량이 풍부한 낙엽활엽수림에 주로 분포하며, 우리나라 산지의 대부분을 차지하는 기조토양이다.

2. 토양의 생성과정에 따른 암석

지각의 표층에 있는 암석은 생성과정에 따라 크게 화성암, 퇴적암(수성암), 변성암으로 나뉘며, 이 암석들이 토양의 재료가 되는 기반암이 된다. 이 중 화성암과 변성암이 지구 표면의 대부분을 덮고 있다.

(1) 화성암(火成巖)

① 지하 깊은 곳의 마그마가 식으며 굳어져 생성된 암석이다.

② 암석에 들어 있는 규산(SiO_2)의 함량에 따라 염기성암, 중성암, 산성암으로 구분하며, 염기성일수록 규산의 함량이 적고 어두운 색을 띤다. 생성위치에 따라서는 화산암, 심성암으로 구분한다.
- 화산암(분출암) : 마그마의 분출로 급속히 냉각되어 입자가 작은 암석
- 심성암 : 지하 깊은 곳에서 마그마가 천천히 냉각되어 입자가 큰 암석

[화성암의 종류]

생성위치 \ 규산함량	염기성암	중성암	산성암
	적음 ←————————→ 많음 어두운 색 ←————————→ 밝은 색		
화산암	현무암	안산암	유문암
심성암	반려암	섬록암	화강암

(2) 퇴적암(堆積巖, 수성암)

① 물이나 바람 등으로 운반된 광물이 퇴적되어 굳은 암석이다.
② 사암(모래퇴적), 혈암(셰일, 점토퇴적), 석회암, 응회암 등

(3) 변성암(變成巖)

① 높은 온도와 압력 등의 영향으로 성질이 변하는 변성작용을 받아 형성된 암석이다.
② 편마암(화강암이 변성), 결정편암, 점판암, 천매암, 대리석(석회암이 변성), 규암(사암이 변성) 등

3. 토양의 단면

모재가 토양생성작용을 받으면 일정한 단면을 형성하고 토층이 나뉘며 발달하게 되는데, 이것을 토양의 층위분화(層位分化)라고 한다. 이 층위분화를 통해 토양 단면의 모습이 갖추어진다.

(1) 수직적 토양단면

구분	내용
유기물층 (O층)	낙엽, 낙지 등의 유기물이 쌓인 층으로 다음처럼 구분된다. • 낙엽층(L층) : 유기물이 원형 그대로 쌓여 있는 층 • 분해층(F층) : 유기물의 분해가 부분적이어서 어느 정도 육안으로 식별이 가능한 층 = 발효층, 조부식층 • 부식층(H층) : 유기물이 완전히 분해되어 가는 입자나 가루 형태를 띠므로 육안으로 조직을 식별할 수 없음. 대체로 산성이 강하며, 흑갈색을 띠는 층
용탈층(A층)	• 실질적인 토양의 윗부분 표면이 되는 층 • 용탈에 의해 용해성 토양 성분이 제거된 암흑색의 토양층 (용탈 : 토양 중의 가용성 물질이 물에 녹아 씻겨 내려가는 현상)
집적층(B층)	• A층으로부터 용탈된 부식질, 점토, 철분, 알루미늄 등의 물질이 쌓인 층 • 부식이 용탈층보다 적고, 갈색 또는 황갈색을 띠며, 가용성 염기류가 많고, 비교적 견밀한 특징

구분	내용
모재층(C층)	• 토양 모재가 쌓인 층으로 토양생성작용을 거의 받지 않음 • 우리나라는 화강편마암계가 가장 많음
모암층(R층)	토양의 원재료인 암석층

> **POINT!**
>
> **층위 순서**
> 유기물층(O층) → 용탈층(A층) → 집적층(B층) → 모재층(C층) → 모암층(R층)

(2) 토양유기물

① 산림토양에서 유기물층은 낙엽과 같은 많은 유기물이 쌓인 층으로 낙엽층(L층), 분해층(F층, 발효층), 부식층(H층)으로 구분하며 비교적 잘 발달되어 있다.
② 대부분의 토양 동물은 공간적인 조건이나 광조건이 양호한 이 유기물층에 서식한다.
③ 낙엽, 낙지, 동식물의 분비물 및 사체 등의 유기물이 토양미생물에 의해 썩고 분해되어 생성되는 물질을 부식(腐植, humus)이라 하며, 부식은 산림토양의 물리적·화학적 성질을 개량하는 데 도움을 준다. 어떤 의미에서는 토양유기물 전체를 부식이라 하기도 하나, 정확히는 H층에 해당하는 물질이다.
④ 부식은 음전기적 성질이 강해 양이온인 철과 알루미늄이 다량 함유되어 있는 산성토양을 간접적으로 개량하며, 무기영양소의 흡착능력이 좋아져 염기치환용량을 증대시킨다. 또한 유용미생물의 생육에 필요한 에너지를 제공하고, 토양의 입단화를 조장하여 통기성 및 보수성 등의 물리적 성질도 개선한다.

(3) 산림토양에서 유기물 및 부식(humus)의 기능

① 임상 내 H층에 해당되며 유기물 다량 함유
② 토양미생물의 생육 자극
③ 토양구조 개량, 토립을 연결시켜 안정한 입단구조 형성
④ 통기성 및 보수력 증대
⑤ 염기치환용량의 증대
⑥ 산성토양의 간접적 개량
⑦ 토양색을 검게 하여 토양온도(지온) 상승
⑧ 토양의 완충능 증대
  * 토양의 완충능 : 산 또는 알칼리 첨가에 따른 급격한 pH 변화를 억제시키는 토양의 능력

4. 토양미생물

토양에는 세균, 사상균, 방사상균, 조류, 원생동물 등의 다양한 미생물이 존재하며, 이들이 낙엽과 가지 등의 유기물을 분해하여 토양환경을 개선하고 식물 생육에 필요한 양분을 공급해 준다. 토양에는 이러한 유익한 작용을 하는 미생물이 있는가 하면 유해한 미생물도 많다. pH가 낮거나 높으면 유해미생물이 많이 번식할 수 있는 환경이 되어 식물 생육에 해롭다.

(1) 세균(細菌, bacteria)

① 단세포 미생물로 토양미생물 중 수가 가장 많으나 산성에서는 잘 살지 못해 산림토양과 같은 산성땅에서는 그 수가 많지 않다.
② 적당한 온도와 pH가 중성일 때 생육이 양호하나 황세균은 산성에도 강하다.
③ 세균 중에는 뿌리에 기생하거나 독립적으로 생활하며 공기 중의 질소를 고정하여 식물에게 양분을 공급하는 질소고정균이 있다.

> **📝 POINT!**
>
> **질소고정균**
> - 뿌리공생(근류균) : *Rhizobium* 속, *Frankia* 속
> - 비공생(독립적) : *Azotobacter* 속, *Clostridium* 속

 참고

근류균(根瘤菌, 뿌리혹균)
- 콩과식물의 뿌리에 공생하여 뿌리혹을 만들고 그 속에서 질소를 고정하는 *Rhizobium* 속 세균(뿌리혹박테리아)과 비콩과식물에 공생하며 질소를 고정하는 *Frankia* 속 방사상균을 근류균(根瘤菌)이라 한다.
- 근류균이 공생하는 수목은 건조하고 척박한 환경에서도 생육이 좋다.
- 근류균이 번식하지 않는 토양에는 근류균을 흙과 잘 섞어 종자와 함께 뿌리고 덮으면 증식하며, 한 번 접종하면 10년 이상 지속된다.

근류균(뿌리혹균)의 종류

구분	내용
Rhizobium 속	아까시나무, 싸리나무류, 자귀나무, 칡 등의 콩과식물의 뿌리에 공생
Frankia 속	오리나무류, 소귀나무, 보리수나무류 등의 비콩과식물의 뿌리에 공생

(2) 사상균(絲狀菌, fungi)

① 실 모양의 균사(菌絲)를 가진 곰팡이로 진균, 균류라고도 하며, 대부분 호기성으로 산소 부족 시 번식이 불량하다.

② 토양 속에서 유기물을 분해하고 균사와 진을 내어 흙 알갱이들을 뭉치게 함으로써 토양의 입단 형성을 돕는다.
③ 세균이나 방사상균도 살지 못하는 산성토양 등 생육환경이 불량한 곳에서도 살아남아 부식을 생성하며 토양 입단 형성에도 크게 영향을 미친다.
④ 균근(菌根)
- 사상균 중 식물의 뿌리에 공생하며 수분과 양료를 흡수하여 기생식물에게 공급하는 균류가 있는데 그러한 균의 균사와 긴밀히 결합하여 공생관계에 있는 뿌리를 균근(菌根)이라 한다.
- 기주식물로부터 탄수화물을 얻어 균사를 뻗고 더 효율적으로 수분과 무기양분을 흡수하여 기주식물에게 공급하게 된다.
- 육상식물 뿌리의 거의 대부분에서 형성되어 인산을 포함한 양분의 흡수에 있어 대단히 중요한 역할을 하며, 토양 건조에 대한 저항성을 높여준다.

[균근의 종류]

구분	내용
외생균근	• 균사가 뿌리 피층부의 상층세포 사이까지만 들어가 있는 균근 • 대표적으로 송이버섯이 있음 • 목본식물에만 기주 • 기주식물 : 소나무, 자작나무, 참나무, 버드나무
내생균근	• 균사가 뿌리 세포의 내부조직까지 파고 들어가 있는 균근 • 기주식물 ┌ 초본류와 목본류, 대부분의 작물과 과수류 　　　　　└ 삼나무, 편백, 단풍나무 등
내외생균근	내생균근과 외생균근의 성질을 같이 지님

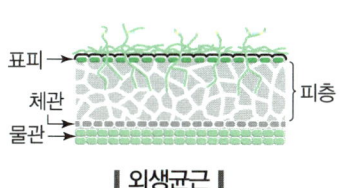

| 외생균근 |

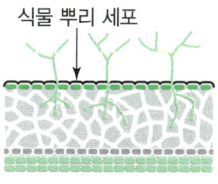

| 내생균근 |

(3) 방사상균(放射狀菌, actinomyces)

① 크기는 세균과 비슷하고 사상균과 같은 균사가 발달한 균으로 방선균이라고도 한다.
② 산성에 약하여 산성토양에서는 살지 못하며, 세균 다음으로 토양에 많은 미생물이다.
③ 다른 미생물들이 분해하지 못하는 유기물(셀룰로오스)을 분해하는 중요한 역할을 한다.

(4) 조류(藻類, algae)

① 토양 표면이나 토양 속에서 생활하는 조류로 남조류, 녹조류와 같이 엽록소가 있어 광합성을 하는 종류도 있다.
② 남조류 중에서도 *Anabaena* 속, *Noctoc* 속은 공중 질소를 고정하여 유기물을 생성할 수 있는 특징이 있다.

SECTION·02 산림토양의 물리적 특성

1. 토성(土性)

(1) 토성 일반

① 입자크기(입경)에 따른 모래, 미사(실트), 점토의 상대적인 함량비, 즉 토양의 입경조성(粒徑組成)을 토성(土性)이라 하며, 토성에 따라 토양의 물리적 성질이 달라지게 된다.
② 국제토양학회에서는 토양을 입경(입자의 지름)에 따라 자갈, 모래, 미사, 점토로 분류하고 있으며, 자갈의 입경이 2.0mm 이상으로 크고, 점토가 0.002mm 이하로 가장 작다. 자갈은 토성 결정 시 제외된다.
③ 우리나라는 점토를 기준으로 하여 그 함량에 따라 사토, 사양토, 양토, 식양토, 식토로 토성을 구분하고 있다. 대부분의 수목은 통기성 및 보수·보비력이 좋은 사양토나 양토에서 생장이 좋은 편이다.
④ 실제로 우리나라의 산림토양은 토성의 성질과는 관계없는 자갈이 많이 포함되어 있으며, 점토가 빗물에 유실되어 모래가 많다.
⑤ 작은 알갱이로 이루어진 식토(점토)는 사토에 비해 양이온 치환용량이 크며, 보습력이 좋은 장점이 있으나, 수분함량이 낮아지면 거북등처럼 갈라지는 특징이 있다.

(2) 점토함량에 따른 일반적 토성 분류

토성	점토함량(%)	특징
사토	12.5 이하	모래가 대부분인 토양
사양토	12.5~25.0	-
양토	25.0~37.5	-
식양토	37.5~50.0	-
식토	50.0 이상	점토가 대부분인 토양

미국 농무부법에서는 모래, 미사(실트), 점토의 상대적 백분율을 삼각도에 나타내 토성을 구분하고 있다.

2. 토양의 공극

(1) 공극의 일반적 특징

① 토양은 고상(固相, 흙입자), 액상(液相, 물), 기상(氣相, 공기)의 세 가지 성분으로 이루어져 있으며, 이것을 토양의 3상이라 한다. 이때, 토양 속에서 공기나 물이 차지하고 있는 흙 알갱이 사이의 공간을 공극(孔隙)이라 한다.
② 산림토양은 경작토양보다 전체적으로 공극이 많아 통기성이 좋고, 공극률이 높다.
③ 공극의 양과 크기는 토양 내 통기성, 보수력, 보비력 등과 관련이 깊어 식물생육을 크게 좌우한다.
④ 공극량과 공극 크기에 따른 성질
  - 공극량과 공극의 크기가 작을 때 : 통기성은 떨어지지만, 보수력과 보비력이 좋음
  - 공극량과 공극의 크기가 클 때 : 통기성은 좋으나, 보수력과 보비력이 떨어짐

  * 보비력(保肥力) : 토양이 비료성분을 오래 지니는 힘

(2) 공극량에 영향을 미치는 요인

① 공극은 토성, 토양구조, 입단크기, 흙입자의 배열상태 등에 따라 크기나 수가 다르게 나타나며 그로 인해 토양의 성질도 다양하다.
② 일정 용적에 대한 공극량을 따졌을 때는 사토보다 공극의 크기가 작고 많은 식토에서 공극량이나 공극률이 크게 나타나며, 흙입자가 바르게 배열되어 큰 공극이 생기는 정렬(整列)이 비스듬히 배열되어 작은 공극이 생기는 사열(斜列)보다 공극량이나 공극률이 크다.

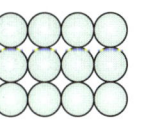 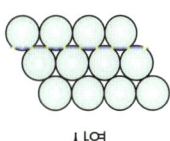

정렬   사열

| 공극률 비교 |

[공극량에 영향을 미치는 요인]

구분	공극량 및 공극률 크기
토성	식토 > 사토
토양구조	입단구조 > 단립구조
입단크기	대립단 > 소립단
흙입자의 배열상태	정렬 > 사열

(3) 공극 관련 흙의 기본 성질

① 공극비(간극비)
- 흙입자 용적에 대한 공극 용적의 비
- 공극비 = $\dfrac{\text{공극의 부피}}{\text{토양입자의 부피}}$
- 공극률과는 달리 토양의 전체 부피가 아닌 고상의 부피에 대한 공극의 부피비

② 공극률(간극률)
- 흙덩이 전체 용적에 대한 공극 용적의 비율
- 공극률(%) = $\dfrac{\text{공극의 부피}}{\text{흙덩이 전체의 부피}} \times 100 = \left(1 - \dfrac{\text{가비중}}{\text{진비중}}\right) \times 100$

③ 포화도
- 흙입자 사이의 공극에 들어 있는 수분 용적의 비율
- 포화도(%) = $\dfrac{\text{물의 부피}}{\text{공극의 부피}} \times 100$

> **참고**
>
> **가비중과 진비중**
> - 가비중(가밀도, 용적비중, 용적밀도)
>   - 자연상태의 토양 일정량을 채취하여 건조한 질량을 채취한 토양의 전체 부피로 나눈 값
>   - 가비중(g/cm³) = $\dfrac{\text{건조한 토양의 질량}}{\text{채취한 토양의 부피}}$ (공극 포함)
> - 진비중(진밀도, 입자비중, 입자밀도)
>   - 토양입자만의 비중으로 건조한 토양의 질량을 전체 건조 토양의 부피로 나눈 값
>   - 진비중(g/cm³) = $\dfrac{\text{건조한 토양의 질량}}{\text{건조한 토양의 부피}}$ (공극 미포함)
>   - 가비중보다 진비중의 값이 항상 크다.

3. 토양의 구조

(1) 토양의 구조 일반

① 토양구조란 토양입자들이 이루고 있는 공간적인 배열이나 접합상태를 의미하는 것으로 크게 단립구조와 입단구조로 구분한다.
② 이러한 토양구조는 공극과 관련이 크며, 그에 따라 투수성이 결정되어 수분이나 비료의 보유 여부 능력을 알 수 있다.
③ 형성된 토양구조는 형상에 따라서도 몇 가지로 나눌 수 있다.

(2) 공간배열 및 접합상태에 따른 분류

① 단립구조(單粒構造, 홑알구조)
- 토양입자가 뭉쳐 있지 않고 하나하나 떨어져 존재하는 구조
- 대공극이 많고 소공극이 적어 통기성이나 투수성은 좋으나 보수력과 보비력이 떨어짐
- 모래, 미사(고운 모래) 등

② 입단구조(粒團構造, 떼알구조)
- 토양입자가 모여 하나의 흙덩어리를 만들고 또 이 덩어리들이 모여 더 큰 덩어리를 만들며 순차적으로 집합하여 입단을 형성하는 구조
- 대소 공극을 유효적절히 지녀 통기성 및 보수성이 좋음
- 식물 생육에 있어 바람직한 토양구조로 유기물을 사용하면 입단 형성을 도울 수 있음

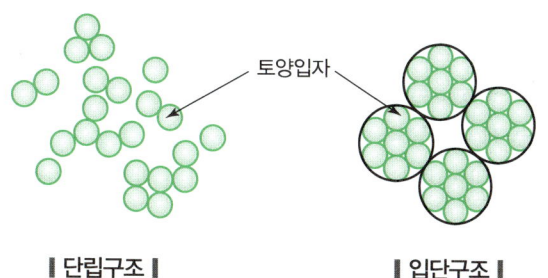

| 단립구조 | | 입단구조 |

(3) 형상에 따른 분류

① 입상구조(粒狀構造)
- 모서리가 둥근 구형의 토괴로 비교적 작은 입자(2~5mm)로 구성되어 딱딱하며 치밀한 구조
- 주로 건조한 곳에서 발달하는 토양 구조
- 식물 생육에 가장 좋은 구조로 보수성, 통기성이 좋음

② 괴상구조(塊狀構造) : 모서리가 각지거나 둥근 형태의 흙덩어리 구조
③ 주상구조(柱狀構造) : 원기둥이나 각기둥 형상의 토괴를 나타내는 구조
④ 판상구조(板狀構造) : 퇴적물질에 의해 층층이 쌓여 형성된 넓은 판모양의 구조

| 입상구조 | 괴상구조 | 주상구조 | 판상구조 |

SECTION 03 산림토양의 화학적 특성

1. 토양의 반응

(1) 토양의 산도

① 토양이 나타내는 산성이나 알칼리성(염기성)의 정도를 토양반응이라 하며, 산도(pH)로 나타낸다.
② 수소이온(H^+)의 농도에 따라 pH 1~14의 수치로 표현하며, pH 7 중성을 기준으로 수소이온(H^+)이 많을수록 수치가 작아지며 산성이 되고, 반대이면 알칼리성(염기성)이 된다.
③ 일반적으로 산림토양이 경작토양보다 산성으로 pH 수치가 낮게 나타낸다.
④ 대부분의 수목은 pH 5.5~6.5의 약산성이나 중성에서 가장 생육이 좋으며, pH 5.0 이하의 산성에서는 침엽수가 비교적 잘 자란다.
⑤ pH 6.6~7.3의 중성토양에서는 미생물의 활동이 왕성하며 부식 형성이 쉽고, 수목의 양료 이용이 높게 나타난다.
⑥ 우리나라는 기반암이 산성인 화강암인 데다가 많은 강우로 유용 염기가 유실되어 전체적으로 산성토양이 많이 분포하고 있다.

[토양산도에 따른 적합 수종]

구분	내용
강산성	소나무, 곰솔, 리기다소나무, 낙엽송(일본잎갈나무), 가문비나무, 전나무, 잣나무, 노간주나무, 밤나무, 진달래, 아까시나무, 싸리나무, 사방오리나무
약산성 (pH 5.5~6.5)	대부분의 수목, 참나무, 단풍나무, 피나무, 느릅나무
알칼리성 (염기성)	회양목, 오리나무, 물푸레나무, 사시나무(포플러), 개오동나무, 서어나무, 호두나무, 백합나무, 측백나무

(2) 토양산성화의 원인

① 토양이 산성을 띤다는 것은 토양 중에 수소이온(H^+)이 다량 함유되어 있다는 것으로 수소이온(H^+)이 첨가되면 될수록 토양은 더욱 산성을 나타내게 된다.
② 토양은 가만히 두어도 시간이 지나면 강우에 의해 염기성분이 씻겨 나가 산성화가 진행된다.
③ 토양 중의 질산, 인산, 황산 등의 각종 무기산이 분해되고 해리되는 과정에서 수소이온(H^+)이 발생한다.
④ 토양 중의 이산화탄소 또한 물에 녹아 해리되면서 수소이온(H^+)을 방출한다.
⑤ 식물의 뿌리에서 양분을 흡수할 때도 수소이온(H^+)을 대신 내어 놓는다.

(3) 산성토양의 피해

① 토양 속 수소이온(H^+)의 증가로 산성을 나타내는 것으로 산성토양에는 알루미늄, 철, 망간 등이 다량 녹아 나와 뿌리의 양분 흡수력을 저하시키는 등 식물 생육에 악영향을 끼친다.
② 산성토양에서는 인산, 칼슘, 마그네슘, 몰리브덴 등의 각종 양분의 유효도가 떨어진다.
③ 흙 속의 알루미늄(Al^{3+})과 철(Fe^{3+})은 양이온의 형태로 녹아 있어 음이온인 인산($H_2PO_4^-$)과 만나면 고정되어 식물이 이용할 수 없게 되는데, 이것을 인산의 고정, 인산의 불용화라고 한다. 산성토양에서는 특히 인의 결핍현상이 자주 발생한다.
④ 반대로 알칼리성 토양에는 철, 망간 등이 녹지 않아 특히 철의 결핍현상이 자주 발생한다. 인산은 칼슘(Ca^{2+})과 결합하여 알칼리성 토양에서도 유효도가 떨어지는 편이다.
⑤ 산성토양에서는 유용미생물의 활동이 저조해지면서 토양의 입단 형성 또한 저해되어 물리적 성질이 나빠진다.

Summary!

산성토양의 피해
- 수소이온(H^+)과 알루미늄, 철, 망간 등의 용해도 증가로 식물뿌리의 양분 흡수력 저하
- 염기성 양이온의 용탈로 식물의 유효양분 감소와 영양 결핍 초래
- 인산의 고정으로 인한 식물의 인산 이용의 결핍
- 유용 토양미생물의 활동 저조로 입단 형성 저해 및 물리적 성질 악화

(4) 산성토양의 개량

① 알칼리성인 석회(칼슘질)를 사용하면 산성토양을 개량하여 각종 양분의 효과를 높여주며, 유용미생물의 수가 늘어 토양의 물리화학적 개선을 도모할 수 있다.
② 석회질 비료 중 생석회는 칼슘함량이 가장 높아 중화력도 가장 크다.
③ 산성토양에서는 유용미생물인 질소고정균, 균근 등의 활동이 억제되므로 이러한 균을 첨가(접종)하여 준다.

2. 양이온 치환

(1) 양이온 치환

① 흙 입자의 표면은 대부분 음전하(−)를 띠고 있어 양이온(+)의 각종 양분들이 정전기적 힘으로 흡착될 수 있다.
② 토양 미세입자 표면에 붙어 있던 양이온이 토양용액 중의 다른 양이온과 자리를 바꾸어 교환하게 되는데 이 과정을 양이온 치환이라 하며 염기치환이라고도 한다.

③ 이때 토양 표면에 붙어 있던 양이온을 치환성 양이온이라고 하며, H^+, Ca^{2+}, Mg^{2+}, K^+, NH_4^+, Na^+ 등이 있다.
④ 흙 알갱이는 이런 과정을 거쳐 양분을 지니고 있다가 식물이 필요할 때 공급하게 된다.

(2) 양이온 치환용량(CEC, Cation Exchange Capacity)
① 토양 100g이 보유하고 있는 치환성 양이온의 총량으로 염기치환용량이라고도 한다.
② 단위는 밀리그램당량(mg당량, me)으로 표시한다. 예 5me/100g(5밀리그램당량)
③ 토양의 음전기적 성질이 클수록 많은 양이온을 보유할 수 있으며 그로 인해 식물 생육에 필요한 양분을 많이 제공할 수 있다. 즉, 양이온 치환용량이 크다는 것은 양분을 많이 지니며 식물 생육에 이로운 비옥한 토양이라는 것이다.
④ 토양입자의 크기로만 평가하였을 때, 사토나 양토에 비해 점질인 식토가 음성적 성격이 강하여 단위 부피당 양이온 치환용량이 가장 크다.
⑤ 우리나라 산림토양은 전체적으로 양이온 치환용량이 낮으며, 유기물을 시용하면 음전기적 성질이 증가하여 많은 양분을 잡아둘 수 있어 양이온 치환용량이 커진다.
⑥ 한편, NO_3^-, SO_4^{2-}, PO_4^{3-} 등의 이온은 음이온의 형태로 수목의 뿌리로부터 흡수된다.
   ✏ NO_3^- : 질산이온, SO_4^{2-} : 황산이온, PO_4^{3-} : 인산이온

(3) 양이온의 이액순위
① 양이온 치환 시 토양용액 중의 양이온이 토양교질의 확산이중층 내부로 치환·침입할 수 있는 능력을 이액순위(離液順位)라고 한다.
   * 확산이중층 : 토양교질 입자 주위의 이온층, 토양교질=토양콜로이드=토양미세입자
② 전하량이 클수록, 전하량이 같다면 이온의 크기가 작을수록 토양에 잘 흡착된다.
③ 치환능력의 순위 : H^+ > Ba^{2+} > Ca^{2+} > Mg^{2+} > K^+ > NH_4^+ > Na^+
   ✏ H^+ : 수소이온, Ba^{2+} : 바륨이온, Ca^{2+} : 칼슘이온, Mg^{2+} : 마그네슘이온, K^+ : 칼륨이온, NH_4^+ : 암모늄이온, Na^+ : 나트륨이온

(4) 염기포화도
① 염기포화도란 치환성 양이온 중 H^+과 Al^+의 산성이온이 아닌 Ca^{2+}, Mg^{2+}, K^+, Na^+, NH_4^+ 등의 염기성 이온인 치환성 염기의 함유 비율이다.
② H^+과 Al^+의 산성이온은 토양을 산성으로 만들며, Ca^{2+}, Mg^{2+}, K^+, Na^+, NH_4^+ 등의 염기성 이온은 토양을 알칼리성으로 만든다.

③ 염기포화도는 토양 산도와 밀접한 관계에 있어 염기포화도가 높을수록 pH가 높아져 알칼리성이 되며, 낮을수록 산성이 된다.

④ 염기포화도 계산식

$$염기포화도(\%) = \frac{치환성\ 염기량}{양이온\ 치환용량} \times 100$$

3. 탄질률

① 탄질률(炭窒率, carbon-nitrogen ratio)이란 토양과 식물체 등에 포함된 유기탄소와 총질소의 함유 비율로 토양 비옥도를 판정하는 기준이 된다.
② 질소함량이 높을수록 탄질률이 낮으며, 탄질률이 낮아지면 식물이 질소화합물을 이용하기 용이해진다.
③ 낙엽층의 탄질률은 시간이 경과함에 따라 낮아지는데, 질소는 유기물과 결합하여 남고 탄소는 가스로 대기 중에 방출되기 때문이다.
④ 분해되지 않은 생생한 낙엽의 탄질률은 침엽수가 50~120, 활엽수가 40~70이며, 분해가 매우 잘 된 산림토양의 표토층 탄질률은 12~13 정도이다.

SECTION 04 임지시비 방법

1. 비료의 종류

(1) 함유 성분에 따른 구분

① 주요한 함유 성분에 따라 질소질, 인산질, 칼륨(칼리)질, 석회질, 규산질, 마그네슘(고토)질 등의 비료로 구분한다.

② 인산질 비료
- 세포원형질을 구성하는 주체이며, 발아력을 왕성하게 한다.
- 잎, 줄기, 뿌리를 증가시키고, 작물의 생장을 촉진한다.
- 인산과 마그네슘은 각각 음이온(PO_4^{3-})과 양이온(Mg^{2+})으로 상호작용하여 비료의 흡수를 촉진한다.

③ 석회질 비료
- 칼슘이 주성분으로 알칼리성을 띠며, 산성토양을 중화하여 개량하는 데 사용한다.
- 유용 미생물의 번식을 촉진하여 입단화 등 토양의 이화학적 성질을 개량한다.

[함유 성분에 따른 비료]

구분	내용
질소질 비료	요소, 질산암모늄(초안), 석회질소, 황산암모늄(유안)
인산질 비료	중과인산석회(중과석), 과인산석회(과석), 용성인비, 용과린
칼륨질 비료	염화칼륨, 황산칼륨, 초목회
석회질 비료	생석회(산화칼슘), 소석회(수산화칼슘), 탄산석회(탄산칼슘)
규산질 비료	규산석회질, 규산고토질, 규회석

(2) 토양 반응에 따른 구분

① 비료는 자체의 산성, 중성, 염기성의 직접적인 화학적 반응과 함께 토양에 시비된 후 뿌리와 미생물의 작용으로 생리적 반응을 나타내게 된다.
② 대표적으로 요소는 비료 자체도 중성을 띠고 있으며 토양의 반응도 중성을 나타내는 화학적·생리적 중성 비료이다.

[토양 반응에 따른 비료]

구분		내용
화학적	산성 비료	중과인산석회(중과석), 과인산석회
	중성 비료	요소, 질산암모늄(초안), 황산암모늄(유안), 염화칼륨, 황산칼륨
	염기성 비료	용성인비, 석회질소
생리적	산성 비료	황산암모늄(유안), 염화암모늄, 황산칼륨, 염화칼륨
	중성 비료	요소, 질산암모늄(초안), 중과인산석회(중과석), 과인산석회
	염기성 비료	용성인비, 석회질소, 질산칼슘, 질산나트륨, 초목회

(3) 비효에 따른 구분

① 효과의 출현속도와 지속성에 따라 속효성(速效性) 비료와 완효성(緩效性) 비료가 있다.
② 속효성 비료는 단시일에 효과가 나타나지만 지속성이 없고, 완효성 비료는 효과가 천천히 나타나지만 지속성이 있다.
③ 시판되는 대부분의 화학비료는 속효성 비료이며, 대표적으로 유안은 식물이 쉽게 이용할 수 있는 형태의 양분인 암모늄태 질소(NH_4^+-N)로 이루어져 있어 질소 비료효과가 빠르게 나타난다.

[비효에 따른 비료]

구분	내용
속효성 비료	황산암모늄(유안), 요소, 황산칼륨 등 일반 화학비료
완효성 비료	석회질소, 깻묵, 퇴비, 두엄

> **참고**
>
> **산림용 고형복합비료**
> - 여러 성분의 화학비료를 섞어 낱알로 성형하여 만든 고형비료
> - 한 알의 무게는 15g
> - 질소, 인산, 칼륨의 함유 비율 = 12 : 16 : 4 (3 : 4 : 1)
> - 시비의 양을 조절하기도 쉽고 취급과 운반이 편리
> - 지속성이 있는 완효성 비료로 시비효과가 천천히 나타남

2. 임지시비의 방법

(1) 임지시비(林地施肥) 일반

① 식물의 생장을 돕기 위해 부족하기 쉬운 질소, 인산, 칼륨의 비료 3요소와 석회, 고토, 망간, 규산 등의 양분을 토양에 공급하는 것을 시비(施肥)라 한다.
② 산림묘목을 양성할 때 특히 중요한 작업이며, 산림토양은 무기양분이 부족하여 적절한 시비는 수목의 활착과 생장에 큰 도움이 된다.
③ 묘목을 식재하는 초기에는 뿌리의 발달을 촉진하여 활착을 돕고자 2~3회 반복해서 시비한다.
④ 일반적으로 봄에 비료를 주는 것이 가장 좋으며, 늦여름이나 초가을에는 가지가 웃자라거나 늦자라 동해, 한해, 풍해 등의 위험이 있으므로 이 시기에는 시비를 피한다.
⑤ 과한 시비에 대한 수량 증가율이 줄어드는 현상인 수확량점감의 법칙에 따라 일정량의 비료를 주어야 한다.
⑥ 유기물이 적은 경사지에서는 지면을 파고 시비를 하며, 비가 오면 유실의 염려가 있으므로 비가 올 때는 시비하지 않는다.
⑦ 장령림에서의 시비는 임목의 생장 촉진과 임목생산량의 증대를 위해 실시한다. 생장이 촉진되어 수확량을 늘릴 수 있으며, 엽색이 진해지며 엽수와 엽량이 많아져 임내가 더 어두워지는 외관적 변화도 나타난다.

⑧ 비료의 이용률(흡수율)

시용한 비료 성분 전체에 대해 식물이 실제로 흡수 이용한 양의 비율을 비료의 이용률 또는 흡수율이라 한다. 질소와 칼륨의 이용률은 비교적 높으나 철분이 많은 우리나라 토양에서는 인산이 고정되어 인산의 이용률은 10~20%로 낮다.

(2) 임지시비 방법

① 전면시비(全面施肥)
- 수목이 식재된 토양 전면에 골고루 시비하는 방법이다.
- 토양 표면을 가볍게 긁어내고 시비한다.

② 식혈시비(植穴施肥)
- 구덩이를 파서 시비하는 방법으로 주로 수목 식재 전에 실시한다.
- 식재 전 시비방법으로는 구덩이 안에 흙과 비료를 잘 섞어 넣어 주고 수목을 식재하는 식혈토양하부시비(植穴土壤下部施肥)가 있다.

③ 환상시비(環狀施肥)
- 수목의 둘레에 환상으로 홈을 파서 시비하는 방법이다.
- 시비량이 많은 속성수과 유실수에 적합하다.

④ 측방시비(側傍施肥)
- 수목의 사방으로 네 곳에 구덩이를 파고 시비하는 방법이다.
- 시비량이 적은 장기수에 적합하다.

(3) 시비량 계산

$$시비량(kg/ha) = \frac{비료의\ 흡수량 - 비료의\ 천연공급량}{비료의\ 흡수율} \times 100$$

- 비료의 흡수량 : 단위면적당 전 수확물 중에 흡수되어 있던 비료요소의 양
- 비료의 천연공급량 : 토양이나 강우에 의해 천연적으로 공급되는 비료요소의 양

CHAPTER 07 숲 가꾸기

SECTION 01 숲 가꾸기 일반

1. 숲 가꾸기 기본 원칙

(1) 숲 가꾸기의 정의

① 숲 가꾸기란 어린 조림목이 자라서 갱신기에 이르는 사이 주임목의 자람을 돕고 임지의 생산능력을 높이기 위해 실시되는 모든 육림작업으로 산림무육 또는 산림보육이라고도 한다.

② 산림무육에는 임목의 무육과 임지의 무육이 있으며, 임목무육 과정에는 대표적으로 풀베기, 덩굴 제거, 제벌(잡목 솎아내기), 가지치기, 간벌(솎아베기)이 있다.

③ 숲 가꾸기는 수목의 실질적인 보육기능 외에 사람이 인위적으로 수목을 선별하고 도태시키는 선목(選木)의 기능도 있다.

(2) 숲 가꾸기의 종류

① 자연친화적 무육

생태 환경적인 요소를 중요시하는 무육방법으로 생태적 건전성을 해치지 않는 범위 내에서의 무육 또는 생태적 건전성을 향상시킬 수 있는 무육을 강조한다.

② 입지적 무육

입지의 특성에 따라 숲 가꾸기 작업은 조금씩 다르게 계획되어야 한다. 자연적 입지, 경제적 입지, 정책적 입지, 기술적 입지, 법적 입지, 개인적 입지 등 각각의 입지에 따른 무육방법의 차별화를 입지적 무육이라 한다.

✎ 정치적 입지, 행정적 입지 ×

2. 산림의 기능별 숲 가꾸기 지침

(1) 산림의 6가지 기능

지속 가능한 산림자원의 관리를 위하여 우리나라 산림은 6가지 기능으로 구분하고 있다.

① 생활환경보전림
- 도시와 생활권 주변의 경관유지 등 쾌적한 환경을 제공하기 위한 산림
- 풍치보안림, 비사방비보안림, 도시공원, 개발제한구역 등

② 자연환경보전림
- 생태·문화 및 학술적으로 보호할 가치가 있는 자연 및 산림을 보호·보전하기 위한 산림
- 생태, 문화, 역사, 경관, 학술적 가치의 보전에 필요한 산림
- 보건보안림, 어촌보안림, 산림유전자원보호림, 채종림, 채종원, 시험림, 자연공원, 습지보호지역, 사찰림, 문화재보호구역, 수목원 등

③ 수원함양림
- 수자원 함양과 수질정화를 위한 산림
- 수원함양보안림, 상수원보호구역, 한강수계, 금강수계, 영산강·섬진강수계, 낙동강수계, 집수자연경계 등
- 수자원 함양기능 증진 관리법 : 벌기령을 길게 하고, 2단림 작업, 소면적 벌채 등 실시

④ 산지재해방지림
- 산사태, 토사유출, 대형산불, 산림병해충 등 각종 산림 재해의 방지 및 임지의 보전에 필요한 산림
- 사방지, 토사방비보안림, 낙석방비보안림 등

⑤ 산림휴양림
산림휴양 및 휴식공간의 제공을 위한 산림. 자연휴양림

⑥ 목재생산림
생태적 안정을 기반으로 하여 국민경제활동에 필요한 양질의 목재를 지속적·효율적으로 생산·공급하기 위한 산림

(2) 기능별 숲 가꾸기 목표

① 생활환경보전림
쾌적한 환경을 제공하기 위해 생태적·경관적으로 다양한 다층혼효림(多層混淆林)을 목표로 관리한다.

② 자연환경보전림

생태적 가치, 역사·문화적 가치, 학술·교육적 가치가 있어 건전하게 보전되도록 관리한다.

③ 수원함양림

수원의 유지와 수질을 개선할 수 있는 다층혼효림을 목표로 관리한다.

④ 산지재해방지림

각종 재해에 강한 다층혼효림으로 관리한다.

⑤ 산림휴양림

다양한 휴양기능을 발휘할 수 있는 특색 있는 산림과 종다양성이 풍부하고 경관이 다양하며 지역적 특성에 적합한 다층림 또는 다층혼효림으로 관리한다.

⑥ 목재생산림

양질의 목표생산재를 안정적으로 생산할 수 있는 산림을 목표로 관리한다.

> **참고**
>
> **「산림보호법」에 따른 산림보호구역**
> ① 산림보호구역이란 산림에서 생활환경·경관의 보호와 수원 함양, 재해 방지 및 산림유전자원의 보전·증진이 특별히 필요하여 지정·고시한 구역이다.
> ② 산림청장 또는 특별시장·광역시장·특별자치시장·도지사·특별자치도지사는 특별히 산림을 보호할 필요가 있으면 다음의 구분에 따라 산림보호구역을 지정할 수 있다.
>   - 생활환경보호구역 : 도시, 공단, 주요 병원 및 요양소의 주변 등 생활환경의 보호·유지와 보건위생을 위하여 필요하다고 인정되는 구역
>   - 경관보호구역 : 명승지, 유적지, 관광지, 공원, 유원지 등의 주위, 그 진입도로의 주변 또는 도로, 철도, 해안의 주변으로서 경관 보호를 위하여 필요하다고 인정되는 구역
>   - 수원함양보호구역 : 수원의 함양, 홍수의 방지나 상수원 수질관리를 위하여 필요하다고 인정되는 구역
>   - 재해방지보호구역 : 토사 유출 및 낙석의 방지와 해풍, 해일, 모래 등으로 인한 피해의 방지를 위하여 필요하다고 인정되는 구역
>   - 산림유전자원보호구역 : 산림에 있는 식물의 유전자와 종 또는 산림생태계의 보전을 위하여 필요하다고 인정되는 구역
>   ✎ 산림보호구역 : 생활환경보호구역, 경관보호구역, 수원함양보호구역, 재해방지보호구역, 산림유전자원보호구역
> ③ 산림보호구역에서의 행위 제한
>   - 입목(立木)·죽(竹)의 벌채
>   - 임산물의 굴취(掘取)·채취
>   - 입목·죽 또는 임산물을 손상하거나 말라 죽게 하는 행위
>   - 가축의 방목
>   - 그 밖에 대통령령으로 정하는 토지의 형질을 변경하는 행위

SECTION 02 임지무육

임지의 생산력을 유지하거나 증진하기 위한 모든 작업으로 임지를 피복하거나 수평구를 설치하는 등의 물리적 무육과 비료목을 식재하거나 균근 등의 증식을 촉진하는 생물적 무육이 있다.

1. 물리적 무육

(1) 임지피복

① 임목무육으로 발생한 낙엽, 낙지 등이나 피복재료를 이용하여 임지의 표면을 덮어 보호하는 작업으로 특히나 임지의 관목 등을 베어 피복할 때는 우죽덮기라 한다.

② 임지피복의 효과
- 강우에 의한 표토의 침식과 유실 방지
- 임지의 건조 방지와 토양수분 유지
- 잡초 발생 억제
- 표토의 온도를 조절하여 토양미생물을 보호
- 토양에 유기물 양분을 공급하여 양료 증가
- 보수성이 좋아져 수목의 근계가 발달

(2) 수평구(水平溝)

① 산의 등고선 방향에 따라 일정한 크기와 간격의 홈을 파고 흘러내리는 강우와 흙을 고정하여 수목 생육을 돕고 비탈의 침식을 방지하는 공법이다. 등고선구(等高線溝)라고도 한다.
② 폭 25~30cm, 길이 4~6m 정도의 크기로 엇갈리게 파서 설치한다.
③ 사면을 따라 흐르는 빗물과 유기물을 저지하여 수평구 안쪽에 모이게 하므로 지력이 좋아지고, 수평구에 묘목을 심으면 활착률이 증가하며 초기 생장이 왕성해진다. 또한 비탈면의 침식과 토사의 유실도 막을 수 있는 수토보전공법(水土保全工法)이다.

2. 생물적 무육

(1) 비료목(肥料木) 일반

① 비료목이란 질소를 고정하거나 질소와 같은 양분을 다량 지녀 임지의 지력 향상 및 비배 효과로 다른 수목의 생육 촉진에 기여하는 수목이다.

② 임목의 건전한 생산성을 위해 심는 보조적 임목으로 척박한 임지에 주임목의 생장 촉진을 위해 비료목을 혼합 식재한다.
③ 뿌리혹균에 의해 토양 중의 질소를 고정하여 다른 식물에게 질소화합물을 공급하는 형태와 잎 자체에 질소 함량이 높거나 엽량이 많아 낙엽으로 질소성분을 토양에 환원하는 형태가 있다.

[비료목의 구분]

구분	내용	
질소고정 O	콩과(*Rhizobium* 속 세균)	아까시나무, 싸리나무류, 자귀나무, 칡
	비콩과(*Frankia* 속 방사상균)	오리나무류, 소귀나무, 보리수나무류
질소고정 X	• 질소 함량이 높은 잎의 낙엽으로 지력 향상 • 붉나무, 플라타너스, 포플러류, 백합나무 등	

(2) 비료목의 효과

① 질소 함량이 높은 잎의 낙엽으로 지력을 향상시킨다.
② 비료목의 뿌리혹균이 질소를 토양에 공급하여 토양 조건을 개선한다.
③ 침엽수에 활엽수를 혼식하면 활엽수의 뿌리혹균이 침엽수종의 균근 형성을 돕는다.
④ 비료목 자체도 후에 질소성분으로 환원되어 다른 식물의 영양원이 된다.
⑤ 뿌리혹균이 많은 양의 탄산가스를 방출하여 수목 생육을 돕는다.

(3) 수하식재(樹下植栽)

① 임지 표토의 건조와 유실을 막고 보호하기 위해 주임목 아래에 비료효과와 내음성이 있는 수목을 식재하는 것으로 나무아래심기 또는 하목식재라고도 한다.
② 하목으로는 척박한 임지개량을 위한 비료목 식재와 수종갱신을 위한 식재가 있으며, 남부지방에서는 수종갱신 시 소나무숲 아래에 주로 삼나무나 편백을 심고 있다.
③ 강원도 지역에서 수하식재로 조림하여 수종을 갱신하고자 할 때에는 추위에도 강하며 내음성이 큰 전나무나 가문비나무 등이 적합하다.
④ 수하식재의 효과(목적)
   • 표토의 건조 방지, 임지의 황폐와 유실 방지
   • 토양 개량, 지력 증진
   • 주임목의 불필요한 가지 발생 억제
   • 산림이 우거져 임내의 미세환경 개량

⑤ 수하식재 수종의 구비요건
- 내음성이 큰 음수로 척박한 토양에도 잘 견딜 것
- 소목이라도 이용가치가 있을 것
- 낙엽, 낙지의 비효가 클 것
- 토양 개량 효과가 있을 것
- 잎과 가지가 무성하게 많이 자랄 것

⑥ 수하식재의 종류
- 전식수종 : 주임목을 심기 전 먼저 심는 비료목
- 후식수종 : 주임목을 심은 후 나중에 심는 비료목
- 혼식수종 : 주임목과 함께 동시에 심는 비료목

⑦ 비료목은 대개 주임목과 함께 심지만(혼식), 우리나라는 사방사업 전 지력이 너무 좋지 않아 땅의 물리적·화학적 성질을 개량하기 위하여 오리나무류, 싸리나무류 등을 먼저 심어(전식) 지력을 기른 뒤 경제 수종을 심었다.

SECTION 03 풀베기

1. 물리적 풀베기

(1) 풀베기 일반

① 식재된 묘목과 광선, 수분, 양분 등에 대한 경쟁관계에 있는 관목이나 초본류를 제거하는 작업으로 밑깎기 또는 하예(下刈)라고도 한다.

② 잡초나 관목이 무성한 경우의 피해
- 어린나무가 양수분 부족의 피해를 받기 쉽다.
- 그늘을 만들어 양수 수종의 어린나무 생장을 저해한다.
- 병충해의 중간기주 역할을 하여 피해를 확산시킨다.
- 임지를 갱신하려 할 때 방해요인이 된다.

(2) 풀베기의 시기와 정도

① 일반적으로 잡풀들이 자라나 피해를 입히기 시작하는 5~7월에 실시한다.
② 잡풀들의 세력이 왕성하여 연 2회 작업할 경우 6월(5~7월)과 8월(7~9월)에 실시한다.
③ 겨울의 추위로부터 조림목을 보호하기 위하여 9월 이후에는 실시하지 않는 것이 좋다.

④ 조림목이 잡초목보다 수고가 약 1.5배 또는 60~80cm 정도 더 클 때까지 실시한다.
⑤ 자람이 빠른 속성수는 식재 후 3~4년간, 어릴 때 자람이 느린 가문비나무, 전나무 등은 5~6년간 실시한다.
⑥ 잣나무와 소나무류는 5~8회, 낙엽송과 참나무류는 5회를 기준으로 한다.
⑦ 잡초목이 무성할 경우 연 2회 실시하고, 소나무와 같은 양수는 다른 수종보다 우선하여 풀베기한다.
⑧ 비료를 준 조림지는 잡초목이 무성하기 쉬워 식재 당년과 이듬해에 최소 연 2회씩 실시한다.

(3) 풀베기의 방법

① 모두베기(전면깎기, 전예)
- 조림목 주변의 모든 잡초목을 제거하는 방법
- 소나무, 낙엽송, 삼나무, 편백 등 주로 양수에 적용
- 가장 많은 인력 소요, 조림목이 피압될 염려가 없음
- 임지가 비옥하거나 식재목이 광선을 많이 요구할 때 실시

② 줄베기(줄깎기, 조예)
- 조림목의 식재줄을 따라 잡초목을 제거하는 방법
- 가장 일반적으로 쓰이며, 모두베기에 비하여 경비와 인력이 절감
- 수평조예 : 등고선 방향 줄을 따라 제거
- 경사조예 : 일반적인 방법으로 경사 방향 줄을 따라 제거

③ 둘레베기(둘레깎기)
- 조림목 주변의 반경 50cm 내외의 정방형 또는 원형으로 제거하는 방법
- 극음수나 추위에 약하여 한해 · 풍해에 대해 특별한 보호가 필요한 수종에 적용

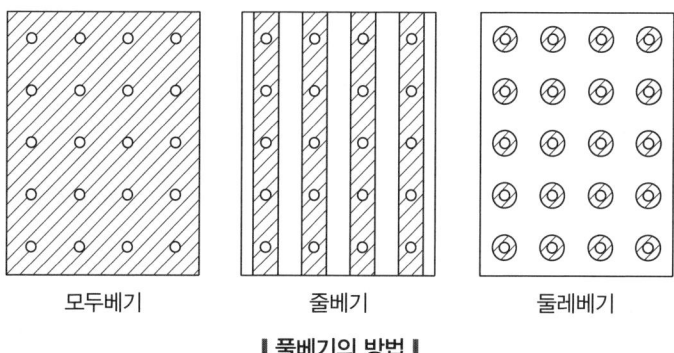

∎ 풀베기의 방법 ∎

2. 화학적 제초

(1) 제초제 일반

① 이행성에 따른 제초제
- 접촉형 제초제 : 경엽에 처리 시 약제가 직접 접촉한 부위에만 살초효과 작용
- 흡수이행형 제초제 : 잡초 내에 흡수되고 잎, 줄기, 뿌리까지 이행되어 살초효과 작용

② 선택성에 따른 제초제
- 선택성 제초제 : 특정 식물에만 선택적으로 해 작용
- 비선택성 제초제 : 잡초 포함 모든 식물에 해 작용

③ 호르몬형 제초제
식물호르몬의 생체 내 균형을 교란시켜 경엽이 뒤틀리거나 아래로 처지는 등의 살초효과를 나타내는 제초제

(2) 제초제의 종류

① 헥사지논(Hexazinone)
- 경엽 및 뿌리로 흡수되어 체내로 이행되고 고사시키는 선택성 흡수이행형 제초제
- 소나무, 해송 등에는 약해가 없으나 낙엽송, 잣나무, 편백, 화백에는 약해가 있으므로 제초 시 주의
- 3~4월경 토양 수분이 많을 때 살포, 약제가 수분에 용해되어 체내로 이동하기 쉬워짐

② 글라신액제(근사미)
- 경엽을 통해 흡수된 뒤 생장점으로 이행되어 뿌리까지 고사시키는 비선택성 흡수이행형 경엽살포제
- 토양 중에서는 바로 분해되어 잔류하지 않아 대상수목을 잘 피복조치하여 살포하면 거의 모든 조림지에 적용 가능하고 헥사지논입제에 대하여 약해가 있는 수종에도 적용 가능
- 전나무는 약해가 없으므로 보호조치 없이 약제 살포 가능

③ 피클로람-K(Picloram-K)
- 주로 칡 등의 덩굴식물 주두부(主頭部)에 처리하여 제초하는 호르몬형 흡수이행형 제초제
- K-pin이라고도 하며, 흡수이행성이 커서 칡의 주두부에 구멍을 뚫고 K-pin을 삽입하면 흡수이행되어 살초

④ 시마진(Simazine)
- 토양에 처리하면 뿌리로 흡수되고 지상부로 이행되어 살초효과를 나타내는 선택성 흡수이행형 제초제
- 특히 광엽잡초 제거에 효과적

⑤ 염소산염제
- 토양 표면 또는 경엽에 처리하는 비선택성 접촉형 제초제
- 조릿대, 새 등의 제거에 효과적

⑥ 파라코트(Paraquat, 그라목손)
비선택성의 접촉형 제초제

> **Summary!**
>
> **제초제별 특징**
> - 헥사지논 : 소나무에 약해 없음, 낙엽송에 약해 있음, 선택성, 흡수이행형
> - 글라신액제 : 전나무에 약해 없음, 거의 모든 조림지에 가능, 비선택성, 흡수이행형, 경엽살포
> - 피클로람-K : 칡 등의 덩굴 제거, 호르몬형, 흡수이행형
> - 시마진 : 선택성, 흡수이행형
> - 염소산염제 : 비선택성, 접촉형, 조릿대와 새 제거
> - 파라코트 : 비선택성, 접촉형

SECTION 04 덩굴 제거

1. 덩굴 제거 일반

① 수관피복형 덩굴은 수관을 무성하게 덮어 광합성에 문제를 가져오고, 수간압박형 덩굴은 줄기를 감고 올라가 목재의 가치를 떨어트리는 등의 피해를 주므로 물리적·화학적 방법으로 제거한다. 덩굴 종류 : 수관피복형, 수간압박형

② 덩굴은 햇빛을 좋아하여 임연부에 많이 분포하며, 울폐한 임지에는 적다.

③ 덩굴류 생장기인 5~9월 중에 작업하는 것이 효과적이며, 가장 적기는 덩굴식물이 뿌리 속의 저장양분을 소모한 7월경이다.

④ 무성생식으로도 잘 번식하는 칡은 번식력이 강하여 조림목에 가장 피해를 많이 주고 줄기를 베어도 잘 제거되지 않기 때문에 디캄바액제, 글라신액제 등의 화학적 제초제를 사용하는 것이 바람직하다.

⑤ 약제처리 시 방제효과를 높이기 위하여 비 오는 날은 실시하지 않는다.

2. 덩굴 제거방법

(1) 물리적 덩굴 제거

사람의 힘으로 뿌리를 뽑거나 줄기, 잎 등을 물리적으로 제거하는 방법

(2) 화학적 덩굴 제거

① 글라신액제(근사미)
- 비선택성 이행형 제초제
- 모든 임지의 덩굴류에 적용 가능
- 생장점까지 이행되므로 신진대사를 교란시켜 뿌리까지 고사
- 약제주입기나 약액침지 면봉을 이용하여 주두부의 살아 있는 조직 내부로 약액을 주입 및 삽입

② 디캄바액제(반벨)
- 선택성 이행형 호르몬형 제초제
- 칡, 아까시나무 등의 콩과식물과 광엽잡초를 선택적으로 제거
- 고온 시(30℃) 증발하여 주변 식물에 약해를 일으킬 수 있으므로 주의
- 약액주입기로 줄기에 처리하거나 약제도포기로 주두부의 중심부에 도포
- 약제처리 후 24시간 이내에 강우가 예상될 경우 작업 중지

SECTION 05 어린나무 가꾸기

1. 어린나무 가꾸기(제벌) 일반

(1) 어린나무 가꾸기의 정의

① 조림목과 경쟁하는 목적 이외의 수종과 조림목 중에서도 형질이 나쁘거나 다른 수목에 피해를 주는 수목 등을 제거하는 작업으로 '제벌(除伐)' 또는 '잡목 솎아내기'라고도 한다.
② 조림목 하나하나의 성장보다는 임상을 정비하여 임분 전체의 형질을 향상시키는 데 목적을 둔다. 또한 목적하는 수종의 완전한 생장과 건전한 자람을 도모한다.

(2) 제벌의 특징

① 하목의 수광량이 증가하여 남아 있는 조림목의 건전한 생장을 도울 수 있다.
② 주로 어린나무에 대한 솎아베기이므로 벌채목을 이용한 중간 수입을 기대하기 어렵다.
③ 솎아베기로 제벌을 실행하면 잠자고 있던 눈이 깨어 맹아가 발생하게 된다.

2. 작업시기와 방법

(1) 제벌시기

① 식재 후에 조림목이 임관을 형성한 후부터 간벌하기 이전에 실행한다.
② 조림목이 5~10년 자라서 수관의 경쟁으로 생육 저해가 나타나는 숲에 대해 실시한다.
③ 풀베기 작업이 끝나고 3~5년 후부터 간벌이 시작될 때까지 2~3회 실시한다.
④ 일 년 중에서는 나무의 고사상태를 알고 맹아력을 감소시키기에 가장 적합한 6~9월(여름)에 실시하는 것이 좋다.

> **POINT!**
>
> **첫 번째 제벌 실시 임령**
> - 소나무, 낙엽송 : 식재 후 7~8년
> - 삼나무, 편백 : 식재 후 10년
> - 전나무, 가문비 : 식재 후 13~15년

(2) 제벌방법

① 제거 대상목은 보육 대상목(미래목, 중용목)의 생장에 지장을 주는 유해수종, 덩굴류, 침입수종, 형질불량목, 폭목, 경합목, 피해목 등으로 한다.
  * 폭목(暴木) : 생장력이 너무 왕성해 형질도 나쁘며 다른 수목에 피해를 주는 수목
② 보육 대상목의 생장에 지장을 주는 나무는 가급적 지표면에 가깝게 근원부를 잘라낸다.
③ 조림수종이 그 임지에 적합하여 성림(成林)이 잘 되면 침입한 천연발생목은 원칙적으로 제거한다. 그러나 조림목의 생장이 불량해 성림에 문제가 있을 때는 천연 발생 우량목을 보육목으로 선정한다.
④ 목적 수종의 생장에 피해를 주지 않는 유용한 하층식생은 제거하지 않는다.
⑤ 맹아력 강한 활엽수종은 여름에 지상 1m 높이에서 줄기를 꺾어 두면 맹아 발생을 줄일 수 있다.

⑥ 폭목은 제거가 원칙이나, 야생 동식물의 서식처가 되거나 경관상의 이유 등일 때는 제거하지 않기도 한다. 폭목의 벌채 후 빈자리가 클 경우 보완식재를 할 수 있다.
⑦ 보육 대상목인 어린나무에 대한 가지치기는 전정가위를 이용한다.
⑧ 가지치기는 침엽수일 경우 형질 우세목 중심으로 실시한다.

SECTION 06 가지치기

1. 가지치기 일반

① 가지치기란 마디 없는 곧은 수간을 만들어 질이 좋은 목재를 생산하기 위해 죽은 가지나 살아 있는 가지의 일부를 잘라내는 작업이다.
② 최종수확 대상목(도태간벌의 경우 미래목)이 선정되기 전까지는 형질이 우량한 수목에 대하여 중점적으로 실시하며, 선정되고 난 후에는 최종수확 대상목(도태간벌의 경우 미래목)에 대해서만 가지치기를 실시한다.
③ 제벌, 간벌 시 가지치기 작업을 함께 시행하기도 하고, 가지치기만 별도의 과정으로 작업하기도 한다.

2. 가지치기의 효과

(1) 가지치기의 장점

① 마디가 없는 무절 완만재를 생산할 수 있다. 가지치기의 가장 큰 목적이기도 하다.
② 수간 상층부에 직경생장이 집중되어 수간의 완만도가 향상된다.
③ 연륜폭도 고르게 발달하며, 신장생장이 증가하여 수고생장을 촉진한다.
  (잣나무림에서의 강한 가지치기는 오히려 줄기의 생장을 방해하여 수고생장을 억제하는 역효과가 있다.)
④ 하층목에 수광량이 증가하여 생장을 촉진시킨다.
⑤ 지조(枝條)의 연소물을 제거하므로 수관화(樹冠火)의 위험성을 경감시킨다. ✎ 수간화 ×

(2) 가지치기의 단점

① 줄기에 부정아가 발생한다.
  * 부정아(不定芽) : 눈을 형성하지 않는 부분에 생기는 싹

② 인력과 비용이 소요된다.
③ 지나친 가지치기는 임목의 생산을 감퇴시킬 우려가 있다.
④ 지엽이 토양에 환원되지 못해 토양 비옥도에 문제를 가져올 수 있다.

3. 가지치기의 작업시기와 대상

(1) 가지치기의 작업시기 및 정도

① 죽은 가지의 제거는 작업시기에 큰 상관이 없으나 산 가지치기는 가급적 생장휴지기인 11~3월(겨울, 이른 봄)에 수목의 수액이 유동하기 직전에 실시한다. 겨울이 노동력 수급 면에서도 좋으며, 수목의 상처도 잘 덧나지 않아 이 시기에 실시한다.
② 가지치기의 정도는 역지(으뜸가지) 이하의 가지로 한다.

> **POINT!**
>
> **역지(力枝, 으뜸가지)**
> - 수관폭이 가장 길고 굵은 가지
> - 가장 많은 잎을 가지고 있는 가지
> - 수관의 최대폭을 이루고 있는 가지
> - 활력이 가장 왕성한 가지

(2) 가지치기의 대상

① 주로 목재생산을 목적으로 하는 삼나무, 낙엽송, 잣나무, 전나무, 소나무, 해송, 편백 등의 침엽수에 적용하며, 역지 이하의 가지를 자른다.
② 목표생산재가 일반 소경재(톱밥, 펄프, 숯 등)일 경우는 재적 이용 면에서 가지치기를 실시하지 않는다.
③ 원칙적으로 직경 5cm 이상의 가지는 자르지 않으며, 죽은 가지는 잘라주어 상처 유합조직(캘러스, callus)의 형성을 도와준다.
④ 너도밤나무, 가문비나무의 생가지치기 작업은 부후의 위험성이 있어 실시하지 않으며 원칙적으로 고사지 제거만 실시한다.
⑤ 낙엽송과 같이 자연낙지가 잘 되는 수종은 가지치기를 생략할 수 있다.
   * 자연낙지(自然落枝) : 수목 하부의 가지가 수광량 부족으로 떨어져 나가는 현상
⑥ 활엽수 중 특히 단풍나무, 물푸레나무, 벚나무, 느릅나무 등은 절단부위가 상처유합이 잘 안 되고 썩기 쉬워 생가지치기를 하지 않으며, 죽은 가지만 제거하고 밀식으로 자연낙지를 유도한다.

⑦ 활엽수는 대체적으로 생가지치기가 적당하지 않으나 포플러나무류, 참나무류, 사시나무 류는 으뜸가지 이하의 가지까지만 제거한다.

 Summary!

가지치기 대상 수종
- 위험성이 없는 수종 : 삼나무, 포플러류, 낙엽송, 잣나무, 전나무, 소나무, 편백
- 위험성이 있는 수종 : 단풍나무, 물푸레나무, 벚나무, 느릅나무

 참고

상처유합조직(캘러스, callus)
- 식물에 상처가 났을 때 유합호르몬의 분비로 세포분열이 활성화되어 상처를 둘러싸며 생기는 두꺼운 상처 보호 조직
- 소나무는 가지치기 상면이 유합하는 데 3~4년 정도 걸림
- 가지의 절단면에 빗물이 고이지 않아야 썩지 않고 유합이 빨라짐

4. 가지치기 방법

① 지융부(枝隆部)란 수간에서 가지가 뻗어 나오면서 수간과 가지 사이에 주름살 모양으로 융기된 부분으로 가지치기를 할 때 이것을 훼손하지 않고 그 바깥쪽(지피융기선, BBR)으로 최대한 밀착하여 실시한다.
② 비교적 지융부가 발달하지 않은 침엽수는 절단면이 줄기와 평행하게 되도록 가지를 제거한다.
③ 지융부가 발달하는 활엽수는 지피융기선이 상하지 않도록 주의하여 최대한 가깝게 제거한다.
④ 어린나무 가꾸기 작업 대상목에 대한 가지치기와 수형교정은 가급적 전정가위로 실행하고 수고의 50% 내외의 높이까지 가지를 제거한다.
⑤ 솎아베기 작업 대상목에 대한 가지치기는 톱으로 실행하고 최종수확 대상목을 중심으로 가지치기를 50~60% 내외의 높이까지 한다.

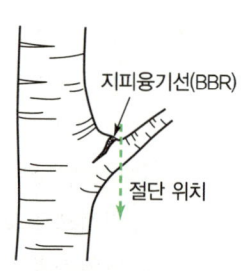

▮ 활엽수의 지융부 ▮

SECTION·07 솎아베기(간벌)

1. 솎아베기(간벌, 間伐) 일반

① 수목이 생장함에 따라 광선, 수분 및 양분 등의 경쟁이 심해지므로 이를 완화하기 위해 일부 수목을 베어 밀도를 낮추고 남은 수목의 생장을 촉진시키는 작업이다.
② 조림목 간의 경쟁을 최소화하고, 최종 생산될 잔존목의 생장 촉진과 형질 향상을 위하여 실시하며, 간벌목을 이용하여 경제적 수입도 기대할 수 있다.
③ 어린나무 가꾸기나 천연림 보육작업 등의 잡목 솎아내기 작업이 끝난 후부터 최종 수확 때까지 숲을 가꾸는 것으로 정확히는 어린나무 가꾸기 작업이 끝난 후 5년가량 경과하고 최종수확 10년 전까지의 산림이 대상이다.
④ 간벌을 하지 않고 수목을 밀립한 상태로 방치하면 가늘고 긴 수목으로 성장하여 각종 위해에 피해를 받기 쉬워지므로 적당한 솎아베기로 임분의 활력도를 증가시킨다.

2. 간벌의 목적 및 효과

(1) 간벌의 목적

① **생육공간의 조절(밀도 조절)** : 밀도를 조절하여 조림목의 생육 공간을 확보한다.
② **임분의 형질 향상** : 형질 불량목, 폭목 등을 제거하여 임분의 전체적인 형질을 향상시킨다.
③ **임분의 수직구조 개선** : 수광량 증가로 하층 식생의 발달을 촉진하고 하층림을 유도하여 임분의 수직구조가 다양화·안정화된다.  수직구조의 단일화, 수평구조 ×
④ 숲 가장자리 지역(임연부)의 보호와 관리, 자연고사로 인한 손실 감소 등이 있다.

> **참고**
>
> **임연부(林緣部, 숲 가장자리)**
> • 산림과 다른 환경 유형이 인접하는 지점으로 산림 지역 방향으로 30m 내외까지의 거리. 5m 미만의 임도나 시설물 등은 제외
> • 임연목은 가지치기를 하지 않음
> (이유 : 풍해·한해 등에 의한 산림 내의 입목 보호, 임내의 탄산가스 농도를 높여 광합성을 촉진, 임내 습도를 높여 미생물에 의한 낙엽분해 촉진 등)
> • 약도의 솎아베기를 5년 내외의 간격으로 수회 실시
> • 햇빛이 잘 들어 칡이나 덩굴이 왕성하게 잘 자람
> • 무성한 관목 등으로 인하여 생물 종다양성이 풍부
> • 임연부 임목은 미래목에서 제외

(2) 간벌의 효과

① 남은 임목의 생육을 촉진하고, 형질을 향상시킨다.
② 직경생장 촉진으로 재적생장이 증가한다.
③ 수간 하부의 생장량이 많아 초살도가 증가한다.
④ 각종 위해에 대한 저항력이 증진되어 피해가 감소한다.
⑤ 하층 식생 발달로 지력이 향상된다.
⑥ 산림의 보호 관리가 편리해진다.
⑦ 조기에 간벌재의 수확 및 이용이 가능하다.
⑧ 연소물의 제거로 산불 위험성이 감소한다.

3. 간벌의 시기

① 생가지치기를 함께 실행하지 않는다면 연중 간벌이 가능하나, 생가지치기와 함께 실행한다면 보통 11월 이후부터 이듬해 5월 이전까지 실시한다. 즉, 수액 이동 정지기인 겨울과 봄에 실시하는 것이 좋다.
② 활엽수는 일반적으로 지위에 따른 간벌 개시시기의 표준에 따른다.

[활엽수의 간벌개시임령]

지위	간벌개시임령
상	20~30년
중	30~40년
하	40~50년

* 지위(地位) : 수종별, 지역별로 기후 · 지세 · 토양조건 등의 환경인자에 따라 임지의 생산능력을 평가한 정도

③ 침엽수는 수종마다의 식재밀도와 간벌을 개시하는 임령이 다르다.

[침엽수의 간벌개시임령]

수종	식재밀도(본/ha)	간벌개시임령(연)
낙엽송	3,000	10~15
소나무	5,000	15~20
잣나무	3,000	15~20
삼나무	3,500	15~20
편백	4,000	20~25
가문비나무	4,000	20~25
전나무	4,500	20~25

4. 수관급

수관급(樹冠級)이란 수관의 배열 형태, 크기, 위치, 피해 정도 등에 따라 구분한 수목의 등급으로 간벌 대상목을 선정하는 기준으로 이용되며, 수형급(樹型級), 수간급(樹幹級), 수목급(樹木級)으로 불리기도 한다.

(1) 하울리(Hawley)의 수관급

① **우세목** : 상층임관에 속하며, 상방과 측방의 광선을 모두 받을 수 있는 수관을 가진 나무로 평균 이상의 크기를 가짐
② **준우세목** : 측방에서 다른 수관의 압력을 받고 있어 측방 광선의 양이 적고, 평균 정도의 수관 크기를 가지는 나무
③ **중간목** : 우세목과 준우세목에 비해 수고가 약간 낮으며, 수관의 크기도 작고, 측방에서 많은 압력을 받아 측방광선은 거의 받지 못하며, 상방광선도 제한이 있는 나무
④ **피압목** : 하층임관에 속하여 광선을 거의 받지 못하는 나무

(2) 데라사끼[寺崎]의 수형급

상층임관을 구성하는 우세목과 하층임관을 구성하는 열세목으로 크게 구분한 다음, 수관의 모양이나 줄기의 결함을 고려하여 다시 5급으로 세분한다.

① **우세목(상층임관)**
  ㉠ 1급목 : 수관의 발달에 있어 알맞은 공간을 점유하여 다른 나무의 방해를 받지 않고 형태가 불량하지 않으며 우량한 수목
  ㉡ 2급목 : 수관의 발달에 있어 공간이 협소하여 다른 나무에 방해를 받거나 피압되고 또는 형태가 불량한 수목으로 5가지로 세분
  • 폭목(暴木) : 수관의 발달이 지나치게 왕성하여 위로 솟구치거나 넓게 확장하며 다른 수목에 피해를 주는 나무
  • 개재목(介在木) : 다른 나무 사이에 끼어 자라 줄기가 매우 가늘며, 수관의 발달도 미약한 나무
  • 편의목(偏倚木) : 다른 나무 사이에 끼어 자라 수관이 기울거나 삐뚤게 자란 나무
  • 곡차목(曲叉木) : 줄기가 구부러지거나 갈라져 수형에 문제가 있는 나무
  • 피해목(被害木) : 병충해, 자연 재해 등의 피해를 받은 나무

② 열세목(하층임관)
　　㉠ 3급목(중간목, 중립목) : 수관의 발달이 왕성하지는 않으나 피압되지 않아 상층의 우세목이 제거되면 상층임관으로 자랄 가능성이 있는 수목
　　㉡ 4급목(피압목) : 피압 상태에 있고, 아직 살아 있는 수관을 가진 수목
　　㉢ 5급목 : 고사목, 피해목, 도목, 고쇠목 등

(3) 활엽수에 대한 덴마크의 수간급

① A급(주목, 主木) : 곧은 수간과 정상적인 수관을 가진 수목으로 남겨서 그 생육을 조장시키는 대상
② B급(유해부목, 有害副木) : 주목의 수관발달에 지장을 주는 수목으로 제거 대상
③ C급(유요부목, 有要副木) : 주목의 지하고를 길게 하기 위해 남겨 둘 필요성이 있는 유요한 수목
④ D급(중립목, 中立木) : 급의 판단이 어려워 일단 남겨 두었다가 다음 간벌 시에 고려 대상이 되는 수목, 때로는 마지막 간벌까지 남기도 함

5. 간벌의 종류

(1) 정성간벌(定性間伐)

간벌 시 수관 특성, 줄기 형태, 생장량 등으로 정해지는 수관급에 기초하여 간벌목을 선정하는 방법으로 임목의 정해진 형질에 의한 선목법이다. 벌채량에 정해진 기준이 없으며, 간벌목 선정이 주관적이고 고도의 숙련을 요한다.

① 데라사끼[寺崎]의 간벌법
　㉠ 하층간벌
　　• A종 : 4급목과 5급목 전부 & 2급목의 소수 벌채. 임내 정리 차원
　　• B종 : 4급목과 5급목 전부 & 3급목의 일부 & 2급목의 상당수 벌채. 가장 일반적인 간벌법
　　• C종 : 2급목, 4급목, 5급목 전부 & 3급목 대부분 벌채. 지장주는 1급목도 일부 벌채
　㉡ 상층간벌
　　• D종 : 상층임관을 강하게 벌채하고 3급목을 전부 남김
　　• E종 : 상층임관을 강하게 벌채하고 3급목과 4급목을 전부 남김

② 하울리(Hawley)의 간벌법
　㉠ 하층간벌
　　• 하층목 간벌
　　• 처음에는 가장 낮은 수관층의 피압목을 벌채하고 점차로 높은 층의 수목을 벌채하는 방법
　㉡ 수관간벌(상층간벌)
　　• 준우세목 간벌
　　• 주로 준우세목이 벌채되며 우량목에 지장을 주는 중간목과 우세목의 일부도 벌채
　㉢ 택벌식 간벌
　　• 우세목 간벌
　　• 1급목을 벌채하여 자람이 좋은 하층목의 생육을 촉진하는 방법
　㉣ 기계적 간벌
　　• 수형급에 따르지 않으며, 일정한 임목 간격에 따라 기계적으로 벌채하는 방법
　　• 일종의 정량간벌로 형질의 차이가 아직 발생하지 않은 유령 임분에 흔히 적용

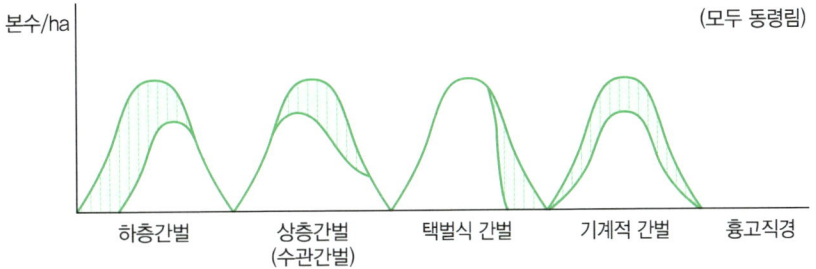

∥ 하울리(Hawley)의 4가지 간벌법 ∥

(2) 정량간벌(定量間伐)

① 간벌 시 임령, 수고, 직경 등에 따라 벌채량을 미리 정해 놓고 그에 맞게 기계적으로 벌채하는 방법으로 임목의 정해진 간벌량에 의한 선목법이다.
② 잔존 본수 결정 후 고사목 · 피해목 – 피압목 – 생장불량목 – 형질열등목 – 우량목 순으로 제거목을 선정하지만, 수관급에 준하여 간벌목을 선정하는 것은 아니다.
③ 잔존 수목이 가능하면 임지 전체에 균일하게 분포되도록 간벌목을 선정한다.
④ 우세목의 평균수고가 10m 이상이며 임령은 15년생 이상인 산림이 적용 대상지이다.

(3) 도태간벌(淘汰間伐)

① 도태간벌의 특징
- 현재의 가장 우수한 나무인 미래목을 집중적으로 선발·관리하고, 경쟁목은 제거하여 인위적 도태를 통한 미래목의 생장 촉진을 도모하는 간벌법이다.
- 우리나라에서 1985년부터 현재까지 실행하고 있는 보편적인 간벌법이다.
- 현재의 가장 우수한 개체를 선발하여 남기는 것이 핵심이다.
- 무육목표를 미래목에 집중시켜 장벌기 고급 대경재 생산에 적합하다.
  - *장벌기(長伐期) : 일반적으로 수목을 수확하는 벌기보다 길어 직경이 굵은 대경재 생산을 목적으로 하는 기간
- 간벌목이 주로 미래목의 생장을 방해하는 수목으로 한정되어 있어 간벌목 선정이 용이하며 간벌로 인한 간벌재 이용에 유리하다.
- 간벌양식으로 볼 때 상층간벌도 하층간벌도 아닌 새로운 간벌법이다.
- 우세목을 선발하는 무육벌채적 수단을 갖고 있는 간벌양식이다.
- 미래목 생장에 방해되지 않는 중층목과 하층목의 대부분은 존치한다.
- 하층식생에 일시적으로 큰 수광량을 주어 미래목의 수간 맹아 형성 억제와 임분의 복층구조 유도가 용이하다.

② 도태간벌의 수목 구분
- 미래목 : 수목사회적 위치, 형질, 건전성 등이 우수한 나무로 최종수확목 대상이 되는 나무
- 중용목 : 미래목으로 선발되지 못한 우세목 또는 준우세목으로 미래목에 피해를 주지 않으면서 임분의 구성상 필요한 예비목, 차후 미래목으로 대체되거나 형질이 나빠지면 벌채될 수 있는 나무
- 보호목 : 미래목에 지장을 주지 않으며 하층임관을 이루고 있어 임지보호 목적으로 잔존시키는 유용한 치수
- 방해목 : 미래목, 중용목의 생육을 방해하는 간벌 대상목
- 경합목 : 미래목, 중용목에 인접하여 압박하거나 경합하는 간벌 대상목
- 지장목 : 미래목, 중용목에 인접된 세장목이나 기대어 자라는 수목으로 간벌 대상목

③ 도태간벌의 적용 대상지
- 미래목의 집약적 관리를 통하여 우량대경재 이상을 목표생산재로 하는 산림
- 지위 '중' 이상으로 지력이 좋고 입목의 생육상태가 양호한 산림
- 우세목의 평균수고 10m 이상 임분으로서 15년생 이상인 산림

- 어린나무 가꾸기 등 숲 가꾸기를 실행한 산림. 다만, 숲 가꾸기를 실행하지 않았더라도 상층 입목 간의 우열이 현저한 우량 임분은 실행 가능
- 조림수종 외에 다른 수종이 많이 혼효되어 정량간벌이나 열식간벌이 어려운 산림

④ 미래목의 선정 및 관리 기준
- 피압을 받지 않은 상층의 우세목으로 선정하되 폭목은 제외한다.
- 나무줄기가 곧고 갈라지지 않으며, 산림병충해 등 물리적인 피해가 없는 것으로 한다.
- 미래목 간의 거리는 최소 5m 이상으로 임지 내에 고르게 분포하도록 하며, 활엽수는 ha당 200본 내외, 침엽수는 ha당 200~400본을 선정한다.
- 미래목만 가지치기를 실행하며 산 가지치기일 경우 11월부터 이듬해 5월 이전까지 실행하여야 하나 작업 여건, 노동력 공급 여건 등을 감안하여 작업 시기 조정이 가능하다.
- 가지치기는 반드시 톱을 사용하여 실행한다.
- 솎아베기 및 산물의 하산, 집재, 반출 등의 작업 시 미래목을 손상치 않도록 주의한다.
- 미래목은 가슴높이에서 10cm의 폭으로 황색 수성페인트로 둘러서 표시한다.
- 제거 대상목은 미래목의 수관생장을 억압하는 생장경쟁목, 미래목의 수관과 줄기에 해를 입히는 나무를 대상목으로 한다.
- 미래목과 중용목의 하층임관을 이루고 있는 보호목은 제거하지 않는다.
- 칡, 머루, 다래, 담쟁이 등 미래목에 피해를 주거나 향후 피해가 예상되는 덩굴류는 제거한다.
- 수령은 미래목 선정·관리 시 고려사항이 아니다.

Summary!

숲 가꾸기 순서 및 적기

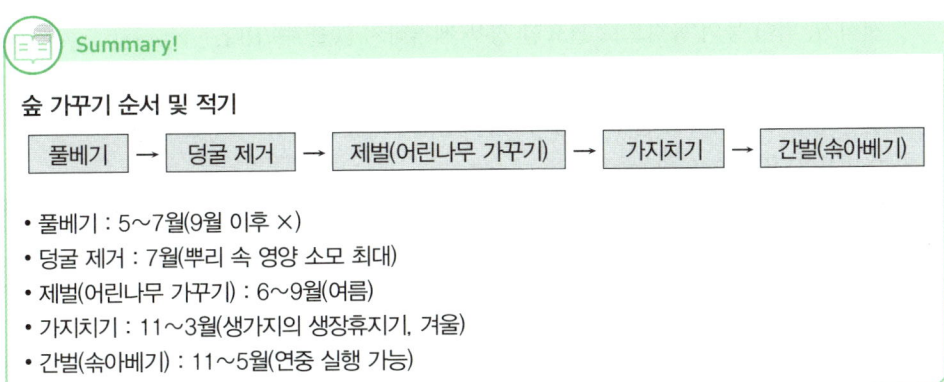

풀베기 → 덩굴 제거 → 제벌(어린나무 가꾸기) → 가지치기 → 간벌(솎아베기)

- 풀베기 : 5~7월(9월 이후 ×)
- 덩굴 제거 : 7월(뿌리 속 영양 소모 최대)
- 제벌(어린나무 가꾸기) : 6~9월(여름)
- 가지치기 : 11~3월(생가지의 생장휴지기, 겨울)
- 간벌(솎아베기) : 11~5월(연중 실행 가능)

SECTION 08 천연림 보육

일정 지역에서 저절로 나고 자란 수목이 이룬 천연림의 숲 가꾸기 작업으로 우량대경재 이상을 생산할 수 있는 천연림을 대상으로 한다. 조림지 중 형질이 우수한 조림목은 없으나 천연 발생목을 활용하여 우량대경재를 생산할 수 있는 인공림에도 적용할 수 있다.

1. 천연림 생육 단계에 따른 보육시기

① 치수림 단계 : 수목의 평균수고가 2m 정도인 임분을 대상으로 실시
② 유령림 단계 : 수목의 평균수고가 8m 이하인 임분을 대상으로 실시
③ 간벌림 단계
- 수목의 평균수고가 10~12m 정도의 임분으로 도태간벌을 시작하는 단계
- 유령림 단계의 마지막 보육 후 2~4년, 혹은 5~6년이 경과된 때가 적당
- 1차 보육시기 : 우세목의 평균수고가 10m 이상 될 때 실시
- 2차 보육시기 : 우세목의 평균수고가 12~16m일 때 실시

2. 유령림(幼齡林) 단계의 작업방법

① 상층목 중 형질이 불량한 나무, 폭목을 제거 대상목으로 한다.
② 형질이 불량한 상층목이라도 잔존하는 상층목에 피해를 주지 않고 경관 유지와 야생조류의 서식지, 먹이 등의 목적으로 필요할 경우 제거하지 않을 수 있다.
③ 상층을 구성하고 있는 수종이 대부분 소나무일 경우, 형질이 불량한 대경목과 폭목은 제거한다.
④ 불량 상층목과 폭목의 벌채 시 남아 있는 나무에 피해를 줄 우려가 있을 경우 수피베끼기 등의 방법을 사용할 수 있다.
⑤ 칡, 다래 등 덩굴류와 병충해목은 제거한다.
⑥ 과다한 임지 노출이 우려될 경우를 제외하고 형질 불량목, 아까시나무, 싸리나무, 불량 참나무류, 활엽수 움싹 등은 제거한다.
⑦ 임분이 과할 경우 우량 상층목이라도 솎아 주고 제거 대상목은 지표에 가깝게 베어낸다.
⑧ 움싹이 발생되었을 경우 각 근주에서 생긴 2본 정도를 남기고 정리하며, 유용한 실생묘는 존치한다.
⑨ 제거하지 않는 나무 중 쌍가지로 자란 경우 하나는 잘라주고, 원형수관은 원추형으로 유도한다.
⑩ 상층목의 생육에 지장이 없는 하층식생은 제거하지 않고 존치한다.

⑪ 침엽수의 경우, 산 가지치기를 수반할 경우 11월 이후부터 이듬해 5월 이전까지 실행하고 가지치기는 전정가위를 사용하여 실시한다.
⑫ 가지치기는 침엽수일 경우 형질우세목 중심으로 실시한다.

3. 솎아베기 단계의 작업방법

① 미래목 선정 및 관리
- 미래목은 상층의 우세목으로 선정하되 폭목은 제외한다.
- 나무줄기가 곧고 갈라지지 않으며 산림병충해 등 물리적인 피해가 없는 것으로 한다.
- 미래목 간의 거리는 최소 5m 이상으로 임지 내에 고르게 분포하도록 하며, ha당 활엽수는 150~300본, 침엽수는 200~300본을 미래목으로 한다.
- 침엽수의 경우 미래목만 가지치기를 실행하며 산 가지치기를 수반할 경우 11월 이후부터 이듬해 5월 이전까지 실행한다.
- 솎아베기 및 산물의 하산, 집재, 반출 등의 작업 시 미래목을 손상치 않도록 주의한다.
- 미래목은 가슴높이에서 10cm의 폭으로 황색 수성페인트로 둘러서 표시한다.

② 작업방법
- 미래목의 수관생장을 억압하는 생장경쟁목, 미래목의 수관과 수간에 해를 입히는 나무, 피해목, 형질이 불량한 중용목상층목, 폭목, 덩굴류를 제거 대상목으로 한다.
- 폭목은 미래목의 생장에 방해가 되지 않고 경관 유지와 야생조류의 서식지, 먹이 등의 목적으로 필요할 경우 제거하지 않을 수 있다.
- 폭목의 벌채 시 남아 있는 나무에 피해가 우려될 경우 수피베끼기 등의 방법을 사용할 수 있다.
- 제거 대상목은 지표에 가깝게 베어 내되 활엽수의 경우 미래목의 수간보호가 필요할 경우 줄기의 중간을 베어 줄 수 있다.
- 상층목의 생육에 지장이 없는 보호목(하층식생)은 제거하지 않고 존치한다.
- 미래목 가지치기는 반드시 톱을 사용하여 실시한다.

SECTION 09 복층림 조성

1. 복층림 일반

① 복층림(複層林)이란 인공 갱신을 통하여 수령과 수고가 다른 수목을 2~3층의 복층으로 조성하는 산림이다.
② 보통 단목 택벌이나 대상(帶狀) 벌채 등의 부분적 벌채를 시행하고 인공 갱신에 의해 형성한다.

2. 복층림의 장단점

① 장점
- 임목의 수확 기간이 길어져 대경목 생산이 가능하다.
- 생산이 균일하여 연륜폭이 균등하고 치밀한 목재를 생산할 수 있다.
- 경관 유지 및 관리에 적절하다.

② 단점
- 지속적으로 숲을 가꾸고 수확을 실시하는 등 작업이 많다.
- 벌채 시 설비비와 반출 경비가 많이 소요된다.
- 벌채와 임목 반출 시 하층목의 손상이 우려된다.

CHAPTER 08 산림갱신

SECTION 01 산림갱신 일반

1. 산림갱신의 정의

① 산림갱신(更新)이란 기존의 임분을 벌채·이용하고 새로운 후계림을 조성하는 것으로 이때 벌채와 갱신에 필요한 모든 작업체계를 작업종(作業種)이라 한다.
② 다음 세대로 수목의 발생이 이어지는 것이 사람의 인위적인 힘에 의할 때 인공갱신, 자연의 힘에 의할 때 천연갱신이라 한다.
③ 산림작업종은 임분의 기원, 벌채의 종류(벌채종), 벌구의 크기와 형태에 따라 여러 가지의 작업이 적용될 수 있다.

2. 산림작업종 분류 기준

(1) 임분의 기원

임분의 발생이 종자(교림)에서 시작되었는지 맹아(왜림)에서 시작되었는지에 따라 작업종을 분류한다.

① 교림(喬林 또는 高林, 고림) : 종자로부터 발달한 수목(실생묘)으로 성립되는 산림
② 왜림(矮林 또는 低林, 저림) : 움이나 맹아가 발달한 수목으로 성립되는 산림
③ 중림(中林) : 용재 생산의 교림작업과 연료재 생산의 왜림작업을 함께 적용한 산림

(2) 벌채의 종류(벌채종)

① 개벌(皆伐, 모두베기) : 모든 나무를 일시에 벌채하는 방법 = 1벌
② 산벌(傘伐) : 수목 전체를 몇 차례에 걸쳐서 벌채함과 동시에 천연하종갱신을 도와 새로운 임분을 발생시키는 벌채법 = 3벌, 점벌
③ 택벌(擇伐, 골라베기) : 갱신기가 따로 없으며, 성숙목만을 국소적으로 선택하여 벌채하는 방법 = 다벌

(3) 벌구의 크기와 형태

벌구(伐區)란 갱신하고자 하는 벌채구역을 말하며, 갱신벌구의 크기나 모양에 따라서도 작업종이 달라지게 된다.

① 벌구의 크기에 따른 구분
- 대벌구 : 대면적의 벌채구로 측방임분으로부터 영향을 받을 수 없을 정도로 넓은 것
- 소벌구 : 소면적의 벌채구로 측방에 있는 성숙임분으로부터 영향을 받을 수 있도록 작게 구획한 것

② 벌구의 형태에 따른 구분
- 대상(帶狀) : 소벌구의 형상을 띠모양으로 길게 하는 것으로 폭은 벌채면 인접 수목 수고의 1/2~2배 정도
- 군상(群狀) : 원형, 다각형, 부정형 등 모양에 크게 제한이 없는 무더기 형상이며 면적으로 구분. 면적이 0.1ha 이하는 군(상), 0.1~1ha는 단(상)이라 함

 Summary!

산림작업종 분류 기준
임분의 기원, 벌채의 종류(벌채종), 벌구의 크기와 형태

SECTION 02 갱신방법

1. 인공갱신(人工更新, 인공조림)

벌채 후 종자를 파종하거나 묘목을 식재하는 등 새로운 임분의 형성이 사람의 인위적 힘에 의한 것을 인공갱신 또는 인공조림이라 한다. 인공조림의 장단점은 다음과 같다.

① 장점
- 갱신은 개벌 후에 묘목을 식재하는 것이 일반적이며, 묘목에서부터 시작하므로 숲의 형성이 빠르다.
- 사람이 원하는 수종과 품종으로 조림이 가능하여 조림수종 선택의 폭이 넓다.
- 동령단순 경제림 조성이 용이하며, 집약적인 관리가 가능하다.
- 조림에 성공 시 질 좋은 균일한 목재를 짧은 기간 내에 대량생산이 가능하다.

② 단점
- 천연갱신에 비해 활착률이 떨어져, 조림지의 풍토와 맞지 않을 경우 갱신에 실패할 확률이 높다.
- 개벌을 통한 동령단순림을 형성하여 병충해, 한풍해 등 각종 환경 위해에 취약하다.
- 반복되는 인공조림은 임지생산력과 조림성과의 저하를 초래할 수 있다.
- 조림지의 교란으로 토양환경이 악화될 수 있다.
- 초기 노동력과 비용이 다량 소요된다.
- 단근하여 산지에 식재하므로 근계 발육이 부자연스럽고 각종 재해에 피해를 받기 쉽다.

2. 천연갱신(天然更新)

벌채 후 자연적으로 떨어진 종자(천연하종), 벌채된 수목의 맹아(맹아갱신) 등에 의한 천연적 발생으로 새로운 임분이 형성되는 것을 천연갱신이라 한다.

(1) 천연갱신의 장단점

① 장점
- 천연갱신은 그곳의 환경에 이미 오랫동안 적응한 수종으로 구성되어 성림의 실패가 적다.
- 수종 선정의 잘못으로 인한 조림 실패의 염려가 적다.
- 해당 임지에 적합한 수종이 자생하므로 각종 위해에 대한 저항성이 강하다.
- 일정한 임상을 유지하여 임지가 보호되므로 임지의 지력 유지에 좋다.
- 생태적으로 보다 안정된 임분을 조성할 수 있으며, 생태계 보호에 유리하다.
- 노동력이 절감되며, 조림·보육비 등의 갱신비용이 적게 든다.
- 치수가 모수의 보호를 받는다.

② 단점
- 새로운 숲이 조성되기까지 오랜 기간이 소요된다.
- 원하는 수종으로 갱신이 어렵다.
- 갱신 전에 종자의 활착과 천연치수의 발생을 위한 임상정리 작업이 필요하다.
- 벌목과 운재 작업 등으로 임내 작업 시 치수손상의 위험이 있으며, 작업이 어렵다.
- 생산된 목재가 균일하지 못하며, 수확량도 일정하지 않아 경영에 어려움이 있다.
- 임분 조성의 확실성이 결여되어 보완조림 등이 필요한 경우가 있다.

(2) 천연갱신 수종

① 종자의 발아력이 좋으며, 번식률도 높고 맹아력이 좋은 수종이 천연갱신이 잘 되는 수종이다.

② 활엽수 중 참나무류, 아까시나무, 오리나무, 물푸레나무 등은 모두 종자의 발아력 및 맹아력이 좋아 갱신에 적합하다.
③ 침엽수 중 소나무, 리기다소나무, 해송(곰솔) 등도 종자 발아력이 좋아 천연갱신에 적합하며, 인공조림인 파종조림에도 이용되고 있다.

(3) 천연하종갱신(天然下種更新)

① 천연하종갱신의 구분
- 천연하종갱신은 자연적으로 떨어지는 종자에 의해 후계림이 조성되는 것으로 종자가 떨어져 공급되는 방향에 따라 상방(上方)과 측방(側方)으로 구분한다.
- 울창한 숲 상태에서는 양수보다 음수가 갱신에 더 유리하다.

구분	내용
상방천연하종갱신 (上方天然下種更新)	무거운 종자가 중력에 의하여 그 무게로 수직 아래로 떨어져 발아가 이루어지는 갱신
측방천연하종갱신 (側方天然下種更新)	가벼운 종자가 바람에 날려 수목의 옆 방향으로 떨어져 발아가 이루어지는 갱신

② 대면적 개벌 천연하종갱신
자연 상태에서는 음수가 더 유리하나, 대면적 개벌 후의 천연하종갱신인 경우는 임지가 일시에 노출되므로 양수가 적합하다.

구분	내용
개벌 후 상방천연하종갱신	종자의 결실이 충분한 시기에 벌채를 하여 낙하한 종자에 의해 이루어지는 갱신
개벌 후 측방천연하종갱신	• 개벌면 측방의 성숙한 임목으로부터 비산하는 종자에 의해 이루어지는 갱신 • 개벌면을 정할 때 종자가 날릴 수 있도록 풍향 등을 고려하여 배치 • 종자의 산포 밀도는 성숙목에 근접해 있는 임연(林緣)일수록 높고, 개벌면의 중심부일수록 낮아짐

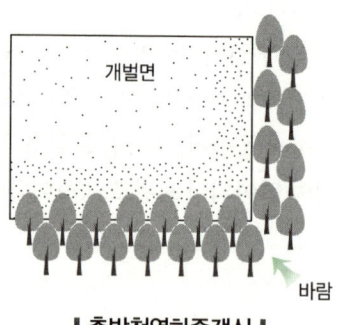

▎측방천연하종갱신▎

> SECTION · 03 산림작업종

산림갱신을 위한 작업종에는 개별작업(모두베기), 모수작업, 산벌작업, 택벌작업(골라베기), 왜림작업, 중림작업 등이 있다. 이러한 작업종은 수확을 위한 벌채로 숲 가꾸기를 위한 벌채인 간벌작업(솎아베기)과는 다르며, 산림작업종(山林作業種) 또는 갱신작업종(更新作業種)이라 부른다.

1. 개별작업(皆伐作業)

(1) 개별작업 일반

① 갱신지의 모든 임목을 일시에 벌채하는 방법으로 한 번의 벌채로 모든 임목을 제거한다 하여 1벌 또는 모두베기라고 부른다.
② 개별 후에는 파종이나 묘목식재를 통한 인공갱신으로 새로운 임분을 조성하거나 자연발생 치수를 이용한 천연갱신으로 후계림을 조성하기도 한다.
③ 완전한 벌채 후에 갱신이 시작되므로 후갱작업(後更作業)이라 하며, 우리나라에서 보편적으로 적용하고 있는 작업종이다.
④ 개별 후에는 인공이든 천연이든 동령림이 형성되며, 인공조림 시에는 대개 같은 종의 묘목으로 갱신하여 나이가 같고 단순한 종으로 이루어진 동령단순림(同齡單純林) 또는 단순일제림(單純一齊林)이 형성된다.
  * 일제림 : 동일한 수종의 수관층이 거의 같은 높이로 이루어진 산림
⑤ 인공조림에 의하여 새로운 수종의 숲을 조성하는 데 가장 간편하며 효율적인 갱신법이다.

(2) 개별작업의 장단점

① 장점
  - 양수 수종 갱신에 유리하다.
  - 성숙 임분에 가장 간단하게 적용할 수 있는 방법이다.
  - 기존 임분을 다른 수종으로 갱신하고자 할 때 가장 빠르고 쉬운 방법이다.
  - 작업의 실행이 빠르고 간단하며, 높은 수준의 기술을 요하지 않는다.
  - 동령림 형성으로 숲 가꾸기 작업이 편리하고 경제적이다.
  - 동일한 규격의 목재를 다량 생산하여 경제적으로 유리하다.
  - 벌목, 조재, 집재가 편리하고, 비용이 적게 든다.
  - 갱신 시 치수의 손상이 적다.
  - 인공조림에 의하여 새로운 수종의 숲을 조성하는 데 가장 효율적인 갱신법이다.

② 단점
- 임지가 일시에 노출되어 황폐해지기 쉬우며 표토 침식이 발생한다.
- 임지의 모든 수목이 제거되므로 지력 유지에 나쁘다.
- 임지의 물 보유능력이 약해져 지하수위가 올라가 침식의 우려가 있다.
- 잡초, 관목 등이 무성하게 되며, 갱신된 숲이 단조로워진다.
- 대면적이 벌채되어 음수의 갱신에 불리하다.
- 동령단순림 형성으로 병해충을 비롯한 각종 위해에 대한 저항력이 약하다.
- 산림 생태적인 면에서 환경친화적인 작업종과는 가장 거리가 멀다.

(3) 개벌작업의 종류

① **교호대상개벌(交互帶狀皆伐)작업**
- 갱신대상 조림지를 띠모양(대상)으로 나누어 개벌하며 주위 성숙임분으로부터 종자를 공급받아 갱신을 도모하는 작업을 대상개벌(帶狀皆伐)작업 또는 대상개벌천연하종갱신(帶狀皆伐天然下種更新)이라 한다.
- 갱신면을 4대의 띠로 구분한 뒤 한 번에 2대의 벌채면을 개벌하고, 몇 년 후 다음 나머지 2대를 교차로 개벌하는 방식을 교호대상개벌(交互帶狀皆伐)작업이라 하며, 두 번에 나누어 갱신대상 조림지의 모든 수목을 벌채하고 갱신한다.
- 1차 개벌지는 아직 벌채되지 않은 2차 개벌예정지의 성숙목에 의해 측방천연하종을 통해 갱신이 이루어지며, 그 후 2차 개벌지는 벌채 시 떨어지는 종자에 의해 천연갱신이 이루어지기도 하나 갱신이 쉽지 않아 주로 인공조림을 통해 갱신이 이루어진다.
- 일반적인 띠의 폭은 종자 공급이 이루어지는 모수 수고의 약 1/2~4배 정도로 한다.

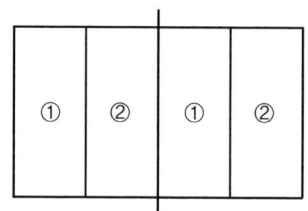

∥ 교호대상개벌작업 ∥

② **연속대상개벌(連續帶狀皆伐)작업**
- 갱신대상 조림지를 띠모양으로 나누어 3차례 이상에 걸쳐 순차적으로 개벌하는 방식이다.
- 1조에 3대 이상의 띠로 구성하고 각 조마다 한쪽에서부터 동시에 순서대로 개벌을 진행한다.

- 1차 개벌지는 2차 개벌지로부터 2차 개벌지는 3차 개벌지로부터 천연적으로 낙하하는 종자를 공급받아 갱신이 이루어지며, 3차 개벌지는 떨어진 종자에 의한 천연갱신이나 인공조림을 통해 이루어질 수 있다.
- 연속 대상이 많을수록 갱신 기간이 길어지나 후에는 동령림의 모습을 나타내게 된다.

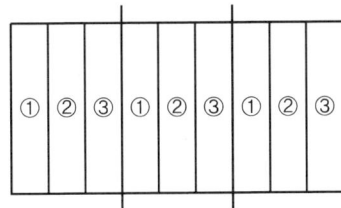

┃ 연속대상개벌작업 ┃

③ 군상개벌(群狀皆伐)작업
- 임지가 평탄하지 않거나 기복이 심하고 불규칙한 형상 등으로 숲의 여건상 대상개벌작업이 어려운 곳에서 무더기 형식의 군상으로 개벌하는 방식이다.
- 풍설해 및 병충해로 임관이 소개되어 있는 곳, 이미 발생한 치수가 있는 곳이나 수목이 죽은 자리에 생긴 공간 등에서부터 시작하여 몇 년 주기로 점차 바깥쪽으로 개벌지를 넓혀가며 진행한다.
- 각각의 개벌지는 둘러싸고 있는 주변의 성숙목으로부터 종자를 공급받아 갱신이 이루어진다.
- 군상개벌작업에서 한 벌채구역의 크기는 일반적으로 0.03~0.1ha(0.1ha 이하)이다.

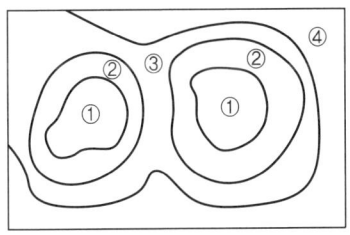

┃ 군상개벌작업 ┃

2. 모수작업(母樹作業)

(1) 모수작업 일반

① 벌채지에 종자를 공급할 수 있는 모수(母樹)를 단독 또는 군상으로 남기고, 그 외 나머지 수목들을 모두 벌채하는 방법의 작업이다.
② 모수를 제외한 나머지 임지는 일시에 노출되므로 주로 소나무, 곰솔(해송), 자작나무 등 양수의 천연갱신에 유리하며, 음수는 적합하지 않다.
③ 모수에서 떨어진 종자에 의해 갱신이 이루어지므로 모수를 제외하고는 후에 동령림을 형성하지만, 모수를 많이 남기면 이단림의 형태로 볼 수 있다.
④ 모수를 남기는 것 외에는 개벌에 준하는 작업방식을 적용한다.

(2) 모수작업의 장단점

① 장점
- 벌채가 집중되므로 경비가 절약된다(개벌 다음으로).
- 작업방법이 용이하며 경제적이다(개벌 다음으로).
- 작업의 용이성으로 보아서는 개벌작업과 상당히 유사하다.
- 천연갱신보다 신생임분의 수종구성을 잘 조절할 수 있다.

② 단점
- 개벌작업 다음으로 토양침식과 유실이 발생할 가능성이 많다.
- 종자의 착상·발아를 위한 낙엽층과 지피식생의 임상정리가 필요하다.
- 임지에 잡초와 관목이 발생하여 갱신에 지장을 주기도 한다.
- 갱신 치수가 발생하면 풀베기를 해줘야 한다.
- 주위 수목의 부재로 모수가 노출되어 풍해를 비롯한 각종 피해를 받기 쉽다.

(3) 모수의 적정 본수와 조건

① 적정 모수 본수
- 전체 임목 본수의 2~3% 또는 재적의 약 10% 내외를 선정하여 남긴다.
- 종자가 가벼워 비산력이 큰 수종은 1ha당 약 15~30본을 고루 배치시키며, 종자가 무거워 비산력이 작은 활엽수종은 더 많이 남긴다.
- 암수한그루(자웅동주) 수종이 적합하나, 암수딴그루(자웅이주) 수종인 경우 암수를 같이 남겨야 종자가 형성될 수 있다.

② 모수의 선택 조건
- 유전적 형질 : 형질이 우수하여 활력이 좋으며 평균 이상으로 생장이 양호한 수종
- 풍도에 대한 저항력 : 균형 잡힌 수형과 심근성 뿌리로 바람에 대한 저항력이 강한 수종
- 적정 결실 연령 : 너무 어리거나 노쇠하지 않은 결실 연령에 달한 수종
- 종자 결실 능력 : 종자의 결실량이 많고, 종자가 가볍거나 날개가 달려 비산능력이 좋은 수종
- 강렬한 햇빛으로부터 보호하기 위해 수피가 두꺼운 수종, 갑작스러운 환경 변화에 잘 적응할 수 있는 수종 등

(4) 모수작업의 종류

① **군생모수법** : 바람에 대한 저항력을 크게 하기 위하여 모수를 무더기(군생) 꼴로 남기는 방법이다.

② **보잔목작업(保殘木, 보잔모수법)**
- 형질이 좋은 모수를 많이 남겨 천연갱신을 진행하는 동시에 다음 벌기에 그 모수를 우량대경재로 생산하여 이용하는 방법이다.
- 모수작업의 모수본수보다 다소 많은 모수를 남겨서 천연갱신을 통해 후계림을 조성하되 모수(보잔목)는 대경재 생산을 위해 다음 벌기까지 그대로 두는 것이다.
- 남아 있는 모수의 수광생장을 촉진시켜 대경재를 생산할 수 있다.
- 일반 모수작업처럼 양수수종의 갱신에 적합하다.

③ **대화산모수** : 모수로서의 작업이 끝나도 벌채하지 않고 두었다가 혹시 발생할 산불에 대비하는 모수로서 치수가 산불에 피해를 입어 소실되었을 때 다시 종자를 공급하게 된다.

3. 산벌작업(傘伐作業)

(1) 산벌작업 일반

① 윤벌기가 완료되기 전에 짧은 갱신기간 동안 몇 차례 벌채를 실시하여 벌채지의 전 임목을 완전히 제거함과 동시에 천연하종으로 갱신을 유도하는 작업법이다.
② 단계적인 점진적 벌채라 하여 점벌(漸伐) 또는 예비벌, 하종벌, 후벌의 3차례에 걸친 벌채라 하여 3벌(3伐)이라고도 부른다.

③ 완전한 벌채 후 갱신이 시작되는 개벌은 후갱작업(後更作業)이지만, 산벌은 윤벌기가 완전히 끝나기 전에 갱신이 완료되어 전갱작업(前更作業)이라 한다. 즉, 벌채작업과 동시에 갱신이 시작되어 마지막 벌채 전에 갱신이 완료되므로 윤벌기가 단축된다.
④ 성숙목을 벌채함과 동시에 치수가 발생하므로 갱신기간이 10~20년으로 짧다.
⑤ 개벌이나 모수작업처럼 후에 동령림이 형성되며, 동령림 갱신에 가장 알맞고 안전한 작업법이다.
⑥ 전나무, 너도밤나무 등의 음수수종 갱신에 적당하며, 양수수종 갱신은 불가능하지는 않으나 유리하거나 적합하지는 않다. 종자의 종류 중에는 무거워 낙하하기 좋은 중력종자가 갱신에 좋다.

(2) 산벌작업의 단계

① 예비벌(豫備伐)
- 갱신 준비 단계의 벌채로 모수로서 부적합한 병충해목, 피압목, 폭목, 불량목 등을 선정하여 제거한다.
- 임상을 정리하여 벌채목의 반출이 용이하도록 돕는다.
- 간벌작업이 잘 된 임분이나 유령림 단계에서 집약적으로 관리된 임분에서는 예비벌을 생략하기도 한다.

② 하종벌(下種伐)
- 종자가 결실이 되어 충분히 성숙되었을 때 벌채하여 종자의 낙하를 돕는 단계이다.
- 결실량이 많은 해에 1회 벌채로 하종을 실시한다.
- 상층을 천연하종을 위해 벌채하고, 하층도 낙하를 돕고자 상당량을 벌채한다.

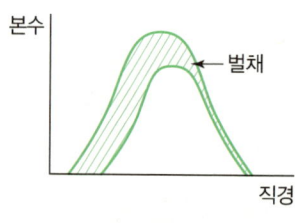

∥ 하종벌 ∥

③ 후벌(後伐)
- 남겨 두었던 모수를 점차적으로 벌채하여 신생임분의 발생을 돕는 단계이다.
- 후벌은 한 번에 끝내기도 하나 수차례에 걸쳐 실시하기도 하며, 이때 가장 나중의 벌채를 종벌(終伐)이라 한다. 가장 굵고 형질 좋은 수목은 종벌까지 남기도 한다.

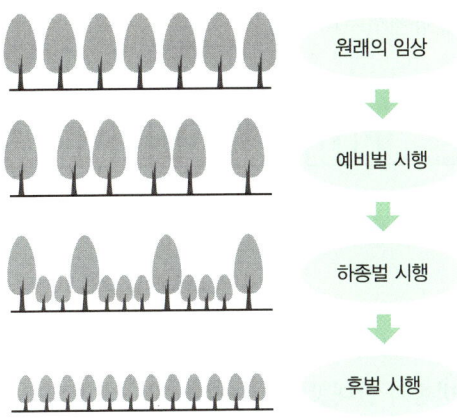

┃ 산벌작업의 순서 ┃

(3) 산벌작업의 장단점

① 장점
- 개벌이나 모수작업보다 동령림 갱신에 있어서 더 안전하고 확실하다.
- 개벌이나 모수작업보다 작업법이 복잡하나 택벌작업보다는 간단하다.
- 윤벌기를 단축시킬 수 있다.
- 동령림이므로 굵기가 일정하며, 줄기가 곧은 나무를 생산할 수 있다.
- 상층의 모수가 치수를 보호하여 갱신이 안전하다.
- 성숙한 모수의 보호하에 동령림이 갱신될 수 있는 유일한 방법이다.
- 우량한 임목들을 남겨 갱신되는 임분의 유전적 형질을 개량할 수 있다.
- 벌채(예비벌) 후 나무의 반출이 잘 될 수 있다.
- 미적 가치와 임지 보호 측면에서 택벌작업 다음으로 좋은 작업법이다.

② 단점
- 개벌이나 모수작업보다 높은 수준의 기술을 요한다.
- 천연갱신으로 유도할 때 갱신기간이 길어진다.
- 후벌 시 어린나무에 피해를 주기 쉽다.
- 후벌에서 벌채될 나무들은 풍도의 해를 입기 쉽다.

(4) 산벌작업의 종류

① 대상산벌(帶狀傘伐)작업
- 벌채지를 여러 개의 대상(띠)으로 나누고, 점진적으로 산벌을 진행하는 방식으로 대상산벌천연하종갱신이다.

- 바람의 반대방향에서부터 갱신을 진행하여 풍해를 예방하기 위한 방법으로 고안되었다.

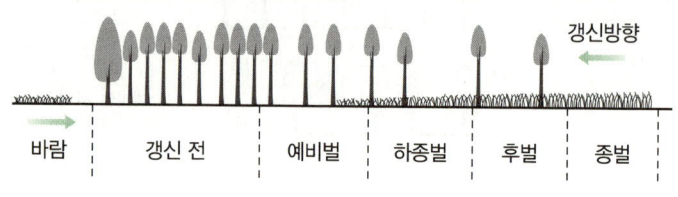

┃ 대상산벌작업 ┃

- 대상지의 폭은 수고의 2~3배 정도이다.
- 벌채는 주풍방향과 반대방향으로 진행하는 것이 유리하다.
- 일반적으로 음수수종 갱신에 유리하며, 상방하종 및 측방하종도 가능하다.

② 와그너(Wagner)의 대상산벌천연하종갱신(帶狀傘伐天然下種更新)

대상(띠)의 폭을 대단히 좁게 하여 한 갱신지 안에서 예비벌부터 종벌까지 갱신이 점차적으로 이루어지는 방식이다.

③ 에버하드(Eberhard)의 설형산벌천연하종갱신(楔形傘伐天然下種更新)
- 대상산벌의 변법으로 벌구의 중앙부터 갱신을 시작해 양쪽으로 확대시켜 나가며 쐐기모양으로 대상산벌을 진행하는 방식이다.
- 풍해에 대처하고자 고안된 방법으로 모수의 보호효과가 크고 갱신과정이 안정적이다.

4. 택벌작업(擇伐作業)

(1) 택벌작업 일반

① 한 임분을 구성하고 있는 임목 중 성숙한 임목만을 선택적으로 골라 벌채하는 작업법으로 갱신이 어떤 기간 안에 이루어져야 한다는 제한이 없으며, 주벌과 간벌의 구별 없이 벌채를 계속 반복한다.
② 남아 있는 수목의 직경분포 및 임목축적에 급격한 변화를 주지 않아 항상 각 영급의 임목이 서로 혼재되어 있으며, 대소노유(大小老幼)의 다양한 수목들이 늘 일정한 임상을 유지한다.
③ 동일 임분에서 대경목을 지속적으로 생산할 수 있어 보속수확에 가장 적절하며, 산림 경관 조성에 있어서도 가장 생태적인 방법이다.
④ 어린나무부터 벌기에 달한 성숙목까지 함께 섞여 자라므로 갱신면이 좁고 광선이 충분하지 못해 내음성이 약한 양수 갱신에는 적용하기 힘들다.
⑤ 개벌, 모수, 산벌작업은 동령림의 갱신이라면 택벌작업은 전형적인 이령림의 갱신이 이루어진다.

⑥ 숲 생태계 기능 복원에 가장 유리한 갱신법으로 보안림, 풍치림, 국립공원 등의 지속적인 꾸준한 관리가 필요한 숲에 주로 적용한다.

⑦ 택벌작업은 야생동물군집 보전을 위한 임분구성 관리방법으로 가장 적당하며, 침엽수 인공림에는 활엽수를 도입하여 혼효림 또는 복층림을 유도하면 동물군집 보전에 더욱 좋다.

(2) 택벌작업의 장단점

① 장점
- 임지가 보호되어 지력 유지에 유리하다.
- 임지와 치수가 보호받을 수 있다.
- 음수수종 갱신에 적합하다.
- 면적이 작은 산림에서 보속 수확이 가능하다.
- 병충해 및 기상피해에 대한 저항력이 높다.
- 작업법 중 심미적(경관적) 가치가 가장 높다.
- 상층목은 채광이 좋아 결실이 잘 된다.
- 산불 발생 가능성이 저하된다.
- 가장 건전한 생태계를 유지할 수 있다.

② 단점
- 작업내용이 복잡하여 고도의 기술을 필요로 한다.
- 양수수종 갱신이 어려워 부적합하다.
- 작업과정에서 하층목(치수)의 손상이 많다.
- 일시적인 벌채량은 적어 경제적으로 비효율적이다.

(3) 뮬러(Möller)의 항속림(恒續林) 사상

택벌갱신의 일종으로 산림 생태계의 유기적 관계를 건전하고 조화롭게 유지하며 갱신을 도모하자는 자연친화적인 항속(恒續) 사상이다.

POINT!

항속림 사상의 원칙
- 개벌을 금하고 해마다 간벌형식의 벌채를 반복한다.
- 이령혼효림을 지향한다.
- 갱신은 천연갱신이 원칙이다.
- 벌채는 단목택벌이 원칙이다.
- 지표 유기물을 잘 보존한다.
- 자연법칙을 존중하며 경영하자는 합자연성의 원칙에 해당한다.

5. 왜림작업(矮林作業)

(1) 왜림작업 일반

① 주로 연료생산을 위해 단벌기로 벌채·이용하고 그루터기에서 발생한 맹아를 이용하여 갱신이 이루어지는 작업으로 왜림작업, 맹아갱신법 또는 주로 개벌로 진행하여 개벌왜림작업이라고도 한다.
② 땔감용 연료재를 생산하여 연료림작업, 신탄림작업이라고도 하며, 맹아에 의한 키가 작고 왜소한 숲을 형성하여 저림작업(低林作業)이라고도 한다. 용재생산림 ×
③ 왜림은 맹아로 갱신되어 수고가 낮고 벌기가 짧아 연료재의 생산에 알맞다.

> **참고**
>
> **맹아(萌芽, 움싹)**
> - 원래 눈이 생기지 않는 부분에서 눈이 발생하여 싹이 나고 가지가 자라는 것을 말한다.
> - 맹아는 빛을 좋아하는 양성이며, 자람이 빠르고, 양분요구도가 높은 것이 특징이다.
> - 자라나는 위치에 따라 절단면에서 발생하는 단면맹아(절단면맹아), 절단면의 측면에서 발생하는 측면맹아(근주맹아), 뿌리에서 발생하는 근맹아(근부맹아)가 있다. 갱신에는 측면맹아(근주맹아)가 가장 효과적이다.
>
>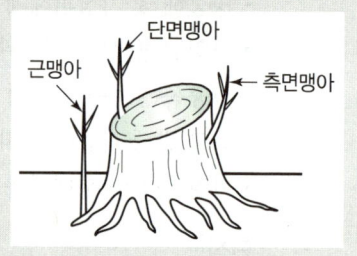

(2) 왜림작업의 장단점

① 장점
- 작업이 간단하며 단벌기 경영에 적합하다.
- 신탄재나 연료재, 소경재 생산에 적합하다.
- 비용이 적게 들고 벌기가 짧아 자본회수가 빠르다.
- 단위면적당 목재의 생산량이 매우 많다.
- 병해충 등 각종 위해에 대해 저항성이 크다.
- 모수의 유전형질을 그대로 유지할 수 있다.

② 단점
- 대경재의 생산이 어렵다.
- 맹아는 양분요구도가 높아 지력의 소모가 크다.
- 교림보다 산불 발생 위험성이 높다.
- 미관상 아름답지 못해 심미적 가치가 낮다.
- 척박한 임지에서는 좋은 성과를 거둘 수 없다.

(3) 왜림작업 대상수종 및 시기

① 토양이 비옥하여 지력이 좋고 지리적 여건이 양호한 곳이 왜림작업을 적용하기에 적당한 임지로 맹아 발생이 왕성한 수종을 대상으로 한다.
② 특히 활엽수 중 참나무류는 맹아력이 좋아 왜림작업 적용이 가장 용이한 수종이고, 다음으로 밤나무가 좋으며, 이 외에 물푸레나무, 버드나무, 아까시나무, 서어나무, 오리나무 등이 맹아로 후계림 조성이 유리한 수종이다. 침엽수 중에서는 리기다소나무가 맹아갱신에 용이하다.
③ 맹아 발생을 위한 수목 벌채 시기는 생장휴지기인 11월 이후부터 이듬해 2월 이전까지로 늦겨울에서 초봄 사이에 실시한다.

POINT!

왜림작업(맹아갱신) 수종
참나무류, 밤나무, 물푸레나무, 버드나무, 아까시나무, 서어나무, 오리나무, 리기다소나무 등
✎ 자작나무는 맹아력이 약함

(4) 왜림작업 방법

① 그루터기의 높이는 가능한 한 낮게 벌채하여 움싹이 지하부 또는 지표 근처에서 발생하도록 유도한다.
② 절단면은 남쪽으로 약간 경사지고 평활하게 제거하여 물이 고이지 않도록 한다. 맹아는 양성으로 광선 부족 시 생장이 어려우므로 따뜻한 남향으로 약간 기울게 하여 벌채한다.
③ 그루터기 주위는 움싹이 잘 발생할 수 있도록 정리한다.

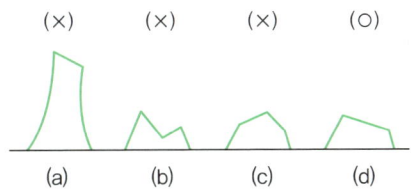

❙맹아갱신에 적당한 그루터기의 모습 : (d)❙

참고

맹아갱신을 적용하는 작업종
왜림작업, 중림작업, 두목작업(입목을 지상 1~2m 높이에서 잘라 맹아 발생 후 채취)

6. 중림작업(中林作業)

(1) 중림작업 일반

① 동일 임지에 상층은 용재 생산의 교림작업, 하층은 연료재와 소경재 생산의 왜림작업을 함께 시행하는 작업종으로 상(상목), 하(하목)로 나뉘어 2단의 임형을 형성한다.
  * 용재(用材) : 연료 이외에 건축, 가구 등의 일정 용도로 쓰이는 목재
② 하층목은 10~20년의 짧은 윤벌기로 개벌하고 맹아갱신을 반복하며, 일정 기간 반복하는 동안 성숙한 상층목은 택벌식으로 벌채하는 형식이다. 보통 상층목은 하목 윤벌기의 2~4배 정도 되어 용재로 이용 가능한 크기에 도달하였을 때 택벌을 실시하게 된다.
③ 결국, 상목의 영급은 모두 하목 윤벌기의 정수배가 되는 작업이다.
④ 상목과 하목은 동일 수종으로 조성하는 것이 원칙이지만, 용재생산에 유리한 침엽수종을 상목으로 하고 맹아갱신이 우수한 참나무류 등을 하목으로 하여 혼생시키기도 한다.
⑤ 내음성이 강하고 맹아력이 좋은 수종을 하층목으로 식재하며, 상층목은 하층목 발달을 위하여 지하고가 높은 것이 좋다.
⑥ 대나무와 죽순 생산을 위한 작업법은 죽림작업(竹林作業)이라 칭하며 중림작업과는 다르다.

[중림작업]

구분	수종	임형	생산 목적	벌채 형식
상목	• 실생묘로 육성하는 침엽수종 • 소나무, 전나무, 낙엽송 등	교림	용재	택벌형(하목 윤벌기의 2~4배)
하목	• 맹아로 갱신하는 활엽수종 • 참나무류, 서어나무류, 단풍나무류 등	왜림	연료재, 소경재	짧은 윤벌기(10~20년)로 개벌

(2) 중림작업의 장단점

① 장점
  • 용재 및 연료재와 소경재를 동시에 생산할 수 있다.
  • 상·하목의 일정한 임상으로 임지의 노출이 방지된다.
  • 교림작업보다 조림비용이 적게 든다.
  • 상목은 수광량이 많아서 생장이 좋아진다.

② 단점
  • 작업이 복잡하고, 높은 작업기술을 필요로 한다.
  • 상층목으로 인한 하층목의 생장이 억제된다.

Summary!

갱신작업종(주벌수확, 수확을 위한 벌채)
- 개벌작업 : 임목 전부를 일시에 벌채. 모두베기
- 모수작업 : 모수만 남기고, 그 외의 임목을 모두 벌채
- 산벌작업 : 3단계의 점진적 벌채, 예비벌 – 하종벌 – 후벌
- 택벌작업 : 성숙한 임목만을 선택적으로 골라 벌채. 골라베기
- 왜림작업 : 연료재 생산을 위한 짧은 벌기의 개벌과 맹아갱신
- 중림작업 : 용재의 교림과 연료재의 왜림을 동일 임지에 실시

✎ 간벌(솎아베기)은 산림 무육(숲 가꾸기를 위한 벌채)

 참고

벌채구역 및 벌채대상 입목 표시
벌채구역이나 벌채대상목은 내용에 따라 색을 달리하여 페인트로 띠를 둘러 표시한다.
- 벌채구역의 경계 : 30m 이내의 간격으로 경계목의 흉고부위에 백색 페인트 띠
- 솎아베기 및 골라베기의 벌채 대상목 : 대상목의 흉고부위에 적색 페인트 띠
- 모두베기 및 모수작업의 존치 대상목
    - 흉고부위에 황색 페인트로 띠
    - 존치시킬 대상목을 벌채하는 경우에는 이미 표시한 황색 페인트 아래에 적색 페인트 띠
- 표시 생략
    - 자연경계 또는 임상이 현저하게 차이가 있어 경계가 확실한 벌채구역
    - 솎아베기에 있어서 평균 흉고직경이 20cm 이하인 대상지

Engineer Forest
Industrial Engineer Forest

PART 02

산림보호학

- CHAPTER 01 **일반피해**
- CHAPTER 02 **수목병**
- CHAPTER 03 **산림해충**
- CHAPTER 04 **농약**

※ 사진 출처 : 산림청(https://www.forest.go.kr)
농촌진흥청(https://www.rda.go.kr)

CHAPTER 01 일반피해

숲은 다양한 원인에 따른 피해를 받으며 그로 인해 생태계의 균형이 깨지는 교란을 받는다. 인위적인 산불 및 환경오염, 기상 및 기후 변화, 각종 병해충 등의 원인에 의한 교란은 생태계의 구조와 기능에 심각한 영향을 끼친다. 한번 훼손된 생태계가 복원되기란 매우 어렵고 오랜 기간이 소요되므로 이러한 피해가 발생하지 않도록 미연에 방지하는 것이 중요하다.
훼손은 발생빈도, 공간규모, 훼손강도가 어떠한 일정한 패턴으로 발생하는 것이 아니므로 철저히 대비하여 문제가 발생하지 않도록 예방하는 것이 최선이며, 이미 발생한 훼손은 이전 생태계와 근접한 생태계의 모습을 갖추도록 복원해야 한다.

SECTION 01 인위적인 피해

1. 산림화재

(1) 산림화재 일반
① 산불은 예기치 않게 발생하여 산림의 생태적·경제적 측면에 돌이킬 수 없는 큰 피해를 남긴다.
② 산불의 원인으로는 매우 드물지만 번개나 벼락(낙뢰)에 의하여 자연적으로 불이 붙기도 하나 대부분의 경우는 사람에 의해 발생하여 입산자의 실화, 논과 밭두렁의 소각, 불사용의 부주의, 담뱃불 등이 대형 산불로 이어지기도 한다.
③ 산불 발생(연소)의 3요소는 연료, 공기, 열이다. 불을 발생시킬 수 있는 열이 있어야 하며, 열로 인해 연소할 가연물(연료)이 있어야 하고 공기(산소)가 있어야 한다.

(2) 산불이 토양에 미치는 영향
① 낙엽, 낙지, 건초 등 토양 표면의 유기물을 태워 토양의 이화학적 성질을 악화시키고 토양 침식을 유발한다.
② 토양양분 중 질소의 손실이 가장 크며, 남아 있던 양분도 빗물에 소실되어 토양이 척박해진다.

③ 낙엽이 탄 재로 인하여 토양의 투수성이 감소된다.
④ 지표의 보호물이 사라져 지표 위를 흐르는 지표유하수(地表流下水)가 증가하며, 지표유하수에 의한 물침식이 가중된다.
⑤ 투수성 감소 및 지표유하수 증가로 지하의 저수능력이 떨어져 홍수의 원인이 되기도 한다.

(3) 산불의 종류

① 지중화(地中火)
- 낙엽층 밑에 있는 조부식층과 부식층에서 발생하는 산불
- 산소의 공급이 막혀 연기도 적고, 불꽃도 없지만, 높은 열로 서서히 오랫동안 연소하며 피해
- 이탄층(泥炭層)이 두꺼운 지대나 낙엽층의 분해가 더뎌 두껍게 쌓여 있는 고산지대 등에서 발생
- 지표 부근의 잔뿌리들이 고온의 열로 인해 피해를 받아 지상부는 아무 변화 없이 서서히 고사
- 우리나라에서는 극히 드문 산불

② 지표화(地表火)
- 지표 위의 낙엽, 낙지 등의 지피물과 지상 관목층, 치수 등에서 발생하는 초기단계의 산불
- 가장 흔한 형태의 산불로 모든 산불의 시초이며, 낙엽층과 조부식층의 상부가 타며 발생
- 바람이 없을 때는 발화점을 중심으로 원형으로 퍼져나가며, 바람이 있을 때는 바람이 불어가는(부는) 방향으로 타원형으로 퍼짐
- 바람이 강하게 불수록 화염(火焰)의 길이도 길어져 더 멀리, 더 빠르게 산불이 번짐

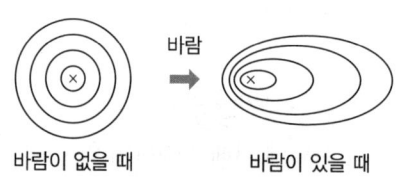

| 산불이 퍼지는 모양 |

③ 수간화(樹幹火)
- 나무의 줄기에서 발생하는 산불
- 지표화에 의한 경우가 많으며, 흔히 발생하지 않음
- 나무의 공동부가 굴뚝과 같은 작용을 함

④ 수관화(樹冠火)
- 수목 상부의 잎과 가지가 무성한 수관(樹冠)에서 발생하는 산불
- 잎과 가지를 타고 연속해서 불이 번져 산불 중 가장 큰 피해를 가져옴

- 한 번 발생하면 진화하기가 어려워 큰 면적에 걸쳐 피해
- 보통 지표화에 기인하여 발생하며, 특히 수지(樹脂)가 발달한 침엽수림에 큰 피해
- 우리나라에서 발생하는 대부분의 산불 형태
- 불은 경사지에서 위쪽방향으로 타고 올라가 바람이 불어가는 방향으로 역 V자 형태로 번짐

(4) 산불에 의한 피해 및 위험도

① 수종(樹種)
- 일반적으로 기름성분인 수지(樹脂)를 함유한 침엽수가 활엽수에 비하여 산불 피해를 심하게 받는다.
- 침엽수 중에는 양수이며 수지 함유량이 많은 소나무와 해송이 더욱 피해를 받기 쉬우며, 가문비나 분비나무 등의 음수가 임상이 울폐하여 비교적 피해가 덜하다. 은행나무도 잎과 줄기에 모두 수분함량이 높아 소나무나 해송에 비하여 비교적 피해가 작다.
- 활엽수 중에는 상록활엽수가 수분을 다량 함유한 두꺼운 엽육조직을 가지고 있어 낙엽활엽수보다 산불 피해에 강한 편이다.
- 낙엽활엽수 중에는 굴참나무, 상수리나무 등의 참나무류가 두꺼운 코르크층의 수피를 가지고 있어 불에 강한 편이다.
- 맹아력이 좋은 수종은 피해를 받더라도 다시 맹아를 형성하여 새 임분을 조성한다.
- 수목의 생엽(生葉) 또한 수종에 따라 발화 온도에 차이가 있는데, 피나무는 360℃, 뽕나무는 370℃, 아까시나무는 380℃이며, 주목, 밤나무는 460℃, 네군도단풍나무는 490℃로 발화온도가 가장 높다.

[수목의 내화력(耐火力)]

구분	강한 수종	약한 수종
침엽수	은행나무, 잎갈나무, 분비나무, 낙엽송, 가문비나무, 개비자나무, 대왕송	소나무, 해송(곰솔), 삼나무, 편백
상록활엽수	동백나무, 사철나무, 회양목, 아왜나무, 황벽나무, 가시나무	녹나무, 구실잣밤나무
낙엽활엽수	참나무류, 고로쇠나무, 음나무, 피나무, 마가목, 사시나무	아까시나무, 벚나무

② 수령(樹齡)
- 일반적으로 수령이 낮은 임분일수록 산불의 피해를 많이 받는다.
- 성숙하여 노령림에 가까워질수록 작은 불 정도로는 피해를 받지 않으며 지하고가 높아 불이 번지기도 어려워진다.

③ 계절과 기후
- 계절 중에는 3~5월의 봄이 대기가 건조하고 강수량이 적으며 바람까지 강하게 불어 산불 발생 및 위험이 가장 높은 시기이다.
- 대기의 습도가 50% 이하일 때 산불이 발생하기 쉬우며, 수관화의 대부분은 공중습도 25% 이하에서 발생한다.

[공중습도에 따른 산불 발생 위험도]

공중습도	산불 발생 위험도
> 60%	산불이 거의 잘 발생하지 않음
50~60%	산불이 발생하나, 진행이 더딤
40~50%	산불이 발생하기 쉽고, 진행이 빠름
< 30%	산불이 대단히 발생하기 쉽고, 진압이 곤란함

- 산불은 바람이 불 때 피해가 가속화되므로 풍속도 큰 영향을 미치며, 기온이 상승해도 산불은 쉽게 번진다.
- 실효습도(實效濕度) : 수일 전부터 당일까지의 상대습도를 경과시간에 따라 가중치를 붙인 평균 습도로 수목의 건조상태를 나타낼 수 있어 주로 화재예방 목적으로 사용된다.

④ 기타
- 단순림과 동령림이 혼효림 또는 이령림보다 산불의 위험도가 높다.
- 왜림은 교림보다 산불 발생 위험성은 높으나 피해를 받더라도 맹아가 빠르게 형성되어 피해가 적은 편이다.
- 간벌은 연소물의 제거로 산불의 위험성을 감소시킨다.
- 택벌은 대소노유의 수목들이 섞여 울폐한 임상을 형성하므로 산불 발생 가능성이 저하된다.

 Summary!

산불에 의한 피해 및 위험도

침엽수가 활엽수보다, 낙엽활엽수가 상록활엽수보다, 양수가 음수보다, 수피가 얇은 것이 코르크층이 발달해 수피가 두꺼운 것보다, 어린 임분이 성숙 임분보다, 봄이 다른 계절보다, 단순림과 동령림이 혼효림과 이령림보다 산불 피해 및 위험도가 크다.

크다(심하다)	작다(강하다)
침엽수	활엽수
낙엽활엽수	상록활엽수
양수	음수

크다(심하다)	작다(강하다)
수피가 얇은 것	수피가 두꺼운 것(코르크층)
어린 임분	성숙 임분
봄(3~5월)	봄 외 다른 계절
단순림과 동령림	혼효림과 이령림

(5) 산불소화방법

① 바람이 불 때 불어나가는 가장 앞쪽의 불을 화두(火頭)라 하며, 가장 뒤쪽의 불을 화미(火尾)라 한다.

② 화두는 불이 가장 거세게 번지는 부분으로 화두를 직접적으로 진압하는 것이 좋으나 규모가 큰 불에서는 접근이 어려우므로 측면화를 중심으로 꺼 나간다.

③ 물을 사용하거나 벤토나이트, 인산암모늄, 중탄산소다 등의 산불 소화약제를 이용하여 직접소화한다.

④ 직접소화가 어려운 경우 화두의 전방에 30~50cm의 폭으로 흙을 파 엎어 소화선(消化線)을 만들어 불길을 약화시킨다.

> **Summary!**
>
> **소화방법**
> - 직접소화법
>   - 초기나 측면의 약한 산불에 효과적이며, 직접적으로 불길을 잡는 방법
>   - 물 뿌리기, 진화도구(불털이개) 사용, 토사 끼얹기, 소화약제 항공 살포
> - 간접소화법
>   - 방화선 구축
>   - 맞불 놓기 : 불길이 거세 진화가 어려운 경우 반대편에 맞불을 놓아 전소시킴으로써 더 이상의 진전을 막는 방법

(6) 산불예방방법

① 방화선(防火線) 설치

- 방화선 : 산불의 진행을 막기 위해 일정 넓이로 설치하는 지대
- 보통 10~20m의 폭으로 땅을 파 엎고 수목이나 잡관목 등 모든 가연물을 제거한다.
- 연소물이 없는 나지(裸地)나 미입목지에 위치시킨다. 관목 · 임목 밀생지, 고사목 집적 지역 ×
- 산림구획선, 산능선, 하천, 임도 등을 이용하여 효율적으로 구축한다.
- 산정 또는 능선 바로 뒤편 8~9부 능선에서 화세가 약해지는 경향이 있어 이 능선에 위치시키면 좋다.

- 방화선을 세분하면 산림경영에 있어 불리하게 작용할 수 있으므로 방화선 구획 시 산림면적은 최소한 50ha 이상이 되도록 한다.

② 내화수림대(耐火樹林帶, 방화수림대) 조성
- 내화수림대 : 불에 강한 내화력 수종을 산불의 위험이 있는 곳에 식재한 지대
- 50m 정도의 폭으로 참나무류, 잎갈나무, 낙엽송, 아왜나무 등의 방화수(防火樹)를 식재한다.
- 경영상 비경제적인 방화선 설치의 대안으로 조성한다.

③ 임내 가연성 물질을 사전에 제거한다.
④ 간벌 및 가지치기를 실시한다.
⑤ 일제동령림 조성을 피하고 이령림, 혼효림, 택벌림을 조성한다.

(7) 처방화입(處方火入)

① 산불도 적절히 이용하면 여러 효용이 있는데, 이때 사람에 의한 인위적 산불 도입을 '처방화입'이라 한다.

② 처방화입의 효용
- 임지의 조부식층이 두껍게 발달하여 천연하종이 불가능할 때 적당히 불을 지펴 조부식층을 제거함으로써 천연하종을 가능하게 한다.
- 전염병의 확산을 막고 중간기주를 제거하여 병충해를 방제할 수 있다.
- 불을 놓은 자리에 새싹이 돋아나 야생 목초의 질과 양을 개선시킨다.
- 일부 잡관목을 태워 없앰으로써 조림목의 양·수분 경쟁을 완화할 수 있다.
- 방크스소나무와 같은 폐쇄구과의 뜨거운 열로 인한 나출을 도울 수 있다.

(8) 산불피해지의 복구대책

① 산불의 피해는 침엽수림이 활엽수림보다 크지만, 반대로 자연복원력은 활엽수림이 침엽수림보다 높다.
② 산불피해지는 상수리, 굴참나무 등의 참나무류와 내화 수종으로 수림을 조성한다.
③ 산불피해도가 '경'(피해목 30% 이하)으로 가벼운 경우 자연복원을 적용하나 그 이상인 경우는 일정 기준에 따른 생태시업을 시행한다.
④ 상수리와 굴참은 맹아가 잘 발생하여 숲풀 형성이 빠르므로 산림복원 방법 결정의 기준이 되는데, 산불피해지에서 상수리와 굴참나무의 그루터기가 3,000본 이상 남은 경우에는 자연복원을 유도한다.

2. 그 밖의 인위적인 가해와 대책

산림의 가장 큰 인위적인 피해는 산불이며, 그 밖에 수목 및 임산물의 도취, 낙엽 및 토양 피복물의 채취, 산림경계의 침범 등이 있다.

(1) 수목 및 임산물의 도취

① 수목을 비롯한 임산물의 도둑 채취는 예로부터 범죄라 인식되지 않아 많은 산림이 풍치적·경제적·국토보전적 측면에서 피해를 받아 왔다.
② 도벌·남벌 등을 막는 법적 제도와 산림의식 고취를 위한 교육·계몽이 사람들의 의식변화를 가져올 수 있다.

(2) 낙엽 및 토양 피복물의 채취

① 토양의 양분이 되는 유기물을 채취하는 행위로 산림토양의 양료 순환이 이루어지지 않고 토양 표면이 건조해져 산림토양의 황폐화를 초래한다.
② 낙엽의 채취로 척박해진 토양은 생태계의 균형을 깨트리는 원인이 되기도 한다.

SECTION 02 기상 및 기후에 의한 피해

1. 저온에 의한 피해

(1) 저온에 의한 피해 일반

① 저온으로 인한 수목의 피해에는 냉해(冷害), 한상(寒傷), 한해(寒害), 동해(凍害) 등이 있다.
② 여름철 저온으로 인한 피해를 냉해, 0℃ 이상이지만 낮은 기온으로 받는 피해를 한상, 겨울철 저온으로 인한 피해를 한해, 한해 중에서도 식물체가 얼어서 받는 피해를 동해라 한다.
③ 한상은 0℃ 이상이지만 낮은 기온에서 발생하는 임목 피해로 주로 열대지방 수목에서 문제가 된다.
④ 0℃ 이하의 저온이 계속되면 식물체 내에는 결빙현상이 나타나고, 세포 내에 얼음결정이 형성되어 세포막이 파괴되며, 심하면 수분 부족으로 원형질 분리의 해를 받아 고사하게 된다.
⑤ 주로 가문비나무, 분비나무, 주목, 잎갈나무, 종비나무, 잣나무, 전나무, 눈주목, 구상나무 등의 상록침엽수가 내한성 및 내동성이 강하다.

⑥ 결빙현상으로 인한 동해에는 상해(霜害), 상렬(霜裂), 상주(霜柱)가 있으며, 차갑고 무거운 공기가 사면을 따라 오목하게 들어간 곳에 머물 때 피해가 가장 심하다.

> **참고**
>
> **원형질 분리의 해**
> - 세포벽에 밀착돼 있던 원형질(세포내용물) 막이 수분 부족으로 인해 쪼그라들고 수축하여 세포벽으로부터 떨어져 나오는 현상
> - 원형질이 분리되면 세포는 그 기능을 잃고 시들어 죽게 됨

(2) 상해(霜害, 서리해)

① 상해는 기온이 급하강할 때 발생하는 서리에 의한 피해로 분지 등 저습지에 한기가 밑으로 가라앉아 머물게 되면서 피해가 나타난다.

② 보통의 수목은 휴면기 동안에는 상해의 피해가 적지만 연약한 맹아지나 가을 늦게까지 웃자란 도장지는 피해를 많이 받는다.

③ 상해의 종류
  ㉠ 조상(早霜)
    - 늦가을에 수목이 휴면에 들어가기 전 내린 서리로 인한 피해 = 이른 서리의 해
    - 따뜻한 남부지방 수종을 추운 북부지방에 심으면 휴면은 늦는 반면 추위는 빨리 찾아오므로 조상의 피해를 받기 쉬움
  ㉡ 만상(晚霜)
    - 봄에 수목이 생장을 개시한 후에 갑자기 내린 서리로 인한 피해 = 늦서리의 해
    - 이른 봄의 급격한 온도 저하가 원인으로 주로 어린 지엽이 피해를 받음
    - 상륜(霜輪) : 수목이 만상으로 생장이 일시 정지되었다가 다시 생장이 개시되어 1년에 2개의 연륜(나이테)이 생기는 것. 만상으로 인한 위연륜(僞年輪)
    - 만상을 받기 쉬운 수종 : 낙엽송, 오리나무류, 자작나무류
    - 추운 북부지방에서 따뜻한 남부지방으로 옮겨 심어진 종은 활동을 곧바로 개시하였다가 만상을 만나면 피해를 받기 쉬움

④ 상해에 의한 피해 정도
  - 수종 : 수목은 유지나 전분으로 세포 내의 농도를 증가시켜 내한력을 갖는데, 유지 함량이 많고 전분 함량은 적은 수종일수록 내한성이 증대된다.
  - 수령 : 수목이 어릴 때 피해가 크며 성장할수록 거의 피해를 받지 않는다.
  - 날씨 : 주로 바람이 없고 맑은 날에 심하게 발생한다.

- 지형 : 습기가 내려앉기 좋은 저지대, 계곡, 소택지에서 피해가 많고, 특히 분지는 차가운 공기까지 더해져 상해의 피해가 가장 심하게 발생한다.
- 방위 : 북쪽사면이 남쪽사면보다 피해가 심하다.

⑤ 상해의 예방
　㉠ 묘포지에서의 예방
　　- 차고 건조한 바람을 막을 방풍림을 조성하고, 배수를 철저히 한다.
　　- 만상이 예상되는 곳에서는 파종을 늦게 하여 만상을 회피한다.
　　- 낙엽, 짚 등으로 상면을 덮어 묘목을 보호한다.
　㉡ 조림지에서의 예방
　　- 내한성 수종이나 품종으로 식재한다.
　　- 배수구를 설치하여 서리가 생성되는 것을 막는다.
　　- 발아가 일러 상해의 위험이 있는 수종은 음지에 가식하여 발아를 늦춘 후 식재한다.

(3) 상렬(霜裂)

① 상렬은 급격한 저온에 따른 수목 조직의 냉각으로 부피가 증가하여 수축 및 팽창 차이로 줄기가 세로로 갈라지는 현상으로 지표면에 가까운 수간의 남서쪽 표면에 주로 발생한다.
② 상렬은 치수가 아닌 연한 수피를 가진 성숙한 수목에서 주로 발생하며, 고립목이나 외부에 노출된 수목(임연목)에서 피해가 나타나기 쉽다.

┃상렬┃

③ 상종(霜腫)
　상렬로 인해 찢어진 조직이 아물었다가 겨울에 다시 터지기를 반복하여 암종과 같이 두 텁게 부풀어 오르는 현상이다.

④ 상렬의 예방
　- 배수가 원활하도록 돕는다.
　- 과량의 솎아베기는 삼가고, 찬바람에도 피해를 직접 받지 않도록 군상을 유지한다.

(4) 상주(霜柱, 서릿발)

① 상주는 토양 중의 수분이 모세관현상으로 지표면으로 올라왔다가 저온을 만나 얼게 되고 반복되면서 생성되는 서릿기둥이다.
② 수분이 많은 점질 토양에서 잘 형성되며, 뿌리를 낮게 뻗는 천근성 묘목은 서릿발의 반복으로 토양과 함께 뿌리가 들어 올려져 뽑히고 말라 죽기도 하며 피해가 심하다.

③ 우리나라에서는 중부지방보다 남부지방에서 잘 발생한다.

④ 상주의 예방
- 배수가 잘 되도록 하며, 토양에 모래를 섞어 배수를 돕는다.
- 이른 봄에 들어올려진 묘목의 뿌리 주위를 밟아 눌러 준다.
- 낙엽, 볏짚 등의 천연 지피물을 보존하여 서릿발의 생성을 방지한다.
- 피해 예상지는 파종조림을 피하고, 식재조림을 실시한다.
- 식재 시에는 묘목을 깊게 심으며, 상층목을 두어 저온을 막는다.
- 파종 시에는 복토를 두껍게 하고, 파종상의 면을 다소 높게 하여 습기의 상승을 막는다.

| 상주 |

2. 고온에 의한 피해

(1) 볕데기(皮燒, 피소)

① 강한 직사광선을 받은 줄기가 고온으로 인해 수피 부분에 과도한 수분증발이 발생하여 수피조직이 일부 고사하게 되는 현상으로 피소(皮燒)라고도 한다.
② 더운 여름날 강한 직사광선을 받았을 때 가장 피해가 심하다.
③ 수피에 상처가 생기므로 부후균 침투로 인한 2차 피해가 발생하기도 한다.
④ 피해 수종
　㉠ 피해가 큰 수종
- 수피가 평활하고 매끄러우며 코르크층이 발달하지 않은 수종 : 오동나무, 호두나무, 가문비나무, 소태나무, 버즘나무, 배롱나무
- 직사광선에 놓이는 남서 방향의 고립목이나 남서면 임연부의 성목
- 가로수, 정원수 등의 고립목
- 울폐된 숲이 갑자기 개방된 경우의 수목

　㉡ 피해가 적거나 없는 수종
- 수피의 코르크층이 발달한 수종 : 굴참나무, 상수리나무
- 수간 하부까지 지엽이 번성하여 수피를 보호하는 수종
- 볕데기가 발생할 만한 두꺼운 수간이 아직 발달하지 않은 치수

⑤ 볕데기의 예방
- 고립목의 줄기는 짚을 둘러 보호하거나 석회유, 점토 등을 발라 피해를 줄인다.
- 가로수, 정원수는 해가림을 해준다.
- 울폐된 숲이 일시에 개방되어 직사광선에 놓이지 않도록 한다.

┃오동나무수피┃

┃굴참나무수피┃

(2) 열해(熱害)

① 열해는 수목이 고온의 뜨거운 열에 의해 받는 피해이다.

② 열사(熱死)

여름철에 태양광의 강한 복사열로 인해 지표면 온도가 급상승하고 어린 묘목이 말라 죽게 되는 피해로 주로 광이 뜨거운 남사면에 피해가 심하다.

③ 피해 수종
- 열해에 약한 수종 : 가문비나무, 전나무, 편백, 화백 등의 내음성이 강한 수종
- 열해에 강한 수종 : 소나무, 해송(곰솔), 측백 등의 열에 강하며 양수인 수종

④ 열해의 예방
- 볏짚 등을 덮어 토양 피복처리를 함으로써 지표의 고온화를 완화시킨다.
- 해가림을 해주고 관수를 하여 토양의 온도를 낮춘다.

3. 물에 의한 피해

(1) 한해(旱害, 가뭄해)

① 한해는 토양이 가물어 수분부족 상태가 지속될 때 수목이 생육에 필요한 수분을 채우지 못해 시들고 말라 죽게 되는 현상이다.

② 피해 수종
- 한해에 약한 수종 : 은백양, 포플러류, 오리나무, 버드나무, 들메나무 등의 습지성 수종
- 한해에 강한 수종 : 소나무, 해송(곰솔), 리기다소나무, 자작나무 등의 건조에 강한 수종

③ 한해의 예방
　㉠ 묘포지에서의 예방
　　• 묘목의 뿌리가 일찍 발달하도록 파종이나 식재를 앞당겨 시작한다.
　　• 땅속 깊이 수분이 스며들도록 충분히 관수한다.
　　• 해가림을 해주며, 볏짚이나 흙을 깔아 고온을 방지함으로써 수분의 증발을 막는다.
　　• 천근성 수종은 한해에 약하므로, 심근성 수종보다 빨리 파종한다.
　㉡ 조림지에서의 예방
　　• 묘목을 깊게 식재하여 지표면의 건조에 영향을 덜 받도록 한다.
　　• 토양 피복처리로 지표의 건조를 완화시킨다.

(2) 습해(濕害)

수목이 수분의 과다로 호흡장애가 일어나 산소결핍으로 발생하는 피해이다.

4. 눈에 의한 피해

① 눈이 쌓여 피해를 주는 것으로 관설해(冠雪害)와 설압해(雪壓害)가 있다.
② 수목의 수관부에 쌓인 눈의 무게로 인하여 줄기가 휘어지거나 부러지는 등의 피해를 받는 것을 관설해라고 하며, 지면에 쌓인 눈의 압력에 의해 수목이 밀리거나 수간이 휘는 등의 피해를 받는 것을 설압해라고 한다.
③ 눈은 수분함유 여부에 따라 습설(濕雪)과 건설(乾雪)로 나뉘며, 습설은 부착력이 있어 수목에 더 큰 피해를 가져 온다.
④ 침엽수는 겨울에도 잎을 달고 있어 수관에 많은 양의 눈이 쌓이며, 근계 발달이 약한 천근성인 경우가 많아 뿌리가 뽑히는 등 피해를 크게 받는다.
⑤ 평지보다 경사지에서 피해가 더 크다.
⑥ 한겨울보다는 이른 봄에, 한지보다는 온난한 곳에서 발생하기 쉽다.

5. 바람에 의한 피해

(1) 바람에 의한 피해 일반

① 통상적 바람인 주풍과 폭풍, 강풍 등이 불 때 수목이 과도한 증산작용으로 고사하거나, 형태 변화 및 뿌리가 뽑히고 가지가 부러지는 등의 기계적 상해를 입게 되는 피해이다.
② 잔잔한 바람이라도 오랫동안 지속되면 식물체 자체의 형태 변형이 일어나 줄기가 한쪽으로 휘거나 잎이 두꺼워지고, 생장이 감소하여 전체적으로 작아져 왜소해지는 경향을 보이게 된다.

③ 수목에 피해를 주는 바람에는 주풍(主風), 폭풍(暴風), 염풍(鹽風), 한풍(寒風) 등이 있다.

④ 태풍 피해가 예상되는 지역에서의 적절한 육림방법
- 각종 위해에 강한 혼효림을 조성한다.
- 간벌을 충분히 하여 수간의 직경생장을 촉진시킨다.
- 갱신 시 임분의 밀도가 높으면 근계의 발달과 생장이 빈약한 수목이 많아 피해가 커지므로 적당한 밀도를 유지한다.
- 개벌이 불가피한 지역에서는 가급적 소면적으로 실시한다.

(2) 주풍(主風)

① 진행속도가 10~15m/sec로 늘 같은 방향으로 계속해서 부는 바람으로 항상 규칙적으로 부는 바람이라 하여 상풍(常風)이라고도 한다.
② 만성적으로 수목의 피해가 크게 눈에 띄지는 않으나, 임목의 생장을 감소시키며 수형을 불량하게 한다.
③ 보통 임목은 주풍방향으로 구부러지며, 바람의 힘에 저항하여 똑바로 서기 위해 수간 아랫부분이 편심생장을 하여 단면이 타원형이 된다.
④ 편심생장(偏心生長)
나이테의 중심이 한쪽으로 치우쳐 자라는 현상으로 경사지 조건이나 바람 등에 의해 나이테의 폭이 한 면은 좁게, 한 면은 넓게 자라면서 단면이 타원형을 이루게 된다.
⑤ 침엽수는 나이테의 중심이 바람이 불어오는 쪽(위쪽)으로 치우치는 상방편심(上方偏心), 활엽수는 나이테의 중심이 바람이 불어나가는 쪽(아래쪽)으로 치우치는 하방편심(下方偏心)을 한다. 즉, 반대로 말하면 침엽수는 바람이 불어나가는 쪽이 비대생장하며, 활엽수는 바람이 불어오는 쪽이 비대생장을 하여 나이테의 폭이 넓어지게 된다.

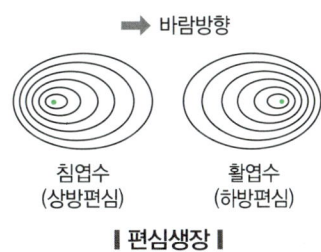

┃편심생장┃

⑥ 주풍에 의한 피해
- 수간이 구부러져 수형을 불량하게 한다.
- 임목의 생장량이 감소한다.
- 일반적으로 증산작용을 증가시킨다.
- 침엽수는 상방편심, 활엽수는 하방편심을 한다.
- 동화작용을 방해한다.

(3) 폭풍(暴風)

① 진행속도가 29m/sec 이상으로 강우와 함께 강하게 부는 바람이다.
② 지상 가까운 곳은 풍속이 약하여 어린 수목이나 키 작은 수목은 피해가 적으나, 지상으로부터 먼 곳은 풍속이 강하여 키 큰 노령목은 피해를 입기 쉽다.
③ 가지나 잎이 떨어지거나 부러지며, 수간이 휘고 심하면 뿌리째 뽑히기도 한다.
④ 많은 침엽수는 뿌리가 수평방향으로 낮게 뻗는 천근성으로 도복(倒伏)하기 쉬워 활엽수보다 피해가 심하다.
⑤ 피해 수종
  - 바람에 약한 수종 : 포플러류, 사시나무, 일본잎갈나무(낙엽송), 삼나무 등 대부분의 천근성 침엽수
  - 바람에 강한 수종 : 소나무류(소나무, 해송), 참나무류, 느티나무류 등의 심근성 수종
⑥ 폭풍의 예방
  - 침엽수 단순림을 피하고 혼효림으로 조성한다.
  - 내풍성이 강한 심근성 수종을 식재한다.
  - 작업종 중에는 택벌작업을 택하여 실행한다.
  - 방풍림을 조성한다.

> **참고**
>
> **방풍림(防風林)**
> - 바람에 의한 피해를 막고자 내풍성 수목으로 조성하는 일정 길이와 넓이를 가진 산림대
> - 바람이 불어오는 주풍방향에 직각으로 길게 설치하며, 너비는 10~20m
> - 방풍림으로 풍상(風上)과 풍하(風下)에서 바람의 세기가 약화되는데, 보통 풍상은 수고의 5배, 풍하는 15~20배의 거리까지 감속효과가 미침
> - 해안 방풍림으로는 염풍에 강하며 심근성인 해송(곰솔)이 적당

(4) 염풍(鹽風, 조풍)

① 염풍은 염분을 함유한 바닷바람으로 내륙의 수목에까지 영향을 미친다.
② 식물은 염분 0.5% 이상의 농도에서 생육에 방해를 받으며, 상록활엽수가 낙엽활엽수보다 염분에 대한 내염성(耐鹽性)이 크다.
③ 염풍에 의한 피해
  - 잎 뒷면의 기공으로 염분이 침입하여 생리적 작용을 저해한다.
  - 염풍이 심해지면 나뭇잎이 갈변하거나 흑색으로 변하며 고사한다.

- 수목에 부착된 NaCl(염화나트륨)으로 인해 세포 내의 수분이 탈취되어 원형질 분리의 해가 나타난다.
- 토양 내로 침투한 염분으로 미생물의 생육이 저지되고 유기물의 분해를 방해한다.

④ 피해 수종
- 염풍에 약한 수종 : 소나무, 삼나무, 벚나무, 전나무, 편백, 화백, 사과나무, 배나무
- 염풍에 강한 수종 : 해송(곰솔), 팽나무, 후박나무, 자귀나무, 돈나무, 사철나무, 향나무

SECTION 03 동물에 의한 피해

1. 조류에 의한 피해

(1) 조류에 의한 피해 일반

① 박새, 딱따구리, 부엉이 등과 같이 나무에 구멍을 내어 집을 짓고 사는 조류를 수동(樹洞)형 영소조류(營巢鳥類)라 하며, 수목생육에 피해를 준다.
② 우리나라에 서식하는 조류들을 먹이습성에 따라 분류할 경우 동물질 먹이만을 섭취하는 종류가 가장 많고, 식물질 먹이만을 섭취하는 종류가 가장 적다.

(2) 조류 종류에 따른 가해 양상

① 백로, 왜가리 : 소나무와 참나무류 등에 군집하여 생활하며, 특히 번식기 때 산성을 띤 새끼의 배설물에 의해 임목이 고사
② 참새, 할미새 : 묘포지의 종자 식해
③ 박새, 산까치 : 어린순 가해
④ 동박새, 직박구리, 어치, 산비둘기 : 과실 가해
⑤ 딱따구리 : 줄기 가해

2. 포유류에 의한 피해

(1) 포유류에 의한 피해 일반

① 야생동물 서식지의 필수 구성 요소는 물, 먹이, 공간(은신처)으로 먹이활동을 위해 종자, 열매, 잎, 뿌리 등을 가해하며, 산란과 은신처로서의 공간을 만들고자 땅을 파거나 수간에

구멍을 내는 등의 피해를 준다.
② 산림환경자원으로서 야생동물의 서식밀도는 100ha당의 마릿수(여름철)로 나타낸다.

(2) 포유류 종류에 따른 가해 양상

① 두더지 : 묘목의 뿌리 가해
② 고라니 : 새순과 나무 열매 식해
③ 멧토끼 : 겨울에 어린나무의 수피 가해, 어린 조림목에 가장 큰 피해
④ 다람쥐 : 종자나 나무 열매 식해

> **참고**
>
> **천연기념물 지정 동물**
> - 포유류 : 사향노루, 산양, 진돗개, 반달가슴곰, 하늘다람쥐, 삽살개, 경주개 동경이, 수달, 물범, 제주마, 제주 흑우, 제주 흑돼지
> - 조류 : 크낙새, 따오기, 황새, 먹황새, 두루미, 흑두루미, 재두루미, 올빼미, 소쩍새, 황조롱이, 수리부엉이, 솔부엉이, 오골계, 백조(고니), 팔색조, 노랑부리저어새, 느시, 흑비둘기, 원앙, 까막딱따구리, 흰꼬리수리, 독수리, 참수리
> - 어류 : 무태장어, 어름치, 황쏘가리
> - 곤충류 : 반딧불이, 장수하늘소
>
> **멸종위기 야생동물 1급 포유류**
> 늑대, 대륙사슴, 바다사자, 반달가슴곰, 붉은박쥐, 사향노루, 산양, 수달, 스라소니, 여우, 표범, 호랑이

SECTION 04 환경오염 피해

1. 대기오염에 의한 피해

(1) 대기오염에 의한 피해 일반

① 대기오염을 일으키는 물질에는 아황산가스와 같은 가스·연기 형태와 매연이나 분진과 같은 입자 형태가 있으며, 대기 중에 발생하는 이러한 오염물질에 의한 식물의 피해를 연해(煙害)라 한다.
② 오염물질이 식물의 잎, 줄기 등에 부착하거나 기공에서 기체의 교환이 이루어질 때 체내로 함께 침입하여 피해가 나타나며, 식물의 색깔 및 외형 변화, 기능 저하 등의 문제를 가져온다.
③ 수목은 높은 온도, 높은 광도일 때 기공의 빈번한 개폐로 인해 피해가 크며, 높은 상대습

도일수록 대기 중의 수분과 오염물질이 반응하여 대기오염에 대한 피해가 더 커진다. 또한 영양원의 결핍도 피해 정도를 크게 할 수 있다.
④ 수목에 주로 피해를 주는 대기오염물질에는 아황산가스(SO_2, 이산화황), 질소산화물(NO_X : NO, NO_2), 불화수소(HF가스), 오존(O_3), 팬(PAN) 등이 있다.
⑤ 이 중 황산화물과 질소산화물(일산화질소, 이산화질소)은 산성비를 발생시키는 가장 큰 원인이 되고 있다.

(2) 대기오염물질의 종류

① 아황산가스(SO_2, 이산화황)
- 대기오염의 상당 부분을 차지하는 물질로서 가스의 형태로 기공이나 잎 등의 접촉면을 통하여 흡수·축적되고, 식물체 내에서 황산 또는 황산염으로 변하여 장해를 일으키고 피해를 준다.
- 대기의 상대습도나 토양습도가 높고 바람이 없을 때 물과 반응하여 황산안개가 생성되고 정체되면서 피해가 현저하게 발생한다.
- 아황산가스는 토양 중 석회와 결합하여 중화되므로 석회가 부족하면 연해가 더 심해진다.

㉠ 피해 증상
- 급성증상은 잎 주변부와 잎맥(엽맥, 葉脈) 사이의 조직이 괴사하고, 연기에 의한 크고 작은 반점이 생기는 연반현상(煙斑現像)이 나타난다.
- 만성증상은 장시간 저농도 가스의 접촉으로 황화현상이 천천히 나타나며, 수목 생육이 왕성하여 체내로 흡수가 쉬운 늦봄과 초여름에 가장 피해가 크다.
- 수목의 증산작용, 호흡작용 등의 곤란을 가져와 그 기능이 쇠퇴한다.
- 소나무류에서는 침엽이 적갈색으로 변한다.
- 소나무 그을음잎마름병 ; 대기 중 아황산가스의 농도가 높을 때 피해가 심하며, 잎의 끝부분부터 적갈색으로 변색되어 차차 아래로 내려온다.

㉡ 피해 수종
- 저항성이 약한 수종 : 느티나무, 황철나무, 소나무, 층층나무, 들메나무, 전나무, 벚나무
- 저항성이 큰 수종 : 은행나무, 무궁화, 향나무, 사철나무, 개나리, 철쭉

② 질소산화물(NO_X)
연료의 연소 시 공기 중의 질소가 산소와 반응하여(산화) 생성되는 일산화질소(NO)나 이산화질소(NO_2) 등을 질소산화물이라 한다. 질소산화물 중 특히 이산화질소(NO_2)가 식물에 주요 피해를 준다.

[피해 증상]
- 잎의 표면에 물이 스며들어간 것 같은 수침상(水浸狀)의 반점이 생긴다.
- 초기에 흩어진 회녹색 반점이 생기다가 점차 심해지면 잎의 가장자리 조직이 괴사한다.

③ 불화수소(HF가스)

적은 양으로도 상당한 독성을 나타내는 물질로 유출 시 식물뿐만 아니라 인간을 비롯한 동물에게도 심각한 피해를 남기므로 불화수소 취급 시에는 세심한 주의가 필요하다. 주로 알루미늄이나 인산비료 등을 제조하는 공장에서 배출되어 문제를 일으킨다.

[피해 증상]
- 식물의 원형질과 엽록소를 파괴하여 세포를 괴사시킨다.
- 주로 어린잎(유엽)이나 새잎(신엽)의 선단과 주변에 백화현상이 발생한다.

④ 오존(O_3)

오존은 직접 배출되는 것이 아니라 대기 중의 유해물질이 태양광선에 의해 화학적 반응으로 산화되어 형성된 2차 대기오염물질이다.

[피해 증상]
- 어린잎보다 성숙한 잎에서 피해가 잘 발생한다.
- 먼저 책상조직 세포가 괴사하여 잎 표면에 주근깨 같은 검은 반점이 형성되고, 반점이 합쳐져 번지며, 심하면 표면이 백색화한다.
- 오존에 특히 약한 수종 : 아왜나무

⑤ 팬(PAN)
- 오존과 함께 PAN도 대기 중의 광화학적 반응에 의해 생성된 2차 대기오염물질이다.
- 잎의 뒷면부터 피해가 나타나 은회색을 띤다.

Summary!

대기오염물질의 종류
- 1차 대기오염물질
  - 오염원으로부터 직접 배출되는 물질
  - 아황산가스(SO_2), 질소산화물(NO, NO_2), 불화수소(HF가스), 염소(Cl_2), 분진
- 2차 대기오염물질
  - 대기 중의 광화학적 반응에 의해 2차적으로 생성되는 물질
  - 반드시 광선에 노출될 때 피해가 발생
  - 오존(O_3), 팬(PAN)

> **산화적 장해 유발 오염원**
> - 오염물질이 산화작용으로 수목에 피해를 주는 것
> - 이산화질소(NO_2), 오존(O_3), 팬(PAN), 염소(Cl_2)

(3) 대기오염(연해)의 감정

① 육안적 관찰법
- 묵은잎부터 먼저 떨어진다.
- 수목의 끝부분부터 시작되어 수관의 하부로 내려오며 피해가 나타난다.
- 회녹색의 연반(煙斑)으로 시작해 갈색 또는 적갈색으로 변한다.

② 현미경적 관찰법
- 기공의 공변세포가 적갈색으로 변한다.
- 수간의 피목이 갈색으로 변한다.
- 엽록체가 회색 또는 회백색으로 표백된다.
- 도관부 주변에 수산석회의 결정을 형성한다.

③ 지표식물법
유해가스에 예민하게 반응해 비교적 선명한 증상을 나타내는 식물을 이용하여 대기오염의 해를 감정하는 방법이다.

[대기오염(연해)에 민감한 지표식물]

구분	내용
침엽수	소나무, 리기다소나무, 낙엽송, 전나무
활엽수	느티나무, 밤나무, 사과나무, 배나무
작물	담배, 메밀, 참깨, 개여뀌, 나팔꽃, 이끼류

④ 화학적 분석법
- 피해를 입은 잎과 그렇지 않은 잎의 황함량을 비교하여 감정하는 방법이다.
- 연해를 받은 잎은 황이 다량 검출된다.

(4) 수목의 내연성

① 내연성(耐煙性)이란 대기오염 피해에 대한 저항성의 정도로 수종, 수령, 임상, 지형, 토양 양분, 계절 등에 따라 연해에 견디는 정도가 다르게 나타난다.

② 내연성 수종
- 내연성이 약한 수종 : 소나무, 낙엽송, 전나무, 느티나무, 느릅나무, 밤나무, 층층나무, 팽나무
- 내연성이 강한 수종 : 은행나무, 사철나무, 동백나무, 비자나무, 향나무, 노간주나무, 아까시나무

③ 내연성의 일반적 특징
- 침엽수보다 활엽수가 연해에 강하며, 활엽수 중에서는 상록수가 더 강하다.
- 성숙목이 연해에 강하며, 유령목과 노령목은 약하다.
- 키 작은 왜림이 내연성이 좋으며, 키 큰 교림이 피해가 심하다.
- 오염 배출지인 연원(煙原)이 가까운 곳에서는 능선부보다 계곡부에서 피해가 더 크다.
- 연원이 먼 곳에서는 바람을 타고 능선으로 퍼져가 능선부가 피해 더 크다.
- 기온이 높고 해가 좋은 날, 밤보다 낮, 겨울철보다 여름철에 피해가 크다.
- 비옥한 토양에서 자란 임목들이 각종 위해에 견딜 수 있는 힘을 지녀 피해가 작다.

(5) 대기오염의 예방

대기오염에 의한 산림의 피해를 최소화시킬 수 있는 방안으로는 공해 배출의 법적 규제, 공해 저항성 수종의 식재, 임지비배를 통한 산림관리 등이 있으며, 크게 일반적 방제와 임업적 방제로 구분하여 설명할 수 있다.

① 일반적 방제
- 유리 제조 시 이용되고 있는 황산염 대신 무해한 나트륨을 사용한다.
- 역으로 유해가스를 다량 발생시켜 화학재료(황산)로 사용한다.
- 연도에 매연흡착장치를 설치한다.
- 유해가스 방출 시 공기나 무해가스로 희석하여 배출한다.
- 공해업소의 굴뚝 높이는 100m 이상으로 설치한다.
- 유해가스를 계곡이나 해면으로 멀리 배출한다.

② 임업적 방제
- 임지에 석회를 다량 사용하여 아황산가스를 중화시킨다.
- 내연성이 강하고 맹아력이 큰 수종을 식재한다.
- 교림을 피하고 중림이나 왜림으로 조성한다.
- 위해에 대한 힘을 갖도록 여러 번 이식한 큰 묘목을 밀식한다.
- 침엽수와 활엽수를 같이 심어 혼효림을 유도한다.

2. 지구온난화에 의한 피해

(1) 지구온난화에 의한 피해 일반

① 지구온난화는 유해 온실가스의 증가로 지구에 흡수 및 반사되는 태양열이 지구 표면에 머물게 되고 기온이 지나치게 상승하게 되는 현상이다.

② 태양열의 일부는 지구에 흡수되고 일부는 반사되는데, 이때 대기 중의 유해가스가 반사열을 흡수하면서 온실효과가 나타나게 되고, 기온 상승으로 인한 생태계의 변화 및 각종 문제를 발생시킨다.

③ 6대 온실가스
이산화탄소(CO_2), 메탄(CH_4), 아산화질소(N_2O), 수소불화탄소(HFCs), 과불화탄소(PFCs), 육불화황(SF_6)

(2) 온난화의 영향

① 수목의 분포가 북쪽으로 이동
② 기온 상승으로 인한 해빙과 바다 수위 상승
③ 기온이 2℃ 상승하면 기후대가 위도방향으로 300km 북상, 수직방향으로 300m 변화

> **참고**
>
> **교토의정서**
> - 지구온난화 규제 및 방지를 위해 선진국의 온실가스 감축 목표치를 규정한 국제 협약
> - 1997년 일본 교토에서 채택
> - 교토 메커니즘
>   - 탄소배출권거래제도(ETS, Emission Trading Scheme)
>   온실가스 감축 의무가 있는 국가가 감축 목표를 초과하여 달성하였거나 달성하지 못한 경우 다른 의무 국가와 거래할 수 있는 제도
>   - 청정개발체제(CDM, Clean Development Mechanism)
>   감축의무 국가가 개발도상국에 온실가스감축사업을 수행하여 얻은 결과를 당국의 감축량으로 포함시킬 수 있는 제도
>   - 공동이행체제(JI, Joint Implementation)
>   감축의무 국가들이 서로 온실가스감축사업을 공동으로 수행하는 것을 인정하는 제도

3. 기타 피해

(1) 오존층

① 오존층의 파괴
오존층은 유해한 자외선을 흡수하여 지구로의 유입을 차단하고, 태양열을 흡수하여 지구를 따뜻하게 유지하는 성층권의 오존농도가 높은 권역이다. 꾸준히 증가하는 환경오염으로 인하여 오존층이 점차 파괴되고 있어 인간생활뿐만 아니라 동식물 생육에도 큰 문제를 야기하고 있다.

② 주요 오존층 파괴 물질
스프레이, 냉매에 사용되는 프레온가스(CFCs)

(2) 산성비

① 산성비
대기오염물질이 수분과 만나 생성되는 pH 5.6 이하의 산성으로 내리는 비

② 산성비가 토양 및 수목에 미치는 영향
- 수소이온의 증가로 땅이 산성화되며, 수목생육에 유용한 치환성 염기의 양이 감소한다.
- 토양 중의 알루미늄, 철, 망간 등이 활성화되어 수목생육에 해를 끼친다.
- 유용 토양 미생물의 활동이 저조해지며, 토양의 물리적·화학적 성질을 악화시킨다.
- 낙엽층을 부식시켜 축적량이 감소한다.
- 질산을 다량 함유하고 있어 수목의 질소이용량은 증가한다.
- 수목 잎의 기공과 큐티클을 통하여 침투한 산성물질이 세포질을 손상시키며, 내부 세포의 생리 작용에 장해를 준다.

CHAPTER 02 수목병

SECTION 01 수목병 일반

1. 수목병의 개념

① 수목병(樹木病, 수병)은 각종 병으로 인해 수목의 구조나 생리적 기능 이상 등이 식물체 내외부에 나타나는 현상으로 수목병을 예방하거나 이미 발생한 병해를 줄이기 위해서는 병 발생의 주요 요인들의 파악이 중요하다.
② 이러한 수병의 발생은 병을 일으키는 병원체가 있어야 하고, 이 병원체가 기생할 수 있는 기주식물이 있어야 하며, 병원이 활동할 수 있는 적절한 환경이 주어져야 성립된다. 이때 병원체의 전염성을 주인(主因), 기주식물의 감수성을 소인(素因), 환경의 유도성을 유인(誘因)이라고도 한다.

✏️ 수병의 발생에 관여하는 3대 요소 : 병원체, 기주식물, 환경

③ 수목병 발생과 환경조건의 관계에서 환경이 병원체에 적합하고 기주에 부적합한 경우 수목이 가장 심한 피해를 입을 수 있다.
④ 병을 일으키는 원인을 병원(病原)이라 하며, 생물적 병원을 병원체(病原體), 그중 세균이나 진균 등 균류일 때는 병원균(病原菌)이라 한다.
⑤ 병원체가 병을 일으키는 능력을 병원성(病原性)이라 하며, 병원체에 대하여 기주식물이 대항하여 방어하려는 성질을 저항성(抵抗性)이라 한다.

2. 수목병의 원인

① **생물적 병원에 의한 기생성·전염성병** : 세균, 진균, 바이러스, 파이토플라스마, 바이로이드, 선충, 기생식물
② **비생물적 병원에 의한 비기생성·비전염성병** : 양수분의 결핍 및 불균형, 온도나 광선 등의 부적절한 기상조건, 토양조건, 농사작업으로 인한 피해, 대기오염, 유해물질 등

(1) 세균(細菌, bacteria, 박테리아)

① 하나의 세포로 이루어진 단세포 하등생물로 형태가 단순하며, 세포 내에 핵과 핵막이 없다.
② 바이러스보다는 비교적 크기가 커 일반 광학현미경으로도 관찰이 가능하다.
③ 세균의 형태는 공모양, 실모양, 나선모양, 부정형 등 여러 가지가 있지만 식물에 기생하는 대부분의 세균은 짧은 몽둥이와 같은 막대모양(간상형)의 간균(杆菌)이다.
④ 직접 각피를 뚫고 식물체 내로 침입은 불가능하여 기공, 수공, 피목, 밀선 등의 자연개구부나 상처를 통해서만 침입이 가능하다.
⑤ 대부분이 부생체로 인공적인 배양과 증식이 가능하다.
⑥ 대부분 편모라는 운동기관을 가지나 그 수나 배열 상태가 다르고 아예 없기도 하다.
⑦ 세균은 그램염색법이라는 세균분류법을 통해 그램양성세균과 그램음성세균으로 나누는데 대부분의 식물병원균은 그램음성세균이다.
⑧ 병징으로는 무름, 위조, 궤양, 부패 등이 있다.
⑨ 수병 : 뿌리혹병, 밤나무눈마름병, 불마름병

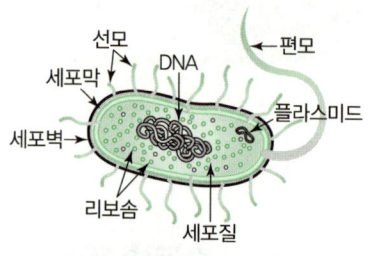

┃간상형세균(간균)┃

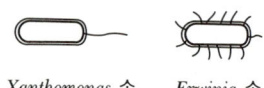

┃세균의 모습┃

(2) 진균(絲狀菌, 사상균, 곰팡이)

① 실모양의 균사(菌絲)가 발달하여 사상균(絲狀菌) 또는 곰팡이라고 하며, 균류에 속한다.
② 식물병을 일으키는 생물성 병원 중에는 진균(균류)에 의한 것이 가장 많다.
③ 세균과는 달리 대부분 다세포체이며, 세포 내부를 채우는 핵과 세포질이 존재한다.
④ 균사 외부를 둘러싸고 있는 세포벽은 주로 키틴으로 이루어져 있다.
⑤ 자연개구부나 상처를 통한 침입도 있지만, 대부분의 균류는 각피를 직접 뚫고 침입한다.
⑥ 생식기관인 포자로 번식하며, 포자에는 유성생식에 의한 유성포자와 무성생식에 의한 무성포자가 있다.

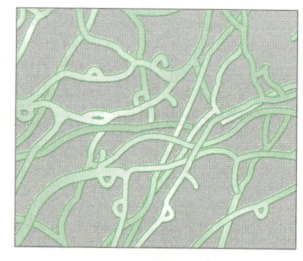

┃진균┃

[진균의 생식기관]

구분	포자 형성	특징 및 포자 종류
유성포자 (有性胞子)	유성생식 (완전세대)	• 수정에 의해 발생, 월동 후 1차 전염원 • 난포자, 자낭포자, 담자포자, 접합포자, 녹병정자
무성포자 (無性胞子)	무성생식 (불완전세대)	• 핵분열에 의해 발생, 2차 전염원 • 분생포자, 분열포자, 유주포자, 후벽포자

⑦ 균류의 분류
- 균류에는 진균류와 유사균류가 있으며, 진균류에는 병꼴균, 접합균, 자낭균, 담자균, 불완전균 등이 있고, 유사균류에는 난균, 끈적균, 조류 등이 있다.
- 진균류 중에서는 자낭균, 담자균, 불완전균이, 유사균류 중에서는 난균이 주로 수목병을 일으키는 주요 균류이다.
- 진균은 균사 내부를 구분하는 격막(격벽) 구조가 있는데, 이 격막의 유무 또는 포자의 종류와 생성방법 등에 따라 다시 여러 종류로 구분된다.

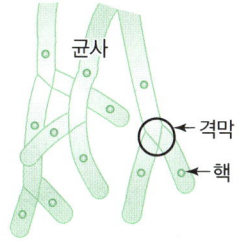 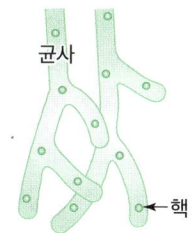

| 격막의 유무 |

[균류의 특징]

구분	격막 유무	특징
자낭균류	O	• 무성생식으로 분생포자를, 유성생식으로 자낭포자를 생성 • 균류 중 가장 많은 종 • 수병 : 그을음병, 흰가루병, 잎떨림병, 마름병, 탄저병
담자균류	O	• 포자생성 기관인 담자기에서 유성포자인 담자포자를 생성 • 대부분의 버섯이 속하는 균류 • 병원균 : 녹병균, 목재부후균
불완전균류	O	• 무성생식(분생포자)으로만 포자 생성 • 유성생식 세대가 알려져 있지 않아 편의상 분류된 균류

구분	격막 유무	특징
난균류	×	• 균사에 격막이 없으며, 많은 핵으로 구성 • 무성포자 형성기관인 유주포자낭에서 유주포자 생성 • 주로 무성포자인 유주포자(유주자)에 의해 번식 • 때로는 유성포자인 난포자에 의해 번식하기도 함 • 유주자(遊走子)는 편모를 가지며 능동적으로 운동하여 기주식물에 도달 • 대부분의 진균과는 다르게 세포벽이 셀룰로오스(섬유소)로 구성 • 수병 : 역병, 뿌리썩음병, 모잘록병

(3) 바이러스(virus)

① 세포가 아닌 핵산과 외부 단백질로 이루어진 일종의 핵단백질로 입자상 구조를 띤 비세포성 생물이다.
   * 핵산 : 유전정보의 저장 및 전달 물질

② 동물 바이러스의 핵산은 DNA(데옥시리보핵산) 또는 RNA(리보핵산)로 이루어져 있으나, 식물 바이러스의 핵산은 대부분이 RNA로 이루어져 있다.

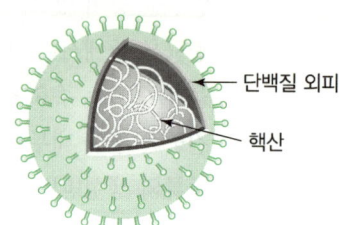

| 구형의 바이러스 |

③ 크기가 매우 작아 광학현미경으로는 관찰이 어려우며, 전자현미경을 통해서만 관찰이 가능하다.

④ 살아 있는 세포 내에서만 증식이 가능한 절대기생체로 인공 배지에서는 배양되지 않는다.

⑤ 자력으로 기주에 침입하지 못하여 매개 생물이나 상처 부위를 통해서만 감염이 가능하다.

⑥ 전신감염성으로 접목, 삽목 등의 영양번식으로도 전염될 수 있으며, 주로 종자, 토양선충, 진딧물·응애 등의 곤충, 감염식물의 즙액접촉 등에 의해서 전염된다.

⑦ 방제법
   • 묘포장에서는 윤작(돌려짓기)을 회피하고, 감염된 묘목은 조기에 발견하여 제거한다.
   • 매개충에 의한 바이러스병일 경우 매개충을 구제한다.
   • 식물바이러스는 생장점에는 거의 존재하지 않으므로 생장점 배양으로 무병주를 생산한다.
   • 감염된 접수나 대목은 고온에서 열처리하여 치료한다.
   • 간섭효과 : 약독 바이러스를 발병 전에 미리 접종하여 비슷한 바이러스의 감염을 예방한다.

⑧ 수병
   포플러모자이크병, 아까시나무모자이크병, 장미모자이크병

(4) 파이토플라스마(phytoplasma)

① 세균보다는 작지만 바이러스보다는 크고, 세포벽이 없으며 원형질막으로 싸여 있는 원핵생물이다.

* 원핵생물 : 막에 둘러싸인 핵산(DNA)을 가진 진핵생물과는 다르게 핵산에 막이 없으며, 미토콘드리아, 엽록체, 소포체 등의 세포소기관도 없는 단순 구조의 세포로 이루어진 생물

② 식물의 체관부 즙액 속에서 번식하며, 전신감염성이다.

③ 주로 매개충류에 의하여 전염되는데, 특히 매미충류 등이 식물 즙액을 흡즙할 때 구침을 통하여 체내에 침입하고 번식하여 또 다른 식물을 흡즙할 때 옮겨가 전염을 하게 된다. 매개충 외에 새삼이나 접목을 통하여 전염되기도 한다.

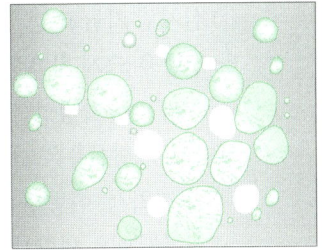

┃타원형의 파이토플라스마┃

④ 파이토플라스마는 절대기생체로 인공배양이 불가능하나 같은 목(目)의 스피로플라스마(spiroplasma)는 인공배양이 가능하다.

⑤ 외과적 치료방법으로는 효과가 없으며, 옥시테트라사이클린(oxytetracycline)계 항생물질의 수간주사로 치료가 가능하다.

⑥ 수병 : 대추나무빗자루병, 오동나무빗자루병, 뽕나무오갈병 ✎ 벚나무빗자루병 ×

> **참고**
>
> **수목의 내과적 · 외과적 치료**
> - 내과적 치료
>   - 약제를 살포하거나 수간주사하여 약성분을 수목 전신에 퍼뜨려 치료하는 방법
>   - 바이러스나 파이토플라스마처럼 전신감염성인 병원체의 방제에 효과적
> - 외과적 치료
>   - 수목의 병든 부위를 일부 절제하는 등의 수술적 치료법
>   - 부후병, 뿌리썩음병, 벚나무빗자루병 등의 국부감염성 병에 효과적
>   - 병환부는 완전히 제거하고, 절제 부위는 살균 및 방부처리를 하여 상처부위를 통한 2차 감염을 예방
>   - 수술 후 공동부(空洞部)의 충진에는 수지를 주로 이용, 발포성 수지 중 폴리우레탄폼의 배합비율은 주제 : 발포경화제=1 : 1

(5) 바이로이드(viroid)

① 식물에만 병원성을 지니는 가장 작은 병원체이다.

② 바이러스처럼 세포로 되어 있지 않지만, 외부 단백질 없이 핵산으로만 이루어져 있는 것이 다르다.

(6) 선충(線蟲)

① 실처럼 가늘고 긴 형태를 하고 있는 선형동물문의 하등동물이다.
② 선충은 크게 자유생활선충과 기생성선충으로 나누며, 기생성선충은 다시 동물기생성선충과 식물기생성선충으로 구분한다.
③ 식물기생선충은 기생위치에 따라 내부, 외부, 반내부 기생선충으로 나누며, 이동성에 따라 고착성, 이동성 선충으로 구분한다.
④ 식물선충은 생활사의 일부 또는 전부가 토양을 경유하는 토양선충이 대부분이다.
⑤ 식물선충은 절대기생체이며, 대부분은 유충에서 성충이 되기까지 4회 탈피한다.
⑥ 비기생성인 자유생활선충 중 토양 속 선충과 비교한 식물기생성선충의 대표적인 형태적 특징은 식물조직을 뚫어 흡즙할 수 있는 구침(口針)이 있다는 것이다. 구침을 통해 분비하는 침과 분비물에 의해 식물의 생리적 변화가 발생하게 된다.
⑦ 수병 : 뿌리썩이선충병, 소나무재선충병(소나무시들음병)

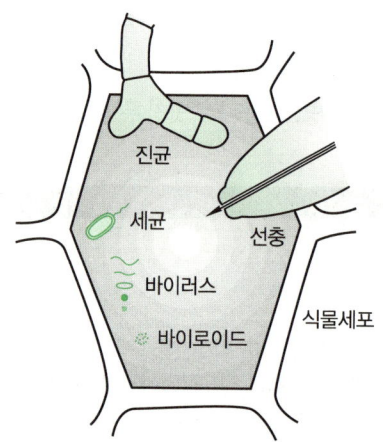

| 생물성 병원체의 크기와 형태 비교 |

(7) 기생식물

① 다른 식물에 기생하여 양분을 섭취하며 생활하는 식물로 모두 속씨식물의 쌍떡잎식물에 속한다.
② 수목에 피해를 주는 기생식물에는 겨우살이, 새삼, 더부살이가 있다. 겨우살이와 새삼은 줄기에 기생하여 수목의 양수분을 빼앗고, 더부살이는 뿌리에 기생하여 수목의 뿌리가 양분을 제대로 흡수하지 못하게 하는 피해를 입힌다.
③ 겨우살이 중 소나무겨우살이는 우리나라보다 주로 미국의 수목에 피해를 주는 기생식물이다.

[기생위치에 따른 기생식물]

구분	내용

줄기 기생	• 겨우살이과
	  - 우리나라 : 겨우살이, 참나무겨우살이, 붉은겨우살이, 꼬리겨우살이,
	    동백나무겨우살이
	  - 미국 : 소나무겨우살이
	• 메꽃과 : 새삼

뿌리 기생	• 열당과 : 오리나무더부살이

④ 겨우살이의 특징
- 기생성 상록관목으로 수목의 가지에 뿌리를 박아 기생하며 양분과 수분을 약탈한다.
- 상록성으로 겨울철에도 잎이 지지 않아 쉽게 발견할 수 있다.
- 주로 종자를 먹은 새의 배설물에 의해 전파된다.
- 주로 참나무류에 피해가 심하고 그 밖의 활엽수에도 기생한다.
- 일반 겨우살이와 다르게 꼬리겨우살이는 낙엽성(낙엽 활엽관목)이다.
- 잎은 다육질(혁질)로 약용으로도 쓰인다.
- 매년 겨울에 겨우살이를 바짝 잘라 내거나, 겨우살이가 자라는 부위로부터 아래쪽으로 50cm 이상 잘라 내어 방제할 수 있다.

┃ 참나무 겨우살이 ┃

⑤ 새삼의 특징
- 기생성 덩굴식물로 기주의 조직 내부로 흡기를 뻗어 양분을 섭취하며, 흡기의 정착이 이루어지면 스스로 땅속 뿌리를 잘라낸다.
- 1년생 초본으로 줄기가 굵은 철사와 같고, 약간 붉은빛을 띤다.
- 엽록체가 없어서 광합성을 하지 못한다.
- 새삼이 무성하고 기주가 큰 가치가 없으면 제초제를 사용하여 방제할 수 있다.

Summary!

생물성 병원의 종류 및 특징

구분	내용
세균	• 대부분 짧은 막대모양(간상형)의 간균 • 인공배양 및 증식 가능, 광학현미경으로 관찰 가능 • 자연개구부(기공, 수공, 피목, 밀선)나 상처를 통해서만 침입 가능
진균	• 균류 : 자낭균류, 담자균류, 불완전균류, 난균류 등 • 균사가 발달하여 사상균 또는 곰팡이, 균류에 속함 • 생물성 병원 중 가장 많음 • 세포벽이 주로 키틴, 난균은 셀룰로오스(섬유소) • 대부분의 균류는 각피를 직접 뚫고 침입 • 포자로 번식, 포자는 유성포자, 무성포자
바이러스	• 세포가 아닌 일종의 핵단백질 • 절대기생체, 인공배양 및 증식 불가 • 전자현미경을 통해서만 관찰 가능(광학현미경 ×) • 전신감염성, 핵산은 대부분 RNA(리보핵산) • 매개 생물이나 상처 부위를 통해서만 감염 가능
파이토플라스마	• 주로 매개충류에 의해 전염 • 절대기생체, 인공배양 불가(스피로플라스마는 가능) • 전신감염성, 식물 체관부 즙액 속에서 번식 • 옥시테트라사이클린계의 항생물질로 치료 가능
바이로이드	식물에만 병원성, 가장 작은 병원체
선충	• 선형동물문, 식물선충은 절대기생체 • 식물기생선충의 형태적 특징 : 구침 • 식물선충은 토양선충이 대부분
기생식물	• 종류 : 겨우살이, 새삼, 더부살이 • 겨우살이와 새삼은 줄기기생, 더부살이는 뿌리기생

3. 병징과 표징

(1) 병징(病徵, symptom)

① 병징이란 병에 의해 식물조직에 형태와 색의 변화로 나타나는 눈에 보이는 외형적 이상 증상을 말한다.

② 변색(황화, 위황화, 갈색화, 백화, 반점, 얼룩), 위조(시듦), 총생(빗자루모양), 부패(썩음), 기관의 탈락, 괴사, 비대, 암종, 위축, 왜소화, 줄기마름, 가지마름, 분비 등

③ 바이러스와 파이토플라스마는 전신병징을 나타내며, 세균과 진균류는 부분적인 국부병징을 나타낸다.

④ 세균의 병징
 • 유조직병 : 식물의 유조직을 침해

- 물관병 : 물관에 세균덩어리가 증식하여 양수분의 상승 저지
- 증생병 : 세포수의 이상 증식과 세포 크기의 이상 비대

⑤ 바이러스의 병징
- 모자이크 무늬, 위축, 왜소, 잎말림, 얼룩무늬
- 병징은폐 : 바이러스에 감염되었음에도 온도 변화로 인해 일시적으로 병징이 나타나지 않는 현상

⑥ 파이토플라스마의 병징
총총히 한무더기로 모여나 마치 빗자루와 같은 총생(叢生)이 대표적

(2) 표징(標徵, sign)

① 표징이란 병원체가 병든 식물의 환부에 겉으로 그대로 드러나 감염되었음을 알리는 신호로 진균 진단에서 가장 중요하고 확실한 증표이다.
② 병원체가 진균(균류)일 때는 병징과 표징이 모두 잘 나타나며, 특히 표징이 다른 병원체보다 잘 나타난다.
③ 병원체가 바이러스, 파이토플라스마, 비전염성병인 경우에는 병징만 나타나고 표징은 없으며, 세균 또한 표징을 나타내는 경우가 드물다.
④ 표징에는 병원체의 영양기관이 드러나는 것과 번식기관이 드러나는 것이 있다.

[병원체의 영양기관과 번식기관]

구분	내용
병원체의 영양기관	균사, 균핵, 자좌, 부착기, 발아관, 흡기
병원체의 번식기관	포자, 분생자, 병자, 자낭, 세균점괴, 버섯(자실체)

4. 수목병의 발생

(1) 병원체의 침입

① 각피 침입
- 직접 식물 표면을 뚫고 침입하는 것으로 대부분의 균류(진균) 포자는 발아관을 내어 식물 표면에 근접하며, 발아관 끝에 부착기를 만들고 침입관을 형성하여 식물세포 내에 꽂고 양분을 섭취한다. 일부 균류는 균사로부터 발생한 흡기에 의해 양분을 취하기도 한다.
- 한편, 세균, 바이러스, 파이토플라스마는 균류와 같이 직접 각피를 뚫고 침입하지 못한다.
- 종류 : 모잘록병균, 뽕나무자줏빛날개무늬병균, 아밀라리아뿌리썩음병균 등

② 자연개구부 침입
- 기공, 수공, 피목, 밀선 등 식물체가 외부와 상호작용을 하는 통로가 되는 자연개구부를 통하여 침입하는 방법으로 세균과 진균에서 관찰된다.
- 바이러스나 파이토플라스마는 자연개구부 침입이 불가능하다.
- 기공침입 : 잣나무털녹병균, 소나무잎떨림병균, 삼나무붉은마름병균 등

> **참고**
>
> **자연개구부(自然開口部)**
> - 기공(氣孔) : 잎 뒷면에 있는 기체교환을 하는 공기구멍
> - 수공(水孔) : 잎 가장자리에 있는 수분을 배출하는 구멍
> - 피목(皮目, 껍질눈) : 잎의 기공처럼 줄기에 공기통로가 되는 조직
> - 밀선(蜜腺, 꿀샘) : 끈끈한 꿀을 분비하는 조직
>
>
> ∥피목∥

③ 상처 침입
- 세균, 진균, 바이러스, 파이토플라스마 등 대부분의 병원체는 상처를 통해 쉽게 침입할 수 있으며, 특히 파이토플라스마는 매개충이나 접목 등의 상처를 통해서만 침입이 가능하다.
- 종류 : 파이토플라스마, 소나무재선충, 밤나무줄기마름병균 등

(2) 병원체의 감염

① 병원체가 감수성인 기주에 침입하고 번성하여 정착하는 것을 감염이라 하며, 감수성(感受性)이란 병원체에 의해 식물이 가해받기 쉬운 성질, 즉 병에 걸리기 쉬운 성질을 일컫는다.
② 세균, 진균, 선충 등은 부분적인 국부감염을 하며, 바이러스, 파이토플라스마 등은 전체적인 전신감염을 한다.
③ 병원체가 침입하여 병징이 나타날 때까지의 기간을 잠복기라 하며, 잣나무털녹병균은 2~4년으로 긴 잠복기를 가진다.

(3) 병원체의 월동

① 보통 병원체는 겨울의 저온기에 휴면에 들어갔다가 봄에 활동을 개시하여 제1차 감염과 제2차 감염을 순차적으로 일으킨다.
② 월동에 들어가는 병원체의 모습은 다양하며, 삼나무붉은마름병균은 추위에 견딜 수 있는 균사덩이(균사괴) 형태의 휴면조직으로 월동하는 것이 특징이다.

③ 병원체의 주요 월동장소
- 기주 체내에서 월동 : 바이러스, 파이토플라스마, 잣나무털녹병균, 소나무혹병균, 벚나무빗자루병균
- 기주 표면에서 월동 : 흰가루병균, 그을음병균, 줄기마름병균
- 토양 내에서 월동 : 뿌리혹병균, 모잘록병균, 자줏빛날개무늬병균, 뿌리혹선충, 뿌리썩이선충
- 종자에 붙어서 월동 : 모잘록병균, 오리나무갈색무늬병균

5. 수목병의 전반

(1) 병원체의 전반

① 전반(轉般)이란 병원체가 기주식물에 도달하는 것으로 대부분의 병원체는 스스로 기주식물에 접근할 수 없으며, 바람, 물, 곤충, 토양 등의 매개체에 의해 운반된다.

② 바이러스와 파이토플라스마는 절대기생체로 곤충이 중요한 매개체가 되는데, 바이러스는 주로 진딧물에 의해, 파이토플라스마는 주로 매미충에 의해 전반되며 바람이나 물로 전반되지 않는다.

③ 자줏빛날개무늬병균은 토양에서 월동하고 전반되는 균류(담자균)로, 병원균이 뿌리에 기생하면서 뿌리를 썩게 하여 나무를 고사시킨다. 개량 직후의 미분해 물질이 많은 임지에서 심하게 발생하며, 석회를 시용하면 피해를 줄일 수 있다.

④ 나무를 베어 보면 단면에 청색의 병반이 나타나는 청변병(靑變病)은 나무좀류에 의해 전반된다.

⑤ 병원체의 주요 전반수단
- 풍매전반(바람) : 잣나무털녹병 등의 녹병균, 흰가루병균, 밤나무줄기마름병균, 낙엽송가지끝마름병균
- 수매전반(물) : 밤나무줄기마름병균, 벚나무빗자루병균
- 충매전반(곤충) : 대추나무빗자루병, 오동나무빗자루병, 바이러스, 파이토플라스마
- 토양 : 모잘록병균, 리지나뿌리썩음병균, 자줏빛날개무늬병균
- 종자 : 모잘록병균, 오리나무갈색무늬병균(종자 표면)

(2) 이종기생균

① 대부분의 병원균류는 한 가지 식물에 생활하며 다음 세대를 이루고 생활사를 완성하지만 일부 균류는 두 가지 식물에 번갈아 가며 기생하여야 생활사를 완성할 수 있다. 이러한 균류를 이종기생균(異種寄生菌)이라 하며, 녹병균이 대표적이다.

② 기주교대(寄主交代)

　이종기생균이 기주를 바꾸는 것

③ 중간기주(中間寄主)

　기주교대종 중에 경제적 가치가 상대적으로 낮아 피해가 적은 쪽

④ 녹병균의 특징
- 진균 중 담자균류에 속한다.
- 대부분이 기주교대를 하는 이종기생 녹병균이다. 예외 : 회화나무녹병은 중간기주가 없다.
- 살아 있는 생물에만 기생하는 순활물기생균(절대기생체)으로 인공배양이 어렵다.
- 생활사 중 녹병포자(녹병정자), 녹포자, 여름포자(하포자), 겨울포자(동포자), 담자포자(소생자)의 5가지 포자를 형성한다.
- 포자 형태로 비산과 이동이 용이하여 풍매전반을 한다.
- 여름포자는 대체로 표면에 돌기가 있다.
- 담자포자는 n의 핵상을 가진다.
  * 핵상 : 염색체의 구성조합으로 모양과 크기가 같은 염색체가 2개 있으면 2n, 1개 있으면 n

[녹병균의 생활사]

포자형	핵상	주요역할
녹병정자	n	유성생식
녹포자	n+n	기주교대
여름포자	n+n	반복감염
겨울포자	n+n → 2n	겨울월동
담자포자	n	기주교대

참고

영양원에 따른 병원체의 분류
- 절대기생체(絕對寄生體, 순활물기생체)
  - 살아 있는 기주 내에서만 기생하며 양분을 섭취하는 병원체
  - 인공 배양이 불가능하고, 살아 있는 기주 내에서만 증식 가능
  - 바이러스, 파이토플라스마, 흰가루병균, 녹병균
- 부생체(腐生體, 사물기생체)
  - 죽은 생물체의 양분을 섭취하며 살아가는 병원체
  - 목재부후균
- 대부분의 세균과 진균은 기생성과 부생성의 성질을 모두 지니고 있으며, 기생과 부생의 정도에 따라 다시 세분할 수 있다.

[주요 이종기생녹병균]

수병명	본기주	중간기주
	녹병포자·녹포자 세대	여름포자·겨울포자 세대
잣나무털녹병	잣나무	송이풀, 까치밥나무
소나무잎녹병	소나무	황벽나무, 참취, 잔대, 쑥부쟁이
소나무혹병	소나무	졸참나무 등의 참나무류
향나무녹병 (배나무붉은별무늬병)	배나무, 사과나무 (중간기주)	향나무(여름포자 ×)
포플러잎녹병	낙엽송, 현호색 (중간기주)	포플러
전나무잎녹병	전나무	뱀고사리

6. 수목병의 예찰진단 및 방제

(1) 수목병의 예찰진단

① 수목병은 병징과 표징만으로 진단을 내리기도 하나, 보통은 그 수가 많고 종류가 다양하여 병징과 표징이 비슷한 경우가 많아 현미경적·해부학적·면역학적 등 여러 다른 방법들을 병행하여 진단하고 있다.

② 병의 원인을 알아내는 작업을 진단이라고 하며, 수병의 진단에는 병든 부위에서 미생물을 분리하고 배양하여 다른 수목에 인공접종하고 다시 재분리하는 과정인 동정(同定)을 통하여 어떠한 병원체인가를 결정짓게 된다.

✎ 수병진단 : 병든 부위에서 미생물 분리 → 배양 → 인공접종 → 재분리

③ 병원체의 동정에는 일반적으로 코흐가 제기한 4원칙을 따르고 있으나, 살아 있는 조직 내에서만 증식이 가능한 바이러스, 파이토플라스마, 흰가루병균, 녹병균 등의 절대기생체는 배양이 불가능하여 코흐의 원칙을 적용하지 않는다.

📋 POINT!

코흐(Koch)의 4원칙
- 병원균은 반드시 기주의 환부에 존재해야 한다.
- 병원균은 기주로부터 분리할 수 있으며, 배지에서 순수 배양되어야 한다.
- 배양한 병원균을 같은 기주에 접종하면 동일한 병이 발생되어야 한다.
- 접종 식물의 병환부에서 접종균과 동일한 병원균이 재분리되어야 한다.

④ 진단의 여러 방법 중에는 특정 수병에 감수성을 지니고 있어 병의 증상이 쉽게 드러나 판단의 기준이 되는 지표식물에 의한 방법이 있는데, 바이러스에 의한 수병진단에는 명아

주, 천일홍, 콩, 담배 등의 지표식물이 이용되고 있다.

✏️ 바이러스 모자이크병의 병원체 판별기준 : 명아주, 천일홍, 콩, 담배 등

(2) 수목병의 방제법

① 법적 방제
- 방역과 방제에 있어 법적·행정적 조치를 취하는 방법
- 식물검역 : 전염원의 국제 간 이동과 확산을 막고자 실시

② 임업적 방제
- 임지 정리 작업 : 임지를 깨끗하게 정리하여 전염원 차단 = 지존작업
- 건전한 묘목 육성 : 각종 수병에 강한 건실한 묘목 생산, 조림예정지와 비슷한 환경의 모수에서 종자 채취
- 내병성(저항성) 수종 식재 : 특정 수병에 강하며, 토양 및 기후에 적합한 수종을 선택하여 조림
- 무육작업(숲 가꾸기) : 풀베기, 가지치기, 제벌, 간벌 등의 위생무육 실시
- 적절한 수확 및 벌채 : 숲의 건전성 유지
- 혼효림 및 이령림 조성 : 생태적으로 건강한 숲 조성

③ 생물(학)적 방제
- 병원체의 생장을 저지하는 능력을 가진 길항 미생물 등을 이용하여 방제하는 방법
- 화학적 약해를 발생하지 않아 생태계의 균형 유지 및 환경보호 차원에서 권장되고 있는 방제법

📓 POINT!

길항 미생물과 방제수병
- *Tuberculina maxima* : 잣나무털녹병, 소나무혹병
- *Trichoderma harzianum* : 목재부후균, 토양전염성 병원균
- *Agrobacterium radiobactor* : 세균성 뿌리혹병
- *Phleviopsis gigantea* : 침엽수의 뿌리썩음병

④ 화학적 방제

화학적 방제는 화학약제를 이용하는 방제법으로 본 편의 '4장 농약'을 참고한다.

⑤ 그 밖의 세부 방제

㉠ 전염원 및 중간기주 제거
- 병든 수목과 병든 부위를 제거하여 전염원의 이동 방지
- 이종기생 녹병균은 중간기주 제거

[이종기생녹병균의 중간기주]

수목병	중간기주
잣나무털녹병	송이풀, 까치밥나무
소나무잎녹병	황벽나무, 참취, 잔대, 쑥부쟁이
소나무혹병	졸참나무 등의 참나무류
배나무붉은별무늬병	향나무

ⓒ 윤작(돌려짓기)
- 한 임지에 같은 수종을 연작하면 병원체가 번성하여 더욱 큰 문제를 가져오므로 다른 수종으로 돌려 심어 병원체 방제
- 기주범위가 좁아 특정기주가 없으면 살아남지 못하여 윤작의 연한이 짧아도 방제효과가 큰 오리나무갈색무늬병, 오동나무탄저병에 특히 효과적

  Summary!

수목병의 방제법
- 법적 방제 : 법적 조치, 식물검역
- 임업적 방제 : 임지 정리 작업, 건전한 묘목 육성, 내병성(저항성) 수종 식재, 무육작업(숲 가꾸기), 적절한 수확 및 벌채, 혼효림 및 이령림 조성
- 생물(학)적 방제 : 길항 미생물 등 이용
- 화학적 방제 : 화학약제(농약) 이용
- 전염원 및 중간기주 제거, 윤작(돌려짓기) 등

SECTION 02 주요 수목병

1. 세균 수목병

(1) 뿌리혹병(근두암종병)

① 병원
- 세균, *Agrobacterium tumefaciens*
- 뿌리나 지제부 부근에 혹(암종)을 형성하여 피해를 주는 토양서식 세균이다.

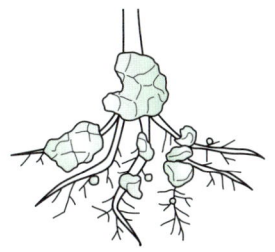

▮ 뿌리혹 ▮

② 수병 특징
- 밤나무, 감나무, 포플러, 벚나무 등의 주로 활엽수에 잘 발병한다.
- 특히, 묘목에 발생하면 피해가 커진다.
- 고온 다습한 알칼리성 토양에서 많이 발생한다.
- 침입경로 : 지상 접목부위, 삽목 하단부위, 뿌리 절단면 등의 상처

③ 방제법
- 상처를 통해 침입하므로 상처가 나지 않도록 주의한다.
- 묘목은 항생제인 스트렙토마이신 용액에 침지하여 식재한다.
- 병해충에 강한 건전한 묘목을 식재하고, 석회 사용량을 줄인다.
- 접목이나 삽목 시 쓰이는 도구는 소독하여 사용한다.
- 클로로피크린, 메틸브로마이드 등의 훈증제로 토양소독을 실시한다.
- 혹을 제거한 부위에 보호살균제인 석회황합제를 도포한다.

(2) 밤나무눈마름병

- 병원 : 세균, *Pseudomonas* 속
- 새눈, 새잎 등에 발생하여 변색되며 말라 죽게 되는 수병이다.

2. 진균 수목병

(1) 모잘록병(苗立枯病, 묘입고병)

① 병원
- *Pythium* 속, *Phytophthora* 속의 균은 비교적 습한 토양에서 잘 발생하며, *Fusarium* 속의 균은 고온 건조한 토양에서 잘 발생한다.

[모잘록병의 병원]
병원균은 난균류와 불완전균류가 있다.

구분	종류
난균류	*Pythium debaryanum*
	Phytophthora cactorum
불완전균류	*Rhizoctonia solani*
	Fusarium oxysporum
	Sclerotium bataticola
	Cylindrocladium scoparium

② 수병 특징
- 어린 묘목의 뿌리 또는 지제부가 주로 감염되어 변색, 도복, 고사, 부패하게 되는 수병이다.
- 병원균은 난포자의 상태로 토양 또는 병든 식물체에서 월동한다.
- 거의 모든 수종에 발병할 수 있으며, 묘포지에서 잘 발생하여 피해가 크다.
- 묘목이 너무 밀식되어 과습하거나 배수와 통풍이 좋지 않은 경우 발생이 심하므로 묘상의 환경개선만으로도 어느 정도 피해를 줄일 수 있다.

③ 피해 형태
- 지중부패형(地中腐敗型) : 땅속에 묻힌 종자가 지표면에 나타나기도 전에 감염되어 썩는 것
- 도복형(倒伏型) : 발아 직후 지표면에 나타난 유묘의 지제부가 잘록하게 되어 쓰러져 죽는 것
- 수부형(首腐型) : 지상부 묘목의 떡잎, 어린줄기 등의 윗부분이 죽는 것
- 근부형(根腐型) : 묘목이 생장하여 목질화된 후에 뿌리가 썩어 고사하는 것
- 거부형(椐腐型) : 묘목이 생장하여 목질화된 후에 줄기가 썩어 그 상부가 고사하는 것

┃ 모잘록병의 피해 ┃

④ 방제법
- 모잘록병은 토양전염성 병이므로 토양소독 및 종자소독을 실시한다.
- 배수와 통풍이 잘 되어 묘상이 과습하지 않도록 주의한다.
- 질소질 비료의 과용을 피하며, 인산질, 칼륨질 비료를 충분히 주어 묘목이 강건히 자라도록 돕는다.
- 파종량을 적게 하여 과밀하지 않도록 하며, 복토는 두껍지 않게 한다.
- 병든 묘목은 발견 즉시 뽑아서 소각한다.
- 병이 심한 묘포지는 돌려짓기(윤작)를 한다.

(2) 리지나뿌리썩음병

① 병원 : 자낭균, *Rhizina undulata*

② 수병 특징
- 주로 소나무, 해송 등의 침엽수에 발생하며, 병원균이 뿌리를 침해하여 양수분의 흡수에 지장을 주고 말라 죽게 한다.
- 우리나라뿐만 아니라 다른 여러 나라에서도 발생하여 오래전부터 피해를 주고 있다.
- 임지가 고온일 때 포자가 발아하여 모닥불자리나 산불이 있었던 지역에서 많이 발생한다.

- 병든 나무 주변에는 넓적하며 굴곡이 있는 진갈색의 파상땅해파리버섯(자실체)이 자란다.
- 산성토양에서 특히 잘 발생한다.

| 리지나뿌리썩음병의 피해 |

| 파상땅해파리버섯 |

③ 방제법
- 임지 내에서 불을 피우는 행위를 일절 금한다.
- 피해목 또한 벌채 후 임지 내에서 소각하지 않는다.
- 피해지에 베노밀수화제를 살포하여 병의 확산을 방지한다.
- 피해지에 일정량의 석회를 뿌려 토양을 중화하고 산도를 개선한다.
- 피해지 주변으로 도랑을 파서 균사의 확산을 저지한다.

(3) 그을음병

① 병원 : 자낭균, *Lembosia quercicola*

② 수병 특징
- 잎, 줄기, 과실에 마치 그을음이 묻은 것과 같은 감염증상이 나타나는 수병이다.
- 잎에서는 특히 앞면에 더 많이 발생한다.
- 진딧물이나 깍지벌레가 수목을 흡즙하며 분비하는 감로(甘露)에서 균이 기생하고 번식한다.
- 식물체의 표면을 덮어 탄소동화작용(광합성)을 방해하는 외부착생균이 대부분을 차지한다.
- 그을음병으로 수목이 급격히 말라 죽지는 않지만, 수목의 세력이 약해진다.

| 그을음병의 병반 |

③ 방제법
- 진딧물, 깍지벌레 등의 흡즙성 해충을 방제한다.
- 질소질비료를 과용하지 않는다.
- 물을 자주 뿌려주고 깨끗이 닦아낸다.

- 적당한 세제로 닦아낸다.
- 채광과 통풍을 좋게 한다.

(4) 흰가루병

① 병원 : 자낭균, *Sphaerotheca* 속

② 수병 특징

┃흰가루병의 병반┃

- 잎의 앞뒷면에 하얀 밀가루를 뿌려 놓은 것과 같은 감염증상이 나타나는 수병으로 그을음병과는 다르게 증상이 잎에만 나타난다.
- 물푸레나무, 밤나무, 참나무, 포플러 등의 잎에 발병한다.
- 흰가루병균은 절대기생체(순활물기생균)로 인공배양되지 않는다.
- 주로 자낭구의 형태로 병든 낙엽에서 월동하고, 다음 해에 자낭포자가 제1차 전염원이 되며 그 후 분생포자에 의해 가을까지 반복적으로 2차 전염이 일어난다.
- 환부의 흰가루는 하얀색의 균사가 자라 잎표면을 덮으면서 나타나는 표징이며, 가을에 생성되는 미세한 흑색 알갱이는 자낭구가 나타나는 표징이다.

[흰가루병의 표징]

구분	내용
병환부의 흰가루	균사, 분생포자, 분생자경(분생자병)
가을에 병환부에 나타나는 흑색 알갱이	자낭구

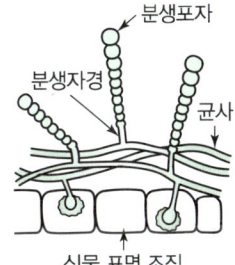

* 분생자경 : 분생포자를 생성하여 받치고 있는 균사줄기

③ 방제법

- 병든 낙엽은 다음 해 전염원이 되므로 소각한다.
- 여름에는 약해를 입으므로 싹이 나기 전인 봄에 석회(유)황합제를 살포하여 살균한다.
- 통기불량, 일조부족, 질소과다 등은 발병원인이 되므로 사전에 조치한다.
- 묘포에서는 밀식을 피하고, 예방 위주의 약제를 처리한다.

> **참고**
>
> **자낭균류의 번식기관인 자실체(子實體)**
> - 자낭각(子囊殼) : 자낭포자가 든 자낭을 싸고 있는 주머니 모양의 생식체
> - 자낭구(子囊球) : 자낭을 둥글게 둘러싸고 있는 구형의 생식체
> - 자낭반(子囊盤) : 자낭을 담고 있는 접시 모양의 생식체

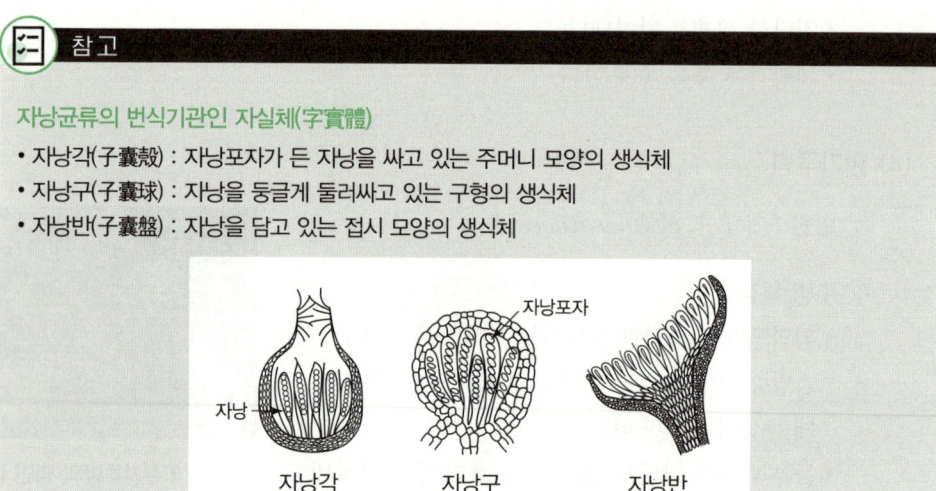

(5) 벚나무빗자루병

① 병원 : 자낭균, *Taphrina wiesneri*

② 수병 특징
- 빗자루 모양의 잔가지와 잎이 총총히 많이 모여나며(총생), 봄에 꽃이 피지 않게 된다.
- 벚나무 중에서도 특히 왕벚나무에서 심하게 발생한다.
- 대추나무빗자루병, 오동나무빗자루병 등은 파이토플라스마에 의한 수병인 데 반해 벚나무빗자루병은 진균(자낭균)에 의한 수병이다.

③ 방제법
병든 가지를 꾸준히 제거 및 소각한다.

(6) 소나무잎떨림병(葉振病, 소나무엽진병)

① 병원 : 자낭균, *Lophodermium pinastri*

② 수병 특징
- 병원균은 주로 잎의 기공을 통해 침입하며, 습한 여름에(7~9월)에 발병하나 증상이 일단 정지되고, 다음 해 봄(4~5월)에 다시 피해가 급진전되어 가을(9월경)에는 침엽이 변색하고 곧 떨어지게 된다.
- 병원균은 병든 낙엽에서 자낭포자의 형태로 월동하고 다음 해 전염원이 된다.
- 9월경에 묵은(성숙한) 잎의 낙엽현상이 심하게 나타나며, 수관하부에서부터 피해가 발생하여 수목의 아래 가지에서부터 잎이 갈색으로 변하고 낙엽한다.

- 병든 낙엽에는 검은깨와 같은 타원형의 자낭반이 뚜렷하게 형성된다.
- 병원균은 5~7월에 다습할 때 자낭포자가 비산하여 번성하므로 숲 내부가 그늘지고 습하거나 비가 많이 오면 피해가 급증한다.
- 병원수목에 의한 2차 감염은 일어나지 않는다.

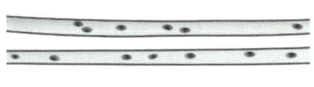

┃ 병든 낙엽의 자낭반 ┃

┃ 소나무잎떨림병의 피해 ┃

┃ 소나무잎떨림병의 병반 ┃

③ 방제법
- 병든 낙엽은 모아 태우거나 땅에 묻는다.
- 수관하부에 발생이 심하므로 가지치기와 풀베기를 하여 통풍을 좋게 한다.
- 여러 종류의 활엽수를 하목으로 식재한다.
- 4-4식 보르도액, 캡탄제, 베노밀 수화제, 만코제브 수화제 등의 살균제를 살포한다.

  ✎ 종자 소독, 토양 소독 ×

(7) 잣나무잎떨림병

① 병원 : 자낭균, *Lophodermium maximum*

② 수병 특징
- 잎의 기공을 통해 자낭포자가 침입하여 감염되고, 침엽에 반점들이 생기면서 점차 퍼져 적갈색으로 변하고 낙엽한다.
- 주로 15년생 이하의 어린 잣나무에서 잘 발생한다.
- 묵은 잎부터 떨어지므로 수관하부에서 심하게 발생한다.

③ 방제법
- 비배관리를 잘하고 병든 잎은 모두 모아서 태우거나 땅에 묻는다.
- 수관하부에 주로 발생하므로 풀베기와 가지치기를 실시하여 통풍을 좋게 한다.
- 자낭포자가 비산하는 시기에 적합한 약제(살균제)를 살포한다.
- 기타 소나무잎떨림병 방제법과 동일하다.

(8) 낙엽송잎떨림병

① 병원 : 자낭균, *Mycosphaerella laricis-leptolepidis*

② 수병 특징
- 소나무잎떨림병과 마찬가지로 9월경 병징이 가장 뚜렷하여 수목의 아래 가지에서부터 잎이 갈색으로 변하고 대부분 떨어진다.
- 감염된 수목이 급격히 말라 죽는 일은 없으나 활력과 생장에 문제를 가져온다.
- 5~7월에 자낭각을 형성하고 자낭포자가 비산하여 전염원이 된다.
- 숲 내부가 그늘지고 습하거나 비가 많이 오면 피해가 발생하기 쉽다.

③ 방제법
- 자낭포자가 병든 낙엽에서 월동하므로 낙엽을 모아 태우거나 땅에 묻는다.
- 낙엽송 단순림을 피하고 활엽수와의 혼효림을 유도한다.
- 자낭포자 비산 시기인 5~7월에 4-4식 보르도액, 만코제브 수화제 등의 살균제를 살포한다.

(9) 밤나무줄기마름병

① 병원 : 자낭균, *Cryphonectria parasitica*

② 수병 특징
- 밤나무의 줄기가 마르면서 패이거나 두껍게 부풀어 궤양을 만드는 수병이다.
- 동양의 풍토병으로, 동양에서 수입한 밤나무로 인해 미국의 밤나무가 큰 피해를 입었다.
- 병원균의 포자는 빗물이나 바람, 곤충 등에 의해 전파되고, 줄기의 상처를 통해 침입하여 병을 발생시킨다.
- 동해나 피소(볕데기), 천공성 해충 등으로 수피가 피해를 받을 때 잘 발생한다.

| 밤나무줄기마름병의 피해 |

③ 방제법
- 동해나 피소(볕데기)로 인한 상처가 나지 않도록 백색 수성페인트를 칠해준다.
- 줄기를 침해하는 천공성 해충류(박쥐나방)의 방제를 위해 살충제를 살포한다.
- 수세가 약하거나 배수가 불량한 곳의 피해가 심하므로 비배관리를 철저히 해준다.
- 단택, 대보, 이취 등의 저항성(내병성) 품종을 식재한다. 🖉 옥광(내충성품종) ✕
- 상처 부위에 외과수술을 시행하고 도포제를 발라 병원균의 침입을 막는다.
- 질소질 비료를 과용하지 않는다.

🖉 살균제를 살포하는 화학적 방제는 효과가 미미하다.

(10) 낙엽송가지끝마름병

① 병원 : 자낭균, *Guignardia laricina*

② 수병 특징
- 주로 가지 끝의 새순, 새잎에서 피해가 발생하며, 가지 끝이 마르면서 휘고 생장이 멈추는 증상이 나타난다.
- 그 해에 자란 신초에만 피해가 나타나며, 기존의 묵은 가지나 줄기에는 피해가 없다.
- 병원균은 자낭각의 형태로 월동하며, 이듬해 봄에 자낭포자가 비산하여 전염한다.
- 특히 바람이 불 때 포자가 빠르게 번성하여 바람이 많이 부는 산림지역에서 피해가 크다.

③ 방제법
- 바람이 심하게 부는 곳은 낙엽송을 식재하지 않는다.
- 낙엽송이 아닌 활엽수로 방풍림을 조성하면 방제효과가 크다.

(11) 소나무피목가지마름병

- 병원 : 자낭균, *Cenangium ferruginosum*
- 자낭반이 소나무류의 피목에 형성되어 가지나 줄기가 적갈색으로 변하며 말라 죽게 되는 수병이다.
- 가을과 겨울에 건조가 심할 때 피해가 잘 발생하므로, 특히 남향으로 뿌리가 노출된 수목의 임지에서는 관목을 무육하여 토양 건조를 방지한다.

┃ 소나무피목가지마름병의 자낭반 ┃

(12) 측백나무검은돌기잎마름병

- 병원 : 자낭균, *Chloroscypha chamaecyparidis*
- 늦봄에서 여름에 걸쳐 주로 수관하부의 잎이 누렇게 변하면서 떨어져서 엉성한 모습의 수관을 이룬다.
- 병원균은 통풍이나 채광이 좋지 못해 습할 때 번성한다.
- 잎의 기공선 사이에 병원체의 자실체인 검은색 돌기(자낭반)가 생성된다.

(13) 아밀라리아뿌리썩음병

① 병원 : 담자균, *Armillariella mellea*

② 수병 특징
- 리지나뿌리썩음병균은 주로 침엽수에 발병하지만, 아밀라리아뿌리썩음병균은 침엽수와 활엽수 모두를 가해하는 다범성 병균으로 전국에 피해를 주고 있다.

- 병든 수목의 지제부에서 송진이 흘러나오며, 목부와 사부 사이에 하얀색 균사층을 형성한다.
- 병원균은 죽은 나무나 벌근에 날아가 균사다발인 근상균사속을 형성하고, 이 근상균사속이 상처나 각피관통을 통하여 수목을 침해한다.
- 피해를 입은 수목은 잎이 노래지며 갈변하고 심하면 고사한다.
- 병든 나무의 주변에는 병원균의 자실체인 뽕나무버섯이 관찰된다.
- 산성토양에서 잘 발생한다.

| 피해에 의한 송진 |

| 하얀색 균사층 |

| 뽕나무버섯 |

③ 방제법
- 포자형성 기관인 자실체(뽕나무버섯)는 발견 즉시 제거한다.
- 병든 수목의 뿌리는 뽑아서 소각한다.
- 땅속까지 뻗은 균사다발도 캐내어 소각한다.
- 피해지에 석회를 뿌려 토양을 알칼리성으로 개선한다.
- 병든 수목 주변으로 도랑을 파서 균사의 확산을 저지한다.

(14) 소나무잎녹병

① 병원
- 담자균, 이종기생녹병균, *Goleosporium* 속
- 기주교대를 하며 병을 옮기는 이종기생녹병균에 의한 수병이다.

구분	수종	포자 형태
본기주	소나무	녹병포자, 녹포자
중간기주	황벽나무, 참취, 잔대, 쑥부쟁이	여름포자, 겨울포자, 담자포자

- 녹병균은 각각의 기주를 거쳐 5가지 포자형을 완성하여야 생활사를 완료할 수 있으며, 하나라도 충족하지 못하면 감염이 일어나지 않는다.
- 녹병포자(녹병정자) → 녹포자 → 여름포자 → 겨울포자 → 담자포자(소생자)의 순으로 포자형을 바꾸며 병을 완성한다.

- 겨울포자에서 전균사라는 담자기가 네 가닥으로 자라며, 그 끝에 소생자가 달리고 이것이 비산하여 기주로 옮겨진다.

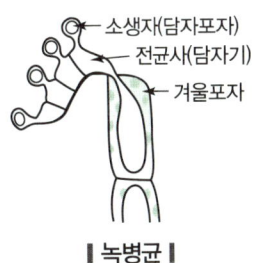

| 녹병균 |

② 수병 특징
- 병원균이 침엽에 쇠의 누런 녹과 같은 도드라진 녹포자기를 형성하고 녹포자를 내어 잎이 퇴색하고 떨어지며 수세가 약해지는 피해를 가져온다.
- 10년생 이하의 어린나무에 피해가 커 주로 소나무, 잣나무의 조림지에서 잘 발생한다.

③ 생활사
- 병원균은 소나무에서 봄에 녹병포자, 녹포자를 순서대로 생성한다.
- 녹포자는 중간기주로 날아가 여름포자를 형성하며, 여름포자는 주변의 다른 중간기주로 옮겨가며 초가을까지 반복적으로 전염한다.
- 중간기주에서 여름포자가 쇠퇴하고 초가을에 겨울포자가 형성되며 발아하여 담자포자가 생성된다.
- 담자포자(소생자)는 소나무로 날아가 월동하고, 다음 해 봄에 잎녹병을 발생시킨다.

④ 방제법
- 겨울포자가 생성되기 전에 중간기주를 제거한다.
- 보르도액, 만코제브(만코지) 수화제와 같은 살균제를 살포한다.

| 소나무잎녹병의 피해 |

| 소나무잎녹병의 녹포자기 |

| 황벽나무의 포자 |

(15) 잣나무털녹병

① 병원
- 담자균, 이종기생녹병균, *Cronartium ribicola*
- 기주교대를 하며 병을 옮기는 이종기생녹병균에 의한 수병이다.

구분	수종	포자 형태
본기주	잣나무	녹병포자, 녹포자
중간기주	송이풀류, 까치밥나무류	여름포자, 겨울포자, 담자포자

② 수병 특징
- 잣나무의 줄기가 갈라 터지면서 양수분의 이동이 차단되어 고사하게 되는 수병으로 주로 5~20년생 잣나무에서 잘 발생한다.
- 우리나라에서는 1936년 경기도 가평에서 처음 발견되었다.
- 병원균은 9~10월에 잣나무 잎의 기공을 통하여 침입하고 표피를 직접 뚫고 침입하지는 않으며, 주된 피해는 줄기에 나타나는 것이 특징이다.
- 즉, 침입 부위는 잎의 기공이며, 발병 부위는 줄기이다.

③ 생활사
- 병든 잣나무에서 4~5월경 수피가 터지면서 오렌지색의 녹포자가 비산하여 중간기주로 이동한다.
- 중간기주에서 순차적으로 여름포자, 겨울포자를 형성하고, 겨울포자에서 곧 담자포자가 형성되어 9~10월에 바람에 의해 잣나무로 날아가 후에 병을 발생시킨다.
- 잣나무로 이동한 담자포자는 균사를 내어 수피조직 내에서 월동한다.
- 잣나무에 담자포자가 침입하여 감염을 나타내기까지 2~4년의 긴 잠복기가 소요된다.
- 녹포자의 비산거리는 수백 km이며, 소생자의 비산거리는 300m 내외로 녹포자의 비산을 막는 것이 방제에 효과적이다.

| 잣나무털녹병의 피해 | | 잣나무털녹병의 녹포자 | | 송이풀의 포자 |

④ 방제법
- 중간기주인 송이풀, 까치밥나무는 겨울포자가 형성되기 전인 8월 말 전까지 제거한다.
- 병든 나무는 녹포자가 비산하기 전에 지속적으로 제거하고 소각한다.
- 수고 1/3까지의 가지치기는 감염인자 제거로 발병률을 낮출 수 있다.
- 묘포에는 담자포자 비산시기인 초가을에 보호살균제인 보르도액을 살포한다.
- 병원균에 저항성인 내병성품종을 식재한다.
- 풀베기와 간벌을 실시하여 통풍을 양호하게 해준다.

✎ 혼효림 조성, 살충제 살포, 토양소독 ✕

(16) 향나무녹병

① 병원
- 담자균, 이종기생녹병균, *Gymnosporangium* 속
- 기주교대를 하며 병을 옮기는 이종기생녹병균에 의한 수병이다.

구분	수종	포자 형태
본기주	향나무	겨울포자, 담자포자
중간기주	배나무, 사과나무	녹병포자, 녹포자

② 수병 특징
- 이 병원균은 여름포자 세대를 형성하지 않아 4가지 포자로만 생활사를 완성하는 것과 중간기주에서 녹병포자, 녹포자를 생성하는 점이 일반 녹병균과 다르다.
- 중간기주는 배나무, 사과나무, 모과나무, 산사나무, 팥배나무, 윤노리나무 등의 장미과 식물로 중간기주에서는 붉은별무늬병이 발생한다.
- 붉은별무늬병의 관점에서 본다면 향나무가 중간기주가 된다.

③ 생활사
- 4~5월에 향나무의 잎과 가지 사이에 균사와 겨울포자로 이루어진 겨울포자퇴가 형성된다.
- 겨울포자퇴는 비가 올 때 수분을 흡수하면 진노란색의 한천 모양으로 부풀고, 겨울포자가 발아하여 소생자를 생성한다.
- 소생자는 바람에 의해 중간기주로 옮겨져 6~7월에 잎 앞면에 진노랑의 별무늬가 나타나고 녹병(정)자기가 형성되어 녹병포자를 낸다. 곧이어 잎 뒷면에 녹포자기를 형성하며 녹포자를 순차적으로 생성한다.
- 6~7월에 녹포자가 바람에 날려 향나무로 옮겨가 기생하면서 균사로 월동하고 향나무녹병이 발생한다.

| 향나무녹병의 겨울포자퇴 | | 배나무붉은무늬병의 녹병자기 | | 배나무붉은무늬병의 녹포자기 |

④ 방제법
- 향나무에는 3~4월과 7월에 적정 약제를 살포한다.
- 중간기주인 배나무에는 발병 전인 4~6월에 적정 약제를 살포한다.
- 향나무 부근에 배나무, 사과나무, 모과나무 등의 장미과 수목을 식재하지 않는다.
- 향나무와 중간기주(배나무)는 2km 이상 떨어져 식재한다.

(17) 소나무혹병

① 병원
- 담자균, 이종기생녹병균, *Cronartium quercuum*
- 기주교대를 하며 병을 옮기는 이종기생 녹병균에 의한 수병이다.

구분	수종	포자 형태
본기주	소나무	녹병포자, 녹포자
중간기주	참나무	여름포자, 겨울포자, 담자포자

② 수병의 특징 및 생활사
- 소나무의 가지나 줄기에 혹이 생기며 점차 비대해져 바람에 의해 쉽게 부러지고 목재로서의 가치가 하락하는 피해를 준다.
- 병원균은 초봄에 피해 소나무의 혹에서 점액질의 녹병포자를 내고, 4~5월에 혹이 갈라지며 녹포자가 터져 나와 중간기주인 참나무로 이동한다.
- 참나무에서 5~6월부터 순차적으로 여름포자, 겨울포자를 형성하며 월동하고, 다음해 봄에 겨울포자가 발아하여 담자포자(소생자)를 형성하면 이 담자포자가 건전한 소나무로 옮겨가 다시 혹을 만들며 침해하게 된다.

③ 방제법
- 소나무 근처에는 중간기주인 참나무류를 식재하지 않는다.
- 병든 나무는 즉시 제거하고 소각한다.

┃ 소나무혹병의 피해 ┃

┃ 참나무의 포자 ┃

(18) 포플러잎녹병

① 병원
- 담자균, 이종기생녹병균, *Melampsora larici-populina*
- 기주교대를 하며 병을 옮기는 이종기생녹병균에 의한 수병이다.

구분	수종	포자 형태
본기주	포플러	여름포자, 겨울포자, 소생자
중간기주	낙엽송(일본잎갈나무), 현호색	녹병포자, 녹포자

② 수병의 특징 및 생활사
- 포플러의 병든 낙엽에서 겨울포자로 월동하나, 일부 따뜻한 지역에서는 여름포자의 형태로도 월동이 가능하여 낙엽송을 거치지 않아도 생활사를 완성할 수 있다.
  - 중간기주를 거치지 않아도 포플러에서 포플러로 직접 감염할 수 있다.
  - 중간기주를 제거해도 기주에서 기주로 직접 전염이 가능하여 완전한 방제가 어렵다.
- 병 발생까지의 잠복기간이 4~6일로 짧다.

③ 방제법
- 병든 낙엽을 제거하고 소각한다.
- 낙엽송과 같은 중간기주가 없는 곳에 포플러를 식재한다.
- 저항성을 가진 개량 포플러 품종을 식재한다.

(19) 삼나무붉은마름병(적고병, 赤枯病)

① 병원 : 불완전균, *Cercospora sequoiae*

② 수병 특징
- 수로 묘복의 잎과 줄기가 말라 점차 빨갛게 변하여 고사하는 수병이다.
- 삼나무 병환부의 조직 내부에서 균사덩이(균사괴) 형태로 월동한다.

| 삼나무붉은마름병의 피해 |

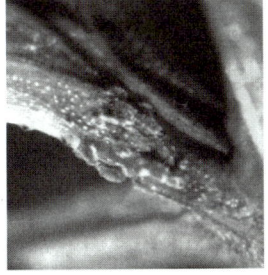
| 삼나무붉은마름병의 균사덩이 |

③ 방제법
- 병든 묘목은 제거하고 소각한다.
- 묘포 근처에는 삼나무로 울타리를 치지 않는다.
- 질소질 비료를 과용하지 않으며, 과습하지 않도록 통풍에 주의한다.

(20) 오리나무갈색무늬병

① 병원 : 불완전균, *Septoria alni*

② 수병 특징
- 오리나무의 잎에 번식기관인 병자각을 형성하여 분생포자인 병포자를 생성한다.
- 병원균은 병든 낙엽이나 종자에서 월동하며, 종자의 표면에 부착하여 전반된다.
- 윤작의 연한이 짧아도 방제효과가 좋은 수병이다.

③ 방제법
- 연작을 피하고, 윤작을 실시한다.
- 병든 낙엽은 제거하고 소각하며, 종자는 소독한다.
- 잎이 발생하기 전부터 보호살균제인 보르도액을 살포한다.
- 밀식 시에는 솎아주기를 한다.

(21) 오동나무탄저병

① 병원 : 불완전균, *Gloeosporium kawakamii*

② 수병 특징
- 어린 실생묘가 심하게 침해받으며, 모잘록 증상이 나타나면서 전멸하기도 한다.
- 주로 묘목의 줄기와 잎에서 발생하며, 잎은 기형으로 오그라들면서 일찍 낙엽한다.
- 잎이 완전히 전개되지 않고, 5~6월부터 발생하여 장마철에 급격히 심해진다.
- 묘포지에서 2~3년간의 짧은 윤작으로 피해를 크게 경감시킬 수 있다.

③ 방제법
- 연작을 피하고, 윤작을 실시한다.
- 병든 줄기와 잎은 소각한다.
- 실생묘 양성 시 토양소독을 실시한다.
- 거름주기와 가지치기를 철저히 한다.
- 짚으로 토양을 피복하여 빗물에 흙이 튀지 않도록 한다.

(22) 참나무시들음병

① 병원 : 불완전균, *Raffaelea* 속

② 수병 특징
- 병원균이 도관에 증식하여 양수분의 이동을 막아 잎이 빨갛게 시들고 급속히 말라죽는 피해를 입는 수병이다.
- 참나무류 중에서도 주로 신갈나무에 피해가 심하게 발생하고, 고사한 피해목의 잎은 겨울에도 낙엽하지 않는다.
- 매개충인 광릉긴나무좀의 암컷 등에는 곰팡이를 담은 균낭이 있어 매개충이 참나무를 가해할 때 병원균이 퍼지면서 감염시킨다.
- 피해목에는 매개충이 침입한 구멍이 다수 있고, 줄기 하단부 땅가에는 톱밥가루의 목재 배출물이 배출되어 있어 피해 양상을 뚜렷하게 알 수 있다.
- 도관이 존재하는 변재부는 병원균에 의하여 수분 이동이 차단되므로 얼룩덜룩하게 변색된다.

③ 방제법
- 유인목을 설치하여 매개충을 잡아 훈증 및 파쇄한다.
- 끈끈이롤 트랩을 수간에 감아 매개충을 잡는다.
- 매개충의 우화 최성기인 6월에 살충제인 페니트로티온 유제를 살포한다.
- 피해목을 벌채하여 타포린으로 덮은 후 훈증제를 처리한다.
- 전기충격기를 이용하여 나무 속의 성충과 유충을 감전사시킨다.

┃ 끈끈이롤 트랩 설치 ┃

┃ 훈증제 처리 ┃

(23) 소나무푸사리움가지마름병

① 병원 : 불완전균, *Fusarium circinatum*

② 수병 특징
- 주로 외래 도입종인 리기다소나무에서 발생하며, 어린나무부터 큰 나무까지 모든 연령대의 나무가 피해를 받는다.

- 주로 어린 가지가 고사하여 감염 부위에 송진이 흐르고, 잎은 빛바랜 갈색으로 말라 죽는다.
- 곰팡이 포자가 바람이나 매개충에 의해 가지에 난 상처로 침입하며, 바람이 강한 지역에서 더 심하게 발생한다.

③ 방제법
- 피해 가지를 제거하고 나무의 수세 회복을 돕는다.
- 살균제와 매개충 구제를 위한 살충제를 살포한다.

(24) 자작나무갈색점무늬병

① 병원 : 불완전균류, *Septoria* 속

② *Septoria*류 병원균에 의한 수병의 특징
주로 잎에 작은 점무늬 형성, 병든 잎에서 월동하여 1차 전염원이 되고, 분생포자는 주로 바람에 의해 전반

3. 바이러스 수목병

(1) 포플러모자이크병

① 병원 : 포플러모자이크바이러스

② 수병 특징
- 잎에 모자이크 무늬와 황색의 반점이 생성되며, 딱딱해져 쉽게 부스러진다.
- 주로 병든 접수나 삽수를 채취하여 이용할 때 전염된다.

③ 방제법
- 모자이크의 병징이 나타난 나무는 즉시 뽑아 제거한다.
- 감염되지 않은 건전한 수목에서 접수 및 삽수를 채취하고, 기구는 철저히 소독하여 사용한다.
- 감염된 어린 대목은 고온의 열처리로 바이러스를 제거한다.

(2) 장미모자이크병

① 병원 : 장미모자이크바이러스

② 수병 특징 : 주로 접목, 삽목 등의 무성번식에 의해 전염되며, 매개충에 의해 전염되지 않는다.

③ 방제법
- 많은 잎에 모자이크 병징이 나타난 수목은 제거한다.
- 바이러스에 감염된 어린 대목을 38℃에서 약 4주간 열처리한다.
- 바이러스에 감염되지 않은 대목과 접수를 사용하여 건전한 묘목을 육성한다.

✎ 매개충 구제 ×

4. 파이토플라스마 수목병

(1) 대추나무빗자루병

① 병원 : 파이토플라스마

② 수병 특징
- 작고 가늘며 왜소한 가지와 잎이 총총히 모여나 마치 빗자루와 같은 증상을 나타내는 수병이다.
- 빗자루의 병징과 함께 꽃봉오리가 잎으로 변하는 엽화현상이 나타나 꽃이 피지 않고 결실을 이루지 못한다.
- 파이토플라스마는 전신감염성으로 병든 수목에서 채취한 접수 및 삽수를 이용하거나 분주(포기 나누기) 등을 실시할 때 전염된다.
- 마름무늬매미충에 의해 병이 매개되며, 매개충이 수목의 즙액을 흡즙할 때 구침을 통하여 수병이 체내에 침입하고 번식하여 또 다른 건전 수목을 흡즙할 때 옮겨가 전염된다.

┃ 대추나무빗자루병의 피해 ┃

③ 방제법
- 옥시테트라사이클린계(Oxytetracycline) 항생물질을 수간 주사한다. ✎ 살균제 ×
- 병든 수목에서 접수, 삽수, 분주묘를 채취하지 않는다.
- 병든 수목은 즉시 제거하고 소각한다.
- 매개충 방제를 위해 살충제를 살포한다.

> **참고**
>
> **대추나무빗자루병의 중력식 수간주사(나무주사) 방법**
> - 물 1L에 5g의 옥시테트라사이클린 수화제를 잘 녹여 두었다가 윗물만 주입용기에 넣어 사용한다.
> - 수목 하부에 병 발생이 심한 가지 방향과 반대방향으로 양쪽에 두 개의 구멍을 뚫어 주사기를 삽입한다.
> - 조절기를 열어 약액이 흐르도록 한다. 약액 주입량은 다음과 같다.
>
> | 흉고직경(cm) | ~10 | 10~15 | 15~ |
> |---|---|---|---|
> | 주입량(L) | 0.5 | 1.0 | 1.5~2.0 |

(2) 오동나무빗자루병

① 병원 : 파이토플라스마

② 수병 특징
- 작은 잎이 밀생하고, 잔가지가 총생하여 빗자루와 같은 증상을 나타내는 수병이다.
- 전신감염성이며, 담배장님노린재가 병의 매개충이다.

③ 방제법
- 옥시테트라사이클린계 항생물질을 수간 주사한다.
- 병든 수목은 즉시 제거하고 소각한다.
- 매개충이 가장 왕성한 발생시기인 7~9월에 살충제를 살포한다.

(3) 뽕나무오갈병

① 병원 : 파이토플라스마

② 수병 특징
- 잔가지가 총생하여 빗자루 모양을 하며, 잎은 결각이 없어져 둥글게 되고 오그라들며 말리는 증상을 나타내는 수병이다.
- 대추나무빗자루병과 같이 마름무늬매미충에 의해 병이 매개되며, 접목 및 삽목으로도 전염된다.

③ 방제법
- 병든 수목은 즉시 제거하고 소각한다.
- 매개충 방제를 위해 살충제를 살포한다.
- 저항성 품종을 식재한다.

5. 선충 수목병

(1) 소나무재선충병(소나무시들음병)

① 병원
- 선충, *Bursaphelenchus xylophilus*
- 길이 1mm 정도의 가늘고 긴 실모양으로 암컷과 수컷이 따로 있는 자웅이체(雌雄異體)이다.

② 수병 특징

▮ 소나무재선충병의 피해 ▮

- 재선충이 수목체 내에 증식하여 양수분의 흡수와 이동을 막아 피해가 나타난다.
- 감염된 수목은 급속히 시들고 거의 대부분 고사하게 되어 소나무의 AIDS로 불린다.
- 침엽이 모두 아래로 처지며 황갈색으로 시들고, 상처로부터 나오는 송진(수지)의 양이 감소하거나 정지한다.
- 적송(육송), 흑송(해송)이 매우 감수성이며, 우리나라에서는 잣나무에서도 발병된다.
- 재선충은 스스로 이동할 수 없으며 솔수염하늘소, 북방수염하늘소 등의 매개충에 의해 전염이 확산된다.
- 우리나라에서는 1988년 부산의 금정산에서 처음 발견되었다.

③ 재선충의 생활사

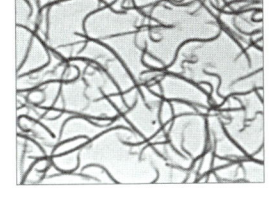
▮ 재선충 ▮

- 왕성한 번식력으로 25℃의 온도에서 4~5일이면 한 세대의 생활사가 완성된다.
- 봄에 3기 유충의 형태로 매개충의 번데기집 주변으로 모여들고 우화하는 성충의 기문을 통하여 체내로 침입해 들어간다.
- 5~7월에 우화한 매개충의 성충이 소나무 신초(새 가지)를 갉아먹을 때 재선충이 매개충의 몸속에서 나와 상처를 통하여 4기 유충으로 수목에 침입한다.
- 하늘소 성충의 체내와 체표면에서 재선충이 모두 발견된다.

④ 솔수염하늘소의 생활사
- 연 1회 발생하며, 유충으로 월동한다.
- 유충은 소나무류의 수피 내 형성층과 목질부를 식해하며 성장한다.
- 성장한 유충은 수피 근처에 번데기집을 짓고 번데기가 된다(완전변태).
- 5~7월 하순 또는 5~8월 초순경 성충이 구멍을 뚫고 나와 우화하며, 6~7월경이 우화 최성기이다.
- 우화한 암컷은 고사목이나 쇠약목의 수피에 산란한다.

┃ 솔수염하늘소의 탈출공과 톱밥 ┃

┃ 솔수염하늘소 유충 ┃

┃ 솔수염늘소 성충 ┃

⑤ 북방수염하늘소의 생활사
- 연 1회 발생하며, 유충으로 월동한다.
- 성충의 우화 최성기는 5월경이며, 쇠약한 수목이나 고사목에 산란한다.

⑥ 방제법
- 피해고사목은 벌채하여 소각하거나 메탐소듐 액제로 밀봉·훈증한다.
- 매개충의 먹이나무(餌木, 이목)를 설치하고 유인하여, 우화 전에 소각하거나 파쇄한다.
- 성충 발생시기인 5~7월에 살충제를 뿌려 매개충인 하늘소류를 구제한다.
- 솔수염하늘소 성충의 우화시기인 5~7월 전에 살충제인 티아메톡삼 분산성액제를 흉고직경(cm)당 원액 0.5mL씩 나무주사하며, 약효는 약 5개월 지속된다.
- 예방약제인 아바멕틴 또는 에마멕틴벤조에이트의 살충제를 수지분비량이 적은 12~2월에 나무주사한다.
- 소나무 주변으로 포스티아제이트 액제를 이용한 토양관주를 실시하여 토양을 살충·소독한다.
  * 토양관주(土壤灌注) : 토양의 살충·소독 등을 목적으로 토양에 약액을 주입하는 것
- 밀생 임분은 간벌하여 고사목이나 쇠약목이 없도록 한다.

 저항성 품종 식재 ×

> **Summary!**
>
> **수병과 매개충**
>
> | 병원 | 수병 | 매개충 |
> |---|---|---|
> | 선충 | 소나무재선충병 | 솔수염하늘소, 북방수염하늘소 |
> | 파이토플라스마 | 대추나무빗자루병 | 마름무늬매미충 |
> | | 뽕나무오갈병 | |
> | | 붉나무빗자루병 | |
> | | 오동나무빗자루병 | 담배장님노린재 |
> | 불완전균 | 참나무시들음병 | 광릉긴나무좀 |
> | 바이러스 | ~모자이크병 | 진딧물 |

(2) 뿌리썩이선충병

① 병원
- 선충, *Pratylenchus penetrans* 등
- 식물선충 중에서도 이동성을 가진 내부기생선충이다.
- 길이 1mm 정도의 선충으로, 암수가 한 몸인 자웅동체(雌雄同體)이다.

② 수병 특징
- 선충이 뿌리 속을 헤집고 다녀 세포조직이 파괴되고 괴사하여 뿌리가 썩게 되는 피해를 가져온다.
- 토양과 기주식물의 뿌리를 오가며 이동이 가능하고, 뿌리를 통하여 침입한다.
- 묘포장의 어린 묘목에 피해가 크며, 선충이 낸 상처를 통해 2차적으로 모잘록병 등의 감염을 유발하기도 한다.

③ 방제법
- D-D제, 에토프입제, 타보입제 등의 살선충제로 토양을 소독한다.
- 오랜 기간 동일 종 재배지에서 피해가 크므로, 연작을 피하고 윤작을 실시한다.

(3) 뿌리혹선충병

① 병원
- 선충, *Meloidogyne incognita*
- 뿌리혹선충은 이동성이 없는 (정주성) 내부기생선충이다.
- 암수가 따로 있는 자웅이체로 수컷은 일반적인 실모양이지만 암컷은 서양배 모양으로 둥근형을 하고 있다.

② 수병 특징
- 유충이 기주 식물의 뿌리로 침입하여 뿌리세포를 거대하게 만들며 혹을 형성한다.
- 혹으로 인해 뿌리의 양수분 흡수가 어려워져 식물 생장이 불량해지고 활력이 저하되는 피해를 입는다.
- 밤나무, 오동나무 등의 묘포지와 연작 재배지에서 심하게 발생한다.

③ 방제법
- 연작(이어짓기)을 피하고, 윤작(돌려짓기)을 실시한다.
- 살선충제로 토양소독을 실시하고, 어린 모를 위생적으로 관리한다.

Summary!

병의 원인에 따른 수병 분류

분류			병명
세균			뿌리혹병, 밤나무눈마름병, 불마름병
균류	난균		모잘록병, 밤나무잉크병
	진균	자낭균	리지나뿌리썩음병, 그을음병, 흰가루병, 벚나무빗자루병, 소나무잎떨림병, 잣나무잎떨림병, 낙엽송잎떨림병, 밤나무줄기마름병, 낙엽송가지끝마름병, 소나무피목가지마름병, 측백나무검은돌기잎마름병, 포플러점무늬잎떨림병, 호두나무탄저병
		담자균	아밀라리아뿌리썩음병, 소나무잎녹병, 잣나무털녹병, 향나무녹병, 소나무혹병, 포플러잎녹병
		불완전균	모잘록병, 삼나무붉은마름병, 오리나무갈색무늬병, 오동나무탄저병, 참나무시들음병, 소나무푸사리움가지마름병, 자작나무갈색점무늬병
바이러스			포플러모자이크병, 아까시나무모자이크병, 장미모자이크병
파이토플라스마			대추나무빗자루병, 오동나무빗자루병, 뽕나무오갈병
선충			소나무재선충병, 뿌리썩이선충병, 뿌리혹선충병

CHAPTER 03 산림해충

SECTION 01 산림해충 일반

1. 곤충 일반

① 곤충은 지구 전체 동물의 약 80%가량을 차지할 정도로 지구에서 가장 번성한 부류이다. 소형이며 세대 교체가 빠르고 날개를 가진 점 등이 불리한 환경에서도 오랫동안 살아남아 번성할 수 있는 이유이다.

② 곤충류의 몸은 크게 머리, 가슴, 배의 3부분으로 뚜렷하게 구분되며, 보통 날개 2쌍, 다리 3쌍 등의 특징을 가지고 있어 동물계(動物界), 절지동물문(節肢動物門), 곤충강(昆蟲綱)에 속한다.

③ 산림해충으로 중요한 곤충으로는 메뚜기목, 노린재목, 매미목, 딱정벌레목, 나비목, 파리목, 흰개미목 등이 있다.

[주요 산림해충]

구분	내용
메뚜기목(Orthoptera)	• 메뚜기, 여치, 귀뚜라미, 대벌레, 땅강아지 등 • 씹는 입틀, 불완전변태
노린재목(Hemiptera)	• 노린재, 방패벌레, 물장군 등 • 바늘로 찔러넣어 빨아먹는 입틀, 불완전변태
매미목(Homoptera)	• 매미, 거품벌레, 깍지벌레, 진딧물, 나무이, 가루이 등 • 빨아먹는 입틀, 불완전변태
딱정벌레목(Coleoptera)	• 바구미, 하늘소, 잎벌레, 거위벌레, 무당벌레, 풍뎅이 등 • 씹는 입틀, 완전변태 • 곤충 중 가장 많은 종수
나비목(Lepidoptera)	• 크게 나비류와 나방류로 구분 • 유충은 씹는 입틀, 성충은 코일과 같은 관을 넣어 빠는 입틀, 완전변태
파리목(Diptera)	• 혹파리, 기생파리, 등에 등 • 핥는 입틀, 완전변태
흰개미목(Isoptera)	• 흰개미 1종 • 목재를 갉아먹어 피해, 불완전변태

2. 곤충의 형태

(1) 체벽(피부)

① 체벽은 바깥으로부터 표피층(외표피, 원표피), 진피층, 기저막으로 구성된다.

② 표피층은 다시 외표피와 원표피로 나뉘며, 외표피는 다시 3개의 층으로 원표피는 2개의 층으로 구성된다.

③ 표피층(cuticle)

㉠ 외표피
- 체벽의 가장 바깥쪽에 위치
- 단백질과 지질로 구성된 매우 얇은 층
- 체내의 수분 증산 억제

[외표피의 구성]

구분	내용
시멘트층	곤충의 표피 중 가장 바깥쪽
왁스층(지질층)	곤충 내부의 수분 증산 억제
단백성 외표피층	외표피의 가장 안쪽

㉡ 원표피 : 외원표피, 내원표피

④ 진피층
- 다른 피부층과 달리 한 개의 세포층(진피세포)으로 구성
- 진피세포 : 표피 형성 물질을 합성하거나 분비

⑤ 기저막
- 진피층 밑의 얇은 막으로 이루어진 층으로 체강과의 경계 조직
- 피부 조직 중에서 가장 안쪽에 위치

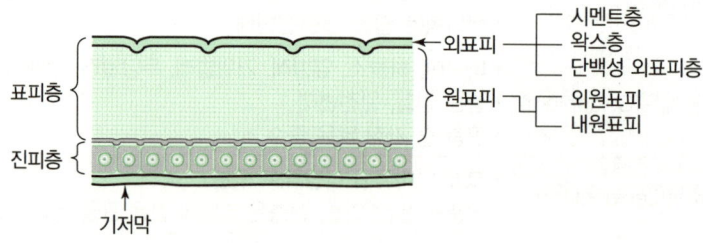

(2) 머리

① 머리는 1쌍의 더듬이(촉각), 입틀(구기), 1쌍의 겹눈, 1~3개 홑눈 등으로 구성되어 있다.

② 더듬이(촉각, 觸角)
- 머리쪽으로부터 자루(기부)마디, 팔굽(흔들)마디, 채찍마디의 세 부분
- 실모양, 염주모양, 채찍모양 등 다양

③ 입틀(구기, 口器)
- 윗입술, 아랫입술, 큰턱, 작은턱, 혀 등으로 구성
- 윗입술은 먹이를 가둬 담을 수 있는 경피판으로 음식물을 먹는 데 쓰이지는 않음
- 크게 씹어먹는 형과 빨아먹는 형으로 구분

[곤충의 입틀(구기형)]

구분	내용
저작구형	발달된 큰턱을 이용하여 씹어먹는 형 예 메뚜기, 딱정벌레, 풍뎅이, 잠자리, 나비의 유충
자흡구형	바늘모양의 구기를 찔러 넣어 빨아먹는 형 예 노린재, 진딧물, 멸구, 매미충, 깍지벌레
흡관구형	긴 관을 이용하여 빨아먹는 형 예 나비, 나방
흡취구형	핥아먹는 형 예 파리
저작 핥는 형	씹고 핥아먹는 형 예 꿀벌

④ 존스톤 기관
- 더듬이의 팔굽마디에 존재하는 청각기관
- 수컷이 암컷의 날개소리를 잘 듣도록 발달된 기관
- 모기나 파리 등에 발달
- 곤충의 청각기관 : 감각털, 고막기관, 존스톤 기관 등

(3) 가슴

① 가슴은 앞가슴, 가운데가슴, 뒷가슴의 3부분으로 구성된다.
② 날개, 다리, 기문 등의 부속기가 달려 있다.
③ 날개
- 대개 2쌍으로, 가운데가슴에 앞날개 1쌍, 뒷가슴에 뒷날개 1쌍
- 파리는 앞날개가 발달, 뒷날개는 몸의 균형 유지에 쓰이는 평균곤(平均棍)으로 퇴화 변형

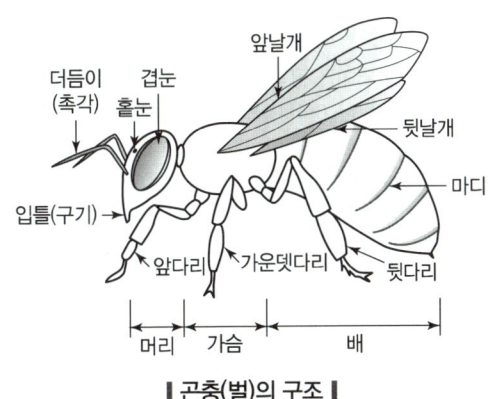

∥ 곤충(벌)의 구조 ∥

④ 다리
- 3쌍으로 앞가슴, 가운데가슴, 뒷가슴에 1쌍씩
- 몸 쪽의 부착점으로부터 밑마디(기절), 도래마디(전절), 넓적다리마디(퇴절), 종아리마디(경절), 발목마디(발마디, 부절)의 5마디로 구성

(4) 배

① 10개 내외의 마디로 이루어져 있다.
② 기문, 생식기, 항문 등의 부속기가 있다.
③ 기문(氣門)
- 곤충의 체내로 통하는 기체 통로가 되는 입구. 호흡기관
- 가슴에 2쌍, 배에 8쌍으로 모두 10쌍이 일반적

> **Summary!**
>
> **곤충의 외부 구조적 특징**
> - 머리, 가슴, 배의 3부분으로 구성
> - 머리 : 1쌍의 더듬이(촉각), 입틀(구기), 1쌍의 겹눈, 1~3개 홑눈
> - 가슴 : 앞가슴, 가운데가슴, 뒷가슴의 3부분
> - 배 : 10개 내외의 마디
>
> | 구분 | 내용 |
> |---|---|
> | 날개 | 가운데가슴, 뒷가슴에 1쌍씩 총 2쌍 |
> | 다리 | • 앞가슴, 가운데가슴, 뒷가슴에 1쌍씩 총 3쌍
• 보통 5마디 |
> | 기문 | 가슴에 2쌍, 배에 8쌍으로 총 10쌍 |

> **참고**
>
> **거미의 특징**
> - 거미는 곤충강이 아니며, 절지동물문 거미강으로 따로 분류한다.
> - 몸은 머리가슴과 배의 2부분이다.
> - 날개, 더듬이, 겹눈이 없다.
> - 다리는 4쌍으로 각 7마디이다.
> - 변태(탈바꿈)를 하지 않는다.

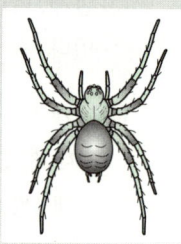

(5) 호흡계

① 곤충은 기관을 통하여 호흡을 하여 기관계(氣管系)라고도 부른다.
② 가슴과 배의 측면에 기체의 출입문이 되는 기문이 있고, 기문과 연결되어 체내로 공기의 이동통로가 되는 기관이 뻗어 있다.

호흡기관 : 기문(氣門), 기관(氣管)

(6) 소화계

① 입에서 항문까지로, 소화관과 부속선으로 이루어져 있다.
② 소화관은 크게 전장, 중장, 후장으로 나뉘며, 입에서부터 인두, 식도, 소낭, 전위, 위맹낭, 위, 말피기관, 전소장, 직장, 항문의 순으로 구성되어 있다.
- 전장(前腸) : 음식물의 일시 저장 및 기계적 파쇄 기능
- 중장(中腸) : 음식물의 소화흡수 및 위(胃)로서의 기능
- 후장(後腸) : 배설 기능

(7) 생식계

① 교미를 통해 암컷의 몸 안에 들어온 정자는 수정낭에 보관된 후 성숙한 난자가 배출될 때 수정되어 산란을 하게 된다.
② 암컷 생식기관 : 난소(알집), 수란관, 수정낭(수컷의 정자 보관), 부속샘
③ 수컷 생식기관 : 고환(정집), 수정관, 사정관, 저정낭(정자 저장), 부속샘

3. 곤충의 생태

(1) 곤충의 생활사

① 암수의 교미로 암컷이 산란하면, 일정 기간이 지난 후 알이 부화하여 유충(애벌레)이 된다.
② 유충은 탈피라는 과정을 거쳐 점차 성장하고 성충이 되는데, 이때 번데기 과정을 거치냐 거치지 않느냐에 따라 변태의 과정이 달라진다.
③ 성충은 우화 후 교미를 하고 알을 낳으며 생활사를 마감한다.

④ 영충(齡蟲)
각 탈피 단계의 유충으로 부화하여 1회 탈피 전까지를 1령충, 2회 탈피 전까지를 2령충, 3회 탈피 전까지를 3령충이라 부른다.

```
부화 → 1회 탈피 → 2회 탈피 → 3회 탈피 → 번데기
      1령충      2령충      3령충      4령충
```

┃곤충의 탈피 단계┃

⑤ 용화(蛹化)

유충이 성충이 되기 전 번데기가 되는 현상이다.

⑥ 우화(羽化)

성숙한 약충이나 번데기가 성충으로 탈피하는 현상이다.

(2) 곤충의 변태

① 알에서 부화한 유충이 여러 차례 탈피를 거듭하여 성충으로 변하는 현상, 즉 곤충의 성장 변이 과정을 변태(變態)라고 하며, 변태의 과정은 크게 번데기 시기를 거치는 완전변태와 거치지 않는 불완전변태로 나눌 수 있다.

[곤충의 변태]

구분	내용
완전변태 (完全變態)	• 유충이 번데기 시기를 거쳐 성충이 되는 것 • 알 → 유충 → 번데기 → 성충 • 벌목, 나비목, 딱정벌레목, 파리목, 벼룩목 등
불완전변태 (不完全變態)	• 성숙한 약충이 번데기 시기를 거치지 않고 바로 성충이 되는 것 • 알 → 약충 → 성충 • 잠자리목, 매미목, 노린재목, 대벌레목, 메뚜기목, 하루살이목 등

② 곤충의 약 90%는 완전변태를 하며, 완전변태의 애벌레는 유충(幼蟲), 불완전변태의 애벌레는 약충(若蟲)이라 부른다.

③ 유충의 형태

유충은 다리의 유무와 개수, 몸의 마디 등에 따라 크게 4가지 형태로 나눌 수 있다.

㉠ 다각형(多脚型)
- 머리와 몸마디가 뚜렷하고, 가슴다리와 배다리가 있는 형태
- 나비목 및 벌목의 잎벌과 유충

㉡ 소각형(少脚型)
- 배다리는 없지만 성충과 비슷한 다리를 가진 형태
- 딱정벌레목의 유충

㉢ 무각형(無脚型)
- 구더기형으로 몸에 다리가 전혀 없는 형태

- 파리목 및 벌목 등의 유충
ⓔ 원각형(原脚型)
- 배마디가 뚜렷하지 않고, 머리도 명확하지 않은 형태
- 벌목의 일부 기생벌 유충

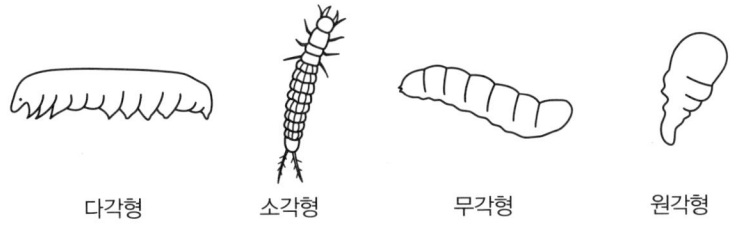

| 다각형 | 소각형 | 무각형 | 원각형 |

┃ 유충의 형태 ┃

④ 번데기의 형태
㉠ 나용(裸蛹)
- 더듬이, 날개, 다리 등의 부속지가 몸 밖으로 드러나 있는 형태
- 대부분의 딱정벌레목과 벌목 번데기
㉡ 피용(被蛹)
- 부속지가 몸에 밀착되고 굳어서 단단하게 붙어 있으며, 분비한 물질로 둘러싸여 있는 형태
- 대부분의 나비목과 일부의 파리목 번데기

| 나용 | 피용 |

┃ 번데기의 형태 ┃

㉢ 위용(圍蛹)
- 유충의 마지막 탈피껍질이 그대로 굳어 번데기 껍질이 되고 그 속에 나용이 들어 있는 형태
- 파리목 번데기

(3) 곤충의 휴면과 활동정지

① 곤충의 휴면
㉠ 휴면의 정의
- 곤충이 불리하고 부적합한 환경을 극복하기 위해 일정 기간 발육을 정지하는 것을 휴면(休眠)이라 한다.
- 계절 변화와 같은 규칙적이며 부적절한 환경 변화에 대비하여 미리 생장을 정지하는 것이다.

- 불리한 환경이 끝나고 환경조건이 좋아져도 곧바로 발육을 재개하는 것은 아니고, 일정한 시간이 지나야 발육을 개시한다.

ⓒ 휴면 유발 요인 : 일장(일조시간, 광주기), 온도, 습도, 먹이, 내분비기관의 휴면호르몬 등

ⓒ 휴면의 종류
- 의무적 휴면(자발휴면) : 1년에 한 세대만 발생하는 곤충이 세대마다 모두 휴면하는 것 예 솔껍질깍지벌레
- 기회적 휴면(타발휴면) : 1년에 2세대 이상 발생하는 곤충이 환경조건에 따라 세대마다 그때그때 휴면 여부가 달라지는 것 예 흰불나방

② 곤충의 활동정지
- 곤충이 갑작스러우며 부적합한 환경에 대처하여 일시적으로 활동을 정지하는 것을 활동정지(活動停止)라 한다. = 휴지(休止)
- 갑작스러운 기온이상, 가뭄 등의 불규칙적인 환경 변화에 기인한다.
- 휴면과는 달리 환경조건이 개선되면 곧바로 활동정지를 멈추고 발육을 재개한다.

4. 해충의 발생

(1) 해충의 발생예찰

① 산림해충을 적기에 방제하기 위하여 발생시기와 발생량을 미리 살펴 조사하고 예측하는 것을 발생예찰(發生豫察)이라 한다.

② 산림해충의 발생예찰 방법
- 야외에서 직접 조사하는 방법 : 발생해충, 피해상황 등의 직접적 조사를 통하여 예측
- 통계를 이용하는 방법 : 기존에 축적된 다년간의 통계 자료를 통하여 예측
- 개체군 동태를 이용하는 방법 : 해충 개체군의 밀도변동 패턴을 이용하여 예측
- 다른 생물 현상과의 관계를 이용하는 방법 : 해충의 먹이식물, 기생곤충 등의 다른 생물과의 상관관계를 통하여 예측
- 실험을 통한 방법 : 해충에 각종 실험적 조작을 가해 그 변화로 예측

③ 곤충 표본의 채집방법
- 유아등(誘蛾燈, light trap) : 주광성의 해충을 등불로 유인하여 채집
- 핏폴트랩(pitfall trap) : 유리병과 같은 트랩을 땅속에 묻고 트랩 안으로 곤충이 떨어지면 채집, 주로 지면을 배회하며 서식하는 해충에 효과적 = 낙하트랩, 함정트랩
- 말레이즈트랩(malaise trap) : 일종의 텐트와 같은 트랩으로 비행성 해충이 일단 트랩안

으로 들어가면 밖으로 나오지 못하게 되어 채집. 음성주지성을 이용한 방법
- 성페로몬 트랩(pheromone trap) : 성페로몬 트랩을 설치하여 유인하고 채집. 양성주화성을 이용한 방법
- 수반트랩(水盤, water trap) : 황색의 수반에 물을 채우고 노란색 및 황색에 유인되는 해충을 채집

> **참고**
>
> **곤충의 주성(走性)**
> 곤충이 외부의 자극에 대하여 일정한 방향으로 움직이는 행동 패턴으로 주광성, 주지성, 주화성 등이 있다.
> - 주광성(走光性)
>   - 곤충이 빛에 반응하여 빛을 가까이하거나 멀리하며 이동하는 성질이다.
>   - 빛에 가까이 다가가는 것을 양성주광성, 빛을 피해 멀리 이동하는 것을 음성주광성이라 한다.
>   - 나방류는 대부분 양성주광성으로 빛에 잘 유인된다.
> - 주지성(走地性)
>   - 곤충이 중력에 반응하여 위나 아래로 이동하는 성질이다.
>   - 중력 방향(아래쪽)으로 이동하는 것을 양성주지성, 중력 반대 방향(위쪽)으로 이동하는 것을 음성주지성이라 한다.
> - 주화성(走化性)
>   - 곤충이 화학물질에 반응하여 이동하는 성질이다.
>   - 화학물질의 자극이 큰 쪽으로 이동하는 것을 양성주화성, 반대로 이동하는 것을 음성주화성이라 한다.

(2) 해충 개체군의 밀도 변동

① 일정 공간에서 같이 생활하는 동일종의 집단을 개체군이라 하며, 개체군은 사망과 출생, 이입과 이출을 통해 밀도가 증가하기도 감소하기도 하며 변화한다.

② 출생률(出生率)
- 사망이나 이동이 없다고 가정하였을 때 최초 개체수에 대한 일정 기간 동안 출생한 개체수의 비율이다.
- 성비(性比) : 전체 개체수에 대한 암컷 개체수의 비율로 전체 개체수가 100마리이고 수컷이 35마리라면 성비는 0.65이다.

③ 사망률(死亡率)
- 출생이나 이동이 없다고 가정하였을 때 최초 개체수에 대한 일정 기간 동안 사망한 개체수의 비율이다.
- 사망 원인 : 노쇠, 활력 감퇴, 사고, 천적, 먹이 부족, 은신처 감소 등

> **참고**
>
> **생명표(生命表)**
> - 해충의 충태별 사망수, 사망요인, 사망률 등의 항목으로 구성된 표로 해충의 개체군 동태를 알기 위해 주로 사용한다.
> - 같은 시기에 출생한 해충이 시간이 경과함에 따라 어떻게 감소하고 사망하였는지를 나타낸다.

④ 이동(移動)

이동에는 어떤 지역으로 이동해 들어오는 이입(移入)과 어떤 지역으로부터 이동해 나가는 이출(移出)이 있으며, 확산, 분산, 회귀 등이 있다.
- 확산 : 먹이활동 등을 위하여 이동하는 것으로 연속적인 분포를 보인다.
- 분산 : 분산되어 이동한 곳이 적당한 곳이면 생활이 가능하나 부적당한 곳이면 죽을 수도 있는 불연속적인 분포를 보인다.
- 회귀 : 다른 곳으로 이동하였던 곤충이 다시 원래의 자리로 되돌아오는 현상이다.

> **Summary!**
>
> **해충 개체군의 밀도변동 결정 요인**
> 출생률, 사망률, 이입률, 이출률

5. 해충의 방제

(1) 해충방제 일반

① 해충방제란 인류에게 경제적 손실을 초래하는 해충의 발생을 예방하거나 구제하여 피해를 최소화하고자 시행하는 각종 조치를 의미한다.

② 해충이란 늘 존재하는 것으로 일정 수준에서는 문제가 되지 않으나 어떤 한계 이상으로 증가하여 피해를 가져올 때 방제의 의미가 있다.

③ 해충 밀도에 따른 피해 수준
  ㉠ 경제적 피해(가해) 수준
   - 해충의 밀도가 점차 높아져 경제적으로 피해를 주기 시작하는 최소의 밀도
   - 해충에 의한 피해액과 방제비가 같은 수준인 해충의 밀도
  ㉡ 경제적 피해 허용 수준
   - 경제적 피해 수준에 도달하는 것을 막기 위하여 직접적 방제를 시작해야 하는 밀도
   - 경제적 피해 수준보다는 낮은 밀도

ⓒ 일반 평형 밀도
  일반적 환경조건에서의 평균적인 해충의 밀도

④ 2차 해충
- 어떤 곤충이 낮은 밀도를 유지하던 환경적・인위적 요인이 제거되면 2차적으로 나타나 대발생하여 주요 해충화하는 것을 2차 해충이라 한다.
- 농약의 오남용으로도 2차 해충의 발생이 조장될 수 있다. 특정 해충의 화학적 방제가 천적 관계에 있는 곤충을 제거하여 잠재해충이던 것이 2차 해충으로 번성하게 되는 것이다.
- 응애, 진딧물, 깍지벌레, 소나무좀 등

(2) 해충의 방제법

① 기계적 방제
- 포살법(捕殺法) : 기구나 손을 이용하여 직접 잡아 죽이는 방법
- 소살법(燒殺法) : 불을 붙인 솜방망이로 군서 중인 유충 등을 태워 죽이는 방법
- 유살법(誘殺法) : 해충을 유인하여 죽이는 방법

[유살법의 종류]

구분		내용
번식장소 유살법	통나무 유살법	• 나무좀, 하늘소, 바구미 등의 천공성 해충이 쇠약목에 산란하는 습성을 이용 • 벌목한 통나무를 이용하여 번식장소로 유인하고 우화 전 박피하여 소각
	입목 유살법	• 서 있는 수목에 약제처리 후 약제가 퍼지면 벌목하여 이용 • 좀류가 유인되어 산란을 하고, 알이나 유충단계에서 약제성분으로 인해 전멸
잠복장소 유살법		• 월동이나 용화를 위한 잠복장소로 유인 • 줄기에 짚이나 가마니를 감아 월동처로 유인하고 이른 봄에 소각
등화 유살법		• 해충의 주광성을 이용한 유아등으로 유인하고 포살 • 고온다습하고 흐리며 바람이 없는 날이 효과적 • 광선 중에는 단파장인 자외선에 많이 유인되어 가장 효과적 • 자외선등, 전등, 수은등을 이용
식이 유살법		해충이 좋아하는 먹이로 유인

- 경운법(耕耘法) : 토양을 갈아엎어 땅속해충을 지면에 노출시켜 직접 잡거나 새들의 포식으로 없애는 방법
- 차단법 : 이동성 곤충의 이동을 차단하여 잡는 방법
- 기타 : 찔러 죽임, 진동을 주어(나무를 털어) 떨어뜨려 잡아 죽임 등

② 물리적 방제
- 온도처리법 : 해충의 번성에 부적절한 고온이나 저온처리를 하여 방제하는 방법
- 습도처리법 : 해충의 번성에 부적절한 습도처리를 하여 방제하는 방법
- 방사선 이용법 : 해충에 방사선을 조사하여 죽이거나 불임화를 조장하는 방법
- 고주파 이용법 : 해충이 고주파로 인해 모여들지 못하도록 하여 방제하는 방법

③ 화학적 방제
- 화학약제(농약)를 이용한 방제법
- 적용 범위가 넓고, 효과가 신속하며 정확하고, 이용이 간단
- 해충 밀도가 위험에 달했을 때 더 효과적이며, 직접적이고 일시적으로 제거 가능
- 비선택적이므로 생태계의 파괴와 오염, 살충제에 대한 저항성 출현, 잔류 독성 등의 문제 발생
- 유용한 천적이 농약의 남용으로 큰 피해를 입어 진딧물이나 응애류 등의 특정 곤충이 돌발적으로 급격히 번성하기도 하므로 약제 선정 시 천적류에 대한 영향도 고려해야 함

④ 생물(학)적 방제
- 자연에 존재하는 포식곤충, 기생곤충, 병원미생물 등의 천적을 이용하여 해충의 발생을 억제시키는 친환경적 방제법
- 환경에 대한 독성이 없고, 원하는 대상 해충만을 선택적으로 방제 가능
- 천적의 자체 증식력과 분산력으로 인해 효과가 영구적 또는 반영구적으로 지속
- 해충 밀도가 위험수준일 때는 화학적 방제가 적당하며, 해충 밀도가 낮을 때는 생물적 방제가 효과적

[천적의 종류]

구분	내용
포식성 천적	• 해충을 잡아먹는 곤충류, 거미류, 조류, 포유류, 양서류 등 • 포식곤충으로는 풀잠자리, 무당벌레가 대표적
기생성 천적	해충에 기생하는 기생벌, 기생파리, 맵시벌, 고치벌, 먹좀벌, 송충알벌 등
병원미생물	• 병원성을 지닌 미생물로 세균, 진균, 바이러스, 선충, 원생동물 등 • 병원성 세균은 BT제와 투리사이드가 대표적 • 바이러스는 핵다각체바이러스가 해충방제에 주로 이용

* 핵다각체바이러스(NPV) : 주로 나비목 유충 방제에 사용하는 곤충바이러스

㉠ BT제(*Bacillus thuringiensis*)
- 다른 생물에는 무해하지만 해충에는 살충효과를 나타내는 미생물 제제, 생물농약

- 미생물에서 유래한 친환경 천연 살충제로 유기농업에 많이 활용
- 솔나방, 집시나방, 복숭아명나방 등의 주로 나비목 유충 방제에 이용

ⓛ 천적 선택 조건
- 대량으로 증식해야 한다. 즉, 증식력이 커야 한다.
- 목적 해충만을 가해할 수 있도록 단식성(單食性)이어야 한다.
- 해충의 출현과 천적의 생활사가 잘 일치해야 한다.
- 천적에 기생하는 곤충(2차 기생봉)이 없어야 한다.
- 성비가 커야 한다.

⑤ **임업적 방제**
- 혼효림과 복층림 조성 : 임상을 다양하게 함으로써 생태계의 안정성 증가
- 임분밀도 조절 : 적당한 간벌과 가지치기 등을 실시하여 건전한 임목으로 육성하고 해충의 잠복장소를 제거하여 수목의 활력을 증대
- 내충성 수종 식재 : 특정 해충의 피해에 강하며 토양 및 기후에 적합한 수종을 선택하여 조림
- 임지환경 개선 : 토양의 경운, 토성의 개량 등을 통해 해충이 서식하기 어려운 임지환경으로 조정
- 시비 : 적절한 비료의 공급으로 해충에 대한 저항성 향상

⑥ **법적 방제**
- 식물검역 : 공항, 항만, 국제우체국 등에서 해외로부터 수입된 식물이나 국내를 오가는 식물에 대하여 검역을 실시하고 식물방역법에 따라 규제
- 기타 : 산림병해충 관련 법과 규정에 따라 규제 및 방제

⑦ **페로몬 이용 방제**
- 페로몬(pheromone)은 곤충이 같은 종의 다른 개체에게 의사를 전달하고자 할 때 냄새로 알리는 종내 외분비 신호물질
- 곤충의 체내에서 생성되어 체외로 배출하는 생리적 화학물질로 같은 종의 곤충에 대하여 행동 및 생리에 영향을 미침
- 페로몬은 종 특이성이 있어 목적하는 해충만을 유인할 수 있고, 환경에 미치는 악영향도 없어 해충의 발생시기와 밀도를 예측하여 친환경 해충방제에 활용되고 있음

[페로몬의 종류]

구분	내용
성페로몬	• 상대 성의 개체를 유인하거나 흥분시키는 페로몬 • 주로 암컷이 분비하며, 수컷의 유인 방제 시 이용
집합페로몬	• 개척자가 새로운 기주를 찾았다고 동족을 불러들이는 페로몬 • 주로 나무좀류에서 발달
경보페로몬	• 침입자가 들어왔을 때 동료집단에게 경보를 알리는 페로몬 • 개미, 꿀벌, 흰개미 등에 발달
길잡이페로몬	• 먹이를 찾고 돌아갈 때 분비하여 다른 개체가 목적지에 도달하도록 돕는 페로몬 • 개미, 꿀벌, 흰개미 등에 발달

Summary!

해충의 방제법
- 기계적 방제 : 포살, 소살, 유살, 경운, 차단, 찔러 죽임, 진동(털)
- 물리적 방제 : 부적절한 온도와 습도처리, 방사선, 고주파
- 화학적 방제 : 화학약제(농약) 이용, 신속 · 정확한 효과
- 생물적 방제 : 포식성 천적, 기생성 천적, 병원미생물 등 활용
- 임업적 방제 : 혼효림과 복층림 조성, 임분밀도 조절(위생간벌, 가지치기), 내충성 수종 식재, 임지환경 개선(경운, 토성개량), 시비
- 법적 방제 : 식물검역
- 페로몬 이용 방제 : 성페로몬, 집합페로몬 이용

SECTION 02 주요 산림해충

1. 식엽성(食葉性) 해충

수목의 잎을 식해하여 피해를 주는 해충으로 불나방과, 솔나방과, 독나방과, 산누에나방과, 재주나방과, 잎벌레과, 잎벌과, 넓적잎벌과 등이 있다.

(1) 미국흰불나방

① 특징
- 학명 : *Hyphantria cunea*
- 기주범위가 넓어 버즘나무, 포플러, 벚나무, 단풍나무 등 활엽수 160여 종의 잎을 식해하는 잡식성이다.

- 북미(캐나다)가 원산지로 우리나라에서는 1958년 미군 주둔지 근처에서 처음 발생하였다.
- 특히 도시 주변의 가로수나 정원수에 피해가 심하게 발생한다.
- 유충은 잎을 식해하고, 성충은 주로 밤에 활동하며 주광성이 강하다.

② 생활사
- 5월 중순~6월 상순 : 월동 번데기가 제1화기 성충으로 우화하고, 잎 뒷면에 600~700개의 알을 무더기로 산란한다.
- 5월 하순~7월 하순 : 부화 유충은 4령기까지 실을 토해 잎을 싸고 그 속에서 엽육을 식해하며 집단생활(군서생활)을 하고, 5령기부터 분산하여 7월 하순까지 본격적으로 잎을 식해하며 성장한다.
- 7월 하순~8월 중순 : 번데기에서 제2화기 성충이 우화하여 산란한다.
- 8월 초순~10월 상순 : 부화 유충이 잎을 식해하며 다시 피해를 준다.
- 그 이후 : 수피 사이 또는 지피물 밑에서 고치를 짓고 번데기로 월동한다.

┃ 군서 중인 유충 ┃

┃ 미국흰불나방 성충 ┃

③ 생태
- 연 2회 발생하며, 번데기로 월동한다.
- 제1화기보다 제2화기의 피해가 더 심하다.

④ 방제법
- 유충의 가해시기인 5~10월에 디플루벤주론 수화제와 같은 살충제를 살포한다.
- 군서 중인 알덩어리나 유충 또는 월동 중인 고치를 채집하여 소각한다.
- 나방살이납작맵시벌 등의 기생성 천적과 꽃노린재류, 검정명주딱정벌레, 흑선두리먼지벌레 등의 포식성 천적을 활용한다.

(2) 솔나방

① 특징
- 학명 : *Dendrolimus spectabilis*
- 주로 소나무, 해송, 리기다소나무, 잣나무 등의 잎을 가해한다.

② 생활사
- 7월 하순~8월 중순 : 성충이 우화하여 주로 밤에 활동하며, 솔잎 사이에 500개 정도의 알을 산란한다.
- 8월 상순~11월 상순 : 부화한 유충이 솔잎을 식해하며 가해한다(전식피해).
- 11월 이후 : 5령충(4회 탈피)이 된 유충이 수피나 지피물 사이에서 월동한다.
- 4월 상순~7월 상순 : 월동한 유충이 솔잎을 식해하며 가해한다(후식피해).
- 6월 하순~7월 : 8령충의 노숙유충이 번데기가 된다.

┃솔나방 유충┃

③ 생태
- 보통은 연 1회 발생하나 따뜻한 남부지방에서는 2회 발생하기도 하며, 유충(5령충)으로 월동한다.
- 부화한 유충은 7번 탈피 후 8령충으로 번데기가 되어 유충 기간이 긴 것이 특징적이다.
- 부화 유충기인 8월에 비가 많이 오면 사망률이 높아져 다음 해 피해 발생이 감소한다.
- 솔나방은 월동 전 유충의 밀도를 조사하면 발생예찰이 가능하다.

④ 방제법
- 유충 가해시기인 봄과 가을에 디플루벤주론 수화제와 같은 살충제를 살포한다.
- 7~8월에 알덩어리가 붙어 있는 가지를 잘라 소각한다.
- 유충이나 고치(7월 초·중순)는 솜방망이로 석유를 묻혀 죽이거나, 집게 또는 나무젓가락으로 직접 잡아 죽인다.
- 주광성이 강한 성충은 활동기에 수은등이나 기타 등불을 설치하여 유살한다.
- 10월 중에 가마니, 거적 또는 볏짚을 수간에 싸매어 월동장소(잠복소)를 만들고 유충을 유인한다.
- 송충알좀벌(알), 고치벌·맵시벌(유충, 번데기) 등의 천적을 이용한다.
- 천연 살충제인 BT수화제를 이용하여 방제한다.

> 참고
>
> **송충알좀벌의 생태 특성**
> - 솔나방, 미국흰불나방 등의 알에 기생하는 천적
> - 한 개의 알에 두 개 이상의 배가 생기는 다배생식(多胚生殖)을 함

(3) 매미나방(집시나방)

① 특징
- 학명 : *Lymantria dispar*
- 참나무, 밤나무, 낙엽송 등의 활엽수와 침엽수 모두를 가해하는 잡식성 해충이다.
- 성충의 암컷은 몸이 비대하여 잘 날지 못하나 수컷은 밤낮으로 활발하게 활동하여 집시나방이라고도 불린다.

② 생태
- 독나방과로 식엽성이며, 연 1회 발생하고, 알로 월동한다.
- 나무 줄기나 가지에서 알덩어리로 월동하고, 유충이 부화하여 알덩어리 주위에 며칠 머물다가 바람에 날려 분산한다. ✎ 군서 ×

| 매미나방 알덩어리 | | 매미나방 유충 | | 매미나방 암수 성충 |

③ 방제법
- 알덩어리는 부화 전인 4월 이전에 제거하거나 소각한다.
- 어린 유충시기에 살충제를 살포한다.
- 알이나 유충에 기생봉류가 많으므로 이를 보호하여 방제한다.
  * 기생봉 : 해충의 알이나 유충에 기생하여 해충을 죽이는 벌류
- Bt균, 핵다각체바이러스 등의 천적미생물을 이용한다.

(4) 오리나무잎벌레

① 특징
- 학명 : *Agelastica coerulea*
- 유충과 성충이 모두 오리나무류 잎을 가해하며 피해를 준다.

② 생태
- 연 1회 발생하며, 성충으로 땅속에서 월동한다.
- 성충은 5~6월 300여 개의 알을 잎 뒷면에 무더기로 산란한다.
- 부화 유충은 잎 뒷면에서 엽육만을 식해하고, 성충은 잎을 갉아 식해한다.

| 오리나무잎벌레 유충 | | 오리나무잎벌레 성충 |

③ 방제법
- 유충 가해시기인 5월 하순~7월 하순에 디프수화제 등의 살충제를 잎 뒷면에 중점 살포한다.
- 잎 뒷면의 알덩어리를 제거하고 소각한다.
- 유충 및 신성충, 월동성충을 포살한다.
  * 신성충(新成蟲) : 새롭게 우화한 성충
  * 월동성충(越冬成蟲) : 월동기를 지낸 성충

(5) 텐트나방(천막벌레나방)

① 생태
- 솔나방과로 식엽성이며, 연 1회 발생하고, 알로 월동한다.
- 유충은 가지에 텐트모양의 천막을 치고 군서하며 밤에만 나와 가해하다가 5령기부터는 분산하여 가해한다.

② 방제법
- 겨울에 가지에 달려 월동 중인 알덩어리를 제거한다.
- 군서 중인 유충의 벌레집을 제거하거나 태워 죽인다.
- 천적인 독나방살이고치벌 등을 이용한다.

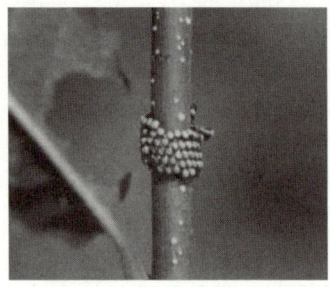 

| 텐트나방 알덩어리 | | 텐트나방 유충 |

(6) 어스렝이나방(밤나무산누에나방)

- 연 1회 발생하며, 수피 사이에서 알로 월동한다.
- 유충이 밤나무, 호두나무 등의 잎을 갉아먹는 식엽성 해충이다.
- 부화한 어린 유충은 군서하여 가해하고 성장하면서 분산하여 가해한다.

(7) 잣나무넓적잎벌

- 주로 연 1회 발생하며, 노숙유충이 땅속으로 들어가 흙집을 짓고 월동한다.
- 주로 20년생 이상 된 밀생임분에서 발생한다.
- 부화유충은 실을 토해 잎을 묶어 집을 짓고 그 속에서 식해한다.
- 땅속 유충을 9월에서 다음 해 4월 사이에 호미나 괭이로 굴취하여 소각한다.
- 지표에 비닐을 피복하여 땅속에서 성충이 우화하여 지상으로 올라오는 것을 방지한다.

(8) 솔노랑잎벌

- 연 1회 발생하며, 알로 월동한다.
- 유충은 군서하며 주로 묵은 솔잎을 가해한다.
- 울폐한 임분에서는 피해가 없으며, 어린 소나무림이나 간벌이 잘 된 임분에서 많이 발생한다.

(9) 그 외 식엽성 해충

- 호두나무잎벌레 : 연 1회 발생, 성충으로 월동. 남생이무당벌레 등의 천적 이용방제
- 참나무재주나방 : 연 1회 발생, 땅속에서 번데기로 월동

2. 흡즙성(吸汁性) 해충

수목의 잎과 줄기를 흡즙하여 피해를 주는 해충으로 깍지벌레류, 방패벌레류, 진딧물류, 나무이류 등이 있다.

(1) 솔껍질깍지벌레

① 특징
- 학명 : *Matsucoccus thunbergianae*
- 성충과 약충이 해송과 소나무의 줄기에 긴 주둥이를 꽂고 즙액을 흡즙하여 피해를 준다.

② 생활사
- 4월 상순~5월 중순 : 암컷이 수피 틈이나 가지 사이에 알주머니를 분비하고 그 속에 알을 산란한다.
- 5월 상순~6월 중순 : 부화약충이 바람에 날려 분산·이동한다.
- 5월~11월 : 1령 약충(전약충)으로 탈피하여 수피 틈에 정착하고 긴 여름휴면 후 10월경부터 생장하기 시작한다.
- 11월~다음 해 3월 : 11월에 탈피하여 2령 약충(후약충)으로 월동하는데, 2령 약충은 기온이 낮아지는 겨울에 더욱 왕성한 활동을 하여 이때가 가장 피해가 큰 시기이다.
- 그 이후 : 수컷은 3월 상순쯤에 한 번 더 탈피하여 3령 약충(전성충)이 되고 번데기 과정을 거쳐 하순쯤에 성충으로 우화하며, 암컷도 3월 하순경 우화한다.

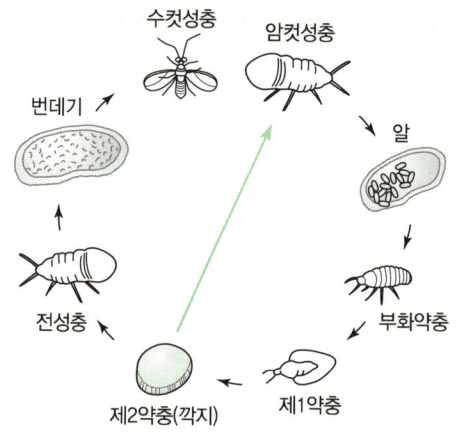

┃솔껍질깍지벌레의 생활사┃

③ 생태
- 연 1회 발생하며, 후약충으로 월동한다.
- 부화약충이 바람을 타고 이동하므로 바람이 많이 부는 해안지역에 피해 확산이 빠르다.
  ✎ 바람에 의해 피해지역이 확대되는 것과 관련 있는 충태 : 부화약충
- 우리나라의 남부 해송림에 피해가 크게 발생하고 있다.
- 성충 암컷은 후약충에서 번데기를 거치지 않고 바로 성충이 되는 불완전변태를 하며, 수컷은 전성충과 번데기를 거치는 완전변태를 한다.

[솔껍질깍지벌레의 생태]

암컷(불완전변태)	알 → 부화약충 → 제1약충(1령 약충, 전약충)	성충
수컷(완전변태)	→ 제2약충(2령 약충, 후약충)	전성충 → 번데기 → 성충

④ 방제법
- 약충 가해 시기에 침투성 살충제인 포스팜 액제 50%, 이미다클로프리드 분산성 액제 등을 수간 주사한다.
- 피해가 큰 후약충 가해 시기에 뷰프로페진 수화제를 살포한다.
- 전약충기인 5~11월에 피해목을 벌채한다.

(2) 버즘나무방패벌레

- 연 3회 발생하며, 버즘나무의 수피 틈에서 성충으로 월동한다.
- 양버즘나무에서 주로 발생하며, 약충이 버즘나무류의 잎 뒷면에 모여 흡즙하며 피해를 준다.
- 양버즘나무 외에도 물푸레나무, 닥나무 등을 가해하기도 한다.
- 우리나라에서는 1995년 충북 청주에서 처음 발생되어 급속히 확산된 흡즙성 외래해충이다.
- 피해 잎의 뒷면에는 검은색 배설물과 탈피각이 붙어 있다.
- 심각한 피해를 주지는 않지만 잎의 변색으로 경관을 해친다.
- 월동한 성충이 봄에 잎 뒷면의 엽맥 사이에 무더기로 산란한다.

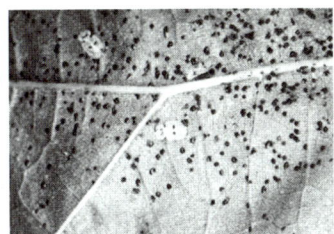

│ 버즘나무방패벌레 성충과 배설물 │

(3) 진달래방패벌레

- 연 4~5회 발생하며, 성충으로 월동한다.
- 성충과 약충이 진달래, 철쭉 등의 잎 뒷면을 흡즙하여 피해를 준다.

(4) 느티나무벼룩바구미

- 연 1회 발생하며, 수피에서 성충으로 월동한다.
- 유충은 주로 잎살(엽육)을 식해하며, 성충은 잎을 흡즙 가해한다.
- 유충은 식엽성으로 잎의 가장자리를 중심으로 잎 속에서 잎살만 식해한다.
- 성충은 흡즙성으로 잎에 주둥이를 꽂아 구멍을 뚫고 잎살을 흡즙하므로 피해를 받은 잎은 바늘로 뚫은 것 같은 작은 구멍이 생긴다.
- 흡즙성 해충에 효과적인 이미다클로프리드 분산성 액제 등을 이용한 나무주사로 방제한다.

(5) 점박이응애

- 연 8~10회 정도 발생하며, 주로 수피 밑에서 암컷 성충으로 월동한다.
- 성충과 약충이 과수와 채소류의 주로 잎 뒷면을 흡즙 가해한다.
- 피해를 받은 잎은 엽록소의 파괴로 누렇고 작은 반점이 나타난다.
- 농약을 지속적으로 사용한 수목에서 약제 저항성 출현으로 인해 오히려 대발생하기도 한다.

(6) 진딧물류

- 알로 월동하고, 부화하여 간모가 되며, 잎과 줄기 등을 흡즙 가해한다.
  * 간모(幹母) : 진딧물의 월동란에서 부화한 날개 없는 암컷
- 간모는 단위생식으로 날개 없는 무시충 새끼를 반복하여 태생한다.
- 이후 날개 있는 유시충이 나타나기 시작하여 분산하고 번성한다.

3. 천공성(穿孔性) 해충

수목의 줄기나 가지에 구멍을 뚫어 수피와 목질부(분열조직)를 가해하는 해충으로 나무좀과, 하늘소과, 박쥐나방과, 바구미과 등이 있다.

(1) 소나무좀

① 특징
- 학명 : *Tomicus piniperda*
- 유충과 성충이 모두 소나무류의 목질부를 식해하며 피해를 준다.
- 소나무좀은 2차 해충이다.

② 생활사
- 3월 하순~4월 상순 : 월동성충이 쇠약목이나 벌채목의 수피 밑 형성층에 세로로 10cm 정도의 갱도를 뚫고 산란하며, 부화한 유충이 수피 밑을 식해한다(전식피해).
- 5월 하순~6월 하순 : 부화유충은 세로인 갱도와 직각으로 구멍을 뚫고 번데기가 된다.
- 6월 초순~10월 하순 : 6월 초부터 신성충이 우화하여 소나무 신초(새가지)를 가해한다(후식피해).
- 11월 이후 : 소나무 지제부 근처의 수피 틈에서 성충으로 월동한다.

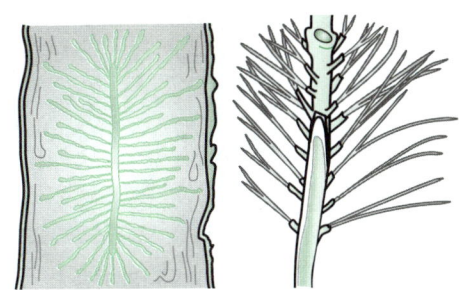

| 소나무좀 유충 | | 소나무좀 유충과 성충의 피해 |

③ 생태
- 연 1회 발생하며, 성충으로 월동한다.
- 유충과 성충이 봄 · 가을(여름)로 두 번 가해한다.

④ 방제법
- 2~3월에 먹이나무(이목, 반드시 겨울에 채취한 것)를 설치하여 월동성충의 산란을 유도하고 5월에 박피하여 소각한다(통나무 유살법).
- 쇠약목, 피해목, 고사목 등은 벌채하여 수피를 제거한다.
- 임목 벌채 후 나뭇가지가 없도록 하고, 원목은 반드시 껍질을 벗겨 놓는다.
- 좀벌류, 기생파리류 등의 기생성 천적을 보호하여 이용한다.
- 접촉살충제인 페니트로티온 유제 등의 약제를 살포한다.

(2) 박쥐나방

① 생태
- 연 1회 발생하며, 알로 월동한다.
- 성충은 밤에 활발하게 활동하여 박쥐나방이라 불린다.
- 8~10월에 성충이 우화하여 공중을 날면서 알을 떨어뜨린다.
- 부화유충은 초본식물의 줄기 속을 식해하다가 어느 정도 성장하면 나무로 이동하여 수피와 목질부 표면을 환상으로 식해하며 거미줄을 토해 배설물을 식해 부위에 철해 놓는다.
- 유충은 줄기 중심부까지 파먹고 들어가 벌레집을 짓고 번데기가 된다.
- 알락박쥐나방은 유충이 목질부를 식해하여 피해를 주는 것은 같지만 2년에 1회 발생하는 점이 다르다.

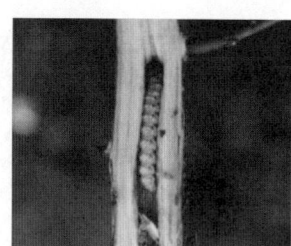
| 박쥐나방 유충 |

| 박쥐나방의 피해 |

② 방제법
- 하예작업(풀깎기)을 철저히 시행하여 초본류를 제거한다.
- 일반 살충제를 혼합한 톱밥을 줄기에 멀칭하여 유충을 유인한다.
- 나무에 피해 흔적이 보이면 벌레집을 제거하고, 접촉살충제인 페니트로티온 유제를 주입한다.

(3) 향나무하늘소(측백하늘소)

- 연 1회 발생하며, 수피 밑에서 성충으로 월동한다.
- 주로 향나무, 편백, 측백, 삼나무 등에 피해를 준다.
- 3~4월에 월동성충이 탈출하여 수피를 물어뜯고 그 속에 산란한다.
- 부화한 유충이 수피 안쪽의 형성층과 목질부를 불규칙하게 식해하여 피해를 준다.
- 똥을 외부로 배출하지 않고, 구멍도 생기지 않아 피해를 발견하기가 매우 어렵다.

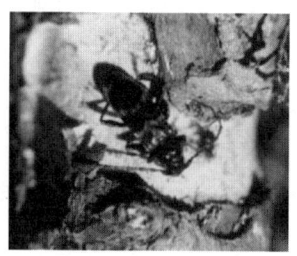
| 향나무하늘소 성충 |

(4) 미끈이하늘소(참나무하늘소)

- 2년에 1회 발생, 수피 밑에서 유충으로 월동한다.
- 주로 밤나무와 참나무류에 피해를 준다.
- 유충이 수피 속에서 형성층을 식해하여 수목을 고사시킨다.
- 유아등으로 성충을 유인하거나, 딱따구리와 같은 포식성 천적을 보호하고, 유충의 침입공에 살충제를 주입하여 방제한다.

(5) 가루나무좀

- 유충이 가구, 목조건물, 마른 목재 등에 구멍을 뚫고 들어가 표면만 남기고 내부를 불규칙하게 식해하여 피해를 준다.
- 유충기가 상당히 길어 한번 발생한 목재는 내부에 피해가 심하다.

(6) 알락하늘소

- 연 1회 발생하며, 노숙유충으로 월동한다.
- 성충이 우화하는 시기(6~7월)에 약제를 수관에 살포하며, 유충의 침입공에 약제를 주입하거나 철사로 찔러 죽여 방제한다.

(7) 그 외 천공성 해충

- 솔수염하늘소 : 연 1회 발생, 유충으로 월동
- 북방수염하늘소 : 연 1회 발생, 유충으로 월동
- 털두꺼비하늘소 : 연 1회 발생, 성충으로 월동. 표고재배용 골목(榾木)에 잘 발생하는 해충
- 버들바구미 : 연 1회 발생, 주로 알로 월동
- 광릉긴나무좀 : 연 1회 발생, 주로 노숙유충으로 월동, 참나무류 가해
- 복숭아유리나방, 포도유리나방 등

4. 충영성(蟲癭性) 해충

수목의 일부에 충영(벌레혹)을 만들고 그 안에서 흡즙 가해하는 해충으로 혹벌류, 혹파리류 등이 있다.

(1) 솔잎혹파리

① 특징
- 학명 : *Thecodiplosis japonensis*
- 유충이 솔잎 기부에 들어가 벌레혹을 만들고 그 속에서 수목을 가해하며 피해를 준다.
- 소나무와 해송에 피해가 나타나며, 1920년대 초반 일본으로부터 침입한 외래해충이다.
- 국내 산림병해충 중 2000년대에 걸쳐 피해면적이 가장 큰 해충이기도 하다.

② 생활사
- 5월 중순~7월 하순 : 크기가 약 2mm인 성충이 우화하여 소나무 침엽 접합 부위 사이에 평균 7~8개씩 총 100여 개 정도의 알을 낳는다. 5월 하순~6월 상순이 우화 최성기이며 그중에서도 6월에 가장 많이 우화한다.
- 6월 하순~10월 하순 : 알에서 깨어난 유충이 솔잎 아랫부분에 잠입하여 벌레혹(충영)을 만들고, 그 속에서 즙액을 흡즙하며 성숙한다.
- 9월 하순~12월 상순 : 성숙한 유충은 월동을 위하여 비가 올 때 땅으로 떨어져 소나무를 탈출한다.

- 그 이후 : 낙하한 유충은 분산하여 낙엽 밑이나 땅속에서 유충으로 월동하고, 다음 해에 번데기가 된다.

| 솔잎혹파리 성충 |

| 솔잎혹파리의 피해 |

③ 생태
- 연 1회 발생하며, 땅속에서 유충으로 월동한다.
- 피해 침엽은 생장에 저해를 받아 보통 잎보다 길이가 1/2 정도로 짧아진다.
- 충영은 주로 수관 상부에 많이 형성된다.
- 피해를 입은 수목은 그해에 직경생장이 감소하며, 다음 해에 수고생장이 감소한다.
- 번데기 과정을 거치는 완전변태를 한다.

④ 방제법
- 산란 및 우화 최성기(5~6월)에 포스파미돈 액제(포스팜, 다이메크론), 아세타미프리드 액제, 티아메톡삼 분산성 액제, 이미다클로프리드 분산성 액제 등의 살충제를 수간주사한다.
- 솔잎혹파리먹좀벌, 혹파리살이먹좀벌, 혹파리등뿔먹좀벌 등의 천적 기생벌을 이용한다.
- 박새, 진박새, 쇠박새 등의 천적 조류를 보호하여 낙하유충을 포식하도록 한다.
- 유충은 건조에 약하므로 밀생임분의 간벌, 지피물 정리 등으로 임지를 건조시킨다.
- 유충 낙하시기에 카보퓨란 입제를 지면에 살포한다.
- 지표에 비닐을 피복하여 유충이 땅속으로 이동하는 것을 차단하거나 땅속에서 성충이 우화하여 올라오는 것을 방지한다.
- 피압목은 제거한다.

✎ 저항성 품종 식재, 볏짚감기, 동수화제(살균제) 살포, 시마진 수화제(제초제) 살포 ×

> **참고**
>
> **솔잎혹파리먹좀벌의 생태 특성**
> - 한 마리의 기주에 한 개체가 기생하는 단포식 기생자
> - 부화한 유충이 솔잎혹파리 유충의 뇌 또는 중장에 기생하며 생활
> - 1령 유충으로 월동하며, 2령 유충으로 번데기가 됨

(2) 밤나무혹벌

① 특징
- 학명 : *Dryocosmus kuriphilus*
- 밤나무의 잎눈에 충영(벌레혹)을 만들고 그 속에서 기생하여 밤의 결실을 방해하는 해충이다.
- 피해목은 작은 잎이 총생하며 개화 및 결실이 잘 되지 않고, 피해가 누적되면 고사하는 경우가 많다.

② 생태
- 연 1회 발생하며, 눈의 조직 내에서 유충으로 월동한다.
- 암컷만이 알려져 있으며, 암수의 수정 없이 단독으로 번식하여 개체를 형성하는 단성생식(單性生殖, 단위생식)을 한다. 즉, 번식은 암컷의 단성생식에 의해 이루어진다.
- 초여름인 6~7월에 크기가 약 3mm인 성충이 우화하여 충영을 뚫고 탈출하고 밤나무의 새 잎눈에 산란한다.

| 혹벌의 충영 |

| 밤나무혹벌 유충 |

③ 방제법
- 중국긴꼬리좀벌, 남색긴꼬리좀벌, 상수리좀벌, 노란꼬리좀벌 등의 천적을 이용(방사)한다.
- 성충 탈출 전인 봄에 충영을 채취하여 소각한다.
- 성충 발생 최성기인 6~7월에 전용약제를 살포한다.
- 알이 부화 후 잘 자라지 못하는 내충성 품종을 선택하여 식재한다.
- 내충성 품종인 산목율, 순역 등의 재래종이나 유마, 은기, 이취 등의 도입종으로 품종을 갱신한다.

(3) 아까시잎혹파리

- 1년에 5~6회 발생하며, 땅속에서 번데기로 월동한다.

- 유충이 잎 가장자리를 뒤로 말고 그 속에서 혹을 형성하여 흡즙 가해한다.
- 아까시나무만 가해하며, 원산지는 북아메리카로 외래해충이다.
- 주로 흰가루병과 그을병을 동반한다.

∥ 아까시잎혹파리의 충영 ∥

(4) 외줄면충

- 1년에 수회 발생하며, 느티나무의 수피 틈에서 알로 월동한다.
- 느티나무 잎에 표주박과 같은 벌레혹을 만들고 그 속에서 흡즙 가해한다.

∥ 외줄면충의 벌레혹 ∥

> **Summary!**
>
> **외래해충**
> 미국흰불나방, 솔껍질깍지벌레, 버즘나무방패벌레, 솔잎혹파리, 아까시잎혹파리, 소나무재선충, 꽃매미, 미국선녀벌레, 흰개미 등 솔나방 ×

5. 종실(種實) 해충

수목의 종실을 가해하는 해충으로 바구미과, 명나방과, 거위벌레과 등이 있다.

(1) 밤바구미

① 특징
- 학명 : *Curculio sikkimensis*
- 밤나무, 참나무류를 가해하며, 유충이 밤이나 도토리의 과육을 식해하여 피해를 준다.
- 복숭아명나방과 같이 밤나무의 주요한 종실 가해 해충이다.

② 생태
- 연 1회 발생하며, 땅속에서 흙집을 짓고 노숙유충으로 월동한다.
- 번데기 후 성충이 우화하여 9월에 긴 주둥이로 밤에 구멍을 뚫어 1~2개의 알을 산란한다.
- 부화 유충은 밤 종실 속에서 과육을 먹고 성장한다.

- 유충이 배설물을 밖으로 배출하지 않으며 벌레 먹은 흔적도 없어 외견상으로는 피해 식별이 어렵다.

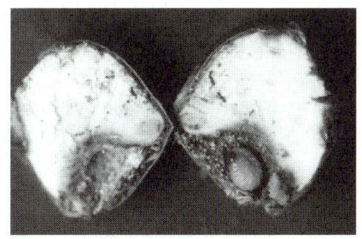

| 밤바구미 유충 |

| 밤바구미 성충 |

③ 방제법
- 피해를 받은 밤은 수확 직후에 인화늄정제로 훈증하여 살충한다.
- 산란기에 티아클로프리드 액상수화제, 펜토에이트 분제, 카보설판 수화제 등의 살충제를 살포한다. ✎ 테부코나졸(살균제) ×
- 유아등을 이용하여 성충을 유인한다.
  ✎ 알과 유충이 열매 속에 서식하므로 천적을 이용한 방제는 어렵다.

(2) 복숭아명나방

① 특징
- 학명 : *Dichocrocis punctiferalis*
- 밤나무, 복숭아나무, 사과나무, 배나무, 자두나무 등 다수의 종실을 가해하는 다식성(多食性) 해충이다.

② 생활사
- 6월경 : 1화기 성충이 우화하여 복숭아, 사과 등의 과실에 산란하며, 유충이 과실을 먹고 자란다.
- 7월 중순~8월 상순 : 2화기 성충이 우화하여 밤나무, 감나무 종실에 산란하며, 유충이 과육을 먹고 자란다.
- 10월경 : 수피 틈에 고치를 짓고 유충으로 월동한다.

③ 생태
- 연 2~3회 발생하며, 유충으로 월동한다.
- 유충이 배설물과 즙액을 밖으로 배출하여 거미줄로 밤송이에 붙여 놓아 외견상 피해 식별이 쉽다.

| 유충의 배설물 |

④ 방제법
- 밤나무는 성충 우화시기인 7~8월에 페니트로티온 유제 등의 약제를 살포한다.
- 성페로몬 트랩을 지상 1.5~2m 높이의 가지에 매달아 성충을 유인하고 포살한다.
- 곤충병원성 미생물인 Bt균이나 다각체바이러스를 살포한다.

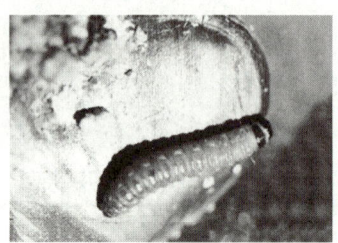

| 복숭아명나방 유충 |

| 복숭아명나방 성충 |

(3) 솔알락명나방

- 연 1회 발생하며, 땅속에서 노숙유충으로 월동하거나 구과에서 알 또는 어린 유충으로 월동한다.
- 소나무류나 잣나무의 구과를 가해하여 잣송이의 수확량을 크게 감소시키는 피해를 준다.
- 구과 속의 가해 부위에 배설물을 채워 놓고, 외부로도 배설물을 배출하여 구과 표면에 붙여 놓으며, 신초에도 피해를 주는 해충이다.
- 우화·산란기인 6월에 전문약제를 수관에 살포하여 방제한다.

| 솔알락명나방 유충 |

> **Summary!**
>
> **땅속에서 월동하는 해충**
> 오리나무잎벌레, 잣나무넓적잎벌, 솔잎혹파리, 아까시잎혹파리, 밤바구미, 솔알락명나방, 도토리거위벌레 등

(4) 도토리거위벌레

- 연 1회 발생하며, 땅속에서 흙집을 짓고 노숙유충으로 월동한다.
- 우화 성충은 도토리에 주둥이를 꽂고 흡즙 가해하며, 7월 하순 이후 도토리에 구멍을 뚫고 산란한 후 도토리가 달린 가지째 주둥이로 잘라 땅에 떨어뜨린다.
- 땅에 떨어진 가지의 도토리 내에서 부화한 유충은 과육을 식해하며 성장한다.

Summary!

[해충의 가해양식에 따른 분류]

구분		내용
식엽성(食葉性)		미국흰불나방, 솔나방, 매미나방(집시나방), 오리나무잎벌레, 텐트나방(천막벌레나방), 어스렝이나방(밤나무산누에나방), 잣나무넓적잎벌, 솔노랑잎벌, 호두나무잎벌레, 참나무재주나방, 느티나무벼룩바구미[유충], 버들잎벌레, 대벌레
흡즙성 (吸汁性)	잎	버즘나무방패벌레, 진달래방패벌레, 느티나무벼룩바구미[성충], 점박이응애, 뽕나무이
	줄기	솔껍질깍지벌레
천공성(穿孔性)		소나무좀, 박쥐나방, 알락박쥐나방, 향나무하늘소(측백하늘소), 가루나무좀, 알락하늘소, 미끈이하늘소, 솔수염하늘소, 북방수염하늘소, 털두꺼비하늘소, 버들바구미, 광릉긴나무좀
충영성 (蟲癭性)	잎	솔잎혹파리, 아까시잎혹파리, 외줄면충
	눈	밤나무혹벌
종실(種實) 가해		밤바구미, 복숭아명나방, 솔알락명나방, 도토리거위벌레

[해충의 발생횟수에 따른 분류]

구분	내용
1년 1회	솔나방, 매미나방(집시나방), 오리나무잎벌레, 텐트나방(천막벌레나방), 어스렝이나방(밤나무산누에나방), 잣나무넓적잎벌, 솔노랑잎벌, 호두나무잎벌레, 참나무재주나방, 솔껍질깍지벌레, 느티나무벼룩바구미, 소나무좀, 박쥐나방, 향나무하늘소(측백하늘소), 알락하늘소, 솔수염하늘소, 북방수염하늘소, 털두꺼비하늘소, 버들바구미, 광릉긴나무좀, 솔잎혹파리, 밤나무혹벌, 밤바구미, 솔알락명나방, 도토리거위벌레
1년 2회	미국흰불나방, 버들재주나방, 미류재주나방
1년 2~3회	복숭아명나방
1년 3회	버즘나무방패벌레
1년 4~5회	진달래방패벌레
1년 5~6회	아까시잎혹파리
2년 1회	알락박쥐나방, 미끈이하늘소, 점박이수염긴하늘소

[해충의 월동충태에 따른 분류]

구분	내용
알	매미나방(집시나방), 텐트나방(천막벌레나방), 어스렝이나방(밤나무산누에나방), 솔노랑잎벌, 박쥐나방, 버들바구미, 미류재주나방, 외줄면충
유충	솔나방[5령충], 잣나무넓적잎벌, 솔껍질깍지벌레[후약충], 알락하늘소, 미끈이하늘소, 솔수염하늘소, 북방수염하늘소, 광릉긴나무좀, 솔잎혹파리, 밤나무혹벌, 밤바구미, 복숭아명나방, 솔알락명나방, 도토리거위벌레
번데기	미국흰불나방, 참나무재주나방, 아까시잎혹파리
성충	오리나무잎벌레, 호두나무잎벌레, 버즘나무방패벌레, 진달래방패벌레, 느티나무벼룩바구미, 점박이응애, 소나무좀, 향나무하늘소(측백하늘소), 털두꺼비하늘소, 루비깍지벌레

CHAPTER 04 농약

SECTION 01 농약의 종류

농약은 사용대상에 따라 살균제, 살충제, 살비제, 살선충제, 제초제, 식물생장조절제, 보조제 등으로 나뉘며, 농약의 물리적 형태인 제형(製形)에 따라 유제, 액제, 수화제, 수용제, 분제, 입제 등이 있다.

1. 사용대상에 따른 분류

(1) 살균제(殺菌劑)

수병을 일으키는 세균, 진균, 바이러스 등의 미생물을 죽이거나 미연에 발생을 억제하는 약제

직접살균제	이미 병균이 침입되어 있는 곳에 직접 사용하여 살균하는 약제
보호살균제	병균 침입 전에 사용하여 미연에 병의 발생을 예방하기 위한 약제 예 (석회)보르도액, 석회황합제
토양살균제	토양에 처리하여 유해 미생물을 살균하는 약제 예 클로로피크린
침투성 살균제	식물의 일부로 약제가 스며들고 전체로 퍼져 살균하는 약제
종자소독제	종자나 종묘를 약액에 침지하거나 분제인 약제에 묻혀 살균하는 약제 예 베노밀 수화제, 티람 수화제, 베노람 수화제(베노밀+티람)

> **POINT!**
>
> **보르도액**
> **특징**
> - 효력의 지속성이 큰 보호살균제로 비교적 광범위한 병원균에 유효하나, 수목의 흰가루병, 토양 전염성 병원균에는 효과가 없거나 미비하다.
> - 발병이 예상되는 곳에 1차 전염 1주일 전에 미리 살포하면 수병예방에 효과적이다.
> - 비는 약액의 막 형성을 저해하므로 비 오기 전후에는 살포하지 않는다.
> - 강우가 없으면 약 2주일 정도 약효가 유지된다.
> - 반복 사용 시 구리가 토양에 축적되어 수목에 독성을 나타내므로 주의한다.
> - 약액 1리터당 황산구리와 수산화칼슘의 양(g)으로 나타내어 표시한다.
>   예 4-4식, 6-6식 보르도액

조제법
- 조제 원료 : 황산구리(황산동), 수산화칼슘(생석회)
- 금속용기는 다른 화학반응이 일어나므로 사용하지 않는다.
- 황산동액과 석회유를 따로 다른 나무통에 만든 후, 석회유에 황산동액을 부어 혼합한다.
- 조제된 보르도액은 짙은 청색으로 오래두면 침전이 생기고 효과가 떨어지므로 필요할 때마다 만들어 즉시 사용하는 것이 바람직하다.

(2) 살충제(殺蟲劑)

수목을 가해하는 각종 벌레류를 죽이거나 생장을 약화시켜 발생을 억제하는 약제

구분	내용
소화중독제 (消化中毒劑)	• 약제를 식물체의 줄기, 잎 등에 살포·부착시켜 식엽성 해충이 먹이와 함께 약제를 직접 섭취하면 소화관 내에서 중독증상을 일으켜 죽게 되는 약제 • 씹는 입틀을 가진 해충에 주로 사용
접촉살충제 (接觸殺蟲劑)	• 해충의 몸 표면에 약제가 직접 또는 간접적으로 닿아 죽게 되는 약제 • 방제대상이 아닌 곤충에도 피해 주기 쉬움
침투성 살충제 (浸透性 殺蟲劑)	• 약제를 식물의 뿌리, 줄기, 잎 등에 흡수시켜 식물 전체에 퍼지면 그 식물을 가해하는 해충이 죽게 되는 약제 • 천적에 대한 피해가 가장 적어 천적 보호에 유리 • 깍지벌레류, 진딧물류 등의 흡즙성 해충에 효과적 • 솔잎혹파리, 솔껍질깍지벌레의 수간 주사에 포스팜 액제, 이미다클로프리드 분산성 액제 등을 이용
훈증제 (燻蒸劑)	• 약제의 유효성분이 가스상태가 되어 해충의 호흡기(기문)로 흡입되고 독작용을 나타내어 죽게 되는 약제 • 주로 밀폐공간에서 곡물소독 및 토양소독 등으로 이용 • 휘발성, 침투성, 확산성 등이 좋으며, 비인화성으로 폭발하지 않아야 함 예 메틸브로마이드, 메탐소듐, 클로로피크린, 인화알루미늄(인화늄, 알루미늄포스파이드) 등
기피제(忌避劑)	해충이 기피하여 모여 들지 않게 되는 약제 예 나프탈렌
유인제(誘引劑)	해충을 유인하는 약제 예 방향성 물질이나 성페로몬 등
제충제 (除蟲劑)	• 제충국이라는 식물에 함유된 살충성분을 이용한 천연 약제 • 해충을 즉시 죽이는 것이 아닌, 발육과 생식을 억제하여 해충의 밀도를 낮추는 데 의의가 있는 약제
불임제(不姙濟)	화학적 방법으로 해충의 불임을 조장하는 약제 예 알킬화제

(3) 살비제(殺蜱濟)

- 일반 곤충에는 효과가 없으며 응애류만을 선택적으로 죽게 만드는 약제
- 종류 : 켈센(디코폴 수화제), 켈탄, 테디온 등

(4) 보조제(補助劑)

농약의 효력을 충분히 발휘하도록 첨가하는 물질

구분	내용
전착제(展着劑)	• 약액이 식물이나 해충의 표면에 잘 안착하여 붙어 있도록 하는 약제 • 고착성 : 약액이 잘 부착되어 소실되지 않는 성질 • 확전성 : 약액이 넓게 퍼지는 성질 • 현수성 : 약제 입자가 약액 속에서 균일하게 분포하는 성질
용제(溶劑)	농약의 주요 성분을 녹이는 제제
유화제(乳和劑)	• 약액 속에서 약제들이 잘 혼합되어 고루 섞일 수 있도록 하는 제제 • 주로 계면활성제가 사용
증량제(增量劑)	약제의 농도를 낮추기 위하여 첨가하는 제제
협력제(協力劑)	혼합 사용하면 주제(농약원제)의 약효를 증진시키는 약제

2. 제형(製形)에 따른 분류(물리적 형태에 따른 분류)

(1) 유제(乳劑, EC)

- 물에 녹지 않는 주제를 용제(유기용매)에 녹여 유화제(계면활성제)를 첨가한 약제
- 물에 희석하여 살포하는 액체상태의 농약제제

(2) 액제(液劑, SL)

- 물에 녹는 주제에 계면활성제나 동결방지제를 첨가하여 제제한 약제
- 물에 희석하여 살포하는 액체상태의 농약제제

(3) 수화제(水和劑, WP)

- 물에 녹지 않는 주제를 각종 농약 첨가제와 혼합하고 분쇄하여 고운 가루로 제제한 약제
- 물에 타서 살포하는 고체상태의 농약제제
- 물에 타면 유효성분 입자가 물에 골고루 분산하여 현탁액이 됨

(4) 수용제(水溶劑, SP)

- 물에 녹는 주제에 수용성 증량제를 첨가하여 가루나 입상으로 제제한 약제
- 물에 타서 살포하는 고체상태의 농약제제

(5) 분제(粉劑, DP)
- 주제에 증량제와 각종 첨가제를 혼합하고 분쇄하여 고운 가루로 제제한 약제
- 고체인 분말 형태 그대로 살포

(6) 입제(粒劑, GR)
- 주제에 증량제, 계면활성제 등을 첨가하고 혼합하여 입상(粒狀)으로 제제한 약제
- 고체인 작은 입자 상태 그대로 살포
- 고형 약제 중에서 입경(粒徑)의 크기가 가장 큼

(7) 그 외 농약
- 액상수화제 : 액체 상태의 수화제
- 미립제 : 입제보다 작은 크기의 입상 약제

Summary!

농약의 분류
- 사용 대상에 따른 분류
  - 살균제 : 직접살균제, 보호살균제, 토양살균제, 침투성 살균제, 종자소독제
  - 살충제 : 소화중독제, 접촉살충제, 침투성 살충제, 훈증제, 기피제, 유인제, 제충제, 불임제
  - 살비제 : 응애의 선택적 살충
  - 보조제 : 전착제, 용제, 유화제, 증량제, 협력제
- 제형(製形)에 따른 분류
  - 희석살포제(액체시용제) : 유제, 액제, 수화제, 수용제, 액상수화제
  - 직접살포제(고형시용제) : 분제, 입제, 미립제

SECTION 02 농약의 사용법

1. 농약의 살포법(撒布法)

(1) 분무법(噴霧法, 액제살포법)
- 물에 희석한 액상의 약제를 분무기를 이용하여 살포하는 방법
- 유제, 액제, 수화제, 수용제 등에 적용

(2) 살분법(撒粉法, 분제살포법)

- 가루 상태의 농약을 살분기로 살포하는 방법
- 조제작업 없이 분제 그대로 살포하므로 간편

(3) 살립법(撒粒法, 입제살포법)

- 입제 상태의 농약을 살포기를 이용하거나 직접 손으로 살포하는 방법
- 살포작업이 간편

(4) 미스트법

- 미스트기를 이용하여 분무법보다 더 미세한 입자로 살포하는 방법
- 고농도 미량살포가 가능하여 살포량이 대폭 감소

(5) 항공살포법

- 비행체를 이용하여 농약을 살포하는 방법
- 병해충이 대거 발생한 지역이나 지상방제가 어려운 경우 실시
- 농약 성분이 타 지역으로 비산하여 유실되지 않도록 바람이 없는 맑은 날 이른 아침이나 저녁때 살포
- 넓은 방제효과를 위해서 전착제가 함유되지 않은 농약 이용

> **POINT!**
>
> **미량살포**
> - 농약 원액 또는 유효 성분의 함량이 수십 %인 고농도로 적은 양을 살포하는 방법
> - 주로 탑재 살포액의 양이 한정적인 항공살포에 많이 이용

2. 기타 사용법

(1) 훈증법(熏蒸法)

- 약액을 땅에 주입하거나 천막, 창고 등의 밀폐된 공간에 놓아 독가스가 휘발되면 살균·살충하는 방법
- 토양훈증 : 지표면에 구멍을 뚫고 약물을 주입하여 소독
- 저장곡물 및 수목 병해충의 훈증 : 일정한 밀폐 공간을 만들거나 이용하여 그 안의 대상물을 소독

(2) 나무주사(수간주사)법

수간에 구멍을 뚫고 침투이행성인 약액을 주입하여 약성분이 수목 전체에 퍼지면 수병을 치료하거나 수목을 흡즙하며 가해하는 해충을 죽게 하는 방법

① 중력식(링거식)
- 링거와 같은 수액이 중력에 의해 위에서 아래로 떨어지며 주사하는 가장 일반적인 방식
- 수간 아래쪽에 양쪽으로 두 개의 구멍을 내고 주입관을 꽂아 주사
- 저농도의 약액을 다량 주입할 때 주로 이용

② 압력식
- 피스톤과 같은 주사제를 이용하여 약액을 압력으로 밀어 넣는 방식
- 주입속도가 가장 빠름, 모젯(Mauget) 수간주사기
- 소나무류에 주로 사용, 소나무재선충의 예방약제인 아바멕틴 유제 등을 수간주사할 때 이용

③ 삽입식
- 수간에 구멍을 내고 캡슐 형태의 약액을 삽입하는 방식
- 주입된 성분이 서서히 체내에 공급
- 주입기 용량이 가장 적음

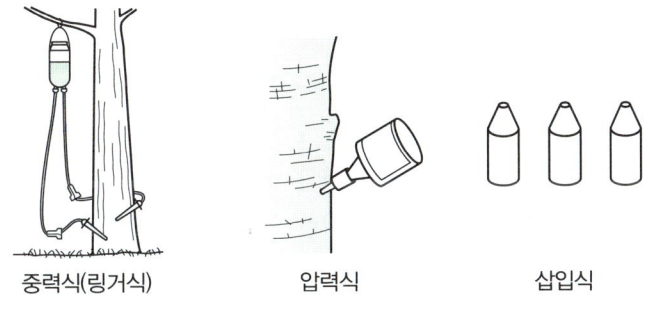

| 나무주사(수간주사)법 |

3. 농약의 계산법

① 희석 시 소요되는 물의 양 : 원액의 용량 $\times \left(\dfrac{\text{원액의 농도}}{\text{희석할 농도}} - 1 \right) \times$ 원액의 비중

> **Exercise 01**
>
> 만코제브 50%(비중은 1) 원액 100mL를 0.05%로 희석할 때 소요되는 물의 양은?
>
> **풀이** $x = 100 \times (\frac{50}{0.05} - 1) \times 1 = 99,900\text{mL} = 99.9\text{L}$

② 희석 시 소요되는 약의 양 : $\dfrac{\text{단위면적당 사용량}}{\text{희석배수}}$

> **Exercise 02**
>
> 펜토에이트 유제 20%를 1,000배액으로 희석하여 10a당 180L를 살포할 때 소요약량(mL)은?
>
> **풀이** $1\text{L} = 1,000\text{mL}$이므로 $\dfrac{180,000}{1,000} = 180\text{mL}$

SECTION·03 농약의 독성 및 저항성

1. 농약의 독성

① 독성은 발현되는 속도에 따라 급성독성과 만성독성으로 나뉘며, 강도에 따라 맹독성, 고독성, 보통독성, 저독성으로 구분한다.
② 농약의 독성 정도는 동물의 경구와 경피에 투여하여 사망수로 시험한다.
③ 독성의 표시는 반수치사량(LD_{50}, 중위치사량)으로 한다. 반수치사량이란 시험동물의 50%가 죽는 농약의 양으로 mg(농약의 양)/kg(시험동물의 체중)으로 나타낸다.

2. 농약의 약해

① 약해란 처리된 농약으로 인해 식물에 나타나는 피해작용으로 넓은 의미로는 수목이나 인축에 생기는 생리적 장애현상을 말한다.
② 농약에 의한 수목의 약해
 • 잎이나 줄기에 변색, 괴사, 낙엽, 생장정지 등의 피해가 나타나며, 심할 경우 고사한다.
 • 가뭄, 태풍 등의 피해를 받아 수세가 약해진 수목은 더욱 약해를 받기 쉽다.
 • 2종 이상의 농약을 잘못 혼용한 경우 화학변화를 일으켜 약해가 발생할 수 있다.

3. 농약의 저항성

① 해충 방제를 위해 살충제를 반복 사용하면 그 살충제에 견디는 능력을 가진 약제 저항성 해충이 출현하기도 한다.
② 해충 개체군 내에는 약제 저항성의 차이가 있는 개체가 존재하며, 약제에 대한 도태와 생존으로 인한 유전의 반복으로 저항성 해충이 나타난다.
③ 약제 저항성은 해충의 다음 세대로 유전되어, 농약을 사용하여도 효과가 없는 문제를 발생시킨다.
④ 어떤 살충제에 대하여 저항성인 해충이 작용 기구가 같은 다른 살충제에도 저항성이 발달하는 현상을 교차저항성이라 한다.
⑤ 저항성인 해충이 작용 기구가 다른 약제에도 동시에 저항성이 발달하는 현상을 복합저항성이라 한다.

PART 03 임업경영학

- CHAPTER 01 산림경영일반
- CHAPTER 02 산림경영계획이론
- CHAPTER 03 산림평가
- CHAPTER 04 산림경영계산
- CHAPTER 05 산림측정
- CHAPTER 06 산림경영계획 실제
- CHAPTER 07 산림휴양

CHAPTER 01 산림경영일반

SECTION 01 산림경영의 이해

1. 산림경영의 개념

(1) 산림경영의 정의

① 산림경영이란 산림에서 행해지는 일체의 수익활동과 이용행위로 물질적인 수익을 창출할 수도 있으며, 공공의 이익을 위한 수단으로 이용될 수도 있다.
② 수익 창출에 따른 경영 면에서 본다면 산림경영이란 생산요소인 임지, 산림노동, 임목자본을 체계적으로 조직하고 결합하여 경영목적을 효율적으로 달성하고자 하는 경제활동을 의미한다.
③ 즉, 간단히 말하면 산림경영은 일정한 목적을 가지고 임업생산을 하는 조직과 활동을 말한다.

> **참고**
>
> 「임업 및 산촌 진흥촉진에 관한 법률」에 의한 임업과 임업인의 정의
> - 임업(林業) : 영림업(자연휴양림, 수목원 및 정원의 조성 또는 관리·운영 포함), 임산물생산업, 임산물 유통·가공업, 야생조수사육업과 이에 딸린 업을 말한다.
> - 임업인 : 임업에 종사하는 자로서 아래와 같은 자를 말한다.
>   - 3ha 이상의 산림에서 임업을 경영하는 자
>   - 1년 중 90일 이상 임업에 종사하는 자
>   - 임업경영을 통한 임산물의 연간 판매액이 120만 원 이상인 자
>   - 「산림조합법」에 따른 조합원으로서 임업을 경영하는 자

(2) 산림경영 개념의 발전

① 보속수확 산림경영
   벌채량이 생산량을 초과하지 않는 범위 내에서 지속적으로 목재를 공급하도록 경영하자는 개념이다.

② 다목적이용 산림경영
산림의 각각의 공간을 목재 생산 기능뿐만 아니라 공익적 기능 등 다목적으로 이용하고자 하는 방침의 개념이다.

③ 다자원적 산림경영
다양한 재화와 서비스를 같은 공간에서 동시에 생산하고자 하는 산림경영 개념으로 경영의 목적을 한 가지에 두는 것이 아니라 여러 종류의 편익을 동시에 생산할 수 있도록 하는 것이다.

④ 지속 가능한 산림경영
현세대와 미래세대가 모두 산림의 사회적·경제적·생태적·문화 및 정신적 가치를 공평하게 제공받을 수 있도록 보다 건전하게 지금의 산림을 유지하며 이용하도록 하는 경영방식이다.

2. 우리나라 산림경영의 현황

(1) 산림 현황 일반

① 우리나라의 전 국토 면적 중에 산림이 차지하는 면적은 약 63%로 OECD 국가 중 4위를 차지하지만 거듭되는 경제개발로 매년 산림면적은 감소하는 추세이다.
② 소유에 따른 산림분류에는 크게 국유림과 민유림(공유림, 사유림)이 있으며, 산림면적은 사유림이 가장 많고, 다음이 국유림, 공유림 순이다.
③ 산림의 공익적 가치 증진, 탄소흡수원 확충 등을 위한 국유림 확대 정책으로 국유림은 점차 증가하고 있으며, 사유림은 감소하고 있는 추세이다.
④ ha당 임목축적은 산림경영계획을 기반으로 체계적 관리가 이루어지는 국유림의 축적이 가장 높으며, 다음이 공유림, 사유림 순이다.
⑤ 임상별 면적은 침엽수림이 가장 많고, 다음이 활엽수림, 혼효림 순이다. 아직은 침엽수림이 가장 큰 비중을 차지하지만 꾸준히 감소하고 있다.
⑥ 우리나라에서 생산되는 임산물의 대부분은 과실, 약초, 버섯 등의 부산물로 목재와 같은 주산물의 생산량은 극히 적어 80% 이상을 수입에 의존하고 있다.

(2) 우리나라 산지의 구분

우리나라의 산지는 크게 보전산지와 준보전산지로 나누며, 보전산지는 다시 임업용(생산용) 산지와 공익용 산지로 구분한다.

[산지 구분]

구분		내용
보전 산지	임업용(생산용) 산지	채종림, 시험림, 보전국유림, 임업진흥권역 등의 산지
	공익용 산지	자연휴양림, 사찰림, 야생생물보호구역, 공원구역, 문화재보호구역, 상수원보호구역, 개발제한구역, 녹지지역, 생태경관보전지역, 습지보호지역, 특정도서, 백두대간보호지역, 산림보호구역 등의 산지
준보전산지		보전산지 외의 산지

※ 「산지관리법」 제4조(산지의 구분)

> **Summary!**
>
> **산림면적 비교**
>
> | 소유별 산림면적 | 소유별 임목축적 |
> |---|---|
> | • 산림면적 : 6,286천 ha (100%)
• 국유림 : 1,653천 ha (26.3%)
• 공유림 : 481천 ha (7.7%)
• 사유림 : 4,152천 ha (66.0%) | • 임목축적 : 1,038,373천 m³ (165.2m³/ha)
• 국유림 : 300,846천 m³ (182.0m³/ha)
• 공유림 : 83,462천 m³ (173.3m³/ha)
• 사유림 : 654,065천 m³ (157.5m³/ha) |
>
> • 소유별 산림면적 : 사유림 > 국유림 > 공유림
>
> | 임상별 산림면적 | 임상별 임목축적 |
> |---|---|
> | • 입목지 면적 : 5,985천 ha (100%)
• 침엽수림 : 2,320천 ha (38.7%)
• 활엽수림 : 2,002천 ha (33.5%)
• 혼효림 : 1,663천 ha (27.8%) | • 임목축적 : 1,038,373천 m³ (165.2m³/ha)
• 침엽수림 : 469,501천 m³ (202.4m³/ha)
• 활엽수림 : 280,862천 m³ (140.3m³/ha)
• 혼효림 : 288,010천 m³ (173.2m³/ha) |
>
> • 임상별 산림면적 : 침엽수림 > 활엽수림 > 혼효림

3. 소유에 따른 산림경영

(1) 국유림의 경영

① 정의 : 국유림(國有林)이란 국가소유의 산림으로 크게 요존 국유림, 불요존 국유림, 타 부처 소관 국유림으로 구분한다.

[국유림의 구분]

구분		내용
산림청 소관 국유림	보전 국유림 (요존 국유림)	• 영구적 국가소유로 목재생산과 공익상 보존할 필요가 있는 산림 • 산림경영임지의 확보, 임업기술개발 및 학술연구를 위하여 보존할 필요가 있는 국유림 • 국유림관리소에서 경영 및 관리
	준보전 국유림 (불요존 국유림)	요존 국유림 외의 국유림, 시·도에 위임하여 관리
타 부처 소관 국유림		문화체육관광부나 교육부 등의 산림청 소관이 아닌 국유림

② 국유림의 경영 목적
- 산림 보호 기능 : 자연, 야생동물, 소생물권, 경관 등의 보호에 기여한다.
- 임산물 생산 기능 : 주산물인 목재와 부산물을 생산한다.
- 휴양·문화 기능 : 다양한 휴양 및 문화 서비스를 제공한다.
- 고용 기능 : 경영에 필요한 인력 창출로 고용기회를 제공한다.
- 경영수지의 개선 : 재정적인 면에서 수익을 창출하여 수지를 개선한다.

③ 국유림의 경영관리 권한 위임

산림청장은 국유림 경영관리 권한을 그 소관에 따라 제주특별자치도지사, 국립수목원장, 산림항공본부장, 국립산림품종관리센터장, 지방산림청장 또는 국립산림과학원장에게 위임할 수 있다.

④ 국유림의 조사
- 산림청장은 국유림의 경영 및 관리를 위한 기초자료로 활용하기 위하여 국유림에 대하여 정기적인 산림실태 조사를 실시하여야 한다.
- 실태조사는 제주특별자치도지사 또는 지방산림청장이 직접 실시하거나 산림경영기술자에게 위탁하여 현장조사, 자료조사 등의 방법으로 실시한다.

> **참고**
>
> 「산림자원의 조성 및 관리에 관한 법률」에 의한 산림기술자의 종류 및 업무범위
> - 기술 종류 : 산림경영기술자, 산림공학기술자, 녹지조경기술자
> - 산림경영기술자의 업무 범위
>
> | 기술 등급 | • 산림조사 및 산림경영계획서 작성
• 다음의 산림사업 설계·시공 및 감리
　- 산림조성사업(조림, 숲가꾸기, 벌채 등 산림의 조성·육성 또는 이용을 위하여 시행하는 사업)
　- 산림병해충 방제사업, 산림욕장의 조성사업, 도시숲 등 조성·관리사업 |
> |---|---|
> | 기능 등급 | 다음의 산림사업 시공 및 관리
　- 산림조성사업, 산림병해충 방제사업, 산림욕장의 조성사업, 도시숲 등 조성·관리사업 |

⑤ 시범림의 조성과 운영
- 산림청장은 산림기술 등을 개발·보급하여 공·사유림의 효율적 경영을 촉진하기 위하여 국유림 중 조림성공지 및 경제림육성단지 등을 시범림으로 조성하여 운영할 수 있다.
- 시범림의 종류 : 조림성공시범림, 경제림육성시범림, 숲 가꾸기시범림, 임업기계화시범림, 복합경영시범림, 산림인증시범림

(2) 공유림의 경영

① 정의 : 공유림(公有林)이란 지방자치단체 및 그 밖의 공공단체가 소유하는 산림이다.

② 공유림의 경영 목적
- 공공복지의 증진 : 지방자치단체의 공적 복지 증진을 목적으로 한다.
- 재정 수입의 확보 : 경영기관의 재정수입 확보에 기여하여야 한다.
- 사유림 경영의 시범 : 모범적인 산림경영으로 사유림 경영의 시범이 되어야 한다.

(3) 사유림의 경영

사유림(私有林)이란 개인, 회사, 단체, 문중 등이 소유하는 국·공립 이외의 산림으로 회사림, 산업비림, 사찰림 등이 있다.

[소유 규모에 따른 사유림의 경영 형태]

구분	내용
농가임업	• 5ha 미만 • 목재생산보다는 조상의 묘를 돌보거나 연료, 농용자재 등의 수목을 얻기 위한 임업 • 우리나라 산림소유주의 대부분
부업적 임업	• 5~30ha 미만 • 농업, 축산 등의 기타 사업을 하면서 여력을 이용하여 부업으로 경영하는 임업
겸업적 임업	• 30~100ha 미만 • 다른 사업과 같은 비중으로 경영하는 임업 • 부업적 임업과 함께 우리나라 사유림의 핵심
주업적 임업	• 100ha 이상 • 임업 경영을 주업으로 하며, 독립적 경영조직으로 운영하는 임업 • 기업과 독림가의 임업이 해당

* 독림가(篤林家) : 독자적 경영체를 가지며, 상당 규모 이상의 산림을 체계적으로 운영·관리하는 사람

 참고

「임업 및 산촌 진흥촉진에 관한 법률」에 의한 독림가(篤林家)의 정의
산림을 모범적으로 경영하고 있는 자로서 아래와 같은 요건을 갖춘 자를 말한다.

- 개인독림가
  - 모범독림가 : 300ha 이상의 산림을 산림경영계획에 따라 모범적으로 경영하고 있는 사람 또는 조림 실적이 100ha 이상이고 산림경영계획에 따라 산림을 모범적으로 경영하고 있는 사람
  - 우수독림가 : 100ha 이상의 산림을 산림경영계획에 따라 모범적으로 경영하고 있는 사람 또는 조림 실적이 50ha 이상이고 산림경영계획에 따라 산림을 모범적으로 경영하고 있는 사람
- 자영독림가 : 5ha 이상의 산림을 산림경영계획에 따라 모범적으로 경영하고 있는 사람 또는 유실수를 3ha 이상 조림하여 산림을 산림경영계획에 따라 모범적으로 경영하고 있는 사람
- 법인독림가 : 아래와 같은 법인
  - 300ha 이상의 산림을 산림경영계획에 따라 모범적으로 경영하고 있는 법인 또는 조림 실적이 100ha 이상이고 산림경영계획에 따라 산림을 모범적으로 경영하고 있는 법인

- 농업법인 중 10ha 이상의 산림을 산림경영계획에 따라 모범적으로 경영하고 있는 법인 또는 조림 실적이 5ha 이상이고 산림경영계획에 따라 산림을 모범적으로 경영하고 있는 법인

4. 지속 가능한 산림경영

(1) 지속 가능한 산림경영의 의미

① 산림의 생태적 건전성을 유지·증진하며 지금 세대의 산림자원에 대한 욕구를 충족시키는 경영 형태를 말한다. 즉, 현세대와 미래세대가 모두 충분히 이용할 수 있는 지속 가능한 산림자원을 만들기 위한 보다 생태적이며 친환경적인 노력이다.
② 산림에 대한 인식을 단순히 경제적인 역할에만 한정하지 않고, 사회적·경제적·생태적·문화 및 정신적 역할로 인식하여 산림을 경영하고자 하는 것이다.
③ 산림자원이란 아래와 같은 자원으로 국가경제와 국민생활에 유용한 것을 말한다.
- 산림에 있거나 산림에서 서식하고 있는 수목, 초본류, 이끼류, 버섯류 및 곤충류 등의 생물자원
- 산림에 있는 토석·물 등의 무생물자원
- 산림 휴양 및 경관 자원

(2) 지속 가능한 산림자원 관리

① 목적 : 산림의 생태환경적인 건전성을 유지하면서 다양한 기능이 최적으로 발휘되도록 산림을 보전하고 관리한다.
② 기본 방향
- 산림의 생물다양성의 보전
- 산림의 생산력 유지·증진
- 산림의 건강도와 활력도 유지·증진
- 산림 내의 토양 및 수자원의 보전 유지
- 산림의 지구탄소순환에 대한 기여도 증진
- 산림의 사회경제적 편익 증진
- 지속 가능한 산림관리를 위한 행정 절차 등 체계 정비

(3) 지속 가능한 산림경영의 4가지 견해(패러다임)

지속 가능한 산림경영의 개념은 역사적으로 점차 다르게 발전하였으며, 그 개념은 아래와 같다.

① 목재 보속 수확
- 매년 일정량의 목재를 꾸준히 생산할 수 있는 산림구조를 강조한 개념으로 전통적인 산림경영 방식이다.
- 핵심 : 매년 균일한 목재의 생산, 전통적인 방식

② 다목적 이용 – 보속 수확
- 목재 이외의 다른 임산물(부산물)도 포함하여 다목적으로 이용하는 통합적 방식으로 보속 수확의 개념을 확장하였다.
- 미국에서 목재 이외에 다른 생산물의 수확 및 이용을 합법화하면서 개념이 발달하였다.
- 핵심 : 목재 이외의 임산물 이용, 보속 수확의 의미 확장

③ 자연적으로 기능하는 산림생태계
- 인간의 간섭을 배제하고 산림이 스스로 발전하여 기능하도록 자연에 맡기는 개념의 방식이다.
- '자연이 무엇을 하든지 간에 인간이 무엇인가를 하는 것보다 낫다'라는 자연주의적 가치 체계를 채택하였다.
- '자연이 인간을 지배한다'라는 관점에 부합한다.

④ 지속 가능한 인간 및 산림생태계
지속 가능한 생태계적 산림경영을 중시한 방식으로 인간과 자연이 더불어 공존·공영할 수 있는 토대를 마련하기 위한 대책이다.

(4) 산림관리협회(FSC, Forest Stewardship Council)

① 산림관리협회(FSC)는 지속 가능한 산림경영을 지원하고자 1993년 독일 본에 설립된 비영리·비정부 기관이다.
② 산림경영개선을 위한 「산림경영인증」과 인증목재의 「가공·유통과정의 관리인증(CoC 인증)」의 2가지 산림인증 제도를 수행하고 있다.
③ FSC의 인증을 받은 목재는 FSC의 로고를 부착하여 신뢰도가 높은 목재생산물임을 증명받는다.
④ 산림관리에 관한 FSC의 원칙과 규준을 기초로 하여 인증 평가, 인정, 모니터링을 실시하고 있다.
⑤ 산림관리협회(FSC)의 원칙과 규준
- 법률과 FSC 원칙의 준수 : 국내외 모든 산림 관련 법률을 존중하며, FSC 원칙을 준수하여 경영하여야 한다.

- 소유권, 사용권 및 책임 : 소유와 사용의 권리가 명확하고, 문서화하여 법적으로 확립되어 있어야 한다.
- 원주민의 권리 : 원주민의 법적·관습적 권리가 인정되고 존중되어야 한다.
- 지역사회와의 관계와 노동자의 권리 : 경제적 처우나 복지 등을 유지·향상시키도록 경영하여야 한다.
- 산림에서 얻는 편익 : 산림이 제공하는 편익을 효율적으로 이용할 수 있도록 경영하여야 한다.
- 환경에의 영향 : 생태계와 관련해 환경에 미치는 영향을 고려하여 생태적 기능과 산림의 건전성을 유지하며 경영하여야 한다.
- 관리계획 : 사업에 적합한 경영계획을 문서화하여 작성하고 실천하여야 한다.
- 모니터링과 평가 : 적절한 모니터링을 실시하고 평가하여야 한다.
- 보호가치가 높은 산림의 보호 : 보호가치가 높은 산림을 유지·보전하여야 한다.
- 조림 : 위의 원칙들에 따라 조림을 계획하고 편성하나, 천연림의 보전이 우선되어야 한다.

✎ 지구의 탄소순환 ✕

(5) 산림탄소상쇄 제도

① 산림탄소상쇄 제도란 사업자나 지방자치단체의 장이 탄소흡수원으로서 산림의 기능을 유지·증진시켜 달성한 이산화탄소 흡수량을 인증해 주는 제도이다.

② 산림탄소상쇄 제도의 사업유형
- 신규 조림/재조림 사업 : 산림이 아닌 지역에 새로이 조림을 실시하거나, 전에 산림이 었으나 지금은 아닌 지역에 다시 조림을 실시하는 사업이다.
- 산림경영사업 : 지속 가능한 산림경영으로 산림의 탄소흡수량을 증대시키는 사업이다.
- 식생복구사업 : 최소 0.5ha 이상의 토지에 식생을 조성하는 사업으로 도시림, 생활림, 가로수 조성사업 등을 말한다.
- 목제품 이용 사업 : 산림경영활동으로 수확한 목재를 이용하여 가공품을 생산하는 사업이다.
- 산림바이오매스 에너지 이용사업 : 기존의 화석연료가 아닌 펠릿, 목재칩, 톱밥 등의 산림바이오매스로 에너지를 이용함으로써 온실가스 배출량을 줄이는 사업이다.
- 산지전용 억제사업 : 다른 용도로의 산지 사용을 억제하는 사업이다.
- 복합형 사업 : 위의 여러 사업을 복합적으로 이용한 사업이다. ✎ 산림개발 ✕

SECTION 02 산림경영의 특성

1. 산림경영(임업)의 기술적 특성

① 생산 기간이 대단히 길다
　수목을 수확하기까지는 보통 수십 년이 걸리므로 오랜 기간 관리해야 하며, 투자이익을 내기까지 상당기간이 소요된다.

② 임목은 성숙기가 일정하지 않다
　작물은 열매가 열리거나 일정 성숙기에 도달하면 거둬들이지만, 임목은 경영주의 경영 목적이나 재정 형편, 시장의 목재 수요 등에 따라 필요한 크기나 시기에 도달하면 수확을 하여 생리적 성숙기라는 것이 일정하지 않다.

③ 자연조건의 영향을 많이 받는다
　산림은 넓고 험하며, 토양, 지형, 기상 등에 경영활동이 제한되어 인위적 노력으로 생육환경을 조절하는 데 한계가 있고 자연조건의 영향을 크게 받게 된다.

④ 토지나 기후조건에 대한 요구도가 낮다
　임목은 작물이 잘 자라지 못하는 지력이 떨어지는 곳이나 추운 곳에서도 잘 자라 토지의 비옥도 및 기후 등에 크게 영향을 받지 않는다.

2. 산림경영(임업)의 경제적 특성

① 육성임업과 채취임업이 병존한다
　임업은 임목을 인위적으로 처음부터 육성하여 수확하는 육성임업과 기존 산림 내에 천연적으로 존재하던 임목을 수확하는 채취임업이 동시에 행해지고 있다.

② 임업노동은 계절적 제약을 크게 받지 않는다
　조림은 대체로 봄에 실시하여 시기적 제약이 있으나, 대부분의 산림노동은 계절에 크게 구애받지 않아 겨울철 농촌의 잉여 노동력을 이용하여 각종 임업작업을 수행할 수 있으며, 농촌은 소득을 높일 수 있는 노동의 기회를 제공받을 수 있다.

③ 원목가격의 구성요소는 대부분이 운반비이다
　원목은 부피가 큰 데다가 무거워 운반비가 차지하는 비율이 가장 크며, 큰 변수로 작용한다. 오지림의 경우 운반비가 원목가격의 2/3를 차지하기도 하여 운반비를 줄이는 것이 목재시장의 활성화를 위한 큰 관건이라고 할 수 있겠다.

④ 임업생산은 조방적이다
임업은 단위면적당 노동량이나 자본의 투입량이 다른 산업보다 적으며, 관리도 집약적이지 않아 일정 수준의 기술만 갖추면 경영에 큰 어려움이 없다.

⑤ 공익성이 커서 제한성이 많다
임업경영은 경제적 이익추구에 있어 국토보전, 자연환경 보호, 수자원 보호 등의 공공복리를 위한 제한을 많이 받는다.

SECTION · 03 산림경영의 생산요소

1차 산업 경영에서 생산요소란 자본, 토지, 노동 등이며, 임업에서는 임지, 산림노동, 자본재인 임목축적 등에 해당한다. 이 중 임목축적은 다른 산업에는 존재하지 않는 임업만의 특징적 요소이다.

1. 산림노동과 임지의 특성

(1) 산림노동의 특성
① 산림면적이 넓어 자재의 수송과 작업감독이 어렵다.
② 다른 산업에 비해 단위면적당 노동량이 적어 분쟁 등이 없다.
③ 농업노동력을 벌채나 운반노동에 이용 시 별도의 훈련이 필요하다.
④ 조림·육림 작업은 농한기의 잉여 노동력을 이용할 수 있다.
⑤ 이동시간이 길어 실제 작업시간은 짧다.
⑥ 산림경영 규모가 작아서 기계의 연속 가동일수가 짧다.
⑦ 산림이 험해 기계 도입이 어렵고 사용일수도 짧으므로 산림기계는 공동 구입하는 것이 효율적이다.

(2) 산림노동의 능률 향상 방법
① **노동기구의 개량** : 산림기계 도입으로 임업의 기계화 도모
② **작업의 능률화** : 작업방법의 개선과 작업의 간소화
③ **작업의 공동화** : 공동작업으로 인한 노동의 능률 향상
④ **노동배분의 합리화** : 작업시기와 노동력을 적절히 배분하여 잉여 노동력 이용

⑤ 종사자 합숙소의 운영 : 작업장 가까이에 합숙소를 설치하여 이동시간 단축
⑥ 작업로의 설치 : 자재 운반과 감독이 용이
⑦ 휴양 및 의료시설의 구비 : 노동자의 심리적 안정과 능률의 향상
⑧ 산림작업단의 조직 : 임업노동에 전문적 기술을 가진 작업단 구성

(3) 임지의 특성

① 임지는 넓고 험하며 지대가 높아 집약적 작업이 어렵고, 조방적 작업이 이루어진다.
② 수직적으로 생육환경이 다르므로 여러 수종의 임목이 생육한다.
③ 여타 산업과 비교하여 단위면적당 생산성이 낮다.
④ 교통의 편리에 따라 임지의 경제적 가치가 결정된다.
⑤ 적은 자본으로 구입하여 경영이 가능하다.
⑥ 자본이 고정되어 있어 투자자본의 회수가 어렵다.
⑦ 한랭한 곳이 많아 임업 이외의 다른 사업은 적당하지 않다.
⑧ 임지는 소모성이 없어 유지비가 적게 든다.
⑨ 임업 이외의 용도로 변경될 수 있다.

2. 자본재와 자본장비도

(1) 자본재

① 자본재(資本財)란 어떤 재화(생산물)를 만들기 위해 들어간 비용이나 사용되는 자산 등 일체의 모든 또 다른 재화를 말한다.
② 재화의 생산과정 중에 소비·소모되거나 원료로 쓰이는 자본재를 유동자본재(流動資本財)라고 하며, 생산과정에 고정되어 그 생산능력을 이용하기 위한 자본재를 고정자본재(固定資本財)라고 한다.

[자본재의 종류]

구분	내용
유동자본재	• 조림비 : 종자, 묘목, 비료, 약제, 보육비용 • 관리비 : 관리자의 급료, 사무비, 수선비, 보험료, 공과잡비 • 사업비 : 임금, 소모품비
고정자본재	임지, 임도, 건물, 기계, 기구, 시설, 설비, 차량

③ 임목축적(林木蓄積)이란 종자나 묘목에서 시작되어 임지에 계속 축적되어 쌓이는 전체 임목의 양을 말하며, 임업에서는 이 임목축적을 자본으로 본다.

④ 임목 자체는 계속해서 스스로 생장하므로 벌채 전에는 고정자본재로 보며, 벌채된 후에는 그 생산기능을 잃어 유동자본재로 본다. 즉, 입목(立木)은 고정자본재, 원목은 유동자본재이다.

(2) 자본장비도

① 자본장비도(資本裝備度)는 경영의 총자본(고정자본＋유동자본)을 경영에 종사하는 사람 수로 나눈 값으로 자본장비율이라고도 하며, 결국 종사자 1인당의 자본액에 해당한다.
- 자본장비도 ＝ $\dfrac{\text{총자본}}{\text{종사자 수}} = \dfrac{K}{N}$ ＝ 종사자 1인당 자본액 ＝ 자본장비율
- 경영의 총자본은 고정자본과 유동자본의 합이며, 일반적으로 고정자본에서 토지를 제외한다.

② 소득(Y), 종사자 수(N), 자본(K) 사이의 관계
- 노동생산성 ＝ $\dfrac{\text{소득}}{\text{종사자 수}} = \dfrac{Y}{N}$ ＝ 1인당 소득

   * 노동생산성 : 투하한 노동력에 대하여 얻은 생산량(소득)

- 자본생산성 ＝ $\dfrac{\text{소득}}{\text{자본}} = \dfrac{Y}{K}$ ＝ 자본의 효율

   * 자본생산성 : 투하한 자본에 대하여 얻은 생산량(소득)

- 노동생산성(1인당 소득)은 자본장비도와 자본효율(자본생산성)에 의해 정해진다.
  즉, $\dfrac{Y}{N} = \dfrac{K}{N} \times \dfrac{Y}{K}$

③ 임업에서는 자본장비도가 임목축적, 자본효율이 생장률, 소득이 생장량을 나타낸다.
- 생장량(소득) ＝ 임목축적(자본장비도) × 생장률(자본효율)
- 임목축적이 너무 크면 수목의 생장률은 떨어지고 그로 인해 생장량의 값도 작아진다. 반대로 임목축적이 작으면 생장률은 커지게 되는데 이것 또한 생장량은 감소한다. 그러므로 임목축적과 생장률이 적당한 수치를 유지할 때 생장량이 커질 수 있다.

SECTION 04 산림의 경영순환과 경영형태

1. 산림의 구조와 경영주체

(1) 임령 구성에 따른 산림의 구조

① A형
- 유령목이 많은 산림으로 투자는 많지만 얻어지는 수입이 적거나 없는 구조이다.
- 우리나라 대부분의 현실적 산림구조로 임업경영만으로는 수입이 어려워 속성수 도입 및 복합임업경영 등의 시도를 통해 조기에 재정수입의 확보가 가능하도록 해야겠다.
- 경영대책 : 속성수 도입, 연료재와 같은 소경목의 생산, 유실수 식재, 부산물 재배 등

② B형
- 장령목이 많은 산림으로 일정 기간이 지나면 많은 수입이 기대되지만 보속적 수입은 어려운 구조이다.
- 경영대책 : 보속 수확을 위해 산림구조가 D형에 가깝도록 벌채와 갱신을 진행하여 서서히 구성을 변경

③ C형
- 성숙목이 많은 산림으로 당장은 수입이 있지만 일정 기간 후에는 계속적인 수입을 기대할 수 없는 구조이다.
- 경영대책 : 임령의 구성을 서서히 조절하여 D형으로 유도

④ D형
다양한 연령대의 수목이 혼재하는 산림으로 보속 수입이 가능한 이상적인 산림구조이다.

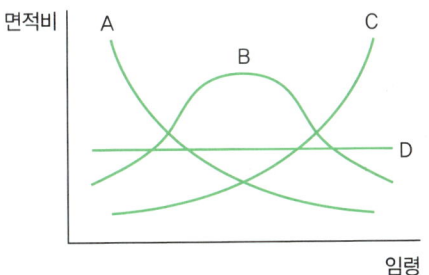

┃ 임령 구성에 따른 산림의 구조 ┃

(2) 경영주체와 경영방안

① 산림면적이 작을 때는 매년 수확할 수 없으므로 간단작업, 클 때는 보속작업을 시행한다.
  * 간단작업 : 수확을 매년 실시하지 않는 작업방식으로 매년 실시하는 보속작업의 상대용어로 사용
② 재정상태가 좋지 않을 때는 속성수, 유실수 등으로 벌기령을 짧게 하여 수입을 조속화하며, 좋을 때는 장기수(長期樹)로 벌기령을 길게 하여 후에 고가의 원목으로 생산한다.
③ 경영기술이 부족할 때는 조방적 경영이 가능한 수종을 선택하고 간단한 작업을 한다.
④ 경영목적이 농용재 생산일 때는 다양한 수종으로 벌기령을 짧게 하며, 원료재일 경우는 한 가지 수종을 밀식하여 개벌한다.
⑤ 용재로 이용할 경우 택벌작업을 하며, 공익증대가 목적일 때는 침엽수와 활엽수를 혼식하여 택벌한다.

2. 산림경영의 형태

산림경영은 목적에 따라 종속적, 부차적, 주업적 산림경영으로 나눌 수 있다.

(1) 종속적 산림경영

① 주업적 산업의 자재를 제공하기 위해 종속적으로 경영하는 형태이다.
② 농가의 영농자재나 표고재배업자가 표고재배용 수목을 생산하거나 제지회사에서 종이의 원료인 펄프를 조달하고자 경영하는 형태이다.
③ 사업에 필요한 원목을 자체 공급해 주업경영의 생산을 내부적으로 지탱하기 위한 방안이다.

(2) 부차적 산림경영

① 다른 주업적 산업을 하면서 임업을 부업이나 겸업으로 경영하는 형태이다.
② 경영의 주체성이 강하지 못하고, 주로 유휴 노동력이나 유휴 자본을 이용하여 경영하거나 비축적 자산으로 보유한다.
③ 생산요소의 유휴화를 막고, 이용률을 높여 경영 전체의 수익을 높이기 위한 방안이다.
④ 주로 재산 유지, 묘지 확보, 투기적 동기 등의 목적으로 관리한다.

(3) 주업적 산림경영

① 조직화·집단화·기계화된 체계적이며 독립적인 경영조직을 갖추고 임업을 주된 업무로 경영하는 형태이다.

② 주업적 산림경영을 위해서는 관리조직이 정비되어야 하며, 매년 균등량의 보속생산 등이 가능해야 한다.

③ 주업적 산림경영의 형태
- 식재 → 육림 → 임목매각 : 산림경영의 일반적 형태, 임목의 부가가치가 가장 낮음
- 식재 → 육림 → 벌채 → 원목매각 : 벌채에 기술훈련과 장비가 요구
- 식재 → 육림 → 벌채 → 원료원목공급(제지) : 큰 회사의 산업비림, 기계화된 산림경영 가능
- 식재 → 육림 → 벌채 → 표고생산 · 제탄(숯) · 제재 : 임목의 부가가치를 높여 수입 증가, 자본과 기술이 필요

3. 산림계획

산림자원의 지속적 생산과 유지를 도모하며, 국토를 보전할 수 있도록 합리적으로 산림을 경영하고자 수립하는 계획이다. 우리나라에서는 크게 전국산림을 대상으로 한 산림기본계획과 이에 따른 지역산림계획으로 구분할 수 있다.
산림기본계획과 지역산림계획은 「산림기본법」에 의거하여 수립 · 시행하는 경영계획이다.

(1) 산림기본계획

① 산림청장이 산림자원 및 임산물의 수요와 공급에 관한 장기전망을 전국의 산림을 대상으로 20년마다 수립 · 시행하는 산림계획의 최상위 계획이다.

② 산림기본계획의 내용
- 산림시책의 기본목표 및 추진방향
- 산림자원의 조성 및 육성에 관한 사항
- 산림의 보전 및 보호에 관한 사항
- 산림의 공익기능 증진에 관한 사항
- 산사태 · 산불 · 산림병해충 등 산림재해의 대응 및 복구 등에 관한 사항
- 임산물의 생산 · 가공 · 유통 및 수출 등에 관한 사항
- 산림의 이용 구분 및 이용 계획에 관한 사항
- 산림복지의 증진에 관한 사항
- 탄소흡수원의 유지 · 증진에 관한 사항
- 국제산림협력에 관한 사항
- 그 밖에 산림 및 임업에 관하여 대통령령으로 정하는 사항

(2) 지역산림계획

① 특별시장·광역시장·특별자치시장·도지사·특별자치도지사(공·사유림) 및 지방산림청장(국유림)이 산림기본계획에 따라 관할구역 산림의 특수성을 고려하여 20년마다 수립·시행한다.
② 산림기본계획을 토대로 하며, 국유림종합계획 및 산림경영계획을 수립하는 기준이 되는 지역산림 내 최상위 계획이다.
③ 산림기본계획 및 지역산림계획은 20년마다 수립하되, 산림의 상황 또는 경제사정의 현저한 변경 등의 사유가 있는 경우에는 이를 변경할 수 있다.

(3) 국유림종합계획

① 국유림관리소장이 관할구역 국유림을 대상으로 10년마다 수립·시행한다.
② 국유림을 경영·관리하는 기관은 산림청 – 지방산림청 – 국유림관리소의 체계로 구성된다.
③ 산림기본계획, 지역산림계획을 토대로 작성하며, 국유림경영계획의 기초가 되는 국유림관리소 단위의 장기 기본계획이다.
④ 국유림종합계획의 내용
  - 국유림의 경영 및 관리에 관한 목표와 추진방향
  - 국유림의 경영 및 관리 현황
  - 국유림의 경영 및 관리에 관한 주요 사업과 추진방법
  - 사업시행에 소요되는 경비의 산정 및 조달에 관한 사항
  - 그 밖에 국유림의 경영 및 관리에 관하여 농림축산식품부령으로 정하는 사항

(4) 국유림경영계획

① 지방산림청장이 국유림 경영계획구를 대상으로 10년마다 수립·시행한다.
② 산림기본계획, 지역산림계획, 국유림종합계획을 토대로 작성한다.

(5) 산림경영계획

① 지방자치단체의 장이 경영계획구를 대상으로 10년마다 수립·시행한다.
② 지방자치단체의 장 외의 공유림 소유자나 사유림 소유자는 10년마다 경영계획서를 작성하여 시장이나 군수, 구청장에게 인가를 받아 수립한다.
③ 사유림 소유자의 산림경영계획 수립은 의무가 아니라 권장사항이다.
④ 산림기본계획 및 지역산림계획의 내용에 부합되도록 작성 및 수립한다.

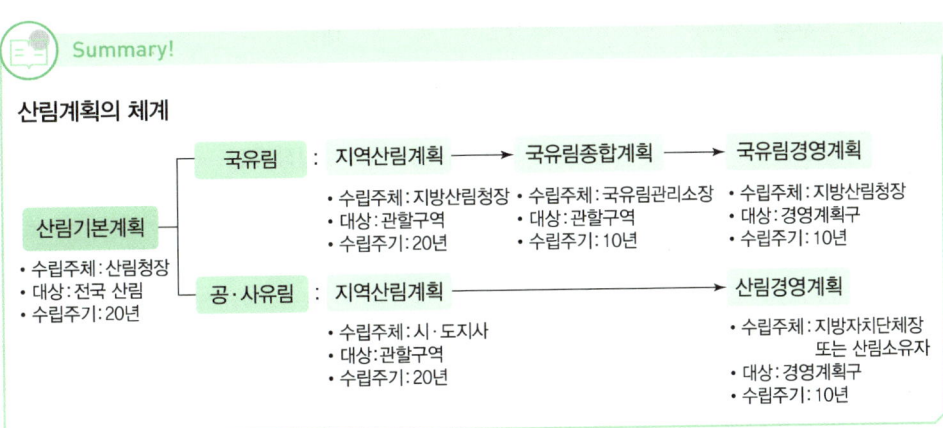

SECTION 05 복합산림경영과 협업

1. 복합산림경영

(1) 복합산림(임업)경영 일반

① 농가에게 임산물이 실질적 소득으로 이어지는 양은 아주 작아 수입을 늘리기 위해서는 보다 다채로운 형태의 산림경영이 이루어져야 하는데, 이처럼 농가에서 임업수입을 늘리기 위하여 다각적 방법으로 산림을 경영하는 것을 복합산림(임업)경영이라 한다.
② 복합산림경영의 주요 목적 : 임업 수입의 조기화와 다양화

(2) 복합산림경영의 형태

구분	내용
농지임업	농지 주변, 둑, 농지와 산지의 경계 등에 속성수, 유실수, 특용수 등을 식재하여 수입의 조기화 도모
비임지임업	임지가 아닌 하천부지, 구릉지, 도로변, 공한지 등에 속성수, 연료목, 밀원식물 등을 식재하여 수입의 다원화 도모
혼농임업	임지의 일부 또는 수목이 적은 곳의 임지를 활용하여 목초, 특용작물(약초, 인삼), 산채 등을 재배
혼목임업	숲이 우거지기 전 임지의 야생초를 이용해 가축 방목 = 임간방목
양봉임업	산림 내의 밀원식물을 이용하여 양봉
부산물임업	종실, 버섯, 산채, 약초, 수액 등의 부산물을 채취하거나 산림 내에서 증식

구분	내용
수예적 임업	산림에서 간벌한 임목을 환경미화목으로 이용하거나 꽃나무와 관상수를 생산하여 수입 증대
수렵임업	산림 내 야생동물을 보호하고 증식하여 수렵장 운영
휴양임업	산림 내에 휴양시설을 갖추어 관광객 유치 = 관광임업

2. 협업

(1) 협업 일반

① 임업을 소규모로 운영하는 경영주들이 생산성을 확대시킬 수 있도록 자본과 노동을 공동으로 투자하고 통합하여 협동 운영·관리하는 산림경영 형태를 협업(協業)이라 한다.
② 협업의 형태에는 공동작업, 공동이용, 공동관리, 협업경영 등이 있으며, 협업을 통한 공동화(共同化)로 보다 높은 경제적 이익을 창출할 수 있다.
③ 협업경영은 균등출자, 균등출역, 균등분배를 원칙으로 하고 있어 지켜지지 않을 때는 문제가 발생하기 쉽다.

(2) 협업경영의 문제점

① **불충분한 시장조사** : 충분한 시장조사 없이 사업에 착수하였다가 실패
② **과잉 투자** : 협업 시 자금조달이 쉬워져 필요 이상의 과잉 투자로 수익성 저하
③ **불확실한 기술** : 서로 믿고 기술 관리가 소홀
④ **노동 제한 현상** : 수익 배분을 노동의 양으로 결정하므로 노동이 낮은 수준으로 평준화
⑤ **통제 질서의 결여** : 자격이 평등하므로 지휘권 확립이 어려움
⑥ **자본 제한 현상** : 균등출자이므로 적은 자본에 맞추어 출자 규모가 작아짐
⑦ **협업경영 기간** : 기간이 길면 변동 발생

CHAPTER 02 산림경영계획이론

SECTION 01 산림경리와 경영의 내용

1. 산림경리

① 산림경리(山林經理)란 수목 식재에서부터 수확에 이르기까지의 모든 과정을 체계적으로 조직·편성하여 경영목적에 맞도록 계획적으로 운영하기 위한 업무이다.

② 산림경리의 업무내용
- 전업(예업) : 산림조사, 산림측량, 산림구획, 시업관계사항조사
- 주업(본업) : 수확규정, 조림계획, 시설계획, 시업체계의 조직
- 후업 : 시업조사검정

2. 산림경영의 지도원칙

(1) 경제원칙

① 수익성의 원칙
- 최대의 순수익 또는 최고의 수익률을 올리도록 경영하자는 원칙
- 사기업의 산림경영에 있어 궁극적 최고의 지도원칙
- 수익률(이윤율) = $\dfrac{수익 - 비용}{투하자본} \times 100$

② 경제성의 원칙(합리성의 원칙, 합목적성의 원칙)
- 수익을 비용으로 나누어 그 값이 최대가 되도록 경영해야 한다는 원칙
- 최소 비용으로 최대 효과를 발휘하도록 하는 원칙
- 일정 비용으로 최대 수익을 올리도록 하는 원칙
- 일정 수익을 올리기 위하여 비용을 최소로 줄이는 원칙
- 수익성 원칙 실현의 전제가 되는 조건

③ 생산성의 원칙
- 생산량을 투입한 생산요소의 수량으로 나눈 값이 최대가 되도록 경영하자는 원칙
- 단위면적당 최대의 목재를 생산하도록 경영하자는 최대 목재 생산의 원칙과 일맥상통
- 임목의 평균생장량이 최대인 시기를 벌기로 결정, 즉 재적수확최대의 벌기령 채택
- 우리나라에서 중요시되는 원칙
- 수익성 원칙 실현의 전제가 되는 조건

④ 공공성의 원칙(공익성의 원칙, 공공경제성의 원칙, 후생성의 원칙, 경제후생성의 원칙)
- 질 좋은 목재를 대량생산하여 국민에게 안정된 가격에 제공함으로써 국민의 기대에 부응하도록 경영하자는 원칙
- 임업 또는 산림생산의 사회적 의의를 더욱 발휘하여 국민의 복리 증진을 목표로 하는 원칙
- 18세기까지 임업경영의 지도원칙 중에서 지배적 위치를 차지하였으나, 경제발전과 더불어 수익성 원칙에 밀리게 된다.

(2) 보속성의 원칙

① 해마다 목재 수확을 계속하여 양적 및 질적으로 균등하게 생산·공급하도록 경영하자는 원칙
② 목재 수확의 균등, 화폐 수입의 균등, 생산자본의 유지 등을 실현할 수 있다.
③ 보속성의 의미
보속성(保續性)이란 좁은 의미로는 매년 지속적 목재의 수확을 통한 공급 측면에서의 보속이며, 넓은 의미로는 임지가 항상 임목을 꾸준히 육성하는 생산 측면에서의 보속이다.
- 협의 : 목재 공급의 보속성
- 광의 : 목재 생산의 보속성

④ 보속성의 필요성
㉠ 공공경제적 입장에서의 필요성
- 필수품인 목재를 수요에 맞춰 매년 지속적으로 공급할 수 있다.
- 지방민에게 일정한 고용 기회를 제공하여 생활안정을 보장한다.
- 목재 관련 산업의 발전에 기여한다.
- 소면적의 꾸준한 관리로 산림보전 등 국토보안상 유리하다.
㉡ 개인경제적 입장에서의 필요성
- 지출과 같은 재정처리에 있어 지속적 수입이 있으므로 운영이 합리적이다.
- 사업량의 변동이 작아 경영관리가 간편하다.
- 매년 임산물을 시장에 공급하여 판로가 확실하며, 안정적이다.

- 노동력을 상시로 이용할 수 있으며, 숙련기술자 고용 시에도 비용이 적게 든다.
- 작업이 계속되어 임도, 건물, 기계, 기구 등의 사용 효율이 높다.

(3) 복지원칙

① 합자연성의 원칙
- 임목생산은 자연에 크게 의존하므로 자연법칙을 존중하며 산림을 경영하자는 원칙
- 자연법칙에 순응하고 그에 합당한 복지적 경영을 해야 한다는 근원적이며 고차원적인 지도원칙
- 수익성, 공공성, 보속성의 원칙을 실현하기 위한 수단적인 지도원칙
- 뮬러(Möller)의 항속림 사상과 뜻이 일치하는 지도원칙

② 환경보전의 원칙(국토보안의 원칙, 환경양호의 원칙, 산림미의 원칙)
산림의 국토보전, 수원함양, 자연보호 등의 기능을 충분히 발휘할 수 있도록 경영하자는 원칙

 Summary!

산림경영의 지도원칙
- 수익성의 원칙 : 최대의 순수익 또는 최고의 수익률
- 경제성의 원칙 : 수익을 비용으로 나눈 값이 최대, 최소 비용으로 최대 효과
- 생산성의 원칙 : 생산량을 생산요소의 수량으로 나눈 값이 최대, 단위면적당 최대 목재 생산
- 공공성의 원칙 : 질 좋은 목재를 국민에게 대량 공급, 국민의 복리 증진
- 보속성의 원칙 : 해마다 목재 수확을 계속하여 균등하게 생산 · 공급
- 합자연성의 원칙 : 자연법칙 존중
- 환경보전의 원칙 : 산림의 국토보전, 수원함양 등

3. 산림의 생산기간

(1) 벌기령과 벌채령

① 벌기령(伐期齡)
- 임목이 경영 용도에 맞는 일정 성숙기에 도달하는 계획상의 연수, 산림경영계획상의 인위적 성숙기
- 경영목적 등에 따라 미리 결정하는 임목의 예상 수확연령, 예정된 벌채시기
- 보통은 경영주의 재정 사정, 시장의 목재수요 변화, 벌채순서의 정리 등으로 벌기령에 벌채가 이루어지지 않는 경우가 많다.

② 벌채령(伐採齡)

임목이 실제로 벌채되는 연령

구분	내용
법정벌기령	벌기령과 벌채령이 일치할 때의 벌기령
불법정벌기령	벌기령과 벌채령이 일치하지 않을 때의 벌기령

③ 주요 수종의 일반 기준벌기령(「산림자원의 조성 및 관리에 관한 법률 시행규칙」 별표 3)

주요 수종	국유림	공·사유림(기업경영림)
소나무 (춘양목보호림단지)	60년 (100년)	40년(30년) (100년)
잣나무	60년	50년(40년)
리기다소나무	30년	25년(20년)
낙엽송(일본잎갈나무)	50년	30년(20년)
삼나무	50년	30년(30년)
편백	60년	40년(30년)
기타 침엽수	60년	40년(30년)
참나무류	60년	25년(20년)
포플러류	3년	3년
기타 활엽수	60년	40년(20년)

※ 특수용도 기준벌기령은 일반 기준벌기령 중 기업경영림의 기준벌기령을 적용. 다만, 소나무의 경우에는 특수용도 기준벌기령을 적용하지 않음

(2) 벌기령의 종류

① 자연적 벌기령(조림적 벌기령, 생리적 벌기령)
- 산림을 보다 건전하고 왕성하게 가꾸는 것에 근본적 의미가 있는 벌기령이다.
- 임목이 자연적으로 고사하는 연령 또는 천연갱신을 하는 데 가장 적절한 시기 등을 벌기령으로 정하는 방법이다.
- 경제적 목적에 어긋나는 벌기령으로 집약적 산림경영에는 무의미하다.

[벌기령 결정 시 고려사항]
- 갱신사항 : 천연갱신 시 교림인 경우 다량의 충실한 종자를 생산할 수 있는 때를, 왜림인 경우 맹아력이 가장 왕성할 때를 벌기령으로 한다.
- 산림 생산력의 보존 : 토양 상태 등을 고려하여 산림의 생산력을 해치지 않을 때를 벌기령으로 한다.
- 유해작용 방지 : 병충해 등 각종 위해에 대한 저항성이 강할 때를 벌기령으로 한다.

② 공예적 벌기령
- 특정 용도에 적합한 용재를 생산하는 데 필요한 연령을 기준으로 결정되는 벌기령이다.
- 갱목이나 신탄재를 생산할 경우 가장 알맞은 크기가 25년이라면 공예적 벌기령은 25년이다.
- 펄프재, 신탄재, 철도 침목 등의 생산에 적용한다.
- 짧은 벌기령이 유리하다.

③ 재적수확 최대의 벌기령
- 단위면적당 목재의 (평균)생산량이 최대가 되는 연령을 벌기령으로 정하는 방법이다.
- 벌기평균생장량(총평균생장량)이 최대인 시기가 적당하다.

④ 토지순수익 최대의 벌기령(이재적 벌기령)
- 임지에서 장래 기대되는 순수입의 자본가인 토지기망가가 최대가 되는 시기를 벌기령으로 정하는 방법으로 우리나라에서 적용되는 벌기령이다.
- 토지기망가 : 장래에 임지에서 기대되는 순수입을 현재의 가치로 환산한다.

$$\text{토지기망가 } B_u = \frac{A_u + D_a 1.0 P^{u-a} + D_b 1.0 P^{u-b} + \cdots - C 1.0 P^u}{1.0 P^u - 1} - V$$

여기서, B_u : U년 때의 토지기망가, A_u : 주벌수입, P : 이율
U : 윤벌기, C : 조림비, V : 관리자본
$D_a, D_b \cdots$: $a, b \cdots$ 년도의 간벌수입

- 이 벌기령은 이율에 의해 짧아지는 경향이 있어 소경재를 생산하는 사유림의 경영에 적용하기 알맞다.

POINT!

벌기령에 영향을 미치는 요소
- 이율(P) : 이율이 높을수록 벌기령이 짧아진다.
- 주벌수입(A_u) : 소경목과 대경목의 단가 차이가 클수록 벌기령이 길어지며, 작을수록 벌기령이 짧아진다.
- 간벌수입(ΣD) : 간벌량이 많고 간벌시기가 빠를수록 벌기령이 짧아진다.
- 조림비(C) : 조림비가 적을수록 벌기령이 짧아진다.
- 관리자본(V) : 벌기령의 장단과 무관하다.

⑤ 산림순수익 최대의 벌기령
- 산림경영의 총수익에서 들어간 모든 비용을 공제한 산림순수익이 최대가 되는 연령을 벌기령으로 정하는 방법으로 연년 보속작업을 전제로 한다.

- 총수입(주벌수입, 간벌수입)에서 총지출(조림비, 관리비)을 공제한 액수의 평균액이 가장 큰 시기를 벌기령으로 한다.
- 벌기령 중 가장 긴 벌기령으로 간단작업에는 적용이 곤란하며, 안전 보속을 추구하는 국·공유림의 경영에 주로 적용한다.

$$\text{산림순수익의 평균액} = \frac{A_u + \sum D - (C + UV)}{U} : \text{이율을 고려하지 않음}$$

여기서, U : 벌기령, A_u : 주벌수확, $\sum D$: 간벌수확합계, C : 조림비, V : 관리비

⑥ 화폐수익 최대의 벌기령
- 일정 면적에서 매년 평균적으로 최대 화폐수익을 올릴 수 있는 연령을 벌기령으로 정하는 방법이다.
- 자본과 이자, 지출 등의 계산이 없어 정확한 결과를 얻을 수 없는 단점이 있다.

⑦ 수익률 최대의 벌기령
생산자본에 대한 순수익의 비율인 수익률이 최고가 되는 시기를 벌기령으로 정하는 방법이다.

 Summary!

벌기령의 종류
- 자연적 벌기령(조림적 벌기령, 생리적 벌기령)
- 재적수확 최대의 벌기령
- 산림순수익 최대의 벌기령
- 수익률 최대의 벌기령
- 공예적 벌기령
- 토지순수익 최대의 벌기령(이재적 벌기령)
- 화폐수익 최대의 벌기령

(3) 윤벌기와 회귀년

① 윤벌기(輪伐期)
- 보속작업에서 한 작업급에 속하는 모든 임분을 일순벌(一巡伐)하는 데 소요되는 기간이다.
- 일정 면적씩 벌채(개벌)를 진행하여 전 임목의 벌채가 끝나고 다시 처음 벌채구를 벌채하게 될 때까지 걸리는 기간으로 임목의 생산기간과는 일치하지 않는다.
- 개벌작업에 따른 법정림사상에 기인한 개념이다.
- 윤벌령 : 수확벌채가 가능한 성숙한 임분의 연령, 한 작업급의 평균 벌기령
- 벌채와 동시에 갱신이 시작되는 경우 윤벌기와 윤벌령은 동일하지만, 보통은 벌채 후 임목 반출기간, 휴한기 등으로 갱신이 늦어져 윤벌기는 그 갱신기간만큼 길어진다.
- 윤벌기 = 윤벌령 + 갱신기간

> **참고**
>
> **작업급(作業級)**
> 경영계획구 내에서 수종, 작업종, 벌기령이 유사하여 공통적으로 시업을 조절할 수 있는 임분의 집단

② 회귀년(回歸年)
- 택벌작업급을 몇 개의 벌구로 나눠 매년 순차적으로 택벌하고, 다시 최초의 택벌구로 벌채가 되돌아오는 데 소요되는 기간이다.
- 즉, 벌구식 택벌작업에서 맨 처음 벌채된 벌구가 다시 택벌될 때까지의 소요기간이다.
- 택벌작업에 따른 개념이다.
- 회귀년이 짧게 돌아오면 벌채될 재적은 적고, 임지의 축적은 많이 남게 되며, 회귀년이 길게 돌아오면 벌채될 재적은 많고, 임지의 축적은 적어지게 된다.
- 일정 작업급을 작은 면적의 많은 벌구로 나누면 회귀년은 길어져 회귀년의 길이와 연벌 구역면적은 반비례하고, 회귀년이 길수록 늦게 벌채순번이 돌아오므로 일정 구역의 벌채량은 많아져 회귀년의 길이와 일정 구역의 벌채량은 정비례한다.
- 조림기술적 측면이나 산림보호 측면에서는 임지를 꾸준히 관리할 수 있어 짧은 회귀년이 유리하지만, 벌채, 집재, 운재 등의 작업 면이나 초기 기반 시설비가 클 때는 긴 회귀년으로 많은 목재를 일시에 수확하여 투자비를 충당하고자 하는 경향이 있다.

(4) 정리기와 갱신기

① 정리기(개량기, 갱정기)
- 불법정인 영급관계를 법정인 영급관계로 점차 정리하는 기간이다.
- 임상 개량의 목적이 달성될 때까지 임시적으로 설정하는 예상적 기간으로 개벌작업을 하는 산림에 적용된다.
- 법정림인 경우 연벌량에 따라 매년 순차적으로 일정한 양을 벌채할 수 있지만, 실제 산림의 대부분은 불법정으로 노령림이나 유령림이 너무 많은 등 영급관계가 편중되어 일정한 연벌량을 구할 수 없으므로 불이익이 발생하게 되는데 이러한 불이익을 줄이고자 정리기가 필요하다.
- 노령림과 유령림이 함께 존재하는 임분을 벌채할 때 윤벌기로 구한 연벌량에서 오는 불이익을 적게 하여 수확량을 대략 균등하게 지속시키기 위하여 채택한다.

② 갱신기
- 산벌작업은 예비벌, 하종벌, 후벌로 이루어지는데, 이때 예비벌로 시작하여 후벌을 끝낼 때까지의 기간이다.
- 개벌작업에서는 벌채 후 벌채목이 반출되고 새로운 임분이 성립될 때까지의 기간이다.

SECTION·02 법정림

1. 법정림의 개념

① 법정림(法正林, normal forest)이란 매년 수확량이 균등하게 될 수 있는 내용조건을 완벽하게 갖춘 산림으로 경영목적에 따라 벌채하여도 남아 있는 임목의 생장에 전혀 지장을 주지 않아 재적수확의 보속을 실현할 수 있다.
② 개별작업의 보속성에 기초하여 생겨난 개념으로 택벌작업 등 다른 작업에는 적용하기 어렵다.

2. 법정상태

산림 수목의 연령이 고르게 분포하고, 각 임분의 점유면적이 비슷하며, 정상적 생장으로 적절한 임목축적을 유지하고 있어, 해마다 비슷한 양의 목재수확을 계속할 수 있는 조건을 갖춘 법정림의 상태를 법정상태라 한다. 법정상태(법정림)의 요건에는 법정영급분배, 법정임분배치, 법정생장량, 법정축적이 있다.

(1) 법정영급분배

① 1영계부터 벌기영계까지 모든 연령의 임목이 동일한 면적을 차지하고 있는 상태이나, 현실적으로 이러한 법정영계분배로 유도하는 것은 어려워 몇 개의 영계를 하나의 영급으로 묶어 각 영급이 동일한 면적을 점하고 있을 때 법정영급분배라 한다.
  * 영계 : 임목의 각 연령급

② 즉, 해마다 균등한 수확을 할 수 있도록 각 영급의 면적을 동일하게 하는 것으로 법정상태 실현에 중요한 조건이다.

③ 법정영급분배 계산법

> 법정영계면적 $a = \dfrac{F}{U}$ 법정영급면적 $A = \dfrac{F}{U} \times n$ 영급수 $= \dfrac{U}{n}$
>
> 여기서, U : 윤벌기, F : 산림면적(ha), n : 1영급의 영계수

Exercise 01

법정림의 산림면적이 1,200ha, 윤벌기 60년, n=20일 경우 법정영급면적과 영급수를 구하시오.

풀이
- 법정영급면적 $A = \dfrac{F}{U} \times n = \dfrac{1,200}{60} \times 20 = 400\text{ha}$
- 영급수 $= \dfrac{U}{n} = \dfrac{60}{20} = 3$개

Exercise 02

법정림의 산림면적이 120ha, 윤벌기 40년, 1영급을 편성한 영계가 10개로 구성된 경우 법정영계면적과 법정영급면적을 구하시오.

풀이
- 법정영계면적 $a = \dfrac{F}{U} = \dfrac{120}{40} = 3\text{ha}$
- 법정영급면적 $A = \dfrac{F}{U} \times n = \dfrac{120}{40} \times 10 = 30\text{ha}$

④ 개위면적에 의한 법정영급분배

임지의 생산능력에는 차이가 있으므로 각 영계의 벌기재적이 동일하도록 생산능력에 따라 수정한 면적을 개위면적이라 한다.

Exercise 03

지위가 서로 다른 3개 임분의 면적과 벌기재적이 다음 표와 같을 때 각 임분의 개위면적, 법정영급면적, 영급수를 구하시오.

임분	면적(ha)	1ha당 벌기재적(m³)	비고
Ⅰ등지	300	200	윤벌기 100년 1영급 = 10영계
Ⅱ등지	400	150	
Ⅲ등지	300	100	
계	1,000	–	

풀이
- 벌기평균재적 $= \dfrac{(300 \times 200) + (400 \times 150) + (300 \times 100)}{1{,}000} = 150\text{m}^3/\text{ha}$
- 개위면적
  Ⅰ등지 $300 \times 200 = 150 \times x$ 이므로 $x = 400\text{ha}$
  Ⅱ등지 $400 \times 150 = 150 \times x$ 이므로 $x = 400\text{ha}$
  Ⅲ등지 $300 \times 100 = 150 \times x$ 이므로 $x = 200\text{ha}$
- 법정영급면적
  Ⅰ등지 $A = \dfrac{F}{U} \times n \times \dfrac{\text{평균재적}}{\text{각 임분의 벌기재적}} = \dfrac{1{,}000}{100} \times 10 \times \dfrac{150}{200} = 75\text{ha}$
  Ⅱ등지 $A = \dfrac{1{,}000}{100} \times 10 \times \dfrac{150}{150} = 100\text{ha}$
  Ⅲ등지 $A = \dfrac{1{,}000}{100} \times 10 \times \dfrac{150}{100} = 150\text{ha}$
- 영급수
  Ⅰ등지 $= \dfrac{\text{각 임분의 면적}}{\text{각 임분의 법정영급면적}} = \dfrac{300}{75} = 4$개
  Ⅱ등지 $= \dfrac{400}{100} = 4$개
  Ⅲ등지 $= \dfrac{300}{150} = 2$개
  따라서, 총 영급수는 $\dfrac{U}{n} = \dfrac{100}{10} = 10$개

(2) 법정임분배치

① 임목의 이용과 보호를 위한 벌채 및 반출, 임분의 갱신 등에 지장이 없도록 적절한 배치를 유도하여 보속수확을 유지하는 법정조건이다.
② 재적수확 보속의 실현에 있어 기본적인 것으로 직접적인 요건은 아니며, 지속적 수확에 문제가 없도록 알맞게 배치하는 데 의의가 있는 조건이다.
③ 이상적 배치
  - 성숙임분의 벌채·운반 시 인접 유령임분에 피해를 주지 않도록 배치
  - 성숙임분은 벌채 후 인접임분에 폭풍의 피해가 없도록 배치
  - 유령임분 갱신 시 지장이 없고, 보호되도록 배치
  - 수확유지에 지장 없도록 배치

(3) 법정생장량

① 법정림 1년간 생장량의 합계, 즉 각 영계별 임분의 연년 생장량의 합계이다.
② 법정림 1년간의 생장량은 곧 매년의 벌채량이므로 법정연벌량, 벌기임분의 재적(벌기축적)과도 같다.
③ 법정생장량 계산법

$$\text{법정생장량 } I_n = \frac{F}{U} \times \text{윤벌기 ha당 재적}$$

여기서, U : 윤벌기, F : 산림면적(ha)

Exercise 04

산림면적이 400ha, 윤벌기가 50년일 때 법정생장량은 얼마인가?

임령	20	30	40	50
ha당 재적(m³)	60	140	220	300

풀이 법정생장량 $I_n = \frac{F}{U} \times$ 윤벌기 ha당 재적 $= \frac{400}{50} \times 300 = 2,400\text{m}^3$

(4) 법정축적

① 영급분배와 생장이 법정상태일 때 보유할 작업급 전체의 축적, 즉 각 임분의 영급분배가 고루 이루어져 있으며, 법정생장을 하고 있을 때 그 산림이 보유하고 있는 축적이다.

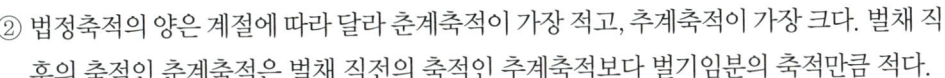

② 법정축적의 양은 계절에 따라 달라 춘계축적이 가장 적고, 추계축적이 가장 크다. 벌채 직후의 축적인 춘계축적은 벌채 직전의 축적인 추계축적보다 벌기임분의 축적만큼 적다.
③ 법정축적은 춘계축적과 추계축적의 평균인 하계축적을 주로 이용하여 계산한다.
④ 법정축적 계산법

> • 벌기수확에 의한 법정축적 계산
> $$법정축적\ V_s = \frac{U}{2} \times V_u \times \frac{F}{U}$$
> 여기서, U : 윤벌기, V_u : 윤벌기의 ha당 재적(m³), F : 산림면적(ha)
>
> • 수확표에 의한 법정축적 계산
> $$법정축적\ V_s = n(V_n + V_{2n} + V_{3n} + \cdots + V_{u-n} + \frac{V_u}{2}) \times \frac{F}{U}$$
> 여기서, n : 수확표의 재적표시기간, $V_n, V_{2n} \cdots$: n년 마다의 ha당 재적(m³)
> V_u : 윤벌기의 ha당 재적(m³), U : 윤벌기, F : 산림면적(ha)

Exercise 05

아래와 같은 수확표가 주어질 때 법정축적을 구하시오(산림면적 100ha, 윤벌기 50년).

임령	10	20	30	40	50
ha당 재적(m³)	20	175	360	520	630

풀이
• 벌기수확에 의한 방법
$$V_s = \frac{U}{2} \times V_u \times \frac{F}{U} = \frac{50}{2} \times 630 \times \frac{100}{50} = 31,500\text{m}^3$$

• 수확표에 의한 방법
$$V_s = n(V_n + V_{2n} + V_{3n} + \cdots + V_{u-n} + \frac{V_u}{2}) \times \frac{F}{U}$$
$$= 10(20 + 175 + 360 + 520 + \frac{630}{2}) \times \frac{100}{50} = 27,800\text{m}^3$$

Exercise 06

어느 법정림의 춘계축적이 900m³, 추계축적이 1,100m³ 라면 법정축적은?

풀이 법정축적은 춘계축적과 추계축적의 평균인 하계축적을 이용하므로
$$법정축적 = \frac{900 + 1,100}{2} = 1,000\text{m}^3$$

> **Summary!**
>
> **법정상태의 요건(구비조건)**
> - 법정영급분배 : 몇 개의 영계를 하나의 영급으로 묶어 각 영급이 동일한 면적 차지
> - 법정임분배치 : 보속 수확의 유지에 지장이 없도록 배치
> - 법정생장량 : 법정림 1년간 생장량의 합계=법정연벌량, 벌기임분의 재적(벌기축적)
> - 법정축적 : 영급분배와 생장이 법정상태일 때 보유할 작업급 전체의 축적
>
> ✎ 법정벌채량, 법정수확, 법정벌기령 ✕

3. 법정벌채량

① 기존의 남아 있는 축적에는 변화를 주지 않으면서 벌채되는 재적, 즉 법정상태를 유지하면서 벌채되는 임목의 양이다.

② 법정벌채량=법정연벌량(NAC)=법정생장량(I_n)=벌기임분재적(V_u)=벌기평균생장량(MAI)×윤벌기(U)

③ 법정벌채량 계산법

> - 개벌 시 : 법정연벌률(법정수확률) $P = \dfrac{200}{U}$
> - 택벌 시 : 법정택벌률 $P = \dfrac{200}{U} \times n$ 여기서, U : 윤벌기, n : 회귀년
>   - 법정연벌률 : 법정축적(V_s)에 대한 법정연벌량(NAC)의 백분율
>   - $P = \dfrac{법정연벌량(NAC)}{법정축적(V_s)} \times 100 = \dfrac{벌기임분재적(V_u)}{법정축적(V_s)} \times 100$ 이고,
>   - 법정축적(V_s) $= \dfrac{U}{2} \times$ 벌기임분재적(V_u) 이므로,
>   - $P = \dfrac{벌기임분재적(V_u)}{\dfrac{U}{2} \times 벌기임분재적(V_u)} \times 100$ 따라서, 법정연벌률 $P = \dfrac{200}{U}$
> - 법정벌채량=법정연벌량(NAC) $= \dfrac{법정연벌률(P)}{100} \times$ 법정축적(V_s)

Exercise 07

소나무 임분의 벌기평균생장량이 6m³/ha이고, 윤벌기가 50년이라고 할 때 이 임분의 법정연벌량과 법정수확률을 구하시오.

풀이
- 법정연벌량(NAC)=벌기평균생장량×윤벌기=6×50=300m³/ha
- 법정연벌률(법정수확률) $P = \dfrac{200}{U} = \dfrac{200}{50} = 4\%$

Exercise 08

윤벌기가 50년, 회귀년이 10년인 산림의 법정택벌률식에 의한 택벌률은?

풀이 법정택벌률 $P = \dfrac{200}{U} \times n(회귀년)$이므로, $P = \dfrac{200}{50} \times 10 = 40\%$

SECTION 03 산림생산

1. 산림경영과 지위

(1) 지위와 지위지수

① **지위(地位)**
- 지위란 토양조건, 지형, 기후, 기타 환경인자 등의 상호작용 결과로 얻어진 임지의 자연적 생산능력, 즉 임지의 생산능력을 나타낸다.
- 임지의 생산 능력을 나타내는 지위는 수목의 수고생장과 가장 연관성이 크다.
- 지위는 지역이나 수종에 따라 다르게 나타나므로 지위를 정할 때는 지역별·수종별로 구분하여 판단한다.
- 지위를 통하여 임지의 전반적 상황 및 수목의 생장결과 등을 예측할 수 있어 수확예정이나 시업지침 등으로 이용할 수 있으며, 임지 매매 시 가격 산정 기준이 되기도 한다.

② **지위지수(地位指數)**
- 일정 기준임령에서의 우세목의 평균수고를 조사하여 수치로 나타낸 것으로 지위를 판단하는 지표로 사용된다.
- 임목의 직경은 밀도의 영향을 많이 받지만, 수고(특히, 우세목의 수고)는 밀도의 영향을 거의 받지 않고 지위에 의해 생장이 결정되어 우세목의 수고를 지위지수 판별에 사용하고 있다.
- 우리나라에서는 대부분 수종의 기준임령은 20년이며, 상수리, 신갈나무 등은 30년이다. 즉, 임령이 20년 또는 30년일 때의 우세목의 수고를 지위지수로 결정한다.
- 지위지수와 직접적인 관계 : 우세목의 평균수고, 수확표, 재적 생산성, 산림의 입지
- 지위지수와 경사도의 관계 : 산지의 경사도가 높은 곳은 토심이 얕고 양수분이 머물지 못해 척박하여 임목의 수고가 낮으므로 지위지수도 낮다.

(2) 지위사정(査定)의 방법

지위, 즉 임지의 생산능력을 판단하는 항목에는 지위지수에 의한 방법, 환경인자에 의한 방법, 지표식물에 의한 방법이 있다.

① 지위지수에 의한 방법(우세목 수고에 의한 방법)

임지의 생산능력을 구체적 수치로 나타낸 지위지수에 의해 판정하는 방법으로 지위사정 방법 중 가장 정확하여 주로 사용한다. 지위지수 분류표와 지위지수 분류곡선을 이용하는 방법이 있다.

㉠ 지위지수 분류표에 의한 방법
- 기존에 미리 조사된 지위지수 분류표를 이용하여 지위를 알고자 하는 임지의 임령과 우세목의 평균수고에 따라 지위를 읽어 판별한다.
- 아래 '소나무 임분의 지위지수 분류표'에서 임령이 20년이며, 우세목의 평균수고가 14m라면, 이 소나무의 지위지수는 14로 판정할 수 있다.

소나무 임분의 지위지수 분류표
(단위 : m)

임령	지위지수			
	10	12	14	16
10	3.3	4.0	4.6	5.2
15	6.9	8.3	9.6	10.9
20	10.0	12.0	14.0	16.0
25	12.4	14.9	17.4	19.9

※ 각 칸의 수치는 수고를 나타냄

㉡ 지위지수 분류곡선에 의한 방법
- 기존의 지위지수 분류곡선을 이용하여 횡축에는 임령을, 종축에는 우세목의 평균수고를 넣어 두 선이 만나는 교차점에서 가까운 곡선 수치를 읽어 지위를 판별한다.
- 오른쪽에 제시한 소나무 임분의 지위지수 분류곡선에서 임령이 35년이며, 우세목의 평균수고가 15m라면 이 소나무의 지위지수는 16m로 판정할 수 있다.

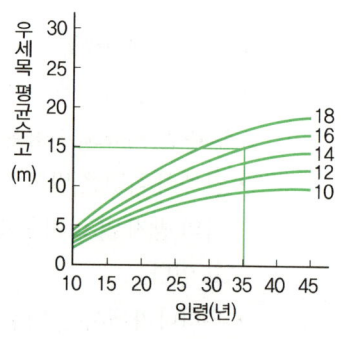

| 소나무 임분의 지위지수 분류곡선 |

② 환경인자에 의한 방법
- 토양, 지형, 기후 등의 환경인자로 지위를 판정하는 방법으로 수목이 없거나 평가 불가능한 치수만 있는 임지의 지위 판단에 이용한다.

- 환경인자에 대한 지위지수 판정 기준표가 있어 각 인자에 해당하는 점수를 종합하여 그 수치를 지위지수로 한다.
- 환경인자에는 입지환경인자와 토양단면인자가 있다.
  - 입지환경인자 : 기후, 지형, 경사, 표고, 방위 등
  - 토양단면인자 : 토양구조, 토심, 토성, 토색, 건습도 등

③ **지표식물에 의한 방법**
- 환경조건에 따라 발생한 지표식물로 지위를 판정하는 방법으로 주로 한랭하여 지표식물의 종류가 적은 곳에서 사용된다.
- 특히, 추운 북부의 임지에서는 하층의 지표식물이 지위지수와 아주 큰 연관성이 있어 지표식물을 통해 어떠한 산림이 형성되고 지위는 어느 정도인지를 예상해볼 수 있다.

Summary!

지위사정 방법
- 지위지수에 의한 방법(우세목 수고에 의한 방법) : 지위지수 분류표, 지위지수 분류곡선
- 환경인자에 의한 방법 : 입지환경인자, 토양단면인자
- 지표식물에 의한 방법 : 한랭한 곳

2. 산림경영과 임분밀도

(1) 임분밀도

① 수목은 개체들이 모여 임분을 조성하고 그 안에서 외부로부터 보호를 받으며 상호보완적 관계를 맺기도 하고, 양수분, 광선, 생육공간 등에서 상호경쟁적 관계를 맺기도 하면서 생장한다.
② 생태적 측면에서의 상호보완적이며 경쟁적인 관계를 모두 충족시킬 수 있는 임분의 밀도 조절은 무엇보다 중요하다고 할 수 있다.
③ 밀도에 따라 직경생장, 즉 비대생장이 크게 영향을 받게 되어 경영목적에 맞는 목재를 생산하기 위해서도 적절한 밀도 조절은 중요한 관건이다.
④ 임분의 밀도를 나타내는 척도로는 단위면적당 임목본수·재적·흉고단면적, 상대밀도, 입목도, 임분밀도지수, 수관경쟁인자, 상대공간지수 등이 있다.

(2) 임분밀도의 척도

① 단위면적당 임목본수 : 일정 단위면적당 임목의 본수
② 단위면적당 재적 : 일정 단위면적당 임목재적의 합계
③ 단위면적당 흉고단면적 : 일정단위 면적 내 포함되는 모든 임목의 흉고단면적의 합계
④ 상대밀도 : 흉고단면적과 평방평균직경을 병합
⑤ 입목도(立木度)
  이상적인 임분의 재적·본수·흉고단면적에 대한 실제 임분의 재적·본수·흉고단면적의 비율
  • 법정상태의 임목본수에 대한 현재 생육하고 있는 임목본수의 비
  • 법정축적(정상축적)에 대한 현실축적의 비
  • 수확표상의 흉고단면적에 대한 실제 흉고단면적의 비
  • 수확표상의 입목재적에 대한 실제 임분의 입목재적의 비

Exercise 09

정상임분의 축적이 3,000본이지만 현실임분의 축적이 2,000본인 경우의 입목도는?

풀이 입목도 = $\frac{현실축적}{정상축적} \times 100 = \frac{2,000}{3,000} \times 100 = 66.66 \cdots$ ∴ 약 66.7%

⑥ 임분밀도지수 : 기존의 밀도지수표 이용
⑦ 수관경쟁인자 : 임목수관의 지상투영면적의 백분율
⑧ 상대공간지수 : 우세목의 수고에 대한 입목 간 평균거리의 백분율

3. 산림생장 및 예측모델

(1) 산림생장모델

① 산림의 생장을 일정한 수식을 이용하여 예측함으로써 생장량과 수확량을 결정할 수 있도록 한 시스템으로 산림생장모델 또는 산림생장예측모델이라 한다.
② 산림의 미래 생장을 다양한 측면으로 예측함으로써 현재 경영에 적합한 최적의 계획 및 관리방안을 찾는 과정이다.
③ 산림생장 및 예측모델의 구축 과정
  모델 선정 및 설계 → 자료 수집 → 자료 분석 및 생장함수식 유도 → 모델 구성 → 검증

(2) 산림생장모델의 종류

① 임분생장모델 : 임분 차원에서의 흉고직경, 수고, 재적 등의 생장을 예측한 모델
② 단목생장모델 : 주로 위치에 따른 개체목 차원에서의 직경, 수고 등의 생장을 예측한 모델
③ 직경분포모델 : 흉고직경만을 등급화하여 직경분포를 시간변화에 따라 예측한 모델
④ 과정기반모델 : 기상이나 환경의 영향에 따른 생장을 예측한 모델

(3) 임분생장모델

① 정적임분생장모델 : 일정 밀도를 전제로 고정적인 동일한 조건으로 임분을 관리하였을 때의 생장과 수확을 예측하는 모델로 수확표가 대표적이다.
② 동적임분생장모델 : 밀도가 다양한 임분에서 다양한 조건으로 관리하였을 때의 생장과 수확을 예측하는 모델이다.

SECTION 04 산림의 수확조정

1. 수확조정의 개념

(1) 수확조정 일반

① 산림수확이란 산림에서 생산되는 모든 재화를 말하며, 크게 물질수확과 화폐수확으로 나눌 수 있다.
② 산림에서 거두어들이는 물질수확에는 주산물인 목재의 주벌수확과 간벌수확이 있으며, 종실, 버섯, 산채 등 기타 임산물의 부산물수확이 있다.
③ 산림수확 중 목재의 주벌수확에 초점을 맞춰 어느 정도의 면적에 어느 정도의 양을 수확할 것인가를 결정하는 작업을 수확조정이라 한다.

(2) 수확표

① 수확표 일반
- 수종에 따라 연령별, 지위지수별, 주·부임목별로 산림의 단위면적당 본수, 단면적, 재적, 생장량(연년, 평균)과 평균직경, 평균수고, 평균재적, 생장률 등을 5년마다의 수치로 기록한 표이다.

- 주임목은 주벌수확 시, 부임목은 간벌수확 시 기입한다.
- 수확표는 정적임분생장모델을 적용하는 방식이다.

② 수확표의 종류
- 재적수확표 : 목재수확량을 재적으로 표시
- 금원수확표 : 목재수확량을 금액으로 표시
- 일반수확표 : 일반적인 대부분의 지역에 적용 = 법정수확표
- 지방수확표 : 한정된 일정 지역에 적용

③ 수확표의 활용도
임목재적 측정, 임분재적 측정, 생장량 예측, 수확량 예측, 지위 판정, 입목도 및 벌기령 결정, 경영성과 판정, 산림평가, 경영기술의 지침, 육림보육의 지침 등

④ 수확표의 예시
강원도 지방 소나무 수확표의 예를 들어보면 다음과 같다.

[강원도 지방 소나무의 수확표] (지위지수 : 14)

연령	주임목							부임목				주·부임목 합계			생장률
	평균			1ha당				평균		1ha당		1ha당			
	직경	수고	재적	본수	단면적	재적	생장량	직경	재적	본수	재적	본수	재적	생장량	
15															
20															
25															
30															
…							…								

※ 수확표는 위 표와 같은 형태로 구분되며, 각각의 칸에 수치가 기록되어 있다.

2. 수확조정의 기법

(1) 구획윤벌법

① 전 산림면적을 윤벌기 연수와 같은 수의 벌구로 나누어 전 윤벌기를 지내는 동안 매년 한 벌구씩 벌채·수확할 수 있도록 조정한 것으로 가장 오래된 수확조정기법이다.
② 일정 면적을 윤벌기 연수로 구획하여 해당 벌구 내의 수목을 매년 수확한다 하여 구획윤벌법이라 한다.

③ 구획윤벌법의 종류
- 단순구획윤벌법 : 전 산림면적을 기계적으로 윤벌기 연수로 나누어 벌구면적을 같게 하는 방식
- 비례구획윤벌법 : 토지의 생산능력에 따라 벌구면적을 조절하여 연수확량을 같게 하는 방식

(2) 재적배분법

① 재적을 기준으로 수확예정량을 결정하여, 재적수확을 균등하게 하는 조정기법으로 1759년 베크만(Beckmann)이 고안했다.

② 재적배분법의 종류
- 베크만(Beckmann)법 : 임분의 전체 임목을 직경의 크기에 따라 성숙목과 미성숙목으로 구분하고, 미성숙목이 성숙목이 되기까지의 수확조정기간인 경리기간을 두어 후에 재적수확을 균등하게 하는 방식
- 허프나글(Hufnagl)법 : 전 임분의 임목을 윤벌기 연수의 1/2 이상 되는 연령과 그 이하의 연령으로 나누어 전자는 윤벌기 전반에, 후자는 윤벌기 후반에 수확함으로써 재적수확을 균등하게 하는 방식

(3) 평분법

① 한 윤벌기를 몇 개의 분기로 나누고 매 분기마다 수확량을 같게 하는 조정기법이다.
② 수확조절의 기준이 재적이냐 면적이냐에 따라 재적평분법, 면적평분법, 절충평분법으로 구분할 수 있다.
③ 1795년 하르티그(Hartig)에 의해 재적평분법이 완성되었으며, 이후 코타(Cotta)에 의해 면적평분법과 절충평분법이 발전하였다.

④ 평분법의 종류
  ㉠ 재적평분법
   - 각 분기의 벌채 재적을 동일하게 하여 재적수확의 균등을 도모하려는 방식
   - 일반적으로 경제변동에 대한 탄력성이 없는 것으로 평가됨
  ㉡ 면적평분법
   - 각 분기의 벌채 면적을 동일하게 하여 수확하는 것으로 재적수확의 균등보다는 장소적인 규제를 더 중시하는 방식
   - 면적을 적용할 때 산림구획은 임반 단위로 적용

- 복벌(複伐, 재벌) : 뒤에 배정된 임분이 과숙되어 있으면 1분기에도 배정하여 중복 벌채하는 것
- 경리기외편입(經理期外編入) : 처음 배정된 임분이 유령림일 때 우선은 수확하지 않고 다음 윤벌기까지 벌채를 연기하는 것
- 이 방법은 제2윤벌기에 산림이 법정상태가 되어 개벌작업에는 응용할 수 있지만, 택벌작업에는 응용할 수 없음

ⓒ 절충평분법

재적평분법의 재적보속수확과 면적평분법의 법정임분배치를 모두 이루기 위해 장점만을 절충한 방식

(4) 법정축적법

① 산림 연간벌채량의 기준을 연간생장량에 두고, 현실림과 정상적인 축적의 차이에 의해 조절하는 수확기법으로 현실림을 점차 법정림으로 유도하는 방식이다. 즉, 법정축적에 도달하도록 하는 수식법이다.

② 영급관계가 현저하게 불법정한 산림에는 적용이 곤란하나, 대부분의 산림에 적용 가능하다.

③ 법정축적법의 종류

㉠ 교차법

교차법에는 카메랄탁세(Kameraltaxe)법, 하이어(Heyer)법, 칼(Karl)법, 게르하르트(Gehrhardt)법이 있으며, 보통 카메랄탁세법을 대표적 법정축적법으로 적용하고 있다.

- Kameraltaxe법(Austrian 공식)의 연간표준벌채량(Y) 계산

$$Y = I + \frac{G_a - G_r}{a} = 현실\ 연간생장량 + \frac{현실축적 - 법정축적}{갱정기(정리기)}$$

→ 법정축적(G_r)은 대상임분 벌기축적합계의 1/2에 해당

- Heyer법의 연간표준벌채량(Y) 계산

$$Y = I \times c + \frac{G_a - G_r}{a}$$
$$= 임분의\ 평균생장량 \times 조정계수 + \frac{현실축적 - 법정축적}{갱정기(정리기)}$$

Exercise 10

아래와 같은 조건에서 Kameraltaxe법에 의한 전체 연간표준벌채량은 얼마인가?

- 산림면적 : 100ha
- ha당 현실축적 : 40m³
- ha당 현실 연간생장량 : 2m³
- ha당 법정축적 : 60m³
- 정리기 : 20년

풀이 연간표준벌채량(연벌량) $Y = I + \dfrac{G_a - G_r}{a} = 2 + \dfrac{40 - 60}{20} = 1\text{m}^3/\text{ha}$ 이고,

전체는 100ha이므로 $1\text{m}^3/\text{ha} \times 100\text{ha} = 100\text{m}^3$

Exercise 11

다음 조건의 잣나무 임분에서 하이어(Heyer) 공식법에 의한 연간표준벌채량(m³/ha)은 얼마인가?

- 평균생장량 : 7m³/ha
- 현실축적 : 350m³/ha
- 법정축적 : 400m³/ha
- 갱정기 : 20년
- 조정계수 : 0.9

풀이 연간표준벌채량(연벌량) $Y = I \cdot c + \dfrac{G_a - G_r}{a} = 7 \times 0.9 + \dfrac{350 - 400}{20} = 3.8\text{m}^3/\text{ha}$

ⓒ 이용률법
- 이용률법에는 훈데스하겐(Hundeshagen)법, 맨텔(Mantel)법이 있다.
- 맨텔법은 마슨(Masson)법이라고도 하며, 현실축적을 윤벌기의 반으로 나눈 값을 벌채량으로 한다.

- Hundeshagen법의 연간표준벌채량(Y) 계산

$$Y = \dfrac{E_n}{G_r} \times G_a = \dfrac{\text{법정벌채량}}{\text{법정축적}} \times \text{현실축적}$$

- Mantel법의 연간표준벌채량(Y) 계산

$$Y = \dfrac{2 \times G_a}{U} = \dfrac{2 \times \text{현실축적}}{\text{윤벌기}}$$

Exercise 12

소나무림 40년생(지위지수 10)의 현실축적이 280m³, 수확표에서의 ha당 축적이 250m³이며 연간 생장량이 10m³인 경우 Hundeshagen의 이용률법으로 계산한 연간벌채량은 얼마인가?

풀이 연간벌채량 $Y = \dfrac{E_n}{G_r} \times G_a = \dfrac{10}{250} \times 280 = 11.2\text{m}^3$

Exercise 13

어떤 산림의 현실축적이 200,000m³이고, 윤벌기가 40년일 때 Mantel법(Masson법)에 의한 표준연벌량은 얼마인가?

풀이 표준연벌량 $Y = \dfrac{2 \times G_a}{U} = \dfrac{2 \times 200,000}{40} = 10,000\text{m}^3$

ⓒ 수정계수법

수정계수법에는 브레이만(Breymann)법, 슈미트(Schmidt)법이 있다.

Summary!

법정축적법

교차법	Kameraltaxe법, Heyer법, Karl법, Gehrhardt법
이용률법	Hundeshagen법, Mantel법
수정계수법	Breymann법, Schmidt법

(5) 영급법

① 면적평분법의 법정임분배치에 있어 임반 단위에 따른 손실을 줄이고자 쥬디히(Judeich)가 처음 고안한 수확기법이다.
② 소반을 시업단위로 하고, 법정영급배치를 고려하면서 경제적으로 가장 유리한 때를 소반 임목의 벌채시기로 한다.
③ 영급법의 종류
   ㉠ 순수영급법
   절충평분법이 발전하여 완성된 것으로 경제성보다 법정상태의 실현을 중시하는 기법

ⓒ 임분경제법
- 임분을 가장 경제적일 때 벌채 이용하자는 경제성에 무게를 둔 기법
- 법정상태의 실현보다는 현재의 경제성을 중시하여 순수영급법보다 수익을 추구
- 단점
  - 경제성을 중시하기에 자연법칙이 경시
  - 토지순수익설에 의해 벌기를 정하므로 벌기가 짧아지는 경향
  - 개벌작업에는 적용 가능하나 택벌작업에는 적용 곤란
ⓒ 등면적법
  순수영급법과 임분경제법의 단점을 보완하여 완성한 조정법

(6) 생장량법

① 생장량을 곧 수확예정량으로 하는 조정법으로 생장량법의 종류는 다음과 같다.

② 생장량법의 종류
  ㉠ 마틴(Martin)법 : 각 임분의 평균생장량의 합계를 곧 수확예정량으로 하는 순수생장량법
  ㉡ 생장률법
  - 현실축적에 각 임분의 평균생장률을 곱한 연년생장량을 수확예정량으로 하는 방식
  - 연년생장량 = 현실축적 × 생장률 = 표준연벌량
  ㉢ 조사법
  - 일정한 수식이나 특수한 규정이 따로 정해져 있는 것이 아니라 경험을 근거로 실행하는 방식
  - 조림과 무육을 위주로 실행하며, 직접 연년생장량을 측정하여 수확예정량을 결정
  - 자연법칙을 존중하면서 임업의 경제성을 높이고 다량의 목재생산을 지속하려는 방법
  - 1878년 프랑스의 귀르노(Gurnaud)가 고안, 스위스의 비올레(Biolley)에 의해 발전
  - 산림의 축적(생장량) 조사에 많은 시간과 비용이 소요되므로 집약적인 경영을 하는 산림에 적용하며, 조방적 경영에는 적용이 곤란
  - 문제점
    - 생장량의 조사에 시간과 비용이 다량 소요
    - 경험에 의하여 실행하므로 고도의 숙련된 기술이 필요
    - 개벌작업 외 모든 작업에 적용 가능하나, 거의 택벌림에 적용됨
    - 현실은 개벌에 의한 동령 일제림이 많으므로 적용 범위가 선택적

조사법의 기간생장량(Z) 계산

- $Z = V_2 - V_1 + n =$ 기간 말 축적 − 기간 초 축적 + 기간 중 벌채 이용 및 고사량
- 소경목, 중경목, 대경목의 재적비율이 2 : 3 : 5일 때 기간생장량이 큼

Summary!

수확조정법의 발달

구분	내용	
구획윤벌법	단순구획윤벌법, 비례구획윤벌법	
재적배분법	Beckmann법, Hufnagl법	
평분법	재적평분법, 면적평분법, 절충평분법	
법정축적법	교차법	Kameraltaxe법, Heyer법, Karl법, Gehrhardt법
	이용률법	Hundeshagen법, Mantel법
	수정계수법	Breymann법, Schmidt법
영급법	순수영급법, 임분경제법, 등면적법	
생장량법	Martin법, 생장률법, 조사법	

※ 특징 : 재적배분법과 재적평분법은 재적수확의 보속 추구, 면적평분법과 순수영급법은 법정상태 실현 추구, 임분경제법과 조사법은 경제성 추구

CHAPTER 03 산림평가

SECTION 01 산림평가의 이론

1. 산림평가의 개념

① 산림평가란 산림을 구성하는 임지, 임목, 부산물, 시설 등의 경제적 가치를 산정하여 화폐가치로 나타내는 것을 말한다.
② 산림평가 시 물질생산의 가치뿐 아니라 공익적 기능을 포함한 다면적 이용에 대한 평가도 포함한다.

③ 산림평가의 활용
- 산림을 매매, 교환, 분할 및 병합할 때의 가격사정
- 산림을 대차할 때의 가격사정
- 산림보험의 보험금액 및 산림피해의 손해액 산정
- 산림의 과세표준액 결정

2. 산림의 구성내용과 특수성

(1) 산림평가의 구성내용

① **임지** : 위치, 면적, 지형, 지질 등의 자연적 요소와 지위·지리별 입목지, 벌채적지, 미립목지 등으로 나누어 평가
② **임목** : 수종, 임종, 용도, 임령 등을 종합하여 평가
③ **부산물** : 임지 내의 동식물, 토석, 광물 등에 대한 종류별 평가
④ **시설** : 임도, 건물, 저목장, 산림보호시설, 산림휴양시설 등의 평가
⑤ **공익적 기능** : 산림의 공익적 기능을 종류별로 분류하여 계량 평가

> **참고**
>
> **임업평가자본**
>
> 순임업평가자본 = 임업평가자본총액 − 부채
>
> - 임업평가자본총액 = 토지평가액 + 건물평가액 + 임업용 기계평가액 + 임목축적평가액 + 별도목재고평가액
> - 부채 = 차입금 + 미불금

Exercise 14

토지평가액 10만 원, 건물평가액 60만 원, 임업용 기계평가액 40만 원, 임목축적평가액 70만 원, 별도목재고평가액 30만 원, 차입금 60만 원, 미불금 7만 원일 때 임업평가자본은?

풀이 (10만 원 + 60만 원 + 40만 원 + 70만 원 + 30만 원) − (60만 원 + 7만 원) = 143만 원

(2) 산림평가의 특수성

① 임지와 임목은 부동산으로 평가하지만, 일반 부동산의 평가방법과는 상당히 다르다.
② 임목은 오랜 기간에 걸쳐 자연적으로 생산되므로 동형·동질인 것은 없다.
③ 현재뿐만 아니라 과거와 장래의 여러 문제도 중요한 평가인자가 된다.
④ 장래의 생산량, 목재가의 변동, 재질의 향상 등의 예측이 매우 어렵다.
⑤ 수익을 예측하기 어렵고, 적합한 예측방법도 확립되어 있지 않다.
⑥ 생산기간이 장기적이고, 금리의 변동이 커서 정밀하게 평가하기 쉽지 않다.
⑦ 토지가격과 노임의 급상승으로 인공림에서 벌기수입과 육성비용 간 수지를 맞추기 어려워 임업이율이 마이너스가 되는 경향이 높다.
⑧ 임산물 생산의 가치뿐만 아니라 타 용도로의 전용, 자연보호 등 산림에 대한 가치관이 다양화되어 다양한 가치평정이 요구된다.
⑨ 산림의 거래가는 일반 임업으로서의 이용가를 웃도는 것이 대부분으로 산림의 가격을 불안정하게 하여 평가를 어렵게 한다.

3. 산림평가의 산림경영요소

산림평가에 있어서 산림경영요소에는 수익, 비용, 임업이율이 있다.

(1) 수익

① 수익이란 경영을 통한 일정 기간 동안에 생긴 가치액을 말한다.

② 수익의 종류
- 주수익 : 목재 등의 주산물로 얻어지는 수익. 주벌수익과 간벌수익으로 구분
- 부수익 : 부산물로 얻어지는 수익

[주수익의 분류]

주수익	주벌수익	• 성숙기에 달한 임목을 갱신하거나 갱신준비를 위해 벌채하여 얻어진 수익 • 임지를 다른 용도로 전환하기 위해 벌채하여 얻어진 수익 • 각종 산림피해로 인해 벌채하여 얻어진 수익
	간벌수익	산림 무육 시 벌채하여 얻어진 수익

(2) 비용

① 비용이란 수익을 내기 위해 일정 기간 동안에 소모되는 가치액을 말한다.
② 비용에는 조림비, 채취비, 관리비 및 지대가 있다.
③ 비용의 종류
  ㉠ 조림비
   - 산림을 육성하는 데 소요된 모든 육림적 경비로 채취비를 제외한 모든 육성적 희생가치이다. 즉, 묘목을 심어 성립하기까지 지출되는 총육림비용이다.
   - 식재비(묘목대, 묘목운반비, 정지·신식·보식 비용), 벌초비(풀베기·덩굴치기 비용), 제벌비, 간벌비, 가지치기 비용 등이 있다.
   - 조림비의 대부분은 노임으로 노임의 다소에 따라 조림비가 결정된다.
  ㉡ 채취비
   - 산림 생산물을 수확하여 제품화하는 데 소요되는 일체의 비용이다.
   - 입목으로 판매할 때는 조사비, 판매사무비 정도만 들지만, 벌채하여 원목을 판매할 때는 조사비, 벌목비, 소재비, 집재비, 운반비, 판매비, 기업이윤, 위험부담금 등이 채취비로 들어간다.
   - 벌기 이상의 임목평가에 이용하는 시장가역산법에서는 임목단가 계산 시 채취비를 공제함으로써 비용으로 산정하지 않는다.
  ㉢ 관리비
   - 산림의 관리경영에 필요한 비용으로 조림비와 채취비 외의 비용이다.
   - 인건비(경영관리), 물건비, 산림보호비, 산림경영계획비, 보험료, 제세공과금, 고정시설의 감가상각비, 노무자 복지시설비, 시험연구비 등이 해당한다.

ⓔ 지대
- 토지자본을 사용한 대가로 지불하는 것이지만 일반적으로 직접 지출되는 비용은 아니다.
- 계산 시에는 지가에 이율을 곱해 사용한다.

(3) 임업이율

① 이자와 이율
- 이자 : 자본을 사용한 대가로 지불되는 요금
- 이율 : 자본에 대한 이자의 비율

② 이율의 종류
- 업종에 따른 분류 : 보통이율, 상업이율, 공업이율, 농업이율, 임업이율
- 기간의 장단에 따른 분류 : 단기이율, 장기이율
- 현실성에 따른 분류 : 현실이율, 평정이율
- 용도에 따른 분류 : 경영이율, 환원이율
- 성질에 따른 분류 : 주관적 이율, 객관적 이율

③ 이율의 고저를 좌우하는 요소(이율의 크기를 결정하는 요소)
- 자본 사용기간(대출기간) : 자본의 사용기간이 짧으면 이율이 높고, 길면 이율이 낮다.
- 투하자본의 유동성 : 투하자본을 언제라도 회수할 수 있을 때 이율은 낮다.
- 자본투하의 위험성 : 자본의 투하나 회수에 있어 편리하고 안전할 때 이율은 낮다.
- 투자의 선택성 : 유리한 사업이 많아 투자할 곳이 많을 때 이율은 높고, 사업이 위축되어 투자할 곳이 적을 때 이율은 낮다.
- 담보의 유무 : 담보는 투하자본 회수에 대한 보장성이 있으므로 담보가 있을 때 이율은 낮고, 없을 때 이율은 높다.

④ 임업이율의 성격
- 임업이율은 대부이자가 아니라 자본이자이다.
  금전 대부에 대한 이자가 아닌 임목축적이라는 특수자본에 대한 이자이다.
- 임업이율은 단기이율이 아니라 장기이율이다.
  임목의 생산기간은 길어 단기가 아닌 장기 자본에 대한 이율이다.
- 임업이율은 현실이율이 아니라 평정이율(계산이율)이다.
  임목축적은 수십 년이 지나 실제 수목이 벌채되어야 생장량과 수익을 정확하게 계산할 수 있는 것이므로, 현재 실제로 얻은 이율인 현실이율이 아니라 단지 계산과 추정에 의한 예측을 통해 평정하는 이율인 평정이율이다. 평정이율은 이자(생장량)와 자본가(임목축적) 중에서 어느 하나가 불분명할 때 추정에 의하여 정해지는 계산이율이다.

- 임업이율은 실질적 이율이 아니라 명목적 이율이다.

  수목의 생장량은 매년 기계적으로 같은 것이 아니라 여러 요인에 따라 다르게 나타나므로, 연생장량의 예측이라는 것은 사실상 명목적으로 정한 이율일 뿐 매년 수목의 예측 생장량만큼 실제로 정확하게 생장과 수익이 발생하는 것이 아니므로 실질적 이율이 아니다. 명목적 이율은 물가등귀율을 반영하여 내포하고 있다.
- 임업이율의 계산은 복리를 적용한다.

참고

이율의 종류
- 단기이율과 장기이율
  - 단기이율 : 수개월에서 1년 미만의 짧은 기한의 이율
  - 장기이율 : 1년에서 수십 년의 긴 기한의 연이율
- 현실이율과 평정이율
  - 현실이율 : 사업 경영의 결과 실제로 얻은 이율, 금융시장의 실제 이율
  - 평정이율 : 이자액의 결정, 자본가의 산정, 사업의 수익도 판단 등에 쓰이는 이율
- 명목적 이율과 실질적 이율
  - 명목적 이율 : 이자의 변화가 1년에 여러 번 있을 때 연이율은 명목적 이율
  - 실질적 이율 : 이자의 변화에 따라 실제로 거두어들이는 이율

Summary!

임업이율의 성격
- 대부이자가 아닌, 자본이자
- 단기이율이 아닌, 장기이율
- 현실이율이 아닌, 평정이율(계산이율)
- 실질적 이율이 아닌, 명목적 이율(명목적 이율 : 물가등귀율 내포)
- 임업이율은 복리계산

⑤ 임업이율이 다른 이율에 비해 고율인 이유
- 목재생산 기간이 길어 자본이 장기간 고정되므로 현금수익 불가
- 임업투자에 대한 예측하지 못한 위험성과 불확실성의 존재

⑥ 임업이율을 낮게 평정해야 하는 이유

산림경영은 수익성이 낮다는 등 아래와 같은 이유로 임업이율을 고율이 아닌 오히려 보통이율보다 약간 저율로 평정해야 한다는 학설이다.
- 산림소유의 안정성
- 산림 관리경영의 간편성

- 생산기간의 장기성
- 산림재산과 임료수입의 유동성
- 재적 및 금원수확의 증가와 산림재산의 가치등귀
- 문화발전에 따른 이율의 저하
- 산림소유에 대한 개인적 가치평가

✎ 산림소유(수입)의 고소득성 ×, 산림투자의 불확실성 ×

4. 산림평가의 계산적 기초

(1) 이자의 계산법

① 단리법
- 최초의 원금에 대해서만 이자를 계산하는 방법
- 단기이자 계산에 사용
- 원금과 이자액이 매년 일정

$$N = V(1 + nP)$$
여기서, N : 원리합계, V : 원금, n : 기간, P : 이율

② 복리법
- 일정 기간마다 이자를 원금에 가산하여 얻은 원리합계를 다음의 원금으로 하여 계산하는 방법

$$N = V(1+P)^n = V \times 1.0P^n$$
여기서, N : 원리합계, V : 원금, n : 기간, P : 이율

- 즉, 복리법은 원금(V)의 n년 후의 후가이며, n년간의 복리와 원금의 원리 합계라 할 수 있다.

Exercise 15

현 산림축적이 1,000m³이고, 생장률이 연 3%일 때 10년 후 산림축적을 단리법과 복리법으로 구하시오.

풀이
- $N = V(1 + nP) = 1,000(1 + 10 \times 0.03) = 1,300 \text{m}^3$
- $N = V \times 1.0P^n = 1,000 \times 1.03^{10} = 1,343.91 \cdots \text{m}^3$

(2) 복리산공식

① 후가식(後價式)

현재 자본금이 V이고, 이율이 P일 때 n년 후의 자본금 N(후가)을 구하는 공식

$$N = V(1+P)^n = V \times 1.0P^n$$

여기서, $(1+P)^n$: 후가계수, 복리율

Exercise 16

조림비가 500만 원이 소요된 산림에서 30년 뒤의 후가는 얼마인가?(단, 이율 5%)

풀이 $N = V \times 1.0P^n = 500만\ 원 \times 1.05^{30} = 21,609,711.88$ ∴ 약 21,609,700원

② 전가식(前價式)

이율이 P이고, n년 후에 자본금 N을 만들기 위해 현재의 자본금 V(전가)를 구하는 공식

$$V = \frac{N}{(1+P)^n} = \frac{N}{1.0P^n}$$

여기서, $\dfrac{1}{(1+P)^n}$: 전가계수, 현재가계수, 할인율

Exercise 17

앞으로 20년 후에 200만 원의 수입이 예상되는 현재가(전가)는 얼마인가?(단, 이율 5%)

풀이 $V = \dfrac{N}{1.0P^n} = \dfrac{200만\ 원}{1.05^{20}} = 753,778.9657$ ∴ 약 753,800원

③ 무한연년이자의 전가식

매년 말에 r씩 영구히 얻을 수 있는 이자의 전가합계식

$$K = \frac{r}{P} = \frac{r}{0.0P}$$

여기서, P : 이율

Exercise 18

산림경영에서 매년 발생하는 수익이 20만 원, 연이율이 5%인 경우에 자본가는 얼마인가?

풀이 $K = \dfrac{r}{0.0P} = \dfrac{20만\ 원}{0.05} = 400만\ 원$

Exercise 19

연이율 16%일 때 매년 말에 200만 원의 이자를 영구히 얻기 위한 자본가는 얼마인가?

풀이 $K = \dfrac{r}{0.0P} = \dfrac{200만\ 원}{0.16} = 1{,}250만\ 원$

④ 무한정기이자의 전가식

현재로부터 n년마다 R씩 영구히 얻을 수 있는 이자의 전가합계식

$$K = \dfrac{R}{(1+P)^n - 1} = \dfrac{R}{1.0P^n - 1}$$

여기서, P : 이율

Exercise 20

벌기 30년마다 1,000만 원의 수입을 영구히 올릴 수 있는 소나무림의 현재가(자본가)는 얼마인가?(단, 이율 5%)

풀이 $K = \dfrac{R}{1.0P^n - 1} = \dfrac{1{,}000만\ 원}{1.05^{30} - 1} = 3{,}010{,}287.016$ ∴ 약 $3{,}010{,}300$원

⑤ 유한연년이자의 후가식

매년 말에 r씩 n회 얻을 수 있는 이자의 후가합계식

$$K = \dfrac{r\{(1+P)^n - 1\}}{P} = \dfrac{r(1.0P^n - 1)}{0.0P}$$

여기서, P : 이율

Exercise 21

연이율이 5%이고, 매년 80만 원씩 조림비를 5년간 지불하면, 마지막 지불이 끝났을 때 이자의 후가합계는 얼마인가?

풀이 $K = \dfrac{r(1.0P^n - 1)}{0.0P} = \dfrac{80\text{만 원}(1.05^5 - 1)}{0.05} = 4{,}420{,}505$ ∴ 약 4,420,500원

⑥ 유한연년이자의 전가식

매년 말에 r씩 n회 얻을 수 있는 이자의 전가합계식

$$K = \dfrac{r}{P} \times \dfrac{(1+P)^n - 1}{(1+P)^n} = \dfrac{r}{0.0P} \times \dfrac{1.0P^n - 1}{1.0P^n} = \dfrac{r(1.0P^n - 1)}{0.0P \times 1.0P^n}$$

여기서, P : 이율, $\dfrac{(1+P)^n - 1}{(1+P)^n} = \dfrac{1.0P^n - 1}{1.0P^n}$: 연금전가계수, 연금불현가계수

Exercise 22

연이율이 8%이고, 매년 말에 산림관리비로 20만 원씩 30년간 납부하는 대신 첫해에 모두 지불할 때 전가합계는 얼마인가?

풀이 $K = \dfrac{r(1.0P^n - 1)}{0.0P \times 1.0P^n} = \dfrac{20\text{만 원}(1.08^{30} - 1)}{0.08 \times 1.08^{30}} = 2{,}251{,}556.668\cdots$ ∴ 약 2,251,600원

⑦ 유한정기이자의 후가식

m년마다 R씩 n회 얻을 수 있는 이자의 후가합계식

$$K = \dfrac{R\{(1+P)^{mn} - 1\}}{(1+P)^m - 1} = \dfrac{R(1.0P^{mn} - 1)}{1.0P^m - 1}$$

여기서, P : 이율

Exercise 23

어떤 소나무림에서 간벌을 하면 500만 원씩의 수입을 얻을 것으로 예상된다. 연중에는 3회 간벌을 하고, 5년간 연이율을 5%로 적용할 경우 후가계산식을 쓰시오.

풀이 $K = \dfrac{R(1.0P^{mn} - 1)}{1.0P^m - 1} = \dfrac{500\text{만 원} \times (1.05^{15} - 1)}{1.05^5 - 1}$

⑧ 유한정기이자의 전가식

m년마다 R씩 n회 얻을 수 있는 이자의 전가합계식

$$K = \frac{R\{(1+P)^{mn} - 1\}}{(1+P)^{mn}\{(1+P)^m - 1\}} = \frac{R(1.0P^{mn} - 1)}{1.0P^{mn}(1.0P^m - 1)}$$

여기서, P : 이율

Summary!

산림평가의 복리산공식

구분	공식
후가식	$N = V \times 1.0P^n$
전가식	$V = \dfrac{N}{1.0P^n}$
무한연년이자의 전가식	$K = \dfrac{r}{0.0P}$
무한정기이자의 전가식	$K = \dfrac{R}{1.0P^n - 1}$
유한연년이자의 후가식	$K = \dfrac{r(1.0P^n - 1)}{0.0P}$
유한연년이자의 전가식	$K = \dfrac{r(1.0P^n - 1)}{0.0P \times 1.0P^n}$
유한정기이자의 후가식	$K = \dfrac{R(1.0P^{mn} - 1)}{1.0P^m - 1}$
유한정기이자의 전가식	$K = \dfrac{R(1.0P^{mn} - 1)}{1.0P^{mn}(1.0P^m - 1)}$

5. 산림평가 방법

(1) 산림의 평가방법

① 비용가법
- 재화를 취득하거나 생산하는 데 소비된 과거의 비용을 현재가로 환산하여 평가하는 방법이다.
- 비용가는 재화 판매가격의 최저한도로 원가라고도 한다.
- 산림평가에서는 주로 유령림의 가치평가에 이용한다.

② **기망가법**
- 어떤 재화로부터 장차 얻을 수 있을 것으로 기대되는 수익을 일정한 이율로 할인하여 현재가를 구하는 평가방법이다.
- 기망가는 재화 구입가격의 최고한도이다.
- 산림경영 패턴이 영구히 반복된다는 것을 가정한 평가법이다.
- 가까운 장래에 수익을 거둘 수 있는 장령림의 평가에 주로 이용한다.

③ **매매가법**
- 평가하려는 재화와 동일하거나 유사한 다른 재화의 가격을 표준으로 하여 재화의 가치를 평가하는 방법이다.
- 다른 산림의 실제 거래 사례를 통해 시장가를 형성한다.
- 매매가는 시가, 시장가라고도 한다.
- 산림평가에서는 장령림 이상 성숙림의 가치평가에 이용한다.

④ **자본가법**
- 어떤 재화로부터 매년 일정한 수익액을 영구적으로 얻을 수 있을 경우에 그 수익액을 공정한 이율로 나누어 현재가를 결정하는 방법이다.
- 자본가는 환원가, 공조가라고도 한다.
- 장차 얻을 수 있는 기대수익의 현재가를 구하는 것은 기망가와 비슷하나, 매년 일정액의 수익을 영구히 얻을 수 있는 경우에 적용하는 것이 다르다.

Summary!

산림의 평가방법
- 비용가(원가) : 유령림의 가치평가
- 기망가 : 장령림의 가치평가
- 매매가(시가, 시장가) : 성숙림(장령림 이상)의 가치평가
- 자본가(환원가, 공조가)

(2) 임분의 평가

① 산림의 평가 중 가장 중심이 되는 것은 임지와 임목이 이루고 있는 임분의 평가이다. 임지와 임목을 각각의 평가기준에 따라 가격을 평가하고 합산하여 그 결과로 임분을 평가한다.
② 풍해, 설해 등으로 인한 산림피해액을 산정하는 경우 피해수목과 비슷한 크기의 것을 대식하여 식재에 소요된 경비가 곧 손해액이 되는 방법과 대식 불가능 시에 아래와 같은 손해액 산정방법을 이용한다.

- 대식 불가능 시 손해액 산정법

$$\frac{A_u}{(1+P)^{u-m}} \times \frac{1}{N_u} - a = \frac{A_u}{1.0P^{u-m}} \times \frac{1}{N_u} - a$$

여기서, A_u : 주벌수확, P : 이율, u : 윤벌기, m : 피해임령
N_u : 주벌목 주수, a : 피해목의 매매가

SECTION 02 임지의 평가

1. 임지평가 일반

(1) 기본 평가방식

임지는 부동산의 성격을 띠고 있으므로 부동산의 평가방식인 원가방식, 수익방식, 비교방식, 절충방식을 기본으로 적용하며, 임목 또한 이러한 평가방식을 기본으로 하여 적합한 평가액을 산출한다.

구분	내용
원가방식	• 원가방법 : 재조달원가의 단순합계액으로 평가 • 비용가법 : 취득원가의 복리합계액으로 평가
수익방식	• 기망가법 : 장래에 기대되는 수익의 전가합계로 평가 • 환원가법 : 연년수입의 전가합계로 평가
비교방식	• 직접비교법 : 매매사례가격과 직접 비교하여 평가 • 간접비교법 : 거래가격에서 역으로 든 비용을 공제하여 평가
절충방식	원가 · 수익 · 비교 방식의 절충

(2) 임지의 평가방식

임업에서 주로 적용하고 있는 임지평가는 아래와 같다.

구분	내용
원가방식에 의한 임지평가	임지 비용가법
수익방식에 의한 임지평가	임지 기망가법, 수익환원가법
비교방식에 의한 임지평가	임지 매매가법
절충방식에 의한 임지평가	원가 · 수익 · 비교 방식의 절충

2. 임지비용가법

(1) 임지비용가

① 임지비용가란 임지의 취득과 개량에 들어간 총비용의 후가합계에서 그동안 얻은 수익의 후가합계를 공제한 가격으로 원가방식에 의한 임지평가법이다.
② 소요된 모든 비용의 후가합계 – 그동안 수입의 후가합계
③ 임지비용가를 적용하는 경우
- 최소한 임지에 투입한 비용을 회수하고자 할 때
- 임지에 투입한 자본의 경제적 효과를 분석하고자 할 때
- 임지의 가격을 평정하는 데 다른 적당한 방법이 없을 때

(2) 임지비용가의 계산

① 임지를 A원으로 구입하고 동시에 M원으로 개량한 후, 현재까지 n년이 경과한 경우

$$\text{임지비용가 } B_k = (A+M)(1+P)^n = (A+M)1.0P^n$$
여기서, P : 이율

② 임지를 n년 전에 A원으로 구입하고, m년 전에 M원으로 개량한 경우

$$\text{임지비용가 } B_k = A(1+P)^n + M(1+P)^m = A1.0P^n + M1.0P^m$$
여기서, P : 이율

3. 임지기망가법

(1) 임지기망가(임지수익가)

① 임지기망가란 일제림에서 일정 시업을 앞으로 영구히 실시한다고 가정할 때 그 임지에서 기대되는 순수익의 현재가 합계로 수익방식에 의한 임지평가법이다.
② 똑같은 산림경영 패턴이 영구히 반복된다는 것을 가정한 임지의 평가방법이다.
③ 임지기망가가 최대로 되는 때를 벌기로 하는 것이 토지순수익최대의 벌기령이다.
④ 총수입의 현재가 – 총비용의 현재가 = 무한수익의 전가합계 – 무한비용의 전가합계
⑤ 무한히 정기적으로 일정한 수입이 있다고 가정하므로 무한정기이자의 전가식을 적용한다.

- 무한정기이자의 전가식 : $K = \dfrac{R}{(1+P)^n - 1} = \dfrac{R}{1.0P^n - 1}$
여기서, P : 이율

- 임지기망가=수익(R)의 전가−비용(C)의 전가

$$= \frac{R}{1.0P^n - 1} - \frac{C}{1.0P^n - 1} = \frac{R-C}{1.0P^n - 1}$$

- 비용이 커지면 마이너스(−) 값이 나올 수도 있다.

(2) 임지기망가의 계산

① 수익

㉠ 주벌수익(A_u) : 현재로부터 벌기 u년마다 영구히 얻을 수 있는 주벌수익의 전가합계

$$\frac{A_u}{(1+P)^u - 1}$$

㉡ 간벌수익($D_a, D_b, D_c, \cdots D_q$) : 벌기 u년마다 $a, b, c, \cdots q$년도에 얻을 수 있는 간벌수익의 전가합계

$$\frac{D_a(1+P)^{u-a}}{(1+P)^u - 1} + \frac{D_b(1+P)^{u-b}}{(1+P)^u - 1} + \cdots + \frac{D_q(1+P)^{u-q}}{(1+P)^u - 1}$$

② 비용

㉠ 조림비(C) : 제1회의 조림비는 현재 즉시 지출되고, 그 후부터는 u년마다 영구히 지출될 때 조림비의 전가합계

$$\frac{C(1+P)^u}{(1+P)^u - 1}$$

㉡ 관리비(v) : 관리비는 매년 영구히 지출되므로 무한연년이자의 전가합계

$$\frac{v}{0.0P} = V(\text{관리자본})$$

③ 수익과 비용을 종합한 ha당 임지기망가

임지기망가
$$B_u = \frac{A_u + D_a(1+P)^{u-a} + \cdots + D_q(1+P)^{u-q} - C(1+P)^u}{(1+P)^u - 1} - \frac{v}{0.0P}$$
$$= \frac{A_u + D_a 1.0P^{u-a} + \cdots + D_q 1.0P^{u-q} - C 1.0P^u}{1.0P^u - 1} - \frac{v}{0.0P}$$

비용으로 공제되는 것은 조림비, 관리비 및 그 이자뿐이며, 채취비, 벌채비, 운반비 등은 비용으로 공제하지 않는다.

Exercise 24

벌기가 40년인 소나무림에 조림비가 ha당 20,000원, 간벌수입은 20년일 때 500,000원, 30년일 때 1,000,000원을 거둘 수 있고, 주벌수입은 5,000,000원을 올릴 수 있으며, 관리비는 ha당 600원일 때 임지기망가는 얼마인가?(단, 이율 : 5%)

풀이
$$B_u = \frac{A_u + D_a 1.0P^{u-a} + \cdots + D_q 1.0P^{u-q} - C 1.0P^u}{1.0P^u - 1} - \frac{v}{0.0P}$$

$$= \frac{5,000,000 + (500,000 \times 1.05^{40-20}) + (1,000,000 \times 1.05^{40-30}) - (20,000 \times 1.05^{40})}{1.05^{40} - 1}$$

$$- \frac{600}{0.05}$$

$$= 1,293,834.157\cdots - 12,000 = 1,281,834.157\cdots$$

∴ 약 1,281,800원

(3) 임지기망가의 크기에 영향 주는 요소

① **주벌수익과 간벌수익** : 항상 플러스(+) 값이므로, 값이 크고 시기가 빠를수록 임지기망가는 커진다.
② **조림비와 관리비** : 항상 마이너스(−) 값이므로, 값이 클수록 임지기망가는 작아진다.
③ **이율** : 이율이 높으면 임지기망가는 작아지고, 낮으면 임지기망가는 커진다.
④ **벌기** : 벌기가 길어지면 임지기망가의 값이 처음에는 증가하다가 어느 시기에 최대에 도달하고, 그 후부터는 점차 감소한다.

(4) 임지기망가의 최댓값 도달 시기

① **이율** : 이율이 높을수록 임지기망가의 최대 시기가 빨리 온다.
② **주벌수익** : 주벌수익의 증대속도가 빨리 감퇴할수록 임지기망가의 최대 시기가 빨리 온다. 즉, 지위가 양호한 임지일수록 최대가 빨리 온다.
③ **간벌수익** : 간벌수익이 클수록 임지기망가의 최대 시기가 빨리 온다.
④ **조림비** : 조림비가 클수록 임지기망가의 최대 시기가 늦게 온다.
⑤ **관리비** : 임지기망가의 최대 시기와는 관계가 없다.
⑥ **채취비** : 임지기망가식에서 나타내는 인자는 아니지만, 보통 채취비가 클수록 임지기망가의 최대 시기는 늦게 온다.

[임지기망가의 최대치에 도달하는 속도가 빠른 경우]
즉, 토지순수익최대의 벌기령이 빨라지는 경우는 이율이 높을수록, 주벌수익의 증대속도가 빨리 감퇴할수록, 간벌수익이 클수록, 조림비가 적을수록, 채취비가 적을수록이며 관리비는 무관하다.

(5) 임지기망가의 문제점

① 동일한 작업을 영구히 계속한다는 전제는 비현실적이다.
② 임업이율을 정하는 객관적인 근거가 없어 평정이 자의적으로 되기 쉽다.
③ 수익과 비용인자는 평가시점에 따라 수시로 변동한다.

4. 수익환원가법

① 수익환원가법은 택벌림 또는 연년보속작업을 전제로 하는 수익방식에 의한 임지평가법이다.
② 수익환원가는 연년 또는 영구히 순수익을 얻을 수 있을 때 적용하는 연년수입의 전가합계이다.

5. 임지매매가법

(1) 임지매매가

① 임지매매가란 현재 실질적으로 거래되고 있는 임지의 시가로써 평가하려는 임지와 조건이 유사한 다른 임지의 실제 거래가격을 비교하여 결정하는 비교방식에 의한 임지평가이다.
② 다른 임지가 매매된 사례를 통하여 임지가를 유추하는 방법이다.

(2) 임지매매가의 계산

$$임지매매가\ B = B' \times \frac{S}{S'} \times \frac{L}{L'}$$

여기서, B : 평가임지 단위면적당 가격, B' : 인접임지 단위면적당 가격
S : 평가임지 지위지수(%), S' : 인접임지 지위지수(%)
L : 평가임지 지리지수(%), L' : 인접임지 지리지수(%)

> **Exercise 25**
>
> 1ha에 1,000,000원에 최근에 거래된 낙엽송림(A)과 인접 지역의 4ha의 낙엽송림(B)이 있다. 지위 등급별 지수는 각각 80%(A), 60%(B)이고, 지리 등급별 지수는 각각 50%(A), 80%(B)라고 한다면 낙엽송림(B)의 임지매매가는 얼마인가?
>
> **풀이** $B = B' \times \dfrac{S}{S'} \times \dfrac{L}{L'} = 1,000,000 \times \dfrac{60}{80} \times \dfrac{80}{50} = 1,200,000$원/ha
>
> 낙엽송림(B)의 전체 면적은 4ha이므로, $1,200,000 \times 4 = 4,800,000$원

SECTION 03 임목의 평가

1. 임목평가 일반

(1) 임목의 평가방식

임업에서 주로 적용하고 있는 임목평가는 아래와 같다.

구분	내용
원가방식에 의한 임목평가	원가법, 비용가법
수익방식에 의한 임목평가	기망가법, 수익환원법
원가수익절충방식에 의한 임목평가	임지기망가 응용법, 글라저(Glaser)법
비교방식에 의한 임목평가	매매가법, 시장가역산법

(2) 임령에 따른 임목의 평가법

임령에 따른 임목의 평가법은 아래와 같다.

구분	내용
유령림의 임목평가	임목비용가법
중령림의 임목평가	글라저(Glaser)법
벌기 미만인 장령림의 임목평가	임목기망가법
벌기 이상인 성숙림의 임목평가	시장가역산법

2. 임목비용가법

(1) 임목비용가(임목원가)

① 임목비용가란 임목 육성에 들어간 총비용의 후가합계에서 그동안 얻은 수익의 후가합계를 공제한 가격으로 유령림의 임목평가에 적용한다.
② 비용(조림비, 관리비, 지대)의 후가합계 – 수익(간벌수입)의 후가합계 = 순경비의 후가합계
③ 임목생산에 들어간 각종 비용의 원리금 합계에서 육림기간 중에 얻은 간벌수입이나 기타 임산물 수입의 원리금 합계를 공제한 잔액이다.
④ 임목 육성에 들어간 순수한 경비를 통해 원가를 계산할 수 있으므로 임목원가라고도 한다.
⑤ 조림 후 얼마 지나지 않아 산불로 임목이 소실된 경우 피해액 산정 등에 적용한다.

(2) 임목비용가의 계산

① 비용
- 조림비(C) : 첫해에 조림비로 지출하고 m년이 지난 후의 후가합계
- 관리비(V) : 매년 v원씩 m년 동안 지출된 관리비의 후가합계
- 지대(B) : 지가의 후가에서 당시 임지가격을 공제한 것

② 수익

간벌수입(D_a, D_b ⋯) : 조림 후 a, b ⋯년도에 얻을 수 있는 간벌수익의 후가합계

③ 비용과 수익을 종합한 ha당 임목비용가

$$임목비용가\ H_{km} = (B+V)\{(1+P)^m - 1\} + C(1+P)^m - \sum D_a(1+P)^{m-a}$$
$$= (B+V)(1.0P^m - 1) + C1.0P^m - \sum D_a 1.0P^{m-a}$$

3. 임목기망가법

(1) 임목기망가(임목수익가)

① 임목기망가란 평가 임목을 일정 연도에 벌채할 때 앞으로 기대되는 수익의 전가합계에서 그동안의 경비의 전가합계를 공제한 가격으로 벌기 미만 장령림의 임목평가에 적용한다.
② 임목에게서 기대되는 수익이라 하여 임목수익가라고도 한다.
③ 수익(주벌수입, 간벌수입)의 전가합계 – 비용(관리비, 지대)의 전가합계 = 순수익의 현재가 합계

(2) 임목기망가의 계산

① 주벌수입이 A_u, a년도 간벌수입이 D_a, 지대가 B, 관리비가 V이며, 벌기가 u일 때, 현재 m년생인 임목의 ha당 기망가를 계산한다.

$$\text{임목기망가 } H_{em} = \frac{A_u + D_a\{(1+P)^{u-a}\} + \cdots - (B+V)\{(1+P)^{u-m} - 1\}}{(1+P)^{u-m}}$$

$$= \frac{A_u + D_a 1.0P^{u-a} + \cdots - (B+V)(1.0P^{u-m} - 1)}{1.0P^{u-m}}$$

② 수익이 크면 임목기망가는 커지고, 비용이 크면 임목기망가는 작아진다.

4. 글라저(Glaser)법

(1) 글라저(Glaser)식

① 유령림과 장령림 사이의 생장에 있는 중령림은 임목비용가법이나 임목기망가법을 적용하기에 부적당하여 중간적인 방법으로 고안한 것이 글라저식이다.
② 임목비용가법과 임목기망가법을 절충한 방식이다.
③ 중령림 임분의 산불피해 시 입목 피해액 추정 등에 이용된다.
④ 글라저식의 계산
주벌수입(벌기임목가)이 A_u, 초년도의 조림비가 C_o, 벌기가 u일 때, 현재 m년생인 임목가를 계산한다.

$$\text{Glaser식 임목가 } A_m = (A_u - C_o)\frac{m^2}{u^2} + C_o$$

(2) 글라저(Glaser)의 보정식

① 글라저식은 원가와 수익의 절충방식으로 중령림의 임목평가에 적당하나, 임업경영비 대부분은 조림 초기 10년간에 집중되므로 보다 정확한 평가를 위하여 글라저식을 보완한 보정식이 고안되었다.
② 보통 인공림에서 11년생 이상의 임목평가에 적용한다.

③ 글라저의 보정식 계산

주벌수입(벌기임목가)이 A_u, 10년생까지 지출한 모든 비용의 후가합계가 C_{10}, 벌기가 u일 때, 현재 m년생인 임목가를 계산한다.

$$\text{Glaser의 보정식 임목가 } A_m = (A_u - C_{10})\frac{(m-10)^2}{(u-10)^2} + C_{10}$$

(3) 마르티나이트(Martineit)식

① 천연림은 조림비가 존재하지 않으므로 천연림의 임목평가에 있어서는 글라저식에서 조림비를 뺀 마르티나이트식을 적용하며, 마르티나이트의 산림이용가법이라고도 한다.

② 마르티나이트식의 계산

주벌수입(벌기임목가)이 A_u, 벌기가 u일 때, 현재 m년생인 임목가를 계산한다.

$$\text{Martineit식 임목가 } A_m = A_u \times \frac{m^2}{u^2}$$

5. 시장가역산법

(1) 시장가역산법

① 원목의 시장 매매가를 조사하고 시장까지의 벌채·운반비를 역으로 공제하여 임지에 서 있는 임목가를 산정하는 평가법으로 벌기 이상인 성숙림의 임목평가에 적용한다.
② 비교방식의 평가법 중에서 간접비교법에 해당한다.
③ 우리나라의 임목평가에 가장 많이 적용되고 있는 계산법이다.
④ 성숙한 임목이 벌채·운반되어 시장에서 원목으로 매매될 때를 기준으로 하므로 공제되는 비용으로는 벌채·운반과 관련된 벌목비, 운반비, 집재비, 조재비 등의 일체 비용과 투자이익(이윤)이 있다.
⑤ 조림비, 육림비(임목육성 비용), 간벌수익 등은 계산에 포함되지 않는다.

(2) 시장가역산법의 계산

$$x = f\left(\frac{a}{1+mp+r} - b\right)$$

여기서, x : 단위재적당 임목가(원/m³), f : 조재율, m : 자본회수기간, p : 월이율
r : 기업이익률, a : 원목의 단위재적당 시장가(원목시장단가, 원/m³)
b : 단위재적당 벌목비 · 운반비 · 집재비 · 조재비 등의 생산비용(원/m³)

POINT!

조재율
- 입목간재적에 대한 실제 이용재적(원목재적)의 비율 = 이용률
- 활엽수는 0.4~0.7, 침엽수는 0.6~0.9, 소나무는 0.5~0.8
- 수종, 경급, 수형 등에 따라 달라짐

Exercise 26

평균원목시장가격 6만 원/m³, 벌채비 2만 원/m³, 조재비 1만 원/m³, 조재율 70%, 월이율 3%, 자본회수기간 4개월, 기업이익률 10%일 때, 시장가역산법에 의한 100m³ 소나무림의 임목가는?

풀이 $x = f\left(\dfrac{a}{1+mp+r} - b\right) = 0.7\left(\dfrac{60{,}000}{1+4\times 0.03+0.1} - 30{,}000\right) = 13{,}426.22 \cdots$ 원/m³

소나무림 전체는 100m³이므로, $13{,}426 \times 100 = 1{,}342{,}600$원

Exercise 27

입목의 간재적이 0.8m³이고, 벌채 조재 후 원목재적은 0.65m³일 때 조재율은?

풀이 조재율(%) $= \dfrac{원목재적}{입목간재적} \times 100 = \dfrac{0.65}{0.8} \times 100 = 81.25\%$

CHAPTER 04 산림경영계산

SECTION 01 산림관리회계와 산림자산

1. 산림관리회계

① 산림경영활동에 있어 내부의 회계정보를 다루는 것을 산림관리회계라고 한다.
② 산림관리회계에서 주로 다루는 내용에는 원가통제, 원가계산, 업적평가, 계획수립과 특수한 의사결정에 도움이 되는 정보 등이 있다.

2. 산림자산

(1) 산림자산 일반

① 자산이라 함은 순수 자기자본과 부채인 타인의 자본을 통틀어 이르는 말로 순재산인 자기자본은 결국 총자산에서 부채를 공제한 금액이다.
② 자산(총재산) = 자본(자기자본) + 부채(타인자본) → 즉, 자본(순재산) = 자산 − 부채
③ 부채란 장래 어느 시기에 자산으로 갚아야 할 채무로 소극적 자산이자 타인자본이다.

(2) 임업경영자산

임업경영자산에는 현금화할 수 있는 자산인 유동자산과 자산이 가지고 있는 생산능력을 이용하기 위해 소유하는 자산인 고정자산, 그리고 임목축적의 임목자산이 있다.

구분	내용
유동자산	• 임업 생산자재 : 종자, 묘목, 비료, 약제 • 미처분 임산물 : 아직 처분하지 못한 임산물 • 유통자산 : 현금, 예금, 증권
고정자산	임지, 임도, 건물, 기계, 기구, 구축물, 대동물(소, 말)
임목자산	임목축적

3. 감가상각

자산의 계속적 사용에 따른 가치의 감소를 감가(減價)라고 하며, 그 액수를 비용으로 계산하여 고정자산의 가격 감소를 보상하기 위한 비를 감가상각비(減價償却費)라 한다.

(1) 감가의 발생 원인

① 물리적 감가(물질적 감가)
- 자연적 소모에 의한 감가 : 시간의 경과에 따른 부패, 부식 등
- 사용 소모에 의한 감가 : 마찰, 마모, 손상, 오손 등

② 기능적 감가
- 진부화에 의한 감가 : 새로운 발명이나 기술진보에 따른 가치 감소, 유행이 뒤지거나 낡은 연식, 구식모델 등
- 부적응에 의한 감가 : 사업확장, 시장변화, 제조방법 변경 등으로 기존 설비를 사용할 수 없게 되어 가치가 감소
  - 예 경영규모의 확장에 따라 물리적으로는 고정자산의 사용이 가능하지만, 경제적 이유로 이를 사용할 수 없기 때문에 폐기하는 경우

(2) 감가상각비의 계산

① 정액법(직선법)
- 매년 정해진 액수를 균등하게 감가하는 방법으로 가장 간단하며 보편적인 방법이다.
- 감가상각비 총액을 각 사용연도에 할당하여 매년 균등하게 감가한다.
- 문제점 : 내용연수의 추정이 확실하지 않으며, 기계 폐기 시 가격 산정이 어렵다.

$$\text{연간 감가상각비} = \frac{\text{취득원가} - \text{잔존가치}}{\text{내용연수}}$$

여기서, 취득원가=기계구입가격, 잔존가치=기계폐기가격=폐물가격
내용연수=기계의 수명=사용가능연수

Exercise 28

취득원가 20만 원, 내용연수 10년, 폐기 시 잔존가치 5만 원인 기계톱이 있다. 정액법에 의한 매년의 감가상각비는 얼마인가?

풀이 $\text{감가상각비} = \frac{\text{취득원가} - \text{잔존가치}}{\text{내용연수}} = \frac{20만\ 원 - 5만\ 원}{10} = 15{,}000원$

② 정률법(체감잔고법)
- 연도 초 고정자산의 가격에서 일정 상각률을 곱해 감가상각액을 구하는 방법이다.
- 취득원가에서 감가상각비 누계액을 뺀 잔고에서 일정률의 감가율을 곱하여 감가상각비를 산출한다.
- 매년의 감가율은 일정하지만, 매년의 잔고에서 감가율을 계산하므로 감가상각액도 매년 그에 따라 차례로 적어진다. 즉, 상각비는 등비급수적으로 체감한다.

$$감가상각비 = (취득원가 - 감가상각비\ 누계액) \times 감가율$$
$$감가율(상각률) = 1 - \sqrt[내용연수]{\frac{잔존가치}{취득원가}}$$

③ 작업시간 비례법

고정자산의 실제 작업시간에 비례하여 상각액을 구하는 방법이다.

$$총감가상각비 = (취득원가 - 잔존가치) \times \frac{실제\ 작업시간}{총작업시간}$$

Exercise 29

취득원가 45만 원, 잔존가치 5만 원, 총사용가능시간 80,000시간, 실제 작업시간 3,500시간일 때 작업시간 비례법으로 계산한 기계톱의 총감가상각비는?

풀이
$$총감가상각비 = (취득원가 - 잔존가치) \times \frac{실제\ 작업시간}{총작업시간}$$
$$= (45만\ 원 - 5만\ 원) \times \frac{3,500}{80,000} = 17,500원$$

④ 생산량 비례법

산림자원, 광산자원 등의 채취 및 채굴 시 그 생산량에 비례하여 상각액을 구하는 방법이다.

$$총감가상각비 = (취득원가 - 잔존가치) \times \frac{실제\ 생산량}{총생산량}$$

Exercise 30

어느 임업 법인의 임목벌채권 취득원가가 8,000만 원이고, 잔존가치는 3,000만 원이라고 한다. 총벌채예정량은 10만 m²이고, 당기 벌채량은 2,000m²라고 하면 당기 총감가상각비는?

풀이
$$총감가상각비 = (취득원가 - 잔존가치) \frac{실제\ 생산량}{총생산량}$$
$$= (8,000만\ 원 - 3,000만\ 원) \times \frac{2,000m^2}{10만\ m^2} = 1,000,000원$$

⑤ 연수합계법

내용연수의 합계를 통하여 감가상각비를 산출하는 방법이다.

$$감가상각비 = (취득원가 - 잔존가치) \times \frac{잔존내용연수}{내용연수의\ 합계}$$

Exercise 31

취득원가 5,000만 원, 잔존가치 500만 원, 추정내용연수 12년일 때, 연수합계법으로 계산한 제6년도 감가상각비는?

풀이
- 잔존내용연수 : 6년도에서 12년도까지 총 7년
- 감가상각비 = (취득원가 − 잔존가치) × $\frac{잔존내용연수}{내용연수의\ 합계}$

$$= (5,000만\ 원 - 500만\ 원) \times \frac{7}{1+2+3+\cdots+12}$$
$$= 4,038,461.53\cdots 원$$

∴ 약 4,038,500원

SECTION 02 산림원가 관리

1. 원가의 유형과 원가관리

원가란 자산을 획득하기 위하여 제공한 경제적 가치의 측정치로 재료비, 노무비, 경비의 3요소가 있다.

(1) 원가의 유형

① 원가계산 시점에 따른 유형
  ㉠ 실제원가 : 재화 생산 후 실제로 발생한 원가
  ㉡ 예정원가 : 재화 생산 전 미리 계산되어 예정된 원가
  ㉢ 표준원가
    - 재화 생산 전에 과학적·통계적 기준에 따라 미리 계산된 원가, 예정원가의 일종
    - 주로 원가관리 목적과 재고자산 평가 등의 용도로 활용

② 원가계산 대상에 따른 유형
  ㉠ 직접원가
    - 생산에 직접적으로 기여한 원가
    - 제품이나 공정에서 기여도를 쉽게 알 수 있는 원가
    - 직접재료비, 직접노무비 등
  ㉡ 간접원가
    - 생산에 직접적으로 기여하지는 않지만 간접적으로 영향을 주는 원가
    - 제품이나 공정에서 기여도를 쉽게 알 수 없는 원가
    - 건물, 기계 등의 유지관리비, 소모품비, 간접인건비 등

③ 조업도에 따른 유형
  ㉠ 고정원가
    - 조업도 수준의 변화에도 총액이 변동하지 않는 일정한 원가
      * 조업도 : 가능한 생산량에 대한 실제 생산량의 비율, 가동률, 생산 수준
    - 급료, 관리사무비, 보험료 등
  ㉡ 변동원가
    - 조업도 수준의 변화에 따라 비례하여 증감하는 원가
    - 직접재료비, 직접노무비 등
      → 종업원의 임금은 변동원가, 공장장의 급료는 고정원가

④ 특수한 의사결정을 위한 원가 유형
  ㉠ 기회원가
    - 생산활동에 있어 여러 방안 중 한 가지를 선택함으로써 포기되는 다른 방안의 수익
    - 한 가지 방안의 선택 때문에 다른 방안을 선택할 수 없어서 포기한 수익
    - 어떤 임지는 육림용 또는 목축용으로 사용할 수 있는데, 육림용을 선택할 경우 목축용으로 사용할 때 얻을 수 있는 수익을 포기하게 되는데 이때의 수익
  ㉡ 한계원가 : 어떤 생산 수준에서 제품을 한 단위 더 생산할 때 추가로 발생하는 원가
  ㉢ 증분원가 : 제품을 여러 단위 더 생산할 때 추가로 발생하는 원가
  ㉣ 매몰원가
    - 과거에 이미 현금을 지불하였거나 부채가 발생한 원가
    - 회수 불가능하며, 이미 지출된 원가이므로 의사결정에도 영향을 미치지 못함
    - 과거에 구입한 공장 건물의 원가, 건물의 감가상각비 등
  ㉤ 현금지출원가
    - 현재 보유 중인 자원을 사용할 때 현금이 지출되는 원가
    - 직접재료비, 직접노무비 등

(2) 원가관리(원가통제)

① 원가관리란 실제 발생한 원가인 실제원가를 표준원가와 비교·분석하여 비합리적인 경영요소를 제거하고 보다 효율적인 생산원가를 찾아내는 과정으로 원가통제라고도 한다.
② 예정된 원가와 실제로 발생한 원가 사이의 차이점, 원인, 원인 제거를 위한 조치 등을 검토한다.

2. 원가계산

원가계산이란 제품을 생산함에 있어 실제로 소비된 원가를 계산하고 집계하는 과정이다.

(1) 원가계산 방법

① 개별원가계산(주문별 원가계산)
  - 각각의 제품별로 구분하여 개별적 원가를 산출하고 집계하는 방식
  - 제품의 원가를 개개의 제품단위별로 직접 계산
  - 종류와 규격이 다른 제품을 개별적으로 생산하는 경우에 적용

- 주로 주문에 의해 생산하는 가구제조업, 조선업, 건설업 등에 해당
- 소비자에게 제품의 원가에 일정 이익을 포함한 제품가격을 청구하는 데 도움이 됨

② 종합원가계산(공정별 원가계산)
- 일정 기간에 생산된 제품 전체원가를 계산하여 총생산량으로 나누고 단위 원가를 산출하는 방식
- 종류와 규격이 같은 제품을 연속해서 다량 생산하는 경우에 적용
- 공정별로 원가를 산정하는 제지업, 화학공업, 방적공업 등에 해당

(2) 원가비교 방법

① 기간비교 : 과거와 현재의 원가비교
② 상호비교 : 다른 업체와의 원가비교
③ 표준실제비교 : 실제원가와 표준원가의 비교. 일반적인 원가비교 방법

SECTION 03 산림경영의 분석

1. 산림경영의 현황 분석

(1) 임목자산의 구성

① 임목자산은 임업경영이 정상적일 때 임업경영의 자산 중 가장 가치가 크다.

② 임목자산의 구성 상태
- 임목자산의 양적 지표 : 전체 산림면적, 임목자산장비율
- 임목자산의 질적 지표 : 임목자산 중에서 인공림이 차지하는 비율, 인공림의 임령 구성 상태

③ 임목자산장비율

임업의 경영자산 중 임목자산이 차지하는 비율

$$임목자산장비율(\%) = \frac{임목자산}{임업경영자산} \times 100$$

(2) 임목자산의 변화

① 임목자산이 전년도 대비 얼마나 변화하였는지를 비교·분석하여 임업경영의 발전과 성장을 판단할 수 있는데, 이러한 비교·분석을 임목자산의 성장성 분석이라 한다.

② 임목자산의 성장성 판단(분석) 지표
  ㉠ 임목성장액 : 한 해 동안 자란 모든 임목의 성장 가치
  ㉡ 임목자산증감률

$$임목자산증감률(\%) = \frac{연도\ 내\ 증감액}{연도\ 초\ 재고액} \times 100$$

  • 연도 내 증감액 : 성장액에서 매각액을 뺀 나머지

  ㉢ 임목성장액의 내부보유율
  • 한 해 동안 자란 임목자산 중 판매되지 않고 남아 있는 임목자산의 비율

$$임목성장액의\ 내부보유율(\%) = \frac{연도\ 내\ 성장액 - 연도\ 내\ 매각액}{연도\ 내\ 성장액} \times 100$$

  • 매각액 : 매각한 임목의 실제 판매가격이 아닌 매각 임목의 육림비 누적액

2. 산림경영의 성과분석

(1) 산림경영의 성과

① 임가소득
  • 임업경영을 하는 임가가 여러 가지 소득행위로 한 해 동안에 얻은 성과의 합계이다.
  • 주 수입원인 임업소득과 농업소득이 있으며, 그 외의 기타 소득이나 겸업 또는 부업으로 인한 소득도 임가소득에 포함된다.
  • 임가소득으로 생산자원이 서로 다른 임가 사이의 경영성과에 대하여 직접 비교하기는 어렵다.

② 임업소득
  • 임업경영의 성과를 나타내는 가장 정확한 지표로 임업경영의 결과에 의하여 직접적으로 얻은 소득이다.
  • 임업소득은 조림지 면적이 커짐에 따라 증대된다.

③ 임업순수익 : 최대의 순수익을 목표로 하는 자본가적 경영이 이루어졌을 때 얻을 수 있는 수익이다.

④ 임업의존도 : 임가의 여러 소득 중에서 임업소득만의 비율이다.
⑤ 임업소득률 : 임업조수익 중에서 임업소득이 차지하는 비율이다.
⑥ 임업소득가계충족률 : 임가의 소비경제가 임업에 의해 지탱되는 정도를 나타낸다.

(2) 성과분석의 계산

구분	내용
임가소득	임업소득 + 농업소득 + 기타소득
임업소득	임업조수익 − 임업경영비
임업조수익	임업현금수입 + 임산물 가계소비액 + 미처분임산물 증감액 + 임업생산자재 재고증감액 + 임목성장액
임업경영비	임업현금지출 + 감가상각액 + 미처분임산물 재고감소액 + 임업생산자재 재고감소액 + 주(벌)임목 감소액
임업순수익	임업소득 − 가족임금추정액 = 임업조수익 − 임업경영비 − 가족임금추정액
임업의존도	$\dfrac{임업소득}{임가소득} \times 100$
임업소득률	$\dfrac{임업소득}{임업조수익} \times 100$
임업소득 가계충족률	$\dfrac{임업소득}{가계비} \times 100$
자본수익률	$\dfrac{순수익}{자본} \times 100$

Exercise 32

임업경영 성과분석 자료 중 조수익이 450만 원, 경영비가 150만 원이면 소득률은 얼마인가?

풀이 임업소득률 $= \dfrac{임업소득}{임업조수익} \times 100 = \dfrac{(임업조수익 − 임업경영비)}{임업조수익} \times 100$

$= \dfrac{(450만 원 − 150만 원)}{450만 원} \times 100 = 66.66 \cdots$ ∴ 약 66.7%

(3) 임업소득의 구성

임업소득은 생산요소인 임지, 자본, 노동에 의해 얻어진 것으로 이러한 요소들의 기여 정도에 따라 다르게 구성된다.

✎ 생산요소 : 임지, 자본, 노동

① 임지에 귀속하는 소득 : 임지에는 지대가 발생하는데, 이러한 지대를 비용으로 산정하지 않고 계산하는 소득이다.

② 자본에 귀속하는 소득 : 자본에는 자본이자가 발생하는데, 이러한 자본이자를 비용으로 산정하지 않고 계산하는 소득이다.
③ 가족노동에 귀속하는 소득 : 노동에는 노임이 발생하는데, 가족노동일 경우 노임추정액을 비용으로 산정하지 않고 계산하는 소득이다.
④ 경영관리에 귀속하는 소득 : 기업가적 경영에서 지대, 자본이자, 가족노임추정액을 모두 비용으로 산정하여 계산하는 소득이다.

[구성에 따른 임업소득의 계산]

구분	내용
임지에 귀속하는 소득	임업소득 − (자본이자 + 가족노임추정액)
자본에 귀속하는 소득	임업소득 − (지대 + 가족노임추정액)
가족노동에 귀속하는 소득	임업소득 − (지대 + 자본이자)
경영관리에 귀속하는 소득(기업가 이윤)	임업소득 − (지대 + 자본이자 + 가족노임추정액) 임업순수익 − (지대 + 자본이자)

3. 육림비 분석

(1) 육림비의 정의

① 육림비란 그동안 임목생산에 들어간 비용의 원금과 이자의 후가합계(원리합계)이다.
② 육림비의 대부분은 이자로 육림비 중 가장 큰 비중을 차지하는 항목이다.

(2) 육림비의 구성

① 노동비 : 가족노동비, 고용노동비

② 재료비(물재비)
 • 유동비 : 종자, 묘목, 농약, 거름 등
 • 고정비 : 기계, 건물 등의 감가상각비와 유지관리비

③ 임지지대 : 차입지와 자가임지의 지대 또는 토지자본이자
④ 자본이자 : 차입자본 및 자기자본 이자

(3) 육림비의 절감

① 이자 절감
 • 육림비 중 가장 큰 비중을 차지하는 항목은 이자

- 낮은 이자율의 자본 이용
- 이자율이 일정할 때는 이자가 발생하는 여러 비용 절감, 투입된 자본의 회수기간을 짧게

② 경비 절감
- 경비의 대부분을 차지하는 노임의 효율을 조사하여 경비 절약
- 육림노동량의 절반인 풀베기 노동을 절약

③ 자본회수기간의 단축
- 벌기령의 단축 : 임목생장 촉진 기술의 개발 및 도입, 소경목의 판로 확보
- 부수입의 증대 : 표고버섯, 산나물, 약초 등의 부산물 재배 및 채취, 방목 등 산림의 입체적 이용

SECTION 04 손익분기점의 분석

1. 손익분기점 분석의 정의

수익과 비용을 비교하여 비용이 수익을 초과하면 손실, 수익이 비용을 초과하면 이익으로 이러한 손실과 이익의 관계를 손익(損益)이라 하며, 이때의 손실과 이익이 나누어지는 지점을 손익분기점(損益分岐點)이라 한다.

(1) 손익분기점의 정의

① 손실과 이익이 나누어지는 지점
② 총비용과 총수익이 같아져 이익이 0이 되는 판매량 또는 판매액의 수준
③ 이익도 손실도 발생하지 않는 판매수준

(2) 손익분기점 분석을 위한 가정

① 제품의 판매가격은 판매량이 변동하여도 변화되지 않는다.
② 원가는 고정비와 변동비로 구분할 수 있다.
③ 제품 한 단위당 변동비는 항상 일정하다(한 단위당의 변동비는 증가하지 않는다).
④ 고정비는 생산량의 증감에 관계없이 항상 일정하다.
⑤ 생산량과 판매량은 항상 같으며, 생산과 판매에 동시성이 있다(재고가 없다).
⑥ 제품의 생산능률은 변함이 없다.

2. 손익분기점의 분석방법

(1) 손익분기점 분석의 용어

① **고정비** : 판매량의 증가에 관계없이 일정하게 발생하는 비용으로 공장 감독자에 대한 인건비, 임대료 등
② **변동비** : 판매량이 증가함에 따라 비례적으로 증가하는 비용으로 원재료비, 판매수수료 등
③ **총비용** : 고정비에 판매량에 따른 변동비를 합산하여 산출하는 비용
④ **총수익** : 단위당 판매가격에 판매량을 곱해 산출하는 비용

(2) 손익분기점의 계산

① 판매량(생산량) = $\dfrac{\text{총고정비}}{\text{판매단가} - \text{단위당 변동비}}$

② 총비용 = 총고정비 + (단위당 변동비 × 판매량)

③ 총수익 = 판매단가 × 판매량

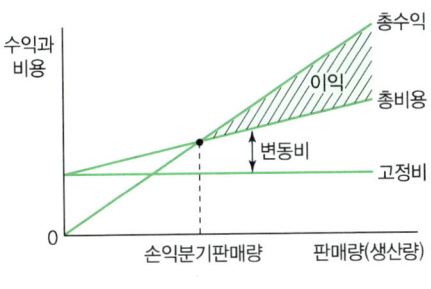

| 손익분기점 |

Exercise 33

연간 임산물 생산과 관련된 고정비가 2백만 원, 변동비가 5천 원, 판매단가가 6천 원일 경우 손익분기점에 해당하는 임산물 생산량과 총비용, 총수익은?

풀이
- 판매량(생산량) = $\dfrac{\text{총고정비}}{\text{판매단가} - \text{단위당 변동비}}$ = $\dfrac{\text{2백만 원}}{\text{6천 원} - \text{5천 원}}$ = 2,000개
- 총비용 = 총고정비 + (단위당 변동비 × 판매량) = 2백만 원 + (5천 원 × 2,000개)
  = 12,000,000원
- 총수익 = 판매단가 × 판매량 = 6천 원 × 2,000개 = 12,000,000원

SECTION 05 산림투자 결정

1. 투자결정의 중요성과 내용

① 산림경영투자는 그 효과가 장기적으로 나타나는 자본투자이므로 투자결정이 매우 중요하며, 이를 위한 투자의 분석 및 평가를 통한 의사결정 과정을 자본예산이라 한다.
② 즉, 자본예산이란 어떠한 사업에 어느 정도의 자본을 투자할 것인가의 자본에 대한 예산을 짜는 의사결정 과정으로 간단히 말하면 투자계획인 것이다.
③ 일반적인 임업 투자결정 과정 : 투자사업 모색 → 현금흐름 추정 → 투자사업의 경제성 평가 → 투자사업 수행 → 투자사업 재평가

2. 투자효율의 측정

① 투자효율의 측정이란 임업 투자계획의 경제성을 평가하는 방법으로 시간적 가치의 고려 가부에 따라 현금흐름할인법과 현금흐름비할인법으로 구분한다.

구분	특징	종류
현금흐름할인법	화폐의 시간적 가치를 고려한 투자효율 분석방법	순현재가치법, 내부수익률법, 편익비용비법
현금흐름비할인법	화폐의 시간적 가치를 고려하지 않은 투자효율 분석방법	투자이익률법, 회수기간법

② 시간적 가치의 고려라 함은 시간의 흐름에 따라 이자율을 적용하여 화폐의 가치를 결정한다는 것이다.
③ 즉, 미래에 발생할 수익과 비용을 이율을 적용한 지금의 가치로 환산하여 가치판단의 기준을 현재의 일정 시점으로 두어 현재가치화함으로써 투자계획의 경제성을 판단하는 것이다.
④ 수익과 비용을 현재가치로 환산하는 것을 할인이라 하며, 이때 적용한 이자율을 할인율이라 한다.

(1) 순현재가치법(NPV, Net Present Value)

① 미래에 발생할 모든 현금흐름을 적절한 이자율로 할인하여 현재의 시점으로 환산해 효율을 측정하는 방법으로 장기투자 결정에 이용한다.
② 순현가법, 현가법, 현재가치법, NPV법, NPW법이라고도 한다.
③ 순현가=현금유입의 현재가-현금유출의 현재가

④ 순현가가 0보다 크면 투자안을 선택하고, 0보다 작으면 기각하며, 0보다 큰 투자안이 여러 개 있을 때는 가장 큰 투자안을 선택한다.
⑤ 즉, 순현재가치법은 음(−)의 값이 나올 수 있는 분석법이다.

$$\text{순현재가치 } NPV = \sum_{t=1}^{n} \frac{B_t - C_t}{1.0P^t}$$

여기서, B_t : 연차별 현금유입가, C_t : 연차별 현금유출가, n : 사업연수, P : 할인율

(2) 내부수익률법(IRR, Internal Rate of Return)

① 투자에 의하여 장래에 예상되는 현금유입과 유출의 현재가를 동일하게 하는 할인율(내부이익률)로 효율을 측정하는 방법이다.
② 내부투자수익률법, IRR법이라고도 한다.
③ **내부수익률** : 미래에 발생하는 총수익의 현재가치와 총비용의 현재가치를 같게 하는 할인율
④ 현금유입의 현재가와 현금유출의 현재가가 같아 결국 순현재가치가 0이 되는 이자율(P)로 투자효율을 평가하는 것이다.

$$\text{순현재가치 } NPV = \sum_{t=1}^{n} \frac{B_t - C_t}{1.0P^t} = 0$$

⑤ 내부이익률이 시장이자율보다 클 때 투자가치가 있으므로 투자안을 선택하며, 작을 때 가치가 없으므로 기각한다.

(3) 편익비용비법(B/C ratio, Benefit/Cost)

① 투자비용의 현재가에 대하여 투자의 결과로 기대되는 현금유입의 현재가 비율로 효율을 측정하는 방법이다.
② 수익비용률법, 편익비용률법, B/C율이라고도 한다.
③ 수익(편익)의 총계를 비용의 총계로 나눈 값에 해당한다.

$$\text{수익비용률} = \frac{\text{현금유입의 현재가}}{\text{투자비용의 현재가}} = \frac{\text{수익}}{\text{비용}}$$

④ B/C율이 1보다 크면 수익이 비용보다 크므로 투자가치가 있다.

(4) 투자이익률법

① 연평균투자액(감가상각비 제외)에 대한 연평균순이익의 비율로 투자효율을 측정하는 방법이다.

$$투자이익률 = \frac{연평균순이익}{연평균투자액} \times 100$$

② 계산한 투자이익률이 기존의 이익률보다 높으면 투자안을 선택한다.

(5) 회수기간법

① 투자에 소요된 모든 자금을 회수하는 데 걸리는 기간으로 투자효율을 측정하는 방법이다.
② 자본회수기간은 연(年)수로 나타내며, 회수기간이 짧은 투자안을 선택한다.

3. 불확실성과 감응도 분석

(1) 감응도 분석

① 미래상황의 불확실성을 투자분석에 포함시켜 사업의 여러 요인을 변화시켰을 때 경제성 지표가 얼마나 민감하게 변화하는가를 측정하고 분석하는 것을 감응도 분석이라 한다.
② 산림경영에는 각종 요소에 대한 미래의 불확실성이 존재하므로 수익과 비용 등의 여러 변동사항을 미리 고려하여 주요 결정 인자에 상이한 값을 적용함으로써 사업의 민감도를 분석 및 평가할 수 있다.
③ 미래에 변동이 가능한 단위수량, 원재료의 가격 등의 요인에 변화를 주어 미리 수익률을 예측·분석해 보는 것이다.

(2) 감응도 분석 대상으로 고려해야 할 주요 요인

① 생산물의 가격 및 노임 등의 가격 요인
② 생산량
③ 원료 및 원자재의 가격 변화에 따른 사업비용의 변화
④ 사업기간의 지연

✎ 사업기간의 연장, 자본예산, 감가상각비 ✗

CHAPTER 05 산림측정

SECTION 01 직경의 측정

1. 직경 측정기구

일반적으로 수목의 직경은 가슴높이 지름인 흉고직경을 측정하여 사용하고 있으며, 우리나라에서는 지상으로부터 높이 1.2m를 적용하고 있다.
직경 측정기구에는 자, 윤척, 직경테이프, 빌티모아스틱, 포물선윤척, 섹타포크, 스피겔릴라스코프 등이 있으며, 스피겔릴라스코프는 직경과 수고의 측정이 모두 가능하다.

(1) 윤척(caliper)

① 눈금자에 고정각(固定脚)과 유동각(遊動脚)이 수직으로 붙어 있으며, 유동각을 움직여 직경을 측정한다.
② 자의 눈금은 cm이며, 2cm로 괄약하여 기재한다.
③ 구조가 간단하여 휴대와 사용이 간편하다.
④ 나무의 반경이 윤척의 다리길이보다 길어 직경이 큰 수목에는 이용할 수 없다.

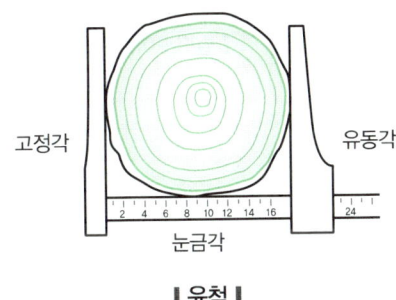

| 윤척 |

(2) 직경테이프(지름테이프, diameter tape)

① 테이프로 나무의 둘레를 두르고, 직경을 미리 계산해 놓은 눈금을 읽어 바로 측정한다.
② 작고 가벼워 휴대와 사용이 간단하고, 보관하기 편리하다.
③ 줄자 형식으로 직경의 크기에 제한을 받지 않으며, 수간이 불규칙한 경우에 편리하게 이용할 수 있다.
④ 원의 둘레 = 지름 × π이므로, 지름 = 원의 둘레 ÷ π로 계산된 수치가 줄자의 한쪽 면에 표시되어 있다.

(3) 빌티모아스틱(biltimore stick)

① 직경의 수치가 미리 계산되어 눈금에 표시되어 있는 길이 30cm 정도의 자이다.
② 눈에서 50cm 정도 떨어진 임목의 지름과 평행하게 자를 대고 양쪽의 눈금을 읽어 직경을 측정한다.

(4) 포물선윤척

① 나무의 직경이 접하는 왼쪽의 눈금자가 포물선 모양인 윤척이다.
② 윤척을 나무에 대고 평행선의 눈금 수치를 읽어 직경을 측정한다.

(5) 섹타포크(sector fork)

입목에 접하게 대고 시준공을 통해 나무를 볼 때 접선이 가리키는 수치를 읽어 직경을 측정한다.

| 빌티모아스틱 | | 포물선윤척 | | 섹타포크 |

2. 흉고직경

(1) 흉고직경의 정의

① 흉고직경이란 지상으로부터 높이 1.2m인 흉고 부위의 지름으로 2cm 단위로 괄약하여 나타낸다.
② 임목 재적 산출 시에는 흉고직경 6cm 이상만 적용한다.
③ 2cm 괄약
  - 직경의 수치를 2cm 단위로 묶어서 짝수인 자연수로 축약하여 나타내는 것
  - 괄약직경 16cm의 범위 : 15cm 이상 17cm 미만
  - 직경 21.5cm의 괄약직경 : 22cm
④ 임목의 완만도를 측정하기 위해 흉고직경과 중앙직경(수고의 1/2)의 비율로 표시하여 나타내는 것을 직경률이라 한다.

(2) 흉고직경의 측정방법

① 경사지에서는 위쪽 경사면에 서서, 윤척이 수간축에 직각이 되며, 3면이 수평하게 되도록 하여 측정한다.
② 수간이 기울어진 경우 경사 상태 그대로인 수간축의 1.2m 높이에서 측정한다.
③ 수간이 흉고 이하에서 분지된 나무는 각각의 나무로 보아 흉고 부위에 있는 나무를 모두 측정한다.
④ 흉고 부위에 결함이 있을 때는 상하 최단거리 부위의 직경을 측정하고 이를 평균한다.

3. 수피후 측정

① 직경에는 수피까지 포함한 직경인 수피외직경과 수피를 포함하지 않는 목질부까지의 직경인 수피내직경이 있다.
② 수피외직경에서 수피두께(수피후) 두 개분을 빼주면 수피내직경이 된다.

$$DIB = DOB - (2 \times B)$$

여기서, DIB(Diameter Inside Bark) : 수피내직경
DOB(Diameter Outside Bark) : 수피외직경
B(Bark) : 수피두께

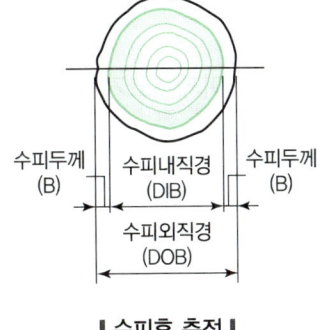

| 수피후 측정 |

Exercise 34

수피외직경이 14cm, 수피가 5mm일 때 수피내직경은?

풀이 $DIB = DOB - (2 \times B) = 14cm - (2 \times 5mm) = 13cm$

SECTION 02 수고의 측정

1. 수고 측정기구

낮은 수목은 높이를 직접 측정할 수 있으나, 높은 수목에 대해서는 간접적으로 측정기구를 이용해야 하는데, 이러한 수고 측정기기를 수고기, 측고기, 수고계 등으로 부른다.

간접적인 수고 측정의 원리로는 닮은 삼각형을 이용하는 상사삼각형 응용과 삼각형의 세 변과 각의 관계를 이용하는 삼각법 응용 등이 있다.

- 상사삼각형 응용 측고기 : 와이제측고기, 아소스측고기, 크리스튼측고기, 메리트측고기 등
- 삼각법 응용 측고기 : 아브네이(핸드)레블, 하가측고기, 블루메라이스측고기, 순토측고기, 덴드로미터, 트랜싯, 스피겔릴라스코프 등

(1) 와이제측고기(Weise hypsometer)

① 상사삼각형 원리를 이용한 대표적인 측고기이다.
② 원통에 시준공이 있고, 수고의 수치가 적혀 있는 톱니모양의 자가 붙어 있는 형태이다.
③ 일정 수평거리를 떨어져 눈높이 이상의 수치를 재고, 눈높이만큼의 수치를 합산하여 전체 수고를 계산한다.
④ 구조가 간단하여 사용하기 쉬우며, 휴대가 편리하다.

(2) 순토측고기

① 15m, 20m의 일정 거리를 떨어진 상태에서 상단부 수치와 하단부 수치를 읽고 합산하여 수고를 결정한다.
② 휴대하기 쉽고, 수고와 함께 경사도의 측정도 가능하여 실제 조사에서 많이 이용되고 있다.

Summary!

흉고직경과 수고의 측정기구

- 흉고직경 측정
  자, 윤척, 직경테이프, 빌티모아스틱, 포물선윤척, 섹타포크, 스피겔릴라스코프
- 수고 측정
  - 상사삼각형 : 와이제측고기, 아소스측고기, 크리스튼측고기, 메리트측고기
  - 삼각법 : 아브네이(핸드)레블, 하가측고기, 블루메라이스측고기, 순토측고기, 덴드로미터, 트랜싯, 스피겔릴라스코프

2. 측고기 사용 시 주의사항

① 측정하고자 하는 나무의 초두부(나무 위 끝)와 근원부가 잘 보이는 지점을 선정한다.
② 측정위치가 멀거나 가까우면 오차가 생기므로 나무 높이 정도 떨어진 곳에서 측정한다.
③ 경사지에서는 가급적 등고위치에서 측정한다.
④ 경사지에서는 오차를 줄이기 위해 여러 방향에서 측정하여 평균한다.
⑤ 경사지에서는 뿌리보다 높은 곳의 실질적 근원부에서 측정한다.
⑥ 등고방향으로 이동이 불가능할 때는 경사거리와 경사각을 측정·환산하여 이용한다.
⑦ 평탄한 곳이라도 2회 이상 측정하여 평균한다.

3. 벌채목과 임분의 수고 측정

(1) 벌채목의 수고 측정

이미 벌채된 수목의 수고는 줄자로 cm 단위까지 정확히 측정한다.

(2) 임분의 수고 측정

① 평균흉고직경을 갖는 나무의 수고를 임분의 수고로 하거나, 수고곡선법에 의해 측정한다.
② 수고곡선이란 가로축을 흉고직경, 세로축을 수고로 하는 도표에서 임분 각 수목의 해당 직경과 수고가 만나는 점을 표시하고 평균이 되는 평활한 곡선으로 연결하는데, 이때의 곡선이다.
③ 수고곡선은 현재와 장래의 직경과 수고의 관계를 추정하는 데 매우 유용하다.

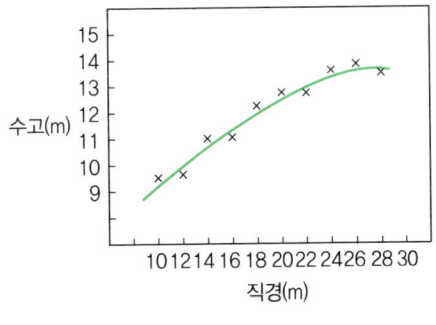

| 수고곡선 |

SECTION 03 연령의 측정

1. 단목의 연령 측정

연령이란 수목이 발아하여 성장하며 지낸 경과 연수로 일 년에 한 개씩 생기는 나이테(연륜)로 보통 연령을 추정한다.

실질적인 연령에 해당하는 나이테는 지상과 바로 맞닿은 밑동에 나타나지만, 벌채 시에는 보통 그보다 윗부분을 벌채하므로 벌채목에 나타난 연륜에 벌채점까지 자라는 데 걸린 연수를 합산하여 연령을 측정한다.

육안으로 연륜의 식별이 어려울 때는 원판을 만들어 X선을 이용하는 소프텍스(softex)라는 기구를 이용하여 식별할 수 있다.

(1) 기록에 의한 방법

과거 조림 기록을 통하여 당시 묘목의 나이에 조림 이후의 기간을 더해 연령을 측정하는 방법이다.

(2) 목측에 의한 방법

① 숙련된 기술을 가진 전문가가 직접 눈으로 확인하여 연령을 유추하는 방법이다.
② 대략적인 연령 측정은 가능하나, 기술 숙련도 등에 따라 정확성은 떨어질 수 있다.

(3) 지절에 의한 방법

① 소나무류에서 가지 사이의 마디인 지절(枝節)을 세어 연령을 추정하는 방법이다.
② 매년 규칙적으로 가지가 자라는 소나무, 잣나무 등에 적용 가능하다.
③ 노령목은 가지가 쉽게 떨어져 마디의 식별이 어려우므로 적용하기 곤란하다.

(4) 생장추에 의한 방법

① 줄기 중심부로 수간축과 직각이 되게 생장추를 찔러 넣고 목편을 뽑아내어 나이테를 세어 측정하는 방법이다.
② 목편의 나이테 수에 목편 채취 위치까지 자라는 데 걸린 연수를 더하여 연령을 유추한다.

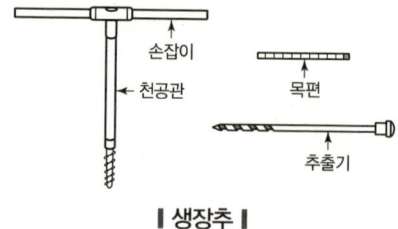

| 생장추 |

> **Summary!**
>
> **단목의 연령 측정 방법**
> 기록에 의한 방법, 목측에 의한 방법, 지절에 의한 방법, 생장추에 의한 방법

2. 임분의 연령 측정

(1) 동령림의 연령 측정

동령림 내에서 평균크기인 수목을 골라 단목의 연령 측정법을 적용한다.

(2) 이령림의 연령 측정

① 이령림의 재적과 같은 재적을 갖는 동령림의 임령을 적용한다.
② 이령림의 연령은 분모에 임령의 범위를, 분자에 평균임령을 기재하여 나타낸다.

예 $\dfrac{32}{20 \sim 40}$

③ 이령림의 평균임령 산출법
  - 본수령, 재적령, 면적령, 단면적령, 표본목령 등으로 평균임령 산출
  - 본수령 : 연령별 임목본수의 산술평균에 의하여 계산하는 방식

본수령에 의한 평균임령 $A = \dfrac{n_1 a_1 + n_2 a_2 + n_3 a_3 + \cdots + n_n a_n}{n_1 + n_2 + n_3 + \cdots + n_n}$

여기서, $a_1\ a_2\ a_3$: 연령, $n_1\ n_2\ n_3$: 각 연령의 본수

Exercise 35

이령림의 어떤 임분에서 30년생이 20본, 35년생이 10본, 40년생이 10본, 45년생이 10본이라면 본수령은?

풀이   본수령 $A = \dfrac{n_1 a_1 + n_2 a_2 + n_3 a_3 + \cdots + n_n a_n}{n_1 + n_2 + n_3 + \cdots + n_n}$

$= \dfrac{(30 \times 20) + (35 \times 10) + (40 \times 10) + (45 \times 10)}{20 + 10 + 10 + 10} = 36$년

SECTION 04 생장량 측정

1. 생장량의 종류

(1) 임목의 부분에 따른 분류

① **지름생장** : 가슴높이 지름의 두께 증가 = 직경생장
② **수고생장** : 수간의 길이 증가
③ **재적생장** : 지름과 수고가 커지는 데 따른 전체의 부피 증가

(2) 수목의 생장에 따른 분류

① **재적생장** : 지름과 수고 생장에 따른 임목의 부피 생장

② **형질생장**
지름이 커지고 형질이 우수해지는 데서 오는 목재 단위 재적당 가격의 상승. 단위량에 대한 가격의 증가
예 재적이 $0.5m^3$인 통나무 2개 가격의 합보다 재적 $1m^3$인 통나무 1개의 가격이 훨씬 높음

③ **등귀생장**
- 물가 상승, 도로 등의 개설로 인한 운반비 절약, 화폐가치의 하락, 목재 공급량의 부족, 새로운 목재가공기술의 개발 등에서 오는 임목 가격의 상승
- 목재의 수급관계 및 화폐가치의 변동 등에 의한 가격의 변화. 목재 시장가의 등귀

④ **총가생장** : 재적생장+형질생장+등귀생장

(3) 생장량의 종류

- 현실생장량
  - 일정 기간 내에 실제로 임목이 자란 양
  - 총생장량, 연년생장량, 정기생장량, 벌기생장량
- 평균생장량 : 총평균생장량, 정기평균생장량, 벌기평균생장량

① **총생장량**
- 임목이 발아하여 현재 크기까지 자라난 생장량의 총량
- 연년생장량의 총합계로, 시간에 따른 수확량의 그래프에서 누운 S자형을 나타낸다.
- 증가세가 처음에는 점증하다가 변곡점에서 최대에 달하고 다시 점감하는 추세를 보인다.

② 연년생장량(CAI)
- 1년 동안 추가적으로 증가한 생장량

$$연년생장량 = V_{n+1} - V_n$$
여기서, V_n : n년생의 재적, V_{n+1} : $n+1$년생의 재적

- 연년생장률 : 1년간의 생장량을 당초의 재적으로 나눈 백분율

③ 정기생장량

일정 기간 동안(m년)의 생장량

$$정기생장량 = V_{n+m} - V_n$$
여기서, V_n : n년생의 재적, V_{n+m} : $n+m$년생의 재적

④ 총평균생장량(평균생장량, MAI)
- 현재의 총생장량을 총생육연수로 나눈 평균적인 생장량
- 일반적으로 평균생장량이라고도 한다.

⑤ 정기평균생장량(PAI)
- 일정 기간의 생장량(정기생장량)을 그 기간의 연수로 나눈 생장량

$$정기평균생장량 = \frac{V_{n+m} - V_n}{m}$$

- 연년생장량은 지나치게 세분하여 나타내며, 평균생장량은 기간이 긴 경우 생장량이 너무 단순화되므로 이러한 경우 적용하기 좋다.

Exercise 36

25년생 소나무의 재적이 2.5m³일 때 평균생장량은 얼마인가?

풀이 평균생장량 = $2.5 \div 25 = 0.1\text{m}^3$

Exercise 37

잣나무 30년생의 ha당 재적이 120m³였던 것이 35년생 때에 160m³가 되었다. 이때의 정기평균생장량은?

풀이 정기평균생장량 = $\frac{V_{n+m} - V_n}{m} = \frac{160 - 120}{5} = 8\text{m}^3$

2. 생장량 간의 관계

① 처음에는 연년생장량이 평균생장량보다 크다.
② 연년생장량은 평균생장량보다 빨리 극대점에 이른다.
③ 평균생장량의 극대점에서 두 생장량의 크기는 같아진다. 임목은 이 지점일 때 벌채하여 수확하는 것이 가장 효율적이다.
④ 평균생장량이 극대점에 이르기 전까지는 연년생장량이 항상 평균생장량보다 크다.
⑤ 평균생장량이 극대점을 지난 후에는 연년생장량이 항상 평균생장량보다 작다.
⑥ 연년생장량 곡선은 총생장량 곡선이 변곡점에 이르는 시점에서 최고점에 도달한다.
⑦ 평균생장량 곡선은 원점을 지나는 직선이 총생장량 곡선과 접하는 지점에서 최고점에 도달한다.

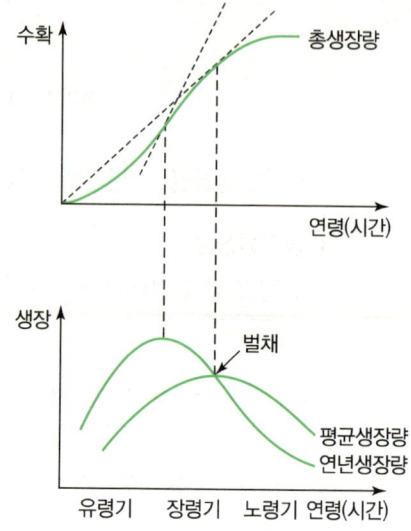

| 생장량 간의 관계 |

3. 산림생장의 구성

(1) 구성요소

① **진계생장량** : 산림조사 기간 동안 측정할 수 있는 크기로 생장한 새로운 임목들의 재적량
② **고사량** : 측정기간 동안 고사하는 임목재적량
③ **벌채량** : 측정기간 동안 벌채되는 임목재적량

(2) 생장주기에 따른 생장량 계산법

① 임분의 초기 재적에 대한 총생장량 $= V_2 + M + C - A - V_1$
② 임분의 초기 재적에 대한 순생장량 $= V_2 + C - A - V_1$
③ 진계생장량을 포함하는 총생장량 $= V_2 + M + C - V_1$
④ 진계생장량을 포함하는 순생장량 $= V_2 + C - V_1$
⑤ 임목축적에 대한 순변화량 $= V_2 - V_1$

여기서, V_1 : 측정 초기의 생존 임목의 재적
V_2 : 측정 말기의 생존 임목의 재적
M : 측정기간 동안의 고사량
C : 측정기간 동안의 벌채량
A : 측정기간 동안의 진계생장량

4. 생장률

일정 기간의 생장 전 재적에 대한 생장 후 재적의 비율로 계산법에는 단리산식, 복리산식, 프레슬러식, 슈나이더식이 있다. 재적생장률뿐만 아니라 수고생장률도 이 식들을 적용하기도 한다.

(1) 단리산식

$$\text{생장률(\%) } P = \frac{V-v}{m \times v} \times 100$$

여기서, V : 현재의 재적, v : m년 전의 재적, m : 기간연수

(2) 복리산식

$$\text{생장률(\%) } P = \left(\sqrt[m]{\frac{V}{v}} - 1 \right) \times 100$$

여기서, V : 현재의 재적, v : m년 전의 재적, m : 기간연수

(3) 프레슬러(Pressler)식

생장이 왕성한 임목에서는 과소값을, 나이가 많은 임목에서는 과대값을 나타낸다.

$$\text{생장률(\%) } P = \frac{V-v}{V+v} \times \frac{200}{m}$$

여기서, V : 현재의 재적, v : m년 전의 재적, m : 기간연수

결국, 프레슬러식은 m년 동안의 정기평균생장량이 V와 v의 평균재적에 대하여 몇 %에 해당하는지를 알아보는 식으로 아래와 같이 풀이된다.

$$P = \frac{\frac{V-v}{m}}{\frac{V+v}{2}} \times 100 = \frac{2 \times (V-v)}{m \times (V+v)} \times 100 = \frac{(V-v)}{(V+v)} \times \frac{200}{m}$$

Exercise 38

10년 전의 임분재적이 100m³/ha이고, 현재의 임분재적이 150m³/ha인 경우 단리산식과 프레슬러식에 의한 임분재적 생장률을 구하시오.

풀이
- 단리산식 $P = \dfrac{V-v}{m \times v} \times 100 = \dfrac{150-100}{10 \times 100} \times 100 = 5\%$
- 프레슬러식 $P = \dfrac{V-v}{V+v} \times \dfrac{200}{m} = \dfrac{150-100}{150+100} \times \dfrac{200}{10} = 4\%$

(4) 슈나이더(Schneider)식

$$\text{생장률}(\%) \ P = \dfrac{k}{nD}$$

여기서, n : 수피 밑 1cm 내의 연륜수, D : 흉고직경(cm)
k : 상수 – 직경 30cm 이하는 550을, 30cm 초과는 500을 적용

Exercise 39

흉고직경 20cm인 소나무를 생장추를 이용하여 수피 밑 1cm 내의 연륜을 조사하였더니 5개라고 할 때, 슈나이더식에 의한 생장률은?

풀이 생장률(%) $P = \dfrac{k}{nD} = \dfrac{550}{5 \times 20} = 5.5\%$

Summary!

생장률 공식

구분	공식
단리산식	$P = \dfrac{V-v}{m \times v} \times 100$
복리산식	$P = \left(\sqrt[m]{\dfrac{V}{v}} - 1\right) \times 100$
프레슬러식	$P = \dfrac{V-v}{V+v} \times \dfrac{200}{m}$
슈나이더식	$P = \dfrac{k}{nD}$

SECTION 05 벌채목의 재적 측정

1. 재적 측정 일반

(1) 벌채목 재적 측정 일반

① 벌채목의 재적 측정 계산법에는 후버식(중앙단면적식), 스말리안식(평균양단면적식), 뉴턴식(리케식), 4분주식, 5분주식, 브레레톤식, 말구지름제곱법(말구직경자승법), 구분구적법 등이 있다.

② 벌채목은 원기둥의 형상을 하고 있으므로 원의 단면적에 나무의 길이를 곱해 부피를 산출하는 방식을 기본적으로 사용한다.

③ 원의 넓이 $= \pi \times$ 반지름^{2}에서 직경(d)을 이용하면 반지름 $= \dfrac{d}{2}$ 이고,

반지름$^2 = \dfrac{d}{2} \times \dfrac{d}{2} = \dfrac{d^2}{4}$ 이므로,

원의 넓이 $= \pi \times$ 반지름$^2 = \pi \times \dfrac{d^2}{4} = \dfrac{\pi \cdot d^2}{4}$

(2) 재적의 단위

① 우리나라의 재적단위
- 우리나라에서는 오래전부터 말구지름을 치(寸), 나무길이를 자(尺), 재적을 재(才)로 나타내어 계산하고 있다.
- 1재＝1치 × 1치 × 12자＝120세제곱치
- 1치＝약 3.0303cm/1자＝10치＝약 30.303cm/1m³＝300재

② 미국의 재적단위
- b.f.(board foot, 보드푸트) : 폭과 길이가 각각 1ft.(foot, 푸트)이며, 두께가 1인치인 재적단위　✎ 1ft.＝30.48cm
- c.f.(cubic foot, 큐빅푸트) : 실적과 층적의 단위로 사용　✎ 1c.f.＝1ft. × 1ft. × 1ft.

(3) 벌채목의 실적과 층적

① 실적 : 층층이 쌓여 있는 벌채목만의 실제 체적
② 층적 : 층층이 쌓여 있는 벌채목의 체적에 공간을 더한 용적
③ 실적계수
- 실적을 층적으로 나눈 백분율, 층적에 대한 실적의 비율
- 수종, 통나무의 형상, 통나무의 크기, 쌓은 방법 등에 영향을 받음

2. 주요 구적식

(1) 후버(Huber)식 [중앙단면적식]

① 계산이 간단하여 널리 사용되는 방법으로 중앙단면적식이라고도 한다.
② 원의 넓이 공식을 이용하여 중앙단면적을 구하고 재장을 곱해 산출한다.
③ 통나무 길이가 길수록 재적이 작아져 긴 벌채목의 측정에는 주의를 요한다.

$$\text{재적}(m^3) \quad V = r \cdot l = \frac{\pi \cdot d^2}{4} \times l$$

여기서, r : 중앙단면적(m^2), l : 재장(m), d : 중앙직경(m)

Exercise 40

중앙직경이 10cm, 재장이 20m인 통나무의 후버식을 이용한 재적(m^3)은?

풀이 $V = \frac{\pi \cdot d^2}{4} \times l = \frac{\pi \times 0.1^2}{4} \times 20 = 0.1570\cdots \quad \therefore \text{약 } 0.157m^3$

(2) 스말리안(Smalian)식 [평균양단면적식]

① 통나무의 양쪽 단면적을 평균하여 이용하므로 평균양단면적식이라고도 한다.
② 통나무 길이가 긴 장재의 재적 측정 시 비교적 정확도가 높다.
③ 양 단면적 중 지름이 큰 쪽을 원구단면적, 지름이 작은 쪽을 말구단면적이라 한다.

$$\text{재적}(m^3) \quad V = \frac{g_o + g_n}{2} \times l$$

여기서, g_o : 원구단면적(m^2), g_n : 말구단면적(m^2), l : 재장(m)

Exercise 41

벌채목의 길이가 20m, 원구단면적이 0.6m^2, 중앙단면적이 0.55m^2, 말구단면적이 0.4m^2인 경우에 스말리안식에 의한 재적은?

풀이 $V = \frac{g_o + g_n}{2} \times l = \frac{0.6 + 0.4}{2} \times 20 = 10m^3$

(3) 뉴턴(Newton)식 [리케(Riecke)식]

① 뉴턴이 만들고, 리케가 응용하여 뉴턴식 또는 리케식이라 부른다.
② 계산이 어려워 잘 사용되지는 않지만 비교적 정확한 값을 얻을 수 있다.

$$\text{재적}(m^3) \quad V = \frac{g_o + 4r + g_n}{6} \times l$$

여기서, g_o : 원구단면적(m^2), r : 중앙단면적(m^2), g_n : 말구단면적(m^2), l : 재장(m)

Exercise 42

원구직경 34cm, 말구직경 24cm, 중앙직경 28cm, 재장이 4m인 통나무를 뉴턴식으로 계산한 재적은?

풀이

$g_o = \frac{\pi \times 0.34^2}{4} = 0.09079 \cdots$ 약 0.0908, $g_n = \frac{\pi \times 0.24^2}{4} = 0.04523 \cdots$ 약 0.0452,

$r = \frac{\pi \times 0.28^2}{4} = 0.06157 \cdots$ 약 0.0616이므로,

$V = \frac{g_o + 4r + g_n}{6} \times l = \frac{0.0908 + 4 \times 0.0616 + 0.0452}{6} \times 4 = 0.2549 \cdots$ ∴ 약 $0.255 m^3$

(4) 4분주식 [호퍼스(Hoppus)식]

① 통나무의 중앙 둘레의 값을 4로 나누고 제곱하여 재적을 계산한다.
② 영국에서 주로 사용되고 있으며, 호퍼스(Hoppus)식이라고도 한다.

$$\text{재적}(m^3) \quad V = \left(\frac{u}{4}\right)^2 \times l$$

여기서, u : 중앙 둘레(m), l : 재장(m)

(5) 5분주식

① 통나무의 중앙 둘레의 값을 5로 나누고 제곱하여 재적을 계산한다.
② 후버식의 약 1.0053배 과대치를 주고, 중앙단면이 원이 아닐 때 오차가 더 커지는 구적식이다.
③ 프랑스에서 주로 사용되고 있다.

$$\text{재적}(m^3) \quad V = \left(\frac{u}{5}\right)^2 \times 2 \times l$$

여기서, u : 중앙 둘레(m), l : 재장(m)

(6) 브레레톤(Brereton)식

① 미국, 필리핀, 인도네시아 등에서 주로 사용되는 계산식이다.
② 원구지름과 말구지름을 cm로, 재장을 m로 적용하여 재적(m³)을 구한다.

$$재적(m^3) \quad V = \left(\frac{d_o + d_n}{2}\right)^2 \times \frac{\pi}{4} \times l \times \frac{1}{10,000}$$

여기서, d_o : 원구지름(cm), d_n : 말구지름(cm), l : 재장(m)

(7) 말구지름제곱법 [말구직경자승법]

① 말구지름의 제곱에 재장을 곱하여 재적을 산출하는 방법으로 말구직경자승법이라고도 한다.
② 말구지름을 cm로, 재장을 m로 적용하여 재적(m³)을 구하는 것으로 기본개념은 아래와 같다.

$$재적 \quad V = d_n^2 \times l$$

여기서, d_n : 말구지름(cm), l : 재장(m)

③ 우리나라에서 가장 일반적으로 많이 이용되는 개념으로 과거에는 아래와 같은 식을 적용하였다.

$$재적(m^3) \quad V = \frac{d_n^2}{12} \times l$$

여기서, d_n : 말구지름(cm), l : 재장(m)

④ 말구직경의 측정방법(검척법)
- 수피를 제외한 최소직경으로 측정한다.
- 1cm 단위로 계산하고, 소수는 버린다.
- 최소직경이 15cm 이상이며, 최소직경과 직각인 직경의 차이가 3cm를 넘으면, 3cm마다 1cm를 가산한다.
- 최소직경이 40cm 이상이며, 최소직경과 직각인 직경의 차이가 4cm를 넘으면, 4cm마다 1cm를 가산한다.

Exercise 43

최소직경이 16cm, 최소직경과 직각인 직경이 24cm라면 말구직경은 얼마인가?

풀이 24−16=8cm의 차이이므로, 3cm마다 1cm를 더하면, 두 번인 2cm를 더해야 한다.
따라서, 말구직경은 16+2=18cm

⑤ 현재 산림청에서 적용하고 있는 재적검량방법은 아래와 같다.

> **말구지름제곱법(말구직경자승법)에 의한 우리나라의 재적검량방법**
> - 재장이 6m 미만일 때
> $$재적(m^3) \quad V = d_n^2 \times l \times \frac{1}{10,000}$$
> - 재장이 6m 이상일 때
> $$재적(m^3) \quad V = (d_n + \frac{l'-4}{2})^2 \times l \times \frac{1}{10,000}$$
> 여기서, d_n : 말구지름(cm), l : 재장(m), l' : 1m 단위의 재장

Exercise 44

원구직경 40cm, 말구직경 20cm, 중앙직경 30cm, 재장 5m일 때 말구직경자승법에 의한 통나무 재적은?

풀이
- 재장이 5m이므로 '6m 미만일 때'의 식을 적용
- $V = d_n^2 \times l \times \frac{1}{10,000} = 20^2 \times 5 \times \frac{1}{10,000} = 0.2 m^3$

Exercise 45

어떤 밤나무의 말구직경이 14cm, 재장이 8.5m일 때 국내산 원목의 재적검량방법에 의한 재적은?

풀이
- 재장이 8.5m이므로 '6m 이상일 때'의 식을 적용
- $V = (d_n + \frac{l'-4}{2})^2 \times l \times \frac{1}{10,000} = (14 + \frac{8-4}{2})^2 \times 8.5 \times \frac{1}{10,000} = 0.2176 m^3$

(8) 구분구적법

① 길거나 모양의 변화가 심한 벌채목 등은 하나의 벌채목을 짧게 몇 개로 구분하여 각각의 재적을 구하고 이것을 합산하여 계산하는데 이러한 방식을 구분구적법이라 한다.
② 구분 재적을 구할 때에는 후버식과 스말리안식이 주로 이용되고 있다.
③ 보다 정밀하게 재적을 측정할 수 있다.

> **Summary!**
>
> **벌채목의 재적 측정식**
>
> | 구분 | 공식 |
> |---|---|
> | 후버식
(중앙단면적식) | $V = r \cdot l = \dfrac{\pi \cdot d^2}{4} \times l$ |
> | 스말리안식
(평균양단면적식) | $V = \dfrac{g_o + g_n}{2} \times l$ |
> | 뉴턴식
(리케식) | $V = \dfrac{g_o + 4r + g_n}{6} \times l$ |
> | 4분주식
(호퍼스식) | $V = (\dfrac{u}{4})^2 \times l$ |
> | 5분주식 | $V = (\dfrac{u}{5})^2 \times 2 \, l$ |
> | 브레레톤식 | $V = (\dfrac{d_o + d_n}{2})^2 \times \dfrac{\pi}{4} \times l \times \dfrac{1}{10,000}$ |
> | 말구지름제곱법
(말구직경자승법) | $V = d_n^2 \times l, \quad V = \dfrac{d_n^2}{12} l$ |
> | 우리나라의 재적검량방법 | 6m 미만 $V = d_n^2 \times l \times \dfrac{1}{10,000}$, 6m 이상 $V = (d_n + \dfrac{l' - 4}{2})^2 \times l \times \dfrac{1}{10,000}$ |

3. 정밀 재적 측정

(1) 측용기법

물속에 어떤 물체를 넣으면 같은 부피의 물이 늘어난다는 원리를 이용하여 목재를 넣기 전과 후의 눈금 차이로 재적을 구하는 방법이다.

(2) 무게비법

전체 목재 중 일정 무게의 표본을 선정하여 재적을 측정하고 그 값에 비례하여 전체 재적을 계산하는 방법이다.

$$총재적 = \dfrac{총 중량}{표본 중량} \times 표본재적$$

Exercise 46

목편의 총중량이 4t, 그중에서 무게가 20kg인 표본을 선정하여 측용기로 측정한 결과 재적이 30L였다면, 이 목편의 총재적은 얼마인가?(단, 1L=0.001m³)

풀이 4t=4,000kg, 30L=0.03m³이므로

$$총재적 = \frac{총중량}{표본중량} \times 표본재적 = \frac{4,000}{20} \times 0.03 = 6m^3$$

SECTION 06 수간석해

1. 수간석해의 목적

① 수간석해(樹幹析解)란 수목의 생장과정과 특성을 정밀하게 파악하기 위해 표준목을 선정하여 수간을 조사 및 분석하고 풀이하는 측정과정이다.
② 수간석해를 통해 앞으로의 임목 성장의 추이를 살펴볼 수 있으므로 그 의미가 크다.
③ 임목의 일정 높이마다 원판을 채취하고, 각 원판들을 분석하여 수령, 수고생장량, 재적 등을 측정하고 그래프와 같은 그림으로 나타낸다.

2. 수간석해의 방법

(1) 벌채목 선정과 원판 채취

① 벌채목의 선정
  평균직경을 가지며, 피압되지 않고 정상적으로 자란 표준목을 벌채목으로 선정한다.

② 원판의 채취
  • 벌채점 : 흉고직경의 높이가 1.2m인 경우, 지상 0.2m를 벌채점으로 한다.
  • 원판두께 : 3~5cm

③ 원판 채취위치 및 방법
  • 구분의 길이를 2m로 하는 후버식에 의한 구분구적법에 따라 채취한다.

- 벌채점에서도 수간에 직각이 되게 벌채점 위를 베어 원판을 채취한다.
- 아래쪽으로부터 처음에는 1m, 그 위로는 2m마다, 마지막은 1m 간격이 되게 채취한다.
- 즉, 흉고 이상은 2m마다 원판을 채취하고 최후의 것은 1m가 되도록 한다.
- 각 구분마다 수간과 직교하도록 원판을 채취한다.
- 측정하지 않을 단면에는 원판의 번호와 위치를 표시하여 둔다.

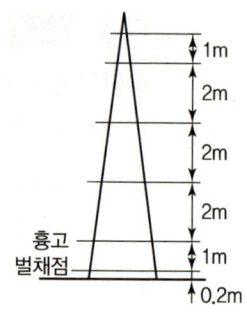

| 원판 채취위치 |

(2) 원판의 측정

① 수령의 측정
- 벌채점의 나이테 수에 벌채점까지 자라는 데 소요된 연수를 합산하여 수령을 유추한다.
- 벌채점에서의 나이테 수가 30개이고, 벌채점까지 자라는 데 2년이 걸렸다면 이 수목의 수령은 32년이다.

② 반경의 측정
- 단면의 반경은 5년마다의 간격으로 측정하며, 4방향으로 측정하여 평균한다.
- 반경측정법 : 심각등분법, 원주등분법, 절충법

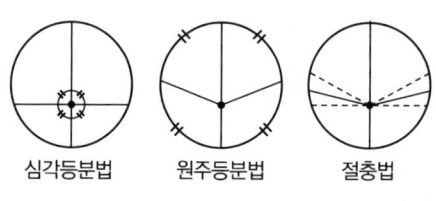

| 반경측정법 |

③ 수고생장량
- 조사한 수령에서 각 원판의 단면에 나타난 나이테 수를 빼면 원판 채취 높이까지 자라는 데 소요된 연수를 유추할 수 있다.
- 이러한 연령별 수고생장량을 좌표의 가로에 연령을, 세로에 수고를 넣어 수고생장곡선을 그린다.

(3) 수고 결정방법

① 수고곡선법
수령에서 각 단면에 나타난 연륜수를 빼면 그 단면에 이르기까지의 소요 연수가 얻어지며 이것을 이용하여 수고를 결정하는 방법

② 직선연장법

수간석해도에서 어떤 영급의 가장 나중 단면의 값과 그 바로 앞 단면의 값을 연결한 직선을 그대로 연장하여 수간축과 만나는 점을 영급의 수고로 하는 방법

③ 평행선법

수간석해도 밖에 있는 영급의 선과 평행선을 그어 수간축과 만나는 점을 그 영급의 수고로 하는 방법

(4) 수간석해도의 작성 및 재적 계산

① 수간석해도의 작성

수령, 반경, 수고생장량 등을 참고로 가로에는 지름을, 세로에는 수고의 수치를 넣어 수간석해도를 작성한다.

② 수간석해를 통한 벌채목의 총재적 계산

근주재적, 결정간재적, 초단부재적을 합산하여 전체 벌채목의 재적을 구한다.

✏️ 지조재적 ×

SECTION 07 임목의 재적 측정

1. 임목 재적 측정 일반

① 임목의 재적 측정방법에는 임목의 단면적을 측정하여 전체 재적을 산출하는 구적기를 응용하는 방법과 계산식을 이용하는 형수법, 약산법, 그리고 기타 목측법, 입목재적표를 이용하는 방법 등이 있다.
② 임목의 재적 측정 시에는 가장 먼저 표준지가 될 수 있는 조사구역을 설정하고, 다음으로 그 구역 내에서 조사목을 선정하여 실시한다.

✏️ 조사구역 설정 → 조사목 선정 → 조사목 측정

③ 재적조사 일반
- 원칙적으로 모든 소반을 답사하여 표준지가 될 수 있는 지역을 선정한다.
- 유용 수종은 수종별로 나누어 실시한다.
- 산림의 실태조사 중에서 제일 중요한 작업으로서 수확을 조절하는 데 절대 필요한 작업이다.

2. 형수법

(1) 형수법의 개념

① 임목 수간의 형상을 원뿔로 보았을 때 원뿔과 동일한 단면적과 높이를 가진 원기둥을 이용하면 재적을 산출할 수 있는 데서 비롯된 방법이다.
② 임목의 단면적과 높이가 같은 원기둥의 부피에 대한 수간재적의 비율을 형수(form factor)라고 한다.
③ 즉, 형수란 원기둥의 부피에 대한 수간재적의 비율로 이러한 형수를 사용해서 입목의 재적을 구하는 방법을 형수법이라 한다.

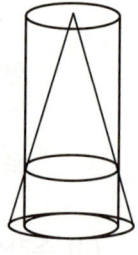

| 형수 |

- 형수 $f = \dfrac{V}{g \cdot h} = \dfrac{수간재적}{원기둥의 부피}$

  여기서, f : 형수, g : 원의 단면적(m²), h : 수고(m)

- 수간재적 $V = g \cdot h \cdot f$

Exercise 47

임목의 흉고직경은 20cm, 수고는 15m, 형수는 0.4를 적용하였을 경우 임목의 재적은?

풀이
- 수간재적

  $V = g \cdot h \cdot f$ 에서 원의 단면적 $g = \dfrac{\pi \cdot d^2}{4}$ 이므로

  $V = g \cdot h \cdot f = \dfrac{\pi \cdot d^2}{4} \cdot h \cdot f = \dfrac{\pi \times 0.2^2}{4} \times 15 \times 0.4 = 0.1884 \cdots$ ∴ 약 $0.188\,\text{m}^3$

Exercise 48

흉고직경이 50cm, 수고가 18m, 수간재적이 1.59m³인 임목의 흉고형수는?

풀이
- 원의 넓이 $g = \dfrac{\pi \cdot d^2}{4} = \dfrac{\pi \times 0.5^2}{4} = 0.1963 \cdots$

- 형수 $f = \dfrac{V}{g \cdot h} = \dfrac{1.59}{0.196 \times 18} = 0.4506 \cdots$ ∴ 약 0.45

(2) 형수의 종류

① 직경위치에 따른 형수의 종류

형수에서 원기둥(비교원주)을 설정할 때 단면적을 취할 부분의 직경을 어느 부분으로 선택하느냐에 따른 구분이다.

- 흉고형수 : 지상 1.2m의 흉고직경을 비교원주의 직경으로 하는 형수
- 정형수 : 수고의 $1/n$ 위치의 직경을 비교원주의 직경으로 하는 형수
- 절대형수 : 수간 최하부의 직경을 비교원주의 직경으로 하는 형수

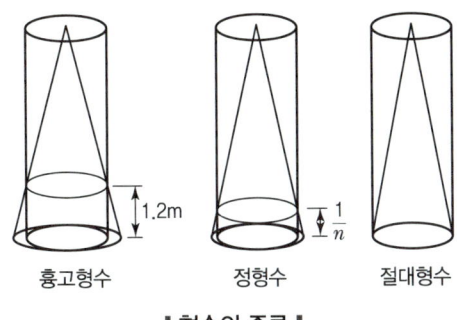

┃형수의 종류┃

② 구성에 따른 형수의 종류
- 단목형수 : 임목 하나의 형수, 일반적인 형수
- 임분형수 : 임분 전체의 형수

③ 재적 종류에 따른 형수의 종류
- 수간형수 : 수간을 기준으로 하는 형수
- 지조형수 : 지조를 기준으로 하는 형수
- 근주형수 : 근주를 기준으로 하는 형수
- 수목형수 : 수간, 지조, 근주를 모두 포함하는 형수

(3) 흉고형수

① 흉고형수의 정의
- 흉고 부위를 직경으로 취한 원주부피에 대한 수간재적의 비율이다.
- 형수의 값은 보통 0.4~0.6이며, 0.45~0.55가 가장 많다.

② 흉고형수에 영향을 미치는 주요 인자
- 임목은 수종, 품종, 기후, 지위, 수관밀도 등에 따라 수형이나 성장세에 차이가 발생하게 되고 그로 인해 수고와 직경 또한 변화가 발생하여 흉고형수는 커지거나 작아지며 그 값을 달리하게 된다.

- 수고와 흉고직경은 작을수록 수간재적의 감소보다 원주부피의 감소폭이 더 커져 형수는 커지며, 수고와 흉고직경이 클수록 반대로 형수는 작아진다.
- 지하고가 높고 수관량이 적은 나무일수록 같은 원주부피에 대하여 차지하는 수간재적의 비율이 크므로 형수는 커진다.
- 땅이 비옥하고 지위가 좋으면 수고와 직경이 커지게 되어 형수는 작아진다.

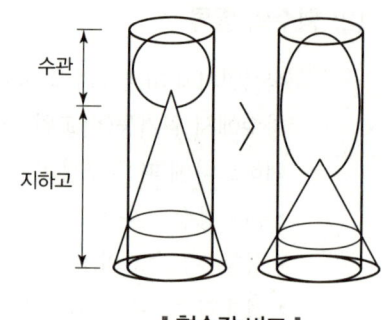

┃형수값 비교┃

[흉고형수에 영향을 미치는 주요 인자]

주요 인자	형수값
수고가 작을수록	커짐
흉고직경이 작을수록	
지하고가 높고 수관량이 적은 나무일수록	
연령이 많을수록	
지위가 양호할수록	작아짐

> **Summary!**
>
> **흉고형수에 영향을 미치는 인자**
> 수고, 흉고직경, 지하고, 수종, 지위, 연령, 품종, 기후, 수관밀도 등
> 근원직경 ×

3. 약산법

형수법은 반드시 수고를 측정해야 재적을 계산할 수 있지만, 약산법은 흉고직경의 수치만으로 간단하게 계산할 수 있는 장점이 있다. 약산법에는 덴진법과 망고법이 있다.

(1) 덴진(Denzin)법

① cm 단위의 흉고직경을 제곱하고 1,000으로 나누어 재적을 산출하는 방법으로 흉고직경만으로 재적을 산출하므로 간단하게 이용할 수 있다.
② 수고 25m, 형수 0.51인 경우를 전제로 계산하는 방법으로 개략적인 값을 알고자 할 때 주로 사용된다.

$$임목재적 \ V = \frac{d^2}{1,000}$$

여기서, d : 흉고직경(cm)

Exercise 49

잣나무의 흉고직경이 36cm, 수고가 25m일 때 덴진식에 의한 재적은?

풀이 임목재적 $V = \dfrac{d^2}{1,000} = \dfrac{36^2}{1,000} = 1.296 \text{m}^3$

(2) 망고법

① 흉고직경의 반이 되는 직경을 가진 곳(망점)의 수고와 흉고직경을 이용하여 재적을 구하는 방법이다.
② 벌채점에서 망점까지의 높이를 망고라고 하며, 망고는 일반적으로 수고의 약 70%이므로 $0.7H$로 계산한다.

$$임목재적 \ V = \frac{2}{3} g \left(h + \frac{m}{2}\right) = \frac{2}{3} \cdot \frac{\pi \cdot d^2}{4} \left(h + \frac{m}{2}\right)$$

여기서, g : 흉고단면적, h : 망고, m : 벌채점에서 흉고까지의 높이, d : 흉고직경

4. 목측법

① 눈으로 직접 임목의 재적을 대략적으로 측정하는 방법이다.
② 고도의 기술을 요하며, 숙련되지 않았을 경우 오차가 심하게 발생하는 단점이 있다.
③ 전체 임목을 보고 눈으로 직접 재적을 바로 추정해 내는 직접목측법과 흉고직경, 수고 등을 목측하고 계산식에 수치를 대입하여 추정하는 간접목측법이 있다.

5. 입목재적표에 의한 방법

① 입목재적표란 가로에 흉고직경, 세로에 수고를 넣어 재적을 알기 쉽게 미리 계산하여 놓은 표이며, 이러한 입목재적표를 이용하여 재적을 알아내는 방법이다.
② 알고자 하는 입목의 흉고직경과 수고를 측정하고 재적표에서 해당 직경과 수고를 찾아 재적 수치를 읽으면 된다.

③ 재적표는 지방별·수종별로 작성되어 있으므로 재적을 측정할 입목의 지방과 수종에 따라 알맞은 재적표를 적용한다.

[재적표 예 : 강원도지방 소나무의 수간재적표]

경급 수고	6cm	8	10	12	14	16	18	20	22	24	26	28	30	32	34	36	…
5m	0.0081	0.0135	0.0202	0.0280	0.0370	0.0471	0.0584	0.0707	0.0841	0.0987	0.1143	0.1310	0.1487	0.1676	0.1876	0.2087	…
6	0.0097	0.0163	0.0243	0.0337	0.0445	0.0567	0.0702	0.0850	0.1011	0.1185	0.1373	0.1573	0.1786	0.2012	0.2252	0.2504	…
7	0.0114	0.0190	0.0284	0.0394	0.0520	0.0662	0.0819	0.0992	0.1180	0.1384	0.1602	0.1836	0.2085	0.2349	0.2627	0.2921	…
8	0.0130	0.0218	0.0325	0.0450	0.0595	0.0757	0.0937	0.1135	0.1350	0.1582	0.1832	0.2099	0.2383	0.2684	0.3003	0.3339	…
9	0.0146	0.0245	0.0365	0.0507	0.0669	0.0852	0.1055	0.1277	0.1519	0.1781	0.2061	0.2362	0.2681	0.3020	0.3378	0.3756	…
10	0.0163	0.0272	0.0406	0.0564	0.0744	0.0947	0.1172	0.1419	0.1688	0.1979	0.2291	0.2624	0.2979	0.3356	0.3753	0.4173	…
11	0.0179	0.0300	0.0447	0.0620	0.0819	0.1042	0.1290	0.1562	0.1857	0.2177	0.2520	0.2887	0.3277	0.3691	0.4128	0.4589	…
12	0.0195	0.0327	0.0488	0.0677	0.0893	0.1137	0.1407	0.1704	0.2026	0.2375	0.2749	0.3149	0.3575	0.4026	0.4503	0.5006	…
⋮	⋮	⋮	⋮	⋮	⋮	⋮	⋮	⋮	⋮	⋮	⋮	⋮	⋮	⋮	⋮	⋮	⋱

SECTION 08 임분의 재적 측정

임분의 재적 측정방법에는 전림법(매목조사법), 표준목법, 표본조사법 등이 있다.

1. 전림법

(1) 전림법(全林法) 일반

① 전림법이란 일정 지역의 임분을 구성하는 모든 나무를 측정하여 전체 재적을 구하는 방법으로 전수조사라고도 한다.
② 수목 하나하나를 면밀하게 조사하므로 재적을 비교적 정확하게 측정할 수 있으나, 많은 비용과 노력이 필요하여 특별한 경우가 아니고는 실행되기 어려운 작업법이다.
③ 편백, 삼나무 등 고가의 임목조사나 연구조사, 소구역 임분의 정밀한 정보수집 등의 경우에만 적용되고 있다.
④ 전림법에는 매목조사법, 매목목측법, 재적표 이용법, 수확표 이용법, 항공사진 이용법 등이 있다.

(2) 매목조사법(每木調査法)

① 조사구역 내 모든 입목의 흉고직경만을 측정하여 임분의 재적을 산출하는 방법이다.

② 매목조사방법
- 조사인원 : 기장자 1명, 측정자 2명
- 윤척이나 직경테이프를 이용하여 지상 1.2m 흉고높이에서 2cm 괄약으로 한 번만 측정한다.
- 흉고직경 6cm 미만은 측정하지 않으며(6cm 이상만 측정), 직경별로 구분하여 바를 정(正) 자로 표기한다.
- 측정자가 측정치를 부르고 기장자가 복창하여 수치를 확인하고 표기한다.
- 수종이 다를 때는 수종을 먼저 부르고 직경을 복창한다.
- 이중 측정을 피하기 위해 낫, 박피기 등으로 표식을 해둔다.

2. 표준목법

(1) 표준목법(標準木法) 일반

① 표준목법이란 임분 내에 표준이 될 만한 임목을 선정하고 평균재적을 구하여 전체 임분의 재적을 산출하는 방법이다.

② 표준목이란 임분의 전체 재적을 전체 임목 본수로 나눈 평균재적을 가지는 나무를 말한다.

$$표준목의\ 평균재적 = \frac{임분\ 전체\ 재적}{임분\ 전체\ 본수}$$

③ 표준목의 선정에 있어서는 위와 같은 식을 적용하기에는 임분 전체의 재적을 알 수 없으므로, 평균의 흉고직경, 수고, 형수 등을 구하여 표준목의 평균재적을 구하고 이를 토대로 임분 전체의 재적을 산출한다.

(2) 표준목의 결정

① 표준목의 흉고직경 결정
  ㉠ 흉고단면적법 : 매목조사로 얻은 직경을 토대로 각 수목의 흉고단면적을 구하고, 그 합계를 전체 임목본수로 나누어 평균인 흉고단면적을 산출한 후 이 흉고단면적을 이용하여 표준목의 흉고직경을 결정하는 방법이다.

$$표준목의\ 흉고단면적 = \frac{임분의\ 흉고단면적\ 합계}{임분\ 전체\ 본수}$$

ⓒ 산술평균지름법(산술평균직경법)
- 각 수목의 흉고직경 합계를 전체 임목본수로 나누어 평균인 흉고직경을 얻는 방법이다.

$$\text{표준목의 흉고직경} = \frac{\text{임분의 흉고직경 합계}}{\text{임분 전체 본수}}$$

- 흉고단면적법에 의한 직경이 산술평균직경법에 의한 직경보다 큰 값이 나온다.
ⓓ 와이제법 : 임목 직경을 작은 것부터 차례로 줄지어 놓는다고 할 때 60%에 해당하는 위치에 있는 임목 직경을 표준목의 흉고직경으로 하는 방법이다.

② 표준목의 수고 결정
임분에서 평균직경을 가진 나무의 수고를 표준목의 수고로 취하는 방법으로 수고곡선법에 의해 직경에 따른 수고를 간단히 추정할 수 있다.

(3) 표준목법의 종류

① 단급법(單級法)
전체의 임분을 하나의 급으로 취급하여 단 한 개의 표준목을 선정하는 방법

$$\text{임분 전체 재적 } V = v \times N = \text{표준목의 재적} \times \text{임분 전체 본수}$$

② 드라우드법(Draudt법)
먼저 임분 전체의 표준목 선정 본수를 정한 후, 각 직경급의 본수에 따라 비례배분하여 표준목을 선정하는 방법

$$\text{임분 전체 재적 } V = v' \times \frac{N}{n} = \text{표준목의 재적합계} \times \frac{\text{임분 전체 본수}}{\text{표준목수}}$$

③ 우리히법(Urich법)
전 임목을 몇 개의 계급으로 나누고 각 계급의 본수를 동일하게 한 다음 각 계급에서 같은 수의 표준목을 선정하는 방법

$$\text{임분 전체 재적 } V = v' \times \frac{G}{g}$$
$$= \text{표준목의 재적합계} \times \frac{\text{임분의 흉고단면적 합계}}{\text{표준목의 흉고단면적 합계}}$$

④ 하르티히법(Hartig법)
- 전 임목을 몇 개의 계급으로 나누고 각 계급의 흉고단면적 합계를 동일하게 하여 각 계급에서 표준목을 선정하는 방법
- 계산식은 우리히법과 동일

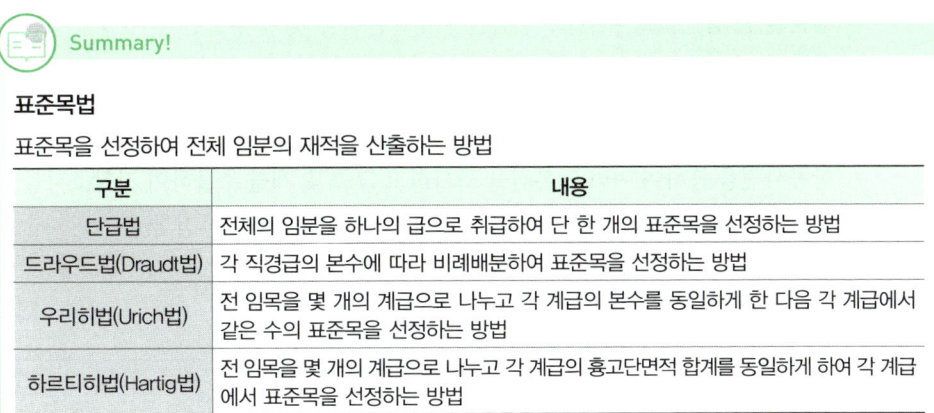

Summary!

표준목법

표준목을 선정하여 전체 임분의 재적을 산출하는 방법

구분	내용
단급법	전체의 임분을 하나의 급으로 취급하여 단 한 개의 표준목을 선정하는 방법
드라우드법(Draudt법)	각 직경급의 본수에 따라 비례배분하여 표준목을 선정하는 방법
우리히법(Urich법)	전 임목을 몇 개의 계급으로 나누고 각 계급의 본수를 동일하게 한 다음 각 계급에서 같은 수의 표준목을 선정하는 방법
하르티히법(Hartig법)	전 임목을 몇 개의 계급으로 나누고 각 계급의 흉고단면적 합계를 동일하게 하여 각 계급에서 표준목을 선정하는 방법

3. 표본조사법

(1) 표본조사법(標本調査法) 일반

① 표본조사법이란 임분 내에 일정 크기의 표본점을 설정하고 표본점 안의 임목들을 조사하여 임분 전체의 재적을 산출하는 방법이다.

② 표본점(표준지)
표본조사를 위해 선정되는 일정 구역

(2) 표본점 추출방법(표본 조사방법)

① 임의추출법
전체 임분을 표본 크기의 격자로 구분하여 교점에 번호를 매기고 리스트를 작성하여 이 리스트에서 난수표 등을 이용해 표본점을 필요한 수만큼 임의로 추출하는 방법

② 계통적 추출법
측정자가 추출 대상에 대해 일정한 계통을 정해 그 기준에 맞게 표본점을 추출하는 방법
예 선표본점법 : 임분을 몇 개의 띠의 형상으로 나누고 일정한 계통을 정해 표본점 추출

③ 층화추출법

일정 기준에 따라 임분을 먼저 몇 개로 구분하고, 구분된 각 임분에서 표본점을 추출하는 방법

④ 부차추출법

임분을 큰 집단으로 나누고, 각 집단에서 표본점을 몇 개 추출한 후 추출한 집단에서 또다시 표본점을 추출하는 방법

⑤ 이중추출법

항공사진을 통하여 여러 표본점을 조사하고 그중 몇 개를 추출하여 지상조사를 실시하는 방법으로 항공사진과 지상조사의 결과를 함께 판단하여 표본점 추출

(3) 표본점 추출 개수의 계산

$$\text{표본점의 수 } n \geq \frac{4Ac^2}{e^2A + 4ac^2}$$

여기서, A : 임분조사면적(ha), a : 표본점면적(ha), c : 변이계수(%), e : 오차율(%)

Exercise 50

표본조사법에 있어 조사대상 임분의 면적이 2ha, 표본점 크기는 20×20m, 변이계수는 50%, 오차율은 4%라고 한다면 필요한 최소 표본점의 개수는?

풀이
- 표본점 크기 $20 \times 20\text{m} = 400\text{m}^2 = 0.04\text{ha}$
- 표본점의 수 $n \geq \dfrac{4Ac^2}{e^2A + 4ac^2} = \dfrac{4 \times 2 \times 0.5^2}{(0.04^2 \times 2) + (4 \times 0.04 \times 0.5^2)} = 46.296 \cdots$

∴ 47개

(4) 표준지 설정법

① 원형표준지법 : 원형으로 표준지 설정
② 대상표준지법 : 넓은 띠의 형상으로 표준지 설정

> 📝 참고

우리나라 숲 가꾸기 표준지의 조사·관리
① 표준지 조사비율을 사업대상지 면적의 1% 이상으로 한다.
② 표준지 크기를 개소당 100~400m²(10×10m, 10×20m, 20×20m 사각형 또는 반지름 5.7m, 8.0m, 11.3m 원형 표준지)로 한다.
③ 사업대상지를 표시한 지형도상에서 최대 200×200m 격자상의 교차점에 400m²의 표준지를 일정 간격으로 교차점에 배치하여야 한다. 다만, 격자의 간격이나 표준지의 간격은 임지 상태에 따라 조정할 수 있다.
④ 표준지 조사방법
  • 가슴높이 지름은 표준지 내에 6cm 이상 교목을 2cm 괄약으로 측정
  • 수고는 경급별 m 단위로 측정
  • 경계표시는 흰색 페인트로 표시
  • 제거대상목은 적색 페인트로 표시
  • 도태간벌의 미래목 또는 정량간벌의 형질우세목 및 가지치기 대상목은 황색 페인트로 표시
  ―「지속 가능한 산림자원 관리지침」

(5) 각산정 표준지법

① 스피겔릴라스코프(프리즘)라는 측정기계를 이용하여 임분의 ha당 흉고단면적을 구하고 임분의 전체 재적을 측정하는 방법이다.
② 비터리히(Bitterlich)가 공표하였으며, 표준지의 설정이 필요하지 않는 이점이 있다.
③ 표본점을 필요로 하지 않아 플롯레스 샘플링(plotless sampling)이라 한다.

④ 임분의 ha당 흉고단면적 산출 방식
  • 어느 한 점에서 주위 임목을 릴라스코프로 시준하여 상이 맞물리는 정도에 따라 임목의 본수를 1본, 0.5본, 0본으로 책정하고 모두 더해 전체 본수를 구한다.
  • 계산한 임목 본수에 릴라스코프의 단면적 계수를 곱하여 임분의 ha당 흉고단면적을 산출한다.
  • 릴라스코프에 적용하는 단면적 계수는 흉고단면적 정수라고도 부르며, 측정기구에 따라 $1m^2$, $2m^2$, $4m^2$의 수치로 구분된다.

⑤ 각산정 표준지법에 의한 임분재적의 계산

> 임분의 ha당 흉고단면적(m^2) $G = k \cdot n$
> 여기서, k : 릴라스코프의 단면적 계수(흉고단면적 정수), n : 임목본수
>
> 임분의 ha당 재적(m^3) $V = G \cdot H \cdot F = k \cdot n \cdot H \cdot F$
> 여기서, H : 임분평균수고, F : 임분형수

Exercise 51

단면적 계수가 4인 프리즘으로 셈한 임분의 본수가 10그루, 수고가 15m, 형수가 0.5일 때 각산정 표준지법을 이용한 임분의 재적은?

풀이 $V = G \cdot H \cdot F = k \cdot n \cdot H \cdot F = 4 \times 10 \times 15 \times 0.5 = 300 m^3$

Exercise 52

각산정 표준지법에서 스피겔릴라스코프를 사용하여 1개의 표준점에서 측정된 나무의 평균 본수가 10본이었으며, 사용된 흉고단면적 정수는 $2m^2$였다면 이 임분의 ha당 흉고단면적은?

풀이 $G = k \cdot n = 2 \times 10 = 20 m^2$

Summary!

임분의 재적 측정법
- 전림법 : 매목조사법, 매목목측법, 재적표 이용법, 수확표 이용법, 항공사진 이용법
- 표준목법 : 단급법, 드라우드법(Draudt법), 우리히법(Urich법), 하르티히법(Hartig법)
- 표본조사법 : 표준지 설정법, 각산정 표준지법

CHAPTER 06 산림경영계획 실제

SECTION 01 산림경영계획의 업무내용

업무내용에는 일반조사, 산림측량과 산림구획, 산림조사, 부표와 도면, 시업체계의 조직, 산림경영계획의 결정 및 총괄, 계획의 운용 등이 있다.

1. 산림측량

① 주위측량
　산림의 경계선을 명확히 하고, 그 면적을 확정하기 위해 실시하는 토지 주위의 측량

② 구획측량
　임반과 소반의 구획 및 면적을 나누기 위한 측량 = 산림구획측량

③ 시설측량
　임도, 운반로 등의 신설과 보수, 산림경영에 필요한 각종 건물 및 시설의 설치를 위한 측량

2. 산림구획

산림경영계획에서는 산림경영이 보다 효율적이고 합리적으로 운영될 수 있도록 산림을 경영계획구 – 임반 – 소반의 순으로 구획하고 있다.

(1) 경영계획구(영림구)

① 경영계획을 수립할 때 가장 먼저 구획하는 단위이다.
② 국유림경영계획구의 명칭은 소관 국유림관리소명 다음에 지역명을 붙여 나타낸다.
　예 홍천국유림관리소 원주경영계획구, 서울국유림관리소 인천경영계획구

[경영계획구의 구분(산림경영계획의 작성단위)]

구분		내용
공유림 경영계획구		해당 지역에 소재하는 공유림으로서 그 소유자가 산림경영계획을 작성할 산림의 단위
사유림 경영계획구	일반경영계획구	사유림의 소유자가 자기 소유의 산림을 단독으로 경영하기 위한 경영계획구
	협업경영계획구	서로 인접한 사유림을 2인 이상의 산림소유자가 협업으로 경영하기 위한 경영계획구
	기업경영림계획구	기업경영림을 소유한 자가 기업경영림을 경영하기 위한 경영계획구

※ 「산림자원의 조성 및 관리에 관한 법률 시행령」 제8조(산림경영계획의 작성단위)

(2) 임반(林班)

① 산림의 위치를 명확히 하고, 사업 실행이 편리하도록 영림구를 세분한 고정적인 산림 구획단위로 산림구획의 골격을 형성한다.

② 면적은 100ha 내외로 구획하며, 능선, 하천 등 자연경계나 도로 등의 고정적 시설을 따라 확정한다.

③ 경영계획구 유역 하류에서 시계방향으로 연속되게 숫자 1, 2, 3… 으로 표시하고, 신규 재산 취득 등으로 보조임반을 편성할 때는 임반의 번호에 보조 번호를 1-1, 1-2, 1-3… 순으로 붙여 나타낸다.

④ 임반을 구획하는 이유
- 경영의 합리화를 도모하는 데 유리
- 측량 및 임지의 면적을 계산하는 데 편리
- 임반의 절개선을 따라 이용하는 데 이익
- 산림의 내부 및 도면상에서 임지의 위치를 명백히 알 수 있으며, 산림상태를 정정하는 데 편리

(3) 소반(小班)

① 산림시업상 일시적으로 구획하는 최소의 구획 단위이다.

② 면적은 최소 1ha 이상으로 구획하며, 소수점 이하 한 자리까지 기재 가능하다.

③ 소반은 임반번호와 같은 방향으로 숫자를 덧붙여 1-1-1, 1-1-2… 순으로 기재하며, 보조소반은 1-1-1-1, 1-1-1-2… 순으로 표시한다.

  예 • 1-0-2-2 : 1임반 2소반 2보조소반
  • 2-1-1-1 : 2임반 1보조임반 1소반 1보조소반

④ 소반의 구획
- 산림의 기능이 상이할 때 : 생활환경보전림, 자연환경보전림, 수원함양림, 산지재해방지림, 산림휴양림, 목재생산림
- 지종이 상이할 때 : 입목지, 무입목지, 법정지정림, 일반경영림
- 임종, 임상 및 작업종이 상이할 때
- 임령, 지위, 지리 또는 운반계통이 상이할 때 면적 ×

3. 산림조사

산림의 조사는 크게 임지와 관계된 상황을 조사하는 지황조사(地況調査)와 수목과 관계된 상황을 조사하는 임황조사(林況調査)로 구분할 수 있다.

(1) 지황조사

① 지종(地種)
㉠ 입목재적 또는 본수 비율에 따른 구분

구분		내용
입목지		입목재적 또는 본수 비율이 30%를 초과하는 임분
무입목지	미입목지	입목재적 또는 본수 비율이 30% 이하인 임분
	제지	암석 및 석력지로 조림이 불가능한 임지

㉡ 법정지정에 따른 구분

구분	내용
법정지정림	법률에 의거 지정된 임지 예 국립공원, 보안림
일반경영림	법정지정림으로 지정되지 않은 임지

② 방위(方位)
조사지의 주요 사면을 보고 동, 서, 남, 북, 남동, 남서, 북동, 북서의 8방위로 구분한다.

③ 경사도(傾斜度)
주요 사면의 경사도를 조사하여 경사도에 따라 완경사지, 경사지, 급경사지, 험준지, 절험지로 구분한다.

구분	약어	경사도
완경사지	완	15° 미만
경사지	경	15~20° 미만
급경사지	급	20~25° 미만
험준지	험	25~30° 미만
절험지	절	30° 이상

④ 표고(標高) : 지형도를 참고하여 최저에서 최고로 표시한다. 예 500~700

⑤ 토성(土性) : 모래, 미사, 점토의 백분율로 나타낸 토양의 성질로 점토의 함량에 따른 촉감으로 구분한다.(아래는 경영계획 시 적용되는 토성기준으로 원래는 10가지로 세분되어 있으나 사용되고 있는 5가지의 구분은 아래와 같다.)

구분	약어	특징
사토	사, S	흙을 비볐을 때, 거의 모래만 감지되는 토양. 점토함량 10% 이하
사양토	사양, SL	모래가 대략 1/3~2/3인 토양. 점토함량 20% 이하
양토	양, L	모래와 미사가 대략 1/3~1/2씩인 토양. 점토함량 27% 이하
식양토	식양, CL	모래와 미사가 대략 1/5~1/2씩인 토양. 점토함량 27~40%
식토	식, C	점토가 대부분인 토양. 점토함량 50% 이상

⑥ 토심(土深) : 식물이 뿌리를 뻗어 자랄 수 있는 유효토심의 깊이에 따라 천, 중, 심으로 구분하고 표기한다.

> 천(淺) : 30cm 미만 / 중(中) : 30~60cm 미만 / 심(深) : 60cm 이상

⑦ 건습도(乾濕度) : 토양의 수분상태를 감촉에 따라 5가지로 구분한다.

구분	감촉
건조	손으로 꽉 쥐었을 때, 수분에 대한 감촉이 거의 없음
약건	손으로 꽉 쥐었을 때, 손바닥에 습기가 약간 묻는 정도
적윤	손으로 꽉 쥐었을 때, 손바닥 전체에 습기가 묻고 물에 대한 감촉이 뚜렷함
약습	손으로 꽉 쥐었을 때, 손가락 사이에 약간의 물기가 비친 정도
습	손으로 꽉 쥐었을 때, 손가락 사이에 물방울이 맺히는 정도

⑧ 지위(地位)
- 임지 내 우세목의 수고와 수령을 측정하여 임지의 생산력 판단지표인 지위지수를 판별하고 이를 통해 지위를 상, 중, 하로 구분한다.
- 침엽수는 주 수종을 기준으로 하고, 활엽수는 참나무를 적용하여 나타낸다.

⑨ 지리
해당 임지에서 임도 또는 도로까지의 거리를 100m 단위로 하여 10급지로 구분한다.

구분	내용	구분	내용
1급지	100m 이하	6급지	501~600m 이하
2급지	101~200m 이하	7급지	601~700m 이하
3급지	201~300m 이하	8급지	701~800m 이하
4급지	301~400m 이하	9급지	801~900m 이하
5급지	401~500m 이하	10급지	901m 이상

(2) 임황조사

① 임종(林種)

임분이 인공림인지 천연림인지 조사하여 인 또는 천으로 표기한다.

> 인 : 인공림 / 천 : 천연림

② 임상(林相)

대상 임분의 침엽수와 활엽수의 구성비율에 따라 침엽수림, 활엽수림, 침활혼효림으로 구분하여 각각 침, 활, 혼으로 기재한다.

구분	약어	특징
침엽수림	침	침엽수가 75% 이상인 임분
활엽수림	활	활엽수가 75% 이상인 임분
혼효림	혼	침엽수 또는 활엽수가 26~75% 미만인 임분

③ 수종(樹種)

주요 수종명을 기재하고, 혼효 시에는 점유비율이 높은 수종부터 5종까지 기입 가능하다.

④ 혼효율(混淆率)

주요 수종의 입목본수, 입목재적, 수관점유면적 비율을 이용하여 백분율로 산정한다.

⑤ 임령(林齡)
- 임분의 최저에서 최고의 임령범위를 분모로 하고, 평균임령을 분자로 하여 표기한다.
- $\dfrac{평균임령}{최소임령 \sim 최대임령}$ 예 $\dfrac{21}{14 \sim 28}$

⑥ 영급(齡級)

임령을 10년 단위로 하나의 영급으로 묶어, Ⅰ ~ Ⅹ 영급의 로마숫자로 표기한다.

구분	내용	구분	내용
Ⅰ영급	1~10년생	Ⅵ영급	51~60년생
Ⅱ영급	11~20년생	Ⅶ영급	61~70년생
Ⅲ영급	21~30년생	Ⅷ영급	71~80년생
Ⅳ영급	31~40년생	Ⅸ영급	81~90년생
Ⅴ영급	41~50년생	Ⅹ영급	91~100년생

⑦ 수고(樹高)
- 임분의 최저에서 최고의 수고범위를 분모로 하고, 평균수고를 분자로 하여 정수로 표기한다.
- 수고의 측정은 m 단위로 하며, 소수점 이하는 반올림하여 정수로 나타낸다.
- $\dfrac{평균수고}{최소수고 \sim 최대수고}$ 예 $\dfrac{16}{10 \sim 21}$

⑧ 경급(經級)
- 임분의 최저에서 최고의 범위를 분모로 하고, 평균직경을 분자로 하여 표기한다.
- 직경의 측정은 흉고직경 6cm 이상의 임목을 대상으로 지상 1.2m 높이에서 실시하며, 2cm 괄약으로 측정하여 나타낸다.
- $\dfrac{평균경급}{최소경급 \sim 최대경급}$ 예 $\dfrac{20}{14 \sim 24}$

[경급 구분 기준]

구분	내용
치수	흉고직경이 6cm 미만인 임목
소경목	흉고직경이 6~16cm인 임목
중경목	흉고직경이 18~28cm인 임목
대경목	흉고직경이 30cm 이상인 임목

⑨ 소밀도(疏密度)
- 조사면적에 대한 입목의 수관면적이 차지하는 비율을 백분율로 나타내어 수관의 울폐된 정도를 소, 중, 밀로 구분한다.
- 울폐도, 폐쇄도라고 부르기도 한다.

구분	약어	특징
소(疎)	′	수관밀도가 40% 이하인 임분
중(中)	″	수관밀도가 41~70%인 임분
밀(密)	‴	수관밀도가 71% 이상인 임분

⑩ 축적(蓄積)
- 전수조사 : 임지 내의 모든 입목의 경급과 수고를 측정하여 전체 축적을 산출
- 표준지 조사 : 일정 지역의 표준지를 설정하여, 표준지 내 입목의 경급과 수고를 측정함으로써 재적을 산출하고, 표준지 재적 대비 전체 임분의 축적을 예측

Summary!

산림조사
- 지황조사 : 지종, 방위, 경사도, 표고, 토성, 토심, 건습도, 지위, 지리, 지세 등
- 임황조사 : 임종, 임상, 수종, 혼효율, 임령, 영급, 수고, 경급, 소밀도, 축적 등

4. 부표와 도면

(1) 부표

① 산림경영계획 시 부록으로 덧붙이는 장부나 그림표 등을 부표라고 하며, 산림조사부가 부표의 가장 핵심이다.
② 산림조사부란 지황 및 임황 조사의 결과를 총괄 기록하여 산림의 현황을 면밀히 분석한 장부이다.

(2) 도면

① 경영계획을 보다 알기 쉽고 명확하게 하기 위해 지도로 표현하여 사용하고 있는데, 이러한 도면에는 경영계획도, 위치도, 목표임상도, 산림기능도 등이 있다.
② 국유림경영계획에는 경영계획도, 위치도, 목표임상도, 산림기능도 등이, 공·사유림경영계획에는 경영계획도가 사용되고 있다.

③ (산림)경영계획도
- 경영계획구의 임황과 사업기간 중의 각종 사업계획을 표시한 도면
- 국유림에서는 1/25,000, 공·사유림에서는 1/5,000 또는 1/6,000의 축척 이용

④ 위치도
경영계획구의 지리적·경제적 위치와 기본 정보를 표시한 도면

⑤ 목표임상도
목표로 하는 임상을 표현한 도면

⑥ 산림기능도
산림을 6가지 기능별로 구분하여 각 기능이 최대한 효율적으로 발휘되도록 관리하기 위한 도면

5. 산림경영계획의 총괄

① 시업경영의 모든 조직과 편성이 완료되는 시점에서 마지막으로 산림경영계획설명서를 작성한다.

② 산림경영계획설명서
부표와 도면만으로는 산림시업의 기본방침과 내용을 명확하게 알 수 없으므로, 각종 조사사항과 경영계획의 내용을 상세하게 설명한 산림경영계획서를 경영자가 쓰게 되는데, 이때의 문서이다.

6. 산림경영계획의 운용

① **경영계획** : 전체적 경영계획의 수립
② **연차계획** : 경영계획의 사업량을 연도별로 나누어 작성
③ **사업예정** : 경영계획상의 해당 지역에서 실측한 수치를 사용하여 연차계획과 사업량을 기재
④ **사업실행** : 사업실행 경과를 각 실행부에 기록 및 정리
⑤ **조사업무** : 사업계획량과 사업실행량을 대조하여 그 기간 안에 완료 가능한지 검토

 Summary!

산림경영계획의 운용과정(산림경영계획 사업실행의 순서)
경영계획 → 연차계획 → 사업예정 → 사업실행 → 조사업무

SECTION 02 산림의 다목적 경영계획

1. 수확계획

수확에는 주벌수확과 간벌수확이 있으며, 벌채기준 및 시설기준 등이 「산림자원의 조성 및 관리에 관한 법률 시행규칙」 별표 3에 아래와 같이 명시되어 있다.

(1) 수확을 위한 벌채

① 공통기준
- 수확을 위한 벌채는 생태적으로 건전하고 지속 가능한 경영이 이루어질 수 있도록 하여야 한다.
- 능선부, 암석지, 석력지, 황폐우려지로서 갱신이 어렵다고 판단되는 지역은 임지를 보호하기 위하여 벌채를 하여서는 아니 된다.
- 수확을 위한 벌채는 입목의 평균수령이 기준벌기령 이상에 해당하는 임지에서 실행한다.

② 모두베기
- 1개 벌채구역의 면적은 최대 30만 m²(30ha) 이내로 한다.
- 다음의 경우 벌채구역 면적의 100분의 20 이상을 군상 또는 수림대로 남겨 두어야 한다.
  - 임업후계자로 선발되거나 독림가로 선정된 자의 1개 벌채구역 면적이 10만 m²(10ha) 이상인 경우
  - 이외의 경우로서 1개 벌채구역 면적이 5만 m²(5ha) 이상인 경우

③ 골라베기
- 골라베기는 형질이 우량한 임지에서 실행한다.
- 골라베기 비율은 재적을 기준으로 30% 이내로 한다. 다만, 표고재배용 나무는 50% 이내로 할 수 있다.

④ 모수작업
- 모수작업은 형질이 우량한 임지로서 종자의 결실이 풍부하여 천연하종갱신이 확실한 임지에서 실행한다.
- 1개 벌채구역은 5만 m² 이내로 한다.
- 모수는 1만 m²에 15~20본을 존치시키되, 형질이 우량하고 종자가 비산할 수 있도록 바람이 불어오는 방향에 위치한 입목이어야 한다.

⑤ 왜림작업
- 왜림작업은 참나무로서 맹아를 이용하여 후계림을 조성할 수 있는 임지에서 실행한다.
- 벌채는 입목의 생장휴지기에 실행한다.
- 벌채방법은 빗물 등으로 인한 썩음을 방지하고 맹아 발생이 용이하도록 절단면을 남향으로 약간 기울게 한다.

(2) 숲 가꾸기를 위한 벌채

① 숲 가꾸기를 위한 벌채(이하 '솎아베기')는 수관이 상호 중첩되어 밀도조절이 필요한 임지에서 실행한다.
- 솎아베기는 수관이 상호 중첩되어 밀도조절이 필요하거나 산림의 기능별 관리목표를 위해 필요한 임지에서 실행한다.
- 우량목 등 보육대상목의 생육에 지장이 없는 입목과 하층식생은 존치시켜 입목과 임지가 보호되도록 한다.

② 솎아베기사업의 시업기준
산림의 기능에 따른 목표 임상의 달성을 위해 목재생산림은 다음과 같이 목표생산재를 설정하고 그에 적합한 솎아베기를 실행하도록 한다.

구분	내용
대경재	가슴높이 지름 40cm 이상
중경재	가슴높이 지름 40cm 미만 20cm 이상
특용·소경재	가슴높이 지름 20cm 미만

Summary!

수확계획
- 수확을 위한 벌채 : 모두베기, 골라베기, 모수작업, 왜림작업
- 숲 가꾸기를 위한 벌채 : 솎아베기

2. 갱신계획

(1) 수종갱신을 위한 벌채

① 불량림의 수종갱신
- 수종갱신은 수간이 심하게 굽었거나 생장상태가 불량하여 다른 수종으로 갱신하지 아니하고는 정상적 생육이 어려운 임지에서 실행한다. 다만, 암석지·석력지·황폐우려지로서 갱신이 어려운 지역과 임지생산능력급수 Ⅴ급지인 지역은 수종갱신 대상에서 제외한다.
- 수종갱신을 위한 벌채대상지는 산림청장이 정하여 고시한 '임분의 수종갱신 판정표'에 따른 갱신판정 임지로 한다.

② 유실수의 수종갱신
밤나무 등 유실수의 노령목에 대한 갱신을 하고자 하거나 품종개량을 위하여 갱신이 필요하다고 인정되는 지역에서는 수종갱신을 할 수 있다.

(2) 피해목 제거를 위한 벌채

병해충·산불 또는 기상피해 등 정상적 생육이 어려운 피해목을 제거하기 위한 벌채는 피해의 확산방지 또는 피해복구에 알맞은 방법으로 실시한다.

3. 시설계획

임산물 운반로 시설기준은 다음과 같다.

① 임산물 운반로의 노폭은 2m 내외로 하되, 최대 3m를 초과하여서는 아니 된다. 다만, 배향곡선지·차량대피소시설 등 부득이한 경우에는 3m를 초과할 수 있다.
② 임산물 운반로의 길이는 산물반출에 필요한 최소한으로 하여야 하며, 경사가 급하여 토사유출·산사태 등의 피해가 우려되는 곳에는 임산물 운반로를 시설하여서는 아니 된다.
③ 임산물 운반로를 시설할 때에는 토사유출·산사태 등의 피해를 예방할 수 있는 조치를 취하여야 하며, 임산물 운반로를 시설한 목적이 완료된 후에는 조림 그 밖의 방법으로 복구하여야 한다. 다만, 산림경영에 필요하다고 판단되는 지역은 임산물 운반로를 존치하게 할 수 있다.

SECTION·03 산림경영계획의 기법

각종 경영에 있어 최적의 결정에 도달하기 위해 계획의 문제를 보다 과학적으로 접근하여 수학적 모형을 적용한 수리계획법이 발달하였으며, 산림수확의 조절에 있어서도 이러한 수리계획법이 적용되고 있다. 수리계획법에는 선형계획법, 정수계획법, 목표계획법이 있다.

1. 선형계획법(LP)

(1) 선형계획법의 개념

① 선형계획법(LP, Linear Programming)이란 산림경영의 목적을 달성하기 위해 제한된 조건이나 한정된 자원을 최적 배분하도록 수식으로 표현한 과학적 수리기법이다. = LP법
② 컴퓨터 발전과 더불어 산림경영계획 분야 및 산림의 다목적 이용계획에 적용하는 분석기법으로 1차식인 수학모형을 이용한다.
③ 언제, 어디서, 무엇을, 얼마나 수확해야 하는지에 대한 최적의 의사결정을 가능하게 한다.
④ 이러한 최적 배분은 목재 생산량을 최대화하거나 비용을 최소화하는 목적함수를 두어 수식으로 표현한다.
⑤ 최대화, 최소화를 표현하기 위하여 수학적 모형을 이용하였으며, 모든 함수식이 1차식(선형) 또는 부등식으로 표시되어 선형계획법이라 불린다.
⑥ 이처럼 LP법은 최대이익 또는 최소비용을 목표로 제약조건을 가장 적절하게 조절하고 배분할 수 있도록 수학적 상황으로 표현한 기법이라고 할 수 있다.

(2) LP에 의한 산림경영계획

① 산림경영에서는 목재생산 계획, 수확조절 등에 LP법을 적용하고 있다.
② 산림경영에서의 적용
  - 목재의 분기별 수확조절 : 목적함수는 총수확량의 최대화
  - 조림기술 도입, 투자계획 : 목적함수는 순수익의 최대화

(3) 선형계획모형의 전제 조건

선형계획법을 적용하려면 아래와 같은 전제 조건을 충족해야 한다.

① 비례성 : 계획모형에서 작용성과 이용량은 항상 활동수준에 비례해야 한다.
② 비부성 : 의사결정변수(여러 가지 활동수준)는 음의 값을 나타내면 안 된다.

③ **부가성** : 전체생산량은 개개 생산량의 합계와 일치해야 한다.
④ **분할성** : 모든 생산물과 생산수단은 분할이 가능해야 한다.
⑤ **선형성** : 계획모형의 모든 변수들의 관계가 수학적으로 1차(선형) 함수로 표시되어야 한다.
⑥ **제한성** : 모형을 구성하는 활동의 수와 생산방법은 제한이 있어야 한다.
⑦ **확정성** : 계획모형의 모든 매개변수들의 값이 확정적으로 일정한 값을 가져야 한다.

2. 정수계획법

선형계획모형은 모든 생산물과 생산수단은 분할이 가능해야 한다는 분할성의 전제 조건이 있어, 사람의 인원수, 생산제품의 수 등과 같이 정수로 나타내야만 하는 조건은 충족시킬 수 없다. 이렇듯 변수의 값이 정수로 제한된 경우 0 또는 양의 정수를 이용하여 문제를 해결하는 수리기법이 바로 정수계획법이다.

3. 목표계획법

목표계획법은 선형계획법으로는 해결할 수 없는 다수의 목표를 가지는 의사결정 문제의 해결에 가장 적합한 수확조절방법이다.

CHAPTER 07 산림휴양

SECTION 01 산림휴양자원

1. 산림휴양자원의 개념 및 유형

(1) 산림휴양자원의 개념

① 산림은 인간에게 목재, 광물, 야생동물 등의 천연자원을 제공할 뿐만 아니라 인간생활에 있어 보다 고차원적인 피로 회복, 스트레스 해소, 심신의 치유, 정서 함양 등의 서비스를 제공하고 있다.
② 산림 속에서 인간이 얻을 수 있는 높은 질의 휴양서비스 자원을 산림휴양자원이라 한다.
③ 산림휴양자원에는 자연휴양림, 산림욕장, 숲길, 치유의 숲, 수목원, 산림박물관, 자연공원(국립, 도립, 군립) 등이 있다.

(2) 산림휴양자원의 유형

① 자원중심형
  - 종다양성과 지역적 특색, 경관 등이 우수한 자연자원을 갖추고 있는 곳
  - 이용자로부터 먼 곳에 위치해 있으나 관광, 역사교육, 체험 등으로 가치가 높은 곳
  - 국립공원, 자연공원, 국유림 등

② 이용자중심형
  - 도시 주변에서 가까워 이용자들이 어느 때고 쉽게 방문할 수 있는 곳
  - 골프장, 동물원, 식물원 등

③ 중간형
  - 지리적으로 너무 멀거나 가깝지 않은 중간적 위치에 있어 당일 또는 주말 등을 이용하여 다녀올 수 있는 곳
  - 야영, 피크닉, 낚시, 하이킹 등의 체험 가능

2. 휴양수요 예측 및 공급

(1) 휴양수요 예측

① 휴양수요란 휴양자원을 이용하는 휴양객의 수를 나타낸다. 휴양을 원하는 욕구로부터 시작하여, 직접적 요구로 변화한 후 수요로 이어지게 됨으로써 그 수요를 예측할 수 있다.

 욕구(need) → 요구(want) → 수요(demand)

[수요의 구분]

구분	내용
잠재수요	• 겉으로 드러나지 않은 휴양에 대한 요구 • 휴양지에 적당한 시설이나 정보가 제공되면 참여가 기대되는 수요
유효수요	• 실제 수요를 발생시킬 수 있는 유효한 수요 • 요구가 실제 구매로 이어질 때 유효수요가 됨
현재수요	유효수요가 실질적으로 나타난 현재의 참여수요

② 잠재수요가 현재수요로 이어지는 과정예측을 휴양수요의 예측이라 한다.

> **참고**
>
> **매슬로우(Maslow)의 인간 욕구(동기) 5단계 이론**
> 매슬로우는 인간은 여러 욕구를 가지고 태어나며, 가장 기초적인 욕구로부터 점차 높은 수준의 욕구를 단계적으로 성취하고자 한다는 욕구에 관한 학설을 제안하였다.
> 휴양 또한 인간 욕구충족의 대상으로 보았으며, 아래와 같은 5가지의 이론을 제시하였다.
>
> • 생리적 욕구 : 의식주 충족 욕구, 종족 번식 욕구 등 가장 기초적이며 본능적인 욕구
> • 안전의 욕구 : 위험으로부터 안전해지려는 욕구
> • 사회적 욕구 : 사회계층에 소속되고자 하는 욕구, 친구와 교제하거나 가족을 이루고 싶은 욕구
> • 존중의 욕구 : 주목과 인정, 존중받고자 하는 욕구
> • 자아실현의 욕구 : 자아개발, 자기실현의 욕구 등 고차원적인 최고 수준의 욕구

(2) 휴양수요 공급

① 휴양수요에 맞춰 적정한 시설, 도로망 등을 정비하여 일정 수준의 휴양자원을 확충할 필요가 있으나, 과다 이용으로 인한 환경훼손 등을 막기 위해서는 적정 수준의 이용자 수 산정, 제도적 강제 조치 등도 함께 이루어져야 한다.

② 휴양수요 충족과 이익의 극대화를 위하여 한정된 면적에 지나친 시설을 설치한다면 과다 이용으로 인한 이용자 간의 불화가 발생할 것이다.

③ 휴양자원의 꾸준한 이용을 위해서는 자원의 수용력을 산정하여 적절하게 관리해야만 그 가치를 유지할 수 있다.

④ 수용력
- 휴양자원을 훼손하지 않는 범위 내에서의 이용 수준의 최대한도
- 자원 및 예산의 한정 범위 내에서 이용객에게 최대의 휴양 만족을 제공
- 1일 수용력은 최대일 이용자보다 적게 산정

⑤ 피크(peak)
- 한 시점에서의 최대 이용자 수
- 최대일률의 60~80% 정도
- 최대일률 : 연간 총이용자 수에 대한 1년 중 이용자가 가장 많은 최대일의 이용자 수 비율
  = 최대일 이용자 수/연간 총이용자 수

[수용력의 유형]

구분	내용
물리적 수용력	• 일정 공간 내에 입장시키거나 통제할 수 있는 최대 인원수 • 야영장의 숙박인원, 단위면적당 방문자 수, 민감지역 내 방문자 수 등
시설적 수용력	• 인공구조물이나 시설물의 최적 공간규모 또는 휴양활동의 질을 보장할 수 있는 최소 공간규모 • 특정 시설당(화장실·주차장)의 이용자 수, 관리인력당 이용자 수(방문객과 관리요원의 비), 시설 사용일수, 시설 사용 대기시간 등
생태적 수용력	• 이용자의 영향을 지탱할 수 있는 자연생태계의 능력의 한계 = 고유능력, 자연적 능력, 자연 수용력, 자원 감내용량, 생물적 수용력 • 생태적 가치의 감소가 나타나지 않는 한도 내에서 허용할 수 있는 최대한도의 휴양 이용 수준 • 지피식생의 피복률, 야생동식물의 생태적 지표(관찰 개체수…), 토양견밀도, 토양유실 등
사회심리적 수용력	• 휴양경험을 통한 이용자 만족도에 근거한 수용력 = 지각적 수용력, 행동수용력 • 이용자의 시각에서 만족도의 저하를 느끼지 않으면서 최대의 만족을 누릴 수 있을 정도의 이용자 수나 행위 정도 • 단위시간당 타 이용자 조우 빈도, 고적감을 저해할 활동 보고 상황, 특정지역 내의 타 이용자 조우 빈도 등

(3) 휴양수요의 계산

① 연간 관람객 수(연간 이용자 수) = 최대일 이용자 수 × 회전율 × 연간 이용일
② 지원시설 소요면적 = 최대 시 이용객 수 × 이용률 × 1인당 소요면적
③ 야영수요 = 야영참가인 × 야영횟수 × 평균 숙박일수

> **Exercise 53**
> 어떤 휴양시설의 수용력은 1,000명, 최대일 이용자 수는 75%, 회전율 1/1.6, 연간이용일 240일(가동률 70%)일 때 연간 이용자 수는?
>
> **풀이**
> - 회전율 = 1 ÷ 1.6 = 0.625
> - 연간 이용자 수 = (1,000 × 0.75) × 0.625 × (240 × 0.7) = 78,750명

3. 이용자의 관리

(1) 이용자의 행동

① 불법 행동
- 야생 동식물의 포획과 절취, 시설이나 기물의 파손 등은 법규에 따라 처벌한다.
- 무지나 미숙련에 의한 행동은 상황을 잘 파악하여 대응한다.

② 부주의
무의식적 습관으로 인한 쓰레기 투기, 소음 및 고성방가, 금지구역 내 취사·야영 행위 등은 설득과 교육으로 지도한다.

③ 기타
자연이나 유적의 훼손, 한 지역의 편중이용 행위 등은 교육 및 사전홍보를 통하여 미연에 방지한다.

(2) 이용자 행동의 직접관리

① 직접관리란 이용자의 행동을 직접적으로 규제하거나 선택의 자유를 제한하는 등의 조치를 말한다.
② 규정의 부과, 지역통제, 사용규제, 활동제한, 허용 인원수나 체재시간 제한 등이 있다.
③ 위반 시 벌금, 과태료 등으로 행동에 직접 영향을 준다.

④ 선택의 자유 제한
- 이용범위 제한 : 입산금지, 자연휴식년제 실시
- 시설 내 제한 : 참여인원수 제한, 이용시간 제한, 취사행위 금지

(3) 이용자 행동의 간접관리

① 간접관리란 이용자가 스스로 법규와 수칙 등을 지킬 수 있도록 간접적으로 행동에 영향을 주는 조치를 말한다.
② 이용자에게 홍보와 교육 등을 통하여 정보를 제공함으로써 휴양관리에 동참하도록 한다.
③ 선택의 자유를 보장하며, 통제성이 적은 관리법으로 지역별·계절별의 차등 요금 부과가 간접관리에 해당한다.
④ 직접관리보다 이용자에게 더 많은 선택의 기회를 제공하며, 이용객의 기대경험과 충돌의 소지가 작다.
⑤ 간접관리가 직접관리보다 먼저 이루어질 때 바람직하다.

4. 휴양마케팅

(1) 공공성을 띤 야외휴양의 마케팅 활동

① 서비스의 개발
② 입장료·이용료의 산정
③ 휴양상품의 판매 촉진
④ 휴양기회와 편익 제공

(2) 휴양마케팅의 구성 요소(4P)

① 상품(Product) : 이용자가 원하는 다양한 상품을 유효 적절하게 제공한다.
② 가격(Price) : 휴양활동으로 인해 실제적으로 소비되는 화폐의 가격과 활동으로 인한 시간과 노력의 소비인 비화폐적 가격이 있다.
③ 유통(Place) : 장소의 거리성이나 소요시간 등을 고려한다.
④ 촉진(Promotion) : 판매 촉진 활동으로 광고, 홍보, 보도, 인적 판매 등이 있다.

(3) 4P와 4C

마케팅의 구성요소인 4P는 고객의 관점에서는 4C가 된다.

마케팅 관점의 4P	고객 관점의 4C
상품(Product)	고객가치(Customer value)
가격(Price)	고객 측 비용(Cost to the customer)
유통(Place)	편리성(Convenience)
촉진(Promotion)	의사소통(Communication)

SECTION 02 산림휴양 및 환경 관련 법규

1. 산림문화 · 휴양에 관한 법률

(1) 용어 정의

① **산림문화** : 산림과 인간의 상호작용으로 형성되는 정신적 · 물질적 산물의 총체로서 산림과 관련한 전통과 유산 및 생활양식 등과 산림을 활용하여 보고, 즐기고, 체험하고, 창작하는 모든 활동을 말한다.

② **산림휴양** : 산림 안에서 이루어지는 심신의 휴식 및 치유 등을 말한다.

③ **자연휴양림** : 국민의 정서 함양, 보건 휴양 및 산림교육 등을 위하여 조성한 산림을 말한다.

④ **산림욕장(山林浴場)** : 국민의 건강 증진을 위하여 산림 안에서 맑은 공기를 호흡하고 접촉하며 산책 및 체력 단련 등을 할 수 있도록 조성한 산림을 말한다.

⑤ **산림치유** : 향기, 경관 등 자연의 다양한 요소를 활용하여 인체의 면역력을 높이고 건강을 증진시키는 활동을 말한다.

⑥ **치유의 숲** : 산림치유를 할 수 있도록 조성한 산림을 말한다.

⑦ **숲길** : 등산, 트레킹, 레저스포츠, 탐방 또는 휴양, 치유 등의 활동을 위하여 산림에 조성한 길을 말한다.

⑧ **산림문화자산** : 산림 또는 산림과 관련되어 형성된 것으로서 생태적 · 경관적 · 정서적으로 보존할 가치가 큰 유형 · 무형의 자산을 말한다.

⑨ **숲속야영장** : 산림 안에서 텐트와 자동차 등을 이용하여 야영을 할 수 있도록 적합한 시설을 갖추어 조성한 공간을 말한다.

⑩ **산림레포츠** : 산림 안에서 이루어지는 모험형, 체험형 레저스포츠를 말한다.

⑪ **산림레포츠시설** : 산림레포츠에 지속적으로 이용되는 시설과 그 부대시설을 말한다.

(2) 산림문화 · 휴양기본계획의 수립 · 시행

① 산림청장은 관계중앙행정기관의 장과 협의하여 전국의 산림을 대상으로 산림문화 · 휴양기본계획을 5년마다 수립 · 시행할 수 있다.

② 기본계획에는 다음 사항이 포함되어야 한다.
- 산림문화 · 휴양시책의 기본목표 및 추진방향
- 산림문화 · 휴양 여건 및 전망에 관한 사항
- 산림문화 · 휴양 수요 및 공급에 관한 사항
- 산림문화 · 휴양자원의 보전, 이용, 관리 및 확충 등에 관한 사항
- 산림문화 · 휴양을 위한 시설 및 그 안전관리에 관한 사항
- 산림문화 · 휴양정보망의 구축, 운영에 관한 사항
- 그 밖에 산림문화 · 휴양에 관련된 주요 시책에 관한 사항

③ 산림청장 또는 특별시장 · 광역시장 · 특별자치시장 · 도지사 · 특별자치도지사(시 · 도지사)는 기본계획에 따라 관할 구역의 특수성을 고려하여 지역산림문화 · 휴양계획(지역계획)을 5년마다 수립 · 시행할 수 있다.

④ 산림청장은 기본계획을 수립하거나 변경하는 경우에는 「산림복지 진흥에 관한 법률」에 따른 산림복지진흥계획과 연계되도록 하여야 한다.

⑤ 산림청장은 기본계획 및 시행계획을 수립하거나 변경한 때에는 관계 중앙행정기관의 장 및 시 · 도지사에게 통보하고 국회 소관 상임위원회에 제출하여야 한다.

(3) 계획 수립을 위한 기초조사

산림청장 또는 시 · 도지사는 기본계획 및 지역계획을 수립하거나 이를 변경하고자 하는 때에는 산림문화 · 휴양자원의 현황과 주변 지역의 토지이용실태 등에 관한 기초조사를 실시하여야 한다.

(4) 숲길의 종류

① **등산로** : 산을 오르면서 심신을 단련하는 활동을 하는 길
② **트레킹길** : 길을 걸으면서 지역의 역사 · 문화를 체험하고 경관을 즐기며 건강을 증진하는 활동을 하는 다음의 길
- 둘레길 : 시점과 종점이 연결되도록 산의 둘레를 따라 조성한 길
- 트레일 : 산줄기나 산자락을 따라 길게 조성하여 시점과 종점이 연결되지 않는 길

③ 산림레포츠길 : 산림레포츠를 하는 길
④ 탐방로 : 산림생태를 체험·학습 또는 관찰하는 활동을 하는 길
⑤ 휴양·치유숲길 : 산림에서 휴양·치유 등 건강 증진이나 여가활동을 하는 길

(5) 숲길기본계획의 수립

① 산림청장은 등산·트레킹·산림레포츠·탐방 및 휴양·치유 등의 활동을 증진하기 위하여 숲길의 종류별로 전국 산림에 대한 숲길의 조성·관리기본계획(숲길기본계획)을 5년마다 수립·시행할 수 있다.

② 숲길기본계획에는 다음 사항이 포함되어야 한다.
- 숲길 시책의 기본목표 및 추진방향
- 숲길에 관한 수요와 여건 및 전망
- 숲길 조성 추진체계 및 관리기반 구축에 관한 사항
- 숲길 정보망의 구축·운영에 관한 사항
- 그 밖에 숲길과 관련된 주요 시책에 관한 사항

③ 지방산림청장과 지방자치단체의 장(숲길관리청)은 숲길기본계획이 수립된 경우 관할 산림에 대하여 숲길기본계획에 따라 매년 숲길의 조성·관리 연차별 계획(숲길연차별계획)을 수립하여야 한다.

④ 「산림문화·휴양에 관한 법률 시행규칙」에 따라 숲길관리청은 다음 사항이 포함된 숲길의 조성·관리 연차별 계획을 수립하여 매년 12월 31일까지 산림청장에게 제출하여야 한다.
- 숲길 관련 사업의 개요(사업내용, 소요사업비, 사업기간 및 사업시행자 등 포함)
- 숲길 관련 사업의 5년 단위 연차별 투자실적 및 계획
- 그 밖에 숲길의 조성·관리에 필요한 사항

2. 산림교육의 활성화에 관한 법률

(1) 용어 정의

① **산림교육** : 산림의 다양한 기능을 체계적으로 체험·탐방·학습함으로써 산림의 중요성을 이해하고 산림에 대한 지식을 습득하며 올바른 가치관을 가지도록 하는 교육을 말한다.
② **산림교육전문가** : 산림교육전문가 양성기관에서 산림교육 전문과정을 이수한 사람으로서 다음의 어느 하나에 해당하는 사람을 말한다.

[산림교육전문가의 종류]

구분	내용
숲해설가	국민이 산림문화·휴양에 관한 활동을 통하여 산림에 대한 지식을 습득하고 올바른 가치관을 가질 수 있도록 해설하거나 지도·교육하는 사람
유아숲지도사	유아가 산림교육을 통하여 정서를 함양하고 전인적(全人的) 성장을 할 수 있도록 지도·교육하는 사람
숲길등산지도사	국민이 안전하고 쾌적하게 등산 또는 트레킹(길을 걸으면서 지역의 역사·문화를 체험하고 경관을 즐기며 건강을 증진하는 활동)을 할 수 있도록 해설하거나 지도·교육하는 사람

(2) 산림교육종합계획의 수립·시행

산림청장은 산림교육을 활성화하기 위하여 다음 사항이 포함된 산림교육종합계획을 5년마다 수립·시행하여야 한다.
- 산림교육의 기본목표와 추진방향
- 산림교육전문가의 체계적 육성 및 지원 방안
- 산림교육의 활성화를 위한 기반의 구축 방안
- 산림교육자료의 개발 및 보급
- 산림교육에 대한 실태조사 및 평가에 관한 사항
- 산림교육의 활성화를 위한 재원조달 방안
- 그 밖에 산림교육의 활성화를 위하여 필요한 사항

(3) 산림교육전문가의 배치기준

산림전문가	배치시설	배치기준
숲해설가	자연휴양림, 수목원	2명 이상
	산림욕장, 국민의 숲, 생태숲(산림생태원 포함), 도시숲 및 생활숲, 자연공원(국립공원 제외)	1명 이상
유아숲 지도사	유아숲체험원	유아숲체험원 운영 인력의 배치기준
	그 밖에 국가 또는 지방자치단체의 장이 유아숲지도사 활용에 적합하다고 인정하는 지역	1명 이상
숲길등산 지도사	숲길	2명 이상
	자연휴양림, 산림욕장, 자연공원(국립공원 제외)	1명 이상

※ 「산림교육의 활성화에 관한 법률 시행령」 별표 2

3. 산림복지 진흥에 관한 법률

(1) 용어 정의

① 산림복지 : 국민에게 산림을 기반으로 하는 산림복지서비스를 제공함으로써 국민의 복리 증진에 기여하기 위한 경제적 · 사회적 · 정서적 지원을 말한다.
② 산림복지서비스 : 산림문화 · 휴양, 산림교육 및 치유 등 산림을 기반으로 하여 제공하는 서비스를 말한다.

(2) 산림복지진흥계획의 수립 · 시행

산림청장은 산림복지 진흥을 위하여 다음 사항을 포함하는 산림복지진흥계획을 5년마다 수립 · 시행하여야 한다.
- 산림복지서비스 진흥 목표 및 추진방향
- 산림복지서비스, 산림복지서비스이용권, 산림복지서비스제공자, 산림복지전문가, 산림복지시설의 수요 및 공급에 관한 사항
- 산림복지단지와 산림복지시설의 현황, 확충 계획, 운영 평가 및 향후 개선에 관한 사항
- 그 밖에 산림복지진흥과 관련된 사항

Summary!

산림 관련 법규의 수립 · 시행

법규	수립 · 시행 주체		계획기간
산림기본계획	산림청장		20년
지역산림계획	국유림	지방산림청장	
	공 · 사유림	시 · 도지사(특별시장 · 광역시장 · 특별자치시장 · 도지사 · 특별자치도지사)	
국유림종합계획	국유림관리소장		10년
국유림경영계획	지방산림청장		
산림경영계획	지방자치단체의 장 또는 산림소유자		
산림문화 · 휴양기본계획	산림청장		5년
지역산림문화 · 휴양계획	산림청장 또는 시 · 도지사 (특별시장 · 광역시장 · 특별자치시장 · 도지사 · 특별자치도지사)		
숲길조성 · 관리기본계획	산림청장		
산림교육종합계획	산림청장		
산림복지진흥계획	산림청장		

SECTION 03 산림휴양시설

1. 자연휴양림

(1) 자연휴양림의 개념 및 목적

① 국민의 정서 함양, 보건 휴양 및 산림교육 등을 위하여 조성한 산림으로 임목생산의 정상적 산림경영 또한 이루어진다.

② 자연휴양림의 지정 목적(설치 목적)
  - 국민의 보건 휴양 및 정서 함양을 위한 야외 공간 제공
  - 자연교육의 장으로서의 역할
  - 산림소유자의 소득 향상에 이바지

(2) 산림휴양림의 조성 및 관리

① 관리목표
  - 다양한 휴양기능을 발휘할 수 있는 특색 있는 산림
  - 종다양성이 풍부하고 경관이 다양한 산림

② 목표로 하는 산림 : 지역적 특성에 적합한 다층림 또는 다층혼효림

③ 관리대상 : 법령에 의한 자연휴양림 및 휴양기능 증진을 위해 관리가 필요한 산림

(3) 산림휴양림의 구분

구분	내용
공간이용지역	시설부지, 등산로, 산책로 주변으로부터 가시권을 고려하여 30m 이내 지역
자연유지지역	공간이용지역을 제외한 지역

① 공간이용지역의 관리

  ㉠ 조림
  - 경관수종, 화목류, 관목류, 식이(食餌)수종, 지역특색종으로 선정
  - 식재조림, 천연갱신 등을 통한 이단림 등 다층혼효림으로 조성하되 지역적 · 국소적으로 특성 있는 수종이 있을 경우 동일 수종으로 후계림을 조성하여 다층림으로 조성

  ㉡ 숲 가꾸기
  - 생태적 활력도 제고를 위해 솎아베기 등 숲 가꾸기 실시
  - 희귀식물, 노령목, 괴목, 노령고사목 등은 보존함. 다만, 병해충의 전염 · 확산의 우려가 있을 경우에는 제거할 수 있음

- 사방지, 송진채취림 등 과거의 특별산림사업지는 보존
- 덩굴 제거는 필요할 경우 인력으로 제거
- 살초목제 사용 금지
- 살충제, 화학비료의 대량 사용 금지
- 작업 시기는 방문객이 적은 시기에 실시
- 열식간벌 등 기계적 솎아베기는 금지하고, 가급적 약도의 솎아베기를 실시

  ✏️ 기계적 솎아베기 ×, 솎아베기는 실시하지 않음 ×

ⓒ 수확

산사태, 산불, 병해충 등 산림재해로 인한 피해 복구 등 공익적 목적을 위한 경우를 제외하고는 벌채하지 않음

② 자연유지지역의 관리

가급적 목재생산림의 우량대경재에 준하여 관리하되(우량대경재를 생산할 수 있도록 관리), 산림재해방지 등 별도의 기능이 요구될 경우 해당 산림의 기능에 준하여 관리할 수 있음

(4) 자연휴양림의 수림공간 유형

① 산개림형(散開林型)
- 수림피도가 10~30%로 낮아 개방적 분포를 나타내는 유형이다.
  * 수림피도 : 수풀의 피복 정도
- 수목이 단독이나 소수로 식재되어 있으며, 초지가 많은 산개된 수림이다.
- 경관이 개방적이며, 그룹에 의한 집단적 이용이 가능하다.
- 이용밀도가 가장 높은 공간이므로 답압에 의한 영향을 고려하여 관리한다.
- 인위적 관리를 통해 수목은 적게 하고, 잔디 및 초지가 잘 자라도록 관리한다.
- 자연휴양림의 수림공간 중 레크리에이션 활동공간으로서 자유도가 가장 높은 구역이다.

② 소생림형(疎生林型)
- 수림피도가 40~60%로 산개림과 밀생림의 중간 정도에 해당하는 유형이다.
- 여름철 산책공간 조성을 위해 교목림으로 육성하는 등 인공적 관리가 기본적으로 필요한 형태이다.
- 산림의 생산적 기능의 유지와 동시에 레크리에이션의 기능에 걸맞는 관리체계를 확립해야 한다.
- 이용밀도나 레크리에이션의 활동 자유도는 중간이다.

③ 밀생림형(密生林型)
- 수림피도가 70~100%로 폐쇄적 분포를 나타내는 유형이다.

- 이용밀도가 가장 낮은 공간으로 레크리에이션 활동에 제한적이다.
- 활동공간으로서는 부족하나 교육 및 학습 효과는 크다.
- 출입제한 등의 이용 규제가 없어도 높은 자연성을 유지한다.

> **POINT!**
>
> 레크리에이션 이용 밀도 및 활동 자유도
> 산개림(높음) > 소생림(중간) > 밀생림(낮음)

 참고

답압에 의한 임지 피해
- 답압(踏壓)이란 사람과 기계류 등의 통행으로 임지 표면에 가해지는 압력을 뜻하며, 휴양활동이 많은 곳에서 피해가 많이 발생한다.
- 답압이 지속되면 지표면에 쌓인 낙엽층이 소실되어, 지표면이 드러나고 토양유실이 증가하며, 답압된 토양 속으로 물이 침투되기 어려워 지표유출이 증가한다.

(5) 자연휴양림의 공익적 효용

① 직접효과

건강 증진 효과, 정서 함양 효과, 레크리에이션 효과

② 간접효과

환경보존 효과, 공해완화(대기정화) 효과, 기상환경완화 효과, 재해방지 효과, 생활환경 보전 효과

(6) 자연휴양림의 적지 조건

① 자연휴양림의 수요 측면에서의 입지 조건
- 다수 국민이 쉽게 접근 또는 이용할 수 있는 지역의 산림지
- 해당 산림의 자연휴양림적 이용과 목재생산과의 합리적 조정을 도모할 수 있는 곳
- 배후도시 상황, 거주인구, 기존 시설 등의 사회경제적 레크리에이션 수요에 대응되는 곳
- 장래 휴양지로 개발하기 위해 교통기관 및 도로망의 정비, 관광시설의 설치 계획이 있는 곳

② 자연휴양림의 공급 측면에서의 입지 조건
- 자연경관이 아름답고 임상이 울창한 산림
- 자연탐방, 등산, 트레킹, 온천, 해수욕 등 자연휴양적 가치를 가진 곳

- 해당 산림 상태와 각종 시설과의 조화를 도모하면서 풍치적 시업을 하여 자연휴양적 이용이 가능한 지역
- 지형이 완만하고 배수가 양호하여 재해 발생 위험이 적은 곳
- 주변에 소하천, 호수 등의 입지와 식수원의 확보가 가능한 곳

(7) 자연휴양림의 지정 및 지정해제

① 산림청장은 소관 국유림을 자연휴양림으로 지정할 수 있다.

② 산림청장은 공·사유림의 소유자 또는 국유림의 대부 또는 사용허가를 받은 자의 지정신청에 따라 산림을 자연휴양림으로 지정할 수 있다.

③ 지정신청의 절차는 지정신청을 하려는 자가 신청서와 함께 아래의 서류를 첨부하여 시장·군수·구청장에게 제출하여야 한다.
- 지번, 지목, 지적, 소유자별 토지조서 1부
- 산림의 소유권 또는 사용·수익권을 증명할 수 있는 서류 1부
- 자연휴양림 예정지의 위치도(축척 1/25,000) 및 구역도(축척 1/5,000 또는 1/6,000) 각 1부
- 설치하고자 하는 주요 시설 등 자연휴양림의 조성방향에 대한 개요서 1부
- 환경부장관과 협의에 필요한 사전입지조사서 9부

④ 즉, 자연휴양림으로 지정을 받고자 하는 자가 지정신청을 하는 경우에는 시장·군수·구청장의 휴양림 지정신청 절차를 거쳐 산림청장이 지정한다.

⑤ 산림청장은 자연휴양림을 지정한 때에는 이를 신청인 및 관계 행정기관의 장에게 통보하고 자연휴양림의 명칭, 위치, 지번, 지목, 면적 그 밖에 필요한 사항을 고시하여야 한다.

⑥ 산림청장은 아래와 같은 사유가 발생하는 경우 자연휴양림의 지정해제 및 구역변경을 할 수 있다.
- 자연휴양림의 지정을 받은 자가 지정해제 또는 지정구역 변경을 요청하는 경우
- 천재지변 등으로 인한 피해로 산림의 임상·면적 등이 타당성평가 기준에 적합하지 아니하게 된 경우
- 공공사업의 시행 등으로 인하여 지정목적을 달성할 수 없거나 지정구역의 변경이 필요한 경우

 Summary!

국유림 외 자연휴양림의 지정 절차
지정하려는 자의 신청 → 시장·군수·구청장에게 서류 제출 → 타당성평가 → 산림청장에게 제출 → 산림청장이 지정

(8) 자연휴양림의 조성 및 변경

① 산림청장은 자연휴양림으로 지정된 국유림에 휴양시설의 설치 및 숲 가꾸기 등을 하려는 경우 휴양시설 및 숲 가꾸기 등의 조성계획(자연휴양림조성계획)을 작성하여야 한다. 자연휴양림조성계획을 변경하려는 경우에도 또한 같다.
② 자연휴양림으로 지정된 산림에 휴양시설의 설치 및 숲 가꾸기 등을 하려는 자는 자연휴양림조성계획을 작성하여 시장·군수·구청장에게 제출하고, 시·도지사의 승인을 받아 이루어진다. 승인받은 자연휴양림조성계획을 변경하는 경우에도 또한 같다.
③ 시·도지사는 자연휴양림조성계획을 승인한 때에는 산림청장에게 통보하여야 한다.
④ 즉, 휴양림을 조성·변경하려는 자가 조성·변경계획을 작성하여 시장·군수·구청장에게 제출하고, 시·도지사의 승인을 받아야 조성·변경할 수 있으며, 이는 산림청장에게 통보된다.

 Summary!

국유림 외 자연휴양림의 조성·변경 절차
조성하려는 자의 신청 → 시장·군수·구청장에게 서류 제출 → 현지조사 실시 → 시·도지사에게 결과 제출 → 시·도지사의 승인 → 산림청장에게 통보

(9) 자연휴양림조성계획의 승인취소

시·도지사는 자연휴양림조성계획의 승인을 받은 자가 다음에 해당하는 경우에 승인을 취소할 수 있다.

① 거짓이나 그 밖의 부정한 방법으로 승인을 받은 경우
② 정당한 사유 없이 승인을 받은 날부터 1년 이내에 자연휴양림조성사업을 시작하지 아니하거나 1년 이상 사업을 중단한 경우
③ 정당한 사유 없이 승인을 받은 자연휴양림조성계획의 내용대로 사업을 이행하지 아니한 경우
④ 승인을 받은 자가 스스로 승인의 취소를 신청하는 경우

(10) 자연휴양림의 휴식년제

① 산림청장 또는 지방자치단체의 장은 자연휴양림의 보호 및 이용자의 안전 등을 위하여 국유 또는 공유 자연휴양림의 전부 또는 일부 구역에 대하여 일정 기간 동안 일반인의 출입을 제한하거나 금지하는 휴식년제를 실시할 수 있다.
② 이 외의 자연휴양림의 경우에는 그 소유자의 신청에 따라 시장·군수 또는 자치구의 구청장이 휴식년제를 실시할 수 있다.

③ 산림청장 또는 지방자치단체의 장이 휴식년제를 실시할 경우 고시사항
- 해당 자연휴양림의 위치・면적・출입의 제한 또는 금지기간
- 해당 자연휴양림의 명칭
- 휴식년제 실시의 목적
- 대체 자연휴양림의 이용 안내
- 위반에 따른 제재사항
- 그 밖에 지방자치단체의 장 또는 국립자연휴양림관리소장이 필요하다고 인정하는 사항

(11) 자연휴양림 등의 타당성 평가

① 산림청장 또는 시・도지사는 자연휴양림의 지정, 산림욕장 등의 조성, 산림욕장 등 조성계획의 승인에 있어서 대상지의 경관, 위치, 면적 등이 일정 기준에 적합한지에 대한 평가(타당성 평가)를 하여야 한다.

[자연휴양림의 타당성 평가 기준]

항목	평가내용
경관	표고차, 임목 수령, 식물 다양성 및 생육 상태 등이 적정할 것
위치	접근도로 현황 및 인접도시와의 거리 등에 비추어 그 접근성이 용이할 것
수계	계류 길이, 계류 폭, 수질 및 유수기간 등이 적정할 것
휴양 유발	역사적・문화적 유산, 산림문화자산 및 특산물 등이 다양할 것
개발 여건	개발비용, 토지이용 제한요인 및 재해빈도 등이 적정할 것
면적	국가 또는 지방자치단체가 조성하는 경우 : 20만 m^2 이상
	그 밖의 자가 조성하는 경우 : 13만 m^2 이상
	섬지역의 경우 : 조성 주체와 관계없이 10만 m^2 이상

② 치유의 숲의 타당성 평가 기준
- 경관, 위치, 수계, 휴양 유발, 개발 여건, 치유환경, 면적의 항목이 있다.
- 면적은 국가 또는 지방자치단체가 조성하는 경우 50만 m^2, 그 밖의 자가 조성하는 경우 30만 m^2, 섬지역의 경우에는 조성 주체와 관계없이 10만 m^2로 한다.

③ 평가방식
- 타당성 평가 조사서에 나타난 평가점수의 합이 총점 대비 66.6%(2/3) 이상인 경우에 한하여 지정 또는 조성 대상에 포함(적지 판정기준)한다.
- 자연휴양림은 5개 부분의 30개 항목으로 평가하여 총합 150점 중 100점 이상이면 적지로 판정한다.

(12) 자연휴양림 시설의 설치

① 자연휴양림 안에 설치할 수 있는 시설 규모

구분			규모
자연휴양림 시설의 설치에 따른 산림의 형질변경 면적 (임도 · 순환로 · 산책로 · 숲체험 코스 및 등산로의 면적 제외)		자연휴양림 조성 대상지의 산림면적이 20만 m^2 이상인 경우 또는 섬지역에 자연휴양림을 조성하는 경우	10만 m^2 이하
		자연휴양림 조성 대상지의 산림면적이 13만 m^2 이상부터 20만 m^2 미만인 경우	자연휴양림 전체 면적의 50% 이하
자연휴양림 시설 중 건축물이 차지하는 총바닥면적			1만 m^2 이하
연면적	개별 건축물의 연면적		900m^2 이하
	휴게음식점영업소 또는 일반음식점영업소의 연면적	국가 또는 지방자치단체가 소유한 자연휴양림	200m^2 이하
		이 외의 자연휴양림	600m^2 이하
건축물의 층수			3층 이하

② 자연휴양림 시설의 종류

자연휴양림 내에 설치하는 시설에는 숙박시설, 편익시설, 위생시설, 체험 · 교육시설, 체육시설, 전기 · 통신시설, 안전시설이 있다. 🖉 안정시설 ×

구분	시설의 종류
숙박시설	숲속의 집, 산림휴양관, 트리하우스 등
편익시설	임도, 야영장(야영데크 포함), 오토캠핑장, 야외탁자, 데크로드, 전망대, 모노레일, 야외쉼터, 야외공연장, 대피소, 주차장, 방문자안내소, 산림복합경영시설, 임산물판매장 및 매점과 휴게음식점영업소 및 일반음식점영업소 등
위생시설	취사장, 오물처리장, 화장실, 음수대, 오수정화시설, 샤워장 등
체험 · 교육시설	산책로, 탐방로, 등산로, 자연관찰원, 전시관, 천문대, 목공예실, 생태공예실, 산림공원, 숲속교실, 숲속수련장, 산림박물관, 교육자료관, 곤충원, 동물원, 식물원, 세미나실, 산림작업체험장, 임업체험시설, 로프체험시설, 유아숲체험원 및 산림교육센터 등
체육시설	철봉, 평행봉, 그네, 족구장, 민속씨름장, 배드민턴장, 게이트볼장, 썰매장, 테니스장, 어린이놀이터, 물놀이장, 산악승마시설, 운동장, 다목적 잔디구장, 암벽등반시설, 산악자전거시설, 행글라이딩시설, 패러글라이딩시설 등
전기 · 통신시설	전기시설, 전화시설, 인터넷, 휴대전화중계기, 방송음향시설 등
안전시설	울타리, 화재감시카메라, 화재경보기, 재해경보기, 보안등, 재해예방시설, 사방댐, 방송시설 등

③ 자연휴양림 시설의 설치기준

구분	설치기준
숙박시설	• 산사태 등의 위험이 없을 것 • 일조량이 많은 지역에 배치하되, 바깥의 조망이 가능하도록 할 것
편익시설	• 휴게음식점영업소 또는 일반음식점영업소는 각각 1개소 이내로 설치할 것 • 야영장 및 오토캠핑장은 자연배수가 잘 되는 지역으로서 산사태 등의 위험이 없는 안전한 곳에 설치할 것
위생시설	• 쾌적성과 편리성을 갖추도록 설치할 것 • 산림오염이 발생되지 않도록 할 것 • 식수는 먹는 물 수질기준에 적합할 것 • 외부 화장실에는 장애인용 화장실을 설치할 것
체험·교육시설	• 산책로·탐방로·등산로 등 숲길은 폭을 1m 50cm 이하로 하되, 접근성·안전성·산림에의 영향 등을 고려하여 산림형질변경이 최소화될 수 있도록 설치할 것 • 자연관찰원은 자연탐구 및 학습에 적합한 산림을 선정하여 다양한 수종을 관찰할 수 있도록 할 것 • 숲속수련장은 강의실·숙박시설·광장 등을 갖추어야 하며, 1회 100명 이상을 동시에 수용할 수 있는 규모로 설치할 것 • 임업체험시설은 경사가 완만한 지역에 설치하여야 하며, 체험활동에 필요한 기본 장비 등을 갖출 것
안전시설	• 긴급한 재난 안전사고 시 신속히 그 내용을 알릴 수 있도록 방송시설을 갖출 것 • 숙박시설에는 소화설비, 경보설비, 피난설비를 갖출 것 • 응급약품 등 비상물품을 갖춘 별도의 비상대피시설을 지정할 것 등 • 이용객의 안전을 위해 폐쇄회로 텔레비전(CCTV) 등 안전시설을 갖추고, 시설의 이용방법, 유의사항 및 비상 시 대피경로 등을 이용자들이 잘 볼 수 있는 장소에 게시할 것

2. 산림욕장 및 치유의 숲

(1) 산림욕장 및 치유의 숲 정의

① 산림욕장

법률에서와 같이 산림욕장은 국민의 건강 증진을 위하여 산림 안에서 맑은 공기를 호흡하고 접촉하며 산책 및 체력 단련 등을 할 수 있도록 조성한 산림이다.

② 치유의 숲

법률에서와 같이 치유의 숲은 향기, 경관 등 자연의 다양한 요소를 활용하여 인체의 면역력을 높이고 건강을 증진시키는 산림치유를 할 수 있도록 조성한 산림이다.

(2) 산림욕장 시설의 종류

산림욕장의 시설에는 편익시설, 위생시설, 체험·교육시설, 체육시설, 전기·통신시설, 안전시설이 있으며, 숙박시설은 포함되어 있지 않다.

(3) 치유의 숲 시설의 종류

치유의 숲 시설에는 산림치유시설, 편익시설, 위생시설, 전기·통신시설, 안전시설이 있으며, 숙박시설, 체육시설, 체험·교육시설은 포함되어 있지 않다. ✏ 안정시설 ×

구분	시설의 종류
산림치유시설	숲속의 집, 치유센터, 치유숲길, 일광욕장, 풍욕장, 명상공간, 숲체험장, 경관조망대, 체력단련장, 체조장, 산책로, 탐방로, 등산로, 산림작업장, 유아숲체험원 등
편익시설	임도, 야외탁자, 데크로드, 야외쉼터, 대피소, 주차장, 방문자센터, 안내판, 임산물판매장, 매점, 휴게음식점영업소 및 일반음식점영업소 등
위생시설	오물처리장, 화장실, 음수대, 오수정화시설 등
전기·통신시설	전기시설, 전화시설, 인터넷, 휴대전화중계기, 방송음향시설 등
안전시설	울타리, 화재감시카메라, 화재경보기, 재해경보기, 보안등, 재해예방시설, 사방댐 등

(4) 치유의 숲 시설의 설치기준

구분	시설의 종류
산림치유시설	• 향기·경관·빛·바람·소리 등 산림의 다양한 요소를 활용할 수 있도록 하되, 건축물은 흙·나무 등 자연재료를 사용하여 저층·저밀도로 시설하고, 운동시설은 접근성·안전성 등을 고려하여 설치할 것 • 치유숲길은 폭을 1m 50cm 이내로 하되, 접근성·안전성·산림에의 영향 등을 고려하여 산림형질변경이 최소화될 수 있도록 설치할 것
편익시설	• 경사가 완만한 산림에 주변 경관과 조화되도록 설치할 것 • 방문자센터는 정보제공·홍보·상담 등의 시설을 갖출 것 • 휴게음식점영업소 및 일반음식점영업소는 식이요법을 시행하는 데에 적합하게 설치할 것
위생시설	• 쾌적하고 편리하며 산림오염이 발생되지 않도록 설치할 것 • 식수는 먹는 물 수질 기준에 적합할 것 • 외부 화장실에는 장애인용 화장실을 설치할 것

PART

04

임도공학

- CHAPTER 01 **임도망 계획**
- CHAPTER 02 **임도와 환경**
- CHAPTER 03 **임도의 구조**
- CHAPTER 04 **임도설계**
- CHAPTER 05 **임도시공**
- CHAPTER 06 **산림측량**
- CHAPTER 07 **임업기계**

※ 사진 출처 : 산림청(https://www.forest.go.kr)

CHAPTER 01 임도망 계획

SECTION 01 임도의 종류와 기능

1. 임도의 종류

① 임도(林道)란 산림의 개설 및 이용의 고도화 또는 임업의 기계화 등 임업의 생산기반 정비를 촉진하여 산림을 효율적으로 경영·관리하기 위해 설치한 도로이다.
② 임도는 임산물 반출 등의 산림경영 및 관리를 위한 작업시설이며, 또한 일반 교통시설로서 지역사회의 발전에도 기여한다.

(1) 임도의 기능과 규모에 따른 종류(산림기반시설)

구분	내용
간선임도	• 산림의 경영관리 및 보호상 중추적인 역할을 하는 임도 • 도로와 도로를 연결하는 근간이 되는 임도 • 연결임도, 도달임도
지선임도	• 일정 구역의 산림경영 및 산림보호를 목적으로 하는 임도 • 간선임도 또는 도로에서 연결하여 설치하는 임도 • 순수한 산림 개발(경영)의 목적으로 설치 • 경영임도, 시업임도
작업임도	• 일정 구역의 산림사업 시행을 위한 임도 • 간선임도·지선임도 또는 도로에서 연결하여 설치하는 임도 • 각종 임내 작업을 능률적으로 실시하기 위하여 시설되는 간이 도로 • 기계, 자재, 작업원 등을 가급적 작업지점 가까운 곳까지 수송하여 집재 및 운재작업을 시작할 수 있도록 함

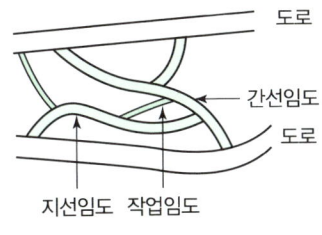

| 임도의 종류 |

(2) 이용집약도에 따른 종류

구분		내용
영구적 임도	주임도	임업경영상 연중 교통이 가능하여 이용도가 높은 임도
	부임도	• 여건에 따라 교통에 제한이 있는 임도 • 집재장 또는 작업도로부터 주임도까지 연결
임시적 (일시적) 임도	기계로	주로 기계의 주행을 위해 설치하는 임도
	운재로	임산물을 운반하기 위해 설치하는 통로
	작업로	• 조림, 벌채, 집재 등의 작업을 위해 지표를 정리하고, 장애물을 제거하여 산림 내에 설치하는 일시적인 통로 • 작업 종료 후 사용하지 않는 간이 도로

(3) 개설 및 관리 주체에 따른 종류

① 국유임도 : 국가가 설치하고 관리하는 임도
② 공설임도 : 지방자치단체가 설치하고 관리하는 임도
③ 사설임도 : 산림소유자 등 개인이 설치하고 관리하는 임도

> **참고**
>
> 「임도설치 및 관리 등에 관한 규정」에 의한 임도의 종류
> 임도의 종류에는 국가임도, 지방임도, 민간임도, 산불진화임도, 테마임도가 있다.
> 여기서, 테마임도란 산림관리기반시설로서의 기능을 유지하면서 특정주제(산림문화·휴양·레포츠 등)로 널리 이용되고 있거나 이용될 가능성이 높은 아래와 같은 임도를 말한다.
>
> • 산림휴양형 : 자연휴양림, 산림욕장 또는 생활권 주변의 임도에서 휴식과 여가를 즐기면서 아름다운 경관과 산림의 효용을 느끼거나 역사·문화를 탐방할 수 있는 임도
> • 산림레포츠형 : 임도와 주변 환경을 이용하여 산림레포츠(산악자전거·산악마라톤·오리엔티어링·산악승마 등) 활동을 할 수 있는 임도
>   * 오리엔티어링 : 지도와 나침반만으로 일정 지점을 통과하여 목적지에 도착하는 야외스포츠

2. 임도의 기능 및 개설효과

(1) 임도의 기능

① 노동력과 물자, 기계 등의 반입과 반출이 용이하여 산림경영의 전체적 기능 향상을 도모할 수 있다.
② 숲 가꾸기와 갱신이 쉬워 임산물의 생산성을 향상시킨다.
③ 조림과 임산물의 반출이 신속하여 조림비 및 반출비 등의 비용이 절감된다.
④ 산림 병해충과 산불 등의 방지와 산림보호 및 관리를 강화하여 수행할 수 있다.
⑤ 기계의 도입이 가능하여 작업능률이 향상된다.
⑥ 산촌에 교통기능을 제공하여 지역사회의 발전과 소득 증대에 기여한다.
⑦ 임산물의 생산활동 시 집재, 집적 등의 공간 자체로도 이용이 가능하다.
⑧ 이와 같이 임도의 기능에는 이동기능, 접근기능, 공간기능 등이 있다.

(2) 임도 개설효과

① 직접적 효과
- 조림비, 벌채비 등의 비용 절감
- 조림, 벌채 등의 시간 절감
- 작업원의 피로 경감
- 벌채사고의 경감
- 산림사업 품질의 향상

② 간접적 효과
- 사업기간의 단축
- 산림보호기능의 증진(산불, 병해충)
- 집중적 과다벌채 완화
- 주변의 지가 상승

③ 파급효과
- 농산촌의 생활 수준 향상
- 지역산업의 발전
- 관광자원의 개발

3. 임도계획

① 임도계획은 크게 임도밀도계획, 임도노선배치계획, 임도노선선정계획 순으로 나눌 수 있다.
② 산림청장은 임도의 효율적 설치 및 관리를 위하여 임도에 관한 기본목표와 추진방향 등이 포함된 전국임도기본계획을 10년 단위로 수립하여야 한다.
③ 특별시장 · 광역시장 · 특별자치시장 · 도지사 · 특별자치도지사 또는 지방산림청장은 전국임도기본계획에 따라 임도의 효율적인 설치를 위하여 임도설치계획을 5년 단위로 수립하여야 한다.

SECTION 02 임도밀도와 산지 개발도

1. 임도의 밀도

(1) 임도밀도 개념

① 임도밀도란 산림의 단위면적당 임도의 총연장거리로 임도의 성숙도를 나타내는 양적 지표이다.
② 임도밀도의 대소는 산림개발 정도 및 사업의 집약도를 나타내어, 밀도가 높으면 개발정도와 사업 집약도가 높음을 나타낸다.

$$\text{임도밀도(m/ha)} = \frac{\text{임도 총연장거리(m)}}{\text{총면적(ha)}}$$

Exercise 01

50ha 면적의 산림에 간선임도 1km, 지선임도 300m, 작업임도 200m가 시설되어 있다면 임도밀도는?

풀이 $\text{임도밀도(m/ha)} = \frac{\text{임도 총연장거리(m)}}{\text{총면적(ha)}} = \frac{1,000 + 300 + 200}{50} = 30\text{m/ha}$

(2) 임도밀도의 산출방법

① **해석적 방법(매튜스의 방법)**
예정노선의 노선도를 작성하지 않고, 순수하게 계산만으로 최적임도밀도 및 최적임도간격을 산출하는 이론적 방법

② **경험적 방법(대안비교법)**
몇 가지 예정노선을 작성하고, 비용과 이익을 따져 비교·판단하여 적합한 임도노선을 배치하는 방법

(3) 매튜스(Mattews)의 적정(최적)임도밀도 이론

① 임도밀도는 증가할수록 임도를 개설하는 비용은 많이 들지만 임도의 증가로 집재비용은 적게 들게 되는데, 이때 임도개설비, 집재비 등을 감안하여 가장 적절한 임도밀도를 찾는 과정을 적정(최적)임도밀도 이론이라 한다.

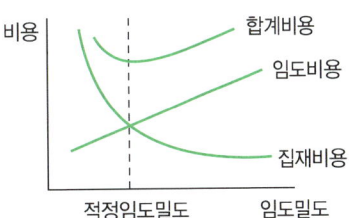

▮ 적정임도밀도 ▮

② **적정임도밀도**
임도비(임도개설비 + 유지관리비)와 집재비의 합계가 가장 최소가 되는 점의 임도밀도
✎ 운재비 ×, 횡단물매 ×

(4) 임도밀도의 종류

① **기본임도밀도** : 조림에서 수확까지의 모든 산림작업에 투입되는 노동인력들의 왕복통근 경비 등 비생산 노무경비를 임도시설에 전환하여 사회간접자본화하는 개념

② **적정임도밀도** : 임업생산비 중 임도개설연장의 증감에 따라 변화되는 주별의 집재비와 임도개설비의 합계를 가장 최소화시키는 임도밀도

• 매튜스(Mattews)에 의한 적정임도밀도식

$$\text{적정임도밀도(m/ha)} \quad D = 50\sqrt{\frac{V \times E \times n \times n'}{r}}$$

여기서, r : 임도개설단가(원/m), V : 생산예정재적(m³/ha), E : 집재단가(원/m³/m)
n : 임도우회계수(1.0~2.0), n' : 집재우회계수(1.0~1.5)

③ **지선임도밀도** : 임도의 집재방법과 운재시스템에 대한 효율을 계수로 정하고, 이 계수와 집재장비의 최대집재거리를 적용하여 경험적으로 산출하는 임도밀도

- 지선임도밀도(m/ha) $D = \dfrac{a}{s} = \dfrac{\text{임도효율계수}}{\text{평균집재거리(km)}}$
- 지선임도가격(원) = $\dfrac{\text{지선임도개설단가} \times \text{지선임도밀도}}{\text{수확재적}}$

Exercise 02

지선임도밀도가 10m/ha이며, 임도효율 요인이 4인 경우 트랙터를 이용한 평균집재거리는?

풀이 $D(\text{m/ha}) = \dfrac{a}{s} = \dfrac{4}{x} = 10$ 이므로, $x = 0.4\text{km} = 400\text{m}$

Exercise 03

지선임도개설단가는 2,000원/ha, 수확재적은 25m³/ha, 지선임도밀도가 30m/ha일 때 지선임도가격은 얼마인가?

풀이 지선임도가격 = $\dfrac{\text{지선임도개설단가} \times \text{지선임도밀도}}{\text{수확재적}} = \dfrac{2,000 \times 30}{25} = 2,400$원

(5) 임도밀도와 관계식

임도망 배치 모델의 적정성을 분석하기 위해 임도간격, 집재거리, 평균집재거리 등을 평가지표로 하여 평지림일 경우 아래와 같은 식을 적용한다.

✎ 임도망의 특성을 나타내는 지표 : 임도밀도, 임도간격, 집재거리, 평균집재거리 등

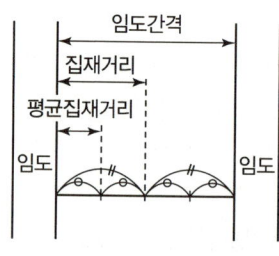

┃임도의 관계┃

① 임도간격 : 임도와 임도 사이의 거리 간격

$$\text{임도간격(m)} = \dfrac{10,000}{\text{적정임도밀도}}$$

② 집재거리 : 양쪽의 임도에서 집재가 가능하므로 임도간격의 1/2

$$집재거리(m) = 임도간격 \times \frac{1}{2} = \frac{5,000}{적정임도밀도}$$

③ 평균집재거리 : 평균이므로 집재거리의 1/2 또는 임도간격의 1/4

$$평균집재거리(m) = 집재거리 \times \frac{1}{2} = 임도간격 \times \frac{1}{4} = \frac{2,500}{적정임도밀도}$$

산지일 경우 위의 식들에 우회계수(보정계수)를 함께 곱하여 적용하는데, 임도밀도가 크고 우회계수가 작을수록 평균집재거리가 짧아 노선배치가 양호하다. 우회계수가 1.0이면 임도는 직선이다.

Exercise 04

적정임도밀도가 5m/ha일 때 임도간격과 집재거리는 얼마인가?

풀이
- 임도간격 = $\dfrac{10,000}{적정임도밀도} = \dfrac{10,000}{5} = 2,000\text{m}$
- 집재거리 = $\dfrac{5,000}{적정임도밀도} = \dfrac{5,000}{5} = 1,000\text{m}$

Exercise 05

적정임도밀도가 25m/ha인 산림에서 도로 양쪽에서 임목을 집재한다면 이 지역의 평균집재거리는?

풀이 평균집재거리 = $\dfrac{2,500}{적정임도밀도} = \dfrac{2,500}{25} = 100\text{m}$

Exercise 06

임도간격이 250m일 때 이 지역의 집재거리와 평균집재거리는 얼마인가?

풀이
- 임도간격 = $\dfrac{10,000}{적정임도밀도} = 250\text{m}$이므로, 적정임도밀도 = 40m/ha
- 집재거리 = $\dfrac{5,000}{적정임도밀도} = \dfrac{5,000}{40} = 125\text{m}$
- 평균집재거리 = $\dfrac{2,500}{적정임도밀도} = \dfrac{2,500}{40} = 62.5\text{m}$

2. 산지 개발도

(1) 산지 개발도 일반

① 산지 개발도란 전체 경영계획구에 대한 개발된 산림면적의 비율로 산지의 개발 정도를 나타낸다.

② 임도와 임도가 입체적으로 연결되어 있을 때 산림경영이 보다 합리적이며 효율적으로 실행이 가능한데, 이때 임도의 연결망을 임도망(林道網)이라 한다.

③ 임도망 계획 시 고려사항
- 운재비(운반비)가 적게 들도록 한다.
- 신속한 운반이 되도록 한다.
- 운반량에 제한이 없도록 한다(운반량에 탄력성이 있도록).
- 운재방법이 단일화되도록 한다. ✎ 다양화, 이원화 ×
- 날씨와 계절에 따른 운재(운반)능력에 제한이 없도록 한다.
- 목재의 손실이 적도록 한다.
- 산림풍치의 보전과 등산·관광 등의 편익도 고려한다.

(2) 개발지수

① 임도간격과 밀도가 동일하더라도 노망의 배치 상태에 따라서 임도의 이용효율성은 크게 달라지는데, 이때 임도망 배치의 효율성 정도를 개발지수라 하며, 임도망이 어느 정도 이상적인 배치를 하고 있는가를 평가한다.

② 개발지수 산출식은 평균집재거리와 임도밀도를 곱하여 나타낸다.

$$개발지수(I) = \frac{평균집재거리 \times 임도밀도}{2,500}$$

③ 임도가 이상적으로 균일하게 배치되었을 때는 개발지수가 1이다.
④ 개발지수가 1보다 크거나 작을수록 임도배치 효율은 불균일한 상태가 된다.
⑤ 노선이 중첩될수록 임도망의 이용효율성은 저하된다.

3. 임도노선의 선정

(1) 임도노선 선정 일반

① 임도노선 선정 시 고려사항

임도노선을 선정하고자 하는 때에는 동물의 서식 상황, 임상, 지형·토양의 특성, 주변도로 및 임도의 현황을 고려하여야 한다.

② 임도설치 대상지의 우선 선정기준(「임도설치 및 관리 등에 관한 규정」 제4조)
- 조림, 육림, 간벌, 주벌 등 산림사업 대상지
- 산림경영계획이 수립된 임지
- 산불예방, 병해충방제 등 산림의 보호·관리를 위하여 필요한 임지
- 산림휴양자원의 이용 또는 산촌진흥을 위하여 필요한 임지
- 농산촌 마을의 연결을 위하여 필요한 임지
- 기존 임도 간 연결, 임도와 도로 연결 및 순환임도시설이 필요한 임지
- 도로의 노선계획이 확정·고시된 지역 또는 다른 임도와 병행하는 지역은 임도설치 대상지에서 제외

③ 임도노선을 설치할 수 없는 경우(「산림자원의 조성 및 관리에 관한 법률 시행규칙」 별표 1)
- 산지전용이 제한되는 지역이 포함되어 있는 경우
- 임도거리의 10% 이상이 경사 35° 이상의 급경사지를 지나게 되는 경우
  (단, 절취한 토석을 경사지 밖으로 운반처리 시 설치 가능)
- 임도거리의 10% 이상이 도로로부터 300m 이내인 지역을 지나게 되는 경우
  (단, 절토·성토면에 경관유지를 위한 녹화공법 적용 시 설치 가능)
- 임도거리의 20% 이상이 화강암질풍화토로 구성된 지역을 지나게 되는 경우
  (단, 무너짐·땅밀림 방지를 위한 보강공법 적용 시 설치 가능)
- 임도거리의 30% 이상이 암반으로 구성된 지역을 지나게 되는 경우
  (단, 절토·성토면에 경관유지를 위한 녹화공법 적용 시 설치 가능)
- 「도로법」에 의한 도로 또는 「농어촌도로정비법」에 의한 농로로 확정·고시된 노선과 중복되는 경우

④ 임도노선 흐름도의 작성
- 환경보전을 고려한 경제적이고 효율적인 임도를 개설하기 위하여 적정한 노선을 선택하고자 임도노선 흐름도를 작성한다.
- 작성 순서 : 지형도 → 예정선 기입 → 노선선정 → 현지측정 → 개략설계

⑤ 임도설치계획 작성(「임도설치 및 관리 등에 관한 규정」 제5조)

시장·군수·구청장 또는 국유림관리소장은 5년 단위로 연도별 임도설치계획을 작성하여야 한다.

(2) 임도의 타당성평가

① 「산림자원의 조성 및 관리에 관한 법률 시행규칙」 별표 1에서는 타당성평가의 항목별 기준을 아래 표와 같이 제시하고 있다.

[타당성평가의 항목별 기준]

평가항목	세부항목		평가기준
필요성 (50점)	산림경영, 산림보호 및 관리, 산림휴양자원이용, 농산촌마을 연결		-
적합성 (50점)	경사도	35° 이상 구간	10% 이상 시 설치 ×
	도로와의 연접성	300m 이내 구간	
	토질	화강암질풍화토 구간	20% 이상 시 설치 ×
	노출암반	암반지역 구간	30% 이상 시 설치 ×
환경성	멸종위기 동식물 서식지, 산사태 등 재해취약지, 상수원 오염 등 주민생활 저해요인		'불가' 항목이 없어야 통과

② 임도의 타당성평가 방법

㉠ 평가자

임도의 타당성평가는 산림, 환경, 토목, 수자원개발, 토질 등에 관한 전문지식이 있는 자 중에서 시·도지사, 시장·군수·구청장 또는 지방산림청장이 위촉하는 4명의 평가자가 합동으로 실시한다.

㉡ 평가시기

타당성평가는 임도를 설치하고자 하는 해의 전년도 7월 말까지 실시하여야 한다.

㉢ 평가방법

- 각 평가자는 임도노선의 적합성 타당 여부를 확인한 후 기준에 따라 평가점수를 산출한다.
- 평가자 4명의 평가점수를 평균하여 타당성평가 점수를 산출한다.
- 환경성 분야 평가항목 중 불가에 해당되는 항목이 없고, 타당성평가 점수가 70점 이상인 경우에 한하여 임도의 설치가 타당성이 있는 것으로 평가한다.

SECTION 03 도상배치

노선의 설치에 있어서는 경제성과 이용효율성 등을 고려하여 일정 밀도의 임도를 적절하게 배치하여야 하는데, 이때 먼저 지도상에서 여러 배치안을 검토하는 작업을 도상배치라고 한다. 도상배치의 방법 및 특성은 다음과 같다.

1. 임도노선 배치방법

① **자유배치법**
지형도상에서 임도노선의 시점과 종점을 결정하여 경험을 바탕으로 노선을 작성한 다음, 임의로 각각의 구간별 물매만을 계산하여 허용 기울기 이내인가를 검토하는 방법이다.

② **양각기 계획법(양각기 분할법)**
양각기(컴퍼스)를 이용하여 등고선 간격(표고차), 종단물매, 등고선 거리를 구해 지형도상에 예정 노선을 배치하는 방법이다.

③ **자동배치법**
물매와 함께 여러 가지 평가인자를 종합하여 노선을 배치하는 방법이다.

2. 양각기 계획법에 의한 임도망의 배치

① 양각기(divider, 디바이더)를 이용하여 지형도의 축척과 등고선 간격 등을 고려하여 지형도상에 적정한 종단물매의 임도예정노선을 그려 나타내는 것이다.

② **양각기 계획법의 종단물매 계산법**
- 양각기의 1폭을 임도의 영선에 대한 두 지점(A, B) 간의 수평거리(D)로 한다.
- 등고선 간격은 두 지점(A, B) 간의 수직거리(h)로 한다 (등고선 간격은 1/25,000의 지형도에서는 10m, 1/50,000의 지형도에서는 20m이다).
- 수평거리(D)와 수직거리(h)로부터 종단물매(G)를 산출한다.

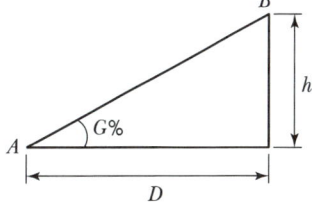

$$종단물매(G) = \frac{수직거리(h)}{수평거리(D)} \times 100$$

여기서, h : 두 지점 간의 수직거리(=등고선 간격=두 지점의 표고차=높이)
D : 두 지점 간의 수평거리(=양각기 1폭 길이)

Exercise 07

축척이 1/25,000, 종단물매가 4%인 노선을 설정하려고 한다. 두 지점 간의 수평거리가 200m일 때 두 지점 간의 표고차는?

풀이 종단물매 = $\dfrac{수직거리}{수평거리} \times 100$ 에서

$4\% = \dfrac{x}{200} \times 100$ 이므로,

두 지점 간의 표고차 $x = 8\mathrm{m}$ 이다.

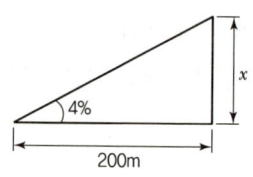

Exercise 08

축척이 1/50,000인 지형도상에 종단기울기가 8%인 임도노선을 양각기 계획법으로 배치하고자 할 때 등고선 간의 도상거리는?

풀이 축척이 1/50,000일 때 등고선(주곡선)의 간격은 20m이고,

종단물매 = $\dfrac{수직거리}{수평거리} \times 100$ 에서

$8\% = \dfrac{20}{x} \times 100$ 이므로,

등고선 간의 수평거리 $x = 250\mathrm{m}$ 이다.

이것을 축척을 적용하여 지도상의 수치로 나타내면, $1\mathrm{cm} : 500\mathrm{m} = x\mathrm{cm} : 250\mathrm{m}$ 이므로,

등고선 간의 도상거리 $x = 0.5\mathrm{cm} = 5\mathrm{mm}$ 이다.

Exercise 09

임도 시작점의 표고가 100m, 도착점의 표고가 500m인 산지에 종단기울기 6%인 임도를 직선으로 시공할 경우 임도의 길이는?

풀이 두 지점의 표고차는 $500 - 100 = 400\mathrm{m}$ 이고,

종단물매 = $\dfrac{수직거리}{수평거리} \times 100$ 에서

$6\% = \dfrac{400}{x} \times 100$ 이므로,

수평거리, 즉 임도의 길이

$x = 6,666.666\cdots \fallingdotseq 6,667\mathrm{m} \fallingdotseq 6.7\mathrm{km}$ 이다.

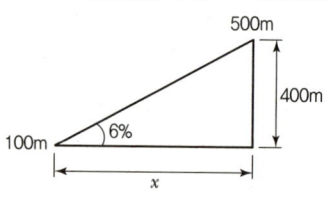

> **Exercise 10**
>
> 1/25,000 지형도상에서 산정표고 485.35m, 산밑표고 234.54m, 산정으로부터 산밑까지의 도상 수평거리가 5cm일 때 사면의 경사는 얼마인가?
>
> **풀이** 두 지점의 표고차는
> $485.35 - 234.54 = 250.81$m이고,
> 도상의 수평거리 5cm를 축척을 적용한 실제거리로 나타내면
> $5 \times 25,000 = 125,000$cm $= 1,250$m이므로
> 종단물매 $= \dfrac{수직거리}{수평거리} \times 100$
> $= \dfrac{250.81}{1,250} \times 100 = 20.0648\%$이다.

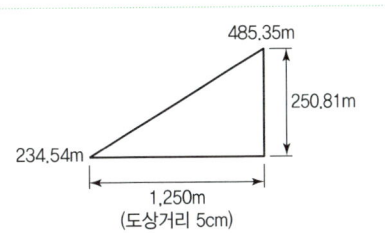

3. 노선의 통과지점 결정

① 노선이 통과하게 될 유역의 입지환경과 경제효과, 교통 및 구조기술상의 특징, 경제성 등의 요구조건에 가장 적합한 지점을 결정하는 과정은 매우 중요하다.

② 되도록이면 경사가 완만하고 평탄한 지대, 교량·석축·옹벽 등의 구조물 시설이 적은 곳 등을 통과지점으로 하고, 암석지나 붕괴 가능성이 있는 연약한 지반은 피한다. 또한 다량의 성토와 절토 공사를 필요로 하거나 높고 긴 교량을 필요로 하는 곳은 우회하는 것이 좋다.

③ 노선통과의 유리점과 불리점

구분	내용
유리한 지점 (통과지점)	말안장지역(안부), 여울목, 급경사지 내의 완경사지, 공사용 자재의 매장지
불리한 지점	습지(늪), 불안정한 사면(붕괴지, 산사태지), 암석지, 홍수범람지, 소유경계

- 말안장지역(안부, 鞍部) : 말안장 부분처럼 2개의 산봉우리 사이에 끼인 낮고 평탄한 지역
- 여울목 : 물이 흐르다가 턱이 져 평탄하게 흐르는 지역

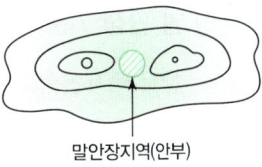

말안장지역(안부)

CHAPTER 02 임도와 환경

SECTION 01 모암과 흙의 특성

1. 모암

(1) 우리나라의 모암

① 모암(母巖)이란 오랜 동안 다양한 작용을 받아 생성된 토양 최초 재료의 원천이 되는 암석이다.
② 우리나라 모암의 지질계통별 분포 면적과 구성비는 화강암과 화강암의 변성작용으로 형성된 화강편마암이 대부분을 차지하며 가장 높다.
③ 화강암은 산성 심성암으로 지하에서 천천히 식어 입자가 굵고 산성을 띠며, 단단하여 **압축강도**가 크다.
  * 압축강도 : 압축에 파괴되지 않고 견디는 능력
④ 화강암을 기조로 하는 우리나라 산림토양은 주로 산성을 나타내며, 배수와 통기성은 좋으나 양분과 수분을 지니지 못하고 토양유실도 많아 척박해지기 쉬운 특성을 지닌다.
⑤ 우리나라 토양의 성분은 규소에 산소가 붙은 규산(SiO_2)이 반 정도를 차지하며, 다음으로 철과 알루미늄이 많이 들어 있다.
⑥ 토목공사에서는 굴착의 난이도로 암석을 구분하는데, 임도설계 시 구분되는 암(巖)의 종류로는 경암, 준경암, 연암이 있다.

(2) 암 판정 기준

암석은 작업의 효율성에 따라 두 가지로 나눈다.

① 풍화암
  유압식 리퍼(ripper)로 작업할 수 있을 정도로 풍화가 진행된 암반. 연암(軟岩)
  * 유압식 리퍼 : 단단한 흙이나 연약한 암석을 파쇄하는 갈고리 모양의 기계

② 발파암
  발파를 이용하는 것이 효율적인 암반. 경암(硬岩)

(3) 지반조사

① 산림사업을 위한 임도의 개설이나 구조물 및 건축물의 축조에 있어서 보다 견고한 기초를 마련하기 위해서는 지반조사가 기본적으로 반드시 이루어져야 한다.

② 지반조사 방법
- 오거보링(auger boring) : 얕은 지반의 굴착 및 조사, 지표면 부근의 시료 채취 등을 위하여 굴착장비로 지반을 천공하는 방법
- 관입시험 : 철로 된 봉을 압입하거나 박아 넣어 그 저항을 측정하여 지반의 견고도를 조사하는 방법
- 베인시험(vane test) : 십자형 날개(베인)가 달린 봉을 돌려 그 힘을 측정하여 견고도를 조사하는 방법
- 파이프 때려 박기 : 얕은 지반에 철파이프를 직접 때려 박아 견고도를 조사하는 방법

2. 흙의 특성

(1) 흙의 분류

① 입경에 의한 분류

흙 입자의 직경 크기에 따라 모래, 미사(실트), 점토 등으로 분류하며, 미국 농무성의 삼각좌표에 의한 분류와 국제토양학회법에 의한 분류가 있다.

② 삼각좌표에 의한 분류
- 모래, 미사, 점토의 합계가 100%가 되도록 하는 삼각도를 이용하여 분류하는 방법이다.
- 모래 2.0~0.05mm, 미사(실트) 0.05~0.002mm, 점토 0.002mm 이하

③ 국제토양학회법에 의한 분류
- 토양을 자갈, 모래, 미사, 점토로 분류하며, 자갈은 2.0mm 이상으로 흙의 분류에서 제외한다.
- 모래 2.0~0.02mm, 미사(실트) 0.02~0.002mm, 점토 0.002mm 이하

④ 통일분류법
㉠ 통일분류법의 개념
- 액성한계시험, 소성한계시험에 의해 공학적으로 분류하는 방법이다.
- 크게 조립토(8종)와 세립토(6종)로 구분한다.
- 자갈, 모래, 미사 등의 흙의 형태를 나타내는 알파벳 기호와 흙의 속성을 나타내는 알파벳 기호를 순서대로 조합하여 두 개의 문자로 나타낸다.

ⓒ 조립토와 세립토의 구분
- 망의 크기가 0.074mm인 200번 체로 쳐서 50% 이상 남으면 조립토, 50% 이상 빠져나가면 세립토로 구분한다.
- 조립토 : No.200체(0.074mm)보다 큰 입자가 50% 이상
- 세립토 : No.200체(0.074mm)보다 작은 입자가 50% 이상

> **참고**
>
> **동상(凍上)**
> - 추위로 인한 땅속 수분의 동결로 부피가 팽창하면서 토양이 위로 솟아오르는 현상이다.
> - 자갈, 모래, 실트, 점토 중 실트질 토양은 공극이 적정하여 모세관 상승높이가 크고 투수성도 적당하여 얼음층이 잘 형성되므로 동상이 잘 발생한다.

(2) 흙의 연경도

① 흙은 수분함량에 따라 무르고 단단한 정도가 다른데 이것을 흙의 연경도(軟硬度)라 한다. 함수량이 많을 때는 액체와 같이 유동성을 가지나 점차 수분이 감소하면서 단단해지고 고체의 상태로 변화한다.

② 수분함량이 많은 액성에서 점성을 띠기 시작하는 소성에 이어 반고체·고체로 이어지며 점점 단단해지는데, 각 단계에서의 변화 한계를 액성한계, 소성한계, 수축한계라고 한다.

액성 —액성한계→ 소성 —소성한계→ 반고체 —수축한계→ 고체

┃연경도의 흐름┃

(3) 흙의 균등계수

① 균등계수는 토양을 구성하고 있는 다양한 크기의 흙입자들의 입도 분포를 나타내는 것으로 균등계수를 통해 구성 흙입자들이 얼마나 균등하고 고른지를 알 수 있다.

② 체로 분류하여 60% 통과율을 나타내는 흙입자 크기의 비로 나타내어 계산하며, 수치가 1에 가까울수록 구성 흙입자의 크기가 고르다. 즉, 1에 가까울수록 입경의 구성이 균등한 것이며, 클 때는 입경의 크기 분포가 넓어 고르지 못함을 의미한다.

③ 균등계수의 계산식

$$균등계수 = \frac{통과중량백분율\ 60\%에\ 대응하는\ 입경}{통과중량백분율\ 10\%에\ 대응하는\ 입경} = \frac{D_{60}}{D_{10}}$$

여기서, D_{10} : 유효입경(유효지름), 입도분포곡선상에서 통과중량백분율의 10%에 해당하는 입경

④ 입도분포곡선(입경가적곡선, 입경누적곡선)
- 흙입자의 입경 분포를 체질에 의해 분석하여 나타낸 곡선으로 가로축에 체의 눈금 치수, 세로축에 통과중량백분율을 표시한다.
- 곡선의 기울기가 급할수록 입경구성이 균등하며, 완만할수록 입경구성이 넓게 분포되어 있음을 나타낸다.

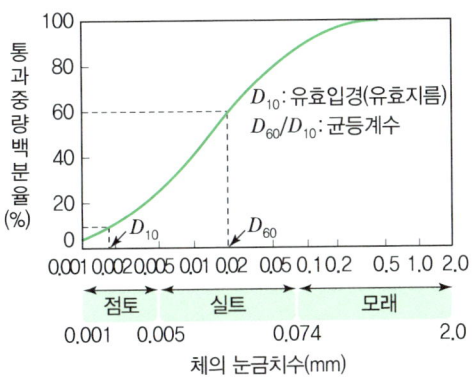

❚ 입경가적곡선 ❚

Exercise 11

흙의 입경분포곡선에서 $D_{10} = 0.04mm$, $D_{30} = 0.06mm$, $D_{60} = 0.14mm$였다면 균등계수는?

풀이 균등계수 $= \dfrac{D_{60}}{D_{10}} = \dfrac{0.14}{0.04} = 3.5$

SECTION 02 지형과 임도관계

1. 지형별 임도배치 방법

(1) 산악지대의 임도노선 선정 · 배치 방법

산악지대는 임도망 편성에 있어 설치위치별로 분류하여 노선을 선정 및 배치한다.

① 계곡임도
- 임지의 하단부로부터 개발되며, 임지개발의 중추적 역할을 한다.
- 산림개발 시 처음으로 시설되는 임도이다.
- 홍수로 인한 유실 방지를 위해 약간 위의 사면에 최대홍수위보다 높게 설치한다.

② 사면임도(산복임도)
- 계곡임도에서 시작되어 산록부와 산복부에 설치한다.
- 노선선정은 하단부로부터 점차적으로 선형을 계획하여 진행한다.
- 산지개발 효과와 집재작업효율이 높으며, 상향집재도 가능하다.
- 산복임도는 집재나 공사비 등의 면에서 효율성과 경제성이 가장 좋은 임도이다.
- 급경사의 긴 비탈면인 산지에서는 지그재그 방식, 완경사지에서는 대각선 방식이 적당하다.
- 동일한 사면에서의 배향곡선은 최소한으로 설치한다(배향곡선은 산림생산면적의 감소, 임도 이용률의 저하 등의 문제를 유발하기 때문).

③ 능선임도
- 능선을 따라 설치되어 배수가 좋으며, 눈에 쉽게 띄고, 대개 직선적이다.
- 산악지대 임도배치 방법 중 건설비가 가장 적게 소요되며, 접근이 어려운 계곡이나 늪지대 등에서의 임도 개설 시 용이하다.
- 개설비용이 가장 적고 토사 유출도 적지만, 상향집재만 가능하여 개발이 제한적이다.

④ 산정부 개발형(순환식 노선방식)
- 산정부 주위를 순환하는 임도로 산정림 개발에 적합한 방식이다.
- 산정부의 안부에서부터 시작되는 순환식 노선방식을 주로 사용한다.

⑤ 계곡분지 개발형
- 계곡이 모여드는 분지에 설치하는 임도로 사면의 경사도가 완만하고 편평한 곳에서는 그림과 같은 순환노망을 설치한다.
- 사면의 길이가 길고, 하부의 경사도가 급한 곳에서는 다른 형태의 임도를 설치한다.

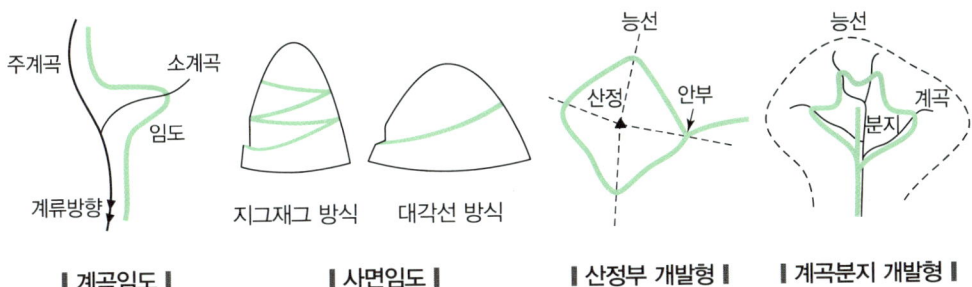

| 계곡임도 | 사면임도 | 산정부 개발형 | 계곡분지 개발형 |

 Summary!

산악지대의 임도노선 선정·배치 형태(설치 위치별 구분)
계곡임도, 사면임도(산복임도), 능선임도, 산정부 개발형(순환선 노선방식), 계곡분지 개발형

2. 지형지수 산출방법

① 지형지수란 임지의 지형이 얼마나 복잡하고 험준한지를 나타내는 지수로 수치가 클수록 험한 지형을 나타낸다.

② 지형지수 산출인자
  - 임지경사(산복경사) : 임지 사면의 경사
  - 기복량 : 일정 지역의 높낮이의 차이
  - 곡밀도 : 일정 면적당 계곡의 수 또는 총길이

③ 곡밀도의 계산

$$곡밀도(본/km^2) = \frac{대상지역\ 내의\ 계곡수}{대상\ 총면적}$$

CHAPTER 03 임도의 구조

SECTION 01 임도구조 일반

1. 노체의 구성

① 노체(路體)란 도로의 몸체로 기본구조는 깊은 곳으로부터 노상, 노반, 기층, 표층의 순으로 구성된다.
② 상층부일수록 큰 응력에 견뎌야 하므로 양질의 재료를 사용한다.

┃노체의 구성┃

[노상과 노반]

구분	내용
노상	• 임도의 최하층에 위치하는 도로의 기초부분 • 다른 층에 비해 작은 응력을 받으므로 내구성이 큰 재료를 필요로 하지 않아 특별히 부적당한 재료가 아니면 현장 재료 사용 • 노상토는 세립토보다 조립토 이용
노반	• 노상과 기층 사이의 층으로 상부의 교통 하중을 분산하여 노상에 전달 • 보조기층이라고도 하며, 두께는 15cm 이상 • 임도 개설 시 영선의 위치

2. 노면재료와 시공방법

노면은 피복재료와 시공방법에 따라 토사도(흙모랫길), 사리도(자갈길), 쇄석도(부순돌길), 통나무길, 섶길, 시멘트·콘크리트 포장도로, 아스팔트 포장도로 등으로 구분한다.

(1) 토사도(土砂道, 흙모랫길)

① 노면이 토사, 즉 흙으로 이루어진 도로이다.
② 자연지반의 흙을 그대로 다져서 이용하거나 인공적으로 입자를 조정하여 피복하기도 한다.

③ 주로 교통량이 적은 곳에 시공하며, 시공비도 적게 들어 경제적이다.
④ 배수의 문제가 있어 강우 시 물로 인해 파손되기 쉽다.

(2) 사리도(砂利道, 자갈길)

① 노상의 흙 위에 자갈을 깔고, 결합재로 점토나 세점토사를 덮은 다음 롤러로 다져 시공한 도로이다.
② 세점토와 같은 결합재를 사용하지 않고 자갈만 시공하면 차량 주행 시 자갈이 튀어 위험할 수 있다.

[사리도의 시공방법]

구분	내용
상치식 (표면구법)	• 지면을 파내지 않고 양끝보다 중앙부를 두껍게 하여 노면을 높인 구조 • 일반 임도에서 널리 사용하는 방법
상굴식 (구구법)	• 임도의 유효폭을 파내고 자갈을 깔고 다지는 방식 • 자갈을 2~3차례 반복하여 깔고 결합재를 섞어 다짐

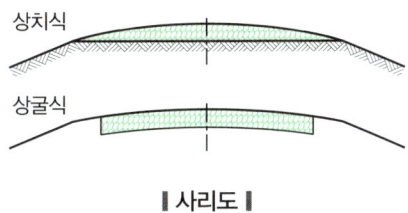

| 사리도 |

③ 사리도의 유지보수(유지관리)
- 방진처리를 위하여 물, 염화칼슘, 타르 등을 사용한다.
- 노면의 정지작업(노면 고르기)은 가급적 비가 온 후 습윤한 상태에서 실시한다.
- 길어깨가 높아져 배수가 불량할 경우 그레이더로 정형하고(깎아내고) 롤러로 진압한다.
- 노면의 제초나 예불은 1년에 1회 이상 실시한다.
- 횡단배수구의 기울기는 5~6% 정도를 유지하도록 한다.

(3) 쇄석도(碎石道, 부순돌길, 머캐덤도)

① 부순돌끼리 서로 맞물려 죄는 힘과 결합력에 의하여 단단한 노면을 만든 도로이다.
② 효율적이며 경제적이어서 임도에서 가장 많이 사용되며, 쇄석도의 표준 두께는 20cm이다.

| 쇄석도 |

[쇄석도의 시공방법]

구분		내용
탤퍼드식		• 노반의 하층에 큰 깬돌을 깔고 쇄석 재료를 입히는 방법 • 지반이 연약한 곳에 효과적
머캐덤식	수체 머캐덤도	쇄석 틈 사이에 석분을 물로 침투시켜 롤러로 다진 도로
	교통체 머캐덤도	쇄석이 교통과 강우로 인하여 다져진 도로
	역청 머캐덤도	쇄석을 타르나 아스팔트로 결합시킨 도로
	시멘트 머캐덤도	쇄석을 시멘트로 결합시킨 도로

(4) 통나무길과 섶길

① 통나무길

통나무를 깔아서 만든 길로 특수한 곳에서 부득이한 경우에 사용한다.

② 섶길
- 잎이 달린 가지(섶)를 다발로 엮어서 깔고 그 위에 흙을 덮어 만든 길이다.
- 통나무길과 섶길은 저습지대에서 노면침하를 방지하기 위하여 사용한다.

(5) 시멘트 · 콘크리트와 아스팔트 포장도로

① 시멘트 · 콘크리트 포장도로
- 내구성 · 내마모성이 크며, 내용연수가 길다.
- 미끄럼 저항의 변동이 적고, 일반적으로 미끄럼이 적다.
- 개 · 보수나 철거가 어렵고, 보행감이 좋지 않다.
- 신뢰성이 큰 설계가 가능하다.

 참고

콘크리트 포장 시공에서 보조기층의 기능
- 상부의 교통 하중을 균등하게 분산하여 노상에 전달한다.
- 노상의 지지력을 증대시킨다.
- 노상이나 차단층(노상 아래층)의 손상을 방지한다.
- 포장층 내 물고임을 방지한다.
- 동상(동결)의 영향을 최소화한다.
- 노상의 세립토가 기층 속으로 침투하는 것을 방지한다.
- 줄눈부나 균열부 등에서 펌핑현상을 방지한다.
  * 펌핑현상 : 차량 통과 시 보조기층이나 노상의 흙이 진흙이 되어 줄눈이나 균열부를 통해 노면으로 뿜어져 나오는 현상

② 아스팔트 포장도로
- 시공이 간단하며 빠르고, 유지수선이 쉽다.
- 평탄성이 좋다.

[시멘트 · 콘크리트와 아스팔트 포장의 비교]

구분	시멘트 · 콘크리트 포장	아스팔트 포장
시공성	복잡	간단
내구성	좋음(내용연수 긺)	떨어짐(내용연수 짧음)
주행성(평탄성)	떨어짐	좋음
소음	많음	적음
유지보수	어려움	쉬움

3. 임도의 선형과 관계식

(1) 임도의 선형

① 임도노선이 그리는 종단, 횡단, 평면 구조의 입체적 형상을 선형(線型)이라 한다.

② 선형설계 시 고려사항
- 지역 및 지형과의 조화
- 선형의 연속성
- 평면선형과 종단선형의 조화
- 교통상의 안전성

③ 선형설계 시 제약 요소
- 자연환경의 보존, 국토보전상에서의 제약
- 지질 · 지형 · 지물 등에 의한 제약
- 시공상에서의 제약
- 사업비 · 유지관리비 등에 의한 제약

(2) 선형설계 관계식

① 설계속도
- 도로의 구조나 여건을 감안한 설계상의 안전 주행 속도
- 설계에 기준이 되는 차량은 간선 · 지선임도에는 소형자동차와 보통자동차, 작업임도에는 2.5톤 트럭이며, 설계차량의 길이, 너비, 높이 등의 제원을 통해 속도를 적용한다.

- 임도는 보통 1차선이므로 자동차의 교행이 어려워 대피소 간의 왕복거리와 교통량으로 설계속도를 산출한다.

[임도의 설계속도 기준]

구분	설계속도(km/h)
간선임도	40~20
지선임도	30~20
작업임도	20 이하

② 설계속도 계산식

$$설계속도\ V = \frac{N \times d}{1,000}$$

여기서, V : 설계속도 또는 자동차의 주행속도(km/h), N : 시간당 교통량(대/h)
d : 차두간격 또는 대피소 간의 왕복거리(m)

Exercise 12

대피소 간격이 300m, 시간당 교통량이 50대일 경우 설계속도는?

풀이 설계속도 $V = \dfrac{N \times d}{1,000} = \dfrac{50 \times (300 \times 2)}{1,000} = 30 \text{km/h}$

③ 차도폭의 산출(1차선일 경우)
  ㉠ 설계속도에 의한 경우

$$차도폭\ W = B + \frac{V}{50} + 0.5$$

여기서, W : 차도폭(m), B : 자동차의 폭(m), V : 설계속도(km/h)

  ㉡ 길가와 자동차의 간격에 의한 경우

$$차도폭\ W = B + 2(b - b')$$

여기서, b : 자동차바퀴에서 길가까지의 간격(m)
b' : 자동차바퀴와 길가장자리의 간격 계수(0.3m 적용)

> **Exercise 13**
>
> 1차로의 임도에서 설계속도가 40km/h이고, 자동차 폭이 2.5m라면 적정 차도폭은?
>
> **풀이** 차도폭 $W = B + \dfrac{V}{50} + 0.5 = 2.5 + \dfrac{40}{50} + 0.5 = 3.8\text{m}$

SECTION 02 종단구조

도로의 중심선이 진행방향으로 그리는 기울기 또는 고저 변화의 형상을 종단선형이라고 하며, 종단기울기와 종단곡선이 있다.

1. 종단기울기

기울기는 경사, 구배, 물매라고도 부른다.

(1) 종단기울기 일반

① 길 중심선의 수평면에 대한 기울기 또는 노선의 진행방향으로의 기울기를 말한다.
② 수평거리 100에 대한 수직거리의 비(%)로 나타낸다.
③ 종단기울기가 너무 낮으면 배수의 문제가 발생하므로 종단기울기는 최소 2~3% 이상은 되어야 한다.
④ 최소 종단기울기를 유지해야 하는 주목적은 임도 표면의 배수를 용이하게 하여 임도파손을 막고 유지비를 절약하기 위해서다.
⑤ 종단기울기가 높으면 주행과 제동이 어렵고 강우 시 노면침식이 발생하지만, 임도우회율은 적어져 시설비는 감소되는 이점이 있다. 즉, 종단기울기가 급하면 임도우회율을 낮출 수 있고, 반대로 종단기울기를 낮게 하면 우회율이 커져 시설비는 증가될 수 있다.
⑥ 역기울기(짐을 싣고 역으로 올라가는 기울기)는 5%로 규정되어 있으며, 그 이상이면 주행이 어렵다.
⑦ 임도설계 시 종단기울기의 변경은 전 노선을 조정하여 재시공하는 의미를 가질 정도로 종단기울기는 임도 시공 후 개·보수가 어려워 가장 중요하게 고려하여야 한다.
⑧ 종단기울기가 8%를 초과하는 사질토 또는 점질토인 구간과 8% 이하로 지반이 약하고 습한 구간은 쇄석·자갈을 부설하거나 콘크리트 등으로 포장하여야 한다.

(2) 적정 종단기울기를 결정하는 요인

① 노면의 배수를 고려한다.
② 적정한 임도우회율을 설정한다.
③ 주행차량의 등판력과 속도를 고려한다.

(3) 설계속도별 종단기울기 설치기준(간선 · 지선임도)

설계속도	종단기울기	
(km/h)	일반지형	특수지형
40	7% 이하	10% 이하
30	8% 이하	12% 이하
20	9% 이하	14% 이하

특수지형으로 위와 같은 기준을 적용하기 어려운 경우에는 노면포장을 하는 경우에 한하여 종단기울기를 18%의 범위 안에서 조정할 수 있다.

2. 종단곡선

(1) 종단곡선(종곡선) 일반

① 종단선형에서 경사가 변화하는 지점에 쾌적한 운행과 배수를 위하여 삽입하는 곡선이다.
② 종단기울기 차가 발생하는 곳에 자동차의 충격 완화 및 노면손상을 방지하기 위하여 설치한다.
③ 종단기울기의 대수차가 5%를 넘을 때 종단곡선을 설치하며, 일반적으로 포물선 곡선방식을 많이 이용한다.
④ 종단곡선의 반경이 클수록 종단곡선의 길이 또한 길어진다.

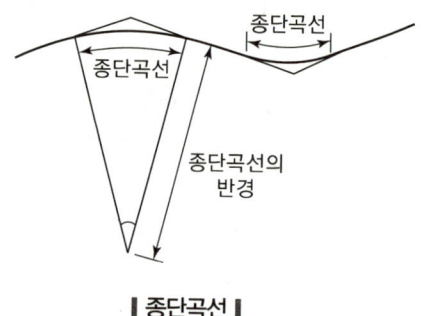

| 종단곡선 |

⑤ 종단곡선 길이의 계산

$$V = \frac{\text{종단기울기(\%)의 대수차의 절대치}}{360} \times \text{설계속도}^2$$

(2) 설계속도별 종단곡선 설치기준

설계속도에 따른 종단곡선의 설치기준은 아래 표와 같다. 이때 포장도로가 아닌 곳에서 종단기울기의 대수차가 5% 이하인 경우에는 표의 규정을 적용하지 않는다.

설계속도(km/h)	종단곡선의 반경(m)	종단곡선의 길이(m)
40	450 이상	40 이상
30	250 이상	30 이상
20	100 이상	20 이상

(3) 물매곡률비의 계산

① 곡선부의 내각이 예각일 경우 급한 곡선이 설정되어 자동차의 안정성에 크게 영향을 미치는데, 이를 보완하기 위해 곡선반지름을 크게 하면 할수록 임도의 구조는 양호해지지만, 급경사지에서는 절·성토량이 증가되어 공사비는 증가하게 되므로 적정한 곡률을 유지하는 것은 중요하다.
② 이때 설정하는 적정한 곡선의 곡률비를 물매곡률비라고 한다.
③ 물매곡률비는 곡선반지름을 종단물매로 나눈 값이다.

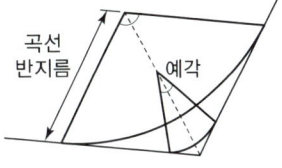

물매곡률비

$$\text{물매곡률비 } K = \frac{R}{I}$$

여기서, R : 곡선반지름(m), I : 종단물매(%)

Exercise 14

임도의 종단기울기가 5%이고, 곡선반지름이 30m일 때 물매곡률비는?

풀이 물매곡률비 $K = \dfrac{R}{I} = \dfrac{30}{5} = 6$

SECTION · 03 횡단구조

1. 횡단기울기

(1) 횡단기울기 일반

① 임도의 횡단에서 본 단면의 기울기를 말한다.
② 노면배수를 위해 적용하며, 교통 안정성에도 문제를 주지 않는 기울기로 설치한다.
③ 보통은 중앙부를 살짝 높이고 양쪽 길가를 낮추어 배수에 지장이 없는 범위 내에서 가장 완만하게 설치한다.

Exercise 15

임도의 폭이 4m이고, 중앙점에서 양측 길어깨로 3%의 횡단경사를 줄 때, 양쪽 길어깨는 임도 중앙점보다 얼마나 낮아져야 하는가?(임도 중앙점과 길어깨의 높이차)

풀이 기울기(%) = $\frac{높이}{밑변} \times 100$ 에서 $3\% = \frac{x}{2} \times 100$

이므로, $x = 0.06\text{m} = 6\text{cm}$

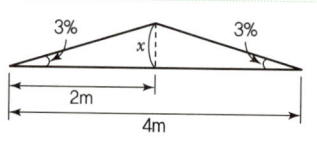

(2) 횡단기울기 설치기준(간선 · 지선임도)

간선 및 지선임도의 횡단기울기 설치기준은 아래와 같다.

구분	횡단기울기
포장을 하지 않은 노면(쇄석도, 사리도)	3~5%
포장도	1.5~2%

(3) 외쪽기울기

① 차량의 곡선부 주행 시 원심력에 의해 바깥쪽으로 튕겨나가려는 힘이 발생하여 노면 바깥쪽을 안쪽보다 높게 하는 기울기 = 외쪽물매
② 설치의 주요 목적은 차량의 안전운행이며, 일반적으로 8% 이하로 설치한다.
③ 외쪽물매의 계산

$$외쪽물매\ i = \frac{V^2}{127 \times R} - f$$

여기서, i : 외쪽물매(%), V : 설계속도(km/h), R : 곡선반지름(m), f : 노면과 타이어의 마찰계수

2. 횡단선형

도로의 중심선을 횡단면에서 본 형상을 횡단선형이라고 하며, 구성요소로 차도너비, 길어깨, 옆도랑, 절·성토면 등이 있다.

(1) 횡단선형의 구조(간선·지선임도)

① **유효너비(차도너비)**
  - 길어깨와 옆도랑을 제외한 임도의 유효너비로 3m를 기준으로 한다.
  - 배향곡선지의 경우 유효너비는 6m 이상으로 한다.

② **길어깨(노견, 길섶, 갓길)**
  - 너비 기준은 길 양쪽으로 각각 50cm~1m이다.
  - 길어깨의 기능 : 노체구조의 안정, 도로의 유지, 차량의 안전통행, 주행상 여유공간, 보행자의 대피 및 통행, 차도의 주요 구조부 보호, 폭설 시 제설공간 등 ✎ 시거의 여유 공간 ×
  - 임도너비(임도폭) = 유효너비 + 길어깨너비

③ **옆도랑(측구)** : 노면 또는 절토 비탈면에 설치하는 배수시설로 너비 기준은 50cm~1m이다.

④ **축조한계(건축한계)**
  - 도로의 위쪽에 건축물을 설치할 수 없는 한계구역으로 유효너비에 길어깨를 포함한 너비규격에 준해 설치한다.
  - 방호책이나 가드레일 등은 축조한계 밖의 노측에 설치하며, 축조한계와 접하여 설치하는 경우에는 기둥을 아주 깊게 묻거나 콘크리트 기초공사를 잘해야 한다. 표지와 같은 부속물은 절·성토 비탈면에 설치한다.

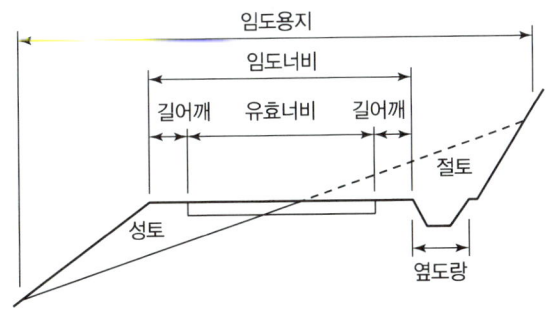

┃ 횡단선형 모식도 ┃

(2) 대피소와 차돌림곳(간선·지선임도)

① 대피소
- 임도는 1차선이므로 차량이 비켜 지나갈 수 있도록 너비를 넓게 하여 설치한 장소이다.
- 차량의 원활한 소통을 위해서는 300m 이내의 간격마다 5m 이상의 너비와 15m 이상의 길이를 가지는 대피소를 설치해야 한다.

[대피소의 설치기준]

구분	기준
간격	300m 이내
너비	5m 이상
유효길이	15m 이상

② 차돌림곳
차를 돌리는 곳으로 너비 10m 이상으로 설치한다.

3. 합성기울기

(1) 합성기울기 일반

① 종단기울기와 횡단기울기(또는 외쪽기울기)를 합성한 기울기를 말한다. = 합성물매
② 차량이 곡선부 주행 시 보통 노면보다 더 급한 합성기울기가 발생되어 주행에 좋지 않은 영향을 끼치므로 이를 제한하기 위한 기준이 필요하다.
③ 간선·지선임도의 합성기울기는 비포장노면인 경우 12% 이하로 한다. 다만, 지형 여건상 불가피한 경우 간선은 13% 이하, 지선은 15% 이하로 가능하며, 포장노면인 경우 18% 이하로 가능하다.

(2) 합성기울기의 계산

$$합성물매\ S = \sqrt{(i^2 + j^2)}$$
여기서, S : 합성물매(%), i : 횡단물매 또는 외쪽물매(%), j : 종단물매(%)

Exercise 16

임도의 종단기울기가 8%인 구간에 곡선부의 외쪽기울기를 6%로 설치할 때 합성기울기는?

풀이 합성물매 $S = \sqrt{(i^2 + j^2)} = \sqrt{6^2 + 8^2} = 10\%$

Summary!

간선·지선임도의 설치기준

구분	설치기준
설계속도	간선 40~20km/h / 지선 30~20km/h
종단기울기	일반지형 7, 8, 9% / 특수지형 10, 12, 14%
횡단기울기	쇄석도, 사리도 3~5% / 포장도 1.5~2%
합성기울기	12% 이하
유효너비	3m / 배향곡선지의 경우 6m 이상
길어깨·옆도랑 너비	각각 50cm~1m
대피소	300m 이내, 5m 이상, 15m 이상
차돌림곳	10m 이상

작업임도의 설치기준

구분	설치기준
설계속도	20km/h 이하
종단기울기	최대 20%의 범위
횡단기울기	외향경사 3~5% 내외
합성기울기	최대 20% 이하
유효너비	2.5~3m / 배향곡선지의 경우 6m 이상
길어깨너비	50cm 내외

SECTION 04 평면구조

1. 평면곡선

도로 중심선이 그리는 직선과 곡선의 평면적인 형상을 평면선형이라 하며, 이때의 곡선을 평면곡선이라 한다. 임도의 평면선형은 주행속도, 운재능력, 교통차량의 안전성 등에 영향을 준다.

✎ 노면배수 ×

(1) 평면곡선의 종류

구분	내용
단곡선(원곡선)	• 두 개의 직선을 하나로 부드럽게 연결한 원곡선 • 설치가 쉬워 일반적으로 많이 사용
복심곡선(복합곡선)	반지름이 달라 곡률이 다른 두 개의 곡선이 같은 방향으로 연속되는 곡선
반향곡선 (반대곡선, S-curve)	• 방향이 서로 다른 곡선을 연속시킨 곡선 • 차량의 안전주행을 위하여 두 곡선 사이에 10m 이상의 직선부를 설치해야 함
배향곡선(헤어핀곡선)	• 반지름이 작은 원호의 앞이나 뒤에 반대방향 곡선을 넣어 헤어핀 모양으로 된 곡선 • 급경사지에서 노선거리를 연장하여 종단기울기를 완화할 때나 같은 사면에서 우회할 때 적용 • 곡선반지름이 10m 이상 되도록 설치 • 배향곡선의 적정간격(m) = $0.5 \times 임도간격 \times \dfrac{산지사면기울기}{종단기울기}$
완화곡선	• 직선부에서 곡선부로 연결되는 완화구간에 외쪽물매와 너비 확폭이 원활하도록 설치하는 곡선 • 차량의 원활한 통행을 위하여 설치 • 이정량이 20cm 이하일 경우는 설치하지 않음 • 완화구간의 길이 = $0.036 \times \dfrac{설계속도^3}{곡선반지름}$ • 3차 포물선, 쌍곡선, 연주곡선 등이 있음

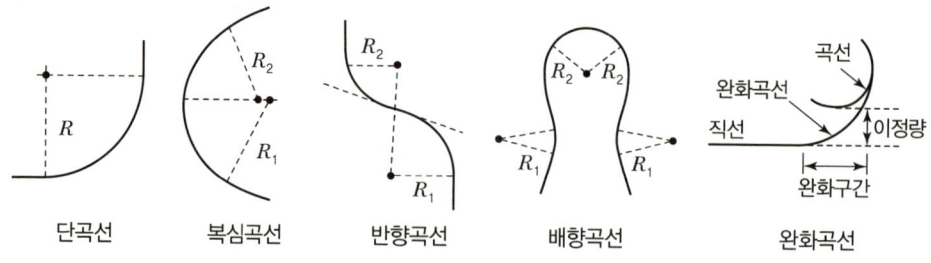

┃ 평면곡선 ┃

(2) 시거(視距)

① 시거란 자동차의 운전자가 진행 차도 중심선상에 놓인 높이 10cm인 물체의 정점을 바라볼 수 있는 최소한도의 거리로 차량 충돌의 방지 및 안전주행을 위하여 안전시거를 두어야 한다.

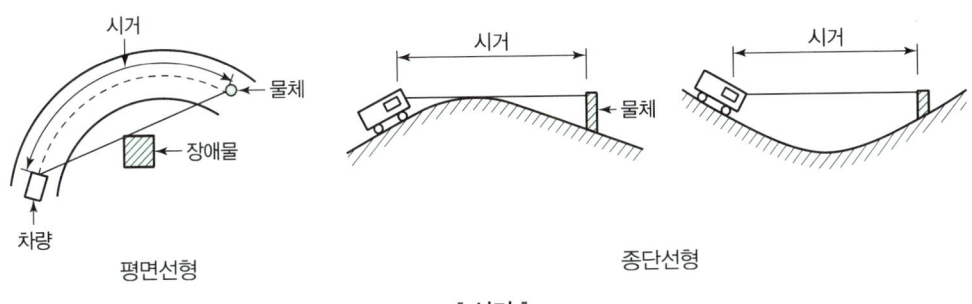

| 시거 |

[설계속도별 안전시거 기준]

설계속도(km/h)	안전시거(m)
40	40 이상
30	30 이상
20	20 이상

② 안전시거의 계산

원둘레의 길이 공식은 $2 \cdot \pi \cdot R$이며, 360° 중 해당 원호의 각(중심각)을 $\theta°$라고 한다면, 전체 원둘레의 길이에 해당 원호의 각 비율을 곱하여 원호의 길이, 즉 안전시거를 구할 수 있다.

$$\text{안전시거 } S = 2 \cdot \pi \cdot R \times \frac{\theta}{360} = \frac{2 \cdot \pi \cdot R \cdot \theta}{360} = 0.017453 \cdot R \cdot \theta$$

여기서, S : 안전시거(m), R : 곡선반지름(m), θ : 중심각(°)

2. 곡선반지름

(1) 곡선반지름 일반

① 곡선반지름이란 평면선형에서 노선의 굴곡 정도를 표현하는 것으로 곡선부의 중심선 반지름이다.
② 내각이 155° 이상 되는 장소는 곡선을 설치하지 않을 수 있다.
③ 배향곡선은 곡선반지름이 10m 이상 되도록 설치한다.

(2) 최소곡선반지름

① 최소 설정해야 하는 곡선반지름의 한도다.
② 최소곡선반지름 크기에 영향을 미치는 인자는 다음과 같다.

- 도로의 너비(노폭, 유효폭)
- 차량의 구조
- 도로의 구조
- 타이어와 노면의 마찰계수 등
- 반출할 목재의 길이
- 운행속도(설계속도)
- 시거

✎ 종단물매, 도로의 길이, 임도밀도 ×

[설계속도별 최소곡선반지름 기준]

설계속도 (km/h)	최소곡선반지름(m)	
	일반지형	특수지형
40	60	40
30	30	20
20	15	12

(3) 최소곡선반지름의 계산

① 운반되는 통나무의 길이에 의한 경우

곡선부를 통과하는 트럭의 앞바퀴와 적재 화물의 끝부분이 노측 구조의 장애로 제한을 받지 않을 만큼 충분한 여유노폭이 있어야 한다.

$$\text{최소곡선반지름(m)} \ R = \frac{l^2}{4B}$$

여기서, l : 반출할 목재의 길이(m), B : 도로의 폭(m)

② 원심력과 타이어 마찰계수에 의한 경우

곡선부 주행 시 원심력에 의한 횡방향력이 타이어와 노면의 마찰력 한계를 넘지 않아야 한다.

$$\text{최소곡선반지름(m)} \ R = \frac{V^2}{127(f+i)}$$

여기서, V : 설계속도, f : 노면과 타이어의 마찰계수, i : 횡단기울기 또는 외쪽기울기

Exercise 17

반출할 목재의 길이가 16m, 도로의 폭이 8m일 때 최소곡선반지름은?

풀이 최소곡선반지름 $R = \dfrac{l^2}{4B} = \dfrac{16^2}{4 \times 8} = 8\text{m}$

Exercise 18

설계속도가 25km/h, 가로 미끄럼에 대한 노면과 타이어의 마찰계수가 0.15, 노면의 횡단기울기가 5%일 경우 곡선반지름은?

풀이 최소곡선반지름 $R = \dfrac{V^2}{127(f+i)} = \dfrac{25^2}{127(0.15+0.05)} = 24.606\cdots$ ∴ 약 25m

3. 곡선부의 확폭

① 자동차의 뒷바퀴는 뒤차축에 직각으로 장치되어 있어 항상 앞바퀴보다 안쪽으로 치우쳐 곡선부를 통과하므로 앞바퀴와 뒷바퀴는 각각 다른 궤도를 그리며 주행하게 된다.

② 곡선부의 내각이 예각일 경우에는 이런 현상이 더욱 심하므로 곡선부의 안쪽으로 도로 폭을 확장해주어야 한다.

③ 확폭(너비넓힘)의 계산

$$\text{확폭량(m)} \ \varepsilon = \dfrac{L^2}{2 \cdot R}$$

여기서, L : 차량 앞면에서 뒷바퀴까지의 거리(m), R : 중심선의 곡선반지름(m)

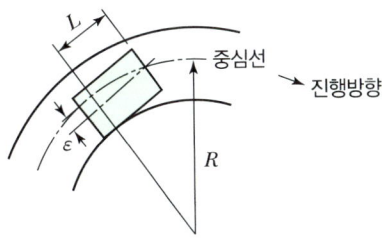

│ 곡선부의 확폭 │

[곡선반경에 따른 확대기준]

임도의 곡선반경이 10m 이상일 경우 곡선부 너비를 확대하며, 그 기준은 아래와 같다.

곡선반경	확대기준(m)
10m 이상~13m 미만	2.25
13m 이상~14m 미만	2.00
14m 이상~15m 미만	1.75
15m 이상~18m 미만	1.50
18m 이상~20m 미만	1.25
20m 이상~25m 미만	1.00
25m 이상~30m 미만	0.75
30m 이상~40m 미만	0.50
40m 이상~45m 미만	0.25

CHAPTER 04 임도설계

SECTION 01 노선 선정계획

(1) 예비조사
지형도, 항공사진, 기타 자료 등을 통하여 임도설계에 필요한 각종 요인을 조사하고, 시설할 임도노선을 임시로 계획하고 분석한다.

(2) 답사
① 예비조사를 통해 지형도상에서 설정한 예정노선에 대하여 현지에 나가 적정 여부를 조사하고, 대략적 노선의 큰 흐름을 계획한다.
② 노선답사는 시각적 착오가 발생하기 쉬워 사업에 잘못 착수하였다가 큰 낭패를 보기도 한다.
③ 노선답사의 시각적 착오(시환)
- 눈앞의 직선은 길게 보이고, 먼 곳의 직선은 짧게 보인다.
- 비탈진 지반에 서서 높은 곳을 보면 45°는 약 75°로, 60°는 거의 수직으로 보이고, 1할 5푼(1 : 1.5)은 1할(1 : 1)의 기울기로 보인다. 특히, 높은 곳에서 비탈진 아래를 보면 더 심하게 느껴진다.
- 덤불이 무성한 지역은 공사하기 어렵게 보이고, 반대로 고저기복이 심하지 않은 곳이나 기울기가 완만한 곳은 공사하기 쉽게 보인다.

(3) 예측(예비측량)
① 답사에 의해 현지에서 확정한 예정노선을 경사측정기(핸드레벨), 방위측정기(포켓컴퍼스), 거리측정자 등의 간단한 기계로 실제 측량하여 예측도면을 작성한다.
② 간단한 시설에서는 예측의 전부 또는 일부를 생략하기도 한다.

(4) 실측(정밀측량)

예비측량의 결과에 따라 보다 정밀하게 선정노선을 측량하는 것으로 평면측량, 중심선측량, 종단측량, 횡단측량, 구조물측량을 실시한다. ✏️ 영선측량 ✕

> 📓 POINT!
>
> **임도설계 업무의 순서**
>
> 예비조사 → 답사 → 예측 → 실측 → 설계도 작성 → 공사수량 산출 → 설계서 작성

SECTION 02 임도측량

1. 영선측량과 중심선측량

(1) 영선과 영선측량

① 영선(zero line)
- 노면의 시공면과 산지의 경사면이 만나는 점을 영점이라 하며, 이 영점을 연결한 노선의 종축을 영선이라 한다.
- 영선은 절토작업과 성토작업의 경계선이 되기도 한다.
- 임도개설 시 영선은 노반에 나타난다.

② 영선측량
- 영선을 따라 측량하는 것으로 주로 산악지에서 적용한다.
- 종단측량에서 먼저 영선을 설정한 후 평면 및 횡단측량을 실시한다.
- 시공기면의 시공선을 따라 계획고 상태로 측량한다.
- 굴곡부를 제외하고는 계획고의 상태로 측량한다.
- 영선측량 시 사용되는 기구 : 경사측정기(clinometer), 방위측정기(컴퍼스), 거리측정 줄자 등

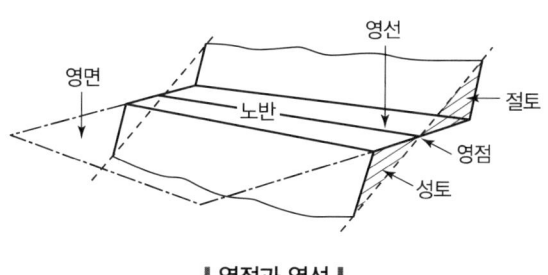

▎영점과 영선 ▎

(2) 중심선과 중심선측량

① 중심선(center line)

노폭의 1/2 되는 중심점을 연결한 노선의 종축이다.

② 중심선측량
- 중심선을 따라 측량하는 것으로 주로 평탄지와 완경사지에서 적용한다.
- 평면측량에서 중심선을 설정한 후 종단 및 횡단측량을 실시한다.
- 지반고 상태에서 측량하며, 종단면도상에서 계획선을 설정한다.
- 계획선 설정으로 계획고를 산출한 후, 종단과 횡단의 형상이 결정된다.
- 측점 간격 20m마다 중심말뚝을 설치하며, 필요한 각 점에는 보조말뚝을 설치한다.

(3) 영선과 중심선의 비교

① 지형 상태에 따른 모양 비교
- 영선 : 굴곡진 형태(사형)로 우회하여 진행된다.
- 중심선 : 파상지형의 소능선과 소계곡을 관통하며 진행된다.

② 위치 비교
- 균일한 사면일 경우에는 중심선과 영선이 일치되는 경우도 있지만 보통 완전히 일치되지 않는다.
- 산지경사가 45~55% 정도일 때 중심선과 영선이 거의 일치한다.
- 산지경사가 완만할수록 중심선이 영선보다 경사지의 바깥쪽에 위치한다(영선이 안쪽).
- 산지경사가 급할수록 중심선이 영선보다 경사지의 안쪽에 위치한다(영선이 바깥쪽).
- 영선측량과 중심선측량의 편차는 능선부와 계곡부에서 가장 많이 발생한다.

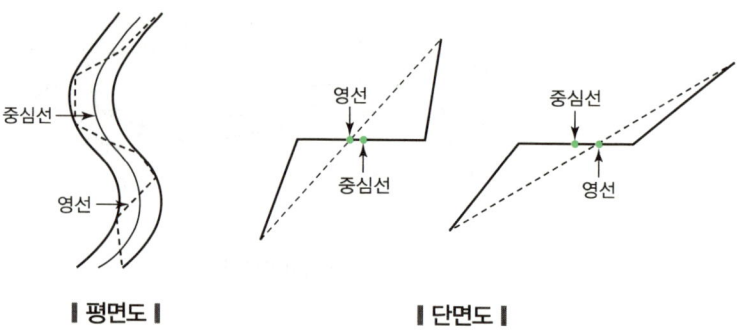

| 평면도 | | 단면도 |

2. 평면 · 종단 · 횡단 측량

(1) 평면측량

① 평면측량이란 도로중심선 좌우 20~30m 내의 지형, 지물 등을 측량하여 평면으로 나타내는 것이다.
② 지형관계상 노선의 중심선에 굴곡이 생기는데, 이때 직선과 직선 사이에 유연한 곡선을 넣어 측량한다.

> **참고**
>
> **노선의 중심선과 곡선 설정방법**
> - 노선의 시점(B.P)에 말뚝을 박고, 노선의 방향이 바뀌는 점인 교각점(I.P)마다 교점말뚝을 박아 I.P1, I.P2, I.P3…의 순서로 노선의 종점까지 교각점을 설정한다.
> - 전 노선의 교각점(I.P)이 설정되면, 각 교각점의 곡선설정에 필요한 각과 거리 등을 측정한다.
> - 측정값을 통해 각 교점에서의 곡선시점(B.C), 곡선중점(M.C), 곡선종점(E.C)을 결정하고 각 점에 곡선말뚝을 박아 곡선을 유연하게 측설한다.
> - 곡선측설 후 노선의 시점에서부터 중심선을 따라 20m마다 중심말뚝(번호말뚝)을 박고, 시점말뚝(No.0)으로부터 No.1, No.2… 순으로 측점 번호를 붙인다.
> - 중심말뚝과 중심말뚝 사이에 지형의 변화점이나 구조물의 설치점에는 중간말뚝(=＋말뚝, 보조말뚝)을 보조로 박아주며, 중심말뚝의 측점 번호에 ＋~m로 표시한다.
> - 모든 말뚝의 측설이 끝나면 다음으로 평면, 종단, 횡단의 각 측량을 실시한다.

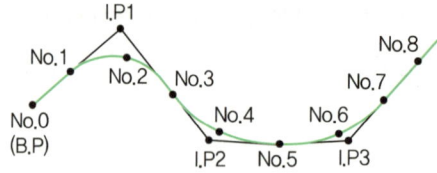

| 노선의 중심선 설정 |

(2) 종단측량

① 종단측량이란 중심말뚝과 보조말뚝을 기준으로 지반 종단면의 고저 기복을 측량하는 것이다.
② 노선의 중심선을 따라 측량하되, 주요 구조물 주변 및 연장 1km마다 변동되지 아니하는 표적에 임시기표를 표시하고 평면도에 이를 표시한다.

(3) 횡단측량

① 횡단측량이란 중심말뚝마다 노선의 중심선에 대하여 직각 방향으로 지형의 횡단면의 고저를 측량하는 것이다. 즉, 중심선상의 각 측점에서 직각 방향 횡단면의 고저를 알아보는 작업이다.
② 중심선의 각 지점, 지형이 급변하는 지점, 구조물 설치 지점의 중심선에서 좌우 양방향으로 횡단측량을 실시한다.
③ 레벨과 표척 등을 이용하여 정밀한 측량도 하지만, 일반적으로는 2개의 폴대를 이용하여 간단하게 측량하고 있다.
④ 폴(pole)에 의한 횡단측량
측량과 야장 기입방법은 다음과 같다.
- 두 개의 폴을 이용하여 1개를 수평으로, 다른 1개를 수직으로 세워 경사를 측정한다.
- 측점을 기준으로 우측과 좌측의 수평거리와 수직높이를 측정한다.
- 기입은 분수식에 의해 분모에 수평거리, 분자에 수직높이(고저차)를 기록한다.

[야장의 예]

좌측	측점	우측
L3.0	No.0	L3.0
$\frac{-1.7}{0.5} \cdot \frac{L}{1.3}$	M.C1	$\frac{L}{1.3} \cdot \frac{+1.5}{1.5}$
$\frac{-0.3}{2.0} \cdot \frac{-0.4}{2.0}$	M.C1 + 4.10	$\frac{+0.3}{2.0} \cdot \frac{+0.4}{2.0}$

※ L(level) : 수평, M.C1 : 첫 번째 곡선중점

[비고]
- 노선의 시작점인 No.0는 기설노면으로 좌우 3m가 경사 없이 수평하다.
- M.C1에서는 좌측으로 1.3m가 수평하며 그 옆으로 0.5m 더 갈 때 수직높이 1.7m가 낮아지고, 우측으로 1.3m가 수평하며 그 옆으로 1.5m 더 갈 때 수직높이 1.5m가 높아진다.(+, -는 승강을 나타냄)
- M.C1 + 4.10은 M.C1 지점으로부터 중심선을 따라 4.1m 전진한 지점이다.

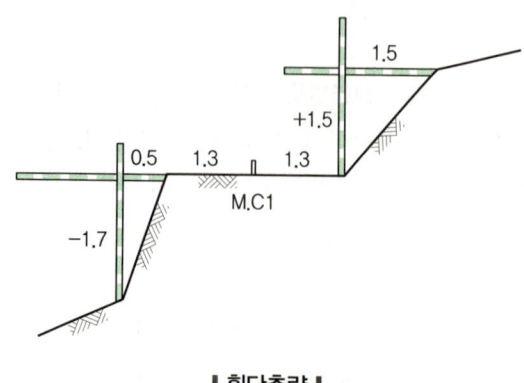

| 횡단측량 |

3. 곡선 결정

직선과 직선 사이의 평면곡선 설정방법에는 교각법, 편각법, 진출법 등이 있으며, 임도에서는 대부분 교각법을 사용하여 곡선을 측설한다.

✏️ 임도 곡선 설정법 : 교각법, 편각법, 진출법

(1) 교각법

① 교각법의 개념
- 가장 일반적으로 이용되는 다각측량 방법으로 두 직선의 교각을 통해 곡선을 설치한다.
- 임도와 같이 비교적 반지름이 작은 평면곡선을 설정할 때 이용한다.
- 현지에서 말뚝을 박아 측점을 설치하고 곡선을 설정하는 방법이다.
- 즉, 현지에 곡선시점(B.C), 곡선중점(M.C), 곡선종점(E.C)을 결정하여 곡선말뚝을 설정함으로써 곡선을 설치하는 것이다.

[교각법의 용어 정리]

용어	약어	내용
교각	θ	전 측선의 연장선과 다음 측선이 만나 이루는 각
내각	α	• 교각과 180°를 이루는 각 • 180° − θ
교각점	I.P (Intersecting Point)	방향이 다른 노선의 중심선이 교차하는 지점
곡선반지름	R	설정할 단곡선의 반지름
접선길이 (접선장, 절선장)	T.L (Tangent Length)	곡선시점 또는 곡선종점에서 교각점까지의 직선길이

용어	약어	내용
외선길이 (외선장, 외할장)	E.S (External Secant)	곡선중점에서 교각점까지의 직선길이
곡선길이	C.L (Curve Length)	곡선시점에서 곡선종점까지의 곡선길이

그 외 B.C(곡선시점, Beginning of Curve), M.C(곡선중점, Middle of Curve), E.C(곡선종점, End of Curve)가 있다.

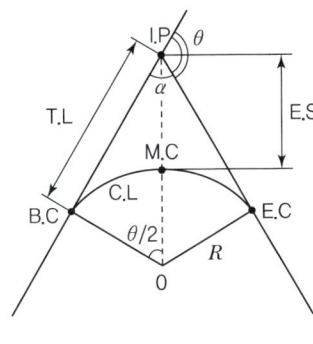

| 교각법 |

② 교각법의 계산

교각법은 곡선반지름을 결정하고 접선길이, 외선길이, 곡선길이 등을 계산하는 방법과 접선길이를 결정하여 나머지 값을 구하는 방법이 있으며, 아래와 같은 계산식을 적용한다.

- 접선길이(m) $T.L = R \cdot \tan\dfrac{\theta}{2}$
- 외선길이(m) $E.S = R\left(\sec\dfrac{\theta}{2} - 1\right)$
- 곡선길이(m) $C.L = 2\pi R \cdot \dfrac{\theta}{360} = \dfrac{2\pi R \theta}{360} = 0.017453 \cdot R \cdot \theta$

③ 곡선 설치방법
- 방향이 다른 두 직선의 노선에 연장선을 그어 교각점(I.P)을 설정한다.
- 두 측선이 만나 이룬 교각(θ)과 내각(α)을 구한다.
- 구한 교각과 결정한 곡선반지름(R)을 통해 접선길이(T.L), 외선길이(E.S), 곡선길이(C.L)를 구한다.
- 계산한 값의 결과로 곡선의 시점(B.C), 중점(M.C), 종점(E.C)을 결정하고 원호를 그어 곡선을 설치한다.

Exercise 19

임도 설계에서 교각법에 의하여 단곡선 설정 시 내각이 90°, 곡선반경이 500m면 접선길이는?

풀이 내각과 교각의 합은 180°이므로 내각(α)이 90°이면 교각(θ)도 90°이다.

접선길이 $T.L = R \cdot \tan\dfrac{\theta}{2} = 500 \times \tan\dfrac{90}{2} = 500 \times \tan 45 = 500\text{m}$

Exercise 20

교각법에 의한 임도곡선 설치 시 교각은 60°, 곡선반지름이 20m일 때 안전을 위한 적정 곡선길이는?

풀이 곡선길이 $C.L = \dfrac{2\pi R\theta}{360} = \dfrac{2 \times \pi \times 20 \times 60}{360} = 20.943 \cdots$ ∴ 약 21m

Exercise 21

임도의 곡선을 결정할 때 외선길이가 10m이고, 교각이 90°인 경우 곡선반지름은?

풀이 외선길이 $E.S = R\left(\sec\dfrac{\theta}{2} - 1\right)$에서 $10 = R\left(\sec\dfrac{90}{2} - 1\right)$이고,

sec는 cos의 역수로 $\sec 45 = \dfrac{1}{\cos 45} = \sqrt{2}$이므로

$10 = R(\sqrt{2} - 1)$을 계산하면 $R = 24.142 \cdots$ ∴ 약 24m

(2) 편각법

① 편각법은 트랜싯으로 편각을 측정하고 테이프자로 거리를 측정하여, 곡선상에 임의의 점을 측설하는 정밀도가 높은 방법이다.

② 편각법의 계산

- 편각이 도(°)일 때 $\sin\alpha = \dfrac{S}{2R}$

  여기서, α : 편각, S : 단현 길이, R : 곡선반지름

- 편각이 분(′)일 때 $\alpha = 1,718.87' \times \dfrac{S}{R}$

※ 시단현 : 중심말뚝은 시점으로부터 20m마다 측설되고 보통은 곡선시점(B.C)과 일치하지 않으며, 이때의 곡선시점과 곡선상의 다음 중심말뚝까지의 직선거리

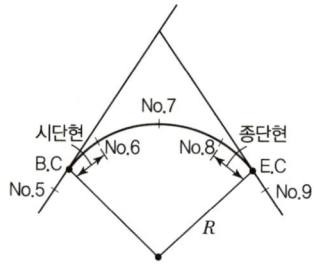

| 시단현과 종단현 |

> **Exercise 22**
>
> 편각법에 의한 곡선 설치를 하고자 한다. 반지름 50m의 원곡선에서 시단현 5m에 대한 편각은 약 몇 도 몇 분인가?
>
> **풀이** $\sin\alpha = \dfrac{S}{2R}$ 에서 $\sin\alpha = \dfrac{5}{2\times 50} = 0.05$ 이며, 여기서 sin을 넘겨주면
> 역함수인 $\arcsin(\sin^{-1})$ 이 되어 $\alpha = \sin^{-1} 0.05$, $\alpha \fallingdotseq 2.86°$ 이다.
> 2.86°에서 0.86°를 분(′)으로 고치면 $0.86\times 60' = 51.6'$ 이다.
> 51.6′에서 0.6′을 초(″)로 고치면 $0.6\times 60'' = 36''$
> 따라서 편각은 $2°51'36''$ ∴ 약 2도 52분

SECTION 03 설계도 작성

설계도면의 제도는 KSF1001[Korea Standards F(건설)] 토목제도 통칙에 따르며, 임도의 설계도면에는 위치도, 평면도, 종단면도, 횡단면도, 구조물도 등이 있다.

1. 평면도

① 평면도는 종단면도 상단에 1/1,200의 축척으로 작성한다.
② 노선의 중심선을 배치하고 굴곡부에 곡선을 설정하여 시점부터 번호를 매기며, 횡단점유면적, 구조물의 위치·종류·규격, 지형의 변화 등 임도용지의 전체적 평면계획을 삽입하여 나타낸다.
③ 평면도에는 임시기표, 교각점, 측점번호 및 사유토지의 지번별 경계, 구조물, 지형지물 등을 도시하며, 곡선제원 등을 기입한다.

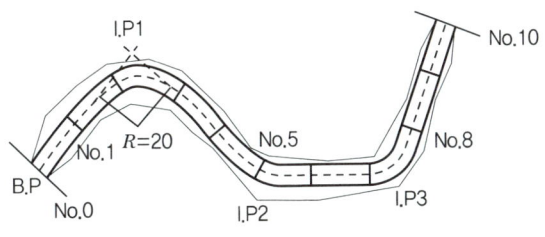

| 평면도의 예시 |

2. 종단면도

① 종단면도는 횡방향 1/1,000, 종방향 1/200의 축척으로 작성한다.
② 적정한 경사를 가진 노선계획을 위하여 종단방면으로 지형의 높낮이를 도시하는 것으로 지반고가 계획고보다 높으면 절토, 낮으면 성토 작업을 요하는 부분이 된다.
③ 시공계획고는 절토량과 성토량이 균형을 이루게 하되, 피해방지 및 경관유지를 감안하여 결정한다.
④ 종단기울기는 전체 노선이 반드시 같은 기울기일 필요는 없으며, 차량의 안전운행, 토공량 등을 감안하여 기울기에 변화를 줄 수 있고, 기울기의 변화점에는 종단곡선을 삽입한다.
⑤ 지반고와 계획고에 따른 성토고와 절토고를 기입하며, 측점별 시점으로부터의 누가거리, 측점 간의 거리, 곡선의 삽입, 설정할 종단기울기 등을 표시한다.
⑥ 즉, 종단면도에는 지반고, 계획고, 절토고, 성토고, 종단기울기, 누가거리, 거리, 측점, 곡선 등을 표시한다. ✎ 기계고, 절성토 면적 ×
⑦ 종단면도는 전후도면이 접합되도록 한다.

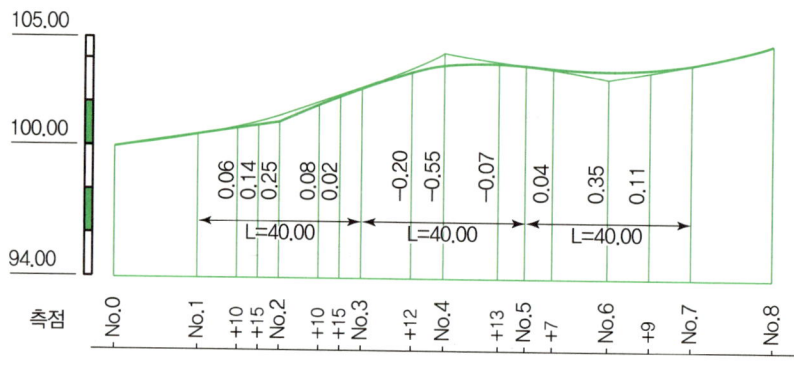

∥ 종단면도의 예시 ∥

3. 횡단면도

① 횡단면도는 1 : 100의 축척으로 작성한다.
② 각 측점 지반의 횡단면의 형상을 도시하는 것으로 성토 및 절토의 단면적 상황을 알 수 있다.
③ 횡단기입의 순서는 좌측 하단에서 상단 방향으로 한다.
④ 절토부분은 토사와 암반으로 구분하되, 암반부분은 추정선으로 기입하며, 구조물은 별도로 표시한다.
⑤ 각 측점의 단면마다 지반고, 계획고, 절토고, 성토고, 단면적(절성토), 지장목 제거, 측구터파기 단면적, 사면보호공 등의 물량을 기입한다.

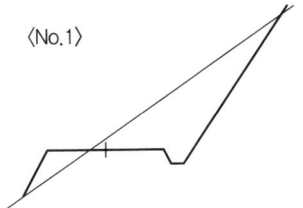

NO	1	지반고	221.30	계획고	221.00
절토고		0.3	성토고		0
깎기	토사	6.4	면 고르기	절토	4.7
	암석			성토	1.6
측구	토사	0.21	지장목 제거	절토	
	암석			성토	
쌓기		0.9	종자 파종		

‖ 횡단면도의 예시 ‖

> **Summary!**
>
> **임도 설계도의 축척 및 기입사항**
>
> | 도면 구분 | 축척 | 기입사항 |
> |---|---|---|
> | 평면도 | 1 : 1,200 | 임시기표, 교각점, 측점번호, 사유토지의 지번별 경계, 구조물, 지형지물, 곡선제원 |
> | 종단면도 | 횡 1 : 1,000
종 1 : 200 | 지반고, 계획고, 절토고, 성토고, 종단기울기, 누가거리, 거리, 측점, 곡선 |
> | 횡단면도 | 1 : 100 | 지반고, 계획고, 절토고, 성토고, 단면적(절성토), 지장목 제거, 측구터파기 단면적, 사면보호공 물량 |

SECTION 04 설계서 작성

1. 설계서의 내용

(1) 설계서의 내용과 순서

① 설계서는 목차, 공사설명서(설계설명서), 일반시방서, 특별시방서, 예정공정표, 예산내역서, 일위대가표, 단가산출서, 각종 중기경비계산서, 공종별 수량계산서, 각종 소요자재 총괄표, 토적표, 산출기초 순으로 작성한다. ✎ 사업평가표, 타당성평가표 ×

② 설계에 필요한 각종 단가산출서의 적용기준은 산림청장이 정하는 기준과 건설표준품셈을 적용한다.

③ 예산내역서는 공종별 수량계산서에 의한 공종별 수량과 단가산출서 및 일위대가표에 의한 공종별 단가를 곱하여 작성한다.

④ 공종별 수량계산서는 횡단면도의 각 측점별 절성토 면적, 적용할 공법 등을 토대로 계산하여 작성한다.

⑤ 관급자재 등 자재 구입에 필요한 사항은 임도공사 발주기관이 정하는 바에 따른다.

⑥ 예정공정표 작성 시 점검사항

작업의 난이도, 계절적인 조건(기후 조건), 기술인력 투입 정도(작업인원의 동원 가능 수), 장비의 종류·규격, 건설자재량 등

(2) 설계서의 용어 정리

① **시방서** : 공사의 순서, 시공방법 등 도면에 나타낼 수 없는 내용을 서술형으로 명확히 나타낸 설명서

② **일위대가표** : 공사에 소요되는 재료와 인력의 소모량 등을 단위수량과 단가(노무비, 재료비, 경비)로 나타낸 표

③ **건설표준품셈** : 건설분야에서 재료비와 노무비, 기계경비 등의 품을 산출해 놓은 기준서

④ **예정공정표** : 공사 진행 과정과 일정, 공정 등을 사전에 계획하여 작성한 문서

2. 공사수량의 산출

공사수량은 절성토 배분의 토공과 구조물공 등으로 구분하여 산출하며, 일반적으로 절성토량의 조정을 먼저 해야 하므로 토공 관련 수량 산출을 우선하여 실시하고, 다음으로 구조물 수량산출을 실행한다.

(1) 토량 배분

① 토량의 변화

- 흙은 자연 상태일 때와 굴착 운반하여 흐트러진 상태일 때, 다시 성토를 하여 다져진 상태일 때 모두 단위용적당 중량이 다르다. 이렇듯 흙의 자연 상태에 대한 흐트러지거나 다져진 상태의 비율을 토량변화율이라 하며 아래와 같은 식을 적용한다.

  - 토량증가율 $L = \dfrac{\text{흐트러진 상태의 토량}(m^3)}{\text{자연 상태의 토량}(m^3)}$
  - 토량감소율 $C = \dfrac{\text{다져진 상태의 토량}(m^3)}{\text{자연 상태의 토량}(m^3)}$

- 토량변화율은 점토·점질토가 적은 편이며, 모래가 중간 정도, 암석이 큰 편이며 그중에서도 경암이 가장 크다.

Exercise 23

산림토양 10,000m³를 4m³ 용량의 덤프트럭으로 운반한다면 필요한 덤프트럭의 수는? (단, $L=1.25$)

풀이 자연 상태인 산림토양은 10,000m³이고, $L=1.25$이므로
$$L = \frac{\text{흐트러진 상태의 토량(m}^3)}{\text{자연 상태의 토량(m}^3)}, \quad 1.25 = \frac{\text{흐트러진 상태의 토량(m}^3)}{10,000\text{m}^3} \text{에서}$$
흐트러진 상태의 토량은 12,500m³이다.
여기에, 4m³ 용량의 덤프트럭으로 운반하므로 $12,500 \div 4 = 3,125$대이다.

② 유토곡선(토량곡선, 토적곡선)
  ㉠ 정의 : 최적 토량 배분, 토사 운반거리 산출, 토공기계 선정, 작업환경 결정 등을 목적으로 적절한 토공(흙일)의 균형을 얻기 위해 작성하는 곡선이다.
  ㉡ 유토곡선의 이해
    • 곡선이 상향인 구간은 절토구간, 하향인 구간은 성토구간이다.
    • 곡선과 평형선이 교차하는 점은 절토량과 성토량이 평형 상태를 나타낸다.
    • 평형선에서 곡선의 곡점과 정점까지의 높이는 절토에서 성토로 운반되는 전체의 토량이다.
    • 곡선이 평형선보다 위에 있는 경우, 절토에서 성토로 운반되며, 작업방향은 좌에서 우로 이루어진다.
    • 곡선이 평형선보다 아래에 있는 경우, 절토에서 성토로 운반되며, 작업방향은 우에서 좌로 이루어진다.

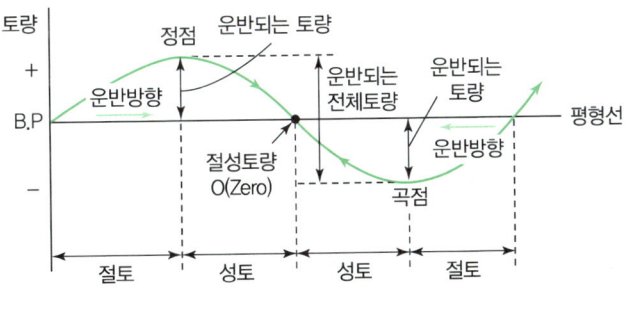

┃ 유토곡선의 이해 ┃

(2) 토량계산

임도설계 시 토적은 종단면도와 횡단면도를 통하여 산출하며, 임도와 같이 폭이 좁고 길이가 상대적으로 긴 구간에서 발생되는 토량을 산출하기 위해서는 양단면적평균법, 중앙단면적법, 주상체공식(각주공식) 등을 이용하고, 넓은 지역의 토적계산에는 점고법(직사각형기둥법, 삼각형기둥법), 등고선법 등이 이용되고 있다.

① 양단면적평균법

- 도로, 철도 등의 토적을 계산하거나 매립량, 토취량 등을 구할 때 유토곡선을 이용하여 계산하는 방법이다. = 평균단면적법
- 양단면적을 평균한 단면적에 단면적 사이의 거리를 곱해 체적을 계산한다.
- 실제 토적보다 다소 많게 측정되나, 간단하여 가장 많이 사용되는 방법이다.

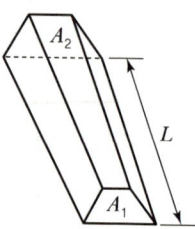

∥ 양단면적평균법 ∥

$$\text{토량}(m^3) \quad V = \frac{A_1 + A_2}{2} \times L$$

여기서, A_1, A_2 : 양단면적(m^2), L : 양단면적 간의 거리(m)

Exercise 24

양단의 단면적이 각각 50m², 100m²이고 양단면 사이의 거리는 10m일 때 양단면적평균법에 의한 토적량은 얼마인가?

풀이 토량(m^3) $V = \dfrac{A_1 + A_2}{2} \times L = \dfrac{50 + 100}{2} \times 10 = 750 m^3$

Exercise 25

횡단면 A_1, A_2, A_3의 면적은 각각 5m², 7m², 9m²이고, A_1과 A_2의 거리는 10m, A_2와 A_3의 거리는 15m일 때, 양단면적평균법에 의한 3단면 사이의 총토적량(m^3)은?

풀이
- A_1과 A_2 사이의 토적량 $V = \dfrac{A_1 + A_2}{2} \times L = \dfrac{5 + 7}{2} \times 10 = 60 m^3$
- A_2와 A_3 사이의 토적량 $V = \dfrac{A_2 + A_3}{2} \times L = \dfrac{7 + 9}{2} \times 15 = 120 m^3$

따라서 총토적량은 $60 + 120 = 180 m^3$

② 중앙단면적법
- 양단의 중앙(1/2)에 해당하는 단면적을 이용하여 토적량을 계산하는 방법이다.
- 양단면 사이의 중앙에 위치한 단면적에 단면적 사이의 거리를 곱해 체적을 계산한다.
- 실제 토적보다 다소 적게 측정되나, 양단면적평균법보다 오차는 작다.
- 단면의 형상이 사다리꼴인 경우 면적은 $\left(\dfrac{윗변+아랫변}{2}\times 높이\right)$의 사다리꼴 넓이 공식을 이용하여 구한다.

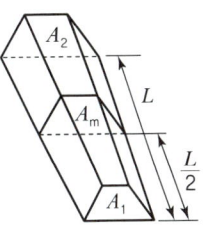

┃중앙단면적법┃

$$토량(m^3) \quad V = A_m \times L$$
여기서, A_m : 중앙단면적(m^2), L : 끝단면적 간의 거리(m)

③ 주상체공식(각주공식)
- 양단의 단면이 다각형이며 평행하고, 옆면이 모두 평면인 주상체 또는 각주로 간주하여 체적을 계산하는 방법이다.
- 정밀한 측량을 할 수 있지만, 복잡하여 보통은 잘 이용하지 않는다.

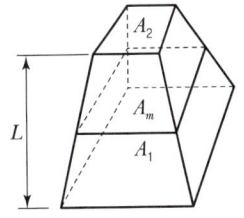

┃주상체공식┃

$$토량(m^3) \quad V = \dfrac{L}{6}(A_1 + 4A_m + A_2)$$
여기서, L : 끝단면적 간의 거리(m), A_1, A_2 : 양단면적(m^2), A_m : 중앙단면적(m^2)

Exercise 26

양단면적이 각각 70m², 30m²이며, 중앙단면적이 45m², 끝단면부에서 중앙단면부까지의 높이가 30m일 때 각주공식에 의한 체적(m³)은?

풀이 끝단면부에서 중앙단면부까지의 높이가 30m이므로 끝단면적 간의 거리는 60m이다.
따라서 토량(m³) $V = \dfrac{L}{6}(A_1 + 4A_m + A_2) = \dfrac{60}{6}(70 + 4 \times 45 + 30) = 2,800 m^3$

④ 직사각형기둥법
- 넓은 지역을 단면의 크기가 같은 직사각기둥으로 나누어 토적량을 계산하는 방법이다.
- 각 사각형의 밑단면적에 각각의 높이를 곱하여 계산하는데, 높이는 사각형 네 꼭짓점에서의 높이를 평균하여 이용한다.

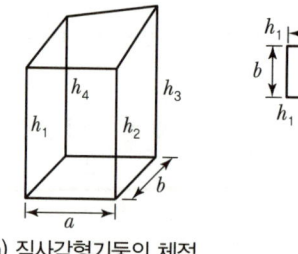
(a) 직사각형기둥의 체적

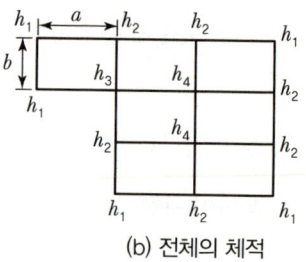
(b) 전체의 체적

┃ 직사각형기둥법 ┃

㉠ 직사각형기둥 하나의 체적

$$V = (가로 \times 세로) \times 평균높이 = (a \times b) \times h = (a \times b) \times \frac{h_1 + h_2 + h_3 + h_4}{4}$$
$$= \frac{a \times b}{4}(h_1 + h_2 + h_3 + h_4)$$

㉡ 전체의 체적

$$V = \frac{A}{4}(\sum h_1 + 2\sum h_2 + 3\sum h_3 + 4\sum h_4)$$

여기서, A : 직사각형 1개의 단면적 $a \times b$
$\sum h_1$: 1번 쓰인 지반고의 합
$\sum h_2$: 2번 쓰인 지반고의 합
$\sum h_3$: 3번 쓰인 지반고의 합
$\sum h_4$: 4번 쓰인 지반고의 합

⑤ 삼각형기둥법
- 직사각형기둥법과 함께 넓은 지역을 계산하는 방법이다.
- 삼각기둥의 밑단면적을 구하고 평균높이를 곱하여 하나의 체적을 계산하고 각각의 체적을 더해 토량을 산출한다.

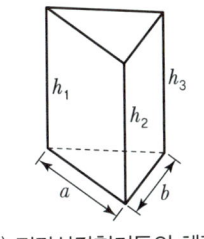 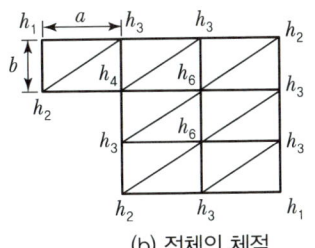

(a) 직각삼각형기둥의 체적   (b) 전체의 체적

▍삼각형기둥법 ▍

㉠ 삼각형기둥 하나의 체적

$$V = \text{삼각형의 면적} \times \text{평균높이} = A \times \frac{h_1 + h_2 + h_3}{3} = \frac{A}{3}(h_1 + h_2 + h_3)$$

㉡ 전체의 체적

$$V = \frac{A}{3}\left(\sum h_1 + 2\sum h_2 + 3\sum h_3 + 4\sum h_4 + 5\sum h_5 + 6\sum h_6\right)$$

여기서, A : 삼각형 1개의 단면적 $a \times b \times \frac{1}{2}$

$\sum h_1$: 1번 쓰인 지반고의 합

$\sum h_2$: 2번 쓰인 지반고의 합

…

$\sum h_6$: 6번 쓰인 지반고의 합

 Summary!

폭이 좁고 긴 지역의 토적계산식

구분	공식
양단면적평균법	$V = \dfrac{A_1 + A_2}{2} \times L$
중앙단면적법	$V = A_m \times L$
주상체공식(각주공식)	$V = \dfrac{L}{6}(A_1 + 4A_m + A_2)$

CHAPTER 05 임도시공

SECTION 01 노선정리와 토공작업

1. 노선 지장목 정리

임도시공에 있어 노선예정지의 초목이나 장애물 등은 공사에 지장이 없도록 미리 제거하여야 한다.

(1) 벌개제근(伐開除根)

① 벌개제근이란 임도시공 시 미리 나무뿌리, 잡초, 초목 등을 제거하여 지표면을 정리하는 작업이다.
② 절취부에 벌개제근 작업을 실시하면 시공효율을 높일 수 있다.
③ 벌개제근 작업을 완전히 하지 않으면 나무 사이의 공극에 토사가 잘 들어가지 않으며, 부식으로 인한 공극이 발생하여 성토부가 침하하는 원인이 되기도 한다.

(2) 지장목 처리방법

① 입목은 임도시공 전에 미리 벌채하여 반출하는 것이 바람직하다.
② 소경목은 불도저 등으로 제거 가능하며, 근주지름 25cm 정도의 임목은 블레이드(토공판)로 밀거나 당겨 제거할 수 있으며, 30cm 이상의 임목은 먼저 줄기를 체인톱으로 절단 후 장비(백호우)로 굴취하여 제거한다.
③ 노면이나 절토대상지에 있는 입목과 그 뿌리 및 표토는 전량 제거하여 반출한다. 이 경우 표토를 제거할 때 나오는 부식토 중 현지에 활용 가능한 것은 사면복구에 활용할 수 있다.
④ 성토대상지에 있는 입목은 노체 형성에 장애가 되는 경우 또는 흙에 묻혀 고사하게 되는 경우를 제외하고는 그대로 존치하며, 표토 등은 제거 · 정리한다.
⑤ 비탈면인 산복에 임도를 개설할 때는 계곡 쪽 임목은 가능한 한 존치시키며, 산쪽 비탈어깨 부근의 낮은 임목은 남겨도 풍도의 우려가 있는 고목은 제거한다.

2. 토공작업

토공(土工)이란 흙을 쌓거나 파는 등 흙을 재료로 구조물을 인위적으로 시공하는 모든 공사를 말하며, 흙일이라고도 한다. 절토(절취, 흙깎기, 땅깎기), 성토(흙쌓기), 흙의 운반 등이 이에 해당한다.

(1) 절성토의 기울기

① 절토사면의 기울기 기준

구분		기울기	비고
암석지	경암	1 : 0.3~0.8	토사지역은 절토면의 높이에 따라 소단 설치
	연암	1 : 0.5~1.2	
토사지역		1 : 0.8~1.5	

- 물매수치의 크기 비교 : 경암 < 연암 < 사질토 < 점질토
- 점질토는 붕괴 가능성이 높아 물매수치를 가장 크게 설정한다.

② 성토사면의 기울기 기준
- 성토는 충분히 다진 후에 이를 반복하여 쌓아야 한다.
- 성토사면의 기울기는 1 : 1.2~2.0의 범위 안에서 설정한다.
- 성토사면의 길이는 5m 이내로 하고, 5m를 초과하는 경우에는 성토사면 보호를 위하여 옹벽·석축 등의 구조물을 설치한다.
- 연한 점질토 및 점토인 경우에 성토의 높이를 5m 미만으로 설치할 때, 흙쌓기 비탈면의 표준 기울기는 1 : 1.8~2.0이다.

(2) 절성토의 피해 방지

① 절토한 토석은 전량 반출·처리하여야 한다(피해 방지를 위해 옹벽·석축 등 구조물을 설치하거나, 피해 발생 우려가 없는 완경사구간은 반출처리를 아니할 수 있다).
② 옹벽·석축 설치 시 절성토 작업 전에 구조물을 원지반에 미리 설치한 다음 절성토 작업을 하여야 한다.
③ 절토사면의 길이가 긴 구간에는 떼·돌 등을 이용한 배수로를 설치한다.
④ 절성토 사면에서 용출수가 나오는 지역은 배수시설을 설치한다(사면의 안정이 필요한 경우에는 하단부에 배수기능이 포함된 안정구조물을 추가로 설치한다).
⑤ 성토면의 안정과 피해 방지를 위해 총사업비 중 산림청장이 정하는 비율 이상의 사업비를 성토사면의 안정과 피해 방지에 투입하여야 한다.

(3) 임도 토공 관련

① 구조물 설치

임도노선이 급경사지 또는 화강암질풍화토 등의 연약지반을 통과하는 경우 옹벽·석축 등의 피해 방지시설을 설치한다.

② 소단 설치

절성토 경사면이 붕괴 또는 밀려 내려갈 우려가 있는 지역에는 사면길이 2~3m마다 폭 50~100cm로 단을 끊어서 소단을 설치한다.

> **POINT!**
> 소단 설치의 효과
> - 절성토 사면의 안정성 상승
> - 유수로 인한 사면의 침식 저하
> - 유지·보수 작업 시 작업원의 발판으로 이용 가능   ✎ 시공비 절약 ×

③ 사토장, 토취장의 지정
- 사토장(捨土場) : 절성토 시 남는 토사를 처리하는 장소
- 토취장(土取場)/취토장(取土場) : 절성토 시 부족한 토사를 채취하는 장소
- 사토장, 토취장은 임상이 양호한 지역에는 설치하지 않는다.

④ 암석절취
- 암석지역 중 급경사지나 도로변의 가시지역 및 민가 주변에서의 암석 절취는 브레이커 절취를 위주로 한다.
  * 브레이커 : 암석 깨는 기계
- 단단한 경암(硬岩)이거나 현장 여건 등으로 굴착이 어려울 때는 폭파에 의해 암석을 굴착하는데, 보통 착암기로 암석에 구멍을 뚫고 폭약을 장전하여 파쇄한다.
- 착암기 종류 : 잭해머(jack hammer), 크롤러 드릴(crawler drill), 웨곤 드릴(wagon drill)

(4) 다짐

① 성토에 있어서는 다짐이 아주 중요한데, 흙 사이의 공극을 없애고 밀도를 높여 투수성을 감소시킴으로써 물로 인한 침식을 줄일 수 있으며, 안정도와 강도가 증진되어 사면이 안정되고 교통하중을 잘 지지할 수 있다. 또한 시공 전후의 압축성이 감소되어 성토 후 흙의 자연 수축으로 인한 용적 감소 및 침하 등을 완화할 수 있다.

> **POINT!**
>
> 임도개설 시 흙을 다지는 목적
> 투수성 감소, 흡수력의 감소, 압축성의 감소, 지지력의 증대 등

② 성토의 재료로는 시공이 용이하고, 전단강도가 크며, 압축침하가 적고, 투수성이 낮은 성질의 흙을 선택한다. 부식질이 많이 함유된 흙은 성토재료로서 부적합하다.
  * 전단강도 : 원지반과 성토토양 사이의 미끄러지거나 끊어지려는 힘에 저항하여 견디는 능력

③ 1층 다짐 완료 후의 두께는 20~30cm가 되도록 잘 펴 깔아 다지며, 자갈은 최대 20~30cm 정도로 포설한다.

④ 노면도 암반지역인 경우를 제외하고는 정지가 완료된 후 진동롤러로 다져야 한다. 다만, 진동롤러 다짐이 필요 없는 단단한 토질인 경우에 한하여 불도저, 굴삭기로 다짐을 할 수 있다.

(5) 토공 기타

① 안식각(安息角)
   - 지반을 수직으로 깎아내리면 시간이 지남에 따라 흙이 무너져 내려 물매가 완만해지고 어떤 각도에 이르러 영구히 안정을 유지하게 되는데, 이때의 수평면과 비탈면이 이루는 각이다.
   - 안식각의 크기에 영향을 주는 인자 : 토사의 종류, 토사의 크기, 토사의 함수상태 등
   - 일반적으로 같은 조건에서는 마른 자갈보다 마른 모래의 안식각이 작다.

② 더쌓기
   흙쌓기(성토)는 시공 후에 시일이 경과하면 수축하여 용적이 감소되고 시공면이 일부 침하하게 되는데, 이를 보완하기 위해 흙쌓기 높이의 5~10% 정도를 더쌓기 한다.

[더쌓기 기준]

흙쌓기 높이(m)	더쌓기 높이(%)
3까지	높이의 10
3~6	8
6~9	7
9~12	6
12 이상	5

③ 겨냥틀(흙일겨냥틀)
- 토공에 있어 수평, 경사, 높이, 너비 등을 맞추기 위한 기준이 되는 틀로 일정 간격으로 겨냥틀을 설치한다.
- 비탈면의 위치와 기울기, 노체와 노상의 끝손질 높이 등을 표시하여 흙깎기와 흙쌓기 공사를 정확히 실시하기 위해 설치한다.

3. 교량 · 암거

(1) 교량 · 암거의 설계기준

① **통수단면** : 교량 · 암거의 통수단면은 100년 빈도 확률강우량과 홍수도달시간을 이용한 합리식으로 계산된 최대홍수유출량의 1.2배 이상으로 설계 · 설치한다.
   * 통수단면 : 물이 흐르는 통로의 단면

② **높이** : 교량은 최고수위로부터 교량 밑까지의 높이가 특수한 경우를 제외하고는 1.5m 이상이 되도록 한다.

③ **너비** : 교량 및 암거의 너비는 원칙적으로 임도의 너비와 같게 하되, 난간 또는 흙덮개의 안쪽 너비를 3m 이상으로 한다.

④ **복토** : 교량 및 암거에 불가피하게 복토를 하여야 하는 경우에는 흙의 두께를 50cm 이상으로 하며, 그 복토하중에 대하여도 중량을 계산 · 설계한다.

⑤ **사하중(死荷重)** : 사하중이란 교량 시설물 자체의 무게를 말하는 것으로 교량 및 암거의 사하중 산정 시 사용되는 주된 재료의 무게는 국토교통부의 도로교량 표준시방서에 따른다. 주보의 무게, 교상의 시설물, 바닥틀의 무게 등이 해당된다.

⑥ **활하중(活荷重)** : 교량 및 암거의 활하중은 사하중에 실리는 차량 · 보행자 등에 따른 교통하중을 말하며, 그 무게산정은 사하중 위에서 실제로 움직여지고 있는 DB-18하중(총 중량 32.45톤) 이상의 무게에 따른다. 교량을 지나는 차량의 무게 등이 해당된다.

⑦ **종단기울기** : 교량은 특별한 장소를 제외하고는 종단기울기를 적용하지 아니한다.

⑧ **교각 · 중간벽** : 교량 · 암거는 특히 필요하다고 인정되는 경우를 제외하고는 교각과 중간벽이 없는 단경각으로 설치한다.

(2) 교량 설치 적합 지점

- 지질이 견고하고 복잡하지 않은 곳
- 하천이 가급적 직선부인 곳
- 하상의 변동이 적고 하천의 폭이 협소한 곳
- 하천 수면보다 교량면을 상당히 높게 할 수 있는 곳

SECTION 02 배수 및 집수정 공사

1. 배수시설의 종류

① 강우로 인한 임도노면의 침식방지 및 함수량의 증가로 인한 지지력의 감소 등을 방지하고자 옆도랑과 횡단배수구 등의 배수시설을 설치한다.
② 주로 임도노면에 흐르는 표면수와 임도 상부에서 임도용지로 흘러드는 유하수 및 지하로 침투한 침투수의 처리를 위하여 배수시설을 설치하고 있으며, 크게 노면배수시설, 비탈면배수시설, 지하배수시설로 구분할 수 있다.

2. 배수시설 설계

(1) 옆도랑(측구)

① 노면과 절토 비탈면에 흐르는 물을 모아 집수정으로 유도하여 처리하기 위한 배수시설로 길어깨와 비탈 사이에 종단방향으로 설치한다.
② 사다리꼴 모양의 흙수로가 가장 일반적으로 이용되며, 깊이는 30cm 내외로 한다.
③ 암석이 집단적으로 분포되어 있는 구간 및 능선부분과 절토사면의 길이가 길어지는 구간은 L자형으로 설치할 수 있으며, L자형 상부지점에는 배수시설을 설치한다(L자형 측구는 낙석이나 붕락토의 수집과 제거작업이 용이하므로).
④ 노출형 횡단수로를 설치하여 물을 분산시킬 수 있는 경우에는 옆도랑을 설치하지 아니할 수 있다.
⑤ 동물의 이동이 용이하도록 설치한다.
⑥ 종단기울기가 급하여 침식 우려가 있는 옆도랑에는 중간에 유수완화시설을 설치한다.
⑦ 성토면이 안정되고 종단경사가 5% 미만인 경우에는 옆도랑을 파지 않고, 3~5% 내외로 외향경사를 주어 물을 성토면 전체에 고르게 분산시킬 수 있다. 이 경우 임도를 횡단하여 유수를 차단하는 노출형 횡단수로를 30m 내외의 간격으로 비스듬한 각도로 설치한다.

| 사다리꼴 | L자형 |

∥ 옆도랑 ∥

∥ 자연친화적 옆도랑 ∥

∥ L자형 측구 ∥

(2) 횡단배수구

① 옆도랑으로 흐르는 유하수와 계곡으로부터 집수되는 유수를 임도의 횡단을 따라 성토 비탈면 아래쪽으로 배수하기 위한 배수시설이다.
② 횡단배수구는 노출 여부에 따라 속도랑과 겉도랑으로 구분된다.

[횡단배수구의 종류]

구분	내용
속도랑 (암거)	• 임도노면 밑을 횡단하여 지하에 매설하는 배수로 • 옆도랑의 유하수와 계곡의 유수처리에 있어서 일반적으로 많이 사용하는 배수 형태 • 지하수 분출로 인한 비탈면의 붕괴가 우려되는 지대에 가장 적합
겉도랑 (개거, 명거)	• 임도노면 위를 횡단하여 지면에 노출하는 배수로 • 원활한 흐름을 위하여 노면을 비스듬하게 횡단하도록 설치

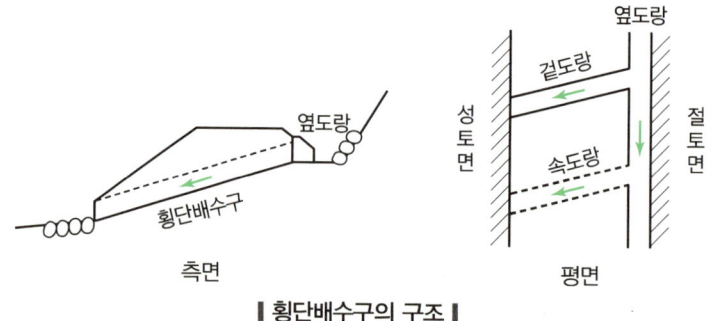

∥ 횡단배수구의 구조 ∥

③ 배수구의 통수단면은 100년 빈도 확률강우량과 홍수도달시간을 이용한 합리식으로 계산된 최대홍수유출량의 1.2배 이상으로 설계·설치한다.
④ 기본적으로 100m 내외의 간격으로 설치하며, 그 지름은 1,000mm(100cm) 이상으로 한다(현지 여건상 필요한 경우 배수구의 지름을 800mm 이상으로 설치할 수 있다).
⑤ 배수구에는 유출구로부터 원지반까지 도수로, 물받이를 설치한다. 횡단배수구로부터 방수되는 물은 성토면의 침식과 붕괴를 유발할 수 있으므로 원지반까지 방류수를 유도하는 도수로와 물받이를 설치하여 세굴을 방지한다.

∥ 도수로 ∥

∥ 물받이 ∥

⑥ 배수구는 동물의 이동이 용이하도록 설치한다.
⑦ 종단기울기가 급하고 길이가 긴 구간에는 노면으로 흐르는 유수를 차단할 수 있도록 임도를 횡단하는 노출형 횡단수로를 많이 설치한다.
⑧ 나뭇가지 또는 토석 등으로 배수구가 막힐 우려가 있는 지형에는 배수구의 유입구에 유입방지시설을 설치한다.

속도랑 유입구

노출형 횡단수로

⑨ 임도의 횡단배수구 설치장소
- 물 흐름 방향의 종단기울기 변이점
- 구조물 위치의 전후
- 외쪽기울기로 인해 옆도랑 물이 역류하는 곳
- 흙이 부족하여 속도랑으로는 부적당한 곳(겉도랑 설치)
- 체류수가 있는 곳

⑩ 배수구 크기의 결정 요인
확률강우에 의한 최대시우량, 집수구역의 면적, 집수구역의 지형 및 식생구조 등

(3) 빗물받이

① 많은 토사와 오물을 포함한 유수로 인해 배수관이나 속도랑이 막히는 것을 방지하기 위한 임도의 구조물이다.
② 빗물받이 바닥에 토사와 오물이 침적되고, 상부의 물만 흘러 막힘을 방지한다.

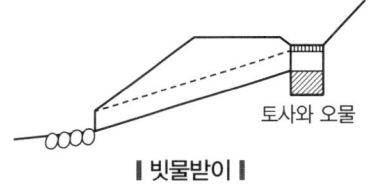
┃ 빗물받이 ┃

(4) 비탈어깨돌림수로(비탈돌림수로, 사면어깨돌림수로)

① 산지로부터 비탈면에 유입되는 유수로 인해 발생되는 침식을 방지하기 위해 비탈면의 최상부(비탈어깨 부위)와 원래 자연비탈면의 경계 부위에 설치하는 배수시설이다.

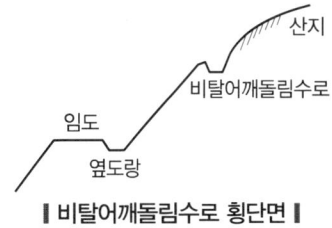
┃ 비탈어깨돌림수로 횡단면 ┃

② 임도시공 시 절토면의 침식이나 붕괴를 방지하기 위해서 긴 절토면 상부에 시설하는 표면유수 유입방지용 배수로이다.
③ 산마루를 따라 양 가장자리로 배수를 하므로 공사에 따라 산마루측구라고 불리기도 한다.

(5) 소형사방댐 및 물넘이포장

① **소형사방댐**: 계류 상부에서 물과 함께 토석·유목이 흘러내려와 교량·암거 또는 배수구를 막을 우려가 있는 경우에는 계류의 상부에 토석과 유목을 동시에 차단하는 기능을 가진 복합형 사방댐(소형)을 설치한다.

② **물넘이포장**
- 임도를 횡단하여 계류가 흐를 수 있도록 노면을 호상으로 살짝 낮춘 포장이다.
- 임도가 소계류를 통과하는 지역에는 가급적 배수구 또는 암거보다 콘크리트 등으로 물넘이포장 또는 세월교를 설치하되, 수리계산에 따른 적정한 배수단면을 확보하고 차량 통과가 가능하도록 충분한 반경으로 설치한다.

(6) 세월시설(세월교, 洗越橋)

① 평상시에는 유량이 적어 물이 노면 아래의 관거(배수관)로 흐르고, 강우 시에 유량이 급격히 증가하면 노면 위로 월류하여 흐를 수 있도록 낮게 설계된 호상(弧狀)의 다리이다.
② 홍수 시에 교량이 물에 잠겨 하천수가 씻고 넘어간다는 의미로 붙여진 이름이다.
③ 교통량이 적은 곳에 설치하는 소규모의 교량이다.
④ 세월시설 설치장소
- 평시에는 유량이 적지만 강우 시에는 유량이 급증하는 곳
- 선상지, 애추지대를 횡단하는 곳
- 상류부가 황폐계류인 곳
- 관거 등으로는 흙이 부족한 곳
- 계상물매가 급하여 산지로부터 유수가 유입하기 쉬운 계류인 곳

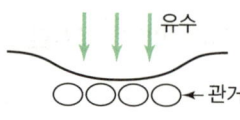

┃세월교┃

SECTION 03 사면 안정공사

1. 돌쌓기와 돌붙이기공

(1) 사면기울기에 따른 구분

① 사면기울기가 1할, 즉 1 : 1의 기울기보다 급하면 돌을 쌓는다고 표현하며, 완만하면 돌을 붙인다고 표현한다.
② 식생도입이 곤란하며, 기울기가 1 : 1보다 완만한 비탈면이나 수변지역의 기슭막이에는 돌붙이기 공법을 적용한다.

∥ 돌쌓기 ∥

[사면기울기에 따른 적용기법]

구분	적용 기법
사면기울기가 1할보다 급한 경우	돌쌓기, 블록쌓기
사면기울기가 1할보다 완만한 경우	돌붙이기, 블록붙이기

(2) 모르타르의 사용 여부에 따른 구분

돌을 쌓을 때 뒤채움 및 줄눈에 결합재의 사용 여부에 따라 찰쌓기와 메쌓기로 구분한다.

[찰쌓기와 메쌓기]

구분	내용
찰쌓기	• 돌을 쌓을 때 뒤채움에 콘크리트, 줄눈에 모르타르를 사용하는 돌쌓기 • 표준 기울기는 1 : 0.2 • 석축 뒷면의 물빼기에 유의해야 하며, 배수를 위하여 시공면적 2~3m^2마다 직경 3cm 정도의 물빼기 구멍을 반드시 설치 • 결합재로 인해 견고하여 높게 시공 가능
메쌓기	• 돌을 쌓을 때 모르타르를 사용하지 않는 돌쌓기 • 표준 기울기는 1 : 0.3 • 돌 틈으로 배수가 용이하여 물빼기 구멍을 설치하지 않음 • 견고도가 낮아 높이에 제한

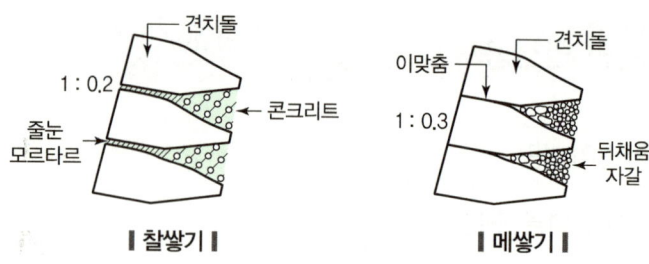

|찰쌓기| |메쌓기|

(3) 돌을 쌓는 모양에 따른 구분

돌을 쌓는 모양에 따라 아래와 같은 쌓기가 있다.

[골쌓기와 켜쌓기]

구분	내용
골쌓기(막쌓기)	• 마름모꼴 대각선으로 쌓는 방법 • 비교적 규격이 일정한 막깬돌이나 견치돌 이용 • 층을 형성하지 않아 막쌓기라고도 함
켜쌓기(바른층쌓기)	• 돌 면의 높이를 맞추어 가로 줄눈이 일직선이 되도록 쌓는 방법 • 주로 마름돌 사용

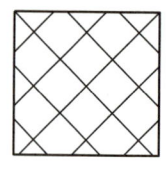 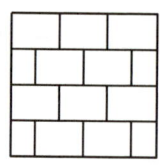

|골쌓기| |켜쌓기|

(4) 비탈 돌쌓기의 시공 요령

① 기초를 깊이 파고 단단히 다져야 하며, 큰 돌부터 먼저 놓아가면서 차례로 쌓아올린다.
② 귀돌(모서리돌)이나 갓돌(머리돌)은 규격에 맞는 것을 사용한다.
③ 돌쌓기의 세로줄눈은 일직선이 되는 통줄눈은 피하고, 파선줄눈이 되도록 쌓는다.

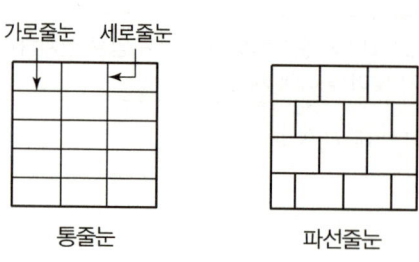

|돌쌓기 시 줄눈 모양|

④ 돌의 배치는 다섯 에움 이상 일곱 에움 이하가 되도록 한다.

찰쌓기, 여섯 에움

메쌓기, 여섯 에움

┃ 돌의 배치 ┃

⑤ 높은 돌쌓기는 아래로 내려오면서 돌쌓기의 뒷길이를 길게 증대시키는 것이 안전하다.
⑥ 돌쌓기 높이가 3m 이상이면 전부 또는 하부를 찰쌓기로 시공한다.
⑦ 돌쌓기의 기울기는 1 : 0.2~0.3 정도로 하되 토압 및 석재 품질에 따라 조정한다.
⑧ 뒤채움에는 허리채움, 꼬리채움, 옆채움 등이 있으며, 뒤채움의 콘크리트 두께는 50cm 이상으로 한다.
⑨ 금기돌은 발견 시 즉시 제거한다.

POINT!

금기돌
- 돌쌓기는 돌의 배치에 특히 유의해야 하며, 돌 하나를 두고 다섯 개 이상 일곱 개 이하의 돌이 에워쌓고 있어야 안정성이 높다.
- 돌쌓기를 잘못하면 돌의 접촉부가 맞지 않거나 힘을 받지 못하는 불안정한 돌이 발생하며, 방법에 어긋나게 시공된 이러한 돌을 금기돌이라 한다.
- 종류 : 선돌, 누운돌, 포갠돌, 뜬돌, 거울돌, 뾰족돌, 떨어진돌, 이마대기, 새입붙이기, 꼬치쌓기 등

✎ 굄돌 ×(굄돌은 돌쌓기 시 안정성을 위하여 흔들리지 않도록 괴어주는 돌로 금기돌이 아니다.)

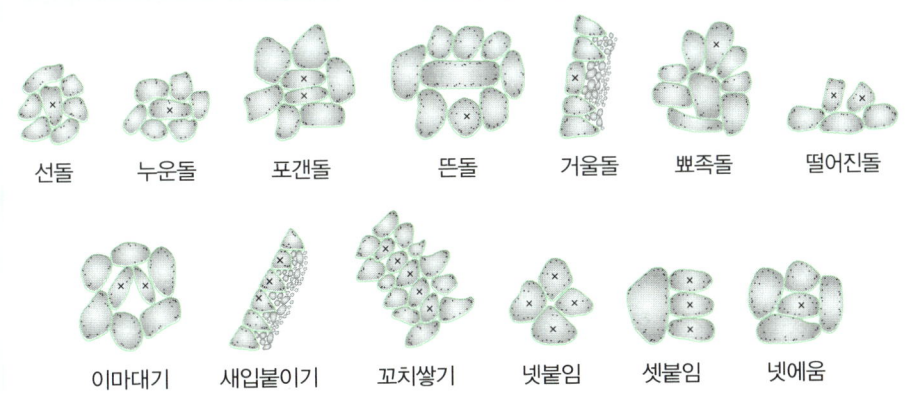

2. 비탈옹벽 공법

(1) 비탈옹벽 일반
① 옹벽이란 사면의 기울기가 흙의 안식각보다 클 경우에 토압에 저항하여 흙의 붕괴를 방지하기 위하여 시설하는 구조물이다.
② 재료에 따라서는 콘크리트 옹벽과 철근콘크리트 옹벽이 가장 많이 사용된다.
③ 옹벽이 보다 안정하게 유지되려면 외력에 의한 쓰러넘어짐(전도), 미끄러짐(활동), 내려앉음(침하) 또는 재료 자체에서 발생하는 내부 응력 등에 대하여 견고하게 잘 견딜 수 있어야 하는데 이것을 옹벽의 안정 조건이라 한다.

(2) 옹벽의 안정 조건
① 전도에 대한 안정
② 활동에 대한 안정
③ 침하에 대한 안정
④ 내부응력에 대한 안정

(3) 구조(형식)에 따른 옹벽의 분류
① 중력식 옹벽
- 흙의 압력을 옹벽 자체의 무게에 의해 지지하도록 한 옹벽이다.
- 콘크리트 옹벽 중 시공이 가장 용이하다.
- 기초지반이 견고하고, 높이가 3m 이하의 낮은 경우에 적용하기 좋다.

② 반중력식 옹벽
- 벽체의 두께를 중력식 옹벽보다 얇게 하는 대신, 인장응력에 견디게 하고자 옹벽 뒤쪽의 인장부에 철근을 넣어 보강한 옹벽이다.
- 중력식 옹벽과 같이 자중에 의해 지지되나 두께가 줄고 대신 철근이 추가된다.

③ T자형 · L자형 옹벽
- 캔틸레버를 이용하여 재료를 절약한 것으로 배후의 흙의 무게로 지지하도록 한 옹벽이다.
  * 캔틸레버 : 휘거나 꺾인 상태로 지지하는 형식
- 옹벽의 생김이 알파벳으로 거꾸로 된 T자와 L자의 형식이라 T자형(역T자형) 옹벽, L자형 옹벽이라 부른다.
- 높이가 6~7m까지 경제적이며, 지반이 연약한 곳에서는 T자형이 효율적이다.

④ 부벽식 옹벽
- T형이나 L형 옹벽의 앞면 또는 뒷면에 가로방향으로 힘을 받을 수 있는 벽체를 일정한 간격으로 설치하는 옹벽이다.
- 부벽식은 토압의 반대쪽인 앞면에 부벽을 만드는 것이며, 반부벽식은 토압을 받는 뒷면에 부벽을 만드는 옹벽이다.
- 높이가 8m 이상인 높은 옹벽에 적용하기 적당하다.

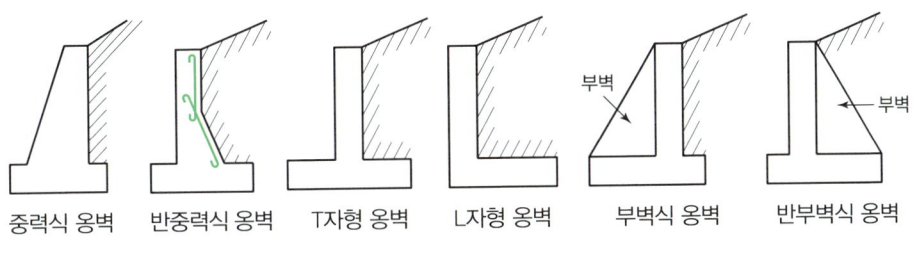

┃옹벽의 종류┃

(4) 비탈옹벽공법의 시공방법

① 옹벽의 몸체는 한 번에 타설하여 층이 나뉘지 않도록 한다.
② 뒤채움에는 물이 침입하지 않도록 하며, 물이 침입할 경우에는 신속히 배수한다.
③ 뒤채움 토양은 충분히 전압(다지기)되도록 한다.
④ 직접기초 시공에는 옹벽 밑판과 지반 사이에 기초 쇄석이나 모르타르를 삽입하여 미끄러짐을 방지한다.

3. 비탈흙막이 공법

비탈흙막이 공법이란 흙 비탈면의 붕괴 방지 및 안정 유지를 위해 비탈에 설치하는 각종 구조물을 말하며, 돌망태공, 돌쌓기, 콘크리트벽 등이 있다.

(1) 돌망태공

① 돌망태란 철선의 망태 안에 돌을 넣은 것으로 주로 계곡이나 하천 양안, 산지비탈면 등의 침식과 붕괴 방지를 위해 사용하며, 개비온(Gabion)이라고도 한다.
② 신축과 변형성이 좋으므로 내부의 토사가 유실되어도 붕괴가 일어나지 않아 매우 효과적이며, 표면조도가 크고, 작업실행이 쉬워 가설공사에 주로 사용된다.

┃돌망태공┃

③ 내구성은 작은 편(보통 10년 정도)으로 영구적이지는 않지만, 배수성, 신축성, 일체성, 연속성, 보강성, 유연성, 투수성, 방음성 등이 우수한 장점이 있다.
④ 망태에 사용하는 철선은 한국공업규격에 합격한 아연도금 철선 8~10번선을 주로 사용한다.
⑤ 수직높이가 10m 이상인 비탈면에는 위험하므로 적용하지 않는다.

4. 비탈힘줄박기 공법

(1) 비탈힘줄박기 일반

① 현장에서 직접 비탈면에 거푸집을 설치하고 콘크리트를 쳐서 뼈대(힘줄)인 틀을 만들고, 틀 안에 떼나 작은 돌 등을 채워 비탈을 안정시키는 공법이다.
② 주로 비탈기울기가 급하고 불안정한 사면에 시공한다.
③ 시공작업이 어렵고, 기간도 길어 비탈격자틀 공법보다 비능률적이다.
④ 콘크리트블록과 같은 가벼운 블록으로 비탈면을 처리하기 곤란한 지역이나 지하수의 용출 및 누수에 의한 침식이 심한 비탈면 등에서 이용하기 알맞다.
⑤ 틀의 형상은 사각형틀, 삼각형틀, 계단상 수평띠 모양 등이 있다.

┃비탈힘줄박기┃

(2) 시공장소

① 기울기가 급하고 면적이 큰 비탈면
② 토질이 복잡한 비탈면
③ 마사토로 구성된 비탈면
④ 지하수가 용출하는 비탈면
⑤ 누수에 의한 침식이 심한 비탈면

5. 비탈격자틀붙이기 공법

① 비탈면에 콘크리트블록을 격자형으로 조립하여 설치하고, 그 안에 흙이나 작은 돌 등을 채워 비탈을 안정시키는 공법이다.
② 공장에서 성형된 기성제품의 블록을 이용하므로 프리캐스트틀 공법이라고도 하며, 짧게 비

탈격자틀 또는 비탈틀 공법이라고도 한다.
③ 틀 안의 채움 재료에는 콘크리트, 조약돌이나 호박돌을 넣은 콘크리트, 자갈(용수가 있는 곳), 떼(미관상) 등을 이용한다.
④ 콘크리트블록은 보통 m²당 300~400kg 정도의 무게이다.

▮ 비탈격자틀붙이기 ▮

6. 콘크리트뿜어붙이기 공법

① 시멘트모르타르나 콘크리트를 압축공기압에 의해 분사기로 벽면에 뿜어 붙이는 공법으로 뿜는 재료에 따라 시멘트모르타르뿜어붙이기, 콘크리트뿜어붙이기 등으로 부르며, 분사되는 재료를 숏크리트(Shotcrete)라 하여 숏크리트공법이라고도 한다.
② 대규모이며 급경사인 암석 노출 사면이나, 비탈에 용수가 없으며 풍화나 낙석의 우려가 있는 사면 등에 적용한다.

▮ 콘크리트뿜어붙이기 ▮

③ 뿜어붙이기 공법의 건조수축으로 인한 균열 방지법
- 응결촉진제를 사용한다.
- 뿜는 두께를 증가시킨다.
- 사용하는 시멘트의 양을 적게 한다.
- 물과 시멘트의 비를 작게 한다.
  (물-시멘트 비가 크면 강도 저하)

7. 낙석방지 공법

(1) 낙석방지망덮기 공법

① 도로로 낙석이 발생하지 않도록 철망, 합성섬유망 등을 사용하여 비탈면을 덮어주는 공

법이다.
② 풍화와 낙석의 우려가 많은 경암의 절토비탈면 등에 적용하기 적당하다.
③ 망을 덮고 와이어로프를 이용하여 가로세로로 잡아당겨 고정하는데, 와이어로프의 간격은 가로와 세로 모두 4~5m로 한다.
④ 일반적으로 철망눈의 크기는 5~10cm 정도이다.
⑤ 철사망은 1톤 정도의 암석을, 합성섬유망은 100kg 이내의 암석을 대상으로 한다.

(2) 낙석저지책 공법

① 낙석이 노면으로 떨어지는 것을 방지하기 위해 울타리를 설치하는 공법으로 낙석방지울타리라고도 한다.
② 주로 기초 콘크리트 흙막이나 옹벽 위에 설치하여 비탈면의 안정을 도모한다.
③ 경사가 급한 절개면에서는 낙석방지망과 함께 설치하기도 한다.

| 낙석방지망과 낙석저지책 |

SECTION 04 사면 보호공사

식물에 의해 사면을 보호하여 침식을 방지하고 수분을 보전하기 위한 공사이다.

1. 비탈선떼붙이기공

① 비탈면의 다듬기 공사 후 등고선 방향으로 단끊기를 하여 수평계단을 만들고, 그 앞면에 떼(야생잔디)를 세워 붙이며 뒤쪽으로는 흙을 채우고 묘목을 심어 비탈면을 보호하는 공종이다.
② 수평계단 길이 1m당 떼의 사용매수에 따라 1급에서 9급으로 구분한다.
③ 선떼붙이기 공작물은 대부분 3~5단을 연속적으로 시공한다.

2. 줄떼·평떼공

① 일정 크기의 떼를 산지 비탈경사도나 규모 등을 고려하여 알맞게 배치하여 사면을 보호하는 공법이다.
② **줄떼다지기공** : 수직높이 20~30cm 간격으로 반떼를 수평으로 삽입하고 단단하게 다지는 공종으로, 주로 성토면에서 사용한다.
③ **평떼붙이기공** : 경사가 완만한 곳에 30×20cm 떼를 비탈면 전체에 떼붙임 꽂이로 부착하는 공종으로, 주로 절토면에 사용한다.

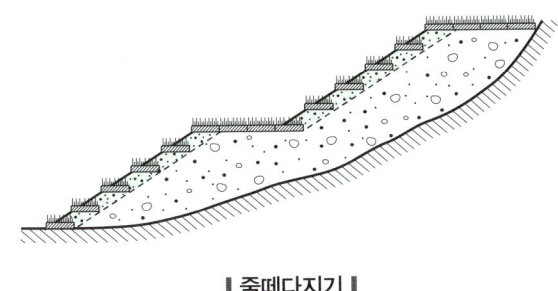

▮ 줄떼다지기 ▮

3. 기타

(1) 파종공

사면에 직접 파종을 함으로써 녹화를 조성하는 것으로 임도사면에는 주로 종자, 비료, 안정제, 양생제, 흙 등을 혼합하여 압력으로 뿜어 파종하는 종비토뿜어붙이기(분사식 씨뿌리기 공법) 방법을 많이 적용한다.

(2) 식수공

사면에 울타리를 만들거나 구멍(식혈)을 파서 묘목을 식재하여 비탈면을 고정하고 보호하는 공종이다.

(3) 식생공

사면에 식생을 피복함으로써 고정·보호하는 공종으로, 흙, 퇴비, 비료 등의 혼합체와 소량의 물을 섞어 볏짚에 발라 식생판(식생반)을 만들고 이 판을 사면에 꽂이로 부착고정하여 후에 식생이 자라나 비탈면을 보호하는 방법이 대표적이다.

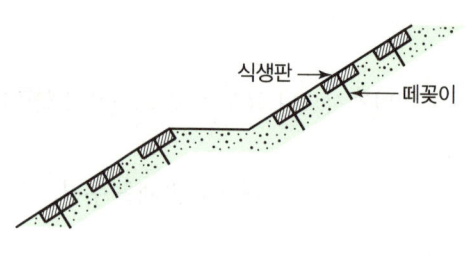

| 식색공 |

> **Summary!**
>
> **사면안정공과 보호공(녹화공)**
>
> | 구분 | 내용 |
> |---|---|
> | 사면안정공사
(비탈안정공) | 돌쌓기와 돌붙이기공, 비탈옹벽공, 비탈흙막이공(돌망태공), 비탈힘줄박기공, 비탈격자틀붙이기공, 콘크리트뿜어붙이기공, 낙석방지공(낙석방지망덮기, 낙석저지책) |
> | 사면보호공사
(비탈녹화공) | 비탈선떼붙이기공, 줄떼·평떼공(줄떼다지기공, 평떼붙이기공), 파종공(종비토뿜어붙이기), 식수공, 식생공(식생반공) |

SECTION 05 임도 유지관리 및 안전관리

1. 임도의 붕괴와 침식

(1) 사면붕괴의 원인

① 비탈 사면의 붕괴는 주로 화강암 계통에서 풍화된 사질토와 역질토에서 많이 발생하며, 풍화토양과 하부기관의 경계가 명확하거나 또는 풍화토층에 점토가 결핍되면 응집력이 약화되어 더 많이 발생할 수 있다.

② 또한, 토양 내 함수량이 증가하고, 공극 사이에 존재하는 물의 압력(공극수압)이 증가하면 수분이 이동하게 되고 붕괴가 일어나게 된다.

③ 눈이나 빗물을 머금은 토양이 과다하게 무거워지거나 온도 변화 등도 사면붕괴의 원인이 될 수 있는데, 급격한 온도 변화로 사면 토양입자가 얼고 녹으며 신축을 반복하면 토양결합이 느슨해지고 붕괴가 일어날 수 있다.

④ 사면붕괴 시에는 탁한 용수의 용출현상이 생기며, 사면에 균열이 발생하고, 작은 돌이 사면에서 떨어지는 등의 전조현상이 나타난다.

POINT!

붕괴 가능성이 큰 경우
- 눈·빗물 등에 의해 함수량이 증가할 때
- 토양 내 공극수압(간극수압)이 증가될 때
- 토양의 점착력이 약해질 때
- 동결 및 융해가 반복될 때(온도 변화에 의해 토양입자가 신축할 때)
- 눈·빗물로 인해 사면 토양에 과다한 하중이 발생할 때
- 지진 또는 발파 등의 충격이 가해질 때

(2) 사면붕괴의 3요소(붕괴지 현황조사 항목)

붕괴 평균경사각, 붕괴 평균깊이, 붕괴 면적

2. 임도의 유지관리

(1) 유지관리 일반

① 임도는 시장·군수·구청장 또는 지방산림청국유림관리소장이 관리한다. 다만, 필요한 경우에는 산림소유자로 하여금 유지·관리하게 할 수 있다.
② 임도시설물의 관리 : 시장·군수 또는 국유림관리소장은 임도 노선별로 노면 및 시설물의 상태를 연간 2회 이상 점검하고 보수하여야 한다.
③ 결함이 있을 때는 간선임도와 지선임도는 물론 작업임도에 대해서도 유지관리 및 보수공사를 하여야 한다.

(2) 보수(점검)의 종류

① 상시보수(수시점검) : 연중 상시로 보수

② 정기보수(정기점검)
- 춘계보수 : 해빙기와 하절기 강우 및 홍수피해 예방을 위한 보수
- 추계보수 : 적설 및 결빙 예상지역의 월동에 대비하여 보수
- 긴급보수 : 갑작스러운 긴급조치가 필요한 임도의 보수
- 집중보수 : 재해 발생으로 인하여 집중적으로 실행하는 보수

(3) 임도의 유지·보수 방법

① 노면 고르기는 노면이 건조한 상태보다 어느 정도 습윤한 상태에서 실시한다.
② 결빙된 노면은 마찰저항이 증대되는 모래, 부순돌, 석탄재, 염화칼슘 등을 뿌려 차량 통행에 지장이 없도록 한다.
③ 노체의 지지력이 약화되었을 경우 기층 및 표층에 자갈이나 쇄석 등을 교체하여 지지력을 보강한다.
④ 유토, 지조와 낙엽 등으로 배수구의 유수단면적이 적어져 막힐 우려가 있으므로 수시로 제거하여 유수의 흐름을 원활히 한다.
⑤ 식생사면에는 물이 직접 흐르지 않도록 배수시설을 설치하며, 강수량이 집중되는 곳에는 붕괴가 일어나지 않도록 미리 대비한다.
⑥ 떼붙임 사면은 주기적으로 풀베기를 실시하여 다른 식물의 생장을 막아준다.

3. 임도의 안전관리

(1) 산림작업 노동재해의 발생 원인

① 인적 요인
- 사람의 불안전한 행동으로 인해 유발
- 기계의 미숙한 조작, 적정장비 미사용, 권한 없이 조작, 불안전한 자세 등

② 물적 요인
- 물질 자체의 불안전한 상태로 인해 유발
- 결함 있는 기계 및 장비, 불량 상태의 기구, 불안전한 설계 등

③ 작업환경 요인
노동에 있어 부적절한 작업환경

(2) 도수율(度數率)

노동재해의 발생빈도를 나타내는 수치로, 연 근로시간 100만 시간당 재해의 발생 건수로 나타낸다.

$$도수율 = \frac{재해\ 건수}{연\ 노동시간\ 수} \times 1,000,000$$

Exercise 27

노동시간 수가 10,000시간이고, 노동재해 발생 건수가 10건일 때에 도수율은 얼마인가?

풀이 도수율 = $\dfrac{\text{재해 건수}}{\text{연 노동시간 수}} \times 1,000,000 = \dfrac{10}{10,000} \times 1,000,000 = 1,000$

(3) 재해예방의 4원칙

① 손실 우연의 원칙 : 사고로 발생하는 재해 손실의 종류나 대소는 사고 당시의 조건에 따라 우연적으로 결정된다는 원칙
② 원인 계기의 원칙 : 사고에는 반드시 원인이 있으며, 원인은 대부분 복합적으로 연계되어 일어난다는 원칙
③ 예방 가능의 원칙 : 천재지변을 제외한 모든 인재는 원칙적으로 예방 가능하다는 원칙
④ 대책 선정의 원칙 : 재해의 원인 분석에 의해 예방 및 안전 대책이 선정되어야 한다는 원칙

(4) 임도시공 시 안전사고 대책

① 작업장은 작업의 편의를 위하여 항상 정리정돈해 둔다.
② 노무자에게 작업목적과 시공상의 문제점에 대하여 충분히 숙지시킨다.
③ 시공기계 기종이 선정되면 사용 전후에 여러 가지 안전대책을 강구한다.
④ 기계화 시공에는 여러 가지 재해가 발생할 위험이 있으므로 안전대책을 마련한다.

CHAPTER 06 산림측량

SECTION 01 측량일반

1. 측량의 이해

(1) 지형측량의 개념

① 지모측량(地貌測量)
  산정, 구릉, 계곡, 평야 등 토지의 기복 상태를 측정하여 도식화하는 기술을 말한다.

② 지물측량(地物測量)
  지표상의 도로, 하천, 철도, 시가지 등의 형상이나 위치 등을 파악하여 도식화하는 기술로 산림에서는 수목의 위치 결정에 사용한다.

③ 지형측량(地形測量)
  지표면상의 자연 및 인공적인 지모, 지물을 수평적 또는 수직적으로 측정하여 입체적으로 이루고 있는 위치 관계를 파악하기 위해 토지 위에 측설하는 기술을 말한다.

(2) 지모측량의 지성선(지세선)

지성선(地成線)이란 지모측량에 있어 토지의 기복을 나타내는 선으로 요선, 철선, 경사변환선, 최대경사선 등으로 구성된다.

① **요선(凹線)** : 요면의 제일 낮은 곳(凹)의 연속적인 연결선 = 합수선, 계곡선
② **철선(凸線)** : 철면의 제일 높은 곳(凸)의 연속적인 연결선 = 분수선, 능선
③ **경사변환선**
  • 철면 또는 요면 위에서 경사가 다른 두 면이 만나는 선
  • 동일한 방향으로 경사져 있으나, 기울기가 다른 두 면의 교차선
④ **최대경사선** : 등고선과 직교하며, 가장 경사가 급한 곳의 방향선 = 유하선

(3) 지형의 표시방법

지형 표시방법에는 자연적인 입체감으로 표현한 자연적 도법과 부호를 사용하여 보다 세부적으로 정확히 나타낸 부호적 도법이 있다. 자연적 도법에는 우모법(영선법), 음영법이 있으며, 부호적 도법에는 등고선법, 점고법, 채색법이 있다.

① 등고선법
- 동일한 높이의 점을 연결한 등고선을 이용하여 지형의 기복을 표현하는 방법
- 정확한 기복을 표현할 수 있어 지형도에서 가장 많이 사용하는 기법

② 우모법(牛毛法, 영선법)
- 쇠털과 같은 짧은 선으로 지형의 기복을 표현하는 방법
- 선의 굵기, 길이, 간격 등을 달리하여 지형을 표시

③ 음영법 : 일정 방향으로 광선이 비췄을 때 생기는 명암을 이용해 기복을 표현하는 방법
④ 점고법 : 임의의 점을 찍고 그 점에 수치를 기입하여 수심(水深)을 표현하는 방법
⑤ 채색법 : 색의 단계별 농도로 지형의 고저를 표현하는 방법

2. 축척 · 경사도 · 거리의 계산

(1) 축척의 계산

① 축척
- 지표상 실제거리와 지도상 축약 거리와의 비율
- 1/25,000의 축척이란 지도상의 1cm가 실제거리로는 25,000cm=250m=0.25km라는 의미

② 계산식

- 실제거리=도상거리 × 축척의 수치
- 실제면적=도상면적 × 축척의 수치^2

Exercise 28

1/25,000 지형도에서 지도상 거리가 10cm이면 실제거리는?

풀이 실제거리=도상거리×축척의 수치=10×25,000=250,000cm=2,500m

Exercise 29

실제 지상의 두 점 간 거리가 100m인 지점이 지도상에서 4mm로 나타났다면 이 지도의 축척은?

풀이 '실제거리=도상거리×축척의 수치'에서 실제거리는 100m=100,000mm이고, $100,000 = 4 \times x$ 이므로, 축척의 수치 $x = 25,000$

Exercise 30

1/50,000 지형도에서 도상면적이 20cm²일 때, 실제면적은?

풀이 실제면적=도상면적×축척의 수치²
$= 20 \times 50,000^2 = 50,000,000,000 \text{cm}^2 = 5\text{km}^2$

(2) 경사도의 계산

① 경사도는 직각삼각형을 이용한 종단물매 계산과 마찬가지로 동일한 기울기 공식을 적용한다.
② 계산식

- 기울기(경사도, %) = $\dfrac{높이}{밑변} \times 100 = \dfrac{수직거리}{수평거리} \times 100$
- 경사보정량(cm) = $-\dfrac{고저차^2}{두\ 점\ 간의\ 거리 \times 2}$

* 경사보정량 : 두 점 간의 사면거리와 수평거리의 차이로 사면이 수평으로 보정될 때의 수량

Exercise 31

등고선 간격이 10m인 1 : 25,000 지형도에서 종단기울기가 8%가 되게 노선을 그릴 때 도상의 수평거리는?

풀이 기울기(%) = $\dfrac{수직거리}{수평거리} \times 100$ 에서
$8 = \dfrac{10}{x} \times 100$ 이고,
실제수평거리 $x = 125\text{m} = 12,500\text{cm}$ 이다.
'실제거리=도상거리×축척의 수치'에서
$12,500 = x \times 25,000$ 이고, 도상의 수평거리 $x = 0.5\text{cm} = 5\text{mm}$ 이다.

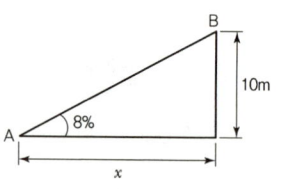

Exercise 32

낮은 산지의 고저차가 1m 되는 두 점 간 거리는 10m일 때의 경사보정량(cm)은?

풀이 경사보정량(cm) $= -\dfrac{\text{고저차}^2}{\text{두 점 간의 거리} \times 2} = -\dfrac{1^2}{10 \times 2} = -0.05\text{m} = -5\text{cm}$

[기울기(경사도, 물매)의 표현방법]

구분	내용
$1 : n$ 또는 $1/n$	• 수직높이 1에 대하여 수평거리 n으로 나눈 것 • 수직높이 1에 대하여 수평거리가 n일 때
$n\%$	• 수평거리 100에 대한 n의 고저차를 갖는 백분율 • 수평거리 100에 대하여 수직높이가 n일 때의 비율
$n‰$	• 수평거리 1,000에 대한 n의 고저차를 갖는 천분율(퍼밀) • 수평거리 1,000에 대하여 수직높이가 n일 때의 비율
각도	수평은 0°, 수직은 90°로 하여 그 사이를 90등분한 것

✏️ 수평거리 3m, 수직거리 2m라면, 경사도는 1 : 1.5, 약 67%, 약 667‰이다.

Exercise 33

비탈면 기울기가 1 : 1.2로 표시된 설계도의 경사도(%)는?

풀이 수직높이 1에 대하여 수평거리가 1.2이므로,

경사도(%) $= \dfrac{\text{수직거리}}{\text{수평거리}} \times 100 = \dfrac{1}{1.2} \times 100 = 83.333 \cdots$ ∴ 약 83%

(3) 거리의 계산

① 거리측량이라 함은 일반적으로 두 점 간의 최단거리인 수평거리의 측량을 의미한다.
② 거리측량에는 직접거리측량과 간접거리측량이 있다. 직접거리측량에는 줄자, 폴(pole)대, 보측(步測) 등이 이용되며, 간접거리측량에는 트랜싯(각도측정기), 전자파거리측량기 등이 이용된다.
③ 스타디아 측량법
  • 어떤 기준점에 관측기기(트랜싯)를 세우고, 다른 목표 지점에는 표척을 세운 뒤 시준하여 두 지점 사이의 상대적 위치를 결정하는 간접측량법이다.
  • 판독값과 고도각으로 두 지점 사이의 수평거리와 고저차를 간접적으로 알아낼 수 있다.

$$\text{수평거리} = K \cdot L \cdot \cos(a)^2 + C \cdot \cos a$$

여기서, $K \cdot C$: 스타디아 정수, L : 협장, a : 고도각 또는 연직각

트랜싯 망원경을 들여다보면 정중앙에 십자선이 표시되어 있고, 그 위아래에 스타디아선(시거선)이 표시되어 있는데 이 사이의 간격을 협장이라고 하며, 스타디아선 사이에 끼인 표척의 길이와 각을 읽어 수평거리를 간접적으로 계산한다.

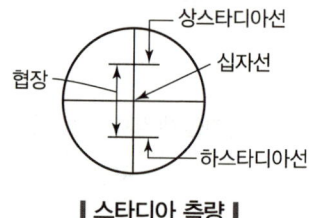

| 스타디아 측량 |

Exercise 34

스타디아 측량을 실시한 결과 연직각 15°, 협장 1.64m일 때 수평거리는?(단, 스타디아 정수 K = 100, C = 0)

풀이 수평거리 $= K \cdot L \cdot \cos(a)^2 + C \cdot \cos a = \{100 \times 1.64 \times \cos(15)^2\} + (0 \times \cos 15)$
$= 153.014 \cdots$ 약 153m
(cos에 각도를 이용하므로 계산기에서는 Rad가 아닌 Deg 모드로 놓고 계산해야 한다.)

3. 등고선

등고선(等高線)이란 해발고도가 같은 지점을 연결하여 지형의 기복을 평면으로 나타낸 곡선이다.

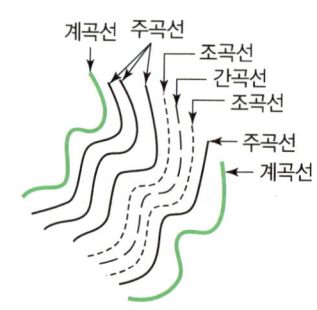

| 등고선 |

(1) 등고선의 종류와 간격

1) 등고선의 종류
   ① 계곡선 : 주곡선 5개마다 1개를 굵게 표시한 선
   ② 주곡선 : 지형의 기본 곡선으로 가는 실선으로 표시
   ③ 간곡선 : 주곡선 간격의 1/2로 긴 점선으로 표시
   ④ 조곡선 : 간곡선 간격의 1/2로 짧은 점선으로 표시

2) 등고선의 간격
등고선 간격은 서로 옆에 있는 등고선 사이의 수직거리를 말하는 것으로, 축척에 따라 다음과 같은 수치를 나타낸다.

축척	계곡선(m)	주곡선(m)	간곡선(m)	조곡선(m)
1 : 5,000	25	5	2.5	1.25
1 : 25,000	50	10	5	2.5
1 : 50,000	100	20	10	5

(2) 등고선의 특징

① 같은 등고선 위의 점들은 높이가 동일하다.
② 높이가 다른 등고선은 서로 만나지 않는다.
③ 등고선은 도중에 소실되지 않으며 폐합된다.
④ 절벽(낭떠러지) 또는 동굴인 경우 등고선이 교차한다.
⑤ 등고선 간격이 넓으면 완경사지, 좁으면 급경사지, 일정하면 경사가 균일하다.
⑥ 지표면의 경사가 일정하면 등고선 간격은 같고 평행하다.
⑦ 표고가 높아짐에 따라 등고선 간격이 좁아지는 것은 오목한 비탈면, 넓어지는 것은 볼록한 비탈면이다.
⑧ 높은 곳을 향하여 파고 들어간 곳은 계곡(골짜기)이며, 흘러내린 곳은 능선이다.
⑨ 계곡, 능선, 최대경사선(최대경사의 방향)은 등고선과 직교한다.
⑩ 볼록한 한 쌍의 등고선이 마주 서 있고, 다른 한 쌍의 등고선이 바깥쪽을 향하여 내려가는 곳은 고개(안부)이다.

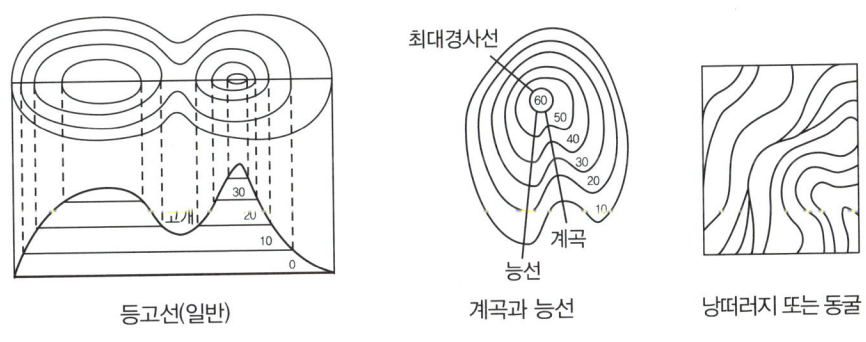

등고선(일반)   계곡과 능선   낭떠러지 또는 동굴

| 등고선의 특징 |

SECTION 02 컴퍼스 및 평판 측량

1. 컴퍼스측량

(1) 컴퍼스측량 일반

① 자침이 남북을 가리키는 성질을 가진 컴퍼스(compass, 나침반)를 이용하여 방위, 방위각, 거리를 관측하고 평면상의 위치를 결정하는 측량을 컴퍼스측량이라 한다.

② 산림 내에서 자침과 각도 눈금판을 이용하여 간단히 측량할 수 있는 방법으로 눈금판의 NS가 가리키는 방향으로 목표물을 시준하여 측량한다.

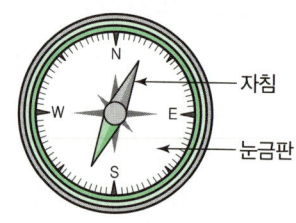

┃컴퍼스┃

③ 철제구조물과 전류가 많은 시가지에서는 자력에 방해를 받아 이용하기 어려우며, 산림, 농지, 임야지 등과 같이 국지인력의 영향이 없거나 높은 정밀도를 요하지 않는 곳에서 신속하고 간편하게 측량할 때 자주 이용되고 있다.

④ 컴퍼스의 남북은 지구의 정남북이 아닌 지구의 남북에서 흐르는 자기력선에 따른 남북을 가리키게 되는데, 자침의 N극이 가리키는 북쪽을 자북(磁北)이라 하며, 변하지 않는 북쪽, 즉 지리적 북쪽을 진북(眞北)이라 한다.

⑤ 지구의 자기장을 따라 나침반의 침도 나란히 놓이는데, 자력(자기장)은 시간에 따라 조금씩 이동하여 자침이 가리키는 남북도 조금씩의 편차(자침편차)를 가진다.

⑥ 컴퍼스의 눈금판은 0~360°로 나누어진 것과 남북을 0°로 하여 양측으로 90°까지 나누어진 것이 있는데, 일반적으로 90°로 나누어진 눈금판을 많이 이용하고 있다.

⑦ 컴퍼스측량의 단계
  - 컴퍼스의 검사와 조정을 시행한다.
  - 자오선의 자침편차 및 국지인력을 보정한다.
  - 도선법, 사출법, 교차법에 의해 컴퍼스를 이용한 측량을 실시한다.

(2) 컴퍼스의 검사와 조정

① 컴퍼스측량에서 발생하는 오차에는 기계오차, 관측오차, 국소인력에 의한 오차 등이 있으므로 오차가 발생하지 않도록 검사와 조정을 시행한다.

② 검사와 조정방법
  - 자침은 어느 곳에 두더라도 자력이 충분하여 활발히 움직여야 한다.

- 컴퍼스를 수평으로 두었을 때 자침의 양끝이 같은 도수를 가리키며 일직선상에 있어야 한다.
- 수준기의 기포를 중앙에 오게 한 후 수평으로 180° 회전시켜도 기포가 중앙에 있어야 한다.
  * 수준기(수평기) : 수평을 맞추는 기구
- 시준장치로 시준할 때 시준종공(視準縱孔) 또는 시준사(視準絲)와 목표물의 수직선이 일치하여야 한다.

(3) 자오선과 국지인력

① 자오선(진북선) : 지구의 정남북(양극)을 잇는 선

② 자침편차
- 진북과 자북이 이루는 각으로 편차는 북쪽으로 갈수록 커진다.
- 우리나라 남부 5~6°, 중부 6~7°, 북부 7~9°

③ 자침편차의 변화
- 일변화(일차) : 오전 11시경이 평균, 오후 2시경이 최대가 되는 하루 사이의 변화로 약 5~10′
- 연변화(연차) : 매년 사이의 변화
- 주기변화(주차) : 오랜 기간에 걸쳐 주기적으로 나타나는 변화 = 영년변화
- 불규칙변화 : 돌발적으로 불규칙하게 나타나는 변화 ✎ 월변화, 규칙변화 ✕

④ 국지인력(局地引力, 국소인력, 국부인력)

측량하는 곳 주변에 자력 방해 시설이 있을 경우 컴퍼스가 자북을 가리키지 못하게 되는데 이때에 영향을 미치는 국지적인 자력을 말한다.

2. 평판측량

(1) 평판측량 일반

① 평판측량이란 세 개의 다리가 달린 평판 위에 제도지를 올리고 현장에서 직접 시준하여 측량하고 제도하는 방법이다.
② 정밀도가 높지는 않지만, 빠르고 간편하게 측량해야 할 경우 실용적으로 많이 이용되고 있다.

③ 평판측량 기기

구분	내용
평판	삼각대 위에 고정하여 제도하기 위한 평평한 사각판(제도판)
삼각	평판을 수평으로 유지하는 세 개의 받침다리
앨리데이드	• 평판 위에서 사용하며, 목표 지점의 방향을 측정하는 기구 • 시준판, 기포관, 정준간으로 구성 • 후방 시준판의 구멍(시준공)을 통해 전방 시준판의 실(시준사)을 내다보아 측정 지점과 방향을 일치시켜 방향선을 결정 • 가운데 달린 기포관(수준기)을 조절하여 평판의 수평 조절 • 평판이 정확히 수평이 안 될 때 정준간을 조절하여 앨리데이드의 수평 조절
구심기	추가 달려 있어 평판상의 측점과 추를 내린 지상의 측점이 일치하여 동일 수직선상에 있도록 하는 기구
자침함	자침이 들어 있어 평판과 도면의 방향 결정에 쓰이는 기구

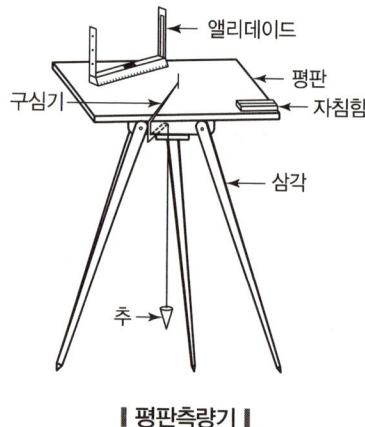

┃ 평판측량기 ┃

┃ 앨리데이드 ┃

(2) 평판 설치의 필수 조건

구분	내용
정준(정치)	수평 맞추기 : 삼각을 바르게 놓고, 앨리데이드를 가로세로로 차례로 놓아가며 기포관의 기포가 중앙에 오도록 수평 조절
구심(치심)	중심 맞추기 : 구심기의 추를 놓아 지상측점과 도상측점이 일치하도록 조절
표정	방향 맞추기 : 모든 측선의 도면상방향과 지상방향이 일치하도록 조절

| 정준 | | 구심 | | 표정 |

(3) 평판측량의 특징
① 대부분의 작업이 현장에서 이루어지며, 내업이 다른 측량보다 적은 편이다.
② 현장에서 제도하므로 비교적 정확하게 표시할 수 있고, 오측을 쉽게 발견할 수 있으며 현장에서 직접 수정이 가능하다.
③ 눈으로 직접 시준하므로 다른 측량방법에 비해 정밀도(정확도)는 낮은 편이다.
④ 비가 오는 날에는 측량이 매우 곤란하며, 기상에 따른 영향을 많이 받는다.
⑤ 온·습도의 변화로 제도지에 신축이 생겨 오차가 발생하기 쉽다.
⑥ 첨단의 측량기법 개발로 평판의 기구 사용이나 운반 등이 상대적으로 번거로워졌다.

(4) 평판측량의 종류
① 방사법(사출법)
- 평판을 한 측점에 고정하고 많은 측점을 시준하여 방향선을 그리고, 거리는 직접 측정하여 도면상에 측점의 위치를 결정하는 방법이다.
- 각 측점의 실제거리는 직접 측정하고 축척에 맞게 축소하여 도면상에 나타낸다.
- 평판을 세운 기준점에서 방사선의 형태로 각 측점의 위치를 구하므로 방사법이라 한다.
- 측량 구역 안에 장애물이 없어 기준점에서 주위를 넓게 시준할 수 있는 곳에 적용한다.
- 알아낸 측점을 연결하면 측량범위가 결정되므로 오차의 발생 여부를 알 수 없다.

② 전진법(도선법)
- 장애물이 있거나 지형이 좁고 길어, 한 점에서 많은 측점의 시준이 불가능할 때 각 측점마다 평판을 옮겨가며 방향선과 거리를 측정하여 차례로 제도해 나가는 방법이다.
- 앞으로 나아가며 측량을 진행하여 전진법이라 하며, 방향선을 차례로 이어가므로 도선법이라고도 한다.

③ 교회법(교차법)
- 이미 알고 있는 2~3개의 측점(기지점)에 평판을 세우고, 알고자 하는 미지점을 시준하여 시준한 방향선의 교차점을 도면상의 측점위치로 결정하는 방법이다.

- 시준점을 기준으로 교차위치에 따라 전방교회법, 측방교회법, 후방교회법의 방법이 있다.
- 시오삼각형 : 교차법에서 3개의 방향선이 한 점에서 만나지 않고 하나의 삼각형을 이루는 형태를 말한다.

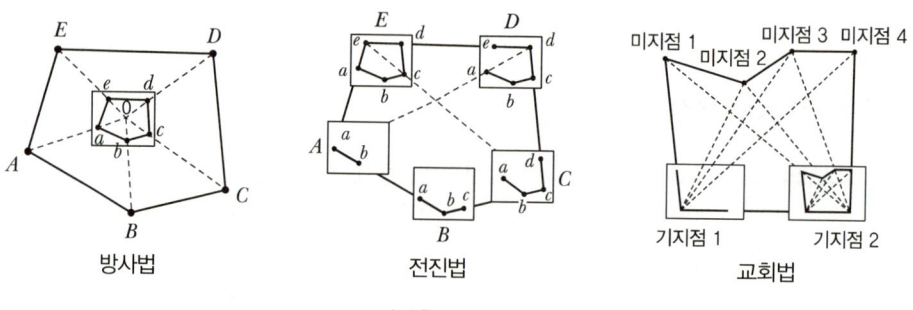

| 평판측량의 종류 |

3. 측량의 오차와 정도

(1) 오차의 종류

① **누적오차(누차, 정오차)**
- 발생 원인을 분명히 알 수 있는 오차로 측량 후 오차의 보정이 가능하다.
- 측정횟수에 따라 오차가 누적되어 누적오차 또는 오차의 크기나 형태가 일정하여 정오차라고 한다.
- 불완전한 기계 또는 계산에 의해 발생하기 쉬운 오차이다.
- 누적오차의 예 : 줄자의 길이가 기온·습도·재질·인장강도 등에 의해 늘어나거나 줄어들 때, 줄자가 바람이나 자중 또는 초목에 걸쳐 직선이 되지 않을 때 등
- 누적오차의 보정 : 줄자 정수의 보정, 평균해면상의 거리보정, 온도보정, 경사보정, 처짐에 의한 보정 등

② **우연오차(부정오차, 상쇄오차, 상차)**
- 발생 원인을 알 수 없는 오차로 오차의 보정이 상당이 어렵다.
- 우연적으로 발생하여 우연오차 또는 원인이 일정하지 않은 오차라 하여 부정오차, 반대의 오차값이 발생하여 서로 상쇄되기도 하므로 상쇄오차(상차)라고 한다.
- 아무리 주의해도 피할 수 없으며 반드시 존재하는 오차로 누적되지는 않는다.
- 보정은 최소자승법에 의해서만 가능하다.

③ 과오(과실, 착오)
- 측량자의 착각, 부주의나 미숙 등으로 발생하는 과실에 의한 인위적인 오차이다.
- 주로 측정값의 눈금을 잘못 읽거나 야장의 기록 실수, 계산 착오 등에 의해 발생한다.
- 측량 시 주의를 기울이면 발생을 미리 방지할 수 있으며, 발생하였더라도 오차의 크기가 커서 쉽게 발견할 수 있다.
- 이론적으로는 보정이 어려우므로 측량을 다시 실시하여야 한다.

(2) 오차의 3가지 원칙

① 같은 크기의 정(+)오차와 부(−)오차는 동일 횟수로 발생한다.
② 작은 오차는 큰 오차보다 발생하기 쉽다.
③ 매우 큰 오차는 거의 발생하지 않는다.

(3) 평판측량의 폐합오차

① 전진법에 의해 측량을 실시할 경우 시작 측점에서 마지막 측점이 끝나 도형의 폐합이 이루어져야 하는데, 오차로 도형이 닫히지 않고 열린 채로 끝나는 경우가 발생하여 이때의 오차를 폐합오차라 한다.
② 폐합오차가 발생하였을 때는 오차량을 각 측선의 길이만큼 비례해 합리적으로 배분하여 수정한다.
③ 오차배분의 계산

$$\text{오차배분량} = \frac{\text{시작점에서 수정할 측점까지의 길이}}{\text{전 측선의 총길이}} \times \text{폐합오차}$$

Exercise 35

평판측량에 있어서 어느 다각형을 전진법에 의하여 측량하였다. 이때 폐합오차가 20cm 발생하였다면 측점 C의 오차배분량은?(단, 측선 AB=50m, BC=20m, CD=20m, DA=10m)

풀이 폐합오차가 20cm=0.2m이므로

$$\text{오차배분량} = \frac{\text{시작점에서 수정할 측점까지의 길이}}{\text{전 측선의 총길이}} \times \text{폐합오차}$$
$$= \frac{50+20}{50+20+20+10} \times 0.2 = 0.14\text{m}$$

SECTION 03 고저측량

1. 고저측량 일반

① 수준면(기준면)으로부터 일정 지역의 높낮이(표고)를 알아보는 측량으로 임도의 종단측량 시 적용한다.
② 고저측량은 레벨(level)과 표척을 이용해 여러 지점들의 수직높이를 결정하는 것으로 수준측량 또는 레벨측량이라고도 한다.

┃레벨┃

┃표척┃

[고저측량의 용어 정리]

용어	약어	정의
수준점	B.M (Bench Mark)	수준면으로부터의 표고를 표시해 둔 측량의 기준이 되는 원점
후시	B.S (Back Sight)	• 레벨을 기준으로 표고를 이미 알고 있는 후진 방향의 측점 • 기지점에 세워 둔 표척의 눈금을 읽은 값
전시	F.S (Fore Sight)	• 레벨을 기준으로 표고를 아직 알지 못하는 전진 방향의 측점 • 미지점에 세운 표척의 눈금을 읽은 값
이기점	T.P (Turning Point)	전시와 후시를 모두 측정하는(읽는, 취하는) 점
중간점	I.P (Intermediate Point)	전시만 측정하는(읽는, 취하는) 점
기계고	I.H (Instrument Height)	• 수준면에서 레벨 시준선까지의 수직높이 • 기계고 = 기지점의 지반고 + 후시값
지반고	G.H (Ground Height)	• 수준면에서 표척이 세워진 지반까지의 수직높이 • 미지점의 지반고 = 기계고 – 전시값 = 기지점의 지반고 + 후시값 – 전시값

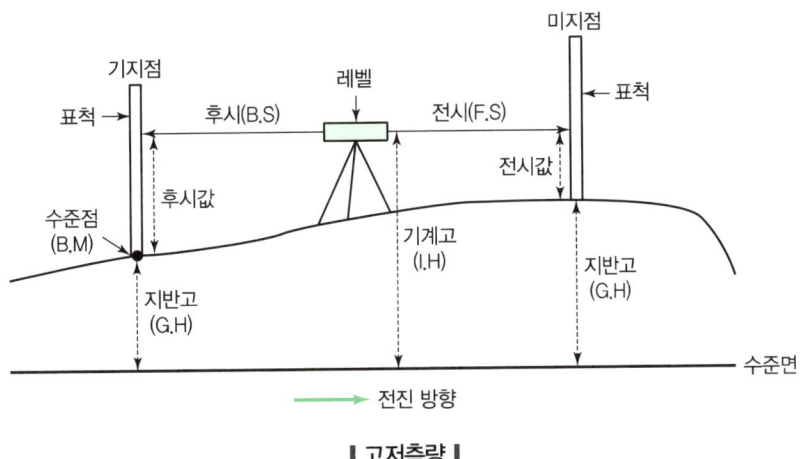

┃ 고저측량 ┃

2. 야장기입방식

측량의 결과를 기입하여 표로 나타낸 것을 고저측량의 야장이라 하며, 기입방식에는 기고식, 승강식, 고차식이 있다.

(1) 기고식 야장법

① 중간점(전시)이 많은 경우에 편리한 야장기입법으로 승강식보다는 복잡하지 않고 고차식보다는 상세하므로 가장 많이 사용한다.
② 이미 알고 있는 지반고에 후시값를 더해 기계고를 구하고, 이 기계고에서 전시값을 빼서 알고자 하는 다음 지반고를 차례로 구하며 측량을 이어나가 수준점으로부터 어떤 측점까지의 고저차를 알아보는 방식이다.

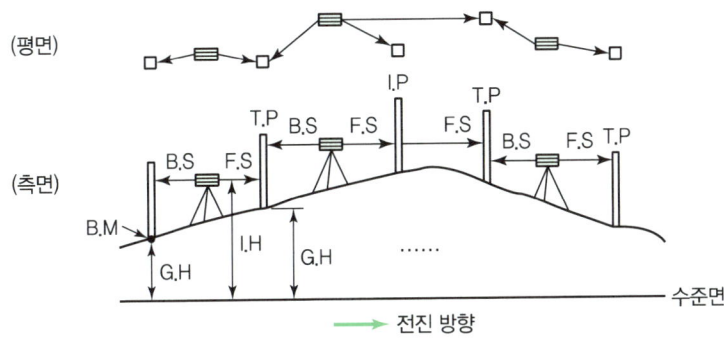

③ 수준점에서 마지막 측점까지의 총 고저차는 후시 합계와 이기점 전시 합계의 차이로 계산할 수 있으며, 지반고의 차이에 의해서도 알 수 있다.

④ 야장기입 계산식

- 기계고(I.H) = 기지점의 지반고(G.H) + 후시(B.S)
- 미지점의 지반고(G.H) = 기계고(I.H) − 전시(F.S) = 기지점의 지반고(G.H) + 후시(B.S) − 전시(F.S)
- 최종 고저차 = 후시의 합계 − 이기점 전시의 합계

[기고식 야장의 예]

측점 (S.P)	후시 (B.S)	기계고 (I.H)	전시(F.S) 이기점 (T.P)	전시(F.S) 중간점 (I.P)	지반고 (G.H)	비고 (remarks)
B.M	2.30	32.30			30.00	B.M의 H = 30.00m
1				3.20	29.10	
2				2.50	29.80	
3	4.25	35.45	1.10		31.20	
4				2.30	33.15	
5				2.10	33.35	
6			3.50		31.95	
계	+6.55		−4.60			측점 6은 B.M에 비하여 1.95m 높다(6.55 − 4.60 = 1.95).

[비고]

- 수준점의 지반고는 30.00m이며, 후시는 2.30m이므로 기계고는 32.30m이다.

  기계고(I.H) = 지반고(G.H) + 후시(B.S) = 30.00 + 2.30 = 32.30m

- 이 상태의 레벨로 측점 1, 측점 2, 측점 3의 표척을 바라보면 전시는 각각 3.20m, 2.50m, 1.10m이며, 지반고는 기계고 32.30m에서 각 측점 전시값을 빼주어 각각 29.10m, 29.80m, 31.20m가 된다.

  지반고(G.H) = 기계고(I.H) − 전시(F.S) = 32.30 − 3.20 = 29.10m
  32.30 − 2.50 = 29.80m
  32.30 − 1.10 = 31.20m

- 더 이상 표척의 눈금이 보이지 않아 측점 3을 지나 레벨을 더 앞으로 이동한다.
- 이동한 레벨로 측점 3을 뒤돌아보면 후시가 4.25m이며, 지반고는 31.20m이므로 기계고는 35.45m가 된다.

  기계고(I.H) = 지반고(G.H) + 후시(B.S) = 31.20 + 4.25 = 35.45m

- 이때, 측점 3은 전시와 후시가 모두 측정되므로 이기점(T.P)이다.
- 다시 이 레벨로 측점 4, 측점 5, 측점 6의 표척을 바라보면 전시는 각각 2.30m, 2.10m, 3.50m이며, 지반고는 기계고 35.45m에서 각 측점 전시값을 빼주어 각각 33.15m, 33.35m, 31.95m가 된다.

  지반고(G.H) = 기계고(I.H) − 전시(F.S) = 35.45 − 2.30 = 33.15m
  35.45 − 2.10 = 33.35m
  35.45 − 3.50 = 31.95m

- 측점 6과 같은 가장 마지막 측점의 전시값은 이기점에 표시한다.
- 수준점의 지반고가 30.00m이며, 측점 6의 지반고가 31.95m이므로 1.95m만큼 지형이 높다.

Exercise 36

아래 표는 수준측량에 의한 야장이다. 각 측점의 지반고(m)를 계산하시오.

측점	후시(m)	전시(m)		지반고(m)
		T.P	I.P	
B.M	2.191			10.000
1			2.507	①
2			2.325	②
3	3.019	1.496		③
4			2.513	④
5	1.846	2.811		⑤
6		3.817		⑥

풀이 지반고(G.H) = 기계고(I.H) − 전시(F.S) = 지반고(G.H) + 후시(B.S) − 전시(F.S)

① G.H+B.S−F.S=10.000+2.191−2.507=9.684
② G.H+B.S−F.S=10.000+2.191−2.325=9.866
③ G.H+B.S−F.S=10.000+2.191−1.496=10.695
④ G.H+B.S−F.S=10.695+3.019−2.513=11.201
⑤ G.H+B.S−F.S=10.695+3.019−2.811=10.903
⑥ G.H+B.S−F.S=10.903+1.846−3.817=8.932

(2) 승강식 야장법

① 측정한 후시에서 전시를 뺀 값을 계산하여 지반의 승(+), 강(−)을 추가로 기입하는 방식이다.
② 고차식이나 기고식보다 복잡하지만 정밀한 측량이 가능하다.
③ 후시, 전시, 이기점, 중간점, 지반고와 함께 승(+), 강(−)을 기입하여 나타낸다.

(3) 고차식 야장법

후시와 전시의 차이로 두 지점 간의 고저차를 계산하여 지반고를 기입하는 가장 간단한 방식이다.

SECTION · 04 트래버스 측량

측량요소인 각과 거리를 관측하여 대상 측점의 평면위치를 결정하는 기법으로 측점을 잇는 측선이 다각형(트래버스)을 이루므로 다각측량 또는 트래버스 측량이라 한다.

1. 각측량 일반

(1) 방위각의 측정

① 방위각

방위를 각도로 나타낸 것으로 진북선을 기준으로 하여 시계 방향으로 어느 측선까지 이루는 각

② 역방위각 : 방위각과 180° 반대되는 방향의 방위각
- 방위각이 180° 이상 : 방위각 − 180°
- 방위각이 180° 미만 : 방위각 + 180°

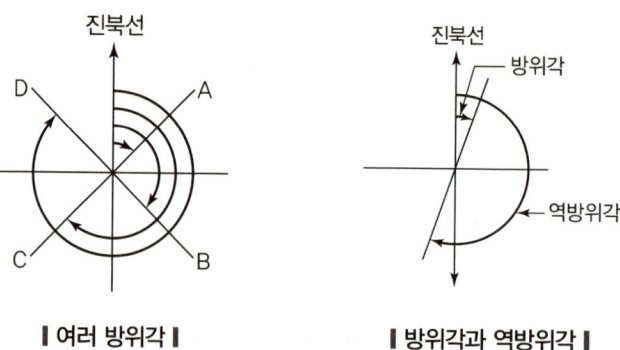

┃여러 방위각┃　　　　┃방위각과 역방위각┃

Exercise 37

AB측선의 방위각이 120°20′일 때, BC측선의 방위각은?

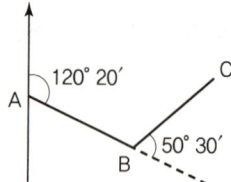

풀이 B점을 기준으로 진북선을 그으면, BC측선의 방위각은 120°20′ − 50°30′ = 69°50′이다.

Exercise 38

어떤 두 측점 간의 측량 결과 방위각이 127°30′일 때, 역방위각은?

풀이 방위각이 180° 미만 : 방위각 + 180° = 127°30′ + 180° = 307°30′

(2) 방위의 표시방법

① 방위는 남북을 기준으로 동서로 얼마나 기울어져 있는지를 나타내는 것으로 각도는 90° 이내에 있으며, 남북 방향을 먼저 나타내고 뒤에 동서 방향을 나타낸다.
② 아래 표와 같이 사방으로 네 개의 영역으로 나누고, 각 영역별 측선의 방위는 화살표 순서에 따라 '방향 각도 방향'으로 표시하며, 각도 또한 화살표 방향으로 먼저 나오는 각을 읽어 나타낸다.
③ 예를 들어, 첫 번째 영역 측선의 방위각이 50°라면, 방위는 N50°E이며, 두 번째 영역 측선의 방위각이 120°라면, 나머지 각은 60°이므로 방위는 S60°E가 된다.

[방위각에 따른 방위의 표시]

측선의 영역	방위의 표시
1영역	N 방위각 E
2영역	S (180° − 방위각) E
3영역	S (방위각 − 180°) W
4영역	N (360° − 방위각) W

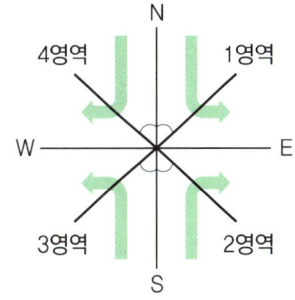

Exercise 39

방위각 275°를 방위로 표기하면?

풀이 방위각이 275°이므로 네 번째 영역에 속하며, 360° − 275° = 85°이다. 따라서 화살표 방향의 순서대로 표시하면, N85°W이다.

Exercise 40

방위가 S49°10′W일 때의 방위각은?

풀이 방위가 S49°10′W이면 세 번째 영역에 있으므로, 방위각은 180° + 49°10′ = 229°10′이다.

> **Exercise 41**
>
> AB측선의 방위가 S45°W라면 그 역방위는?
>
> **풀이** 방위가 S45°W이면 세 번째 영역에 있고 이것을 180° 반대로 돌리면 첫 번째 영역이 되므로 화살표 방향의 순서대로 표시하면, N45°E이다.

2. 트래버스의 종류 및 허용오차

(1) 트래버스의 종류

① 폐합 트래버스

어떤 측점에서 차례로 측량을 시작하여 최후에 다시 출발한 측점으로 되돌아오는 측량방법으로 소규모의 단독적인 측량에 많이 이용되는 트래버스이다.

② 개방 트래버스

어떤 측점에서 측량을 시작하여 시작점으로 돌아오지 않고 모르는 다른 측점에서 종결되어 개방된 트래버스이다.

③ 결합 트래버스

알고 있는 측점에서 측량을 시작하여 다른 알고 있는 측점으로 종결되는 측량방법으로 대규모 지역의 높은 정확도와 정밀도를 요하는 측량에 이용되는 트래버스이다.

④ 트래버스망

폐합·개방·결합 트래버스가 두 가지 이상 결합된 트래버스망이다.

| 트래버스의 종류 |

(2) 트래버스의 허용오차

① 트래버스측량에서 측선 간의 각은 교각법, 편각법, 방위각법에 의해 측정할 수 있으며, 관측각은 기하학적 조건과 비교하여 오차를 검사한다.

② 허용범위 안에서의 작은 오차는 조정이 가능하여 폐합트래버스인 경우 내각, 외각, 편각의 총합을 관측한 각과 비교하여 오차 발생을 점검할 수 있다.

③ n각형 폐합트래버스의 오차 조정 기준
- 내각의 합 = $180° \times (n-2)$
- 외각의 합 = $180° \times (n+2)$
- 편각의 합 : 측량의 시점와 종점이 동일하여 결국 한 측점을 중심으로 한 바퀴를 두른 형상이므로 n각형의 편각의 합은 360°
  * 편각 : 어떤 측선의 연장선과 다음 측선이 이루는 각

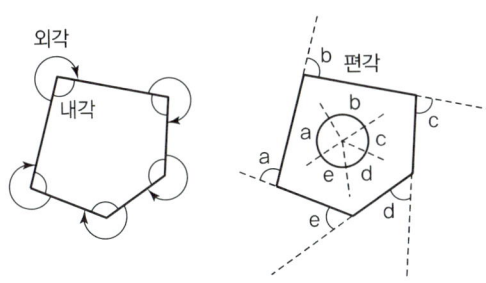

▍내각, 외각, 편각▍

Exercise 42

오각형으로 폐합된 트래버스 내각의 합은 얼마인가?

풀이 내각의 합 = $180° \times (n-2) = 180° \times (5-2) = 540°$

Exercise 43

수평각 측정에서 폐합된 오각형 외각의 합은 얼마인가?

풀이 외각의 합 = $180° \times (n+2) = 180° \times (5+2) = 1,260°$

Exercise 44

폐합된 다각형을 편각법으로 측정할 경우 편각의 총합은?

풀이 모든 폐합된 다각형의 편각의 합은 360°이다.

3. 위거와 경거

(1) 위거와 경거의 계산

① 종축 방향을 NS선(자오선), 횡축 방향을 EW선(자오선과 직교하는 동서선)으로 하는 좌표상의 어떤 측선 AB에 대한 방위각(θ), 위거, 경거, 횡거의 정의와 계산식은 아래 표와 같다.

[위거, 경거, 횡거의 정의와 계산식]

구분	내용
위거	• AB측선에서 남북방향(자오선)으로 내린 세로선의 길이 • 위거 = AB $\times \cos\theta$
경거	• AB측선에서 동서방향으로 내린 가로선의 길이 • 경거 = AB $\times \sin\theta$
횡거 (자오선거)	AB측선의 중점에서 남북 자오선에 내린 수선의 길이

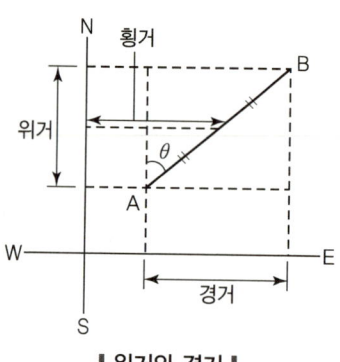

▮ 위거와 경거 ▮

② 좌표계에서 중심점으로부터 세로 좌표의 위거의 총합을 합위거, 가로 좌표의 경거의 총합을 합경거라고 하며, 제도를 정확히 하기 위해 합위거와 합경거를 구한다.

(2) 폐합트래버스의 폐합오차와 폐합비

① 폐합트래버스에서 위거는 N방향(상승 방향)일 때 +, S방향(하강 방향)일 때 - 값이며, 경거는 E방향(오른쪽 방향)일 때 +, W방향(왼쪽 방향)일 때 - 값을 나타낸다.
② 폐합트래버스가 한 점에서 시작해 오차 없이 같은 점으로 끝난다면 위거와 경거의 합은 각각 0이 된다. 즉, 위거(L)와 경거(D)의 오차가 없을 때 $\Sigma L=0$, $\Sigma D=0$이다.

[폐합트래버스]

측선	위거	경거
AB	+4	+4
BC	-2	+2
CD	-5	-3
DA	+3	-3
합계	0	0

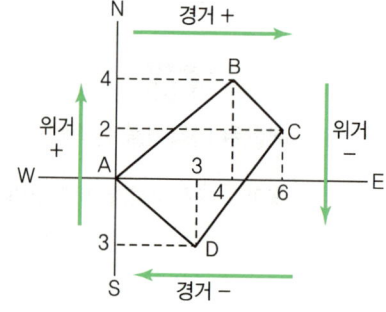

▮ 폐합트래버스 ▮

③ 그러나 대부분은 마지막 측점이 시작점에서 끝나지 않고 폐합오차가 발생하여 위거와 경거의 합계인 ΣL, ΣD로 각각의 폐합오차를 알아내며, 계산식을 통해 전체 폐합오차를 계산한다.
④ 전체측선의 길이에 대한 폐합오차의 비를 폐합비라고 하며, 1/n의 형태로 나타낸다.
⑤ 폐합오차와 폐합비의 계산

- 폐합오차 $= \sqrt{(\sum L)^2 + (\sum D)^2}$

  여기서, $\sum L$: 위거오차, $\sum D$: 경거오차

- 폐합비 $= \dfrac{\text{폐합오차}}{\text{전체 측선의 길이}} = \dfrac{\sqrt{(\sum L)^2 + (\sum D)^2}}{\text{전체 측선의 길이}}$

Exercise 45

노선의 전체 길이가 3km인 다각측량을 실시하였더니 폐합비가 $\dfrac{1}{5,000}$이었다. 폐합오차는 몇 cm인가?

풀이 폐합비 $= \dfrac{\text{폐합오차}}{\text{전체 측선의 길이}}$ 이므로 $\dfrac{1}{5,000} = \dfrac{x}{300,000}$ (3km = 300,000cm)

따라서 폐합오차는 60cm 이다.

Exercise 46

측점 A에서 다각측량을 시작하여 다시 측점 A에 폐합시켰다. 위거의 오차가 10cm, 경거의 오차가 15cm였다. 이때의 폐합비는 얼마인가?(단, 측선의 전체거리는 1,800m)

풀이 폐합비 $= \dfrac{\sqrt{(\sum L)^2 + (\sum D)^2}}{\text{전체 측선의 길이}} = \dfrac{\sqrt{0.1^2 + 0.15^2}}{1,800} = 0.0001001542$ 이며,

이것을 1/n의 형태로 나타내면 약 $\dfrac{1}{10,000}$ 이다.

⑥ 컴퍼스 법칙

폐합오차는 변의 길이에 비례하여 발생한다는 가정하에 오차의 조정량을 구하는 방식으로 조정량은 아래와 같다.

- 위거 조정량 $= \dfrac{\text{위거오차} \times \text{해당 측선의 길이}}{\text{측선의 총길이}}$
- 경거 조정량 $= \dfrac{\text{경거오차} \times \text{해당 측선의 길이}}{\text{측선의 총길이}}$

Exercise 47

측선 길이 100m, 위거오차 0.1m, 경거오차 0.5m, 전 측선 총길이가 200m일 때 경거와 위거의 조정량을 컴퍼스 법칙으로 계산한 값은?

풀이
- 위거 조정량 = $\dfrac{\text{위거오차} \times \text{해당 측선의 길이}}{\text{측선의 총길이}} = \dfrac{0.1 \times 100}{200} = 0.05\text{m}$
- 경거 조정량 = $\dfrac{\text{경거오차} \times \text{해당 측선의 길이}}{\text{측선의 총길이}} = \dfrac{0.5 \times 100}{200} = 0.25\text{m}$

(3) 배횡거법

① 배횡거법이란 횡거의 2배인 배횡거로 트래버스측량의 다각형 면적을 구하는 방법이다.

② 면적계산법
- 최초 측선의 배횡거 = 최초 측선의 경거
- 마지막 측선의 배횡거 = 마지막 측선의 경거
- 중간 측선의 배횡거 = 앞측선의 배횡거 + 앞측선의 경거 + 그 측선의 경거
- 배면적 = 배횡거 × 위거
- 다각형의 면적 = 배면적의 합 ÷ 2

Exercise 48

트래버스 계산 결과가 다음과 같을 때 배횡거법으로 구한 다각형의 면적은?

측선	위거	경거
AB	+25.0	+16.3
BC	−19.6	+31.8
CD	−17.9	−25.8
DA	+12.5	−22.3

풀이
- '최초 측선의 배횡거=최초 측선의 경거'이므로, 측선 AB의 배횡거는 16.3이며, '배횡거=앞측선의 배횡거+앞측선의 경거+그 측선의 경거'의 식에 대입하여 각 측선의 배횡거를 계산한다.
- '배면적=배횡거×위거'이므로, 각 식에 대입하여 배면적을 계산한다.

측선	위거	경거	배횡거	배면적
AB	+25.0	+16.3	16.3	16.3×25.0 = 407.5
BC	−19.6	+31.8	16.3 + 16.3 + 31.8 = 64.4	64.4 × −19.6 = −1,262.24
CD	−17.9	−25.8	64.4 + 31.8 − 25.8 = 70.4	70.4 × −17.9 = −1,260.16
DA	+12.5	−22.3	70.4 − 25.8 − 22.3 = 22.3	22.3 ×12.5 = 278.75

- 배면적의 합은 407.5−1,262.24−1,260.16+278.75=−1,836.15이며, 부호를 무시하여 1,836.15가 된다.
- '다각형의 면적=배면적의 합÷2'이므로, 다각형의 면적은 1,836.15÷2=918.075이다.

Exercise 49

다음과 같은 폐합다각측량의 성과표를 이용하여 측선 CD의 배횡거를 구하시오(단, 위·경거의 오차는 없는 것으로 함).

측선	위거	경거
AB	+35.84	+41.73
BC	−28.73	②
CD	①	−39.28
DA	+26.97	−37.84

풀이
- 위·경거의 오차는 없으므로 위거와 경거의 합은 각각 0이 되어, 35.84−28.73+①+26.97=0, 41.73+②−39.28−37.84=0이고 계산하면 ①은 −34.08, ②는 +35.39가 된다.
- ①과 ②의 값이 정해졌으므로 '배횡거 = 앞측선의 배횡거 + 앞측선의 경거 + 그 측선의 경거'의 식을 이용하여 측선 CD의 배횡거를 구하면 114.96이다.

측선	위거	경거	배횡거
AB	+35.84	+41.73	41.73
BC	−28.73	+35.39	41.73+41.73+35.39=118.85
CD	−34.08	−39.28	118.85+35.39−39.28=114.96
DA	+26.97	−37.84	114.96−39.28−37.84=37.84

SECTION 05 항공사진측량

① 항공기에 탑재된 카메라를 통하여 지상을 촬영하고 측량하는 것을 항공사진측량이라 한다.

② 항공사진측량의 특징
- 광범위한 지역을 신속하고 정확하게 촬영할 수 있다.
- 넓은 지역일수록 측량의 경비가 절감되어 경제적이며, 좁은 지역에는 비경제적이다.
- 2차적 평면과 함께 3차적 입체의 측정도 가능하여 길이, 넓이, 경사, 체적 등을 측량할 수 있다.
- 흐린 날은 촬영이 어려우며, 일기의 영향을 받는다.
- 하층식생이나 수간 등은 항공사진에 나타나지 않는다.
- 고도의 전문기술이 필요하다.

CHAPTER 07 임업기계

SECTION 01 임업기계 일반

1. 임업의 기계화 일반

① 임업경영에 활용되는 각종 기계류를 임업기계라고 하며, 임업 노동력 부족 및 임금 상승 등의 문제 해결과 생산성 증대를 위하여 임업의 기계화는 앞으로도 더욱 추진되어야 할 사항이다.
② 우리나라의 임업 기계 도입은 다른 산림 선진국에 비하면 연혁이 짧으며, 사용되고 있는 기계 또한 임업 전용의 기계가 아닌 타 산업의 기계를 이용하고 있는 경우가 많다.
③ 또한 벌목, 통나무 자르기, 가지치기 등의 임목수확작업은 대부분 체인톱을 이용하고 있으며, 집재나 운반에서 부분적으로 기계화 작업이 이루어지고 있는 실정이다.

2. 기계화의 특징 및 효과

(1) 임업생산 시의 기계화

- 인력작업보다 작업능률이 월등히 높다.
- 작업시간을 단축시킬 수 있으며, 인력이 절감된다.
- 인건비의 감소로 생산비용이 절감된다.
- 적은 인력으로 많은 생산량을 달성하여 노동생산성이 향상된다.
  * 노동생산성 : 노동량 대비 생산량의 비율
- 노동에 대한 부담이 줄고, 고된 중노동으로부터 벗어나게 한다.
- 균일한 작업이 가능하여 생산된 상품의 질이 높다.
- 작업성과가 기계를 다루는 인력에 좌우된다.
- 기계작업으로 인한 재해의 발생 가능성이 있다.
- 임지 및 자연환경의 훼손이 문제가 된다.

(2) 임도시공 시의 기계화

- 공사 기간을 단축시킬 수 있다.
- 공기가 단축되어 공사비가 절감된다.
- 완성도가 높은 시공이 가능하다.
- 소규모 공사에는 오히려 인력보다 경비가 많이 들어 비경제적 · 비효율적이다.
- 숙련된 전문 인력이 필요하다.
- 기계 구입비와 설비비가 비싸다.

SECTION 02 육림 및 수확 기계 · 장비

1. 육림 기계 · 장비

(1) 양묘작업 기계

① 산림묘포에서 묘목의 생산에 쓰이는 기계로 파종, 이식, 굴취, 육묘관리 등의 작업을 수행한다.
② 트랙터, 경운기, 묘목이식기, 단근굴취기, 정지작업기, 묘목수확기, 퇴비살포기, 제초기, 파종기, 약제살포기 등이 있다.

(2) 조림작업 도구

① 재래식 삽과 괭이
  식재나 사방공사 시 일반적으로 많이 이용하는 도구

② 각식재용 양날괭이
  - 자루의 끝에 양쪽으로 도끼와 괭이가 붙어 있는 도구로 괭이에는 타원형과 네모형이 있다.
  - 도끼는 땅을 가르는 데 사용하며, 괭이는 땅을 벌리는 데 사용한다.

③ 사식재용 괭이 : 작은 묘목(소묘)의 빗심기(사식)에 이용하는 괭이

④ 손도끼 : 뿌리의 단근작업에 사용

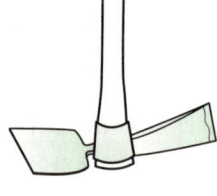

| 양날괭이 |

(3) 무육작업 도구

① 재래식 낫 : 풀베기에 사용
② 스위스 보육 낫(무육 낫) : 유령림의 무육작업에 적합한 낫
③ 소형 전정가위 : 어린 치수의 무육작업에 사용하는 가위
④ 무육용 이리톱 : 가지치기와 유령림의 어린나무 가꾸기에 적합하며, 손잡이가 구부러져 있는 톱
⑤ 가지치기 톱
- 소형 손톱 : 직경 2cm 이하의 가지치기에 사용
- 고지절단용 가지치기톱 : 수간의 높이가 4~5m 정도 되는 높은 곳의 가지치기에 사용

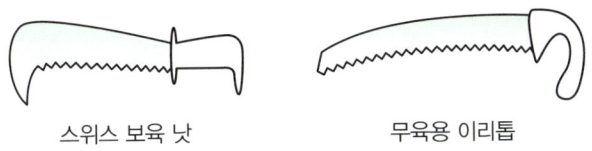

| 무육작업 도구 |

2. 수확 기계·장비

(1) 벌목작업 도구

① 도끼
- 용도에 따라 벌목용, 가지치기용, 각목다듬기용, 장작패기용, 손도끼 등으로 구분한다.
- 벌목용 : 도끼날의 각도 9~12°, 무게 440~1,400g
- 가지치기용 : 도끼날의 각도 8~10°로 벌목용보다 좀 더 뾰족
- 손도끼 : 무게 800g

② 쐐기
- 용도에 따라 벌목용, 절단용, 나무쪼개기용 등으로 구분한다.
- 주로 벌도 방향 결정과 안전작업을 위해 사용되며, 톱질 시 톱이 끼지 않도록 괴는 데 쓰이기도 한다.

③ 측척 : 벌채목을 규격대로 측정할 때 사용

(2) 집재작업 도구

① **사피, 도비** : 벌도목을 찍어 끌어 운반하는 데 사용하는 통나무용 끌개

② **피비(peavey), 캔트훅(cant hook)**
- 원목 이동 시에 방향을 전환하거나 굴려서 이동하는 등에 쓰이는 지렛대. 원목 방향전환용 지렛대
- 지렛대의 앞에 튼튼하고 뾰족한 스파이크가 달려 있어 원목을 스파이크로 찍어 감싼 뒤 지렛대를 당기거나 밀어 원목을 굴림

③ **피커룬(pickaroon)** : 나무를 찍어 들어 올리거나 끌 때 사용

④ **파이크폴(pike pole)** : 갈고리나 꼬챙이 등이 긴 장대 끝에 달려 있어 원목을 잡거나 끌 때 사용

⑤ **펄프훅(pulp hook)** : 짧은 길이의 연료재나 펄프재를 들어 옮길 때 사용하는 갈고리

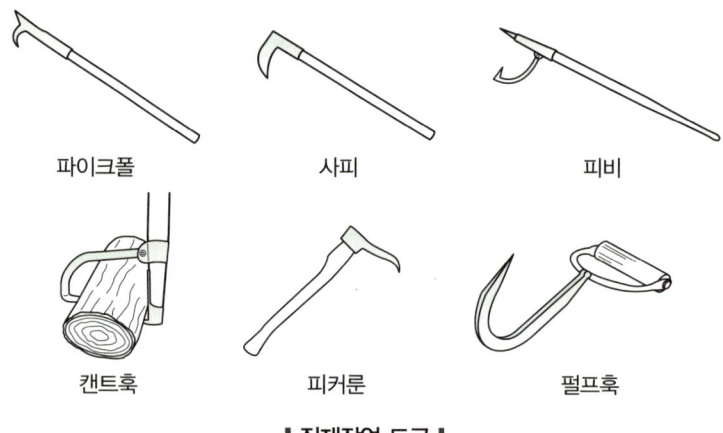

| 집재작업 도구 |

3. 체인톱(엔진톱, 기계톱)

(1) 체인톱 일반

① 산림에서 가장 많이 사용하는 기계로 주로 벌목 및 무육작업에서 이용한다.
② 소형엔진의 동력에 의해 톱체인이 고속 회전하면서 원목을 절단한다.
③ 임지에서는 작고 가벼우며 출력이 높은 것이 효율적으로 우리나라에서는 주로 1기통 2행정 공랭식 가솔린 엔진을 사용하여 작업한다(1기통 : 실린더가 1개, 2행정 : 압축과 폭발의 2가지 행정이 반복되는 것으로 소형 모터 장치에 유용, 공랭식 : 엔진열의 제거를 위해 실린더 주변을 공기로 냉각하는 장치).

④ 엔진의 출력과 무게에 따라 소형, 중형, 대형으로 구분하며, 우리나라의 주요 사용 체인톱 기종은 배기량 30~70cc의 소형 및 중형이 대부분을 차지한다.
⑤ 엔진구동의 원천에 따라서는 가솔린체인톱, 전동체인톱, 유압체인톱, 공기체인톱 등으로 구분한다. 🖉 디젤엔진톱 ×
⑥ 체인톱의 평균 수명(엔진 가동시간)은 약 1,500시간, 안내판의 평균 수명은 약 450시간 정도이다.

(2) 체인톱의 구조

① 원동기 부분
- 엔진이 가동하면서 동력이 발생하는 부분
- 엔진의 본체로 실린더, 피스톤, 크랭크축, 연료탱크, 점화장치 등으로 구성
- 스로틀레버(액셀레버) : 엔진의 회전속도를 조절하는 버튼
- 초크밸브 : 시동 시 공기를 차단하여 폭발력을 증대시키는 역할로 시동 전에 밸브를 닫아줌

② 동력전달 부분
- 원동기의 동력을 톱체인에 전달하는 부분
- 원심클러치, 감속장치, 스프라킷으로 구성
- 스프라킷 : 원심클러치에 연결되어 있는 톱니바퀴, 스프라킷의 회전으로 체인톱날이 회전

③ 톱날 부분
- 톱질로 원목을 잘라내는 부분
- 톱체인(쏘체인), 안내판, 체인장력조절장치, 체인덮개 등으로 구성
- 안내판(가이드바) : 체인톱날이 이탈하지 않도록 지탱하며 레일의 가이드 역할을 하는 판

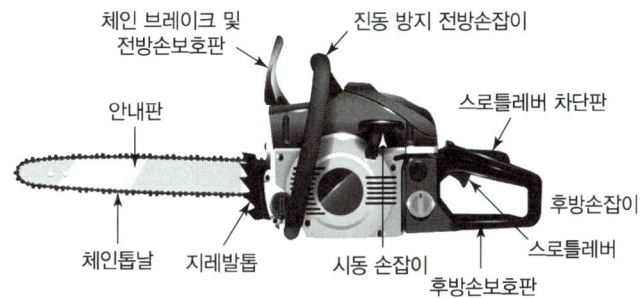

| 체인톱의 구조 |

(3) 톱체인(쏘체인)의 구조

① 쏘체인(saw chain)의 규격은 피치(pitch)로 나타내며, 피치란 서로 접한 3개의 리벳 간격을 반으로 나눈 길이를 말한다.

② 리벳 3개의 간격을 l인치라 한다면,

$\dfrac{l}{2}$인치 = 1피치

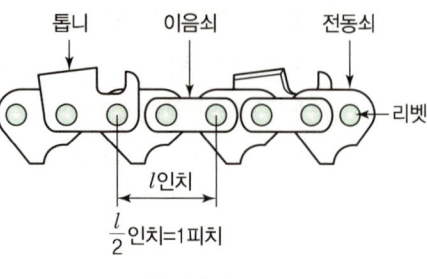

▍톱체인의 구조 ▍

(4) 체인톱의 구동원리

① 원동기에서 발생한 동력은 크랭크축의 원심클러치를 통해 스프라킷에 전달되고 체인을 구동하여 톱날이 회전하게 된다.

② 원동기의 동력 → 크랭크축 → 원심클러치 → 스프라킷 → 체인회전

(5) 체인톱의 안전장치

구분	내용
전방 · 후방 손잡이	• 체인톱의 손잡이로 앞뒤에 있음 • 전방 손잡이는 왼손, 후방 손잡이는 오른손으로 잡고 작업
전방 · 후방 손보호판 (핸드가드)	• 손잡이에 붙어 있는 판으로 체인이나 나무가 튈 때 손을 보호 • 전방 손보호판은 체인 급정지 장치(체인브레이크)와 연결
체인브레이크	• 회전 중인 체인을 급정지할 때 사용하는 브레이크 • 전방 손보호판을 밀거나 당겨 브레이크 작동
체인잡이	체인이 끊어지거나 안내판에서 벗어날 경우 튕겨 나오는 것을 일차적으로 차단해 주는 장치
지레발톱 (완충스파이크, 범퍼스파이크)	작업할 원목에 박아 체인톱을 지지하여 안정화시키는 톱니장치
스로틀레버차단판 (액셀레버차단판)	• 액셀레버가 단독으로 작동되지 않도록 차단하는 장치 • 스로틀레버와 스로틀레버차단판을 동시에 누르며 잡아야 액셀이 가동
체인덮개(체인보호집)	보관이나 이동 시 톱날 보호를 위해 씌우는 보호캡
소음기	엔진의 소음을 줄여주는 장치
스위치	전동 체인톱의 전원(On/Off) 스위치

그 외 안전체인(안전이음새), 방진고무(진동방지고무) 등

(6) 체인톱의 연료

① 체인톱은 대부분 2사이클 가솔린엔진으로 연료는 휘발유(가솔린)와 엔진오일(윤활유)을 혼합한 혼합유를 사용하고 있다.
② 적정 혼합비는 휘발유와 엔진오일이 25 : 1의 비율이며, 체인톱 전용 윤활유를 사용하는 경우 40 : 1의 비율로 혼합하기도 한다.
③ 휘발유는 옥탄가가 낮은 보통 휘발유를 사용하여 혼합한다. 옥탄가가 높은 휘발유는 연소성이 좋아 큰 폭발을 일으켜 문제가 될 수 있으므로 사용하지 않는다.
④ 엔진오일의 함유량이 부족하면 피스톤, 실린더 등이 눌러 붙거나 엔진이 마모되기 쉽고, 과다하면 연소가 잘 일어나지 않아 출력 저하나 시동 불량 현상이 나타날 수 있다.
⑤ 묽은 오일을 사용하게 되면 안내판(가이드바)에 오일이 고르게 전달되지 못해 마모가 빨라진다.
⑥ 연료통(또는 연료통 덮개)에 있는 공기구멍이 막히면 연료를 기화기로 공급하지 못해 엔진가동이 안 되고 시동이 걸리지 않는다.

> **참고**
>
> **엔진이 가속되지 않는 현상의 원인**
> - 기화기의 조절이 잘못됨
> - 점화코일과 연료장치의 결함
> - 에어필터의 오염

(7) 체인톱의 정비 및 보관

① 일일 정비사항
  - 휘발유(가솔린)와 오일(윤활유)의 혼합상태 확인 : 오일은 휘발유보다 무거워 침전되기 쉬우므로 휘발유와 오일을 잘 흔들어 혼합한 뒤 주유한다.
  - 에어필터 청소 : 충분한 공기가 유입되어 연료와 함께 연소될 수 있도록 오염원을 제거한다.
  - 안내판 정비 : 홈 속에 끼어 있는 이물질 등을 제거하고 윤활유가 공급되는 구멍을 깨끗이 손질한다.
② 주간 정비사항 : 체인톱날, 점화플러그, 체인톱 본체 등
③ 분기별 정비사항 : 연료통과 연료필터의 청소 등
④ 장기보관 시 유의사항
  - 연료와 오일을 비운다.
  - 특수 오일로 엔진을 보호한다.

- 매월 10분 정도 가동시켜 건조한 곳에 보관한다.
- 장력조정나사를 조정하여 체인을 느슨하게 풀어 놓는다.
- 체인은 수명연장 및 파손방지 예방을 위하여 윤활유에 넣어두면 좋다.

(8) 체인톱 작업 시 주의사항

① 2시간 이상 연속작업을 피하며, 연속조작은 10분 이내로 한다.
② 엔진을 시동한 뒤 2~3분간 저속으로 운전하며, 정지할 때도 저속으로 하여 엔진을 정지한다.
③ 이동 시에는 반드시 엔진을 정지한다.
④ 안내판의 끝부분으로 작업하지 않는다.
⑤ 작업 도중 안내판이 나무 사이에 끼면 먼저 엔진을 정지한 후 안전하게 처리한다.
⑥ 안전복, 안전화, 안전장갑 등의 보호장구를 반드시 착용하고 작업한다.
⑦ 가지치기는 안내판이 짧은 기계톱을 사용하며, 작업자는 벌목한 나무를 몸과 체인톱 사이에 놓고 가까이에 서서 작업한다.

4. 다공정 처리기계

벌도, 가지치기, 통나무 토막내기, 집적 등의 여러 공정을 복수로 처리할 수 있는 차량형 기계를 말하는 것으로 펠러번처, 프로세서, 하베스터 등이 있으며, 다공정 임목수확기계라고도 한다.

출처 : 산림청

▮ 하베스터 ▮

[임목수확기계의 종류]

종류	작업내용
트리펠러 (tree feller)	벌도만 실행
펠러번처 (feller buncher)	벌도와 집적(모아서 쌓기)의 2가지 공정 실행
프로세서 (processor)	• 집재된 전목재의 가지치기, 절단, 초두부 제거, 집적 등의 조재작업을 전문적으로 실행 벌도 ✕ • 산지집재장에서 작업하는 조재기계
하베스터 (harvester)	• 벌도, 가지치기, 조재목 마름질, 토막내기를 모두 수행 • 대표적 다공정 처리기계로 임내에서 벌도 및 각종 조재작업 수행

* 조재목 마름질 : 생산 원목의 규격에 맞게 치수를 재어 표시하는 일로 생산재의 품등에 영향을 미치며, 일정 규격의 경제성 높은 목재를 생산할 수 있음

SECTION 03 산림토목 기계·장비

1. 셔블계 산림토목 기계(셔블계 굴착기)

(1) 셔블계 굴착기의 특징

① 셔블계(shovel, 쇼벨)는 본체가 크레인인 굴착기로, 앞부속장치의 장착에 따라 용도가 다양하여 토목 공사에서 가장 많이 이용되고 있다.
② 앞부속장치에 따라 백호우(back hoe), 파워셔블(power shovel), 크레인(crane), 클램셸(clam shell), 드래그라인(drag line), 파일드라이버(pile driver)로 구분할 수 있다.

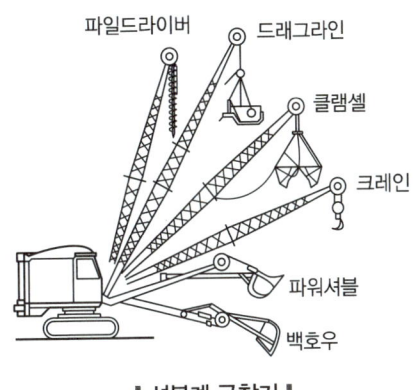

▮셔블계 굴착기▮

③ 셔블계 굴착기는 토사를 굴착하고 적재하는 작업이 동시에 가능하다.
④ 셔블계 굴착기의 크기는 붐의 길이로 나타내며, 능률은 버킷(bucket) 또는 디퍼(dipper)의 용량으로 나타낸다.

(2) 셔블계 굴착기의 종류

① 파워셔블(power shovel)
  - 기계가 서있는 지면보다 높은 곳의 굳은 점토나 경질의 흙(굳은 지반)을 굴착하기에 적합한 기계이다.
  - 셔블계 중에 대표적인 굴착기로 굴착과 함께 본체가 360° 회전하므로 굴착한 흙을 운반기계에 실을 수 있다.

② 백호우(back hoe)
  - 기계가 서있는 지면보다 낮은 곳의 굳은 지반 굴착에 적합한 기계이다.
  - 본체가 360° 회전할 수 있어 굴착과 적재가 편리하다.
  - 트렌치호우(trench hoe), 드래그셔블(drag shovel)이라고도 한다.
  - 수중굴착이 가능하여 옆도랑과 빗물받이의 토사 제거에도 많이 이용된다.
  - 소형 백호우는 장마기 이후 배수로의 토사를 제거하기에 적당하다.

- 백호우(굴삭기)의 시간당 작업량 계산

$$\text{시간당 작업량}(m^3/h) \quad Q = \frac{3{,}600 \times q \times K \times f \times E}{C_m}$$

여기서, C_m : 1회 사이클시간, q : 버킷용량, K : 버킷계수
f : 토량환산계수, E : 작업효율

③ 드래그라인(drag line)
- 본체가 서 있는 지면보다 낮은 곳의 부드러운 지반을 굴착하는 기계이다.
- 붐 끝에 케이블이 장치되어 있고 케이블에 연결된 버킷을 멀리 던지고 끌어당기면서 토사나 암석 따위를 얕게 긁어내는 작업을 수행한다.
- 수중굴착이 가능하여 하천의 굴착 및 준설 등에도 이용되며, 넓은 곳을 얕게 굴착할 때 주로 이용한다.

  * 준설 : 물속의 흙을 파내는 일

④ 클램셸(clam shell)
- 본체가 서 있는 지면보다 낮은 곳의 좁고 깊은 굴착에 적합한 기계이다.
- 붐 끝에 달려 있는 버킷의 양날이 열리고 닫히면서 토사를 움켜쥐는 형식으로, 버킷이 토사를 잡아 굴착을 하고 운반기계 위에서 버킷을 폄으로써 적재할 수 있다.
- 수중굴착 및 구조물의 기초바닥 등과 같은 상당히 깊은 범위의 굴착과 호퍼(hopper)작업에 적당하다.

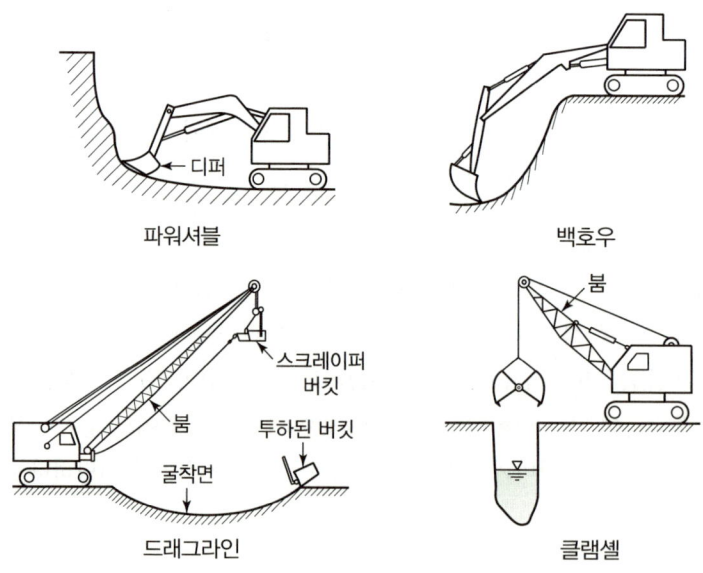

| 셔블계 굴착기의 종류 |

> **Summary!**
>
> **셔블(쇼벨)계 굴착기**
> 주로 굴착과 적재의 작업을 수행하는 셔블계 굴착기에는 다음과 같은 종류가 있다.
>
> | 기계 종류 | 적합한 작업 위치 | 적합 지반 | 특징 |
> |---|---|---|---|
> | 파워셔블(power shovel) | 기계가 서 있는 지면보다 높은 곳 | 굳은 지반 | - |
> | 백호우(back hoe) | 기계가 서 있는 지면보다 낮은 곳 | 굳은 지반 | • 수중굴착 가능
• 옆도랑과 빗물받이의 토사 제거 |
> | 드래그라인(drag line) | 기계가 서 있는 지면보다 낮은 곳 | 부드러운 지반 | • 얕고 넓은 굴착
• 수중굴착 가능 |
> | 클램셸(clam shell) | 기계가 서 있는 지면보다 낮은 곳 | - | • 좁고 깊은 굴착
• 수중굴착 및 구조물의 기초바닥 굴착 |

2. 트랙터계 산림토목 기계(트랙터계 굴착기)

(1) 트랙터계 굴착기의 특징

① 트랙터계는 본체가 트랙터인 굴착기로, 부속장치에 따라 트랙터(tractor), 불도저(bulldozer), 트랙터셔블(tractor shovel), 스크레이퍼(scraper) 등으로 구분할 수 있다.

② 주행방식에 따라서는 타이어바퀴식과 크롤러바퀴식(무한궤도)으로 나눌 수 있으며, 주로 흙을 밀어 굴착하고 짧은 거리를 운반하는 등의 작업을 수행한다.

③ 타이어바퀴식은 비교적 저렴하고 운전이 쉬우며 기동력이 좋고, 크롤러바퀴식은 접지압은 작고 접지면적은 커서 연약지반에서도 안전하게 작업할 수 있으며, 차체의 중심이 낮아 경사지에서의 작업성과 등판력도 우수한 장점이 있다.

④ 타이어바퀴식은 주행성이 대체로 좋으나, 연약지반이나 요철이 심한 험준한 지형에서는 크롤러바퀴식이 양호하다.

(2) 트랙터 주행장치의 유형 비교

구분	타이어바퀴식	크롤러바퀴식(무한궤도)
접지압	크다.	작다.
견인력	작다.	크다.
기동력	높다.	낮다.
등판력	약간 떨어진다.	좋다.
회전반지름	크다.	작다.
최저지상고	높다.	낮다.

구분	타이어바퀴식	크롤러바퀴식(무한궤도)
운전성	비교적 쉽다.	어렵다.
경비	저렴, 수리·유지비 적게 소요	고가, 수리·유지비 다량 소요
기타 능력	높이 20~30cm까지의 장애물 통과	높이 50cm까지의 장애물 통과

* 접지압 : 바퀴나 궤도가 지면에서 받는 압력으로 접지면적이 클수록 압력이 분산되므로 값이 작음
* 등판력 : 경사진 곳을 오르는 능력
* 회전반지름 : 차체가 회전 가능한 반경
* 최저지상고 : 차 본체의 최저지점과 접지면 사이의 거리로 크롤러식이 최저지상고가 낮아 차체의 안정성이 좋음

(3) 트랙터계 굴착기의 종류

① 불도저(bulldozer)
- 트랙터의 전면에 다양한 토공판(배토판, 블레이드)을 장착하여 흙을 굴착하고 운반하거나 넓게 펴 고르고 다지는 등의 작업을 수행하는 기계이다.
- 일반 불도저는 주로 굴착과 운반을 수행하지만, 땅을 고르는 정지작업 및 다지는 다짐작업 등도 다양하게 수행이 가능하다.
- 작업 목적에 따라 다양한 부속을 장착하여 원하는 작업을 수행할 수 있다.

| 불도저 |

> **POINT!**

리퍼(ripper)
- 불도저의 뒷면에 부착하는 갈고리와 같은 부속
- 주로 연암이나 단단한 흙의 굴착 및 파쇄 작업에 이용
- 화강암, 안산암과 같은 단단한 암석은 굴착이 어려움

[앞부속장치에 따른 도저]

종류	이미지	특징
스트레이트도저 (straight dozer)		• 배토판을 트랙터의 진행 방향에 직각(90°)으로 장착한 불도저 • 배토판을 수직으로 밀거나 상하로 조정하여 작업
앵글도저 (angle dozer)		• 블레이드면의 방향이 진행 방향의 중심선에 대하여 20~30°의 경사를 가지는 도저 • 배토판이 지반면에 대해 좌우가 앞뒤로 움직이므로 비스듬하게 경사를 만듦 • 측면 절토 또는 흙을 좌우측면으로 밀어낼 때 적합

종류	이미지	특징
틸트도저 (tilt dozer)		• 배토판의 좌우를 위아래로 기울일 수 있는 도저 • 삽날의 좌우 높이를 조절하여 작업
레이크도저 (rake dozer)		• 배토판 대신 쟁기모양의 작업판인 레이크를 장착한 도저 • 발근 전용은 아니나 나무뿌리 제거(제근)에 효과적
트리도저 (tree dozer)		트리푸셔(tree pusher)를 장착해 벌목, 제근, 도목 작업 등에 이용하는 벌채용 도저
U도저 (U-type dozer)		블레이드 좌우가 U자형으로 오므려진 도저
버킷도저 (bucket dozer)		배토판 대신 바가지 모양의 버킷을 장착한 도저

② 트랙터셔블(tractor shovel)

트랙터의 전면에 버킷을 장착하여 흙을 굴착하고 적재하거나 운반하는 작업을 수행하는 기계이다.

③ 스크레이퍼(scraper)
- 차체의 앞부분은 트랙터이며, 뒷부분은 흙을 담을 수 있는 저장통(볼)으로 이루어진 기계이다.
- 저장통의 앞에 달린 날을 사용하여 땅을 긁어 굴착, 적재, 운반, 성토, 흙깔기, 흙다지기 등의 다양한 작업을 수행한다.

④ 스크레이퍼도저(scraper dozer)

배토판과 스크레이퍼용 볼을 고루 갖추어 불도저와 스크레이퍼의 기능을 모두 하는 굴착 운반기계이다.

3. 정지 및 전압 기계

(1) 정지기계(땅고르기 기계)

① 모터그레이더(motor grader)
  모터그레이더는 차체의 중심에 블레이드 날이 달려 있어 주로 땅을 고르는 데 사용하는 정지작업 전용 기계이다.
② 불도저나 스크레이퍼도저 등은 정지 전용기계는 아니지만 정지작업에도 사용된다.

(2) 전압기계(다짐 기계)

① 탬핑롤러(tamping roller)
  - 롤러의 표면에 돌기가 부착되어 있어 점착성이 큰 점질토의 두꺼운 성토층 다짐에 가장 효과적인 롤러이다.
  - 돌기로 인해 토층 내부까지 다져지므로, 다지기의 유효 깊이가 상당히 깊다.
  - 제방, 도로, 비행장, 댐 등 대규모의 두꺼운 성토 다짐에 주로 사용된다.
  - 흙속의 풍화암을 파쇄하여 간극수압을 소산시킨다.

▮ 탬핑롤러 ▮

② 로드롤러(road roller)
  겉이 매끈하며 무거운 쇠바퀴(철륜)의 자중으로 땅을 다지는 기계로 탠덤롤러와 머캐덤롤러로 구분할 수 있다.

구분	내용
탠덤롤러	전륜, 후륜에 각 1개씩 2개의 롤러로 구성
머캐덤롤러	• 전륜에 1개, 후륜에 2개로 총 3개의 롤러로 구성 • 부순돌이나 자갈길의 1차 전압 등에 사용

탠덤롤러   머캐덤롤러

▮ 로드롤러 ▮

③ 타이어롤러(tire roller)
  - 특수 타이어의 자중을 이용하여 땅을 다지는 기계이다.
  - 아스팔트 포장작업 마무리 및 성토전압에 주로 사용한다.

④ 진동롤러(vibrating roller) : 전륜과 후륜의 자중과 진동으로 땅을 다지는 기계이다.
⑤ 진동콤팩터(vibrating compactor) : 앞으로 전진하며 진동하는 진동판으로 다지는 기계
⑥ 그 외 탬퍼(tamper), 래머(rammer) 등이 있다.

> **Summary!**
>
> **정지 및 전압 가능 기계**
>
> | 구분 | 작업내용 | 기계 종류 |
> |---|---|---|
> | 정지작업 | 땅고르기 | 모터그레이더, 불도저, 스크레이퍼도저 |
> | 다짐(전압)작업 | 땅다지기 | 탬핑롤러, 로드롤러(탠덤, 머캐덤), 타이어롤러, 진동롤러, 진동콤팩터, 탬퍼, 래머, 불도저 |

SECTION 04 산림수확

1. 산림수확 일반

산림에서의 목재 수확이란 임지에 서있는 임목을 벌도하고 일정 조재작업을 거쳐 원목시장이나 제재소 등으로 운반(운재)하는 일련의 작업을 말하는 것으로 이 수확작업에는 아래와 같은 여러 특징들이 있다.

(1) 임목 수확작업의 구성요소

① 벌도(伐倒) : 입목의 지상부를 잘라 넘어뜨리는 작업 = 벌목
② 조재(造材) : 지타(가지치기), 조재목 마름질, 작동(통나무 자르기), 박피(껍질 벗기기) 등 원목을 정리하는 작업
③ 집재(集材) : 원목을 운반하기 편리한 임도변이나 집재장에 모아두는 작업
④ 운재(運材) : 집재한 원목을 제재소, 원목시장 등 수요처까지 운반하는 작업

(2) 수확작업에 미치는 환경인자

구분	내용
기상적(기후적) 영향	강수, 기온, 바람, 계절 등
지형적 영향	경사, 토양 강도 등

① 수확작업의 계절적 영향의 특징
  수확작업은 계절에 따라 아래와 같은 특징이 있는데, 우수한 목재 재질이나 노동사정을 고려할 때 겨울에 벌목하는 것이 가장 적합하다.
  ㉠ 하계 벌채
    • 작업환경이 양호하여 작업이 용이하다.
    • 작업장으로의 접근성이 좋다.
    • 일조시간이 길어 긴 작업이 가능하다.
    • 벌도목의 건조가 쉽고, 집재에 유리하다.
    • 박피작업이 쉽다.
  ㉡ 동계 벌채
    • 병해충의 피해가 적으며, 뒤틀림이 적다.
    • 수액 정지기간이므로 양질의 목재 수확이 가능하다.
    • 목재의 조직이 치밀하고 강도가 크다.
    • 농한기여서 인력수급이 원활하다.
    • 잔존 임분에 대한 피해가 적다.

② 임지 결빙 시 임목수확작업의 장점
  • 토양 견밀도가 높아 습한 지역에서의 작업이 용이하다.
  • 토양 표면의 마찰이 작아 집재 및 운재가 용이하다.
  • 임지훼손도가 낮다.
  • 마찰저항이 작아 작업 부하가 경감된다.

(3) 수확작업 기타

① 임내 박피작업의 이유
  • 수확한 임목은 운반을 거쳐 보통 제재소나 공장 등에서 박피하나 임내에서 박피작업을 실시하기도 한다.
  • 임내에서의 박피는 생산원가가 상승하는 등의 문제가 있지만, 신속한 건조, 병충해 피해의 방지, 운재작업의 용이성 등의 이유로 실시한다.

② 벌목 계절 선정 시 고려사항
  생산재의 용도 및 품질, 시장 및 자금사정, 반출방법 및 기후조건 등

2. 벌목의 실행

(1) 벌목의 실행

① 벌채점

목재 생산성, 벌목 후의 집재 등을 고려하여 벌채점은 되도록 낮게 잡고, 대경목은 지상 20~30cm의 높이에서 벌채한다.

② 수구 자르기(방향 베기)
- 수구(under cut)란 벌도 시 벌목 방향을 확정하고 벌도목이 쪼개지는 것을 방지하기 위하여 근원 부근에 만드는 칼집이다.
- 수구는 벌도목이 넘어지는 방향 쪽으로 만든다. 즉, 수구 방향으로 수목이 넘어가게 된다.
- 근원 직경의 1/4 이상의 깊이까지 자르고, 수구의 각도는 30~45°가 이상적이다.
- 수구를 충분히 절제하지 않으면 바버체어 현상이 나타날 수 있으므로 주의한다.

┃ 바버체어 ┃

* 바버체어(baber chair) : 벌채 시 임목을 충분히 절단하지 않아 수간이 수직 방향으로 쪼개지는 현상

③ 추구 자르기(따라 베기)
- 추구(back cut)란 수구의 반대편에서 수목을 넘기기 위해 베어주는 것으로 수구보다 약간 높은 곳에서 실시한다.
- 수구높이의 2/3 정도 되는 지점에서 줄기에 직각 방향으로 수심을 향해 깊게 자른다.

④ 벌도맥
- 벌도맥이란 수구와 추구 사이에 베어지지 않고 남은 수목 부분이다.
- 기능 : 나무가 넘어지는 속도 감소, 벌도 방향의 혼란 감소, 벌도목의 파열 방지 등

⑤ 벌목의 순서

벌도목 선정 → 벌도목 주위 장애물 제거 → 벌도 방향 결정 → 방향 베기(수구) → 따라 베기(추구)

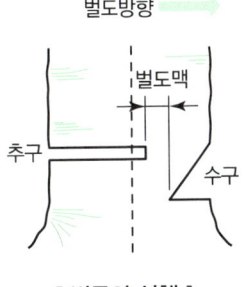

┃ 벌목의 실행 ┃

> **참고**
>
> **옆면 노치 자르기**
> - 벌목 시에 수간의 측면 쪼개짐을 막기 위해(특히 경사임목에서) 수구면의 양쪽을 도끼로 깎아내는 것이다.
> - 대경재의 경우 목재의 손실을 방지하고자 실시한다.

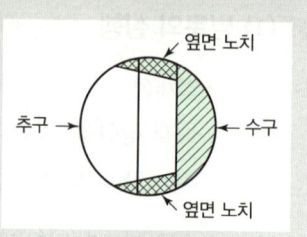

(2) 벌목작업 시 유의사항

① 벌도목은 수간의 가슴높이까지 미리 가지를 자르고, 톱질할 부근에 융기부나 팽대부가 있으면 절단 제거한다.
② 벌도목 주위의 고사목 등도 미리 제거하며, 큰 돌들을 치워 둔다.
③ 벌목 방향은 작업자의 안전을 고려하여 집재하기가 용이한 방향으로 결정한다.
④ 도피로는 사전에 정해두며, 방해물도 제거한다.
⑤ 벌목구역의 최소 작업 범위는 벌도 대상목 수고의 1.5배로 이 구역 내에는 다른 근로자가 들어오지 않아야 하며, 반드시 작업자만 있어야 한다. 벌목은 보통 2인 1조로 작업한다.
⑥ 벌도목의 경사면 아래에서는 작업을 피하며, 출입을 금지한다.
⑦ 벌목작업 시 벌도목이 인근 나무에 걸렸을 때는 지렛대를 사용하여 걸린 나무를 돌려 낙하하도록 한다.
⑧ 산정 방향으로 나무가 넘어지려는 순간에 작업자들은 등고선을 따라 옆으로 대피해야 한다.
⑨ 일반적으로 침엽수는 산정 방향으로, 활엽수는 산록 방향으로 벌도하는 것이 유리하다.
⑩ 경사가 40° 이상인 지역과 표토가 얼어 있는 지역에서는 산록 방향으로 벌도하는 것이 유리하다.
⑪ 급경사지에서 산록 방향으로 벌도할 경우에는 수구의 천장이 아래쪽을 향하도록 만들어 준다.

POINT!

2인 1조 작업 조직의 특징
- 수익이 증대된다.
- 안전성이 증대된다.
- 작업에 대한 흥미를 유발한다.
- 책임의식이 고조된다.
- 작업내용과 할 일을 명확하게 구분할 수 있다.
- 작업과정에 대해 충분하게 이해하게 된다.

(3) 목재생산방식

생산방식	작업내용	작업기계	특징 및 장단점
전목(全木) 생산방식	임내에서 벌도	펠러번처(벌목), 그래플스키더(집재), 프로세서(조재)	• 벌도한 수목을 통째로 집재하여 생산하는 방식 • 잔존 임분에 피해 • 가지 등이 임지에 환원되지 않아 양료의 문제 발생
전간(全幹) 생산방식	임내에서 벌도, 지타	체인톱(벌목, 조재), 트랙터(집재)	• 임내에서 벌도와 가지치기를 실시한 수간만을 집재하여 생산하는 방식 • 긴 수간의 이동으로 잔존임분에 피해 • 양료의 문제는 어느 정도 해소
단목(斷木) 생산방식	임내에서 벌도, 지타, 작동	체인톱(벌목, 조재), 하베스터(벌목, 조재), 포워더(집재)	• 임내에서 벌도, 가지치기, 통나무자르기 작업을 실시하여 일정 규격의 원목을 생산하는 방식 • 벌목·조재 작업이 주로 인력(체인톱)에 의하므로 인건비·작업비가 다량 소요

3. 집재방법

벌목과 조재가 끝난 원목을 운반에 편리한 일정한 장소에 모으는 작업인 집재는 원목을 잡을 수 있는 작은 도구에서부터 집재방법에 따라 활로나 가선 또는 트랙터나 포워더 등의 집재기를 이용한다.

(1) 활로에 의한 집재

① 벌채지의 경사면을 이용하여 활주로를 만들고 중력에 의해 목재 자체의 무게로 활주하여 집재하는 방식으로 대표적인 것이 나무운반미끄럼틀(수라)이다.

② 수라의 종류
   ㉠ 토수라(흙수라)
      • 경사면의 흙을 도랑모양으로 파 활주로로 이용하는 것
      • 시설비는 적으나 임지 훼손이 크고 목재에도 손상을 줌
      • 설치가 간단하여 활로 운재 중 가장 널리 이용
      • 얼음판일 때는 최소물매 8%에서도 이용 가능
   ㉡ 도수라
      • 토수라를 개량한 것으로 활로를 설치하고, 침목모양의 횡목을 일정 간격으로 깔아 목재가 잘 미끄러지는 동시에 빗물에 의해 흙이 흘러내리지 않도록 조정한 수라
      • 토수라에 비해 임지 훼손과 목재 손상이 적음
   ㉢ 목수라, 판자수라 : 목재를 이용하여 활로를 만든 것으로 시설비는 많이 드나 목재 훼손이 적음

ⓔ 플라스틱 수라
- 반원형의 플라스틱을 여러 개 연결하여 활주로를 만든 것
- 효율성이 좋으나 비용이 많이 듦
- 최소물매 25%에서 최대물매 55%까지의 임지에서 이용하기에 적당

(2) 와이어로프 또는 강선에 의한 집재

① 벌채경사면의 상부와 하부 집재지 사이에 와이어로프나 강선을 공중에 설치하고 원목을 고리에 걸어 중력을 이용하여 아래로 내려 보내는 집재방식이다.

② 장점 및 단점
  ㉠ 장점
   - 설치가 간단하여 설치시간이 짧고, 시설비용도 적게 든다.
   - 원목이 들려서 운반되므로 잔존임분에 대한 피해가 적고, 토양 침식의 위험성도 적다.
   - 한번 설치하면 오래도록 사용 가능하여 사용수명이 길다.
  ㉡ 단점
   - 무겁고 큰 나무는 집재가 곤란하며, 단재 집재에 용이하다.
   - 하향집재만 가능하고, 장거리 집재는 제한적이다.

(3) 트랙터 집재

① 트랙터 집재기의 특징
  - 트랙터의 본체에 집재 가능한 부속이 달려 있는 집재기이다.
  - 급경사지에서는 뒤집힐 염려가 있어 평탄지나 경사 0~25°의 완경사지에 적합하다.
  - 가선집재에 비하여 운전이 용이하며, 작업이 단순하고, 기동성이 좋아 작업생산성이 높은 장점이 있으나, 저속이라 장거리 운반에는 제한이 있다.

② 스키더(skidder)
  - 트랙터의 후면에 그래플(grapple)이나 윈치 등이 장착되어 있어 벌채목을 집거나 끌어 견인하는 집재차량이다.
  - 크롤러식과 타이어식이 있으며, 바퀴를 장착한 타이어식 스키더는 대부분 차체굴절이 가능한 구조로 되어 있어 차체굴절방식 트랙터 집재기라고 부르기도 한다.

| 스키더 |

③ 트랙터 집재작업의 종류
- 지면끌기 집재(direct skidding) : 트랙터의 견인 고리에 걸거나 윈치와 로프를 연결하여 직접 목재를 끌어당기는 집재법
- 팬 집재(pan skidding) : 목재를 철제 집재 팬 위에 올려 끄는 집재법
- 설키 집재(sulky skidding) : 아치형의 틀을 부착한 2륜차인 설키를 트랙터와 연결해 끄는 집재법

④ 트랙터 집재의 견인력 차이
- 습하고 연약한 지반에서는 견인력이 떨어지며, 단단한 지반에서는 견인력이 크다.
- 타이어의 직경이 크고, 공기압이 낮을수록 견인력은 증가한다.

⑤ 트랙터 집재작업 능률에 영향을 미치는 인자
- 임목의 소밀도 : 낮은 임목 밀도는 생산성을 저하시킨다.
- 경사 : 30% 이내의 경사가 능률적이며 안전하다.
- 토양 상태 : 습한 토양에서는 생산성이 저하된다.
- 단재적 : 단재적이 작을 경우, 여러 개의 원목을 집재해야 하므로 생산성이 저하된다.
- 집재거리 : 크롤러식은 100~180m, 타이어식은 300m까지 집재가 경제적이다.

(4) 가선집재

① 가선집재기의 특징
- 가선집재란 집재기에 연결되어 있는 와이어로프에 반송기를 부착하여 집재하는 방식으로 크게 원동기 부분인 야더집재기와 집재용 가선(삭도)으로 구성된 집재시스템이다.
- 경사 60% 이상에서도 작업이 가능하여 급경사지에 적합한 집재기이다.
- 트랙터 집재에 비하여 잔존 임분에 대한 피해가 적으며, 임도밀도가 낮은 곳에서도 작업이 용이한 장점이 있으나, 장비구입비가 비싸고 운전에 숙련된 기술이 필요하다는 단점이 있다.
- 가선(삭도)을 이용하므로 일시 대량 운반은 어렵지만, 험준한 지형에서도 집재가 가능하고 지정된 장소에서만 적재 및 하역이 이루어진다.
- 가선형으로 집재가 가능한 기계에는 야더집재기 외에도 윈치, 타워야더, 케이블크레인 등이 있다.

② 가선집재의 기계·기구

구분	내용
야더집재기 (yarder)	• 동력장치가 있는 원동기 부분으로 드럼에 연결한 와이어로프를 감거나 풀어 원목을 견인하는 기계 • 장거리 집재에 적합 • 현지에서 직접 가선을 설치하고 해체하므로 많은 시간이 소요되며 숙련된 기술력이 필요
반송기 (搬送器)	• 도르래가 부착되어 있어 원목을 매달고 가공본줄 위를 주행하는 운반기기 • 캐리지(carriage)라고도 함 • 종류 : 보통반송기, 슬랙풀링(slack pulling) 반송기, 계류형(係留形) 반송기, 자주식(自走式) 반송기 등
가공본줄	• 반송기에 실린 원목이 운반되도록 장력을 주어 설치한 와이어로프 • 스카이라인, 주삭이라고도 함
작업본줄	• 반송기를 집재기 방향으로 당겨 이동시키는 와이어로프로 • 당김줄, 견인삭, 메인라인이라고도 함
되돌림줄	반송기를 집재기 방향에서 작업장 쪽으로 되돌려 주는 와이어로프
짐달림도르래	반송기에 매달려 화물의 승강에 이용되는 도르래
머리기둥	본줄 설치를 위한 집재기 쪽의 지주목
꼬리기둥	집재기 반대쪽의 지주목
삼각도르래	머리기둥과 꼬리기둥에 장착하여 본줄의 지지를 하는 도르래
중간지지대	집재거리가 길어 스카이라인이 지면에 닿아 반송기의 주행이 곤란할 때 처짐을 방지하기 위해 설치하는 장치

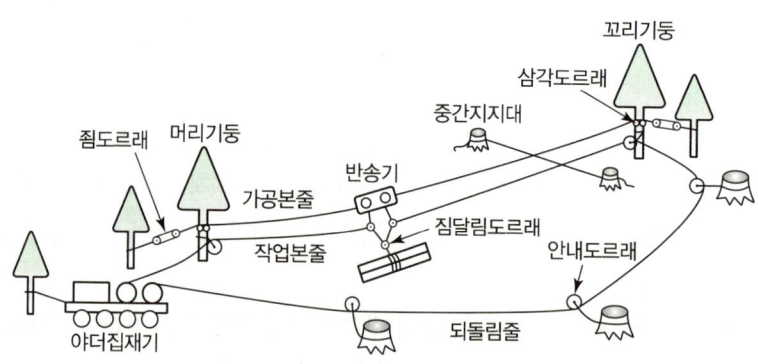

| 가선집재의 모식도 |

③ 타워야더(tower yarder)
  • 트랙터나 트럭 등에 타워(철기둥)와 반송기를 포함한 가선집재장치를 탑재한 이동식 차량형 집재기계이다.

- 야더집재기보다 가선의 이동과 설치가 용이하나, 800m 이상의 장거리 집재에는 부적합하다.
- 대표적으로 콜러집재기가 있으며, 300m까지 집재가 가능한 K–300과 800m까지 집재가 가능한 K–800이 있다.

출처 : 산림청

∥ 타워야더 ∥

④ 트랙터집재와 가선집재의 비교

집재에 트랙터나 가선집재방식의 채택은 임지의 경사에 따라 좌우되며, 아래 표와 같은 특징이 있다.

집재 방식	장점	단점
트랙터집재 (면의 집재)	• 기동성이 높다. • 작업이 단순하다. • 작업생산성이 높다. • 운전이 용이하다. • 작업비용이 적다.	• 완경사지에서만 작업이 가능하다. • 잔존임분에 피해가 심하다. • 높은 임도밀도가 요구된다. • 저속이라 장거리 운반이 어렵다.
가선집재 (선의 집재)	• 급경사지에서도 작업이 가능하다. • 잔존임분에 피해가 적다. • 낮은 임도밀도에서 작업이 가능하다.	• 기동성이 낮다. • 숙련된 기술을 요한다. • 작업생산성이 낮다. • 장비구입비가 비싸다. • 설치와 철거에 시간이 필요하다.

⑤ 가선집재시스템의 종류

가선집재는 크게 가공본줄을 이용하는 방식과 가공본줄이 없이 집재하는 방식으로 나눌 수 있다.

㉠ 가공본줄을 이용하는 방식
- 타일러식(tyler system)
  - 2드럼식으로 가공본줄 경사가 10~25°인 개벌작업에 적합한 방식이다.
  - 자중에 의해 반송기가 이동하여 경제적이며, 운전 및 가로집재가 용이하다.
  - 집재거리가 제한적이며, 택벌지에서는 가로집재에 의해 잔존목에 피해를 주기 쉽다.

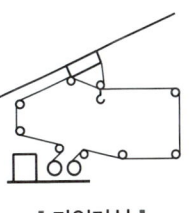

∥ 타일러식 ∥

- 엔드리스 타일러식(endless tyler system)
  - 가공본줄의 경사가 10° 이하로 자중에 의한 반송기의 이동이 곤란하거나, 20° 이상의 급경사지에서 반송기의 속도조절이 어려운 개벌작업지에 적합한 방식이다.
  - 운전 및 가로집재, 집재목의 짐내리기 작업이 용이하다.

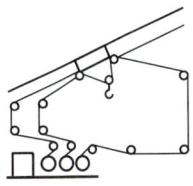

∥ 엔드리스 타일러식 ∥

- 순환하는 엔드리스 드럼이 있어서 3드럼식이다.
- 호이스트 캐리지식(hoist carriage system)
  - 임지와 잔존목의 훼손을 가장 최소화할 수 있는 방식이다.
  - 짐달림도르래가 없으므로 전용 반송기가 필요하다.
  - 운전 및 가공본줄의 설치가 쉬우며, 가로집재의 능률이 우수하다.

| 호이스트 캐리지식 |

- 스너빙식(snubbing system)
  - 1드럼식으로 주로 올림집재에 사용되지만, 급경사지의 내림집재 및 올림집재에 둘 다 사용 가능하다.
  - 중부유럽에서 널리 적용하고 있으며, 설치가 아주 간단하고 운전이 용이하다.
  - 계류형 반송기와 스토퍼를 사용하면 장거리 집재도 가능하다.

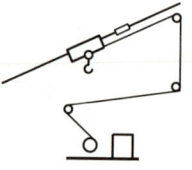
| 스너빙식 |

- 폴링블록식(falling block system)
  - 2드럼식으로 단거리의 소량집재에 적합한 방식이다.
  - 구조가 간단하여 가공본줄의 설치와 철거가 쉽지만, 집재속도가 느리며 운전이 어렵다.
- 슬랙라인식(slack line system) : 쵬도르래(힐블록)를 이용하여 가공본줄의 인장력을 조절한다.

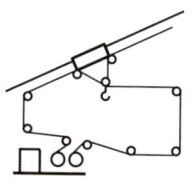
| 폴링블록식 |

ⓛ 가공본줄이 없는 방식
- 하이리드식(high lead system) : 완경사지의 단거리 소량작업에 적합하다.
- 러닝 스카이라인식(running skyline system) : 집재거리 300m 내외의 소량의 간벌 및 택벌작업에 적합하다.
- 단선순환식(monocable system) : 별모양의 특수 도르래를 이용한다.

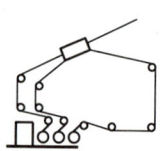
| 슬랙라인식 |

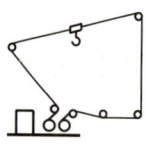 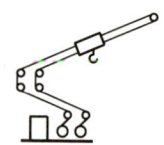 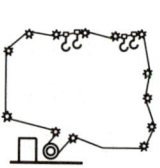
| 하이리드식 |　| 러닝 스카이라인식 |　| 단선순환식 |

Summary!

가선집재시스템의 종류

구분	내용
가공본줄을 이용하는 방식	타일러식, 엔드리스 타일러식, 호이스트 캐리지식, 스너빙식, 폴링블록식, 슬랙라인식
가공본줄이 없는 방식	하이리드식, 러닝 스카이라인식, 단선순환식

4. 집재장비와 집재장

(1) 집재기

① 포워더(forwarder)
- 원목을 적재하여 임도변까지 운반하는 집재기로 목재를 얹어 싣고 운반하는 단일 공정만 수행한다.
- 보통 임내에서 하베스터로 작업한 원목을 포워더로 임도변의 집재장까지 반출한다.

② 소형 윈치
- 드럼에 연결한 와이어로프를 동력으로 감아 통나무를 견인하는 이동식 소형 집재기이다.
- 주로 소집재에 이용하며, 썰매 형상을 하고 있는 아크야 윈치가 있다.

(2) 와이어로프

① 와이어로프의 특징
- 와이어로프는 와이어(소선)를 몇 개씩 꼬아 스트랜드(strand)를 만들고, 심줄을 중심으로 이 스트랜드를 다시 몇 개 꼬아서 만든 쇠밧줄이다.
- 가선집재나 윈치를 이용한 집재작업에 반드시 필요한 부품이다.
- 임업용 와이어로프는 스트랜드가 6개인 것을 많이 사용한다.
- 와이어나 스트랜드의 개수, 꼬임방식, 로프의 지름 등에 따라 다양한 용도로 쓰이고 있다.

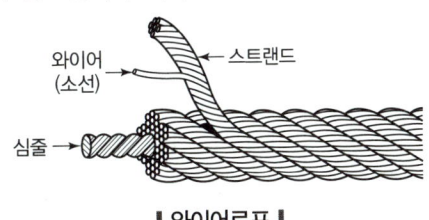

┃와이어로프┃

② 꼬임 방향에 따른 구분
꼬임 방향에 따라 보통꼬임과 랭꼬임으로 나눈다. 보통꼬임이 일반적으로 많이 쓰이며, 꼬임의 구분은 왼쪽 방향으로 꼬였는지 오른쪽 방향으로 꼬였는지에 따라 다시 Z꼬임과 S꼬임으로 구분할 수 있다.

구분	보통꼬임	랭꼬임(랑꼬임)
꼬임 방향	와이어의 꼬임과 스트랜드의 꼬임 방향이 반대이다.	와이어의 꼬임과 스트랜드의 꼬임 방향이 동일하다.
특징	꼬임이 안정되어 킹크가 생기기 어렵고 취급이 용이하지만, 마모가 크다.	꼬임이 풀리기 쉬워 킹크가 생기기 쉽지만, 마모가 적다.
주 용도	작업본줄	가공본줄

* 킹크(kink) : 뒤틀리고 엉켜서 꼬이는 현상

┃꼬임 방향에 따른 구분┃

보통 Z꼬임   보통 S꼬임   랭 Z꼬임   랭 S꼬임

③ 와이어로프의 표시방법

- 와이어로프는 '스트랜드의 본수 × 와이어의 개수, 로프의 표면처리 상태/꼬임방식, 로프의 지름, 로프의 인장강도'의 순으로 표시한다.

  예 6 × 7, C/L, 20mm, B종

  7본선 6꼬임, 컴포지션유도장, 랭 Z꼬임, 로프 지름 20mm, 인장강도 B종

- ~/O : 보통 Z꼬임, ~/S : 보통 S꼬임, ~/L : 랭 Z꼬임, ~/LS : 랭 S꼬임

  예 G/O : 아연도금, 보통 Z꼬임

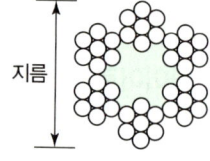

┃6×7 와이어로프┃

④ 와이어로프의 안전계수

$$안전계수 = \frac{와이어로프의\ 절단하중(kg)}{와이어로프에\ 걸리는\ 최대장력(kg)}$$

안전계수는 가공본줄은 2.7 이상, 짐당김줄이나 되돌림줄은 4.0 정도가 적당하다.

⑤ 와이어로프의 폐기(교체)기준

아래와 같은 상태일 때는 와이어로프의 사용을 금지한다.

- 꼬임 상태(킹크)인 것
- 현저하게 변형 또는 부식된 것
- 와이어로프 소선이 10분의 1(10%) 이상 절단된 것
- 마모에 의한 직경 감소가 공칭직경의 7%를 초과하는 것

(3) 저목장(貯木場)

저목장이란 시설을 갖추고 목재를 이용 전까지 저장하기 위한 집재장을 말하는 것으로 육상 저목장과 수중 저목장이 있다.

① 육상 저목장
- 육상에 모으고 쌓아 저장하는 것으로 주로 단기저장에 이용
- 1ha당 5,000m^3 저목 가능

[저목방법(목재쌓기 방법)]

구분	내용
평행쌓기	같은 방향으로 가지런히 쌓아올리는 방법
직각쌓기	격자상으로 쌓아올리는 방법

② 수중 저목장
- 목재를 물속에 저장하여 병해충 등을 방지하는 것으로 주로 장기저장에 이용
- 목재의 충해와 균해를 방지하여 장기보존하는 데 효과적
- 육상 저장처럼 목재를 높게 쌓을 수 없으므로 저장량이 적은 편, 1ha당 3,000m^3 저목 가능

5. 운재방법

합리적 운재를 통하여 운반비를 절감하면 원목가는 높이고 소비가는 낮추어 임목의 수확과 생산에 있어 보다 효과적인 결과를 가져올 수 있으므로, 다양한 운재방법을 채택하여 최적한 방법을 적용할 필요가 있다.

(1) 육상운재(陸上運材)

① 육상의 각종 고정 운재시설을 이용하여 운재하는 방법으로 목마운재, 활로운재, 차량운재, 삭도운재, 철도운재 등이 있다.

② 트럭 도로운재의 특징
철도나 삭도운재와 비교한 트럭을 이용한 도로운재의 특징은 아래와 같다.
- 기동성이 높으며, 시설비 및 유지보수비가 적게 든다.
- 대규모 장거리 운재작업에는 비용이 높다.
- 운반시간 지체 등의 운반사고 발생이 많다.

(2) 수상운재(水上運材)

계곡, 하천, 호수 등의 유수나 수상시설을 이용하여 운재하는 방법으로 관류운재, 벌류운재, 선박운재 등이 있다.

① 관류(管流)운재 : 목재를 묶지 않고 단목으로 하나하나 물에 띄워 유송하는 방법
② 벌류(筏流)운재 : 다수의 목재를 뗏목으로 엮어서 물에 띄워 유송하는 방법
③ 선박(船舶)운재 : 배에 실어 운재하는 방법

6. 노동관리

(1) 안전사고의 발생률

산림수확 작업 시 일반적으로 노동재해의 발생빈도가 가장 높은 신체 부위는 손이며, 하루 중에서는 오후 3시경이 안전사고가 가장 많이 발생한다.

(2) 노동의 에너지 대사율(RMR)

① 작업자의 노동 시 산소호흡량을 에너지 소모량으로 하여 작업에만 소요된 에너지량이 기초대사량의 몇 배에 해당하는지를 나타내는 지수이다.

② 노동의 에너지 대사율 = $\dfrac{\text{노동 시 에너지대사량} - \text{안정 시 에너지대사량}}{\text{기초대사량}}$

③ RMR 2.5 이하는 매우 가벼운 작업, 12.0 이상은 극히 힘든 작업을 나타낸다.

Engineer Forest
Industrial Engineer Forest

PART 05

사방공학

- CHAPTER 01 **사방과 토양 침식**
- CHAPTER 02 **비탈면 안정 녹화**
- CHAPTER 03 **야계사방공사**
- CHAPTER 04 **산지사방공사**
- CHAPTER 05 **특수지 사방공사**

※ 사진 출처 : 산림청(https://www.forest.go.kr)

CHAPTER 01 사방과 토양 침식

SECTION 01 사방 일반

1. 사방사업의 특징

(1) 사방(砂防)의 정의 「사방사업법」 제2조

① 황폐지란 자연적·인위적인 원인으로 산지가 붕괴되거나 토석·나무 등의 유출 또는 모래의 날림 등이 발생하는 지역으로서 국토의 보전, 재해의 방지, 경관의 조성 또는 수원(水源)의 함양을 위하여 복구공사가 필요한 지역을 말한다.
② 사방사업이란 황폐지를 복구하거나 산지의 붕괴, 토석·나무 등의 유출 또는 모래의 날림 등을 방지 또는 예방하기 위하여 인공구조물을 설치하거나 식물을 파종·식재하는 사업 또는 이에 부수되는 경관의 조성이나 수원의 함양을 위한 사업을 말한다.
③ 사방시설이란 사방사업에 따라 설치된 인공구조물과 파종·식재된 식물을 말한다.

(2) 사방사업의 구분 「사방사업법」 제3조

① 산지사방사업 : 산지에 대하여 시행
- 산사태예방사업 : 산사태의 발생을 방지하기 위한 사방사업
- 산사태복구사업 : 산사태가 발생한 지역을 복구하기 위한 사방사업
- 산지보전사업 : 산지의 붕괴·침식 또는 토석의 유출을 방지하기 위한 사방사업
- 산지복원사업 : 자연적·인위적인 원인으로 훼손된 산지를 복원하기 위한 사방사업

② 해안사방사업 : 해안 모래언덕 등 해안과 연접한 지역에 대하여 시행
- 해안방재림 조성사업 : 해일, 풍랑, 모래 날림, 염분 등에 의한 피해를 줄이기 위한 사방사업
- 해안침식 방지사업 : 파도 등에 의한 해안침식을 방지하거나 침식된 해안을 복구하기 위한 사방사업

③ 야계사방사업(野溪砂防事業) : 산지의 계곡, 산지에 연결된 시내 또는 하천에 대하여 시행
- 계류보전사업 : 계류(溪流)의 유속을 줄이고 침식 및 토석류를 방지하기 위한 사방사업
- 계류복원사업 : 자연적·인위적인 원인으로 훼손된 계류를 복원하기 위한 사방사업
- 사방댐 설치사업 : 계류의 경사도를 완화시켜 침식을 방지하고 상류에서 내려오는 토석·나무 등과 토석류를 차단하며 수원 함양을 위하여 계류를 횡단하여 소규모 댐을 설치하는 사방사업

(3) 사방사업 기본계획 「사방사업법」 제3조의2

산림청장은 사방사업을 계획적·체계적으로 추진하기 위하여 다음의 사방사업 기본계획을 5년마다 수립·시행하여야 한다.
- 사방사업의 기본목표 및 추진방향
- 사방기술의 개발 촉진 및 그 활용을 위한 사항
- 사방사업 대상지 및 사후관리에 관한 사항
- 사방사업 기술인력의 육성에 관한 사항
- 사방기술의 국제교류 확대에 관한 사항
- 그 밖에 산림청장이 필요하다고 인정하는 사항

(4) 사방사업 대상지

사방사업은 황폐한 산지, 하천, 해안에서 실시하며 아래와 같은 대상지가 있고, 임도가 미개설되어 접근이 어려운 지역은 울폐하여 사방사업 대상지에 포함되지 않는다.
- 산불 등으로 산지의 피복이 훼손된 지역
- 황폐가 예상되는 산지와 계천으로 복구공사가 필요한 지역
- 해일 및 풍랑 등 재해예방을 위해 해안림 조성이 필요한 지역 등

2. 사방사업의 효과

(1) 기능적 효과

사방의 효과는 크게 재해 방지, 수원 함양, 생활환경보전의 공익적 기능과 목재를 비롯한 임산물의 생산의 경제적 기능으로 구분할 수 있다.

① 공익적 기능 : 국토 보전 및 재해 방지, 수원 함양, 생활환경 및 경관 보전(대기정화, 기후완화, 방음, 방풍, 방조)
② 경제적 기능 : 임산물 생산(목재, 버섯·종실·산야초 등의 부산물), 야생조수 증식

(2) 직간접적 효과

직접적 효과	간접적 효과
• 산지침식 및 토사유출 방지 • 산복 및 계안 붕괴 방지 • 산각 고정 및 땅밀림 방지 • 홍수조절 및 수원 함양 • 계상물매 완화 및 계류 보전 • 경지 및 저수지 매몰 방지 • 비사고정 및 방재림 형성 • 하구 및 항만의 토사퇴적 방지 • 국토 보전	• 하천공작물 보호 • 각종 용수 보전 • 경지와 택지의 조성 및 안정 • 자연환경의 복구 및 보전

SECTION 02 물의 순환과 강우 특성

1. 물의 순환

(1) 물의 순환 일반

① 물이 대기, 육지, 담수(강, 호수 등) 해양 사이를 이동 및 순환하는 과정을 물의 순환이라 한다.
② 강, 호수, 해양, 지표의 물은 태양에너지로 인한 증발 과정을 거쳐 상승하고 대기 중에서 구름을 형성하며 비나 눈의 형태로 지면이나 식물 표면 등에 떨어진다.
③ 떨어진 물은 땅 위를 흘러 다시 강, 호수, 해양으로 흘러가거나 땅속으로 스며들어 지하수로 흐르기도 하며 이런 과정을 반복하여 물의 순환이 일어난다.

(2) 물순환의 개념

① 증발(蒸發) : 육지, 바다, 호수, 강, 산림 등의 표면으로부터 수분이 기화되어 대기 중으로 흩어지는 현상
② 증산(蒸散) : 식생 내의 수분이 기공을 통해 기화되어 대기 중으로 흩어지는 현상
③ 증발산
  • 증발되거나 증산되어 공기 중으로 되돌아가는 현상 ✎ 증발+증산
  • 일반적으로 증발산량은 정오에 최대, 자정에 최소가 된다.

④ 소비수량 : 증발산 중에서 식생으로 피복된 지면으로부터의 증발산량
⑤ 침투(浸透) : 물이 지표에서 땅속으로 스며드는 현상
⑥ 투수(透水) : 침투한 물이 토양 속에서 이동하는 현상
⑦ 침투능력(침투능)
- 어떤 토양 속으로 물이 최대로 침투할 수 있는 능력으로 단위는 mm/hr
- 토양 속으로 흡수되는 물의 양을 알 수 있는 침투계로 침투능력을 측정함
- 급수방법에 따른 침투계의 종류 : 관수형 침투계, 살수형 침투계, 유수형 침투계
- 강우 초기에는 침투능이 크지만, 시간이 지속되면 점점 작아지다가 일정한 값에 이름
- 침투능의 정도 : 활엽수림 > 침엽수림 > 초지 > 경작지 > 나지
⑧ 침투강도
- 단위시간 동안 지표면을 통해 침투하는 강수의 양
- 영향을 주는 인자 : 토양 공극의 차이, 지표면의 상태, 지표경사, 당초의 토양 수분 등

(3) 수류(水流)

물의 흐름 상태를 수류(flow)라 하며, 수류는 시간과 장소를 기준으로 크게 정류(定流)와 부정류(不定流)로 나뉘고, 다시 정류는 등류(等流)와 부등류(不等流)로 구분한다.

정류	시간과 장소에 따라 수류의 형태가 변하지 않는 흐름 • 등류 : 수류의 어느 단면이나 유량, 유적, 유속이 일정한 같은 흐름. 자연하천은 엄밀한 의미에서 등류 구간이 없음 • 부등류 : 수류의 단면에 따라 유량, 유적, 유속 등이 일정하지 않은 흐름
부정류	시간과 장소에 따라 수류의 형태가 계속 변하는 흐름 예 홍수하천

2. 강우의 특성

(1) 강우 특성 일반

① 일정 지역에 일정 기간 동안 내린 비나 눈 등의 물의 총량을 강수량(降水量)이라 하며, 그 중 비의 양만을 측정한 것을 강우량(降雨量)이라 한다.
② 강수량은 일정 지역을 빠져나간 유출량, 증발량, 증산량을 모두 더해 계산할 수 있으며, 이러한 유출량, 증발량, 증산량 및 강수량 등을 통하여 일정 산림지역으로 물이 유입되고 유출된 물수지를 계산할 수 있다.

- 강수량 = 유출량 + 증발량 + 증산량
- 증발산량 = 강수량 − 유출량

③ 물의 수문학적 순환은 강수량의 한계범위 내에서 이루어지며, 강수가 없는 동안에도 유역 내 저류되어 있는 물은 유출, 증발 및 증산에 의하여 감소한다.
④ 한 시간 동안 내린 강우량을 시우량(時雨量)이라 하며, 1일 강우량이 80mm 이상 또는 시우량이 30mm 이상일 경우 홍수 발생의 우려가 있고, 연속 강우량이 200mm 이상일 경우 산사태 및 홍수 재해가 발생할 수 있다.
⑤ 단위시간 동안 내리는 강우량을 강우강도라 하며, 강우의 세기를 측정하는 데 쓰인다.
⑥ 강우량 중 수간을 따라 흘러내리는 물(수간유하우량), 수관을 통과하는 물(수관통과우량), 수관에서 떨어지는 물(수관적하우량)을 통틀어 임내강우량이라 하며, 식물의 잎과 가지에 부착되어 증발되고 임지에 도달하지 못하는 물을 수관차단우량이라 한다.

> 임내강우량＝수간유하우량＋수관통과우량＋수관적하우량

(2) 산림이수(山林理水)시험

① 산림유역에 내린 강수는 다양하게 변화되어 유출되는데, 이러한 산림지역에서의 물의 시간적·공간적 분포 및 변화의 양상을 산림수문현상이라고 한다.
② 산림이수시험이란 산림 내 일정 시험유역을 통하여 유출 및 유역 물수지의 관계를 조사하는 산림수문현상에 관한 관측시험을 말한다.
③ 산림이수시험의 관측방법
 • 단독법 : 1개의 유역에서 산림 벌채 전후의 유출을 비교하는 방법
 • 병행법 : 임상이 다른 2개 이상의 유역에서 유출수량을 시험하고 비교하는 방법
 • 대조유역법 : 임상이 비슷한 2개 이상의 유역에서 유출수량을 시험하고, 하나의 유역은 그대로 두고 다른 유역은 산림 벌채 후 유출수량의 변동을 비교하는 방법
④ 강수유출
 ㉠ 표면유출
  • 강수가 지표면 위를 흘러 하천으로 유입되는 유출
  • 가장 빠르게 유출
 ㉡ 중간유출
  • 강수가 지표면 침투 후 비교적 얕은 땅속으로 흘러 하천에 유입되는 유출
  • 표면유출보다는 느리게 유출
 ㉢ 지하수유출
  • 강수가 땅속 깊숙이 침투 후 지하수면에 도달하여 지하수위를 상승시키고 느리게 흘러 하천에 유입되는 유출로 가장 느리게 유출
  • 비가 내리지 않을 때 계류를 흐르는 물의 대부분이 차지하는 유출

[유출의 구분]

구분	내용	특징
직접유출	표면유출 + 얕은 중간유출	강우 중 또는 직후 대부분의 유량
기저유출	깊은 중간유출 + 지하수유출	평상시 대부분의 유량

(3) 평균 강수량(강우량) 산정방법

① 산술평균법
- 유역 내 각 관측점의 강수량을 모두 더해 산술평균하는 것으로, 가장 간단한 방법이다.
- 평야지역에서 강우분포가 비교적 균일한 경우에 사용하기 적합하다.

$$P_m = \frac{P_1 + P_2 + \cdots + P_n}{N}$$

여기서, P_m : 평균강수량(mm), P_1, P_2, P_n : 관측지점별 강수량, N : 관측지점의 수

② 티센(Thiessen)법
- 우량계가 유역에 불균등하게 분포되었을 경우 사용하는 방법으로, 각 관측점의 지배면적을 가중하여 계산하므로 티센의 가중법(티센법)이라고도 불린다.
- 산악효과는 무시하지만, 우량계의 분포상태가 고려되어 산술평균법보다 정확하므로 가장 널리 사용된다.
- 각 관측점마다 가중인자를 사용하여 계산하는 방법이다.

$$P_m = \frac{A_1 P_1 + A_2 P_2 + \cdots + A_n P_n}{A_1 + A_2 + \cdots + A_n}$$

여기서, P_m : 평균강수량(mm), P_1, P_2, P_n : 관측지점별 강수량
A_1, A_2, A_n : 관측지점별 지배면적

Exercise 01

유역 내 강수량 관측지점의 면적이 각각 100ha, 150ha, 250ha이다. 각각의 면적에서 측정한 강수량이 각각 100mm, 100mm, 115mm일 때, Thiessen법으로 계산한 평균강수량은 얼마인가?

풀이
$$P_m = \frac{A_1 P_1 + A_2 P_2 + \cdots + A_n P_n}{A_1 + A_2 + \cdots + A_n}$$
$$= \frac{(100 \times 100) + (150 \times 100) + (250 \times 115)}{100 + 150 + 250} = 107.5 \text{mm}$$

③ 등우선법
- 강우량이 같은 지점을 연결하여 등우선(等雨線)을 그리고, 각 등우선 간의 면적과 강우량 평균을 구하여 이용하는 방법이다.
- 산지지형에 이용하기 적합하다.

$$P_m = \frac{A_1 P_{1m} + A_2 P_{2m} + \cdots + A_n P_{nm}}{A_1 + A_2 + \cdots + A_n}$$

여기서, P_m : 평균강수량 mm, A_1, A_2, A_n : 각 등우선 간의 면적
P_{1m}, P_{2m}, P_{nm} : 인접 등우선 간의 평균강우량

3. 유량과 홍수량

(1) 유량과 유속의 관계

① 물이 흐르는 속도를 유속(流速)이라 하며 m/s로 표시하고, 물 흐름을 직각으로 자른 횡단면적(통수단면적)을 유적(流積)이라 하며 m²로 표시한다.
② 유량(Q)은 단위시간(초)당 유적을 통과하는 물의 양으로 m³/s로 나타내며, 유속(V)과 유적(A)을 곱해 계산한다.
③ 수로의 횡단면에서 물과 접하는 수로의 주변 길이를 윤변(P, 윤주)이라 하며, 유적을 윤변으로 나눈 값을 경심(동수반지름)이라 하고, 경심(R)은 곧 수로의 평균수심이 된다.

- 유량 $Q\,(\mathrm{m^3/s})$ = 유속 × 유적 = $V \cdot A$
- 경심(동수반지름) $R\,(\mathrm{m}) = \dfrac{유적}{윤변} = \dfrac{A}{P}$

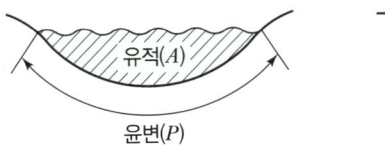 

| 윤변과 유적 |

Exercise 02

유량이 40m³/s이고, 평균유속이 5m/s일 때 수로의 횡단면적(m²)은?

풀이 '유량＝유속×유적'에서, 40＝5×유적이므로 유적은 8m²이다.

Exercise 03

폭 10m, 높이 5m인 직사각형 단면 야계수로에 수심 2m, 평균유속 3m/sec로 유출이 일어날 때의 유량(m³/sec)은?

풀이 수로의 단면적은 10×5이지만, 수심이 2m이므로 유적은 $10 \times 2 = 20\text{m}^2$이다.
따라서 유량 = 유속 × 유적 = $3 \times 20 = 60\text{m}^3/\text{s}$ 이다.

Exercise 04

배수로 단면의 윤변이 10m, 유적이 20m²일 때 경심(m)은?

풀이 경심(동수반지름) $R = \dfrac{유적}{윤변} = \dfrac{20}{10} = 2\text{m}$

Exercise 05

다음 그림과 같은 사다리꼴 수로에서 윤변을 구하는 계산식은?

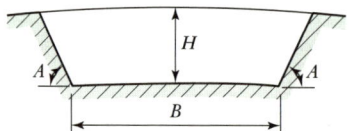

풀이 수로의 한 변을 x라고 하면, $\sin A = \dfrac{H}{x}$ 이므로 $x = \dfrac{H}{\sin A}$ 이고, 수로 양변의 길이는 $\dfrac{H}{\sin A} \times 2 = \dfrac{2H}{\sin A}$ 가 된다. 따라서 윤변은 $B + \dfrac{2H}{\sin A}$ 이다.

Exercise 06

계류의 바닥 폭이 3.8m, 양안의 경사각이 모두 45°이고, 높이가 1.2m일 때의 계류횡단 면적(m²)은?

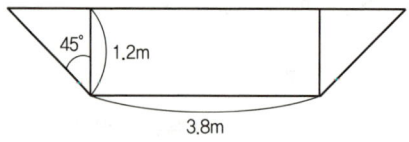

풀이 사다리꼴 넓이 공식을 이용한다.
넓이 = (윗변 + 밑변) × 높이 × $\dfrac{1}{2}$ = $\{(1.2 + 3.8 + 1.2) + 3.8\} \times 1.2 \times \dfrac{1}{2} = 6\text{m}^2$

④ 임계유속(臨界流速)
- 규칙적이며 질서 있게 흐르는 층류(層流)에서 불규칙하게 흐트러져 흐르는 난류(亂流)로 변할 때의 유속을 임계유속이라 한다.
- 계상에 침식을 일으키지 않는 최대유속으로 임계유속 이상이 되면 사력이 이동하기 시작하며 침식이 발생한다.
  * 계상(溪床) = 계류바닥 = 하상(河床)
- 야계사방공사에서 계상기울기 결정에 이용되는 중요한 인자이다.

(2) 유수의 소류력

① 유수의 소류력과 안정기울기
  ㉠ 유수의 소류력
  - 계류바닥(하상)의 토사나 자갈은 유속이 커짐에 따라 이동하기 시작하는데 이때의 힘을 유수의 소류력(掃流力)이라 한다.
  - 물이 계류바닥과 접촉하면서 흐르는 동안 발생하는 단위면적당의 마찰력으로, 이 유수의 힘이 계류바닥의 저항력보다 커지면 토사가 이동하기 시작한다.
  - 비탈면이나 누구에서 모여드는 물이 점점 많아지면 구곡의 바닥과 양쪽 기슭의 침식력이 커지는데, 이때의 침식력을 의미한다.
  ㉡ 안정기울기(안정물매)
  사력(砂礫, 모래와 자갈)의 교대는 일어나지만 하상 종단면의 형상에는 변화가 없는 하상의 기울기를 말한다.

② 평형기울기와 홍수기울기
  ㉠ 평형기울기(평형물매)
  - 사력의 이동은 있으나 들고 나는 양이 같아 결과적으로 세굴도 퇴적도 없는 평형 상태의 하천 종단면 기울기이다.
  - 유수가 사력을 포함하지 않을 경우의 계상기울기는 가장 완만한데 이때의 기울기를 말한다.
  - 유수가 일정하게 흐르는 구간, 즉 평형물매 구간은 사력의 이동으로 소류력은 최대가 되고, 하상의 형상은 흐트러지면서 항상 변화하므로 안정물매는 최소가 되지만 그 기울기가 완만함을 유지한다.
  - 사방댐을 축설하고 나서 홍수가 발생하면 하상기울기는 평형기울기로 고정된다.
  ㉡ 홍수기울기(홍수물매, 편류기울기, 편류물매)
  - 홍수로 급하게 흐르던 유수가 유속이 감소하는 구간에서 사력이 다량 침적되어 형성되는 급한 계상의 기울기이다.

- 유수가 홍수로 다량의 사력을 포함하면 계상기울기가 가장 급하게 되는데 이때의 기울기를 말한다.
- 사력이 침적된 구간, 즉 편류물매를 형성한 구간은 유수의 소류력은 최소가 되고, 안정물매는 최대가 되어 급한 기울기를 형성한 채 변화가 없는 하상을 유지하게 된다.
- 하천사방공사는 이 편류물매를 평형물매로 개량하는 작업이라고 할 수 있다.
- 사방댐 설치에 있어 이 홍수기울기와 평형기울기 사이의 퇴사량을 토사조절량이라 한다.

* 퇴사(堆沙) : 댐 건설로 인해 댐의 상류부에 쌓여 형성된 토사류

(3) 평균유속 산정 공식

① 체지(Chezy) 공식

$$V = c\sqrt{R \cdot I}$$

여기서, V : 평균유속(m/s), c : 유속계수
R : 경심(m), I : 수로 경사(%)

Exercise 07

수로 경사가 30°, 경심이 0.6m, 유속계수가 0.36일 때 Chezy 평균유속공식에 의한 유속은?

풀이 경사가 30°인 경우, 삼각비는 오른쪽과 같다.

경사(%) = $\dfrac{높이}{밑변} \times 100 = \dfrac{1}{\sqrt{3}} \times 100 = 57.73 \cdots ≒ 58\%$

유속 $V = c\sqrt{R \cdot I} = 0.36\sqrt{0.6 \times 0.58}$
$= 0.2123 \cdots ≒ 0.21\text{m/s}$

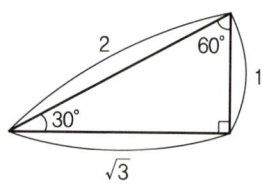

② 매닝(Manning) 공식

$$V = \dfrac{1}{n} \cdot R^{\frac{2}{3}} \cdot I^{\frac{1}{2}}$$

여기서, V : 평균유속(m/s), n : 유로조도계수
R : 경심(m), I : 수로 경사(%)

[조도계수(수로의 저항계수)]
- 물길의 거친 정도로 수치가 클수록 물흐름을 방해하므로 유속은 감소한다.
- 수로벽면 재료에 따라 목재 < 콘크리트 < 시멘트블록 < 흙 순으로 조도계수가 크다.

> **Exercise 08**
>
> 조도계수는 0.05, 통수단면적이 3m², 윤변이 1.5m, 수로기울기가 2%일 때 Manning의 평균유속공식에 의한 유량은?
>
> **풀이** 경심(동수반지름) $R = \dfrac{유적}{윤변} = \dfrac{3}{1.5} = 2\text{m}$
>
> 매닝의 평균유속 $V = \dfrac{1}{n} \cdot R^{\frac{2}{3}} \cdot I^{\frac{1}{2}} = \dfrac{1}{0.05} \times 2^{\frac{2}{3}} \times 0.02^{\frac{1}{2}} \fallingdotseq 4.4898\text{m/s}$
>
> 따라서 유량 $Q = 유속 \times 유적 = 4.4898 \times 3 = 13.469 \cdots \fallingdotseq 13.47\text{m}^3/\text{s}$

③ 바진(Bazin) 공식

- 구공식: $V = \sqrt{\dfrac{1}{\alpha + \dfrac{\beta}{R}}} \times \sqrt{R \cdot I}$

  여기서, V: 평균유속(m/s), α, β: 조도계수
  R: 경심, I: 수로 경사(%)

- 신공식: $V = \dfrac{87}{1 + \dfrac{n}{\sqrt{R}}} \times \sqrt{R \cdot I}$

  여기서, V: 평균유속(m/s), n: 조도계수
  R: 경심, I: 수로 경사(%)

- 주로 기울기가 급하고, 유속이 빠른 수로에서 평균유속을 구할 때 이용하는 공식이다.
- 구공식에서 '자갈이 있는 불규칙한 자연수로(황폐계류)'일 때 조도계수의 값이 가장 크며, 값은 $\alpha = 0.0004, \beta = 0.0007$이다.
- 신공식에서 '큰 자갈과 수초가 많은 흙수로(황폐계류)'일 때 조도계수의 값이 가장 크며, 값은 $n = 1.75$이다.

④ 쿠터(Kutter) 공식

물의 흐름이 등류일 때의 유속계산에는 편리하지만, 부등류와 부정류의 계산에는 적용하기 곤란하여 많이 사용하지 않는다.

(4) 최대홍수유량 산정 공식

① 시우량법
최대시우량을 이용하여 1초 동안의 최대홍수유량을 산정하는 방식이다.

- 유역면적의 단위가 m^2일 때 유량공식

$$Q = K\frac{A \times \dfrac{m}{1,000}}{60 \times 60} = \frac{1}{360} \times K \cdot A \cdot m \times \frac{1}{10,000}$$

- 유역면적의 단위가 ha일 때 유량공식

$$Q = \frac{1}{360} \times K \cdot A \cdot m = 0.002778 \times K \cdot A \cdot m$$

여기서, Q : 최대홍수유량(m^3/s), K : 유거계수, A : 유역면적, m : 최대시우량(mm/hr)

> **POINT!**
>
> **유거계수(流去係數, 유출계수)**
> - 유역에 내린 강수량과 하천을 빠져나간 유출량의 비
> - 유거계수가 클수록 황폐가 심하며 홍수 발생 위험이 높다.
> - 지표면 및 비탈면의 상태에 따라서는 아스팔트나 콘크리트와 같은 불투수성 포장일수록 값이 크고, 떼나 잡관목 등으로 덮여 거친 비탈면일수록 수치가 작다.
> - 침투 정도가 보통인 평지 토양에서는 암석지가 값이 가장 크며, 다음이 농경지, 초지, 산림 순으로 작다.

[시우량법의 유거계수(유출계수)값]
- 임상이 좋은 산지 유역 : 0.35~0.45
- 임상이 좋지 않은 산지 유역 : 0.45~0.65
- 황폐 유역 : 0.65~0.85

Exercise 09

3ha 유역에 최대시우량이 60mm/h이면 시우량법에 의한 최대홍수유량은?(단, 유거계수는 0.8)

풀이 $Q = \dfrac{1}{360} \times K \cdot A \cdot m = \dfrac{1}{360} \times 0.8 \times 3 \times 60 = 0.4 m^3/s$

② 합리식법
확률강우강도와 유역면적 및 유출계수를 이용하여 1초 동안의 최대홍수유량을 산정하는 방식이다. 유출계수, 강우강도, 유역면적을 곱한 합리식을 이용한다.

- 유역면적의 단위가 km²일 때 유량공식

$$Q = \frac{1}{3.6} \times C \cdot I \cdot A = 0.2778 \times C \cdot I \cdot A$$

- 유역면적의 단위가 ha일 때 유량공식

$$Q = \frac{1}{360} \times C \cdot I \cdot A = 0.002778 \times C \cdot I \cdot A$$

여기서, Q : 최대홍수유량(m³/s), C : 유출계수
I : 강우강도(mm/h), A : 유역면적

[합리식법의 유출계수값]
- 평지 소하천 : 0.45~0.75
- 유역의 반 이상이 평탄한 대하천 : 0.50~0.75
- 기복이 있는 토지와 수림 : 0.50~0.75
- 산지하천 : 0.75~0.85

Exercise 10

유출계수가 0.9이고 유역면적이 100ha인 험준한 산악지역에 시간당 100mm의 강도로 비가 내리고 있다면 합리식법으로 계산한 최대홍수량은?

풀이 유역면적의 단위가 ha이므로 유량은 다음과 같다.

$$Q = \frac{1}{360} \times C \cdot I \cdot A = \frac{1}{360} \times 0.9 \times 100 \times 100 = 25 \text{m}^3/\text{s}$$

③ 비유량법
- 어느 지점에서의 유출량을 그 유역면적으로 나눈 단위유역면적당의 평균유량을 비유량이라 하며, 이 비유량을 이용하는 방식이다.
- 유량에 대한 관측자료가 적고, 피크유량을 알기 어려운 경우 비유량으로 추정한다.
- 규모가 작은 치산댐 등에 이용한다.

$$Q = A \times q$$

여기서, Q : 최대홍수유량(m³/s), A : 유역면적(km²)
q : 비유량(m³/s/km²)

[황폐계류에서의 비유량]

유역면적(km²)	비유량(m³/s/km²)
0~10	25
10~20	20
20~40	15
40~60	12
60~80	10

Exercise 11

비유량이 20m³/s/km²이고 유역면적이 15km²일 때 최대홍수유량은?

풀이 $Q = A \times q = 15 \times 20 = 300 \text{m}^3/\text{s}$

Exercise 12

황폐계류의 유역면적이 1~10km²에 해당하는 비유량은?

풀이 $25\text{m}^3/\text{s}/\text{km}^2$

Summary!

유량과 유속의 산정

구분	내용
평균강수량(강우량) 산정법	산술평균법, Thiessen법(티센의 가중법), 등우선법
평균유속 산정식	Chezy 공식, Manning 공식, Bazin 공식, Kutter 공식
최대홍수유량 산정식	시우량법, 합리식법, 비유량법

SECTION 03 침식의 종류와 특성

우리나라 산림 토양은 주로 풍화가 용이한 화강암과 화강편마암으로 이루어져 있으며, 경사도 급하여 침식과 붕괴가 일어나기 쉬운 특징을 가지고 있다.

1. 침식의 원인과 종류

침식은 여러 원인에 의해 발생하며, 그 원인에 따라 크게 정상침식과 가속침식으로 나눌 수 있다.

(1) 산지 침식의 주요 요인

토질 등의 지질적 요인, 급경사의 지형적 요인, 강우·강설 등의 기상적 요인, 산림훼손·벌목 등의 인위적 요인 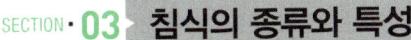 지리적 요인 ×

(2) 정상침식(正常浸蝕)

① 정상침식은 자연 조건에 의하여 서서히 진행되는 침식으로 자연 침식 또는 지질학적 침식이라고도 한다.
② 자연적인 지표의 풍화 상태로서 토양의 형성과 분포에 기여한다.

(3) 가속침식(加速浸蝕)

① 가속침식의 정의
- 가속침식은 주로 인위적인 활동이 원인이 되어 빠르게 진행되는 침식으로 이상침식이라고도 한다.
- 사람의 작용에 의한 지피식생의 파괴와 물이나 바람 등의 작용에 의하여 이루어진다.

② 가속침식의 종류
가속침식은 크게 물에 의한 침식, 중력에 의한 침식, 바람에 의한 침식 등으로 구분할 수 있다.

[가속침식의 종류]

구분	내용
물침식(수식)	우수(빗물)침식, 하천침식, 지중침식, 바다침식
중력침식	붕괴형 침식, 지활형 침식, 유동형 침식, 동상침식
바람침식(풍식)	해안사구(모래언덕)침식, 내륙사구침식

2. 각 종류별 특성

(1) 물에 의한 침식

물에 의한 토양의 침식 정도에 영향을 주는 인자로는 강우량과 강우강도, 경사도와 사면길이, 지표식생의 피복상태, 토양의 성질 등이 있다.

① 우수(빗물)침식 : 빗물에 의한 토양의 침식

[빗물(강우)에 의한 침식의 발달단계]
※ 우격침식 – 면상침식 – 누구침식 – 구곡침식의 순으로 발달한다.

구분	내용
우격침식 (雨擊浸蝕)	토양 표면에서 빗방울의 타격으로 인한 가장 초기 상태의 침식=우적침식
면상침식 (面狀浸蝕)	• 토양의 얕은 층이 전면에 걸쳐 넓게 유실되는 현상 • 빗방울의 튐과 표면 유거수(流去水)의 결과로 발생 • 유기물이 많은 겉흙을 넓게 제거하여 토양의 비옥도와 생산성 저하
누구침식 (淚溝浸蝕)	• 토양 표면에 잔 도랑이 불규칙하게 생기면서 깎이는 현상 • 침식이 계속되는 비탈면을 따라 흐르는 작은 물길에 의해 발생 • 침식의 규모가 아직은 작아 경운작업으로 쉽게 제거 가능
구곡침식 (溝谷浸蝕)	• 도랑이 커지면서 심토까지 심하게 깎이는 현상 • 누구침식이 점점 더 진행되어 규모가 커지고 보다 깊고 넓은 골을 형성하는 왕성한 침식형태

② 하천침식 : 하천의 유수에 의한 종·횡침식
③ 지중침식(地中浸蝕) : 땅속으로 흐르는 물에 의한 침식
④ 바다침식 : 파랑 및 연안류 등에 의한 침식

(2) 중력에 의한 침식

중력침식은 유수나 바람 같은 독립된 외력의 작용에 의해 발생하는 것이 아니라, 여러 원인과 함께 중력이 작용하여 발생하는 침식으로 붕괴형 침식, 지활형 침식, 유동형 침식, 동상침식 등이 있다.

① 붕괴형(崩壞型) 침식
  • 붕괴의 대표적인 형태인 산사태는 주로 호우 등의 기상적 요인으로 인한 유수의 침투와 지하수면의 상승에 의해 발생하며, 절리 및 단층대의 존재, 붕적토의 분포 등의 지질적

요인과 지형적 요인도 침식을 가속화시키는 원인이 된다.
- 사면붕괴의 전조현상 : 사면에 균열 발생, 작은 돌의 낙하, 용수가 탁해지며 용출현상이 발생한다.
- 산사태는 산 중턱 부근에서 토사가 갑자기 무너져 내리는 현상으로 급경사지역에서 사질토가 강우로 포화되었을 때 돌발적으로 잘 발생한다. 토괴가 교란되며 빠르게 이동하나, 규모(이동면적)는 1ha 이하로 작고, 깊이도 수 m 이하로 얕은 경우가 많다.

[붕괴형(崩壞型) 침식의 구분]

구분	내용
산사태 (山沙汰)	• 흙덩어리가 계곡·계류를 향하여 일시에 연속적으로 길게 붕괴되는 현상 • 주로 호우에 의하여 산정에서 가까운 산복부에서 많이 발생 • 비교적 산지 경사가 급하고, 토층 바닥에 암반이 깔린 곳에서 많이 발생 • 주로 30~35° 부근의 변곡점에서 많이 발생 • 사질토로 된 지점에서 많이 발생
산붕(山崩)	• 산사태와 원인은 같으나 소규모이며, 산록부에서 많이 발생 • 사질토에서 가장 많이 발생
붕락(崩落)	• 주로 집중호우나 눈과 얼음이 녹은 물(융설수)에 의해 토층이 포화되어 토괴가 균형을 잃고 아래로 무너져 떨어지는 현상 • 무너진 토괴의 대부분은 그 비탈면의 끝이나 산각부에 쌓여 남아 있고, 주름이 잡힌 형태의 지표층을 형성
포락(浦落)	• 산지 비탈면의 끝을 흐르는 유수의 가로침식에 의해 무너지는 현상 • 침식 및 붕괴된 물질은 퇴적되지 않고 대부분 유수와 함께 유실
암설붕락 (巖屑崩落)	돌 부스러기의 비탈면(토석더미)이 붕괴되어 밀려 내려오는 현상

② 지활형(地滑型) 침식
- 땅속의 지하수에 의해 토괴가 비탈면 아래로 원형을 보존한 채 서서히 미끄러져 내려오는 침식현상이다.
- 땅밀림이 대표적인 침식형태로 중력침식유형 중 발생 속도가 가장 느리다.
- 산사태 및 산붕과 비교해 침식의 이동속도가 10mm/day 이하로 느리고, 침식의 규모는 1~100ha로 크며, 5~20°의 완경사지에서 주로 발생하는 것이 특징이다.
- 땅밀림은 지하수에 의해 유인되는 경우가 많으며, 파쇄대 또는 온천지대 등에서 많이 발생한다.
  * 파쇄대 : 단층 사이에 암석이 부서진 곳으로 물이 흐르게 되면 미끄럼면이 발생하기 쉬움

[침식 유형의 비교]

구분	산사태 및 산붕	땅밀림
토질	사질토(화강암)	점성토(혈암, 이질암, 응회암)
경사	20° 이상의 급경사지	20° 이하의 완경사지
원인	강우(강우강도)	지하수
규모(이동면적)	작다(1ha 이하).	크다(1~100ha).
토괴형태	토괴 교란	원형 보존
이동속도	빠르다(10mm/day 이상).	느리다(10mm/day 이하).
발생형태	돌발적 발생	계속적 · 지속적 발생

③ 유동형(流動型) 침식
- 붕괴형 침식이나 지활형 침식의 결과로 인한 유동성 물질에 의해 발생하는 침식작용이다.
- 토석류(土石流), 토류(土流), 암설류(巖屑流) 등이 대표적 형태이다.
- 토석류 : 산지 또는 계곡에서 토석 · 나무 등이 물과 섞여 쓸려 내려오는 현상으로 물을 윤활제로 하여 집합운반의 형태를 가진다.

④ 동상 침식
과습한 토양이 동결과 융해를 반복하는 과정에서 산지 비탈면 아래로 천천히 미끄러져 내려오는 침식작용이다.

 Summary!

중력에 의한 침식
- 붕괴형 침식 : 산사태, 산붕, 붕락, 포락, 암설붕락 등
- 지활형 침식 : 땅밀림
- 유동형 침식 : 토석류, 토류, 암설류 등
- 동상 침식

CHAPTER 02 비탈면 안정 녹화

SECTION 01 비탈면 안정 · 녹화공법

1. 비탈면 안정 · 녹화공법 일반

(1) 비탈면 안정공법

① 비탈면 안정공법이란 각종 재해로부터 비탈면을 물리적으로 안정화시키기 위한 공법이다.
② 자연 사면 및 절성토 사면은 강우 · 기온 · 바람 등의 기상인자, 산지기복 · 경사도 등의 지형인자, 기반암 · 토질 등의 지질인자의 영향을 받아 느슨해지며 균열 · 파괴 · 붕괴 등을 일으킬 수 있으므로 내외부의 압력에 대한 저항력을 가질 수 있도록 미연에 안정공법을 도입하는 것은 중요하다.
③ 비탈면 안정을 위한 계획을 수립할 때는 이러한 기상조사, 지형조사, 지질조사 등을 실시하여 설계한다.

(2) 비탈면 녹화공법

① 비탈면 녹화공법이란 인위적으로 발생한 절성토 비탈면과 자연침식 비탈면 등을 침식으로부터 보호하고, 보다 견고하며 생태적 · 경관적으로 우수한 비탈면으로 조성하고자 다양한 방법으로 녹화하는 공법이다.

② 식생이 사면 안정에 미치는 효과
  - 강우 및 바람에 의한 토양 유실 방지
  - 표토층의 침식 방지 및 심층부의 붕괴 방지
  - 식생 뿌리의 긴박력으로 인한 토양 안정 등

③ 절성토 비탈면의 토질에 따른 적용 가능 공법

구분	내용
모래층 비탈면	• 절토 : 직후는 단단하나, 건조해지면 붕락되기 쉬우므로 전면 객토한다. • 성토 : 식생활착이 어려우므로 피복토를 객토하고 녹화한다.
용출수(지하수 유출)가 있는 비탈면	절성토 : 돌망태공법 등을 적용한다.
자갈이 많은 비탈면	• 절토 : 모래 유실 후, 요철면이 생기기 쉬우므로 떼붙이기보다 분사파종공을 이용한다. • 성토 : 객토로 피복한 후 식생공법을 적용한다.
점질토 비탈면	• 절토 : 표면침식에 약하고, 동상·붕락이 많으므로 떼붙이기 공법이 적절하다. • 성토 : 점성이 약한 사면에서는 복토 없이 식생공법을 이용할 수 있다.
경암 비탈면	풍화와 낙석의 우려가 많은 절토비탈면 등에는 낙석방지망 덮기 공법이 적당하다.

④ 토질이 모래층인 절토사면의 특징
- 절토공사 직후는 단단한 편이나 건조하면 푸석푸석해지고 붕락되기 쉽다.
- 침식에 대단히 약하여 식생이 착근하기 전에 유실될 가능성이 높다.
- 토양유실 방지를 위하여 일반 흙으로 전면 객토작업이 필요하다.
    * 객토(客土) : 흙의 성질 개선을 위하여 다른 흙을 넣어 주는 일
- 비탈면 격자틀붙이기 공법을 적용한다.

(3) 비탈면의 안전율

① 안전율이란 비탈의 활동면에 대한 흙의 전단강도를 전단응력으로 나눈 값으로 비탈면의 안정평가를 위해 계산한다.
② 즉, 토괴가 붕괴하려는 힘(전단력)에 대한 저항하여 유지하려는 힘(저항력)의 비로 전단력이 저항력을 압도하면 흙에 변형이 생기고 무너져 내리게 된다.

$$\text{안전율} = \frac{\text{전단강도}}{\text{전단응력}}$$

여기서, 전단응력(전단력) : 활동면을 기준으로 토괴가 끊어지고 미끄러지려는 힘
전단강도 : 흙의 전단력에 대항하여 견디는 최대의 저항력

$$\text{토양의 전단강도} = C + \sigma \tan\varphi$$

여기서, C : 흙의 점착력, σ : 수직응력, φ : 내부마찰각

Exercise 13

전수직응력이 100gf/cm², tan𝜑 값이 0.8, 점착력이 20gf/cm²일 때, 토양의 전단강도는?
(단, 간극수압은 무시함)

풀이 전단강도 $= C + \sigma \tan\varphi = 20 + 100 \cdot 0.8 = 100 \mathrm{gf/cm^2}$

(4) 기초공사

① 기초공사란 사방이나 임도시공 시 상부 구조물의 하중을 지지할 수 있도록 하부에 단단한 기초를 만드는 공사이다.
② 기초공사는 크게 직접기초(얕은 기초), 간접기초(깊은 기초)로 구분한다.
③ 직접기초(얕은 기초)는 상부 지반이 견고하여 견고한 지반 위에 기초콘크리트를 직접 시공하고 하중이 작용하여 지지력을 얻는 기초이며, 간접기초(깊은 기초)는 상부 지반이 견고하지 못해 말뚝, 피어, 케이슨 등을 하부의 깊은 지반까지 박아 지지력을 얻는 기초이다.

[기초공사의 구분]

구분		내용
직접기초 (얕은 기초)	확대기초	• 상부구조의 하중을 확대하여 직접 지반에 전달하는 기초 • 하중을 기초지반에 안전하게 전달하기 위해 지반과 직접 접하는 푸팅(footing)부를 확대하여 설치
	전면기초	• 한 장의 기초 슬래브를 바닥 전체에 깔아 구조물의 하중을 지지하는 기초로 매트(mat)기초라고도 함 • 상부 구조의 전면적을 받치는 단슬래브의 지지층에 하중이 실려 있는 형태 • 전체를 균일하게 지지하므로 부등침하의 영향이 적음
간접기초 (깊은 기초)	말뚝기초	• 여러 재료로 구성된 말뚝을 지반에 삽입하여 지지력을 얻는 기초 • 종류 : 나무말뚝기초, 콘크리트말뚝기초, 강재말뚝기초
	피어기초	견고한 지반까지 천공한 후 그 속에 콘크리트를 타설하여 기둥(피어, pier)을 형성하고 지지력을 얻는 기초
	케이슨기초	• 토층이 연약한 지반에서 케이슨 관을 견고한 지반까지 관통하고 삽입하여 지지력을 얻는 기초로 케이슨공법이라고도 함 * 케이슨(caisson) : 말뚝이나 피어보다 단면적이 상당히 큰 상자형상의 관 • 종류 : 우물통기초, 공기케이슨기초

2. 비탈면 안정공법의 종류

돌망태공, 비탈힘줄박기공, 비탈격자틀붙이기공, 콘크리트뿜어붙이기공, 낙석방지공 등의 안정공법은 본서 4편 임도공학의 '사면 안정공사' 편을 참고하며, 그 외에는 아래와 같다.

(1) 앵커박기 공법

① 기반암 위에 토양이 형성된 곳은 땅밀림으로 인한 붕괴가 발생할 수 있으므로, 기반암 속에 앵커를 매입 설치하여 인장력을 줌으로써 이동토괴를 고정하고 땅밀림을 방지하는 안정공법이다.
② 비탈 경사가 현저하게 급한 곳에서 토압이 큰 곳이나 비탈틀공법 또는 흙막이공사 등을 계획하는 곳 등을 적용대상지로 한다.
③ 앵커체를 지상에서 만들어 매입하는 방식과 기반 내에 보링(천공)을 하고 시멘트 모르타르를 주입하여 앵커체를 형성하는 그라우트 방식이 있다.
④ 사면의 활동 억제에 쓰이는 앵커에는 어스앵커, 록앵커, 록볼트 등이 있다.
⑤ 어스앵커(earth anchor) : 흙비탈면에 구멍을 뚫어 인장재인 PC강선을 삽입하고, 모르타르를 채워 정착시키고 인장력을 주어 안정화하는 공법
⑥ 록볼트(rock bolt) : 암반사면에 구멍을 뚫어 볼트를 꽂아 넣고 너트로 조여줌으로써 원지반에 암반표면을 고정시켜 안정화하는 공법
⑦ 록앵커(rock anchor) : 록볼트와 유사하나 크기가 크고, 앵커를 깊이 박고 인장력을 주어 암반 전체를 고정시켜 안정화하는 공법

(2) 기타 사면활동 억제공법

① 소일네일링(soil nailing) 공법
지반의 간격을 좁게 하여 다량 천공 후 철근이나 철강 봉(네일)을 삽입하고, 흙과의 빈공간에 시멘트액을 채워 넣어(그라우팅) 지지력을 얻고 안정화시키는 공법이다.

② 마이크로파일(micro pile) 공법
단단한 지지층까지 파일을 박아 천공 후 파일 구멍 안으로 강관을 삽입하고, 빈 공간에 시멘트액을 채워 넣어 25cm 이하의 소구경 말뚝을 형성하는 공법이다.

3. 비탈면 녹화공법의 종류

(1) 식생공법

비탈면에 식생을 피복하여 녹화하는 공법으로 식생의 도입방법에 따라 파종공과 식재공으로 구분할 수 있으며, 식생이 종자에 의해 발달하는 기타 식생공으로는 식생반공, 식생매트공, 식생대공(식생자루), 식생대공(식생띠), 식생망공, 식생혈공 등이 있다.

① 식생반(植生盤)공
- 식생반이란 뜬떼(온떼) 대용품으로 고안되었으며, 밑판, 종자, 표면덮개의 3부분으로 구성된 녹화용 피복 재료이다.
- 25×20×3cm의 판상으로 만든 식생토의 표면에 종자를 심은 것으로 경사면에 일정한 간격으로 붙여 녹화하는 공법으로 식생판공이라고도 한다.
- 객토효과로 유기물과 비료 성분이 다량 함유되어 비탈면의 녹화 조성에 좋다.

② 식생매트(植生mat)공
- 종자와 비료, 토양개량제 등을 혼합하여 부착시켜 놓은 매트로 비탈 전면을 덮어 녹화하고 보호하는 공법이다.
- 비탈 전면을 피복하므로 보온·보습의 효과와 세굴·풍식을 방지할 수 있다.

③ 식생대(植生袋)공
  흙과 종자, 비료 등을 혼합하여 채워 넣은 자루를 비탈면에 일정 간격으로 놓아 녹화하는 공법으로 식생자루공이라고도 한다.

④ 식생대(植生帶)공
  종자와 비료성분 등을 혼합하여 부착시켜 놓은 띠 모양의 재료로 수평으로 길게 놓아 녹화하는 공법이며, 식생띠공이라고도 한다.

⑤ 식생망(植生網)공
  종자, 비료 등을 부착시켜 놓은 시트를 전면에 넓게 펴 깔아 녹화하는 공법으로 식생 매트와 혼용하기도 하나 조금 더 얇은 망으로 이루어진 것이 다르다.

⑥ 식생혈(植生穴)공
  주로 절토 비탈면에 일정 간격으로 구멍을 파고, 종자와 각종 재료를 함께 넣어 녹화하는 공법으로 식생구멍공이라고도 한다.

(2) 파종공법(씨뿌리기공법)

① 산 비탈면에 초본이나 목본류를 직접 파종하여 녹화하는 공법이다.
② 공법에 따른 구분 : 인력파종공법, 기계파종공법, 항공파종공법
③ 파종방법에 따른 구분 : 점파공(점뿌리기), 조파공(줄뿌리기), 산파공(흩어뿌리기)
④ 씨뿌리기에 사용되는 식생
  - 초본류는 생장이 빠르고 엽량이 많으며, 일년생보다는 다년생으로 번식력이 왕성한 것이 좋다.
  - 목본류는 근계가 잘 발달하고 토양의 긴박효과가 있어야 하며 척악지나 환경조건에 대한 적응성이나 저항성이 커야 한다.
⑤ 분사식 씨뿌리기공법(분사식 파종공법)
  - 종자, 비료, 양생제, 전착제를 물과 함께 혼합한 것을 사면에 기계로 압력·분사하여 파종하는 공법이다.
  - 대면적의 급한 경사면 등에 전면을 속성 녹화하고자 할 때 주로 이용되나, 암반비탈면에는 효과가 작다.
  - 초본종자의 발아 생립 본수(발생기대본수) 기준은 2,000본/㎡ 이다.
⑥ 종비토뿜어붙이기
  - 종자, 비료, 흙, 양생제, 전착제 등을 물과 함께 혼합하여 사면에 기계를 이용하여 압력으로 뿜어 붙여 파종하는 공법으로 종자, 비료, 흙을 이용하므로 종비토(種肥土)뿜어붙이기라고 한다.
  - 주로 암반절개비탈면의 전면 속성녹화에 적용하며, 용수가 없는 곳에 시공한다.
  - 분사식 씨뿌리기공법의 일환으로 유기질 흙을 사용하는 점이 차이가 있지만, 이름을 혼용하는 경우가 있다.

┃ 종비토뿜어붙이기 ┃

(3) 식재공법

① 비탈면에 묘목이나 수목 및 뿌리가 붙은 흙떼나 새 등을 직접 식재하여 녹화하는 공법이다.
② 산지사방 녹화공사를 위한 묘목심기의 1ha당 식재본수는 4,000~6,000본이 가장 적합하다.
③ 산지사방 식재용 수종의 요구조건
  - 생장력이 왕성하여 잘 번성할 것

- 뿌리의 자람이 좋아 토양의 긴박력이 클 것
- 건조, 한해, 각종 병해충에 강할 것
- 갱신이 용이하며, 가급적이면 경제적 가치가 높을 것
- 묘목 생산 비용이 적게 들고, 대량생산이 가능할 것
- 토양개량 효과가 기대될 것

④ 절성토면의 식재 시 고려사항
- 흙깎기 비탈면에서는 사면의 상단부에, 흙쌓기 비탈면에서는 사면의 하단부에 수목을 식재한다.
- 인공재료에 의한 시공에 비해 비탈면 기울기를 완화시킨다.
- 비탈사면에는 교목이나 대묘를 식재하지 않는 것이 원칙이다.
- 만일 비탈면에 수목을 식재하고자 하는 경우에는 기울기를 완화시킨다.
- 비탈면 기울기는 관목 식재 시 1 : 2, 교목 식재 시 1 : 3 정도로 완만하게 시공한다.
- 수목이 넘어져도 위험성이 없도록 식재해야 한다.
- 비탈면 아래에는 낮은 옹벽을 설치하고 녹화한다.
- 콘크리트 블록이나 옹벽에는 덩굴식물로 피복하여 은폐한다.
- 규모가 큰 비탈에는 소단을 분할하여 설치한다.

(4) 새집공법

① 암벽면의 요철 부분에 터파기를 하고 반달형 제비집 모양으로 돌을 쌓아 그 안을 흙으로 채우고 식생을 도입하는 공법이다.
② 새집붙이기 또는 새집의 형상이라 하여 소상공(巢箱工)이라고도 한다.
③ 일정 간격으로 점상태의 식물을 조성하여 녹화한다.
④ 경암지역의 땅깎기비탈면(절개암반지) 안정에 가장 적합하다.
⑤ 적용 수종 : 회양목, 개나리, 눈향나무, 병꽃나무, 노간주나무 등
⑥ 새집공법은 차폐수벽공법과 함께 암반비탈면 녹화의 대표적인 공법이다.

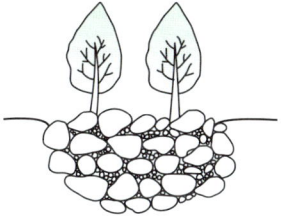

∥ 새집공법 정면 ∥

(5) 차폐수벽공법(遮蔽樹壁工法)

① 암석 채굴지, 채석장, 절개지 등의 훼손된 암반비탈면이 외부에서 직접 보이지 않도록 비탈의 앞쪽에 수목을 2~3열로 식재하여 수벽을 조성하는 공법이다.

② 수벽 3열 식재방법
  • 중앙에 활엽교목 1열을 식재하고, 그 앞뒤로 침엽수나 관목을 열식
  • 중앙에 교목을 2열로 열식하고, 그 앞이나 뒤에 관목을 열식

③ 가급적이면 빨리 자라 차폐가 가능한 속성수종의 대묘를 식재하는 것이 좋다.

④ 적용 수종 : 속성수인 이태리포플러와 은수원사시나무, 내건성 수종인 가죽나무와 버즘나무, 침엽수인 리기다소나무와 해송, 관목류인 족제비싸리와 개나리 등

> **POINT!**
> **암반비탈면 녹화공법**
> 새집공법, 차폐수벽공법, 피복녹화공법, 덩굴받침망공법 등
> * 덩굴받침망공법 : 덩굴을 식재하고, 덩굴이 잘 뻗어갈 수 있는 망을 암반사면에 함께 설치하는 공법

SECTION 02 비탈면 안정 · 녹화재료

1. 토목재료

토목재료에는 석재, 목재, 철재, 골재, 시멘트, 콘크리트, 흙 등이 있다.

(1) 석재(石材)

① 석재의 특징
  석재는 각종 사방공사와 임도 건설 시 사면안정공사 등에 많이 이용되고 있다. 일반적으로 단단하고 치밀한 돌을 사용하는데, 그중 화강암은 압축강도가 상당히 커서 재질이 굳고 내구성이 강한 특징이 있다.

② 석재의 종류
  석재는 마름돌, 견치돌, 막깬돌 등의 가공석과 전석, 야면석, 호박돌, 조약돌, 잡석, 사석 등과 같은 자연석으로 크게 구분할 수 있다.

[석재의 종류]

구분	내용
마름돌 (다듬돌)	• 일정한 치수의 긴 직사각육면체가 되도록 각 면을 다듬은 석재 • 석재 중 가장 고급이고 일정한 규격으로 다듬어진 것 • 미관을 요하는 돌쌓기 공사에 메쌓기로 이용됨 • 크기는 보통 가로 30cm, 세로 30cm, 길이 50~60cm
견치돌	• 돌을 다듬을 때 앞면, 길이, 뒷면, 접촉부 및 허리치기의 치수를 특별한 규격에 맞도록 지정하여 만든 석재 • 단단하고 치밀하여 견고를 요하는 돌쌓기 공사, 사방댐, 옹벽 등에 사용 • 특별한 규격으로 다듬은 석재로 마름돌과 같이 고가의 재료 • 앞면은 사각형, 뒤로 갈수록 전체적으로 좁아지는(허리치기) 형상 • 1개의 무게는 약 70~100kg, 전체 길이는 앞면 크기의 1.5배 이상 • 산림토목의 축석
막깬돌	• 엄격한 치수가 아닌 면의 모양이 직사각에 가깝게 대략적 수치에 의해 깨낸 석재 • 이가 맞아떨어지지 않으므로 반드시 찰쌓기 공법으로 시공함 • 1개의 무게는 약 60kg, 전체 길이는 앞면의 1.5배 이상 • 경제적이므로 사방공사에 많이 사용
전석 (轉石)	• 1개의 크기가 0.5m³ 이상, 무게가 100kg 이상인 자연석 • 주로 계천에서 채취하여 찰쌓기와 메쌓기에 사용
야면석 (野面石)	• 무게가 약 100kg 정도인 자연석 • 운반이 가능하고 공사용으로 쓸 수 있는 비교적 큰 돌 • 주로 돌쌓기현장 부근에서 채취하여 찰쌓기와 메쌓기에 사용 • 전석에 비해 면이 거칠며 각이 져 있음
호박돌	• 지름 20~30cm 되는 호박모양의 둥글넓적한 자연석 • 시공지 부근의 산이나 개울 등지에서 채취 • 안정성이 낮아 기초공사나 잡석쌓기 기초바닥용, 콘크리트 기초바닥용 등에 주로 사용
뒤채움돌	돌쌓기 시 안정을 위하여 뒷부분에 채우는 돌

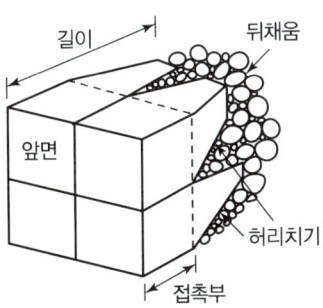

| 견치돌 쌓기 |

② 쌓는 위치에 따라서도 아래 표와 같은 종류가 있다.

[갓돌과 귀돌]

구분	내용
갓돌(머리돌)	• 돌쌓기벽의 가장 위에 덮어주는 돌 • 시공면의 보호와 오염 방지 등의 역할
귀돌(모서리돌)	돌쌓기벽의 모서리에 시공하는 돌

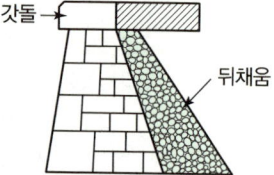

(2) 목재(木材)

① 토목재료로서의 목재는 통나무를 그대로 이용하는 경우가 많으며, 주로 사방댐, 구곡막이, 바닥막이, 바자얽기, 각종 말뚝용 등으로 쓰인다.

② 통나무 외에 초두목이나 가지 등도 섶으로서 바자얽기 등에 이용되고 있다.

* 초두목(梢頭木) : 통나무를 베어 이용하고 남은 끝부분의 가는 가지
* 섶 : 잎이 달린 잔가지로 토목공사에 종종 이용되는 부재료

(3) 철재(鐵材)

① 각종 구조물 제작에 쓰이며, 철근, 철판, 철사, 철관, 와이어로프 등이 이용되고 있다.

② 대표적인 구조물인 돌망태는 철사로 만든 철선망태로서 내부에 자갈이나 잡석을 채워 넣고 비탈면이나 제방 등의 침식방지 및 보호에 쓰인다.

③ 낙석방지망과 낙석저지책의 제작에도 쓰인다.

(4) 골재(骨材)

① 골재의 특징
- 골재란 모르타르나 콘크리트를 만들 때 첨가되는 모래, 자갈, 부순돌 등의 견고한 모든 재료를 말하는 것으로, 골재는 콘크리트 부피의 약 65~80%를 차지한다.
- 콘크리트용 골재는 비중이 2.60 이상, 무게는 1,500~1,800kg/m³이 표준이다.
- 골재의 입자와 입자 사이의 공간인 공극률은 작은 것이 좋다.

② 크기에 의한 구분

골재의 크기는 한국산업표준의 기준에 따라 구분하며, 잔골재는 10mm체를 모두 통과하고, 5mm체를 거의 다 통과하며, 0.08mm체에 거의 다 남는 골재를 말한다.

구분	내용
잔골재	5mm체에서 무게의 85% 이상 통과하는 골재
굵은 골재	5mm체에서 무게의 85% 이상 남는 골재

③ 비중에 의한 구분

구분	비중
경량골재	2.50 이하
보통골재	2.50~2.65
중량골재	2.70 이상

* 비중 : 기준 물질의 무게와 같은 부피를 가진 물질의 무게와의 비율

④ 무게에 의한 구분

구분	무게
잔골재	1,450~1,700kg/m^3
굵은 골재	1,550~1,850kg/m^3
잔골재와 굵은 골재 혼합	1,760~2,000kg/m^3

⑤ 콘크리트 골재의 최대치수 기준

구분	골재의 최대치수
댐콘크리트	150mm 이하
무근콘크리트	100mm 이하
철근콘크리트	50mm 이하
포장콘크리트	50mm 이하

(5) 시멘트

① 시멘트의 특징
- 시멘트는 무기질 접합제로 일반적으로 포틀랜드시멘트(portland cement)를 일컫는다.
- 공기와 물에 반응하여 경화하는 성질인 수경성(水硬性)이며, 굳은 후에는 강도가 크다.
- 비중은 보통 3.10~3.15이며, 무게는 약 1,500kg/m^{3}이다.
- 수화작용(水和作用)이란 시멘트 입자와 물 분자가 결합하여 응고되는 현상으로 이때 수화열이 발생하며, 시멘트의 응결은 이 수화작용에 의해 일어난다.
- 시멘트입자 1g에 대한 표면적(cm^2)을 분말도(粉末度)라 하는데, 시멘트의 분말도는 높을수록 수화작용이 빨라 콘크리트의 초기 강도가 빠르게 증진하나 오래도록 강도를 유지하지 못해 내구성은 약해진다.
- 시멘트가 공기 중의 수분을 흡수하여 경미한 수화작용을 일으키고, 공기 중의 이산화탄소와 결합하여 탄산칼슘을 만드는 과정을 풍화(風和)라고 하며, 풍화가 발생한 시멘트는 강도가 저하되어 품질이 현저히 떨어진다.

- 시멘트를 친 후 1시간 정도면 엉겨 붙어 굳기 시작하며 응결(凝結)이 일어나는데, 10시간 이내로 응결이 완료되는 것이 좋다.
- 응결이 완료되고 경화가 진행되어 강도가 증진되는데, 시멘트의 강도는 모르타르의 강도로 표시한다.
- 시멘트에 탄산나트륨이나 탄산칼슘을 첨가하면 빨리 굳게 되는 성질인 급결성(急結性)을, 석고를 첨가하면 천천히 굳게 되는 성질인 완결성(緩結性)을 갖게 된다.

② 포틀랜드시멘트의 종류

포틀랜드시멘트(portland cement)는 현재 가장 널리 사용되고 있는 일반 시멘트로 한국산업표준에 따라 1종(보통포틀랜드시멘트), 2종(중용열포틀랜드시멘트), 3종(조강포틀랜드시멘트), 4종(저열포틀랜드시멘트), 5종(내황산염포틀랜드시멘트)의 5가지로 구분하고 있다.

[포틀랜드시멘트의 종류]

구분	내용
제1종(보통)	• 대부분의 일반적인 시멘트로 가장 널리 사용 • 전체 사용 시멘트의 80% 이상 차지
제2종(중용열)	• 보통시멘트보다 수화속도가 느려 수화열 발생이 적은 시멘트 • 경화가 느려 단기강도는 낮지만, 균열 방지 및 장기강도 증진에 유리 • 주로 댐, 터널 등의 대규모 공사에 사용
제3종(조강)	• 보통시멘트보다 분말도가 높아 수화속도가 빠르며 발열이 심한 시멘트 • 초기에 높은 강도를 내므로 긴급공사, 수중공사, 겨울철 공사 등에 사용
제4종(저열)	• 수화열 발생이 대단히 적은 시멘트 • 경화가 상당히 느리지만, 균열 제어와 강도가 우수
제5종(내황산염)	• 황산염에 강한 시멘트 • 해수, 폐수, 지하수, 산성용액 등으로 침해가 일어날 수 있는 곳에 사용

③ 시멘트 저장법
- 습기가 끼지 않으며, 외부와의 통풍은 잘 되지 않도록 하여 창고에 보관한다.
- 습기를 받지 않도록 시멘트 포대는 지상에서 30cm 이상 띄어 저장한다.
- 쌓는 포대의 높이는 보통 13포 이하로 하며, 장기저장 시에는 7포 이상 쌓지 않는다.
- 창고 주위에는 배수도랑을 파서 우수의 침입을 방지한다.
- 반입구와 반출구를 따로 두어 먼저 들인 것부터 사용한다.

④ 시멘트의 혼화재료

혼화재료란 물리화학적 성질 개선, 단위수량 감소, 내구성 증가 등을 목적으로 콘크리트에 첨가하는 시멘트·골재·물 이외의 재료로 크게 혼화재와 혼화제로 구분할 수 있다.

⊙ 혼화재(混和材) : 시멘트 중량의 5% 이상으로 사용되며, 배합설계 시 중량계산에 포함되는 재료로 고체 상태이다. 아래와 같은 재료가 있으며, 비슷한 작용으로 성질을 개선한다.

[혼화재의 종류]

구분	내용
플라이애시(fly ash)	• 수화작용을 연장시켜 발열 감소 및 장기강도 증진 • 응결이 늦어져 초기 강도 발현은 늦으나, 내구성은 향상
고로슬래그(slag)	응결경화를 늦춰 수화열이 낮고 내구성이 향상
포졸란	응결경화를 늦춰 발열 감소 및 장기강도 증진

⊙ 혼화제(混和劑, 혼합제)
시멘트 중량의 5% 이하로 사용되며, 배합설계 시 중량계산에 포함되지 않는 재료로 액체 상태이다.

[혼화제의 종류]

구분	내용
AE제 (계면활성제)	• 콘크리트 내부에 미세한 기포를 균일하게 발생시키는 제제 • 수분으로 인한 동결·팽창에 대한 내구성 향상 및 수밀성 증가 • 재료분리가 잘 일어나지 않으며, 유동성이 좋아져 작업이 용이 • 워커빌리티(workability : 시공의 용이성)가 향상
응결경화 촉진제	• 빠른 강도 증진을 위하여 응결과 경화를 촉진시키는 제제 • 동절기 콘크리트 공사 등에 사용 • 염화칼슘($CaCl_2$)이 대표적 촉진제이며, 염화알루미늄, 규산나트륨 등도 이용
방수제	• 방수성을 높일 목적으로 사용하는 제제 • 규산나트륨, 파라핀 유제, 아스팔트 유제 등
지연제	• 응결과 경화를 지연시키는 제제 • 콘크리트를 비빈 후 타설까지 시간이 오래 걸리거나 고온으로 빨리 굳을 때 등에 적용

(6) 콘크리트

① 콘크리트의 특징
- 시멘트와 돌·모래 등의 골재를 물과 함께 섞어 반죽하고 굳히는 것으로 오늘날 모든 건축 및 토목 공사에 가장 보편적으로 사용되고 있는 중심 건설재료이다.
- 콘크리트는 비전도체이며 알칼리성이고, 무게는 2,200~2,300kg/m³이다.
- 압축강도가 높고 단단하여 구조적으로 안정적이며, 원하는 구조로 성형하기 쉽다.

- 내구성, 내화성, 차음성, 내진성, 내수성 등이 우수하다.
- 재료 구입이 쉬우며, 비교적 값이 싸고 유지관리비도 적게 들어 경제적이다.
- 시공이 쉬워 숙련된 기술을 요하지 않는다.
- 다른 재료에 비해 무게가 상당히 무겁다.
- 건조수축으로 인한 균열과 국부파손이 발생할 수 있다.
- 압축강도는 높으나 인장강도 및 전단강도는 비슷하게 낮다.
- 완성 후에는 개보수가 어렵고, 폐기물량이 많으며 처리도 어렵다.
- 거푸집 시공이나 경화 등에 시간이 소요되므로 공사기간이 길다.

② 콘크리트의 배합비

콘크리트의 배합 비율은 시멘트 : 잔골재 : 굵은 골재의 순으로 표시한다. 소규모 공사에서는 부피비(용적비)를, 대규모 공사에서는 무게비를 이용한다.

[시멘트, 모래(잔골재), 자갈(굵은 골재)의 용적배합비]

종류	시멘트 : 모래 : 자갈
보통콘크리트	1 : 3 : 6
철근콘크리트	1 : 2 : 4

③ 콘크리트의 양생
- 양생(養生)이란 콘크리트를 친 후 부적절한 온도, 광선, 하중, 충격, 파손 등으로부터 보호하고, 응결과 경화가 안전하게 충분히 진행되도록 관리하는 것을 말한다.
- 즉, 콘크리트를 쳐서 수화작용이 충분히 계속되도록 보존하는 작업이다.
- 양생 기간을 재령(age)이라 하며, 양생 효과는 7일 이내에 나타나고, 온도 20℃ 정도로 28일을 유지하면 최종강도에 도달한다.
- 양생 시 가마니 덮기와 물뿌리기 등을 일정 기간 계속해 주면 물과 시멘트의 수화작용을 높여 콘크리트의 강도를 높일 수 있다.

④ 콘크리트의 강도
- 콘크리트의 강도는 일반적으로 압축강도를 일컫는 것으로 재령 28일의 강도를 표준으로 하며, 콘크리트의 압축강도는 물 – 시멘트비와 가장 관계가 깊다.
- 물 – 시멘트비는 시멘트에 대한 물의 중량비로 물이 많을수록 콘크리트의 강도는 작아진다.
- 강도는 물 – 시멘트비, 시공계절 등에 영향을 받는데, 물 – 시멘트비는 65% 이하로 하는 것이 강도 저하를 방지할 수 있다.

(7) 흙

① 흙은 각종 공작물 시공과 녹화 시 객토작업 등에 이용된다.
② 흙댐은 중앙부에 흙으로 내심벽을 만드는데, 이때 심벽용 흙으로는 주로 순전한 점토(진흙)를 사용한다.

2. 식생재료

식생재료에는 사방용 초목류, 떼, 떼 대용 녹화자재, 녹화기반재 등이 있다.

(1) 사방용 초목류

① 주요 초본류

구분	종류
재래초본 (향토초본)	김의털, 비수리, 까치수영, 새, 솔새, 개솔새, 수크령, 잔디, 억새, 참억새, 칡, 차풀, 매듭풀, 제비쑥
외래초본 (도입초본)	나도 김의털, 오리새(orchard grass), 겨이삭, 우산잔디(switch grass), 갈풀, 능수귀염풀

- 일년생 초종은 초기 생장은 빠르지만, 장기간의 비탈면 보호를 위해서는 다년생 초본을 적용하는 것이 바람직하다.
- 도입초본 중 우산잔디나 능수귀염풀 등은 난지형으로 추위에 약하나, 오리새는 내음성과 내한성이 커서 한랭지에 혼파하기 좋은 사면녹화용 초본이다.
- 파종에 의하여 비탈면에 응급히 식생을 도입하고자 하는 경우 외래초본류를 주로 하고 여기에 재래초본류를 첨가하여 조성한다.

> **참고**
>
> **외래초종과 재래초종의 특성**
>
> | 외래초종 | 재래초종 |
> |---|---|
> | • 초기발아가 우수하다.
• 생장이 빠르고 뿌리의 자람이 좋다.
• 토양의 긴박력이 크다.
• 조기에 지표의 피복효과가 기대된다.
• 종자의 구득이 일반적으로 용이하다.
• 엽량과 뿌리가 많아 지표와 지중에 유기물질을 집적하여 토양의 성질을 개선해 준다.
• 고온에 약하다.
• 주변 식생과 이질적이다.
• 병충해의 저항이 작다. | • 생육환경에 잘 적응한다.
• 병충해에 강하다. |

② 주요 목본류

구분	종류
교목·관목	리기다소나무, 해송(곰솔), 오리나무류[산오리나무(물오리나무), 사방오리나무], 아까시나무, 참나무류[상수리나무, 졸참나무…], 눈향나무(누운향나무), 싸리류, 족제비싸리, 회양목, 병꽃나무
덩굴식물	칡, 송악, 담쟁이덩굴, 인동덩굴, 등, 줄사철나무, 마삭줄

- 사방용 수목으로는 척박하고 건조한 지역에서도 적응력이 강해 비교적 잘 자라며, 수분이나 양분의 요구도가 낮거나 종자발아력과 맹아력이 좋아 빠르게 숲을 형성할 수 있는 특징을 지닌 수종을 식재하고 있다.
- 아까시나무는 수분과 양분요구도가 낮으며, 발아력과 맹아력이 모두 좋아 척박지에서도 생장이 좋을 뿐만 아니라 임지비배 효과도 있어 우리나라에서 대표적으로 많이 식재되고 있는 사방수종이다.

물오리나무

족제비싸리

칡

▎사방수종▎

(2) 떼(芝, sod)

① 떼는 뿌리와 흙이 붙어 있는 상태로 떠낸 풀로 주로 야생 잔디를 이용하며, 각종 흙비탈면의 안정·녹화작업에 흔하게 사용하는 재료이다.
② 가로 30cm×세로 30cm×두께 3~5cm의 일정 크기로 떠낸 온떼(보통떼)가 가장 일반적으로 이용되고 있으며, 이것을 반으로 자른 것을 반떼라고 한다.

▎떼▎

(3) 떼 대용 녹화자재

① 떼를 얻기 곤란하거나 적용하기 어려운 경우 등에 떼 대신하여 사면의 녹화와 안정에 쓰이는 재료이다.

② 식생반(植生盤), 식생매트(植生mat), 식생대(植生袋, 식생자루), 식생대(植生帶, 식생띠), 식생망(植生網) 등이 있다.

③ 기타 피복 녹화자재

㉠ 코아네트(coir net, coir mesh)
- 코코넛 열매의 껍질에서 뽑은 섬유질을 망으로 엮은 천연 섬유 재료로 사면의 보호 및 녹화에 사용되며, 코어넷, 코이어네트 등으로도 불린다.
- 코아네트로 전면 피복 후 종비토를 뿜어 붙이면 비탈면의 안정과 보호 및 식물의 정착에 도움을 준다.

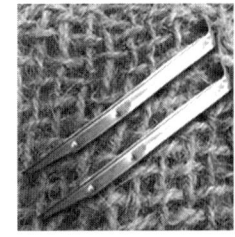

┃코아네트와 고정핀┃

㉡ 주트네트(jute net, jute mesh) : 황마를 원료로 하여 엮은 망으로 코아네트와 같은 기능

㉢ 론생백(lonseng bag) : 합성수지(PE)나 황마에서 얻은 실을 엮어서 만든 자루로 흙, 종자, 비료 등을 섞어 넣고 사면에 쌓아서 녹화, 식생자루공에 이용

㉣ 볏짚거적 : 사면에 종자 파종 후 볏짚으로 엮은 거적을 덮어 흙과 종자의 유실 방지

(4) 녹화기반재

① 녹화기반재란 식물의 생육(녹화) 기반의 형성에 관계하는 배양토, 토양개량자재, 비료, 배수자재, 보수제 등을 말한다.
② 토양개량재는 토양의 물리적·화학적 성질을 개선하기 위하여 토양에 첨가하는 자재로 크게 유기질계, 무기질계, 합성고분자화합물계로 구분할 수 있다.

(5) 기타

그 외 침식방지제가 있다.

① 토양표층부를 고결시키며 얇은 피막을 형성하여 토양의 안정 고착과 유실 방지를 돕는 비탈면 안정화 제제이다.
② 효과 : 토양의 고착과 유실 방지, 종자와 비료의 유실 방지, 건조 방지(토양수분 유지), 보온효과

CHAPTER 03 야계사방공사

SECTION 01 야계사방 일반

1. 야계사방의 특징

(1) 야계사방의 정의

① 야계(野溪, torrent)

야계란 정비되지 않은 야생의 거친 자연하천으로 강우 시 수량이 급격히 증가하여 빠르게 흘러 계상의 종횡침식과 다량의 토석류를 발생하는 등의 문제를 일으킨다. 특히, 산지 계곡을 벗어나 농경지 등과 접한 지역에서 유량증가로 침식이 발생하게 된다.

② 야계사방(野溪砂防)
- 야계의 작용은 계속해서 발생하는 것은 아니며, 집중호우 시에 다량의 유출이 일어난다. 이러한 야계의 문제를 방지하고자 계류에 공작물을 설치하거나 산각을 고정하여 계류의 유출을 돕는 작업을 야계사방이라 한다.
- 야계사방은 계간사방 또는 계천사방 등으로도 불린다.

(2) 야계사방의 주요 목적

붕괴지의 인공적인 복구나 경관조성의 추구, 계류의 수질정화 등을 주요 시공 목적으로 하지 않으며, 아래와 같은 실질적 이유로 사방공사를 시행한다.

① 계안과 계상의 종횡침식을 방지한다.
   * 계안(溪岸) : 계류나 계곡의 양쪽 기슭
   * 계상(溪床) : 계류 바닥
② 계상기울기를 완화하여 계류의 침식 및 토사유출을 억제한다.
③ 산각을 고정하여 황폐계류와 계간을 안정상태로 유도한다.
④ 붕괴지의 산각을 고정하는 산지사방의 기초가 된다.

(3) 야계의 구분

① 유역 크기에 따라 소야계, 중야계, 대야계로 구분한다.

② 지류(支流) 유무에 의한 구분
- 단일야계 : 지류가 없는 야계
- 복합야계 : 2개 이상의 지류가 있는 야계
- 야계적 하천 : 계류바닥의 기울기가 보통 6% 정도 이하인 야계로, 야계와 소하천의 특성을 모두 지님

(4) 계류보전사업의 고려사항

야계사방사업은 크게 계류보전사업, 계류복원사업, 사방댐 설치사업으로 나뉘며, 계류보전사업에서 고려할 사항은 아래와 같다.

① 계류의 분류점과 합류점은 예각이 되도록 한다.
② 상류부에는 산지사방의 계간사방공사와 연계한다.
③ 계안이나 제방으로 보호할 곳은 기슭막이 시공을 해야 한다.
④ 상류부에는 골막이, 하류부에는 사방댐을 설치하여 산각을 고정한다.

2. 황폐계류

황폐계류(荒廢溪流)는 강우 시 토사의 침식, 운반, 퇴적으로 인해 급격한 계상변동이 발생하며 쉽게 황폐하는 하천을 말하는 것으로 야계사방 공사의 대상지가 된다.

(1) 황폐계류의 특성

① 유량이 강우에 의해 급격히 증가하거나 감소하며, 유량 변화가 크다.
② 유로의 연장(길이)이 비교적 짧으며, 계상기울기가 급하다.
③ 호우 시에 사력의 유송이 심하여 모래나 자갈의 이동이 많다.
④ 호우가 끝나면 유량이 급감하며, 사력의 유송은 완전히 중지된다.

(2) 황폐계류 유역의 구분

황폐계류의 유역은 상류로부터 하류까지 '토사생산구역 → 토사유과구역 → 토사퇴적구역'으로 구분할 수 있다.

[황폐계류 유역]

구분	내용
토사생산구역 (사력생산구역)	• 붕괴 및 침식작용이 가장 활발히 진행되는 황폐계류의 최상부 구역 • 토사의 생산이 활발하여 급한 계상물매를 형성한다. • 집수구역, 굴취지대 등으로도 불린다.
토사유과구역 (토사유하구역)	• 상류에서 생산된 토사가 그대로 통과하는 구역 • 침식도 퇴적도 거의 없어 중립지대 또는 무작용지대라고도 불린다. • 계상의 형태는 모래와 자갈을 하류로 운반하는 수로에 해당된다.
토사퇴적구역 (사력퇴적지역)	• 선상지를 형성하는 황폐계류의 최하부 구역 • 계상물매가 완만하고, 계폭이 넓다. • 유수의 유송력이 대부분 상실되어 토사가 퇴적된다. • 유송토사의 대부분이 퇴적되어 계상이 높아지게 된다. • 침적지대 등으로도 불린다.

SECTION 02 야계사방공사의 종류

1. 사방댐

(1) 사방댐의 특징

① 사방댐(砂防댐)은 황폐계류의 종·횡침식으로 인한 유송물질을 억제하고, 산사태 등의 붕괴를 방지하고자 계류를 횡단하여 설치하는 댐 공작물이다.

② 설계순서 : 예정지의 측량 및 위치 결정, 댐의 방향과 높이 결정, 댐의 형식과 종류 결정, 방수로 및 기타 부분 설계, 콘크리트배합 설계, 댐 단면 및 물빼기 구멍 설계, 물받침 부위의 보호공법 설계, 가배수로 및 물막이공법 설계, 부대시설 설계, 설계서 작성

출처 : 산림청

∥ 사방댐 시공 모습 ∥

③ 구축재료에 따라 돌댐, 전석댐, 콘크리트댐, 철근콘크리트댐, 흙댐, 돌망태댐, 강제댐 등이 있으며, 형식(외력에 의한 저항력)에 따라서는 직선중력댐, 아치댐, 3차원댐, 버트리스댐(부벽댐) 등이 있다.

④ 토사의 이동 가능 여부에 따라서도 불투과형, 투과형으로 크게 나눌 수 있는데, 불투과형은 주로 토석류의 이동을 차단할 목적으로 시공하며, 투과형은 주로 유목(流木)이나 큰 돌을 저지할 목적으로 시공한다.

(2) 사방댐의 시공(설치) 목적

① 계상물매를 완화하여 유속을 감소시킨다.
② 종·횡침식을 방지한다.
③ 산각을 고정하여 사면 붕괴를 방지한다.
④ 계상에 퇴적된 불안정한 토석류의 이동을 저지한다.
⑤ 하류지역의 피해를 방지한다.
⑥ 각종 용수로서 댐 내의 물을 이용한다.

(3) 사방댐의 시공 적지

① 계상 및 양안에 암반이 있는 곳
② 상류부의 계폭은 넓고, 댐자리가 좁은 곳
③ 지류가 합류하는 지점에서는 합류점의 하류부
④ 상류의 계상기울기가 완만한 곳
⑤ 붕괴지의 하부 또는 다량의 계상 퇴적물이 존재하는 지역의 직하류부
⑥ 계단상 댐으로 설치할 때는 첫 번째 댐의 추정퇴사선과 구계상이 만나는 지점에 상류댐 설치 = 첫 번째 댐의 추정퇴사선이 기존 계상기울기를 자르는 점에 상류댐 설치
⑦ 수생태계에 미치는 영향이 크지 않은 곳

(4) 사방댐의 종류

① 돌댐
- 석재를 이용하여 구축하는 댐으로 메쌓기나 찰쌓기로 시공하며, 혼합쌓기로 시공하기도 한다.
- 메쌓기댐은 안정성을 위하여 4m보다 높게 시공하지 않는다. 즉, 시공 높이 한계는 4m로 한다.
- 견치돌이나 마름돌을 주로 이용하며, 전석을 이용한 댐은 전석댐이라 한다.

| 야면석사방댐 |

| 찰붙임 돌댐 |

② 콘크리트댐

콘크리트를 직접 타설하여 구축하는 댐으로 종류별 사방댐 중 중력식 콘크리트댐이 가장 많이 시공된다.

* 중력식 콘크리트댐 : 콘크리트 자체의 무게로 외압에 견디는 댐

③ 흙댐

- 계상에 토사가 많이 퇴적되어 있고 석재가 적은 계천에서 흙을 주재료로 하여 구축하는 댐으로 중앙부에 흙을 쌓아 만든 심벽을 넣어 안정성을 기한다.
- 심벽 재료로는 투수성이 작은 흙인 점토나 혼화토(석회혼합흙)를 이용하며, 사질토나 점질토로 다져 마무리한다.
- 흙댐은 유역면적이 비교적 좁고, 유량과 유송토사가 적지만, 계폭이 비교적 넓은 경우에 주로 적용한다.
- 일반적으로 흙댐의 높이는 2~5m 정도, 기울기는 대수면 1 : 1~2, 반수면 1 : 2 정도로 시공한다.
- 댐의 경사면 상류 쪽에는 콘크리트, 하류쪽에는 잔디를 심어 보호하며, 홍수 시 붕괴될 우려가 있으므로 큰 홍수로를 설치한다.
- 댐의 상류 수위에서 댐을 횡단하여 흐르는 물이 이루는 선을 포화수선이라고 하는데, 이 포화수선은 댐 밑 내부에 있어야 댐이 안정되며, 심벽은 포화수선을 아래로 내려주는 역할을 하여 댐이 무너지지 않고 안정할 수 있다.

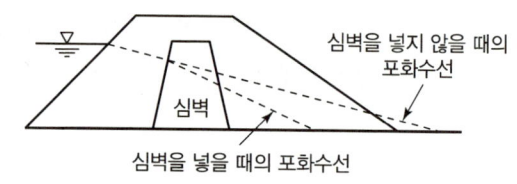

흙댐 모식도

- 흙댐의 댐 마루 너비의 계산(Merrimar식)

$$댐\ 마루\ 너비(m) = \frac{댐높이}{5} + 1.5$$

④ 돌망태댐

- 돌망태의 유연성을 이용하여 구축하는 불투과형 중력식 사방댐으로 소계류에서 지반이 불안정할 때 효과적이나 장기간 사용이 불가능하다.
- 내구성은 낮지만, 땅밀림지·산사태지 등의 응급복구 사방공사 등에 적합하다.
- 기초의 세굴, 측압, 지반침하 등에 즉시 사용하여 변형하는 특징이 있다.
- 터파기 깊이는 1m 정도, 높이는 3m 이하로 하며, 말뚝을 박아 체제를 유지한다.

⑤ 강제틀댐(강제댐, 철강제틀댐)
- 조립식 철강제 틀 구조 안에 돌(호박돌), 활성탄·목탄(정화필터), 토사 등을 채워 넣어 구축하는 것으로 채움 재료에 의해 수질정화 기능을 가지는 수질정화댐이다.
- 강제틀은 콘크리트틀에 비해 탄력성이 큰 장점이 있다.
- 조립식으로 시공이 간단하고 공사기간이 짧아 경제적이며, 시공 자재의 운반 작업이 용이하다. 터파기를 줄일 수 있고, 연약지반에도 설치할 수 있다.
- 비교적 짧은 기간 내에 시공할 필요가 있거나 또는 자재 운반의 반입에 많은 경비가 소요될 때 유리한 사방댐이다.
- 강제틀댐의 하류에는 바닥막이를 설치하는데, 유수량이 적은 곳이라도 반드시 설치하여야 한다.

⑥ 버트리스댐(buttress dam, 부벽댐)
- 투수형 철강제 스크린과 판을 ㅅ모양으로 조립하고 H형 강제로 지탱하여 구축하는 투과형 사방댐으로 스크린댐(screen dam)이 가장 일반적인 형식이다.
- 나뭇가지, 낙엽, 지피물 등의 유출을 방지하여 수질 정화 역할을 한다.
- 기존의 철강제를 이용하므로 시공이 간단하며, 공사기간을 단축할 수 있어 단기간 시공 시 유리하다.
- 큰 돌의 충격이나 측방의 압력(측압)에는 약한 단점이 있다.
- 구조적으로 댐 자리의 폭이 넓고 댐 높이가 낮은 곳에 시공하기 적합하다.

┃복합식 사방댐(하부 콘크리트, 상부 버트리스)┃

(5) 사방댐의 설계요인

① 방향
- 상류의 유심선(흐름방향)에 직각방향으로 댐의 방향을 설정한다.
- 부득이하게 계류의 곡선부에 설치할 경우 유심선의 접선에 직각방향(90°)이 되도록 계획하는 것이 가장 안정하다.

② 높이
- 댐의 높이는 제저(堤底)로부터 방수로까지를 말하며, 종침식을 방지하는 공작물 중 규모가 가장 크지만 여건에 따라서는 소규모의 사방댐도 시공할 수 있다.
- 메쌓기 돌댐의 높이는 4m 이내로 한다.

③ 계획물매 : 설정하고자 하는 계획물매는 현재 계상물매의 1/2~2/3 정도가 표준으로 가장 실용적이다.

④ 대수면/반수면 : 반수면의 기울기는 6m 미만인 댐은 1 : 0.3을 적용한다.

구분	내용
대수면(對水面)	댐의 상류 사면(물이 머무르는 면)
반수면(反水面)	댐의 하류 사면(물이 낙하하는 면)

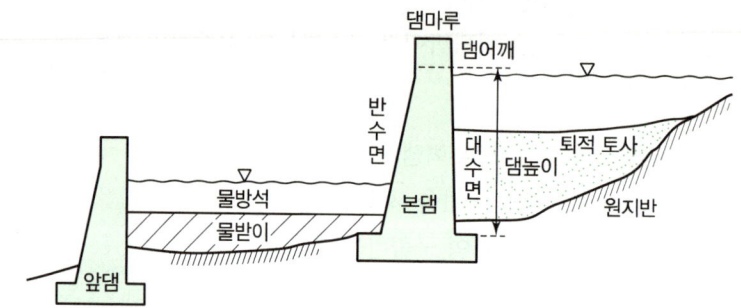

| 사방댐 측면도 |

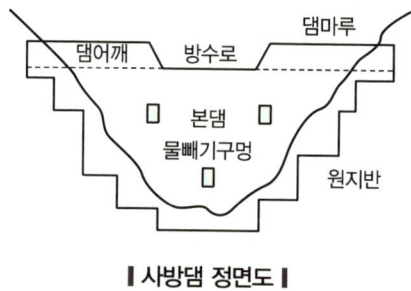

| 사방댐 정면도 |

⑤ 방수로(放水路)
- 상류의 물을 방출하는 출구인 방수로는 역사다리꼴의 형상을 가장 많이 이용하고 있으며, 방수로 양옆의 기울기는 1 : 1, 즉 45°를 표준으로 적용한다.
- 방수로의 단면 크기는 최대홍수유량의 200~500% 정도로 여유 있게 설계하여 집중호우 시 댐의 손상이 없도록 대비한다.
- 방수로 크기 결정 인자 : 집수면적, 강수량, 산림상태, 산복경사, 황폐상황, 상류 하상의 상태
  ✏️ 댐의 종류 ✕

POINT!
방수로의 위치 결정
- 계류의 양안 및 계상에 암반이 있을 때 : 위치 상관없이 설치
- 암반이 있는 연약지반일 때 : 암반 쪽에 설치
- 암반이 없는 연약지반일 때 : 계류의 중심부에 설치
- 댐의 하류에 경지나 택지 등이 존재할 때 : 피해를 입히지 않도록 설치
- 댐의 상류에 붕괴지가 있을 때 : 직접적인 영향을 받지 않도록 방수로의 위치를 멀리하여 설치

⑥ 댐어깨/댐마루
- 댐어깨(댐둑어깨)는 댐의 좌우측에 계안과 접하여 댐을 지지해주는 부분이며, 댐마루는 댐 양쪽 어깨의 윗부분이다.
- 댐어깨는 홍수에도 월류되지 않도록 안전하게 계획홍수위 이상으로 높게 설정한다.

⑦ 물빼기 구멍

수압 감소 및 배수 등을 목적으로 물빼기 구멍을 설치하는데, 댐의 규모에 따라서 크기나 개소는 달라질 수 있다.

POINT!
물빼기 구멍 설치 목적
- 댐의 시공 중에 배수를 하며, 유수를 통과시킨다.
- 시공 후 대수면에 가해지는 수압을 감소시킨다.
- 퇴사 후의 침투수압을 경감시킨다.
- 사력층에 시공할 경우 기초 하부의 잠류 속도를 감소시킨다.
  * 잠류 : 댐 밑으로 스며들어 흐르는 물

⑧ 물받이/물방석
- 물받이(물받침)는 방수로에서 떨어지는 유수의 낙차에 의한 반수면 하단의 세굴을 방지하기 위해 설치하는 시설로 앞댐, 막돌놓기 공사와 함께 시행한다.
- 토석류의 충돌로 인해 발생하는 충격이 사방댐 본체와 측벽에 바로 전달되지 않도록, 본체나 측벽과 분리되도록 설치한다.
- 물받이의 파괴를 막고자 본댐과 앞댐 사이에 물을 채워 물방석(워터쿠션)을 만든다.
- 물받이의 길이(본댐과 앞댐 사이의 간격) 계산
  물받이의 길이는 일반적으로 댐높이(H)와 월류수심(t) 합의 1.5~2.0배로 하는 것이 좋다.
  - $H+t$가 6m 이상인 높은 댐 : 1.5배 적용
  - $H+t$가 6m 미만인 낮은 댐 : 2배 적용

$$L \geq (H+t) \times (1.5 \sim 2.0)$$
여기서, L : 물받이 길이, H : 본댐높이, t : 월류수심*

* 월류수심(일류수심) : 방수로를 월류하여 흐르는 물의 깊이

⑨ 기타 설계요인
- 종·횡침식이 일어나는 구간이 긴 구간에서는 원칙적으로 계단상 댐을 계획·설치한다.
- 계단식 댐이란 낮은 댐을 계단모양과 같이 연속적으로 몇 단을 놓아 토석류가 단계적으로 저지 및 퇴사되도록 축설한 댐을 말한다.
- 단독의 높은 댐과 연속된 낮은 댐군의 선택은 그 지역의 토사생산의 특성과 시공 및 유지의 난이도를 충분히 검토하여 결정한다.

(6) 사방댐의 외력

댐의 외부로부터 받는 힘을 외력(外力)이라고 하는데, 사방댐의 안정을 위해서는 이 외력을 고려하여 시공해야 한다.

① 제체의 중량(自重) : 댐 본체의 중량(자중)
② 수압(水壓) : 댐 상류면에 가해지는 물에 의한 압력
③ 퇴사압(堆沙壓) : 댐 상류면에 가해지는 퇴사(쌓인 토사류)에 의한 압력
④ 양압력(揚壓力)
  - 제체를 위로 밀어 올리는 압력
  - 댐높이가 15m 미만일 때는 양압력이 크게 작용하지 않아 안정계산 시 고려하지 않음

(7) 중력댐(사방댐)의 안정조건

중력식 사방댐은 전도, 활동, 제체의 파괴, 기초지반의 지지력에 대하여 아래와 같은 조건을 만족해야 안정할 수 있다.

① 전도(轉倒)에 대한 안정
  - 합력작용선이 제저(堤底) 중앙의 1/3 이내를 통과해야 전도하지 않는다.
    * 합력 : 댐의 자중 및 수압이 모여 이루는 힘
  - 합력작용선이 제체의 하류 끝에서 중앙까지를 지난다고 볼 때, 전도에 대해서 안전하려면 합력작용선이 제저 중앙의 1/3보다 하류 측을 통과해야 한다.

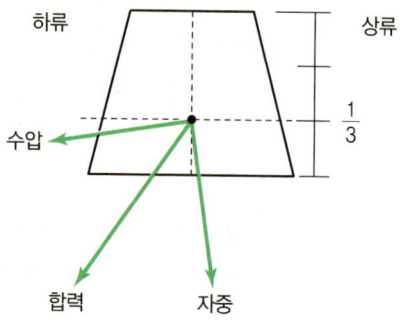

② 활동(滑動)에 대한 안정
- 수평분력의 총합과 수직분력의 총합의 비가 제저와 기초지반 사이의 마찰계수보다 작으면 활동되지 않는다.
- 수평분력은 수평 방향으로 작용하는 외력이며, 수직분력은 수직 방향으로 작용하는 외력으로 이 분력이 모여 일정 크기와 방향의 외력이 발생하게 되는데, 이러한 외력은 제저와 기초지반 사이에서 버티는 힘인 마찰계수보다 작아야 댐이 미끄러지지 않는다.

③ 제체(堤體)의 파괴에 대한 안정
- 제체에서 발생하는 최대인장응력은 허용인장강도를 초과하지 않아야 하며, 제저에서 발생하는 최대압축응력은 지반의 허용압축강도보다 작아야 한다.
- 인장응력이나 압축응력은 댐에 가해지는 유해 응력이며, 이 응력이 댐 자체 내에서 견뎌낼 수 있는 허용한계치인 허용인장강도 및 허용압축강도보다 작아야 파괴가 일어나지 않는다.

④ 기초지반의 지지력에 대한 안정
- 제저에 발생되는 최대압력강도는 지반의 지지력 강도를 초과해서는 안 된다.
- 지반이 받고 있는 최대압력은 지반의 허용지지력보다 작아야 안정할 수 있다.

> **Summary!**
> **중력댐(사방댐)의 안정조건**
> 전도에 대한 안정, 활동에 대한 안정, 제체의 파괴에 대한 안정, 기초지반의 지지력에 대한 안정

2. 골막이(구곡막이)

(1) 골막이의 특징 및 시공 요령

① 골막이는 구곡막이라고도 하며, 토사생산구역에서 유속을 완화하여 구곡 침식을 방지하고자 계류를 횡단하여 설치하는 일종의 소형 사방댐이다.
② 사방댐과 외견상 모양이 유사하나 규모가 작고 토사퇴적 기능이 없는 계간사방 횡공작물로 침식으로 인해 계상이 저하될 위험이 있는 곳에 계획한다.
③ 구축재료에 따라 돌골막이, 흙골막이, 콘크리트골막이, 돌망태골막이, 통나무골막이 등이 있다.
④ 되도록 계류의 직선부에 설치하며, 물이 흐르는 중심선 방향에 직각이 되도록 방향을 설정한다.
⑤ 사방댐과 같이 본류와 지류가 합류하는 경우 합류부 아래쪽에 설치한다.

(2) 골막이의 시공 목적

① 유송토사를 억제하고 퇴적을 촉진하여 계상기울기를 완화한다.
② 계상기울기를 수정하여 유속을 완화한다.
③ 산각을 고정하고, 양안의 산복붕괴를 방지한다.
④ 종횡침식을 방지하여 토사유출을 막는다.

(3) 사방댐과 골막이의 비교

① 사방댐은 규모가 크며, 골막이는 규모가 작다.
② 사방댐은 주로 계류의 하류부에 축설하지만, 골막이는 주로 상류부에 축설한다.
③ 사방댐은 대수면과 반수면을 모두 축설하지만, 골막이는 반수면만을 축설하고 대수측은 채우기 한다.
④ 사방댐은 물받이를 설치하지만, 골막이는 원칙적으로 물받이를 설치하지 않으며 막돌을 놓아 유수의 힘을 분산시킨다.
⑤ 사방댐은 계안 및 양안의 견고한 지반까지 깊게 파내고 시공하지만, 골막이는 견고한 지반까지는 파내지 않고 시공한다.

[사방댐과 골막이의 비교]

구분	사방댐	골막이
규모	크다.	작다.
시공위치	계류의 하류부	계류의 상류부
대수면/반수면	대수면, 반수면 모두 축설	반수면만 축설
물받이	물받이 설치	막돌놓기 시공
계안·양안의 지반 공사	견고한 지반까지 깊게 파내고 시공	견고한 지반까지는 파내지 않고 시공

(4) 골막이의 종류

① 돌골막이
- 돌을 쌓아 구축하는 것으로 높이는 2m 이내, 길이는 4~5m 정도로 한다.
- 반수면 돌쌓기의 기울기는 1 : 0.3을 표준으로 한다.
- 방수로를 별도로 설치하지 않는 경우에는 중앙부를 활꼴모양으로 약간 낮게 하여 방수한다.
- 댐마루까지 높이의 1/2에 해당하는 두께로 뒤채움을 하며, 유수의 수세약화를 위해 하류에 막돌놓기를 시공한다.

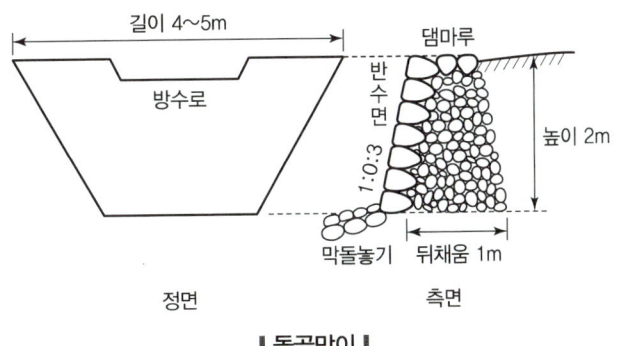

┃ 돌골막이 ┃

② 흙골막이
- 흙으로 본체를 구축하고, 반수면에는 떼를 입혀 보호한다.
- 견고도가 크지 않아, 반수면의 흙쌓기 기울기는 1 : 1.5보다 완만하게 시공한다.

③ 돌망태골막이
- 구곡에 호박돌 크기의 자연석이 많은 곳에서 이를 이용하여 축조하는 철선돌망태 골막이이다.
- 암석지대나 산사태, 토석류가 발생하는 지대의 활동성이 있는 구곡의 발달을 저지하고 산각을 고정하기 위해 이용한다.
- 콘크리트 공작물보다 자연친화적이고 상수가 흐르는 곳에서는 수서생물 서식에 효과적이다.
- 철선이 부식되기 쉬워 내구성이 영구적이지는 않지만, 상당기간 동안 안정적으로 이용 가능하다.

3. 바닥막이

(1) 바닥막이의 특징 및 시공 요령

① 바닥막이는 황폐계천의 하상 침식 및 세굴 방지, 계상 기울기 안정 등 계류의 종횡단 형상을 유지하기 위해 계류를 횡단하여 설치하는 계간사방 공작물이다.
② 사방댐, 골막이와 함께 계류를 가로질러 설치하는 횡(橫)방향의 구조물이다.
③ 높이는 사방댐이나 골막이보다 일반적으로 낮고, 3m 이하로 시공하며, 3m 이상이 되면 바닥막이가 아닌 사방댐으로 분류한다.

┃ 바닥막이 ┃

④ 구축재료에 따라 콘크리트바닥막이, 돌바닥막이, 돌망태바닥막이, 통나무바닥막이 등이 있다.
⑤ 유심선에 직각 방향으로 설치하며, 방수로의 폭은 계천폭과 같게 하거나 다소 좁게 한다.
⑥ 황폐가 심한 계류에서는 연속적인 바닥막이 공사로 계상기울기를 완화시킨다.
⑦ 계상의 종침식 방지 및 계상기울기 유지를 위하여 바닥막이와 바닥막이 사이에 낮은 바닥막이를 시공하기도 한다.

(2) 바닥막이의 시공 적지

시공위치는 사방댐이나 골막이와 유사하다.

① 계상이 낮아질 위험이 있는 곳
② 지류가 합류되는 지점의 하류
③ 종횡침식이 발생하는 지역의 하류
④ 계상 굴곡부의 하류

4. 기슭막이

(1) 기슭막이의 특징 및 시공 요령

① 기슭막이는 황폐계천에서 유수로 인한 계안의 횡침식을 방지하고, 산각의 안정을 도모하기 위하여 계류의 흐름 방향을 따라 축설하는 종(縱)공작물이다.
② 직접적으로 계상의 종침식을 방지하는 사방댐, 골막이, 바닥막이와는 다르게 기슭막이는 횡침식을 방지하는 것이 주목적인 공작물이다.
③ 구축재료에 따라 돌기슭막이, 콘크리트기슭막이, 돌망태기슭막이, 바자기슭막이, 타이어기슭막이 등이 있다.
④ 침식이 심하고 유수의 충돌이 침한 곳에서는 돌이나 콘크리트기슭막이를 적용한다.
⑤ 돌기슭막이의 돌쌓기 기울기는 1 : 0.3~0.5가 표준으로, 찰쌓기는 1 : 0.3, 메쌓기는 1 : 0.5를 적용한다.
⑥ 콘크리트기슭막이는 앞면 기울기는 1 : 0.3, 뒷면 기울기는 토압에 따라 결정하지만 대개 수직으로 계획한다. 또한, 신축에 의한 균열을 방지하기 위해 10m마다 신축줄눈을 설치한다.
⑦ 둑마루 두께는 0.3~0.5m를 표준으로 하고, 기초부에 세굴 침식이 발생하지 않도록 깊이 파고 묻어야 하며, 높이는 계획홍수위보다 0.5~0.7m 정도 높게 하여 홍수에도 넘치지 않도록 설계한다.
⑧ 둑쌓기 구간 내에 시공할 경우 둑쌓기 계획비탈기울기와 동일한 기울기로 계획한다.

┃ 돌기슭막이 ┃

┃ 콘크리트기슭막이 ┃

(2) 기슭막이의 시공 목적

① 계안의 횡침식을 방지한다.
② 산복공작물의 기초를 보호한다.
③ 산복붕괴를 직접적으로 방지한다.
④ 산각의 안정을 도모한다.

(3) 기슭막이의 시공 적지

① 유수에 의해 계안의 횡침식이 발생하는 곳
② 유로의 만곡에 의하여 물의 충격을 받거나 붕괴 위험성이 있는 계천변
③ 붕괴 위험성이 큰 지점의 전방

5. 수제

(1) 수제의 특징 및 시공 요령

① 수제(水制)는 계류의 유속과 흐름 방향을 조절할 수 있도록 둑이나 계안으로부터 유심(流心)을 향해 돌출하여 설치하는 공작물이다.
② 계류의 유심 방향을 변경시켜 계안의 침식과 붕괴를 방지하기 위해 설치한다.
③ 구축재료에 따라 돌수제, 콘크리트수제, 돌망태수제, 통나무수제 등이 있다.
④ 일반적으로 계상의 너비(폭)가 넓고, 계상물매가 완만한 계류에 적용한다.
⑤ 수제의 길이는 소수의 길고 큰 수제보다 다수의 짧은 수제가 효과적이며, 수제의 간격은 일반적으로 수제 길이의 1.25~4.5배가 적당하다.
⑥ 수제의 간격 결정 시 고려사항
수제의 길이 및 작용범위, 유수의 강도 및 방향, 계상물매, 형상 등 ✏ 대수면의 면적 ×

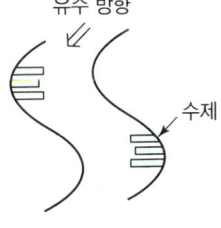
┃ 수제 ┃

⑦ 수제의 높이 결정 시 고려사항
유수의 저항, 유수의 전석(轉石), 하상의 변화, 하상의 높이, 수제 근부의 높이
✎ 하상의 크기 ×

(2) 수제의 종류

① 수제의 돌출 방향에 따른 구분
- 상향수제 : 상류를 향해 돌출한 수제로, 수제 사이의 사력 퇴적이 직각수제나 하향수제보다 많고, 두부(수제 앞쪽)의 세굴이 가장 강하다.
- 직각수제 : 유수의 흐름 방향에 직각으로 돌출한 수제로, 길이가 가장 짧고 공사비가 저렴하다.
- 하향수제 : 하류를 향해 돌출한 수제로, 두부의 세굴작용이 가장 약하나, 기부에 세굴작용이 일어나기 쉬워 제방이 위험할 수 있다.

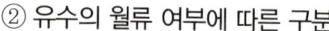

┃수제의 종류┃

② 유수의 월류 여부에 따른 구분
- 월류수제 : 수제의 위로 물이 월류하도록 한 수제
- 불월류수제 : 수제의 위로 물이 월류하지 않도록 한 수제

③ 유수의 투과 여부에 따른 구분
- 투과수제 : 유수가 투과하도록 한 수제 예 말뚝수제
- 불투과수제 : 유수가 투과하지 못하도록 한 수제

6. 모래막이

① 모래막이는 상류로부터 토사의 유출량이 과도한 경우 유로의 일부를 확대하여 토사를 저류하기 위해 설치하는 계간공작물이다. ✎ 해안사방공작물 ×
② 황폐계류 유역의 토사퇴적구역으로 적합하다.
③ 평면형상에 따른 모래막이의 종류에는 주걱형, 반주걱형, 자루형, 위형이 있다.

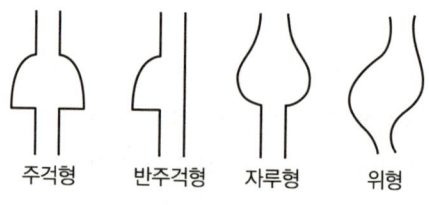

┃모래막이┃

7. 계간수로

① 계간수로는 황폐한 계류의 구불구불한 유로를 조정하여 정리함으로써 종횡침식을 방지하고 흐름을 안정화시키기 위한 유로공사이다.
② 구축재료에 따라 돌수로, 콘크리트수로, 돌망태수로 등이 있다.
③ 물줄기를 바로 잡아 유수를 안전하게 유하시키는 수로 변경공사와 냇바닥의 토석류를 정리하여 침식을 방지하는 수로 정리공사 등이 있다.
④ 골막이, 바닥막이, 기슭막이, 수로포장 등의 여러 작업을 복합적으로 함께 시공하는 경우가 많다.

┃ 깬잡석계간수로, 기슭막이, 바닥막이 ┃

8. 둑쌓기

① 둑쌓기는 계류의 양안을 따라 흙으로 제방을 쌓아 만드는 종공작물이다.
② 둑의 높이는 계획홍수위보다 다소 높게 계획하는데, 계획홍수위에서 둑마루까지를 여유고라 하며 그 기준은 아래와 같다.

[둑쌓기 여유고]

계획홍수량	둑의 여유높이
200m³/sec 미만	0.6m 이상
200~500m³/sec	0.8m 이상
500~2,000m³/sec	1.0m 이상

③ 둑마루 너비를 넓게 하여 농로로 활용하는 경우도 많다.

> **Summary!**
>
> **야계사방(계간사방)공사의 종류**
>
> 사방댐, 골막이(구곡막이), 바닥막이, 기슭막이, 수제, 모래막이, 계간수로, 둑쌓기
>
> [시설 방향에 따른 구분]
>
> | 구분 | 주요기능 | 종류 |
> |---|---|---|
> | 횡공작물 | 종침식 방지 | 사방댐, 골막이(구곡막이), 바닥막이 |
> | 종공작물 | 횡침식 방지 | 기슭막이, 수제, 둑쌓기 |

CHAPTER 04 산지사방공사

SECTION 01 산지사방 일반

1. 산지사방의 특징

(1) 산지사방의 정의

① 산지사방(山地砂防)이란 표토침식, 붕괴, 산사태 등에 의한 산지의 황폐화를 예방하거나 복구·복원하여 재해를 방지하고자 산지에 시행하는 공사를 말한다.
② 산사태 발생의 위험이 있는 산지나 황폐되었거나 황폐될 위험성이 있는 산지의 토양침식 방지와 눈사태 방지를 위한 방재림 조성도 산지사방에 포함된다.
③ 산지사방은 크게 산복공사와 계간공사로 구분할 수 있으며, 산지에서의 계간공사는 다소 하류에 시공하는 야계사방공사와는 구별된다.
④ 산복사방공사에서 현지조사 시 실시해야 할 내용 : 사방사업 대상지 황폐화 원인, 공사에 필요한 자재의 현지 채취 가능성, 멸종위기식물·희귀식물 등의 유무 등

(2) 산지사방의 주요 목적

① 표토 침식 방지 : 표토의 침식을 방지한다.
② 붕괴 확대 방지 : 붕괴의 확대를 방지한다.
③ 산사태 위험 방지 : 산사태의 위험을 방지한다. ✎ 사방조림 확대 ✕

(3) 산사태의 발생 요인

구분		내용
외적 요인 (직접적 인자)	자연적 요인	강우, 강설, 지진, 동결과 융해 등
	인위적 요인	벌목, 토목공사, 산림개발, 저수지 수위 변동 등
내적 요인 (간접적 인자)	지질적 요인	토질, 절리 및 단층대의 존재, 붕적토의 분포, 암반 풍화
	지형적 요인	급경사지, 남쪽 사면, 침식받기 쉬운 곳 등

(4) 산사태의 예방

① 산사태가 예상되는 곳에서는 비탈면 안정공, 배수공 등을 적용하여 침식을 방지한다.

② 배수공은 유수의 지하침투를 막고 지표로 빠르게 배수시키는 지표수배제공과 지하로 유입된 유수를 빠르게 배수시키는 지하수배제공으로 나뉜다.
- 지표수배제공 : 침투수방지공, 수로공, 암거공
- 지하수배제공 : 집수정공, 횡보링공, 배수터널

2. 산지사방의 대상지

사방사업 시공 대상지는 유형에 따라 황폐지, 붕괴지(무너진 땅), 땅밀림지(밀린 땅), 훼손지 등으로 구분하며, 주로 자연적 현상에 의해 발생하나 훼손지는 인위적 요인에 의해 발생한다.

(1) 황폐지(荒廢地)

황폐지는 그 진행 정도에 따라 아래와 같이 구분한다.

① **척악임지**
산지 비탈면이 여러 해 동안의 표면침식과 토양유실로 토양의 비옥도가 떨어진 임지로 황폐지의 초기 단계이다.

② **임간나지**
- 지표면에 지피식물 상태가 불량하고, 누구 또는 구곡침식이 형성되어 있는 지역이다.
- 척악임지와 임간나지는 외관상으로는 황폐지로 보이지 않지만, 임지 내에는 이미 침식 상태가 진행 중이다.

③ **초기황폐지**
산지의 임상이나 산지의 표면침식으로 외견상 분명히 황폐지라 인식할 수 있는 상태의 임지이다.

④ **황폐이행지**
- 초기황폐지 단계에서 복구되지 않으면 점점 더 급속히 악화되어 가까운 장래에 민둥산이나 붕괴지가 될 위험성이 있는 상태의 임지이다.
- 지표면의 침식이 현저하여 방치하면 곧 민둥산이 될 가능성이 높은 임지이다.

⑤ **민둥산**
입목과 지피식생이 거의 없고, 지표침식이 넓은 범위의 면적에서 진행되어 나지(裸地) 상태가 된 산지이다.

⑥ 특수황폐지

침식과 황폐가 복합적으로 작용하여 황폐가 상당히 격심한 황폐지이다.

> **POINT!**
>
> 황폐지의 진행 순서
>
> 척악임지 → 임간나지 → 초기황폐지 → 황폐이행지 → 민둥산 → 특수황폐지

(2) 붕괴지(무너진 땅)

산사태 등의 붕괴에 의해 일시에 무너지면서 토석류가 하부에 쌓인 지역

(3) 땅밀림지(밀린 땅)

토층이 느린 속도로 사면을 미끄러지며 흘러내리는 지역

(4) 훼손지

인위적 요인에 의한 것으로 절토면, 성토면, 채석장, 채광지 등

SECTION · 02 산지사방공사의 종류

산지사방공사는 비탈다듬기, 단끊기, 흙막이 등의 기초공사와 바자얽기, 선떼붙이기, 조공, 줄떼시공 등의 녹화공사로 구분할 수 있다.

1. 비탈다듬기(뭉기기, 뭉개기)

(1) 비탈다듬기의 특징

① 비탈다듬기는 불규칙하게 요철이 심하거나 불안정한 토석층이 있는 비탈면을 안정되고 일정한 경사도를 유지하도록 정리하여 다듬는 공사를 말한다.
② 일정 안정기울기보다 솟은 땅은 깎고, 패인 땅은 메워 비탈면을 평탄하게 만드는 작업으로 뭉개기라고도 한다.
③ 비탈다듬기의 기울기는 토사의 안식각을 기준으로 설정한다.
④ 시공 적지 : 기복이 심한 산비탈면, 절성토비탈면, 암반절개비탈면 등

(2) 비탈다듬기의 시공 요령

① 수정기울기는 대체로 최대 35° 전후로 한다.
② 공사는 산꼭대기부터 시작하여 산 아래로 진행한다.
③ 붕괴면 주변의 상부는 충분히 끊어내도록 한다.
④ 붕괴면 가장자리 부분도 충분한 두께로 끊어내도록 한다.
⑤ 퇴적층의 두께가 3m 이상일 때에는 속도랑과 땅속흙막이 공작물을 설계한다.
⑥ 속도랑와 땅속흙막이 공사는 비탈다듬기 공사 전에 시공하는 것이 효과적이다.
⑦ 비탈다듬기로 발생한 뜬흙을 계곡부에 쌓을 때는 땅속흙막이를 설계한다.
  * 뜬흙(부토, 浮土) : 비탈다듬기나 절토 등의 공사로 발생한 교란된 여분의 흙
⑧ 비탈다듬기공사 후 뜬흙이 안정될 때까지 상당기간 동안 비바람에 노출시킨다.
⑨ 사면기울기사 급한 곳은 선떼붙이기와 산복돌쌓기로 조정한다.
⑩ 전체 대상지를 조사하고, 절취량은 다듬기의 면적에 평균 높이를 곱하여 산출한다.

2. 단끊기

(1) 단끊기의 특징

① 단끊기는 비탈다듬기를 실시한 후에 수평으로 단을 끊고, 식생을 파종하거나 식재하여 사면을 안정·녹화시키는 기초공사이다.
② 비탈다듬기 공사로 사면을 정리한 뒤, 비탈면에 계단상으로 너비가 일정한 소단을 만드는 공사이다.
③ 사면이 단으로 인해 나누어져 비탈면의 길이가 짧아지고 수평면이 생기므로, 유수가 분산되어 토사의 침식 및 유출을 저지할 수 있고, 식생 형성의 기반을 마련할 수 있다.
④ 주로 경사가 급한 비탈면에서 식생을 조기에 도입하기 위한 곳에 실시한다.

(2) 단끊기의 시공 요령

① 공사는 비탈의 상부로부터 하부로 시공한다.
② 단은 수평(등고선 방향)으로 끊는다.
③ 단의 폭(너비)은 0.5~0.7m로 하며, 비탈 경사가 급할 때에는 단폭을 좁게 하여 계단 간의 경사를 완화한다.
④ 시공비 절약을 위해 단끊기에 의한 절취토사의 이동은 최소로 한다.

❚ 단끊기 시공 모습 ❚

⑤ 단 간격의 수직높이는 비탈의 경사에 따라 다르게 조정한다.
⑥ 단상(段上)에는 될 수 있는 대로 원래의 표토를 존치하도록 한다.

3. 땅속흙막이(묻히기)

(1) 땅속흙막이의 특징

① 땅속흙막이는 비탈다듬기와 단끊기 공사로 발생한 뜬흙을 산지의 계곡부와 같은 오목한 곳에 투입하여 토사의 활동을 방지하고 유치·고정하기 위한 공작물이다.
② 비탈다듬기로 생긴 토사의 활동 방지를 위해 땅속에 묻는 공작물로 묻히기라고도 한다.
③ 비탈다듬기 공사 전에 땅속흙막이를 먼저 시공해 두는 것이 효과적이다.
④ 구축재료에 따라 돌, 흙, 콘크리트, 바자, 돌망태 흙막이 등이 있다.
⑤ 발생 토사를 사용하여 산복의 비탈면 길이를 감소시키며, 선떼붙이기의 급수를 낮추고, 파종공 실시구역을 안정화시키는 등 여러 기능을 가진다.

(2) 땅속흙막이의 시공 요령

① 바닥파기를 충분히 하고, 구조물 높이의 2/3 이상이 묻히도록 한다.
② 돌땅속흙막이의 돌쌓기 기울기는 1 : 0.3으로 한다.
③ 방향은 상류를 향하여 중심선에 직각 방향으로 설치한다.
④ 시공비 절감을 위해 현지에 산재된 석재를 충분히 활용하고, 큰 돌은 밑으로 놓아 축설한다.

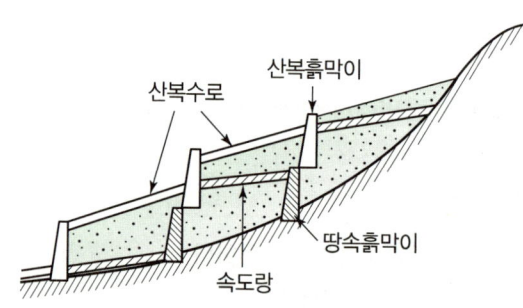

▮ 산지사방 시공 단면 ▮

4. 산비탈흙막이(산복흙막이)

(1) 산비탈흙막이의 특징

① 산비탈흙막이는 비탈면의 기울기 완화와 지표 유하수의 분산 등을 유도하여 산지비탈로부터 토사가 무너져 내리는 것을 막는 비탈면 안정 공종이다.
② 사면이 불안정한 곳이나, 비탈다듬기 공사로 생긴 토사를 유치·고정할 때 매토 부분에도 흙막이를 설치하여 비탈면의 안정을 도모한다.
③ 구축재료에 따라 돌, 콘크리트, 돌망태, 통나무쌓기 흙막이 등이 있다.

(2) 산비탈흙막이의 시공요령

① 흙막이 하부에 땅밀림 발생 방지를 위하여 본바닥에 기초를 설치하고 흙막이를 시공한다.
② 불투수성의 흙막이는 배수를 위하여 물빼기 구멍을 반드시 설치한다.
③ 돌흙막이의 앞면기울기는 1 : 0.3으로 하며, 높이는 찰쌓기 3m 이하, 메쌓기 2m 이하로 시공한다.
④ 통나무쌓기 흙막이의 높이는 보통 1.5m 이하로 한다.

┃ 돌흙막이 ┃

┃ 돌망태흙막이 ┃

(3) 콘크리트흙막이

① 토층이 이동할 위험이 있고, 토압이 커서 다른 흙막이 공작물로는 큰 토압을 견딜 수 없는 경우 시공하는 흙막이이다.
② 견고하지 않은 지반에 시공하는 경우 반드시 말뚝기초 등의 기초작업으로 보강해야 한다.
③ 높이는 일반 산지 비탈에는 2m 정도, 산복사방기초로는 4m까지 축설한다.
④ 앞면기울기는 1 : 0.3으로 하며, 뒷면기울기는 수직으로 하거나 토압에 따라 결정한다.

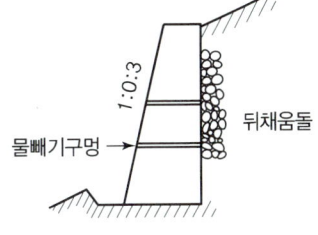
┃ 콘크리트흙막이 측면도 ┃

⑤ 뒤채움돌은 시공의 난이도 및 배수효과 등을 고려하여 위아래쪽 모두 30cm 이상으로 한다.
⑥ 2~3m²당 1개소씩 직경 5~10cm 정도의 관을 박아 물빼기구멍을 설치한다.

5. 누구막이

① 누구막이는 산복의 경사를 완화하여 산복에서 발생하는 누구(淚溝, 작은 도랑)로 인한 침식을 방지하고 붕괴를 막기 위해 물길을 횡단하여 설치하는 공작물이다.
② 산복수로 계획 시 함께 작업하는 횡공작물로, 수로의 기울기를 완화시키고자 하는 곳에 시공한다.
③ 구곡막이나 땅속흙막이보다 작은 규모의 대상지에 계획하며, 수로개설 바닥파기 후 잉여토사의 적치가 필요한 곳에 계획한다.
④ 상류를 향하여 중심선에 직각 방향으로 축설한다.
⑤ 누구막이는 야계(계천)사방공사가 아니며, 산복에 시행하는 산지사방 기초공사로 분류된다.

▎깬잡석산복수로와 누구막이▎

6. 산비탈배수로(산복수로, 산비탈수로내기)

(1) 산비탈배수로의 특징

① 산복수로는 강우로 인해 유수가 집중되는 곳(凹부)에 비탈사면의 침식을 방지하고 유수를 모아 배수하기 위하여 설치하는 공작물이다.
② 구축재료에 따라 돌붙임수로(돌수로), 콘크리트수로, 떼붙임수로(떼수로), 막논돌수로, 파식수로 등이 있다.
③ 수로 단면의 모양은 반달꼴, U자형, 사다리꼴 등이 있다.
④ 수로의 기울기는 가급적이면 상부에서 하부에 이르기까지 일정하게 되도록 계획한다.
⑤ 수로의 시작과 끝에는 반드시 흙막이와 같은 수평대 공작물을 적용한다.
⑥ 수로의 비탈경사가 바뀌는 곳이나 수로의 받침으로 수평대 공작물을 시설하는 곳에는 낙차가 생기므로 수로받이(물받이)를 설치한다.
• 수로받이(물받이) 길이 = (쌓기공작물 높이 + 수로깊이)×1.5~2

(2) 돌붙임수로(돌수로)

① 시공 적지 : 집수구역이 넓고, 경사가 급하며, 유량이 많은 산비탈

② 돌을 붙이는 방법에 따른 구분

　㉠ 찰붙임돌수로
　　• 뒷붙임에 콘크리트를 채워 축설
　　• 메붙임수로로는 위험한 경우에 시공
　　• 집수량이 많아 침식 위험이 높은 산비탈에 설치
　　• 역사다리꼴이나 반원형의 형상으로 시공

　㉡ 메붙임돌수로
　　• 뒷붙임에 콘크리트를 사용하지 않고, 막깬돌, 호박돌 등을 땅속에 붙여(박아) 축설
　　• 상수(常水)가 없고, 찰붙임에 비해 유량이 적으며, 기울기가 비교적 급한 산복에 적용
　　• 지반이 견고하고 집수량이 적은 곳에 반원형의 형상으로 시공
　　• 채움 자갈을 잘 다지기하여 붙임돌이 빠져 나오지 않도록 시공

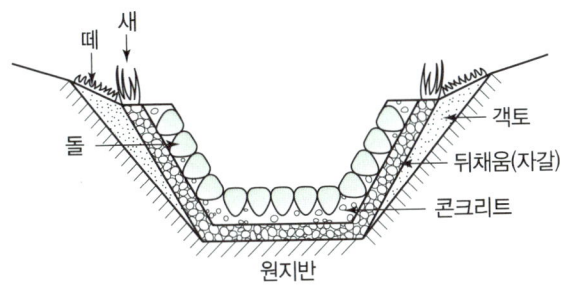

| 찰붙임돌수로 | 메붙임돌수로 |

(3) 콘크리트수로

① 시공 적지 : 찰붙임돌수로에 비해 유속이 빠르고, 유량이 많은 지역
② 주로 단면이 역사다리꼴 형상인 수로를 적용하며, 현장에서 콘크리트를 쳐서 시공한다.
③ 콘크리트블록수로는 여러 가지 단면을 갖도록 미리 만들어진 제품에 의해 축설한다.

(4) 떼붙임수로(떼수로)

① 시공 적지
　• 집수구역이 좁고, 경사가 완만하고, 유량이 적으며, 토사 유송이 적거나 없는 곳
　• 상수(常水)가 없는 곳

② 반원형의 형상으로 땅을 파고 떼를 심어 조성하는 것으로 산복수로 공사 중 가장 많이 적용하고 있다.

| 떼수로 |

(5) 막논돌수로

① 시공 적지 : 집수구역이 작고, 경사가 완만한 곳
② 현장에 산재해 있는 납작한 잡석을 사용하여 시공한다.

(6) 파식(播植)수로

① 요(凹)지에 수목을 식재하고, 생장이 빠른 잡초류를 혼파하여 장마가 오기 전에 수로를 완전히 녹화 조성하는 공법이다.
② 집수구역이 작은 완경사지에서 시공비를 절감하기 위하여 시행하는 간이수로공사이다.

7. 속도랑(배수구)

① 속도랑은 지하수에 의한 산복 붕괴를 방지하기 위해 지하수를 사면 밖으로 유도하여 배수하는 공작물이다.
② 주로 활꼴모양의 단면을 적용하며, 자갈, 돌망태, 콘크리트관 속도랑 등이 있다.

8. 바자얽기

(1) 바자얽기의 특징

① 바자얽기란 비탈면의 침식으로 인한 토사유출 방지와 붕괴방지 및 식생조성을 위하여 비탈면이나 계단 위에 바자를 설치하고, 그 뒤쪽에 흙을 채워 식생을 도입하는 녹화 공종이다.
② 엮어서 만드는 울타리인 바자공작물은 편책형과 목책형이 있으며, 묘목을 심어 흙의 유실을 막고 수분을 보존하여 녹화를 조성한다.
③ 편책이나 목책과 같은 자연물을 이용하므로 영구적으로 사용할 수는 없다.

(2) 편책공과 목책공

① 편책공(編柵工, 바자얽기)
- 비탈면에 나무 말뚝을 일정 간격으로 박고, 여기에 초두목(梢頭木)이나 가지를 엮어서 울타리를 조성하는 공법으로, 일반적으로 바자얽기라고 하면 이 편책공을 일컫는다.
- 벌도목이나 간벌재 등을 이용하여 강우로 인한 토사유출을 방지할 목적으로 주로 시공한다.
- 0.5~1m 간격마다 길이 1~1.5m가량의 나무말뚝을 1/2 정도를 땅에 박고, 초두목이나 가지로 높이 50cm 정도의 바자를 얽어맨다.

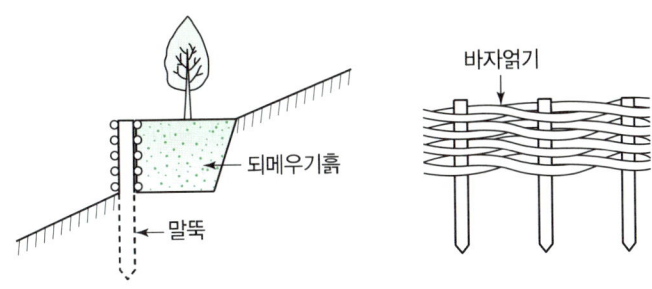

| 편책공 |

② 목책공(木柵工, 통나무울짱얽기)
- 통나무를 주재료로 이용하여 울타리를 조성하고, 뒤편으로는 흙을 메운 후 묘목을 심어 안정녹화하는 공법으로 통나무울짱얽기라고도 한다.
- 흙막이 공사까지는 필요하지 않지만 토사를 고정할 필요가 있을 때 계획한다.

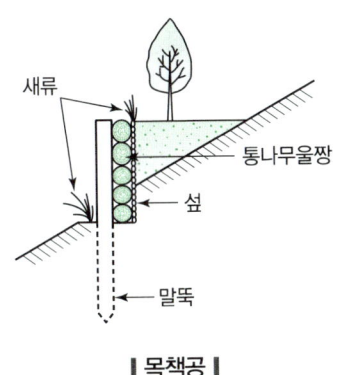

| 목책공 |

9. 선떼붙이기

(1) 선떼붙이기의 특징

① 선떼붙이기는 산복비탈면에 등고선 방향으로 단을 끊고, 계단 앞면에 떼를 붙인 후 그 뒤쪽으로 흙을 채우고 묘목을 심어 녹화하는 공법이다.
② 지표수를 분산시켜 침식을 방지하고, 수토보전을 도모하기 위한 공법이다.
③ 산지 비탈면에 파식상(播植床)을 설치하는 데 있어 기본적으로 필요한 공작물로 우리나라에서 널리 시공하고 있다.
④ **시공적지** : 경사가 비교적 급하고, 지질이 단단한 지역

(2) 선떼붙이기의 시공 요령

① 산의 상부로부터 하부로 내려오면서 직고 1~2m마다 등고선 방향으로 단을 끊는다.
② 계단폭(소단폭, 단끊기폭)은 50~70cm, 발디딤은 10~20cm, 마루너비(천단폭)는 40cm를 기본으로 하며, 선떼의 기울기는 1 : 0.2~0.3 정도로 한다.
③ 공법은 수평계단길이 1m당 떼의 사용매수에 따라 고급인 1급에서 저급인 9급까지 구분하는데, 1등급 증가할 때마다 떼의 사용매수는 1.25매씩 감소한다.
④ 1급 선떼붙이기에 가까울수록 고급이며, 경사가 급할수록 고급인 낮은 급수를 적용한다.
⑤ 저급을 적용할수록 경제적이나 일반적으로 산지사방에서는 6~7급을 가장 많이 시공하고 있다.
⑥ 떼의 규격이 길이 40cm, 너비 25cm, 흙두께 5cm 정도일 때, 급수별 1m당 떼 사용 매수는 아래 표와 같다.

[급수별 1m당 떼 사용 매수]

1급	2급	3급	4급	5급	6급	7급	8급	9급
12.5매	11.25매	10매	8.75매	7.5매	6.25매	5매	3.75매	2.5매

Exercise 14

계단 연장이 3,000m인 산복면에 선떼붙이기를 7급으로 할 때에 필요한 떼의 총소요 매수는?

풀이 7급은 1m당 5매를 사용하므로 3,000 × 5 = 15,000매

(3) 4급 선떼붙이기

① 4급 이상의 고급 선떼붙이기는 갓떼(머리떼), 선떼, 받침떼, 바닥떼 등을 시공하며, 6급은 2매의 선떼와 1매의 갓떼 또는 바닥떼를 사용한다. 저급 선떼붙이기에서 갓떼, 받침떼, 바닥떼는 필수적이지 않다.

② 떼의 종류
- 갓떼(머리떼) : 가장 윗부분에 사용되는 떼, 천단에 놓인 토사의 유출을 방지하여 선떼의 견고도를 높이는 효과
- 선떼 : 사면 앞에 세우는 떼
- 받침떼 : 선떼를 받쳐 주는 떼
- 바닥떼 : 가장 아랫부분에 사용되는 떼

③ 발디딤의 설치 목적
- 선떼 밑부분의 붕괴를 방지한다.
- 작업 시 인부들의 발 디딤판 역할로 작업의 편의를 도모한다.
- 바닥떼의 활착을 조장한다.

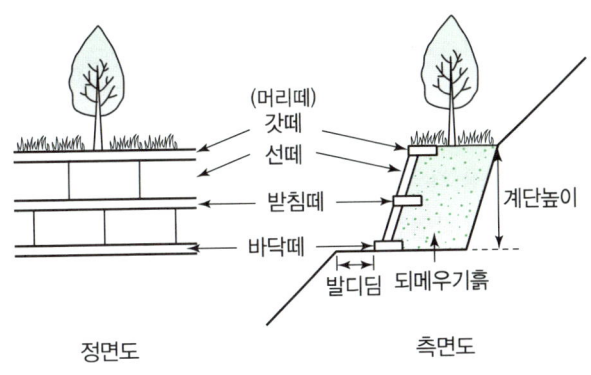

┃4급 선떼붙이기┃

10. 조공(條工)

① 조공은 선떼붙이기까지는 필요하지 않은 비교적 완경사지의 산지 비탈면에 수평으로 계단을 끊고, 그 앞면에는 떼, 새포기, 잡석 등으로 낮게 쌓아 계단을 보호하며, 뒷면에는 흙을 채워 녹화하는 공법이다.
② 구축재료에 따라 떼조공, 돌조공, 새조공, 통나무조공 등이 있다.
③ 소단 간 수직높이는 1.0~1.5m, 너비는 50~60cm 정도로 계단을 만든다.
④ 떼조공 : 앞면에 반떼를 떼꽂이로 고정하고, 뒷면에 구덩이를 파서 식생을 도입한다.
⑤ 돌조공 : 앞면에 돌을 낮게 쌓고, 뒷면에 흙을 채워 녹화하며, 용수가 있는 곳에 주로 시공한다.

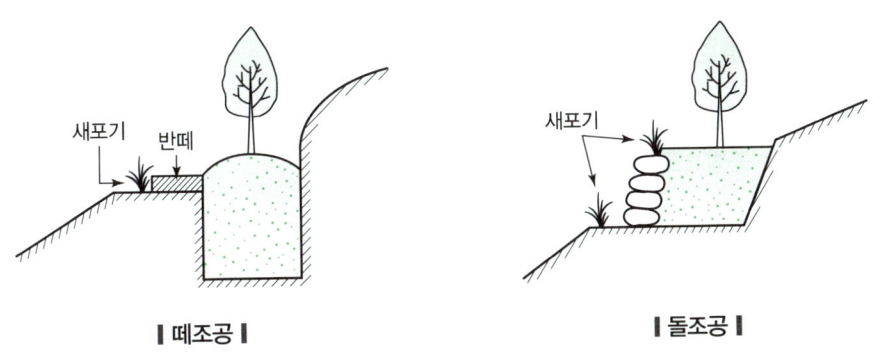

┃떼조공┃   ┃돌조공┃

11. 줄떼시공(線芝工, 선지공)

(1) 줄떼시공의 특징

① 비탈사면에 반떼를 이용하여 수평 방향으로 길게 줄을 이루어 줄떼(線芝)로 녹화하는 공법으로 줄떼다지기, 줄떼붙이기, 줄떼심기 등이 있다.

② 비탈면 보호 및 녹화를 위하여 수직높이 20~30cm 간격으로 줄을 띄우고 반떼를 수평으로 다져 넣거나 붙여서 작업한다.

③ 흙의 유실이 예상되는 절성토 비탈면이나 경관이 요구되는 곳에 시공한다.

┃줄떼시공 모습┃

(2) 시공법

구분	내용
줄떼다지기	• 수평골을 파고, 흙이 붙어 있는 반떼를 한 줄로 수평으로 넣고, 흙을 살짝 덮은 후 나무 판으로 다지기하여 활착·녹화하는 공법 • 자연경관 회복 및 침식·붕괴 방지 효과가 있는 비탈면 녹화공법 • 상하 소단 간의 경사거리가 길고 경사가 급하여 토사 유실이 예상되는 산지의 안정과 녹화에 적합 • 주로 흙쌓기비탈면에 사용
줄떼붙이기	• 흙이 붙어 있는 반떼를 수평 방향으로 줄을 따라 떼꽂이로 고정하여 붙이고 활착·녹화하는 공법 • 주로 땅깎기비탈면에 사용
줄떼심기	• 20~30cm 정도로 줄을 띄워 골을 판 후, 반떼를 심고 흙을 덮어 고루 밟아 녹화하는 공법 • 주로 평탄지에 사용

12. 평떼시공(張芝工, 장지공)

기울기가 완만하거나 평탄한 곳에 흙을 털지 않은 평떼(張芝, 흙떼)를 전면에 걸쳐 붙이거나 심어 녹화하는 공법으로 평떼붙이기와 평떼심기가 있다.

(1) 평떼붙이기

• 기울기가 1 : 1보다 완만한 비탈(45° 이하)에 흙이 털어지지 않은 평떼(온떼)를 전면적으로 붙여서 비탈을 일시에 녹화하는 공법이다.

- 비탈을 잘 정리한 후 평떼를 전면적에 붙이고, 미끄럼 방지와 활착을 위하여 떼꽂이 막대로 고정하여 준다.
- 떼를 붙인 후 모래나 흙 등으로 얇게 덮어 뗏밥을 준다.

‖ 평떼붙이기 ‖

(2) 평떼심기

- 평탄지에 평떼를 심어 나지를 녹화하는 공법이다.
- 심은 후에는 잘 밟아 다지고, 뗏밥을 주고 깨끗이 정리한다.

13. 단쌓기

(1) 단쌓기의 특징

① 단쌓기는 비탈다듬기나 단끊기 공사로 발생한 퇴적토사의 급한 비탈면을 안정·녹화하기 위하여 계단을 연속적으로 붙여 시공하는 공법이다.
② 주로 뜬흙의 안정이 필요한 경사가 급한 지역의 절성토면에서 시행한다.
③ 구축재료에 따라 떼단쌓기, 돌단쌓기, 돌떼혼합단쌓기 등이 있다.

(2) 떼단쌓기

① 떼를 붙인 일정한 크기의 계단을 연속적으로 쌓아 구축한다.
② 떼는 선떼붙이기 공법을 적용하여 붙이며, 연속적으로 시공하는 떼단의 수는 5단을 초과하지 않도록 시공한다.
③ 5단 이상일 경우는 단 밑에 돌쌓기 공작물을 설치하고, 너비는 더 넓은 작은 단을 설치하고 그 위에 계속해서 떼단을 쌓는다.

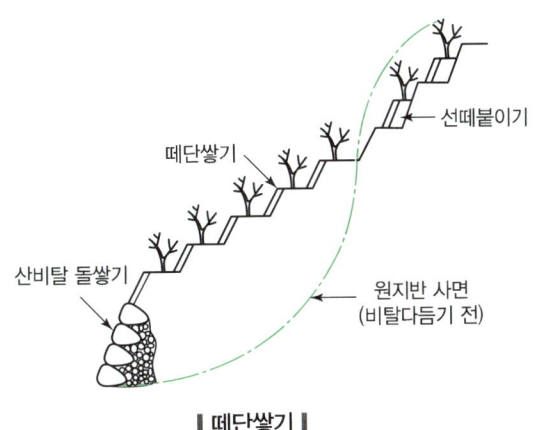

‖ 떼단쌓기 ‖

14. 비탈덮기

① 비탈덮기는 표면침식 방지 및 토양수분 보전을 위하여 단과 단 사이의 비탈면이나 급경사 나지비탈면을 여러 재료로 덮어주어 종자의 유실을 방지하고 식생의 활착과 녹화를 조장하는 공법이다.
② 표면침식방지, 종자유실방지, 수분보전 및 수분증발산방지 등의 기능을 한다.
③ 녹화용 피복재료에는 짚, 섶, 거적, 코아네트, 주트네트 등이 있다.
④ 거적덮기 : 사면에 파종을 하고 볏짚으로 만든 거적을 덮어 녹화한다.

15. 등고선구공법(수평구공법)

① 등고선구공법은 등고선을 따라 수평으로 골(수평구, 水平溝)을 파고, 파낸 흙으로 둑을 쌓으며 둑 앞으로 묘목을 식재하거나 파종하는 공법으로 수평구공법이라고도 한다.
② 강우 시 수평구(등고선구) 안으로 빗물과 유출토사가 머물러 비탈면의 침식을 방지하며, 식생의 활착에도 도움을 주는 수토보전 저사저수(貯砂貯水)공법이다.

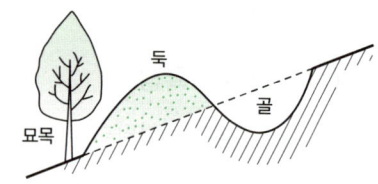

▮ 등고선구공법 ▮

16. 새심기

① 새심기는 비탈사면에 새, 솔새, 개솔새, 억새 등의 새 포기를 심어 녹화하는 공법이다.
② 심는 방법에 따라 점심기, 줄심기, 흩어심기가 있다.
③ 산불발생지, 민둥산지, 석력지 등에서 소규모로 녹화가 필요한 곳에 보완하기 위해 시공한다.

17. 씨뿌리기(파종공법)

① 씨뿌리는 방법에 따라 점뿌리기(점파), 줄뿌리기(조파), 흩어뿌리기(산파)가 있다.
② 흩어뿌리기는 사면산파공(斜面散播工) 또는 사면혼파공(斜面混播工)이라고도 부르며 시공요령은 아래와 같다.
  • 비탈다듬기 공사를 하고 부토사(浮土砂)는 전량 처리하여 반드시 견지반을 노출시킨다.
  • 부토사는 하부에 흙막이 공작물을 시공하여 처리한다.
  • 비탈면에는 수평으로 작은 골을 파서 종자 유실을 방지한다.
  • 비탈면에는 수직높이 60cm, 너비 20~30cm의 수평계단을 설치한다.

씨뿌리기(파종공법), 종비토뿜어붙이기, 나무심기(식재공법)는 본 편의 '2장 비탈면 안정 녹화'를 참고한다.

Summary!

산지사방공사의 종류

구분	내용
기초공사	비탈다듬기(뭉기기), 단끊기, 땅속흙막이(묻히기), 산비탈흙막이(산복흙막이), 누구막이, 산비탈배수로(산복수로, 산비탈수로내기), 속도랑(배수구)
녹화공사	바자얽기(편책공, 목책공), 선떼붙이기, 조공, 줄떼시공(줄떼다지기, 줄떼붙이기, 줄떼심기), 평떼시공(평떼붙이기, 평떼심기), 단쌓기(떼단쌓기), 비탈덮기(거적덮기), 등고선구공법(수평구공법), 새심기, 씨뿌리기(파종공법), 종비토뿜어붙이기, 나무심기(식재공법)

CHAPTER 05 특수지 사방공사

SECTION 01 훼손지 복원공사

1. 훼손지 복구 일반

인위적으로 토지의 형질 변경을 초래한 곳을 훼손지라고 하며, 크게 절성토 비탈면과 채석지, 채광지로 구분할 수 있다.

(1) 절성토 비탈면

절성토 비탈면에는 일반적으로 비탈다듬기를 시작으로 기초옹벽, 힘줄박기, 콘크리트격자틀붙이기, 돌쌓기, 바자얽기, 떼단쌓기, 배수로시공 등의 공법을 적용하여 비탈면의 안정과 녹화를 유도한다.

(2) 채석지

돌을 캐던 훼손된 암벽면에 제비집붙이기공법(새집공법)으로 소관목이나 덩굴류를 도입하여 녹화하거나 속성수로 차폐수벽공법을 적용하여 훼손된 암벽면의 차폐로 경관미를 형성한다.

(3) 채광지

① 기초옹벽식 돌쌓기, 산복돌쌓기, 돌단쌓기, 돌조공 등의 비탈흙막이공법과 비탈격자틀붙이기, 힘줄박기, 파종공, 씨뿜어붙이기 등의 공법을 적용한다.
② 폐탄광지의 경우 폐석탄 등을 제거 후 복토하여 식재하며, 차폐식재로 좋은 경관을 유도하고, 사면붕괴 방지를 위해 사면 안정각을 유지한다.

2. 복구설계서 승인기준

「산지관리법 시행규칙」 별표 6에 따른 복구설계서 승인기준을 살펴보면 다음과 같다.

(1) 공통사항

① 최초의 소단의 앞부분은 수목을 존치하거나 식재하여 녹화하여야 하고, 각 소단에는 평균 두께 60cm 이상 흙(토질이 척박하거나 폐석적치지인 경우에는 수목의 활착 및 생육에 지장이 없도록 충분한 객토 실시)을 덮고 수목·초본류 및 덩굴류(칡 제외) 등을 식재하여 비탈면이 덮이도록 하여야 한다.
② 복구대상지역 안에 있는 건축물·공작물의 철거 또는 이전계획이 복구설계서에 반영되어야 한다.
③ 고속국도, 일반국도, 철도, 관광휴양지, 명승지, 공원 주변 등 경관조성 또는 생태복원이 필요한 지역의 비탈면에 대하여는 차폐공법, 특수공법 등으로 가리거나 녹화하여야 한다.

(2) 광물의 채굴, 토석채취지의 경우

① 비탈면의 수직높이가 15m 이상인 경우에는 수직높이 15m 이하의 간격으로서 비탈면의 너비를 제외한 너비 5m 이상의 소단을 조성하여야 한다.
② 소단에 발생하는 각각의 비탈면의 각도는 75° 이하이어야 한다.
③ 광물의 채굴, 석재의 굴취, 채취인 경우에 비탈면을 제외한 각각의 소단 바닥에 대한 수목식재는 평균깊이 1m 이상, 너비 3m 이상인 구덩이를 파거나 돌을 쌓는 등 토사유출을 방지하기 위한 시설을 설치하고 흙을 객토한 후 수목을 식재하여 수목이 생육함에 따라 비탈면이 차폐될 수 있도록 하여야 한다.
④ 비탈면의 평균기울기는 토석의 종류에 따라 다음의 요건을 충족하여야 한다.
 • 건축용석재의 굴취·채취의 경우에는 1 : 0.4 이하일 것
 • 광물의 채굴 및 건축용석재가 아닌 석재의 굴취·채취의 경우에는 1 : 0.5 이하일 것
 • 토사채취의 경우에는 1 : 1.0 이하일 것
⑤ 폐석처리장은 사방공법으로 복구하되, 60cm 이상 흙을 덮어야 한다.
⑥ 도로, 철도 연변가시지역으로서 2km 이내의 지역에 대하여는 경관유지를 위하여 높이 1m 이상의 나무를 2m 이내의 간격으로 식재하여 차폐조림을 하여야 한다.
⑦ 폐석 등이 많이 적치된 지역은 비탈면의 정지작업을 철저히 하고 객토를 많이 하여 수목의 활착·생육에 지장이 없도록 하여야 한다.
⑧ 복구를 위한 식재수종은 아까시나무, 오리나무 등 척박지에 잘 자라는 수종으로 선정하여야 한다.

SECTION · 02 등산로 복원공사

1. 등산로 복구 일반

① 등산로는 이용자들의 답압으로 인한 노면침식이 쉽게 발생하며, 등산로를 중심으로 식생의 훼손이 심각할 뿐만 아니라 그로 인한 강우 피해 등 2차피해를 발생시킨다.
② 인위적 요인에 의한 피해 발생이 크므로 과밀이용을 억제하거나 이용을 금지하는 등의 조치를 시행하며, 2차피해를 막고자 배수체계를 정비하고 유지관리 시스템을 마련한다.

┃등산로 답압 피해┃

2. 등산로 복구 대책

① 자연적으로 발생한 등산로는 먼저 지형을 복구하고, 후에 식생을 복원한다.
② 통행량에 따라 등산로 폭을 다양화한다.
③ 경사도에 따라 다양한 바닥시설을 설치한다.
④ 이용 규제를 위하여 다양한 경계울타리를 설치한다.

SECTION · 03 해안사방공사

1. 해안사방 일반

(1) 해안사방의 특징

① 해안사방(海岸砂防)이란 해안 사구의 이동 및 모래의 비산으로 인한 가옥이나 농경지 등의 피해를 예방하기 위해 시행하는 공사를 말한다.
② 해안사구(砂丘)에는 발달위치에 따라 바다쪽 가장 가까운 곳에 형성된 전사구(前砂丘), 좀 더 육지쪽으로 형성된 주사구(主砂丘), 해안으로부터 가장 멀리 떨어져 형성된 자연사구가 있다.
③ 해안사구는 모래가 바람에 의해 바다에서 육지 쪽으로 이동하여 형성된 모래언덕이다.

(2) 모래언덕의 발달 순서

① 치올린 모래언덕
- 바다에서 밀려오는 파도로 인해 해안선에 퇴적된 얕은 모래 둑
- 모래언덕의 시초

② 설상사구(舌狀砂丘)
- 치올린 모래언덕이 바람에 의해 내륙으로 이동할 때 장애물을 만나 그 뒤편으로 퇴적되어 형성된 혀 모양의 모래언덕
- 바람의 힘이 약화된 곳에 형성

③ 반월사구(半月砂丘)
설상사구에서 바람이 모래를 수평 방향으로 이동시켜 양쪽으로 뾰족하게 퍼지며 형성된 초승달 또는 반달 모양의 모래언덕

2. 해안사방공사의 종류

해안사방은 시공법에 따라 퇴사울세우기, 구정바자얽기 등의 모래언덕을 조성하는 공종과 정사울세우기, 사지식수공법 등의 조림 공종으로 구분할 수 있다.

(1) 사구조성공법

① 퇴사울세우기
- 퇴사울세우기는 해풍에 의해 날리는 모래(비사)를 억류·고정하고 퇴적시켜서 인공 모래언덕(사구)을 조성할 목적으로 퇴사(堆砂)울타리를 시공하는 공법이다.
- 퇴사울타리를 설치할 때 기준높이는 1.0m가 적당하다.

∥ 지그재그형 퇴사울타리 ∥

∥ 퇴사울타리 후면 ∥

② 구정(丘頂)바자얽기
- 퇴사울타리로 조성된 모래언덕이 바람에 의해 파괴되거나 이동하는 것을 막기 위해 쌓인 모래 앞에 발처럼 바자를 얽어매어 설치하는 낮은 울타리 공작물이다.
- 높이는 0.4~0.6m가 적합하다.

③ 모래담쌓기
퇴사울만으로 균등한 퇴사가 기대되지 않거나 사구의 조성이 긴급히 필요한 경우 인공으로 모래담을 쌓는 공법이다.

④ 모래덮기
모래덮기는 퇴사울 등으로 조성된 사구가 파괴되는 것을 방지하기 위해 종자를 파종하고 거적, 짚, 섶 등으로 덮어주는 공법이다.

⑤ 사초심기
- 사초심기는 조성된 모래언덕에 사구식물(사초, 沙草)을 심어 모래가 날리는 것을 방지하는 공법이다.
- 사초는 바람, 더위, 건조에 강하여 모래땅에서 생육이 가능하며, 모래의 이동을 저지할 수 있는 특성을 지닌다.
- 사초를 심는 방법에는 줄심기, 망심기, 다발심기가 있다. ✏ 점심기 ×
  - 줄심기 : 1~2주를 1열로 하여 주간거리 4~5cm, 열간거리 30~40cm가 되도록 심는다.
  - 망심기 : 격자의 망의 형상으로 심는 것으로, 망의 구획 크기는 2m×2m로 하며 내부에도 사이심기를 한다.
  - 다발심기 : 4~8포기의 사초를 한다발로 하여 30~50cm 간격으로 심는다.

⑥ 파도막이
파도막이는 고정된 사구가 파도에 파괴되지 않도록 사구 앞에 파도를 막아주는 공작물을 설치하는 공법이다.

(2) 사지조림공법

① 정사울세우기
- 정사울세우기는 전사구(앞모래언덕) 육지쪽의 후방모래를 고정하여 표면을 안정시키고 식재목이 잘 생육할 수 있는 환경조성을 위해 정사(靜砂)울타리를 시공하는 공법이다.
- 앞모래언덕의 뒤쪽으로 풍속을 약화시켜 모래의 이동을 막고, 식재목의 생육환경을 조성하기 위한 사지조림공법이다.

┃ 정사울타리 ┃

- 울타리는 주풍방향에 직각이 되도록 설치하며, 20cm 정도를 모래 속에 묻어 고정한다.
- 울타리의 유효 높이는 1.0~1.2m로 하며, 울타리 사이의 간격은 7~15m로 한다.
- 시공효과를 크게 하기 위해 정사각형이나 직사각형으로 구획하며, 구획의 크기는 한 변의 길이(울타리 간격)가 7~15m 정도로 하여, 구획 내부에 ha당 10,000본의 곰솔 등의 묘목을 식재한다.
- 직사각형의 정사울타리는 긴 변을 주풍 방향에 직각이 되도록 설치한다.
- 정사울 구역을 다시 작은 구역으로 세분하여 낮은 울타리를 설치하는데, 낮은 울타리의 유효높이는 30~50cm, 통풍비는 1 : 1로 시공한다.
  * 통풍비 : 바람이 통하는 곳과 통하지 않는 곳의 비율

② **사지식수공법**
- 모래언덕에 울타리를 치고 수목을 식재하는 공법으로 해안사구 조림이라고도 한다.
- 해안 식재 수종으로는 곰솔(해송)이 가장 대표적이며, 그 외에 사시나무, 아까시나무, 보리수나무, 순비기나무, 싸리 등이 있다.
- 식재본수는 ha당 10,000본 정도가 표준이며, 상하층으로 나누어 조기에 수림화를 유도하기 위해 밀식하는 경우는 ha당 상층 2,000본, 하층 5,000본 정도가 적당하다.
  (해안방재림 조성용 묘목의 식재본수는 10,000본/ha이 기준)
- 해안사방 조림용 수종의 구비 조건
  - 양분과 수분에 대한 요구가 적을 것
  - 왕성한 낙엽·낙지 등으로 지력을 향상시킬 수 있을 것
  - 급격한 온도 변화에도 잘 견딜 것
  - 울폐력이 좋을 것
  - 바람, 건조, 염분, 비사에 대한 저항력이 클 것
  - 맹아력이 좋을 것

Summary!

사방공사의 종류

구분		내용
야계사방(계간사방)		사방댐, 골막이(구곡막이), 바닥막이, 기슭막이, 수제, 모래막이, 계간수로, 둑쌓기
산지사방	기초공사	비탈다듬기(뭉기기), 단끊기, 땅속흙막이(묻히기), 산비탈흙막이(산복흙막이), 누구막이, 산비탈배수로(산복수로, 산비탈수로내기), 속도랑(배수구)
	녹화공사	바자얽기(편책공, 목책공), 선떼붙이기, 조공, 줄떼시공(줄떼다지기, 줄떼붙이기, 줄떼심기), 평떼시공(평떼붙이기, 평떼심기), 단쌓기(떼단쌓기), 비탈덮기(거적덮기), 등고선구공법(수평구공법), 새심기, 씨뿌리기(파종공법), 종비토뿜어붙이기, 나무심기(식재공법)
해안사방	사구조성공법	퇴사울세우기, 구정바자얽기, 모래담쌓기, 모래덮기, 사초심기, 파도막이
	사지조림공법	정사울세우기, 사지식수공법

산림기사·산업기사 필기

Ⅱ권 | 문제

차 례 CONTENTS

| 부록 | 과년도 기출문제 |

2018년 1회 산림기사 ·· 3
2018년 1회 산림산업기사 ···································· 24
2018년 2회 산림기사 ·· 39
2018년 2회 산림산업기사 ···································· 60
2018년 3회 산림기사 ·· 76
2018년 3회 산림산업기사 ···································· 97
2019년 1회 산림기사 ·· 113
2019년 1회 산림산업기사 ···································· 132
2019년 2회 산림기사 ·· 146
2019년 2회 산림산업기사 ···································· 164
2019년 3회 산림기사 ·· 178
2019년 3회 산림산업기사 ···································· 197
2020년 1·2회 산림기사 ······································ 211
2020년 1·2회 산림산업기사 ································ 230
2020년 3회 산림기사 ·· 243
2020년 3회 산림산업기사 ···································· 261
2020년 4회 산림기사 ·· 275
2021년 1회 산림기사 ·· 292
2021년 1회 산림산업기사 ···································· 313
2021년 2회 산림기사 ·· 328
2021년 3회 산림기사 ·· 350
2022년 1회 산림기사 ·· 371
2022년 1회 산림산업기사 ···································· 391
2022년 2회 산림기사 ·· 406
2022년 3회 산림기사 ·· 428
2023년 1회 산림기사 ·· 449
2023년 1회 산림산업기사 ···································· 469
2023년 2회 산림기사 ·· 485
2023년 3회 산림기사 ·· 506
2024년 1회 산림기사 ·· 527
2024년 1회 산림산업기사 ···································· 548
2024년 2회 산림기사 ·· 564
2024년 3회 산림기사 ·· 585

Engineer Forest
Industrial Engineer Forest

APPENDIX

과년도 기출문제

- 2018년 과년도 기출문제
- 2019년 과년도 기출문제
- 2020년 과년도 기출문제
- 2021년 과년도 기출문제
- 2022년 과년도 기출문제
- 2023년 과년도 기출문제
- 2024년 과년도 기출문제

2018년 1회 기출문제

1과목 조림학

01 삽목상의 조건으로 가장 적합한 것은?

① 건조를 막기 위해 해가림이 필요하다.
② 온도가 30℃ 이상 높은 온도에서 발근이 유리하다.
③ 토양 내 미생물의 종류가 다양할수록 발근에 유리하다.
④ 발근에 시간이 오래 걸리는 수종의 경우 잎의 증산이 원활하도록 공중습도를 조절한다.

해설

삽목상의 환경조건
- 온도는 20~25℃가 가장 적합하다.
- 과도한 수분증산이 삽수의 고사 원인이 될 수 있으므로 발근에 시간이 오래 걸리는 수종은 잎의 증산을 억제해주는 증산억제제를 살포한다.
- 강한 광선에 따른 건조를 막기 위해 해가림을 실시한다.
- 유기물(양료)이 많은 삽목상은 여러 유해 미생물을 발생시키므로 피한다.

02 토양산성화로 인한 수목 생육 장애요인으로 옳지 않은 것은?

① 인산 이용의 결핍
② 염기성 양이온의 용탈
③ 뿌리의 양분 흡수력 저하
④ 토양 미생물과 소동물의 활성 증가

해설

산성토양의 피해
- 수소이온(H^+)과 알루미늄, 철, 망간 등의 용해도 증가로 식물뿌리의 양분 흡수력 저하
- 염기성 양이온의 용탈로 식물의 유효양분 감소와 영양결핍 초래
- 인산의 고정으로 인한 식물의 인산 이용의 결핍
- 유용 토양미생물의 활동 저조로 입단 형성 저해 및 물리적 성질 악화

03 어린나무 가꾸기의 대상 임목은?

① 폭목　　　② 중용목
③ 경합목　　④ 피해목

해설

어린나무 가꾸기(제벌)
보육 대상목인 미래목, 중용목을 중심으로 실시하며, 지장을 주는 유해수종, 덩굴류, 침입수종, 형질불량목, 폭목, 경합목, 피해목 등을 제거한다.

04 개화한 당년에 종자가 성숙하는 수종과 개화한 다음 해에 종자가 성숙하는 수종이 바르게 짝지어진 것은?

① 졸참나무 - 떡갈나무
② 신갈나무 - 갈참나무
③ 신갈나무 - 상수리나무
④ 굴참나무 - 상수리나무

해설

종자 발달 형태
- 개화한 해의 가을에 종자 성숙 : 삼나무, 편백, 낙엽송, 전나무, 가문비나무, 자작나무류, 오동나무, 오리나무류, 떡갈나무, 졸참나무, 신갈나무, 갈참나무
- 개화 후 다음 해 가을에 종자 성숙 : 소나무류, 상수리나무, 굴참나무, 잣나무

정답 01 ① 02 ④ 03 ② 04 ③

05 묘포의 경운작업에 대한 설명으로 옳지 않은 것은?

① 호기성 토양 미생물이 증식할 수 있는 환경을 제공한다.
② 토양의 풍화작용을 억제하여 영양분을 가용성으로 만든다.
③ 토양의 보수력 및 흡열력 그리고 비료의 흡수력을 증가시킨다.
④ 토양을 부드럽게 하고 통기가 잘 되도록 하여 토양 산소량을 많게 한다.

해설

경운작업은 토양의 풍화작용을 도와 영양분을 가용성으로 만든다.

06 수목의 체내에서 양료의 이동성이 떨어지는 무기원소는?

① 인　　　　　　② 질소
③ 칼슘　　　　　④ 마그네슘

해설

무기염류의 체내 이동성

체내 이동성이 낮은 영양소	• 칼슘(Ca), 철(Fe), 망간(Mn), 붕소(B) • 결핍 시 가지선단이나 어린잎(유엽, 신엽, 새잎)에 증세 발현
체내 이동성이 높은 영양소	• 질소(N), 칼륨(K), 인산(P), 마그네슘(Mg) • 결핍 시 성숙잎(노엽, 늙은 잎)에 증세 발현

07 우량 묘목의 조건으로 가장 부적합한 것은?

① 우량한 유전성을 지닌 것
② 근계의 발달이 충실한 것
③ 가지가 사방으로 고루 뻗어 발달한 것
④ 정아보다 측아의 발달이 잘 되어 있는 것

해설

우량 묘목은 측아보다 정아의 발달이 우세한 것이어야 한다.

08 속씨식물에 대한 설명으로 옳지 않은 것은?

① 중복수정을 하지 않는다.
② 배유의 염색체는 3배체(3n)이다.
③ 완전화의 경우 배주가 심피에 싸여 있다.
④ 건조지에서 자라는 수목의 잎은 책상조직이 양쪽에 있어서 앞뒤의 구별이 불분명하다.

해설

속씨식물(被子植物, 피자식물)
한 개의 정핵(n)과 한 개의 난핵(n)이 만나 2n의 배를 형성하며, 또 다른 정핵(n)이 2개의 극핵(2n)과 만나 3n의 배유를 형성하는 중복수정(重複受精)을 한다.

09 동령적 혼효림 조성 시 고려해야 할 사항으로 옳지 않은 것은?

① 가급적 양수와 음수를 모두 식재한다.
② 생장속도가 비슷한 수종으로 식재한다.
③ 각 수종이 비슷한 윤벌기 내에 성숙하도록 한다.
④ 내음성이 비슷한 수종의 경우 생장속도가 빠른 수종은 일찍 식재한다.

해설

동령적 혼효림 조성 시 내음성이 비슷한 수종의 경우 생장속도가 빠른 수종은 늦게 식재한다.

10 포플러류 중 양버들에 해당하는 것은?

① *Populus alba*
② *Populus nigra*
③ *Populus davidiana*
④ *Populus tomentiglandulosa*

정답　05 ②　06 ③　07 ④　08 ①　09 ④　10 ②

> **해설**

① 은백양(*Populus alba*)
② 양버들(*Populus nigra*)
③ 사시나무(*Populus davidiana*)
④ 은수원사시나무(*Populus tomentiglandulosa*)

11 간벌에 대한 설명으로 옳은 것은?

① 임목의 형질을 퇴화시키는 단점이 있다.
② 정량간벌은 간벌목 선정이 수형급을 중심으로 이루어진다.
③ 간벌을 하지 않은 임분은 입지 조건이 열악해지는 단점이 있다.
④ 직경생장을 촉진시켜 연륜폭을 고르게 하는데 도움을 줄 수 있다.

> **해설**
>
> **간벌**
> 조림목 간의 경쟁을 최소화하여, 최종 생산될 잔존목의 생육을 촉진하고 형질을 향상시킨다. 또한 직경생장 촉진으로 재적생장이 증가한다.

12 종자의 휴면타파 방법이 아닌 것은?

① 후숙　　② 노천매장
③ 침수처리　④ 밀봉저장

> **해설**
>
> **발아촉진법(휴면타파)**
> • 기계적 처리법
> • 침수처리법, 황산처리법, 노천매장법, 후숙, 고저온처리법, 화학약품처리법, 광처리법, 파종시기 변경 등

13 수분의 주요 이동통로로 이용되는 조직은?

① 수　　② 사부
③ 목부　④ 형성층

> **해설**
>
> **목부(木部)**
> 수분과 양분의 통도 및 지탱 역할을 하며, 심재와 변재, 춘재와 추재로 구성된다.

14 우리나라 온대 중부지방을 대표하는 특징 수종은?

① 신갈나무　② 분비나무
③ 후박나무　④ 너도밤나무

> **해설**
>
> **온대 중부림의 대표 특징수종**
> • 활엽수 : 참나무류, 서어나무류, 밤나무, 붉나무, 단풍나무류, 오리나무류, 음나무, 버드나무류 등
> • 침엽수 : 소나무, 잣나무, 전나무, 향나무, 해송 등

15 자연생태계의 물순환 과정에서 산림의 역할에 대한 설명으로 옳지 않은 것은?

① 산림토양의 특성은 지표의 우수유출경로를 결정하며 홍수에 큰 영향을 끼친다.
② 물은 광합성에 의해 물질생산에 기여하고, 생산된 물질순환 과정에서 산림토양이 형성된다.
③ 증산작용에 의한 지표면의 열환경 변화는 도시림에서는 거의 무시할 수 있을 정도로 미미하다.
④ 산림의 대규모 소실은 지표의 열환경 변화와 대량의 증산량 감소로 인해 광역의 물순환을 변화시킨다.

> **해설**
>
> 일반 산림과 마찬가지로 도시림에서도 증산작용에 의한 지표면의 열환경 변화가 크다.

정답 11 ④　12 ④　13 ③　14 ①　15 ③

16 열대우림에 대한 설명으로 옳지 않은 것은?

① 종다양성이 높다.
② 수목의 뿌리는 대부분 심근성이다.
③ 과도한 침식과 용탈로 토양이 척박해지기 쉽다.
④ 연평균 강우량이 2,000mm 이상의 적도 주변 지역에 분포한다.

해설

양분경쟁으로 수목의 뿌리는 대부분 얕고 넓게 퍼지는 천근성이다.

17 단벌기 작업에서 맹아에 의한 갱신방법은?

① 왜림작업
② 중림작업
③ 이단림작업
④ 모수림작업

해설

왜림작업

주로 연료생산을 위해 단벌기로 벌채·이용하고 그루터기에서 발생한 맹아를 이용하여 갱신이 이루어지는 작업으로 왜림작업, 맹아갱신법 또는 주로 개벌로 진행하여 개벌왜림작업이라고도 한다.

18 종자의 결실주기가 가장 짧은 수종은?

① *Alnus japonica*
② *Picea jezoensis*
③ *Larix kaempferi*
④ *Abies holophylla*

해설

주요 수종의 결실주기

매년 (해마다)	오리나무류(*Alnus japonica*), 포플러류, 버드나무류
격년 결실	오동나무, 소나무류, 자작나무류, 아까시나무
2~3년	낙우송, 참나무류, 들메나무, 느티나무, 삼나무, 편백
3~4년	가문비나무(*Picea jezoensis*), 전나무(*Abies holophylla*), 녹나무
5년 이상	낙엽송(*Larix kaempferi*), 너도밤나무

19 활엽수의 가지치기 절단 위치로 가장 적합한 곳은?

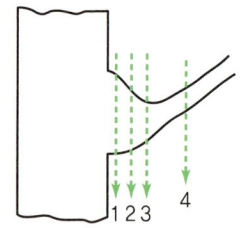

① 1
② 2
③ 3
④ 4

해설

활엽수의 가지치기

지융부가 발달하는 활엽수는 지피융기선이 상하지 않도록 주의하여 최대한 가깝게 제거한다.

20 산벌작업에 적용이 가장 적합한 수종은?

① 곰솔, 소나무
② 전나무, 너도밤나무
③ 사시나무, 자작나무
④ 리기다소나무, 일본잎갈나무

해설

산벌작업 수종
전나무, 너도밤나무 등의 음수수종 갱신에 적당하며, 양수수종 갱신은 불가능하지는 않으나 유리하거나 적합하지는 않다.

2과목 산림보호학

21 솔잎혹파리에 대한 설명으로 옳은 것은?

① 1년에 1회 발생하며 알로 충영 속에서 월동한다.
② 1년에 2회 발생하며 성충으로 충영 속에서 월동한다.
③ 1년에 2회 발생하며 지피물 속에서 성충으로 월동한다.
④ 1년에 1회 발생하며 유충으로 땅속 또는 충영 속에서 월동한다.

해설

솔잎혹파리
유충이 솔잎 기부에 들어가 벌레혹을 만들고 그 속에서 수목을 가해하며 피해를 주는 해충으로 연 1회 발생하며, 땅속에서 유충으로 월동한다.

22 오염원으로부터 직접 배출되는 1차 대기오염 물질이 아닌 것은?

① 분진   ② 오존
③ 황산화물   ④ 질소산화물

해설

② 오존(O_3) : 2차 대기오염물질

1차 대기오염물질
아황산가스(SO_2), 질소산화물(NO, NO_2), 불화수소(HF가스), 염소(Cl_2), 분진 등

23 다음의 하늘소 유충 중 톱밥 또는 배설물을 나무 밖으로 배출하지 않아 발견하기 어려운 것은?

① 알락하늘소
② 뽕나무하늘소
③ 향나무하늘소
④ 솔수염하늘소

해설

향나무하늘소(측백하늘소)
부화한 유충이 수피 안쪽의 형성층과 목질부를 불규칙하게 식해하여 피해를 주며, 배설물을 외부로 배출하지 않고 구멍도 생기지 않아 피해를 발견하기 매우 어렵다.

24 불리한 환경에 따른 곤충의 활동정지와 휴면에 대한 설명으로 옳은 것은?

① 미국흰불나방은 의무적 휴면을 한다.
② 활동정지는 환경조건이 개선되면 곧 종료된다.
③ 1년에 한 세대만 발생하는 곤충은 기회적 휴면을 한다.
④ 일장(日長)은 휴면으로의 진입 여부 결정에 중요한 요소는 아니다.

해설

곤충의 휴면과 활동정지
- 휴면은 곤충이 불리하고 부적합한 환경을 극복하기 위해 일정기간 발육을 정지하는 것이다.
- 활동정지는 곤충이 갑작스러우며 부적합한 환경에 대처하여 일시적으로 활동을 정지하는 것이다.
- 1년에 2세대 이상 발생하는 곤충은 기회적 휴면을 하며 미국흰불나방이 대표적이다.
- 활동정지는 휴면과는 달리 환경조건이 개선되면 곧바로 활동정지를 멈추고 발육을 재개한다.
- 일장은 휴면으로의 진입 여부 결정에 중요한 요소이다.

정답 21 ④ 22 ② 23 ③ 24 ②

25 밤나무줄기마름병의 방제 효과가 가장 미미한 것은?

① 살균제를 살포한다.
② 박쥐나방을 방제한다.
③ 질소 비료를 적게 준다.
④ 토양배수가 잘 되는 곳에 묘목을 심는다.

해설

밤나무줄기마름병의 방제법
줄기를 침해하는 천공성 해충류의 방제를 위해 살충제를 살포하며, 배수가 불량한 곳과 수세가 약한 경우 피해가 심하므로 비배관리를 철저히 해준다. 살균제를 살포하는 화학적 방제는 효과가 미비하다.

26 남서방향에서 고립되어 생육하고 있는 임목, 코르크층이 발달되지 않은 수종에서 많이 나타나는 기상 피해는?

① 한해   ② 풍해
③ 설해   ④ 피소

해설

볕데기(皮燒, 피소)의 피해가 잘 나타나는 수종
수피가 평활하고 매끄러우며 코르크층이 발달하지 않은 수종이나 직사광선에 놓이는 남서 방향의 고립목 및 남서면 임연부의 성목 등

27 수목병 발생과 환경조건과의 관계에서 수목이 가장 심한 피해를 입을 수 있는 경우는?

① 환경조건이 병원체나 기주에 모두 적합한 경우
② 환경조건이 병원체나 기주에 모두 부적합한 경우
③ 환경조건이 병원체에 적합하고 기주에 부적합한 경우
④ 환경조건이 병원체에 부적합하고 기주에 적합한 경우

해설

환경조건이 병원체가 번성하기에 적합하고 기주에는 부적합한 경우 수목이 심한 피해를 입는다.

28 코흐(Koch)의 원칙을 충족시키지 않는 조건은?

① 병원체의 순수 배양이 불가능해야 한다.
② 기주로부터 병원체를 분리할 수 있어야 한다.
③ 기주에서 병원체로 의심되는 특정 미생물이 존재해야 한다.
④ 동일 기주에 병원체를 접종하면 동일한 병이 발생되어야 한다.

해설

코흐(Koch)의 4원칙
- 병원균은 반드시 기주의 환부에 존재해야 한다.
- 병원균은 기주로부터 분리할 수 있으며, 배지에서 순수 배양되어야 한다.
- 배양한 병원균을 같은 기주에 접종하면 동일한 병이 발생되어야 한다.
- 접종 식물의 병환부에서 접종균과 동일한 병원균이 재분리되어야 한다.

29 약제를 식물체의 뿌리, 줄기, 잎 등에서 흡수시켜 식물체 전체에 약제가 분포되게 하고, 해충이 섭식하였을 경우에 약효가 발휘되는 살충제의 종류는?

① 침투성 살충제   ② 접촉성 살충제
③ 유인성 살충제   ④ 소화중독성 살충제

해설

침투성 살충제
약제를 식물의 뿌리, 줄기, 잎 등에 흡수시켜 식물 전체에 퍼지면 그 식물을 가해하는 해충이 죽게 되는 약제로 천적에 대한 피해가 가장 적어 천적 보호에 유리하다.

정답 25 ① 26 ④ 27 ③ 28 ① 29 ①

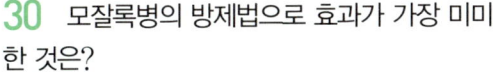

30 모잘록병의 방제법으로 효과가 가장 미미한 것은?

① 토양소독
② 종자소독
③ 묘상의 환경개선
④ 옥시테트라사이클린 살포

해설

모잘록병의 방제법
모잘록병은 토양전염성 병이므로 토양소독 및 종자소독을 실시하고, 배수와 통풍이 잘 되어 묘상이 과습하지 않도록 환경을 개선해준다.

31 세균으로 인한 수목병은?

① 소나무혹병
② 벚나무불마름병
③ 밤나무줄기마름병
④ 벚나무갈색무늬구멍병

해설

세균에 의한 수목병
뿌리혹병, 밤나무눈마름병, 불마름병 등

32 토양 내에서 월동하는 병원체는?

① 잣나무털녹병균
② 참나무시들음병균
③ 자줏빛날개무늬병균
④ 밤나무줄기마름병균

해설

토양 내에서 월동하는 병원체
뿌리혹병균, 모잘록병균, 자줏빛날개무늬병균, 뿌리혹선충, 뿌리썩이선충

33 오리나무잎벌레의 월동 형태와 장소는?

① 알로 지피물 밑에서
② 성충으로 땅속에서
③ 번데기로 수피 사이에서
④ 유충으로 나뭇잎 아래에서

해설

오리나무잎벌레
유충과 성충이 모두 오리나무류 잎을 가해하여 피해를 주는 해충으로 연 1회 발생하며, 성충으로 땅속에서 월동한다.

34 솔껍질깍지벌레에 대한 설명으로 옳지 않은 것은?

① 주로 인공식재 된 잣나무림에서 큰 피해를 준다.
② 약충이 가지와 줄기의 수피에 주둥이를 꽂고 수액을 빨아먹는다.
③ 수피 틈이나 가지 사이에 알주머니를 분비하고 그 속에 알을 낳는다.
④ 암컷 성충은 후약충에서 번데기 시기를 거치지 않고 바로 성충이 된다.

해설

솔껍질깍지벌레
성충과 약충이 해송과 소나무의 줄기에 긴 주둥이를 꽂고 즙액을 흡즙하여 피해를 준다.

35 수목병의 임업적 방제법으로 옳지 않은 것은?

① 임지에 생육하기 적합한 나무를 조림한다.
② 종자 산지에 가까운 곳에 임지를 조성한다.
③ 병해가 발생한 지역에서는 지존작업을 한다.
④ 방제 관리의 효율성을 고려하여 단순림을 조성한다.

정답 30 ④ 31 ② 32 ③ 33 ② 34 ① 35 ④

해설

수목병의 임업적 방제
임지 정리 작업(지존작업), 건전한 묘목 육성, 무육작업(숲가꾸기), 적절한 수확 및 벌채, 혼효림 및 이령림 조성 등

36 수목에 기생하는 식물로 낙엽성인 것은?

① 겨우살이
② 꼬리겨우살이
③ 참나무겨우살이
④ 동백나무겨우살이

해설

기생성 상록관목인 일반 겨우살이와 다르게 꼬리겨우살이는 낙엽성(낙엽활엽관목)이다.

37 호두나무잎벌레에 대한 설명으로 옳은 것은?

① 1년에 1회 발생되며, 알로 월동한다.
② 1년에 1회 발생되며, 성충으로 월동한다.
③ 1년에 2회 발생되며, 번데기로 월동한다.
④ 1년에 2회 발생되며, 유충으로 월동한다.

해설

호두나무잎벌레
연 1회 발생하며, 성충으로 월동하는 식엽성 해충이다.

38 수목의 잎을 가해하는 해충이 아닌 것은?

① 대벌레
② 솔나방
③ 솔알락명나방
④ 참나무재주나방

해설

③ 솔알락명나방은 종실가해 해충이다.

식엽성 해충
미국흰불나방, 솔나방, 매미나방(집시나방), 오리나무잎벌레, 텐트나방(천막벌레나방), 어스렝이나방(산누에나방), 잣나무넓적잎벌, 솔노랑잎벌, 호두나무잎벌레, 참나무재주나방, 느티나무벼룩바구미(유충), 버들잎벌레, 대벌레 등

39 오리나무갈색무늬병의 방제법으로 옳지 않은 것은?

① 연작을 실시한다.
② 종자소독을 한다.
③ 병든 낙엽을 태운다.
④ 밀식 시에는 솎아주기를 한다.

해설

오리나무갈색무늬병의 방제법
연작을 피하고, 윤작을 실시한다. 병든 낙엽은 제거하고 소각하며, 종자는 소독한다.

40 미국흰불나방에 대한 설명으로 옳지 않은 것은?

① 1년에 2~3회 발생한다.
② 지피물 밑에서 번데기로 월동한다.
③ 1화기가 2화기보다 피해가 더 심하다.
④ 핵다각체병바이러스를 이용하여 방제한다.

해설

미국흰불나방
활엽수 160여 종의 잎을 식해하는 잡식성 해충으로 연 2회 발생하며, 번데기로 월동한다. 제1화기보다 제2화기의 피해가 더 심하다.

정답 36 ② 37 ② 38 ③ 39 ① 40 ③

3과목 임업경영학

41 임지기망가를 적용하는 데 있어 이론과 현실이 달라 발생하는 문제점으로 옳지 않은 것은?

① 플러스(+) 값만 발생되어 현실과 맞지 않는다.
② 수익과 비용인자는 평가시점에 따라 수시로 변동한다.
③ 동일한 작업을 영구히 계속하는 것은 비현실적이다.
④ 임업이율을 정하는 객관적인 근거가 없어 평정이 자의적으로 되기 쉽다.

해설

임지기망가
일제림에서 일정 시업을 앞으로 영구히 실시한다고 가정할 때 그 임지에서 기대되는 순수익의 현재가 합계로 총수입의 현재가에서 총비용의 현재가를 빼주므로 비용이 커지면 마이너스(−) 값이 나올 수도 있다.

42 어느 임업 법인체의 임목벌채권 취득원가가 8,000만 원이고, 잔존가치는 3,000만 원이라고 한다. 총벌채 예정량은 10만 m^3이고 당기 벌채량은 4천 m^3라고 하면 당기 총감가상각비는?

① 1,000,000원
② 2,000,000원
③ 3,000,000원
④ 4,000,000원

해설

생산량 비례법
총감가상각비
= (취득원가 − 잔존가치) × $\frac{실제생산량}{총생산량}$
= (8,000만 원 − 3,000만 원) × $\frac{4,000}{100,000}$
= 2,000,000원

43 수확조정 방법 중 조사법에 대한 설명으로 옳지 않은 것은?

① 주로 개벌작업에 적용하고 있다.
② 직접 연년생장량을 측정하여 수확예정량을 결정한다.
③ 경영자의 경험에 의하기 때문에 고도의 기술적 숙련을 필요로 하는 문제점이 있다.
④ 자연법칙을 존중하면서 임업의 경제성을 높이고 다량의 목재생산을 지속하려는 방법이다.

해설

조사법
일정한 수식이나 특수한 규정이 따로 정해져 있는 것이 아니라 경험을 근거로 실행하는 방식으로 개벌작업 외 모든 작업에 적용 가능하나, 거의 택벌림에 적용된다.

44 임업이율 중 일반 물가등귀율을 내포하고 있는 것은?

① 자본 이자
② 평정 이율
③ 장기적 이율
④ 명목적 이율

해설

명목적 이율은 물가등귀율을 반영하여 내포하고 있다.

45 윤척 사용법에 대한 설명으로 옳지 않은 것은?

① 수간 축에 직각으로 측정한다.
② 흉고부(지상 1.2m)를 측정한다.
③ 경사진 곳에서는 임목보다 낮은 곳에서 측정한다.
④ 흉고부에 가지가 있으면 가지 위나 아래를 측정한다.

정답 41 ① 42 ② 43 ① 44 ④ 45 ③

해설

흉고직경의 측정방법
경사지에서는 위쪽 경사면에 서서, 윤척이 수간축에 직각이 되며, 3면이 수평하게 되도록 하여 측정한다.

46 경영계획구 내에서 수종, 작업종, 벌기령이 유사하여 공통적으로 시업을 조절할 수 있는 임분의 집단은?

① 임반 ② 작업급
③ 시업단 ④ 벌채열구

해설

작업급(作業級)
경영계획구 내에서 수종, 작업종, 벌기령이 유사하여 공통적으로 시업을 조절할 수 있는 임분의 집단을 말한다.

47 전체 산림 면적을 윤벌기 연수와 같은 수의 벌구로 나누어 한 윤벌기를 거치는 동안 매년 한 벌구씩 벌채 수확할 수 있도록 조정하는 방법은?

① 평분법 ② 재적배분법
③ 법정축적법 ④ 구획윤벌법

해설

구획윤벌법
전 산림면적을 윤벌기 연수와 같은 수의 벌구로 나누어 전 윤벌기를 지내는 동안 매년 한 벌구씩 벌채·수확할 수 있도록 조정한 것으로 가장 오래된 수확조정기법이다.

48 자연휴양림의 수림공간 형성특성 중 레크리에이션 활동공간으로서 자유도가 가장 높은 구역은?

① 산개림형 ② 열개림형
③ 소생림형 ④ 밀생림형

해설

레크리에이션 이용 밀도 및 활동 자유도
산개림(높음) > 소생림(중간) > 밀생림(낮음)

49 법정림의 법정상태 요건이 아닌 것은?

① 법정축적 ② 법정벌채량
③ 법정영급분배 ④ 법정임분배치

해설

법정상태의 요건(구비조건)
• 법정영급분배 : 몇 개의 영계를 하나의 영급으로 묶어 각 영급이 동일한 면적 차지
• 법정임분배치 : 보속 수확의 유지에 지장이 없도록 배치
• 법정생장량 : 법정림 1년간 생장량의 합계
• 법정축적 : 영급분배와 생장이 법정상태일 때 보유할 작업급 전체의 축적

50 임분이 성장하여 성숙기에 도달하는 산림경영계획상의 연수는?

① 벌채령 ② 벌기령
③ 윤벌기 ④ 회귀령

해설

벌기령과 벌채령
• 벌기령(伐期齡) : 임목이 경영 용도에 맞는 일정 성숙기에 도달하는 계획상의 연수
• 벌채령(伐採齡) : 임목이 실제로 벌채되는 연령

51 산림에서 간벌할 임목을 대묘로 굴취하여 도시의 환경미화목으로 사용함으로써 중간수입을 얻는 임업경영의 형태는?

① 농지임업 ② 혼목임업
③ 수예적 임업 ④ 비임지임업

정답 46 ② 47 ④ 48 ① 49 ② 50 ② 51 ③

수예적 임업
산림에서 간벌한 임목을 환경미화목으로 이용하거나 꽃나무와 관상수를 생산하여 중간수입을 얻는 경영 형태이다.

52 잣나무 30년생의 ha당 재적이 120m³였던 것이 35년생 때 160m³가 되었다. 이때 (160 − 120) ÷ 5 = 8m³의 계산식으로 구하는 생장량은?

① 연년생장량 ② 정기생장량
③ 총평균생장량 ④ 정기평균생장량

정기평균생장량
- 일정 기간의 생장량(정기생장량)을 그 기간의 연수로 나눈 생장량
- 정기평균생장량 $= \dfrac{V_{n+m} - V_n}{m}$

53 임가소득에 대한 설명으로 옳지 않은 것은?

① 농업소득도 임가소득에 포함된다.
② 임업 외 소득도 임가소득에 포함된다.
③ 겸업 또는 부업으로 인한 소득은 임가소득에서 제외된다.
④ 임가소득지표로 생산자원의 소유형태가 서로 다른 임가 사이의 임업경영성과를 직접 비교할 수 없다.

임가소득
임업경영을 하는 임가가 한 해 동안에 얻은 성과의 합계로 주 수입원인 임업소득과 농업소득이 있으며, 그 외의 기타 소득이나 겸업 또는 부업으로 인한 소득도 임가소득에 포함된다.

54 임지기망가의 기본 공식으로 옳은 것은?
(단, R=수익에 대한 전가, C=비용에 대한 전가, n=벌기연수, p=이율)

① $\dfrac{R-C}{0.0p}$ ② $\dfrac{R-C}{1.0p^n}$

③ $\dfrac{R-C}{1.0p^n - 1}$ ④ $\dfrac{R-C}{0.0p(1.0p^n - 1)}$

임지기망가 = 수익(R)의 전가 − 비용(C)의 전가
$= \dfrac{R}{1.0P^n - 1} - \dfrac{C}{1.0P^n - 1} = \dfrac{R-C}{1.0P^n - 1}$
여기서, P : 이율

55 임업소득에 대한 설명으로 옳지 않은 것은?

① 임업소득은 조림지 면적이 커짐에 따라 증대된다.
② 임업조수익 중에서 임업소득이 차지하는 비율을 임업의존도라 한다.
③ 임업소득 가계충족률은 임가의 소비경제가 임업에 의하여 지탱되는 정도를 나타낸다.
④ 임업순수익은 임업경영이 순수익의 최대를 목표로 하는 자본가적 경영이 이루어졌을 때 얻을 수 있는 수익이다.

- 임업의존도는 임가의 여러 소득 중에서 임업소득만의 비율로 $\dfrac{임업소득}{임가소득} \times 100$ 이다.
- 임업조수익 중에서 임업소득이 차지하는 비율은 임업소득률이다.

정답 52 ④ 53 ③ 54 ③ 55 ②

56 형수(Form Factor)에 대한 설명으로 옳지 않은 것은?

① 정형수는 흉고직경을 기준으로 한다.
② 절대형수는 수간 최하부의 직경을 기준으로 한다.
③ 지하고가 높고 수관량이 적은 나무일수록 흉고형수가 크다.
④ 일반적으로 지위가 양호할수록 흉고형수는 작은 경향이 있다.

해설

정형수
수고의 1/n 위치의 직경을 기준으로 하는 형수이다.

57 잣나무의 흉고직경이 36cm, 수고가 25m일 때 덴진(Denzin)식에 의한 재적(m^3)은?

① 0.025   ② 0.036
③ 1.296   ④ 2.592

해설

덴진(Denzin)법
임목재적 $V = \dfrac{d^2}{1,000} = \dfrac{36^2}{1,000} = 1.296 m^3$
여기서, d : 흉고직경(cm)

58 해마다 연말에 간벌수입으로 100만 원씩 수입이 있는 임분을 가지고 있을 때, 이 임분의 자본가는?(단, 이율은 4%)

① 9,615,385원
② 1,040,000원
③ 2,500,000원
④ 25,000,000원

해설

무한연년이자의 전가식
• 매년 말에 r씩 영구히 얻을 수 있는 이자의 전가합계식
• $K = \dfrac{r}{P} = \dfrac{r}{0.0P} = \dfrac{100만\ 원}{0.04} = 25,000,000원$
여기서, P : 이율

59 손익분기점에 대한 설명으로 옳지 않은 것은?

① 원가는 노동비와 재료비로 구분한다.
② 고정비는 생산량 증감에 관계없이 항상 일정하다.
③ 제품의 판매가격은 판매량과 관계없이 항상 일정하다.
④ 제품 한 단위당 변동비는 생산량에 관계없이 항상 일정하다.

해설
원가는 고정비와 변동비로 구분할 수 있다.

60 산림휴양림의 공간이용지역 관리에 관한 설명으로 옳지 않은 것은?

① 기계적 솎아베기 금지
② 덩굴제거는 필요한 경우 인력으로 제거
③ 작업시기는 방문객이 적은 시기에 실시
④ 가급적 목재생산림의 우량대경재에 준하여 관리

해설
가급적 목재생산림의 우량대경재에 준하여 관리하는 것은 자연유지지역의 관리이다.

정답 56 ① 57 ③ 58 ④ 59 ① 60 ④

4과목 임도공학

61 아스팔트 포장과 비교하였을 때 시멘트 콘크리트 포장의 장점으로 옳은 것은?

① 평탄성이 좋다.
② 내마모성이 크다.
③ 시공속도가 빠르다.
④ 간단 공법으로 유지수선이 가능하다.

해설

평탄성이 좋고, 시공속도가 빠르며, 간단 공법으로 유지수선이 가능한 것은 아스팔트 포장의 장점이다.

시멘트·콘크리트 포장의 장점
내구성·내마모성이 크며, 내용연수가 길다.

62 임도의 종단면도에 대한 설명으로 옳지 않은 것은?

① 축척은 횡 1/1,000, 종 1/200로 작성한다.
② 종단면도는 전후도면이 접합되도록 한다.
③ 종단기울기의 변화점에는 종단곡선을 삽입한다.
④ 종단기입의 순서는 좌측 하단에서 상단 방향으로 한다.

해설

횡단면도에서 횡단기입의 순서는 좌측 하단에서 상단 방향으로 한다.

63 도면에서 기울기를 표현하는 방법으로 옳지 않은 것은?

① 1/n : 수평거리 1에 대하여 높이 n으로 나눈 것
② n% : 수평거리 100에 대한 n의 고저차를 갖는 백분율
③ n‰ : 수평거리 1,000에 대한 n의 고저차를 갖는 천분율
④ 각도 : 수평은 0°, 수직은 90°로 하여 그 사이를 90등분한 것

해설

기울기(경사도, 물매)의 표현방법

1 : n 또는 1/n	• 수직높이 1에 대하여 수평거리 n으로 나눈 것 • 수직높이 1에 대하여 수평거리가 n일 때
n%	• 수평거리 100에 대한 n의 고저차를 갖는 백분율 • 수평거리 100에 대하여 수직높이가 n일 때의 비율
n‰	• 수평거리 1,000에 대한 n의 고저차를 갖는 천분율(퍼밀) • 수평거리 1,000에 대하여 수직높이가 n일 때의 비율
각도	• 수평은 0°, 수직은 90°로 하여 그 사이를 90등분한 것

64 측점 A에서 다각측량을 시작하여 다시 측점 A에 폐합시켰다. 위거의 오차가 10cm, 경거의 오차가 15cm이었다. 이때의 폐합비는 얼마인가?(단, 측선의 전체거리는 1,800m)

① 약 $\frac{1}{10,000}$ ② 약 $\frac{1}{15,000}$
③ 약 $\frac{1}{20,000}$ ④ 약 $\frac{1}{25,000}$

해설

폐합비 $= \dfrac{\sqrt{위거오차^2 + 경거오차^2}}{전체 측선의 길이}$

$= \dfrac{\sqrt{0.1^2 + 0.15^2}}{1,800} = 0.0001001542$

이것을 1/n의 형태로 나타내면 약 $\dfrac{1}{10,000}$ 이다.

정답 61 ② 62 ④ 63 ① 64 ①

65 임도 실시설계를 위한 현지측량에 대한 설명으로 옳지 않은 것은?

① 주로 산악지에는 중심선측량, 평탄지와 완경사지에는 영선측량법을 적용하고 있다.
② 중심선측량은 측점 간격을 20m로 하여 중심 말뚝을 설치하되, 필요한 각 점에는 보조말뚝을 설치한다.
③ 횡단측량은 중심선의 각 측점·지형이 급변하는 지점, 구조물설치 지점의 중심선에서 양방향으로 실시한다.
④ 종단측량은 노선의 중심선을 따라 측량하되, 주요 구조물 주변 및 연장 1km마다 임시기표를 표시하고 평면도에 표시한다.

해설

주로 산악지에는 영선측량, 평탄지와 완경사지에는 중심선측량법을 적용하고 있다.

66 임도 설계 시 구분되는 암(岩)의 종류로 옳지 않은 것은?

① 경암 ② 연암
③ 준경암 ④ 최강암

해설

토목공사에서는 굴착의 난이도로 암석을 구분하는데, 임도 설계 시 구분되는 암(岩)의 종류로는 경암, 준경암, 연암이 있다.

67 쇄석의 틈 사이에 석분을 물로 침투시켜 롤러로 다진 도로는?

① 수체 머캐덤도
② 역청 머캐덤도
③ 교통체 머캐덤도
④ 시멘트 머캐덤도

해설

머캐덤도의 구분

수체 머캐덤도	쇄석 틈 사이에 석분을 물로 침투시켜 롤러로 다진 도로
교통체 머캐덤도	쇄석이 교통과 강우로 인하여 다져진 도로
역청 머캐덤도	쇄석을 타르나 아스팔트로 결합시킨 도로
시멘트 머캐덤도	쇄석을 시멘트로 결합시킨 도로

68 임도의 횡단기울기에 대한 설명으로 옳지 않은 것은?

① 노면배수를 위해 적용한다.
② 차량의 원심력을 크게 하기 위해 적용한다.
③ 포장이 된 노면에서는 1.5~2%를 기준으로 한다.
④ 포장이 안 된 노면에서는 3~5%를 기준으로 한다.

해설

횡단기울기 중에서 외쪽기울기는 차량의 곡선부 주행 시 원심력에 의해 바깥쪽으로 튕겨나가려는 힘이 발생하여 노면 바깥쪽을 안쪽보다 높게 하는 기울기이다. 즉, 외쪽기울기는 원심력을 작게 하기 위해 적용한다.

69 트래버스측량에서 측선 AB의 위거(L_{AB})를 계산하기 위한 식은?(단, NS는 자오선, EW는 위선, θ는 방위각)

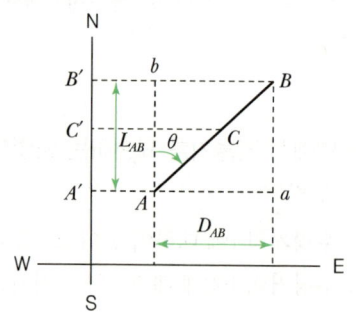

① $AB\sin\theta$ ② $AB\sec\theta$
③ $AB\cos\theta$ ④ $AB\cot\theta$

정답 65 ① 66 ④ 67 ① 68 ② 69 ③

해설

위거와 경거의 계산

위거	· AB측선에서 남북방향(자오선)으로 내린 세로선의 길이 · 위거 = $AB \times \cos\theta$
경거	· AB측선에서 동서방향으로 내린 가로선의 길이 · 경거 = $AB \times \sin\theta$

70 임도에서 대피소 설치의 주요 목적은?

① 운전자가 쉬었다 가기 위함
② 차량이 서로 비켜가기 위함
③ 산사태 발생 시 대피하기 위함
④ 차량이 짐을 싣고 내리기 위함

해설

대피소
임도는 1차선이므로 차량이 비켜 지나갈 수 있도록 너비를 넓게 하여 설치한 장소이다. 차량의 원활한 소통을 위해서는 300m 이내의 간격마다 너비 5m 이상, 길이 15m 이상인 대피소를 설치해야 한다.

71 산악지대의 임도노선 선정 형태로 옳지 않은 것은?

① 사면임도
② 작업임도
③ 능선임도
④ 계곡임도

해설

산악지대의 임도노선 선정 · 배치 형태
계곡임도, 사면임도(지그재그 방식, 대각선 방식), 능선임도, 산정부 개발형(순환식 노선방식), 계곡분지의 개발형

72 임도 설계 시 각 측점의 단면마다 절토고, 성토고 및 지장목 제거, 측구터파기 단면적 등의 물량을 기입하는 설계도는?

① 평면도
② 종단면도
③ 횡단면도
④ 구조물도

해설

임도 설계 시 기입사항

평면도	임시기표, 교각점, 측점번호, 사유토지의 지번별 경계, 구조물, 지형지물, 곡선제원
종단면도	지반고, 계획고, 절토고, 성토고, 종단기울기, 누가거리, 거리, 측점, 곡선
횡단면도	지반고, 계획고, 절토고, 성토고, 단면적(절성토), 지장목 제거, 측구터파기 단면적, 사면보호공 물량

73 임도의 중심선에 따라 20m 간격으로 종단측량을 행한 결과 다음과 같은 성과표를 얻었다. 측점 1의 계획고를 40.93m로 하고 2% 상향기울기로 설치하면 측점 4의 절토고는?

측점	1	2	3	4
지반고(m)	39.73	41.23	42.88	45.53

① 0.35m
② 0.75m
③ 3.00m
④ 3.40m

해설

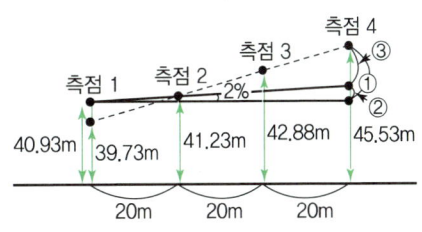

· ① 길이 : 45.53−40.93=4.6m
· ② 길이 : $\frac{높이}{60} \times 100 = 2\%$ 이므로 높이는 1.2m
· ③ 길이 : ①−②=4.6−1.2=3.4m

정답 70 ② 71 ② 72 ③ 73 ④

74 임도에 설치하는 교량 및 암거에 대한 설명으로 다음 ( ) 안에 알맞은 것은?

> 교량 및 암거의 활하중은 사하중에 실리는 차량·보행자 등에 따른 교통하중을 말하며, 그 무게산정은 사하중 위에서 실제로 움직이고 있는 ( )하중 이상의 무게에 따른다.

① DB – 10　　② DB – 12
③ DB – 18　　④ DB – 20

해설

교량 및 암거의 활하중은 사하중에 실리는 차량·보행자 등에 따른 교통하중을 말하며, 그 무게산정은 사하중 위에서 실제로 움직이고 있는 DB – 18하중(총중량 32.45톤) 이상의 무게에 따른다. 교량을 지나는 차량의 무게 등이 해당된다.

75 벌목작업 전에 준비사항으로 옳지 않은 것은?

① 벌도목 수간의 가슴높이까지 가지를 먼저 자른다.
② 벌도목 주위의 큰 돌들을 치우고 대피로의 방해물을 제거한다.
③ 벌도목 주위에 서 있는 고사목은 벌목작업 후에 제거해야 한다.
④ 톱질할 부근에 융기부나 팽대부가 있는 나무는 이것을 절단 제거한다.

해설

벌목작업 전 준비사항
벌도목은 수간의 가슴높이까지 미리 가지를 자르고, 톱질할 부근에 융기부나 팽대부가 있으면 절단 제거한다. 벌도목 주위의 고사목 등도 미리 제거하며, 큰 돌들을 치워 둔다. 도피로는 사전에 정해두며, 방해물도 제거한다.

76 임도망 계획 시 고려할 사항이 아닌 것은?

① 운반비가 적게 들도록 한다.
② 목재의 손실이 적도록 한다.
③ 신속한 운반이 되도록 한다.
④ 운재방법이 다양화되도록 한다.

해설

임도망 계획 시 고려사항
- 운재비(운반비)가 적게 들도록 한다.
- 신속한 운반이 되도록 한다.
- 운반량에 제한이 없도록 한다(운반량에 탄력성이 있도록).
- 운재방법이 단일화되도록 한다.
- 날씨와 계절에 따른 운재(운반)능력에 제한이 없도록 한다.
- 목재의 손실이 적도록 한다.
- 산림풍치의 보전과 등산·관광 등의 편익도 고려한다.

77 교각법에 의한 임도곡선 설치 시 교각이 60°, 곡선반지름이 20m일 때 안전을 위한 적정 곡선길이는?

① 약 18m　　② 약 21m
③ 약 28m　　④ 약 31m

해설

곡선길이 $CL = 2\pi R \cdot \dfrac{\theta}{360} = 2 \times \pi \times 20 \times \dfrac{60}{360}$
　　　　$= 20.943\cdots$ ∴ 약 21m
여기서, R : 곡선반지름
　　　　θ : 교각

78 임도에 설치하는 배수구의 통수단면 계산에 필요한 확률강우량 빈도의 기준 연수는?

① 50년　　② 70년
③ 100년　　④ 120년

정답　74 ③　75 ③　76 ④　77 ②　78 ③

해설

배수구의 통수단면은 100년 빈도 확률강우량과 홍수도달시간을 이용한 합리식으로 계산된 최대홍수유출량의 1.2배 이상으로 설계·설치한다.

79 모르타르뿜어붙이기공법에서 건조·수축으로 인한 균열을 방지하는 방법이 아닌 것은?

① 응결완화제를 사용한다.
② 뿜는 두께를 증가시킨다.
③ 물과 시멘트의 비를 작게 한다.
④ 사용하는 시멘트의 양을 적게 한다.

해설

뿜어붙이기공법의 건조·수축으로 인한 균열 방지법
- 응결촉진제를 사용한다.
- 뿜는 두께를 증가시킨다.
- 사용하는 시멘트의 양을 적게 한다.
- 물과 시멘트의 비를 작게 한다(물-시멘트 비가 크면 강도 저하).

80 임도 노면의 땅고르기 작업을 위해 가장 적합한 기계는?

① 탬퍼   ② 트랙터
③ 하베스터   ④ 모터그레이더

해설

모터그레이더(Motor Grader)
차체의 중심에 블레이드 날이 달려 있어 주로 땅을 고르는 데 사용하는 정지작업 전용 기계이다.

5과목 사방공학

81 새집공법에 적용하는 수종으로 가장 부적합한 것은?

① 회양목   ② 개나리
③ 버드나무   ④ 눈향나무

해설

새집공법 적용 수종
회양목, 개나리, 눈향나무, 병꽃나무, 노간주나무 등

82 해안사방 조림용 수종의 구비 조건으로 옳지 않은 것은?

① 바람에 대한 저항력이 클 것
② 울폐력이 작아 수관밀도가 낮을 것
③ 양분과 수분에 대한 요구가 적을 것
④ 온도의 급격한 변화에도 잘 견뎌 낼 것

해설

해안사방 조림용 수종의 구비 조건
- 양분과 수분에 대한 요구가 적을 것
- 왕성한 낙엽·낙지 등으로 지력을 향상시킬 수 있을 것
- 급격한 온도 변화에도 잘 견딜 것
- 울폐력이 좋을 것
- 바람, 건조, 염분, 비사에 대한 저항력이 클 것
- 맹아력이 좋을 것

83 빗물에 의한 침식의 발달과정에서 가장 초기상태의 침식은?

① 구곡침식   ② 우격침식
③ 누구침식   ④ 면상침식

해설

우격침식(雨擊浸蝕)
토양 표면에서 빗방울의 타격으로 인한 빗물침식의 가장 초기 상태의 침식이다.

정답 79 ① 80 ④ 81 ③ 82 ② 83 ②

84 침식이 심하고 경사가 급하며 상수(常水)가 있는 산비탈에 적합한 수로는?

① 흙수로　　② 돌붙임수로
③ 메쌓기수로　④ 떼붙임수로

> **해설**
> 돌붙임수로(돌수로)의 시공 적지
> 집수구역이 넓고, 경사가 급하며, 유량이 많은 산비탈에 적합하다.

85 황폐지를 진행상태 및 정도에 따라 구분할 때 초기황폐지 단계에 대한 설명으로 옳은 것은?

① 외관상으로 황폐지로 보이지 않지만, 임지 내에서 이미 침식상태가 진행 중인 임지
② 지표면의 침식이 현저하여 방치하면 가까운 장래에 민둥산이 될 가능성이 높은 임지
③ 산지 비탈면이 여러 해 동안의 표면침식과 토양유실로 토양의 비옥도가 떨어진 임지
④ 산지의 임상이나 산지의 표면침식으로 외견상 분명히 황폐지라 인식할 수 있는 상태의 임지

> **해설**
> 초기황폐지
> 산지의 임상이나 산지의 표면침식으로 외견상 분명히 황폐지라 인식할 수 있는 상태의 임지이다.

86 앵커박기 공법에 대한 설명으로 옳지 않은 것은?

① 땅밀림의 기암 속에 앵커체를 매입 설치한다.
② 앵커 몸체를 지상에서 작성하여 기반에 매입하는 방식이 있다.
③ 자연비탈의 안정을 위해 일반적으로 그라우트식 앵커는 잘 사용되지 않는다.
④ 기반 내에 보링을 하고 시멘트 모르타르를 주입하여 앵커 몸체를 형성하는 그라우트 방식이 있다.

> **해설**
> 앵커박기 공법
> 기반암 속에 앵커를 매입 설치하여 인장력을 줌으로써 이동토괴를 고정하고 땅밀림을 방지하는 안정공법이다. 앵커체를 지상에서 만들어 매입하는 방식과 기반 내에 보링(천공)을 하고 시멘트 모르타르를 주입하여 앵커체를 형성하는 그라우트 방식이 있으며, 그라우트 방식이 잘 사용되고 있다.

87 산비탈 기초 사방공사가 아닌 것은?

① 배수로　　② 흙막이
③ 떼단쌓기　④ 비탈다듬기

> **해설**
> 산지사방공사의 종류
>
> | 기초공사 | 비탈다듬기(뭉기기), 단끊기, 땅속흙막이(묻히기), 흙막이(누구막이), 산비탈배수로(산복수로, 산비탈수로내기), 속도랑(배수구) |
> |---|---|
> | 녹화공사 | 바자얽기(편책공, 목책공), 선떼붙이기, 조공, 줄떼시공(줄떼다지기, 줄떼붙이기, 줄떼심기), 평떼시공(평떼붙이기, 평떼심기), 단쌓기(떼단쌓기), 비탈덮기(거적덮기), 등고선구공법(수평구공법), 새심기, 씨뿌리기(파종공법), 종비토뿜어붙이기, 나무심기(식재공법) |

88 녹화용 외래초본식물이 아닌 것은?

① 오리새　　② 까치수영
③ 우산잔디　④ 능수귀염풀

정답 84 ② 85 ④ 86 ③ 87 ③ 88 ②

해설	
녹화용 주요 초본류	
재래초본 (향토초본)	김의털, 비수리, 까치수영, 새, 솔새, 개솔새, 수크령, 잔디, 억새, 참억새, 칡, 차풀, 매듭풀, 제비쑥
외래초본 (도입초본)	나도 김의털, 오리새(Orchard Grass), 겨이삭, 우산잔디(Switch Grass), 갈풀, 능수귀염풀

89 다음 그림은 인공개수로의 단면도이다. P에 해당하는 용어는?

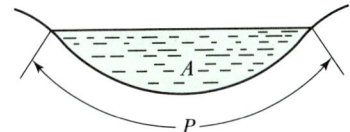

① 윤변　　　② 경심
③ 유적　　　④ 동수반지름

해설

수로의 횡단면에서 물과 접하는 수로의 주변 길이를 윤변(P, 윤주)이라 한다.

90 황폐계류 유역을 구분하는 데 포함되지 않는 것은?

① 토사생산구역　　② 토사퇴적구역
③ 토사유과구역　　④ 토사준설구역

해설

황폐계류의 유역은 상류부터 하류까지 「토사생산구역 → 토사유과구역 → 토사퇴적구역」으로 구분할 수 있다.

91 사방댐을 설치하는 주요 목적으로 옳지 않은 것은?

① 산각의 고정　　② 종횡침식의 방지
③ 계상기울기의 완화　④ 지표수의 신속 배제

해설

사방댐의 시공(설치) 목적
• 계상물매를 완화하여 유속을 감소시킨다.
• 종·횡침식을 방지한다.
• 산각을 고정하여 사면 붕괴를 방지한다.
• 계상에 퇴적된 불안정한 토석류의 이동을 저지한다.
• 하류지역의 피해를 방지한다.
• 각종 용수로서 댐 내의 물을 이용한다.

92 사방사업법에 의한 사방사업의 구분에 해당되지 않는 것은?

① 산지사방사업　　② 해안사방사업
③ 야계사방사업　　④ 생활권사방사업

해설

사방사업법에 따른 사방사업에는 산지사방사업, 해안사방사업, 야계사방사업이 있다.

93 선떼붙이기에서 발디딤을 설치하는 주요 목적으로 옳지 않은 것은?

① 작업용 흙을 쌓아 둠
② 공작물의 파괴를 방지함
③ 바닥떼의 활착을 조장함
④ 밟고 서서 작업하도록 함

해설

발디딤의 설치 목적
• 선떼 밑부분의 붕괴를 방지한다.
• 작업 시 인부들의 발디딤판 역할로 작업의 편의를 도모한다.
• 바닥떼의 활착을 조장한다.

정답 89 ① 90 ④ 91 ④ 92 ④ 93 ①

94 산사태 및 산붕에 대한 설명으로 옳지 않은 것은?

① 강우강도에 영향을 받는다.
② 주로 사질토에서 많이 발생한다.
③ 징후의 발생이 많고 서서히 활동한다.
④ 20° 이상의 급경사지에서 많이 발생한다.

해설

산사태와 산붕은 주로 호우 등의 기상적 요인으로 인해 토사가 갑자기 무너져 내리는 현상으로 급경사지역에서 사질토가 강우로 포화되었을 때 돌발적으로 잘 발생한다.

95 조도계수가 0.05, 통수단면적이 $3m^3$, 윤변이 1.5m, 수로기울기가 2%일 때 Manning의 평균유속공식에 의한 유량은?

① $0.45m^3/s$
② $4.49m^3/s$
③ $13.47m^3/s$
④ $17.58m^3/s$

해설

경심(동수반지름) $R = \dfrac{유적}{윤변} = \dfrac{3}{1.5} = 2m$

수로기울기 2% = 0.02

Manning의 평균유속 $V = \dfrac{1}{n} \cdot R^{\frac{2}{3}} \cdot I^{\frac{1}{2}}$

$= \dfrac{1}{0.05} \times 2^{\frac{2}{3}} \times 0.02^{\frac{1}{2}}$

$= 4.4898 \cdots m/s$

∴ 유량 $Q = $ 유속 $\times$ 유적 $= 4.4898 \times 3$

$= 13.469 \cdots m^3/s$ 약 $13.47m^3/s$

96 선떼붙이기 6급으로 1m를 시공하는 데 필요한 떼 사용매수는?(단, 떼는 40cm×25cm, 흙두께는 5cm)

① 5.00매
② 6.25매
③ 7.50매
④ 8.75매

해설

급수별 1m당 떼 사용매수

1급	3급	5급	6급	7급	8급
12.5매	10매	7.5매	6.25매	5매	3.75매

97 최대홍수량을 산정하는 합리식으로 옳은 것은?

① 유속 × 강우강도 × 유역면적
② 유출계수 × 유속 × 강우강도
③ 유출계수 × 유속 × 유역면적
④ 유출계수 × 강우강도 × 유역면적

해설

합리식법

확률강우강도와 유역면적 및 유출계수를 이용하여 1초 동안의 최대홍수유량을 산정하는 방식이다. 유출계수, 강우강도, 유역면적을 곱한 합리식을 이용한다.

98 시멘트가 공기 중의 수분을 흡수하여 수화작용을 일으키고, 그 결과 생긴 수산화칼슘이 이산화탄소와 결합하여 탄산칼슘을 만드는 과정은?

① 풍화
② 경화
③ 양생
④ 소성

해설

풍화(風和)

시멘트가 공기 중의 수분을 흡수하여 경미한 수화작용을 일으키고, 공기 중의 이산화탄소와 결합하여 탄산칼슘을 만드는 과정을 말하며, 풍화가 발생한 시멘트는 강도가 저하되어 품질이 현저히 떨어진다.

정답 94 ③ 95 ③ 96 ② 97 ④ 98 ①

99 돌쌓기벽 그림에서 A의 명칭은?

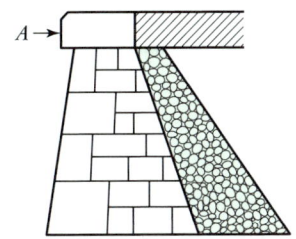

① 갓돌
② 귀돌
③ 모서리돌
④ 뒤채움돌

해설

갓돌(머리돌)
돌쌓기의 가장 위에 덮어주는 돌로 시공면의 보호와 오염 방지 등의 역할을 한다.

100 중력식 사방댐의 안정에 대한 설명으로 옳지 않은 것은?

① 합력의 작용선이 제저 중앙의 $\frac{1}{3}$ 범위 밖에 있어야 전도되지 않는다.
② 제체에 발생하는 인장응력이 허용인장강도를 초과하면 안 된다.
③ 제저에 발생하는 최대압축응력은 지반의 허용압축강도보다 작아야 한다.
④ 수평분력의 총합과 수직분력의 총합의 비가 제저와 기초지반 사이의 마찰계수보다 작으면 활동되지 않는다.

해설

중력식 사방댐의 전도(轉倒)에 대한 안정
합력작용선이 제저(堤底) 중앙의 1/3 이내를 통과해야 전도하지 않는다.

2018년 1회 기출문제

1과목 조림학

01 묘목 간 거리를 4m×4m로 2ha를 조림하려 할 때 필요한 묘목수량은?
① 약 1,250본   ② 약 2,500본
③ 약 12,500본 ④ 약 25,000본

해설

정방형 식재

$$N = \frac{A}{a^2} = \frac{20,000}{4 \times 4} = 1,250본$$

여기서, N : 소요 묘목 본수
A : 조림지 면적
a : 묘간거리

02 한 임분을 구성하고 있는 임목 중 성숙한 임목만을 선별·벌채하는 갱신 방법은?
① 택벌작업   ② 산벌작업
③ 모수작업   ④ 중림작업

해설

택벌작업
한 임분을 구성하고 있는 임목 중 성숙한 임목만을 선택적으로 골라 벌채하는 작업법이다.

03 잣나무에 대한 설명으로 옳지 않은 것은?
① 뿌리는 심근성이다.
② 잎은 5개가 모여난다.
③ 천연갱신이 대체로 잘되는 편이다.
④ 고산지대 및 한랭한 기후에서 잘 자란다.

해설

잣나무(*Pinus koraiensis*)
우리나라의 재래종으로 주로 높은 산지의 한랭한 기후에서 생장하며, 온대 북부에서 한대에 걸쳐 분포한다. 침엽이 5개씩 모여나며, 심근성이고 천연갱신이 대체로 어려운 편이다.

04 수목의 가지치기 방법으로 옳지 않은 것은?
① 늦은 겨울이나 이른 봄에 실시하는 것이 좋다.
② 가지의 지피융기선을 다치지 않게 주의해야 한다.
③ 죽은 가지도 잘라주어 유합조직의 형성을 도와준다.
④ 절단면이 마르면 줄기 쪽으로 다시 한 번 잘라준다.

해설

가지치기
비교적 지융부가 발달하지 않은 침엽수는 절단면이 줄기와 평행하게 되도록 가지를 제거한다. 지융부가 발달하는 활엽수는 지피융기선이 상하지 않도록 주의하여 최대한 가깝게 제거한다. 이러한 작업은 한 번에 실시한다.

05 도태간벌에 대한 설명으로 옳지 않은 것은?
① 간벌양식으로 볼 때 하층간벌에 해당된다.
② 현재의 가장 우수한 개체를 선발하여 남기는 것이다.
③ 미래목 생장에 방해되지 않는 중층목과 하층목의 대부분은 존치한다.
④ 하층식생에 일시적으로 큰 수광량을 주어 복층구조를 유도하는 데는 좋다.

정답 01 ① 02 ① 03 ③ 04 ④ 05 ①

해설

도태간벌
현재의 가장 우수한 나무인 미래목을 집중적으로 선발·관리하고, 경쟁목은 제거하여 인위적 도태를 통한 미래목의 생장 촉진을 도모하는 간벌법이다. 간벌양식으로 볼 때 상층간벌도 하층간벌도 아닌 새로운 간벌법이다.

06 수목이 필요로 하는 무기양분 중에서 미량원소에 속하는 무기양분은?

① 인   ② 철
③ 황   ④ 칼슘

해설

필수원소의 종류

다량원소 (9종)	탄소(C), 산소(O), 수소(H), 질소(N), 칼륨(K), 칼슘(Ca), 인(P), 마그네슘(Mg), 황(S)
미량원소 (8종)	철(Fe), 염소(Cl), 망간(Mn), 붕소(B), 아연(Zn), 구리(Cu), 몰리브덴(Mo), 니켈(Ni)

07 겉씨식물에 해당되지 않는 수종은?

① 소철   ② 편백
③ 나한송   ④ 협죽도

해설

④ 협죽도는 활엽수로 속씨식물이다.

겉씨식물(裸子植物, 나자식물)
잎이 좁고 평행한 잎맥(평행맥)을 보이며, 밑씨가 씨방에 싸여 있지 않고 밖으로 드러나 있는 수종으로 침엽수에 해당한다.

08 왜림작업에 사용되는 수종으로 묘목의 맹아력이 가장 강한 것은?

① 밤나무   ② 서어나무
③ 단풍나무   ④ 물푸레나무

해설

왜림작업 수종
활엽수 중 참나무류는 맹아력이 좋아 왜림작업 적용이 가장 용이한 수종이고, 다음으로 밤나무가 좋으며, 이 외에 물푸레나무, 버드나무, 아까시나무, 서어나무, 오리나무 등이 맹아로 후계림 조성이 유리한 수종이다.

09 우량 묘목의 조건이 아닌 것은?

① T/R률 값이 3 정도인 것
② 측아가 정아보다 우세한 것
③ 발육이 왕성하고 조직이 충실한 것
④ 가지와 잎이 골고루 분포하고 줄기가 굵은 것

해설

측아보다 정아의 발달이 우세한 것이어야 한다.

10 내음성이 가장 강한 수종은?

① *Ginkgo biloba*
② *Thuja orientalis*
③ *Abies holophylla*
④ *Juniperus chinensis*

해설

수목별 내음성

극음수	주목, 사철나무, 개비자나무, 회양목, 금송, 나한백
음수	가문비나무, 전나무(*Abies holophylla*), 너도밤나무, 솔송나무, 비자나무, 녹나무, 단풍나무, 서어나무, 칠엽수
중용수	잣나무, 편백나무, 목련, 느릅나무, 참나무
양수	소나무, 해송, 은행나무(*Ginkgo biloba*), 오리나무, 오동나무, 향나무(*Juniperus chinensis*), 낙우송, 측백나무(*Thuja orientalis*), 밤나무, 옻나무, 사시나무, 노간주나무, 삼나무
극양수	낙엽송(일본잎갈나무), 버드나무, 자작나무, 포플러, 잎갈나무

정답 06 ② 07 ④ 08 ① 09 ② 10 ③

11 우리나라 산림대의 일반적 구분으로 옳은 것은?

① 한대림, 난대림, 열대림
② 한대림, 난대림, 아열대림
③ 한대림, 온대림, 난대림
④ 한대림, 온대림, 난대림, 열대림

해설

우리나라의 수평적 산림대에는 남부로부터 난대림, 온대 남부림, 온대 중부림, 온대 북부림, 한대림이 있고, 연평균 기온에 따라 구분한다.

12 숲의 기능에 대한 설명으로 옳지 않은 것은?

① 소음 방지
② 토사유출 방지
③ 야생생물 보호
④ 목재 생산성 향상

해설

숲의 공익적 기능
국토 보전 및 재해 방지, 수원 함양 및 홍수조절, 야생생물 보호, 생활환경 및 경관 보전(대기정화, 기후완화, 방음, 방풍, 방조) 등

13 자유생장을 하는 수종은?

① 잣나무   ② 은행나무
③ 신갈나무   ④ 가문비나무

해설

자유생장
다음 해에 자랄 줄기의 원기가 겨울눈(동아) 속에 형성되어 있다가 봄에 자라 봄잎을 만들고 이어서 새로 만들어지는 원기가 또 여름 동안 계속해서 여름잎을 만들면서 가을까지 생장하는 패턴이다. 생장이 빠른 속성수의 생장형으로 포플러, 은행나무, 낙엽송, 버드나무, 자작나무 등이 대표적이다.

14 종자의 활력을 검사하는 방법이 아닌 것은?

① 절단법   ② 환원법
③ 부숙마찰법   ④ X선 분석법

해설

③ 부숙마찰법은 종자탈종법이다.

종자의 발아검사방법(종자의 활력검사)
항온기에 의한 방법, 환원법(효소검출법, 테트라졸륨 검사법), 절단법, X선 분석법이 있다.

15 발아 촉진을 위해 침수처리를 하는 수종이 아닌 것은?

① 편백   ② 피나무
③ 삼나무   ④ 일본잎갈나무

해설

② 피나무는 황산처리법을 적용한다.

침수처리 발아촉진법
침수처리법에는 냉수침지법(소나무류, 편백, 삼나무, 낙엽송)과 온탕침지법(콩과수목)이 있다.

16 우리나라 산림에서 적용하는 지위지수의 정의로 옳은 것은?

① 일정한 수령을 기준으로 하여 그때의 재적으로 결정한다.
② 일정한 수령을 기준으로 하여 그때의 흉고직경으로 결정한다.
③ 일정한 수령을 기준으로 하여 그때의 흉고직경의 평균치로 결정한다.
④ 일정한 수령을 기준으로 하여 그때의 수고로 결정한다.

해설

지위지수(地位指數)
일정 기준임령에서의 우세목의 평균수고를 조사하여 수치로 나타낸 것으로 지위를 판단하는 지표로 사용된다.

정답 11 ③ 12 ④ 13 ② 14 ③ 15 ② 16 ④

17 상온의 건조한 실내에 종자를 저장할 때 발아력에 가장 심한 손상을 입는 수종은?

① 편백
② 소나무
③ 신갈나무
④ 일본잎갈나무

해설

건조에 발아력을 잃는 종자는 보습저장법을 적용하며, 참나무류, 가시나무류, 가래나무, 목련 등에 적합하다.

18 파종상에 해가림을 해주어야 하는 수종으로만 나열한 것은?

① 잣나무, 전나무
② 곰솔, 포플러류
③ 소나무, 가문비나무
④ 아까시나무, 일본잎갈나무

해설

해가림 수종
- 해가림이 필요한 수종 : 가문비나무, 전나무, 잣나무, 삼나무, 낙엽송 등의 침엽수
- 해가림이 필요 없는 수종 : 소나무, 리기다소나무, 곰솔(해송), 사시나무, 아까시나무 등의 양수

19 제벌작업을 통해 나무의 고사상태를 알고 맹아력을 감소시키기에 가장 적합한 시기는?

① 봄
② 여름
③ 가을
④ 겨울

해설

제벌의 시기
나무의 고사상태를 알고 맹아력을 감소시키기에 가장 적합한 6~9월(여름)에 실시하는 것이 좋다.

20 개벌작업에 대한 설명으로 옳은 것은?

① 음수 수종의 갱신에 적당하다.
② 임지가 보호되어 지력이 증진될 수 있다.
③ 작업이 복잡하여 고도의 기술을 필요로 한다.
④ 동일한 규격의 목재를 생산하여 경제적으로 유리하다.

해설

개벌작업
갱신지의 모든 임목을 일시에 벌채하는 방법으로 동일한 규격의 목재를 다량 생산하여 경제적으로 유리하다.

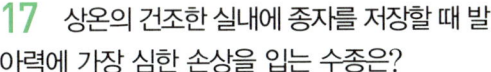

21 미국흰불나방의 월동 형태는?

① 알
② 유충
③ 성충
④ 번데기

해설

미국흰불나방
활엽수 160여 종의 잎을 식해하는 잡식성 해충으로 연 2회 발생하며, 번데기로 월동한다.

22 묘목에 발생하는 수목병으로 병원체가 토양 중에서 월동하지 않는 것은?

① 뿌리혹병
② 모잘록병
③ 바이러스병
④ 자줏빛날개무늬병

해설

토양 내 월동 수목병
뿌리혹병균, 모잘록병균, 자줏빛날개무늬병균, 뿌리혹선충, 뿌리썩이선충 등은 토양 내에서 월동하며, 바이러스병은 기주 체내에서 월동한다.

정답 17 ③ 18 ① 19 ② 20 ④ 21 ④ 22 ③

23 솔잎혹파리에 대한 설명으로 옳지 않은 것은?

① 번데기로 월동한다.
② 주요 천적으로 기생벌류가 있다.
③ 암컷 성충은 소나무의 침엽 사이에 알을 낳는다.
④ 산란 및 부화 최성기에 아세타미프리드 액제를 이용한 나무주사를 실시하여 방제한다.

해설

솔잎혹파리
유충이 솔잎 기부에 들어가 벌레혹을 만들고 그 속에서 수목을 가해하여 피해를 주는 해충으로 연 1회 발생하며, 땅속에서 유충으로 월동한다.

24 리지나뿌리썩음병에 대한 설명으로 옳은 것은?

① 주로 활엽수에 발생한다.
② 담자포자에 의해 전염된다.
③ 자실체는 파상땅해파리버섯이다.
④ 우리나라에서만 발생하는 병이다.

해설

리지나뿌리썩음병
자낭균에 의한 수병으로 주로 침엽수에 발병하여 피해를 준다. 우리나라뿐만 아니라 다른 여러 나라에서도 발생하여 오래전부터 피해를 주고 있으며, 병든 나무 주변에는 진갈색의 파상땅해파리버섯(자실체)이 자란다.

25 해충 발생량의 변동을 조사할 때 한 지역 내의 개체군 밀도 결정에 관여하지 않는 요인은?

① 출생률   ② 사망률
③ 변이율   ④ 이입률

해설

해충 개체군의 밀도변동 결정 요인
출생률, 사망률, 이입률, 이출률

26 잣나무털녹병 방제방법으로 옳지 않은 것은?

① 벌기령을 단축한다.
② 가지치기를 실시한다.
③ 중간기주를 제거한다.
④ 병든 나무를 제거한다.

해설

잣나무털녹병의 방제법
중간기주인 송이풀, 까치밥나무는 제거하고, 병든 나무는 녹포자가 비산하기 전에 지속적으로 제거하고 소각한다. 수고 1/3까지의 가지치기는 감염인자 제거로 발병률을 낮출 수 있다.

27 충영을 형성하는 해충이 아닌 것은?

① 외줄면충
② 밤나무혹벌
③ 솔잎혹파리
④ 소나무솜벌레

해설

충영성(蟲癭性) 해충
솔잎혹파리, 아까시잎혹파리, 외줄면충, 밤나무혹벌

28 산불을 인위적으로 적당히 활용하는 처방화입의 효용으로 옳지 않은 것은?

① 병충해를 방제할 수 있다.
② 야생 목초의 질과 양을 개량시킨다.
③ 임지의 조부식층을 보존할 수 있다.
④ 일부 수종의 천연하종을 가능하게 한다.

해설

처방화입의 효용
임지의 조부식층이 두껍게 발달하여 천연하종이 불가능할 때 적당히 불을 지펴 조부식층을 제거함으로써 천연하종을 가능하게 한다.

정답 23 ① 24 ③ 25 ③ 26 ① 27 ④ 28 ③

29 기주식물체의 표면을 덮고 광합성작용을 방해하여 동화작용이 저해되어 수세가 약해지는 병으로, 주로 진딧물이나 깍지벌레가 기생했던 곳에서 발생하는 수목병은?

① 잎녹병 ② 털녹병
③ 그을음병 ④ 줄기마름병

해설

그을음병
잎, 줄기, 과실에 마치 그을음이 묻은 것과 같은 증상을 보이는 수병으로 식물체의 표면을 덮어 탄소동화작용(광합성)을 방해하는 피해가 나타난다. 진딧물이나 깍지벌레가 수목을 흡습하며 분비하는 감로(甘露)에서 균이 기생하고 번식한다.

30 밤바구미 방제에 사용하는 약제가 아닌 것은?

① 테부코나졸 유제
② 펜토에이트 분제
③ 카보설판 수화제
④ 티아클로프리드 액상수화제

해설

① 테부코나졸은 살균제로 방제에 효과가 없다.

밤바구미의 방제 약제
산란기에 티아클로프리드 액상수화제, 펜토에이트 분제, 카보설판 수화제 등의 살충제를 살포한다.

31 노거 수목의 지상부 외과수술에서 공동부의 충진법으로 주로 이용되고 있는 것은?

① 목재 충진법
② 수지 충진법
③ 시멘트 충진법
④ 흙에 의한 충진법

해설

수목의 외과적 치료
수목의 병든 부위를 일부 절제하는 등의 수술적 치료법으로 수술 후 공동부(空洞部)의 충진에는 수지를 주로 이용한다.

32 수목병 방제를 위한 외과적 요법에 대한 설명으로 옳지 않은 것은?

① 바이러스나 파이토플라스마에 의한 병에는 효과가 없다.
② 외과적 처리 시기는 생장이 멈춘 늦가을에 하는 것이 좋다.
③ 수술방법은 피해부위에 따라 다르며 병환부는 완전히 제거해야 한다.
④ 절제부위는 살균 및 방부처리를 하여 상처부위를 통한 병원체의 2차 감염을 예방한다.

해설

수목병은 시간이 지남에 따라 더욱 심해지므로, 발병 즉시 외과적 수술을 진행하여 병의 확산을 막아야 한다.

33 소나무혹병의 병원균이 중간기주의 잎으로 날아갈 때의 포자 형태는?

① 소생자
② 녹포자
③ 여름포자
④ 녹병정자

해설

소나무혹병
병원균은 초봄에 피해 소나무의 혹에서 점액질의 녹병포자를 내고, 4~5월에 혹이 갈라지며 녹포자가 터져 나와 중간기주인 참나무로 이동한다.

정답 29 ③ 30 ① 31 ② 32 ② 33 ②

34 바람으로 인한 피해로 가장 거리가 먼 것은?

① 수목의 형태 변형
② 토양의 양분 용탈
③ 수목의 동화작용 방해
④ 수목의 과도한 증산작용

해설

주풍에 의한 피해
- 수간이 구부러져 수형을 불량하게 한다.
- 임목의 생장량이 감소한다.
- 일반적으로 증산작용을 증가시킨다.
- 침엽수는 상방편심, 활엽수는 하방편심을 한다.
- 동화작용을 방해한다.

35 오리나무잎벌레에 대한 설명으로 옳지 않은 것은?

① 양성생식을 한다.
② 1년에 1회 발생한다.
③ 유충과 성충이 모두 잎을 갉아먹는다.
④ 성충은 오리나무의 줄기에 알을 낳는다.

해설

오리나무잎벌레
유충과 성충이 모두 오리나무류 잎을 가해하며 피해를 주는 해충으로 연 1회 발생하며, 성충으로 땅속에서 월동한다. 성충은 5~6월에 300여 개의 알을 잎 뒷면에 무더기로 산란한다.

36 흡즙성 해충이 아닌 것은?

① 소나무좀   ② 솔껍질깍지벌레
③ 버즘나무방패벌레   ④ 느티나무벼룩바구미

해설

흡즙성 해충
- 잎 흡즙 : 버즘나무방패벌레, 진달래방패벌레, 느티나무벼룩바구미(성충), 점박이응애, 뽕나무이
- 줄기 흡즙 : 솔껍질깍지벌레

37 솔나방의 발생예찰을 위한 방법으로 가장 적합한 것은?

① 번데기의 수를 조사한다.
② 성충의 산란수를 조사한다.
③ 산란기의 기상 상태를 조사한다.
④ 월동 전 유충의 밀도를 조사한다.

해설

솔나방
가을경 부화한 유충이 솔잎을 식해하며 가해하다가 겨울에 월동에 들어가므로 월동 전 유충의 밀도를 조사하면 다음 해의 발생예찰이 가능하다.

38 수목병에 대한 임업적 방제법으로 옳은 것은?

① 저항성 수종을 심는다.
② 피해 임지에 약제를 살포한다.
③ 항생제를 병든 나무에 주사한다.
④ 항구, 공항, 국제우편국에서 식물 검역을 실시한다.

해설

수목병의 임업적 방제
임지 정리 작업, 건전한 묘목 육성, 내병성(저항성) 수종 식재, 무육작업(숲가꾸기), 적절한 수확 및 벌채, 혼효림 및 이령림 조성 등

39 빗자루병에 걸린 대추나무에 나무주사를 실시하여 치료하는 약제는?

① 베노밀
② NCS제
③ 사이클로헥사마이드
④ 옥시테트라사이클린

정답 34 ② 35 ④ 36 ① 37 ④ 38 ① 39 ④

해설

파이토플라스마에 의한 수병인 대추나무빗자루병, 오동나무빗자루병, 뽕나무오갈병은 옥시테트라사이클린계의 항생물질로 치료가 가능하다.

40 아황산가스에 대한 저항성이 가장 약한 수종은?
① 향나무 ② 벚나무
③ 사철나무 ④ 회화나무

해설

아황산가스 피해 수종
- 저항성이 약한 수종 : 느티나무, 황철나무, 소나무, 층층나무, 들메나무, 전나무, 벚나무
- 저항성이 큰 수종 : 은행나무, 무궁화, 향나무, 사철나무, 개나리, 철쭉

3과목 임업경영학

41 25년생 소나무의 재적이 2.5m일 때 평균생장량은?
① 0.010m³ ② 0.025m³
③ 0.100m³ ④ 0.250m³

해설

총평균생장량(평균생장량, MAI)

평균생장량 $= \dfrac{\text{총생장량}}{\text{총생육연수}} = \dfrac{2.5}{25} = 0.1\text{m}^3$

42 산림수확조절을 위한 방법으로 아래 Austrian 공식에 대한 설명으로 옳지 않은 것은?

$$Y = I + \left(\dfrac{G_a - G_r}{a}\right)$$

① a : 갱정기
② I : 총생장량
③ G_r : 법정축적
④ G_a : 현실임분의 축적

해설

Kameraltaxe법(Austrian 공식)의 연간표준벌채량(Y) 계산

$$Y = I + \dfrac{G_a - G_r}{a}$$

$= $ 현실 연간생장량 $+ \dfrac{\text{현실축적} - \text{법정축적}}{\text{갱정기(정리기)}}$

43 임업경영 규모나 자산을 전년도와 비교하여 얼마나 변화하였는지 분석하는 방법은?
① 손익 분석 ② 부채 분석
③ 성장성 분석 ④ 감가상각비 분석

해설

임목자산의 성장성 분석
임목자산이 전년도 대비 얼마나 변화하였는지를 비교·분석하여 임업경영의 발전과 성장을 판단할 수 있도록 한 지표이다.

44 산림평가 방법 중 수익방식의 장점으로 옳지 않은 것은?
① 과학적이고 논리적이다.
② 일반 경제원칙에서 대체의 원칙과 부합한다.
③ 평가자의 주관이 개입될 여지가 비교적 적다.
④ 안정된 시장에서는 데이터만 정확하면 대체로 가격이 정확하게 평가된다.

해설

수익방식은 임업의 경제원칙 중 수익성의 원칙과 부합한다.

정답 40 ② 41 ③ 42 ② 43 ③ 44 ②

45 우리나라의 경우 대경목으로 분류하는 흉고직경의 크기는?

① 18cm 이상 ② 28cm 이상
③ 30cm 이상 ④ 52cm 이상

해설

경급 구분기준

치수	흉고직경이 6cm 미만인 임목
소경목	흉고직경이 6~16cm인 임목
중경목	흉고직경이 18~28cm인 임목
대경목	흉고직경이 30cm 이상인 임목

46 n년 전의 재적을 v, 현재의 재적을 V라고 할 때, m년 동안의 정기평균생장량은 V와 v의 평균재적에 대하여 몇 %에 해당하는지를 알아보기 위한 식은?

① Meyer ② Denzin
③ Pressler ④ Schneider

해설

프레슬러(Pressler)식

이 식은 m년 동안의 정기평균생장량이 V와 v의 평균재적에 대하여 몇 %에 해당하는지를 알아보는 식으로 아래와 같이 풀이된다.

$$P = \frac{\frac{V-v}{m}}{\frac{V+v}{2}} \times 100 = \frac{2 \times (V-v)}{m \times (V+v)} \times 100$$

$$= \frac{(V-v)}{(V+v)} \times \frac{200}{m}$$

47 임가소득 중에서 임업소득이 차지하는 비율은?

① 임업소득률 ② 임업의존도
③ 임업조수익 ④ 임업소득가계충족률

해설

임업의존도

임가의 여러 소득 중에서 임업소득만의 비율이다.

임업의존도 = $\frac{임업소득}{임가소득} \times 100$

48 원구단면적이 0.35m²이고 말구단면적이 0.25m²인 통나무의 길이가 6m라고 할 때 스말리안식에 의한 통나무의 재적은?

① 0.8m³ ② 1.5m³
③ 1.8m³ ④ 2.1m³

해설

스말리안(Smalian)식

재적(m³) $V = \frac{g_o + g_n}{2} \times l$

$= \frac{0.35 + 0.25}{2} \times 6 = 1.8 m^3$

여기서, g_o : 원구단면적
g_n : 말구단면적
l : 재장

49 시장가역산법에 의해 임목의 가치를 평가하려고 할 때 계산 항목에 포함되지 않는 것은?

① 임목 육성에 투입된 비용
② 벌출된 원목의 예측되는 시장가격
③ 벌출 운반에 소요될 것으로 예측되는 비용
④ 벌출·운반 및 매각사업에서 얻을 수 있을 것으로 예측되는 정상이윤

해설

시장가역산법

성숙한 임목이 벌채·운반되어 시장에서 원목으로 매매될 때를 기준으로 하므로 공제되는 비용으로는 벌채·운반과 관련된 벌목비, 운반비, 집재비, 조재비 등의 일체 비용과 투자이익(이윤)이 있다. 조림비, 육림비(임목육성비용), 간벌수익 등은 계산에 포함되지 않는다.

정답 45 ③ 46 ③ 47 ② 48 ③ 49 ①

50 측고기를 사용하여 수고를 측정할 때 주의 사항으로 옳은 것은?

① 수고 정도의 거리에서 측정한다.
② 수고보다 가까운 거리에서 측정한다.
③ 나무가 서 있는 등고선보다 높은 위치에서만 측정한다.
④ 나무가 서 있는 등고선보다 낮은 위치에서만 측정한다.

해설

측고기 사용 시 주의사항
측정위치가 멀거나 가까우면 오차가 생기므로 나무 높이 정도 떨어진 곳에서 측정한다. 또한 경사지에서는 가급적 등고위치에서 측정한다.

51 수종별 벌기령이 옳지 않은 것은?(단, 공·사유림의 일반기준 벌기령을 적용)

① 소나무 : 40년   ② 잣나무 : 50년
③ 참나무류 : 25년 ④ 포플러류 : 10년

해설

주요 수종의 일반 기준벌기령

주요 수종	국유림	공·사유림(기업경영림)
소나무 (춘양목보호림단지)	60년 (100년)	40년(30년) (100년)
잣나무	60년	50년(40년)
리기다소나무	30년	25년(20년)
낙엽송(일본잎갈나무)	50년	30년(20년)
삼나무	50년	30년(30년)
편백	60년	40년(30년)
기타 침엽수	60년	40년(30년)
참나무류	60년	25년(20년)
포플러류	3년	3년
기타 활엽수	60년	40년(20년)

52 임목생산에 들어간 비용의 원리합계는?

① 지대   ② 육림비
③ 노동비   ④ 감가상각비

해설

육림비
그동안 임목생산에 들어간 비용의 원금과 이자의 후가합계(원리합계)이다.

53 손익분기점 분석에 필요한 가정의 설명으로 옳은 것은?

① 제품을 생산하는 능률은 변함이 없다.
② 고정비는 생산량의 증감에 따라 변한다.
③ 생산량과 판매량은 항상 같은 것은 아니다.
④ 제품 한 단위당 변동비는 제품 생산이 늘어남에 따라 함께 증가한다.

해설

손익분기점 분석을 위한 가정
• 제품의 판매가격은 판매량이 변동하여도 변화되지 않는다.
• 원가는 고정비와 변동비로 구분할 수 있다.
• 제품 한 단위당 변동비는 항상 일정하다.
• 고정비는 생산량의 증감에 관계없이 항상 일정하다.
• 생산량과 판매량은 항상 같으며, 생산과 판매에 동시성이 있다.
• 제품의 생산능률은 변함이 없다.

54 산림평가에 사용되는 임업이율의 성격으로 옳지 않은 것은?

① 대부이자가 아니고 자본이자이다.
② 현실이율이 아니고 평정이율이다.
③ 단기이율이 아니고 장기이율이다.
④ 명목적 이율이 아니고 실질적 이율이다.

정답 50 ① 51 ④ 52 ② 53 ① 54 ④

> **해설**

임업이율의 성격
- 대부이자가 아닌, 자본이자
- 단기이율이 아닌, 장기이율
- 현실이율이 아닌, 평정이율(계산이율)
- 실질적 이율이 아닌, 명목적 이율

55 벌구식 택벌작업급에 있어서 택벌구가 일순 택벌된 다음 최초의 택벌구로 벌채가 되돌아오는 데 소요되는 기간은?

① 갱신기   ② 윤벌기
③ 개량기   ④ 회귀년

> **해설**

회귀년(回歸年)
택벌작업급을 몇 개의 벌구로 나눠 매년 순차적으로 택벌하고, 다시 최초의 택벌구로 벌채가 되돌아오는 데 소요되는 기간이다.

56 임업 및 산촌 진흥촉진에 관한 법률에 의한 '임업인'에 해당하지 않는 것은?

① 1년 중 30일 이상 임업에 종사하는 자
② 3ha 이상 산림에서 임업을 경영하는 자
③ 산림조합법 제18조에 따른 조합원으로 임업을 경영하는 자
④ 임업경영을 통한 임산물의 연간 판매액이 120만 원 이상인 자

> **해설**

임업인의 정의
- 3ha 이상의 산림에서 임업을 경영하는 자
- 1년 중 90일 이상 임업에 종사하는 자
- 임업경영을 통한 임산물의 연간 판매액이 120만 원 이상인 자
- 「산림조합법」에 따른 조합원으로서 임업을 경영하는 자

57 10만 원으로 임지를 구입하고 5년이 경과했을 때 임지비용가는?(단, 이율은 5%)

① 약 7,830원
② 약 63,800원
③ 약 87,500원
④ 약 127,630원

> **해설**

임지비용가
임지비용가 = 비용의 후가합계 - 수입의 후가합계
$= (10만 원 \times 1.05^5) - 0$
$= 127,628.15\cdots$ ∴ 약 127,630원

58 법정림의 4가지 요건에 해당되지 않는 것은?

① 법정축적
② 법정수확
③ 법정생장량
④ 법정영급분배

> **해설**

법정상태(법정림)의 요건
법정영급분배, 법정임분배치, 법정생장량, 법정축적

59 지황조사 항목이 아닌 것은?

① 방위
② 지리
③ 지위
④ 소밀도

> **해설**

산림조사
- 지황조사 : 지종, 방위, 경사도, 표고, 토성, 토심, 건습도, 지위, 지리, 지세 등
- 임황조사 : 임종, 임상, 수종, 혼효율, 임령, 영급, 수고, 경급, 소밀도, 축적 등

정답 55 ④ 56 ① 57 ④ 58 ② 59 ④

60 임업노동의 특성에 대한 설명으로 옳지 않은 것은?

① 단위면적당 노동량이 많고 노동강도가 강하다.
② 산림경영 규모가 작아서 기계의 연속 가동 일수가 짧다.
③ 작업장소인 산림까지의 이동시간이 길어서 실제 작업시간은 짧다.
④ 농업 노동력을 벌채·운반노동에 이용하려면 별도의 훈련이 필요하다.

해설

임업노동은 다른 산업에 비해 단위면적당 노동량이 적어 분쟁 등이 없다.

4과목 산림공학

61 설계속도가 30km/시간, 마찰계수가 0.15, 노면의 횡단물매가 0.15인 경우 임도 노선의 최소곡선반지름은?

① 20.6m   ② 21.6m
③ 22.6m   ④ 23.6m

해설

최소곡선반지름의 계산(원심력과 타이어 마찰계수에 의한 경우)

최소곡선반지름 $R = \dfrac{V^2}{127(f+i)}$

$= \dfrac{30^2}{127(0.15+0.15)} = 23.62\cdots$

∴ 약 23.6m

여기서, V : 설계속도
f : 노면과 타이어의 마찰계수
i : 횡단기울기 또는 외쪽기울기

62 평판측량의 장점으로 옳지 않은 것은?

① 오측을 쉽게 발견할 수 있다.
② 내업이 다른 측량보다 적은 편이다.
③ 기상에 따른 영향을 거의 받지 않는다.
④ 현장에서 제도하므로 정확하게 표시할 수 있다.

해설

평판측량은 비가 오는 날에는 측량이 매우 곤란하며, 기상에 따른 영향을 많이 받는다.

63 척박한 황폐지의 녹화 수종으로 가장 부적합한 것은?

① 소나무   ② 싸리류
③ 오리나무   ④ 서어나무

해설

사방 녹화 수종
리기다소나무, 해송(곰솔), 오리나무류[산오리나무(물오리나무), 사방오리나무], 아까시나무, 참나무류[상수리나무, 졸참나무…], 눈향나무(누운향나무), 싸리류, 족제비싸리, 회양목, 병꽃나무 등

64 산지 침식의 주요 요인이 아닌 것은?

① 지리적 요인   ② 기상적 요인
③ 지형적 요인   ④ 지질적 요인

해설

산지 침식의 주요 요인
토질 등의 지질적 요인, 급경사의 지형적 요인, 강우·강설 등의 기상적 요인, 산림훼손·벌목 등의 인위적 요인

65 트랙터집재와 비교한 가선집재의 장점으로 옳은 것은?

① 작업이 단순하다.
② 작업생산성이 높다.
③ 장비구입비가 저렴하다.
④ 잔존 임분에 피해가 적다.

정답 60 ① 61 ④ 62 ③ 63 ④ 64 ① 65 ④

해설

가선집재의 장점
급경사지에서도 작업이 가능하며, 잔존 임분에 피해가 적고, 낮은 임도밀도에서 작업이 가능하다.

66 나무운반미끄럼틀을 이용한 집재 시 스위치백(Switch Back)을 설치하는 곳은?

① 암석지
② 훼손지
③ 급경사지
④ 급한 굴곡지

해설

급한 굴곡지에서는 나무가 튕겨나가거나 손상을 입을 수 있으므로, 방향을 바꾸어 다시 활주시키는 스위치백을 설치한다.

67 해안지역의 모래언덕에 조림하는 수종으로 가장 부적합한 것은?

① 곰솔, 소나무, 아까시나무 등의 수종
② 양분과 수분에 대한 요구도가 높은 수종
③ 온도의 변화와 강한 바람에 잘 견디는 수종
④ 왕성한 낙엽, 낙지 등으로 지력을 증진시키는 수종

해설

해안사방 조림용 수종의 구비조건
- 양분과 수분에 대한 요구가 적을 것
- 왕성한 낙엽·낙지 등으로 지력을 향상시킬 수 있을 것
- 급격한 온도 변화에도 잘 견딜 것
- 울폐력이 좋을 것
- 바람, 건조, 염분, 비사에 대한 저항력이 클 것
- 맹아력이 좋을 것

68 임도 시공에서 흙쌓기 공사에 대한 설명으로 옳지 않은 것은?

① 시공면의 침하를 고려하여 더쌓기를 실시한다.
② 흙쌓는 두께 30~50cm마다 흙다지기를 해야 한다.
③ 흙쌓기 비탈면은 줄떼다지기 등의 보호공사를 실시해야 한다.
④ 더쌓기의 두께는 기준높이의 20~25%를 표준으로 한다.

해설

더쌓기
흙쌓기(성토)는 시공 후에 시일이 경과하면 수축하여 용적이 감소되고 시공면이 일부 침하하게 되는데, 이를 보완하기 위해 흙쌓기 높이의 5~10% 정도를 더쌓기 한다.

69 견치돌에 대한 설명으로 옳지 않은 것은?

① 마름돌과 같이 고가의 재료이다.
② 특별한 규격으로 다듬은 석재이다.
③ 사방댐이나 옹벽에는 사용하지 않는다.
④ 견고를 요하는 돌쌓기 공사에 사용한다.

해설

견치돌
돌을 다듬을 때 앞면, 길이, 뒷면, 접촉부 및 허리치기의 치수를 특별한 규격에 맞도록 지정하여 만든 석재로 단단하고 치밀하여 견고를 요하는 돌쌓기 공사, 사방댐, 옹벽 등에 사용한다.

70 1ha당 적정임도밀도가 20m일 때 집재거리는?

① 62.5m
② 125.0m
③ 187.5m
④ 250.0m

해설

집재거리 계산

$$집재거리 = \frac{5{,}000}{적정임도밀도} = \frac{5{,}000}{20} = 250\text{m}$$

정답 66 ④ 67 ② 68 ④ 69 ③ 70 ④

71 인공수로에서 윤변이 30m이고, 유적이 15m²일 때 경심은?

① 0.5m ② 1.0m
③ 1.5m ④ 2.0m

해설

경심 = $\dfrac{유적}{윤변}$ = $\dfrac{15}{30}$ = 0.5m

72 임도 노선의 실제 측량 시에 중심말뚝의 측점은 몇 m 간격마다 설치하는가?

① 10m ② 20m
③ 30m ④ 40m

해설

측점 간격 20m마다 중심말뚝을 설치하며, 필요한 각 점에는 보조말뚝을 설치한다.

73 조공식 파종공법에 대한 설명으로 옳지 않은 것은?

① 사용되는 비료는 속효성 비료보다 지효성 비료가 좋다.
② 파종구에 토양과 비료를 잘 혼합한 후 체로 쳐서 사용한다.
③ 파종 후에는 잘 밟아주고 다시 약간의 흙덮기를 하여 준다.
④ 비탈면에 일정간격으로 수평계단을 설치하고 계단 안에 파종구를 설치한다.

해설

조공식 파종공법
수평으로 계단을 끊고, 그 앞면에는 떼, 새포기, 잡석 등으로 낮게 쌓아 계단을 보호하며, 뒷면에는 흙을 채우고 직접 파종하여 녹화하는 공법이다. 비료를 파종구에 넣을 때는 빠른 효과를 나타내는 속효성 비료가 알맞다.

74 산사태나 산붕의 위험성이 가장 높은 토질은?

① 점토
② 사질토
③ 미사토
④ 사질양토

해설

침식 유형의 비교

구분	산사태 및 산붕	땅밀림
토질	사질토 (화강암)	점성토 (혈암, 이질암, 응회암)
경사	20° 이상의 급경사지	20° 이하의 완경사지
원인	강우, 강우강도	지하수
규모 (이동면적)	작다. (1ha 이하)	크다. (1~100ha)
토괴형태	토괴 교란	원형 보존
이동속도	빠르다. (10mm/day 이상)	느리다. (10mm/day 이하)
발생형태	돌발적 발생	계속적·지속적 발생

75 일반지형에서 설계속도가 20km/시간인 경우 종단기울기는?

① 7% 이하
② 9% 이하
③ 10% 이하
④ 14% 이하

해설

설계속도별 종단기울기 설치기준(간선·지선임도)

설계속도 (km/h)	종단기울기	
	일반지형	특수지형
40	7% 이하	10% 이하
30	8% 이하	12% 이하
20	9% 이하	14% 이하

정답 71 ① 72 ② 73 ① 74 ② 75 ②

76 임목수확작업 시 벌도, 가지치기, 토막내기, 조재목 마름질에 가장 적합한 기계는?

① 포워더(Forwarder)
② 하베스터(Harvester)
③ 프로세서(Processor)
④ 펠러번처(Feller Buncher)

해설

임목수확기계의 종류

트리펠러 (Tree feller)	벌도만 실행
펠러번처 (Feller buncher)	벌도와 집적(모아서 쌓기)의 2가지 공정 실행
프로세서 (Processor)	• 집재된 전목재의 가지치기, 절단, 초두부 제거, 집적 등의 조재작업을 전문적으로 실행(벌도 ×) • 산지집재장에서 작업하는 조재기계
하베스터 (Harvester)	• 벌도, 가지치기, 토막내기, 조재목 마름질을 모두 수행 • 대표적 다공정 처리기계로 임내에서 벌도 및 각종 조재작업 수행

77 체인톱에 대한 설명으로 옳지 않은 것은?

① 체인톱 몸통의 수명은 약 1,500시간이다.
② 휘발유와 체인톱 전용오일의 혼합비는 40 : 1이다.
③ 체인톱 날 처짐은 상관없으나 볼트, 너트 풀림 상태는 항상 확인하여야 한다.
④ 우리나라에서 주로 사용되는 체인톱 기종은 배기량 30~70cc 정도의 소형 및 중형이다.

해설

톱날은 안내판에 잘 체결되어 늘어지지 않도록 해야 한다.

78 산림의 단위면적당 임도연장으로 나타내는 양적 지표는?

① 임도밀도   ② 산림개발도
③ 임도효율요인 ④ 평균집재거리

해설

임도밀도
산림의 단위면적당 임도의 총연장거리로 임도의 성숙도를 나타내는 양적 지표이다.

79 잔골재 크기에 대한 구분방법으로 다음 ( ) 안을 순서대로 올바르게 나열한 것은?

한국산업표준(KS F 2523)에서는 잔골재란 ( )mm 체를 통과하고 ( )mm 체를 거의 다 통과하며 ( )mm 체에 거의 남는 입상 상태의 암석

① 10, 5, 2.5
② 5, 2.5, 0.08
③ 10, 5, 0.08
④ 10, 2.5, 0.08

해설

골재의 크기는 한국산업표준의 기준에 따라 구분하며, 잔골재는 10mm체를 모두 통과하고, 5mm체를 거의 다 통과하며, 0.08mm체에 거의 다 남는 골재를 말한다.

80 임도설계서에서 예정공정표 작성 시 점검하는 사항으로 가장 거리가 먼 것은?

① 작업의 난이도   ② 계절적인 조건
③ 시방서 준수 여부 ④ 기술인력 투입 정도

해설

예정공정표 작성 시 점검 사항
작업의 난이도, 계절적인 조건(기후 조건), 기술인력 투입 정도(작업인원의 동원 가능 수), 장비의 종류·규격, 건설자재량 등

정답 76 ② 77 ③ 78 ① 79 ③ 80 ③

2018년 2회 기출문제

> 산림기사

1과목 조림학

01 인공조림과 비교한 천연갱신에 대한 설명으로 옳은 것은?

① 순림의 조성이 쉽다.
② 동령림의 조성이 잘 된다.
③ 초기 노동인력이 많이 필요하다.
④ 생태적으로 보다 안정된 임분을 조성할 수 있다.

해설

천연갱신의 특징
그곳의 환경에 이미 오랫동안 적응한 수종으로 구성되어 성림의 실패가 적다. 또한 생태적으로 보다 안정된 임분을 조성할 수 있으며, 생태계 보호에 유리하다. 그러나 순림이나 동령림의 조성이 어렵다.

02 자엽 내에 저장물질을 가지고 있거나 배유가 전혀 없는 무배유종자에 해당하는 것은?

① 소나무 ② 전나무
③ 물푸레나무 ④ 아까시나무

해설

무배유종자
배유가 없는 대신 떡잎(자엽)에 양분을 지니고 있는 종자를 말하며, 대표적으로 아까시나무와 너도밤나무가 있다.

03 종자의 저장 수명이 가장 긴 수종은?

① *Salix koreensis*
② *Quercus variabilis*
③ *Robinia pseudoacacia*
④ *Cryptomeria japonica*

해설

종자의 수명
버드나무, 포플러류는 종자의 수명이 상당히 짧으며, 소나무류는 1~2년, 자귀나무류나 아까시나무(*Robinia pseudoacacia*) 등의 콩과식물은 10년 이상 지속된다.

04 삽목상의 환경조건에 대한 설명으로 옳지 않은 것은?

① 통기성이 좋아야 한다.
② 해가림을 하여 건조를 막는다.
③ 온도는 10~15℃가 가장 적합하다.
④ 삽수에 적절한 수분을 공급하여야 한다.

해설

삽목상의 온도
20~25℃가 가장 적합하다. 10℃에서 미약한 발근활동이 시작되고, 15℃에서 대체적으로 발근활동이 가능하다.

05 수목 체내에서 이동이 어렵고 결핍증상이 어린잎에서 먼저 나타나는 무기원소는?

① 칼슘 ② 질소
③ 인산 ④ 칼륨

해설

무기염류의 체내 이동성

체내 이동성이 낮은 영양소	• 칼슘(Ca), 철(Fe), 망간(Mn), 붕소(B) • 결핍 시 가지선단이나 어린잎(유엽, 신엽, 새잎)에 증세 발현
체내 이동성이 높은 영양소	• 질소(N), 칼륨(K), 인산(P), 마그네슘(Mg) • 결핍 시 성숙잎(노엽, 늙은 잎)에 증세 발현

정답 01 ④ 02 ④ 03 ③ 04 ③ 05 ①

06 간벌의 효과가 아닌 것은?

① 목재의 형질 향상
② 임목의 초살도 감소
③ 산불의 위험성 감소
④ 벌기수확이 양적 및 질적으로 증가

> **해설**
>
> **간벌의 효과**
> 남은 임목의 생육을 촉진하고, 형질을 향상시키며, 수간 하부의 생장량이 많아 초살도가 증가한다. 또한 연소물의 제거로 산불 위험성이 감소한다.

07 수목 내에서 물의 주요 기능이 아닌 것은?

① 원형질의 구성성분이다.
② 세포의 팽압을 유지한다.
③ 엽록소를 구성하고 동화작용을 한다.
④ 여러 대사물질을 다른 곳으로 운반시키는 운반체이다.

> **해설**
>
> **수목 내 물의 주요 기능**
> • 세포 원형질의 구성성분이다(세포 생중량의 80~90%).
> • 광합성과 가수분해의 반응물질이다.
> • 여러 대사물질을 다른 곳으로 운반시키는 운반체이다.
> • 세포의 팽압을 유지한다.

08 식재 조림을 위한 묘목의 선정과 관리에 대한 설명으로 옳지 않은 것은?

① 악취가 나는 묘목은 조림 대상에서 제외한다.
② 묘목은 약간 건조한 상태에서 저장하여야 한다.
③ 묘목의 뿌리나 줄기를 손톱이나 칼로 약간 벗겨보면 습기가 있고 백색으로 윤기가 돌아야 한다.
④ 묘목의 동아가 자라지 않고 단단하여야 하며 흰색의 세근이 4~5mm 이상 자라지 않은 상태여야 한다.

> **해설**
>
> 묘목은 약간 습윤한 상태에서 저장하여야 한다.

09 풀베기 작업을 시행하기에 가장 적절한 시기는?

① 3월 상순~5월 하순
② 3월 하순~5월 하순
③ 6월 상순~8월 상순
④ 8월 하순~10월 상순

> **해설**
>
> **풀베기의 시기**
> 일반적으로 잡풀들이 자라나 피해를 입히기 시작하는 5~7월에 실시하며, 잡풀들의 세력이 왕성하여 연 2회 작업할 경우 6월(5~7월)과 8월(7~9월)에 실시한다.

10 토양산도와 수목의 상호관계에 대한 설명으로 옳은 것은?

① 일본잎갈나무는 알칼리성 토양에서 가장 잘 자란다.
② 철은 산성 토양에서 결핍현상이 자주 발생한다.
③ 참나무류, 단풍나무류, 피나무류 등은 pH 5.5~6.5에서 양호한 생장을 보인다.
④ 묘포의 토양산도가 pH 4.5 이하의 강산성을 보일 경우에는 모잘록병이 자주 발생한다.

정답 06 ② 07 ③ 08 ② 09 ③ 10 ③

해설
토양산도에 따른 적합 수종

강산성	소나무, 곰솔, 리기다소나무, 낙엽송(일본잎갈나무), 가문비나무, 전나무, 잣나무, 노간주나무, 밤나무, 진달래, 아까시나무, 싸리나무, 사방오리나무
약산성 (pH 5.5~6.5)	대부분의 수목, 참나무, 단풍나무, 피나무, 느릅나무
알칼리성 (염기성)	회양목, 오리나무, 물푸레나무, 사시나무(포플러), 개오동나무, 서어나무, 호두나무, 백합나무, 측백나무

11 우리나라 난대림에 대한 설명으로 옳지 않은 것은?
① 제주도는 난대림만 존재한다.
② 특징 임상은 상록활엽수림이다.
③ 연평균 기온이 14℃ 이상의 지역이다.
④ 우리나라 산림대 중에 가장 적은 면적을 차지한다.

해설
제주도는 평지에는 난대림, 산지로 갈수록 온대림과 한대림이 모두 나타난다.

12 잎이 5개씩 모여서 나는 것은?
① *Pinus rigida*
② *Pinus parviflora*
③ *Pinus bungeana*
④ *Pinus thunbergii*

해설
소나무류와 잣나무류의 잎 수 비교

구분	잎의 수	수종
소나무류	2개	소나무, 해송(*Pinus thunbergii*), 방크스소나무, 반송
	3개	리기다소나무(*Pinus rigida*), 테다소나무, 리기테다소나무, 백송(*Pinus bungeana*)
잣나무류	5개	잣나무, 눈잣나무, 섬잣나무(*Pinus parviflora*)

13 동일 임분에서 대경목을 지속적으로 생산할 수 있는 작업종은?
① 택벌작업   ② 개벌작업
③ 산벌작업   ④ 제벌작업

해설
택벌작업
동일 임분에서 대경목을 지속적으로 생산할 수 있어 보속수확에 가장 적절하며, 산림 경관 조성도 가장 생태적인 방법이다.

14 묘목의 가식에 대한 설명으로 옳지 않은 것은?
① 산지 가식은 조림지 근처에 한다.
② 가식지 주변에 배수로를 만들어 준다.
③ 일반적으로 45° 정도 경사지게 가식한다.
④ 비가 오거나 또는 비가 온 후에는 수분이 충분하므로 즉시 가식한다.

해설
묘목의 가식방법
일반적으로 가을에는 묘목의 끝이 남쪽으로 향하게 하여 45° 정도 경사지게 누여서 가식한다. 가식지 주변에 배수로를 설치하고, 가급적 비가 오거나 비 온 후에는 바로 가식하지 않는다.

정답 11 ① 12 ② 13 ① 14 ④

15 테트라졸륨 용액을 이용한 종자 활력검사에 대한 설명으로 옳지 않은 것은?

① 휴면종자에도 잘 나타난다.
② 테트라졸륨 용액은 어두운 곳에 보관한다.
③ 침엽수의 종자는 배와 배유가 함께 염색되도록 한다.
④ 활력이 없는 종자의 조직을 접촉시키면 붉은 색으로 변한다.

해설

환원법(효소검출법, 테트라졸륨 검사법)
테트라졸륨 수용액을 이용하여 종자(배)의 활력을 검정하는 방법으로 적색이나 분홍색일 때 건전종자이며, 산화효소가 살아 있지 않은 죽은 조직에는 아무런 변화가 없다.

16 열대우림에 대한 설명으로 옳지 않은 것은?

① 동식물의 종다양성이 높다.
② 낙엽의 분해가 빨라서 1차 생산성이 낮다.
③ 연중 비가 내리는 열대우림에는 상록활엽수가 우점한다.
④ 토양은 화학적 풍화가 빠르고 수용성 물질의 용탈이 심하다.

해설

열대우림(熱帶雨林)의 특징
적도 부근의 열대지방에 발달하는 산림으로 연평균 강우량이 2,000mm 이상으로 많은 비가 내린다. 풍부한 태양광과 수분으로 광합성 효율이 좋아 1차 생산성이 상당히 높다.

17 맹아갱신을 적용하는 작업종이 아닌 것은?

① 모수작업   ② 왜림작업
③ 중림작업   ④ 두목작업

해설

① 모수작업 : 모수에서 떨어진 종자에 의해 갱신이 이루어짐

맹아갱신을 적용하는 작업종
왜림작업, 중림작업, 두목작업(입목을 지상 1~2m 높이에서 잘라 맹아 발생 후 채취)

18 옥신의 효과로 옳지 않은 것은?

① 종자 휴면 유도
② 정아우세 현상
③ 뿌리의 생장 촉진
④ 고농도에서 제초제의 역할

해설

옥신(Auxin)
수목의 정아에서 생성되어 측아생장을 억제하고 정아생장을 촉진시키는 호르몬으로 길이생장에 관여한다. 생리적 효과로는 정아우세, 뿌리생장 촉진, 발근 촉진, 개화결실 촉진, 제초제 효과, 단위결과의 유도 등이 있다.

19 겉씨식물의 특성으로 옳은 것은?

① 중복수정을 한다.
② 헛물관 세포가 있다.
③ 대부분 잎은 그물맥이다.
④ 밑씨가 씨방 속에 들어 있다.

해설

겉씨식물(裸子植物, 나자식물)
- 잎이 좁고 평행한 잎맥(평행맥)을 보이며, 밑씨가 씨방에 싸여 있지 않고 밖으로 드러나 있는 수종
- 도관이 없고 가도관(헛물관)이 발달, 체관에는 반세포가 없음
- 한 꽃 안에 암술과 수술 중 하나만 있는 단성화(單性花)이며, 단일수정을 함

정답 15 ④ 16 ② 17 ① 18 ① 19 ②

20 어린나무 가꾸기 작업에 대한 설명으로 옳지 않은 것은?

① 임분 전체의 형질 향상이 목적이다.
② 목적하는 수종의 완전한 생장과 건전한 자람을 도모한다.
③ 조림목이 임관을 형성한 후부터 간벌시기 이전에 시행한다.
④ 하목의 수광량을 감소시켜 불필요한 수목 및 잡초의 생장을 지연시킨다.

해설

어린나무 가꾸기(제벌, 잡목 솎아내기)
조림목 하나하나의 성장보다는 임상을 정비하여 임분 전체의 형질을 향상시키는 데 목적을 둔다. 또한 하목의 수광량이 증가하여 남아 있는 조림목의 건전한 생장을 도울 수 있다.

2과목 산림보호학

21 다음 중 대기오염에 가장 강한 수종은?

① 소나무 ② 전나무
③ 은행나무 ④ 느티나무

해설

내연성 수종
- 내연성이 약한 수종 : 소나무, 낙엽송, 전나무, 느티나무, 느릅나무, 밤나무, 층층나무, 팽나무
- 내연성이 강한 수종 : 은행나무, 사철나무, 동백나무, 비자나무, 향나무, 노간주나무, 아까시나무

22 솔잎혹파리가 월동하는 형태는?

① 알 ② 유충
③ 성충 ④ 번데기

해설

솔잎혹파리의 생태
연 1회 발생하며, 땅속에서 유충으로 월동한다.

23 파이토플라스마로 인한 수목병 방제에 가장 효과적인 것은?

① 알코올 ② 페니실린
③ 스트렙토마이신 ④ 테트라사이클린

해설

파이토플라스마에 의한 수목병
대추나무빗자루병, 오동나무빗자루병, 뽕나무오갈병 등이 있으며, 옥시테트라사이클린(Oxytetracycline)계 항생물질의 수간주사로 치료가 가능하다.

24 식엽성 해충이 아닌 것은?

① 대벌레 ② 미국흰불나방
③ 소나무순나방 ④ 참나무재주나방

해설

식엽성(食葉性) 해충
미국흰불나방, 솔나방, 매미나방(집시나방), 오리나무잎벌레, 텐트나방(천막벌레나방), 어스렝이나방(산누에나방), 잣나무넓적잎벌, 솔노랑잎벌, 호두나무잎벌레, 참나무재주나방, 느티나무벼룩바구미(유충), 버들잎벌레, 대벌레 등

25 나무좀, 하늘소, 바구미 등은 쇠약목에 모이는 습성을 이용한 것으로, 벌목한 통나무 등을 이용하여 해충을 방제하는 방법은?

① 식이 유살법
② 등화 유살법
③ 잠복장소 유살법
④ 번식장소 유살법

정답 20 ④ 21 ③ 22 ② 23 ④ 24 ③ 25 ④

해설

번식장소 유살법
- 통나무 유살법 : 나무좀, 하늘소, 바구미 등의 천공성 해충이 쇠약목에 산란하는 습성을 이용하여 번식장소로 유인하고 우화 전 박피하여 소각하는 방법
- 입목 유살법 : 서 있는 수목에 약제처리 후 약제가 퍼지면 알이나 유충단계에서 전멸하게 되는 방법

26 볕데기 피해를 입기 쉬운 수종으로 가장 거리가 먼 것은?

① 굴참나무 ② 소태나무
③ 버즘나무 ④ 오동나무

해설

볕데기의 피해 수종
- 피해가 큰 수종 : 수피가 평활하고 매끄러운 오동나무, 호두나무, 가문비나무, 소태나무, 버즘나무, 배롱나무 등
- 피해가 적거나 없는 수종 : 수피의 코르크층이 발달한 굴참나무, 상수리나무 등

27 수목의 그을음병에 대한 방제방법으로 가장 거리가 먼 것은?

① 통풍과 채광을 높인다.
② 흡즙성 곤충을 방제한다.
③ 잎 표면을 깨끗이 닦아낸다.
④ 질소질 비료를 표준사용량보다 더 사용한다.

해설

그을음병의 방제법
진딧물, 깍지벌레 등의 흡즙성 해충을 방제하며, 질소질 비료를 과용하지 않는다. 물을 자주 뿌려주고 깨끗이 닦아내며, 채광과 통풍을 좋게 한다.

28 소나무 또는 잣나무에 발생하는 잎떨림병을 방제하는 방법으로 옳지 않은 것은?

① 병든 낙엽을 모아 태운다.
② 풀베기와 가지치기를 실시하지 않는다.
③ 여러 종류의 활엽수를 하목으로 심는다.
④ 포자가 비산하는 7~9월에 약제를 살포한다.

해설

소나무류 또는 잣나무잎떨림병 방제법
병든 낙엽은 모아 태우거나 땅에 묻고, 수관하부에 발생이 심하므로 가지치기와 풀베기를 하여 통풍을 좋게 한다. 여러 종류의 활엽수를 하목으로 식재하며, 자낭포자가 비산하는 시기에 적합한 약제(살균제)를 살포한다.

29 밤나무혹벌의 천적으로 옳은 것은?

① 알좀벌 ② 먹좀벌
③ 남색긴꼬리좀벌 ④ 수중다리무늬벌

해설

밤나무혹벌의 천적
중국긴꼬리좀벌, 남색긴꼬리좀벌, 상수리좀벌, 노란꼬리좀벌 등

30 주로 목재를 가해하는 해충은?

① 밤바구미 ② 거세미나방
③ 가루나무좀 ④ 느티나무벼룩바구미

해설

가루나무좀
유충이 가구, 목조건물, 마른 목재 등에 구멍을 뚫고 들어가 표면만 남기고 내부를 불규칙하게 식해하여 피해를 준다.

정답 26 ① 27 ④ 28 ② 29 ③ 30 ③

31 흰가루병에 걸린 병환부 위에 가을철에 나타나는 흑색의 알갱이는?

① 자낭구 ② 포자각
③ 병자각 ④ 분생자병

해설

흰가루병
환부의 흰가루는 하얀색의 균사가 자라 잎표면을 덮으면서 나타나는 표징이며, 가을에 생성되는 미세한 흑색 알갱이는 자낭구가 나타나는 표징이다.

32 수목병을 일으키는 바이러스의 특징으로 옳지 않은 것은?

① 병원체가 자력으로 기주에 침입하지 못한다.
② 기주세포의 내용물과 구분하는 2중막이 존재한다.
③ 병원체는 전자현미경을 통해서만 관찰이 가능하다.
④ 병원체는 살아 있는 세포 내에서만 증식이 가능하다.

해설

바이러스(Virus)의 특징
• 세포가 아닌 핵산과 외부 단백질로 이루어진 일종의 핵단백질로 입자상 구조를 띤 비세포성 생물이다.
• 크기가 매우 작아 광학현미경으로는 관찰이 어려우며, 전자현미경을 통해서만 관찰이 가능하다.
• 살아 있는 세포 내에서만 증식이 가능한 절대기생체로 인공 배지에서는 배양되지 않는다.
• 자력으로 기주에 침입하지 못하여 매개 생물이나 상처 부위를 통해서만 감염이 가능하다.

33 묘포지에서 2~3년간 윤작을 하여 피해를 크게 경감시킬 수 있는 수목병은?

① 흰비단병 ② 오동나무탄저병
③ 자줏빛날개무늬병 ④ 침엽수의 모잘록병

해설

오동나무탄저병은 기주범위가 좁아 특정기주가 없으면 살아남지 못하여 2~3년간의 짧은 윤작으로 피해를 크게 경감시킬 수 있다.

34 녹병균의 생활환에 해당하는 포자가 아닌 것은?

① 녹포자 ② 녹병정자
③ 여름포자 ④ 분생포자

해설

녹병균은 생활사 중 녹병포자(녹병정자), 녹포자, 여름포자(하포자), 겨울포자(동포자), 담자포자(소생자)의 5가지 포자를 형성한다.

35 생물학적 방제에 대한 설명으로 옳은 것은?

① 내충성 품종을 심어 해충의 발생을 억제시키는 방법이다.
② 병원미생물이나 호르몬 약제를 이용하여 해충을 방제하는 방법이다.
③ 포식충, 기생곤충, 병원미생물 등을 이용하여 해충의 발생을 억제시키는 방법이다.
④ 포식충, 기생곤충 등에 의해 해충의 발생을 억제시키는 방법이며 병원미생물은 제외된다.

해설

해충의 생물(학)적 방제
자연에 존재하는 포식곤충, 기생곤충, 병원미생물 등의 천적을 이용하여 해충의 발생을 억제시키는 친환경적 방제법이다.

36 소나무혹병의 중간기주는?

① 송이풀 ② 향나무
③ 뱀고사리 ④ 참나무류

정답 31 ① 32 ② 33 ② 34 ④ 35 ③ 36 ④

해설

소나무혹병

구분	수종	포자형태
본기주	소나무	녹병포자, 녹포자
중간기주	참나무	여름포자, 겨울포자, 담자포자

37 산불로 인한 피해에 대한 설명으로 옳지 않은 것은?

① 일반적으로 침엽수는 활엽수에 비하여 산불 피해에 약한 편이다.
② 일반적으로 상록활엽수는 낙엽활엽수보다 산불 피해에 약한 편이다.
③ 활엽수 중에서 녹나무, 벚나무는 동백나무, 참나무류보다 산불 피해에 약한 편이다.
④ 침엽수 중에서 가문비나무, 은행나무는 소나무, 곰솔보다 산불 피해에 강한 편이다.

해설

수종에 따른 산불 피해 정도
일반적으로 기름성분인 수지(樹脂)를 함유한 침엽수가 활엽수에 비하여 산불 피해를 심하게 받는다. 활엽수 중에는 상록활엽수가 수분을 다량 함유한 두꺼운 엽육조직을 가지고 있어 낙엽활엽수보다 산불 피해에 강한 편이다.

38 국외로부터 국내에 침입한 해충이 아닌 것은?

① 솔나방
② 솔잎혹파리
③ 미국흰불나방
④ 버즘나무방패벌레

해설

외래해충
미국흰불나방, 솔껍질깍지벌레, 버즘나무방패벌레, 솔잎혹파리, 아까시잎혹파리, 소나무재선충, 꽃매미, 미국선녀벌레, 흰개미 등

39 배설물을 종실 밖으로 배출하지 않아 외견상으로 식별이 어려운 해충은?

① 밤바구미
② 복숭아명나방
③ 솔알락명나방
④ 도토리거위벌레

해설

밤바구미
밤나무의 주요한 종실 가해 해충이다. 수확기의 밤은 유충이 배설물을 밖으로 배출하지 않으며 벌레 먹은 흔적도 없어 외견상으로는 피해 식별이 어렵다.

40 농약의 효력을 충분히 발휘하도록 첨가하는 물질은?

① 보조제
② 훈증제
③ 유인제
④ 기피제

해설

보조제(補助劑)
농약의 효력을 충분히 발휘하도록 첨가하는 물질로 전착제, 용제, 유화제, 증량제, 협력제 등이 있다.

3과목 임업경영학

41 어느 법정림의 춘계축적이 900m³, 추계축적이 1,100m³라 할 때 법정축적은?

① 900m³
② 1,000m³
③ 1,100m³
④ 2,000m³

해설

법정축적은 춘계축적과 추계축적의 평균인 하계축적을 주로 이용하여 계산한다.

$$법정축적 = \frac{춘계축적 + 추계축적}{2}$$
$$= \frac{900 + 1,100}{2} = 1,000 m^3$$

정답 37 ② 38 ① 39 ① 40 ① 41 ②

42 지위지수에 대한 설명으로 옳지 않은 것은?

① 임지의 생산능력을 나타낸다.
② 우세목의 수고는 밀도의 영향을 많이 받는다.
③ 지위지수 분류표 및 곡선은 동형법 또는 이형법으로 제작할 수 있다.
④ 우리나라에서는 보통 임령 20년 또는 30년일 때 우세목의 수고를 지위지수로 하고 있다.

해설

임목의 직경은 밀도의 영향을 많이 받지만, 수고(특히, 우세목의 수고)는 밀도의 영향을 거의 받지 않고 지위에 의해 생장이 결정되어 우세목의 수고를 지위지수 판별에 사용하고 있다.

43 자연휴양림 지정을 위한 타당성평가 기준이 아닌 것은?

① 경관   ② 면적
③ 위치   ④ 활용여건

해설

자연휴양림의 타당성 평가 기준
경관, 위치, 수계, 휴양유발, 개발여건, 면적

44 수간석해를 통해 총재적을 구할 때 합산하지 않아도 되는 것은?

① 근주재적
② 지조재적
③ 결정간재적
④ 초단부재적

해설

수간석해를 통한 벌채목의 총재적 계산
근주재적, 결정간재적, 초단부재적을 합산하여 전체 벌채목의 재적을 구한다.

45 임업이율이 보통이율보다 낮게 평정되는 이유로 옳지 않은 것은?

① 생산기간의 장기성
② 산림소유의 안정성
③ 산림재산의 유동성
④ 산림 관리경영의 복잡성

해설

임업이율을 낮게 평정하는 이유
- 산림소유의 안정성
- 산림 관리경영의 간편성
- 생산기간의 장기성
- 산림재산과 임료수입의 유동성
- 재적 및 금원수확의 증가와 산림재산의 가치등귀
- 문화발전에 따른 이율의 저하
- 산림소유에 대한 개인적 가치 평가

46 윤벌기에 대한 설명으로 옳지 않은 것은?

① 택벌작업에 따른 법정림의 개념이다.
② 임목의 생산기간과는 일치하지 않는다.
③ 작업급의 법정영급분배를 예측하는 기준이다.
④ 작업급의 모든 임목을 일순벌하는 데 소요되는 기간이다.

해설

윤벌기(輪伐期)
- 보속작업에서 한 작업급에 속하는 모든 임분을 일순벌(一巡伐)하는 데 소요되는 기간이다.
- 일정 면적씩 벌채(개벌)를 진행하여 전 임목의 벌채가 끝나고 다시 처음 벌채구를 벌채하게 될 때까지 걸리는 기간으로 임목의 생산기간과는 일치하지 않는다.
- 개벌작업에 따른 법정림사상에 기인한 개념이다.

정답 42 ② 43 ④ 44 ② 45 ④ 46 ①

47 유형고정자산의 감가 중에서 기능적 요인에 의한 감가에 해당되지 않는 것은?

① 부적응에 의한 감가
② 진부화에 의한 감가
③ 경제적 요인에 의한 감가
④ 마찰 및 부식에 의한 감가

해설

감가의 발생 원인
- 물질적 감가(물리적 감가) : 부패, 부식, 마찰, 마모, 손상, 오손 등
- 기능적 감가 : 진부화에 의한 감가, 부적응에 의한 감가

48 임업소득에 작용하는 생산요소에 포함되지 않는 것은?

① 임지　　② 자본
③ 노동　　④ 보속성

해설

임업소득은 생산요소인 임지, 자본, 노동에 의해 얻어진 것으로 이러한 요소들의 기여 정도에 따라 다르게 구성된다.

49 유동자본재에 속하는 것은?

① 임도　　② 기계
③ 묘목　　④ 저목장

해설

자본재의 종류

유동자본재	조림비	종자, 묘목, 비료, 약제, 보육비용
	관리비	관리자의 급료, 사무비, 수선비, 보험료, 공과잡비
	사업비	임금, 소모품비
고정자본재		임지, 임도, 건물, 기계, 기구, 시설, 설비, 차량

50 임지기망가가 최대치에 도달하는 시기에 대한 설명으로 옳은 것은?

① 이율이 낮을수록 빨리 나타난다.
② 채취비가 클수록 빨리 나타난다.
③ 조림비가 클수록 늦게 나타난다.
④ 간벌수확이 적을수록 빨리 나타난다.

해설

임지기망가의 최댓값 도달 시기
- 이율 : 이율이 높을수록 임지기망가의 최대 시기가 빨리 온다.
- 주벌수익 : 주벌수익의 증대속도가 빨리 감퇴할수록 임지기망가의 최대 시기가 빨리온다. 즉, 지위가 양호한 임지일수록 최대가 빨리 온다.
- 간벌수익 : 간벌수익이 클수록 임지기망가의 최대 시기가 빨리 온다.
- 조림비 : 조림비가 클수록 임지기망가의 최대 시기가 늦게 온다.
- 관리비 : 임지기망가의 최대 시기와는 관계가 없다.
- 채취비 : 임지기망가식에서 나타내는 인자는 아니지만, 보통 채취비가 클수록 임지기망가의 최대 시기는 늦게 온다.

51 법정림에서 법정벌채량과 의미가 다른 것은?

① 법정수확률
② 법정연벌량
③ 법정생장량
④ 벌기평균생장량 × 윤벌기

해설

법정벌채량＝법정연벌량＝법정생장량＝벌기임분재적
＝벌기평균생장량×윤벌기

정답 47 ④　48 ④　49 ③　50 ③　51 ①

52 임업의 특성으로 옳지 않은 것은?

① 임업생산은 조방적이다.
② 육성임업과 채취임업이 병존한다.
③ 임업노동은 계절적 제약을 크게 받지 않는다.
④ 원목가격의 구성요소 중 운반비가 차지하는 비율이 가장 낮다.

해설

임업의 경제적 특성
- 육성임업과 채취임업이 병존한다.
- 임업노동은 계절적 제약을 크게 받지 않는다.
- 원목가격의 구성요소는 대부분이 운반비이다.
- 임업생산은 조방적이다.
- 공익성이 커서 제한성이 많다.

53 임업투자 결정과정의 순서로 옳은 것은?

① 투자사업 모색 → 현금흐름 추정 → 투자사업의 경제성 평가 → 투자사업 재평가 → 투자사업 수행
② 현금흐름 추정 → 투자사업의 경제성 평가 → 투자사업 모색 → 투자사업 수행 → 투자사업 재평가
③ 투자사업 모색 → 현금흐름 추정 → 투자사업의 경제성 평가 → 투자사업 수행 → 투자사업 재평가
④ 현금흐름 추정 → 투자사업 모색 → 투자사업의 경제성 평가 → 투자사업 수행 → 투자사업 재평가

해설

일반적인 임업투자 결정과정
투자사업 모색 → 현금흐름 추정 → 투자사업의 경제성 평가 → 투자사업 수행 → 투자사업 재평가

54 표준목법에 의한 임분재적 측정방법으로, 전 임목을 몇 개의 계급으로 나누고 각 계급의 본수를 동일하게 하여 표준목을 선정하는 것은?

① 단급법
② Urich법
③ Hartig법
④ Draudt법

해설

표준목법

단급법	전체의 임분을 하나의 급으로 취급하여 단 한 개의 표준목을 선정하는 방법
드라우드법 (Draudt법)	각 직경급의 본수에 따라 비례배분하여 표준목을 선정하는 방법
우리히법 (Urich법)	전 임목을 몇 개의 계급으로 나누고 각 계급의 본수를 동일하게 한 다음 각 계급에서 같은 수의 표준목을 선정하는 방법
하르티히법 (Hartig법)	전 임목을 몇 개의 계급으로 나누고 각 계급의 흉고단면적 합계를 동일하게 하여 각 계급에서 표준목을 선정하는 방법

55 임목의 평가방법에 대한 분류방식으로 옳지 않은 것은?

① 비교방식 – Glaser법
② 수익방식 – 기망가법
③ 원가방식 – 비용가법
④ 원가수익절충방식 – 임지기망가법 응용법

해설

임목의 평가 방식

원가방식에 의한 임목평가	원가법, 비용가법
수익방식에 의한 임목평가	기망가법, 수익환원법
원가수익절충방식에 의한 임목평가	임지기망가 응용법, Glaser법
비교방식에 의한 임목평가	매매가법, 시장가역산법

정답 52 ④ 53 ③ 54 ② 55 ①

56 우리나라에서 통나무의 재적을 구하는 데 이용되는 재적검량방법에 의해 계산한 벌채목의 재적(m^3)은?

- 원구직경 : 16cm
- 말구직경 : 14cm
- 중앙직경 : 15cm
- 재장 : 8.50m

① 0.099 ② 0.167
③ 0.198 ④ 0.218

해설

말구지름제곱법에 의한 우리나라의 재적검량방법
재장이 6m 이상일 때

재적(m^3) $V = (d_n + \dfrac{l'-4}{2})^2 \times l \times \dfrac{1}{10,000}$

$= (14 + \dfrac{8-4}{2})^2 \times 8.5 \times \dfrac{1}{10,000}$

$= 0.2176 m^3$ ∴ 약 $0.218 m^3$

여기서, d_n : 말구지름
l : 재장
l' : 1m 단위의 재장

57 임도 개설을 위하여 투자한 굴삭기의 비용이 3,000만 원, 수명은 5년, 폐기 이후의 잔존가치는 없다고 한다. 이 투자에 의하여 5년 동안 해마다 720만 원의 순이익이 있다면 투자이익률은?(단, 감가상각비 계산은 정액법을 적용)

① 36% ② 48%
③ 64% ④ 7%

해설

투자이익률 계산

- 정액법에 의한 연간 감가상각비
$= \dfrac{취득원가 - 잔존가치}{내용연수} = \dfrac{3,000만 원 - 0원}{5}$
$= 600만 원$

- 연말 투자액 = 연초 투자액 - 감가상각비

- 1년 때의 평균투자액
$\dfrac{1년 초 투자액 + 1년 말 투자액}{2} = \dfrac{3,000 + 2,400}{2}$
$= 2,700만 원$

- 2년 때의 평균투자액
$\dfrac{2년 초 투자액 + 2년 말 투자액}{2} = \dfrac{2,400 + 1,800}{2}$
$= 2,100만 원$

- 3년 때의 평균투자액
$\dfrac{3년 초 투자액 + 3년 말 투자액}{2} = \dfrac{1,800 + 1,200}{2}$
$= 1,500만 원$

- 4년 때의 평균투자액
$\dfrac{4년 초 투자액 + 4년 말 투자액}{2} = \dfrac{1,200 + 600}{2}$
$= 900만 원$

- 5년 때의 평균투자액
$\dfrac{5년 초 투자액 + 5년 말 투자액}{2} = \dfrac{600 + 0}{2}$
$= 300만 원$

5년간의 총연평균투자액
$\dfrac{2,700 + 2,100 + 1,500 + 900 + 300}{5} = 1,500만 원$

- 연평균순이익 = 720만 원
∴ 투자이익률 $= \dfrac{연평균순이익}{연평균투자액} \times 100$
$= \dfrac{720}{1,500} \times 100 = 48\%$

58 산림보호법에서 규정한 산림보호구역의 종류가 아닌 것은?

① 생활환경보호구역
② 재해방지보호구역
③ 백두대간보호구역
④ 산림유전자원보호구역

해설

「산림보호법」에 따른 산림보호구역
생활환경보호구역, 경관보호구역, 수원함양보호구역, 재해방지보호구역, 산림유전자원보호구역

정답 56 ④ 57 ② 58 ③

59 자연휴양림의 공익적 효용을 직접효과와 간접효과로 구분할 때 간접효과에 해당되는 것은?

① 대기정화 기능   ② 건강증진 효과
③ 정서함양효과   ④ 레크리에이션 효과

해설

자연휴양림의 공익적 효용

직접효과	건강증진 효과, 정서함양 효과, 레크리에이션 효과
간접효과	환경보존 효과, 공해완화(대기정화) 효과, 기상환경완화 효과, 재해방지 효과, 생활환경보전 효과

60 단목의 연령 측정방법이 아닌 것은?

① 목측에 의한 방법
② 지절에 의한 방법
③ 방위에 의한 방법
④ 생장추에 의한 방법

해설

단목의 연령 측정방법
기록에 의한 방법, 목측에 의한 방법, 지절에 의한 방법, 생장추에 의한 방법

4과목 임도공학

61 임도의 노면침하를 방지하기 위하여 저습지대에 시설하는 것은?

① 토사도   ② 사리도
③ 쇄석도   ④ 통나무길

해설

통나무길
통나무를 깔아서 만든 길로 저습지대에서 노면침하를 방지하기 위하여 사용한다.

62 임도 구조물 시공 시 기초공사의 종류가 아닌 것은?

① 전면기초   ② 말뚝기초
③ 고정기초   ④ 깊은기초

해설

기초공사의 구분
기초공사는 크게 직접기초(얕은 기초)와 간접기초(깊은 기초)로 구분하며, 직접기초는 확대기초, 전면기초, 간접기초는 말뚝기초, 피어기초, 케이슨기초로 세분한다.

63 임도의 노체와 노면에 대한 설명으로 옳지 않은 것은?

① 사리도는 노면을 자갈로 깔아 놓은 임도이다.
② 토사도는 배수 문제가 적어 가장 많이 사용된다.
③ 노체는 노상, 노반, 기층, 표층으로 구성되는 것이 일반적이다.
④ 노상은 다른 층에 비해 작은 응력을 받으므로 특별히 부적당한 재료가 아니면 현장 재료를 사용한다.

해설

토사도(土砂道, 흙모랫길)
노면이 토사, 즉 흙으로 이루어진 도로로 자연지반의 흙을 그대로 다져서 이용하므로 배수의 문제가 있어 강우 시 물로 인해 파손되기 쉽다.

64 횡단면 A_1, A_2, A_3의 면적은 각각 $5m^2$, $7m^2$, $9m^2$이고, A_1와 A_2의 거리는 10m, A_2와 A_3의 거리는 15m이다. 양단면적평균법에 의한 3단면 사이의 총토적량(m^3)은?

① 100   ② 150
③ 180   ④ 200

정답 59 ① 60 ③ 61 ④ 62 ③ 63 ② 64 ③

> **해설**

양단면적평균법

• A_1과 A_2 사이의 토량(m³) $V = \dfrac{A_1 + A_2}{2} \times L$

$\qquad = \dfrac{5+7}{2} \times 10 = 60\text{m}^3$

• A_2와 A_3 사이의 토량(m³) $V = \dfrac{A_2 + A_3}{2} \times L$

$\qquad = \dfrac{7+9}{2} \times 15 = 120\text{m}^3$

여기서, A_1, A_2, A_3 : 양단면적
$\qquad L$: 양단면적 간의 거리

∴ 3단면의 총토적량 = 60 + 120 = 180m³

65 사리도의 유지보수에 대한 설명으로 옳지 않은 것은?

① 방진처리를 위하여 물, 염화칼슘 등이 사용된다.
② 횡단기울기를 10~15% 정도로 하여 노면 배수가 양호하도록 한다.
③ 노면의 정지작업은 가급적 비가 온 후 습윤한 상태에서 실시하는 것이 좋다.
④ 길어깨가 높아져 배수가 불량할 경우 그레이더로 정형하고 롤러로 다진다.

> **해설**

사리도의 유지보수(유지관리)
• 방진처리를 위하여 물, 염화칼슘, 타르 등을 사용한다.
• 노면의 정지작업(노면 고르기)은 가급적 비가 온 후 습윤한 상태에서 실시한다.
• 길어깨가 높아져 배수가 불량할 경우 그레이더로 정형하고(깎아내고) 롤러로 진압한다.
• 노면의 제초나 예불은 1년에 1회 이상 실시한다.
• 횡단배수구의 기울기는 5~6% 정도를 유지하도록 한다.

66 임도망 배치 시 산정림 개발에 가장 적합한 노선은?

① 비교 노선 ② 순환식 노선
③ 대각선방식 노선 ④ 지그재그방식 노선

> **해설**

산정부 개발형(순환식 노선방식)
산정부 주위를 순환하는 임도로 산정림 개발에 적합한 방식이다. 산정부의 안부에서부터 시작되는 순환식 노선방식을 주로 사용한다.

67 임도의 대피소 간격 설치기준은?

① 300m 이내 ② 400m 이내
③ 500m 이내 ④ 1,000m 이내

> **해설**

대피소의 설치기준

구분	기준
간격	300m 이내
너비	5m 이상
유효길이	15m 이상

68 구릉지대에서 지선임도밀도가 20m/ha이고, 임도효율이 5일 때 평균집재거리는?

① 4m ② 100m
③ 250m ④ 400m

> **해설**

지선임도밀도(m/ha) = $\dfrac{\text{임도효율계수}}{\text{평균집재거리(km)}}$

$20 = \dfrac{5}{\text{평균집재거리(km)}}$

∴ 평균집재거리 = 0.25km = 250m

69 임도설계 업무의 순서로 옳은 것은?

① 예비조사 → 답사 → 예측 → 실측 → 설계서 작성
② 예비조사 → 예측 → 답사 → 실측 → 설계서 작성
③ 예측 → 예비조사 → 답사 → 실측 → 설계서 작성
④ 답사 → 예비조사 → 예측 → 실측 → 설계서 작성

해설

임도설계 업무 순서
예비조사 → 답사 → 예측 → 실측 → 설계도 작성 → 공사수량 산출 → 설계서 작성

70 임도의 횡단면도상 각 측점의 단면마다 표기하지 않아도 되는 것은?

① 사면보호공 물량
② 지장목 제거 물량
③ 지반고 및 계획고
④ 곡선제원 및 교각점

해설

임도설계도의 축척 및 기입사항

도면 구분	축척	기입사항
평면도	1 : 1,200	임시기표, 교각점, 측점번호, 사유토지의 지번별 경계, 구조물, 지형지물, 곡선제원
종단면도	횡 1 : 1,000 종 1 : 200	지반고, 계획고, 절토고, 성토고, 종단기울기, 누가거리, 거리, 측점, 곡선
횡단면도	1 : 100	지반고, 계획고, 절토고, 성토고, 단면적(절성토), 지장목 제거, 측구터파기 단면적, 사면보호공 물량

71 반출할 목재의 길이가 16m, 도로의 폭이 8m일 때 최소곡선반지름은?

① 8m   ② 14m
③ 16m   ④ 32m

해설

최소곡선반지름 계산(운반되는 통나무의 길이에 의한 경우)

최소곡선반지름 $R = \dfrac{l^2}{4B} = \dfrac{16^2}{4 \times 8} = 8m$

여기서, l : 반출할 목재의 길이(m)
B : 도로의 폭(m)

72 임지와 잔존목의 훼손을 가장 최소화할 수 있는 가선집재 시스템은?

① 타일러식 시스템
② 단선순환식 시스템
③ 하이리드식 시스템
④ 호이스트 캐리지식 시스템

해설

호이스트 캐리지식(Hoist Carriage System) 가선집재
임지와 잔존목의 훼손을 가장 최소화할 수 있는 방식으로 짐달림도르래가 없으므로 전용 반송기가 필요하다.

73 평판측량에서 사용되지 않는 방법은?

① 전진법
② 교회법
③ 방사법
④ 방향각법

해설

평판측량의 종류
방사법(사출법), 전진법(도선법), 교회법(교차법)

74 다음 표는 임도의 횡단측량 야장이다. A, B, C, D에 대한 설명으로 옳지 않은 것은?

좌측	측점	우측
L 3.0 $\frac{-1.8}{0.4}$, $\frac{L}{1.2}$ $\frac{-0.3}{2.0}$, $\frac{-0.3}{2.0}$ (A, C) (B)	A No.0 MC$_1$ MC$_1$ +3.70 (D)	L 3.0 $\frac{L}{1.3}$, $\frac{+1.5}{1.5}$ (B) $\frac{+0.4}{2.0}$, $\frac{+0.4}{2.0}$

① A : 측점이 No.0인 경우는 기설노면을 의미한다.
② B : 분자는 고저차로서 +는 성토량, -는 절토량을 의미한다.
③ C : 분모는 수평거리로서 측점을 기준으로 왼편 1.2m 지점을 의미한다.
④ D : MC$_1$ 지점으로부터 3.70m 전진한 지점을 뜻한다.

해설

횡단측량 야장 기입방법
기입은 분수식에 의해 분모에 수평거리, 분자에 수직높이(고저차)를 기록한다. B는 수직높이의 변화값으로 높아지면 +, 낮아지면 -로 나타낸다.

75 가선집재와 비교하여 트랙터를 이용한 집재작업의 특징으로 거리가 먼 것은?

① 기동성이 높다.
② 작업이 단순하다.
③ 임지 훼손이 적다.
④ 경사도가 높은 곳에서 작업이 불가능하다.

해설

트랙터 집재
기동성이 좋고 작업이 단순하여 생산성이 높으나, 잔존 임분에 피해가 심하며 완경사지에서만 작업이 가능하다.

76 설계속도가 40km/h인 특수지형에서의 임도에 대한 종단기울기 기준은?

① 3% 이하   ② 6% 이하
③ 8% 이하   ④ 10% 이하

해설

설계속도별 종단기울기 설치기준(간선·지선임도)

설계속도 (km/h)	종단기울기	
	일반지형	특수지형
40	7% 이하	10% 이하
30	8% 이하	12% 이하
20	9% 이하	14% 이하

77 흙의 기본성질에 대한 설명으로 옳지 않은?

① 공극비는 흙입자의 용적에 대한 공극의 용적비이다.
② 포화도는 흙입자의 중량에 대한 수분의 중량비를 백분율로 표시한 것이다.
③ 공극률은 흙덩이 전체의 용적에 대한 간극의 용적비를 백분율로 표시한 것이다.
④ 무기질의 흙덩이는 고체(흙입자), 액체(물), 기체(공기)의 세 가지 성분으로 구성된다.

해설

포화도
- 흙입자 사이의 공극에 들어 있는 수분 용적의 비율
- 포화도 = $\frac{물의 부피}{공극의 부피} \times 100$

78 방위각 135°35′의 역방위각은?

① 44°25′   ② 135°35′
③ 224°25′   ④ 315°35′

정답 74 ② 75 ③ 76 ④ 77 ② 78 ④

> **[해설]**

역방위각
방위각과 180° 반대되는 방향의 방위각으로 135°35′는 180° 미만이므로, 역방위각=방위각+180°=135°35′+180°=315°35′이다.

79 임도설계 시 종단기울기에 대한 설명으로 옳은 것은?

① 종단기울기를 급하게 하면 임도우회율을 낮출 수 있다.
② 종단기울기의 계획은 설계차량의 규격과 관계가 없다.
③ 종단기울기는 완만한 것이 좋기 때문에 0%를 유지하는 것이 좋다.
④ 종단기울기는 시공 후 임도의 개·보수를 통하여 손쉽게 변경할 수 있다.

> **[해설]**

종단기울기
종단기울기가 높으면 주행과 제동이 어렵고 강우 시 노면침식이 발생하지만, 임도우회율은 작아져 시설비가 감소되는 이점이 있다. 즉, 종단기울기가 급하면 임도우회율을 낮출 수 있다.

80 임도의 평면선형이 영향을 주는 요소로 가장 거리가 먼 것은?

① 주행속도   ② 운재능력
③ 노면배수   ④ 교통차량의 안전성

> **[해설]**

도로 중심선이 그리는 직선과 곡선의 평면적인 형상을 평면선형이라 하며, 주행속도, 운재능력, 교통차량의 안전성 등에 영향을 준다.

5과목 사방공학

81 산지의 침식형태 중 중력에 의한 침식으로 옳지 않은 것은?

① 산붕   ② 포락
③ 산사태   ④ 사구침식

> **[해설]**

중력에 의한 침식
- 붕괴형 침식 : 산사태, 산붕, 붕락, 포락, 암설붕락 등
- 지활형 침식 : 땅밀림
- 유동형 침식 : 토석류, 토류, 암설류 등
- 동상 침식

82 비탈면에 시공하는 옹벽의 안정조건이 아닌 것은?

① 전도에 대한 안정
② 침수에 대한 안정
③ 활동에 대한 안정
④ 침하에 대한 안정

> **[해설]**

옹벽의 안정조건
전도에 대한 안정, 활동에 대한 안정, 침하에 대한 안정, 내부응력에 대한 안정

83 집수량이 많아 침식 위험이 높은 산비탈에 설치하는 수로로 가장 적당한 것은?

① 흙수로   ② 바자수로
③ 떼붙임수로   ④ 찰붙임수로

> **[해설]**

찰붙임 돌수로
뒷붙임에 콘크리트를 채워 축설하는 것으로 집수량이 많아 침식 위험이 높은 산비탈에 설치한다.

정답 79 ① 80 ③ 81 ④ 82 ② 83 ④

84 비중이 2.50 이하인 골재는?

① 잔골재 ② 보통골재
③ 중량골재 ④ 경량골재

해설

비중에 의한 골재의 구분

경량골재	보통골재	중량골재
비중 2.50 이하	비중 2.50~2.65	비중 2.70 이상

85 콘크리트 배합에서 시멘트 사용량이 가장 많은 것은?

① 1 : 2 : 2
② 1 : 2 : 4
③ 1 : 3 : 3
④ 1 : 3 : 6

해설

콘크리트의 배합 비율은 시멘트 : 잔골재 : 굵은골재의 순으로 표시한다.

86 토질이 모래층인 절토사면에 대한 설명으로 옳지 않은 것은?

① 새집공법을 적용하는 것이 가장 적합하다.
② 토양유실을 방지할 목적으로 전면적 객토를 해주어야 한다.
③ 침식에 대단히 약하여 식생이 착근하기 전에 유실될 가능성이 높다.
④ 절토공사 직후에는 단단한 편이나 건조하면 푸석푸석해지고 무너지기 쉽다.

해설

새집공법은 차폐수벽공법과 함께 암반비탈면 녹화의 대표적인 공법이다.

87 폭 15m, 높이 2m인 직사각형 수로에서 수심 1m, 평균유속 2m/s로 흐르고 있을 때 유량은?

① 15m³/s ② 30m³/s
③ 60m³/s ④ 80m³/s

해설

수로의 단면적은 15×2이지만, 수심이 1m이므로 유적은 15×1=15m²이다.
∴ 유량=유속×유적 = 2×15 = 30m³/s

88 유역 평균강수량을 산정하는 방법이 아닌 것은?

① 물수지법 ② 등우선법
③ 산술평균법 ④ Thiessen법

해설

평균강수량(강우량) 산정방법
산술평균법, 티센(Thiessen)법, 등우선법

89 유동형 침식의 하나인 토석류에 대한 설명으로 옳은 것은?

① 토괴의 흐트러짐이 적다.
② 주로 점성토의 미끄럼면에서 미끄러진다.
③ 일반적으로 움직이는 속도가 0.01~10mm/day이다.
④ 물을 윤활제로 하여 집합운반의 형태를 가진다.

해설

토석류(土石流)
산지 또는 계곡에서 토석·나무 등이 물과 섞여 쓸려 내려오는 현상으로 물을 윤활제로 하여 집합운반의 형태를 가진다.

정답 84 ④ 85 ① 86 ① 87 ② 88 ① 89 ④

90 야계사방의 주요 목적으로 거리가 먼 것은?

① 계안의 침식 방지
② 계류의 바닥 안정
③ 계류의 토사유출 억제
④ 붕괴지의 인공적인 복구

해설

야계사방의 주요 목적
계안과 계상의 종횡침식 방지, 계류의 토사유출 억제, 산각을 고정하여 황폐계류와 계간을 안정상태로 유도, 붕괴지의 산각을 고정하는 산지사방의 기초

91 계단 연장이 3km인 비탈면에 선떼붙이기를 7급으로 할 때에 필요한 떼의 총소요매수는? (단, 떼의 크기 : 40cm×25cm)

① 11,250매
② 15,000매
③ 16,500매
④ 18,750매

해설

7급의 1m당 떼 사용매수는 5매이고, 3km=3,000m이므로 3,000×5=15,000매이다.

92 붕괴형 산사태에 대한 설명으로 옳은 것은?

① 지하수로 인해 발생하는 경우가 많다.
② 파쇄대 또는 온천지대에서 많이 발생한다.
③ 이동면적이 1ha 이하가 많고, 깊이도 수 m 이하가 많다.
④ 속도는 완만해서 토괴는 교란되지 않고 원형을 유지한다.

해설

산사태
산 중턱 부근에서 토사가 갑자기 무너져 내리는 현상으로 급경사지역에서 사질토가 강우로 포화되었을 때 돌발적으로 잘 발생한다. 토괴가 교란되며 빠르게 이동하나, 규모(이동면적)는 1ha 이하로 작고, 깊이도 수 m 이하로 얕은 경우가 많다.

93 수평분력의 총합과 수직분력의 총합, 제저와 기초지반과의 마찰계수를 이용하여 계산하는 중력식 사방댐의 안정조건은?

① 전도에 대한 안정
② 활동에 대한 안정
③ 제체의 파괴에 대한 안정
④ 기초지반의 지지력에 대한 안정

해설

활동(滑動)에 대한 안정
수평분력의 총합과 수직분력의 총합의 비가 제저와 기초지반 사이의 마찰계수보다 작으면 활동되지 않는다.

94 사방댐과 골막이에 모두 축설하는 것은?

① 앞댐
② 방수로
③ 반수면
④ 대수면

해설

사방댐은 대수면과 반수면을 모두 축설하지만, 골막이는 반수면만을 축설하고 대수측은 채우기 한다.

정답 90 ④ 91 ② 92 ③ 93 ② 94 ③

95 콘크리트흙막이 공작물 시공방법으로 옳지 않은 것은?

① 물빼기구멍은 지름 5~10cm 정도의 관을 2~3m² 당 1개소를 설치한다.
② 견고하지 않은 지반에 시공하는 경우 반드시 말뚝기초 등으로 보강해야 한다.
③ 뒤채움돌은 시공의 난이도 및 배수효과 등을 고려하여 위아래 모두 20cm 내외로 한다.
④ 비탈면의 토층이 이동할 위험이 있고, 토압이 커서 다른 흙막이 공작물로는 안정을 기대하기 어려운 경우 설치한다.

해설

뒤채움돌은 시공의 난이도 및 배수효과 등을 고려하여 위아래쪽 모두 30cm 이상으로 한다.

96 최대홍수유량을 계산하려 할 때 필요한 인자가 아닌 것은?

① 유거계수 ② 최대시우량
③ 안정기울기 ④ 집수구역의 면적

해설

시우량법에 의한 최대홍수유량 산정

$$Q = K \frac{A \times \frac{m}{1,000}}{60 \times 60}$$

$$= \frac{1}{360} \times K \cdot A \cdot m \times \frac{1}{10,000}$$

여기서, Q : 최대홍수유량(m³/s)
K : 유거계수
A : 유역면적(m²)
m : 최대시우량(mm/hr)

97 정사울타리에 대한 설명으로 옳지 않은 것은?

① 높이는 60~70cm를 표준으로 한다.
② 방향은 주풍방향에 직각이 되도록 한다.
③ 정사각형이나 직사각형 모양으로 구획한다.
④ 구획 내부에 ha당 10,000본의 곰솔 등의 묘목을 식재한다.

해설

정사울세우기
울타리의 유효 높이는 1.0~1.2m로 하며, 울타리 사이의 간격은 7~15m로 한다. 정사각형이나 직사각형으로 구획하며, 구획 내부에 ha당 10,000본의 곰솔 등의 묘목을 식재한다.

98 사방사업 대상지로 가장 거리가 먼 것은?

① 임도가 미개설되어 접근이 어려운 지역
② 산불 등으로 산지의 피복이 훼손된 지역
③ 황폐가 예상되는 산지와 계천으로 복구공사가 필요한 지역
④ 해일 및 풍랑 등 재해예방을 위해 해안림 조성이 필요한 지역

해설

임도가 미개설되어 접근이 어려운 지역은 울폐하여 사방사업 대상지에 포함되지 않는다.

99 황폐계류의 특성으로 옳지 않은 것은?

① 호우가 끝나면 유량이 급감한다.
② 호우에도 모래나 자갈의 이동은 거의 없다.
③ 유량은 강수에 의해 급격히 증가하거나 감소한다.
④ 유로의 연장이 비교적 짧으며 계상기울기가 급하다.

정답 95 ③ 96 ③ 97 ① 98 ① 99 ②

해설

황폐계류의 특성
- 유량이 강우에 의해 급격히 증가하거나 감소하며, 유량 변화가 크다.
- 유로의 연장(길이)이 비교적 짧으며, 계상기울기가 급하다.
- 호우 시에 사력의 유송이 심하여 모래나 자갈의 이동이 많다.
- 호우가 끝나면 유량이 급감하며, 사력의 유송은 완전히 중지된다.

100 비탈다듬기나 단끊기로 생긴 뜬흙의 활동을 방지하기 위해 계곡부에 설치하는 공작물은?

① 조공
② 누구막이
③ 땅속흙막이
④ 산비탈흙막이

해설

땅속흙막이
비탈다듬기와 단끊기 공사로 발생한 뜬흙을 산지의 계곡부와 같은 오목한 곳에 투입하여 토사의 활동을 방지하고 유치·고정하기 위한 공작물이다.

정답 100 ③

2018년 2회 기출문제

> 산림산업기사

1과목 조림학

01 발아율을 나타내는 계산식은?

① (시험한 종자의 수÷발아한 종자의 수)×100%
② (발아한 종자의 수÷시험한 종자의 수)×100%
③ (발아한 종자의 수−시험한 종자의 수)×100%
④ (시험한 종자의 수−발아한 종자의 수)×100%

해설

발아율(發芽率)

$$발아율(\%) = \frac{발아한\ 종자수}{전체시료종자수} \times 100$$

02 자웅이주에 해당하는 수종으로만 나열된 것은?

① 주목, 소나무   ② 주목, 은행나무
③ 잣나무, 은행나무   ④ 잣나무, 상수리나무

해설

자웅이주(雌雄異株)
암꽃과 수꽃이 각각 다른 나무에서 달리는 것으로 은행나무, 소철, 포플러류, 주목, 호랑가시나무, 꽝꽝나무, 가죽나무 등이 대표적이다.

03 제벌에 대한 설명으로 옳지 않은 것은?

① 조림목이 임관을 형성한 뒤부터 간벌하기 전에 실행한다.
② 조림목 하나하나의 성장보다는 임상을 정비하여 임분 전체의 형질을 향상시키는 데 목적을 둔다.
③ 조림수종이 그 임지에 적합하여 성림이 잘될 것 같으면 침입한 천연생목은 원칙적으로 제거한다.
④ 비용만 들고 산물은 거의 이용되지 않으므로 임분의 형질향상을 위해 실시 시기를 늦추는 것이 유리하다.

해설

제벌 시기
식재 후에 조림목이 임관을 형성한 후부터 간벌하기 이전에 실행한다. 조림목이 5~10년간 자라서 수관의 경쟁으로 생육 저해가 나타나는 숲에 실시하며, 제벌한 수목은 이용가치가 있다.

04 참나무류에 대한 지위지수(A)와 경사도(B)의 관계를 가장 잘 나타낸 것은?

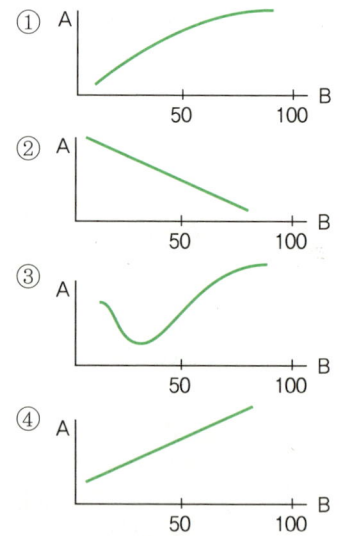

정답 01 ② 02 ② 03 ④ 04 ②

해설

지위지수는 일정 기준임령에서의 우세목의 평균수고를 수치로 나타낸 것으로, 경사도가 높은 곳일수록 토심이 얕고 양수분이 머물지 못해 척박하여 임목의 수고가 낮으므로 지위지수도 낮다.

05 숲을 구성하고 있는 나무의 나이가 같거나 거의 비슷하게 구성된 산림은?

① 혼효림 ② 천연림
③ 이령림 ④ 동령림

해설

동령림(同齡林, Even-Aged Forest)
한 임분을 구성하는 모든 수목의 나이가 동일한 경우의 산림을 말하는 것이나 사실상 그러한 산림은 흔치 않으며, 보통 어떤 임분을 구성하고 있는 개체목의 수령 범위가 평균임령의 20% 이내이면 동령림으로 취급한다.

06 개벌천연하종갱신을 적용하여 후계림을 조성하는 데 적절하지 않은 수종은?

① 잣나무 ② 소나무
③ 오리나무 ④ 물푸레나무

해설

개벌천연하종갱신
개벌 후에 자연발생 치수를 이용한 천연갱신으로 후계림을 조성하는 것으로 맹아력과 발아력이 좋은 양수가 적당하다. 잣나무는 어릴 때는 음수의 성질을 띠어 개벌에는 적당하지 않다.

07 삽목 번식이 가장 잘되는 수종은?

① 개나리, 회양목
② 밤나무, 소나무
③ 낙우송, 느티나무
④ 두릅나무, 아까시나무

해설

삽목 발근이 쉬운 수종
버드나무류, 은행나무, 사철나무, 플라타너스, 개나리, 삼나무, 주목, 쥐똥나무, 포플러류, 진달래, 측백, 화백, 회양목, 향나무, 동백나무, 무궁화, 배롱나무, 비자나무, 꽝꽝나무 등

08 참나무류의 숲을 왜림작업에 의해 갱신하려고 할 때 적절한 벌채 시기는?

① 연중 실시
② 생장휴지기
③ 생장왕성기
④ 생장휴지기 2~3개월 전

해설

왜림작업의 시기
맹아 발생을 위한 수목 벌채 시기는 생장휴지기인 11월 이후부터 이듬해 2월 이전까지로 늦겨울에서 초봄 사이에 실시한다.

09 솎아베기(간벌)에 대한 설명으로 옳지 않은 것은?

① 임분의 수평 구조를 개선하여 임분 안정화 도모
② 임연부를 보호·관리하고 자연고사에 의한 손실을 방지
③ 수령과 생장이 증가됨에 따라 확장되는 일정한 생육공간을 조절
④ 임분 구성에 부적당하거나 해로운 나무를 제거하여 임분의 가치 증진

해설

솎아베기(간벌) 효과
수광량 증가로 하층 식생의 발달을 촉진하고 하층림을 유도하여 임분의 수직구조가 다양화·안정화된다(임분의 수직구조 개선).

정답 05 ④ 06 ① 07 ① 08 ② 09 ①

10 묘포적지 선정 시 고려 사항으로 옳지 않은 것은?

① 교통과 노동력의 공급조건을 검토한다.
② 위도가 높고 한랭한 지역은 동남향이 유리하다.
③ 보통 묘포토양은 평탄한 지역의 점토질 토양이 유리하다.
④ 봄철 파종 시 건조조건이 문제가 되므로 관개 및 배수의 편리성을 검토한다.

해설

묘포는 평탄지보다 관배수가 좋은 5° 이하의 완경사지이며, 사양토나 식양토로 너무 비옥하지 않은 곳이 적당하다.

11 수목이 이용 가능한 토양의 수분은?

① 흡습수　② 중력수
③ 결합수　④ 모관수

해설

모세관수(모관수)
중력에 저항하여 토양입자와 물분자 간의 부착력에 의해 모세관 사이에 남아 있는 수분으로 pF 2.7~4.5이며 수목의 뿌리가 이용 가능한 수분이다.

12 산벌작업에서 하종벌을 적용하기에 가장 적절한 시기는?

① 유령기 때
② 갱신 주기 때
③ 결실량이 많을 때
④ 하층식생이 많을 때

해설

하종벌(下種伐)
종자가 결실이 되어 충분히 성숙되었을 때 벌채하여 종자의 낙하를 돕는 단계이다. 결실량이 많은 해에 1회 벌채로 하종을 실시한다.

13 수목에 필요한 무기영양 중에서 질소와 인 다음으로 결핍되기 쉬우며, 결핍증상으로 황화현상이 나타나며 뿌리썩음병이 잘 걸리게 되는 원소는?

① 칼륨
② 질소
③ 붕소
④ 알루미늄

해설

칼륨(K, Potassium)
질소와 인 다음으로 결핍되기 쉬운 원소이며, 체내 이동성이 높아 결핍 시 성숙잎에 먼저 증세가 나타난다. 결핍 시 황화현상이 나타나고 뿌리썩음병 등을 유발하며, 내건성 및 내동성이 저하한다.

14 발아촉진 방법이 아닌 것은?

① 냉수침적법
② 노천매장법
③ X선 처리법
④ 화학약품처리법

해설

발아촉진법(휴면타파)
- 기계적 처리법 : 종피의 가상처리
- 침수처리법 : 냉수침지법(소나무류, 편백, 삼나무, 낙엽송), 온탕침지법(콩과수목)
- 황산처리법 : 주엽나무, 옻나무, 피나무
- 노천매장법 : 저장 및 발아촉진
- 고저온처리법 : 변온처리
- 화학약품처리법 : 지베렐린, 시토키닌(사이토키닌), 에틸렌, 질산칼륨
- 광처리법 : 광선 조사
- 파종시기 변경 : 추파법, 채파법

정답 10 ③　11 ④　12 ③　13 ①　14 ③

15 어떤 수목이 1,000cc의 물을 증산시켜 2g의 건물질을 생산하였다. 이에 대한 설명으로 옳지 않은 것은?

① 증산능은 1이다.
② 증산비는 1 : 500이다.
③ 증산계수는 500이다.
④ 1g의 건물질을 만드는 증산량은 500cc이다.

해설

증산능(蒸散能, 증산능률)
1kg(1,000cc)의 물을 증산시켜 얻은 건물질의 양을 g 단위로 나타낸 것이다. 1,000cc의 물을 증산시켜 2g의 건물질을 생산하였으므로 증산능은 2이며, 1g의 건물질을 만드는 증산량은 500cc로 증산계수는 500이다.

16 주요 조림 수종인 잣나무에 대한 설명으로 옳지 않은 것은?

① 내한성이 강하다.
② 잎은 5개씩 모여난다.
③ 충청 이남 지역에 주로 식재한다.
④ 학명은 *Pinus koraiensis Siebold & Zucc.*이다.

해설

잣나무(*Pinus koraiensis*)
우리나라의 재래종으로 주로 높은 산지이 한랭한 기후에서 생장하며, 온대 북부에서 한대에 걸쳐 분포한다. 침엽이 5개씩 모여나며, 심근성이고 목재의 색이 붉어 홍송(紅松)이라고도 부른다.

17 양수에 해당하는 수종은?

① 주목, 비자나무
② 편백, 솔송나무
③ 소나무, 사시나무
④ 전나무, 가문비나무

해설

수목별 내음성

극음수	주목, 사철나무, 개비자나무, 회양목, 금송, 나한백
음수	가문비나무, 전나무, 너도밤나무, 솔송나무, 비자나무, 녹나무, 단풍나무, 서어나무, 칠엽수
중용수	잣나무, 편백나무, 목련, 느릅나무, 참나무
양수	소나무, 해송, 은행나무, 오리나무, 오동나무, 향나무, 낙우송, 측백나무, 밤나무, 옻나무, 사시나무, 노간주나무, 삼나무
극양수	낙엽송(일본잎갈나무), 버드나무, 자작나무, 포플러, 잎갈나무

18 식재거리가 같을 때 정삼각형 식재는 정방형 식재보다 몇 %나 더 묘목을 식재하는가?

① 7.5
② 10.0
③ 12.0
④ 15.5

해설

정삼각형 식재
묘목의 전체 간격이 모두 같은 정삼각형 형태로 식재하는 방법으로 일정 면적에 대해 정방형 식재보다 15.5% 본수가 증가한다.

19 결실주기가 가장 긴 수종은?

① *Alnus japonica*
② *Larix kaempferi*
③ *Zelkova serrata*
④ *Cryptomeria japonica*

정답 15 ① 16 ③ 17 ③ 18 ④ 19 ②

해설

주요 수종의 결실주기

매년 (해마다)	오리나무류(*Alnus japonica*), 포플러류, 버드나무류
격년 결실	오동나무, 소나무류, 자작나무류, 아까시나무
2~3년	낙우송, 참나무류, 들메나무, 느티나무(*Zelkova serrata*), 삼나무(*Cryptomeria japonica*), 편백
3~4년	가문비나무, 전나무, 녹나무
5년 이상	낙엽송(*Larix kaempferi*), 너도밤나무

20 양수 수종을 조림할 경우 밑깎기 작업으로 가장 적합한 방법은?

① 줄깎기 ② 평깎기
③ 둘레깎기 ④ 전면깎기

해설

모두베기(전면깎기, 전예)
조림목 주변의 모든 잡초목을 제거하는 방법으로 소나무, 낙엽송, 삼나무, 편백 등 주로 양수에 적용한다.

2과목 산림보호학

21 한해(旱害 : Drought Injury)의 피해를 가장 적게 받는 수종은?

① 소나무 ② 오리나무
③ 버드나무 ④ 포플러류

해설

한해의 피해 수종
- 한해에 약한 수종 : 은백양, 포플러류, 오리나무, 버드나무, 들메나무 등의 습지성 수종
- 한해에 강한 수종 : 소나무, 해송(곰솔), 리기다소나무, 자작나무 등의 건조에 강한 수종

22 토양소독을 위한 물리적 방법이 아닌 것은?

① 소토법 ② 훈증법
③ 전기가열법 ④ 증기소독법

해설

훈증법(熏蒸法)
약액을 땅에 주입하거나 천막, 창고 등의 밀폐된 공간에 놓아 독가스가 휘발되면 살균·살충하여 소독하는 화학적 방법이다.

23 윤작은 어떤 병원균의 방제에 효과가 좋은가?

① 기주범위가 좁고, 기주가 없이도 오래 생존하는 것
② 기주범위가 넓고, 기주가 없이도 오래 생존하는 것
③ 기주범위가 넓고, 기주가 없으면 오래 생존하지 못하는 것
④ 기주범위가 좁고, 기주가 없으면 오래 생존하지 못하는 것

해설

윤작(돌려짓기)
같은 임지에 다른 수종을 돌려 심어 병원체를 방제하는 것으로 기주범위가 좁아 특정기주가 없으면 살아남지 못하는 병원균에 특히 효과적이다.

24 미국흰불나방이 월동하는 형태는?

① 알 ② 성충
③ 유충 ④ 번데기

해설

미국흰불나방
유충이 잎을 식해하여 피해를 주는 해충으로 연 2회 발생하며, 번데기로 월동한다.

정답 20 ④ 21 ① 22 ② 23 ④ 24 ④

25 곤충의 다리에 대한 설명으로 옳지 않은 것은?

① 곤충에도 발톱이 있다.
② 다리는 가슴에 붙어 있다.
③ 곤충의 다리는 대부분 3마디이다.
④ 다리의 기부에서부터 볼 때 마지막 마디는 발마디(Tarsus)이다.

해설

곤충의 다리
몸쪽의 부착점으로부터 밑마디(기절), 도래마디(전절), 넓적다리마디(퇴절), 종아리마디(경절), 발목마디(발마디, 부절)의 5마디로 구성된다.

26 밤나무줄기마름병의 방제방법으로 가장 효과적인 것은?

① 매개충을 구제한다.
② 중간기주를 제거한다.
③ 병든 부위를 도려내고 도포제를 발라준다.
④ 항생제 계통 약제로 나무주사를 실시한다.

해설

밤나무줄기마름병
밤나무의 줄기가 마르면서 패이거나 두껍게 부풀어 궤양을 만드는 수병으로 상처 부위에 외과수술을 시행하고 도포제를 발라 보호하면 병원균의 침입 방지에 효과적이다.

27 내화력이 가장 약한 수종은?

① 은행나무
② 고로쇠나무
③ 가문비나무
④ 아까시나무

해설

수목의 내화력(耐火力)

구분	강한 수종	약한 수종
침엽수	은행나무, 잎갈나무, 분비나무, 가문비나무, 개비자나무, 대왕송	소나무, 해송(곰솔), 삼나무, 편백
상록활엽수	동백나무, 사철나무, 회양목, 아왜나무, 황벽나무, 가시나무	녹나무, 구실잣밤나무
낙엽활엽수	참나무류, 고로쇠나무, 음나무, 피나무, 마가목, 사시나무	아까시나무, 벚나무

28 향나무녹병균(녹포자)이 배나무에서 향나무로 전파하는 시기는?

① 12~2월경
② 3~5월경
③ 6~8월경
④ 9~11월경

해설

6~7월에 녹포자가 바람에 날려 향나무로 옮겨가 기생하면서 균사로 월동하고 향나무녹병이 발생한다.

29 주로 기공 감염을 하는 수목병은?

① 소나무잎떨림병
② 밤나무줄기마름병
③ 오동나무빗자루병
④ 뽕나무자줏빛날개무늬병

해설

소나무잎떨림병(葉振病, 소나무엽진병)
병원균은 주로 잎의 기공을 통해 침입하며, 습한 여름에 (7~9월)에 발병하나 증상이 일단 정지되고, 다음 해 봄 (4~5월)에 다시 피해가 급진전되어 가을(9월경)에 침엽이 변색하고 낙엽하게 되는 수병이다.

정답 25 ③ 26 ③ 27 ④ 28 ③ 29 ①

30 천공성 해충에 해당하는 것은?

① 솔나방 ② 독나방
③ 박쥐나방 ④ 참나무재주나방

해설

솔나방, 독나방, 참나무재주나방은 모두 식엽성 해충이다.

천공성 해충
소나무좀, 박쥐나방, 알락박쥐나방, 향나무하늘소(측백하늘소), 가루나무좀, 알락하늘소, 미끈이하늘소, 솔수염하늘소, 북방수염하늘소, 털두꺼비하늘소, 버들바구미, 광릉긴나무좀 등

31 정주성 내부기생선충 종으로 정착한 주변 세포를 비정상적으로 비대하게 만들어 영양저장고로 이용하는 기작을 가지고 있으며 밤나무, 오동나무 등의 묘목을 재배한 묘포에서 많이 발생하는 것은?

① 스턴트선충 ② 뿌리혹선충
③ 소나무재선충 ④ 뿌리썩이선충

해설

뿌리혹선충병
뿌리혹선충은 이동성이 없는(정주성) 내부기생선충으로 유충이 기주 식물의 뿌리로 침입하여 뿌리세포를 거대하게 만들며 혹을 형성한다. 밤나무, 오동나무 등의 묘포지와 연작 재배지에서 심하게 발생한다.

32 소나무재선충병의 방제법으로 옳지 않은 것은?

① 피해목을 훈증한다.
② 광릉긴나무좀을 구제한다.
③ 이목을 설치하여 소각 및 파쇄한다.
④ 소나무 주변으로 토양관주를 실시한다.

해설

광릉긴나무좀은 참나무시들음병의 매개충이며, 소나무재선충병의 매개충은 솔수염하늘소(소나무), 북방수염하늘소(잣나무)이므로 피해 방지를 위해서는 매개충을 구제한다.

33 솔껍질깍지벌레의 생태적 특성으로 옳지 않은 것은?

① 부화약충의 발생시기는 4월경이다.
② 연 1회 발생하며 후약충으로 월동한다.
③ 암컷은 알주머니를 형성한 후 산란한다.
④ 수컷은 완전변태를 하며 암컷은 불완전변태를 한다.

해설

부화약충의 발생시기는 5~6월경이다.

34 대추나무빗자루병의 방제법으로 옳지 않은 것은?

① 썩덩나무노린재를 구제한다.
② 옥시테트라사이클린을 수간에 주입한다.
③ 병든 가지와 병든 줄기는 모두 소각한다.
④ 병든 나무는 분주를 통해 퍼져 나가므로 반드시 병든 나무도 제거해야 한다.

해설

대추나무빗자루병의 매개충은 마름무늬매미충이다.

35 유충으로 월동하는 해충은?

① 소나무좀
② 솔잎혹파리
③ 참나무재주나방
④ 오리나무잎벌레

정답 30 ③ 31 ② 32 ② 33 ① 34 ① 35 ②

해설

해충의 월동충태에 따른 분류

알	매미나방(집시나방), 텐트나방(천막벌레나방), 어스렝이나방(산누에나방), 솔노랑잎벌, 박쥐나방, 버들바구미, 미류재주나방, 외줄면충
유충	솔나방[5령충], 잣나무넓적잎벌, 솔껍질깍지벌레[후약충], 알락하늘소, 미끈이하늘소, 솔수염하늘소, 북방수염하늘소, 광릉긴나무좀, 솔잎혹파리, 밤나무혹벌, 밤바구미, 복숭아명나방, 솔알락명나방, 도토리거위벌레
번데기	미국흰불나방, 참나무재주나방, 아까시잎혹파리
성충	오리나무잎벌레, 호두나무잎벌레, 버즘나무방패벌레, 진달래방패벌레, 느티나무벼룩바구미, 점박이응애, 소나무좀, 향나무하늘소(측백하늘소), 털두꺼비하늘소, 루비깍지벌레

36 유충기가 가장 긴 해충은?

① 솔나방 ② 매미나방
③ 어스렝이나방 ④ 미국흰불나방

해설

솔나방의 유충은 7번 탈피 후 8령충으로 번데기가 되어 유충 기간이 긴 것이 특징적이다.

37 참나무시들음병의 전반 경로는?

① 물 ② 바람
③ 종자 ④ 매개충

해설

수병과 매개충

수병	매개충
소나무재선충병	솔수염하늘소, 북방수염하늘소
대추나무빗자루병	마름무늬매미충
뽕나무오갈병	
오동나무빗자루병	담배장님노린재
참나무시들음병	광릉긴나무좀
~모자이크병	진딧물

38 오리나무잎벌레에 대한 설명으로 옳지 않은 것은?

① 번데기를 형성한다.
② 1년에 1회 발생한다.
③ 유충과 성충이 모두 잎을 가해한다.
④ 낙엽이나 지피물 밑에서 유충으로 월동한다.

해설

오리나무잎벌레

유충과 성충이 모두 오리나무류 잎을 가해하여 피해를 주는 해충으로, 연 1회 발생하며 성충으로 땅속에서 월동한다.

39 군집생활을 하며 임목을 고사시키는 조류는?

① 할미새 ② 동박새
③ 왜가리 ④ 산비둘기

해설

백로와 왜가리는 소나무와 참나무류 등에 군집하여 생활하며, 특히 번식기 때 산성을 띤 새끼의 배설물에 의해 임목이 고사한다.

40 단위생식에 의해서 증식하는 해충은?

① 솔잎혹파리 ② 밤나무혹벌
③ 오리나무잎벌레 ④ 아까시잎혹파리

해설

밤나무혹벌

밤나무의 잎눈에 충영(벌레혹)을 만들고 그 속에서 기생하여 밤의 결실을 방해하는 해충이다. 암컷만이 알려져 있으며, 암수의 수정 없이 단독으로 번식하여 개체를 형성하는 단성생식(單性生殖, 단위생식)을 한다.

정답 36 ① 37 ④ 38 ④ 39 ③ 40 ②

3과목 임업경영학

41 「산림기본법」에 명시된 산림경영계획으로 옳은 것은?

① 산림기본계획, 지역산림계획
② 산림기본계획, 광역산림계획
③ 산림종합계획, 지역산림계획
④ 산림종합계획, 광역산림계획

해설

산림기본계획과 지역산림계획은 「산림기본법」에 의거하여 수립·시행하는 경영계획이다.

42 주로 원가관리 목적과 재고자산 평가 등의 용도로 활용하는 원가는?

① 표준원가   ② 변동원가
③ 고정원가   ④ 기회원가

해설

표준원가
재화 생산 전에 과학적·통계적 기준에 따라 미리 계산된 원가로 주로 원가관리 목적과 재고자산 평가 등의 용도로 활용한다.

43 국유림경영계획 실행상황을 평가하는 데 해당되지 않는 것은?

① 예비평가   ② 중간평가
③ 사전평가   ④ 최종평가

해설

국유림경영계획의 실행상황 평가에는 예비평가, 중간평가, 최종평가가 있다.

44 매년 말에 r씩 영구히 수득할 수 있는 무한연년이자의 전가합계식(K)은?(단, p = 연이율)

① $K = \dfrac{r}{0.0p}$ ② $K = \dfrac{r}{1.0p}$
③ $K = \dfrac{r}{1.0p - 1}$ ④ $K = \dfrac{r}{1.0p + 1}$

해설

무한연년이자의 전가식
- 매년 말에 r씩 영구히 얻을 수 있는 이자의 전가합계식
- $K = \dfrac{r}{P} = \dfrac{r}{0.0P}$
  여기서, P : 이율

45 산림평가에서 유동자본에 해당하지 않는 것은?

① 조림비   ② 관리비
③ 사업비   ④ 제재소 설치비

해설

자본재의 종류

자본재	종류	
유동자본재	조림비	종자, 묘목, 비료, 약제, 보육비용
	관리비	관리자의 급료, 사무비, 수선비, 보험료, 공과잡비
	사업비	임금, 소모품비
고정자본재		임지, 임도, 건물, 기계, 기구, 시설, 설비, 차량

46 산림조사에 관한 설명으로 옳지 않은 것은?

① 지위는 임지생산력 판단지표이다.
② 임종은 침엽수림, 활엽수림, 침활혼효림으로 구분한다.
③ 혼효율은 수종별 입목재적, 본수, 수관점유면적 비율에 의하여 백분율로 산정한다.
④ 소밀도는 조사면적에 대한 입목의 수관면적이 차지하는 비율을 백분율로 표시한다.

정답 41 ① 42 ① 43 ③ 44 ① 45 ④ 46 ②

> **해설**

임종(林種)은 인공림과 천연림으로 구분하며, 임상(林相)은 침엽수림, 활엽수림, 침활혼효림으로 구분한다.

47 다음과 같은 이령림의 평균임령은?

수령	10년	15년	20년
본수	120본	100본	80본

① 약 13.8년
② 약 14.3년
③ 약 14.8년
④ 약 15.3년

> **해설**
>
> 본수령에 의한 평균임령 계산
> $$A = \frac{n_1 a_1 + n_2 a_2 + n_3 a_3 + \cdots + n_n a_n}{n_1 + n_2 + n_3 + \cdots + n_n}$$
> $$= \frac{(120 \times 10) + (100 \times 15) + (80 \times 20)}{120 + 100 + 80}$$
> $$= 14.33 \cdots \quad \therefore \text{약 } 14.3 \text{년}$$
> 여기서, a_1, a_2, a_3 : 연령
> n_1, n_2, n_3 : 각 연령의 본수

48 일반적으로 사용하는 원가비교방법이 아닌 것은?

① 기간비교
② 상호비교
③ 표준실제비교
④ 부가가치비교

> **해설**
>
> 원가비교방법
> • 기간비교 : 과거와 현재의 원가비교
> • 상호비교 : 다른 업체와의 원가비교
> • 표준실제비교 : 실제원가와 표준원가의 비교, 일반적인 원가비교 방법

49 윤벌기와 관련된 작업으로 가장 적합한 것은?

① 개벌작업
② 택벌작업
③ 모수작업
④ 왜림작업

> **해설**
>
> 윤벌기(輪伐期)
> 보속작업에서 한 작업급에 속하는 모든 임분을 일순벌(一巡伐)하는 데 소요되는 기간으로 개벌작업에 따른 법정림사상에 기인한 개념이다.

50 사유림의 규모가 15ha일 때 해당하는 경영형태는?

① 농가임업
② 부업적 임업
③ 겸업적 임업
④ 주업적 임업

> **해설**
>
> 부업적 임업
> 소유 규모가 5~30ha일 때의 경영형태로 농업, 축산 등의 기타 사업을 하면서 여력을 이용하여 부업으로 경영하는 임업이다.

51 산림경영의 지도원칙 중 보속성의 원칙에 대한 설명으로 옳은 것은?

① 공공경제성의 원칙·경제후생의 원칙이라고도 한다.
② 최소 비용에 대한 최대 효과의 원칙이라고 할 수 있다
③ 자연에 순응하고 어울리는 복지적 경영을 해야 하는 고차원적 원칙이다.
④ 산림에서 매년 수확을 균등적, 항상적으로 계속되도록 경영하려는 원칙이다.

정답 47 ② 48 ④ 49 ① 50 ② 51 ④

> **해설**

보속성의 원칙
해마다 목재 수확을 계속하여 양적 및 질적으로 균등하게 생산·공급하도록 경영하자는 원칙이다.

52 수간석해의 방법으로 총재적을 얻을 때 고려하지 않아도 되는 것은?

① 근주재적 ② 지조재적
③ 결정간재적 ④ 초단부재적

> **해설**

수간석해를 통한 벌채목의 총재적 계산
근주재적, 결정간재적, 초단부재적을 합산하여 전체 벌채목의 재적을 구한다.

53 벌기 이상의 임목 평가법으로 가장 적절한 것은?

① Glaser법 ② 임목비용가법
③ 임목기망가법 ④ 시장가역산법

> **해설**

임령에 따른 임목의 평가법

구분	내용
유령림의 임목평가	임목비용가법
중령림의 임목평가	글라저(Glaser)법
벌기 미만인 장령림의 임목평가	임목기망가법
벌기 이상인 성숙림의 임목평가	시장가역산법

54 다음 ( ) 안에 알맞은 것은?

산림조사에서 매목조사 시 흉고직경은 (A)cm 괄약으로 수종별로 측정하여 기록하되 (B)cm 미만은 측정하지 않는다.

① A : 2, B : 2 ② A : 2, B : 6
③ A : 6, B : 2 ④ A : 6, B : 6

> **해설**

매목조사방법
윤척이나 직경테이프를 이용하여 지상 1.2m 흉고높이에서 2cm 괄약으로 한 번만 측정하고, 흉고직경 6cm 미만은 측정하지 않는다.

55 감가가 발생하는 요인 중 물리적 감가에 해당되는 것은?

① 부적응에 의한 감가
② 진부화에 의한 감가
③ 경제적 요인에 의한 감가
④ 마모, 손상 및 오손에 의한 감가

> **해설**

물질적 감가(물리적 감가)
- 시간의 경과에 따른 부패, 부식 등의 자연적 소모에 의한 가치 감소
- 마찰, 마모, 손상, 오손 등의 사용 소모에 의한 가치 감소

56 다음 도표에서 손익분기점은?

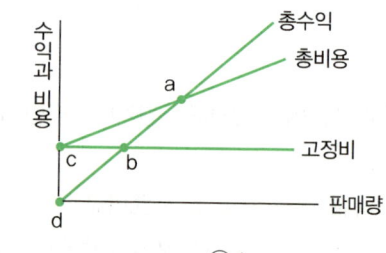

① a ② b
③ c ④ d

> **해설**

손익분기점의 정의
- 손실과 이익이 나누어지는 지점
- 총비용과 총수익이 같아져 이익이 0이 되는 판매량 또는 판매액의 수준
- 이익도 손실도 발생하지 않는 판매수준

정답 52 ② 53 ④ 54 ② 55 ④ 56 ①

57 법정림에 대한 설명으로 옳은 것은?

① 법으로 정해진 산림
② 목재 수확을 위해 지정한 산림
③ 해마다 균등하게 목재를 수확할 수 있는 산림
④ 산림 파괴를 막기 위해 정부가 보호하는 산림

해설

법정림(法正林, Normal Forest)
매년 수확량이 균등하게 될 수 있는 내용조건을 완벽하게 갖춘 산림으로 경영목적에 따라 벌채하여도 남아 있는 임목의 생장에 전혀 지장을 주지 않아 재적수확의 보속을 실현할 수 있다.

58 단위면적에서 수확되는 목재생산량이 최대가 되는 연령을 벌기령으로 하는 방법은?

① 수익률 최대의 벌기령
② 화폐수익 최대의 벌기령
③ 재적수확 최대의 벌기령
④ 토지 순수익 최대의 벌기령

해설

재적수확 최대의 벌기령
단위면적당 목재의 (평균)생산량이 최대가 되는 연령을 벌기령으로 정하는 방법이다.

59 현 산림축적이 ha당 1,000m³이고 연평균 생장률이 3%일 때, 10년 후 산림축적을 복리식 후가계산식으로 계산하면?

① 약 131m³
② 약 1,305m³
③ 약 1,344m³
④ 약 13,786m³

해설

후가식(後價式)
- 현재 자본금이 V이고, 이율이 P일 때 n년 후의 자본금 N(후가)을 구하는 공식
- $N = V \times 1.0P^n = 1,000 \times 1.03^{10} = 1,343.91 \cdots$
  ∴ 약 1,344m³

60 어떤 입목의 수피 외직경이 14cm이고, 수피 두께가 5mm일 때 수피내직경은?

① 12.0cm
② 12.5cm
③ 13.0cm
④ 13.5cm

해설

수피내직경 계산
수피내직경 = 수피외직경 − (2 × 수피두께)
= 14 − (2 × 0.5) = 13cm

4과목 산림공학

61 한 측점에서 많은 점의 시준이 안 되고, 길고 좁은 지역의 측량에 주로 이용되는 방법은?

① 도선법
② 방사법
③ 전방교회법
④ 측방교회법

해설

전진법(도선법)
장애물이 있거나 지형이 좁고 길어, 한 점에서 많은 측점의 시준이 불가능할 때 각 측점마다 평판을 옮겨가며 방향선과 거리를 측정하여 차례로 제도해 나가는 방법이다.

정답 57 ③ 58 ③ 59 ③ 60 ③ 61 ①

62 임도의 종단곡선 기준으로 옳은 것은?(단, 설계속도 40km/시간인 경우)

① 종단곡선의 길이 : 20m 이상
② 종단곡선의 길이 : 30m 이상
③ 종단곡선의 반경 : 250m 이상
④ 종단곡선의 반경 : 450m 이상

해설

설계속도별 종단곡선 설치기준

설계속도(km/h)	종단곡선의 반경(m)	종단곡선의 길이(m)
40	450 이상	40 이상
30	250 이상	30 이상
20	100 이상	20 이상

63 임도의 평면선형에서 사용되는 곡선이 아닌 것은?

① 단곡선　　② 이중곡선
③ 복심곡선　④ 배향곡선

해설

평면곡선의 종류
단곡선, 복심곡선, 반향곡선, 배향곡선, 완화곡선

64 자연적인 현상에 의한 황폐지 유형이 아닌 것은?

① 훼손지　　② 붕괴지
③ 밀린 땅　　④ 황폐계류

해설

사방사업 시공 대상지는 유형에 따라 황폐지, 붕괴지(무너진 땅), 땅밀림지(밀린 땅), 훼손지 등으로 구분하며, 주로 자연적 현상에 의해 발생하나 훼손지는 인위적 요인에 의해 발생한다.

65 벌목작업 시 벌도목이 인근 나무에 걸렸을 때 해결방법으로 가장 적합한 것은?

① 걸려 있는 인근 나무를 베도록 한다.
② 걸치고 있는 나무를 벌도하여 함께 넘긴다.
③ 걸린 나무에 올라가 흔들어 떨어뜨리도록 한다.
④ 지렛대를 사용하여 걸린 나무를 돌려 낙하하도록 한다.

해설

벌목작업 시 벌도목이 인근 나무에 걸렸을 때는 지렛대를 사용하여 걸린 나무를 돌려 낙하하도록 한다.

66 계류의 상류부에 축설하는 시설물로서 반수면만을 축조하는 공사는?

① 사방댐　　② 골막이
③ 밑막이　　④ 기슭막이

해설

골막이
구곡막이라고도 하며, 유속을 완화하여 구곡의 침식을 방지하고자 계류를 횡단하여 설치하는 일종의 소형 사방댐이다. 사방댐은 주로 계류의 하류부에 축설하지만, 골막이는 주로 상류부에 축설하고, 반수면만을 설치하며 대수측은 채우기 한다.

67 대경재 벌목방법으로 옳지 않은 것은?

① 쐐기나 지렛대를 이용한다.
② 기계톱에 무리한 힘을 가하지 않는다.
③ 바버체어(Baber Chair)가 발생하도록 작업한다.
④ 목재 손실을 방지하기 위해 옆면 노치 자르기를 한다.

정답 62 ④　63 ②　64 ①　65 ④　66 ②　67 ③

해설

바버체어(Baber Chair)
벌채 시 임목을 충분히 절단하지 않아 수간이 수직 방향으로 쪼개지는 현상이며 발생하지 않도록 작업한다.

68 도저 블레이드면의 방향이 진행 방향의 중심선에 대하여 20~30°의 경사가 진 것은?

① 불도저
② 틸트도저
③ 앵글도저
④ 스트레이트도저

해설

앵글도저(Angle Dozer)
블레이드면의 방향이 진행 방향의 중심선에 대하여 20~30°의 경사를 가지는 도저로 측면 절토 또는 흙을 좌우측면으로 밀어낼 때 적합하다.

69 유역 내 강수량 관측지점의 면적이 각각 100ha, 150ha, 250ha이다. 각각의 면적에서 측정한 강수량이 각각 110mm, 100mm, 115mm일 때, Thiessen법으로 계산한 평균강수량은?

① 약 100mm
② 약 105mm
③ 약 110mm
④ 약 115mm

해설

티센(Thiessen)법

$$P_m = \frac{A_1 P_1 + A_2 P_2 + \cdots + A_n P_n}{A_1 + A_2 + \cdots + A_n}$$

$$= \frac{(100 \times 110) + (150 \times 100) + (250 \times 115)}{100 + 150 + 250}$$

$= 109.5mm$ ∴ 약 110mm

여기서, P_m : 평균강수량(mm)
P_1, P_2, P_n : 관측지점별 강수량
A_1, A_2, A_n : 관측지점별 지배면적

70 반출할 목재의 길이가 10m이고, 임도의 너비가 5m일 때 최소곡선반지름은?

① 3m
② 4m
③ 5m
④ 6m

해설

최소곡선반지름 계산(운반되는 통나무의 길이에 의한 경우)

최소곡선반지름 $R = \dfrac{l^2}{4B} = \dfrac{10^2}{4 \times 5} = 5m$

여기서, l : 반출할 목재의 길이(m)
B : 도로의 폭(m)

71 산지사방의 목표와 거리가 먼 것은?

① 산사태의 방지
② 붕괴의 확대 방지
③ 표토침식의 방지
④ 계상침식의 방지

해설

산지사방의 주요 목적
표토 침식 방지, 붕괴 확대 방지, 산사태 위험 방지

72 임도설계 업무 순서로 옳은 것은?

① 답사 → 예비조사 → 예측 → 실측 → 설계도 작성 → 공사수량의 산출 → 설계서 작성
② 답사 → 예측 → 예비조사 → 실측 → 설계도 작성 → 공사수량의 산출 → 설계서 작성
③ 예비조사 → 예측 → 답사 → 실측 → 설계도 작성 → 공사수량의 산출 → 설계서 작성
④ 예비조사 → 답사 → 예측 → 실측 → 설계도 작성 → 공사수량의 산출 → 설계서 작성

해설

임도설계 업무의 순서
예비조사 → 답사 → 예측 → 실측 → 설계도 작성 → 공사수량 산출 → 설계서 작성

정답 68 ③ 69 ③ 70 ③ 71 ④ 72 ④

73 와이어로프에 대한 설명으로 옳은 것은?

① 임업용 와이어로프는 스트랜드의 수가 4개인 것을 많이 사용한다.
② 보통꼬임은 꼬임이 안정되어 킹크가 생기기 어렵고 취급이 용이하다.
③ 랑꼬임은 꼬임이 풀리기 쉬워 킹크가 일어나기 쉽고 보통꼬임보다 강도가 낮다.
④ 와이어의 꼬임과 스트랜드의 꼬임이 동일 방향으로 된 것을 보통꼬임이라 한다.

해설

와이어로프의 꼬임 방향에 따른 구분

구분	보통꼬임	랜꼬임(랑꼬임)
꼬임 방향	와이어의 꼬임과 스트랜드의 꼬임 방향이 반대	와이어의 꼬임과 스트랜드의 꼬임 방향이 동일
특징	꼬임이 안정되어 킹크가 생기기 어렵고 취급이 용이하지만, 마모가 크다.	꼬임이 풀리기 쉬워 킹크가 생기기 쉽지만, 마모가 적다.
주용도	작업본줄	가공본줄

74 씨뿌리기공법에 해당되지 않는 것은?

① 섶뿌리기
② 점뿌리기
③ 흩어뿌리기
④ 분사식 씨뿌리기

해설

씨뿌리는 공법
뿌리는 방법에 따라 점뿌리기(점파), 줄뿌리기(조파), 흩어뿌리기(산파)가 있으며, 종자, 비료, 양생제, 전착제를 물과 함께 혼합하여 사면에 기계로 압력·분사하여 파종하는 분사식 씨뿌리기공법(분사식 파종공법)이 있다.

75 돌망태에 관한 설명으로 옳지 않은 것은?

① 작업실행이 쉽다.
② 표면의 조도가 크다.
③ 가설공사에 주로 사용된다.
④ 내구성이 길어 영구적이다.

해설

돌망태공
내구성은 작은 편(보통 10년 정도)으로 영구적이지는 않지만, 배수성·신축성·일체성·연속성·보강성·유연성·투수성·방음성 등이 우수한 장점이 있다.

76 임도의 노체를 시공하는 순서로 옳은 것은?

① 노상 → 노반 → 기층 → 표층
② 노반 → 노상 → 기층 → 표층
③ 노상 → 노반 → 표층 → 기층
④ 노반 → 노상 → 표층 → 기층

해설

노체(路體)
도로의 몸체로 기본구조는 깊은 곳으로부터 노상, 노반, 기층, 표층의 순으로 구성된다.

77 등고선 간격이 10m인 1 : 25,000 지형도에서 종단기울기가 8%가 되게 노선을 그릴 때 도상의 수평거리는?

① 4mm
② 5mm
③ 8mm
④ 10mm

정답 73 ② 74 ① 75 ④ 76 ① 77 ②

해설

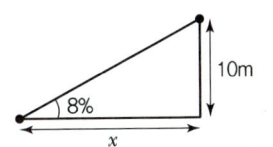

- 기울기(%) = $\dfrac{수직거리}{수평거리} \times 100$에서 $8 = \dfrac{10}{x} \times 100$이고, $x = 125\text{m}$이다.
- 실제거리가 125m = 12,500cm이므로 실제거리 = 도상거리 × 축척의 수치에서 $12{,}500 = x \times 25{,}000$이고, $x = 0.5\text{cm} = 5\text{mm}$

∴ 지도상의 수평거리는 5mm이다.

78 돌을 다듬을 때 앞면 · 길이 · 뒷면 · 접촉부 및 허리치기의 치수를 특별한 규격에 맞도록 하여 만든 석재는?

① 깬돌
② 사석
③ 견치돌
④ 야면석

해설

견치돌
돌을 다듬을 때 앞면, 길이, 뒷면, 접촉부 및 허리치기의 치수를 특별한 규격에 맞도록 지정하여 만든 석재로 단단하고 치밀하여 견고를 요하는 돌쌓기 공사, 사방댐, 옹벽 등에 주로 사용된다.

79 퇴사울타리를 설치할 때 기준높이는?

① 0.5m
② 1.0m
③ 1.5m
④ 2.0m

해설

퇴사울타리를 설치할 때 기준높이는 1.0m가 적당하다.

80 임도 개설 시 m^3당 임목수집비를 고려할 때 효율성과 경제성이 가장 큰 위치는?

① 산복부
② 능선부
③ 계곡부
④ 복합지역

해설

사면임도(산복임도)
계곡임도에서 시작되어 산록부와 산복부에 설치하는 임도로 산지개발 효과와 집재작업 효율이 높으며, 상향집재도 가능하다. 산복임도는 집재나 공사비 등의 면에서 효율성과 경제성이 가장 좋은 임도이다.

정답 78 ③ 79 ② 80 ①

2018년 3회 기출문제

> 산림기사

1과목 조림학

01 우리나라 난대림의 특징수종으로 옳은 것은?

① 곰솔 ② 후박나무
③ 서어나무 ④ 가문비나무

해설

우리나라 난대림의 대표 특징수종
- 활엽수 : 가시나무, 붉가시나무, 호랑가시나무, 동백나무, 사철나무, 후박나무, 구실잣밤나무, 생달나무, 녹나무, 감탕나무, 돈나무, 먼나무, 아왜나무, 식나무, 꽝꽝나무, 멀구슬나무 등
- 침엽수 : 삼나무, 편백나무 등

02 광합성 광반응에 대한 설명으로 옳지 않은 것은?

① ATP를 소모한다.
② NADPH를 생산한다.
③ 햇빛이 있을 때에 일어난다.
④ 엽록체의 Grana에서 진행된다.

해설

광합성의 광반응
엽록소에서 흡수한 빛에너지를 이용한 물의 광분해 반응(산소 방출)과 식물활동에 필요한 에너지인 ATP(아데노신 3인산)를 만드는 광인산화 반응으로 엽록체의 그라나에서 진행한다.

03 우리나라에서 넓은 분포면적을 가지고 있으며 지역품종(생태형)이 다양한 것은?

① *Pinus rigida*
② *Pinus densiflora*
③ *Pinus koraiensis*
④ *Pinus thunbergii*

해설

생태형(生態型)
같은 종이 다른 생육 환경에 적응하여 다른 유전적 형질을 고정적으로 갖게 되는 것을 말하며, 대표적으로 우리나라의 소나무(*Pinus densiflora*)는 분포지역에 따라 동북형, 금강형, 중남부평지형, 위봉형, 안강형, 중남부고지형의 6가지 생태형으로 나타난다.

04 밤나무 품종 중 조생종은?

① 미풍 ② 석추
③ 은기 ④ 단택

해설

밤나무의 개량 품종
- 조생종 : 개화결실이 빠른 종으로 단택, 이취 등이 있다.
- 중생종 : 개화결실이 일반적인 가을 종으로 미풍, 은기, 이평, 축파, 유마 등이 있다.
- 만생종 : 개화결실이 늦는 종으로 석추 등이 있다.

05 대립종자를 파종하는 데 가장 알맞은 방법은?

① 점파 ② 산파
③ 상파 ④ 조파

정답 01 ② 02 ① 03 ② 04 ④ 05 ①

해설

점파(點播, 점뿌림)
일직선으로 종자를 하나씩 띄엄띄엄 심는 방법으로 상수리나무, 밤나무, 호두나무, 칠엽수, 은행나무 등과 같은 대립종자에 적당하다.

06 벌채지에 종자를 공급할 수 있는 나무를 산생 또는 군상으로 남기고 나머지 임목들은 모두 벌채하는 작업은?

① 개벌작업 ② 산벌작업
③ 택벌작업 ④ 모수작업

해설

모수작업
벌채지에 종자를 공급할 수 있는 모수(母樹)를 단독 또는 군상으로 남기고, 그 외 나머지 수목들을 모두 벌채하는 방법의 작업이다.

07 다음 설명에 해당하는 것은?

- 땅속 50~100cm 깊이에 종자를 모래와 섞어서 저장하는 방법이다.
- 종자를 후숙하여 발아를 촉진하는 방법으로도 사용된다.

① 냉습적법
② 저온저장법
③ 보호저장법
④ 노천매장법

해설

노천매장법(露天埋藏法)
노천에 일정 크기(깊이 50~100cm)의 구덩이를 파고 종자를 모래와 섞어서 묻어 저장하는 방법으로 저장과 함께 종자 후숙에 따른 발아촉진의 효과도 있다.

08 가지치기의 장점으로 옳지 않은 것은?

① 무절재 생산
② 부정아 발생 감소
③ 연륜폭을 고르게 함
④ 산불로 인한 수관화 피해 경감

해설

가지치기의 장단점
마디가 없는 무절 완만재를 생산할 수 있으며, 연륜폭도 고르게 발달한다. 지조(枝條)의 연소물을 제거하므로 수관화(樹冠火)의 위험성 또한 경감시킨다. 그러나 줄기에 부정아가 발생하는 단점이 있다.

09 열매가 핵과에 속하는 수종은?

① *Alnus japonica*
② *Cercis chinensis*
③ *Prunus serrulata*
④ *Albizia julibrissin*

해설

핵과(核果)
호두나무, 가래나무, 살구나무, 복숭아나무, 벚나무(*Prunus serrulata*), 산딸나무류

10 모두베기 작업에 대한 설명으로 옳지 않은 것은?

① 양수성 수종 갱신에 유리하다.
② 숲 생태계 기능 복원에 가장 유리한 갱신방법이다.
③ 성숙한 임분에 가장 간단하게 적용할 수 있는 방법이다.
④ 기존 임분을 다른 수종으로 갱신할 때 가장 빠른 방법이다.

정답 06 ④ 07 ④ 08 ② 09 ③ 10 ②

[해설]

개별작업(모두베기)의 특징
양수 수종 갱신에 유리하며, 성숙 임분에 가장 간단하게 적용할 수 있는 방법이다. 작업의 실행이 빠르고 간단하며, 높은 수준의 기술을 요하지 않는다는 장점이 있는 반면, 임지의 모든 수목이 제거되므로 지력 유지에 나쁘다. 산림 생태적인 면에서 환경친화적인 작업종과는 가장 거리가 먼 작업법이다.

11 삽목작업에 사용하는 발근촉진제로 가장 부적합한 것은?

① 인돌초산
② 인돌부티르산
③ 테트라졸륨산
④ 나프탈렌초산

[해설]

발근촉진제(發根促進劑)
인돌부틸산(인돌젖산, IBA), 인돌초산(인돌아세트산, IAA), 나프탈렌초산(나프탈렌아세트산, NAA), 루톤액, 3~5%의 설탕물 등

12 조림 후 육림실행 과정 순서로 옳은 것은?

① 풀베기 → 어린나무 가꾸기 → 솎아베기 → 가지치기 → 덩굴 제거
② 풀베기 → 덩굴 제거 → 어린나무 가꾸기 → 가지치기 → 솎아베기
③ 풀베기 → 솎아베기 → 가지치기 → 어린나무 가꾸기 → 덩굴 제거
④ 가지치기 → 어린나무 가꾸기 → 덩굴 제거 → 솎아베기 → 풀베기

[해설]

숲 가꾸기 순서
풀베기 – 덩굴 제거 – 제벌(어린나무 가꾸기) – 가지치기 – 간벌(솎아베기)

13 종자의 정선방법으로만 올바르게 나열한 것은?

① 사선법, 풍선법, 수선법
② 봉타법, 유궤법, 침수법
③ 구도법, 사선법, 풍선법
④ 수선법, 도정법, 부숙법

[해설]

종자정선법
쭉정이, 종자날개, 나무껍질, 나뭇잎, 흙 등의 이물질을 제거하여 좋은 종자를 가려내는 작업으로 입선법, 풍선법, 사선법, 액체선법(수선법, 식염수선법, 알코올선법) 등이 있다.

14 수목의 직경생장에 대한 설명으로 옳지 않은 것은?

① 성목의 경우 목부의 생장량이 사부보다 많다.
② 형성층의 활동은 식물호르몬인 옥신에 의해 좌우된다.
③ 목부와 사부 사이에 있는 형성층의 분열활동에 의해서 이루어진다.
④ 형성층의 분열조직은 안쪽으로 체관세포를 형성하고, 바깥쪽으로 물관세포를 형성한다.

[해설]

지름생장
지름생장은 목부와 사부 사이에 있는 형성층의 분열활동으로 직경이 굵어지며 이루어진다. 형성층의 세포분열을 통해서 안쪽으로는 물관부 조직을, 바깥쪽으로는 체관부 조직을 형성하며 비대생장을 하는 것이다.

정답 11 ③ 12 ② 13 ① 14 ④

15 솎아베기 작업의 목적이 아닌 것은?

① 산불의 위험 감소
② 임분 밀도의 조절
③ 임분의 수평구조 안정화
④ 조림목의 생육공간 조절

해설

간벌의 목적
- 생육공간의 조절(밀도 조절) : 밀도를 조절하여 조림목의 생육 공간을 확보한다.
- 임분의 형질 향상 : 형질 불량목, 폭목 등을 제거하여 임분의 전체적인 형질을 향상시킨다.
- 임분의 수직구조 개선 : 수광량 증가로 하층 식생의 발달을 촉진하고 하층림을 유도하여 임분의 수직구조가 다양화·안정화된다. ✎ 수직구조의 단일화, 수평구조 ×
- 숲 가장자리 지역(임연부)의 보호와 관리, 자연고사로 인한 손실 감소 등이 있다.

16 임업 묘포에 대한 설명으로 옳은 것은?

① 임간묘포는 대부분 고정묘포에 속한다.
② 포지의 토양은 부식질이 풍부한 점토질 토양이 좋다.
③ 해가림이 필요한 수종은 묘상의 구획을 동서 방향으로 길게 하는 것이 좋다.
④ 우리나라 남부지방에서는 경사 5도 이상의 북향사면에 포지를 조성하는 것이 좋다.

해설

묘포지의 선정 조건(묘포의 적지 선정 시 고려사항)
- 사양토나 식양토로 너무 비옥하지 않은 곳
- 평탄지보다 관배수가 좋은 5° 이하의 완경사지인 곳
- 해가림이 필요한 수종은 묘상의 구획을 동서방향으로 길게 하는 것이 유리

17 인공조림과 천연갱신에 대한 설명으로 옳지 않은 것은?

① 천연갱신은 산림 작업 및 임분 관리가 용이하다.
② 천연갱신은 성림으로 조성하는 데 오랜 기간이 소요된다.
③ 인공조림은 임지생산력과 조림성과의 저하를 초래할 수 있다.
④ 인공조림은 묘목의 근계발육이 부자연스럽고 각종 재해에 취약할 수 있다.

해설

천연갱신의 특징
- 천연갱신은 그곳의 환경에 이미 오랫동안 적응한 수종으로 구성되어 성림의 실패가 적다.
- 해당 임지에 적합한 수종이 자생하므로 각종 위해에 대한 저항성이 강하다.
- 새로운 숲이 조성되기까지 오랜 기간이 소요된다.
- 벌목과 운재작업 등으로 임내작업 시 치수손상의 위험이 있으며, 작업이 어렵다.

18 우리나라 산림대에서 난대림지대의 연평균기온 기준은?

① 4℃ 이상   ② 8℃ 이상
③ 14℃ 이상   ④ 18℃ 이상

해설

우리나라 산림대의 연평균기온은 난대림은 14℃ 이상, 온대림은 5~14℃, 한대림은 5℃ 미만이다.

19 질소고정 미생물 중 생활형태가 독립적인 것은?

① *Frankia*   ② *Anabaena*
③ *Rhizobium*   ④ *Azotobacter*

정답 15 ③ 16 ③ 17 ① 18 ③ 19 ④

해설

질소고정균
세균 중에는 뿌리에 기생하거나 독립적으로 생활하며 공기 중의 질소를 고정하여 식물에게 양분을 공급하는 질소고정균이 있다.
- 뿌리 공생(근류균) : *Rhizobium* 속, *Frankia* 속
- 비공생(독립적) : *Azotobacter* 속, *Clostridium* 속

20 산림 생태계에서 생물종 간 상호작용에 대한 설명으로 옳지 않은 것은?

① 타감작용은 생물종 간의 기생이라고 할 수 있다.
② 간벌은 생물종 간의 경쟁을 완화하기 위한 작업에 해당된다.
③ 두 가지 생물종이 생태적 지위가 다를 경우 서로 중립이라고 한다.
④ 한 생물종은 이로움을 받지만 다른 생물종은 무관한 경우를 편리공생이라고 한다.

해설

타감작용(Allelopathy, 알렐로퍼시, 상호대립억제작용)
식물이 다른 식물의 발아나 생장을 억제하기 위해 생화학적 물질(타감물질)을 분비하여 서로 대립하며 영향을 미치는 현상이다.

2과목 산림보호학

21 잣나무털녹병 방제방법으로 옳지 않은 것은?

① 중간기주인 송이풀을 제거한다.
② 저항성 품종을 육성하여 식재한다.
③ 풀베기와 간벌을 실시하여 숲에 통풍을 양호하게 해준다.
④ 담자포자 비산시기인 4월 하순부터 10일 간격으로 보르도액을 2~3회 살포한다.

해설

잣나무털녹병의 방제법
중간기주인 송이풀, 까치밥나무는 겨울포자가 형성되기 전인 8월 말 전까지 제거하며, 묘포에는 담자포자 비산시기인 초가을에 보호살균제인 보르도액을 살포한다. 또한 병원균에 저항성인 내병성 품종을 식재하고, 풀베기와 간벌을 실시하여 통풍을 양호하게 해준다.

22 모잘록병 방제방법으로 옳지 않은 것은?

① 묘상이 과습하지 않도록 한다.
② 복토가 충분히 두텁도록 한다.
③ 병이 심한 묘포지는 돌려짓기를 한다.
④ 질소질 비료보다는 인산질 비료를 충분히 준다.

해설

모잘록병의 방제법
모잘록병은 토양전염성 병이므로 토양소독 및 종자소독을 실시하고, 배수와 통풍이 잘 되어 묘상이 과습하지 않도록 주의한다. 또한 질소질 비료의 과용을 피하며, 인산질, 칼륨질 비료를 충분히 주어 묘목이 강건히 자라도록 돕는다. 파종량을 적게 하여 과밀하지 않도록 하며, 복토는 두껍지 않게 하여야 한다.

23 대추나무빗자루병의 병원체는?

① 세균　　② 곰팡이
③ 바이러스　　④ 파이토플라스마

해설

파이토플라스마에 의한 수병
대추나무빗자루병, 오동나무빗자루병, 뽕나무오갈병

24 솔잎혹파리 방제방법으로 옳지 않은 것은?

① 솔잎혹파리먹좀벌을 천적으로 이용한다.
② 박새, 진박새, 쇠박새 등 조류를 보호한다.
③ 티아메톡삼 분산성 액제를 수간에 주사한다.
④ 피해가 극심한 지역에 동수화제를 살포한다.

정답　20 ①　21 ④　22 ②　23 ④　24 ④

> **해설**

동수화제는 살균제로 솔잎혹파리에는 효과가 없다.

25 천공성 해충이 아닌 것은?

① 박쥐나방
② 밤바구미
③ 버들바구미
④ 알락하늘소

> **해설**

천공성 해충
소나무좀, 박쥐나방, 알락박쥐나방, 향나무하늘소(측백하늘소), 가루나무좀, 알락하늘소, 미끈이하늘소, 솔수염하늘소, 북방수염하늘소, 털두꺼비하늘소, 버들바구미, 광릉긴나무좀 등

26 밤나무의 종실을 가해하여 피해를 주는 해충은?

① 버들바구미
② 어스렝이나방
③ 복숭아명나방
④ 참나무재주나방

> **해설**

어스렝이나방(산누에나방)과 참나무재주나방은 식엽성 해충이다.

복숭아명나방
밤나무, 복숭아나무, 사과나무, 배나무, 자두나무 등 다수의 종실을 가해하며 밤바구미와 함께 밤나무의 주요한 종실 가해 해충이다.

27 늦여름이나 가을철에 내린 서리로 인하여 수목에 피해를 주는 것은?

① 상렬
② 만상
③ 조상
④ 연해

> **해설**

상해의 종류
- 조상(早霜) : 늦가을에 수목이 휴면에 들어가기 전 내린 서리로 인한 피해
- 만상(晩霜) : 봄에 수목이 생장을 개시한 후에 갑자기 내린 서리로 인한 피해

28 곤충의 외분비 물질이며 개척자가 새로운 기주를 찾았다고 동족을 불러들이는 데 사용되는 종내 통신물질로 주로 나무좀류에서 발달되어 있는 물질은?

① 성페로몬
② 경보페로몬
③ 집합페로몬
④ 길잡이페로몬

> **해설**

페로몬의 종류

성페로몬	• 상대 성의 개체를 유인하거나 흥분시키는 페로몬 • 주로 암컷이 분비하며, 수컷의 유인 방제 시 이용
집합페로몬	• 개척자가 새로운 기주를 찾았다고 동족을 불러들이는 페로몬 • 주로 나무좀류에서 발달
경보페로몬	• 침입자가 들어왔을 때 동료집단에게 정보를 알리는 페로몬 • 개미, 꿀벌, 흰개미 등에 발달
길잡이페로몬	• 먹이를 찾고 돌아갈 때 분비하여 다른 개체가 목적지에 도달하도록 돕는 페로몬 • 개미, 꿀벌, 흰개미 등에 발달

29 향나무하늘소(측백하늘소)의 발생 횟수는?

① 1년에 1회
② 1년에 2회
③ 2년에 1회
④ 3년에 1회

> **해설**

향나무하늘소(측백하늘소)
주로 향나무, 편백, 측백, 삼나무 등에 피해를 주는 해충으로 연 1회 발생하며, 수피 밑에서 성충으로 월동한다.

정답 25 ② 26 ③ 27 ③ 28 ③ 29 ①

30 참나무시들음병 방제방법으로 옳지 않은 것은?

① 끈끈이롤 트랩을 설치하여 매개충을 잡는다.
② 유인목을 설치하여 매개충을 잡아 훈증 및 파쇄한다.
③ 전기충격기를 활용하여 나무 속에 성충과 유충을 감전사시킨다.
④ 매개충의 우화최성기인 3월 중순을 전후하여 페니트로티온 유제를 살포한다.

해설

참나무시들음병 방제법
유인목을 설치하여 매개충을 잡아 훈증 및 파쇄하고, 끈끈이롤 트랩을 수간에 감아 매개충을 잡는다. 매개충의 우화 최성기인 6월에 살충제인 페니트로티온 유제를 살포한다.

31 소나무잎떨림병 방제방법으로 옳지 않은 것은?

① 종자소독을 철저히 한다.
② 병든 낙엽은 태우거나 묻는다.
③ 베노밀 수화제나 만코제브 수화제를 사용한다.
④ 자낭포자가 비산하는 7~9월에 살균제를 살포한다.

해설

소나무잎떨림병 방제법
• 병든 낙엽은 모아 태우거나 땅에 묻고, 수관하부에 발생이 심하므로 가지치기와 풀베기를 하여 통풍을 좋게 한다. 또한, 4-4식 보르도액, 캡탄제, 베노밀 수화제, 만코제브 수화제 등의 살균제를 살포한다.
• 병원균은 병든 낙엽에서 자낭포자의 형태로 월동하므로 종자소독으로는 방제할 수 없다.

32 소나무혹병균은 무슨 병원체에 속하는가?

① 세균
② 녹병균
③ 바이러스
④ 흰가루병균

해설

소나무혹병
기주교대를 하며 병을 옮기는 이종기생 녹병균에 의한 수병이다.

33 산불 중 지표화에 대한 설명으로 옳은 것은?

① 치수들이 피해를 받는다.
② 주로 부식층이 타는 화재이다.
③ 풍속과 산불화염의 길이와는 거의 상관없다.
④ 바람이 있을 때는 불어오는 방향으로 원형이 되어 퍼진다.

해설

지표화(地表化)
지표 위의 낙엽, 낙지 등의 지피물과 지상 관목층, 치수 등에서 발생하는 초기단계의 산불이다.

34 솔노랑잎벌의 월동 형태로 옳은 것은?

① 알
② 성충
③ 유충
④ 번데기

해설

솔노랑잎벌
연 1회 발생하며, 알로 월동한다. 유충은 군서하며 주로 묵은 솔잎을 가해한다.

정답 30 ④ 31 ① 32 ② 33 ① 34 ①

35 대기오염에 의한 수목의 피해 양상으로 옳지 않은 것은?

① 오존으로 인한 피해는 어린잎보다 성숙한 잎에서 발생하기 쉽다.
② 아황산가스로 인한 만성증상은 잎에 백색의 작은 반점이 생기는 것이다.
③ 질소산화물로 인한 피해 징후는 잎에 수침상 반점이 생기는 것이다.
④ 불화수소로 인한 피해 징후는 어린잎의 선단과 주변에 백화현상이 나타나는 것이다.

해설

아황산가스로 인한 피해 증상
급성증상은 잎 주변부와 잎맥(엽맥, 葉脈) 사이의 조직이 괴사하고, 연기에 의한 크고 작은 반점이 생기는 연반현상(煙斑現像)이 나타난다. 만성증상은 장시간 저농도 가스의 접촉으로 황화현상이 천천히 나타난다.

36 소나무재선충 방제를 위한 나무주사용으로 가장 적합한 것은?

① 메탐소듐 액제
② 티오파네이트메틸 수화제
③ 에마멕틴벤조에이트 유제
④ 옥시테트라사이클린 수화제

해설

소나무재선충의 나무주사
예방약제인 아바멕틴 또는 에마멕틴벤조에이트의 살충제를 수지분비량이 적은 12~2월에 나무주사 하면 방제에 효과적이다.

37 모잘록병과 비슷한 증상을 보이며, 잎이 완전히 전개되지 않고 연약한 새 가지가 5~6월부터 발생하여 장마철에 급격히 심해지는 병원균은?

① 포플러잎녹병균
② 잣나무잎떨림병균
③ 오동나무탄저병균
④ 오리나무갈색무늬병균

해설

오동나무탄저병의 수병 특징
어린 실생묘가 심하게 침해받으며, 모잘록 증상이 나타나면서 전멸하기도 한다. 주로 묘목의 줄기와 잎에서 발생하며, 잎이 완전히 전개되지 않고, 5~6월부터 발생하여 장마철에 급격히 심해진다.

38 인공적으로 배양할 수 있는 수목 병원체는?

① 세균
② 바이러스
③ 흰가루병균
④ 파이토플라스마

해설

절대기생체(絕對寄生體, 순활물기생체)
- 살아 있는 기주 내에서만 기생하며 양분을 섭취하는 병원체로 인공배양이 불가능하다. 바이러스, 파이토플라스마, 흰가루병균, 녹병균 등이 해당한다.
- 세균은 대부분이 부생체로 인공적인 배양과 증식이 가능하다.

39 산림해충에 대한 임업적 방제방법으로 옳은 것은?

① 천적 이용
② 트랩 이용
③ 훈증제 사용
④ 내충성 수종 이용

해설

천적 이용은 생물적 방제법, 트랩 이용은 기계적 방제법, 훈증제 사용은 화학적 방제법이다.

해충의 임업적 방제법
혼효림과 복층림 조성, 임분밀도 조절, 내충성 수종 식재, 임지환경 개선, 시비 등

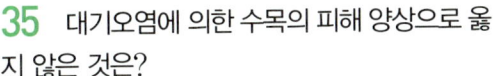
정답 35 ② 36 ③ 37 ③ 38 ① 39 ④

40 곤충의 외표피에서 발견할 수 없는 구조는?

① 왁스층 ② 기저막
③ 시멘트층 ④ 단백질성 외표피

해설

외표피의 구성

시멘트층	곤충의 표피 중 가장 바깥쪽
왁스층(지질층)	곤충 내부의 수분 증산 억제
단백성 외표피층	외표피의 가장 안쪽

3과목 임업경영학

41 연이율이 5%이고 매년 800,000원씩 조림비를 5년간 지불하면, 마지막 지불이 끝났을 때 이자의 후가합계는?

① 약 199,526원 ② 약 626,820원
③ 약 1,021,025원 ④ 약 4,420,500원

해설

유한연년이자의 후가식
- 매년 말에 r씩 n회 얻을 수 있는 이자의 후가합계식
- $K = \dfrac{r(1.0P^n - 1)}{0.0P}$

$= \dfrac{80만 원(1.05^5 - 1)}{0.05} = 4,420,505$

∴ 약 4,420,500원

42 산림경영의 지도원칙으로 옳지 않은 것은?

① 수익을 비용으로 나누어 그 값이 최소가 되도록 경영한다.
② 최대의 순수익 또는 최고의 수익률을 올리도록 경영한다.
③ 생산물량을 생산요소의 양으로 나눈 값이 최대가 되도록 경영한다.
④ 가장 질 좋은 임목을 안정된 가격에 다량 생산하여 국민의 기대에 부응하도록 경영한다.

해설

산림경영의 지도원칙
- 수익성의 원칙 : 최대의 순수익 또는 최고의 수익률
- 경제성의 원칙 : 수익을 비용으로 나눈 값이 최대, 최소비용으로 최대효과
- 생산성의 원칙 : 생산량을 생산요소의 수량으로 나눈 값이 최대, 단위면적당 최대 목재 생산
- 공공성의 원칙 : 질 좋은 목재를 국민에게 대량 공급, 국민의 복리 증진
- 보속성의 원칙 : 해마다 목재 수확을 계속하여 균등하게 생산·공급
- 합자연성의 원칙 : 자연법칙 존중
- 환경보전의 원칙 : 산림의 국토보전, 수원함양 등

43 법정수확표를 이용한 임목 재적 추정에 가장 불필요한 것은?

① 지위지수
② 영급 분배표
③ 임분의 영급
④ 법정임분과 관련된 임목축적

해설

수확표

수종에 따라 연령별, 지위지수별, 주·부임목별로 산림의 단위면적당 본수, 단면적, 재적, 생장량(연년, 평균)과 평균직경, 평균수고, 평균재적, 생장률 등을 5년마다의 수치로 기록한 표이다.

44 각 계급의 흉고단면적 합계를 동일하게 하여 표준목을 선정한 후 전체 재적을 추정하는 방법은?

① 단급법 ② Urich법
③ Hartig법 ④ Draudt법

정답 40 ② 41 ④ 42 ① 43 ② 44 ③

해설

표준목법
표준목을 선정하여 전체 임분의 재적을 산출하는 방법

단급법	전체의 임분을 하나의 급으로 취급하여 단 한 개의 표준목을 선정하는 방법
드라우드법 (Draudt법)	각 직경급의 본수에 따라 비례배분하여 표준목을 선정하는 방법
우리히법 (Urich법)	전 임목을 몇 개의 계급으로 나누고 각 계급의 본수를 동일하게 한 다음 각 계급에서 같은 수의 표준목을 선정하는 방법
하르티히법 (Hartig법)	전 임목을 몇 개의 계급으로 나누고 각 계급의 흉고단면적 합계를 동일하게 하여 각 계급에서 표준목을 선정하는 방법

45 임업경영의 분석을 위한 공식으로 옳지 않은 것은?

① 자본수익률 = 순수익 ÷ 자본
② 임업의존도 = 임업소득 ÷ 임가소득
③ 임업소득률 = 임업소득 ÷ 임업자본
④ 임업소득 가계충족률 = 임업소득 ÷ 가계비

해설

임업경영 분석을 위한 공식

임업의존도	$\frac{임업소득}{임가소득} \times 100$
임업소득률	$\frac{임업소득}{임업조수익} \times 100$
임업소득 가계충족률	$\frac{임업소득}{가계비} \times 100$
자본수익률	$\frac{순수익}{자본} \times 100$

46 산림탄소상쇄 제도의 사업유형이 아닌 것은?

① 신규 조림　　② 산림개발
③ 산림경영　　④ 산지전용 억제

해설

산림탄소상쇄 제도의 사업유형
신규 조림·재조림 사업, 산림경영사업, 식생복구사업, 목제품 이용 사업, 산림바이오매스 에너지 이용사업, 산지전용 억제사업, 복합형 사업

47 임목의 평가방법에 대한 설명으로 옳은 것은?

① 원가방식에는 기망가법이 있다.
② 수익방식에는 비용가법이 있다.
③ 원가수익절충방식에는 매매가법이 있다.
④ 벌기 이상의 임목평가는 시장가역산법으로 실시한다.

해설

임령에 따른 임목의 평가법

구분	내용
유령림의 임목평가	임목비용가법
중령림의 임목평가	글라저(Glaser)법
벌기 미만인 장령림의 임목평가	임목기망가법
벌기 이상인 성숙림의 임목평가	시장가역산법

48 특정 용도에 적합한 용재를 생산하는 데 필요한 연령을 기준으로 결정되는 벌기령은?

① 공예적 벌기령
② 자연적 벌기령
③ 재적수확 최대의 벌기령
④ 산림순수익 최대의 벌기령

해설

공예적 벌기령
특정 용도에 적합한 용재를 생산하는 데 필요한 연령을 기준으로 결정되는 벌기령이다.

정답　45 ③　46 ②　47 ④　48 ①

49 수간석해를 할 때 반경은 보통 몇 년 단위로 측정하는가?

① 1년 ② 3년
③ 5년 ④ 10년

해설

원판 반경의 측정
단면의 반경은 5년마다 측정하며, 4방향으로 측정하여 평균한다.

50 화폐의 시간적 가치를 고려하여 투자효율을 분석하는 방법으로 가장 거리가 먼 것은?

① 회수기간법 ② 순현재가치법
③ 내부수익률법 ④ 편익 – 비용 비율법

해설

투자효율 분석법

구분	특징	종류
현금흐름할인법	화폐의 시간적 가치 고려	순현재가치법, 내부수익률법, 편익비용비법
현금흐름비할인법	화폐의 시간적 가치 고려 안 함	투자이익률법, 회수기간법

51 산림문화·휴양기본계획은 몇 년마다 수립·시행하는가?

① 1 ② 5
③ 10 ④ 20

해설

산림문화·휴양기본계획의 수립·시행
산림청장은 관계중앙행정기관의 장과 협의하여 전국의 산림을 대상으로 산림문화·휴양기본계획을 5년마다 수립·시행할 수 있다.

52 임지비용가법을 적용할 수 있는 경우가 아닌 것은?

① 임지의 가격을 평정하는 데 다른 적당한 방법이 없을 때
② 임지소유자가 매각 시 최소한 그 토지에 투입된 비용을 회수하고자 할 때
③ 임지소유자가 그 토지에 투입한 자본의 경제적 효과를 분석·검토하고자 할 때
④ 임지에서 일정한 시업을 영구적으로 실시한다고 가정하여 그 토지에서 기대되는 순수익의 현재 합계액을 산출할 때

해설

임지비용가를 적용하는 경우
- 최소한 임지에 투입된 비용을 회수하고자 할 때
- 임지에 투입한 자본의 경제적 효과를 분석하고자 할 때
- 임지의 가격을 평정하는 데 다른 적당한 방법이 없을 때

53 자산, 부채, 자본의 관계를 잘 나타낸 것은?

① 자산 = 자본 + 부채
② 자산 = 자본 – 부채
③ 자산 = 부채 – 자본
④ 자산 = 자본 ÷ 부채

해설

자산(총재산) = 자본(자기자본) + 부채(타인자본)

54 손익분기점 분석을 위한 가정으로 옳지 않은 것은?

① 생산과 판매는 동시성이 있다.
② 제품의 생산능률은 변함이 없다.
③ 제품 한 단위당 변동비는 생산량에 따라 증가한다.
④ 제품의 판매가격은 판매량이 변동하여도 변화되지 않는다.

정답 49 ③ 50 ① 51 ② 52 ④ 53 ① 54 ③

해설

손익분기점 분석을 위한 가정
- 제품의 판매가격은 판매량이 변동하여도 변화되지 않는다.
- 원가는 고정비와 변동비로 구분할 수 있다.
- 제품 한 단위당 변동비는 항상 일정하다(한 단위당의 변동비는 증가하지 않는다).
- 고정비는 생산량의 증감에 관계없이 항상 일정하다.
- 생산량과 판매량은 항상 같으며, 생산과 판매에 동시성이 있다(재고가 없다).
- 제품의 생산능률은 변함이 없다.

55 흉고높이에서 생장추를 이용하여 반경 1cm 내의 연륜수 5를 얻었다. 흉고직경이 32cm, 상수가 500일 때 슈나이더(Schneider)식을 이용한 재적생장률은?

① 2.5% ② 3.1%
③ 3.6% ④ 4.0%

해설

슈나이더(Schneider)식

생장률(%) $P = \dfrac{k}{nD} = \dfrac{500}{5 \times 32} = 3.125\%$

여기서, n : 수피 밑 1cm 내의 연륜수
D : 흉고직경
k : 상수(직경이 30cm보다 작으면 550을, 30cm보다 크면 500을 적용)

56 등귀생장에 관한 설명으로 옳은 것은?
① 재적의 증가를 말한다.
② 매년 1년 동안 생장한 양을 말한다.
③ 단위량에 대한 가격의 증가를 말한다.
④ 목재의 수급관계 및 화폐가치의 변동 등에 의한 가격의 변화를 말한다.

해설

등귀생장
- 물가상승, 도로 등의 개설로 인한 운반비 절약, 화폐가치의 하락, 목재 공급량의 부족, 새로운 목재가공기술의 개발 등에서 오는 임목 가격의 상승
- 목재의 수급관계 및 화폐가치의 변동 등에 의한 가격의 변화

57 어떤 산림의 현실축적이 200,000m³이고, 윤벌기가 40년일 때 Mantel법(Masson법)에 의한 표준연벌량은?

① 5,000m³
② 10,000m³
③ 15,000m³
④ 20,000m³

해설

Mantel법의 연간표준벌채량(Y) 계산

$$Y = \dfrac{2 \times \text{현실축적}}{\text{윤벌기}} = \dfrac{2 \times 200,000}{40} = 10,000\text{m}^3$$

58 현재 5년생인 동령림에서 임목을 육성하는 데 소요된 순비용(육성원가)의 후가합계는?
① 임목비용가
② 임목기망가
③ 임목매매가
④ 임목원가계산

해설

임목비용가
- 임목 육성에 들어간 총비용의 후가합계에서 그동안 얻은 수익의 후가합계를 공제한 가격으로 유령림의 임목 평가에 적용한다.
- 비용(조림비, 관리비, 지대)의 후가합계 - 수익(간벌수입)의 후가합계 = 순경비의 후가합계

정답 55 ② 56 ④ 57 ② 58 ①

59 임목의 생장량을 측정하는 데 있어서 현실생장량의 분류에 속하지 않는 것은?

① 연년생장량 ② 정기생장량
③ 벌기생장량 ④ 벌기평균생장량

해설

생장량의 종류
- 현실생장량 : 일정 기간 내에 실제로 임목이 자라난 양으로, 총생장량, 연년생장량, 정기생장량, 벌기생장량 등
- 평균생장량 : 총평균생장량, 정기평균생장량, 벌기평균생장량 등

60 숲해설가의 배치기준으로 옳지 않은 것은?

① 수목원 – 2명 이상
② 산림욕장 – 1명 이상
③ 국립공원 – 2명 이상
④ 자연휴양림 – 2명 이상

해설

숲해설가의 배치기준

배치시설	배치기준
자연휴양림, 수목원	2명 이상
산림욕장, 국민의 숲, 생태숲(산림생태원 포함), 도시림 및 생활림, 자연공원(국립공원 제외)	1명 이상

4과목 임도공학

61 임도설계 시 절토경사면의 기울기 기준으로 옳은 것은?

① 토사지역 1 : 1.2~1.5
② 점토지역 1 : 0.5~1.2
③ 암석지(경암) 1 : 0.3~0.8
④ 암석지(연암) 1 : 0.5~0.8

해설

절토사면의 기울기 기준

구분		기울기
암석지	경암	1 : 0.3~0.8
	연암	1 : 0.5~1.2
토사지역		1 : 0.8~1.5

62 임도설계 시 예산내역서에 대한 설명으로 옳은 것은?

① 공정별로 집계표를 작성하고 누계하여 적용한다.
② 당해 공사의 목적, 기준, 시공 후 기여도 등을 상세히 기록한다.
③ 일반적인 과업지시 사항과 공사목적 및 현지의 입지조건 등을 수록한다.
④ 공정별 수량계산서에 의한 공종별 수량과 단가산출서에 의한 공종별 단가를 곱하여 작성한다.

해설

예산내역서 작성방법
공종별 수량계산서에 의한 공종별 수량과 단가산출서 및 일위대가표에 의한 공종별 단가를 곱하여 작성한다.

63 임도에 교량을 설치할 때 적합하지 않은 지점은?

① 계류의 방향이 바뀌는 굴곡진 곳
② 지질이 견고하고 복잡하지 않은 곳
③ 하상의 변동이 적고 하천의 폭이 협소한 곳
④ 하천 수면보다 교량면을 상당히 높게 할 수 있는 곳

정답 59 ④ 60 ③ 61 ③ 62 ④ 63 ①

> **해설**

교량 설치 적합 지점
- 지질이 견고하고 복잡하지 않은 곳
- 하천이 가급적 직선부인 곳
- 하상의 변동이 적고 하천의 폭이 협소한 곳
- 하천 수면보다 교량면을 상당히 높게 할 수 있는 곳

64 임도 관련 법령에 따른 산림기반시설에 해당되지 않는 것은?

① 간선임도　　② 지선임도
③ 산정임도　　④ 작업임도

> **해설**

임도의 기능과 규모에 따른 종류(산림기반시설)
간선임도, 지선임도, 작업임도

65 임도의 성토사면에 있어서 붕괴가 일어날 가능성이 적은 경우는?

① 함수량이 증가할 때
② 공극수압이 감소될 때
③ 동결 및 융해가 반복될 때
④ 토양의 점착력이 약해질 때

> **해설**

토양 내 함수량이 증가하고, 공극 사이에 존재하는 물의 압력(공극수압)이 증가하면 수분이 이동하고 붕괴가 일어나게 된다. 반대로 공극수압이 감소하면 붕괴 가능성이 적어진다.

66 임도 관련 법령에 의한 임도 실시 설계의 실측 과정에서 이루어지는 업무가 아닌 것은?

① 횡단측량　　② 종단측량
③ 영선측량　　④ 중심선측량

> **해설**

실측(정밀측량)
예비측량의 결과에 따라 보다 정밀하게 선정노선을 측량하는 것으로 평면측량, 종단측량, 횡단측량, 구조물측량을 실시한다.

67 임도에서 합성기울기와 관련이 있는 조합은?

① 횡단기울기와 편기울기
② 종단기울기와 역기울기
③ 편기울기와 곡선반지름
④ 종단기울기와 횡단기울기

> **해설**

합성기울기
종단기울기와 횡단기울기(또는 외쪽기울기)를 합성한 기울기=합성물매

68 임도의 곡선을 결정할 때 외선길이가 10m이고 교각이 90°인 경우 곡선반지름은?

① 약 14m　　② 약 24m
③ 약 34m　　④ 약 44m

> **해설**

외선길이 $E.S = R\left(\sec\dfrac{\theta}{2} - 1\right)$

$10 = R\left(\sec\dfrac{90}{2} - 1\right)$

$R = 24.1421 \cdots$

∴ 약 24m

69 토목공사용 굴착기의 앞부속장치로 옳지 않은 것은?

① Crane　　② Clam Line
③ Pile Driver　　④ Drag Shovel

정답　64 ③　65 ②　66 ③　67 ④　68 ②　69 ②

> **해설**
>
> **셔블계 굴착기**
> 앞부속장치에 따라 백호우(Back Hoe, Drag Shovel), 파워셔블(Power Shovel), 크레인(Crane), 클램셀(Clam Shell), 드래그라인(Drag Line), 파일드라이버(Pile Driver)로 구분할 수 있다.

70 평판측량에 대한 설명으로 옳지 않은 것은?

① 대부분의 작업이 현장에서 이루어진다.
② 다른 측량방법에 비해 정확도가 낮다.
③ 비가 오는 날에는 측량이 매우 곤란하다.
④ 측량용 기구가 간단하여 운반이 편리하다.

> **해설**
>
> **평판측량의 특징**
> 대부분의 작업이 현장에서 이루어지며, 눈으로 직접 시준하므로 다른 측량방법에 비해 정밀도(정확도)는 낮은 편이다. 비가 오는 날에는 측량이 매우 곤란하며, 기상에 따른 영향을 많이 받는다. 첨단의 측량기법 개발로 평판의 기구 사용이나 운반 등이 상대적으로 번거로워졌다.

71 임도의 비탈면기울기를 나타내는 방법에 대한 설명으로 옳은 것은?

① 비탈어깨와 비탈 밑 사이의 수직높이 1에 대하여 수평거리가 n일 때 1 : n으로 표기한다.
② 비탈어깨와 비탈 밑 사이의 수평거리 1에 대하여 수직거리가 n일 때 1 : n으로 표기한다.
③ 비탈어깨와 비탈 밑 사이의 수평거리 100에 대하여 수직높이가 n일 때 1 : n으로 표기한다.
④ 비탈어깨와 비탈 밑 사이의 수직높이 100에 대하여 수평거리가 n일 때 1 : n으로 표기한다.

> **해설**
>
> 1 : n 또는 1/n(수직높이 1에 대하여 수평거리가 n일 때)

72 임도의 노체에 대한 설명으로 옳지 않은 것은?

① 측구는 공법에 따라 토사도, 사리도, 쇄석도 등으로 구분한다.
② 임도의 노체는 노상, 노면, 기층 및 표층의 각 층으로 구성된다.
③ 노면에 가까울수록 큰 응력에 견디기 쉬운 재료를 사용하여야 한다.
④ 통나무길 및 섶길은 저습지대에 있어서 노면의 침하를 방지하기 위하여 사용하는 것이다.

> **해설**
>
> 임도노면은 피복재료와 시공방법에 따라 토사도(흙모랫길), 사리도(자갈길), 쇄석도(부순돌길), 통나무길, 섶길, 시멘트 · 콘크리트 포장도로, 아스팔트 포장도로 등으로 구분한다.

73 노동재해의 정도를 나타내는 도수율에서 노동시간수가 10,000시간이고 노동재해 발생건수가 10건일 때 도수율은 얼마인가?

① 10 ② 100
③ 1,000 ④ 10,000

> **해설**
>
> $$도수율 = \frac{재해건수}{연노동시간수} \times 1,000,000$$
> $$= \frac{10}{10,000} \times 1,000,000 = 1,000$$

74 임도설계 시 일반적인 곡선설정법이 아닌 것은?

① 교각법 ② 교회법
③ 편각법 ④ 진출법

정답 70 ④ 71 ① 72 ① 73 ③ 74 ②

APPENDIX

해설

임도 곡선 설정법
교각법, 편각법, 진출법 등이 있으며, 임도에서는 대부분 교각법을 사용하여 곡선을 측설한다.

75 1:50,000 지형도상에 종단기울기가 8%인 임도노선을 양각기 계획법으로 배치하고자 할 때 등고선 간의 도상거리는?

① 2.5mm   ② 5.0mm
③ 7.5mm   ④ 10.0mm

해설

축척이 1:50,000일 때 등고선(주곡선)의 간격은 20m이고

종단물매$(G) = \dfrac{\text{수직거리}(h)}{\text{수평거리}(D)} \times 100$

$= \dfrac{20}{x} \times 100 = 8\%$이므로,

등고선 간의 수평거리 $x = 250\text{m}$이다.
∴ 여기에 축척을 적용하면 등고선 간의 도상거리는 0.5cm=5mm

76 임도망 계획 시 고려해야 할 사항으로 옳지 않은 것은?

① 운재비가 적게 들도록 한다.
② 신속한 운반이 되도록 한다.
③ 운재방법이 다양하도록 한다.
④ 계절에 따른 운반능력의 제한이 없도록 한다.

해설

임도망 계획 시 고려사항
- 운재비(운반비)가 적게 들도록 한다.
- 신속한 운반이 되도록 한다.
- 운반량에 제한이 없도록 한다(운반량에 탄력성이 있도록).
- 운재방법이 단일화되도록 한다. ✏ 다양화, 이원화 ✕

- 날씨와 계절에 따른 운재(운반)능력에 제한이 없도록 한다.
- 목재의 손실이 적도록 한다.
- 산림풍치의 보전과 등산·관광 등의 편익도 고려한다.

77 자침편차의 변화값이 아닌 것은?

① 일차   ② 연차
③ 주차   ④ 규칙변화

해설

자침편차의 변화
- 일변화(일차) : 오전 11시경이 평균, 오후 2시경이 최대가 되는 하루 사이의 변화로 약 5~10′
- 연변화(연차) : 매년 사이의 변화
- 주기변화(주차) : 오랜 기간에 걸쳐 주기적으로 나타나는 변화=영년변화
- 불규칙변화 : 돌발적으로 불규칙하게 나타나는 변화
✏ 월변화, 규칙변화 ✕

78 다음 그림에서 ∠XAB=16°25′38″, AB=45.58m, ∠XAC=63°17′19″, AC=51.73m일 때 두 나무 사이의 거리는?

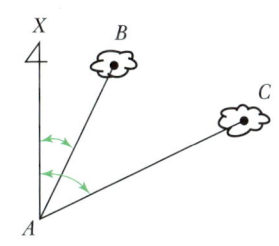

① 약 40m   ② 약 45m
③ 약 50m   ④ 약 55m

정답 75 ② 76 ③ 77 ④ 78 ①

> **해설**

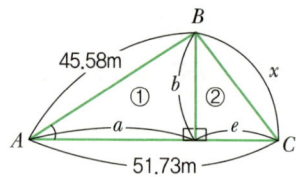

$\angle A = \angle XAC - \angle XAB$
$= 63°17'19'' - 16°25'38'' = 46°51'41'' ≒ 47°$

△ABC를 두 개의 직각삼각형으로 나누어 문제를 푼다.

①번 삼각형에서 $\sin 47° = \dfrac{b}{45.58}$ 이므로

$$b = 33.335 \cdots ≒ 33.34$$

$\cos 47° = \dfrac{a}{45.58}$ 이므로

$$a = 31.085 \cdots ≒ 31.09$$

②번 삼각형에서 $e = 51.73 - a$
$= 51.73 - 31.09 = 20.64$

피타고라스의 정리에 의해 $b^2 + e^2 = x^2$
$$33.34^2 + 20.64^2 = x^2$$
$$x = 39.21 \cdots$$

∴ 두 나무 사이의 거리 BC는 약 40m이다.

79 임도의 최소 종단기울기를 유지해야 하는 주요 목적은?

① 성토면의 토량을 확보하여 시공비를 절약하기 위해
② 시공비용이 높기 때문에 벌채점까지 신속히 접근시키기 위해
③ 임도 표면에 잡초들의 발생을 예방하여 유지비를 절약하기 위해
④ 임도 표면의 배수를 용이하게 하여 임도 파손을 막고 유지비를 절약하기 위해

> **해설**

최소 종단기울기를 유지해야 하는 주목적
임도 표면의 배수를 용이하게 하여 임도 파손을 막고 유지비를 절약하기 위해서다.

80 토질시험 시 입경누적곡선에서 유효입경은 중량백분율의 몇 %인가?

① 10% ② 20%
③ 30% ④ 40%

> **해설**

유효입경(D_{10})
입도분포곡선상(입경가적곡선, 입경누적곡선)에서 통과 중량백분율의 10%에 해당하는 입경

5과목 사방공학

81 비탈다듬기 공사의 시공 요령으로 옳은 것은?

① 산 아래부터 시작하여 산꼭대기로 진행한다.
② 속도랑 공사는 비탈다듬기를 완료한 후에 시공한다.
③ 붕괴면 주변의 가장자리 부분은 최소한으로 끊어 내도록 한다.
④ 비탈다듬기 공사 후 뜬흙이 안정될 때까지 상당기간 동안 비바람에 노출시킨다.

> **해설**

비탈다듬기의 시공 요령
• 공사는 산꼭대기부터 시작하여 산 아래로 진행한다.
• 속도랑과 땅속흙막이 공사는 비탈다듬기 공사 전에 시공하는 것이 효과적이다.
• 붕괴면 주변의 상부와 가장자리 부분은 충분히 끊어 내도록 한다.
• 비탈다듬기 공사 후 뜬흙이 안정될 때까지 상당기간 동안 비바람에 노출시킨다.

정답 79 ④ 80 ① 81 ④

82 임간나지에 대한 설명으로 옳은 것은?

① 산림이 회복되어 가는 임상이다.
② 비교적 키가 작은 울창한 숲이다.
③ 초기황폐지나 황폐이행지로 될 위험성은 없다.
④ 지표면에 지피식물 상태가 불량하고 누구 또는 구곡침식이 형성되어 있다.

해설

임간나지
지표면에 지피식물 상태가 불량하고, 누구 또는 구곡침식이 형성되어 있는 지역이다.

83 3급 선떼붙이기에서 1m를 시공하는 데 사용되는 적정 떼 사용매수는?(단, 떼 크기는 길이 40cm, 너비 25cm)

① 1매   ② 5매
③ 10매 ④ 20매

해설

급수별 1m당 떼 사용매수(떼 크기 40cm×25cm)

1급	3급	5급	6급	7급	8급
12.5매	10매	7.5매	6.25매	5매	3.75매

84 다음 그림과 같은 사다리꼴 수로에서 윤변을 구하는 계산식으로 옳은 것은?

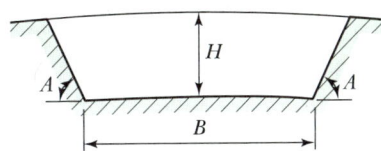

① $B + \dfrac{H}{\sin A}$ ② $B + \dfrac{H}{\cos A}$

③ $B + \dfrac{2H}{\sin A}$ ④ $B + \dfrac{2H}{\cos A}$

해설

수로의 한 변을 x라고 하면
$\sin A = \dfrac{H}{x}$ 이므로 $x = \dfrac{H}{\sin A}$ 이고,
수로 양변의 길이는 $\dfrac{H}{\sin A} \times 2 = \dfrac{2H}{\sin A}$ 가 된다.
∴ 윤변은 $B + \dfrac{2H}{\sin A}$ 이다.

85 비탈면 안정을 위한 계획을 수립할 때 설계를 위한 주요 조사항목으로 거리가 먼 것은?

① 지위조사   ② 기상조사
③ 지형조사   ④ 지질조사

해설

비탈면 안정을 위한 계획 수립 시 조사항목
강우·기온·바람 등의 기상조사, 산지기복·경사도 등의 지형조사, 기반암·토질 등의 지질조사 등을 실시하여 설계한다.

86 사방댐을 설치한 계류의 기울기에 대한 설명으로 옳지 않은 것은?

① 사방댐을 축설하고 나서 홍수가 발생하면 하상기울기는 홍수기울기로 고정된다.
② 홍수기울기와 평형기울기 사이의 퇴사량을 댐의 토사조절량이라고 한다.
③ 유수가 사력을 포함하지 않을 경우에 계상기울기는 가장 완만한데 이를 평형기울기라 한다.
④ 홍수로 다량의 사력을 함유하면 계상기울기가 가장 급하게 되는데 이를 홍수기울기라 한다.

해설

사방댐을 축설하고 나서 홍수가 발생하면 하상기울기는 평형기울기로 고정된다.

정답 82 ④ 83 ③ 84 ③ 85 ① 86 ①

87 유기물이 많은 겉흙을 넓게 제거하여 토양 비옥도와 생산성을 저하시키는 침식형태는?

① 면상침식
② 우격침식
③ 구곡침식
④ 누구침식

해설

면상침식(面狀浸蝕)
토양의 얇은 층이 전면에 걸쳐 넓게 유실되는 현상으로 유기물이 많은 겉흙을 넓게 제거하여 토양의 비옥도와 생산성을 저하시킨다.

88 중력식 사방댐이 전도에 대하여 안정하기 위해서는 합력작용선이 제저 중앙의 얼마 이내를 통과해야 하는가?

① 1/2
② 1/3
③ 1/4
④ 1/5

해설

중력식 사방댐의 전도(轉倒)에 대한 안정
합력작용선이 제저(堤底) 중앙의 1/3 이내를 통과해야 전도하지 않는다.

89 골막이에 대한 설명으로 옳지 않은 것은?

① 물이 흐르는 중심선 방향에 직각이 되도록 설치한다.
② 본류와 지류가 합류하는 경우 합류부 위쪽에 설치한다.
③ 계상기울기를 수정하여 유속을 완화시키는 공작물이다.
④ 구곡막이라고도 하며 주로 상류부에 설치하여 유송토사를 억제하는 데 목적이 있다.

해설

골막이 설치
되도록 계류의 직선부에 설치하며, 물이 흐르는 중심선 방향에 직각이 되도록 방향을 설정한다. 사방댐과 같이 본류와 지류가 합류하는 경우 합류부 아래쪽에 설치한다.

90 가속침식에 해당되지 않는 것은?

① 물침식
② 중력침식
③ 자연침식
④ 바람침식

해설

가속침식의 종류
가속침식은 크게 물에 의한 침식, 중력에 의한 침식, 바람에 의한 침식 등으로 구분할 수 있다.

91 지하수의 용출 및 누수에 의한 침식이 심한 비탈면에서 직접 거푸집을 설치하여 콘크리트를 치는 공법은?

① 새집공법
② 비탈힘줄박기
③ 콘크리트블록쌓기
④ 콘크리트뿜어붙이기

해설

비탈힘줄박기 공법
현장에서 직접 비탈면에 거푸집을 설치하고 콘크리트를 쳐서 뼈대(힘줄)인 틀을 만들고, 틀 안에 떼나 작은 돌 등을 채워 비탈을 안정시키는 공법이다.

92 황폐된 산림의 면적이 50ha이고, 최대시 우량이 45mm/hr, 유거계수가 0.8이면 최대시 우량법에 의한 최대홍수유량은?

① 1.8m³/sec
② 5m³/sec
③ 18m³/sec
④ 50m³/sec

정답 87 ① 88 ② 89 ② 90 ③ 91 ② 92 ②

해설

시우량법

$$Q = \frac{1}{360} \times K \cdot A \cdot m \times \frac{1}{10,000}$$

$$= \frac{1}{360} \times 0.8 \times 500,000 \times 45 \times \frac{1}{10,000} = 5\,\text{m}^3/\text{s}$$

여기서, Q : 최대홍수유량(m^3/s)
K : 유거계수
A : 유역면적(m^2)
m : 최대시우량(mm/hr)

93 황폐계류 유역을 상류로부터 하류까지 구분하는 순서는?

① 토사생산구역 → 토사퇴적구역 → 토사유과구역
② 토사유과구역 → 토사생산구역 → 토사퇴적구역
③ 토사유과구역 → 토사퇴적구역 → 토사생산구역
④ 토사생산구역 → 토사유과구역 → 토사퇴적구역

해설

황폐계류의 유역은 상류로부터 하류까지 「토사생산구역 → 토사유과구역 → 토사퇴적구역」으로 구분할 수 있다.

94 산지사방에 대한 설명으로 옳지 않은 것은?

① 눈사태 방재림 조성은 제외된다.
② 시공 대상지는 붕괴지, 밀린 땅 등이 있다.
③ 산사태 발생의 위험이 있는 산지에 대해서도 실시할 수 있다.
④ 황폐되었거나 황폐될 위험성이 있는 산지의 토양침식 방지를 위해 실시한다.

해설

산지사방(山地砂防)

산사태 발생의 위험이 있는 산지나 황폐되었거나 황폐될 위험성이 있는 산지의 토양침식 방지와 눈사태 방지를 위한 방재림 조성도 산지사방에 포함된다.

95 훼손지 및 비탈면의 녹화공법에 사용되는 수종으로 적합하지 않은 것은?

① 은행나무 ② 오리나무
③ 싸리나무 ④ 아까시나무

해설

사방용 목본류

리기다소나무, 해송(곰솔), 오리나무류[산오리나무(물오리나무), 사방오리나무], 아까시나무, 참나무류(상수리나무, 졸참나무), 눈향나무(누운향나무), 싸리류, 족제비싸리, 회양목, 병꽃나무 등

96 콘크리트의 방수성을 높일 목적으로 사용되는 혼화재료가 아닌 것은?

① 아스팔트 ② 규산나트륨
③ 플라이애시 ④ 파라핀 유제

해설

② 플라이애시 : 수화작용을 연장시켜 발열 감소 및 장기강도 증진을 목적으로 사용된다.

방수제

방수성을 높일 목적으로 사용하는 제제로 규산나트륨, 파라핀 유제, 아스팔트 유제 등이 있다.

97 사방사업이 필요한 지역의 유형분류에서 황폐지에 해당되지 않는 것은?

① 민둥산 ② 밀린 땅
③ 임간나지 ④ 척악임지

정답 93 ④ 94 ① 95 ① 96 ③ 97 ②

해설

황폐지의 진행 순서
척악임지 → 임간나지 → 초기황폐지 → 황폐이행지 → 민둥산 → 특수황폐지

98 수제의 간격을 결정할 때 고려되어야 할 사항으로 가장 거리가 먼 것은?

① 유수의 강도
② 수제의 길이
③ 계상의 기울기
④ 대수면의 면적

해설

수제의 간격 결정 시 고려사항
수제의 길이 및 작용범위, 유수의 강도 및 방향, 계상물매, 형상 등

99 빗물에 의한 토양의 침식 순서로 옳은 것은?

① 누구침식 → 구곡침식 → 면상침식 → 우격침식
② 누구침식 → 우격침식 → 면상침식 → 구곡침식
③ 우격침식 → 면상침식 → 누구침식 → 구곡침식
④ 우격침식 → 누구침식 → 구곡침식 → 면상침식

해설

빗물(강우) 침식
우격침식 – 면상침식 – 누구침식 – 구곡침식의 순으로 발달한다.

100 앞모래언덕 육지 쪽에 후방모래를 고정하여 표면을 안정시키고 식재목이 잘 생육할 수 있는 환경 조성을 위해 실시하는 공법은?

① 모래덮기
② 퇴사울세우기
③ 구정바자얽기
④ 정사울세우기

해설

정사울세우기
전사구(앞모래언덕) 육지 쪽의 후방모래를 고정하여 표면을 안정시키고 식재목이 잘 생육할 수 있는 환경조성을 위해 정사(靜砂)울타리를 시공하는 공법이다.

정답 98 ④ 99 ③ 100 ④

2018년 3회 기출문제

1과목 조림학

01 어린나무 가꾸기 작업 시기에 대한 설명으로 옳은 것은?

① 식재 후 바로 실시한다.
② 주로 겨울철에 작업한다.
③ 수관경쟁이 시작될 때 실시한다.
④ 솎아베기 작업 후 1년 이내에 실시한다.

해설

어린나무 가꾸기(제벌) 시기
식재 후에 조림목이 임관을 형성한 후부터 간벌하기 이전에 실행한다. 조림목이 5~10년간 자라서 수관의 경쟁으로 생육 저해가 나타나는 숲에 실시한다.

02 가지치기에 대한 설명으로 옳은 것은?

① 수액 유동이 원활한 계절에 실시한다.
② 포플러류는 으뜸가지 이하의 가지만 제거한다.
③ 가지의 절단면에 빗물이 고이면 유합이 빨라진다.
④ 단풍나무 및 느릅나무는 생가지치기를 허여도 부후의 위험성이 없다.

해설

가지치기의 시기와 정도
산 가지치기는 가급적 생장휴지기인 11~3월(겨울, 이른 봄)에 수목의 수액이 유동하기 직전에 실시한다. 포플러나무류, 참나무류, 사시나무류는 으뜸가지 이하의 가지까지만 제거하고, 단풍나무, 물푸레나무, 벚나무, 느릅나무 등은 절단부위가 상처유합이 잘 안 되고 썩기 쉬워 생가지치기를 하지 않는다.

03 종자의 품질에 대한 설명으로 옳지 않은 것은?

① 순량률은 순정종자의 비율을 의미한다.
② 발아율은 일정 기간 내에 발아된 종자의 비율을 의미한다.
③ 발아세는 단기간 내 일시에 발아된 종자의 비율을 의미한다.
④ 효율은 발아율과 발아세를 곱하여 표시한 것으로 종자의 품질을 의미한다.

해설

효율(效率)
종자 품질의 실제 최종 평가기준이 되는 종자의 사용가치로 순량률과 발아율을 곱해 백분율로 나타낸 것이다.

04 갱신이 어떤 기간 안에 이루어져야 한다는 제한이 없고 성숙한 임목을 선택적으로 벌채하는 작업종은?

① 택벌작업
② 개벌작업
③ 보수작업
④ 산벌작업

해설

택벌작업
한 임분을 구성하고 있는 임목 중 성숙한 임목만을 선택적으로 골라 벌채하는 작업법으로 갱신이 어떤 기간 안에 이루어져야 한다는 제한이 없으며, 주벌과 간벌의 구별 없이 벌채를 계속 반복한다.

정답 01 ③ 02 ② 03 ④ 04 ①

05 Hawley 간벌방법 중 주로 준우세목이 벌채되며, 우량목에 지장을 주는 중간목과 우세목도 일부 벌채하는 간벌방법은?

① 하층간벌 ② 수관간벌
③ 도태간벌 ④ 택벌식 간벌

해설

수관간벌(상층간벌)
주로 준우세목이 벌채되며, 우량목에 지장을 주는 중간목과 우세목의 일부도 벌채하는 간벌법이다.

06 수목이 이용하는 필수원소 중 미량원소에 해당하는 것은?

① 철   ② 황
③ 칼슘   ④ 마그네슘

해설

필수원소의 종류

다량원소 (9종)	탄소(C), 산소(O), 수소(H), 질소(N), 칼륨(K), 칼슘(Ca), 인(P), 마그네슘(Mg), 황(S)
미량원소 (8종)	철(Fe), 염소(Cl), 망간(Mn), 붕소(B), 아연(Zn), 구리(Cu), 몰리브덴(Mo), 니켈(Ni)

07 모수작업으로 천연갱신이 가장 어려운 수종은?

① 곰솔   ② 소나무
③ 자작나무 ④ 서어나무

해설

모수작업
모수를 제외한 나머지 수목들을 모두 벌채하는 작업법으로 임지가 일시에 노출되므로 주로 소나무, 곰솔(해송), 자작나무 등 양수의 천연갱신에 유리하다. 서어나무는 음수로 모수작업에 적당하지 않다.

08 정삼각형 식재와 정방형 식재의 본수 관계로 옳은 것은?

① 정삼각형 식재가 정방형 식재보다 11.5% 적다.
② 정삼각형 식재가 정방형 식재보다 11.5% 많다.
③ 정삼각형 식재가 정방형 식재보다 15.5% 적다.
④ 정삼각형 식재가 정방형 식재보다 15.5% 많다.

해설

정삼각형 식재
묘목의 전체 간격이 모두 같은 정삼각형 형태로 식재하는 방법으로 일정 면적에 대해 정방형 식재보다 15.5% 본수는 증가하고, 묘목 1본의 면적은 86.6%로 감소한다.

09 주로 입선법으로 종자를 정선하는 수종은?

① *Picea jezoensis*
② *Larix kaempferi*
③ *Pinus densiflora*
④ *Juglans mandshurica*

해설

입선법(粒選法)
종자 낱알을 눈으로 보며 직접 손으로 하나하나 선별하는 정선법으로 밤나무, 호두나무, 가래나무(*Juglans mandshurica*), 상수리나무, 칠엽수, 목련 등의 대립종자에 적당하다.

10 파종조림이 가장 용이한 수종으로만 나열한 것은?

① 잣나무, 박달나무
② 복자기, 단풍나무
③ 소나무, 상수리나무
④ 분비나무, 일본잎갈나무

정답 05 ② 06 ① 07 ④ 08 ④ 09 ④ 10 ③

해설

파종조림이 용이한 수종
- 침엽수 : 소나무, 해송, 리기다소나무
- 활엽수 : 참나무류(상수리, 굴참, 졸참, 갈참, 떡갈, 신갈), 밤나무, 가래나무, 벚나무, 옻나무

11 암수한그루로만 바르게 나열한 것은?

① 왕버들, 소철
② 은행나무, 버드나무
③ 굴참나무, 오리나무
④ 물푸레나무, 사시나무

해설

자웅동주(암수한그루)
암꽃과 수꽃이 같은 나무에서 달리는 것으로 소나무류, 삼나무, 오리나무류, 호두나무, 참나무류, 가래나무 등이 대표적이다.

12 지하자엽 발아형에 속하는 수종은?

① 버드나무
② 단풍나무
③ 아까시나무
④ 물푸레나무

해설

지하자엽(地下子葉)형 발아
떡잎이 땅 위로 올라오지 않고, 땅속에 묻힌 채 새잎만 생장하는 것으로 호두나무, 칠엽수, 밤나무, 참나무류가 대표적이며, 버드나무도 지하자엽형이다.

13 벌구 위에 서 있는 임목 전부를 일시 벌채하는 용어에 해당하는 것은?

① 1벌
② 3벌
③ 윤벌
④ 초벌

해설

개벌작업
갱신지의 모든 임목을 일시에 벌채하는 방법으로 한 번의 벌채로 모든 임목을 제거한다 하여 1벌 또는 모두베기라고 부른다.

14 수목이 이용 가능한 수분으로, 토양입자와 물분자 간의 부착력에 의하여 토양에 남아 있는 수분은?

① 결합수
② 중력수
③ 범람수
④ 모세관수

해설

모세관수(모관수)
중력에 저항하여 토양입자와 물분자 간의 부착력에 의해 모세관 사이에 남아 있는 수분으로 pF 2.7~4.5이며 수목의 뿌리가 이용 가능한 수분이다.

15 계절적으로 종자의 성숙시기가 가장 빠른 수종은?

① 오리나무
② 버드나무
③ 호두나무
④ 느티나무

해설

버드나무(*Salix koreensis*)
전국의 계곡이나 하천, 저수지 등 습한 곳에서 흔하게 자라는 수목으로 4월경 꽃이 핀 직후 열매가 성숙하여 5월이면 종자를 얻을 수 있다.

16 사람이 이용한 적이 없고 산불이나 병해충 등에 의한 큰 피해가 없는 산림은?

① 순림
② 원시림
③ 천연림
④ 인공림

정답 11 ③ 12 ① 13 ① 14 ④ 15 ② 16 ②

> **해설**
>
> **원시림(처녀림)**
> 오랜 세월 동안 사람의 힘이 전혀 가해지지 않았으며, 산불이나 병해충 등의 극심한 해를 받은 적도 없는 자연 그대로의 산림, 즉 자연의 힘으로 이루어진 극상림의 숲을 말한다.

17 묘목 식재에 대한 설명으로 옳지 않은 것은?

① 겨울철에는 동해나 한해를 고려하여야 한다.
② 주로 봄에 식재하지만 가을에 식재하기도 한다.
③ 용기묘는 온실에서 키운 후 곧바로 산지에 식재한다.
④ 봄철 식재는 서리의 피해가 우려되지 않을 때 심는 것이 좋다.

> **해설**
>
> **용기묘의 묘목 굳히기(경화)**
> 경화는 온실의 온화한 환경에서 자란 묘목이 실제 조림지의 노지 환경에 적응할 수 있도록 훈련시키는 작업을 말한다. 용기묘는 온실에서 키운 후 경화 과정을 거쳐 산지에 식재하게 된다.

18 임지에 질소 성분을 증가시키기 위해 식재하는 비료목으로만 나열한 것은?

① 싸리, 오리나무
② 소나무, 잣나무
③ 대나무, 삼나무
④ 리기다소나무, 리기테다소나무

> **해설**
>
> **비료목의 종류**
>
> | 질소고정 O | 콩과 (Rhizobium 속 세균) | 아까시나무, 싸리나무류, 자귀나무, 칡 |
> |---|---|---|
> | | 비콩과 (Frankia 속 방사상균) | 오리나무류, 소귀나무, 보리수나무류 |
> | 질소고정 X | • 질소 함량이 높은 잎의 낙엽으로 지력 향상
• 붉나무, 플라타너스, 포플러류, 백합나무 등 | |

19 양수 및 음수에 대한 설명으로 옳지 않은 것은?

① 양수는 음수보다 광포화점이 높다.
② 소나무는 양수이고 주목은 음수이다.
③ 양수는 음수보다 낮은 광도에서 광합성 효율이 높다.
④ 양수와 음수는 햇빛을 좋아하는 정도가 아니라 그늘에 견딜 수 있는 내음성의 정도에 따라 구분한다.

> **해설**
>
> **수목의 내음성**
> 햇빛이 있어야 잘 자라는 양수(陽樹)는 광보상점과 광포화점이 높아 광도가 높을 때 광합성이 활발하며, 비교적 햇빛이 적어도 잘 자라는 음수(陰樹)는 광보상점과 광포화점이 낮아 저조한 광량에도 충분히 효율적으로 광합성을 수행한다.

20 뿌리를 건전하게 하고 에너지의 저장과 공급에 중요한 역할을 하는 원소는?

① 철   ② 인산
③ 질소   ④ 칼슘

> **해설**
>
> **인(P, Phosphorus)**
> 인지질과 핵산의 구성성분이며, 에너지의 저장과 공급에 중요한 역할을 한다. 주로 인산이온($H_2PO_4^-$)의 형태로 식물에 흡수된다.

2과목 산림보호학

21 같은 종의 곤충에 대하여 행동 및 생리에 영향을 주는 물질은?

① 알로몬   ② 시노몬
③ 페로몬   ④ 카이로몬

정답 17 ③ 18 ① 19 ③ 20 ② 21 ③

해설

페로몬(Pheromone)
곤충이 같은 종의 다른 개체에게 의사를 전달하고자 할 때 냄새로 알리는 종내 외분비 신호물질이다. 곤충의 체내에서 생성되어 체외로 배출하는 생리적 화학물질로, 같은 종의 곤충의 행동 및 생리에 영향을 미친다.

22 수목에 발생하는 흰가루병의 표징에 대한 설명으로 옳은 것은?

① 병환부에 나타난 흰가루는 감로에 곰팡이가 자란 것이다.
② 병환부에 나타난 흰가루는 병원균의 완전세대이다.
③ 병환부에 나타난 흰가루는 병원균의 분생포자이다.
④ 봄철 병환부에 나타난 미세한 흑색의 알맹이는 불완전세대인 자낭구이다.

해설

흰가루병의 표징

병환부의 흰가루	균사, 분생포자, 분생자경(분생자병)
병환부의 가을에 나타나는 흑색 알갱이	자낭구

23 밤나무혹벌에 대한 설명으로 옳지 않은 것은?

① 1년에 1회 발생한다.
② 밤의 결실을 방해하는 해충이다.
③ 주요 천적으로 중국긴꼬리좀벌과 상수리좀벌 등이 있다.
④ 성충은 초여름에 우화하여 교미 후 밤나무의 곁눈에 산란한다.

해설

밤나무혹벌
초여름인 6~7월에 크기가 약 3mm인 성충이 우화하여 충영을 뚫고 탈출하고 밤나무의 새 잎눈에 산란한다.

24 곤충의 호흡이 이루어지는 기관은?

① 기문   ② 인두
③ 내분기계   ④ 말피기관

해설

기문(氣門)
곤충의 체내로 통하는 기체 통로가 되는 입구로 호흡기관이다. 가슴에 2쌍, 배에 8쌍으로 모두 10쌍이 일반적이다.

25 나무껍질 사이에서 월동하는 해충은?

① 밤바구미
② 솔잎혹파리
③ 어스렝이나방
④ 잣나무넓적잎벌

해설

어스렝이나방(산누에나방)
연 1회 발생하며, 수피 사이에서 알로 월동한다. 유충이 밤나무, 호두나무 등의 잎을 갉아먹는 식엽성 해충이다.

26 토양 속의 자유생활선충과 비교한 식물기생성 선충의 대표적인 형태적 특징은?

① 입의 유무   ② 구침의 유무
③ 몸체가 투명   ④ 뱀장어 모양

해설

비기생성인 자유생활선충 중 토양 속 선충과 비교한 식물기생성 선충의 대표적인 형태적 특징은 식물조직을 뚫어 흡즙할 수 있는 구침(口針)이 있다는 것이다.

정답 22 ③ 23 ④ 24 ① 25 ③ 26 ②

27 솔나방에 대한 설명으로 옳지 않은 것은?

① 종실을 가해한다.
② 7~8월에 우화한다.
③ 유충 상태로 월동한다.
④ 알을 무더기로 낳는다.

해설

솔나방
주로 소나무, 해송, 리기다소나무, 잣나무 등의 잎을 가해하는 식엽성 해충이다.

28 아황산가스로 인한 수목의 피해 증상 및 영향에 대한 설명으로 옳지 않은 것은?

① 대기의 습도가 낮은 경우에는 가스가 정체되어 피해가 현저하게 나타난다.
② 만성증상은 수목의 생육이 왕성한 늦봄과 초여름에 최고로 민감하게 나타난다.
③ 급성증상은 잎의 주변부와 엽맥 사이에 조직의 괴사와 연반현상이 나타난다.
④ 기공으로 흡수된 아황산가스의 대부분은 황산 또는 황산염으로 되어 접촉부위 부근에 축적된다.

해설

아황산가스(SO_2, 이산화황)
가스의 형태로 기공이나 잎 등의 접촉면을 통하여 흡수·축적되어 피해를 준다. 대기의 상대습도나 토양습도가 높고 바람이 없을 때 물과 반응하여 황산안개가 생성되고 정체되면서 피해가 현저하게 발생한다.

29 소나무재선충병에 대한 설명으로 옳지 않은 것은?

① 잣나무도 피해를 입을 수 있다.
② 현재는 솔수염하늘소에 의해서만 전반된다.
③ 피해목은 벌채하여 메탐소듐 액제로 훈증한다.
④ 우리나라는 1988년경 부산에서 최초로 감염목이 발견되었다.

해설

소나무재선충병(소나무시들음병)
재선충은 스스로 이동할 수 없으며 솔수염하늘소(소나무), 북방수염하늘소(잣나무) 등의 매개충에 의해 전염이 확산된다. 우리나라에서는 1988년 부산의 금정산에서 처음 발견되었다.

30 동해로 인한 피해가 가장 심한 곳은?

① 남사면이 아닌 곳
② 경사가 15°를 넘는 사면
③ 사면을 따라 내려가 오목하게 들어간 곳
④ 임내 공지가 주변에 있는 임목 수고의 1.5배 이하인 곳

해설

결빙현상으로 인한 동해는 차갑고 무거운 공기가 사면을 따라 오목하게 들어간 곳에 머물 때 피해가 가장 심하다.

31 연작에 의해서 피해가 현저하게 증가하는 수목병은?

① 뿌리혹선충병
② 잣나무털녹병
③ 소나무잎녹병
④ 배나무붉은별무늬병

해설

뿌리혹선충병
유충이 기주 식물의 뿌리로 침입하여 혹을 형성하면 뿌리의 양수분 흡수가 어려워져 식물 생장이 불량해지고 활력이 저하되는 피해를 입는다. 연작 재배지에서 심하게 발생한다.

정답 27 ① 28 ① 29 ② 30 ③ 31 ①

32 농약에 의한 수목의 약해에 대한 설명으로 옳지 않은 것은?

① 줄기 또는 잎이 변색된다.
② 피해가 심할 경우 고사한다.
③ 태풍이 지나간 후 살포하면 약해를 받기 쉽다.
④ 두 가지 이상의 살충제를 혼용하면 약해가 줄어든다.

> **해설**
> 2종 이상의 농약을 잘못 혼용한 경우 화학변화를 일으켜 약해가 발생할 수 있다.

33 모잘록병에 대한 설명으로 옳지 않은 것은?

① 거의 모든 수종에 발병할 수 있다.
② 병원균은 난균류와 자낭균류가 있다.
③ 묘상이 과습하지 않도록 배수와 통풍에 주의한다.
④ 어린 묘목의 뿌리 또는 지제부가 주로 감염된다.

> **해설**
> 모잘록병
> 어린 묘목의 뿌리 또는 지제부가 주로 감염되어 변색, 도복, 고사, 부패하게 되는 수병으로 난균류와 불완전균류가 있다.

34 수목병의 임업적 방제법에 대한 설명으로 옳지 않은 것은?

① 묘목은 건강하게 키워야 하며, 취급에도 주의해야 한다.
② 특정한 병의 발생이 예상될 경우에는 다른 수종을 심는다.
③ 부후병 방지를 위해서 봄에서 초여름에 걸쳐 벌채하는 것이 좋다.
④ 조림지와 유사한 환경조건을 가진 임지의 우량한 모수에서 채취한 종자를 심는다.

> **해설**
> 봄에서 초여름은 수목의 생장이 왕성한 때로 잘못 벌채하면 상처가 덧나기 쉽고 부후병 등을 발생시킬 위험이 있다.

35 대추나무빗자루병 방제에 가장 효과적인 약제는?

① 보르도액　　　　② 페니실린
③ 석회 황합제　　④ 옥시테트라사이클린

> **해설**
> 파이토플라스마에 의한 수병인 대추나무빗자루병, 오동나무빗자루병, 뽕나무오갈병은 옥시테트라사이클린계의 항생물질로 치료가 가능하다.

36 소나무좀 방제방법으로 옳지 않은 것은?

① 페니트로티온 유제를 살포한다.
② 6월 이전에 임내의 잡초를 없앤다.
③ 기생성 천적인 좀벌류, 기생파리류를 이용한다.
④ 성충을 산란하게 한 후 먹이나무를 박피하여 소각한다.

> **해설**
> 소나무좀은 유충과 성충이 모두 소나무류의 목질부를 식해하여 피해를 주는 해충으로 잡초 제거로는 방제할 수 없다.

37 산림해충의 발생예찰 방법이 아닌 것은?

① 약제를 이용하는 방법
② 통계를 이용하는 방법
③ 개체군 동태를 이용하는 방법
④ 다른 생물 현상과의 관계를 이용하는 방법

정답　32 ④　33 ②　34 ③　35 ④　36 ②　37 ①

> **해설**

산림해충의 발생예찰 방법
야외에서 직접 조사하는 방법, 통계를 이용하는 방법, 개체군 동태를 이용하는 방법, 다른 생물 현상과의 관계를 이용하는 방법, 실험을 통한 방법 등

38 산불 관련 실효습도의 정의로 옳은 것은?
① 토양의 함수량
② 임분 내의 평균습도
③ 당일 대기 중 상대습도 3회의 평균치
④ 당일을 포함한 최근 수일의 상대습도에 가중치를 붙인 평균습도

> **해설**

실효습도(實效濕度)
수일 전부터 당일까지의 상대습도를 경과시간에 따라 가중치를 붙인 평균습도로 수목의 건조상태를 나타낼 수 있어 주로 화재예방 목적으로 사용된다.

39 매미나방에 대한 설명으로 옳지 않은 것은?
① 침엽수와 활엽수의 잎을 식해한다.
② 암컷은 밤낮을 활발하게 날며 수컷을 찾는다.
③ 연 1회 발생하며 나무줄기에서 알로 월동한다.
④ 부화유충은 4~5일간 알덩어리 주위에 있다가 바람에 날려 분산한다.

> **해설**

매미나방
참나무, 밤나무, 낙엽송 등의 활엽수와 침엽수 모두를 가해하는 잡식성 해충으로 성충의 암컷은 몸이 비대하여 잘 날지 못하나 수컷은 밤낮으로 활발하게 활동하여 집시나방이라고도 불린다.

40 지표식물을 이용하여 발병 여부를 확인할 수 있는 병은?
① 낙엽송잎떨림병
② 참나무시들음병
③ 밤나무가지마름병
④ 아까시나무모자이크병

> **해설**

수목병 진단의 여러 방법 중에는 특정 수병에 감수성을 지니고 있어 병의 증상이 쉽게 드러나 판단의 기준이 되는 지표식물에 의한 방법이 있는데, 바이러스에 의한 수병진단에 주로 이용되고 있다.

3과목 임업경영학

41 임업이율에 해당하는 것은?
① 평정이율
② 현실이율
③ 단기이율
④ 실질적 이율

> **해설**

임업이율의 성격
• 대부이자가 아닌, 자본이자
• 단기이율이 아닌, 장기이율
• 현실이율이 아닌, 평정이율(계산이율)
• 실질적 이율이 아닌, 명목적 이율

42 임업경영 분석자료 중 조수익이 4,500,000원, 경영비가 1,500,000원이면 소득률은?
① 약 33%
② 약 67%
③ 약 150%
④ 약 300%

정답 38 ④ 39 ② 40 ④ 41 ① 42 ②

해설

- 임업소득=임업조수익−임업경영비
  =4,500,000−1,500,000=3,000,000
- 임업소득률= $\dfrac{임업소득}{임업조수익} \times 100$
  = $\dfrac{3,000,000}{4,500,000} \times 100 = 66.66 \cdots$
  ∴ 약 67%

43 임목 재적 계산에 필요한 요소로만 나열된 것은?

① 수고, 형수, 단면적   ② 수고, 형수, 원주율
③ 직경, 형수, 단면적   ④ 직경, 단면적, 원주율

해설

형수법을 이용한 임목 재적 계산
- 형수 $f = \dfrac{V}{g \cdot h}$
- 수간재적 $V = g \cdot h \cdot f$
  여기서, f : 형수
  g : 원의 단면적
  h : 수고

44 임지의 특성에 대한 설명으로 옳지 않은 것은?

① 임지는 임업 이외의 용도로 변경될 수 있다.
② 임지의 경제적 가치는 교통의 편리 여부에 영향을 많이 받는다.
③ 임지는 생육환경이 수직적으로 비슷하므로 생육하는 수종들도 단순하게 나타난다.
④ 임지는 넓고 험하며 높은 지대에 위치하고 있어서 주로 조방적인 작업이 이루어진다.

해설

임지는 수직적으로 생육환경이 다르므로 여러 수종의 임목이 생육한다.

45 정액법을 이용한 임업자산의 감가상각액 산출방법은?

① 폐기가격 ÷ 내용연수
② 구입가격 ÷ 내용연수
③ (폐기가격−구입가격) ÷ 내용연수
④ (구입가격−폐기가격) ÷ 내용연수

해설

정액법

연간 감가상각비 = $\dfrac{취득원가 − 잔존가치}{내용연수}$

(취득원가=기계구입가격, 잔존가치=기계폐기가격=폐물가격)

46 구분구적식으로 중앙단면적을 이용하여 벌채목의 재적을 계산하는 방법은?

① Huber식   ② Hoppus식
③ Newton식   ④ Pressler식

해설

후버(Huber)식

계산이 간단하여 널리 사용되는 방법으로 중앙단면적식이라고도 한다. 원의 넓이 공식을 이용하여 중앙단면적을 구하고 재장을 곱해 산출한다.

47 지황조사 항목이 아닌 것은?

① 지위   ② 지리
③ 임종   ④ 경사도

해설

산림조사
- 지황조사 : 지종, 방위, 경사도, 표고, 토성, 토심, 건습도, 지위, 지리, 지세 등
- 임황조사 : 임종, 임상, 수종, 혼효율, 임령, 영급, 수고, 경급, 소밀도, 축적 등

정답 43 ① 44 ③ 45 ④ 46 ① 47 ③

48 임업경영의 지도원칙으로 매년 목재 수확을 균등하게 하여 영속적으로 목재를 공급하는 것은?

① 보속성의 원칙
② 공공성의 원칙
③ 생산성의 원칙
④ 합자연성의 원칙

해설

보속성의 원칙
해마다 목재 수확을 계속하여 양적 및 질적으로 균등하게 생산·공급하도록 경영하자는 원칙으로 목재수확과 화폐수확의 균등, 생산자본의 유지 등을 실현할 수 있다.

49 임업경영자산으로 유동자산이 아닌 것은?

① 현금
② 묘목
③ 비료
④ 임목

해설

임업경영자산

유동자산	• 임업 생산자재 : 종자, 묘목, 비료, 약제 • 미처분 임산물 : 아직 처분하지 못한 임산물 • 유통자산 : 현금, 예금, 증권
고정자산	임지, 임도, 건물, 기계, 기구, 구축물, 대동물 (소, 말)
임목자산	임목축적

50 산림조사에서 지종 구분에 해당되지 않는 것은?

① 제지
② 입목지
③ 황폐지
④ 무입목지

해설

입목재적 또는 본수 비율에 따른 지종 구분

입목지		입목재적 또는 본수 비율이 30%를 초과하는 임분
무입목지	미입목지	입목재적 또는 본수 비율이 30% 이하인 임분
	제지	암석 및 석력지로 조림이 불가능한 임지

51 벌기 미만 장령림의 임목평가에 주로 사용하는 방법은?

① 원가법
② 기망가법
③ 비용가법
④ 시장가역산법

해설

임령에 따른 임목의 평가법

구분	내용
유령림의 임목평가	임목비용가법
중령림의 임목평가	글라저(Glaser)법
벌기 미만인 장령림의 임목평가	임목기망가법
벌기 이상인 성숙림의 임목평가	시장가역산법

52 재적수확 최대의 벌기령을 채택하는 기준이 되는 생장량은?

① 총생장량
② 연년생장량
③ 정기생장량
④ 총평균생장량

해설

재적수확 최대의 벌기령
단위면적당 목재의 (평균)생산량이 최대가 되는 연령을 벌기령으로 정하는 방법이다. 벌기평균생장량(총평균생장량)이 최대인 시기가 적당하다.

정답 48 ① 49 ④ 50 ③ 51 ② 52 ④

53 단목의 연령을 측정하는 방법에 대한 설명으로 옳은 것은?

① 목측으로도 나무의 크기에 관계없이 정확한 나무의 나이를 측정할 수 있다.
② 기록에 의한 방법은 과거의 조림 기록에 의해 나무의 연령을 측정하는 것이다.
③ 지절에 의한 방법은 가지의 모양에 관계없이 가지의 수를 세어 연령을 파악하는 것이다.
④ 생장추를 이용하여 흉고부위에서 목편을 채취하고 연륜수를 파악하면 그것이 곧 그 나무의 연령이 된다.

해설

기록에 의한 단목의 연령 측정방법
과거 조림 기록을 통하여 당시 묘목의 나이에 조림 이후의 기간을 더해 연령을 측정하는 방법이다.

54 다음 조건에서 Kameraltaxe법에 의한 전체 연간표준벌채량은?

- 산림면적 : 100ha
- ha당 현실축적 : 40m³
- ha당 현실 연간생장량 : 2m³
- ha당 법정축적 : 60m³
- 정리기 : 20년

① 1m³ ② 3m³
③ 100m³ ④ 300m³

해설

Kameraltaxe법(Austrian 공식)의 연간표준벌채량(Y) 계산

- $Y = $ 현실 연간생장량 $+ \dfrac{\text{현실축적} - \text{법정축적}}{\text{갱정기(정리기)}}$

  $= 2 + \dfrac{40 - 60}{20} = 1\text{m}^3/\text{ha}$

- 전체는 100ha이므로 $1 \times 100 = 100\text{m}^3$이다.

55 20m×10m 크기의 표준지에서 매목조사를 통하여 측정된 임목 본수는 60본이었다. 이 경우 이 임분의 ha당 본수는 얼마로 추정되는가?

① 150 ② 300
③ 1,500 ④ 3,000

해설

$20 \times 10 = 200\text{m}^2$의 면적에 임목 본수가 60본이므로, 1ha($10{,}000\text{m}^2$)에는 50배인 3,000본이 된다.

56 임업원가 계산방법으로 개별원가계산에 대한 설명으로 옳지 않은 것은?

① 공정별 원가계산방법이라고도 한다.
② 주문에 의하여 제품을 생산하는 경우에 많이 사용한다.
③ 제품의 원가를 개개의 제품단위별로 직접 계산하는 방법이다.
④ 소비자에게 제품의 원가와 일정한 이익을 포함한 제품가격을 청구하는 데 도움이 된다.

해설

개별원가계산
각각의 제품별로 구분하여 개별적 원가를 산출하고 집계하는 방식으로 주문별 원가계산방법이라고도 한다.

57 임지기망가의 값이 작아지는 경우로 옳은 것은?

① 이율이 낮아질 때 ② 벌기가 짧아질 때
③ 조림비가 커질 때 ④ 간벌 수익이 커질 때

해설

임지기망가(임지수익가)
일제림에서 일정 시업을 앞으로 영구히 실시한다고 가정할 때 그 임지에서 기대되는 순수익의 현재가 합계로 총비용의 현재가 합계가 클수록 작은 값이 된다. 조림비와 관리비는 비용이므로 값이 클수록 임지기망가는 작아진다.

정답 53 ② 54 ③ 55 ④ 56 ① 57 ③

58 임목자산의 구성 상태로서 질적 지표를 나타내는 것은?

① 경영자가 보유하고 있는 전체 산림면적
② 경영자가 보유하고 있는 임목자산장비율
③ 경영자가 보유하고 있는 임목자산 중에서 부채가 차지하는 비율
④ 경영자가 보유하고 있는 임목자산 중에서 인공림의 임령 구성 상태

해설

임목자산의 구성 상태
- 임목자산의 양적 지표 : 전체 산림면적, 임목자산장비율
- 임목자산의 질적 지표 : 임목자산 중에서 인공림이 차지하는 비율, 인공림의 임령 구성 상태

59 지위 평가방법으로 옳지 않은 것은?

① 지표식물에 의한 방법
② 우세목의 연령에 의한 방법
③ 우세목의 수고에 의한 방법
④ 토양인자를 종합하여 판단하는 방법

해설

지위 사정방법
- 지위지수에 의한 방법(우세목 수고에 의한 방법) : 지위지수 분류표, 지위지수 분류곡선
- 환경인자에 의한 방법 : 입지환경인자, 토양단면인자
- 지표식물에 의한 방법 : 한랭한 곳

60 Glaser법을 이용한 산불피해지역의 피해액을 추정하려 할 때 필요한 인자가 아닌 것은?

① 주벌수입
② 산불 발생연도 조림비
③ 평가 대상 산림의 임령
④ 벌기령(주벌 시의 임령)

해설

글라저식의 계산
- 주벌수입(벌기임목가)이 A_u, 초년도의 조림비가 C_o, 벌기가 u일 때, 현재 m년생인 임목가의 계산이다.
- Glaser식 임목가 $A_m = (A_u - C_o) \dfrac{m^2}{u^2} + C_o$

4과목 산림공학

61 임도의 종단면도 설계도 작성에 대한 설명으로 옳지 않은 것은?

① 축척은 횡 1/1,000, 종 1/200으로 한다.
② 종단기울기의 변화점에는 종단곡선을 삽입한다.
③ 시공계획고는 절토량과 성토량이 균형을 이루게 한다.
④ 절토부분은 토사 및 암반으로 구분하되 암반부분은 추정선으로 기입한다.

해설

절토부분은 토사와 암반으로 구분하되, 암반부분은 추정선으로 기입하는 것은 횡단면도 작성에 관한 내용이다.

62 임도의 폭이 4m이고 횡단기울기가 3%일 때, 임도 중앙점과 길어깨의 높이차는?

① 3cm
② 4cm
③ 6cm
④ 9cm

정답 58 ④ 59 ② 60 ② 61 ④ 62 ③

해설

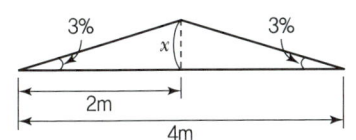

기울기(경사) = $\frac{높이}{밑변} \times 100 = \frac{x}{2} \times 100 = 3\%$ 이므로, 높이 $x = 0.06\text{m} = 6\text{cm}$ 이다.

63 시멘트의 경화촉진제로 쓰이는 것은?

① 석고
② 염화칼슘
③ 탄산칼슘
④ 탄산나트륨

해설

응결촉진제
빠른 강도 증진을 위하여 응결과 경화를 촉진시키는 제제로 염화칼슘($CaCl_2$)이 대표적이며, 염화알루미늄, 규산나트륨 등도 이용된다.

64 임도에 설치된 교량이 받는 활하중에 속하는 것은?

① 교량의 시설물
② 교량 바닥틀의 무게
③ 교량을 지나는 트럭의 무게
④ 교량 주트러스(Main Truss) 무게

해설

활하중(活荷重)
교량 및 암거의 활하중은 사하중에 실리는 차량·보행자 등에 따른 교통하중을 말하며, 그 무게산정은 사하중 위에서 실제로 움직이고 있는 DB-18하중(총중량 32.45톤) 이상의 무게에 따른다. 교량을 지나는 차량의 무게 등이 해당된다.

65 선떼붙이기에 대한 설명으로 옳지 않은 것은?

① 기울기는 1 : 0.2~0.3으로 한다.
② 경사가 급할수록 큰 급수를 적용한다.
③ 지표수를 분산시켜 침식을 방지하기 위한 공법이다.
④ 떼붙이기의 사용매수에 따라 1~9급으로 구분한다.

해설

선떼붙이기의 시공 요령
공법은 수평계단 길이 1m당 떼의 사용매수에 따라 고급인 1급에서 저급인 9급까지 구분한다. 1급 선떼붙이기에 가까울수록 고급이며, 경사가 급할수록 고급인 낮은 급수를 적용한다.

66 생산재의 품등에 영향을 미치고, 규격이 맞는 경제성이 높은 목재를 생산하기 위하여 실시하는 것은?

① 조재목 검척
② 조재목 마름질
③ 가지제거 작업
④ 통나무 자르기

해설

조재목 마름질
생산 원목의 규격에 맞게 치수를 재어 표시하는 일로 생산재의 품등에 영향을 미치며, 일정 규격의 경제성 높은 목재를 생산할 수 있다.

67 산악지대 임도를 배치하는 방법으로 개설 비용이 가장 적고 토사 유출이 적지만 상향집재만 가능한 것은?

① 능선임도　② 계곡임도
③ 사면임도　④ 산복임도

정답 63 ② 64 ③ 65 ② 66 ② 67 ①

해설

능선임도
능선을 따라 설치되어 배수가 좋으며, 눈에 쉽게 띄고, 대개 직선적이다. 개설비용이 가장 적고 토사 유출도 적지만, 상향집재만 가능하여 개발이 제한적이다.

68 컴퍼스측량에 발생하는 오차가 아닌 것은?
① 치심오차
② 기계오차
③ 관측오차
④ 국소인력에 의한 오차

해설

컴퍼스측량에서 발생하는 오차
기계오차, 관측오차, 국소인력에 의한 오차 등

69 임도의 세월시설에 대한 설명으로 옳은 것은?
① 계상기울기가 완만한 계류통과부에 설치한다.
② 하류부가 황폐계류인 경우에 설치하는 것이 효과적이다.
③ 유로에 해당되는 부분은 사다리꼴의 단면으로 한다.
④ 평상시는 관거 등을 통해 배수하고 홍수 시는 월류할 수 있게 한다.

해설

세월시설(세월교, 洗越橋)
평상시에는 유량이 적어 물이 노면 아래의 관거(배수관)로 흐르고, 강우 시에 유량이 급격히 증가하면 노면 위로 월류하여 흐를 수 있도록 낮게 설계된 호상(弧狀)의 다리이다.

70 중력댐의 안정조건이 아닌 것은?
① 전도에 대한 안정
② 활동에 대한 안정
③ 대수면의 기울기에 대한 안정
④ 기초지반의 지지력에 대한 안정

해설

중력댐(사방댐)의 안정조건
전도에 대한 안정, 활동에 대한 안정, 제체의 파괴에 대한 안정, 기초지반의 지지력에 대한 안정

71 철강제틀댐에 대한 설명으로 옳지 않은 것은?
① 설치작업 공사기간이 단축된다.
② 시공 자재의 운반 작업이 용이하다.
③ 터파기를 줄일 수 있고 연약지반에 설치할 수 있다.
④ 구조물의 연결부분을 편구조로 하여 탄력성이 낮아진다.

해설

철강제틀은 콘크리트틀에 비해 탄력성이 큰 장점이 있다.

72 비탈면의 녹화를 위한 사방공사에 속하지 않는 것은?
① 조공
② 비탈덮기
③ 바자얽기
④ 비탈다듬기

정답 68 ① 69 ④ 70 ③ 71 ④ 72 ④

해설

산지사방공사의 종류

기초공사	비탈다듬기(뭉기기), 단끊기, 땅속흙막이(묻히기), 흙막이(누구막이), 산비탈배수로(산복수로, 산비탈수로내기), 속도랑(배수구)
녹화공사	바자얽기(편책공, 목책공), 선떼붙이기, 조공, 줄떼시공(줄떼다지기, 줄떼붙이기, 줄떼심기), 평떼시공(평떼붙이기, 평떼심기), 단쌓기(떼단쌓기), 비탈덮기(거적덮기), 등고선구공법(수평구공법), 새심기, 씨뿌리기(파종공법), 종비토뿜어붙이기, 나무심기(식재공법)

73 산지사방 공작물의 종류와 기능에 대한 설명으로 옳지 않은 것은?

① 누구막이는 누구로 인한 침식을 방지한다.
② 땅속흙막이는 비탈다듬기로 생긴 토사의 활동을 방지한다.
③ 산비탈흙막이는 산비탈의 경사를 완화하여 산비탈의 붕괴를 방지한다.
④ 골막이는 속도랑에 의하여 집수된 물을 지표에 도출하고 안전하게 배수한다.

해설

골막이
구곡막이라고도 하며, 유속을 완화하여 구곡의 침식을 방지하고자 계류를 횡단하여 설치하는 일종의 소형 사방댐으로 야계사방 공작물이다.

74 임도의 곡선부에서 곡률반경이 4m, 트럭의 길이가 2m, 트럭의 폭이 1m일 때 확폭량은?

① 0.1m
② 0.2m
③ 0.5m
④ 1.5m

해설

확폭(擴幅) 계산

$$확폭량\ \varepsilon = \frac{L^2}{2 \cdot R} = \frac{2^2}{2 \times 4} = 0.5m$$

여기서, L : 차량 앞면에서 뒷바퀴까지의 거리
R : 중심선의 곡선반지름

75 산지와 절개지에서 발생한 황폐지 복구방법으로 옳지 않은 것은?

① 빗물을 분산시켜 일정한 장소에 모이거나 흐르게 한다.
② 도랑이나 작은 구곡 수로에는 떼로 수로와 누구막이를 만들어 침식을 막는다.
③ 불규칙한 지반을 정리하고 녹화공법 위주로 식생을 조성하여 표토를 피복한다.
④ 경사가 완만한 경우는 단을 끊고 가급적 파종상을 만들지 않아 표토의 이동이 없도록 한다.

해설

경사가 완만한 경우는 단을 끊고 파종상을 만들어 표토의 이동이 없도록 한다.

76 일반지형에서 임도의 설계속도가 20km/h인 경우 종단기울기 기준은?

① 7% 이하
② 9% 이하
③ 12% 이하
④ 14% 이하

해설

설계속도별 종단기울기 설치기준(간선·지선임도)

설계속도 (km/h)	종단기울기	
	일반지형	특수지형
40	7% 이하	10% 이하
30	8% 이하	12% 이하
20	9% 이하	14% 이하

정답 73 ④ 74 ③ 75 ④ 76 ②

77 와이어로프의 안전계수를 바르게 나타낸 식은?

① $\dfrac{\text{와이어로프의 절단하중(kg)}}{\text{와이어로프에 걸리는 최대장력(kg)}}$

② $\dfrac{\text{와이어로프의 자체하중(kg)}}{\text{와이어로프에 걸리는 최대장력(kg)}}$

③ $\dfrac{\text{와이어로프에 걸리는 최대장력(kg)}}{\text{와이어로프의 절단하중(kg)}}$

④ $\dfrac{\text{와이어로프에 걸리는 최대장력(kg)}}{\text{와이어로프의 자체하중(kg)}}$

해설

와이어로프의 안전계수

안전계수 $= \dfrac{\text{와이어로프의 절단하중(kg)}}{\text{와이어로프에 걸리는 최대장력(kg)}}$

78 빗물침식에 해당되지 않는 것은?

① 용출침식
② 구곡침식
③ 면상침식
④ 누구침식

해설

빗물(강우)에 의한 침식의 발달단계

우격침식 – 면상침식 – 누구침식 – 구곡침식의 순으로 발달한다.

79 가선집재 작업이 수행 가능한 장비로 가장 효율적인 것은?

① 타워야더
② 하베스터
③ 펠러번처
④ 프로세서

해설

타워야더(Tower Yarder)

트랙터나 트럭 등에 타워(철기둥)와 반송기를 포함한 가선집재 장치를 탑재한 이동식 차량형 집재기계이다.

80 목재수확 작업에서 트랙터 사용 여부에 가장 큰 영향을 주는 것은?

① 사용 경비
② 작업지 경사
③ 계절 및 온도
④ 노동력 투입 가능 정도

해설

트랙터 집재

트랙터는 완경사지에서만 작업이 가능하여, 집재에 트랙터나 가선집재방식의 채택은 임지의 경사에 따라 좌우된다.

정답 77 ① 78 ① 79 ① 80 ②

2019년 1회 기출문제

> 산림기사

1과목 조림학

01 임지가 비옥하거나 식재목이 광선을 많이 요구할 때 실시하며, 소나무나 일본잎갈나무 등의 조림지에 가장 적합한 풀베기 방법은?

① 줄깎기
② 둘레깎기
③ 전면깎기
④ 솎아깎기

해설

모두베기(전면깎기, 전예)
조림목 주변의 모든 잡초목을 제거하는 방법으로 소나무, 낙엽송, 삼나무, 편백 등 주로 양수에 적용한다.

02 종자 결실주기가 가장 긴 수종은?

① *Alnus japonica*
② *Abies holophylla*
③ *Betula platyphylla*
④ *Robinia pseudoacacia*

해설

종자의 결실주기는 낙엽송, 너도밤나무 등이 5년 이상으로 가장 길며, 전나무(*Abies holophylla*)가 3~4년, 아까시나무(*Robinia pseudoacacia*)와 자작나무(*Betula platyphylla*)는 격년 결실, 오리나무(*Alnus japonica*)는 매년 결실을 한다.

03 천연림 보육과정에서 간벌작업 시 미래목 관리 방법으로 옳은 것은?

① 미래목 간의 거리는 2m 정도로 한다.
② 활엽수는 100~150본/ha 정도로 선정한다.
③ 침엽수는 200~300본/ha 정도로 선정한다.
④ 가슴높이에서 10cm의 폭으로 적색 수성 페인트를 둘러서 표시한다.

해설

미래목 간의 거리는 최소 5m 이상으로 임지 내에 고르게 분포하도록 하며, ha당 활엽수는 150~300본, 침엽수는 200~300본을 미래목으로 한다.

04 종자의 검사 방법에 대한 설명으로 옳은 것은?

① 효율은 발아율과 순량률의 곱으로 계산한다.
② 실중은 종자 1L에 대한 무게를 kg 단위로 나타낸 것이다.
③ 순량률은 전체 시료무게를 순정종자무게에 대한 백분율로 나타낸 것이다.
④ 발아세는 발아시험기간 동안 발아입수를 시료수에 대한 백분율로 나타낸 것이다.

해설

효율(效率)
종자 품질의 실제 최종 평가기준이 되는 종자의 사용가치로 순량률과 발아율을 곱하여 백분율로 나타낸 것이다.

05 묘포에서 시비에 대한 설명으로 옳은 것은?

① 기비는 무기질 비료, 추비는 속효성 비료를 사용하는 것이 좋다.
② 기비는 유기질 비료, 추비는 완효성 비료를 사용하는 것이 좋다.
③ 기비는 완효성 비료, 추비는 유기질 비료를 사용하는 것이 좋다.

정답 01 ③ 02 ② 03 ③ 04 ① 05 ①

④ 기비는 속효성 비료, 추비는 무기질 비료를 사용하는 것이 좋다.

해설

비료는 시비시기에 따라 기비와 추비로 나뉘는데, 기비는 무기질 비료를, 추비는 속효성 비료를 사용한다.

06 생가지치기를 피해야 하는 수종이 아닌 것은?

① *Acer palmatum*
② *Zelkova serrata*
③ *Prunus serrulata*
④ *Populus davidiana*

해설

활엽수 중 특히 단풍나무(*Acer palmatum*), 물푸레나무, 벚나무(*Prunus serrulata*), 느릅나무 등은 절단부위가 상처유합이 잘 안 되고 썩기 쉬워 생가지치기 하지 않는다. 포플러류에 속하는 사시나무(*Populus davidiana*)는 생가지치기 해도 위험하지 않다.

07 산림대에 대한 설명으로 옳은 것은?

① 우리나라의 남한 지역에는 한대림이 존재하지 않는다.
② 우리나라 난대림의 주요 특징 수종으로 가시나무가 있다.
③ 열대림은 넓은 지역에 걸쳐 단일 수종으로 단순림을 구성할 때가 많다.
④ 지중해 연안 지역의 산림은 우리나라 온대 북부의 산림 구성과 유사하다.

해설

우리나라의 남한 지역에도 한라산 등 일부 고산지대에 한대림이 존재하며, 열대림에는 다양한 식생이 나타난다. 우리나라 난대림의 특징 수종으로는 가시나무, 붉가시나무, 호랑가시나무, 동백나무, 사철나무, 후박나무, 구실잣밤나무, 생달나무, 녹나무 등이 있다.

08 수목의 광보상점에 대한 설명으로 옳은 것은?

① 호흡에 의한 이산화탄소 방출량이 최대인 경우의 광도이다.
② 광합성에 의한 이산화탄소 흡수량이 최대인 경우의 광도이다.
③ 광합성에 의한 이산화탄소 흡수량이 최소인 경우의 광도이다.
④ 호흡에 의한 이산화탄소 방출량과 광합성에 의한 이산화탄소 흡수량이 동일한 경우의 광도이다.

해설

광보상점(光補償點)
호흡에 의한 이산화탄소 방출량과 광합성에 의한 이산화탄소 흡수량이 동일한 경우의 광도이다.

09 여름 기온이 높고 강수량이 풍부한 낙엽활엽수림에 주로 분포하는 우리나라의 산림토양은?

① 갈색산림토양 ② 암적색산림토양
③ 적황색산림토양 ④ 회갈색산림토양

해설

갈색산림토양
여름 기온이 높고 강수량이 풍부한 낙엽활엽수림에 주로 분포하며, 우리나라 산지의 대부분을 차지하는 기조토양이다.

10 파종상에 짚덮기를 하는 이유로 옳지 않은 것은?

① 잡초의 발생을 억제한다.
② 약제 살포의 효과를 증대시킨다.
③ 빗물로 인한 흙과 종자의 유실을 막는다.
④ 파종상의 습도를 높여 발아를 촉진시킨다.

정답 06 ④ 07 ② 08 ④ 09 ① 10 ②

해설

복토 후 파종상 위에 짚을 덮어 건조 방지 및 수분 유지, 빗물로 인한 흙과 종자의 유실 방지, 잡초 발생 억제 등의 효과를 볼 수 있으며 또한 파종상의 습도를 높여 발아를 촉진시킨다.

11 옥신의 생리적 효과에 대한 설명으로 옳지 않은 것은?

① 뿌리 생장
② 정아 우세
③ 제초제 효과
④ 탈리현상 촉진

해설

옥신의 생리적 효과로는 정아 우세, 뿌리생장 촉진, 발근 촉진, 개화결실 촉진, 제초제 효과, 단위결과의 유도 등이 있으며, 잎, 꽃, 열매가 떨어져 나가는 탈리현상을 유도하는 것은 아브시스산의 효과이다.

12 산벌작업에 대한 설명으로 옳은 것은?

① 인공적으로 조림하여 갱신한다.
② 왜림을 조성하기 위한 작업이다.
③ 음수 수종은 갱신이 어려운 작업이다.
④ 예비벌, 하종벌, 후벌 순서로 작업을 진행한다.

해설

산벌작업
예비벌, 하종벌, 후벌의 순서로 작업을 진행하며, 동시에 천연하종으로 갱신을 유도하는 작업법이다.

13 잎의 끝이 두 갈래로 갈라지는 수종은?

① 비자나무
② 구상나무
③ 가문비나무
④ 일본잎갈나무

해설

구상나무
우리나라의 대표적인 재래종으로 잎의 끝이 뾰족한 다른 침엽수와는 달리 잎의 끝이 둥글게 두 갈래로 갈라져 오목한 것이 특징이다.

14 수분 부족 스트레스를 받은 수목의 일반적인 현상이 아닌 것은?

① 춘재 비율이 추재 비율보다 더 많아진다.
② 체내의 수분이 부족하여 팽압이 감소한다.
③ ABA를 생산하기 시작해서 기공의 크기에 영향을 준다.
④ 생화학적인 반응을 감소시켜 효소의 활동을 둔화시킨다.

해설

수분이 충분하면 직경생장이 왕성하여 연륜폭이 넓어지고, 춘재의 양이 증가한다. 반대로 부족하면 춘재에서 추재로의 이행을 촉진하여 추재의 양이 증가한다.

15 수목의 내음성에 대한 설명으로 옳지 않은 것은?

① 주목은 음수 수종이다.
② 소나무는 양수 수종이다.
③ 수목이 햇빛을 좋아하는 정도이다.
④ 수목이 그늘에서 견딜 수 있는 정도이다.

해설

내음성이란 수목이 햇빛을 좋아하거나 싫어하는 정도를 나타내는 것이 아닌 그늘에서도 견딜 수 있는 정도를 나타낸 것이다.

16 천연하종갱신에 대한 설명으로 옳은 것은?

① 노동력과 비용이 많이 필요하다.
② 동령단순림으로 숲이 빠르게 성립한다.
③ 조림지의 교란으로 토양 환경이 악화된다.
④ 오랜 시간 동안 환경에 적응되어 숲 조성에 실패가 적다.

해설

천연갱신은 그곳의 환경에 이미 오랫동안 적응한 수종으로 구성되어 성림의 실패가 적다.

정답 11 ④ 12 ④ 13 ② 14 ① 15 ③ 16 ④

17 택벌작업에 대한 설명으로 옳지 않은 것은?

① 보속수확이 가능하다.
② 음수 수종 갱신에 적합하다.
③ 작업 과정에서 하층목의 손상 위험이 매우 작다.
④ 임분 내에는 다양한 연령의 수목이 존재한다.

해설

택벌작업은 임지가 보호되어 지력 유지에 유리한 한편, 작업내용이 복잡하여 고도의 기술을 필요로 하며, 작업 과정에서 하층목(치수)의 손상이 많은 단점이 있다.

18 조림용 묘목의 규격을 측정하는 기준이 아닌 것은?

① 간장　　　　② 근원경
③ 수관폭　　　④ H/D율

해설

조림용 묘목의 규격 기준에는 간장, 근원경, H/D율이 있다.

19 버드나무류나 사시나무류의 종자를 채취한 후 바로 파종하는 이유로 옳은 것은?

① 종자의 수명이 짧기 때문에
② 종자의 크기가 작기 때문에
③ 종자의 발아력이 높기 때문에
④ 종자가 바람에 잘 흩어지기 때문에

해설

버드나무, 사시나무(포플러) 등은 종자의 수명이 짧으므로 채종한 즉시 파종해야 활력을 잃지 않는다.

20 편백에 대한 설명으로 옳지 않은 것은?

① 암수한그루이다.
② 편백나무과에 속한다.
③ 성숙한 구과는 적갈색이다.
④ 잎에 Y자형의 흰 기공선이 나타난다.

해설

편백나무는 측백나무과 편백속에 속하며, 암수한그루로 뒷면에 Y자형의 백색 기공선이 있다.

2과목　산림보호학

21 매미나방 방제 방법으로 옳지 않은 것은?

① 나무주사를 실시한다.
② 알덩어리는 4월 이전에 제거한다.
③ 어린 유충시기에 살충제를 살포한다.
④ BT균, 핵다각체바이러스 등의 천적미생물을 이용한다.

해설

매미나방 방제에는 나무주사는 실시하지 않으며, 알덩어리를 제거하고 소각하거나 유충시기에 살충제를 뿌려 방제한다.

22 잎을 주로 가해하는 해충이 아닌 것은?

① 솔나방　　　　② 박쥐나방
③ 미국흰불나방　④ 오리나무잎벌레

해설

박쥐나방은 천공성 해충이다.

23 수목의 외과적 치료 방법에 대한 설명으로 옳은 것은?

① 나무주사를 이용하는 방법이다.
② 부후병, 뿌리썩음병에는 효과가 없다.
③ 뽕나무오갈병, 오동나무빗자루병에는 효과가 없다.

정답　17 ③　18 ③　19 ①　20 ②　21 ①　22 ②　23 ③

④ 살균제 성분을 이용하여 수목 피해를 예방하는 것이다.

해설

수목의 외과적 치료
수목의 병든 부위를 일부 절제하는 등의 수술적 치료법으로 부후병, 뿌리썩음병, 벚나무빗자루병 등의 국부감염성 병에 효과적이며, 뽕나무오갈병, 오동나무빗자루병 등의 전신감염성 병에는 효과가 없다.

24 상주로 인한 묘목의 피해를 예방하는 방법으로 옳지 않은 것은?

① 토양에 모래를 섞는다.
② 배수가 잘 되도록 한다.
③ 낙엽 및 볏짚 등을 제거한다.
④ 이른 봄에 뿌리 부위를 밟아준다.

해설

상주(霜柱)
토양 중의 수분이 모세관현상으로 지표면으로 올라왔다가 저온을 만나 얼게 되고 반복되면서 생성되는 서릿기둥으로 낙엽, 볏짚 등의 천연 지피물을 보존하여 서릿발의 생성을 방지할 수 있다.

25 다음 설명에 해당하는 해충은?

• 성충은 열매에 구멍을 내고 열매 속에 산란한다.
• 부화유충은 과실 내부를 가해하고 똥을 외부로 배출하지 않아 피해 과실을 구별하기 어렵다.

① 밤바구미   ② 버들바구미
③ 밤나무혹벌   ④ 복숭아명나방

해설

밤바구미 성충이 우화하여 9월에 긴 주둥이로 밤에 구멍을 뚫어 1~2개의 알을 산란하면 부화한 유충이 과육을 먹고 성장한다. 수확기의 밤은 유충이 배설물을 밖으로 배출하지 않으며 벌레 먹은 흔적도 없어 외견상으로는 피해 식별이 어렵다.

26 곤충의 피부 구조 중에서 한 개의 세포층으로 되어 있는 부분은?

① 외표피   ② 원표피
③ 기저막   ④ 진피층

해설

곤충의 진피층은 다른 피부층과 달리 한 개의 세포층으로 구성되어 있다.

27 해충과 천적 연결이 옳지 않은 것은?

① 솔잎혹파리 – 솔노랑잎벌
② 천막벌레나방 – 독나방살이고치벌
③ 미국흰불나방 – 나방살이납작맵시벌
④ 버들재주나방 – 산누에살이납작맵시벌

해설

솔잎혹파리의 천적에는 솔잎혹파리먹좀벌, 혹파리살이먹좀벌, 혹파리등뿔먹좀벌 등이 있다.

28 방제 대상이 아닌 곤충류에도 피해를 주기 가장 쉬운 농약은?

① 전착제   ② 화학불임제
③ 접촉살충제   ④ 침투성 살충제

해설

접촉살충제는 해충의 몸 표면에 약제가 직접 또는 간접적으로 닿아 죽게 되는 약제로 방제대상이 아닌 곤충에도 피해를 주기 쉽다.

29 생물학적 방제에 이용하는 미생물과 해당 수목병의 연결이 옳지 않은 것은?

① *Trichoderma harzianum* – 모잘록병
② *Tuberculina maxima* – 잣나무털녹병
③ *Agrobacterium radiobactor* – 세균성 뿌리혹병
④ *Phleviopsis gigantea* – 침엽수의 뿌리썩음병

정답 24 ③ 25 ① 26 ④ 27 ① 28 ③ 29 ①

> **해설**
> *Trichoderma harzianum*은 목재부후균, 토양전염성 병원균에 효과적인 미생물이다.

30 세균이 식물에 침입할 수 있는 자연 개구부에 해당하지 않는 것은?
① 각피   ② 기공
③ 피목   ④ 밀선

> **해설**
> 자연 개구부에는 기공, 수공, 피목, 밀선 등이 있으며, 각피 침입은 직접 식물 표면을 뚫고 침입하는 것이다.

31 수목에 피해를 주는 대기오염물질이 아닌 것은?
① PAN   ② 염화칼슘
③ 질소산화물   ④ 아황산가스

> **해설**
> **수목에 피해를 주는 주요 대기오염물질**
> 아황산가스(SO_2, 이산화황), 질소산화물(NO_x : NO, NO_2), 불화수소(HF 가스), 오존(O_3), 팬(PAN) 등

32 솔나방 방제 방법으로 옳지 않은 것은?
① 월동 후 유충 활동시기에 아바멕틴 유제를 나무주사한다.
② 성충 활동기에 수은등이나 유아등을 설치하여 성충을 유살한다.
③ 7~8월 중순에 산란된 알덩어리가 붙어 있는 가지를 잘라서 소각한다.
④ 유충이 가해하는 시기에 디플루벤주론 수화제나 뷰프로페진 수화제를 살포한다.

> **해설**
> 유충 가해시기인 봄과 가을에 디플루벤주론 수화제와 같은 살충제를 살포하는 것은 효과적이나, 뷰프로페진 수화제는 효과가 없다.

33 수목병을 진단하는 방법으로 옳지 않은 것은?
① 지표식물 이용   ② 항원-항체 반응
③ 테트라졸륨 검사   ④ Koch의 원칙 적용

> **해설**
> **테트라졸륨 검사**
> 수용액을 이용하여 종자(배)의 활력을 검정하는 발아검사 방법이다.

34 바이러스로 인한 수목병 방제 방법에 대한 설명으로 옳지 않은 것은?
① 생장점 배양을 한다.
② 묘포장에서는 윤작을 피한다.
③ 잡초를 활용하여 간섭 효과를 유발한다.
④ 약독 바이러스를 발병 전에 미리 접종한다.

> **해설**
> **간섭효과**
> 약독 바이러스를 발병 전에 미리 접종하여 비슷한 바이러스의 감염을 예방하는 것을 말한다.

35 *Septoria*류 병원균에 의한 수목병에 대한 설명으로 옳지 않은 것은?
① 주로 잎에 작은 점무늬를 형성한다.
② 병든 잎에서 월동하여 1차 전염원이 된다.
③ 자작나무갈색점무늬병(갈반병)을 예로 들 수 있다.
④ 병원균의 분생포자는 주로 곤충에 의해 전반된다.

정답 30 ① 31 ② 32 ④ 33 ③ 34 ③ 35 ④

해설

*Septoria*류 병원균에 의한 수병의 특징
주로 잎에 작은 점무늬 형성하며, 병든 잎에서 월동하여 1차 전염원이 되고, 분생포자는 주로 바람에 의해 전반된다.

36 밤나무줄기마름병 방제 방법으로 옳지 않은 것은?

① 질소 비료를 적게 준다.
② 내병성 품종을 재배한다.
③ 상처 부위에 도포제를 바른다.
④ 중간기주인 현호색을 제거한다.

해설

밤나무줄기마름병은 자낭균에 의한 수병으로 중간기주가 존재하지 않으며, 질소질 비료의 과용을 삼가고, 줄기의 상처를 통해 병원균이 침입하므로 상처 부위에 외과수술을 시행하고 도포제를 발라 병원균의 침입을 막는다.

37 오리나무잎벌레 방제 방법으로 옳지 않은 것은?

① 알덩어리가 붙어 있는 잎을 소각한다.
② 5~6월에 모여 사는 유충을 포살한다.
③ 유충 발생기에 트리플루뮤론 수화제를 살포한다.
④ 수은등이나 유아등을 설치하여 성충을 유인한다.

해설

오리나무잎벌레는 주광성 해충이 아니므로 유아등에 유인되지 않는다.

38 그을음병에 대한 설명으로 옳지 않은 것은?

① 주로 잎의 앞면에 발생한다.
② 병원균이 주로 잎의 양분을 탈취한다.
③ 잎 표면을 깨끗이 닦아 피해를 줄일 수 있다.
④ 진딧물류 및 깍지벌레류가 번성할수록 잘 발생한다.

해설

그을음병
진딧물이나 깍지벌레가 수목을 흡즙하며 분비하는 감로(甘露)에서 균이 기생하고 번식하여 식물체의 표면을 덮어 탄소동화작용(광합성)을 방해한다.

39 솔잎혹파리의 월동 형태는?

① 알
② 유충
③ 성충
④ 번데기

해설

솔잎혹파리는 연 1회 발생하며, 땅속에서 유충으로 월동한다.

40 바다에서 부는 바람에 함유된 염분에 약한 수종으로만 올바르게 나열한 것은?

① 곰솔, 돈나무
② 삼나무, 벚나무
③ 팽나무, 후박나무
④ 자귀나무, 사철나무

해설

염풍에 약한 수종
소나무, 삼나무, 벚나무, 전나무, 편백, 화백, 사과나무, 배나무 등

정답 36 ④ 37 ④ 38 ② 39 ② 40 ②

3과목 임업경영학

41 소나무 임분의 벌기평균생장량이 $6m^3$/ha이고 윤벌기가 50년이라고 할 때, 이 임분의 법정연벌량과 법정수확률은 각각 얼마인가?

① $300m^3$/ha, 3%
② $300m^3$/ha, 4%
③ $600m^3$/ha, 3%
④ $600m^3$/ha, 4%

해설

법정연벌량과 법정연벌률
- 법정연벌량 NAC = 벌기평균생장량 × 윤벌기
  $= 6 \times 50 = 300m^3$/ha
- 법정연벌률(법정수확률) $P = \dfrac{200}{U} = \dfrac{200}{50} = 4\%$

42 측고기를 사용할 때 주의사항으로 옳지 않은 것은?

① 여러 방향에서 측정하면 오차를 줄일 수 있다.
② 경사지에서는 가급적 등고 위치에서 측정한다.
③ 측정하고자 하는 나무 끝과 근원부가 잘 보이는 지점을 선정해야 한다.
④ 측정위치가 멀면 오차도 생기므로 나무 높이의 절반 정도 떨어진 곳에서 측정하는 것이 좋다.

해설

측정위치가 멀거나 가까우면 오차가 생기므로 나무 높이 정도 떨어진 곳에서 측정한다.

43 동령림의 직경급별 임분구조는 전형적으로 어떤 형태로 나타나는가?(단, x축은 흉고직경, y축은 본수를 나타냄)

① J자 형태
② W자 형태
③ 역 J자 형태
④ 정규분포 형태

해설

임업상으로는 나무의 굵기와 높이가 비슷하면 동령으로 취급하며, 동령림의 흉고직경급별 본수분포는 종형 곡선의 정규분포를 나타낸다.

44 임업경영 성과분석 방법으로 임업의존도 계산식에 해당하는 것은?

① $\dfrac{가계비}{임업소득} \times 100$
② $\dfrac{임업소득}{임가소득} \times 100$
③ $\dfrac{임업소득}{가계비} \times 100$
④ $\dfrac{임업소득}{임업조수익} \times 100$

해설

임업의존도는 임가의 여러 소득 중에서 임업소득만의 비율로 $\dfrac{임업소득}{임가소득} \times 100$이다.

45 연간 임산물 생산과 관련된 고정비가 2백만 원, 변동비가 5천 원, 판매단가가 6천 원일 경우 손익분기점에 해당하는 임산물 생산량은?

① 181개
② 334개
③ 2,000개
④ 20,000개

해설

$$판매량(생산량) = \dfrac{고정비}{판매가 - 변동비}$$
$$= \dfrac{2백만 원}{6천 원 - 5천 원} = 2,000개$$

정답 41 ② 42 ④ 43 ④ 44 ② 45 ③

46 임반에 대한 설명으로 옳지 않은 것은?

① 산림구획의 골격을 형성한다.
② 고정적 시설을 따라 확정한다.
③ 보조임반을 편성할 때는 인접한 임반의 번호에 보조번호를 부여한다.
④ 임반의 표기는 경영계획구 상류에서 시계방향으로 표기를 시작한다.

해설

임반의 표기는 경영계획구 유역 하류에서 시계방향으로 연속되게 숫자 1, 2, 3…으로 표시하고, 신규 재산 취득 등으로 보조임반을 편성할 때는 임반의 번호에 보조번호를 1-1, 1-2, 1-3… 순으로 붙여 나타낸다.

47 수확조정법에 대한 설명으로 옳지 않은 것은?

① Hufnagl 법은 재적배분법의 일종이다.
② 전 산림면적을 윤벌기 연수와 동일하게 벌구로 나누고 매년 한 벌구씩 수확하는 방법을 구획윤벌법이라 한다.
③ 토지의 생산력에 따라 개위면적을 산출하여 벌구면적을 조절, 연수확량을 균등하게 하는 방법을 비례구획윤벌법이라 한다.
④ 전 임분을 윤벌기 연수의 1/2 이상 되는 연령의 깃과 그 이하의 것으로 나누어 전자는 윤벌기의 전반에, 후자는 윤벌기 후반에 수확하는 방법을 Beckmann법이라 한다.

해설

전 임분의 임목을 윤벌기 연수의 $\frac{1}{2}$ 이상 되는 연령과 그 이하의 연령으로 나누어 전자는 윤벌기 전반에, 후자는 윤벌기 후반에 수확함으로써 재적수확을 균등하게 하는 방식은 허프나글(Hufnagl)법이다.

48 임업기계의 감가상각비(D)를 정액법으로 구하는 공식으로 옳은 것은?(단, P : 기계구입가격, S : 기계 폐기 시의 잔존가치, N : 기계의 수명)

① $D = \dfrac{S-P}{N}$

② $D = \dfrac{P-S}{N}$

③ $D = \dfrac{N}{S-P}$

④ $D = \dfrac{N}{P-S}$

해설

정액법(직선법)
매년 정해진 액수를 균등하게 감가하는 방법으로 가장 간단하며 보편적인 방법이다.

연간 감가상각비 $= \dfrac{취득원가 - 잔존가치}{내용연수}$

$= \dfrac{P-S}{N}$

여기서, 취득원가 = 기계구입가격
잔존가치 = 기계폐기가격 = 폐물가격
내용연수 = 기계의 수명 = 사용 가능 연수

49 자연휴양림을 조성 및 신청하려는 자가 제출하여야 하는 예정지의 위치도 축척 크기는?

① 1/5,000
② 1/15,000
③ 1/25,000
④ 1/50,000

해설

자연휴양림을 조성 및 신청하려는 자는 신청서와 함께 자연휴양림 예정지의 위치도(축척 1/25,000) 및 구역도(축척 1/5,000 또는 1/6,000) 등의 서류를 첨부하여 제출하여야 한다.

정답 46 ④ 47 ④ 48 ② 49 ③

50 임분 재적 측정을 위하여 전 임목을 몇 개의 계급으로 나누고 각 계급의 본수를 동일하게 한 다음 각 계급에서 같은 수의 표준목을 선정하는 방법은?

① 단근법
② 우리히(Urich)법
③ 하르티히(Hartig)법
④ 드라우트(Draudt)법

해설

우리히(Urich)법
전 임목을 몇 개의 계급으로 나누고 각 계급의 본수를 동일하게 한 다음 각 계급에서 같은 수의 표준목을 선정하는 방법이다.

51 임업 이율의 종류 중 용도에 따른 이율에 해당하는 것은?

① 경영이율, 환원이율
② 단기이율, 장기이율
③ 현실이율, 평정이율
④ 공정이율, 시중이율

해설

이율의 종류
• 업종에 따른 분류 : 보통이율, 상업이율, 공업이율, 농업이율, 임업이율
• 기간의 장단에 따른 분류 : 단기이율, 장기이율
• 현실성에 따른 분류 : 현실이율, 평정이율
• 용도에 따른 분류 : 경영이율, 환원이율
• 성질에 따른 분류 : 주관적 이율, 객관적 이율

52 산림 생산기간에 대한 설명으로 옳지 않은 것은?

① 회귀년은 택벌작업에 적용되는 용어이다.
② 회귀년의 길이와 연벌구역면적은 정비례한다.
③ 벌채 후 갱신이 지연되는 경우 늦어지는 기간을 갱신기라고 한다.
④ 어떤 임분에서 벌채와 동시에 갱신이 시작되는 경우 윤벌기와 윤벌령은 동일하다.

해설

일정 작업급을 작은 면적의 많은 벌구로 나누면 회귀년이 길어져 회귀년의 길이와 연벌구역면적은 반비례하고, 회귀년이 길수록 늦게 벌채 순번이 돌아오므로 일정구역의 벌채량은 많아져 회귀년의 길이와 일정구역의 벌채량은 정비례한다.

53 산림휴양림의 조성 및 관리에 대한 설명으로 옳지 않은 것은?

① 방풍 및 방음형으로 관리할 수 있다.
② 공간이용지역과 자연유지지역으로 구분한다.
③ 관리목표는 다양한 휴양기능을 발휘할 수 있는 특색 있는 산림조성이다.
④ 법령에 의한 자연휴양림 휴양기능 증진을 위해 관리가 필요한 산림을 대상으로 한다.

해설

산림휴양림은 다양한 휴양기능을 발휘할 수 있는 특색 있는 산림, 종다양성이 풍부하고 경관이 다양한 산림을 목표로 조성 및 관리한다.

54 임업 투자계획의 경제성을 평가하는 방법이 아닌 것은?

① 순현재가치
② 편익비용비
③ 내부수익률
④ 수확표 분석

해설

투자계획의 경제성을 평가하는 방법
시간적 가치를 고려하는 순현재가치법, 내부수익률법, 편익비용비법과 시간적 가치를 고려하지 않는 투자이익률법, 회수기간법이 있다.

정답 50 ② 51 ① 52 ② 53 ① 54 ④

55 임지를 취득한 후 조림 등 임목 육성에 알맞은 상태로 개량하는 데 소요되는 모든 비용의 후가에서 그동안 수입의 후가를 공제한 가격을 무엇이라 하는가?

① 임지비용가   ② 임지기망가
③ 임지공제가   ④ 임지매매가

해설
임지비용가
임지의 취득과 개량에 들어간 총비용의 후가합계에서 그 동안 얻은 수익의 후가합계를 공제한 가격으로 원가방식에 의한 임지평가법이다.

56 임목의 평균생장량과 연년생장량에 대한 설명으로 옳지 않은 것은?

① 초기에는 연년생장량이 크다.
② 연년생장량의 극대점이 평균생장량의 극대점보다 빨리 온다.
③ 연년생장량의 극대점에서 연년생장량과 평균생장량은 일치한다.
④ 평균생장량의 극대점에서 평균생장량과 연년생장량은 일치한다.

해설
평균생장량의 극대점에서 두 생장량의 크기는 같아진다. 임목은 이 지점일 때 벌채하여 수확하는 것이 가장 효율적이다.

57 흉고직경이 20cm, 수고가 10m인 입목의 재적이 약 $0.14m^3$인 경우 형수의 수치는?

① 약 0.11
② 약 0.14
③ 약 0.45
④ 약 0.55

해설

형수 $f = \dfrac{V}{g \cdot h} = \dfrac{0.14}{\dfrac{\pi \times 0.2^2}{4} \times 10}$

$= 0.4456 \cdots \therefore 약\ 0.45$

여기서, f : 형수
　　　　g : 원의 단면적
　　　　h : 수고
　　　　V : 수간재적

58 임목 평가에 적용하는 Glaser식에 대한 설명으로 옳은 것은?

① 임목비용가법과 임목기망가법을 절충한 식이다.
② 임목매매가법과 임목비용가법을 절충한 식이다.
③ 임목매매가법과 임목기망가법을 절충한 식이다.
④ 예상이익을 현재가치로 환산하여 임목의 가치를 구하는 방법이다.

해설
유령림과 장령림 사이의 생장에 있는 중령림은 임목비용가법이나 임목기망가법을 적용하기에 부적당하여 중간적인 방법으로 고안한 것이 Glaser식이다.

59 다음 설명에 해당하는 용어는?

> 재적이 $0.5m^3$인 통나무 2개 가격의 합보다 재적이 $1m^3$인 통나무 1개의 가격이 훨씬 높다.

① 형질생장   ② 가치생장
③ 등귀생장   ④ 재적생장

해설
형질생장
지름이 커지고 형질이 우수해지는 데서 오는 목재 단위재적당 가격의 상승을 말한다.

정답　55 ①　56 ③　57 ③　58 ①　59 ①

60 시장가역산법으로 임목가를 평정할 때 필요하지 않은 인자는?

① 집재비 ② 운반비
③ 조림 및 육림비 ④ 벌목 및 조재비

해설

시장가역산법은 원목의 시장 매매가를 조사하고 시장까지의 벌채·운반비를 역으로 공제하여 임지에 서 있는 임목가를 산정하는 평가법으로 조림비, 육림비(임목육성비용), 간벌수익 등과는 상관이 없다.

4과목 임도공학

61 산악지대의 임도 노선 선정 방식 중에서 지그재그 방식 또는 대각선 방식이 적당한 임도는?

① 사면임도 ② 계곡임도
③ 능선임도 ④ 평지임도

해설

사면임도는 계곡임도에서 시작되어 산록부와 산복부에 설치하는 임도로 급경사의 긴 비탈면인 산지에서는 지그재그 방식, 완경사지에서는 대각선 방식이 적당하다.

62 임도의 최소곡선반지름 크기에 영향을 미치지 않는 인자는?

① 임도의 유효폭
② 반출목재의 길이
③ 임도의 설계속도
④ 임도의 종단기울기

해설

최소곡선반지름 크기에 영향을 미치는 인자
도로의 너비(노폭, 유효폭), 반출할 목재의 길이, 차량의 구조, 운행속도(설계속도), 도로의 구조, 시거, 타이어와 노면의 마찰계수 등

63 하베스터와 포워더를 이용한 작업시스템의 목재생산 방법은?

① 전목생산 방법 ② 전간생산 방법
③ 단목생산 방법 ④ 전간목생산 방법

해설

하베스터로 벌목과 조재작업을, 포워더로 집재작업을 수행하는 방식은 단목생산 방법이다.

64 아래 표는 수준측량에 의한 야장이다. 측점 6의 지반고(m)는?

측점	후시(m)	전시(m)		지반고(m)
		TP	IP	
BM	2,191			10,000
1			2,507	
2			2,325	
3	3,019	1,496		
4			2,513	
5	1,846	2,811		
6		3,817		

① 8,838 ② 8,932
③ 9,864 ④ 9,933

해설

지반고(GH) = 기계고(IH) − 전시(FS) = 지반고(GH) + 후시(BS) − 전시(FS)이므로 각 측점의 지반고는 다음과 같으며, 따라서 측점 6의 지반고는 8,932m이다.

① $GH+BS-FS = 10,000+2,191-2,507$
$= 9,684$
② $GH+BS-FS = 10,000+2,191-2,325$
$= 9,866$
③ $GH+BS-FS = 10,000+2,191-1,496$
$= 10,695$
④ $GH+BS-FS = 10,695+3,019-2,513$
$= 11,201$
⑤ $GH+BS-FS = 10,695+3,019-2,811$
$= 10,903$
⑥ $GH+BS-FS = 10,903+1,846-3,817$
$= 8,932$

정답 60 ③ 61 ① 62 ④ 63 ③ 64 ②

65 접착성이 큰 점질토의 두꺼운 성토층 다짐에 가장 효과적인 롤러는?

① 탬덤롤러
② 탬핑롤러
③ 머캐덤롤러
④ 타이어롤러

해설

탬핑롤러(Tamping Roller)
롤러의 표면에 돌기가 부착되어 있어 점착성이 큰 점질토의 두꺼운 성토층 다짐에 가장 효과적인 롤러이다.

66 임도 설계 도면 제도에 대한 설명으로 옳은 것은?

① 평면도는 축척 1/1,000로 한다.
② 횡단면도는 축척 1/200로 한다.
③ 종단면도 상부에 곡선계획 등을 기입한다.
④ 종단면도 축척은 횡 1/1,000, 종 1/200로 한다.

해설

종단면도는 횡방향 1/1,000, 종방향 1/200의 축척으로 작성한다.

67 임도의 기능에 따른 종류가 아닌 것은?

① 임시임도
② 간선임도
③ 작업임도
④ 지선임도

해설

임도의 기능과 규모에 따른 종류
간선임도, 지선임도, 작업임도

68 임도의 평면 선형에서 곡선의 종류가 아닌 것은?

① 단곡선   ② 배향곡선
③ 이중곡선   ④ 반향곡선

해설

평면곡선의 종류
단곡선(원곡선), 복심곡선(복합곡선), 반향곡선(반대곡선), 배향곡선 등

69 곡선지가 아닌 임도의 유효너비 기준은?

① 2.5m
② 3m
③ 5m
④ 6m

해설

길어깨와 옆도랑을 제외한 임도의 유효너비는 3m를 기준으로 한다.

70 임도 설계 업무의 순서로 옳은 것은?

① 예비조사 → 답사 → 예측 → 실측 → 설계도 작성
② 예비조사 → 답사 → 실측 → 예측 → 설계도 작성
③ 답사 → 예비조사 → 실측 → 예측 → 설계도 작성
④ 답사 → 예비조사 → 예측 → 실측 → 설계도 작성

해설

임도 설계 업무의 순서
예비조사 → 답사 → 예측 → 실측 → 설계도 작성 → 공사수량 산출 → 설계서 작성

정답 65 ② 66 ④ 67 ① 68 ③ 69 ② 70 ①

71 시점의 표고가 100m, 종점의 표고가 500m 종단경사가 6%인 임도의 최단 길이는? (단, 임도 우회율은 적용하지 않음)

① 약 0.7km ② 약 2.4km
③ 약 6.7km ④ 약 24km

해설

기울기(%) = $\dfrac{수직거리}{수평거리} \times 100$을 이용하면,

$6 = \dfrac{500-100}{x} \times 100$이 되고, $x = 6,666.66 \cdots$ m

∴ 약 6.7km

72 임도망 계획에서 고려해야 할 사항으로 옳지 않은 것은?

① 운재비가 적게 들도록 한다.
② 운반량에 제한이 없도록 한다.
③ 운재방법이 다원화되도록 한다.
④ 계절에 따른 운재능력에 제한이 없도록 한다.

해설

임도망 계획 시 고려사항
운재비(운반비)가 적게 들도록 하며, 운반량에 제한이 없도록 하고, 운재방법은 단일화되도록 한다.

73 배수관의 유속을 구하는 매닝(Manning) 공식에서 R이 나타내는 것은?

$$V = \dfrac{1}{n} R^{\frac{2}{3}} I^{\frac{1}{2}}$$

① 경심
② 조도계수
③ 수면 기울기
④ 배수관 반지름

해설

매닝(Manning) 공식

$$V = \dfrac{1}{n} \cdot R^{\frac{2}{3}} \cdot I^{\frac{1}{2}}$$

여기서, V : 평균유속(m/s)
n : 유로조도계수
R : 경심(m)
I : 수로경사(%를 소수로)

74 임도설치 대상지 우선선정 기준으로 옳지 않은 것은?

① 도시개발이 예정된 임지
② 산림보호 및 관리를 위해 필요한 임지
③ 임도와 도로 연결을 위해 필요한 임지
④ 산림휴양자원의 이용 또는 산촌진흥을 위해 필요한 임지

해설

도시개발이 예정된 임지에는 임도를 설치하지 않는다.

75 임도 노선 설치 시 단곡선에서 교각이 30°31′00″이고 곡선반지름이 150m일 때 접선길이는?

① 약 4.1m ② 약 8.8m
③ 약 41m ④ 약 88m

해설

접선길이 $TL = R \cdot \tan\dfrac{\theta}{2}$

$= 150 \times \tan\dfrac{30°31′}{2} = 40.9181 \cdots$

∴ 약 41m

여기서, R : 곡선반지름
θ : 교각

정답 71 ③ 72 ③ 73 ① 74 ① 75 ③

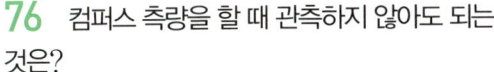

76 컴퍼스 측량을 할 때 관측하지 않아도 되는 것은?
① 거리
② 표고
③ 방위
④ 방위각

해설
자침이 남북을 가리키는 성질을 가진 컴퍼스(Compass, 나침반)를 이용하여 방위, 방위각, 거리를 관측하고 평면상의 위치를 결정하는 측량을 컴퍼스측량이라 한다.

77 임도에서 성토한 경사면의 기울기 기준은?
① 1 : 0.3~0.8
② 1 : 0.5~1.2
③ 1 : 0.8~1.5
④ 1 : 1.2~2.0

해설
성토 경사면의 기울기는 1 : 1.2~2.0의 범위 안에서 설정한다.

78 등고선에 대한 설명으로 옳지 않은 것은?
① 절벽 또는 굴인 경우 등고선이 교차한다.
② 최대경사의 방향은 등고선에 평행한 방향이다.
③ 지표면의 경사가 일정하면 등고선 간격은 같고 평행하다.
④ 일반적으로 등고선은 도중에 소실되지 않으며 폐합된다.

해설
능선, 계곡, 최대경사선(최대경사의 방향)은 등고선과 직교한다.

79 임도의 곡선부에 외쪽기울기를 설치하는 주요 목적은?
① 배수 원활   ② 노면 보호
③ 시거 확보   ④ 안전 운행

해설
외쪽기울기 설치의 주요 목적은 차량의 안전 운행이며, 일반적으로 8% 이하로 설치한다.

80 임도의 노체 구성 순서로 옳은 것은?
① 노반 → 기층 → 노상 → 표층
② 노상 → 기층 → 노반 → 표층
③ 노반 → 노상 → 기층 → 표층
④ 노상 → 노반 → 기층 → 표층

해설
노체(路體)
도로의 몸체로 기본구조는 깊은 곳으로부터 노상, 노반, 기층, 표층의 순으로 구성된다.

5과목 사방공학

81 돌쌓기 방법으로 비교적 규격이 일정한 막깬돌이나 견치돌을 이용하며, 층을 형성하지 않기 때문에 막쌓기라고도 하는 것은?
① 골쌓기
② 켜쌓기
③ 찰쌓기
④ 메쌓기

해설
골쌓기
마름모꼴 대각선으로 쌓는 방법으로 비교적 규격이 일정한 막깬돌이나 견치돌을 이용하며 층을 형성하지 않아 막쌓기라고도 한다.

정답 76 ② 77 ④ 78 ② 79 ④ 80 ④ 81 ①

82 다음 설명에 해당하는 중력침식의 유형은?

> 주로 집중호우, 융설수에 의하여 토층이 포화되어 비탈면의 지괴가 균형을 잃고 아래쪽으로 무너져 떨어지는 중력침식의 형태이다. 보통 무너진 지괴는 그 비탈면 하단부나 산각부에 쌓여 있는 경우가 많고, 주름모양의 형태를 띠게 된다.

① 산붕 ② 포락
③ 이류 ④ 붕락

해설

붕락(崩落)
주로 집중호우나 눈과 얼음이 녹은 물(융설수)에 의해 토층이 포화되어 토괴가 균형을 잃고 아래로 무너져 떨어지는 중력침식 현상이다.

83 산지침식의 종류로 가속침식에 해당하는 것은?

① 자연침식 ② 정상침식
③ 붕괴형 침식 ④ 지질학적 침식

해설

침식은 그 원인에 따라 크게 정상침식과 가속침식으로 나눌 수 있으며, 붕괴형 침식은 중력침식의 한 종류로 가속침식에 속한다.

84 비탈다듬기공사에서 상단의 단면적이 10m², 하단의 단면적이 20m²이고 상하단의 거리가 10m일 때 평균 단면적법으로 토사량을 구하면?

① 150m³ ② 300m³
③ 1,500m³ ④ 3,000m³

해설

양단면적평균법(평균단면적법)

토량(m³) $V = \dfrac{A_1 + A_2}{2} \times L$

$= \dfrac{10 + 20}{2} \times 10 = 150\text{m}^3$

여기서, A_1, A_2 : 양단면적
L : 양단면적 간의 거리

85 사방댐의 위치로 적합하지 않은 곳은?

① 상류부가 넓고 댐자리가 좁은 곳
② 계상 및 양안이 견고한 암반인 곳
③ 본류와 지류가 합류하는 지점의 하류
④ 횡침식으로 인한 계상 저하가 예상되는 곳

해설

유수로 인한 계안의 횡침식을 방지하고자 하는 곳에는 기슭막이를 설치한다.

86 황폐계천에서 유수로 인한 계안의 횡침식을 방지하고 산각의 안정을 도모하기 위하여 계류 흐름방향을 따라서 축설하는 사방공작물은?

① 수제 ② 골막이
③ 기슭막이 ④ 바닥막이

해설

기슭막이
황폐계천에서 유수로 인한 계안의 횡침식을 방지하고, 산각의 안정을 도모하기 위하여 계류 흐름방향을 따라 축설하는 종(縱)공작물이다.

87 견고한 돌쌓기공사에서 사용될 수 있도록 특별한 규격으로 다듬은 것으로 단단하고 치밀한 석재는?

① 견치돌 ② 막깬돌
③ 호박돌 ④ 야면석

해설

견치돌
돌을 다듬을 때 앞면, 길이, 뒷면, 접촉부 및 허리치기의 치수를 특별한 규격에 맞도록 지정하여 만든 석재로 단단하고 치밀하여 견고를 요하는 돌쌓기공사, 사방댐, 옹벽 등에 사용한다.

정답 82 ④ 83 ③ 84 ① 85 ④ 86 ③ 87 ①

88 사방댐의 안정 계산에 필요한 하중 및 수치 중에서 댐 높이가 15m 미만일 때 고려하지 않는 것은?

① 자중   ② 정수압
③ 퇴사압 ④ 양압력

해설

양압력(揚壓力)은 제체를 위로 밀어 올리는 압력으로 댐 높이가 15m 미만일 때는 양압력이 크게 작용하지 않아 안정 계산 시 고려하지 않는다.

89 토사퇴적구역에 대한 설명으로 옳지 않은 것은?

① 유수의 유송력이 대부분 상실되는 지점이다.
② 침적지대 또는 사력퇴적지역 등으로 불린다.
③ 황폐계류의 최하부로서 계상물매가 급하고 계폭이 좁다.
④ 유송토사의 대부분이 퇴적되어 계상이 높아지게 된다.

해설

토사퇴적구역은 선상지를 형성하는 황폐계류의 최하부 구역으로 계상물매가 완만하고, 계폭이 넓다.

90 빗물에 의한 침식의 발달 단계로 옳은 것은?

① 우격침식 → 면상침식 → 누구침식 → 구곡침식
② 면상침식 → 우격침식 → 누구침식 → 구곡침식
③ 우격침식 → 면상침식 → 구곡침식 → 누구침식
④ 면상침식 → 우격침식 → 구곡침식 → 누구침식

해설

빗물(강우)침식은 우격침식 – 면상침식 – 누구침식 – 구곡침식의 순으로 발달한다.

91 산지사방 중 씨뿌리기에 사용되는 식생에 대한 설명으로 옳지 않은 것은?

① 초본류는 생장이 빠르고 엽량이 많은 것이 좋다.
② 초본류는 일년생으로 번식력이 왕성한 것이 좋다.
③ 목본류는 근계가 잘 발달하고 토양의 긴박효과가 있어야 한다.
④ 목본류는 척악지나 환경조건에 대한 적응성이나 저항성이 커야 한다.

해설

초본류는 생장이 빠르고, 엽량이 많으며, 일년생보다는 다년생으로 번식력이 왕성한 것이 좋다.

92 암석 산지나 암벽 녹화용으로 가장 부적합한 수종은?

① 병꽃나무   ② 눈향나무
③ 노간주나무 ④ 상수리나무

해설

암반비탈면 녹화에 주로 사용하는 공법에는 새집공법, 차폐수벽공법 등이 있으며, 회양목, 개나리, 눈향나무, 병꽃나무, 노간주나무 등을 식재하고 있다.

93 비탈파종녹화를 위한 파종량 산출식으로 옳은 것은?[단, W는 파종량(g/m^2), S는 평균입수(입/g), B는 발아율(%), P는 순량률(%), C는 발생기대본수(본/m^2)]

① $W = \dfrac{B}{S \times P \times C}$

② $W = \dfrac{P}{S \times B \times C}$

③ $W = \dfrac{S}{P \times B \times C}$

④ $W = \dfrac{C}{P \times B \times S}$

정답 88 ④ 89 ③ 90 ① 91 ② 92 ④ 93 ④

해설

m²당 파종량

$$파종량(g/m^2) = \frac{가을에\ m^2당\ 남길\ 묘목수}{1g당\ 종자입수 \times 순량률 \times 발아율\ (\times 득묘율)}$$

$$= \frac{C}{P \times B \times S}$$

- 1g당 종자입수(種子粒數)는 g당 평균종자입수로 나타낸다.
- 가을에 m²당 남길(잔존) 묘목수를 묘목잔존본수 또는 발생기대본수라고도 한다.

94 기울기가 완만하고 유량과 토사유송이 적은 곳에 설치하는 수로로 가장 적합한 것은?

① 떼붙임수로
② 찰붙임수로
③ 메붙임수로
④ 콘크리트수로

해설

떼붙임수로(떼수로)는 집수구역이 좁고, 경사가 완만하고, 유량이 적으며, 토사유송이 적거나 없는 곳에 시공한다.

95 산지사방에서 녹화공사에 해당하지 않는 것은?

① 단쌓기
② 사초심기
③ 등고선구공법
④ 산비탈바자얽기

해설

산지사방 녹화공사

바자얽기(편책공, 목책공), 선떼붙이기, 조공, 줄떼시공(줄떼다지기, 줄떼붙이기, 줄떼심기), 평떼시공(평떼붙이기, 평떼심기), 단쌓기(떼단쌓기), 비탈덮기(거적덮기), 등고선구공법(수평구공법), 새심기, 씨뿌리기(파종공법), 종비토뿜어붙이기, 나무심기(식재공법) 등

96 해안사방공사의 주요 공종에 해당하지 않는 것은?

① 파도막이
② 모래덮기
③ 새집공법
④ 퇴사울세우기

해설

해안사방공사의 종류

- 사구조성공법 : 퇴사울세우기, 구정바자얽기, 모래담쌓기, 모래덮기, 사초심기, 파도막이 등
- 사지조림공법 : 정사울세우기, 사지 식수공법 등

97 다음 설명에 가장 적합한 불투과형 중력식 사방댐은?

- 땅밀림지, 산사태지 등의 응급복구 사방공사에 적합하다.
- 터파기는 깊이 1m 정도로 하고 말뚝으로 체제를 유지해야 하며, 높이는 3m 이하로 한다.

① 흙댐
② 돌망태댐
③ 콘크리트댐
④ 콘크리트틀댐

해설

돌망태댐

돌망태의 유연성을 이용하여 구축하는 불투과형 중력식 사방댐으로 내구성은 낮지만, 땅밀림지·산사태지 등의 응급복구 사방공사 등에 적합하다.

98 유량이 40m³/s이고, 평균유속이 5m/s일 때 수로의 횡단면적(m²)은?

① 0.5
② 8
③ 45
④ 200

해설

유량 $Q(m^3/s)$ = 유속 × 유적 이므로,

$40 = 5 \times x \quad \therefore x = 8m^2$

정답 94 ① 95 ② 96 ③ 97 ② 98 ②

99 초기황폐지 단계에서 복구되지 않으면 점점 더 급속히 악화되어 가까운 장래에 민둥산이나 붕괴지가 될 위험성이 있는 상태는?

① 척악임지
② 임간나지
③ 황폐이행지
④ 특수황폐지

해설

황폐이행지
초기황폐지 단계에서 복구되지 않으면 점점 더 급속히 악화되어 가까운 장래에 민둥산이나 붕괴지가 될 위험성이 있는 상태의 임지이다.

100 바닥막이 시공 장소로 적합하지 않은 것은?

① 합류 지점의 하류
② 계상 굴곡부의 상류
③ 계상이 낮아질 위험이 있는 곳
④ 종침식과 횡침식이 발생하는 지역의 하류부

해설

바닥막이 시공 장소
계상이 낮아질 위험이 있은 곳, 지류가 합류되는 지점의 하류, 계상 굴곡부의 하류 등

정답 99 ③ 100 ②

2019년 1회 기출문제

산림산업기사

1과목 조림학

01 1.2ha의 임야에 4m × 2m의 장방형으로 식재할 때 필요한 묘목수는?

① 500본
② 1,500본
③ 2,000본
④ 2,500본

해설

장방형 식재

$$N = \frac{A}{a \times b} = \frac{12,000}{4 \times 2} = 1,500본$$

여기서, N : 소요 묘목본수
A : 조림지 면적
a : 묘간거리
b : 줄사이거리

02 간벌의 효과로 옳지 않은 것은?

① 산림관리 비용을 크게 줄인다.
② 임분의 수직구조 및 안정화를 도모한다.
③ 직경생장을 촉진하여 연륜폭이 넓어진다.
④ 우량한 개체를 남겨서 임분의 유전적 형질을 향상시킨다.

해설

간벌
수목이 생장함에 따라 광선, 수분 및 양분 등의 경쟁이 심해지므로 이를 완화하기 위해 일부 수목을 베어 밀도를 낮추고 남은 수목의 생장을 촉진시키는 작업이다. 이는 산림관리와 보호에 더 힘써야 하므로 비용이 추가적으로 든다.

03 수목에서 카스페리안 대(Casparian Strip)에 대한 설명으로 옳은 것은?

① 내피에서 양료의 자유 이동이 가능하도록 해준다.
② 무기염의 비선택적 흡수에 관여하는 조직이다.
③ 뿌리의 삼투압에 관여하여 뿌리의 수분흡수에 결정적으로 관여하는 조직이다.
④ 내피에서 자유공간을 없애 무기염이 더 이상 자유롭게 뿌리 속으로 이동할 수 없도록 막아준다.

해설

카스페리안 대(Casparian Strip)
뿌리털을 통해 흡수한 물에 녹아 있는 무기양료 중에서 식물체가 필요한 양료만 선택적으로 흡수하게 하는 역할로 내피에서 자유공간을 없애 무기염이 더 이상 자유롭게 뿌리 속으로 이동할 수 없도록 방지한다.

04 자웅이주에 해당하지 않는 수종은?

① *Ginkgo biloba*
② *Taxus cuspidata*
③ *Ailanthus altissima*
④ *Cryptomeria japonica*

해설

은행나무(*Ginkgo biloba*), 주목(*Taxus cuspidata*), 가죽나무(*Ailanthus altissima*)는 자웅이주이며, 삼나무(*Cryptomeria japonica*)는 자웅동주이다.

정답 01 ② 02 ① 03 ④ 04 ④

05 풀베기에 대한 설명으로 옳은 것은?

① 줄베기는 모두베기에 비하여 많은 인력이 소요된다.
② 보통 5~7월 중에 실시하며 연 2회 실시할 경우 8월에 추가로 실시한다.
③ 한해 및 풍해의 위험성이 있는 지역에서는 9월 이후에 풀베기를 실시한다.
④ 삼나무, 편백 등의 조림지에서는 묘목의 보호를 위하여 풀베기 작업을 실시하지 않는다.

해설

잡풀들의 세력이 왕성하여 연 2회 작업할 경우 6월(5~7월)과 8월(7~9월)에 실시한다.

06 다음 중 그늘에서 가장 잘 견디는 수종은?

① 향나무　② 자작나무
③ 사철나무　④ 버드나무

해설

자작나무, 버드나무, 향나무는 양수로 그늘에서 생장이 좋지 못하며, 사철나무는 극음수로 그늘에서도 잘 적응하여 생장이 좋다.

07 잎의 기공에서 이뤄지는 개폐기작에 가장 큰 영향을 주는 무기원소는?

① 인산　② 칼슘
③ 칼륨　④ 질소

해설

기공은 두 개의 공변세포로 이루어져 있으며, 팽압이 증가하면 세포의 안쪽은 두꺼워 잘 늘어나지 않지만 바깥쪽은 얇아 쉽게 늘어나고 한쪽으로 휘게 되면서 기공이 열린다. 이때 이 팽압의 변화는 칼륨이온(K^+)을 받거나 내어줌으로써 일어난다.

08 조림지 준비작업에 대한 설명으로 옳지 않은 것은?

① 산불 위험을 줄일 수 있다.
② 식재된 묘목과 경쟁식생의 경합을 완화시킬 수 있다.
③ 벌채 잔해물을 제거하여 식재 작업 조건을 개선할 수 있다.
④ 하층목의 밀도를 조절하여 식재된 묘목의 초기 활착과 생장을 개선할 수 있다.

해설

지존작업(Ground Clearance)
조림 예정지에서 잡초, 덩굴식물, 관목 등을 제거하는 조림 준비작업이다. 이러한 작업은 상층목의 밀도를 조절하여 식재된 묘목의 초기활착과 생장을 개선할 수 있다.

09 주로 종자로 인하여 숲이 형성되어 용재 생산을 주목적으로 이용하는 것은?

① 죽림
② 왜림
③ 교림
④ 중림

해설

교림(喬林 또는 高林, High Forest)
종자로부터 발달한 수목(실생묘)으로 이루어진 산림으로 주로 침엽수가 교림을 형성하며, 용재를 생산하는 키가 큰 숲을 형성한다.

10 우량 묘목의 조건으로 가장 적합한 것은?

① T/R률의 값이 큰 것
② 줄기가 곧으며 도장된 것
③ 근계 중에 주근이 길고 곧고 세근이 적은 것
④ 묘목의 가지가 균형 있게 뻗고 정아가 완전한 것

정답　05 ②　06 ③　07 ③　08 ④　09 ③　10 ④

해설

우량 묘목은 측아보다 정아의 발달이 우세하고, T/R률 값이 3 정도 또는 값이 작으며, 가지가 사방으로 고루 뻗어 발달한 것이 좋다.

11 다음 설명에 해당하는 갱신작업은?

- 일정면적은 임목갱신을 위하여 일정기간 동안에는 제거되는 일이 없다.
- 성숙한 일부 임목만이 국부적으로 벌채되어 항상 각 영급의 임목이 서로 혼재되어 있다.
- 직경분포 및 임목축적에 급격한 변화를 주지 않는 방법이다.

① 산벌작업 ② 중림작업
③ 택벌작업 ④ 모수작업

해설

택벌작업
한 임분을 구성하고 있는 임목 중 성숙한 임목만을 선택적으로 골라 벌채하는 작업법으로 남아 있는 수목의 직경분포 및 임목축적에 급격한 변화를 주지 않아 항상 각 영급의 임목이 서로 혼재되어 있다.

12 군상개벌작업에서 한 벌채구역의 일반적인 크기는?

① 0.03~0.1ha ② 0.3~1.0ha
③ 1.0~3.0ha ④ 3.0~5.0ha

해설

군상개벌작업에서 한 벌채구역의 크기는 일반적으로 0.03~0.1ha(0.1ha 이하)이다.

13 종자가 일반적으로 11월경에 성숙하는 수종은?

① 버드나무 ② 동백나무
③ 비술나무 ④ 소사나무

해설

동백나무는 11월경에 종자가 성숙하며, 버드나무는 5월, 비술나무는 6월경에 성숙한다.

14 곰솔에 대한 설명으로 옳지 않은 것은?

① 잎은 두 개씩 모여서 난다.
② 바다의 바람을 이겨내는 힘이 강하다.
③ 소나무에 비해 실생묘의 양성이 어렵다.
④ 직사광선을 받는 곳에서 생장이 왕성하다.

해설

해송(곰솔)은 초기생장이 빠르므로 소나무에 비해 실생묘의 양성이 쉬운 편이다.

15 파종하기 1개월 전에 노천매장을 하면 발아에 유리한 수종으로만 올바르게 나열된 것은?

① 삼나무, 소나무
② 피나무, 층층나무
③ 벚나무, 물푸레나무
④ 들메나무, 단풍나무

해설

소나무, 해송, 리기다소나무, 낙엽송, 가문비나무, 전나무, 측백, 편백, 삼나무 등 거의 모든 침엽수는 파종 약 1개월(한 달) 전에 노천매장 해야 발아에 유리하다.

16 질소 결핍으로 인한 주요 증상으로 옳은 것은?

① 잎에 검은 반점이 나타난다.
② 성숙한 잎에 황화현상이 나타난다.
③ 절간생장이 억제되고 잎이 작아진다.
④ 새로 생장한 부분의 발육이 매우 불량하고 백화현상이 나타난다.

정답 11 ③ 12 ① 13 ② 14 ③ 15 ① 16 ②

해설

질소 결핍 시 생장이 나쁘며, T/R률이 작아지고, 짧은 잎이 발생하며, 성숙잎의 황화현상이 두드러지게 나타난다.

17 종자를 탈각할 때 부숙마찰법이 가장 적합한 수종은?

① 주목 ② 옻나무
③ 오리나무 ④ 아까시나무

해설

부숙마찰법
부숙시킨 후 마찰하거나 비벼서 과피를 분리하는 탈종법으로 은행나무, 벚나무, 향나무, 주목, 비자나무, 호두나무, 가래나무 등에 적용한다.

18 어린나무 가꾸기나 천연림 보육작업 등의 잡목 솎아내기 작업이 끝난 후부터 최종 수확 때까지 숲을 가꾸는 작업은?

① 간벌 ② 제벌
③ 덩굴제거 ④ 가지치기

해설

간벌
어린나무 가꾸기나 천연림 보육작업 등의 잡목 솎아내기 작업이 끝난 후부터 최종 수확 때까지 숲을 가꾸는 것으로 정확히는 어린나무 가꾸기 작업이 끝난 후 5년가량 경과하고 최종 수확 10년 전까지의 산림이 대상이다.

19 토양에서 탄질률에 대한 설명으로 옳지 않은 것은?

① 토양 비옥도를 판정하는 기준이 된다.
② 낙엽층의 탄질률은 시간이 경과함에 따라 높아진다.
③ 토양과 식물체 등에 포함된 유기탄소와 총질소의 함유 비율이다.
④ 분해가 매우 잘 된 산림토양 표토층의 탄질률은 12~13 정도이다.

해설

낙엽층의 탄질률은 시간이 경과함에 따라 낮아지는데, 질소는 유기물과 결합하여 남고 탄소는 가스로 대기 중에 방출되기 때문이다.

20 인공조림과 비교할 때 천연갱신의 장점으로 옳지 않은 것은?

① 수종 선정의 잘못으로 인한 실패의 염려가 적다.
② 임지가 나출되는 일이 드물며 지력 유지에 적합하다.
③ 해당 임지의 기후와 토질에 가장 적합한 수종으로 갱신된다.
④ 전문적인 육림기술이 필요 없고 향후 벌목과 운재 작업이 용이하다.

해설

천연갱신은 벌목과 운재 작업 등으로 임내 작업 시 치수 손상의 위험이 있으며, 작업이 어려운 단점이 있다.

2과목　산림보호학

21 토양을 소독하면 방제 효과가 가장 높은 수목병은?

① 잎떨림병 ② 빗자루병
③ 모잘록병 ④ 줄기마름병

해설

모잘록병은 토양전염성 병이므로 토양소독 및 종자소독을 실시하면 효과적으로 방제할 수 있다.

정답 17 ① 18 ① 19 ② 20 ④ 21 ③

22 고형 약제 중에서 입경의 크기가 가장 큰 것은?

① 분제
② 입제
③ 미립제
④ 세립제

해설

입제(粒劑)
주제에 증량제, 계면활성제 등을 첨가하고 혼합하여 입상(粒狀)으로 제제한 약제로 고형 약제 중에서 입경(粒經)의 크기가 가장 크다.

23 모잘록병 예방 방법으로 가장 효과적인 것은?

① 햇볕을 막아 그늘지게 한다.
② 질소질 비료를 충분하게 준다.
③ 파종량을 적게 하고 복토를 두껍게 한다.
④ 배수와 통풍이 잘 되고 과습하지 않도록 한다.

해설

배수와 통풍이 잘 되어 묘상이 과습하지 않도록 주의하며, 질소질 비료의 과용을 피하고 인산질, 칼륨질 비료를 충분히 주어 묘목이 강건히 자라도록 돕는다.

24 소나무재선충병 진단에 대한 설명으로 옳지 않은 것은?

① 피해목은 수지(송진)의 분비가 감소한다.
② 묵은 잎과 새잎이 아래로 처지며 시든 현상이 나타난다.
③ 수지 분비 상태를 이용한 피해목 식별은 겨울철에 확인한다.
④ 목편에서 선충을 분리 후 분자생물학적 진단 기술로 동정한다.

해설

건강한 소나무도 겨울철에는 수지 분비량이 적어 피해목 식별이 어렵다.

25 솔잎혹파리 방제를 위한 가장 효과적인 나무주사 약제는?

① 메탐소듐
② 석회유황합제
③ 아세타미프리드
④ 옥시테트라사이클린

해설

산란 및 우화 최성기(5~6월)에 포스팜 액제(50%)[=포스파미돈 액제(다이메크론)], 아세타미프리드 액제], 이미다클로프리드 분산성액제 등의 살충제를 수간주사한다.

26 대기오염물질에 의한 활엽수의 병징으로 옳지 않은 것은?

① PAN : 엽백 사이 조직의 황화현상 및 잎의 비대화
② 아황산가스 : 잎의 끝부분과 엽맥 사이 조직의 괴사
③ 질소산화물 : 초기에 흩어진 회녹색 반점이 생기다가 잎의 가장자리 조직 괴사
④ 오존 : 잎 표면에 주근깨 같은 반점이 형성되고 반점이 합쳐져 표면의 백색화

해설

팬(PAN)
대기 중의 광화학적 반응에 의해 생성된 2차 대기오염물질로 잎의 뒷면부터 피해가 나타나 은회색을 띠는 증상을 나타낸다.

27 볕데기로 인한 피해가 가장 적은 수종은?

① 오동나무
② 호두나무
③ 상수리나무
④ 가문비나무

해설

볕데기
강한 직사광선을 받은 줄기가 고온으로 인해 수피 부분에 과도한 수분증발이 발생하여 수피조직이 일부 고사하게 되는 현상으로 수피의 코르크층이 발달한 굴참나무, 상수리나무 등은 피해가 적다.

정답 22 ② 23 ④ 24 ③ 25 ③ 26 ① 27 ③

28 생물적 해충 방제를 위한 천적 선택 조건으로 옳지 않은 것은?

① 단식성이어야 한다.
② 소량으로 증식해야 한다.
③ 천적에 기생하는 곤충이 없어야 한다.
④ 해충의 출현과 천적의 생활사가 잘 일치해야 한다.

해설

대량으로 증식해야 한다. 즉, 증식력이 커야 한다.

29 솔잎혹파리가 우화하는 최성기는?

① 4월 상순 ② 6월 상순
③ 8월 상순 ④ 10월 상순

해설

5월 하순~6월 상순이 우화 최성기이며 그중에서도 6월에 가장 많이 우화한다.

30 목질부를 가해하는 천공성 해충이 아닌 것은?

① 선녀벌레 ② 소나무좀
③ 버들바구미 ④ 측백하늘소

해설

나무좀류, 하늘소류 등은 천공성이며, 선녀벌레는 흡즙성 해충이다.

31 외국에서 유입된 해충이 아닌 것은?

① 솔나방
② 솔잎혹파리
③ 아까시잎혹파리
④ 버즘나무방패벌레

해설

외래해충의 종류
미국흰불나방, 솔껍질깍지벌레, 버즘나무방패벌레, 솔잎혹파리, 아까시잎혹파리, 소나무재선충, 꽃매미, 미국선녀벌레, 흰개미 등

32 제5령 충으로 월동을 하여 이듬해 4월경부터 잎을 갉아먹는 해충은?

① 솔나방 ② 천막벌레나방
③ 어스렝이나방 ④ 복숭아심식나방

해설

솔나방은 5령충(4회 탈피)이 된 유충이 수피나 지피물 사이에서 월동하고, 4월 상순~7월 상순에 월동한 유충이 솔잎을 식해하며 가해한다.

33 미국흰불나방에 대한 설명으로 옳지 않은 것은?

① 번데기로 월동한다.
② 1년에 2회 이상 발생한다.
③ 약 50개 정도의 알을 낳는다.
④ 1화기 성충 발생 기간은 5~6월이다.

해설

미국흰불나방은 5월 중순~6월 상순에 월동 번데기가 제1화기 성충으로 우화하고, 잎 뒷면에 600~700개의 알을 무더기로 산란한다.

34 수목병과 중간기주의 연결이 옳지 않은 것은?

① 소나무혹병 – 황벽나무
② 잣나무털녹병 – 송이풀
③ 포플러잎녹병 – 일본잎갈나무
④ 배나무붉은별무늬병 – 향나무

정답 28 ② 29 ② 30 ① 31 ① 32 ① 33 ③ 34 ①

해설

소나무혹병의 중간기주는 졸참나무 등의 참나무류이다.

35 곤충의 특징으로 옳지 않은 것은?

① 겹눈과 홑눈이 있다.
② 다리는 보통 3쌍이고 5마디로 되어 있다.
③ 몸은 머리, 가슴, 배 3부분으로 구분된다.
④ 배에 마디가 없고 더듬이는 1쌍이 있다.

해설

곤충은 배가 10개 내외의 마디로 이루어져 있으며, 더듬이는 1쌍이 있다.

36 옥시테트라사이클린을 주입하여 방제하는 수목병은?

① 잣나무털녹병
② 포플러모자이크병
③ 밤나무근두암종병
④ 오동나무빗자루병

해설

파이토플라스마에 의한 수병인 대추나무빗자루병, 오동나무빗자루병, 뽕나무오갈병은 옥시테트라사이클린계의 항생물질로 치료가 가능하다.

37 난균류에 의해 발생하는 수목병이 아닌 것은?

① 역병　　② 탄저병
③ 모잘록병　④ 뿌리썩음병

해설

난균류에 의한 수병에는 역병, 뿌리썩음병, 모잘록병 등이 있으며, 탄저병은 자낭균류에 의한 수병이다.

38 오리나무갈색무늬병 방제 방법으로 옳지 않은 것은?

① 종자를 소독한다.
② 매개충을 구제한다.
③ 연작을 하지 않는다.
④ 떨어진 병든 잎을 모아 소각한다.

해설

오리나무갈색무늬병은 종자의 표면에 부착하여 전반되며, 매개충이 존재하지 않는다.

39 대추나무빗자루병의 전반 가능성이 가장 높은 것은?

① 종자에 의한 전반
② 토양에 의한 전반
③ 공기에 의한 전반
④ 분주에 의한 전반

해설

대추나무빗자루병은 파이토플라스마에 의한 수병이며, 파이토플라스마는 전신감염성으로 병든 수목에서 채취한 접수 및 삽수를 이용하거나 분주(포기나누기) 등을 실시할 때 전염된다.

40 산불이 토양에 미치는 영향으로 옳지 않은 것은?

① 토양이 척박해진다.
② 토양의 이화학적 성질을 악화시킨다.
③ 낙엽이 탄 결과로 토양의 투수성이 감소된다.
④ 지표의 보호물이 사라져 지표유하수가 감소한다.

해설

산불의 영향으로 지표의 보호물이 사라져 지표 위를 흐르는 지표유하수(地表流下水)가 증가하며, 지표유하수에 의한 물침식이 가중된다.

정답 35 ④　36 ④　37 ②　38 ②　39 ④　40 ④

3과목 임업경영학

41 다음 ( ) 안에 들어갈 용어로 가장 적합한 것은?

> 자본재 중에서 임업경영의 기본이 되는 것은 임목이다. 임목은 원래 종자나 또는 묘목이 자라서 성립된 것인데, 앞으로 생산을 계속하는 자본으로 볼 때에는 (　　　)이란 명칭을 사용한다.

① 생장
② 유동자본
③ 고정자본
④ 임목축적

해설

임목축적(林木蓄積)은 종자나 묘목에서 시작되어 임지에 계속 축적되어 쌓이는 전체 임목의 양을 말하며, 임업에서는 이 임목축적을 자본으로 본다.

42 임업순수익을 계산하는 식으로 옳은 것은?

① 조수익 − 임업경영비
② 임업소득 − 임업경영비
③ 조수익 − 임업경영비 − 가족임금추정액
④ 임업소득 − 임업경영비 − 가족임금추정액

해설

임업순수익 = 임업소득 − 가족임금추정액
= 임업조수익 − 임업경영비 − 가족임금추정액

43 산림면적이 800ha이고, 윤벌기가 40년이며 1영급이 10개의 영계로 구성된 산림의 법정영급면적은?

① 100ha
② 200ha
③ 300ha
④ 400ha

해설

법정영급면적 $A = \dfrac{F}{U} \times n = \dfrac{800}{40} \times 10 = 200\text{ha}$

44 법정상태의 요건이 아닌 것은?

① 법정생장량
② 법정벌기령
③ 법정영급분배
④ 법정임분배치

해설

법정상태의 요건에는 법정영급분배, 법정임분배치, 법정생장량, 법정축적이 있다.

45 재적 수확의 보속을 실현할 수 있는 내용과 조건을 구비한 산림은?

① 보호림
② 보안림
③ 법정림
④ 천연림

해설

법정림(法正林, Normal Forest)
매년 수확량이 균등하게 될 수 있는 내용조건을 완벽하게 갖춘 산림으로 경영목적에 따라 벌채하여도 남아 있는 임목의 생장에 전혀 지장을 주지 않아 재적수확의 보속을 실현할 수 있다.

46 임업경영의 지도원칙 중에서 최소의 비용으로 최대의 효과를 발휘할 수 있게 하는 원칙은?

① 경제성의 원칙
② 수익성의 원칙
③ 생산성의 원칙
④ 보속성의 원칙

해설

경제성의 원칙
최소 비용으로 최대 효과를 발휘하도록 하는 원칙이자 일정 비용으로 최대 수익을 올리도록 하는 원칙이다.

47 연이율이 16%일 때 매년 말에 200만 원의 이자를 영구히 얻기 위한 자본가는 얼마인가?

① 32만 원
② 320만 원
③ 1,150만 원
④ 1,250만 원

정답 41 ④　42 ③　43 ②　44 ②　45 ③　46 ①　47 ④

해설

무한연년이자의 전가식
- 매년 말에 r씩 영구히 얻을 수 있는 이자의 전가합계식
- $K = \dfrac{r}{P} = \dfrac{200만\ 원}{0.16} = 1{,}250만\ 원$

  여기서, P : 이율

48 임분재적 측정방법인 표준목법의 종류 중 모든 임분을 1개의 급으로 취급하여 단 1개의 표준목을 선정하는 방법은?

① 단급법 ② Urich법
③ Hartig법 ④ Draudt법

해설

단급법(單級法)
전체의 임분을 하나의 급으로 취급하여 단 한 개의 표준목을 선정하는 방법이다.

49 이령림의 어떤 임분에서 5년생이 60본이고, 10년생이 40본일 경우 본수령은?

① 5년 ② 6년
③ 7년 ④ 8년

해설

본수령에 의한 평균임령

$A = \dfrac{n_1 a_1 + n_2 a_2 + n_3 a_3 + \cdots + n_n a_n}{n_1 + n_2 + n_3 + \cdots + n_n}$

$= \dfrac{(5 \times 60) + (10 \times 40)}{60 + 40} = 7년$

여기서, $a_1,\ a_2,\ a_3$: 연령

$n_1,\ n_2,\ n_3$: 각 연령의 본수

50 감가상각액의 계산법 중 직선법이라고도 하며 가장 간단하고 보편적인 방법은?

① 정액법 ② 정률법
③ 연수합계법 ④ 생산량비례법

해설

정액법(직선법)
매년 정해진 액수를 균등하게 감가하는 방법으로 가장 간단하며 보편적인 방법이다.

51 $N = V \cdot 1.0P^n$ 식에서 $1.0P^n$은 무엇인가? (단, N=합계액, V=원금, P=연이율, n=연수)

① 연금계수 ② 현가계수
③ 전가계수 ④ 후가계수

해설

후가식(後價式)
- 현재 자본금이 V이고, 이율이 P일 때 n년 후의 자본금 N(후가)을 구하는 공식이다.
- $N = V(1+P)^n = V \times 1.0P^n$
- $(1+P)^n$: 후가계수, 복리율

52 산림경영계획을 위한 산림구획에 대한 설명으로 옳지 않은 것은?

① 임반의 면적은 불가피한 경우를 제외하고는 100ha 내외로 구획한다.
② 동일한 임반 내에서 임종, 임상 및 영급이 상이할 경우에는 소반으로 구획한다.
③ 지방자치단체의 장은 소유하고 있는 공유림별로 산림경영계획을 10년 단위로 수립한다.
④ 소반은 필요에 의해 구획을 변경할 수 있으며, 소반번호는 가, 나, 다 등의 일련번호를 붙인다.

해설

소반은 임반번호와 같은 방향으로 숫자를 덧붙여 1-1-1, 1-1-2… 순으로 기재하며, 보조소반은 1-1-1-1, 1-1-1-2… 순으로 표시한다.

정답 48 ① 49 ③ 50 ① 51 ④ 52 ④

53 벌채목의 실적계수 크기에 관계없는 인자는?

① 수종
② 통나무의 형상
③ 통나무의 크기
④ 통나무의 임목도

해설

실적계수는 실적을 층적으로 나눈 백분율로 수종, 통나무의 형상, 통나무의 크기, 쌓은 방법 등에 영향을 받는다.

54 임업투자사업에서 감응도 분석 대상으로 고려해야 할 주요 요인이 아닌 것은?

① 생산량
② 감가상각비
③ 사업기간의 지연
④ 생산물의 가격 및 노임 등의 가격요인

해설

감응도 분석 대상으로 고려해야 할 주요 요인
생산물의 가격 및 노임 등의 가격요인, 생산량, 원료 및 원자재의 가격 변화에 따른 사업비용의 변화, 사업기간의 지연 등

55 산림의 가격 평가 방법이 아닌 것은?

① 지대가법
② 기망가법
③ 비용가법
④ 매매가법

해설

산림 평가 방법에는 비용가법, 기망가법, 매매가법, 자본가법이 있다.

56 임업노동의 특성으로 옳지 않은 것은?

① 단위면적당 노동량이 다른 산업 노동에 비해 비교적 많다.
② 작업 장소가 넓고 험하기 때문에 감독과 자재 수송이 곤란하다.
③ 조림 및 육림, 벌채, 반출 노동은 작업자의 특수한 훈련이 필요하다.
④ 임업노동을 위한 이동 시간이 길기 때문에 실제 작업량은 많지 않다.

해설

임업노동은 다른 산업에 비해 단위면적당 노동량이 적어 분쟁 등이 없다.

57 수확을 위한 벌채기준으로 옳지 않은 것은?

① 골라베기 비율은 재적기준 30% 이내로 한다.
② 모수 작업 시 모수는 1ha당 15~20본을 존치시킨다.
③ 왜림작업 시 벌채 절단면이 북향으로 약간 기울게 한다.
④ 골라베기 작업 시 표고 재배용 나무는 재적기준 50% 이내로 할 수 있다.

해설

왜림작업 시 빗물 등으로 인한 썩음을 방지하고 맹아 발생이 용이하도록 절단면을 남향으로 약간 기울게 한다.

58 임업원가관리에 있어 특수한 의사결정을 위한 원가 유형의 분류가 아닌 것은?

① 기회원가
② 직접원가
③ 한계원가
④ 현금지출원가

해설

직접원가는 원가계산 대상에 따른 유형이며, 특수한 의사결정을 위한 원가 유형에는 기회원가, 한계원가, 증분원가, 매몰원가, 현금지출원가 등이 있다.

정답 53 ④ 54 ② 55 ① 56 ① 57 ③ 58 ②

59 산림 평가 방법인 임지기망가법과 수익환원법에 대한 설명으로 옳은 것은?

① 두 방법 모두 일제림을 전제로 하는 임지의 평가 방법이다.
② 수익환원법은 택벌림과 같이 연년수입이 있는 경우에 적용하는 방식이다.
③ 임지기망가는 임지에서 장래에 기대되는 순수익의 미래가(후가) 합계로 정한 가격이다.
④ 임지기망가법에 의하여 산출된 지가는 임업경영을 위한 임지를 매입할 때 지불할 수 있는 최저 한도액을 의미한다.

해설

임지기망가법과 수익환원법은 모두 수익방식에 의한 임지평가이며, 수익환원법은 택벌림 또는 연년보속작업을 전제로 하는 평가법이다.

60 임목재적 계산식 "$\frac{\pi}{4}d^2 \times 수고 \times 형수$"에서 d가 흉고직경일 경우 $\frac{\pi}{4}d^2$은 무엇인가?

① 임목재적 ② 통나무재적
③ 흉고단면적 ④ 흉고직경합계

해설

형수법에 의한 수간재적
- 수간재적 $V = g \cdot h \cdot f$
 여기서, g : 원의 단면적
   h : 수고
   f : 형수
- 원의 단면적(흉고단면적)
 $= \pi \times 반지름^2$
 $= \pi \times \frac{d^2}{4} = \frac{\pi \cdot d^2}{4}$

4과목 산림공학

61 임도에서 배향곡선지가 아닌 경우 유효너비 기준은?

① 1.7m ② 2.0m
③ 2.5m ④ 3.0m

해설

임도의 유효너비는 배향곡선지가 아닌 경우 길어깨와 옆도랑을 제외한 3m를 기준으로 한다.

62 가선집재와 비교한 트랙터집재의 특징이 아닌 것은?

① 기동성이 높다.
② 작업이 단순하다.
③ 운전이 용이하다.
④ 고속이므로 장거리 운반에 바람직하다.

해설

트랙터집재는 기동성이 높고, 작업이 단순하며, 운전이 용이하나, 저속이라 장거리 운반이 어려운 단점이 있다.

63 비탈면 안정을 위한 침식방지제 사용 효과로 옳지 않은 것은?

① 보온 효과
② 객토의 유출 방지
③ 토양 수분의 증발 촉진
④ 종자 및 비료 유실 방지

해설

침식방지제
토양표층부를 고결시키며 얇은 피막을 형성하여 토양의 안정 고착과 유실 방지를 돕는 비탈면 안정화 제재로 토양의 고착과 유실 방지, 종자와 비료의 유실 방지, 건조 방지(토양수분 유지), 보온 효과 등이 있다.

정답 59 ② 60 ③ 61 ④ 62 ④ 63 ③

64 산지사방에서 녹화공사에 해당하는 것은?

① 골막이
② 누구막이
③ 산복수로공
④ 선떼붙이기

해설

산지사방공사의 종류

기초공사	비탈다듬기(뭉기기), 단끊기, 땅속흙막이(묻히기), 흙막이(누구막이), 산비탈배수로(산복수로, 산비탈수로내기), 속도랑(배수구)
녹화공사	바자얽기(편책공, 목책공), 선떼붙이기, 조공, 줄떼시공(줄떼다지기, 줄떼붙이기, 줄떼심기), 평떼시공(평떼붙이기, 평떼심기), 단쌓기(떼단쌓기), 비탈덮기(거적덮기), 등고선구공법(수평구공법), 새심기, 씨뿌리기(파종공법), 종비토뿜어붙이기, 나무심기(식재공법)

65 임도의 옆도랑(측구)에 대한 설명으로 옳은 것은?

① 물이 임도를 횡단하여야 할 개소에 시설한 수로
② 노면의 물을 집수정으로 유도하기 위하여 시설한 수로
③ 차량을 돌릴 수 있도록 시설한 장소의 횡단상의 수로
④ 일정한 간격으로 차량통행에 지장이 없도록 한 횡단상의 수로

해설

옆도랑(측구)은 노면과 절토 비탈면에 흐르는 물을 모아 집수정으로 유도하여 처리하기 위한 배수시설로 길어깨와 비탈 사이에 종단방향으로 설치한다.

66 사면붕괴의 전조현상으로 옳지 않은 것은?

① 용수가 맑아짐
② 용출현상이 생김
③ 사면에 균열이 생김
④ 작은 돌이 사면에서 떨어짐

해설

사면붕괴 시에는 탁한 용수의 용출현상이 생기며, 사면에 균열이 발생하고, 작은 돌이 사면에서 떨어지는 등의 전조현상이 나타난다.

67 적정임도간격이 1km인 경우의 적정임도밀도는?(단, 우회율을 고려하지 않음)

① 5m/ha
② 10m/ha
③ 15m/ha
④ 20m/ha

해설

임도간격 = $\dfrac{10,000}{적정임도밀도}$ 이므로,

$1,000 = \dfrac{10,000}{적정임도밀도}$

∴ 적정임도밀도 = 10m/ha

68 와이어로프 사용 금지 항목으로 옳지 않은 것은?

① 꼬임상태(킹크)인 것
② 와이어로프에 벌목된 나무의 껍질이 걸린 것
③ 와이어로프 소선이 10분의 1 이상 절단된 것
④ 마모에 의한 직경 감소가 공칭직경의 7%를 초과하는 것

해설

와이어로프의 폐기기준
- 꼬임상태(킹크)인 것
- 현저하게 변형 또는 부식된 것
- 와이어로프 소선이 10분의 1(10%) 이상 절단된 것
- 마모에 의한 직경 감소가 공칭직경의 7%를 초과하는 것

정답 64 ④ 65 ② 66 ① 67 ② 68 ②

69 엄격한 규격 치수가 아닌 대략적 수치에 의해 깨내어 만든 석재는?

① 막깬돌 ② 마름돌
③ 견치돌 ④ 호박돌

해설

막깬돌
엄격한 치수가 아닌 면의 모양이 직사각에 가깝게 대략적 수치에 의해 깨낸 석재이다.

70 다음 그림은 흐르는 물의 단면을 그린 것이다. 흐르는 속도가 가장 빠른 부분은?

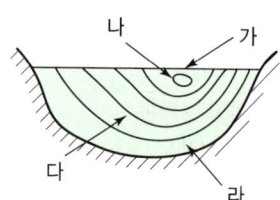

① 가 ② 나
③ 다 ④ 라

해설

유속은 하천표면의 바로 아랫부분이 가장 빠르다.

71 사방댐에서 일반적으로 방수로의 단면으로 가장 많이 이용되는 형상은?

① 활꼴 ② 직사각형
③ 정삼각형 ④ 사다리꼴

해설

상류의 물을 방출하는 출구인 방수로는 역사다리꼴의 형상을 가장 많이 이용하고 있으며, 방수로 양옆의 기울기는 1 : 1, 즉 45°를 표준으로 적용한다.

72 임도의 기능이 아닌 것은?

① 이동기능 ② 접근기능
③ 생산기능 ④ 공간기능

해설

임도의 기능에는 이동기능, 접근기능, 공간기능 등이 있다.

73 임도 설계에서 단곡선을 설치할 때 교각이 90°, 외선장이 15m인 경우 곡선반지름은?

① 36.2m ② 44.1m
③ 46.2m ④ 54.1m

해설

외선길이(외선장) $ES = R\left(\sec\dfrac{\theta}{2} - 1\right)$

여기서, R : 곡선반지름
θ : 교각

$15 = R\left(\sec\dfrac{90°}{2} - 1\right)$
$= R(\sqrt{2} - 1)$
$R = 36.213\cdots$ ∴ 약 36.2m이다.

74 찰쌓기 공법에 대한 설명으로 옳은 것은?

① 뒤채움 없이 시공한다.
② 돌과 시멘트를 섞어서 쌓는다.
③ 돌을 쌓고 돌 이음 부분의 외부에만 시멘트를 바른다.
④ 돌을 쌓는 뒷부분에 콘크리트로 뒤채움을 하고 줄눈에 모르타르를 사용한다.

해설

찰쌓기는 돌을 쌓을 때 뒤채움에 콘크리트, 줄눈에 모르타르를 사용하는 돌쌓기이다.

75 평균강우량을 계산하는 방법이 아닌 것은?

① 티센법 ② 침투형법
③ 등우선법 ④ 산술평균법

정답 69 ① 70 ② 71 ④ 72 ③ 73 ① 74 ④ 75 ②

해설
평균강수량(강우량) 산정 방법
산술평균법, 티센(Thiessen)법, 등우선법

76 임도의 절토 경사면이 토사지역일 때 기울기 기준으로 옳은 것은?

① 1 : 0.3~0.8
② 1 : 0.5~1.2
③ 1 : 0.8~1.5
④ 1 : 1.2~2.0

해설
절토사면의 기울기 기준

구분		기울기	비고
암석지	경암	1 : 0.3~0.8	토사지역은 절토면의 높이에 따라 소단 설치
	연암	1 : 0.5~1.2	
토사지역		1 : 0.8~1.5	

77 머캐덤롤러에서 롤러는 몇 개로 구성되어 있는가?

① 1개   ② 2개
③ 3개   ④ 4개

해설
머캐덤롤러는 전륜에 1개, 후륜에 2개로 총 3개의 롤러로 구성되어 있다.

78 아래 나열된 장비의 용도로 옳은 것은?

> 묘목이식기, 단근굴취기, 정지작업기

① 양묘용
② 조림용
③ 육림용
④ 산림보호용

해설
양묘작업 기계의 종류
트랙터, 경운기, 묘목이식기, 단근굴취기, 정지작업기, 묘목수확기, 퇴비살포기, 제초기, 파종기, 약제살포기 등

79 사리도의 유지보수에 대한 설명으로 옳지 않은 것은?

① 횡단기울기는 5~6% 정도로 한다.
② 제초작업은 1년에 1회 이상 실시한다.
③ 노면이 완전히 건조된 상태에서 정지작업을 실시한다.
④ 방진처리를 위해 물, 염화칼슘 및 타르 등이 사용된다.

해설
노면의 정지작업(노면 고르기)은 가급적 비가 온 후 습윤한 상태에서 실시한다.

80 측점간격이 20m이고, 측점 0의 단면적이 $2m^2$, 측점 1의 단면적이 $4m^2$일 때 이 두 측점 간의 토적량은?

① $60m^3$ ② $80m^3$
③ $100m^3$ ④ $120m^3$

해설
양단면적평균법

토량(m^3) $V = \dfrac{A_1 + A_2}{2} \times L$

$= \dfrac{2+4}{2} \times 20 = 60m^3$

여기서, A_1, A_2 : 양단면적
L : 양단면적 간의 거리

정답 76 ③ 77 ③ 78 ① 79 ③ 80 ①

2019년 2회 기출문제

산림기사

1과목 조림학

01 개화 결실 촉진을 위한 처리 방법으로 옳지 않은 것은?

① 단근작업을 한다.
② 질소 비료의 과용을 피한다.
③ 수광량이 많아질 수 있도록 한다.
④ 환상박피와 같은 스트레스를 주는 작업은 하지 않는다.

해설

수간의 둘레를 따라 수피를 환상으로 벗겨내는 환상박피(環狀剝皮)를 통해 탄수화물의 지하부 이동을 차단하며 상층부에 머물게 하여 개화결실을 촉진할 수 있다.

02 다음 조건에서 파종량은?

- 파종상 면적 : 500m²
- 묘목 잔존본수 : 600본/m²
- 1g당 평균입수 : 99립
- 순량률 : 95%
- 발아율 : 90%
- 묘목 잔존율 : 30%

① 약 11.8kg ② 약 12.3kg
③ 약 31.6kg ④ 약 37.3kg

해설

파종량 계산
파종량(g)
$$= \frac{\text{파종상 면적}(m^2) \times \text{가을에 } m^2\text{당 남길 묘목수}}{1g\text{당 종자입수} \times \text{순량률} \times \text{발아율}(\times \text{득묘율})}$$

$$= \frac{500 \times 600}{99 \times 0.95 \times 0.9 \times 0.3} = 11{,}814.04 \cdots g$$

∴ 약 11.8kg

03 실생묘의 묘령 표시 방법으로 2-2-1에 대하여 옳은 것은?

① 파종상에서 2년, 그 뒤 두 번 상체된 일이 있고, 첫 상체상에서 2년과 이후 1년을 경과한 5년생 묘목이다.
② 파종상에서 2년, 그 뒤 두 번 상체된 일이 있고, 각 상체상에서 1년을 경과한 5년생 묘목이다.
③ 파종상에서 2년, 그 뒤 세 번 상체된 일이 있고, 각 상체상에서 1년을 경과한 5년생 묘목이다.
④ 파종상에서 2년, 그 뒤 한 번 상체된 일이 있고, 상체상에서 2년 경과 후 산지에 식재된 지 1년 된 5년생 묘목이다.

해설

실생묘의 연령은 앞에는 파종상에서 지낸 연수, 뒤에는 상체상(판갈이, 이식)에서 지낸 연수를 숫자로 표기한다. 2-2-1 묘는 파종상에서 2년, 그 뒤 두 번 상체되어 각각 2년과 1년을 지낸 5년생 실생묘이다.

04 우수우상복엽이며 소엽은 긴 타원형이고 가장자리에 파상톱니가 있고 가끔 가시가 줄기에 발달하는 콩과의 교목성 수종은?

① 다릅나무
② 회화나무
③ 주엽나무
④ 아까시나무

정답 01 ④ 02 ① 03 ① 04 ③

> **해설**

주엽나무는 우수우상복엽이며, 소엽은 긴 타원형이고 가장자리에 물결 모양의 톱니가 있는 콩과의 수목이다.

05 산림토양 단면에서 층위의 순서로 옳은 것은?

① 모재층 → 용탈층 → 집적층 → 유기물층
② 모재층 → 집적층 → 용탈층 → 유기물층
③ 모재층 → 용탈층 → 유기물층 → 집적층
④ 모재층 → 유기물층 → 용탈층 → 집적층

> **해설**

산림토양 단면의 층위 순서
유기물층(O층) → 용탈층(A층) → 집적층(B층) → 모재층(C층) → 모암층(R층)

06 수목 체내에서 일어나는 변화에 대한 설명으로 옳은 것은?

① 낙엽수는 가을에 탄수화물 농도가 최저로 떨어진다.
② 낙엽수는 겨울철에 전분 함량이 증가하고 환원당의 함량이 감소된다.
③ 상록수의 탄수화물 함량의 계절적인 변화는 낙엽수에 비하여 적은 편이다.
④ 재발성개엽 수종은 줄기 생장이 이루어질 때마다 탄수화물이 증가한 다음 다시 감소한다.

> **해설**

수목 체내 탄수화물 함량의 계절적 변화는 상록수가 낙엽수에 비해 적은 편이며, 낙엽수에서 다채롭게 일어난다.

07 자웅이주에 해당하는 수종은?

① *Ilex crenata*
② *Alnus japonica*
③ *Pinus densiflora*
④ *Cryptomeria japonica*

> **해설**

자웅이주(雌雄異株)
암꽃과 수꽃이 각각 다른 나무에서 달리는 것으로 은행나무, 소철, 포플러류, 주목, 호랑가시나무, 꽝꽝나무(*Ilex crenata*), 가죽나무 등이 있다.

08 모수작업법에 대한 설명으로 옳은 것은?

① 풍치적 가치를 보면 개벌작업보다 월등히 낮다.
② 모수는 되도록 한 지역에 집중적으로 남긴다.
③ 임지에 잡초와 관목이 발생하여 갱신에 지장을 주기도 한다.
④ 전체 재적의 절반 정도만 벌채하여 이용하고 모수를 절반 정도 남긴다.

> **해설**

모수작업(母樹作業)
벌채지에 종자를 공급할 수 있는 모수를 단독 또는 군상으로 남기고, 그 외 나머지 수목들을 모두 벌채하는 작업법이다. 벌채가 집중되므로 경비가 절약되지만 임지에 잡초와 관목이 발생하여 갱신에 지장을 주기도 한다.

09 인공 조림지의 무육작업 순서로 옳은 것은?

① 어린나무 가꾸기 → 풀베기 → 솎아베기 → 가지치기
② 가지치기 → 풀베기 → 어린나무 가꾸기 → 솎아베기
③ 풀베기 → 어린나무 가꾸기 → 가지치기 → 솎아베기
④ 가지치기 → 어린나무 가꾸기 → 솎아베기 → 풀베기

> **해설**

일반적 숲 가꾸기의 순서
풀베기 – 덩굴제거 – 제벌(어린나무 가꾸기) – 가지치기 – 간벌(솎아베기)

정답 05 ② 06 ③ 07 ① 08 ③ 09 ③

10 개벌왜림작업법에 대한 설명으로 옳은 것은?

① 지력의 소모가 낮다.
② 대경재 생산이 가능하다.
③ 비용이 많이 들지만 자본회수가 빠르다.
④ 작업이 간단하며 단벌기 경영에 적합하다.

해설

왜림작업은 작업이 간단하고 단벌기 경영에 적합하며, 비용이 적게 들고 자본회수가 빠르지만, 지력의 소모가 높고, 대경재의 생산이 어렵다.

11 간벌에 대한 설명으로 옳지 않은 것은?

① 주로 6~8월에 실시한다.
② 정성적 간벌과 정량적 간벌이 있다.
③ 조림목 간의 경쟁을 최소화하기 위한 것이다.
④ 잔존목의 생장촉진과 형질향상을 위하여 실시한다.

해설

간벌의 시기
생가지치기를 함께 실행하지 않으면 연중 간벌이 가능하나, 생가지치기와 함께 실행하면 보통 11월 이후부터 이듬해 5월 이전까지 실시한다.

12 주로 종자에 의해 양성된 묘목으로 높은 수고를 가지며 성숙해서 열매를 맺게 되는 숲은?

① 왜림   ② 교림
③ 중림   ④ 죽림

해설

교림(喬林 또는 高林, High Forest)
종자로부터 발달한 수목(실생묘)으로 이루어진 산림으로 주로 침엽수가 교림을 형성하며, 용재를 생산하는 키가 큰 숲을 형성한다.

13 산림 생태계의 천이에 대한 설명으로 옳은 것은?

① 우리나라 소나무림은 극성상에 있다.
② 식물의 이동은 천이의 원인이 될 수 없다.
③ 식생이 입지에 주는 영향을 식생의 반작용이라 한다.
④ 아극성상은 어떤 원인에 의해 극성상의 뒤에 올 수 있다.

해설

우리나라의 대표적 극상 수종은 음수인 서어나무이며, 식물의 이동은 천이의 원인이 될 수 있고, 아극상은 어떤 원인에 의해 극성상에 도달하지 못하고 머물러 있는 상태를 말한다.

14 자귀나무와 박태기나무의 열매 유형에 해당하는 것은?

① 견과   ② 협과
③ 장과   ④ 영과

해설

협과(莢果)
콩깍지와 같은 열매를 맺어 콩과라고도 하며, 과피가 두 줄로 갈라지고 여러 개의 종자가 나출되는 과실로 아까시나무, 자귀나무, 박태기나무 등이 있다.

15 가지치기에 대한 설명으로 옳지 않은 것은?

① 부정아가 감소한다.
② 무절 완만재를 생산한다.
③ 수관화로 인한 산불 피해를 줄일 수 있다.
④ 자연낙지가 잘 되는 수종은 가지치기를 생략할 수 있다.

해설

가지치기하면 무절 완만재를 생산할 수 있으나 줄기에 부정아가 발생하는 단점이 있다.

정답 10 ④ 11 ① 12 ② 13 ③ 14 ② 15 ①

16 수목에 반드시 필요한 필수원소가 아닌 것은?

① 철 ② 질소
③ 망간 ④ 알루미늄

해설

수목에 반드시 필요한 필수원소
탄소(C), 산소(O), 수소(H), 질소(N), 칼륨(K), 칼슘(Ca), 인(P), 마그네슘(Mg), 황(S)의 다량원소 9종과 철(Fe), 염소(Cl), 망간(Mn), 붕소(B), 아연(Zn), 구리(Cu), 몰리브덴(Mo), 니켈(Ni)의 소량원소 8종이 있다.

17 식재밀도의 특징으로 옳은 것은?

① 식재밀도가 높을수록 단목 재적이 빨리 증가한다.
② 식재밀도가 낮으면 수목의 지름은 가늘지만 완만재가 된다.
③ 식재밀도가 낮을수록 총생산량 중 가지의 비율이 낮아진다.
④ 식재밀도가 높으면 수관이 조기에 울폐되어 임지의 침식을 줄일 수 있다.

해설

식재밀도가 높으면 수관이 조기에 울폐되어 임지의 침식과 건조 방지 및 보호 효과가 있다.

18 수분과 수목생장의 관계에 대한 설명으로 옳지 않은 것은?

① 수분의 증산은 기공에서 공변세포의 칼륨펌프와 관련이 있다.
② 토양의 수분 가운데 수목이 이용 가능한 수분을 모세관수라고 한다.
③ 수목이 영구위조점을 넘어서면 수분을 공급해 주어도 회복되지 않는다.
④ 토양의 수분포텐셜이 뿌리의 수분포텐셜보다 낮아야 식물 뿌리가 토양으로부터 수분을 흡수할 수 있다.

해설

식물의 수분 이동은 수분포텐셜이 높은 쪽에서 낮은 쪽으로 이동하므로 토양의 수분포텐셜이 뿌리의 수분포텐셜보다 높아야 식물 뿌리가 토양으로부터 수분을 흡수할 수 있다.

19 종자의 결실 주기가 가장 긴 수종은?

① *Alnus japonica*
② *Larix leptolepis*
③ *Pinus densiflora*
④ *Betula platyphylla*

해설

종자의 결실주기는 낙엽송(*Larix leptolepis*), 너도밤나무 등이 5년 이상으로 가장 길며, 오리나무(*Alnus japonica*)는 매년 결실, 소나무(*Pinus densiflora*)와 자작나무(*Betula platyphylla*)는 격년 결실을 한다.

20 택벌작업의 장점에 대한 설명으로 옳지 않은 것은?

① 심미적 가치가 가장 높다.
② 양수 수종의 갱신에 적합하다.
③ 병충해에 대한 저항력이 높다.
④ 임지와 치수가 보호를 받을 수 있다.

해설

택벌작업은 임지가 보호되어 지력 유지에 유리하며, 임지와 치수가 보호받을 수 있고, 음수 수종 갱신에 적합하다.

정답 16 ④ 17 ④ 18 ④ 19 ② 20 ②

2과목 산림보호학

21 호두나무잎벌레의 천적으로 가장 적합한 것은?

① 외발톱면충
② 남생이무당벌레
③ 노랑배허리노린재
④ 주둥무늬차색풍뎅이

해설

호두나무잎벌레는 잎을 식해하는 해충으로 연 1회 발생하며, 남생이무당벌레 등의 천적을 이용하여 방제한다.

22 참나무시들음병 방제 방법으로 가장 효과가 약한 것은?

① 유인목 설치
② 끈끈이롤 트랩
③ 예방 나무주사
④ 피해목 벌채 훈증

해설

참나무시들음병에는 주로 트랩(끈끈이롤)이나 유인목 등을 설치하여 매개충을 잡아 훈증 및 파쇄하는 방제법을 이용하며, 예방 나무주사는 효과가 거의 없다.

23 측백나무검은돌기잎마름병에 대한 설명으로 옳지 않은 것은?

① 통풍이 나쁠 때 많이 발생한다.
② 가을에 발생하는 낙엽성 병해이다.
③ 잎의 기공조선상에 병원체의 자실체가 나타난다.
④ 주로 수관하부의 잎이 떨어져서 엉성한 모습으로 된다.

해설

측백나무검은돌기잎마름병은 늦봄에서 여름에 걸쳐 주로 수관하부의 잎이 누렇게 변하면서 떨어져 엉성한 모습의 수관을 이룬다.

24 청각기관인 존스톤 기관은 곤충의 어느 부위에 존재하는가?

① 더듬이의 기부
② 더듬이의 자루마디
③ 더듬이의 채찍마디
④ 더듬이의 팔굽마디

해설

존스톤 기관은 더듬이의 팔굽마디에 존재하는 청각기관이다.

25 모잘록병 병원균 중 불완전균류가 아닌 것은?

① *Rhizoctonia solani*
② *Sclerotium bataticola*
③ *Pythium debaryanum*
④ *Fusarium acuminatum*

해설

모잘록병의 병원균에는 *Pythium debaryanum*, *Phytophthora cactorum*의 난균류와 *Rhizoctonia solani*, *Fusarium oxysporum*, *Sclerotium bataticola*, *Cylindrocladium scoparium*의 불완전균류가 있다.

26 잣나무넓적잎벌 방제 방법으로 옳은 것은?

① 알에 기생하는 벼룩좀벌류 등 기생성 천적을 보호한다.
② 땅속 유충시기에 클로르플루아주론 유제를 살포한다.
③ 땅속의 유충을 9월에서 다음 해 4월 사이에 호미나 괭이로 굴취하여 소각한다.
④ 성충이 우화하는 것을 방지하기 위해 7월에 폴리에틸렌필름으로 임내지표를 피복한다.

해설

잣나무넓적잎벌은 부화유충이 실을 토해 잎을 묶어 집을 짓고 그 속에서 식해하는 식엽성 해충으로 월동 중인 땅속 유충을 9월에서 다음 해 4월 사이에 호미나 괭이로 굴취하여 소각한다.

정답 21 ② 22 ③ 23 ② 24 ④ 25 ③ 26 ③

27 산림 해충에 대한 설명으로 옳은 것은?

① 솔잎혹파리는 충영을 형성하나 밤나무혹벌은 충영을 만들지 않는다.
② 미국흰불나방은 버즘나무, 벚나무, 포플러 등 많은 활엽수의 잎을 가해한다.
③ 소나무재선충을 매개하는 곤충은 솔수염하늘소, 소나무좀 등으로 알려져 있다.
④ 솔나방은 소나무를 주로 가해하지만 활엽수도 가해하는 잡식성 해충에 속한다.

해설

미국흰불나방은 기주범위가 넓어 버즘나무, 포플러, 벚나무, 단풍나무 등 활엽수 160여 종의 잎을 식해하는 잡식성이다.

28 벚나무빗자루병 방제 방법으로 옳은 것은?

① 매개충을 구제한다.
② 병든 가지를 제거한다.
③ 저항성 품종을 식재한다.
④ 옥시테트라사이클린계통의 약제를 나무주사 한다.

해설

벚나무빗자루병은 진균(자낭균)에 의한 수병으로 병든 가지를 꾸준히 제거 및 소각하여 방제한다.

29 병원균의 형태 중 여름포자가 없는 녹병은?

① 향나무녹병 ② 잣나무털녹병
③ 전나무잎녹병 ④ 포플러잎녹병

해설

향나무녹병균은 여름포자 세대를 형성하지 않아 4가지 포자로만 생활사를 완성하는 것과 중간기주에서 녹병포자, 녹포자를 생성하는 점이 일반 녹병균과 다르다.

30 리지나뿌리썩음병 방제 방법으로 옳지 않은 것은?

① 임지 내에서 불을 피우는 행위를 막는다.
② 피해 임지에 1ha당 2.5톤 정도의 석회를 뿌린다.
③ 매개충 구제를 위하여 살충제를 봄에 살포한다.
④ 피해지 주변에 깊이 80cm 정도의 도랑을 파서 피해 확산을 막는다.

해설

리지나뿌리썩음병은 임지가 고온일 때 포자가 발아하므로 임지 내에서 불을 피우는 행위를 일절 금하며, 피해목 또한 벌채 후 임지 내에서 소각하지 않는다. 매개충은 존재하지 않는다.

31 소나무재선충병 방제 방법에 대한 설명으로 옳지 않은 것은?

① 예방 나무주사를 한다.
② 저항성 품종을 식재한다.
③ 피해고사목은 훈증하거나 소각한다.
④ 솔수염하늘소 성충 발생시기에 지상 약제살포를 한다.

해설

소나무재선충병에 저항하는 품종은 없으며, 매개충에 의한 재선충의 감염이므로 주로 매개충인 솔수염하늘소나 재선충의 방제를 한다. 피해고사목은 벌채하여 소각하거나 메탐소듐 액제로 밀봉 훈증한다.

32 성충으로 월동하는 해충으로만 나열한 것은?

① 솔나방, 복숭아명나방
② 솔나방, 미국흰불나방
③ 소나무좀, 버즘나무방패벌레
④ 버즘나무방패벌레, 복숭아명나방

정답 27 ② 28 ② 29 ① 30 ③ 31 ② 32 ③

해설

성충으로 월동하는 해충에는 오리나무잎벌레, 호두나무잎벌레, 버즘나무방패벌레, 진달래방패벌레, 느티나무벼룩바구미, 소나무좀, 향나무하늘소(측백하늘소), 털두꺼비하늘소, 루비깍지벌레 등이 있다.

33 한상에 대한 설명으로 옳은 것은?

① 서리에 의하여 발생하는 임목 피해이다.
② 기온이 영하로 내려가야 발생하는 임목 피해이다.
③ 차가운 바람에 의하여 나무 조직이 어는 피해이다.
④ 0℃ 이상이지만 낮은 기온에서 발생하는 임목 피해이다.

해설

한상(寒傷)은 0℃ 이상이지만 낮은 기온에서 발생하는 임목 피해로 주로 열대지방 수목에서 문제가 된다.

34 미국흰불나방 방제에 사용되는 약제로 가장 효과가 약한 것은?

① 메탐소듐 액제
② 트리플루뮤론 수화제
③ 디플루벤주론 액상수화제
④ 람다사이할로트린 수화제

해설

미국흰불나방은 유충의 가해시기인 5~10월에 디플루벤주론 수화제와 같은 살충제를 살포하여 방제한다.

35 수목병의 중간기주 연결이 옳지 않은 것은?

① 소나무줄기녹병 : 참취
② 잣나무털녹병 : 송이풀
③ 소나무혹병 : 졸참나무
④ 소나무잎녹병 : 황벽나무

해설

소나무줄기녹병의 중간기주는 목단, 작약 등이 있으며, 참취는 소나무잎녹병의 중간기주이다.

36 겨우살이에 대한 설명으로 옳지 않은 것은?

① 주로 종자를 먹은 새의 배설물에 의해 전파된다.
② 겨울철에도 잎이 떨어지지 않으므로 쉽게 발견할 수 있다.
③ 주로 참나무류에 피해가 심하고 그 밖의 활엽수에도 기생한다.
④ 겨우살이의 뿌리로 인해 수목의 뿌리가 양분을 제대로 흡수하지 못하는 피해를 입는다.

해설

겨우살이는 기생성 상록관목으로 수목의 가지에 뿌리를 박아 기생하며 양분과 수분을 약탈한다. 상록성으로 겨울철에도 잎이 지지 않아 쉽게 발견할 수 있으며, 특히 참나무에 피해가 심하다.

37 기피제에 해당하는 살충제는?

① BT제　　　② 벤젠
③ 알킬화제　　④ 나프탈렌

해설

기피제는 해충이 기피하여 모여 들지 않게 되는 약제로 나프탈렌이 있다.

38 종실해충 방제를 위한 약제 살포시기에 대한 설명으로 옳지 않은 것은?

① 밤바구미는 8~9월에 살포한다.
② 복숭아명나방은 7~8월에 살포한다.
③ 도토리거위벌레는 8월경에 살포한다.
④ 솔알락명나방은 우화기, 산란기인 8월경에 살포한다.

정답 33 ④　34 ①　35 ①　36 ④　37 ④　38 ④

해설

솔알락명나방은 우화·산란기인 6월에 전문약제를 수관에 살포하여 방제한다.

39 배의 마디가 뚜렷하지 않고 머리도 명확하지 않은 유충의 형태이며, 벌목의 일부 기생벌 유충에서 볼 수 있는 형태는?

① 원각형 유충　② 다각형 유충
③ 소각형 유충　④ 무각형 유충

해설

원각형(原脚型)은 배마디가 뚜렷하지 않고, 머리도 명확하지 않은 형태를 띤다.

40 염분을 함유한 바닷바람에 강한 수종이 아닌 것은?

① 삼나무　② 향나무
③ 팽나무　④ 자귀나무

해설

염풍에 강한 수종은 해송(곰솔), 팽나무, 후박나무, 자귀나무, 돈나무, 사철나무, 향나무 등이며, 삼나무는 염풍에 약한 수종이다.

3과목 임업경영학

41 다음 설명에 해당하는 것은?

> 국민의 건강증진을 위하여 산림 안에서 맑은 공기를 호흡하고 접촉하며 산책 및 체력 단련 등을 할 수 있도록 조성한 산림(시설과 그 토지를 포함)이다.

① 숲길　② 산림욕장
③ 치유의 숲　④ 자연휴양림

해설

산림욕장은 국민의 건강증진을 위하여 산림 안에서 맑은 공기를 호흡하고 접촉하며 산책 및 체력 단련 등을 할 수 있도록 조성한 산림이다.

42 임업 순수익 계산 방법으로 옳은 것은?

① 임업조수익 + 임업경영비
② 임업조수익 − 감가상각액
③ 임업조수익 + 가족임금추정액
④ 임업조수익 − 임업경영비 − 가족임금추정액

해설

임업순수익 = 임업소득 − 가족임금추정액
　　　　 = 임업조수익 − 임업경영비 − 가족임금추정액

43 시장가역산법에 의한 임목가 결정에 필요한 인자로 가장 거리가 먼 것은?

① 원목시장가　② 벌채운반비
③ 기업이익률　④ 조림 및 관리비

해설

시장가역산법은 원목의 시장 매매가를 조사하고 시장까지의 벌채·운반비를 역으로 공제하여 임지에 서 있는 임목가를 산정하는 평가법으로 조림비, 육림비(임목육성비용), 간벌수익 등과는 상관이 없다.

44 지위가 서로 다른 3개 임분의 면적과 벌기재적이 다음 표와 같을 때 I등지 임분의 개위면적은?

임분	면적(ha)	1ha당 벌기재적(m³)	비고
I등지	300	200	윤벌기 100년 1영급 = 10영계
II등지	400	150	
III등지	300	100	

① 200ha　② 300ha
③ 400ha　④ 500ha

정답　39 ①　40 ①　41 ②　42 ④　43 ④　44 ③

해설

벌기평균재적
$= \dfrac{(300 \times 200) + (400 \times 150) + (300 \times 100)}{1,000}$
$= 150 \text{m}^3/\text{ha}$이므로, I 등지 임분의 개위면적은
$300 \times 200 = 150 \times x$ ∴ $x = 400 \text{ha}$이다.

45 측고기 사용 방법으로 옳지 않은 것은?

① 수목의 높이만큼 떨어진 곳에서 측정한다.
② 측정 위치가 수목과 가까울수록 오차가 생긴다.
③ 측정하고자 하는 수목의 정단과 밑이 잘 보이는 지점을 선정한다.
④ 경사진 곳에서 측정할 때는 오차를 줄이기 위해 수목의 정단이 잘 보이는 높은 곳에서 측정한다.

해설

경사지에서는 가급적 등고위치에서 측정한다.

46 똑같은 산림경영 패턴이 영구히 반복된다는 것을 가정한 임지의 평가 방법은?

① 임지비용가법
② 임지기망가법
③ 임지예상가법
④ 임지매매가법

해설

임지기망가법
일제림에서 일정 시업을 앞으로 영구히 실시한다고 가정할 때 그 임지에서 기대되는 순수익의 현재가 합계로 수익방식에 의한 임지평가법이다.

47 5년 전의 임분재적이 80m³/ha이고, 현재의 임분재적이 100m³/ha인 경우 Pressler식에 의한 임분재적 생장률은?

① 약 3.3% ② 약 4.4%
③ 약 5.5% ④ 약 6.6%

해설

프레슬러(Pressler)식
생장률(%) $P = \dfrac{(V-v)}{(V+v)} \times \dfrac{200}{m}$
$= \dfrac{100-80}{100+80} \times \dfrac{200}{5} = 4.444 \cdots$
∴ 약 4.4%
여기서, V : 현재의 재적
v : m년 전의 재적
m : 기간연수

48 임분의 재적을 측정하기 위해 임분의 임목을 모두 조사하는 방법이 아닌 것은?

① 표본조사법
② 매목조사법
③ 재적표 이용법
④ 수확표 이용법

해설

전림법(全林法)
일정지역의 임분을 구성하는 모든 나무를 측정하여 전체 재적을 구하는 방법으로 매목조사법, 매목목측법, 재적표 이용법, 수확표 이용법, 항공사진 이용법 등이 있다.

49 산림수확 조절을 위한 선형계획모형의 전제조건이 아닌 것은?

① 비례성 ② 활동성
③ 부가성 ④ 제한성

해설

선형계획모형의 전제조건
비례성, 비부성, 부가성, 분할성, 선형성, 제한성, 확정성

정답 45 ④ 46 ② 47 ② 48 ① 49 ②

50 임업경영의 지도원칙 중 경제성의 원칙에 대한 설명으로 옳지 않은 것은?

① 최소의 비용으로 최대의 효과를 발휘하는 것이다.
② 일정한 비용으로 최대의 수익을 올릴 수 있도록 하는 것이다.
③ 일정한 수익을 올리기 위하여 비용을 최소한으로 줄이는 것이다.
④ 최대의 비용으로 매년 같은 양의 수익을 올릴 수 있도록 하는 것이다.

해설

경제성의 원칙(합리성의 원칙, 합목적성의 원칙)
- 최소 비용으로 최대 효과를 발휘하도록 하는 원칙
- 일정 비용으로 최대 수익을 올리도록 하는 원칙
- 일정 수익을 올리기 위하여 비용을 최소로 줄이는 원칙
- 수익성 원칙 실현의 전제가 되는 조건

51 임업이율의 분류로 옳지 않은 것은?

① 업종에 의한 분류 – 명목이율
② 용도에 의한 분류 – 경영이율
③ 현실성에 의한 분류 – 평정이율
④ 기간의 장단에 의한 분류 – 장기이율

해설

업종에 따른 이율의 분류에는 보통이율, 상업이율, 공업이율, 농업이율, 임업이율이 있다.

52 농지의 주변이나 둑, 농지와 산지의 경계에 유실수, 특용수, 속성수 등을 식재하여 임업수입의 조기화를 도모하는 것은?

① 혼목임업
② 혼농임업
③ 농지임업
④ 부산물임업

해설

농지임업
농지 주변, 둑, 농지와 산지의 경계 등에 속성수, 유실수, 특용수 등을 식재하여 수입의 조기화를 도모하는 임업형태이다.

53 육림비에 대한 설명으로 옳지 않은 것은?

① 고정비는 종자, 묘목, 거름, 농약 등이 포함된다.
② 노동비에는 고용노동비와 가족노동비가 포함된다.
③ 자본이자는 차임자본과 자기자본이자가 포함된다.
④ 임지지대는 차입지와 자가임지의 지대 또는 토지자본이자를 의미한다.

해설

고정비는 기계, 건물 등의 감가상각비와 유지관리비이며, 유동비는 종자, 묘목, 농약, 거름 등의 비용이다.

54 산림경영을 위하여 설정하는 산림구획이 아닌 것은?

① 임반
② 소반
③ 표준지
④ 경영계획구

해설

산림구획은 산림경영이 보다 효율적이고 합리적으로 운영될 수 있도록 산림을 경영계획구 – 임반 – 소반의 순으로 구획하고 있다.

55 법정림에서 산림면적이 400ha, 윤벌기가 50년이면 1영계의 면적은?

① 0.8ha ② 8ha
③ 80ha ④ 800ha

정답 50 ④ 51 ① 52 ③ 53 ① 54 ③ 55 ②

해설

법정영계면적 $a = \dfrac{F}{U} = \dfrac{400}{50} = 8\text{ha}$

여기서, U : 윤벌기
 F : 산림면적(ha)

56 산림청장 또는 시·도지사가 산림문화 휴양기본계획 및 지역계획을 수립하거나 이를 변경하고자 할 때에 실시해야 하는 기초조사 내용은?

① 산림문화·휴양정보망의 구축·운영 실태
② 산림문화·휴양자원의 보전·이용·관리 및 확충 방안
③ 산림문화·휴양을 위한 시설 및 안전관리에 관한 사항
④ 산림문화·휴양자원의 현황과 주변지역의 토지이용 실태

해설

산림청장 또는 시·도지사는 산림문화휴양 기본계획 및 지역계획을 수립하거나 이를 변경하고자 하는 때에는 산림문화·휴양자원의 현황과 주변지역의 토지이용실태 등에 관한 기초조사를 실시하여야 한다.

57 산림평가에 대한 설명으로 옳지 않은 것은?

① 부동산 감정평가와 동일한 평가방법 적용이 용이하다.
② 공익적 기능을 포함한 다면적 이용에 대한 평가도 포함한다.
③ 산림을 구성하는 임지·임목·부산물 등의 경제적 가치를 평가한다.
④ 생산기간이 장기적이고 금리의 변동이 커서 정밀하게 평가하기 쉽지 않다.

해설

산림평가는 임지와 임목은 부동산으로 평가하지만, 일반 부동산의 평가방법과는 상당히 다르다.

58 임분의 연령을 측정하는 방법에 해당되지 않는 것은?

① 재적령 ② 면적령
③ 생장추법 ④ 표본목령

해설

임분(이령림)의 연령 측정에는 본수령, 재적령, 면적령, 단면적령, 표본목령 등이 있으며, 생장추법은 단목의 연령측정 방법이다.

59 수익·비용률법을 투자의 의사결정방법으로 사용할 때 투자가치가 있는 사업으로 평가되는 것은?(단, B는 수익, C는 비용)

① B/C율>1 ② B/C율<1
③ B/C율>0 ④ B/C율<0

해설

수익비용률법(B/C Ratio)은 투자비용의 현재가에 대하여 투자의 결과로 기대되는 현금유입의 현재가 비율로 효율을 측정하는 방법이며, B/C율이 1보다 크면 수익이 비용보다 크므로 투자가치가 있다.

60 손익분기점 분석에 필요한 가정으로 옳지 않은 것은?

① 원가는 고정비와 유동비로 구분할 수 있다.
② 제품의 생산능률은 판매량에 관계없이 일정하다.
③ 제품 한 단위당 변동비는 판매량에 따라 달라진다.
④ 제품의 판매가격은 판매량이 변동하여도 변화되지 않는다.

해설

제품 한 단위당 변동비는 항상 일정하여 판매량에 따라 달라지지 않는다.

정답 56 ④ 57 ① 58 ③ 59 ① 60 ③

4과목 임도공학

61 임도의 노체를 구성하고 있는 순서로 옳은 것은?

① 노상 → 기층 → 노반 → 표층
② 기층 → 노반 → 노상 → 표층
③ 노상 → 노반 → 기층 → 표층
④ 기층 → 노상 → 노반 → 표층

해설

노체(路體)
도로의 몸체로 기본구조는 깊은 곳으로부터 노상, 노반, 기층, 표층의 순으로 구성된다.

62 적정지선 임도간격이 500m일 때 적정지선 임도밀도(m/ha)는?

① 20   ② 25
③ 50   ④ 200

해설

임도간격 = $\dfrac{10,000}{\text{적정임도밀도}}$

$500 = \dfrac{10,000}{x}$ 이므로 $x = 20$m/ha

63 어떤 측점에서부터 차례로 측량을 하여 최후에 다시 출발한 측점으로 되돌아오는 측량 방법으로 소규모의 단독적인 측량에 많이 이용되는 트래버스 방법은?

① 폐합 트래버스   ② 결합 트래버스
③ 개방 트래버스   ④ 다각형 트래버스

해설

폐합 트래버스
어떤 측점에서 차례로 측량을 시작하여 최후에 다시 출발한 측점으로 되돌아오는 측량 방법으로 소규모의 단독적인 측량에 많이 이용되는 트래버스이다.

64 다음 ( ) 안에 적절한 것은?

포장도로가 아닌 곳에서 종단기울기의 대수차가 ( )% 이하인 경우에 임도의 종단곡선 규정을 적용하지 않는다.

① 3   ② 5
③ 7   ④ 9

해설

종단곡선은 설계속도에 따라 길이 규정이 있으며, 포장도로가 아닌 곳에서 종단기울기의 대수차가 5% 이하인 경우에는 규정을 적용하지 않는다.

65 지표면 및 비탈면의 상태에 따른 유출계수가 가장 작은 것은?

① 떼비탈면
② 흙비탈면
③ 아스팔트포장
④ 콘크리트포장

해설

유출계수는 유역에 내린 강수량과 하천을 빠져나간 유출량의 비로 지표면 및 비탈면의 상태에 따라 아스팔트나 콘크리트와 같은 불투수성 포장일수록 값이 크고, 떼나 잡관목 등으로 덮혀 거친 비탈면일수록 값이 작다.

66 임도의 설계속도가 30km/h, 외쪽기울기는 5%, 타이어의 마찰계수가 0.15일 때 최소곡선반지름은?

① 약 27m
② 약 32m
③ 약 33m
④ 약 35m

정답 61 ③ 62 ① 63 ① 64 ② 65 ① 66 ④

해설

원심력과 타이어 마찰계수에 의한 경우일 때

최소곡선반지름 $R = \dfrac{V^2}{127(f+i)}$

$= \dfrac{30^2}{127(0.15+0.05)} = 35.433\cdots$

∴ 약 35m

여기서, V : 설계속도
f : 노면과 타이어의 마찰계수
i : 횡단기울기 or 외쪽기울기

67 임도의 평면선형에서 사용하지 않는 곡선은?

① 단곡선　　② 배향곡선
③ 반향곡선　　④ 포물선곡선

해설

평면곡선의 종류
단곡선(원곡선), 복심곡선(복합곡선), 반향곡선(반대곡선), 배향곡선 등

68 임도 측량 방법으로 영선에 대한 설명으로 옳지 않은 것은?

① 노폭의 1/2 되는 점을 연결한 선이다.
② 절토잡과 성토작업의 경계선이 되기도 한다.
③ 산지 경사면과 임도 노면의 시공면과 만나는 점을 연결한 노선의 종축이다.
④ 영선측량의 경우 종단측량을 먼저 실시하여 영선을 정한 후에 평면 및 횡단측량을 한다.

해설

노폭의 1/2 되는 점을 연결한 선은 중심선이다.

69 일반 도저와 비교한 틸트 도저(Tilt-Dozer)의 특징으로 옳은 것은?

① 속도가 빠르다.
② 삽날의 좌우 높이를 조절한다.
③ 점질토면에서 수월하게 주행한다.
④ 사용 가능한 부속품 종류가 다양하다.

해설

틸트 도저는 배토판의 좌우를 위아래로 기울일 수 있는 도저로 삽날의 좌우 높이를 조절하여 작업한다.

70 임도의 종단면도에 기입하지 않는 사항은?

① 성토고, 측점, 축척
② 설계자, 기계고, 후시
③ 도명, 누가거리, 거리
④ 절취고, 계획고, 지반고

해설

임도의 종단면도에는 지반고, 계획고, 절토고, 성토고, 종단기울기, 누가거리, 거리, 측점, 곡선 등을 표시한다.

71 급경사의 긴 비탈면인 산지에서는 지그재그 방식, 완경사지에서는 대각선 방식이 적당한 임도의 종류는?

① 계곡임도　　② 사면임도
③ 능선임도　　④ 산정임도

해설

사면임도
계곡임도에서 시작되어 산록부와 산복부에 설치하는 임도로 급경사의 긴 비탈면인 산지에서는 지그재그 방식, 완경사지에서는 대각선 방식이 적당하다.

72 암석을 굴착하기에 가장 적합한 기계는?

① 로더(Loader)
② 머캐덤롤러(Macadam Roller)
③ 리퍼 불도저(Ripper Bulldozer)
④ 진동 콤팩터(Vibrating Compactor)

정답 67 ④　68 ①　69 ②　70 ②　71 ②　72 ③

해설

리퍼(Ripper)는 불도저의 뒷면에 부착하는 갈고리와 같은 부속으로 주로 연암이나 단단한 흙의 굴착 및 파쇄작업에 이용된다.

73 아래 그림에서 경사도의 표기와 기울기값으로 옳은 것은?

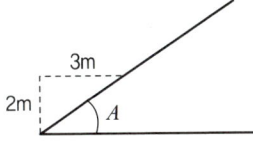

① 1 : 0.5와 약 67%
② 1 : 0.5와 약 150%
③ 1 : 1.5와 약 67%
④ 1 : 1.5와 약 150%

해설

$1 : n$은 수직높이 1에 대한 수평거리의 비율로 수직높이가 2m, 수평거리가 3m이므로 1 : 1.5이며,

$$기울기(\%) = \frac{수직거리}{수평거리} \times 100$$
$$= \frac{2}{3} \times 100 = 66.66 \cdots \therefore 약 67\%이다.$$

74 임도 교량에 영향을 주는 활하중에 해당하는 것은?

① 주보의 무게
② 바닥 틀의 무게
③ 교량 시설물의 무게
④ 통행하는 트럭의 무게

해설

교량 및 암거의 활하중은 사하중에 실리는 차량·보행자 등에 따른 교통하중을 말하며, 그 무게산정은 사하중 위에서 실제로 움직이고 있는 DB-18하중(총중량 32.45톤) 이상의 무게에 따른다. 교량을 지나는 차량의 무게 등이 해당된다.

75 배향곡선지에서 임도의 유효너비 기준은?

① 3m 이상
② 5m 이상
③ 6m 이상
④ 8m 이상

해설

배향곡선지의 경우 유효너비는 6m 이상으로 한다.

76 임도의 설계 업무 순서로 옳은 것은?

① 예비조사 → 예측 → 실측 → 답사 → 설계도 작성
② 예비조사 → 예측 → 답사 → 실측 → 설계도 작성
③ 예비조사 → 답사 → 예측 → 실측 → 설계도 작성
④ 예비조사 → 답사 → 실측 → 예측 → 설계도 작성

해설

임도 설계 업무의 순서
예비조사 → 답사 → 예측 → 실측 → 설계도 작성 → 공사수량 산출 → 설계서 작성

77 컴퍼스측량에서 전시로 시준한 방위가 N37°E일 때 후시로 시준한 역방위는?

① S37°W
② S37°E
③ N53°S
④ N53°W

해설

N37°E이므로 그 역방위는 다음 그림과 같이 S37°W가 된다.

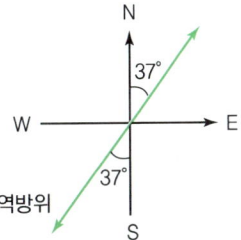

정답 73 ③ 74 ④ 75 ③ 76 ③ 77 ①

78 임도의 종단기울기가 4%, 횡단기울기가 3%일 때의 합성기울기는?

① 1% ② 5%
③ 7% ④ 25%

해설

합성물매 $S = \sqrt{(i^2 + j^2)} = \sqrt{4^2 + 3^2} = 5\%$
여기서, S : 합성물매(%)
i : 횡단물매 or 외쪽물매(%)
j : 종단물매(%)

79 토량곡선에 대한 설명으로 옳지 않은 것은?

① 곡선이 상향인 구간은 절토구간이고 하향은 성토구간이다.
② 곡선과 평형선이 교차하는 점은 절토량과 성토량이 평형상태를 나타낸다.
③ 평형선에서 곡선의 곡점과 정점까지의 높이는 절토에서 성토로 운반되는 전체의 토량이다.
④ 곡선이 평형선보다 위에 있는 경우에는 성토에서 절토로 운반되며 작업방향은 우에서 좌로 이루어진다.

해설

곡선이 평형선보다 위에 있는 경우, 절토에서 성토로 운반되며, 작업방향은 좌에서 우로 이루어진다.

80 임도망 계획 시 고려하지 않아도 되는 사항은?

① 신속한 운반이 되도록 한다.
② 운재비가 적게 들도록 한다.
③ 운재방법이 단일화되도록 한다.
④ 운반량의 상한선을 두어야 한다.

해설

운재비(운반비)가 적게 들도록 하며, 신속한 운반이 되도록 하고, 운재방법이 단일화되도록 한다. 운반량의 상한선을 두는 것은 임도망 계획과는 무관하다.

5과목 사방공학

81 비탈면 안정 평가를 위해 안전율을 계산하는 방법으로 옳은 것은?

① 비탈의 활동면에 대한 흙의 압축응력을 전단강도로 나눈 값
② 비탈의 활동면에 대한 흙의 전단응력을 전단강도로 나눈 값
③ 비탈의 활동면에 대한 흙의 압축강도를 압축응력으로 나눈 값
④ 비탈의 활동면에 대한 흙의 전단강도를 전단응력으로 나눈 값

해설

안전율
비탈의 활동면에 대한 흙의 전단강도를 전단응력으로 나눈 값으로 비탈면의 안정 평가를 위해 계산한다.

82 토사유과구역에 대한 설명으로 옳지 않은 것은?

① 상류에서 생산된 토사가 통과한다.
② 토사유하구역 또는 중립지대라고도 한다.
③ 붕괴 및 침식작용이 가장 활발히 진행되는 구역이다.
④ 계상의 형태는 협착부에서 모래와 자갈을 하류로 운반하는 수로에 해당된다.

해설

붕괴 및 침식작용이 가장 활발히 진행되는 구역은 토사생산구역이다.

83 임지에 도달한 강우의 침투강도에 영향을 주는 인자로 가장 거리가 먼 것은?

① 유역 면적 ② 지표면의 상태
③ 토양 공극의 차이 ④ 당초의 토양 수분

정답 78 ② 79 ④ 80 ④ 81 ④ 82 ③ 83 ①

해설

침투강도
단위시간 동안 지표면을 통해 침투하는 강수의 양으로 토양 공극의 차이, 지표면의 상태, 지표경사, 당초의 토양 수분 등이 영향을 준다.

84 사방 녹화용 식물재료로 재래초본류가 아닌 것은?

① 쑥 ② 겨이삭
③ 김의털 ④ 까치수영

해설

사방 녹화용 재래초본류에는 김의털, 비수리, 까치수영, 새, 솔새, 개솔새, 수크령, 잔디, 억새, 참억새, 칡, 차풀, 매듭풀, 제비쑥 등이 있으며, 겨이삭은 외래초본류이다.

85 산지사방의 목적으로 가장 거리가 먼 것은?

① 붕괴확대 방지 ② 표토침식 방지
③ 유송토사 조절 ④ 산사태위험 대책

해설

산지사방의 주목적은 표토침식 방지, 붕괴확대 방지, 산사태위험 방지 등이며, 유송토사의 조절은 야계사방의 목적이다.

86 중력식 사방댐의 안정조건이 아닌 것은?

① 자중에 대한 안정
② 전도에 대한 안정
③ 활동에 대한 안정
④ 기초지반의 지지력에 대한 인정

해설

중력식 사방댐의 안정조건
전도(轉倒)에 대한 안정, 활동(滑動)에 대한 안정, 제체(堤體)의 파괴에 대한 안정, 기초지반의 지지력에 대한 안정

87 선떼붙이기 공법에서 가장 윗부분에 사용되는 떼의 명칭은?

① 선떼 ② 평떼
③ 받침떼 ④ 머리떼

해설

갓떼(머리떼)는 가장 윗부분에 사용되는 떼, 선떼는 사면 앞에 세우는 떼, 받침떼는 선떼를 받쳐 주는 떼, 바닥떼는 가장 아랫부분에 사용되는 떼이다.

88 잔골재에 대한 설명으로 옳은 것은?

① 10mm체를 85% 이상 통과한다.
② 5mm체를 전부 통과하고 0.08mm체에는 전부 남는다.
③ 5mm체를 전부 통과하고 0.5mm체에는 85% 이상 통과한다.
④ 5mm체를 50% 이상 통과하며 0.08mm체에는 거의 다 남는다.

해설

골재의 크기는 한국산업표준의 기준에 따라 구분하며, 잔골재는 10mm체를 모두 통과하고, 5mm체를 거의 다 통과하며, 0.08mm체에 거의 다 남는 골재를 말한다.

89 사방댐의 방수면에 설치하는 물받이 길이는 일반적으로 댐높이와 월류수심 합의 몇 배로 하는 것이 좋은가?

① 0.5~1.0배 ② 1.0~1.5배
③ 1.5~2.0배 ④ 2.0~2.5배

해설

물받이
방수로에서 떨어지는 유수의 낙차에 의한 반수면 하단의 세굴을 방지하기 위해 설치하는 시설로 길이는 일반적으로 댐높이와 월류수심 합의 1.5~2.0배로 하는 것이 좋다.

정답 84 ② 85 ③ 86 ① 87 ④ 88 ② 89 ③

90 해안의 모래언덕이 발달하는 순서로 옳은 것은?

① 치올린 모래언덕 → 반사월구 → 설상사구
② 반월사구 → 설상사구 → 치올린 모래언덕
③ 치올린 모래언덕 → 설상사구 → 반월사구
④ 반월사구 → 치올린 모래언덕 → 설상사구

해설

해안 모래언덕의 발달 순서
치올린 모래언덕 – 설상사구 – 반월사구

91 황폐지의 진행 순서로 옳은 것은?

① 임간나지 → 초기황폐지 → 황폐이행지 → 민둥산 → 척악임지
② 초기황폐지 → 황폐이행지 → 척악임지 → 임간나지 → 민둥산
③ 임간나지 → 척악임지 → 황폐이행지 → 초기황폐지 → 민둥산
④ 척악임지 → 임간나지 → 초기황폐지 → 황폐이행지 → 민둥산

해설

황폐지의 진행 순서
척악임지 → 임간나지 → 초기황폐지 → 황폐이행지 → 민둥산 → 특수황폐지

92 땅깎기비탈면의 토질별 안정공법이 가장 적정하게 연결된 것은?

① 사질토 – 새집공법
② 경암 – 낙석방지망덮기
③ 점질토 – 분사식 씨뿌리기
④ 모래층 – 종비토뿜어붙이기

해설

낙석방지망덮기는 풍화와 낙석의 우려가 많은 경암의 절토비탈면 등에 적용하기 적당하다.

93 빗물에 의한 침식으로 가장 거리가 먼 것은?

① 지중침식　　　② 구곡침식
③ 누구침식　　　④ 면상침식

해설

빗물(강우)침식은 우격침식 – 면상침식 – 누구침식 – 구곡침식의 순으로 발달한다.

94 계류의 바닥폭이 3.8m, 양안의 경사각이 모두 45°이고, 높이가 1.2m일 때의 계류횡단면적(m²)은?

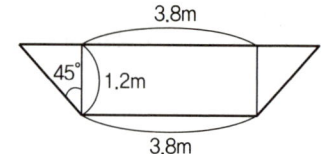

① 6.0
② 6.8
③ 7.4
④ 8.0

해설

사다리꼴 넓이 공식을 이용하면,

넓이 = (윗변 + 밑변) × 높이 × $\frac{1}{2}$

　　 = {(1.2+3.8+1.2)+3.8} × 1.2 × $\frac{1}{2}$ = 6m²

95 돌골막이를 시공할 때 돌쌓기의 기울기 기준은?

① 1 : 0.1　　　② 1 : 0.3
③ 1 : 0.5　　　④ 1 : 0.7

해설

돌골막이의 반수면 돌쌓기 기울기는 1 : 0.3을 표준으로 하며, 중앙부를 활꼴모양으로 약간 낮게 하여 방수한다.

정답 90 ③　91 ④　92 ②　93 ①　94 ①　95 ②

96 일반적인 모래막이 공작물의 평면형상이 아닌 것은?

① 위형
② 주걱형
③ 자루형
④ 침상형

해설

평면형상에 따른 모래막이의 종류에는 주걱형, 반주걱형, 자루형, 위형이 있다.

97 산지사방에서 기초공사에 해당되지 않는 것은?

① 비탈덮기
② 비탈다듬기
③ 땅속흙막이
④ 산복수로공

해설

산지사방 기초공사에는 비탈다듬기(뭉기기), 단끊기, 땅속흙막이(묻히기), 흙막이(누구막이), 산비탈배수로(산복수로, 산비탈수로내기), 속도랑(배수구)이 있으며, 비탈덮기는 산지사방 녹화공사에 해당한다.

98 수제에 대한 설명으로 옳지 않은 것은?

① 계안으로부터 유심을 향해 돌출한 공작물을 말한다.
② 계상폭이 좁고 계상 기울기가 급한 황폐계류에 적용한다.
③ 돌출 방향은 유심선 또는 접선에 대해 상향 70~90°를 기준으로 한다.
④ 상향수제는 수제 사이의 사력 퇴적이 하향수제보다 많고 두부의 세굴이 강하다.

해설

수제는 일반적으로 계상의 너비(폭)가 넓고, 계상물매가 완만한 계류에 적용한다.

99 대상지 1ha에 15° 경사로 1.0m 높이의 단끊기공을 시공할 때 평면적법에 의한 계단 길이는?

① 약 1,786m
② 약 2,061m
③ 약 2,679m
④ 약 3,640m

해설

단끊기란 비탈다듬기 공사를 시행한 사면에 수평으로 단을 끊어 초·목본류를 파식하는 것으로 평면적법에 의한 계단길이의 계산은 다음과 같다.

계단길이 = $\dfrac{A \tan\theta}{H} = \dfrac{10,000 \times \tan 15°}{1}$
= 2,679.49 ⋯ ∴ 약 2,679m

여기서, A : 단끊기 면적
H : 단끊기 높이
θ : 경사도

100 증발산 중에서 식생으로 피복된 지면으로부터의 증발량과 증산량만을 무엇이라 하는가?

① 증산율
② 증발산율
③ 증발기회
④ 소비수량

해설

소비수량
증발산 중에서 식생으로 피복된 지면으로부터의 증발량과 증산량을 말한다.

정답 96 ④ 97 ① 98 ② 99 ③ 100 ④

2019년 2회 기출문제

1과목 조림학

01 묘간거리 4m로 정방형 식재를 할 때 1ha당 식재본수는?

① 63본   ② 250본
③ 625본 ④ 2,500본

해설

정방형 식재

$N = \dfrac{A}{a^2} = \dfrac{10,000}{4^2} = 625본$

여기서, N : 소요 묘목본수
A : 조림지 면적
a : 묘간거리

02 수목에서 수분 통도 및 지탱의 역할을 하는 조직은?

① 밀선   ② 목부
③ 사부   ④ 유조직

해설

목부(木部)는 수분과 양분의 통도 및 지탱 역할을 하며, 심재와 변재, 춘재와 추재로 구성된다.

03 1/2묘에 대한 설명으로 옳은 것은?

① 뿌리의 나이가 1년이고 줄기의 나이가 2년인 삽목묘이다.
② 뿌리의 나이가 2년이고 줄기의 나이가 1년인 삽목묘이다.
③ 파종상에서 1년, 그 뒤 한 번 상체되어 1년을 지낸 2년생 실생묘이다.
④ 파종상에서 1년, 그 뒤 한 번 상체되어 2년을 지낸 3년생 실생묘이다.

해설

0/1묘는 삽목 1년 후 지상부를 잘라 1년 된 뿌리만 있는 삽목묘이며, 1/2묘는 0/1묘가 1년 경과하여 뿌리 2년, 줄기 1년 된 삽목묘이다.

04 아래 그림에 해당되는 Hawley의 간벌 양식은?(단, 모두 동령림이며 빗금은 간벌 대상임)

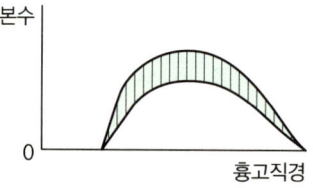

① 하층간벌
② 수관간벌
③ 택벌식 간벌
④ 기계적 간벌

해설

기계적 간벌은 수형급에 따르지 않으며, 일정한 임목 간격에 따라 기계적으로 벌채하는 방법으로 문제의 그림과 같은 양식으로 나타난다.

05 밤나무 재배환경에 대한 설명으로 옳지 않은 것은?

① 토양산도가 pH 5.0~5.5인 곳이 좋다.
② 해발 고도가 400m 이상인 고산지역이 좋다.
③ 재배 적지의 토성은 사질양토나 양토가 좋다.
④ 경사도 25° 미만의 완경사지에서 생육이 좋다.

정답 01 ③ 02 ② 03 ② 04 ④ 05 ②

해설

밤나무는 주로 중부 이남의 고도가 낮은 지역에서 생장이 좋다.

06 수목에서 양료의 이동에 대한 설명으로 옳지 않은 것은?

① 질소, 인, 칼륨 등은 이동이 쉬운 원소들이다.
② 이동이 쉽게 이루어지지 않는 원소는 칼슘, 철, 붕소 등이 있다.
③ 이동성이 좋은 양료는 결핍 현상이 어린잎에서 먼저 나타난다.
④ 어떤 원소의 이동성이란 용해도와 사부조직으로 들어갈 수 있는 용이성을 의미한다.

해설

이동성이 높은 원소는 성숙잎(노엽)에서 어린잎(유엽)으로 염류가 쉽게 이동하여 결핍증상이 성숙잎에 나타나고, 이동성이 낮은 원소는 가지 끝에 달리는 어린잎까지 쉽게 이동하지 못해 결핍증상이 어린잎에 나타난다.

07 종자의 실중에 대한 설명으로 옳은 것은?

① 소립종자는 1,000립씩 4회 반복한 평균무게이다.
② 소립종자는 10,000립씩 4회 반복한 평균무게이다.
③ 대립종자는 1,000립씩 4회 반복한 평균무게이다.
④ 대립종자는 10,000립씩 4회 반복한 평균무게이다.

해설

실중에서 종자의 무게는 대립종자는 100알을 4번 반복, 중립종자는 500알을 4번 반복, 소립종자는 1,000알을 4번 반복 측정하여 그 평균치를 사용한다.

08 임목이 주로 종자로 양성된 임형은?

① 교림　　② 왜림
③ 중림　　④ 죽림

해설

교림(喬林 또는 高林, High Forest)
종자로부터 발달한 수목(실생묘)으로 이루어진 산림으로 주로 침엽수가 교림을 형성하며, 용재를 생산하는 키가 큰 숲을 형성한다.

09 장령림에서 동해를 예방하기 위해 비료 주기를 피해야 하는 시기는?

① 늦가을에서 초봄
② 늦봄에서 초여름
③ 늦여름에서 초가을
④ 늦가을에서 초겨울

해설

일반적으로 봄에 비료를 주는 것이 가장 좋으며, 늦여름이나 초가을에는 가지가 웃자라거나 늦자라 동해, 한해, 풍해 등의 위험이 있으므로 이 시기에는 시비를 피한다.

10 입선법으로 종자를 선별하는 것이 가장 효과적인 수종은?

① *Thuja orientalis*
② *Pinus densiflora*
③ *Taxus cuspidata*
④ *Juglans mandshurica*

해설

입선법(粒選法)
종자 낱알을 눈으로 보며 직접 손으로 하나하나 선별하는 것으로 밤나무, 호두나무, 가래나무(*Juglans mandshurica*), 상수리나무, 칠엽수, 목련 등의 대립종자에 적합하다.

정답　06 ③　07 ①　08 ①　09 ③　10 ④

11 가래나무와 호두나무에 대한 설명으로 옳지 않은 것은?

① 자웅이주이다.
② 9월경에 결실한다.
③ 4~5월에 개화한다.
④ 열매는 핵과에 속한다.

해설

가래나무와 호두나무는 가래나무과로 암꽃과 수꽃이 한 나무에 함께 피는 자웅동주이다.

12 풀베기 시기로 가장 적합한 것은?

① 3~5월   ② 6~8월
③ 9~11월 ④ 12~3월

해설

풀베기는 일반적으로 잡풀들이 자라나 피해를 입히기 시작하는 5~7월 또는 6~8월에 실시한다.

13 왜림작업 적용이 가능한 가장 용이한 수종은?

① 소나무   ② 잣나무
③ 굴참나무   ④ 일본잎갈나무

해설

활엽수 중 참나무류는 맹아력이 좋아 왜림작업 적용이 가장 용이한 수종이고, 침엽수 중에서는 리기다소나무가 맹아갱신에 용이하다.

14 가지치기에 대한 설명으로 옳지 않은 것은?

① 생장 휴지기에 수목의 수액 유동 시작 직전에 실시한다.
② 옹이가 없고 통직한 완만재를 생산할 목적으로 실시한다.
③ 참나무류와 포플러나무류는 으뜸가지 이상의 가지만 잘라준다.
④ 너도밤나무, 가문비나무의 생가지치기 작업은 부후의 위험성이 있어 원칙적으로 고사지 제거만 실시한다.

해설

활엽수는 대체적으로 생가지치기가 적당하지 않으나 포플러나무류, 참나무류, 사시나무류는 으뜸가지 이하의 가지까지만 제거한다.

15 묘목의 가식 방법으로 옳지 않은 것은?

① 묘목을 심기 전 일시적으로 도랑을 파서 그 안에 뿌리를 묻어 건조를 방지한다.
② 단시일 가식하고자 할 때에는 묘목을 다발째로 비스듬히 누여서 뿌리를 묻는다.
③ 장기간 가식하고자 할 때에는 묘목을 다발에서 풀어 도랑에 세우고 묻은 후 관수한다.
④ 한풍해가 우려되는 경우에는 묘목의 정단부가 바람과 같은 방향으로 되도록 누여서 묻는다.

해설

추위나 바람의 피해가 우려되는 곳은 묘목의 정단부분이 바람과 반대방향이 되도록 누여서 묻는다.

16 부숙마찰법에 의하여 탈종시키는 수종으로만 올바르게 나열한 것은?

① 밤나무, 참나무, 옻나무
② 잣나무, 호두나무, 비자나무
③ 느릅나무, 단풍나무, 물푸레나무
④ 싸리나무, 주엽나무, 아까시나무

해설

부숙마찰법(腐熟摩擦法)
부숙시킨 후 마찰하거나 비벼서 과피를 분리하는 것으로 은행나무, 벚나무, 향나무, 주목, 비자나무, 호두나무, 가래나무 등에 적용한다.

정답 11 ① 12 ② 13 ③ 14 ③ 15 ④ 16 ②

17 전형적인 이령림 작업에 속하는 갱신 작업 종은?

① 개벌작업   ② 모수작업
③ 산벌작업   ④ 택벌작업

해설

택벌작업은 한 임분을 구성하고 있는 임목 중 성숙한 임목만을 선택적으로 골라 벌채하는 방법이다. 개벌, 모수, 산벌작업이 동령림의 갱신이라면, 택벌작업은 전형적인 이령림의 갱신이 이루어진다.

18 수목의 뿌리가 이용 가능한 토양수분은?

① 결합수   ② 중력수
③ 범람수   ④ 모세관수

해설

모세관수(모관수)
중력에 저항하여 토양입자와 물분자 간의 부착력에 의해 모세관 사이에 남아 있는 수분으로 수목의 뿌리가 이용 가능한 수분이다.

19 중력이 작용하는 방향으로 수목이 생장한다는 의미에 해당하는 것은?

① 굴지성   ② 주지성
③ 주광성   ④ 굴광성

해설

굴지성(屈地性, 굴중성)
수목이 중력의 자극에 의해 특정 방향으로 자라는 성질이다.

20 천연갱신과 인공조림에 대한 설명으로 옳지 않은 것은?

① 천연갱신으로 조성된 숲에서 생산된 목재는 균일하다.
② 천연갱신은 새로운 숲이 조성되기까지 오랜 세월을 필요로 한다.
③ 천연갱신은 그곳의 환경에 잘 적응된 나무들로 구성되고 갱신 비용이 적게 드는 것이 장점이다.
④ 인공조림은 좋은 씨앗으로 묘목을 길러 식재하고 무육에 힘써 좋은 목재를 생산한다는 것이 장점이다.

해설

천연갱신으로 생산된 목재는 균일하지 못하며, 수확량도 일정하지 않아 경영에 어려움이 있다.

2과목 산림보호학

21 묘포장에서 뿌리혹선충 방제 방법으로 옳지 않은 것은?

① 침엽수는 돌려짓기를 한다.
② 활엽수는 이어짓기를 한다.
③ 살선충제로 토양을 소독한다.
④ 농작물을 재배했던 포지는 이용하지 않는다.

해설

뿌리혹선충은 연작 재배지에서 심하게 발생하므로 침엽수든 활엽수든 연작(이어짓기)을 피하고, 윤작(돌려짓기)을 실시한다.

22 해충 방제와 관련하여 경제적 가해수준에 대한 설명으로 옳은 것은?

① 수목이 피해를 입을 때의 해충의 밀도
② 일반적 환경조건하에서의 해충의 밀도
③ 방제가 가능한 단위면적당 해충의 밀도
④ 해충에 의한 피해비용과 방제비용이 같을 때의 해충의 밀도

정답 17 ④ 18 ④ 19 ① 20 ① 21 ② 22 ④

해설

경제적 피해(가해)수준
해충의 밀도가 점차 높아져 경제적으로 피해를 주기 시작하는 최소의 밀도, 즉 해충에 의한 피해액과 방제비가 같은 수준인 해충의 밀도를 말한다.

23 번데기로 월동하는 해충은?
① 매미나방   ② 밤나무혹벌
③ 어스렝이나방   ④ 미국흰불나방

해설

미국흰불나방은 번데기로 월동하며, 매미나방과 어스렝이나방은 알, 밤나무혹벌은 유충으로 월동한다.

24 오리나무잎벌레의 생활사에 대한 설명으로 옳은 것은?
① 알로 월동하고 줄기에 산란한다.
② 유충으로 월동하고 잎에 산란한다.
③ 성충으로 월동하고 잎에 산란한다.
④ 번데기로 월동하고 줄기에 산란한다.

해설

오리나무잎벌레는 연 1회 발생하며, 성충으로 땅속에서 월동한다. 성충은 5~6월에 300여 개의 알을 잎 뒷면에 무더기로 산란한다.

25 식물바이러스에 대한 설명으로 옳지 않은 것은?
① 전신 감염이 되는 경우가 많다.
② 인공 배지에서 배양이 가능하다.
③ 광학현미경으로는 관찰이 매우 어렵다.
④ 영양번식 및 접목에 의하여 전염될 수 있다.

해설

바이러스는 살아 있는 세포 내에서만 증식이 가능한 절대기생체로 인공 배지에서는 배양되지 않는다.

26 빨아먹는 입틀을 가진 해충은?
① 메뚜기   ② 흰개미
③ 노린재   ④ 딱정벌레

해설

자흡구형은 바늘모양의 구기를 찔러 넣어 빨아먹는 입틀로 노린재, 진딧물, 멸구, 매미충, 깍지벌레 등이 이러한 입틀을 가진다.

27 석회 보르도액으로 방제 효과가 가장 미미한 수목병은?
① 소나무잎녹병   ② 밤나무흰가루병
③ 낙엽송잎떨림병   ④ 삼나무붉은마름병

해설

석회 보르도액은 미연에 병의 발생을 예방하기 위한 보호살균제로 수목의 흰가루병, 토양전염성 병원균에는 효과가 없거나 미미하다.

28 천공성 해충이 아닌 것은?
① 소나무좀   ② 박쥐나방
③ 매미나방   ④ 알락하늘소

해설

소나무좀, 박쥐나방, 알락하늘소는 천공성 해충이며, 매미나방은 식엽성 해충이다.

29 수목병 방제를 위한 방법이 다른 것은?
① 약제 살포
② 임지 정리 작업
③ 건전 묘목 육성
④ 적절한 수확 및 벌채

해설

임지 정리 작업, 건전한 묘목 육성, 적절한 수확 및 벌채 등은 임업적 방제이며, 약제 살포는 화학적 방제이다.

정답 23 ④ 24 ③ 25 ② 26 ③ 27 ② 28 ③ 29 ①

30 급격한 저온에 따른 수목 조직의 수축 및 팽창으로 줄기가 갈라지는 현상은?

① 만상 ② 상렬
③ 상주 ④ 조상

해설

상렬(霜裂)
급격한 저온에 따른 수목 조직의 냉각으로 부피가 증가하여 수축 및 팽창 차이로 줄기가 세로로 갈라지는 현상이다.

31 감수성 식물에 대한 설명으로 옳은 것은?

① 병원체에 이미 감염된 식물
② 병원체에 감염될 가능성이 없는 식물
③ 병원체에 의해 가해받을 수 있는 식물
④ 병원체에 감염되었으나 견뎌 내는 식물

해설

감수성(感受性)
병원체에 의해 식물이 가해받기 쉬운 성질을 일컫는다.

32 볕데기에 의한 수목피해 예방법으로 옳은 것은?

① 해가림, 볏짚깔기 또는 흙깔기 등을 하여 지표의 고온화를 완화시킨다.
② 모래 등을 섞어 토질을 개량하거나 배수처리를 하여 토양수분을 감소시킨다.
③ 토양의 온도를 낮추기 위한 관수나 해가림 또는 토양피복처리를 하는 것이 좋다.
④ 고립목의 줄기를 짚으로 둘러주거나 석회유 등을 발라 직사광선을 막아주는 것이 효과적이다.

해설

볕데기(皮燒, 피소)
강한 직사광선을 받은 줄기가 고온으로 인해 수피 부분에 과도한 수분증발이 발생하여 수피조직이 일부 고사하게 되는 현상으로 고립목의 줄기는 짚을 둘러 보호하거나 석회유, 점토 등을 발라 피해를 줄인다.

33 대추나무빗자루병 방제에 가장 효과적인 약제는?

① 페니실린 ② 보르도액
③ 석회황합제 ④ 옥시테트라사이클린

해설

파이토플라스마에 의한 수병인 대추나무빗자루병, 오동나무빗자루병, 뽕나무오갈병은 옥시테트라사이클린계의 항생물질로 치료가 가능하다.

34 화학적 해충 방제 방법에 대한 설명으로 옳지 않은 것은?

① 적용 범위가 넓다.
② 효과가 신속하고 정확하다.
③ 특정 곤충의 돌발발생을 예방할 수 있다.
④ 살충제에 대한 저항성이 나타나기도 한다.

해설

화학적 방제의 단점
유용한 천적이 농약의 남용으로 큰 피해를 입어 진딧물이나 응애류 등의 특정 곤충이 돌발적으로 급격히 번성하기도 한다.

35 기주교대를 하는 병원균은?

① 향나무녹병균
② 밤나무흰가루병균
③ 소나무모잘록병균
④ 벚나무빗자루병균

정답 30 ② 31 ③ 32 ④ 33 ④ 34 ③ 35 ①

> **해설**
> 기주교대를 하는 기종기생균은 녹병균이 대표적이며, 향나무녹병, 잣나무털녹병, 소나무잎녹병, 소나무혹병 등이 있다.

36 솔잎혹파리 방제 방법으로 옳지 않은 것은?

① 아세타미프리드 액제로 나무주사한다.
② 나무에 볏짚을 감아 월동 유충을 포살한다.
③ 밀생 임분은 간벌하고 불량치수 및 피압목을 제거한다.
④ 기생성 천적인 혹파리살이먹좀벌을 대량 사육하여 방사한다.

> **해설**
> 솔잎혹파리는 땅속에서 유충으로 월동하므로 볏짚을 감아 방제할 수 없다.

37 잣나무털녹병균이 중간기주에서 형성하지 않는 포자는?

① 녹포자　　　② 여름포자
③ 겨울포자　　④ 담자포자

> **해설**
> 잣나무털녹병균은 본기주에서 녹병포자, 녹포자를 형성하며, 중간기주에서 여름포자, 겨울포자, 담자포자를 형성한다.

38 산불 발생 및 위험이 가장 높은 시기는?

① 봄　　　　　② 여름
③ 가을　　　　④ 겨울

> **해설**
> 계절 중에는 3~5월의 봄이 대기가 건조하고 강수량이 적으며 바람까지 강하게 불어 산불 발생 및 위험이 가장 높은 시기이다.

39 식물 뿌리·줄기·잎을 통하여 식물체 내로 들어가 식물의 즙액과 함께 식물 전체에 퍼져 식물을 가해하는 해충에 작용하는 살충제는?

① 제충제　　　② 접촉살충제
③ 소화중독제　④ 침투성 살충제

> **해설**
> **침투성 살충제**
> 약제를 식물의 뿌리, 줄기, 잎 등에 흡수시켜 식물 전체에 퍼지면 그 식물을 가해하는 해충이 죽게 되는 약제이다.

40 생물적 해충 방제 방법으로 옳은 것은?

① BT제를 이용하여 방제한다.
② 식재할 때에 내충성 품종을 선정한다.
③ 임목밀도를 조절하여 건전한 임분을 육성한다.
④ 생리활성물질인 키틴합성억제제를 이용하여 산림해충을 방제한다.

> **해설**
> BT제(*Bacillus thuringiensis*)는 다른 생물에는 무해하지만 해충에는 살충효과를 나타내는 미생물 제제로 생물(학)적 방제에 속한다.

3과목　임업경영학

41 산림경영 지도원칙 중 경제원칙에 해당하지 않는 것은?

① 공공성의 원칙
② 수익성의 원칙
③ 생산성의 원칙
④ 합자연성의 원칙

> **해설**
> 경제원칙에는 수익성, 경제성, 생산성, 공공성의 원칙이 있으며, 합자연성의 원칙은 복지원칙에 해당한다.

정답　36 ②　37 ①　38 ①　39 ④　40 ①　41 ④

42 회귀년과 관련된 작업종은?

① 개벌작업 ② 모수작업
③ 택벌작업 ④ 왜림작업

해설

회귀년(回歸年)
택벌작업급을 몇 개의 벌구로 나눠 매년 순차적으로 택벌하고, 다시 최초의 택벌구로 벌채가 되돌아오는 데 소요되는 기간으로 택벌작업에 따른 개념이다.

43 전국 단위의 산림계획에 따라 관할지역의 특수성을 고려하여 수립하는 산림경영계획은?

① 지역산림계획
② 산림기본계획
③ 국유림경영계획
④ 국유림종합계획

해설

지역산림계획은 특별시장·광역시장·특별자치시장·도지사·특별자치도지사(공·사유림) 및 지방산림청장(국유림)이 산림기본계획에 따라 관할구역 산림의 특수성을 고려하여 20년마다 수립·시행한다.

44 임지의 지위를 사정하는 데 주로 사용하는 방법은?

① 수고에 의한 방법
② 재적에 의한 방법
③ 토양인자에 의한 방법
④ 지피식물에 의한 방법

해설

지위지수에 의한 방법(우세목 수고에 의한 방법)
임지의 생산능력을 구체적 수치로 나타낸 지위지수에 의해 판정하는 방법으로 지위사정 방법 중 가장 정확하여 주로 사용한다.

45 임분이 처음 성립하여 생장하는 과정에 있어서 어느 성숙기에 도달하는 계획상의 연수는?

① 벌기령 ② 벌채령
③ 윤벌령 ④ 회귀령

해설

벌기령(伐期齡)
임목이 경영 용도에 맞는 일정 성숙기에 도달하는 계획상의 연수이다.

46 일반적으로 적용하는 침엽수의 조재율은?

① 0.1~0.3
② 0.4~0.6
③ 0.6~0.9
④ 1.0~1.1

해설

조재율
입목 간재적에 대한 실제 이용재적(원목재적)의 비율로 일반적으로 활엽수는 0.4~0.7, 침엽수는 0.6~0.9를 적용한다.

47 20년 전의 재적이 100m³이고 현재의 재적이 150m³일 때 프레슬러 공식을 적용하여 재적생장률을 구하면?

① 1% ② 2%
③ 3% ④ 4%

해설

프레슬러(Pressler)식

$$P = \frac{(V-v)}{(V+v)} \times \frac{200}{m}$$
$$= \frac{(150-100)}{(150+100)} \times \frac{200}{20} = 2\%$$

여기서, V : 현재의 재적
v : m년 전의 재적
m : 기간연수

정답 42 ③ 43 ① 44 ① 45 ① 46 ③ 47 ②

48 취득 원가가 20만 원인 기계톱의 내용연수가 5년이고 폐기 시 잔존가치가 5만 원일 때, 정액법에 의한 연간 감가상각비는?

① 1만 원 ② 2만 원
③ 3만 원 ④ 4만 원

해설

정액법(직선법)

연간 감가상각비 = $\dfrac{취득원가 - 잔존가치}{내용연수}$
= $\dfrac{20만 원 - 5만 원}{5년}$ = 3만 원

49 수목의 직경과 수고 측정이 모두 가능한 기구는?

① 섹타포크 ② 덴드로미터
③ 아브네이레블 ④ 스피겔릴라스코프

해설

섹타포크는 직경 측정기구이며, 덴드로미터와 아브네이(핸드)레블은 수고 측정기구이다. 스피겔릴라스코프는 직경과 수고의 측정이 모두 가능하다.

50 손익분기점 분석에 설정하는 가정으로 옳지 않은 것은?

① 재고는 없다.
② 제품 단위당 비용은 일정하다.
③ 제품의 생산능률은 변함이 없다.
④ 제품의 판매가는 생산량에 따라 변한다.

해설

제품의 판매가격은 판매량이 변동하여도 변화되지 않는다.

51 임업경영 분석에 대한 설명으로 옳지 않은 것은?

① 임업소득은 임업조수익에서 임업경영비를 뺀 값이다.
② 임가소득은 임업소득, 농업소득, 기타소득을 더한 값이다.
③ 임업의존도는 임가소득을 임업소득으로 나누어 100을 곱한 값이다.
④ 임업소득률은 임업소득에서 임업조수익을 나누어 100을 곱한 값이다.

해설

임업의존도는 임업소득을 임가소득으로 나누어 100을 곱한 값이다.

52 임업의 기술적 특성이 아닌 것은?

① 생산 기간이 대단히 길다.
② 임목의 성숙기가 일정하지 않다.
③ 자연 조건의 영향을 많이 받는다.
④ 임업노동은 계절적 제약을 크게 받지 않는다.

해설

'임업노동은 계절적 제약을 크게 받지 않는다.'는 임업의 경제적 특성이다.

53 임업이율을 분류할 때 용도에 따른 이율은?

① 경영이율 ② 장기이율
③ 평정이율 ④ 대부이율

해설

용도에 따른 이율에는 경영이율과 환원이율이 있다.

54 산림평가와 관계있는 임업경영요소가 아닌 것은?

① 수익 ② 비용
③ 임업기술 ④ 임업이율

정답 48 ③ 49 ④ 50 ④ 51 ④ 52 ④ 53 ① 54 ③

[해설]
산림평가에서 산림경영요소에는 수익, 비용, 임업이율이 있다.

55 농지의 주변이나 둑, 농지와 산지와의 경계선 등지에 유실수, 특용수, 속성수 등을 식재하여 임업수입의 조기화를 도모하는 복합임업경영 형태에 해당하는 것은?

① 혼농임업 ② 농지임업
③ 비임지임업 ④ 부산물임업

[해설]
농지임업
농지 주변, 둑, 농지와 산지의 경계 등에 속성수, 유실수, 특용수 등을 식재하여 수입의 조기화를 도모하는 임업 형태이다.

56 자산을 획득하기 위하여 제공한 경제적 가치의 측정치는?

① 손익 ② 수익
③ 비용 ④ 원가

[해설]
원가란 자산을 획득하기 위하여 제공한 경제적 가치의 측정치로 재료비, 노무비, 경비의 3요소가 있다.

57 Huber식의 약 1.0053배 과대치를 주고 중앙단면이 원이 아닐 때 오차가 더 커지는 구적식은?

① 5분주법 ② 호퍼스법
③ 브레레튼법 ④ 스크리브너 로그 룰

[해설]
5분주식은 통나무의 중앙 둘레의 값을 5로 나누고 제곱하여 재적을 계산한다. 후버식의 약 1.0053배 과대치를 주고, 중앙단면이 원이 아닐 때 오차가 더 커지는 구적식이다.

58 산림조사 결과 다음과 같을 때 평균임령은?

- 30년생 : 20주
- 35년생 : 10주
- 40년생 : 10주
- 45년생 : 10주

① 35년 ② 36년
③ 37.5년 ④ 38년

[해설]
평균임령의 계산
$$\frac{(30 \times 20) + (35 \times 10) + (40 \times 10) + (45 \times 10)}{50}$$
$= 36년$

59 현재 거래되고 있는 임지의 시가로써 평가하려는 임지와 조건이 유사한 다른 임지의 실제 거래가격을 비교하여 결정하는 평가방법은?

① 임지비용가 ② 임지매매가
③ 임지기망가 ④ 임지사정가

[해설]
임지매매가
현재 실질적으로 거래되고 있는 임지의 시가로써 평가하려는 임지와 조건이 유사한 다른 임지의 실제 거래가격을 비교하여 결정하는 비교방식에 의한 임지평가이다.

60 유령림의 임목평가 방식으로 알맞은 것은?

① Glaser식 ② 임목비용가법
③ 시장가역산법 ④ 임목기망가법

[해설]
임령에 따른 임목의 평가법

구분	내용
유령림의 임목평가	임목비용가법
중령림의 임목평가	글라저(Glaser)법
벌기 미만인 장령림의 임목평가	임목기망가법
벌기 이상인 성숙림의 임목평가	시장가역산법

정답 55 ② 56 ④ 57 ① 58 ② 59 ② 60 ②

4과목 산림공학

61 해안사방에 주로 사용되는 공사는?
① 조공
② 기슭막이
③ 속도랑내기
④ 정사울세우기

해설

해안사방공사의 종류

사구조성공법	퇴사울세우기, 구정바자얽기, 모래담쌓기, 모래덮기, 사초심기, 파도막이
사지조림공법	정사울세우기, 사지 식수공법

62 야계사방에 있어서 합리식에 의한 유량을 산정하는 주요 인자가 아닌 것은?
① 유역면적
② 조도계수
③ 유출계수
④ 일정기간 동안의 강우강도

해설

합리식법
확률강우강도와 유역면적 및 유출계수를 이용하여 1초 동안의 최대홍수유량을 산정하는 방식이다.

63 비탈다듬기 및 단끊기 시공과정에서 생기는 토사를 유치·고정하는 공사는?
① 조공
② 비탈덮기
③ 누구막이
④ 땅속흙막이

해설

땅속흙막이
비탈다듬기와 단끊기 공사로 발생한 뜬흙을 산지의 계곡부와 같은 오목한 곳에 투입하여 토사의 활동을 방지하고 유치·고정하기 위한 공작물이다.

64 집재용 도구가 아닌 것은?
① 피비
② 펄프훅
③ 마세티
④ 파이크폴

해설

집재용 도구에는 피비, 캔트훅, 피커룬, 파이크폴, 펄프훅 등이 있다.

65 임도의 설계속도가 20km/h, 외쪽기울기가 3%, 타이어의 마찰계수가 0.1일 때 최소곡선반지름은?
① 약 12.3m
② 약 17.5m
③ 약 23.6m
④ 약 24.2m

해설

원심력과 타이어 마찰계수에 의한 최소곡선반지름의 계산

$$최소곡선반지름\ R = \frac{V^2}{127(f+i)}$$
$$= \frac{20^2}{127(0.1+0.03)}$$
$$= 24.2277\cdots \quad \therefore 약\ 24.2m$$

여기서, V : 설계속도
F : 노면과 타이어의 마찰계수
i : 횡단기울기 or 외쪽기울기

66 와이어로프의 폐기 기준으로 옳지 않은 것은?
① 현저하게 변형된 것
② 꼬임상태가 발생한 것
③ 와이어로프 소선이 1/100 이상 절단된 것
④ 마모에 의한 직경 감소가 공칭 직경의 7%를 초과하는 것

정답 61 ④ 62 ② 63 ④ 64 ③ 65 ④ 66 ③

해설

와이어로프의 폐기기준
- 꼬임상태(킹크)인 것
- 현저하게 변형 또는 부식된 것
- 와이어로프 소선이 10분의 1(10%) 이상 절단된 것
- 마모에 의한 직경 감소가 공칭직경의 7%를 초과하는 것

67 임도 시작점의 표고가 100m, 도착점의 표고가 500m인 산지에 종단기울기가 6%인 임도를 직선으로 시공할 경우 임도의 길이는?

① 1.7km ② 4.0km
③ 6.7km ④ 8.3km

해설

종단물매 $= \dfrac{수직거리}{수평거리} \times 100$ 에서 수직거리는 두 지점 간의 표고차로 400m이며, 수평거리는 임도의 길이이다. 따라서, $6\% = \dfrac{400}{임도길이} \times 100$ 이므로, 임도길이는 6,666.66…m이며 약 6.7km이다.

68 상단면적이 120m², 하단면적이 200m², 상하단의 거리가 12m인 경우 평균단면적법에 의한 토사량(m³)은?

① 192 ② 384
③ 1,920 ④ 3,840

해설

양단면적평균법

토량(m³) $V = \dfrac{A_1 + A_2}{2} \times L$

$= \dfrac{120 + 200}{2} \times 12 = 1{,}920 \text{m}^3$

여기서, A_1, A_2 : 양단면적
L : 양단면적 간의 거리

69 많은 토사와 오물을 포함한 유수로 인해 배수관이나 속도랑이 막히는 것을 방지하기 위한 임도의 구조물은?

① 곁도랑 ② 빗물받이
③ 돌림수로 ④ 횡단배수구

해설

빗물받이
많은 토사와 오물을 포함한 유수로 인해 배수관이나 속도랑이 막히는 것을 방지하기 위한 임도의 구조물이다.

70 산사태와 땅밀림을 비교하여 설명한 것으로 옳지 않은 것은?

① 산사태는 지하수에 의한 영향이 크다.
② 산사태는 땅밀림에 비해 규모가 작다.
③ 땅밀림은 계속적으로 재발 가능성이 크다.
④ 산사태는 사질토로 된 지점에서 많이 발생한다.

해설

지하수에 영향을 받아 발생하는 것은 땅밀림이며, 산사태는 강우에 영향을 받아 발생한다.

71 다음 설명에 해당되는 임도는?

- 계곡임도에서 시작되어 산록부와 산복부에 설치한다.
- 노선선정은 하단부로부터 점차적으로 선형을 계획하여 진행한다.
- 동일한 사면에서 배향곡선은 최소한으로 설치한다.

① 사면임도 ② 능선임도
③ 순환임도 ④ 산정임도

정답 67 ③ 68 ③ 69 ② 70 ① 71 ①

해설

사면임도
계곡임도에서 시작되어 산록부와 산복부에 설치하는 임도로 노선선정은 하단부로부터 점차적으로 선형을 계획하여 진행한다.

72 다음 설명에 해당하는 석재는?

- 무게가 약 100kg 정도인 자연석으로 운반이 가능하고 공사용으로 쓸 수 있는 비교적 큰 돌이다.
- 주로 돌쌓기현장 부근에서 채취하여 찰쌓기와 메쌓기에 사용한다.

① 호박돌 ② 야면석
③ 막깬돌 ④ 견치돌

해설

야면석
무게가 약 100kg 정도인 자연석으로 운반이 가능하고 공사용으로 쓸 수 있는 비교적 큰 돌이다. 주로 돌쌓기현장 부근에서 채취하여 찰쌓기와 메쌓기에 사용한다.

73 임도의 교량 및 암거 설치 시에 고려하여야 하는 활하중의 무게 기준은?

① DB-10 이상
② DB-13.5 이상
③ DB-18 이상
④ DB-32.45 이상

해설

교량 및 암거의 활하중은 사하중에 실리는 차량·보행자 등에 따른 교통하중을 말하며, 그 무게산정은 사하중 위에서 실제로 움직이고 있는 DB-18하중(총중량 32.45톤) 이상의 무게에 따른다.

74 사방댐의 주요 기능 및 설치 목적이 아닌 것은?

① 계상기울기를 완화한다.
② 토사의 이동을 방지한다.
③ 산각을 고정하여 붕괴를 방지한다.
④ 황폐계류의 유심 방향을 변경한다.

해설

황폐계류의 유심 방향을 변경하는 것은 수제의 주요 기능이다.

75 벌도작업의 안전을 위하여 다른 근로자가 들어오면 안 되는 최소 작업 범위는?

① 벌도 대상목 수고의 0.5배
② 벌도 대상목 수고의 1.5배
③ 벌도 대상목 수고의 2.5배
④ 벌도 대상목 수고의 3.5배

해설

벌목구역의 최소 작업 범위는 벌도 대상목 수고의 1.5배로 이 구역 내에는 다른 근로자가 들어오지 않아야 하며, 반드시 작업자만 있어야 한다.

76 임도설계 시 임시기표, 교각점, 측점번호 및 사유토지의 지번별 경계, 구조물 및 곡선 제원 등을 기입하는 도면은?

① 평면도 ② 구조도
③ 종단면도 ④ 횡단면도

해설

평면도에는 임시기표, 교각점, 측점번호 및 사유토지의 지번별 경계, 구조물, 지형지물 등을 도시하며, 곡선제원 등을 기입한다.

정답 72 ② 73 ③ 74 ④ 75 ② 76 ①

77 중력에 의한 침식으로만 올바르게 나열한 것은?

① 붕괴형 침식, 지활형 침식, 침강침식
② 지활형 침식, 붕괴형 침식, 사구침식
③ 유동형 침식, 지활형 침식, 침강침식
④ 붕괴형 침식, 지활형 침식, 유동형 침식

해설

중력침식
붕괴형 침식, 지활형 침식, 유동형 침식

78 성·절토 비탈면 보호 및 녹화에 주로 이용되는 공법이 아닌 것은?

① 사초심기
② 자연석쌓기
③ 격자틀붙이기
④ 콘크리트블록쌓기

해설

사초심기
조성된 모래언덕에 사구식물(사초, 沙草)을 심어 모래를 고정하는 해안사방공사의 한 종류이다.

79 임도의 노체 하층부터 표면층까지의 구성 순서로 옳은 것은?(단, 순서는 바닥면부터 표시함)

① 노상 – 노반 – 기층 – 표층
② 노상 – 기층 – 표층 – 노반
③ 노반 – 노상 – 기층 – 표층
④ 기층 – 표층 – 노상 – 노반

해설

노체(路體)
도로의 몸체로 기본구조는 깊은 곳으로부터 노상, 노반, 기층, 표층의 순으로 구성된다.

80 집재된 전목재의 가지 제거, 절단, 초두부 제거, 집적 등 조재작업을 전문적으로 실행하는 임업기계는?

① 포워더
② 프로세서
③ 타워야더
④ 펠러번처

해설

프로세서(Processor)
집재된 전목재의 가지치기, 절단, 초두부제거, 집적 등의 조재작업을 전문적으로 실행하는 기계이다.

정답 77 ④ 78 ① 79 ① 80 ②

2019년 3회 기출문제

▶ 산림기사

1과목 조림학

01 솎아베기 작업에 대한 설명으로 옳은 것은?

① 잔존목의 수고생장을 크게 촉진한다.
② 최종 생산될 목재의 형질을 개선한다.
③ 자연낙지를 유도하여 지하고를 높인다.
④ 줄기에 발생하는 부정아를 감소시킨다.

해설

솎아베기 작업은 조림목 간의 경쟁을 최소화하고, 최종 생산될 잔존목의 생장 촉진과 형질 향상을 위하여 실시한다. 잔존목의 수고생장을 크게 촉진하거나 자연낙지로 지하고를 높이는 것은 밀식의 효과이다.

02 우리나라 산림대에 대한 설명으로 옳지 않은 것은?

① 연평균 기온에 따라 구분된다.
② 온대림이 차지하는 면적이 가장 넓다.
③ 멀구슬나무, 녹나무, 모새나무는 난대림의 특징 수종이다.
④ 한라산보다는 설악산에서 난대, 온대, 한대의 수직적 분포가 잘 나타난다.

해설

우리나라에서 수직적 산림대의 특징이 가장 잘 나타나는 곳은 한라산으로 산록에는 난대림의 식생이, 산정으로 갈수록 온대림·한대림의 식생이 골고루 분포하며, 설악산은 온대림과 한대림의 분포만 나타난다.

03 윤벌기가 완료되기 전에 짧은 갱신기간 동안 몇 차례 벌채를 실시하여 임목을 완전히 제거하는 작업은?

① 모수작업 ② 산벌작업
③ 개벌작업 ④ 택벌작업

해설

산벌작업(傘伐作業)
윤벌기가 완료되기 전에 짧은 갱신기간 동안 몇 차례 벌채를 실시하여 벌채지의 전 임목을 완전히 제거함과 동시에 천연하종으로 갱신을 유도하는 작업법이다.

04 온대 남부지역에서 수하식재가 가장 용이한 수종은?

① 편백 ② 소나무
③ 오동나무 ④ 일본잎갈나무

해설

하목으로는 척박한 임지개량을 위한 비료목 식재와 수종갱신을 위한 식재가 있으며, 남부지방에서는 수종갱신 시 소나무숲 아래에 주로 삼나무나 편백을 심고 있다.

05 인공림 침엽수의 수형목 지정기준으로 옳지 않은 것은?

① 상층 임관에 속할 것
② 수관이 넓고 가지가 굵을 것
③ 밑가지들이 말라서 떨어지기 쉽고 그 상처가 잘 아물 것
④ 주위 정상목 10본의 평균보다 수고 5%, 직경 20% 이상 클 것

해설

수관이 넓고 가지가 굵은 것이 아니라, 수관이 좁고 가지가 가늘며 한쪽으로 치우치지 않은 것이어야 한다.

정답 01 ② 02 ④ 03 ② 04 ① 05 ②

06 가지치기를 시행하는 시기로 가장 적합한 것은?

① 11월~2월 ② 3월~6월
③ 7월~8월 ④ 9월~10월

해설

죽은 가지의 제거는 작업시기와 큰 상관이 없으나, 산가지치기는 가급적 생장휴지기인 11~3월(겨울, 이른봄)에 수목의 수액이 유동하기 직전에 실시한다.

07 지베렐린에 대한 설명으로 옳지 않은 것은?

① 줄기의 신장 생장을 촉진한다.
② 개화 및 결실을 돕는 역할을 한다.
③ 대부분의 지베렐린은 알칼리성이다.
④ 벼의 키다리병을 일으키는 것과 관련이 있다.

해설

지베렐린(Gibberellin)
줄기의 신장 생장을 촉진하며 개화 결실을 돕는 호르몬으로 벼의 키다리병을 일으키는 곰팡이에서 처음 추출되었으며, 대부분 산성이다.

08 꽃의 구조와 종자 및 열매의 구조가 올바르게 연결된 것은?

① 주심 - 배   ② 주피 - 종피
③ 배주 - 열매 ④ 씨방 - 종자

해설

꽃의 배주(밑씨)는 주피, 주심, 극핵, 난핵 등으로 이루어져 있으며, 후에 이것이 발달하여 각각 종피, 내종피, 배유, 배가 되어 종자를 형성한다.

09 일본에서 도입하여 조림된 수종은?

① *Pinus rigida*   ② *Larix kaempferi*
③ *Zelkova serrata*   ④ *Quercus acutissima*

해설

느티나무(*Zelkova serrata*), 상수리나무(*Quercus acutissima*)는 재래수종이며, 리기다소나무(*Pinus rigida*)는 미국에서, 낙엽송(*Larix kaempferi*)은 일본에서 수입한 외래수종이다.

10 종자의 크기가 가장 작은 수종은?

① *Alnus japonica*
② *Pinus koraiensis*
③ *Camellia japonica*
④ *Aesculus turbinata*

해설

우리나라는 중립(中粒)의 잣나무(*Pinus koraiensis*) 종자를 기준으로 하여, 동백나무(*Camellia japonica*), 칠엽수(*Aesculus turbinata*)는 대립(大粒), 오리나무(*Alnus japonica*)는 세립(細粒)으로 판별하고 있다.

11 수목에서 질소 결핍 증상으로 나타나는 주요 현상은?

① T/R률 증가
② 겨울눈 조기 형성
③ 성숙한 잎의 황화 현상
④ 모잘록병 발생률 증가

해설

질소의 결핍 시 생장이 나쁘며, T/R률이 작아지고, 짧은 잎이 발생하며, 성숙잎의 황화현상이 두드러지게 나타난다.

12 조림지의 풀베기 작업에 대한 설명으로 옳은 것은?

① 모두베기는 음수를 조림한 지역에서 적합하다.
② 풀베기 작업의 시기는 가을철인 9월에 실시한다.

정답 06 ① 07 ③ 08 ② 09 ② 10 ① 11 ③ 12 ③

③ 한풍해가 우려되는 조림지에서는 둘레베기가 바람직하다.
④ 전나무 조림지에 대한 풀베기 작업은 조림 후 2년 이내에 종료한다.

해설

둘레베기(둘레깎기)
조림목 주변의 반경 50cm 내외의 정방형 또는 원형으로 제거하는 방법으로 극음수나 추위에 약하여 한해·풍해에 대해 특별한 보호가 필요한 수종에 적용한다.

13 흙속에서 공기와 물이 차지하고 있는 부분은?

① 균근   ② 비중
③ 공극   ④ 교질

해설

공극(孔隙)
토양 속에서 공기나 물이 차지하고 있는 흙알갱이 사이의 공간이다.

14 지존작업에 대한 설명으로 옳은 것은?

① 묘목을 심기 위하여 구덩이를 파는 작업이다.
② 개간한 곳에 조림용 묘목을 식재하는 작업이다.
③ 조림지에서 덩굴치기 및 제벌작업을 행하는 것을 뜻한다.
④ 조림 예정지에서 잡초, 덩굴식물, 관목 등을 제거하는 작업이다.

해설

지존작업(Ground Clearance)
조림 예정지에서 잡초, 덩굴식물, 관목 등을 제거하는 조림 준비작업이다.

15 파종상을 만들고 실시하는 경운작업에 대한 설명으로 옳지 않은 것은?

① 시비의 효과를 고르게 한다.
② 토양이 팽윤해지고 공기와 수분의 유통이 좋아진다.
③ 토양의 보수력, 흡열력 및 비료의 흡수력이 증가한다.
④ 잡초의 뿌리는 땅속 깊이 묻어주고 잡초의 종자는 땅 위로 노출되게 한다.

해설

경운은 잡초를 제거하고, 잡초종자가 땅속 깊숙이 묻혀 잡초발생을 억제한다.

16 수목의 호흡작용이 일어나는 세포 내 기관은?

① 핵   ② 액포
③ 엽록체   ④ 미토콘드리아

해설

광합성은 엽록체에서 일어나며, 호흡은 주로 미토콘드리아라는 소기관에서 일어난다.

17 묘간거리가 가로 1m, 세로 4m인 장방형 식재 시 1ha에 식재되는 묘목본수는?

① 2,500본   ② 3,000본
③ 3,333본   ④ 5,000본

해설

장방형 식재

묘목본수 $N = \dfrac{A}{a \times b} = \dfrac{10,000}{1 \times 4} = 2,500$본

여기서, N : 소요 묘목본수
A : 조림지 면적
a : 묘간거리
b : 줄사이거리

정답 13 ③ 14 ④ 15 ④ 16 ④ 17 ①

18 임목의 직경분포가 다음과 같이 나타나는 임형은?

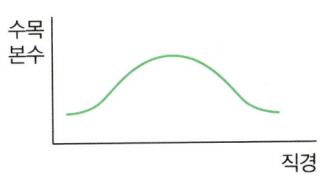

① 동령림
② 택벌림
③ 이령림
④ 보잔목림

해설

임업상으로는 나무의 굵기와 높이가 비슷하면 동령으로 보고 있으며, 동령림의 흉고직경급별 본수분포는 종형곡선의 정규분포를 나타낸다.

19 모수작업에서 모수에 대한 설명으로 옳은 것은?

① 열세목을 대상으로 선발한다.
② 유전적 형질과는 관련이 없다.
③ 바람에 대한 저항력이 높아야 한다.
④ 종자를 적게 생산하는 개체 중에서 택한다.

해설

모수는 형질이 우수한 우세목을 중심으로 종자 결실량이 많은 개체를 선발하며, 바람에 대한 저항력이 강하여 풍도의 해를 입지 않아야 한다.

20 택벌작업의 장점이 아닌 것은?

① 임분의 지력유지에 유리하다.
② 상층목은 채광이 좋아 결실이 잘 된다.
③ 면적이 좁은 산림에서 보속 수확이 가능하다.
④ 작업 내용이 간단하여 고도의 기술이 필요하지 않다.

해설

택벌작업은 한 임분을 구성하고 있는 임목 중 성숙한 임목만을 선택적으로 골라 벌채하는 방법으로 작업 내용이 복잡하여 고도의 기술을 요한다.

2과목 산림보호학

21 씹는 입틀을 가진 해충 방제에 주로 사용되는 살충제 종류는?

① 기피제
② 제충제
③ 훈증제
④ 소화중독제

해설

소화중독제(消化中毒劑)
약제를 식물체의 줄기, 잎 등에 살포·부착하여 식엽성 해충(씹는 입틀)이 먹이와 함께 약제를 직접 섭취하면 소화관 내에서 중독증상을 일으켜 죽게 되는 약제이다.

22 저온으로 인한 수목 피해에 대한 설명으로 옳은 것은?

① 겨울철 생육 휴면기에 내린 서리로 인한 피해를 만상이라 한다.
② 분지 등 저습지에 한기가 밑으로 내려와 머물게 되어 피해를 입는 것을 상렬이라 한다.
③ 이른 봄에 수목이 발육을 시작한 후 급격한 온도 저하가 일어나 어린잎이 손상되는 것을 조상이라 한다.
④ 휴면기 동안에는 피해가 적지만 가을 늦게까지 웃자란 도장지나 연약한 맹아지가 주로 피해를 받는다.

해설

보통의 수목은 휴면기 동안에는 상해(霜害, 서리해)의 피해가 적지만 연약한 맹아지나 가을 늦게까지 웃자란 도장지는 피해를 많이 받는다.

정답 18 ① 19 ③ 20 ④ 21 ④ 22 ④

23 곤충의 날개가 퇴화된 기관으로 주로 파리류에서 볼 수 있는 것은?

① 평균곤 ② 딱지날개
③ 날개가시 ④ 날개걸이

해설
파리류는 앞날개가 발달하였으며, 뒷날개는 몸의 균형유지에 쓰이는 평균곤(平均棍)으로 퇴화·변형되었다.

24 나무주사를 이용한 대추나무빗자루병 방제 방법으로 옳은 것은?

① 주입 약량은 흉고직경 10cm 기준으로 3L를 사용한다.
② 병 발생이 심한 가지 방향과 반대 방향에도 주사기를 삽입한다.
③ 약제 희석 후 변질이 되지 않도록 즉시 약통에 넣고 나무주사한다.
④ 물 1L에 옥시테트라사이클린 수화제 10g을 잘 저어서 녹여서 사용한다.

해설
대추나무빗자루병의 나무주사 방법
물 1L에 5g의 옥시테트라사이클린 수화제를 잘 녹여 두었다가 윗물만 주입용기에 넣어 사용하며, 수목하부에 병 발생이 심한 가지 방향과 반대 방향의 양쪽으로 두 개의 구멍을 뚫어 주입관을 삽입하고, 약량은 흉고직경 10cm까지는 0.5L를 주입한다.

25 소나무좀 방제 방법에 대한 설명으로 옳은 것은?

① 11~3월에 아바멕틴 유제를 나무주사한다.
② 수은등이나 유아등을 설치하여 성충을 유인하여 포살한다.
③ 먹이나무를 설치하고 산란하도록 한 후 박피하여 소각한다.
④ 소나무좀 먹이가 되는 좀벌류, 맵시벌류, 기생파리류를 구제한다.

해설
2~3월에 먹이나무(이목, 반드시 겨울에 채취한 것)를 설치하여 월동성충의 산란을 유도하고 5월에 박피하여 소각한다.

26 복숭아명나방 방제 방법에 대한 설명으로 옳지 않은 것은?

① 수확한 밤을 훈증한 후 저온에 저장한다.
② 곤충병원성미생물인 BT균이나 다각체 바이러스를 살포한다.
③ 밤나무의 경우 7~8월에 페니트로티온 유제 등의 약제를 살포한다.
④ 성페로몬 트랩을 지상 1.5~2m 되는 가지에 매달아 놓아 성충을 유인 포살한다.

해설
수확한 밤을 훈증한 후 저온에 저장하는 것은 밤바구미의 방제법이다.

27 산불이 발생한 지역에서 많이 발생할 것으로 예측되는 병은?

① 모잘록병
② 리지나뿌리썩음병
③ 자줏빛날개무늬병
④ 아밀라리아뿌리썩음병

해설
리지나뿌리썩음병은 임지가 고온일 때 포자가 발아하여 모닥불 자리나 산불이 있었던 지역에서 많이 발생한다.

28 곤충류 중 가장 많은 종수를 가진 것은?

① 나비목 ② 노린재목
③ 딱정벌레목 ④ 총채벌레목

정답 23 ① 24 ② 25 ③ 26 ① 27 ② 28 ③

> 해설

딱정벌레목은 바구미, 하늘소, 잎벌레, 거위벌레, 무당벌레, 풍뎅이 등 곤충 중 가장 많은 종수를 가진다.

29 밤나무줄기마름병 방제 방법으로 옳지 않은 것은?

① 병에 걸리기 쉬운 단택 및 대보 품종은 식재하지 않는다.
② 천공성 해충류에 의한 피해가 없도록 살충제를 살포한다.
③ 동해나 피소로 인한 상처가 나지 않도록 백색 수성페인트를 발라준다.
④ 배수가 불량한 곳과 수세가 약한 경우 피해가 심하므로 비배관리를 철저히 해준다.

> 해설

밤나무줄기마름병은 밤나무의 줄기가 마르면서 패이거나 두껍게 부풀어 궤양을 만드는 수병으로 단택, 대보, 이취 등의 저항성(내병성) 품종을 식재하여 방제한다.

30 아까시잎혹파리가 월동하는 형태는?

① 알   ② 유충
③ 성충 ④ 번데기

> 해설

아까시잎혹파리는 1년에 5~6회 발생하며, 땅속에서 번데기로 월동한다.

31 뽕나무오갈병의 병원균을 매개하는 곤충은?

① 말매미충
② 끝동매미충
③ 번개매미충
④ 마름무늬매미충

> 해설

뽕나무오갈병은 대추나무빗자루병과 같이 마름무늬매미충에 의해 병이 매개된다.

32 솔잎혹파리 방제 방법에 대한 설명으로 옳지 않은 것은?

① 저항성 품종을 식재한다.
② 천적으로 혹파리살이먹좀벌을 방사한다.
③ 5~6월에 아세타미프리드 액제를 나무주사한다.
④ 유충이 낙하하는 시기에 카보퓨란 입제를 지면에 살포한다.

> 해설

솔잎혹파리는 유충이 솔잎 기부에 들어가 벌레혹을 만들고 그 속에서 수목을 가해하며 피해를 주는 해충으로 주로 살충작업으로 방제가 가능하며, 저항성 품종이 따로 존재하지 않는다.

33 세균에 의해 발생하는 수목병은?

① 소나무혹병   ② 잣나무털녹병
③ 밤나무뿌리혹병   ④ 낙엽송끝마름병

> 해설

세균에 의해 발생하는 수목병에는 뿌리혹병, 밤나무눈마름병 등이 있다.

34 뿌리혹병 방제 방법으로 옳은 것은?

① 개화기에 석회 보르도액을 살포한다.
② 진딧물류, 매미충류 등 매개충을 구제한다.
③ 건전한 묘목을 식재하고 석회 사용량을 늘린다.
④ 묘목은 스트렙토마이신 용액을 침지하여 재식한다.

정답 29 ② 30 ④ 31 ④ 32 ① 33 ③ 34 ④

해설

뿌리혹병은 고온 다습한 알칼리성 토양에서 많이 발생하므로 병해충에 강한 건전한 묘목을 식재하고, 석회 사용량을 줄인다.

35 기생성 식물이 아닌 것은?

① 칡   ② 새삼
③ 겨우살이   ④ 오리나무더부살이

해설

수목에 피해를 주는 기생식물에는 겨우살이, 새삼, 더부살이가 있으며, 겨우살이와 새삼은 줄기에 기생하여 수목의 양수분을 빼앗고, 더부살이는 뿌리에 기생하여 수목의 뿌리가 양분을 제대로 흡수하지 못하는 피해를 입힌다.

36 잣나무털녹병 방제 방법에 대한 설명으로 옳지 않은 것은?

① 수고의 1/3까지의 가지치기는 발병률을 낮추는 효과가 있다.
② 감염된 나무는 녹포자가 비산하기 전에 지속적으로 제거한다.
③ 묘포에 담자포자 비산시기인 3월 하순부터 보르도액을 살포한다.
④ 중간기주를 5월경부터 제거하기 시작하여 겨울포자가 형성되기 전에 완료한다.

해설

잣나무 털녹병의 방제를 위해서는 묘포에 담자포자 비산시기인 초가을에 보호살균제인 보르도액을 살포한다.

37 박쥐나방 방제 방법에 대한 설명으로 옳지 않은 것은?

① 풀깎기를 철저히 시행한다.
② 월동하는 번데기가 붙어 있는 가지를 제거한다.
③ 일반 살충제를 혼합한 톱밥을 줄기에 멀칭한다.
④ 지저분하게 먹어 들어간 식흔이 발견되면 벌레집을 제거하고 페니트로티온 유제를 주입한다.

해설

박쥐나방은 초본식물에서 알로 월동하며, 번데기로 월동하지 않는다.

38 다음 설명에 해당하는 것은?

묘표장 및 조림지의 직사광선이 강한 남사면에 생육하고 있는 어린 묘목의 경우 여름철에 강한 태양광의 복사열로 지표면 온도가 급격히 상승하여 근원부 줄기 및 뿌리에 존재하는 형성층이 손상되어 말라죽는 현상이다.

① 상주   ② 한해
③ 열사   ④ 볕데기

해설

열사(熱死)
여름철에 태양광의 강한 복사열로 인해 지표면 온도가 급상승하고 어린 묘목이 말라 죽게 되는 피해로 주로 광이 뜨거운 남사면에 피해가 심하다.

39 파이토플라스마에 의한 수목병이 아닌 것은?

① 붉나무빗자루병
② 벚나무빗자루병
③ 대추나무빗자루병
④ 오동나무빗자루병

해설

파이토플라스마에 의한 수병에는 대추나무빗자루병, 오동나무빗자루병, 뽕나무오갈병이 있으며, 벚나무빗자루병은 자낭균에 의한 수병이다.

정답 35 ① 36 ③ 37 ② 38 ③ 39 ②

40 송이풀과 까치밥나무류를 중간기주로 하는 수목병은?

① 향나무녹병
② 잣나무털녹병
③ 소나무잎녹병
④ 배나무붉은별무늬병

해설
잣나무털녹병의 중간기주는 송이풀, 까치밥나무류이다.

3과목 임업경영학

41 자연휴양림 지정을 위한 대상지의 타당성 평가 기준으로 옳지 않은 것은?

① 개발여건 : 개발비용, 토지이용 제한요인 및 재해빈도 등이 적정할 것
② 생태여건 : 표고차, 임목, 수령, 식물 다양성 및 생육 상태 등이 적정할 것
③ 면적 : 국가 또는 지방자치단체가 조성하는 경우 30만 제곱미터 이상일 것
④ 위치 : 접근도로 현황 및 인접도시와의 거리 등에 비추어 그 접근성이 용이할 것

해설
'표고차, 임목 수령, 식물 다양성 및 생육 상태 등이 적정할 것'은 '경관'의 항목이다.

42 항속림 사상과 가장 밀접한 관계가 있는 임업경영의 지도원칙은?

① 수익성 원칙
② 공공성 원칙
③ 생산성 원칙
④ 합자연성 원칙

해설
Moller의 항속림(恒續林) 사상은 택벌갱신의 일종으로 산림 생태계의 유기적 관계를 건전하고 조화롭게 유지하며 갱신을 도모하자는 자연친화적인 항속(恒續) 사상으로 합자연성의 지도원칙과 밀접한 관계가 있다.

43 복합임업경영의 주요 목적으로 가장 적합한 것은?

① 임업주수입의 증대
② 임업조수입의 증대
③ 임업경영지의 대단지화
④ 임업수입의 조기화와 다양화

해설
복합산림(임업)경영
농가에서 임업수입을 늘리기 위하여 다각적 방법으로 산림을 경영하는 것으로 주요 목적은 임업 수입의 조기화와 다양화이다.

44 산림투자에 있어서 미래상황의 불확실성을 투자분석에 포함시킨 것은?

① 회수기간법
② 감응도분석
③ 내부수익률법
④ 순현재가치법

해설
감응도분석
미래상황의 불확실성을 투자분석에 포함시켜 사업의 여러 요인을 변화시켰을 때 경제성 지표가 얼마나 민감하게 변화하는가를 측정하고 분석하는 것이다.

45 생장량에 대한 설명으로 옳지 않은 것은?

① 연년생장량은 총생장량을 수령 또는 임령으로 나눈 양이다.
② 총생장량은 처음에는 점증하다가 증가세가 변곡점에서 최대에 달한다.

정답 40 ② 41 ② 42 ④ 43 ④ 44 ② 45 ①

③ 평균생장량이 최고점에 달한 이후 벌채하지 않고 두는 것은 비효율적이다.
④ 정기평균생장량은 일정한 기간의 생장량을 그 기간의 연수로 나눈 값이다.

해설

연년생장량은 1년 동안 추가적으로 증가한 생장량이며, 현재의 총생장량을 총생육연수로 나눈 평균적인 생장량은 (총)평균생장량이다.

46 기준벌기령 이상에 해당하는 임지에서 수확을 위한 벌채가 아닌 것은?

① 골라베기
② 모두베기
③ 솎아베기
④ 모수작업

해설

수확을 위한 벌채에는 모두베기, 골라베기, 모수작업, 왜림작업이 있으며, 솎아베기는 숲 가꾸기를 위한 벌채이다.

47 임지평가 방법에 대한 설명으로 옳지 않은 것은?

① 환원가법은 연년수입의 전가합계로 평가한다.
② 비용가법은 취득원가의 복리합계액으로 평가한다.
③ 원가방법은 재조달원가의 전가합계액으로 평가한다.
④ 기망가법은 장래에 기대되는 수입의 전가합계로 평가한다.

해설

원가방법은 재조달원가의 전가합계액이 아닌 단순합계액으로 평가한다.

48 $\dfrac{A_u + \sum D - (C + uV)}{u}$의 식이 나타내는 벌기령은?(단, A_u : 주벌수확, C : 조림비, u : 벌기령, $\sum D$: 간벌수확 합계, V : 관리비)

① 재적수확 최대의 벌기령
② 화폐수익 최대의 벌기령
③ 토지순수익 최대의 벌기령
④ 산림순수익 최대의 벌기령

해설

산림순수익의 평균액은 $\dfrac{A_u + \sum D - (C + UV)}{U}$ 이며, 이 식은 산림순수익 최대의 벌기령을 나타낸다.
여기서, U : 벌기령
A_u : 주벌수확
$\sum D$: 간벌수확 합계
C : 조림비
V : 관리비

49 현재 기준연도에서 벌채 예정연도까지의 임목기망가 산출공식으로 옳은 것은?

① (주벌 및 간벌수확 후가합계) – (지대 및 관리비 후가합계)
② (주벌 빛 간벌수확 후가합계) – (지대 및 관리비 전가합계)
③ (주벌 및 간벌수확 전가합계) – (지대 및 관리비 후가합계)
④ (주벌 및 간벌수확 전가합계) – (지대 및 관리비 전가합계)

해설

임목기망가
평가 임목을 일정연도에 벌채할 때 앞으로 기대되는 수익의 전가합계에서 그동안의 경비의 전가합계를 공제한 가격이며, 산출공식은 「수익(주벌수입, 간벌수입)의 전가합계 – 비용(관리비, 지대)의 전가합계 = 순수익의 현재가 합계」이다.

정답 46 ③ 47 ③ 48 ④ 49 ④

50 현재 축적이 1,000m³이고 생장률이 연 3%일 때 단리법에 의한 9년 후 축적은?

① 1,030m³ ② 1,127m³
③ 1,270m³ ④ 1,304m³

해설

단리법
$N = V(1 + nP)$
$= 1,000(1 + 9 \times 0.03) = 1,270 \text{m}^3$
여기서, N : 원리합계
V : 원금
n : 기간
P : 이율

51 감가상각비의 계산방법 중 정액법에 의한 것은?

① $\dfrac{\text{취득원가} - \text{잔존가치}}{\text{추정 내용연수}}$

② (취득원가 − 잔존가치) × 감가율

③ 실제 작업시간 × $\dfrac{\text{취득원가} - \text{잔존가치}}{\text{추정 총작업시간}}$

④ (취득원가 − 감가상각비 누계액) × (감가율)

해설

정액법(직선법)
- 매년 정해진 액수를 균등하게 감가하는 방법으로 가장 간단하며 보편적인 방법이다.
- 연간 감가상각비 = $\dfrac{\text{취득원가} - \text{잔존가치}}{\text{내용연수}}$

52 보속작업에 있어서 하나의 작업급에 속하는 모든 임분을 일순벌하는 데 소요되는 기간은?

① 윤벌령
② 윤벌기
③ 벌기령
④ 벌채령

해설

윤벌기(輪伐期)
보속작업에서 한 작업급에 속하는 모든 임분을 일순벌(一巡伐)하는 데 소요되는 기간이다.

53 임업경영자산 중 유동자산으로 볼 수 없는 것은?

① 임업 종자 ② 임업용 기계
③ 미처분 임산물 ④ 임업생산자재

해설

유동자산에는 종자, 묘목, 비료 등의 임업생산자재와 미처분 임산물, 현금, 예금 등의 유통자산 등이 있으며, 임업용 기계는 고정자산이다.

54 수고 측정에 적합하지 않은 기구는?

① 섹타포크(Sector Fork)
② 덴드로미터(Dendrometer)
③ 스피겔릴라스코프(Spigel Relascope)
④ 아브네이핸드레블(Abney Hand Level)

해설

섹타포크는 흉고직경을 측정하는 기구이며, 수고측정 기구에는 와이제측고기, 아소스측고기, 크리스튼측고기, 메리트측고기, 아브네이(핸드)레블, 하가측고기, 블루메라이스측고기, 순토측고기, 덴드로미터 등이 있으며, 스피겔릴라스코프는 흉고직경과 수고의 측정이 모두 가능하다.

55 수간석해에 대한 설명으로 옳지 않은 것은?

① 표준목을 대상으로 실시한다.
② 수간과 직교하도록 원판을 채취한다.
③ 흉고를 1.2m로 했을 경우 지상 1.2m를 벌채점으로 한다.
④ 수목의 성장과정을 정밀히 사정할 목적으로 측정하는 것이다.

정답 50 ③ 51 ① 52 ② 53 ② 54 ① 55 ③

해설

수간석해에서 원판의 채취는 흉고직경이 1.2m인 경우, 지상 0.2m를 벌채점으로 한다.

56 산림교육 활성화를 위하여 산림교육종합계획을 수립·시행하는 자는?

① 산림청장
② 시·도지사
③ 국유림관리소장
④ 농림축산식품부장관

해설

산림청장은 산림교육을 활성화하기 위하여 산림교육종합계획을 5년마다 수립·시행하여야 한다.

57 정적임분생장모델에 해당하는 것은?

① 수확표
② 산림조사부
③ 확률밀도함수
④ 누적밀도함수

해설

수확표는 고정적인 동일한 상태로 임분을 관리하였을 때의 생장과 수확을 예측하는 모델인 정적임분생장모델을 적용하는 방식이다.

58 임업조수익 중에서 임업소득이 차지하는 비율은?

① 임업의존율
② 임업소득률
③ 임업순수익률
④ 임업소득가계충족률

해설

임업소득률
임업조수익 중에서 임업소득이 차지하는 비율이다.

59 산림경영에서 매년 발생하는 수익이 20만 원, 연이율이 5%인 경우에 자본가는?

① 1만 원
② 4만 원
③ 1백만 원
④ 4백만 원

해설

무한연년이자의 전가식
- 매년 말에 r씩 영구히 얻을 수 있는 이자의 전가합계식
- $K = \dfrac{r}{0.0P} = \dfrac{20만\ 원}{0.05} = 4백만\ 원$

여기서, P : 이율

60 어떤 밤나무의 말구직경이 14cm이고 재장이 8.5m일 때 국내산 원목의 재적검량 방법에 의한 재적은?

① 0.1308m^3
② 0.1667m^3
③ 0.2176m^3
④ 0.4352m^3

해설

말구지름제곱법에 의한 우리나라의 재적검량 방법
재장이 6m 이상일 때

$$\text{재적}(\text{m}^3)\ V = (d_n + \dfrac{l'-4}{2})^2 \times l \times \dfrac{1}{10,000}$$

$$= (14 + \dfrac{8-4}{2})^2 \times 8.5 \times \dfrac{1}{10,000}$$

$$= 0.2176\text{m}^3$$

여기서, d_n : 말구지름
l : 재장
l' : 1m 단위의 재장

정답 56 ① 57 ① 58 ② 59 ④ 60 ③

4과목 임도공학

61 임도 노체의 기본구조를 순서대로 나열한 것은?

① 노상 → 기층 → 노반 → 표층
② 노상 → 노반 → 기층 → 표층
③ 노상 → 기층 → 표층 → 노반
④ 노상 → 표층 → 기층 → 노반

해설

노체(路體)
도로의 몸체로 기본구조는 깊은 곳으로부터 노상, 노반, 기층, 표층의 순으로 구성된다.

62 평판을 한 측점에 고정하고 많은 측점을 시준하여 방향선을 그리고, 거리는 직접 측량하는 방법은?

① 전진법
② 방사법
③ 도선법
④ 전방교회법

해설

방사법(사출법)
평판을 한 측점에 고정하고 많은 측점을 시준하여 방향선을 그리고, 거리는 직접 측정하여 도면상에 측점의 위치를 결정하는 방법이다.

63 임도의 횡단면도 작성 방법에 대한 설명으로 옳지 않은 것은?

① 축척은 1/1,000로 작성한다.
② 구조물은 별도로 표시한다.
③ 횡단기입의 순서는 좌측 하단에서 상단방향으로 한다.
④ 절토부분은 토사·암반으로 구분하되, 암반부분은 추정선으로 기입한다.

해설

횡단면도는 1 : 100의 축척으로 작성한다.

64 지반 조사에 사용하는 방법이 아닌 것은?

① 오거보링
② 베인시험
③ 케이슨공법
④ 파이프 때려박기

해설

산림시업을 위한 임도의 개설이나 구조물 및 건축물의 축조에서 보다 견고한 기초를 마련하기 위한 지반조사에는 오거보링, 관입시험, 베인시험, 파이프 때려박기 등이 있으며, 케이슨공법은 기초공사 중에서도 간접기초공사에 속한다.

65 임도의 평면선형에서 두 측선의 내각이 몇 도 이상 되는 장소에 대해서는 곡선을 설치할 필요가 없는가?

① 125°
② 135°
③ 145°
④ 155°

해설

곡선반지름이란 평면선형에서 노선의 굴곡 정도를 표현하는 것으로 내각이 155° 이상 되는 장소는 곡선을 설치하지 않을 수 있다.

66 임도에서 횡단기울기에 대한 설명으로 옳은 것은?

① 배수의 목적으로 만든다.
② 운전자의 안전한 시야 범위가 확보되도록 만든다.
③ 곡선부에서 차량의 주행이 안전하고 쾌적하기 위해 만든다.
④ 곡선부에서 차량의 전륜과 후륜 사이에 내륜차를 고려하여 만든다.

정답 61 ② 62 ② 63 ① 64 ③ 65 ④ 66 ①

해설

횡단기울기는 임도의 횡단에서 본 단면의 기울기로 노면 배수를 위해 적용하며, 교통 안정성에도 문제를 주지 않는 기울기로 설치한다.

67 수로의 평균유속을 구하는 매닝(Manning) 공식에서 수로벽면 재료에 따라 조도계수가 작은 것부터 큰 것의 순서로 올바르게 나열된 것은?

ㄱ : 시멘트블록　　ㄴ : 콘크리트
ㄷ : 목재　　　　　ㄹ : 흙

① ㄴ-ㄷ-ㄱ-ㄹ
② ㄴ-ㄷ-ㄹ-ㄱ
③ ㄷ-ㄴ-ㄱ-ㄹ
④ ㄷ-ㄴ-ㄹ-ㄱ

해설

조도계수(수로의 저항계수)
물길의 거친 정도를 나타낸 수치로 수로벽면 재료에 따라 목재<콘크리트<시멘트블록<흙 순으로 조도계수가 크다.

68 반출 목재의 길이가 12m이고 임도 유효폭이 3m일 때 최소곡선반지름은?

① 6m　　② 12m
③ 18m　　④ 24m

해설

운반되는 통나무의 길이에 의한 최소곡선반지름의 계산

최소곡선반지름 $R = \dfrac{l^2}{4B} = \dfrac{12^2}{4 \times 3} = 12m$

여기서, l : 반출할 목재의 길이(m)
　　　　B : 도로의 폭(m)

69 머캐덤도에 대한 설명으로 옳지 않은 것은?

① 시멘트 머캐덤도 : 쇄석을 시멘트로 결합시킨 도로
② 역청 머캐덤도 : 쇄석을 타르나 아스팔트로 결합시킨 도로
③ 교통체 머캐덤도 : 쇄석이 교통과 강우로 인하여 다져진 도로
④ 수체 머캐덤도 : 쇄석의 틈 사이에 모래 및 마사를 침투시켜 롤러로 다진 도로

해설

수체 머캐덤도
쇄석 틈 사이에 석분을 물로 침투시켜 롤러로 다진 도로이다.

70 흙의 동결로 인한 동상을 가장 받기 쉬운 토질은?

① 실트　　② 모래
③ 자갈　　④ 점토

해설

자갈, 모래, 실트, 점토 중 실트질 토양은 공극이 적정하여 모세관 상승높이가 크고 투수성도 적당하여 얼음층이 잘 형성되므로 동상(凍上)이 잘 발생한다.

71 산림면적이 1,000ha인 임지에 간선임도 1,000m, 지선임도 15km가 개설되어 있을 때 임도밀도는?

① 1m/ha　　② 10m/ha
③ 15m/ha　　④ 16m/ha

해설

임도밀도(m/ha) $= \dfrac{\text{임도 총연장거리(m)}}{\text{총면적(ha)}}$

$= \dfrac{1,000 + 15,000}{1,000} = 16\text{m/ha}$

정답 67 ③　68 ②　69 ④　70 ①　71 ④

72 지형의 표시방법 중 자연적 도법에 해당하는 것은?

① 영선법
② 채색법
③ 점고선법
④ 등고선법

해설

우모법(牛毛法)
쇠털과 같은 짧은 선으로 지형의 기복을 표현하는 방법으로 영선법 또는 자연적 도법이라고도 한다.

73 임도의 유효너비 기준은?

① 배향곡선지의 경우 3.0m 이상
② 간선임도의 경우에는 6.0m 이상
③ 길어깨 및 옆도랑을 제외한 3.0m
④ 길어깨 및 옆도랑을 포함한 3.0m

해설

임도의 유효너비(차도너비)는 길어깨와 옆도랑을 제외한 3m를 기준으로 한다.

74 임도 시공장비의 기계경비 산출 시 기계손료에 포함되지 않는 항목은?

① 정비비
② 유류비
③ 관리비
④ 감가상각비

해설

기계손료(機械損料)는 감가상각비, 정비비, 수리비, 관리비 등이 포함되는 경비로 기계를 사용하면서 손해 본 비용이며 유류비는 따로 계산한다.

75 임도 설계 과정에서 예측 단계에서 수행하는 것은?

① 임도설계에 필요한 각종 요인을 조사한다.
② 평면측량을 실행하고 종단, 횡단측량을 실행한다.
③ 예정노선을 간단한 기구로 측량하여 도면을 작성한다.
④ 임시노선에 대하여 현지에 나가서 적정 여부를 조사한다.

해설

예측(예비측량)은 답사에 의해 현지에서 확정한 예정노선을 경사측정기(핸드레벨), 방위측정기(포켓컴퍼스), 거리측장자 등의 간단한 기계로 실제 측량하여 예측도면을 작성하는 단계이다.

76 임도의 적정 종단기울기를 결정하는 요인으로 거리가 먼 것은?

① 노면 배수를 고려한다.
② 적정한 임도우회율을 설정한다.
③ 주행 차량의 회전을 원활하게 한다.
④ 주행 차량의 등판력과 속도를 고려한다.

해설

주행 차량의 회전을 원활하게 하는 것은 적정 종단기울기 결정의 요인이 아니다.

77 다각형의 좌표가 다음과 같을 때 면적은? (단, 측점 간 거리 단위는 m)

측점\좌표축	X	Y
A	3	2
B	6	3
C	9	7
D	4	10
E	1	7

① 33.5m²
② 34.5m²
③ 35.5m²
④ 36.5m²

정답 72 ① 73 ③ 74 ② 75 ③ 76 ③ 77 ④

해설

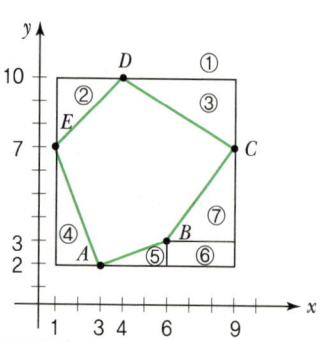

① 전체 사각형 : $8 \times 8 = 64\text{m}^2$

② 삼각형 : $3 \times 3 \times \dfrac{1}{2} = 4.5\text{m}^2$

③ 삼각형 : $5 \times 3 \times \dfrac{1}{2} = 7.5\text{m}^2$

④ 삼각형 : $2 \times 5 \times \dfrac{1}{2} = 5\text{m}^2$

⑤ 삼각형 : $3 \times 1 \times \dfrac{1}{2} = 1.5\text{m}^2$

⑥ 사각형 : $3 \times 1 = 3\text{m}^2$

⑦ 삼각형 : $3 \times 4 \times \dfrac{1}{2} = 6\text{m}^2$

따라서, 다각형 좌표의 면적은
①－(②＋③＋④＋⑤＋⑥＋⑦)
＝64－(4.5＋7.5＋5＋1.5＋3＋6)＝36.5m²

78 다음 중 정지 및 전압 전용기계가 아닌 것은?

① 탬퍼(Tamper)
② 트렌처(Trencher)
③ 모터그레이더(Motor Grader)
④ 진동콤팩터(Vibrating Compactor)

해설

모터그레이더는 정지작업 전용기계이며, 탬퍼, 진동콤팩터는 전압 전용기계이다.

79 임도시공 시 절토면의 침식이나 붕괴를 방지하기 위해서 시설하는 배수구는?

① 암거
② 세월교
③ 옆도랑
④ 돌림수로

해설

비탈어깨돌림수로
산지로부터 비탈면에 유입되는 유수로 인해 발생되는 침식을 방지하기 위해 비탈면의 최상부(비탈어깨부위)와 원래 자연비탈면의 경계부위에 설치하는 배수시설이다.

80 다음 설명에 해당하는 임도 노선 배치 방법은?

> 지형도상에서 임도노선의 시점과 종점을 결정하여 경험을 바탕으로 노선을 작성한 다음 허용기울기 이내인가를 검토하는 방법이다.

① 자유배치법
② 자동배치법
③ 선택적 배치법
④ 양각기 분할법

해설

자유배치법
지형도상에서 임도노선의 시점과 종점을 결정하여 경험을 바탕으로 노선을 작성한 다음, 임의로 각각의 구간별 물매만을 계산하여 허용기울기 이내인가를 검토하는 방법이다.

정답 78 ② 79 ④ 80 ①

5과목 사방공학

81 계안으로부터 유심을 향해 돌출한 공작물로 유심의 방향을 변경시켜 계안의 침식이나 붕괴를 방지하기 위해 설치하는 것은?

① 수제　　② 밑막이
③ 바닥막이　　④ 기슭막이

해설

수제(水制)
계류의 유속과 흐름방향을 조절할 수 있도록 둑이나 계안으로부터 유심(流心)을 향해 돌출하여 설치하는 공작물이다.

82 배수로 단면의 윤변이 10m이고 유적이 20m²일 때 경심은?

① 0.2m　　② 1m
③ 2m　　④ 10m

해설

경심(동수반지름)
$$R(m) = \frac{유적}{윤변} = \frac{A}{P} = \frac{20}{10} = 2m$$

83 우량계가 유역에 불균등하게 분포되었을 경우에 가장 적정한 평균강우량 산정 방법은?

① 등우선법
② 침투형법
③ 산술평균법
④ Thiessen법

해설

티센(Thiessen)법
우량계가 유역에 불균등하게 분포되었을 경우 사용하는 방법으로, 각 관측점의 지배면적을 가중하여 계산하므로 티센의 가중법(티센법)이라고도 한다.

84 투과형 버트리스 사방댐에 대한 설명으로 옳지 않은 것은?

① 측압에 강하다.
② 스크린댐이 가장 일반적인 형식이다.
③ 주로 철강제를 이용하여 공사기간을 단축할 수 있다.
④ 구조적으로 댐 자리의 폭이 넓고 댐 높이가 낮은 곳에 시공한다.

해설

버트리스댐(Buttress Dam, 부벽댐)
투수형 철강제 스크린과 판을 ㅅ모양으로 조립하고 H형 강제로 지탱하여 구축하는 투과형 사방댐으로 큰 돌의 충격이나 측방의 압력(측압)에는 약한 단점이 있다.

85 선떼붙이기 공법에 대한 설명으로 옳은 것은?

① 소단폭은 50~70cm로 한다.
② 발디딤 공간은 50~100cm이다.
③ 선떼붙이기의 기울기는 1 : 0.5로 한다.
④ 단끊기는 직고 2~3m 간격으로 실시한다.

해설

선떼붙이기는 산의 상부로부터 하부로 내려오면서 직고 1~2m마다 등고선 방향으로 단을 끊는다. 계단폭(소단폭, 단끊기폭)은 50~70cm, 발디딤은 10~20cm, 마루너비(천단폭)는 40cm를 기본으로 하며, 선떼의 기울기는 1 : 0.2~0.3 정도로 한다.

86 붕괴형 산사태가 아닌 것은?

① 산붕　　② 붕락
③ 포락　　④ 땅밀림

해설

붕괴형 침식에는 산사태, 산붕, 붕락, 포락, 암설붕락 등이 있으며, 땅밀림은 지활형 침식에 해당한다.

정답 81 ①　82 ③　83 ④　84 ①　85 ①　86 ④

87 중력에 의한 침식이 아닌 것은?

① 붕괴형 침식 ② 지활형 침식
③ 지중형 침식 ④ 유동형 침식

해설

중력침식은 붕괴형 침식, 지활형 침식, 유동형 침식, 동상침식 등이 있으며, 지중형 침식은 물침식에 해당한다.

88 돌쌓기 방법에서 금기돌이 아닌 것은?

① 선돌 ② 굄돌
③ 거울돌 ④ 포갠돌

해설

금기돌
돌쌓기를 잘못하면 돌의 접촉부가 맞지 않거나 힘을 받지 못하는 불안정한 돌이 발생하는데, 방법에 어긋나게 시공된 이러한 돌을 말한다. 종류에는 선돌, 누운돌, 포갠돌, 뜬돌, 거울돌, 뾰족돌, 떨어진돌, 이마대기, 새입붙이기, 꼬치쌓기 등이 있다.

89 조공시공 시 소단의 수직높이와 너비 기준을 순서대로 올바르게 나열한 것은?

① 1.0∼1.5m, 50∼60cm
② 1.0∼1.5m, 40∼50cm
③ 2.0∼2.5m, 50∼60cm
④ 2.0∼2.5m, 40∼50cm

해설

조공은 선떼붙이기까지는 필요하지 않은 비교적 완경사지의 산지 비탈면에 수평으로 계단을 끊고, 그 앞면에는 떼, 새포기, 잡석 등으로 낮게 쌓아 계단을 보호하며, 뒷면에는 흙을 채워 녹화하는 공법이다. 소단의 수직높이는 1.0∼1.5m, 너비는 50∼60cm 정도로 계단을 만든다.

90 경암지역 땅깎기비탈면 안정을 위한 공법으로 가장 적합한 것은?

① 떼붙이기 ② 새집붙이기
③ 격자틀붙이기 ④ 종비토뿜어붙이기

해설

새집 공법(새집붙이기, 소상공)
암벽면의 요철 부분에 터파기를 하고 반달형 제비집 모양으로 돌을 쌓아 그 안을 흙으로 채우고 식생을 도입하는 공법으로 경암지역의 땅깎기비탈면(절개암반지) 안정에 가장 적합하다.

91 해안사방의 모래언덕 조성공종에 해당하지 않는 것은?

① 파도막이 ② 모래덮기
③ 퇴사울세우기 ④ 정사울세우기

해설

해안에 모래언덕을 조성하는 사구조성공법에는 퇴사울세우기, 구정바자얽기, 모래담쌓기, 모래덮기, 사초심기, 파도막이 등이 있으며, 정사울세우기는 사지조림공법이다.

92 돌을 쌓아 올릴 때 뒤채움에 콘크리트를 사용하고 줄눈에 모르타르를 사용하는 돌쌓기는?

① 메쌓기 ② 막쌓기
③ 찰쌓기 ④ 잡석쌓기

해설

돌을 쌓을 때 뒤채움 및 줄눈에 결합재를 사용하는지의 여부에 따라 찰쌓기와 메쌓기로 구분하며, 뒤채움에 콘크리트, 줄눈에 모르타르를 사용하는 돌쌓기는 찰쌓기이다.

정답 87 ③ 88 ② 89 ① 90 ② 91 ④ 92 ③

93 비탈다듬기나 단끊기공사로 생긴 토사의 활동을 방지하기 위하여 설치하는 공작물은?

① 단쌓기 ② 누구막이
③ 땅속흙막이 ④ 산비탈흙막이

해설

땅속흙막이
비탈다듬기와 단끊기공사로 발생한 뜬흙을 산지의 계곡부와 같은 오목한 곳에 투입하여 토사의 활동을 방지하고 유치·고정하기 위한 공작물이다.

94 우리나라 지질계통별 분포 면적과 구성비가 가장 높은 것은?

① 현무암 ② 석회암
③ 결정편암 ④ 화강편마암

해설

우리나라 모암의 지질계통별 분포 면적과 구성비는 화강암과 화강암의 변성작용으로 형성된 화강편마암이 대부분을 차지하며 가장 높다.

95 골막이에 대한 설명으로 옳지 않은 것은?

① 사방댐과 외견상 모양이 유사하다.
② 대수면과 반수면이 모두 존재한다.
③ 계상이 저하될 위험이 있는 곳에 계획한다.
④ 돌골막이의 경우 돌쌓기의 기울기는 1 : 0.3을 표준으로 한다.

해설

사방댐은 대수면과 반수면을 모두 축설하지만, 골막이는 반수면만을 축설한다.

96 중력식 사방댐의 안정조건으로 거리가 먼 것은?

① 전도에 대한 안정
② 고정에 대한 안정
③ 제체파괴에 대한 안정
④ 기초지반의 지지력에 대한 안정

해설

중력식 사방댐의 안정조건
전도에 대한 안정, 활동에 대한 안정, 제체의 파괴에 대한 안정, 기초지반의 지지력에 대한 안정

97 불투과형 중력식 사방댐의 구축재료에 의한 구분 중 내구성이 낮지만 산사태지 등 응급복구에 가장 적합한 것은?

① 흙댐 ② 큰돌댐
③ 메쌓기댐 ④ 돌망태댐

해설

돌망태댐
돌망태의 유연성을 이용하여 구축하는 불투과형 중력식 사방댐으로 내구성은 낮지만, 땅밀림지·산사태지 등의 응급복구 사방공사 등에 적합하다.

98 수로 경사가 30°, 경심이 0.6m, 유속계수가 0.36일 때 Chezy 평균유속에 의한 유속은?

① 약 0.10m/s
② 약 0.21m/s
③ 약 0.27m/s
④ 약 0.38m/s

정답 93 ③ 94 ④ 95 ② 96 ② 97 ④ 98 ②

> **해설**

체지(Chezy) 공식
경사가 30°인 경우,

퍼센트 경사 $= \dfrac{높이}{밑변} \times 100$

$= \dfrac{1}{\sqrt{3}} \times 100 = 57.73 \cdots \%$ 로

약 58%이고,

유속 $V = c\sqrt{R \cdot I}$
$= 0.36\sqrt{0.6 \times 0.58} = 0.2123 \cdots$ 이므로
약 0.21m/s

여기서, V : 평균유속(m/s)
c : 유속계수
R : 경심(m)
I : 수로 경사(%를 소수로)

> **해설**

산지사방 식재용 수종의 요구조건
- 생장력이 왕성하여 잘 번성할 것
- 뿌리의 자람이 좋아 토양의 긴박력이 클 것
- 건조, 한해, 각종 병해충에 강할 것
- 갱신이 용이하며, 가급적이면 경제적 가치가 높을 것
- 묘목 생산 비용이 적게 들고, 대량생산이 가능할 것
- 토양개량 효과가 기대될 것

99 사방사업 대상지 분류에서 황폐지의 초기 단계에 속하는 것은?

① 땅밀림지
② 임간나지
③ 척악임지
④ 민둥산지

> **해설**

척악임지
산지 비탈면이 여러 해 동안의 표면침식과 토양유실로 토양의 비옥도가 떨어진 임지로 황폐지의 초기 단계이다.

100 산지사방 식재용 수목에 요구되는 조건으로 가장 거리가 먼 것은?

① 양수 수종일 것
② 갱신이 용이할 것
③ 생장력이 왕성할 것
④ 건조 및 한해에 강한 수종일 것

정답 99 ③ 100 ①

2019년 3회 기출문제

1과목 조림학

01 가지치기의 효과로 옳지 않은 것은?

① 무절재를 생산할 수 있다.
② 하목의 수량을 증가시킨다.
③ 산불이 있을 때 수관화를 경감시킨다.
④ 연륜폭을 조절해서 수간의 완만도를 낮춘다.

해설

가지치기한 수간 상층부의 직경 생장이 촉진되어 수간의 완만도가 향상된다.

02 모수작업법에 대한 설명으로 옳지 않은 것은?

① 벌채가 집중되므로 경비가 절약된다.
② 토양침식과 유실이 발생할 가능성이 낮다.
③ 작업의 용이성으로 보아서는 개벌작업과 상당히 유사하다.
④ 모수는 종자의 결실량이 많고 비산능력이 좋은 수종으로 선택한다.

해설

모수를 제외한 나머지 임지는 일시에 노출되므로 토양침식과 유실이 발생할 가능성이 개벌 다음으로 많다.

03 풀베기 방법으로 모두베기에 대한 설명으로 옳은 것은?

① 한풍해가 예상되는 곳에서 실시한다.
② 조림목이 양수 수종인 경우에 적용한다.
③ 조림목에 광선을 제대로 주지 못하는 단점이 있다.
④ 조림목이 심어진 줄에 따라 모든 잡초목을 제거하는 방법이다.

해설

모두베기(전면깎기, 전예)
조림목 주변의 모든 잡초목을 제거하는 방법으로 소나무, 낙엽송, 삼나무, 편백 등 주로 양수에 적용한다.

04 동일한 수목의 양엽과 음엽을 비교한 설명으로 옳지 않은 것은?

① 양엽은 음엽보다 광포화점이 높다.
② 음엽은 양엽보다 잎의 두께가 두껍다.
③ 음엽은 양엽보다 엽록소 함량이 더 많다.
④ 양엽은 음엽보다 책상조직이 빽빽하게 배열되어 있다.

해설

양엽은 잎의 조직이 발달하여 두꺼우며, 음엽은 얇다.

05 대상산벌갱신에 대한 설명으로 옳지 않은 것은?

① 일반적으로 양수 수종 갱신에 유리하다.
② 대상지의 폭은 수고의 2~3배 정도이다.
③ 벌채는 주풍방향과 반대방향으로 진행하는 것이 유리하다.
④ 풍해를 예방하기 위한 방법으로 상방하종 및 측방하종도 가능하다.

정답 01 ④ 02 ② 03 ② 04 ② 05 ①

해설

대상산벌갱신은 벌채지를 여러 개의 대상(띠)으로 나누고, 점진적으로 산벌을 진행하는 방식이다. 산벌작업은 일반적으로 음수 수종 갱신에 적당하며, 양수 수종 갱신은 불가능하지는 않으나 적합하지 않다.

06 묘목의 가식에 대한 설명으로 옳지 않은 것은?

① 1~2개월 장기간 가식을 할 경우에는 관수가 필요하다.
② 가급적 비가 오거나 비가 온 후 바로 가식하여 묘목이 건조하지 않게 한다.
③ 묘목을 심기 전 일시적으로 땅에 뿌리를 묻어 건조하지 않도록 해 주는 작업이다.
④ 추위나 바람의 피해가 우려되는 곳은 묘목의 정단 부분을 바람과 반대방향으로 되도록 눕혀 묻어준다.

해설

가급적 비가 오거나 비가 온 후에는 바로 가식하지 않는다.

07 종자의 결실주기가 2~3년인 수종은?

① *Salix koreensis*
② *Picea jezoensis*
③ *Larix kaempferi*
④ *Quercus acutissima*

해설

종자의 결실주기
버드나무(*Salix koreensis*)는 매년, 가문비나무(*Picea jezoensis*)는 3~4년, 낙엽송(*Larix kaempferi*)은 5년 이상, 상수리나무(*Quercus acutissima*)는 2~3년이다.

08 다음 설명에 해당하는 원소는?

- 결핍될 경우 왜성화로 인해 묘목의 생장이 불량하다.
- 초기에 뚜렷한 다른 증세가 나타나지 않으나 소나무의 경우에는 자주색을 띤다.

① P
② N
③ K
④ Mg

해설

인(P, Phosphorus)은 결핍 시 왜성화로 묘목의 생장이 불량하며, 소나무잎은 자주색으로 변색한다.

09 온대남부의 조림수종으로 상록성인 참나무류로만 올바르게 나열한 것은?

① 개가시나무, 먼나무
② 개가시나무, 황칠나무
③ 붉가시나무, 종가시나무
④ 붉가시나무, 홍가시나무

해설

상록성인 참나무속의 가시나무류에는 가시나무, 붉가시나무, 종가시나무, 개가시나무 등이 있다.

10 토양수 중 식물이 쉽게 이용할 수 있는 pF 1.8~4.2에 상당하는 유효수분은?

① 화합수
② 흡습수
③ 모관수
④ 중력수

해설

수목 생장이 가능한 토양의 유효수분은 pF 2.7의 포장용수량에서 pF 4.2의 영구 위조점까지의 수분이며, pF 2.5 이하의 중력수도 모관수의 급원이 된다.

정답 06 ② 07 ④ 08 ① 09 ③ 10 ③

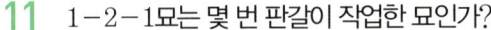

11 1-2-1묘는 몇 번 판갈이 작업한 묘인가?

① 1번 ② 2번
③ 3번 ④ 4번

해설

실생묘의 연령은 앞에는 파종상에서 지낸 연수, 뒤에는 상체상(판갈이, 이식)에서 지낸 연수를 숫자로 표기한다. 따라서 1-2-1묘는 두 번 판갈이 작업을 한 묘목이다.

12 편백과 화백에 대한 설명으로 옳지 않은 것은?

① 편백과 화백은 측백나무과이다.
② 편백과 화백은 모두 암수한그루이다.
③ 편백은 잎 끝이 예리하고 화백의 잎은 비늘모양이다.
④ 편백은 잎의 뒷면이 백색 기공선이 Y자형이고 화백은 V 또는 W자형이다.

해설

편백은 잎 끝이 둥글고, 뒷면에 Y자 모양의 백색 기공선이 있으며, 화백은 잎 끝이 뾰족하고, 뒷면에 W자 모양의 백색 기공선이 있다.

13 수목의 개화생리 순으로 옳은 것은?

| 가 : 화아 형성 | 나 : 화아 분화 |
| 다 : 수정 | 라 : 수분 |

① 가-나-라-다
② 가-나-다-라
③ 나-가-다-라
④ 나-라-가-다

해설

개화생리의 순서
화아 형성-화아 분화-수분-수정

14 교림에 대한 설명으로 옳은 것은?

① 맹아에 의하여 갱신된 산림
② 순수한 원시림으로 유지된 산림
③ 숲 가꾸기가 적기에 실시된 산림
④ 주로 실생묘로 성립된 키 큰 산림

해설

교림(喬林)
종자 또는 삽목에 의해 발달한 수목(실생묘)으로 이루어진 산림으로 주로 침엽수가 교림을 형성한다.

15 종자의 순량률 기준이 가장 낮은 수종은?

① 잣나무 ② 밤나무
③ 오리나무 ④ 은행나무

해설

잣나무, 은행나무, 밤나무 등은 순량률이 98% 이상으로 높으며, 오리나무는 낮은 편이다.

16 묘목의 단근 작업에 대한 설명으로 옳지 않은 것은?

① 묘목의 철 늦은 자람을 억제한다.
② 측근과 세근의 발달을 촉진시킨다.
③ 묘목의 포지에 세워두고 도구를 이용해서 절단한다.
④ 단근작업을 통해서 건전한 묘목을 생산할 수는 있어도 산지에 식재하는 경우에는 활착률은 떨어진다.

해설

단근(斷根)
굵은 직근(直根)을 잘라 양수분의 흡수를 담당하는 가는 측근(側根)과 세근(細根)을 발달시키는 작업으로 조림지에 이식하였을 때 활착률이 좋아지며 T/R률이 낮은 건실한 묘목을 생산할 수 있다.

정답 11 ② 12 ③ 13 ① 14 ④ 15 ③ 16 ④

17 산림 갱신을 위한 작업종에 해당되지 않는 것은?

① 간벌 ② 개벌
③ 산벌 ④ 택벌

해설

갱신작업종에는 개벌작업, 모수작업, 산벌작업, 택벌작업, 왜림작업, 중림작업이 있으며, 간벌은 산림 무육작업이다.

18 비료목의 정의, 식재 및 관리에 대한 설명으로 옳지 않은 것은?

① 비료목을 식재한 지역에는 시비하지 않는다.
② 임지 비배효과 증대를 위해 비료목을 혼합식재한다.
③ 임목의 건전한 생산성을 위해 심는 보조적 임목을 말한다.
④ 척박한 임지에 주임목의 생장촉진을 위해 비료목을 혼합 식재한다.

해설

비료목이란 질소를 고정하거나 질소와 같은 양분을 다량 지녀 다른 수목의 생육 촉진에 기여하는 수목으로 비료목을 식재하더라도 시비를 한다.

19 종자를 채집하여 11월 말까지는 노천매장을 해야 좋은 수종은?

① 전나무 ② 단풍나무
③ 층층나무 ④ 느티나무

해설

층층나무는 늦어도 11월 말까지 매장하여야 하며, 단풍나무, 느티나무는 종자채취 직후 매장하며, 전나무는 파종 약 한 달 전에 매장한다.

20 숲의 교란과 복원에 대한 설명으로 옳지 않은 것은?

① 산불, 산사태, 병충해 등으로 숲이 교란된다.
② 교란은 생태계의 구조와 기능에 심각한 영향을 끼친다.
③ 훼손된 생태계는 복원되기란 매우 어렵고 시간이 많이 걸린다.
④ 훼손은 발생빈도, 공간규모, 훼손강도가 일정한 패턴을 보인다.

해설

훼손은 발생빈도, 공간규모, 훼손강도가 어떠한 일정한 패턴으로 발생하는 것이 아니므로 철저히 대비하여 문제가 발생하지 않도록 예방하는 것이 최선이다.

2과목 산림보호학

21 곤충의 내외부 형태에 대한 설명으로 옳지 않은 것은?

① 표피는 외표피와 원표피로 구분된다.
② 입틀은 윗입술, 큰턱, 작은턱, 아랫입술, 혀 등으로 구성된다.
③ 기체의 통로는 기문으로 하며 가슴에 2쌍, 배에 8쌍, 모두 10쌍이 일반적이다.
④ 가슴은 앞가슴, 가운데가슴, 뒷가슴이 있고, 앞가슴과 가운데가슴에는 보통 1쌍씩의 날개가 있다.

해설

가슴은 앞가슴, 가운데가슴, 뒷가슴의 3부분으로 구성되며, 가운데가슴에 앞날개 1쌍, 뒷가슴에 뒷날개 1쌍이 있다.

정답 17 ① 18 ① 19 ③ 20 ④ 21 ④

22 천공성 해충에 속하지 않는 것은?

① 박쥐나방 ② 밤나무혹벌
③ 알락하늘소 ④ 광릉긴나무좀

해설
천공성 해충으로는 나무좀과, 하늘소과, 박쥐나방과, 바구미과 등이 있으며, 밤나무혹벌은 충영성 해충이다.

23 다음 설명에 해당하는 농약살포 방법은?

- 농약 원액 또는 유효 성분의 함량이 수십 %인 고농도로 살포한다.
- 주로 탑재 살포액의 양이 한정적인 항공살포에 많이 이용한다.

① 살분법 ② 살립법
③ 미량살포 ④ 대량살포

해설
미량살포
농약 원액 또는 유효 성분의 함량이 수십 %인 고농도로 적은 양을 살포하는 방법으로 주로 항공살포에 많이 이용한다.

24 소나무좀이 월동하는 충태는?

① 알 ② 성충
③ 유충 ④ 번데기

해설
소나무좀은 연 1회 발생하며, 성충으로 월동한다.

25 향나무녹병의 중간기주가 아닌 것은?

① 잎갈나무 ② 모과나무
③ 팥배나무 ④ 윤노리나무

해설
향나무녹병의 중간기주는 배나무, 사과나무, 모과나무, 산사나무, 팥배나무, 윤노리나무 등의 장미과 식물이다.

26 솔잎혹파리 방제를 위하여 나무주사를 실시할 때 가장 효과적인 시기는?

① 3~4월
② 5~6월
③ 7~8월
④ 9~10월

해설
솔잎혹파리는 5월 하순~6월 상순이 우화 최성기이므로 이때 살충제를 나무주사하면 효과적이다.

27 후약충으로 11월부터 이듬해 3월까지 수목에 피해를 주는 해충은?

① 솔나방
② 소나무좀
③ 솔잎혹파리
④ 솔껍질깍지벌레

해설
솔껍질깍지벌레는 11월에 탈피하여 2령 약충(후약충)으로 월동하는데, 2령 약충은 기온이 낮아지는 겨울에 더욱 왕성한 활동을 하여 11월~다음 해 3월이 가장 피해가 큰 시기이다.

28 다음 중 나무좀·하늘소·바구미 등의 해충 방제에 가장 적합한 방법은?

① 포살법
② 등화 유살법
③ 번식장소 유살법
④ 잠복장소 유살법

해설
통나무 유살법
나무좀, 하늘소, 바구미 등의 천공성 해충이 쇠약목에 산란하는 습성을 이용하는 것으로 번식장소(통나무)로 유인하고 우화 전 박피하여 소각한다.

정답 22 ② 23 ③ 24 ② 25 ① 26 ② 27 ④ 28 ③

29 대기오염에 의한 산림의 피해를 최소화시킬 수 있는 방안으로 거리가 먼 것은?

① 방음벽 시설 설치
② 공해 배출의 법적 규제
③ 공해 저항성 수종의 식재
④ 임지비배를 통한 산림관리

해설
대기 중에 발생하는 아황산가스와 같은 가스·연기 형태, 매연이나 분진과 같은 오염물질은 방음벽 설치와는 무관하다.

30 내화력이 가장 강한 수종은?

① 편백   ② 소나무
③ 삼나무   ④ 가문비나무

해설
소나무, 해송(곰솔), 삼나무, 편백은 내화력이 약하며, 가문비나무는 내화력이 강하다.

31 포플러모자이크병을 일으키는 병원체는?

① 세균
② 진균
③ 바이러스
④ 파이토플라스마

해설
포플러모자이크병, 아까시나무모자이크병 등은 바이러스에 의한 수병이다.

32 해충의 개체군 동태를 알기 위해 주로 사용하는 것으로 충태별 사망수, 사망요인, 사망률 등의 항목으로 구성된 표는?

① 생명표   ② 생태표
③ 생식표   ④ 수명표

해설
생명표(生命表)
해충의 충태별 사망수, 사망요인, 사망률 등의 항목으로 구성된 표로 해충의 개체군 동태를 알기 위해 주로 사용한다.

33 소나무재선충병의 매개충은?

① 소나무좀
② 솔잎혹파리
③ 솔수염하늘소
④ 솔껍질깍지벌레

해설
소나무재선충은 스스로 이동할 수 없으며 솔수염하늘소(소나무), 북방수염하늘소(잣나무) 등의 매개충에 의해 전염이 확산된다.

34 균사에 격벽이 없는 균류는?

① 난균류   ② 담자균류
③ 자낭균류   ④ 불완전균류

해설
난균류는 균사에 격막(격벽)이 없으며, 많은 핵으로 구성되어 있다.

35 침엽수 묘목의 모잘록병을 방제하는 데 가장 알맞은 방법은?

① 중간 기주를 제거한다.
② 살균제로 토양소독과 종자소독을 한다.
③ 살충제를 뿌려서 매개 곤충을 구제한다.
④ 질소질비료를 충분히 주어 묘목을 튼튼하게 한다.

해설
모잘록병은 토양전염성 병이므로 토양소독 및 종자소독을 실시한다.

정답 29 ① 30 ④ 31 ③ 32 ① 33 ③ 34 ① 35 ②

36 해충의 생물학적 방제 방법으로 사용되는 천적이 아닌 것은?

① 먹좀벌류 ② 방패벌레류
③ 무당벌레류 ④ 풀잠자리류

해설

포식성 천적으로는 풀잠자리, 무당벌레가 대표적이며, 먹좀벌류는 기생성 천적이다.

37 뿌리혹병 방제 방법으로 옳지 않은 것은?

① 병이 없는 건전한 묘목을 식재한다.
② 접목할 때 쓰이는 도구는 소독하여 사용한다.
③ 재식할 묘목은 스트렙토마이신 용액에 침지하는 것이 좋다.
④ 심하게 발생한 지역에서는 내병성 수종인 포플러류를 식재한다.

해설

포플러류는 내병성 수종이 아닌 뿌리혹병이 잘 발병하는 수종이다.

38 봄에 수목 생장 개시 후에 내리는 서리에 의해 발생하는 수목피해는?

① 만상 ② 동상
③ 한상 ④ 조상

해설

만상(晩霜)
봄에 수목이 생장을 개시한 후에 갑자기 내린 서리로 인한 피해이다.

39 잣나무털녹병 방제 방법으로 옳지 않은 것은?

① 중간기주를 제거한다.
② 내병성 품종을 심는다.
③ 토양소독을 철저히 한다.
④ 병든 나무는 지속적으로 제거한다.

해설

잣나무털녹병은 이종기생녹병균에 의한 수병으로 중간기주 제거, 내병성 품종 식재 등으로 방제가 가능하며, 토양소독과는 무관하다.

40 담배장님노린재를 구제하여 방제가 가능한 수목병은?

① 소나무잎녹병
② 잣나무털녹병
③ 대추나무빗자루병
④ 오동나무빗자루병

해설

오동나무빗자루병은 파이토플라스마에 의한 수병으로 담배장님노린재에 의해 병이 매개된다.

3과목 임업경영학

41 흉고직경 측정 자료가 2cm 괄약으로 정리되었을 경우, 흉고직경 10cm는 어떤 흉고직경의 측정범위에 속하는가?

① 8cm 이상~10cm 미만
② 9cm 이상~11cm 미만
③ 10cm 이상~12cm 미만
④ 9.5cm 이상~11.5cm 미만

해설

흉고직경이란 지상으로부터 높이 1.2m인 흉고 부위의 지름으로 2cm 단위로 괄약하여 나타내며, 괄약직경 10cm의 범위는 9cm 이상 11cm 미만이 된다.

정답 36 ② 37 ④ 38 ① 39 ③ 40 ④ 41 ②

42 임업의 경제적 특성에 대한 설명으로 옳지 않은 것은?

① 임업생산은 조방적이다.
② 생산기간이 대단히 길다.
③ 공익성이 커서 제한성이 많다.
④ 육성임업과 채취임업이 병존한다.

해설
'생산기간이 대단히 길다.'는 임업의 기술적 특성에 속한다.

43 흉고형수에 영향을 미치는 인자가 아닌 것은?

① 수고   ② 지위
③ 수종   ④ 근원직경

해설
흉고형수에 영향을 미치는 인자
수고, 흉고직경, 지하고, 수종, 지위, 연령, 품종, 기후, 수관밀도 등

44 법정림 개념을 적용하기에 가장 적합한 작업 방법은?

① 개벌작업   ② 택벌작업
③ 산벌작업   ④ 중림작업

해설
법정림(法正林, Normal Forest)은 개벌작업의 보속성에 기초하여 생겨난 개념으로 택벌작업 등 다른 작업에는 적용하기 어렵다.

45 산림조사 항목으로 지황 조사항목이 아닌 것은?

① 지종   ② 지위
③ 지리   ④ 임종

해설
지황조사 항목
지종, 방위, 경사도, 표고, 토성, 토심, 건습도, 지위, 지리, 지세 등

46 산림경영계획에서 소반구획의 최소 면적은?

① 0.1ha   ② 1ha
③ 10ha   ④ 100ha

해설
소반(小班)
산림시업상 일시적으로 구획하는 최소의 구획단위로 최소 1ha 이상으로 구획하며, 소수점 한 자리까지 기재 가능하다.

47 고정자산에 대한 설명으로 옳은 것은?

① 처분을 목적으로 소유하는 자산
② 물리적으로 이동이 불가능한 자산
③ 시간에 따른 가치의 변화가 없는 자산
④ 자산이 가지고 있는 생산능력을 이용하기 위해 소유하는 자산

해설
임업경영자산에는 현금화할 수 있는 자산인 유동자산과 자산이 가지고 있는 생산능력을 이용하기 위해 소유하는 자산인 고정자산 그리고 임목축적의 임목자산이 있다.

48 임업이율의 성격으로 옳지 않은 것은?

① 임업이율은 대부이자이다.
② 임업이율은 장기이율이다.
③ 임업이율은 명목적 이율이다.
④ 임업이율의 계산은 복리를 적용한다.

해설
임업이율은 대부이자가 아니라 자본이자이다.

정답 42 ② 43 ④ 44 ① 45 ④ 46 ② 47 ④ 48 ①

49 임업경영의 성과분석에서 계산되는 다음의 항목 중에서 가장 큰 값은?

① 임가소득   ② 임업소득
③ 기타소득   ④ 임업순수익

해설

임가소득에는 주 수입원인 임업소득과 농업소득이 있으며, 그 외의 기타소득이나 겸업 또는 부업으로 인한 소득도 포함되므로 가장 값이 크다.

50 임목 생산에 들어간 각종 비용의 원리금 합계에서 육림기간 중에 얻은 간벌수입이나 기타 임산물 수입의 원리금 합계를 공제한 나머지를 가리키는 것은?

① 육림비   ② 수익가
③ 차액지대   ④ 임목원가

해설

임목비용가(임목원가)
임목생산에 들어간 각종 비용의 원리금 합계에서 육림기간 중에 얻은 간벌수입이나 기타 임산물 수입의 원리금 합계를 공제한 잔액이다.

51 임분의 재적을 추정할 때 전 임목을 몇 개의 계급으로 나누어 각 계급의 본수를 동일하게 한 다음 각 계급에서 같은 수의 표준목을 선정하는 방법은?

① 단급법   ② Urich법
③ Hartig법   ④ Draudt법

해설

우리히(Urich)법
전 임목을 몇 개의 계급으로 나누고 각 계급의 본수를 동일하게 한 다음 각 계급에서 같은 수의 표준목을 선정하는 방법이다.

52 임지 생산능력을 판단하는 항목으로 옳지 않은 것은?

① 법정축적에 의한 방법
② 환경인자에 의한 방법
③ 지위지수에 의한 방법
④ 지표식물에 의한 방법

해설

지위, 즉 임지의 생산능력을 판단하는 항목에는 지위지수에 의한 방법, 환경인자에 의한 방법, 지표식물에 의한 방법이 있다.

53 임업 경영의 지도원칙 중 보속성의 원칙에 대한 설명으로 옳은 것은?

① 국민의 복리 증진을 목표로 하는 원칙
② 최소의 비용으로 최대의 효과를 발휘하게 하는 원칙
③ 해마다 목재 수확을 양적 및 질적으로 계속적으로 균등하게 하는 원칙
④ 생산량을 투입한 생산 요소의 수량으로 나눈 값이 최고가 되도록 하는 원칙

해설

보속성의 원칙
해마다 목재 수확을 계속하여 양적 및 질적으로 균등하게 생산·공급하도록 경영하자는 원칙이다.

54 벌기 4년마다 순수익 R을 영속적으로 얻을 수 있는 임지가 있다. 연이율이 $p\%$일 경우 이 임지에서 발생하는 수익의 전가합계식은?

① $R \div p^4$
② $R \div (1+p^4)$
③ $R \div (p^4 - 1)$
④ $R \div \{(1+p)^4 - 1\}$

정답 49 ① 50 ④ 51 ② 52 ① 53 ③ 54 ④

> **해설**

무한정기이자의 전가식
- 현재로부터 n년마다 R씩 영구히 얻을 수 있는 이자의 전가합계식
- $K = \dfrac{R}{(1+P)^n - 1} = \dfrac{R}{(1+P)^4 - 1}$
  여기서, P : 이율

55 어떤 산림의 벌채권 취득원가가 5천만 원이고 잔존가치는 없으며 벌채추정량이 1백만 m³이고 당기벌채량이 1천 m³라면 총감가상각비는? (단, 생산량 비례법 이용)

① 500원 　　　　② 5,000원
③ 50,000원 　　　④ 500,000원

> **해설**

생산량 비례법
총감가상각비
$= (취득원가 - 잔존가치) \times \dfrac{실제\ 생산량}{총생산량}$
$= (5천만\ 원 - 0원) \times \dfrac{1천\ \text{m}^3}{1백만\ \text{m}^3} = 50{,}000원$

56 아래와 같은 수확표가 주어질 때 벌기수확에 의한 법정축적은?(단, 산림면적은 100ha, 윤벌기는 50년)

구분	임령				
	10	20	30	40	50
재적(m³)	20	175	360	520	630

① 27,800m³ 　　② 31,250m³
③ 31,500m³ 　　④ 32,250m³

> **해설**

벌기수확에 의한 법정축적 계산
$V_s = \dfrac{U}{2} \times V_u \times \dfrac{F}{U}$
$= \dfrac{50}{2} \times 630 \times \dfrac{100}{50} = 31{,}500\text{m}^3$
여기서, U : 윤벌기
　　　　V_u : 윤벌기의 ha당 재적
　　　　F : 산림면적(ha)

57 말구직경 24cm, 중앙직경 28cm, 원구직경 34cm, 재장이 4m인 통나무를 Newton식(또는 Riecke식)으로 계산한 재적은?

① 약 0.246m³ 　　② 약 0.255m³
③ 약 0.272m³ 　　④ 약 0.295m³

> **해설**

뉴턴(Newton)식
$g_o = \dfrac{\pi \times 0.34^2}{4} = 0.09079\cdots = 약\ 0.0908$
$g_n = \dfrac{\pi \times 0.24^2}{4} = 0.04523\cdots = 약\ 0.0452$
$r = \dfrac{\pi \times 0.28^2}{4} = 0.06157\cdots = 약\ 0.0616$ 이므로,
$V = \dfrac{g_o + 4r + g_n}{6} \times l$
$= \dfrac{0.0908 + 4 \times 0.0616 + 0.0452}{6} \times 4$
$= 0.2549\cdots \quad \therefore 약\ 0.255\text{m}^3$
여기서, g_o : 원구단면적
　　　　r : 중앙단면적
　　　　g_n : 말구단면적
　　　　l : 재장

58 어떤 재화로부터 장차 얻을 수 있을 것으로 기대되는 수익을 일정한 이율로 할인하여 구한 현재가를 무엇이라 하는가?

① 기망가 　　② 매매가
③ 비용가 　　④ 자본가

정답 55 ③　56 ③　57 ②　58 ①

해설

기망가법
어떤 재화로부터 장차 얻을 수 있을 것으로 기대되는 수익을 일정한 이율로 할인하여 현재가를 구하는 평가방법이다.

59 농지의 주변이나 농지와 산지의 경계선 등에 유실수나 특용수 또는 속성수 등을 식재하여 임업수입의 조기화를 도모하는 형태의 임업경영은?

① 혼농임업 ② 혼목임업
③ 농지임업 ④ 비임지임업

해설

농지임업
농지 주변, 둑, 농지와 산지의 경계 등에 속성수, 유실수, 특용수 등을 식재하여 수입의 조기화를 도모하는 경영형태이다.

60 음(−)의 값이 나올 수 있는 투자효율 분석법은?

① 회수기간법 ② 투자이익률법
③ 순현재가치법 ④ 수익비용률법

해설

'순현가=현금유입의 현재가−현금유출의 현재가'이므로, 음(−)의 값이 나올 수 있는 분석법이다.

4과목 산림공학

61 시멘트에 대한 설명으로 옳지 않은 것은?

① 풍화된 시멘트는 강도가 저하된다.
② 시멘트의 강도는 경화의 강도로 표시한다.
③ 시멘트입자 1g에 대한 표면적(cm^2)을 분말도라 한다.
④ 시멘트의 분말도는 높을수록 콘크리트의 초기강도가 크다.

해설

시멘트는 응결이 완료되고 경화가 진행되어 강도가 증진되는데, 강도는 모르타르의 강도로 표시한다.

62 산악지대에서 임도의 노선 선정 방법으로 옳지 않은 것은?

① 계곡임도는 임지의 상부에서부터 개발되며 임지개발의 중추적 역할을 한다.
② 산정부 개발임도는 산정부의 안부에서부터 시작되는 순환식 노선방식을 주로 사용한다.
③ 능선임도는 산악지대 임도배치 중 건설비가 가장 적게 소요되며 계곡 및 늪지대에서 임도 개설 시 용이하다.
④ 사면임도는 계곡임도로부터 시작하며 지그재그 방식이 적당하지만 완경사지에서는 대각선 방식도 사용된다.

해설

계곡임도는 임지의 하단부로부터 개발되며, 임지개발의 중추적 역할을 한다.

63 주로 사면기울기가 1 : 1보다 완만한 곳에 흙이 털어지지 않은 온떼를 사용하여 전면녹화를 목적으로 시공하는 산지사방 녹화공법은?

① 띠떼심기 ② 줄떼다지기
③ 선떼붙이기 ④ 평떼붙이기

해설

평떼붙이기
기울기가 1 : 1보다 완만한 비탈(45° 이하)에 흙이 털어지지 않은 온떼를 전면적으로 붙여서 비탈을 일시에 녹화하는 공법이다.

정답 59 ③ 60 ③ 61 ② 62 ① 63 ④

64 다음 조건에서 임도 설계 시 적용하는 곡선반지름으로 가장 적합한 것은?

- 설계속도 : 30km/h
- 노면의 외쪽기울기 : 5%
- 일반지형에서 가로미끄럼에 대한 노면과 타이어의 마찰계수 : 0.2

① 약 30m ② 약 45m
③ 약 60m ④ 약 75m

해설

원심력과 타이어 마찰계수에 의한 경우

최소곡선반지름 $R = \dfrac{V^2}{127(f+i)}$

$= \dfrac{30^2}{127(0.2+0.05)} = 28.3464\cdots$

∴ 약 30m

여기서, V : 설계속도
f : 노면과 타이어의 마찰계수
i : 횡단기울기 or 외쪽기울기

65 배향곡선지가 아닌 경우 길어깨와 옆도랑의 너비를 제외한 임도의 유효너비 기준은?

① 2m ② 3m
③ 4m ④ 6m

해설

길어깨와 옆도랑을 제외한 임도의 유효너비는 3m를 기준으로 한다.

66 사방댐 설치 목적으로 가장 거리가 먼 것은?

① 물 이용 ② 산각 고정
③ 식생 복구 ④ 토석류 피해 저지

해설

사방댐의 시공(설치) 목적
- 계상물매를 완화하여 유속을 감소시킨다.
- 종·횡침식을 방지한다.
- 산각을 고정하여 사면 붕괴를 방지한다.
- 계상에 퇴적된 불안정한 토석류의 이동을 저지한다.
- 하류지역의 피해를 방지한다.
- 각종 용수로서 댐 내의 물을 이용한다.

67 비탈면 녹화에 사용하는 사방용 초본류 중 재래종이 아닌 것은?

① 김의털 ② 제비쑥
③ 오리새 ④ 까치수영

해설

재래초본에는 김의털, 비수리, 까치수영, 새, 제비쑥 등이 있으며, 오리새(Orchard Grass)는 외래초본이다.

68 비유량이 20m³/s/km²이고 유역면적이 15km²일 때 최대홍수유량은?

① 133m³/s ② 300m³/s
③ 450m³/s ④ 750m³/s

해설

비유량법
$Q = A \times q = 15 \times 20 = 300 \text{m}^3/\text{s}$

여기서, Q : 최대홍수유량(m³/s)
A : 유역면적(km²)
q : 비유량(m³/s/km²)

69 임도에서 대피소 설치 간격 기준은?

① 300m 이내 ② 400m 이내
③ 500m 이내 ④ 600m 이내

해설

대피소의 설치 기준
간격은 300m 이내, 너비는 5m 이상, 유효길이는 15m 이상이다.

정답 64 ① 65 ② 66 ③ 67 ③ 68 ② 69 ①

70 산지 황폐의 진행상태가 초기 단계부터 순차적으로 올바르게 나열된 것은?

① 초기황폐지 – 임간나지 – 민둥산 – 척악임지 – 황폐이행지
② 초기황폐지 – 임간나지 – 민둥산 – 황폐이행지 – 척악임지
③ 임간나지 – 척악임지 – 초기황폐지 – 황폐이행지 – 민둥산
④ 척악임지 – 임간나지 – 초기황폐지 – 황폐이행지 – 민둥산

해설

황폐지의 진행 순서
척악임지 → 임간나지 → 초기황폐지 → 황폐이행지 → 민둥산 → 특수황폐지

71 와이어로프 표기방법으로 "6×7 C/L 20mm B종"에서 B종이 의미하는 것은?

① 스트랜드의 본수
② 와이어로프의 지름
③ 와이어로프의 인장강도
④ 와이어로프의 표면처리 상태

해설

와이어로프는 '스트랜드의 본수×와이어의 개수, 로프의 표면처리상태/꼬임방식, 로프의 지름, 로프의 인장강도'의 순으로 표시하며, B종은 와이어로프의 인장강도를 나타낸다.

72 트랙터에 의한 집재 방법이 아닌 것은?

① 팬
② 설키
③ 지면끌기
④ 인클라인

해설

트랙터 집재작업의 종류
지면끌기 집재(Direct Skidding), 팬 집재(Pan Skidding), 설키 집재(Sulky Skidding) 등

73 고저측량에서 전시와 후시를 함께 읽는 점으로 오차발생 시 측량결과에 중요한 영향을 주는 것은?

① 중간점   ② 기계고
③ 미지점   ④ 이기점

해설

이기점(T.P)은 전시와 후시를 모두 측정하는(읽는, 취하는) 점이다.

74 거리 측정에 사용하는 장비는?

① 폴   ② 레벨
③ 트랜싯   ④ 컴퍼스

해설

거리측량에는 직접거리측량과 간접거리측량이 있으며, 직접거리측량에는 줄자, 폴(Pole)대, 보측(步測) 등이 이용된다.

75 벌목 작업 시 수구를 만드는 방향은?

① 계곡 쪽
② 임도가 있는 쪽
③ 작업자가 있는 쪽
④ 벌도목이 넘어지는 쪽

해설

수구(Under Cut)
벌도 시 벌목방향을 확정하고 벌도목이 쪼개지는 것을 방지하기 위하여 근원 부근에 만드는 칼집으로 벌도목이 넘어지는 방향 쪽으로 만든다.

정답 70 ④ 71 ③ 72 ④ 73 ④ 74 ① 75 ④

76 산지사방에서 비탈다듬기에 대한 설명으로 옳지 않은 것은?

① 수정기울기는 대체로 최대 35° 전후로 한다.
② 산 아래부터 시작하여 산꼭대기로 진행한다.
③ 붕괴면 주변의 상부는 충분히 끊어내도록 설계한다.
④ 퇴적층의 두께가 3m 이상일 때에는 땅속흙막이 공작물을 설계한다.

해설

비탈다듬기
비탈면을 안정되고 일정한 경사도를 유지하도록 정리하여 다듬는 공사로 산꼭대기부터 시작하여 산 아래로 진행한다.

77 양각기계획법으로 1 : 25,000 지형도상에 종단기울기가 5%인 노선을 배치할 때 양각기 조정폭은?

① 0.2cm
② 0.4cm
③ 0.6cm
④ 0.8cm

해설

1 : 25,000의 지형도상에서 등고선간격(수직거리)은 10m이며, 기울기가 5%이므로,

종단물매 = $\frac{수직거리}{수평거리} \times 100$,

$5 = \frac{10}{수평거리} \times 100$이 되어,

수평거리는 200m가 된다.
실제 수평거리(양각기 조정폭)는 200m이고 축척이 25,000이므로 나누어 주면 지도상의 거리는 0.008m가 되고 cm로는 0.8cm가 된다.

78 임도개설 작업 시 측면 절토 또는 흙을 밀어낼 때 가장 적합한 장비는?

① 로드롤러
② 토우인 윈치
③ 앵글도저
④ 모터 그레이더

해설

앵글도저(Angle Dozer)
블레이드면의 방향이 진행방향의 중심선에 대하여 20~30°의 경사를 가지는 도저로 측면 절토 또는 흙을 좌우 측면으로 밀어낼 때 적합하다.

79 비탈 돌쌓기 시공요령으로 옳지 않은 것은?

① 귀돌이나 갓돌은 규격에 맞는 것으로 한다.
② 돌쌓기의 세로줄눈은 파선줄눈을 피하여 쌓는다.
③ 높은 돌쌓기는 아래로 내려오면서 돌쌓기의 뒷길이를 길게 한다.
④ 기초를 깊이 파고 단단히 다져야 하며 큰 돌부터 먼저 놓아가면서 차례로 쌓아 올린다.

해설

돌쌓기의 세로줄눈은 일직선이 되는 통줄눈은 피하고, 파선줄눈이 되도록 쌓는다.

80 임도 설계서 작성 순서로 옳은 것은?

① 시방서 – 설계설명서 – 예산내역서 – 수량산출서 – 예정공정표
② 시방서 – 수량산출서 – 예산내역서 – 설계설명서 – 예정공정표
③ 설계설명서 – 시방서 – 예정공정표 – 예산내역서 – 수량산출서
④ 설계설명서 – 시방서 – 예정공정표 – 수량산출서 – 예산내역서

해설

임도 설계서 작성 순서
설계서는 목차, 공사설명서(설계설명서), 일반시방서, 특별시방서, 예정공정표, 예산내역서, 일위대가표, 단가산출서, 각종 중기경비계산서, 공종별 수량계산서, 각종 소요자재 총괄표, 토적표, 산출기초 순으로 작성한다.

정답 76 ② 77 ④ 78 ③ 79 ② 80 ③

2020년 1·2회 통합 기출문제

1과목 조림학

01 양엽과 비교한 음엽에 대한 설명으로 옳지 않은 것은?

① 두께가 얇다.
② 광포화점이 높다.
③ 책상조직이 엉성하다.
④ 엽록소의 함량이 많다.

해설

음엽은 양엽보다 엽록소의 함량이 많으며, 책상조직이 엉성하게 배열되어 있고, 잎의 두께가 얇고, 광보상점과 광포화점이 낮다.

02 대면적 개벌 천연하종갱신에 대한 설명으로 옳은 것은?

① 작업 소요기간이 길다.
② 이령림 형성에 유리하다.
③ 양수의 갱신에 적합하다.
④ 토양의 이화학적 성질이 좋아진다.

해설

천연하종갱신은 자연 상태에서는 음수가 더 유리하나, 대면적 개벌 후의 천연하종갱신인 경우는 임지가 일시에 노출되므로 양수가 적합하다.

03 모수작업에 대한 설명으로 옳은 것은?

① 소경재 생산을 목적으로 벌기를 짧게 하는 갱신 방법이다.
② 모수를 제외하고 성숙한 임목만을 벌채하여 갱신을 유도하는 방법이다.
③ 비교적 짧은 갱신기간 중에 몇 차례에 걸친 벌채로 작업 구역에 있는 임목이 완전히 제거된다.
④ 새로 형성된 임분은 모수가 상층을 구성하는 것을 제외하고 동령림으로 되지만, 모수가 많으면 이단림으로 볼 수 있다.

해설

모수작업(母樹作業)은 벌채지에 종자를 공급할 수 있는 모수를 단독 또는 군상으로 남기고, 그 외 나머지 수목들을 모두 벌채하는 작업으로, 모수에서 떨어진 종자에 의해 갱신이 이루어지므로 모수를 제외하고는 후에 동령림을 형성하지만, 모수를 많이 남기면 이단림의 형태로 볼 수 있다.

04 간벌에 대한 설명으로 옳지 않은 것은?

① 가지치기 작업 이전에 실시한다.
② 생산될 목재의 형질을 좋게 한다.
③ 수목의 직경 생장을 촉진하고 연륜폭이 넓어진다.
④ 수목의 수액이동 정지기인 겨울철에 실시하는 것이 좋다.

해설

일반적으로 숲 가꾸기는 풀베기 – 덩굴제거 – 제벌 – 가지치기 – 간벌 순으로 실시하므로 간벌은 가지치기 이후에 실시한다.

05 택벌작업을 통한 갱신방법에 대한 설명으로 옳은 것은?

① 양수 수종 갱신이 어렵다.
② 병충해에 대한 저항력이 낮다.

정답 01 ② 02 ③ 03 ④ 04 ① 05 ①

③ 임목벌채가 용이하여 치수 보존에 적당하다.
④ 일시적인 벌채량이 많아 경제적으로 효율적이다.

> 해설

택벌작업
성숙한 임목만을 선택적으로 골라 벌채하는 작업법으로 병충해에 대한 저항력이 높으나, 작업 과정에서 하층목(치수)의 손상이 우려되며, 양수 수종의 갱신은 어렵고, 일시적인 벌채량이 적어 경제적으로 비효율적인 단점이 있다.

06 옻나무, 피나무, 콩과 수목 종자의 발아를 촉진시키는 방법으로 가장 적합한 것은?

① 환원법
② 황산처리법
③ 침수처리법
④ 고저온처리법

> 해설

황산처리법
황산을 종피에 처리하여 부식시키거나 종피에 붙어 있는 납질층(밀랍, Wax)을 제거하는 방법으로 아까시나무, 주엽나무와 같은 콩과식물, 종피가 밀랍으로 이루어진 옻나무, 피나무 등의 종자에 적용한다.

07 토양의 무기양료에 대한 요구도가 가장 낮은 수종은?

① *Zelkova serrata*
② *Abies holophylla*
③ *Juniperus chinensis*
④ *Quercus acutissima*

> 해설

무기양료 요구도는 소나무, 해송, 향나무(*Juniperus chinensis*), 오리나무, 아까시나무, 자작나무 등이 낮으며, 오동나무, 느티나무(*Zelkova serrata*), 밤나무, 전나무(*Abies holophylla*), 물푸레나무, 미루나무, 참나무류(상수리 *Quercus acutissima*), 낙우송, 백합나무 등이 높다.

08 실생묘 생산을 위한 임목 종자의 파종량 계산에 필요한 인자가 아닌 것은?

① 순량률
② 종자 발아율
③ 잔존 묘목수
④ 발아묘 생장률

> 해설

파종상 전체 면적에 대한 파종량 계산식
• 파종량(g)
$= \dfrac{\text{파종상 면적}(m^2) \times \text{가을에 } m^2\text{당 남길 묘목수}}{1g\text{당 종자입수} \times \text{순량률} \times \text{발아율}(\times \text{득묘율})}$
$= \dfrac{A \times S}{D \times P \times G(\times L)}$
• 가을에 m^2당 남길(잔존) 묘목수는 묘목잔존본수 또는 발생기대본수라고도 한다.

09 이중정방형으로 묘간 거리 5m로 1ha에 식재되는 묘목의 본수는?

① 200본
② 800본
③ 2,000본
④ 8,000본

> 해설

이중정방형 식재는 정방형 식재를 이중으로 겹쳐 식재하는 방법으로 정방형 식재의 2배에 해당하는 묘목 식재가 가능하다.
$N = \dfrac{A}{a^2} \times 2 = \dfrac{10,000}{5 \times 5} \times 2 = 800\text{본}$
여기서, N : 소요 묘목본수
A : 조림지 면적
a : 묘간거리

10 종자가 발아하기에 적합한 환경에서 발아하지 못하는 휴면에 해당하지 않는 것은?

① 배휴면
② 종피휴면
③ 이차휴면
④ 생리적 휴면

정답 06 ② 07 ③ 08 ④ 09 ② 10 ③

해설

종자휴면의 원인
종피에 기인한 불투수성, 기계적·물리적 압박, 가스교환 억제, 발아억제물질 존재 등의 종피휴면과 미발달배(미성숙배), 생리적 휴면(배휴면) 등이 있다.

11 수목의 측아 발달을 억제하여 정아우세를 유지시켜주는 호르몬은?

① 옥신　　② 지베렐린
③ 사이토키닌　　④ 아브시스산

해설

옥신(Auxin)
수목의 정아에서 생성되어 측아생장을 억제하고 정아생장을 촉진시키는 호르몬으로 길이생장에 관여한다.

12 생가지치기를 하는 경우 절단면이 썩을 위험성이 가장 큰 수종은?

① Acer palmatum
② Pinus densiflora
③ Cryptomeria japonica
④ Chamaecyparis obtusa

해설

생가지치기 시 절단면이 썩을 위험성이 큰 수종은 단풍나무(Acer palmatum), 물푸레나무, 벚나무, 느릅나무이며, 위험성이 없는 수종은 삼나무(Cryptomeria japonica), 포플러류, 낙엽송, 잣나무, 전나무, 소나무(Pinus densiflora), 편백(Chamaecyparis obtusa) 등이다.

13 조림목이 심어진 줄에 따라 잡초목을 제거하는 풀베기 작업 방법은?

① 점베기　　② 줄베기
③ 모두베기　　④ 둘레베기

해설

줄베기(줄깎기, 조예)
조림목의 줄을 따라 줄 사이의 잡초목을 제거하는 방법으로 가장 일반적으로 쓰이며, 모두베기에 비하여 경비와 인력이 절감된다.

14 외떡잎식물의 특징이 아닌 것은?

① 떡잎이 한 장이다.
② 엽맥은 그물맥이다.
③ 관다발 조직이 줄기 내에 흩어져 있다.
④ 보통 원뿌리가 없는 수염뿌리를 가지고 있다.

해설

외떡잎식물의 특징
떡잎이 한 장으로 관다발 조직이 줄기 내에 흩어져 있으며, 잎맥은 평행맥(나란히맥)이고, 수염뿌리가 발달한다.

15 수목의 뿌리를 통하여 흡수된 질소, 인, 칼륨 등의 무기양료가 잎까지 이동되는 주요 통로가 되는 조직은?

① 수　　② 사부
③ 목부　　④ 수지관

해설

식물의 뿌리에서 흡수된 물과 질소, 인산, 칼륨 등의 무기양분이 잎까지 이동하는 통로인 물관은 목부의 변재부에 존재한다.

16 산림이나 묘포장의 토양 산도에 대한 설명으로 옳은 것은?

① 묘포 토양은 pH 6.5 이상이 되어야 좋다.
② pH 7.4~8.0 토양에서는 침엽수종의 생육에 유리하다.
③ pH 4.0~4.7 토양에서는 망간, 알루미늄이 다량 용해되어 수목의 생육에 적합하다.

정답 11 ① 12 ① 13 ② 14 ② 15 ③ 16 ④

④ pH 6.6~7.3 토양에서는 미생물의 활동이 왕성하고 양료의 이용이 높으며 부식 형성이 쉽게 진전된다.

해설

대부분의 수목은 pH 5.5~6.5의 약산성이나 중성에서 가장 생육이 좋으며, pH 5.0 이하의 산성에서는 침엽수가 비교적 잘 자란다. 또한 pH 6.6~7.3의 중성 토양에서는 미생물의 활동이 왕성하며 부식 형성이 쉽고, 수목의 양료 이용이 높게 나타난다.
산성 토양에는 알루미늄, 철, 망간 등이 다량 녹아 나와 뿌리의 양분 흡수력을 저하시키는 등 식물 생육에 악영향을 끼친다.

17 산림에 해당되지 않는 것은?

① 휴양 및 경관 자원
② 집단적으로 자라고 있는 대나무와 그 토지
③ 산림의 경영 및 관리를 위하여 설치한 도로
④ 집단적으로 자라고 있던 입목이 일시적으로 없어지게 된 토지

해설

「산림자원의 조성 및 관리에 관한 법률」에서의 '산림'의 정의
- 집단적으로 자라고 있는 입목·죽과 그 토지
- 집단적으로 자라고 있던 입목·죽이 일시적으로 없어지게 된 토지
- 입목·죽을 집단적으로 키우는 데에 사용하게 된 토지
- 산림의 경영 및 관리를 위하여 설치한 도로(이하 '임도')
- 위 네 가지의 토지에 있는 암석지와 소택지(沼澤地 : 늪과 연못으로 둘러싸인 습한 땅)

18 산림토양 내에 존재하는 질소에 대한 설명으로 옳은 것은?

① 호기성 세균은 질산태 질소를 암모늄태 질소로 변화시키는 과정에서 중심 역할을 한다.
② 산성이 강한 산림토양에서는 질산화작용에 의해 질소 성분이 주로 질산태 질소 형태로 존재한다.
③ 동식물의 사체가 분해되면 처음에 질산태 질소가 생성되며, 그 후에 세균에 의해 암모늄태 질소로 변화된다.
④ 산성이 강한 산림토양에서는 세균보다 진균이 동식물의 사체를 암모늄 형태의 질소로 분해하는 데 더 크게 기여한다.

해설

토양 내에서 유기물이었던 질소(유기태 질소)가 세균이나 곰팡이(진균)에 의해 암모늄이온(NH_4^+)으로 변화하여 암모늄태 질소(NH_4^+-N)가 생성되는데, 산성이 강한 산림토양에서는 세균보다 진균이 동식물의 사체를 암모늄태 질소로 분해하는 데 더 크게 기여한다.

19 종자 발아 시험에서 일정 기간 내의 발아 종자수를 시험에 사용한 전체 종자수에 대한 백분율로 나타낸 것은?

① 효율   ② 순량률
③ 발아율   ④ 발아세

해설

발아율(發芽率)
전체 시료 종자수에 대한 일정 기간 내에 발아한 종자수를 백분율로 나타낸 것이다.

20 삽목 작업에 대한 설명으로 옳지 않은 것은?

① 삽수의 끝눈은 남향으로 향하게 한다.
② 비가 온 후 상면이 습하면 작업을 하지 않는다.
③ 작업 중 삽수가 건조하거나 눈이 상하지 않도록 주의한다.
④ 삽목 토양으로는 배수성이 좋은 토양보다는 양료가 충분히 있는 양토 계통의 토양을 이용하는 것이 좋다.

정답 17 ① 18 ④ 19 ③ 20 ④

> **해설**

삽목상은 무균상으로 보수력이 높으며, 마사토와 같이 배수성과 통기성이 좋은 상이 좋다. 유기물(양료)이 많은 삽목상은 여러 유해 미생물을 발생시키므로 피한다.

2과목 산림보호학

21 다음 설명에 해당하는 해충은?

- 정착한 1령 애벌레는 여름에 긴 휴면을 가진 후 10월경에 생장하기 시작하고, 11월경에 탈피하여 2령 애벌레가 된다.
- 2령 애벌레는 11월~이듬해 3월 동안 수목에 피해를 가장 많이 주고, 수컷은 3월 상순 전후에 탈피하여 3령 애벌레가 된다.

① 호두나무잎벌레
② 참나무재주나방
③ 도토리거위벌레
④ 솔껍질깍지벌레

> **해설**

솔껍질깍지벌레는 5~6월쯤 부화약충이 바람에 날려 분산·이동하고, 1령 약충(전약충)으로 탈피하여 수피 틈에 정착하고 긴 여름휴면 후 10월경부터 생장하기 시작하며, 11월에 탈피하여 2령 약충(후약충)으로 월동하는데, 2령 약충은 기온이 낮아지는 겨울에 더욱 왕성한 활동을 하여 이때가 가장 피해가 큰 시기이다.

22 다음 각 해충이 주로 가해하는 수종으로 옳지 않은 것은?

① 광릉긴나무좀 – 참나무류
② 미국흰불나방 – 소나무류
③ 복숭아심식나방 – 사과나무
④ 버즘나무방패벌레 – 물푸레나무

> **해설**

광릉긴나무좀은 참나무 시들음병의 매개충이며, 미국흰불나방은 활엽수 160여 종의 잎을 식해하여 피해를 주고, 복숭아심식나방은 주로 사과나무와 복숭아나무를 가해하며, 버즘나무방패벌레는 주로 양버즘나무와 물푸레나무를 가해한다.

23 대추나무빗자루병에 대한 설명으로 옳지 않은 것은?

① 매개충은 마름무늬매미충이다.
② 병든 수목을 분주하면 병이 퍼져나간다.
③ 광범위 살균제로 수간주사하여 방제한다.
④ 꽃봉오리가 잎으로 변하는 엽화현상으로 인해 열매가 열리지 않는다.

> **해설**

대추나무빗자루병은 파이토플라스마에 의한 수병으로 전신감염성이며, 접수 및 삽수를 이용하거나 분주 등을 실시할 때 전염된다. 빗자루의 병징과 함께 엽화현상이 나타나며, 옥시테트라사이클린계(Oxytetracycline) 항생물질로 방제가 가능하다.

24 자낭균에 의해 발생하는 수목병은?

① 뽕나무오갈병
② 잣나무털녹병
③ 벚나무빗자루병
④ 삼나무붉은마름병

> **해설**

파이토플라스마에 의한 수병인 대추나무빗자루병, 오동나무빗자루병과 달리 벚나무빗자루병은 자낭균에 의한 수목병이다.

25 오동나무빗자루병을 매개하는 곤충은?

① 진딧물
② 끝동매미충
③ 마름무늬매미충
④ 담배장님노린재

정답 21 ④ 22 ② 23 ③ 24 ③ 25 ④

> **해설**

대추나무빗자루병과 뽕나무오갈병은 마름무늬매미충에 의해 매개되며, 오동나무빗자루병은 담배장님노린재에 의해 매개된다.

26 향나무녹병 방제 방법에 대한 설명으로 옳지 않은 것은?

① 중간기주에는 8~9월에 적정 농약을 살포한다.
② 향나무에는 3~4월과 7월에 적정 농약을 살포한다.
③ 향나무와 중간기주는 서로 2km 이상 떨어지도록 한다.
④ 향나무 부근에 산사나무, 모과나무 등의 장미과 수목을 심지 않는다.

> **해설**

향나무에는 3~4월과 7월에 적정 약제를 살포하며, 중간기주인 배나무에는 발병 전인 4~6월에 적정 약제를 살포한다.

27 모잘록병 방제 방법으로 옳지 않은 것은?

① 질소질 비료를 많이 준다.
② 병든 묘목은 발견 즉시 뽑아 태운다.
③ 병이 심한 묘포지는 돌려짓기를 한다.
④ 묘상이 과습하지 않도록 배수와 통풍에 주의한다.

> **해설**

모잘록병 방제 시 과습하지 않도록 배수와 통풍에 주의하고, 질소질 비료의 과용을 피하며, 인산질, 칼륨질 비료를 충분히 주어 묘목이 강건히 자라도록 돕는다.

28 해충을 생물적으로 방제하는 방법에 대한 설명으로 옳은 것은?

① 식재할 때 내충성 품종을 선정한다.
② BT 수화제를 이용하여 솔나방 등을 방제한다.
③ 생리활성 물질인 키틴합성 억제제를 이용한다.
④ 임목밀도를 조절하여 건전한 임분을 육성한다.

> **해설**

생물(학)적 방제는 자연에 존재하는 포식곤충, 기생곤충, 병원미생물 등의 천적을 이용하여 해충의 발생을 억제시키는 친환경적 방제법으로 미생물 유래 천연 살충제인 BT제를 이용하여 솔나방 등을 방제하는 것이 이에 속한다.

29 북방수염하늘소에 대한 설명으로 옳지 않은 것은?

① 성충의 우화 최성기는 5월경이다.
② 성충은 수세가 쇠약한 수목이나 고사목에 산란한다.
③ 솔수염하늘소와 마찬가지로 소나무재선충을 매개한다.
④ 연 2회 발생하고, 유충으로 월동하며, 1년에 3회 발생하는 경우도 있다.

> **해설**

북방수염하늘소는 소나무재선충의 매개충으로 연 1회 발생하며, 유충으로 월동한다. 성충의 우화 최성기는 5월경이며, 쇠약한 수목이나 고사목에 산란한다.

30 수목을 가해하는 해충 방제 방법으로 옳지 않은 것은?

① 성페로몬을 이용한 방법은 친환경적 방제 방법이다.
② 방사선을 이용한 해충의 불임 방법은 국제적으로 금지되어 있다.
③ 생물적 방제는 다른 생물을 이용하여 해충군의 밀도를 억제하는 방법이다.

정답 26 ① 27 ① 28 ② 29 ④ 30 ②

④ 공항, 항만 등에서 식물 검역을 실시하여 국내로 해충이 유입되지 않도록 한다.

해설

해충의 물리적 방제법으로는 온도와 습도의 처리, 방사선 및 고주파 이용 등이 있으며, 해충에 방사선을 조사하여 죽이거나 불임화를 조장하는 방사선 이용법은 공공연하게 사용되고 있는 방법이다.

31 저온에 의한 수목 피해에 대한 설명으로 옳지 않은 것은?

① 조상은 늦가을에 수목이 완전히 휴면하기 전에 내린 서리로 인한 피해이다.
② 동상은 겨울철 수목의 생육휴면기에 발생하여 연약한 묘목에 피해를 준다.
③ 상주는 봄에 식물의 발육이 시작된 후 급격한 기온 저하가 일어나 줄기가 손상되는 것이다.
④ 상렬은 추운 지방에서 밤에 수액이 얼어서 부피가 증대되어 수간의 외층이 냉각 수축하여 갈라지는 현상이다.

해설

상주(霜柱)
토양 중의 수분이 모세관현상으로 지표면으로 올라왔다가 저온을 만나 얼게 되고 반복되면서 생성되는 서릿기둥이며, 봄에 식물의 발육이 시작된 후 급격한 기온 저하로 인한 서리 피해는 만상(晚霜)이다.

32 산불 발생 시 수행하는 직접 소화법이 아닌 것은?

① 맞불 놓기   ② 토사 끼얹기
③ 불털이개 사용   ④ 소화약제 항공살포

해설

직접 소화법은 직접적으로 불길을 잡는 방법으로 물 뿌리기, 진화도구(불털이개) 사용, 토사 끼얹기, 소화약제 항공살포 등이 있으며, 맞불 놓기는 간접 소화법이다.

33 소나무재선충병의 매개충 방제를 위한 나무주사에 대한 설명으로 옳지 않은 것은?

① 나무주사시기는 5~7월이다.
② 약효 지속기간은 약 5개월이다.
③ 약제는 티아메톡삼 분산성액제를 사용한다.
④ 약제 주입량 기준은 흉고직경(cm)당 0.5mL이다.

해설

솔수염하늘소 성충의 우화시기인 5~7월 전에 살충제인 티아메톡삼 분산성액제를 흉고직경(cm)당 원액 0.5mL씩 나무주사하며, 약효는 약 5개월 지속된다.

34 번데기로 월동하는 해충은?

① 대벌레   ② 솔나방
③ 미국흰불나방   ④ 잣나무넓적잎벌

해설

미국흰불나방이 번데기로 월동하며, 솔나방과 잣나무넓적잎벌은 유충으로 대벌레는 알로 월동한다.

35 수목에 가장 많은 병을 발생시키는 병원체는?

① 선충   ② 균류
③ 바이러스   ④ 파이토플라스마

해설

식물병(수목병)을 일으키는 생물성 병원 중에는 진균(균류)에 의한 것이 가장 많다.

36 농약을 살포하여 수목의 줄기, 잎 등에 약제가 부착되어 식엽성 해충이 먹이와 함께 약제를 섭취하여 독작용을 일으키는 살충제는?

① 기피제   ② 유인제
③ 소화중독제   ④ 침투성 살충제

정답 31 ③ 32 ① 33 ① 34 ③ 35 ② 36 ③

해설

소화중독제(消化中毒劑)
약제를 식물체의 줄기, 잎 등에 살포·부착하여 식엽성 해충이 먹이와 함께 약제를 직접 섭취하면 소화관 내에서 중독증상을 일으켜 죽게 되는 약제이다.

37 장미모자이크병 방제 방법에 대한 설명으로 옳지 않은 것은?

① 매개충을 구제한다.
② 많은 잎에 모자이크병 병징이 나타난 수목은 제거한다.
③ 바이러스에 감염된 어린 대목을 38℃에서 약 4주간 열처리한다.
④ 바이러스에 감염되지 않은 대목과 접수를 사용하여 건전한 묘목을 육성한다.

해설

장미모자이크병은 바이러스에 의한 전신감염성 식물병으로 주로 접목, 삽목 등의 무성번식에 의해 전염되며, 매개충에 의해 전염되지 않는다.

38 대기오염물질인 오존으로 인하여 제일 먼저 피해를 입는 수목의 세포는?

① 엽육세포
② 표피세포
③ 상피세포
④ 책상조직세포

해설

오존(O_3)
대기 중의 유해물질이 태양광선에 의해 화학적 반응으로 산화되어 형성된 2차 대기오염물질로, 피해증상은 책상조직세포가 괴사하여 잎 표면에 주근깨 같은 검은 반점이 형성되고, 반점이 합쳐져 번지며, 심하면 표면이 백색화한다.

39 수목에 충영을 형성하는 해충은?

① 텐트나방
② 아까시잎혹파리
③ 복숭아유리나방
④ 느티나무벼룩바구미

해설

솔잎혹파리, 아까시잎혹파리, 밤나무혹벌은 충영을 형성하여 피해를 주며, 텐트나방과 느티나무벼룩바구미는 식엽성, 복숭아유리나방은 천공성으로 목질부를 식해하여 피해를 준다.

40 병원균이 종자의 표면에 부착해서 전반되는 수목병은?

① 잣나무털녹병
② 왕벚나무혹병
③ 밤나무줄기마름병
④ 오리나무갈색무늬병

해설

오리나무갈색무늬병균은 종자의 표면에 붙어서 전반되며, 잣나무털녹병균은 바람에 의해, 밤나무줄기마름병균은 빗물과 곤충에 의해 전반된다.

3과목 임업경영학

41 산림문화·휴양에 관한 법률에서 정의된 국민의 정서함양, 보건휴양 및 산림교육 등을 위하여 조성한 산림에 해당하는 것은?

① 산림욕장
② 치유의 숲
③ 숲속야영장
④ 자연휴양림

해설

자연휴양림
국민의 정서함양, 보건휴양 및 산림교육 등을 위하여 조성한 산림을 말한다.

정답 37 ① 38 ④ 39 ② 40 ④ 41 ④

42 임분재적 측정방법으로 전수조사에 해당되는 것은?

① 목측
② 표본조사
③ 매목조사
④ 계통적 추출

해설

매목조사법(每木調査法)
조사구역 내 모든 입목의 흉고직경만을 측정하여 임분의 재적을 산출하는 것으로 대표적 전수조사 방법이다.

43 생태·문화·역사·경관·학술적 가치의 보전에 필요한 산림은?

① 수원함양림
② 생활환경보전림
③ 산지재해방지림
④ 자연환경보전림

해설

자연환경보전림
생태·문화 및 학술적으로 보호할 가치가 있는 자연 및 산림을 보호·보전하기 위한 산림이다.

44 임업이율의 성격으로 옳지 않은 것은?

① 현실이율이 아니고 평정이율이다.
② 단기이율이 아니고 장기이율이다.
③ 대부이자가 아니고 자본이자이다.
④ 명목적 이율이 아니고 실질적 이율이다.

해설

임업이율은 실질적 이율이 아니고 명목적 이율이다.

45 Huber식에 의한 수간석해 방법으로 옳지 않은 것은?

① 구분의 길이 2m로 원판을 채취한다.
② 반경은 일반적으로 5년 간격으로 측정한다.
③ 벌채점의 위치는 가슴높이인 지상 1.2m로 한다.
④ 단면의 반경은 4방향으로 측정한 값의 평균값이다.

해설

원판채취 시 흉고직경이 1.2m인 경우, 지상 0.2m를 벌채점으로 한다.

46 다음 조건에서 프레슬러(Pressler) 공식을 이용한 임목의 수고생장률은?

- 2010년 임목의 수고 : 15m
- 2015년 임목의 수고 : 18m

① 약 0.4%
② 약 3.6%
③ 약 36.4%
④ 약 44.4%

해설

프레슬러(Pressler)식

$$생장률(\%) \ P = \frac{(V-v)}{(V+v)} \times \frac{200}{m}$$
$$= \frac{(18-15)}{(18+15)} \times \frac{200}{5} = 3.6363 \cdots \%$$
$$\therefore 약 3.6\%$$

여기서, V : 현재의 수고
v : m년 전의 수고
m : 기간연수

47 자본장비도에 대한 설명으로 옳지 않은 것은?

① 종사자 1인당 자본액이다.
② 종사자 수를 총자본으로 나눈 것이다.
③ 일반적으로 고정자본에서 토지를 제외한다.
④ 경영의 총자본은 고정자본과 유동자본의 합이다.

정답 42 ③ 43 ④ 44 ④ 45 ③ 46 ② 47 ②

해설

자본장비도(資本裝備度)
경영의 총자본(고정자본+유동자본)을 경영에 종사하는 사람 수로 나눈 값으로 자본장비율이라고도 하며, 결국 종사자 1인당 자본액에 해당한다.

48 산림경영의 지도원칙 중 경제원칙이 아닌 것은?

① 공공성 ② 수익성
③ 보속성 ④ 생산성

해설

경제원칙에는 수익성의 원칙, 경제성의 원칙, 생산성의 원칙, 공공성의 원칙이 있다.

49 산림수확 조절방법 중 수리계획법이 아닌 것은?

① 장기계획법 ② 선형계획법
③ 목표계획법 ④ 정수계획법

해설

각종 경영에서 최적의 결정에 도달하기 위해 발달한 수리계획법에는 선형계획법, 정수계획법, 목표계획법이 있다.

50 숲길의 조성·관리 연차별 계획에 포함되어야 할 사항은?

① 1년 단위 연차별 투자실적 및 계획
② 5년 단위 연차별 투자실적 및 계획
③ 10년 단위 연차별 투자실적 및 계획
④ 20년 단위 연차별 투자실적 및 계획

해설

숲길의 조성·관리 연차별 계획에는 숲길 관련 사업의 5년 단위 연차별 투자실적 및 계획이 포함되어야 한다.

51 종합원가계산 방법에 대한 설명으로 옳지 않은 것은?

① 공정별 원가계산방법이라고도 한다.
② 제품의 원가를 개개의 제품단위별로 직접 계산하는 방법이다.
③ 같은 종류와 규격의 제품이 연속적으로 생산되는 경우에 사용한다.
④ 생산된 제품의 전체원가를 총생산량으로 나누어 단위원가를 산출한다.

해설

종합원가계산(공정별 원가계산)은 일정기간에 생산된 제품 전체원가를 계산하여 총생산량으로 나누고 단위원가를 산출하는 방식으로, 제품의 원가를 개개의 제품단위별로 직접 계산하는 것은 개별원가계산(주문별 원가계산)이다.

52 감가상각비에 대한 설명으로 옳지 않은 것은?

① 시간의 경과에 따른 부패, 부식 등에 의한 가치의 감소를 포함한다.
② 고정자산의 감가원인은 물리적 원인과 기능적 원인으로 나눌 수 있다.
③ 새로운 발명이나 기술진보에 따른 사용 가치의 감가는 감가상각비로 처리하지 않는다.
④ 시장변화 및 제조방법 등의 변경으로 인하여 사용할 수 없게 된 경우에도 감가상각비로 처리한다.

해설

감가에는 물질적(물리적) 감가와 기능적 감가가 있으며, 새로운 발명이나 기술진보에 따른 사용 가치의 감가는 진부화에 의한 감가로 기능적 감가에 포함된다.

정답 48 ③ 49 ① 50 ② 51 ② 52 ③

53 산림의 경제성 분석방법 중 현금흐름할인법에 해당하지 않는 것은?

① 회수기간법 ② 순현재가치법
③ 내부수익률법 ④ 편익비용비율법

> **해설**
>
> 현금흐름할인법은 화폐의 시간적 가치를 고려한 투자효율 분석방법으로 순현재가치법, 내부수익률법, 편익비용비법이 있다.

54 벌구식 택벌작업에서 맨 처음 벌채된 벌구가 다시 택벌될 때까지의 소요기간을 무엇이라고 하는가?

① 벌기령 ② 윤벌기
③ 벌채령 ④ 회귀년

> **해설**
>
> 회귀년(回歸年)
> 택벌작업급을 몇 개의 벌구로 나눠 매년 순차적으로 택벌하고, 다시 최초의 택벌구로 벌채가 되돌아오는 데 소요되는 기간이다.

55 임목재적 측정 시 가장 먼저 할 일은?

① 조사목 선정 ② 조사목 측정
③ 조사구역 설정 ④ 임분의 현존량 추정

> **해설**
>
> 임목의 재적측정 시에는 가장 먼저 표준지가 될 수 있는 조사구역을 설정하고, 다음으로 그 구역 내에서 조사목을 선정하여 실시한다.

56 다음 조건에서 글라저(Glaser)의 보정식에 따른 15년생 현재의 평가대상 임목가는?

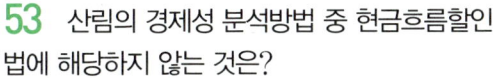

- 현재 15년생인 소나무림 1ha의 조림비와 10년생까지 지출한 경비의 후가합계가 60만 원이다.
- 30년생의 벌기수확이 380만 원으로 예상된다.

① 800,000원 ② 812,500원
③ 850,000원 ④ 887,500원

> **해설**
>
> Glaser의 보정식
> 주벌수입(벌기임목가)이 A_u, 10년생까지 지출한 모든 비용의 후가합계가 C_{10}, 벌기가 u일 때, 현재 m년생인 임목가(A_m)를 계산한다.
>
> $$A_m = (A_u - C_{10}) \times \frac{(m-10)^2}{(u-10)^2} + C_{10}$$
>
> $$= (380만\ 원 - 60만\ 원) \times \frac{(15-10)^2}{(30-10)^2} + 60만\ 원$$
>
> $$= 800,000원$$

57 손익분기점 분석을 위한 가정으로 옳지 않은 것은?

① 제품의 생산능률은 변화한다.
② 제품 한 단위당 변동비는 항상 일정하다.
③ 고정비는 생산량의 증감에 관계없이 항상 일정하다.
④ 제품의 판매가격은 판매량이 변동하여도 변화되지 않는다.

> **해설**
>
> 제품의 생산능률이 일정하다는 가정하에 손익의 계산이 가능하므로 제품의 생산능률은 변함이 없다.

58 임목의 가격을 산정하기 위한 방법으로 시장역산가 공식에 사용하지 않는 인자는?

① 조재율 ② 간벌수익
③ 자본회수기간 ④ 원목의 시장단가

정답 53 ① 54 ④ 55 ③ 56 ① 57 ① 58 ②

해설

시장가역산법

$$x = f\left(\frac{a}{1+mp+r} - b\right)$$

여기서, x : 단위재적당 임목가(원/m³)
f : 조재율, m : 자본회수기간
p : 월이율, r : 기업이익률
a : 원목의 단위재적당 시장가(원목시장단가, 원/m³)
b : 단위재적당 벌목비·운반비·집재비·조재비 등의 생산비용(원/m³)

59 임목수관의 지상투영면적 백분율로 나타내는 임분밀도의 척도는?

① 상대밀도
② 임분밀도지수
③ 상대공간지수
④ 수관경쟁인자

해설

임분밀도의 척도
단위면적당 임목본수·재적·흉고단면적, 상대밀도, 입목도, 임분밀도지수, 수관경쟁인자, 상대공간지수 등이 있으며, 임목수관의 지상투영면적을 백분율로 나타낸 것이 수관경쟁인자이다.

60 벌기가 20년인 활엽수 맹아림의 임목가는 40만 원이다. 마르티나이트(Martineit)식으로 계산한 15년생의 임목가는?

① 112,500원
② 150,000원
③ 225,000원
④ 350,000원

해설

Martineit(마르티나이트)식
주벌수입(벌기임목가)이 A_u, 벌기가 u일 때, 현재 m년생인 임목가(A_m)를 계산한다.

$$A_m = A_u \times \frac{m^2}{u^2} = 40만 원 \times \frac{15^2}{20^2} = 225,000원$$

4과목 임도공학

61 임도의 설계기준으로 중심선측량에서 측점 간격은?

① 5m
② 10m
③ 20m
④ 50m

해설

중심선측량은 측점 간격 20m마다 중심말뚝을 설치하며, 필요한 각 점에는 보조말뚝을 설치한다.

62 집재가선을 설치할 때 본줄을 설치하기 위한 집재기 쪽의 지주를 무엇이라 하는가?

① 머리기둥
② 꼬리기둥
③ 안내기둥
④ 받침기둥

해설

본줄 설치를 위한 집재기 쪽의 지주목을 머리기둥, 집재기 반대쪽의 지주목을 꼬리기둥이라 한다.

63 임도망의 특성을 나타내는 지표가 아닌 것은?

① 임도밀도
② 임도간격
③ 평균집재거리
④ 임도곡선반지름

해설

임도망의 특성을 나타내는 지표
임도밀도, 임도간격, 집재거리, 평균집재거리

64 임도시공 방법에 대한 설명으로 옳은 것은?

① 성토대상지에 있는 모든 임목은 사면다짐 등 노체 형성에 유리하므로 그대로 존치시킨다.
② 암석지역 중 급경사지 또는 가시권 지역에서의 암석 절취는 발파 위주로 시공한다.

정답 59 ④ 60 ③ 61 ③ 62 ① 63 ④ 64 ④

③ 토공작업 시 부족한 토사공급 또는 남은 토사의 처리가 필요한 경우에는 임지 밖에 사토장 또는 토취장을 지정한다.
④ 노면 및 절토대상지에 있는 임목과 그 뿌리, 표토는 전량 제거하여 반출한다. 다만, 부식토는 사면복구에 활용할 수 있다.

해설

임도시공 방법
- 성토대상지에 있는 입목은 노체형성에 장애가 되는 경우 또는 흙에 묻혀 고사하게 되는 경우를 제외하고는 그대로 존치하며, 표토 등은 제거·정리한다.
- 암석지역 중 급경사지나 도로변의 가시지역 및 민가 주변에서의 암석 절취는 브레이커 절취를 위주로 한다.
- 절·성토 시 남는 토사를 처리하는 사토장, 부족한 토사를 채취하는 토취장은 임상이 양호하지 않은 지역에 설치한다.

65 평판측량에 있어서 어느 다각형을 전진법에 의하여 측량하였다. 이때 폐합오차가 20cm 발생하였다면 측점 C의 오차 배분량은?(단, $AB=50m$, $BC=40m$, $CD=5m$, $DA=5m$)

① 0.10m　　② 0.14m
③ 0.18m　　④ 0.20m

해설

오차배분량

$$= \frac{\text{시작점에서 수정할 측점까지의 길이}}{\text{전 측선의 총길이}} \times \text{폐합오차}$$

$$= \frac{50+40}{50+40+5+5} \times 0.2m = 0.18m$$

66 임도의 선형 설계에서 제약 요소가 아닌 것은?

① 시공상에서의 제약
② 대상지 주요 수종에 의한 제약
③ 사업비·유지관리비 등에 의한 제약
④ 자연환경의 보존·국토보전상에서의 제약

해설

선형 설계 시 제약 요소
- 자연환경의 보존, 국토보전상에서의 제약
- 지질·지형·지물 등에 의한 제약
- 시공상에서의 제약
- 사업비·유지관리비 등에 의한 제약

67 임도 시공 시 토사지역에서 절토 경사면의 기울기 기준은?

① 1 : 0.3~0.5　　② 1 : 0.3~0.8
③ 1 : 0.8~1.2　　④ 1 : 0.8~1.5

해설

절토사면의 기울기 기준은 암석지는 1 : 0.3~1.2이며, 토사지역은 1 : 0.8~1.5이다.

68 곡선설치법에서 교각법에 의해 곡선을 설치할 때 교각이 32°15′, 곡선반지름이 200m일 경우 접선길이는?

① 약 58m　　② 약 65m
③ 약 75m　　④ 약 83m

해설

접선길이 $TL = R \cdot \tan\frac{\theta}{2} = 200 \times \tan\frac{32°15′}{2}$

$= 57.8215\cdots m$ ∴ 약 58m

69 최소곡선반지름의 크기에 영향을 주는 인자가 아닌 것은?

① 임도밀도
② 도로의 너비
③ 반출할 목재의 길이
④ 차량의 구조 및 운행속도

정답 65 ③　66 ②　67 ④　68 ①　69 ①

해설

최소곡선반지름 크기에 영향을 미치는 인자
도로의 너비(노폭, 유효폭), 반출할 목재의 길이, 차량의 구조, 운행속도(설계속도), 도로의 구조, 시거, 타이어와 노면의 마찰계수 등

70 임도시공에서 다짐작업에 사용되는 토공기계로 가장 거리가 먼 것은?

① 불도저 ② 탬핑롤러
③ 진동 콤팩터 ④ 모터그레이더

해설

모터그레이더
차체의 중심에 블레이드 날이 달려 있어 주로 땅을 고르는 데 사용하는 정지작업 전용 기계이다.

71 임도의 횡단선형에서 길어깨의 기능이 아닌 것은?

① 시거의 여유 공간
② 폭설 시 제설 공간
③ 보행자의 통행 공간
④ 차량의 주행상 여유 공간

해설

길어깨의 기능
노체구조의 안정, 도로의 유지, 차량의 안전 통행, 주행상 여유 공간, 보행자의 대피 및 통행, 차도의 주요 구조부 보호, 폭설 시 제설 공간 등

72 개설 비용이 저렴하고, 토사발생량도 적으며, 상향집재작업에 가장 적합한 임도는?

① 사면임도 ② 계곡임도
③ 능선임도 ④ 복합임도

해설

능선임도는 산악지대 임도배치 방법 중 건설비가 가장 적게 소요되며, 개설비용이 가장 적고 토사 유출도 적지만, 상향집재만 가능하여 개발이 제한적이다.

73 임도에서 대피소의 설치 간격 기준은?

① 100m 이내 ② 300m 이내
③ 500m 이내 ④ 1,000m 이내

해설

대피소의 설치 기준
간격은 300m 이내, 너비는 5m 이상, 유효길이는 15m 이상이다.

74 임도 설계 과정에서 가장 먼저 실시하는 업무는?

① 예측 ② 답사
③ 예비조사 ④ 공사수량 산출

해설

임도설계 업무의 순서
예비조사 → 답사 → 예측 → 실측 → 설계도 작성 → 공사수량 산출 → 설계서 작성

75 임도의 횡단선형에 대한 설명으로 옳지 않은 것은?

① 길어깨의 너비는 50cm~1m로 한다.
② 배향곡선의 중심선 반지름은 10m 이상으로 설치한다.
③ 임도의 유효너비 기준은 길어깨 및 옆도랑의 너비를 합친 3m이다.
④ 곡선부의 중심선 반지름은 내각이 155° 이상인 경우 곡선을 설치하지 않을 수 있다.

해설

임도의 유효너비 기준은 길어깨와 옆도랑을 제외한 3m를 기준으로 한다.

정답 70 ④ 71 ① 72 ③ 73 ② 74 ③ 75 ③

76 임도밀도를 산출하기 위한 해석적 방법으로 옳은 것은?

① 몇 개의 예정노선을 계획하고 이익과 비용에 의해 비교 판단한다.
② 예정 개설 노선의 노선도를 작성하고 계산과 이론으로 최적 임도를 산출한다.
③ 몇 개의 예정노선을 계획 작성하고 임지마다 최적의 노선배치에 의한 최적 임도를 선정한다.
④ 예정노선의 노선도를 작성하지 않고 순수하게 계산만으로 이론적 최적 임도밀도를 산출한다.

해설

해석적 방법(Mattews의 방법)
예정노선의 노선도를 작성하지 않고, 순수하게 계산만으로 최적 임도밀도 및 최적 임도간격을 산출하는 이론적 방법이다.

77 컴퍼스측량에서 발생하는 자침편차 중 일차에 해당하는 변화는?

① 0~5′   ② 5~10′
③ 15~20′   ④ 20~25′

해설

자침편차 중 일변화(일차)는 오전 11시경이 평균, 오후 2시경이 최대가 되는 하루 사이의 변화로 약 5~10′이다.

78 임도 설계속도가 20km/시간일 때 일반지형에서 최소곡선반지름 기준은?

① 12m   ② 15m
③ 20m   ④ 30m

해설

일반지형에서 설계속도별 최소곡선반지름 기준
- 40km : 60m
- 30km : 30m
- 20km : 15m

79 다음과 같은 지형에서 직사각형 기둥법에 의한 토적량은?(단, 사각형의 면적은 $200m^2$로 모두 동일함)

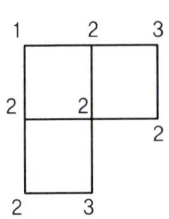

① $1,200m^3$ ② $1,250m^3$
③ $1,300m^3$ ④ $1,350m^3$

해설

직사각형 기둥법
- A = 직사각형 1개의 단면적 $a \times b = 200m^2$
- $\sum h_1$ = 1번 쓰인 지반고의 합 = 1+3+2+2+3 = 11
- $\sum h_2$ = 2번 쓰인 지반고의 합 = 2+2 = 4
- $\sum h_3$ = 3번 쓰인 지반고의 합 = 2
- $\sum h_4$ = 4번 쓰인 지반고의 합 = 0

$\therefore$ 체적 $V = \dfrac{A}{4}(\sum h_1 + 2\sum h_2 + 3\sum h_3 + 4\sum h_4)$

$= \dfrac{200}{4}\{11+(2\times 4)+(3\times 2)\}$

$= 1,250m^3$

80 수준측량에서 시점의 지반고가 100m이고, 전시의 합은 120.5m, 후시의 합은 110.5m일 때 점의 지반고는?

① 90m   ② 100m
③ 110m   ④ 120m

해설

최종 고저차 = 후시의 합계 − 이기점 전시의 합계
= 110.5 − 120.5 = −10m이며, 시점의 지반고가 100m이므로 종점의 지반고는 100 − 10 = 90m이다.

5과목 사방공학

81 막깬돌의 길이는 앞면의 몇 배 이상으로 하는가?

① 0.5배 ② 1.0배
③ 1.5배 ④ 2.0배

해설

막깬돌
엄격한 치수가 아닌 면의 모양이 직사각에 가깝게 대략적 수치에 의해 깬 석재로 이가 맞아떨어지지 않으므로 반드시 찰쌓기 공법으로 시공하며, 전체 길이는 앞면의 1.5배 이상으로 한다.

82 흙골막이에서 제체를 축설하는 흙쌓기 비탈면의 기울기 기준은?

① 대수면과 반수면이 다같이 1 : 1보다 완만하게 하여야 한다.
② 대수면과 반수면이 다같이 1 : 1.5보다 완만하게 하여야 한다.
③ 대수면은 1 : 1.5, 반수면은 1 : 1보다 완만하게 하여야 한다.
④ 대수면은 1 : 1, 반수면은 1 : 1.5보다 완만하게 하여야 한다.

해설

흙골막이
흙으로 본체를 구축하고, 반수면에는 떼를 입혀 보호하는 공법으로 견고도가 크지 않아 대수면과 반수면 모두 흙쌓기 기울기는 1 : 1.5보다 완만하게 시공한다.

83 계속되는 강우로 인하여 토층이 포화상태가 되면서 산지 전면에 걸쳐 얇은 층으로 발생하는 침식은?

① 면상침식 ② 우격침식
③ 누구침식 ④ 구곡침식

해설

면상침식
토양의 얇은 층이 전면에 걸쳐 넓게 유실되는 현상으로 유기물이 많은 겉흙을 넓게 제거하여 토양의 비옥도와 생산성이 저하된다.

84 중력침식에 대한 설명으로 옳지 않은 것은?

① 붕괴형 침식, 동상침식, 지활형 침식, 유동형 침식 등이 있다.
② 유수나 바람과 같은 독립된 외력의 작용에 의하여 발생하는 침식이다.
③ 토층이 수분으로 포화되어 중력작용으로 토층이 집단적으로 밀리는 현상이다.
④ 중력의 영향으로 비탈면에서 토사와 석력의 지괴가 이동하는 침식의 특수 형태이다.

해설

중력침식은 유수나 바람 같은 독립된 외력의 작용에 의해 발생하는 것이 아니라, 여러 원인과 함께 중력이 작용하여 발생하는 침식으로 붕괴형 침식, 지활형 침식, 유동형 침식, 동상침식 등이 있다.

85 콘크리트 측구에 흐르는 유적이 $0.35m^2$이고, 평균유속이 4m/s일 때 유량은?

① $0.14m^3/s$ ② $1.14m^3/s$
③ $1.40m^3/s$ ④ $11.43m^3/s$

해설

유량 $Q(m^3/s)$ = 유속 × 유적 = $V \cdot A$
$= 4 \times 0.35 = 1.4 m^3/s$

86 양단면적이 각각 $10m^2$, $20m^2$이고, 양단면의 거리가 20m일 때 양단면평균법에 의한 토사량은?

① $300m^3$ ② $400m^3$
③ $500m^3$ ④ $600m^3$

정답 81 ③ 82 ② 83 ① 84 ② 85 ③ 86 ①

해설

양단면적평균법
토량(m³)
$$V = \frac{A_1 + A_2}{2} \times L = \frac{10+20}{2} \times 20 = 300 \text{m}^3$$
여기서, A_1, A_2 : 양단면적
L : 양단면적 간의 거리

87 산사태 예방공사 중 지하수배제공사에 속하는 것은?

① 주입공사   ② 집수정공사
③ 돌림수로내기   ④ 침투수방지공사

해설

배수공은 지표수배제공과 지하수배제공으로 나뉘며, 지표수배제공에는 침투수방지공, 수로공, 암거공 등이 있고, 지하수배제공에는 집수정공, 횡보링공, 배수터널 등이 있다.

88 사방댐 안정조건의 검토 항목으로 옳지 않은 것은?

① 유출에 대한 안정
② 전도에 대한 안정
③ 제체파괴에 대한 안정
④ 기초지반 지지력에 대한 안정

해설

중력댐(사방댐)의 안정조건
전도(轉倒)에 대한 안정, 활동(滑動)에 대한 안정, 제체(堤體)의 파괴에 대한 안정, 기초지반의 지지력에 대한 안정

89 황폐계류유역에 해당하지 않는 것은?

① 토사생산구역   ② 토사유과구역
③ 토사퇴적구역   ④ 토사억제구역

해설

황폐계류의 유역은 상류로부터 하류까지 토사생산구역 → 토사유과구역 → 토사퇴적구역으로 구분할 수 있다.

90 산사태의 발생요인에서 내적 요인에 해당하는 것은?

① 강우   ② 지진
③ 벌목   ④ 토질

해설

강우, 지진, 벌목은 직접적 외적 요인이며, 토질이 간접적 내적 요인에 해당한다.

91 사방공사용 재래초본류에 해당하는 것은?

① 억새   ② 오리새
③ 겨이삭   ④ 우산잔디

해설

오리새, 겨이삭, 우산잔디는 외래초본이고, 억새는 재래초본이며 재래초본에는 김의털, 비수리, 까치수영, 새, 솔새, 개솔새, 수크령 등이 있다.

92 야계사방에 해당하는 공종이 아닌 것은?

① 사방댐
② 흙막이
③ 바닥막이
④ 기슭막이

해설

야계사방(계간사방)공사에는 사방댐, 골막이(구곡막이), 바닥막이, 기슭막이, 수제, 모래막이, 계간수로, 둑쌓기가 있고, 흙막이는 산지사방의 기초공사이다.

정답 87 ② 88 ① 89 ④ 90 ④ 91 ① 92 ②

93 땅밀림과 비교한 산사태에 대한 설명으로 옳지 않은 것은?

① 점성토를 미끄럼면으로 하여 속도가 느리게 이동한다.
② 주로 호우에 의하여 산정에서 가까운 산복부에서 많이 발생한다.
③ 흙덩어리가 일시에 계곡, 계류를 향하여 연속적으로 길게 붕괴하는 것이다.
④ 비교적 산지 경사가 급하고 토층 바닥에 암반이 깔린 곳에서 많이 발생한다.

해설

점성토를 미끄럼면으로 하여 속도가 느리게 이동하는 것은 땅밀림의 특징이다.

94 계류의 상류에 쌓는 소규모 공작물로 사방댐과 모습이 비슷하나 규모가 작고 토사퇴적 기능이 없으며 반수면만 존재하는 것은?

① 수제
② 골막이
③ 누구막이
④ 기슭막이

해설

골막이는 구곡막이라고도 하며, 유속을 완화하여 구곡의 침식을 방지하고자 계류를 횡단하여 설치하는 시설물이다. 사방댐은 대수면과 반수면을 모두 축설하지만, 골막이는 반수면만을 축설한다.

95 석재를 이용하여 공작물을 시공할 때 식생 도입이 곤란한 기울기가 1 : 1보다 완만한 비탈면이나 수변지역의 기슭막이에 사용되는 방법은?

① 찰쌓기
② 골쌓기
③ 메쌓기
④ 돌붙이기

해설

식생 도입이 곤란하며, 기울기가 1 : 1보다 완만한 비탈면이나 수변지역의 기슭막이에는 돌붙이기 공을 사용한다.

96 다음 설명에 해당하는 것은?

산림지대에서 지하수 유출과 깊은 유출을 합한 것이며, 평상시의 유량은 대부분 이것에 해당한다.

① 직접유출
② 간접유출
③ 기저유출
④ 표면유출

해설

기저유출은 깊은 중간유출과 지하수유출을 합한 것으로, 평상시 대부분의 유량이 이에 속한다.

97 척박하고 건조한 지역에서 비교적 잘 자라며, 맹아갱신이 잘 이루어지는 사방녹화용 주요 목본식물은?

① 단풍나무
② 가시나무
③ 아까시나무
④ 테다소나무

해설

사방용 수목은 척박하고 건조한 지역에서도 적응력이 강해 비교적 잘 자라며, 리기다소나무, 해송(곰솔), 오리나무류, 아까시나무, 참나무류, 싸리류 등이 있다.

98 사방시설의 공작물도를 작성하는 데 기준이 되며 설계홍수량 산정에 쓰이는 강우확률 빈도는?

① 30년
② 50년
③ 80년
④ 100년

정답 93 ① 94 ② 95 ④ 96 ③ 97 ③ 98 ④

> **해설**

배수구의 통수단면은 100년 빈도 확률강우량과 홍수도달시간을 이용한 합리식으로 계산된 최대홍수유출량의 1.2배 이상으로 설계·설치한다.

99 해안사방의 정사울세우기에 대한 설명으로 옳지 않은 것은?

① 울타리의 유효높이는 보통 1.0~1.2m로 한다.
② 울타리의 방향은 주풍방향에 직각이 되게 한다.
③ 구획의 크기는 한 변의 길이가 7~15m 정도인 정사각형이나 직사각형으로 한다.
④ 해안으로부터 이동하는 모래를 배후에 퇴적시켜 인공모래언덕을 조성하기 위해 설치한다.

> **해설**

해안으로부터 이동하는 모래를 배후에 퇴적시켜 인공모래언덕을 조성하기 위해 설치하는 것은 퇴사울세우기이다.

100 다음 설명에 해당하는 것은?

> 비탈면이나 누구에서 모여드는 물이 점점 많아지면 구곡의 바닥과 양쪽 기슭의 침식력이 커지는데, 이때의 침식력을 의미한다.

① 유송력
② 운반력
③ 소류력
④ 수직응력

> **해설**

계류바닥(하상)의 토사나 자갈은 유속이 커짐에 따라 이동하기 시작하여 침식이 이루어지는데, 이때의 힘을 유수의 소류력(掃流力)이라 한다.

정답 99 ④ 100 ③

2020년 1·2회 통합 기출문제

산림산업기사

1과목 조림학

01 가지치기의 장점이 아닌 것은?
① 부정아 발생
② 무절재 생산
③ 하층목 생장 촉진
④ 산불로 인한 수관화 경감

해설
가지치기는 무절 완만재를 생산할 수 있으나 줄기에 부정아가 발생하는 단점이 있다.

02 종자의 활력을 검사하는 방법이 아닌 것은?
① 절단법
② 양건법
③ X-선법
④ 효소검출법

해설
종자의 활력검사에는 항온기에 의한 방법, 환원법(효소검출법, 테트라졸륨 검사법), 절단법, X선 분석법이 있으며, 양건법은 종자건조법이다.

03 다음 설명에 해당하는 갱신작업 방법은?

- 임관이 항상 울폐한 상태에 있어 임지 및 치수가 보호된다.
- 병충해에 대한 저항력과 심미적 가치가 높다.
- 음수 수종 갱신에 적합하고 상층의 성층목은 일광을 잘 받아 결실이 잘 된다.

① 택벌작업
② 개벌작업
③ 산벌작업
④ 왜림작업

해설
택벌작업은 임지와 치수가 보호받을 수 있으며, 음수 수종 갱신에 적합하고, 병충해에 대한 저항력이 높다.

04 단순히 토양 입자의 크기로만 평가하였을 때 단위부피당 토양이 지닌 양이온 치환용량이 가장 큰 것은?
① 역토
② 양토
③ 식토
④ 사토

해설
토양입자의 크기로만 평가하였을 때, 사토나 양토에 비해 점질인 식토가 음성적 성격이 강하여 단위부피당 양이온 치환용량이 가장 크다.

05 종자의 순량률에 대한 설명으로 옳은 것은?
① 종피와 종자 크기에 대한 비율이다.
② 1000개의 종자 무게를 비율로 정한 것이다.
③ 충실종자와 미숙종자에 대한 무게의 비율이다.
④ 전체 시료종자 무게에 대한 순정종자 무게의 비율이다.

해설
순량률(純量率)
전체 시료종자량(g)에 대한 순정종자량(g)의 백분율이다.

06 간벌에 대한 설명으로 옳지 않은 것은?
① 임목을 건전하게 발육시킨다.
② 임분의 형질을 개선하는 데 도움을 준다.

정답 01 ① 02 ② 03 ① 04 ③ 05 ④ 06 ④

③ 직경 생장을 촉진시킬 목적으로 실시한다.
④ 정량간벌은 수관급의 고려를 하는 것이 가장 중요하다.

해설

정량간벌(定量間伐)은 간벌 시 임령, 수고, 직경 등에 따라 벌채량을 미리 정해 놓고 그에 맞게 기계적으로 벌채하는 방법이며, 수관급을 고려하여 벌채하는 것은 정성간벌이다.

07 조림지의 풀베기 작업 시기로 가장 적합한 것은?

① 여름철인 6~8월이 좋다.
② 잡초목의 생장이 완료된 늦가을에 실시한다.
③ 수목의 수액이 이동하기 전인 4월 이전이 좋다.
④ 잡초목의 생장이 시작되는 4~5월에 실시한다.

해설

풀베기는 일반적으로 잡풀들이 자라나 피해를 입히기 시작하는 5~7월 또는 6~8월에 실시한다.

08 임목의 잎에 있는 엽록체가 주로 흡수하여 광합성에 이용하는 광선은?

① 적외선　　② 자외선
③ 근적외선　④ 가시광선

해설

파장길이 400~700nm의 가시광선이 엽록체가 주로 흡수하여 광합성에 이용하는 유효한 광파장으로, 수목의 생장에 관여한다.

09 육묘 시 해가림이 필요 없는 수종은?

① *Pinus rigida*
② *Larix kaempferi*
③ *Abies holophylla*
④ *Pinus koraiensis*

해설

리기다소나무(*Pinus rigida*)는 양수 수종으로 해가림이 필요 없으며, 낙엽송(*Larix kaempferi*), 전나무(*Abies holophylla*), 잣나무(*Pinus koraiensis*) 등은 해가림이 필요하다.

10 양분요구도가 가장 낮은 수종은?

① 밤나무　　② 소나무
③ 오동나무　④ 느티나무

해설

소나무류는 활엽수와의 경쟁에서 밀려 산능선과 같은 건조하며 척박한 환경에서도 적응하므로 수분과 양분요구도가 매우 낮은 수종이다.

11 배주에 해당하지 않는 것은?

① 주피　　② 자방
③ 주심　　④ 난핵

해설

꽃의 배주(밑씨)는 주피, 주심, 극핵, 난핵 등으로 이루어져 있으며, 후에 이것이 발달하여 각각 종피, 내종피, 배유, 배가 되어 종자를 형성한다. 자방은 배주가 들어 있던 씨방이다.

12 자연의 힘으로 이루어진 극상림의 숲은?

① 보안림　　② 열대림
③ 원시림　　④ 동령림

해설

자연의 힘으로 이루어진 극상림의 숲을 원시림(처녀림)이라 한다.

정답 07 ① 08 ④ 09 ① 10 ② 11 ② 12 ③

13 수목 잎의 기공개폐에 대한 설명으로 옳지 않은 것은?

① 온도가 높아지면 기공이 닫힌다.
② 잎의 수분포텐셜이 낮으면 기공이 열린다.
③ 순광합성이 가능한 정도의 광도이면 기공은 충분히 열린다.
④ 엽육 조직의 세포간극에 있는 이산화탄소의 농도가 높으면 기공이 닫힌다.

[해설]

잎의 수분포텐셜이 낮으면 수분스트레스를 받아 기공이 닫히고, 높으면 기공이 열린다.

14 묘목 식재 시 낙엽수종의 뿌리돌림 작업시기로 가장 적합한 것은?

① 4~5월 ② 6~7월
③ 9~10월 ④ 11~12월

[해설]

뿌리돌림은 큰 나무를 이식할 때 활착을 돕고자 미리 뿌리를 잘라 세근의 발달을 촉진시키는 방법으로 낙엽수종은 11~12월 또는 2~3월에 실시한다.

15 모수작업에 가장 알맞은 수종은?

① 잣나무 ② 소나무
③ 밤나무 ④ 일본잎갈나무

[해설]

모수작업(母樹作業)
종자를 공급할 수 있는 모수를 남기고, 그 외 나머지 수목들을 모두 벌채하는 방법으로 주로 소나무, 곰솔(해송), 자작나무 등 양수의 천연갱신에 유리하다.

16 콩과수목으로 비료목인 것은?

① 사시나무 ② 오리나무
③ 아까시나무 ④ 보리장나무

[해설]

비료목(肥料木)
질소를 고정하거나 질소와 같은 양분을 다량 지녀 임지의 지력 향상 및 비배효과로 다른 수목의 생육 촉진에 기여하는 수목이다. 대표적 콩과수목에는 아까시나무가 있다.

17 삽수의 발근을 촉진하는 방법으로 식물호르몬 처리에 해당하지 않는 것은?

① 분제 처리법
② 저농도액 침지법
③ 증산억제제 처리법
④ 고농도 순간침지법

[해설]

발근촉진제 처리방법에는 저농도액 침지법, 고농도 순간 침지법, 분제처리법 등이 있으며, 증산억제제는 식물체의 표면에 얇은 피막이 형성되어 증산을 억제하는 작용을 한다.

18 잣나무의 특성 및 임분 관리 방법에 대한 설명으로 옳은 것은?

① 천연갱신이 잘 이루어진다.
② 식재 후 30~40년경 간벌을 시작한다.
③ 토양 수분이 충분한 계곡이나 산복의 비옥지에 식재한다.
④ 자연 번식력이 강하므로 어떠한 작업종을 선택하여도 갱신에 지장이 없다.

[해설]

잣나무는 습기가 다소 있으며 부식질이 많은 비옥한 토양에서 생장이 좋으므로, 토양 수분이 충분한 계곡이나 산복의 비옥지에 식재하는 것이 좋다.

정답 13 ② 14 ④ 15 ② 16 ③ 17 ③ 18 ③

19 산벌작업의 순서로 옳은 것은?

① 전벌 → 하종벌 → 종벌
② 예비벌 → 전벌 → 종벌
③ 하종벌 → 예비벌 → 후벌
④ 예비벌 → 하종벌 → 후벌

해설

산벌작업은 예비벌, 하종벌, 후벌의 순서로 작업을 진행하며, 동시에 천연하종으로 갱신을 유도하는 작업법이다.

20 난대림에 분포하는 주요 수종이 아닌 것은?

① 전나무 ② 동백나무
③ 가시나무 ④ 후박나무

해설

동백나무, 가시나무, 후박나무 등은 난대림의 대표 수종이며, 전나무, 가문비나무 등은 한대림의 대표 수종이다.

2과목 산림보호학

21 솔나방이 월동하는 형태는?

① 알 ② 유충
③ 성충 ④ 번데기

해설

솔나방은 보통 연 1회 발생하나, 따뜻한 남부지방에서는 2회 발생하기도 하며, 유충(5령충)으로 월동한다.

22 병환부에 표징이 가장 잘 나타나는 병원체는?

① 균류 ② 세균
③ 선충 ④ 바이러스

해설

병원체가 진균(균류)일 때는 병징과 표징이 모두 잘 나타나며, 특히 표징이 다른 병원체보다 잘 나타난다.

23 등화유살법으로 해충을 방제할 때 가장 효과적인 광선은?

① 적외선 ② 방사선
③ 자외선 ④ 근적외선

해설

등화유살법
해충의 주광성을 이용한 유아등으로 유인하고 포살하는 것으로 광선 중에는 단파장인 자외선에 가장 많이 유인된다.

24 옥시테트라사이클린으로 방제 효과가 가장 큰 수목병은?

① 오동나무탄저병
② 밤나무뿌리혹병
③ 포플러모자이크병
④ 대추나무빗자루병

해설

파이토플라스마에 의한 수병인 대추나무빗자루병, 오동나무빗자루병, 뽕나무오갈병은 옥시테트라사이클린계의 항생물질로 치료가 가능하다.

25 수화제에 대한 설명으로 옳은 것은?

① 분말이 비산하는 단점을 보완하는 것이다.
② 용제로 석유계, 알코올류 등을 사용한다.
③ 물에 희석하면 유효 성분의 입자가 물에 골고루 분산하여 현탁액이 된다.
④ 증기압이 높은 농약의 원제를 액상, 고상 또는 압축가스상으로 용기 내에 충전한다.

정답 19 ④ 20 ① 21 ② 22 ① 23 ③ 24 ④ 25 ③

해설

수화제(水和劑, WP)
물에 녹지 않는 주제를 각종 농약 첨가제와 혼합하고 분쇄하여 고운 가루로 제제한 약제로 물에 타면 유효성분 입자가 물에 골고루 분산하여 현탁액이 된다.

26 수목병과 매개곤충의 연결이 옳지 않은 것은?

① 뿌리혹병 – 진딧물
② 소나무재선충병 – 솔수염하늘소
③ 오동나무빗자루병 – 담배장님노린재
④ 대추나무빗자루병 – 마름무늬매미충

해설

뿌리혹병은 토양서식 세균에 의해 뿌리나 지제부 부근에 혹(암종)을 형성하는 수병으로 매개곤충이 존재하지 않는다.

27 수목에 피해를 주는 주요 대기오염물질이 아닌 것은?

① 오존   ② 질소
③ 팬(PAN)   ④ 이산화황

해설

수목에 피해를 주는 주요 대기오염물질
아황산가스(SO_2, 이산화황), 질소산화물(NOx : NO, NO_2), 불화수소(HF 가스), 오존(O_3), 팬(PAN) 등

28 해충의 생물적 방제방법으로 옳지 않은 것은?

① 잠복소 이용
② 기생벌 이용
③ 포식충 이용
④ 병원미생물 이용

해설

생물(학)적 방제는 자연에 존재하는 포식곤충, 기생곤충, 병원미생물 등의 천적을 이용하여 해충의 발생을 억제시키는 친환경적 방제법이며, 잠복소를 이용하는 것은 기계적 방제법이다.

29 모잘록병 방제방법으로 옳지 않은 것은?

① 병든 묘목은 발견 즉시 뽑아 태운다.
② 파종량을 적게 하고 복토를 두껍지 않게 한다.
③ 인산질 비료의 과용을 삼가고 질소질 비료를 충분히 준다.
④ 묘상의 배수를 철저히 하여 과습을 피하고 통기성을 양호하게 한다.

해설

질소질 비료의 과용을 피하며, 인산질, 칼륨질 비료를 충분히 주어 묘목이 강건히 자라도록 돕는다.

30 밤나무혹벌에 대한 설명으로 옳은 것은?

① 양성생식한다.
② 성충으로 월동한다.
③ 1년에 2회 발생한다.
④ 천적으로는 긴꼬리좀벌류가 있다.

해설

밤나무혹벌은 연 1회 발생하며, 유충으로 월동하고, 번식은 암컷의 단성생식에 의해 이루어진다. 천적으로는 중국긴꼬리좀벌, 남색긴꼬리좀벌, 상수리좀벌, 노란꼬리좀벌 등이 있다.

31 방풍림을 설치하면 방제 효과가 가장 큰 수목병은?

① 철쭉떡병
② 소나무혹병

③ 삼나무붉은마름병
④ 낙엽송가지끝마름병

해설

낙엽송가지끝마름병의 병원균은 특히 바람이 불 때 포자가 빠르게 번성하므로 낙엽송이 아닌 활엽수로 방풍림을 조성하면 방제 효과가 크다.

32 오리나무잎벌레의 생태에 대한 설명으로 옳지 않은 것은?

① 성충으로 월동한다.
② 1년에 1회 발생한다.
③ 유충만이 수목을 가해한다.
④ 노숙 유충은 지피물 아래 또는 흙속에서 번데기가 된다.

해설

오리나무잎벌레는 유충과 성충이 모두 오리나무류 잎을 가해하며 피해를 준다.

33 임지에 쌓여 있는 낙엽과 지피물, 갱신치수 및 지상 관목 등이 타는 산림화재의 종류는?

① 지중화   ② 지표화
③ 수관화   ④ 수간화

해설

지표화(地表化)
지표 위의 낙엽, 낙지 등의 지피물과 지상 관목층, 치수 등에서 발생하는 초기단계의 산불형태이다.

34 흰가루병균이 속하는 분류군은?

① 조균   ② 자낭균
③ 담자균   ④ 접합균

해설

흰가루병균은 그을음병균과 함께 진균 중에서도 자낭균에 속하는 균류이다.

35 다음 설명에 해당하는 것은?

> 알에서 부화한 유충이 여러 차례 탈피를 거듭한 후에 성충으로 변화하는 현상이다.

① 주성   ② 휴면
③ 생식   ④ 변태

해설

변태(變態)
알에서 부화한 유충이 여러 차례 탈피를 거듭하여 성충으로 변하는 현상, 즉 곤충의 성장 변이 과정을 말한다.

36 수목의 표피를 직접 뚫고 침입하는 병원균이 아닌 것은?

① 잣나무털녹병균
② 묘목의 모잘록병균
③ 아밀라리아뿌리썩음병균
④ 뽕나무자줏빛날개무늬병균

해설

대부분의 균류는 각피를 직접 뚫고 침입한다. 모잘록병균, 뽕나무자줏빛날개무늬병균, 아밀라이라뿌리썩음병균은 각피 침입을 하며, 잣나무털녹병균은 기공 침입을 한다.

37 소나무좀 방제 방법으로 옳지 않은 것은?

① 등화로 유살한다.
② 기생성 천적을 보호한다.
③ 피해 입은 소나무를 제거한다.
④ 피해 입은 먹이 나무를 박피한다.

정답 32 ③ 33 ② 34 ② 35 ④ 36 ① 37 ①

[해설]
나무좀류는 등화로 유인되지 않으며, 통나무를 이용하여 번식장소로서 유인하는 통나무 유살법을 이용한다.

38 다음 ( ) 안에 해당하는 것은?

> 북부지방 추운 곳에서 남부지방 따뜻한 지역으로 옮겨진 수목은 ( )에 의한 피해에 가장 취약하다.

① 조상 ② 만상
③ 상고 ④ 동상

[해설]
추운 북부지방에서 따뜻한 남부지방으로 옮겨 심어진 종은 활동을 곧바로 개시하였다가 만상을 만나면 피해를 받기 쉽다.

39 흡즙성 해충이 아닌 것은?

① 진딧물류 ② 나무이류
③ 나무좀류 ④ 깍지벌레류

[해설]
흡즙성 해충
수목의 잎과 줄기를 흡즙하여 피해를 주는 해충으로 깍지벌레류, 방패벌레류, 진딧물류, 나무이류 등이 있다.

40 포플러잎녹병 방제 방법으로 포플러 묘포지에서 가장 멀리해야 하는 수종은?

① 향나무 ② 배나무
③ 신갈나무 ④ 일본잎갈나무

[해설]
일본잎갈나무(낙엽송)는 포플러잎녹병의 중간기주로 묘포지에서 멀리해야 한다.

3과목 임업경영학

41 우리나라 공·사유림의 경영계획 작성을 위한 임반의 크기 기준은?

① 1.0ha 이내 ② 1ha 이내
③ 10ha 이내 ④ 100ha 이내

[해설]
임반(林班)
산림의 위치를 명확히 하고, 사업 실행이 편리하도록 영림구를 세분한 고정적인 산림 구획단위로 100ha 내외로 구획한다.

42 임목원가라고도 하며 간벌 이전의 유령임목에 대한 가격 산정에 적용할 수 있는 것은?

① 임지기망가 ② 임목기망가
③ 임목비용가 ④ 임목매매가

[해설]
임목비용가(임목원가)
임목 육성에 들어간 총비용의 후가합계에서 그동안 얻은 수익의 후가합계를 공제한 가격으로 유령림의 임목평가에 적용한다.

43 단목의 연령측정 방법이 아닌 것은?

① 기록에 의한 방법
② 목측에 의한 방법
③ 생장추를 이용한 방법
④ 표본목령에 의한 방법

[해설]
단목의 연령측정 방법
기록에 의한 방법, 목측에 의한 방법, 지절에 의한 방법, 생장추에 의한 방법

정답 38 ② 39 ③ 40 ④ 41 ④ 42 ③ 43 ④

44 임업자본 중에서 유동자본에 해당하는 것은?

① 임도　　② 조림비
③ 벌목기구　　④ 제재소 설비

해설

유동자본에는 조림비, 관리비, 사업비가 있으며, 고정자본에는 임도, 임지, 기구, 설비 등이 있다.

45 다음 조건에 해당하는 기계톱의 작업시간 비례법에 의한 감가상각비는?

- 취득원가 : 950,000원
- 폐기할 때의 잔존가치 : 50,000원
- 사용 가능시간 : 90,000시간
- 실제 사용시간 : 45,000시간

① 225,000원　　② 250,000원
③ 350,000원　　④ 450,000원

해설

작업시간 비례법
총감가상각비
$= (취득원가 - 잔존가치) \times \dfrac{실제\ 작업시간}{총작업시간}$
$= (950,000 - 50,000) \times \dfrac{45,000}{90,000} = 450,000원$

46 이율이 높아짐에 따라 임지기망가의 변화로 옳은 것은?

① 커진다.
② 작아진다.
③ 일시적으로 작아졌다가 다시 커진다.
④ 일시적으로 커졌다가 다시 작아진다.

해설

임지기망가(B_u)는 이율이 높으면 작아지고, 낮으면 커진다.

47 임업조수익의 계산 항목에 포함되지 않는 것은?

① 임목성장액　　② 임업현금수입
③ 임업현금지출　　④ 미처분 임산물 증감액

해설

임업조수익은 임업현금수입, 임산물 가계소비액, 미처분 임산물 증감액, 임업생산자재 재고증감액, 임목성장액의 항목이 있으며, 임업현금지출은 임업경영비의 항목이다.

48 중령림의 임목을 평가하는 방법으로 가장 적합한 것은?

① Glaser법　　② 비용가법
③ 기망가법　　④ 매매가법

해설

유령림과 장령림 사이의 생장에 있는 중령림은 임목비용가법이나 임목기망가법을 적용하기에 부적당하여 중간적인 방법으로 고안한 것이 Glaser식이다.

49 수확표의 주요 용도가 아닌 것은?

① 지위 판정
② 지리 판정
③ 경영성과 판정
④ 장래의 생장량과 수확량 예측

해설

수확표의 활용도
임목재적 측정, 임분재적 측정, 생장량 예측, 수확량 예측, 지위 판정, 입목도 및 벌기령 결정, 경영성과 판정, 산림평가, 경영기술의 지침, 육림보육의 지침 등

50 임가소득은 4억 원이고 임업소득이 1억 2천만 원인 경우 임업의존도는?

① 3%　　② 4%
③ 30%　　④ 40%

정답　44 ②　45 ④　46 ②　47 ③　48 ①　49 ②　50 ③

해설

임업의존도

$\dfrac{\text{임업소득}}{\text{임가소득}} \times 100 = \dfrac{\text{1억 2천만 원}}{\text{4억 원}} \times 100 = 30\%$

51 경급을 구분하는 기준으로 옳은 것은?

① 치수 : 흉고직경 8cm 미만
② 소경목 : 흉고직경 8~16cm
③ 중경목 : 흉고직경 18~28cm
④ 대경목 : 흉고직경 50cm 이상

해설

경급 구분 기준

치수	흉고직경이 6cm 미만인 임목
소경목	흉고직경이 6~16cm인 임목
중경목	흉고직경이 18~28cm인 임목
대경목	흉고직경이 30cm 이상인 임목

52 부가가치가 가장 낮은 주업적 임업경영의 업무 순서로 옳은 것은?

① 식재 → 육림 → 입목매각
② 식재 → 육림 → 벌채 → 원목매각
③ 식재 → 육림 → 벌채 → 원료원목공급(제지)
④ 식재 → 육림 → 벌채 → 표고생산·제탄·제재

해설

'식재 → 육림 → 입목매각'은 산림경영의 일반적 형태로 임목의 부가가치가 가장 낮다.

53 임지의 생산능력을 나타내는 지위와 연관성이 가장 큰 것은?

① 직경생장
② 수고생장
③ 수관생장
④ 이용고생장

해설

임지의 생산능력을 나타내는 지위는 수목의 수고생장과 가장 연관성이 크다.

54 산림기본계획 수립 및 시행에 포함되지 않는 사항은?

① 지역산림 협력에 관한 사항
② 산림시책의 기본목표 및 추진방향
③ 산림의 공익기능 증진에 관한 사항
④ 산림자원의 조성 및 육성에 관한 사항

해설

산림기본계획의 내용
• 산림시책의 기본목표 및 추진방향
• 산림자원의 조성 및 육성에 관한 사항
• 산림의 보전 및 보호에 관한 사항
• 산림의 공익기능 증진에 관한 사항
• 산사태·산불·산림병해충 등 산림재해의 대응 및 복구 등에 관한 사항 등

55 벌채목의 원구와 말구의 단면적을 평균한 단면적을 사용하는 재적을 산출하는 방법은?

① 4분주식
② 후버(Huber)식
③ 뉴턴(Newton)식
④ 스말리안(Smalian)식

해설

스말리안(Smalian)식
통나무의 양쪽 단면적을 평균하여 재적을 산출하는 방법으로 양 단면적 중 지름이 큰 쪽을 원구단면적, 지름이 작은 쪽을 말구단면적이라 한다.

56 입목의 간재적이 $0.8m^3$이고 벌채 조재 후 원목 재적은 $0.65m^3$일 때 조재율은?

① 약 8%
② 약 12%
③ 약 81%
④ 약 123%

정답 51 ③ 52 ① 53 ② 54 ① 55 ④ 56 ③

조재율

입목 간재적에 대한 실제 이용재적(원목재적)의 비율

$\frac{0.65}{0.8} \times 100 = 81.25\%$ ∴ 약 81%

57 법정상태를 위한 구비조건이 아닌 것은?

① 법정생장량
② 법정수확률
③ 법정영급분배
④ 법정임분배치

법정상태의 요건

법정영급분배, 법정임분배치, 법정생장량, 법정축적

58 측고기를 이용하여 수고를 측정할 때 주의 사항으로 옳지 않은 것은?

① 수목의 높이보다 가까운 거리에서 측정하면 오차를 줄일 수 있다.
② 측정하고자 하는 수목의 정단과 밑이 잘 보이는 지점에서 측정하여야 한다.
③ 경사진 곳에서는 오차가 생기기 쉬우므로 가능하면 등고선 방향에서 측정한다.
④ 측고기의 종류에 따라 사용 방법이 다르기 때문에 측고기 사용법을 숙지하는 것이 오차를 줄일 수 있는 방법이다.

측정위치가 멀거나 가까우면 오차가 생기므로 나무 높이 정도 떨어진 곳에서 측정한다.

59 다음 4가지 형태의 산림구조 중에서 수입이 가장 적고 투자가 가장 많은 것은?

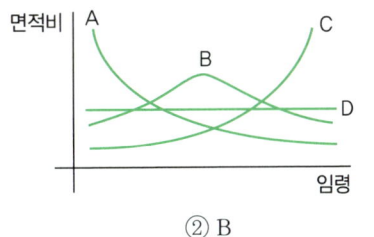

① A
② B
③ C
④ D

A형은 유령목이 많은 산림으로 투자는 많지만 얻는 수입이 적거나 없는 구조이다.

60 재적수확 최대의 벌기령에 해당하는 경우는?

① 등귀생장이 최대일 때
② 형질생장이 최대일 때
③ 화폐수익이 최대일 때
④ 벌기평균생장량이 최대일 때

우리나라에서는 임목의 평균생장량이 최대인 시기를 벌기로 결정하는 재적수확최대의 벌기령을 채택하고 있다.

4과목 산림공학

61 임도의 비탈면 붕괴가 우려되는 경우로 가장 거리가 먼 것은?

① 연약한 지반에 흙쌓기한 경우
② 투수성의 불연속면을 절취한 경우
③ 미끄러지기 쉬운 급경사면에 흙쌓기한 경우
④ 침투수에 의하여 성토 내부의 간극수압이 낮은 경우

토양 내 함수량이 증가하고, 공극 사이에 존재하는 물의 압력(공극수압)이 증가하면 수분이 이동하고 붕괴가 일어나게 된다.

정답 57 ② 58 ① 59 ① 60 ④ 61 ④

62 산지사방에서 분사식 씨뿌리기공법으로 시공 시에 초본의 발아생립본수 기준은?

① 100본/m² ② 200본/m²
③ 1,000본/m² ④ 2,000본/m²

해설

분사식 씨뿌리기공법(분사식 파종공법)에서 초본종자의 발아생립본수(발생기대본수) 기준은 2,000본/m²이다.

63 적정임도밀도가 40m/ha인 임도에서 평균 집재거리는?

① 25m ② 31.25m
③ 40m ④ 62.5m

해설

$$평균집재거리 = \frac{2,500}{적정임도밀도}$$
$$= \frac{2,500}{40} = 62.5m$$

64 밑판, 종자, 표면덮개의 3부분으로 구성된 녹화용 피복자재는?

① 식생대 ② 식생반
③ 식생자루 ④ 식생매트

해설

식생반(植生盤)
뗀떼(온떼) 대용품으로 고안되었으며, 밑판, 종자, 표면덮개의 3부분으로 구성된 녹화용 피복 재료이다.

65 중심선측량과 영선측량의 편차가 많이 발생하는 지역은?

① 계곡부, 능선부 ② 능선부, 정상부
③ 사면부, 계곡부 ④ 정상부, 사면부

해설

영선측량과 중심선측량의 편차는 능선부와 계곡부에서 가장 많이 발생한다.

66 산지사방의 녹화공사에 해당되는 것은?

① 단쌓기 ② 격자틀붙이기
③ 콘크리트블록쌓기 ④ 콘크리트뿜어붙이기

해설

단쌓기
비탈다듬기나 단끊기공사로 발생한 퇴적토사의 급한 비탈면을 안정·녹화하기 위하여 계단을 연속적으로 붙여 시공하는 산지사방 녹화공사이다.

67 해안사방에서 조기에 수림화를 유도하기 위해 밀식하는 경우 1ha당 가장 적당한 본수는?

① 상층 : 1,000본, 하층 : 3,000본
② 상층 : 2,000본, 하층 : 3,000본
③ 상층 : 1,000본, 하층 : 5,000본
④ 상층 : 2,000본, 하층 : 5,000본

해설

조기에 수림화를 유도하기 위해 밀식하는 경우에 ha당 상층 2,000본, 하층 5,000본 이상으로 한다.

68 임도 설계 업무의 순서로 옳은 것은?

① 예비조사 – 답사 – 예측 – 설계도 작성 – 실측 – 공사수량 산출 – 설계서 작성
② 예비조사 – 답사 – 예측 – 실측 – 설계서 작성 – 공사수량 산출 – 설계도 작성
③ 예비조사 – 답사 – 예측 – 실측 – 설계도 작성 – 공사수량 산출 – 설계서 작성
④ 예비조사 – 답사 – 예측 – 실측 – 설계도 작성 – 설계서 작성 – 공사수량 산출

정답 62 ④ 63 ④ 64 ② 65 ① 66 ① 67 ④ 68 ③

해설

임도 설계 업무의 순서
예비조사 → 답사 → 예측 → 실측 → 설계도 작성 → 공사수량 산출 → 설계서 작성

69 유량 산정 시 합리식을 적용했을 때 유출계수값으로 옳지 않은 것은?

① 산지하천 : 0.75~0.85
② 평지 소하천 : 0.45~0.75
③ 기복이 있는 토지와 수림 : 0.75~0.90
④ 유역의 반 이상이 평탄한 대하천 : 0.50~0.75

해설

기복이 있는 토지와 수림의 유출계수값은 0.50~0.75이다.

70 임도시공 시 정지작업에 사용되는 장비가 아닌 것은?

① 불도저
② 파워셔블
③ 모터그레이더
④ 스크레이퍼도저

해설

땅을 고르는 정지작업은 모터그레이더, 불도저, 스크레이퍼도저 등이 가능하고, 파워셔블은 굴착과 적재에 적합한 기계이다.

71 임도의 노체 구성 및 시공 방법에 대한 설명으로 옳은 것은?

① 노상토는 조립토보다 세립토가 좋다.
② 보조기층의 두께는 15cm 이상으로 한다.
③ 종단기울기가 8% 이하인 모든 구간은 자갈이나 콘크리트 포장을 하지 않아도 된다.
④ 기층을 생략하거나 자갈층 위에 기층을 두고 표층을 3~4cm 두께로 시공하는 것을 표면처리라고 한다.

해설

노반은 노상과 기층 사이의 층으로 보조기층이라고도 하며, 두께는 15cm 이상으로 한다.

72 뒷길이, 접촉면의 폭, 뒷면 등이 규격에 맞도록 지정하여 깬 석재는?

① 견치돌
② 부순돌
③ 호박돌
④ 야면석

해설

견치돌
돌을 다듬을 때 앞면, 길이, 뒷면, 접촉부 및 허리치기의 치수를 특별한 규격에 맞도록 지정하여 만든 석재이다.

73 가선형 집재기계가 아닌 것은?

① 윈치
② 포워더
③ 타워야더
④ 케이블크레인

해설

포워더(Forwarder)
원목을 적재하여 임도변까지 운반하는 집재기로 가선형이 아니며, 목재를 얹어 싣고 운반하는 단일 공정만 수행한다.

74 임도 비탈면 수직 높이가 2.5m이고, 수평거리가 5m일 때의 비탈면울기는?

① 1 : 2
② 2 : 1
③ 1 : 2.5
④ 2.5 : 1

해설

기울기는 수직높이 1에 대하여 수평거리가 n일 때의 비율이므로 2.5 : 5 = 1 : 2이다.

정답 69 ③ 70 ② 71 ② 72 ① 73 ② 74 ①

75 가선집재와 비교한 트랙터집재의 특징이 아닌 것은?

① 기동성이 높다.
② 작업생산성이 높다.
③ 급경사지 작업이 가능하다.
④ 산림환경에 대한 피해가 크다.

해설

트랙터집재는 기동성이 높아 작업생산성이 좋으며 작업비도 절약되나, 급경사지에서는 작업이 불가능하다.

76 유역면적이 60km²이고, 비유량이 12m³/s/km²일 때 최대홍수유량은?

① 36m³/s
② 72m³/s
③ 360m³/s
④ 720m³/s

해설

비유량법

$Q = A \times q = 60 \times 12 = 720 \text{m}^3/\text{s}$

여기서, Q : 최대홍수유량(m^3/s)
A : 유역면적(km^2)
q : 비유량($\text{m}^3/\text{s}/\text{km}^2$)

77 임도설치 관련 규정에 의한 임도의 종류에 포함되지 않는 것은?

① 사설임도
② 단체임도
③ 공설임도
④ 테마임도

해설

「임도설치 및 관리 등에 관한 규정」에 의한 임도의 종류에는 국유임도, 공설임도, 사설임도, 테마임도가 있다.

78 임목수확작업 과정에 해당되지 않는 것은?

① 간재
② 집재
③ 조재
④ 벌목

해설

임목 수확작업에는 벌도(벌목), 조재, 집재, 운재가 있다.

79 임도의 대피소 설치 기준으로 옳지 않은 것은?

① 너비 : 5m 이상
② 간격 : 300m 이내
③ 유효길이 : 15m 이상
④ 종단기울기 : 7% 이하

해설

대피소의 설치 기준

간격은 300m 이내, 너비는 5m 이상, 유효길이는 15m 이상이다.

80 선떼붙이기 작업 시 일반적인 단끊기의 너비와 발디딤의 너비를 모두 올바르게 나열한 것은?

① 단끊기 : 30~45cm, 발디딤 : 10~20cm
② 단끊기 : 30~45cm, 발디딤 : 20~30cm
③ 단끊기 : 50~70cm, 발디딤 : 10~20cm
④ 단끊기 : 50~70cm, 발디딤 : 20~30cm

해설

선떼붙이기 작업 시 계단폭(소단폭, 단끊기폭)은 50~70cm, 발디딤은 10~20cm, 마루너비(천단폭)는 40cm를 기본으로 한다.

정답 75 ③ 76 ④ 77 ② 78 ① 79 ④ 80 ③

2020년 3회 기출문제

1과목 조림학

01 수목 잎의 기공에 대한 설명으로 옳지 않은 것은?

① 잎의 수분포텐셜이 낮아지면 기공이 닫힌다.
② 온도가 30℃ 이상으로 상승하면 기공이 닫힌다.
③ 기공이 열리는 데 필요한 광도는 순광합성이 가능한 광도이면 된다.
④ 엽육 세포 내부의 이산화탄소 농도가 높아지면 기공이 열린다.

해설

엽육조직의 세포간극에 있는 이산화탄소의 농도가 낮으면 광합성에 필요한 이산화탄소의 공급을 위해 기공이 열리고, 이산화탄소의 농도가 높으면 기공이 닫힌다.

02 간벌에 대한 설명으로 옳지 않은 것은?

① 정성간벌은 임목본수와 현존량으로 결정한다.
② 수액 이동 정지기인 겨울과 봄에 실시하는 것이 좋다.
③ 수목의 생장량이 증가함에 따라 생육 공간 조절을 위해 실시한다.
④ 지위가 '상'이면 활엽수종의 간벌 개시 시기는 임령이 20~30년일 때부터이다.

해설

정성간벌(定性間伐)은 간벌 시 수관 특성, 줄기 형태, 생장량 등으로 정해지는 수관급에 기초하여 간벌목을 선정하는 방법이며, 임목본수나 현존량을 바탕으로 간벌하는 것은 정량간벌이다.

03 토양 수분에 대한 설명으로 옳지 않은 것은?

① 토양의 모세관수는 수목이 이용할 수 있다.
② 토양 수분이 포화상태일 때의 pF는 3.8이다.
③ 토양의 수분포텐셜은 포화상태로부터 건조해짐에 따라 낮아진다.
④ 위조점은 토양 수분의 부족으로 수목이 시들기 시작하는 수분상태를 말한다.

해설

최대용수량(포화용수량)은 강우 등으로 토양의 모든 공극이 물로 포화되어 모관수가 최대로 포함된 상태의 수분함량으로 pF값은 0이다.

04 근삽에 의한 무성번식 방법을 적용하는 데 가장 적합한 수종은?

① 소나무 ② 벚나무
③ 밤나무 ④ 오동나무

해설

근삽(根揷)
뿌리의 일부를 삽수로 이용하여 삽목하는 방법으로 사시나무류, 오동나무 등에 흔히 적용한다.

05 일반적으로 파종 1년 후 판갈이 작업을 실시하는 것이 좋은 수종으로만 올바르게 나열한 것은?

① 삼나무, 전나무
② 소나무, 잣나무
③ 소나무, 일본잎갈나무
④ 전나무, 독일가문비나무

정답 01 ④ 02 ① 03 ② 04 ④ 05 ③

해설

소나무류나 낙엽송(일본잎갈나무), 편백 등은 초기 생장이 빨라 1년생으로 상체하며, 가문비나무나 전나무는 생장이 더뎌 파종상에 오래 거치하였다가 상체한다.

06 이태리포플러와 유연관계가 가장 가까운 수종은?

① 왕버들 ② 황철나무
③ 미루나무 ④ 은수원사시나무

해설

이태리포플러는 미루나무와 양버들의 교배를 통하여 얻은 품종이다.

07 쌍떡잎식물에 대한 설명으로 옳지 않은 것은?

① 잎은 그물맥이다.
② 떡잎이 두 장이다.
③ 원뿌리에 곁뿌리가 붙어 있다.
④ 관다발이 줄기에 산재되어 있다.

해설

쌍떡잎식물은 떡잎이 두 장이며, 잎은 그물맥이고, 관다발은 원통형의 규칙적인 분포를 나타내고 있다. 관다발이 줄기에 산재되어 있는 것은 외떡잎식물이다.

08 복층림 조성에 대한 설명으로 옳지 않은 것은?

① 경관 유지 및 관리에 적절하다.
② 벌채 시 설비비와 반출경비가 많이 절약된다.
③ 임목의 수확 기간이 길어져서 대경목 생산이 가능하다.
④ 생장이 균일하여 연륜폭이 균등하고 치밀한 목재를 생산할 수 있다.

해설

복층림(複層林)
인공갱신을 통하여 수령과 수고가 다른 수목을 2~3층의 복층으로 조성하는 산림으로 벌채 시 설비비와 반출경비가 많이 소요된다.

09 우리나라에서 한대림의 특징 수종이 아닌 것은?

① *Larix olgensis*
② *Picea jezoensis*
③ *Taxus cuspidata*
④ *Quercus mysinaefolia*

해설

가시나무(*Quercus mysinaefolia*)는 대표적 난대림 수종이며, 만주잎갈나무(*Larix olgensis*), 가문비나무(*Picea jezoensis*), 주목(*Taxus cuspidata*)은 한대림 수종이다.

10 양료 간에 흡수를 상호 촉진하는 비료성분으로 올바르게 짝지어진 것은?

① 철 – 망간 ② 칼륨 – 칼슘
③ 인산 – 마그네슘 ④ 칼륨 – 마그네슘

해설

토양 속에서 비료는 이온의 형태로 흡수되는데, 양이온과 음이온은 정전기적 힘으로 인해 서로 잘 결합한다. 인산과 황산은 음이온, 마그네슘, 칼슘, 칼륨, 망간, 철 등은 양이온의 형태로 녹으며, 인산과 마그네슘은 결합하여 양료 간의 흡수를 상호 촉진하게 된다.

11 빛과 관련된 수목 생리에 대한 설명으로 옳은 것은?

① 우리나라에서 자라는 대부분의 활엽수는 C_4식물군에 속한다.

정답 06 ③ 07 ④ 08 ② 09 ④ 10 ③ 11 ③

② 엽록체 내에서 광에너지를 이용한 광반응이 일어나는 곳은 스트로마(Stroma)이다.
③ 내음성은 동일 수종이라도 수목의 연령이나 생육조건 등에 따라서 변할 수 있다.
④ 수목 한 개체 내에서는 양엽이나 음엽에 상관없이 광보상점이나 광포화점이 동일하다.

해설

내음성은 동일 수종이라도 온도, 위도, 고도, 수령, 토양양분과 수분, 종자의 크기 등 여러 인자의 영향을 받으며 커지거나 작아지는 등의 변화를 보인다.

12 택벌작업에 대한 설명으로 옳지 않은 것은?
① 심미적 가치가 가장 높다.
② 음수 수종의 갱신에 적합하다.
③ 일시의 벌채량이 많으므로 경제상 효율적이다.
④ 소면적 임지에 보속생산을 하는 데 가장 적합한 방법이다.

해설

택벌작업
한 임분을 구성하고 있는 임목 중 성숙한 임목만을 선택적으로 골라 벌채하는 작업법으로 일시적인 벌채량은 적어 경제적으로 비효율적이다.

13 일반적으로 연료재와 소경재, 일반용재를 동일임지에서 생산하는 산림작업종은?
① 군상개벌   ② 모수작업
③ 왜림작업   ④ 중림작업

해설

중림작업(中林作業)
동일 임지에 상층은 용재 생산의 교림작업, 하층은 연료재와 소경재 생산의 왜림작업을 함께 시행하는 작업종이다.

14 인공조림의 특징으로 옳은 것은?
① 동령단순림 형성이 많다.
② 주로 택벌작업지에 실시된다.
③ 다양한 규격의 목재 생산이 용이하다.
④ 천연갱신에 비해 성숙림이 늦게 이루어진다.

해설

인공조림은 주로 개벌을 통한 동령단순림을 형성한다.

15 생가지치기를 하여도 부후의 위험성이 거의 없는 수종으로만 올바르게 나열한 것은?
① 편백, 포플러
② 벚나무, 느릅나무
③ 삼나무, 물푸레나무
④ 자작나무, 단풍나무

해설

생가지치기 시 절단면이 썩을 위험성이 없는 수종은 삼나무, 포플러류, 낙엽송, 잣나무, 전나무, 소나무, 편백 등이며, 위험성이 큰 수종은 단풍나무, 물푸레나무, 벚나무, 느릅나무 등이다.

16 환원법에 의한 종자활력검사 방법에 대한 설명으로 옳지 않은 것은?
① 단기간 내에 실시할 수 있다.
② 휴면 종자에는 적용이 어렵다.
③ 테트라졸륨 대신에 테룰루산칼륨도 사용한다.
④ 침엽수의 종자는 배와 배유가 함께 염색되도록 한다.

해설

환원법(효소검출법, 테트라졸륨 검사법)
테트라졸륨 수용액을 이용하여 종자(배)의 활력을 검정하는 화학반응 검사법으로 휴면종자, 수확 직후의 종자, 발아시험기간이 긴 종자에 효과적인 방법이다.

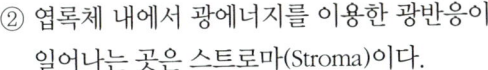
정답 12 ③ 13 ④ 14 ① 15 ① 16 ②

17 순림에 대한 설명으로 옳은 것은?

① 입지 자원을 골고루 이용할 수 있다.
② 경제적으로 가치 있는 나무를 대량으로 생산할 수 있다.
③ 숲의 구성이 단조로우며 병충해, 풍해에 대한 저항력이 강하다.
④ 침엽수로만 형성된 순림에서는 임지의 악화가 초래되는 일이 없다.

해설

순림은 가장 유리한 수종으로만 임분을 형성할 수 있어 경제적으로 가치 있는 나무를 대량생산할 수 있다.

18 소나무를 양묘하려고 채종을 하였다. 열매를 탈각하여 5kg을 얻었으며, 정선하여 얻은 순정종자는 4.5kg이었다. 이 종자의 발아율을 조사하니 80%였다면 이 종자의 효율은?

① 64%   ② 72%
③ 80%   ④ 90%

해설

$$순량률(\%) = \frac{순정종자량(g)}{전체시료량(g)} \times 100$$
$$= \frac{4,500}{5,000} \times 100 = 90\% 이므로,$$
$$효율(\%) = \frac{순량률(\%) \times 발아율(\%)}{100}$$
$$= \frac{90 \times 80}{100} = 72\% 이다.$$

19 묘목의 연령표시에 대한 설명으로 옳지 않은 것은?

① 1/2묘 : 뿌리는 1년, 줄기는 2년 된 삽목묘
② 1-0묘 : 판갈이를 하지 않고 1년이 경과한 실생묘목
③ 1-1묘 : 파종상에서 1년, 판갈이하여 1년이 경과된 2년생 묘목
④ 2-1-1묘 : 파종상에서 2년, 판갈이하여 1년, 다시 판갈이하여 1년을 지낸 4년생 묘목

해설

1/2 묘는 0/1 묘가 1년 경과하여 뿌리는 2년, 줄기는 1년 된 삽목묘이다.

20 종자의 후숙이 필요하지 않은 수종은?

① *Salix koreensis*
② *Tilia amurensis*
③ *Cornus officinalis*
④ *Robinia pseudoacacia*

해설

종자의 수명이 짧아 채종한 즉시 파종하는 것을 추파(秋播)라고 하며, 버드나무(*Salix koreensis*)가 대표적인 수종이다. 피나무(*Tilia amurensis*), 산수유(*Cornus officinalis*), 아까시나무(*Robinia pseudoacacia*)는 일정기간의 후숙이 필요하다.

2과목 산림보호학

21 수목에게 피해를 주는 산성비의 원인 물질이 아닌 것은?

① 오존
② 황산화물
③ 질소산화물
④ 이산화질소

해설

황산화물과 질소산화물(일산화질소, 이산화질소)은 산성비를 발생시키는 가장 큰 원인이 되고 있다.

정답 17 ② 18 ② 19 ① 20 ① 21 ①

22 알로 월동하는 해충은?

① 외줄면충 ② 가루나무좀
③ 소나무순나방 ④ 향나무하늘소

해설

외줄면충은 느티나무의 잎에 벌레혹을 만들고 그 안에서 흡즙 가해하며, 수피 틈에서 알로 월동한다.

23 흰가루병 방제 방법으로 옳지 않은 것은?

① 병든 낙엽을 모아서 태운다.
② 묘포에서는 예방 위주로 약제를 살포한다.
③ 늦가을이나 이른 봄에 자낭반이 붙어 있는 어린 가지를 제거한다.
④ 통기불량, 일조부족, 질소과다 등은 발병원인이 되므로 사전에 조치한다.

해설

흰가루병은 자낭반이 아닌 자낭구를 형성하며, 잎에만 증상이 나타난다.

24 점박이응애에 대한 설명으로 옳지 않은 것은?

① 습한 기후 조건에서 대발생하기도 한다.
② 1년에 8~10회 발생하고, 주로 암컷 성충이 수피 밑에서 월동한다.
③ 농약을 지속적으로 사용한 수목에서 대발생하는 경우가 있다.
④ 잎 뒷면에서 즙액을 빨아먹으므로 피해를 입은 잎에 작은 반점이 생긴다.

해설

점박이응애는 주로 잎 뒷면을 흡즙 가해하는 해충으로 1년에 10회 정도 발생하며, 수피 밑이나 잡초 등에서 성충으로 월동한다. 동일 약제를 연용하면 저항성이 생겨 대발생하는 경우도 있다.

25 우리나라에서 수목에 피해를 주는 주요 겨우살이가 아닌 것은?

① 붉은겨우살이 ② 소나무겨우살이
③ 참나무겨우살이 ④ 동백나무겨우살이

해설

소나무겨우살이는 미국에서 피해를 주는 기생식물이다.

26 포플러류모자이크병 방제 방법으로 가장 효과적인 것은?

① 새삼을 제거하여 감염경로를 차단한다.
② 접목 및 꺾꽂이에 사용한 도구는 소독하여 사용한다.
③ 양묘 단계에서 토양을 소독하여 매개선충을 구제한다.
④ 감염된 삽수는 60℃에서 5주간 처리하여 바이러스를 비활성화하고 사용한다.

해설

포플러모자이크병은 주로 병든 접수나 삽수를 채취하여 이용할 때 전염되므로 감염되지 않은 건전한 수목에서 접수 및 삽수를 채취하고, 기구는 철저히 소독하여 사용한다.

27 향나무녹병 방제 방법으로 옳지 않은 것은?

① 향나무 부근에 산사나무와 팥배나무를 심지 않는다.
② 향나무에는 3~4월과 7월에 적용약제를 살포한다.
③ 중간기주에는 4월 중순부터 6월까지 적용약제를 살포한다.
④ 수고의 $\frac{1}{3}$ 까지 조기에 가지치기를 하여 녹포자의 감염을 방지한다.

정답 22 ① 23 ③ 24 ① 25 ② 26 ② 27 ④

해설

향나무녹병은 이종기생녹병균으로 향나무 부근에 중간 기주를 식재하지 않으며, 중간기주에는 적정약제를 살포한다.

28 오동나무빗자루병의 병원체는?

① 균류 ② 세균
③ 바이러스 ④ 파이토플라스마

해설

오동나무빗자루병은 뽕나무오갈병, 대추나무빗자루병과 함께 대표적인 파이토플라스마에 의한 수병이다.

29 호두나무잎벌레에 대한 설명으로 옳은 것은?

① 1년에 1회 발생하며, 알로 월동한다.
② 1년에 2회 발생하며, 알로 월동한다.
③ 1년에 1회 발생하며, 성충으로 월동한다.
④ 1년에 2회 발생하며, 성충으로 월동한다.

해설

호두나무잎벌레는 연 1회 발생하며 성충으로 월동하고, 남생이무당벌레 등의 천적을 이용하여 방제한다.

30 버즘나무방패벌레에 대한 설명으로 옳지 않은 것은?

① 1995년경 국내에 첫 발생이 확인되었다.
② 피해 잎의 뒷면에는 검은색 배설물과 탈피각이 붙어 있다.
③ 성충으로 월동하고, 월동한 성충은 봄에 무더기로 산란한다.
④ 주로 버즘나무와 철쭉류의 잎을 가해하여 피해를 주는 흡즙성 해충이다.

해설

버즘나무방패벌레는 양버즘나무에서 주로 발생하며, 약충이 버즘나무류의 잎 뒷면에 모여 흡즙하며 피해를 준다. 양버즘나무 외에도 물푸레나무, 닥나무 등을 가해하기도 한다.

31 수목병의 전염원에 해당되지 않는 것은?

① 선충의 알 ② 곰팡이의 균핵
③ 곰팡이의 부착기 ④ 기생식물의 종자

해설

곰팡이의 부착기는 식물 표면에 긴 관을 형성하여 식물세포 내에 꽂고 양분을 섭취하는 병원체의 영양기관이다.

32 수목에 발생하는 녹병에 대한 설명으로 옳지 않은 것은?

① 순활물기생성이다.
② 담자포자는 $2n$의 핵상을 갖는다.
③ 여름포자는 대체로 표면에 돌기가 있다.
④ 소나무혹병의 중간기주로 졸참나무가 있다.

해설

한 세포 안에 핵상이 두 개인 $2n$의 겨울포자가 발아하고, 담자포자는 포자 안에 핵상이 하나인 n의 핵상을 가지게 된다.

33 기상으로 인한 수목 피해에 대한 설명으로 옳지 않은 것은?

① 일반적으로 저온에 의한 피해를 한해라고 한다.
② 만상과 조상은 수목 조직의 세포 내 동결에 의한 피해이다.
③ 만상으로 인하여 발생하는 위연륜을 상륜이라고 한다.

정답 28 ④ 29 ③ 30 ④ 31 ③ 32 ② 33 ②

④ 결빙 현상이 없는 0℃ 이상의 저온 피해를 한상이라고 한다.

해설

만상과 조상은 기온이 급하강할 때 발생하는 서리에 의한 피해이며, 식물체가 얼어서 받는 피해는 동해(凍害)라고 한다.

34 식물체의 표피를 뚫어 직접 기주 내부로 침입이 가능한 병원체는?

① 균류
② 세균
③ 바이러스
④ 파이토플라스마

해설

자연 개구부나 상처를 통한 침입도 있지만, 대부분의 균류는 각피를 직접 뚫고 침입한다.

35 느티나무벼룩바구미에 가장 효과가 있는 나무주사 약제는?

① 페니트로티온 유제
② 에토펜프록스 유제
③ 테부코나졸 유탁제
④ 이미다클로프리드 분산성액제

해설

느티나무벼룩바구미는 성충이 잎을 흡즙 가해하므로 흡즙성 해충에 효과적인 이미다클로프리드 분산성액제 등을 이용한 나무주사로 방제하면 효과적이다.

36 모잘록병 방제방법으로 옳지 않은 것은?

① 밀식되지 않도록 파종량을 적게 한다.
② 파종 전에 종자와 파종상의 토양을 소독한다.
③ 피해가 발생하면 디노테퓨란 액제를 살포한다.
④ 질소질 비료를 과용하지 않고 완숙퇴비를 사용한다.

해설

디노테퓨란 액제는 살균제가 아닌 살충제이다.

37 유충시기에 천공성을 가진 해충은?

① 혹벌류
② 하늘소류
③ 노린재류
④ 무당벌레류

해설

천공성 해충
수목의 줄기나 가지에 구멍을 뚫어 수피와 목질부(분열조직)를 가해하는 해충으로 나무좀과, 하늘소과, 박쥐나방과, 바구미과 등이 있다.

38 미국흰불나방의 생태에 대한 설명으로 옳지 않은 것은?

① 번데기로 월동한다.
② 거의 모든 수종의 활엽수에 피해를 준다.
③ 유충이 잎을 식해하고, 성충은 주로 밤에 활동하며 주광성이 강하다.
④ 3령기 까지의 유충은 군서생활을 하며 4령기와 5령기 유충은 흩어져 가해한다.

해설

부화 유충은 4령기까지 실을 토해 잎을 싸고 그 속에서 엽육을 식해하며 집단생활(군서생활)을 하고, 5령기부터 분산하여 본격적으로 잎을 식해하며 성장한다.

39 밤나무혹벌 방제방법으로 옳지 않은 것은?

① 봄에 벌레혹을 채취하여 소각한다.
② 중국긴꼬리좀벌을 4~5월에 방사한다.
③ 성충 발생 최성기인 6~7월에 적용 약제를 살포한다.
④ 밤나무혹벌 피해에 약한 품종인 산목율, 순역 등을 저항성 품종인 유마, 이취 등으로 갱신한다.

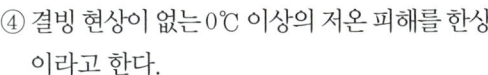
정답 34 ① 35 ④ 36 ③ 37 ② 38 ④ 39 ④

내충성 품종인 산목율, 순역 등의 재래종이나 유마, 은기, 이취 등의 도입종으로 품종을 갱신하면 효과적이다.

40 석회보르도액이 해당되는 종류는?

① 보호살균제
② 토양살균제
③ 직접살균제
④ 침투성 살균제

해설

석회보르도액은 보호살균제이다.

3과목 임업경영학

41 자연휴양림 안에 설치할 수 있는 시설의 종류가 아닌 것은?

① 위생시설
② 체육시설
③ 안정시설
④ 편익시설

해설

자연휴양림 시설의 종류
숙박시설, 편익시설, 위생시설, 체험·교육시설, 체육시설, 전기·통신시설, 안전시설

42 다음과 같은 그림으로 분석이 가능한 임분 구조가 아닌 것은?

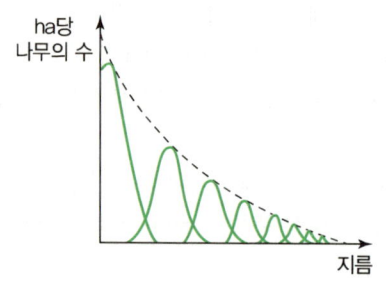

① 동령림
② 택벌림
③ 이령림
④ 영급이 다양한 임분

해설

동령림의 흉고직경급별 본수분포는 종형곡선의 정규분포를 나타낸다.

43 다음 조건에서 임분의 초기 재적에 대한 순생장량 계산 공식은?

- V_1 : 측정 초기의 생존 임목의 재적
- V_2 : 측정 말기의 생존 임목의 재적
- M : 측정기간 동안의 고사량
- C : 측정기간 동안의 벌채량
- A : 측정기간 동안의 진계생장량

① $V_2 - V_1$
② $V_2 + C - V_1$
③ $V_2 + C - A - V_1$
④ $V_2 + M + C - A - V_1$

해설

- 임분의 초기 재적에 대한 순생장량 = $V_2 + C - A - V_1$
- 임분의 초기 재적에 대한 총생장량 = $V_2 + M + C - A - V_1$

44 총생장량, 평균생장량, 연년생장량 간의 관계에 대한 설명으로 옳지 않은 것은?

① 평균생장량과 연년생장량 두 곡선이 만나기 전에는 연년생장량이 더 크다.
② 연년생장량곡선은 총생장량곡선이 변곡점에 이르는 시점에서 최고점에 도달한다.
③ 평균생장량곡선은 원점을 지나는 직선이 총생장량곡선과 접하는 시점에서 최고점에 도달한다.
④ 평균생장량과 연년생장량 두 곡선은 총생장량곡선이 최고에 도달하는 시점에서 서로 만난다.

> **해설**

평균생장량과 연년생장량 두 곡선은 평균생장량 곡선이 최고에 도달하는 시점에서 서로 만난다.

45 우리나라 원목의 말구직경을 측정하는 방법으로 옳은 것은?

① 수피를 포함한 길이 검척 내의 최대직경으로 한다.
② 수피를 포함한 길이 검척 내의 최소직경으로 한다.
③ 수피를 제외한 길이 검척 내의 최대직경으로 한다.
④ 수피를 제외한 길이 검척 내의 최소직경으로 한다.

> **해설**

말구직경의 측정방법(검척법)은 수피를 제외한 최소직경으로 측정한다.

46 회귀년에 대한 설명으로 옳은 것은?

① 임목이 실제로 벌채되는 연령이다.
② 택벌을 실시한 일정 구역에 또다시 택벌하기까지의 기간이다.
③ 보속작업에서 작업급에 속하는 모든 임분을 벌채하는 데 소요되는 기간이다.
④ 임분이 처음 성립하여 생장하는 과정에 있어 성숙기에 도달하는 계획상의 연수이다.

> **해설**

회귀년은 벌구식 택벌작업에서 맨 처음 벌채된 벌구가 다시 택벌될 때까지의 소요기간이다.

47 임업경영의 비용을 조림비, 관리비, 지대, 채취비로 구분할 때 관리비에 속하는 것은?

① 벌목비
② 감가상각비
③ 목재 운반비
④ 묘목 구입비

> **해설**

관리비의 종류
인건비(경영관리), 물건비, 산림보호비, 산림경영계획비, 보험료, 제세공과금, 고정시설의 감가상각비, 노무자 복지시설비, 시험연구비 등

48 산림경영계획을 위한 지황조사에서 유효토심의 구분 기준으로 옳은 것은?

① 천 : 유효토심 20cm 미만
② 중 : 유효토심 20~30cm
③ 경 : 유효토심 30~60cm
④ 심 : 유효토심 60cm 이상

> **해설**

유효토심의 구분 기준은 천(淺)은 30cm 미만, 중(中)은 30~60cm, 심(深)은 60cm 이상이다.

49 다음 그림에서 이익에 해당하는 것은?

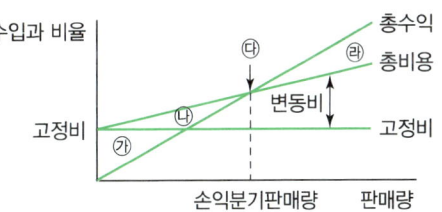

① 삼각형 면적 ㉮
② 삼각형 면적 ㉯
③ 삼각형 면적 ㉰
④ 점 ㉰에서의 수입

> **해설**

총수익이 총비용을 넘어서는 구간부터 이익에 해당한다.

정답 45 ④ 46 ② 47 ② 48 ④ 49 ③

50 「산림문화 · 휴양에 관한 법률」에 의한 산림문화자산에 대한 설명으로 다음 ( ) 안에 들어갈 내용으로 옳지 않은 것은?

> 산림문화자산이란 산림 또는 산림과 관련되어 형성된 것으로서 (   )으로 보존할 가치가 큰 유형 · 무형의 자산을 말한다.

① 사회적 ② 생태적
③ 경관적 ④ 정서적

해설

산림문화자산
산림 또는 산림과 관련되어 형성된 것으로서 생태적 · 경관적 · 정서적으로 보존할 가치가 큰 유형 · 무형의 자산을 말한다.

51 다음 조건에서 시장가역산식을 이용한 임목가는?

> · 임목의 시장가격 : 100,000원
> · 자금회수기간 : 10개월
> · 월이율 : 10%
> · 총비용 : 30,000원

① 20,000원 ② 50,000원
③ 70,000원 ④ 80,000원

해설

$x = f\left(\dfrac{a}{1+mp+r} - b\right)$

$= \dfrac{100,000}{1+10\times 0.1} - 30,000 = 20,000$원

여기서, x : 단위재적당 임목가(원/m³)
  f : 조재율, m : 자본회수기간
  p : 월이율, r : 기업이익률
  a : 원목의 단위재적당 시장가(원목시장단가, 원/m³)
  b : 단위재적당 벌목비 · 운반비 · 집재비 · 조재비 등의 생산비용(원/m³)

52 수간석해에서 원판측정 방법에 해당하는 것은?

① 표준목법 ② 수고곡선법
③ 직선연장법 ④ 원주등분법

해설

수간석해의 원반 반경측정 방법
심각등분법, 원주등분법, 절충법

53 순토측고기를 사용하여 임목의 수고를 측정할 때 올바른 계산식은?

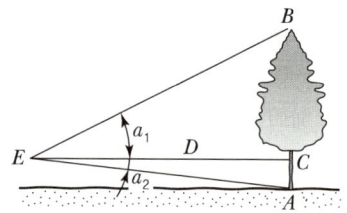

① $(\tan a_1 + \tan a_2) \times D$
② $(\tan a_1 - \tan a_2) \times D$
③ $(\cos a_1 + \cos a_2) \times D$
④ $(\cos a_1 - \cos a_2) \times D$

해설

수목의 위쪽 수고를 x_1, 아래쪽 수고를 x_2라고 할 때, $\tan a_1 = \dfrac{x_1}{D}$, $\tan a_2 = \dfrac{x_2}{D}$이고, 두 값을 더하면 $\dfrac{x_1 + x_2}{D}$가 되므로 D를 곱해 주면 $x_1 + x_2$로 수고가 계산된다.
따라서 계산식은 $(\tan a_1 + \tan a_2) \times D$이다.

54 자본장비도에 대한 설명으로 옳지 않은 것은?

① 자본장비율이라고도 한다.
② 1인당 소득은 자본장비도와 자본효율에 의해서 정해진다.

정답 50 ① 51 ① 52 ④ 53 ① 54 ③

③ 다른 요소에 변화가 없을 때 자본이 많아지면 자본효율이 커진다.
④ 자본장비도는 경영의 총자본을 경영에 종사하는 사람의 수로 나눈 값을 말한다.

해설

자본의 효율은 $\frac{소득}{자본}$ 이므로, 자본이 많아지면 자본효율은 작아진다.

55 임지의 평가 방법이 아닌 것은?
① 수익가법
② 비용가법
③ 환원가법
④ 기망가법

해설

임지의 평가 방식
비용가법, 기망가법, 수익환원가법, 매매가법 등

56 다음 조건에서 정액법에 의한 감가상각비는?

- 기계톱 구입비 : 35만 원
- 폐기 시 잔존가액 : 5만 원
- 사용연수 : 5년

① 5만 원/년
② 6만 원/년
③ 7만 원/년
④ 8만 원/년

해설

연간 감가상각비 = $\frac{취득원가 - 잔존가치}{내용연수}$
= $\frac{350,000 - 50,000}{5}$ = 60,000원

57 평균생장량이 최대가 되는 때를 벌기령으로 결정하는 것은?
① 수익률 최대의 벌기령
② 재적수확 최대의 벌기령
③ 화폐수익 최대의 벌기령
④ 토지순수익 최대의 벌기령

해설

재적수확최대의 벌기령은 단위면적당 목재의 (평균)생산량이 최대가 되는 연령을 벌기령으로 정하는 방법으로 벌기평균생장량(총평균생장량)이 최대인 시기가 적당하다.

58 임업소득이 5백만 원이고 임가소득이 1천만 원일 때 임업의존도는?
① 0.5%
② 5%
③ 50%
④ 200%

해설

임업의존도 = $\frac{임업소득}{임가소득} \times 100$
= $\frac{5백만 원}{1천만 원} \times 100 = 50\%$

59 투자효율의 결정방법 중 화폐의 시간적 가치를 고려하지 않는 것은?
① 순현재가치법
② 투자이익률법
③ 수익비용률법
④ 내부투자수익률법

해설

화폐의 시간적 가치를 고려하지 않는 투자효율 분석방법에는 투자이익률법, 회수기간법이 있다.

60 임업이율의 성격이 아닌 것은?
① 평정이율
② 장기이율
③ 자본이자
④ 실질적 이율

해설

임업이율은 자본이자, 장기이율, 평정이율, 명목적 이율을 적용한다.

정답 55 ① 56 ② 57 ② 58 ③ 59 ② 60 ④

4과목 임도공학

61 임도의 곡선반지름이 30m, 설계속도가 30km/h일 때 자동차의 원활한 통행을 위한 완화구간의 길이는?

① 약 300m ② 약 32m
③ 약 36m ④ 약 40m

해설

완화구간의 길이 $= 0.036 \times \dfrac{설계속도^3}{곡선반지름}$

$= 0.036 \times \dfrac{30^3}{30} = 32.4\text{m}$

∴ 약 32m

62 임도공사 시 기초작업에서 지반의 허용지지력이 가장 큰 것은?

① 연암 ② 잔모래
③ 연한 점토 ④ 자갈과 거친 모래

해설

허용지지력은 흙보다는 암반이 더 크다.

63 임도의 횡단선형을 구성하는 요소가 아닌 것은?

① 길어깨 ② 옆도랑
③ 차도나비 ④ 곡선반지름

해설

도로의 중심선을 횡단면에서 본 형상을 횡단선형이라고 하며, 차도너비, 길어깨, 옆도랑, 절·성토면 등의 구성요소가 있다.

64 측선 AB의 방위각이 45°, 측선 BC의 방위각이 130°일 때 교각은?

① 45° ② 75°
③ 85° ④ 175°

해설

교각은 전 측선의 연장선과 다음 측선이 만나 이루는 각이므로 130° − 45° = 85°이다.

65 임도의 대피소 설치 기준으로 옳은 것은?

① 너비 : 5m 이상
② 간격 : 100m 이내
③ 유효길이 : 10m 이상
④ 종단기울기 : 5% 이하

해설

대피소의 설치 기준
간격은 300m 이내, 너비는 5m 이상, 유효길이는 15m 이상이다.

66 레벨을 이용한 고저측량 시 기고식 야장법에 의한 지반고를 구하는 방법은?

① 기계고 + 전시 ② 기계고 − 전시
③ 기계고 + 후시 ④ 후시 − 기계고

해설

지반고는 수준면에서 표척이 세워진 지반까지의 수직높이로 '지반고=기계고−전시값=기지점의 지반고+후시값−전시값'이다.

67 토사지역에서 절토 경사면의 설계 기준은?

① 1 : 0.3~0.8 ② 1 : 0.5~0.8
③ 1 : 0.5~1.2 ④ 1 : 0.8~1.5

해설

토사지역에서 절토사면의 기울기 기준은 1 : 0.8~1.5이며, 암석지는 단단한 정도에 따라 1 : 0.3~1.2 내에서 조절한다.

정답 61 ② 62 ① 63 ④ 64 ③ 65 ① 66 ② 67 ④

68 임도 설계 시 횡단면도를 작성하는 기준 축척은?

① 1/100
② 1/200
③ 1/500
④ 1/1,000

해설

횡단면도는 1 : 100의 축척으로 작성한다.

69 산지 경사면과 임도시공기면과의 교차선으로 임도시공 시 절토와 성토작업을 구분하는 경계선은?

① 영선
② 시공선
③ 중심선
④ 경사선

해설

노면의 시공면과 산지의 경사면이 만나는 점을 영점이라고 하며, 이 영점을 연결한 노선의 종축을 영선이라고 한다. 영선은 절토작업과 성토작업의 경계선이 되기도 한다.

70 가선집재와 비교하여 트랙터를 이용한 집재작업의 특징으로 거리가 먼 것은?

① 기동성이 높다.
② 작업이 단순하다.
③ 임지 훼손이 적다.
④ 경사가 큰 곳에서 작업이 불가능하다.

해설

트랙터 집재는 기동성이 좋고 작업이 단순하여 생산성이 높으나, 잔존임분에 피해가 심하다.

71 1,000ha의 산림경영지에 적정임도밀도가 20m/ha라 한다면 평균집재거리는?

① 62.5m
② 125m
③ 250m
④ 500m

해설

$$평균집재거리 = \frac{2,500}{적정임도밀도}$$
$$= \frac{2,500}{20} = 125m$$

72 임도의 종류별 설계속도 기준으로 옳은 것은?

① 간선임도 : 40~30km/시간
② 간선임도 : 40~20km/시간
③ 지선임도 : 30~10km/시간
④ 지선임도 : 20~10km/시간

해설

임도의 종류별 설계속도 기준
- 간선임도 : 40~20km/h
- 지선임도 : 30~20km/h
- 작업임도 : 20km/h 이하

73 임도시공 시 굴착 및 운반작업 수행이 가장 어려운 장비는?

① 불도저
② 파워셔블
③ 스크레이퍼
④ 모터그레이더

해설

모터그레이더
차체의 중심에 블레이드 날이 달려 있어 주로 땅을 고르는 데 사용하는 정지작업 전용 기계이다.

74 임도의 유지관리를 위한 시설에 대한 설명으로 옳은 것은?

① 빗물받이는 주로 절토 비탈면 위에 설치한다.
② 옆도랑에 쌓인 토사는 답압하여 길어깨로 사용한다.
③ 평시에 유량이 많은 지역에는 세월시설을 설치하여 관리한다.

정답 68 ① 69 ① 70 ③ 71 ② 72 ② 73 ④ 74 ④

④ 종단기울기와 절취면의 토질에 따라 적절한 간격으로 횡단배수구를 설치하여 표면 유출수가 신속히 배수되도록 한다.

해설

빗물받이는 절토면 아래에, 세월시설은 평시에 유량이 적은 지역에 설치하며, 옆도랑에 쌓인 토사는 걷어내어 유수가 원활히 흐르도록 처리하여야 한다.

75 옹벽에 대한 설명으로 옳지 않은 것은?

① 부벽식 옹벽은 토압을 받는 쪽에 부벽을 만드는 옹벽이다.
② 반중력식 옹벽은 철근을 보강하며, 기초가 견고하지 못한 곳에 시공한다.
③ L형 옹벽은 철근콘크리트 형식으로 자중과 뒤채움한 토사의 무게를 이용한다.
④ 중력식 옹벽은 무절콘크리트로서 자중으로 토압을 견디며 기초가 견고한 곳에 시공한다.

해설

부벽식은 토압의 반대쪽인 앞면에 부벽을 만드는 것이며, 반부벽식은 토압을 받는 뒷면에 부벽을 만드는 옹벽이다.

76 산림의 경계선을 명백히 하고 그 면적을 확정하기 위해 실시하는 측량은?

① 시설측량
② 세부측량
③ 주위측량
④ 산림구획측량

해설

주위측량
산림의 경계선을 명확히 하고, 그 면적을 확정하기 위해 실시하는 토지 주위의 측량이다.

77 모르타르뿜어붙이기 공법에서 건조·수축으로 인한 균열을 방지하는 방법이 아닌 것은?

① 응결완화제를 사용한다.
② 뿜는 두께를 증가시킨다.
③ 물과 시멘트의 비를 작게 한다.
④ 사용하는 시멘트의 양을 적게 한다.

해설

뿜어붙이기 공법의 건조·수축으로 인한 균열은 응결촉진제를 사용하여 방지한다.

78 임도의 노체를 구성하는 기본적인 구조가 아닌 것은?

① 노상
② 기층
③ 표층
④ 노층

해설

노체(路體)
도로의 몸체로 기본구조는 깊은 곳으로부터 노상, 노반, 기층, 표층의 순으로 구성된다.

79 산악지대의 임도망 구축에 있어 지형에 대응한 노선선정 방식에 대한 설명으로 옳지 않은 것은?

① 산정부에 배치되는 임도는 순환식 노선이 좋다.
② 능선임도는 임도노선 배치 방식 중 건설비가 가장 적게 든다.
③ 계곡임도는 계곡보다 약간 위의 사면에 설치하는 것이 좋다.
④ 급경사의 긴 비탈면에 설치하는 사면임도는 대각선 방식이 적당하다.

해설

사면임도는 급경사의 긴 비탈면인 산지에서는 지그재그 방식, 완경사지에서는 대각선 방식이 적당하다.

정답 75 ① 76 ③ 77 ① 78 ④ 79 ④

80 임도의 평면선형에서 곡선을 설치하지 않아도 되는 기준은?

① 내각 25° 이상
② 내각 55° 이상
③ 내각 90° 이상
④ 내각 155° 이상

해설

내각이 155° 이상 되는 장소에는 곡선을 설치하지 않을 수 있다.

5과목 사방공학

81 사방댐에서 대수면에 해당하는 것은?

① 방수로 부분
② 댐의 천단부분
③ 댐의 하류 측 사면
④ 댐의 상류 측 사면

해설

댐의 상류 사면을 대수면, 하류 사면을 반수면이라 한다.

82 황폐지 및 훼손지의 복구용 수종으로 가장 적합한 것은?

① 싸리류, 은행나무
② 아까시나무, 구상나무
③ 상수리나무, 종비나무
④ 오리나무류, 리기다소나무

해설

복구용으로는 리기다소나무, 오리나무류(산오리나무(물오리나무), 사방오리나무), 아까시나무, 싸리류 등 척박지에서도 잘 자라는 수종이 적합하다.

83 해안사방에서 사초심기 공법에 관한 설명으로 옳지 않은 것은?

① 망구획 크기는 2m×2m 구획으로 내부에도 사이심기를 한다.
② 식재하는 사초는 모래의 퇴적으로 잘 말라죽지 않는 초종으로 선택한다.
③ 다발심기는 사초 30~40포기를 한 다발로 만들어 30~50cm 간격으로 심는다.
④ 줄심기는 1~2주를 1열로 하여 주간거리 4~5cm, 열간거리를 30~40cm가 되도록 심는다.

해설

다발심기는 4~8포기의 사초를 한 다발로 하여 30~50cm 간격으로 심는다.

84 땅깎기 비탈면의 안정과 녹화를 위한 시공방법으로 옳지 않은 것은?

① 경암 비탈면은 풍화·낙석 우려가 많으므로 새심기공법이 적절하다.
② 점질성 비탈면은 표면침식에 약하고 동상·붕락이 많으므로 떼붙이기 공법이 적절하다.
③ 모래층 비탈면은 절토공사 직후에는 단단한 편이나 건조해지면 붕락되기 쉬우므로 전면적 객토가 좋다.
④ 자갈이 많은 비탈면은 모래가 유실 후, 요철면이 생기기 쉬우므로 떼붙이기보다 분사파종 공법이 좋다.

해설

풍화와 낙석의 우려가 많은 경암의 절토비탈면 등에는 낙석방지망덮기 공법이 적당하다.

85 평균유속 0.5m/s로 5초 동안에 10m³의 물을 유송하는 수로의 횡단면적은?

① 2m²
② 4m²
③ 10m²
④ 20m²

정답 80 ④ 81 ④ 82 ④ 83 ③ 84 ① 85 ②

> **[해설]**
> 유량이 5초 동안에 10m³이므로 1초에는 2m³이다. 따라서 유량 공식에 적용하면
> $Q(m^3/s) = 유속 \times 유적,\ 2 = 0.5 \times 유적 \quad \therefore\ 4m^2$

86 유역면적이 5km²이고, 비유량이 12m³/sec/km²일 때 최대홍수유량은?

① 30m³/sec ② 60m³/sec
③ 90m³/sec ④ 120m³/sec

> **[해설]**
> 최대홍수유량 $Q = A \times q = 5 \times 12 = 60m^3/s$
> 여기서, Q : 최대홍수유량(m^3/s)
> A : 유역면적(km^2)
> q : 비유량($m^3/s/km^2$)

87 황폐계류에 대한 설명으로 옳지 않은 것은?

① 유량이 강우에 의해 급격히 증감한다.
② 유로연장이 비교적 길고 하상기울기가 완만하다.
③ 토사생산구역, 토사유과구역, 토사퇴적구역으로 구분된다.
④ 호우가 끝나면 유량은 급격히 감소되고 모래와 자갈의 유송은 완전히 중지된다.

> **[해설]**
> 황폐계류는 유로의 연장(길이)이 비교적 짧으며, 계상기울기가 급하다.

88 계상에서 유수의 소류력이 최소로 되고 안정기울기가 최대로 되는 기울기는?

① 편류기울기   ② 평형기울기
③ 보정기울기   ④ 평균기울기

> **[해설]**
> 사력이 침적된 구간, 즉 편류물매를 형성한 구간은 유수의 소류력은 최소가 되고, 안정물매는 최대가 되어 급한 기울기를 형성한 채 변화가 없는 하상을 유지하게 된다.

89 비탈면에서 분사식 씨뿌리기에 사용되는 혼합재료가 아닌 것은?

① 비료   ② 종자
③ 전착제   ④ 천연섬유 네트

> **[해설]**
> **분사식 씨뿌리기 공법**
> 종자, 비료, 양생제, 전착제를 물과 함께 혼합한 것을 사면에 기계로 압력·분사하여 파종하는 공법이다.

90 비탈다듬기공사를 설계할 때 유의사항으로 옳지 않은 것은?

① 비탈면의 수정기울기는 최대 35° 전후로 한다.
② 기울기가 급한 곳에서는 산비탈돌쌓기로 조정한다.
③ 토양퇴적층의 두께가 3m 이상일 때는 비탈흙막이를 설계한다.
④ 전체 대상지를 조사하고, 절취량은 다듬기의 면적에 평균높이를 곱하여 산출한다.

> **[해설]**
> 퇴적층의 두께가 3m 이상일 때에는 속도랑과 땅속흙막이 공작물을 설계한다.

91 찰쌓기에서 지름 약 3cm의 PVC 파이프로 물빼기구멍을 설치하는 기준은?

① 0.5~1m²마다 1개씩 설치한다.
② 2~3m²마다 1개씩 설치한다.
③ 3~5m²마다 1개씩 설치한다.
④ 5~5.5m²마다 1개씩 설치한다.

정답 86 ② 87 ② 88 ① 89 ④ 90 ③ 91 ②

> **해설**

찰쌓기 시 배수를 위하여 시공면적 2~3m²마다 직경 3cm 정도의 물빼기구멍을 반드시 설치한다.

92 강우에 의해 토층이 포화상태가 되어 경사지 전면에 걸쳐 얇은 층으로 흙 입자가 이동하는 침식은?

① 우격침식 ② 누구침식
③ 구곡침식 ④ 면상침식

> **해설**

면상침식(面狀浸蝕)
토양의 얇은 층이 전면에 걸쳐 넓게 유실되는 현상이다.

93 사방댐에 설치하는 물받침에 대한 설명으로 옳지 않은 것은?

① 앞댐, 막돌놓기 등의 공사를 함께 한다.
② 사방댐 본체나 측벽과 분리되도록 설치한다.
③ 방수로를 월류하여 낙하하는 유수에 의해 대수면 하단이 세굴되는 것을 방지한다.
④ 토석류의 충돌로 인해 발생하는 충격이 사방댐 본체와 측벽에 바로 전달되지 않도록 한다.

> **해설**

물받이(물받침)
방수로에서 떨어지는 유수의 낙차에 의한 반수면 하단의 세굴을 방지하기 위해 설치하는 시설로 앞댐, 막돌놓기 공사와 함께 시행한다.

94 산사태의 발생 원인에서 지질적 요인이 아닌 것은?

① 절리의 존재   ② 단층대의 존재
③ 붕적토의 분포 ④ 지표수의 집중

> **해설**

산사태 발생의 지질적 요인
토질, 절리 및 단층대의 존재, 붕적토의 분포, 암반 풍화 등

95 선떼붙이기 공법을 1급부터 9급까지 구분하는 기준은?

① 수평단길이 1m당 떼의 사용매수
② 수직단길이 1m당 떼의 사용매수
③ 수직단면적 1m²당 떼의 사용매수
④ 수평단면적 1m²당 떼의 사용매수

> **해설**

선떼붙이기 공법은 수평계단길이 1m당 떼의 사용매수에 따라 고급인 1급에서 저급인 9급까지 구분한다.

96 사방사업 대상지 유형 중 황폐지에 속하는 것은?

① 밀린 땅   ② 붕괴지
③ 민둥산   ④ 절토사면

> **해설**

황폐지의 종류
척악임지, 임간나지, 초기황폐지, 황폐이행지, 민둥산, 특수황폐지

97 화성암은 화학적으로 어떤 성분함량에 따라 산성암, 중성암, 염기성암으로 구분되는가?

① K_2O ② SiO_2
③ Al_2O_3 ④ Fe_2O_3

> **해설**

화성암은 암석에 들어 있는 규산(SiO_2)의 함량에 따라 산성암, 중성암, 염기성암으로 구분하며, 염기성일수록 규산의 함량이 적고 어두운 색을 띤다.

정답 92 ④ 93 ③ 94 ④ 95 ① 96 ③ 97 ②

98 계류의 유속과 흐름방향을 조절할 수 있도록 둑이나 계안으로부터 돌출하여 설치하는 것은?

① 수제
② 구곡막이
③ 바닥막이
④ 기슭막이

해설

수제(水制)
계류의 유속과 흐름방향을 조절할 수 있도록 둑이나 계안으로부터 유심(流心)을 향해 돌출하여 설치하는 공작물이다.

99 다음 설명에 해당하는 산지사방 공법은?

> 비탈다듬기공사를 실시한 사면에 선떼붙이기공사와 같은 계단식 공사를 시공하기 위해 수평으로 소단을 설치하는 기초공사이다.

① 흙막이
② 단쌓기
③ 단끊기
④ 바자얽기

해설

단끊기
비탈다듬기를 실시한 후에 수평으로 단을 끊고, 식생을 파종하거나 식재하여 사면을 안정·녹화시키는 기초공사이다.

100 파종녹화공법에서 파종량(W)을 구하는 식으로 옳은 것은?(단, S : 평균입수, P : 순량률, B : 발아율, C : 발생기대본수)

① $W = C \times S \times P \times B$
② $W = \dfrac{C}{S \times P \times B}$
③ $W = \dfrac{C}{S \times P} \times B$
④ $W = \dfrac{C}{S \times B} \times P$

해설

m^2당 파종량
- 파종량(g/m²)
$$= \frac{\text{가을에 } m^2\text{당 남길 묘목수}}{1g\text{당 종자입수} \times \text{순량률} \times \text{발아율}}$$
$$= \frac{C}{S \times P \times B}$$

- 1g당 종자입수(種子粒數)는 g당 평균종자입수로 나타낸다.
- 가을에 m²당 남길(잔존) 묘목수를 묘목잔존본수 또는 발생기대본수라고도 한다.

정답 98 ① 99 ③ 100 ②

2020년 3회 기출문제

1과목 조림학

01 가지치기 작업 시 부후의 위험성이 가장 높은 수종은?

① *Cedrus deodara*
② *Pinus densiflora*
③ *Abies holophylla*
④ *Prunus serrulata*

해설

생가지치기 시 절단면이 썩을 위험성이 큰 수종은 단풍나무, 물푸레나무, 벚나무(*Prunus serrulata*), 느릅나무이며, 위험성이 없는 수종은 삼나무, 포플러류, 낙엽송, 잣나무, 전나무(*Abies holophylla*), 소나무(*Pinus densiflora*), 편백 등이다.

02 접목 실시 방법에 대한 설명으로 옳은 것은?

① 접수와 대목이 활동을 시작할 때 실시한다.
② 접수와 대목이 휴면상태일 때 실시한다.
③ 접수는 활동을 시작하고 대목은 휴면상태일 때 시작한다.
④ 접수는 휴면상태에 있고 대목이 활동을 시작할 때 실시한다.

해설

접수는 휴면상태이고 대목은 생리적 활동을 시작한 상태가 접합에 가장 좋다.

03 우세목을 간벌재로 이용하고자 할 때 적용하는 간벌 방법은?

① 하층간벌   ② 수관간벌
③ 택벌식 간벌   ④ 기계적 간벌

해설

택벌식 간벌은 1급목을 벌채하여 자람이 좋은 하층목의 생육을 촉진하는 방법으로 우세목 간벌이다.

04 광색소에서 파이토크롬에 대한 설명으로 옳지 않은 것은?

① 햇빛을 받으면 합성이 일부 금지되거나 파괴된다.
② 높은 광 조건에서 생장한 수목에서 많이 검출된다.
③ 피롤(Pyrrole) 4개가 모여서 이루어진 발색단을 가진다.
④ 분자량이 120,000Da(Dalton)가량 되는 두 개의 동일한 폴리펩타이드로 구성되어 있다.

해설

파이토크롬(Phytochrome)
환경 속의 빛을 감지하고 받아들여 식물의 여러 과정을 조절하는 감광 색소 단백질로 낮은 광도에서 더욱 반응하여, 암흑 속에서 기른 식물체에서 많이 검출된다.

05 종자의 결실주기가 가장 긴 수종은?

① 소나무   ② 오리나무
③ 아까시나무   ④ 일본잎갈나무

해설

종자의 결실주기는 낙엽송(일본잎갈나무), 너도밤나무가 5년 이상으로 가장 길며, 소나무와 아까시나무는 격년 결실, 오리나무는 매년 결실을 한다.

정답 01 ④ 02 ④ 03 ③ 04 ② 05 ④

06 식물이 필요로 하는 필수원소 중에서 수목의 체내 이동이 상대적으로 어려운 원소는?

① 칼륨
② 칼슘
③ 질소
④ 마그네슘

해설

무기염류의 체내 이동성
- 체내 이동성이 낮은 영양소 : 칼슘(Ca), 철(Fe), 망간(Mn), 붕소(B)
- 체내 이동성이 높은 영양소 : 질소(N), 칼륨(K), 인산(P), 마그네슘(Mg)

07 비료목으로 적합하지 않은 수종은?

① 싸리
② 고로쇠나무
③ 물오리나무
④ 아까시나무

해설

비료목(肥料木)
질소를 고정하거나 질소와 같은 양분을 다량 지녀 임지의 지력 향상 및 비배 효과로 다른 수목의 생육 촉진에 기여하는 수목으로 아까시나무, 싸리나무류, 자귀나무, 오리나무류 등이 있다.

08 종자 결실량을 증가시키는 방법이 아닌 것은?

① 간벌작업을 실시한다.
② 건조, 접목, 상처주기 등의 스트레스를 준다.
③ 꽃눈이 분화하는 시기에 비료를 주지 않는다.
④ 수피의 일부분을 제거하여 C/N율을 조절한다.

해설

꽃눈이 분화하는 시기에 적절한 시비를 통해 결실량을 증가시킬 수 있다.

09 식재 간격을 2.4m×2.4m 정방형으로 조림을 하고자 할 때에 1ha당 식재본수는?

① 약 1,800본
② 약 2,400본
③ 약 3,000본
④ 약 4,200본

해설

정방형 식재

$$N = \frac{A}{a^2} = \frac{10,000}{2.4 \times 2.4} = 1,736.11 \cdots \therefore 약 1,800본$$

여기서, N : 소요 묘목본수
A : 조림지 면적
a : 묘간거리

10 내음력이 가장 약한 수종은?

① 녹나무
② 전나무
③ 자작나무
④ 가문비나무

해설

녹나무, 전나무, 가문비나무는 대표적 음수이며, 자작나무는 낙엽송과 함께 대표적 극양수이다.

11 산림보육작업에 해당하지 않는 것은?

① 제벌
② 간벌
③ 개벌
④ 풀베기

해설

개벌작업은 갱신작업종이며, 제벌, 간벌, 풀베기는 숲 가꾸기, 즉 산림보육작업에 해당한다.

12 다음 설명에 해당하는 갱신 작업종은?

- 벌채지에서 종자를 공급할 수 있는 나무를 단독 또는 군상으로 남기고, 나머지는 벌채목으로 이용한다.
- 소나무, 곰솔 등이 적합하다.

① 모수작업
② 개벌작업
③ 택벌작업
④ 중림작업

정답 06 ② 07 ② 08 ③ 09 ① 10 ③ 11 ③ 12 ①

해설

모수작업(母樹作業)
벌채지에 종자를 공급할 수 있는 모수를 단독 또는 군상으로 남기고, 그 외 나머지 수목들을 모두 벌채하는 작업법이다.

13 수종별 파종 방법으로 적합하지 않은 것은?

① 소나무 - 산파 ② 호두나무 - 산파
③ 느티나무 - 조파 ④ 상수리나무 - 점파

해설

호두나무와 같은 대립종자는 종자를 하나씩 띄엄띄엄 심는 방법인 점파(點播)가 적합하다.

14 암수딴그루에 해당하는 수종은?

① 편백 ② 소나무
③ 벚나무 ④ 은행나무

해설

자웅이주(雌雄異株, 암수딴그루)
암꽃과 수꽃이 각각 다른 나무에 달리는 것으로 은행나무, 소철, 포플러류, 주목, 호랑가시나무, 꽝꽝나무, 가죽나무 등이 있다.

15 인공조림과 비교한 천연갱신에 대한 설명으로 옳지 않은 것은?

① 임지가 나출되지 않아 지력이 유지된다.
② 전문적인 육림기술이 필요하지만 벌목과 운재 작업은 용이하다.
③ 임분 조성의 확실성이 결여되어 보완조림 등이 필요한 경우가 있다.
④ 치수가 모수의 보호를 받고, 여러 가지 위해에 대한 저항력이 강하다.

해설

천연갱신은 벌목과 운재 작업 등으로 임내 작업 시 치수 손상의 위험이 있으며, 작업이 어렵다.

16 종자 검사 항목에 대한 설명으로 옳지 않은 것은?

① 효율은 발아율과 순량률을 곱한 값이다.
② 순량률은 순정종자무게를 전체시료무게로 나눈 값이다.
③ 용적중은 100mL에 무게를 4번 반복하여 측정한 값의 평균치로 한다.
④ 소립종자의 실중은 1,000립의 무게를 4번 반복하여 측정한 값의 평균치로 한다.

해설

용적중(容積重)
g 단위로 표시하는 종자 1L(1,000mL)의 무게이다.

17 중림작업에 대한 설명으로 옳지 않은 것은?

① 교림작업과 왜림작업을 혼합한 갱신작업이다.
② 일반적으로 하층임분은 개벌에 의한 맹아갱신을 반복한다.
③ 동일 임지에서 일반용재와 신탄재 등을 동시에 생산하는 것을 목적으로 한다.
④ 하층목은 양수 수종, 상층목은 지하고가 높고 수관의 틈이 많은 음수 수종이 적합하다.

해설

중림작업(中林作業)
동일 임지에 교림작업과 왜림작업을 함께 시행하는 작업종으로 내음성이 강하고 맹아력이 좋은 수종을 하층목으로 식재하며, 상층목은 하층목 발달을 위하여 지하고가 높은 것이 좋다.

정답 13 ② 14 ④ 15 ② 16 ③ 17 ④

18 뿌리의 내피에 발달한 카스페리안 대(Casparian Strip)의 역할에 대한 설명으로 옳은 것은?

① 뿌리털을 통해 흡수한 물의 이동을 효율적으로 차단하는 역할을 한다.
② 뿌리털을 통한 물의 흡수를 촉진하는 역할을 한다.
③ 뿌리털을 통해 흡수한 물에 녹아 있는 무기양료를 모아서 보관하는 역할을 한다.
④ 뿌리털을 통해 흡수한 물에 녹아 있는 무기양료만 통과시키는 거름종이 역할을 한다.

해설

카스페리안 대는 뿌리털을 통해 흡수한 물의 이동을 효율적으로 차단하여 물에 녹아 있는 무기양료 중에서 식물체가 필요한 양료만 선택적으로 흡수하게 하는 역할을 한다.

19 종자 또는 삽목에 의해 시작된 숲으로 주로 높은 수고의 수목으로 이루어진 숲은?

① 교림 ② 왜림
③ 중림 ④ 죽림

해설

교림(喬林)
종자 또는 삽목에 의해 발달한 수목(실생묘)으로 이루어진 산림으로 주로 키가 큰 숲을 형성한다.

20 리기다소나무에 대한 설명으로 옳지 않은 것은?

① 맹아력이 약하다.
② 잎이 3개씩 나오고 비틀린다.
③ 소나무에 비해 송충이 피해가 적다.
④ 사방 조림 수종으로 사용할 수 있다.

해설

리기다소나무는 종자의 발아력과 맹아력이 좋아 사방 조림 수종으로 많이 이용하고 있다.

2과목 산림보호학

21 밤나무줄기마름병 방제 방법으로 옳지 않은 것은?

① 저항성 품종인 옥광 등을 식재한다.
② 배수가 잘 되는 토양에 건전한 묘목을 심는다.
③ 천공성 해충류의 피해가 없도록 살충제를 살포한다.
④ 초기의 병반이 발생했을 때는 병든 부분을 도려내고 소독한 후 도포제를 바른다.

해설

옥광은 내충성 품종으로 저항성이 아니며, 밤나무줄기마름병에는 단택, 대보, 이취 등의 저항성(내병성) 품종을 식재한다.

22 밤을 가해하는 종실 해충은?

① 복숭아명나방   ② 붉은매미나방
③ 버들재주나방   ④ 벚나무모시나방

해설

밤을 가해하는 종실해충에는 밤바구미, 복숭아명나방이 있다.

23 숲에 군집하여 수목을 고사시키는 조류가 아닌 것은?

① 백로   ② 왜가리
③ 딱따구리   ④ 가마우지

정답 18 ① 19 ① 20 ① 21 ① 22 ① 23 ③

해설

백로, 왜가리 등은 소나무와 참나무류 등에 군집하여 생활하고, 특히 번식기 때 산성을 띤 새끼의 배설물에 의해 임목이 고사하며, 딱따구리는 줄기를 가해하여 피해를 준다.

24 모잘록병 방제 방법으로 옳지 않은 것은?

① 파종상에서는 토양 소독을 한다.
② 묘상이 과습하지 않도록 주의한다.
③ 토양의 산도가 염기성이 되도록 한다.
④ 질소질 비료보다 인산, 칼륨질 비료를 더 많이 준다.

해설

모잘록병은 묘목이 너무 밀식되어 과습하거나 배수와 통풍이 좋지 않은 경우 발생이 심하므로 묘상의 환경개선만으로도 어느 정도 피해를 줄일 수 있으며, 토양의 산도와는 크게 관계가 없다.

25 해충의 생물적 방제 방법에 대한 설명으로 옳지 않은 것은?

① 친환경적인 방법으로 생태계가 안정된다.
② 해충밀도가 낮을 경우에도 효과를 거둘 수 있다.
③ 화학적 방제 방법에 비해 방제 효과가 연속성을 지닌다.
④ 해충밀도가 위험한 밀도에 달했을 때 더욱 효과적이다.

해설

생물(학)적 방제는 자연에 존재하는 포식곤충, 기생곤충, 병원미생물 등의 천적을 이용하여 해충의 발생을 억제시키는 친환경적 방제법으로 해충밀도가 위험수준일 때는 화학적 방제가 적당하며, 해충밀도가 낮을 때는 생물적 방제가 효과적이다.

26 번데기로 월동하는 해충은?

① 매미나방　　② 박쥐나방
③ 차독나방　　④ 미국흰불나방

해설

미국흰불나방은 유충이 잎을 식해하여 피해를 주는 해충으로 번데기로 월동한다.

27 잣나무털녹병의 중간기주는?

① 송이풀　　② 황벽나무
③ 등골나물　　④ 일본잎갈나무

해설

잣나무털녹병은 기주교대를 하며 병을 옮기는 이종기생 녹병균에 의한 수병으로 중간기주는 송이풀, 까치밥나무류이다.

28 소나무재선충을 매개하는 해충은?

① 왕바구미
② 소나무좀
③ 북방수염하늘소
④ 썩덩나무노린재

해설

재선충은 스스로 이동할 수 없으며 솔수염하늘소(소나무), 북방수염하늘소(잣나무) 등의 매개충에 의해 전염이 확산된다.

29 미국흰불나방은 1년에 몇 회 발생하는가?

① 1회　　② 2~3회
③ 4~5회　　④ 6~8회

해설

미국흰불나방은 연 2회 발생하며, 번데기로 월동한다.

정답 24 ③　25 ④　26 ④　27 ①　28 ③　29 ②

30 완전변태를 하는 내시류에 속하는 곤충목은?

① 파리목   ② 메뚜기목
③ 흰개미목 ④ 잠자리목

해설

곤충강은 크게 날개가 없는 무시아강과 날개가 있는 유시아강으로 나뉜다. 유시아강은 다시 날개를 접을 수 없는 고시류와 날개를 접을 수 있는 신시류로 나뉘며, 신시류는 다시 외시류(불완전변태)와 내시류(완전변태)로 구분한다. 또한 내시류에는 벌목, 딱정벌레목, 파리목, 나비목 등이 있다.

31 뽕나무오갈병의 원인이 되는 병원체는?

① 세균   ② 곰팡이
③ 바이러스   ④ 파이토플라스마

해설

뽕나무오갈병
파이토플라스마에 의한 수병으로 잔가지가 총생하여 빗자루 모양을 하며, 잎은 결각이 없어져 둥글게 되고 오그라들며 말리는 증상을 나타낸다.

32 병원생물 중 *Bacillus thuringiensis*는 주로 어느 해충을 방제하는 데 사용되는가?

① 나비류 유충
② 소나무좀 성충
③ 솔수염하늘소 번데기
④ 솔껍질깍지벌레 후약충

해설

BT제(*Bacillus thuringiensis*)
다른 생물에는 무해하지만 해충에는 살충 효과를 나타내는 미생물 제제로 솔나방, 집시나방, 복숭아명나방 등의 주로 나비류 유충 방제에 이용된다.

33 성충 및 유충 모두가 수목을 가해하는 것은?

① 솔나방
② 솔잎혹파리
③ 황다리독나방
④ 오리나무잎벌레

해설

오리나무잎벌레는 유충과 성충이 모두 오리나무류 잎을 가해하며 피해를 준다. 부화 유충은 잎 뒷면에서 엽육만을 식해하고, 성충은 잎을 갉아 식해한다.

34 소나무재선충병 방제 방법으로 옳지 않은 것은?

① 감염된 소목은 벌채 후 소각한다.
② 밀생 임분은 간벌을 하여 쇠약목이 없도록 한다.
③ 포스티아제이트 액제를 이용한 토양 관주를 한다.
④ 매개충의 우화 최성기에 나무주사를 실시한다.

해설

매개충의 우화 최성기 전에 나무주사를 실시하여야 효과가 있다.

35 지표화로부터 연소되는 경우가 많고, 나무의 공동부가 굴뚝과 같은 작용을 하는 산불의 종류는?

① 수관화   ② 수간화
③ 지상화   ④ 지중화

해설

수간화(樹幹火)
나무의 줄기에서 발생하는 산불로 지표화에 의한 경우가 많으며, 나무의 공동부가 굴뚝과 같은 작용을 한다.

정답 30 ① 31 ④ 32 ① 33 ④ 34 ④ 35 ②

36 솔잎혹파리 방제를 위한 나무주사용 약제는?

① 디밀린 수화제
② 핵사코나졸 유제
③ 디플루벤주론 액상수화제
④ 이미다클로프리드 분산성액제

해설

솔잎혹파리나 솔껍질깍지벌레에는 침투성 살충제인 포스팜 액제, 이미다클로프리드 분산성액제 등을 수간주사하여 방제한다.

37 잣나무잎떨림병 방제 방법으로 가장 효과가 약한 것은?

① 풀베기와 가지치기를 실시한다.
② 2차 감염 방지를 위해 토양 소독을 철저히 한다.
③ 비배관리를 잘하고 병든 잎은 모두 모아서 태운다.
④ 자낭포자가 비산하는 시기에 적합한 약제를 살포한다.

해설

잣나무잎떨림병은 잎의 기공을 통해 자낭포자가 침입하여 감염되며, 침엽에 반점들이 생기면서 점차 퍼져 적갈색으로 변하고 낙엽하는 수병으로 토양 소독과는 관계가 없다.

38 약제의 유효성분을 가스상태로 하여 해충의 기문을 통하여 호흡기에 침입시켜 사망시키는 것은?

① 훈증제   ② 제충제
③ 소화중독제   ④ 침투성 살충제

해설

훈증제(燻蒸劑)
약제의 유효성분이 가스상태가 되어 해충의 호흡기(기문)로 흡입되고, 독작용을 나타내어 죽게 되는 약제이다.

39 볕데기가 잘 발생하지 않는 수종은?

① 호두나무   ② 굴참나무
③ 오동나무   ④ 가문비나무

해설

볕데기는 수피가 평활하고 매끄러우며 코르크층이 발달하지 않은 수종에서 잘 발생하며, 굴참나무와 같이 코르크층이 발달한 수종에서는 잘 발생하지 않는다.

40 포플러 잎녹병균의 유성포자 형성을 나타낸 다음 그림에서 A에 해당하는 명칭은?

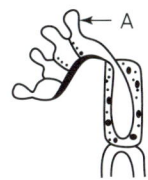

① 녹포자
② 담자포자
③ 여름포자
④ 겨울포자

해설

그림은 녹병균의 겨울포자로 전균사라는 담자기가 네 가닥으로 자라며, 그 끝에 담자포자(소생자)가 달리고 이것이 비산하여 기주로 옮겨진다.

3과목 임업경영학

41 다음 조건에서 정액법에 의한 감가상각비는?

- 벌도목을 집재하기 위하여 10년 전에 7천 5백만 원으로 펠러번처를 구입하였다.
- 펠러번처의 중고가격은 2천만 원이다.

① 20만 원/년   ② 55만 원/년
③ 200만 원/년   ④ 550만 원/년

정답 36 ④ 37 ② 38 ① 39 ② 40 ② 41 ④

해설

정액법(직선법)
- 매년 정해진 액수를 균등하게 감가하는 방법으로 가장 간단하며 보편적인 방법이다.
- 연간 감가상각비 $= \dfrac{\text{취득원가} - \text{잔존가치}}{\text{내용연수}}$

$= \dfrac{7천 5백만 원 - 2천만 원}{10}$

$= 550만 원$

42 다음 조건에서 스말리안식에 의한 재적은?

- 말구직경 : 24cm
- 중앙직경 : 30cm
- 원구직경 : 32cm
- 재장 : 4m

① 약 $0.2317m^3$ ② 약 $0.2513m^3$
③ 약 $0.2617m^3$ ④ 약 $0.3021m^3$

해설

스말리안(Smalian)식

재적(m^3) $V = \dfrac{g_o + g_n}{2} \times l$

$= \dfrac{\left(\dfrac{\pi \cdot 0.32^2}{4}\right) + \left(\dfrac{\pi \cdot 0.24^2}{4}\right)}{2} \times 4$

$= 0.25132 \cdots \therefore$ 약 $0.2513m^3$

여기서, g_o : 원구단면적
g_n : 말구단면적
l : 재장

43 정리기에 대한 설명으로 옳은 것은?

① 불법정인 영급관계를 법정인 영급으로 개량하는 기간이다.
② 산벌작업에서 예비벌을 시작하여 후벌을 마칠 때까지의 기간이다.
③ 보속작업에서 한 작업급에 속하는 모든 임분을 일순벌하는 데 필요한 기간이다.
④ 벌구식 택벌작업에서 맨 처음 택벌한 구역을 또다시 택벌하는 데 필요한 기간이다.

해설

정리기는 불법정인 영급관계를 법정인 영급관계로 점차 정리하는 기간이다.

44 임지가격의 결정 방법으로 옳지 않은 것은?

① 자산가에 의한 방법
② 매매가에 의한 방법
③ 기망가에 의한 방법
④ 비용가에 의한 방법

해설

임지의 평가방식에는 임지비용가, 임지기망가, 임지매매가 등이 있다.

45 임업자산 중 유동자산이 아닌 것은?

① 임도   ② 묘목
③ 비료   ④ 미처분 임산물

해설

유동자산에는 종자, 묘목, 비료, 미처분 임산물 등이 있으며, 임지, 임도, 건물, 기계 등은 고정자산이다.

46 공유림에 대한 설명으로 옳지 않은 것은?

① 공공복지 증진을 목적으로 한다.
② 경영기관의 재정수입 확보에 기여하여야 한다.
③ 사유림보다는 1ha당 평균축적이 적은 편이다.
④ 모범적인 산림경영으로 사유림 경영의 시범이 되어야 한다.

해설

공유림의 경영 목적은 공공복지의 증진, 재정 수입의 확보, 사유림 경영의 시범이며, 사유림보다는 1ha당 평균 축적이 많은 편이다.

정답 42 ② 43 ① 44 ① 45 ① 46 ③

47 산림경영계획 수립 시 소반구획을 달리하는 경우에 속하지 않는 것은?

① 지종이 상이할 때
② 작업종이 상이할 때
③ 지리, 지위가 상이할 때
④ 임종, 경급이 상이할 때

해설

소반의 구획
- 산림의 기능이 상이할 때
- 지종이 상이할 때
- 임종, 임상 및 작업종이 상이할 때
- 임령, 지위, 지리 또는 운반계통이 상이할 때

48 산림경영계획 수립을 위한 임황조사에 대한 설명으로 옳지 않은 것은?

① 혼효림의 경우는 5종까지 주요 수종을 조사할 수 있다.
② 가슴높이지름 6cm 이상의 입목을 측정하여 총 축적을 산정한다.
③ 인공조림지에서는 조림연도를 아는 경우에서 측정 대상의 입목에 생장추를 이용하여 임령을 산정한다.
④ 임분 수고의 최저, 최고 및 평균을 측정하여 임분 수고의 범위를 분모로 하고 평균수고를 분자로 하여 표시한다.

해설

조림연도를 아는 경우에는 묘목의 나이에 조림 이후의 기간을 더해 임령을 산정한다.

49 이상적인 임분의 ha당 재적이 $30m^3$이고, 현실 임분의 ha당 재적이 $15m^3$라면 임분의 입목도는?

① 0.1
② 0.5
③ 1
④ 2

해설

입목도(立木度)는 이상적인 임분의 재적·본수·흉고단면적에 대한 실제 임분의 재적·본수·흉고단면적의 비율이므로 $30m^3$에 대한 $15m^3$의 비는 0.5이다.

50 감가가 발생하는 원인 중 물리적 감가에 해당되는 것은?

① 부적응에 의한 감가
② 진부화에 의한 감가
③ 경제적 요인에 의한 감가
④ 마모 및 손상에 의한 감가

해설

물리적 감가
마찰, 마모, 손상, 오손 등의 사용 소모에 의한 가치의 감소이다.

51 임업경영의 성과분석에 대한 설명으로 옳지 않은 것은?

① 임가소득, 임업소득, 임업순수익 등으로 파악할 수 있다.
② 임업소득은 임업조수익에서 임업경영비를 뺀 나머지를 말한다.
③ 짧은 기간 동안의 성과는 명확하게 계산할 수 없는 경우가 많다.
④ 임가소득으로 서로 다른 임가 사이의 경영성과에 대하여 직접 비교가 용이하다.

해설

임가소득으로 생산자원이 서로 다른 임가 사이의 경영성과를 직접 비교하기는 어렵다.

정답 47 ④ 48 ③ 49 ② 50 ④ 51 ④

52 산림평가에서 복리산 공식에 해당하지 않는 것은?

① 중가 계산식 ② 전가 계산식
③ 무한이자 계산식 ④ 유한이자 계산식

해설

산림평가의 복리산 공식에는 후가식, 전가식, 무한이자식, 유한이자식이 있다.

53 전체 임분을 본수가 같은 몇 개의 계급으로 나누고, 각 계급에서 같은 수의 표준목을 선정하 임목 재적을 계산하는 방법은?

① 단급법 ② Urich법
③ Hartig법 ④ Draudt법

해설

우리히(Urich)법
전 임목을 몇 개의 계급으로 나누고 각 계급의 본수를 동일하게 한 다음 각 계급에서 같은 수의 표준목을 선정하는 방법이다.

54 산림평가에 대한 설명으로 옳지 않은 것은?

① 임도·저목장·건물 등 임지 안의 시설에 대하여 평가한다.
② 임지 안의 동물·토석·광물 등에 대하여는 평가하지 않는다.
③ 산림의 공익적 기능은 종류별로 분류하여 계량평가를 한다.
④ 임지는 자연적 요소, 지위 및 지리별 입목지·벌채적지·미립목지·시설부지·암석지 등으로 나누어 평가한다.

해설

임지 안의 동식물, 토석, 광물 등의 부산물도 산림평가에 포함된다.

55 우리나라의 경우 흉고직경은 입목의 지상 몇 미터 높이에서 측정하는가?

① 0.5m ② 1.0m
③ 1.2m ④ 1.5m

해설

일반적으로 수목의 직경은 가슴높이 지름인 흉고직경을 측정하여 사용하고 있으며, 우리나라에서는 지상으로부터 높이 1.2m를 적용하고 있다.

56 다음 그림에서 보속 생산이 가능한 형태의 산림구성은?

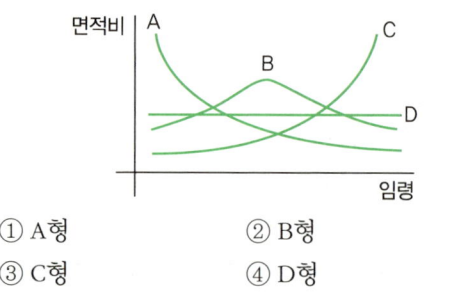

① A형 ② B형
③ C형 ④ D형

해설

D형은 다양한 연령대의 수목이 혼재하는 산림으로 보속 수입이 가능한 이상적인 산림구조이다.

57 임업경영의 지도원칙이 아닌 것은?

① 공정성의 원칙 ② 경제성의 원칙
③ 수익성의 원칙 ④ 보속성의 원칙

해설

산림경영의 지도원칙
수익성의 원칙, 경제성의 원칙, 생산성의 원칙, 공공성의 원칙, 보속성의 원칙, 합자연성의 원칙, 환경보전의 원칙

정답 52 ① 53 ② 54 ② 55 ③ 56 ④ 57 ①

58 수확조정 방법 중 법정축적법에 대한 설명으로 옳은 것은?

① 교차법, 임분경제법, 등면적법 등이 있다.
② 법정축적에 도달하도록 하는 수식법이다.
③ 수확량을 산출하고 벌채장소를 규정한다.
④ 수확량을 기초로 생장량을 예측하는 협의의 생장량법이다.

해설

법정축적법
산림 연간 벌채량의 기준을 연간 생장량에 두고, 현실림과 정상적인 축적의 차이에 의해 조절하는 수확기법으로 현실림을 점차 법정림으로 유도하는 방식이다.

59 생장의 종류가 수목의 생장에 따른 분류와 임목의 부분에 따른 분류가 있을 때, 수목 생장에 따른 분류에 속하지 않는 것은?

① 재적생장   ② 형질생장
③ 수고생장   ④ 등귀생장

해설

수목의 생장에 따른 분류에는 재적생장, 형질생장, 등귀생장, 총가생장이 있으며, 수고생장은 임목의 부분에 따른 분류이다.

60 유령림의 임목평가 방법으로 임목가격의 최저 한도액을 이용하는 것은?

① 원가법   ② 매매가법
③ 비용가법   ④ 시장가역산법

해설

임목비용가
임목 육성에 들어간 총비용의 후가합계에서 그동안 얻은 수익의 후가합계를 공제한 가격으로 유령림의 임목평가에 적용한다.

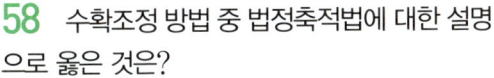

4과목 산림공학

61 통나무의 길이가 16m, 임도의 노폭은 4m인 경우 임도의 최소곡선반지름은?

① 4m   ② 8m
③ 12m   ④ 16m

해설

운반되는 통나무의 길이에 의한 최소곡선반지름 계산

최소곡선반지름 $R = \dfrac{l^2}{4B} = \dfrac{16^2}{4 \times 4} = 16\text{m}$

여기서, l : 반출할 목재의 길이(m)
B : 도로의 폭(m)

62 가선 집재와 비교한 트랙터 집재에 대한 설명으로 옳지 않은 것은?

① 작업비가 절약된다.
② 작업생산성이 높아진다.
③ 급경사지에서도 가능하다.
④ 기동성이 있고 탄력적으로 작업을 할 수 있다.

해설

트랙터 집재는 기동성이 높아 작업생산성이 좋으며 작업비도 절약되나, 급경사지에서는 작업이 불가능하다.

63 임도가 가장 이상적으로 배치되었을 경우의 개발지수는?

① 0   ② 1
③ 10   ④ 100

해설

개발지수
임도망 배치의 효율성 정도를 나타내는 것으로, 임도가 이상적으로 균일하게 배치되었을 때 개발지수는 1이다.

정답 58 ② 59 ③ 60 ③ 61 ④ 62 ③ 63 ②

64 암반비탈면의 녹화 조성에 가장 효과가 작은 것은?

① 새집공법 ② 차폐수벽공법
③ 분사식 씨뿌리기 ④ 종비토뿜어붙이기

해설

분사식 씨뿌리기공법(분사식 파종공법)
종자, 비료, 양생제, 전착제를 물과 함께 혼합한 것을 사면에 기계로 압력·분사하여 파종하는 공법이다.

65 생성 원인이 다른 암석은?

① 편마암 ② 화강암
③ 안산암 ④ 현무암

해설

화강암, 안산암, 현무암은 화성암의 일종이며, 편마암은 화강암의 변성작용으로 형성된 변성암이다.

66 임도설치를 위한 현지측량 결과가 다음과 같을 때 전체 구간에서 절토량은?

측점	절토 횡단면적
측점 1	100m²
측점 2	200m²
측점 2+5.0	300m²

① 2,750m³ ② 4,250m³
③ 6,750m³ ④ 8,000m³

해설

양단면적평균법

- 토량(m³) $V = \dfrac{측점 1 + 측점 2}{2} \times L$

  $= \dfrac{100 + 200}{2} \times 20 = 3,000\text{m}^3$

  여기서, L : 양단면적 간의 거리
  임도 측량 시 측점 사이의 간격은 20m이므로 L은 20을 적용한다.

- 토량(m³) $V = \dfrac{측점 2 + (측점 2 + 5.0)}{2} \times L$

  $= \dfrac{200 + 300}{2} \times 5 = 1,250\text{m}^3$

  (측점 2+5.0)은 측점 2로부터 5m 전진한 지점이므로 L은 5를 적용한다.

따라서 전체 토량은 3,000+1,250=4,250m³

67 1:25,000 지형도에서 임도의 종단기울기 8%의 노선을 긋고자 할 때, 도면상에 표시되는 주곡선상의 길이는?

① 0.5mm ② 1mm
③ 5mm ④ 10mm

해설

1:25,000 지형도에서 주곡선의 간격(수직거리)은 10m 이므로, 수평거리는 $\dfrac{10}{수평거리} \times 100 = 8\%$이고, 수평거리, 즉 주곡선상의 길이는 125m이다.
1:25,000의 축척을 적용하면 1:25,000 = x:125
따라서 $x = 0.005\text{m} = 5\text{mm}$

68 비탈다듬기 또는 단끊기에 의하여 발생한 토사를 산복의 깊은 곳에 넣어 고정 및 유지시키고 침식을 방지하고자 시공하는 것은?

① 땅속흙막이
② 산복수로공
③ 비탈힘줄박기
④ 산비탈흙막이

해설

땅속흙막이
비탈다듬기와 단끊기공사로 발생한 뜬흙을 산지의 계곡부와 같은 오목한 곳에 투입하여 토사의 활동을 방지하고 유치·고정하기 위한 공작물이다.

정답 64 ③ 65 ① 66 ② 67 ③ 68 ①

69 목재수확작업에 주로 사용되는 와이어로프의 스트랜드의 수는?

① 3
② 4
③ 5
④ 6

해설

임업용으로 와이어로프는 스트랜드가 6개인 것을 많이 사용한다.

70 산지사방에서 편책공 및 목책공에 대한 설명으로 옳지 않은 것은?

① 토사 유출 방지를 목적으로 한다.
② 한번 시설하면 영구적으로 사용할 수 있다.
③ 통나무를 이용하여 흙막이를 한 것을 목책공이라 한다.
④ 말뚝을 박고 섶가지 등을 엮어서 흙막이를 한 것을 편책공이라 한다.

해설

엮어서 만드는 울타리인 바자공작물은 편책형과 목책형이 있으며, 묘목을 심어 흙의 유실을 막고 수분을 보존하여 녹화를 조성하나 영구적으로 사용할 수는 없다.

71 상하 소단 간의 경사거리가 길고 경사가 급히여 토사 유실이 예상되는 산지의 안정과 녹화에 가장 적합한 공법은?

① 떼단쌓기
② 줄떼다지기
③ 평떼붙이기
④ 선떼붙이기

해설

줄떼다지기

수평골을 파고, 흙이 붙어 있는 반떼를 한 줄로 수평으로 넣고, 흙을 살짝 덮은 후 나무판으로 다지기하여 활착·녹화하는 공법으로 상하 소단 간의 경사거리가 길고 경사가 급하여 토사유실이 예상되는 산지의 안정과 녹화에 적합하다.

72 롤러의 표면에 돌기를 만들어 부착한 것은?

① 탬핑롤러
② 탠덤롤러
③ 진동롤러
④ 머캐덤롤러

해설

탬핑롤러(Tamping Roller)
롤러의 표면에 돌기가 부착되어 있어 점착성이 큰 점질토의 두꺼운 성토층 다짐에 가장 효과적인 롤러이다.

73 다음 ( ) 안의 내용으로 옳은 것은?

시장·군수·구청장 또는 국유림관리소장은 ( ) 단위로 연도별 임도설치계획을 작성하여야 한다.

① 1년
② 2년
③ 5년
④ 10년

해설

시장·군수·구청장 또는 국유림관리소장은 5년 단위로 연도별 임도설치계획을 작성하여야 한다.

74 돌을 쌓는 방법에 따른 공법의 종류에 해당되지 않는 것은?

① 덧쌓기 공법
② 메쌓기 공법
③ 찰쌓기 공법
④ 켜쌓기 공법

해설

돌쌓기는 모르타르의 사용 여부에 따라 찰쌓기, 메쌓기, 돌을 쌓는 모양에 따라 골쌓기, 켜쌓기의 공법이 있다.

75 콘크리트의 강도에 대한 설명으로 옳은 것은?

① 인장강도가 압축강도보다 크다.
② 전단강도가 압축강도보다 크다.
③ 압축강도와 인장강도가 비슷하다.
④ 인장강도와 전단강도는 비슷하다.

정답 69 ④ 70 ② 71 ② 72 ① 73 ③ 74 ① 75 ④

해설
콘크리트는 압축강도는 높으나, 인장강도 및 전단강도는 비슷하게 낮다.

76 해안사방에서 모래언덕 조성 방법에 속하지 않는 방법은?
① 모래덮기 ② 파도막이
③ 퇴사울세우기 ④ 정사울세우기

해설
해안에 모래언덕을 조성하는 사구조성 공법에는 퇴사울세우기, 구정바자얽기, 모래담쌓기, 모래덮기, 파도막이 등이 있으며, 정사울세우기는 사지조림 공법이다.

77 소실수량(증발산량)에 대한 설명으로 옳은 것은?
① 강수량에서 유출량을 뺀 값이다.
② 유출량에서 강수량을 뺀 값이다.
③ 강수량과 유출량을 합한 값이다.
④ 강수량과 유출량을 곱한 값이다.

해설
강수량은 일정지역을 빠져나간 유출량, 증발량, 증산량을 모두 더해 계산할 수 있으며, 결국 증발산량은 강수량에서 유출량을 뺀 값이다.

78 임도노면의 유지보수에 대한 설명으로 옳지 않은 것은?
① 약화된 노체의 지지력을 보강한다.
② 노면에 생긴 바퀴 자국이나 골을 없앤다.
③ 길어깨가 노면보다 높으면 깎아내고 다진다.
④ 노면정지는 습윤한 상태보다 건조한 상태에서 실시하는 것이 좋다.

해설
노면의 정지작업(노면 고르기)은 가급적 비가 온 후 습윤한 상태에서 실시한다.

79 임도에서 각 측점의 절성토 높이 및 지장목 제거 등의 물량을 산출하기 위한 내용이 기입된 설계도는?
① 평면도 ② 횡단면도
③ 구조물도 ④ 도로표준도

해설
횡단면도에는 각 측점의 단면마다 지반고, 계획고, 절토고, 성토고, 단면적, 지장목 제거, 측구터파기 단면적, 사면보호공 등의 물량을 기입한다.

80 하베스터가 수행하는 주요 작업에 대한 설명으로 옳은 것은?
① 벌도작업만 가능하다.
② 조재작업만 가능하다.
③ 벌도 및 조재작업이 가능하다.
④ 벌도 및 가선 집재작업이 가능하다.

해설
하베스터(Harvester)
대표적 다공정 처리기계로 임내에서 벌도 및 각종 조재작업을 수행한다.

정답 76 ④ 77 ① 78 ④ 79 ② 80 ③

2020년 4회 기출문제

1과목 조림학

01 택벌작업에 대한 설명으로 옳은 것은?

① 양수 수종의 갱신에 적당하다.
② 일시 벌채량이 많아 경제적이다.
③ 소면적의 임지에서 보속생산이 가능하다.
④ 임목 벌채가 쉽고 치수에 손상을 주지 않는다.

해설

택벌작업은 음수 수종 갱신에 적합하며, 면적이 작은 산림에서 보속 수확이 가능한 장점이 있으나, 작업 과정에서 하층목(치수)의 손상이 많고 일시적인 벌채량은 적어 경제적으로 비효율적이다.

02 묘포작업 중 밭갈이, 쇄토, 작상작업의 효과가 아닌 것은?

① 잡초의 발생을 억제한다.
② 유용 토양미생물이 증가한다.
③ 토양의 통기성을 증가시켜 준다.
④ 토양의 풍화작용을 지연시켜 준다.

해설

밭갈이, 쇄토 등의 정지작업은 토양의 풍화작용을 도와 영양분을 가용성으로 만든다.

03 장미과에 속하는 수종은?

① *Taxus cuspidata*
② *Prunus serrulata*
③ *Albizia julibrissin*
④ *Populus davidiana*

해설

벚나무(*Prunus serrulata*)는 장미목 장미과의 낙엽교목이다.

04 잎에 유관속이 1개인 수종은?

① *Pinus rigida*
② *Pinus densiflora*
③ *Pinus koraiensis*
④ *Pinus thunbergii*

해설

소나무(*Pinus densiflora*), 리기다소나무(*Pinus rigida*), 곰솔(*Pinus thunbergii*) 등의 소나무류는 유관속이 2개이며, 잣나무(*Pinus koraiensis*)는 유관속이 1개이다.

05 종자가 휴면하는 원인으로 옳지 않은 것은?

① 미성숙한 배
② 가스교환 촉진
③ 종피의 기계적 작용
④ 종자 내의 생장억제 물질 존재

해설

종자휴면의 원인
종피의 불투수성, 종피의 기계적·물리적 압박, 종피의 가스교환 억제, 종피의 발아억제물질 존재, 미발달배(미성숙배), 생리적 휴면(배휴면), 이중휴면성 등

06 가지치기에 대한 설명으로 옳은 것은?

① 벚나무는 절단면이 잘 유합된다.
② 지름 5cm 이상의 가지를 잘라낸다.
③ 형질이 좋은 수목을 대상으로 우선 실시한다.
④ 살아 있는 가지를 치는 시기는 봄부터 여름까지가 좋다.

정답 01 ③ 02 ④ 03 ② 04 ③ 05 ② 06 ③

> **해설**

최종수확 대상목(도태간벌의 경우 미래목)이 선정되기 전까지는 형질이 우량한 수목에 대하여 중점적으로 실시하며, 선정되고 난 후에는 최종수확 대상목(도태간벌의 경우 미래목)에 대해서만 가지치기를 실시한다.

07 풀베기 작업을 실시하기에 가장 적합한 시기는?

① 3~5월
② 6~8월
③ 9~11월
④ 12~1월

> **해설**

풀베기는 일반적으로 잡풀들이 자라나 피해를 입히기 시작하는 5~7월 또는 6~8월에 실시한다.

08 수목의 내음성에 대한 설명으로 옳지 않은 것은?

① 버드나무와 자작나무는 양수이다.
② 양수는 음수보다 광포화점이 높다.
③ 음수는 어릴 때 그늘에서 잘 견딘다.
④ 양수와 음수를 구분하는 기준은 햇빛을 좋아하는 정도이다.

> **해설**

내음성(耐陰性)이란 수목이 햇빛을 좋아하거나 싫어하는 정도를 나타내는 것이 아닌 그늘에서도 견딜 수 있는 정도를 나타낸 것이다.

09 측아의 발달을 억제하는 정아우세 현상에 관여하는 호르몬은?

① 옥신
② 지베렐린
③ 사이토키닌
④ 아브시스산

> **해설**

옥신(Auxin)
수목의 정아에서 생성되어 측아생장을 억제하고 정아생장을 촉진시키는 호르몬으로 길이생장에 관여한다.

10 개화 및 결실 과정에서 화기의 구조와 종자 또는 열매의 상호 관계를 올바르게 연결한 것은?

① 자방 – 종자
② 배주 – 열매
③ 난핵 – 배유
④ 주피 – 종피

> **해설**

화기의 구조와 종자 또는 열매의 상호 관계
자방 – 열매, 배주 – 종자, 주피 – 종피, 주심 – 내종피

11 수목의 개화생리에 대한 설명으로 옳지 않은 것은?

① 지베렐린은 개화에 영향을 미친다.
② 개화 능력은 유전적 요인과 관련이 있다.
③ 생리적 스트레스를 주면 개화가 억제된다.
④ 수목의 영양상태를 좋게 하면 개화가 촉진된다.

> **해설**

관수를 억제하여 수분스트레스를 주거나 저온 자극 등으로 스트레스를 주면 개화결실이 촉진될 수 있다.

12 임목 종자의 품질기준 중 효율에 대한 설명으로 옳은 것은?

① 발아율과 순량률을 곱한 값이다.
② 종자가 일제히 싹트는 힘을 의미한다.
③ 씨앗의 충실도를 무게로 파악하여 나타낸다.
④ 전체 종자수에 대한 발아 종자수의 백분율이다.

정답 07 ② 08 ④ 09 ① 10 ④ 11 ③ 12 ①

해설

효율(效率)
종자 품질의 실제 최종 평가기준이 되는 종자의 사용가치로 순량률과 발아율을 곱해 백분율로 나타낸 것이다.

13 산벌작업에서 결실량이 많은 해에 일부 임목을 벌채하여 종자 산포를 돕는 것으로 1회의 벌채로 목적을 달성하는 것은?

① 후벌 ② 간벌
③ 하종벌 ④ 예비벌

해설

하종벌(下種伐)
종자가 결실이 되어 충분히 성숙되었을 때 벌채하여 종자의 낙하를 돕는 단계로 결실량이 많은 해에 1회 벌채로 하종을 실시한다.

14 토양 입자에 매우 큰 분자 인력에 의하여 얇은 층으로 흡착되어 있는 토양 수분은?

① 결합수 ② 흡습수
③ 모관수 ④ 중력수

해설

흡습수
습도가 높은 대기 중에 건조 토양을 두면 토양입자가 수분을 흡수하여 표면에 흡착하는데 이때의 수분을 말하며, 토양알갱이와 단단히 붙어 있어 수목이 이용할 수 없다. 즉, 토양 입자에 매우 큰 분자 인력에 의해 얇은 층으로 흡착되어 있는 수분이다.

15 수목 생육에 있어 필요한 다량 원소에 해당하는 것은?

① 황 ② 철
③ 붕소 ④ 아연

해설

필수원소의 종류

다량원소 (9종)	탄소(C), 산소(O), 수소(H), 질소(N), 칼륨(K), 칼슘(Ca), 인(P), 마그네슘(Mg), 황(S)
미량원소 (8종)	철(Fe), 염소(Cl), 망간(Mn), 붕소(B), 아연(Zn), 구리(Cu), 몰리브덴(Mo), 니켈(Ni)

16 순림과 비교한 혼효림에 대한 설명으로 옳은 것은?

① 병충해나 기상재해에 대한 저항력이 높다.
② 산림작업과 경영을 경제적으로 수행할 수 있다.
③ 원하는 수종으로 임분을 용이하게 조성할 수 있다.
④ 임목의 벌채비용 절감 등 시장성이 유리하다.

해설

혼효림(混淆林)
두 가지 이상의 수종으로 이루어진 산림을 말하며, 산림병해충 등 각종 재해에 대한 저항력이 높다.

17 왜림작업에 대한 설명으로 옳지 않은 것은?

① 단벌기 작업에 적합하다.
② 연료재와 소경재 생산을 목적으로 한다.
③ 벌채 계절은 늦겨울부터 초봄 사이가 좋다.
④ 참나무류, 아카시아나무, 소나무가 주요 대상 수종이다.

해설

활엽수 중 참나무류는 맹아력이 좋아 왜림작업 적용이 가장 용이한 수종이고, 다음으로 밤나무가 좋으며, 이 외에 물푸레나무, 버드나무, 아까시나무, 서어나무, 오리나무 등이 맹아로 후계림 조성이 유리한 수종이다. 침엽수 중에서는 리기다소나무가 맹아갱신에 용이하다.

정답 13 ③ 14 ② 15 ① 16 ① 17 ④

18 무성번식에 의한 묘목이 아닌 것은?

① 용기묘   ② 삽목묘
③ 접목묘   ④ 취목묘

해설

무성번식(無性繁殖)
식물체의 뿌리, 줄기, 잎 등의 영양기관을 이용하여 번식하는 것으로 접목(접붙이기), 삽목(꺾꽂이), 취목(휘묻이), 분주(포기나누기), 조직배양 등의 여러 방식이 있다.

19 양묘과정 중 해가림 시설을 해야 하는 수종으로만 올바르게 나열한 것은?

① 편백, 삼나무, 아까시나무
② 곰솔, 소나무, 가문비나무
③ 잣나무, 소나무, 사시나무
④ 잣나무, 전나무, 가문비나무

해설

해가림 수종
- 가림이 필요한 수종 : 가문비나무, 전나무, 잣나무, 삼나무, 낙엽송 등의 침엽수
- 해가림이 필요 없는 수종 : 소나무, 리기다소나무, 곰솔(해송), 사시나무, 아까시나무 등의 양수

20 활엽수림의 어린나무 가꾸기 작업에 가장 효과적인 시기는?

① 3~5월
② 6~8월
③ 9~11월
④ 12~2월

해설

어린나무 가꾸기(제벌)는 나무의 고사상태를 알고 맹아력을 감소시키기에 가장 적합한 6~9월(여름)에 실시하는 것이 좋다.

2과목 산림보호학

21 미국흰불나방의 포식성 천적이 아닌 것은?

① 꽃노린재
② 무늬수중다리좀벌
③ 검정명주딱정벌레
④ 흑선두리먼지벌레

해설

미국흰불나방은 꽃노린재류, 검정명주딱정벌레, 흑선두리먼지벌레 등의 포식성 천적을 활용하여 방제하며, 무늬수중다리좀벌은 기생성 천적이다.

22 유충 시기에 모여 사는 해충이 아닌 것은?

① 매미나방   ② 천막벌레나방
③ 미국흰불나방   ④ 어스렝이나방

해설

매미나방(집시나방)은 나무 줄기나 가지에서 알덩어리로 월동하고, 유충이 부화하여 알덩어리 주위에 며칠 머물다가 바람에 날려 분산한다.

23 솔껍질깍지벌레 방제 방법으로 옳은 것은?

① 항공 방제는 살충 효과가 높다.
② 나무주사는 정착약충시기인 12~1월에 실시한다.
③ 테부코나졸 유탁제를 사용하여 나무주사를 실시한다.
④ 3월경에 뷰프로페진 액상수화제를 줄기나 가지에 살포한다.

해설

피해가 큰 후약충 가해 시기(11~3월)에 뷰프로페진 수화제를 살포하면 효과적이다.

정답 18 ① 19 ④ 20 ② 21 ② 22 ① 23 ④

24 의무적 휴면을 하는 해충은?

① 솔나방
② 솔잎혹파리
③ 솔노랑잎벌
④ 솔껍질깍지벌레

해설

의무적 휴면(자발휴면)
1년에 한 세대만 발생하는 곤충이 세대마다 모두 휴면하는 것으로 솔껍질깍지벌레가 해당한다.

25 미끈이하늘소 방제 방법으로 옳지 않은 것은?

① 유아등을 이용하여 성충을 유인한다.
② 딱따구리와 같은 포식성 천적을 보호한다.
③ 유충의 침입공에 접촉성 살충제를 주입한다.
④ 지표에 비닐을 피복하여 땅속에서 우화하여 올라오는 것을 방지한다.

해설

미끈이하늘소는 수피 밑에서 유충으로 월동하고 우화하여 탈출하므로 지표에 비닐 피복으로는 방제할 수 없다.

26 뽕나무오갈병 방제 방법으로 옳은 것은?

① 새삼을 제서한다.
② 저항성 품종을 보식한다.
③ 스트렙토마이신을 주입한다.
④ 매개충인 담배장님노린재를 구제하기 위하여 7~10월까지 살충제를 살포한다.

해설

뽕나무오갈병은 파이토플라스마에 의한 수병으로 저항성 품종을 식재하면 효과적이다.

27 다음 설명에 해당하는 살충제는?

- 식물의 뿌리나 잎, 줄기 등으로 약제를 흡수시켜 식물체 내의 각 부분에 도달하게 하고, 해충이 식물체를 섭식하면 살충 성분이 작용하게 한다.
- 식물체 내에 약제가 흡수되어 버리므로 천적이 직접적으로 피해를 받지 않고, 식물의 줄기나 잎 내부에 서식하는 해충에도 효과가 있다.

① 접촉제
② 유인제
③ 소화중독제
④ 침투성 살충제

해설

침투성 살충제
약제를 식물의 뿌리, 줄기, 잎 등에 흡수시켜 식물 전체에 퍼지면 그 식물을 가해하는 해충이 죽게 되는 약제로 천적에 대한 피해가 가장 적어 천적 보호에 유리하다.

28 온도에 따른 수목 피해에 대한 설명으로 옳지 않은 것은?

① 봄철에 내린 늦서리의 피해를 만상의 피해라고 한다.
② 서릿발의 피해는 점토질 토양의 묘포에서 흔히 발생한다.
③ 냉해는 세포 내에 결빙이 생겨 수목의 생리현상이 교란된다.
④ 강한 복사광선으로 인해 수목 줄기에 볕데기 현상이 나타날 수 있다.

해설

결빙은 일어나지 않지만 여름철 저온으로 인한 피해를 냉해(冷害)라고 한다.

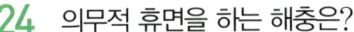

정답 24 ④ 25 ④ 26 ② 27 ④ 28 ③

29 다음 설명에 해당하는 것은?

> 수목의 흰가루병은 가을이 되면 병환부에 미세한 흑색의 알갱이가 형성된다.

① 균사
② 자낭구
③ 분생자병
④ 분생포자

해설

흰가루병의 병환부 흰가루는 하얀색의 균사가 자라 잎표면을 덮으면서 나타나는 표징이며, 가을에 생성되는 미세한 흑색 알갱이는 자낭구가 나타나는 표징이다.

30 소나무재선충병 방제 방법으로 옳지 않은 것은?

① 아바멕틴 유제를 수간에 주입하여 예방한다.
② 밀생 임분은 간벌하여 쇠약목이 없도록 한다.
③ 매개충의 우화시기에 살충제를 항공 살포한다.
④ 벌채한 원목은 페니트로티온 유제로 훈증한다.

해설

피해고사목을 벌채하여 소각하거나 메탐소듐 액제로 밀봉 훈증한다.

31 녹병균이 형성하는 포자는?

① 난포자
② 유주자
③ 겨울포자
④ 자낭포자

해설

녹병균은 생활사 중 녹병포자(녹병정자), 녹포자, 여름포자(하포자), 겨울포자(동포자), 담자포자(소생자)의 5가지 포자를 형성한다.

32 다음 곤충의 피부 조직 중에서 가장 안쪽에 위치하는 것은?

① 기저막
② 내원표피
③ 외원표피
④ 진피세포

해설

곤충 체벽(피부)의 구성요소
곤충의 체벽(피부)은 바깥으로부터 표피층(외표피, 원표피), 진피층, 기저막으로 구성된다. 기저막은 체강과의 경계 조직으로 피부 조직 중에서 가장 안쪽에 위치한다.

33 대기오염에 의한 수목의 피해 정도가 심해지는 경우가 아닌 것은?

① 높은 온도
② 높은 광도
③ 영양원 과다
④ 높은 상대 습도

해설

수목은 높은 온도, 높은 광도일 때 기공의 빈번한 개폐로 인해 피해가 크며, 높은 상대습도일수록 대기 중의 수분과 오염물질이 반응하여 대기오염에 대한 피해가 더 커진다.

34 다음에 해당하지 않는 수목병은?

> 병원체는 인공배양이 불가능하고 살아 있는 기주 내에서만 증식이 가능하다.

① 포플러잎녹병
② 벚나무빗자루병
③ 붉나무빗자루병
④ 사철나무흰가루병

해설

절대기생체(絕對寄生體, 순활물기생체)는 살아 있는 기주 내에서만 기생하며 양분을 섭취하는 병원체로 인공배양이 불가능하다. 바이러스, 파이토플라스마, 흰가루병균, 녹병균 등이 해당하며, 벚나무빗자루병은 자낭균(진균)에 의한 수병이다.

정답 29 ② 30 ④ 31 ③ 32 ① 33 ③ 34 ②

35 세균성뿌리혹병 방제 방법으로 옳은 것은?

① 유기물과 석회질 비료를 충분히 준다.
② 스트렙토마이신으로 나무주사를 실시한다.
③ 혹을 제거한 부위에 석회황합제를 도포한다.
④ 심하게 발병한 지역에서는 2년 후 묘목을 생산한다.

해설

상처를 통해 침입하므로 상처가 나지 않도록 주의하며, 혹을 제거한 부위에 보호살균제인 석회황합제를 도포한다.

36 밤바구미 방제 방법으로 옳지 않은 것은?

① 유아등을 이용하여 성충을 유인한다.
② 훈증 시에는 메탐소듐 액제를 25℃에서 12시간 처리한다.
③ 알과 유충이 열매 속에 서식하므로 천적을 이용한 방제는 어렵다.
④ 성충기인 8월 하순부터 클로티아니딘 액상수화제를 수관에 살포한다.

해설

피해를 받은 밤은 수확 직후에 인화늄정제로 훈증하여 살충한다.

37 잣나무잎떨림병 방제 방법으로 옳지 않은 것은?

① 병든 부위를 제거하고 도포제를 처리한다.
② 자낭포자가 비산하는 시기에 살균제를 살포한다.
③ 늦봄부터 초여름 사이에 병든 잎을 모아 태우거나 땅에 묻는다.
④ 수관 하부에 주로 발생하므로 풀베기와 가지치기를 하여 통풍을 좋게 한다.

해설

잣나무잎떨림병은 침엽에 반점들이 생기면서 점차 퍼져 적갈색으로 변하고 낙엽하는 수병으로 병든 부위를 제거하는 것과는 무관하다.

38 기생성 종자식물을 방제하는 방법으로 옳지 않은 것은?

① 매년 겨울에 겨우살이를 바짝 잘라낸다.
② 새삼을 방제하기 위하여 묘목을 침지하여 소독한다.
③ 새삼이 무성하고 기주가 큰 가치가 없으면 제초제를 사용한다.
④ 겨우살이가 자라는 부위로부터 아래쪽으로 50cm 이상 잘라낸다.

해설

묘목을 침지하여 소독하여도 새삼을 방제할 수는 없다.

39 수목이 병에 걸리기 쉬운 성질을 나타내는 것은?

① 감수성   ② 저항성
③ 병원성   ④ 내병성

해설

감수성(感受性)
병원체에 의해 식물이 가해받기 쉬운 성질이다.

40 소나무재선충병을 일으키는 매개충은?

① 알락하늘소   ② 미끈이하늘소
③ 북방수염하늘소 ④ 털두꺼비하늘소

해설

재선충은 스스로 이동할 수 없으며 솔수염하늘소(소나무), 북방수염하늘소(잣나무) 등의 매개충에 의해 전염이 확산된다.

정답 35 ③ 36 ② 37 ① 38 ② 39 ① 40 ③

3과목 임업경영학

41 흉고직경과 중앙직경의 비율로 표시하여 임목의 완만도를 의미하는 것은?

① 형률 ② 직경률
③ 절대형률 ④ 상대형률

해설

직경률
임목의 완만도를 측정하기 위해 흉고직경과 중앙직경(수고의 1/2)의 비율로 표시하여 나타내는 것이다.

42 임업 원가에 대한 설명으로 옳지 않은 것은?

① 제품의 생산 수준에 따라 비례하는 원가를 변동원가라 한다.
② 특정 제품의 생산만을 위해서 발생한 원가를 직접원가라 한다.
③ 과거에 이미 현금을 지불하였거나 부채가 발생한 원가를 매몰원가라 한다.
④ 어떤 생산 수준에서 제품의 여러 단위를 더 생산할 때 추가로 발생하는 원가를 한계원가라 한다.

해설

한계원가
어떤 생산수준에서 제품을 한 단위 더 생산할 때 추가로 발생하는 원가이다.

43 산림의 가치 평가 방법으로 재화의 판매가격의 최저한도 결정과 활용에 가장 적합한 것은?

① 비용가 ② 매매가
③ 기망가 ④ 자본가

해설

비용가법
재화를 취득하거나 생산하는 데 소비된 과거의 비용을 현재가로 환산하여 평가하는 방법이며, 재화 판매가격의 최저한도로 원가라고도 한다.

44 산림 조사에서 험준지에 해당하는 경사는?

① 15~20° ② 20~25°
③ 25~30° ④ 30° 이상

해설

경사도(傾斜度)

구분	약어	경사도
완경사지	완	15° 미만
경사지	경	15~20° 미만
급경사지	급	20~25° 미만
험준지	험	25~30° 미만
절험지	절	30° 이상

45 임지기망가가 최댓값에 도달하는 시기에 대한 설명으로 옳지 않은 것은?

① 조림비가 클수록 늦어진다.
② 이율의 값이 클수록 빨라진다.
③ 관리비가 많아질수록 늦어진다.
④ 간벌수익이 많을수록 빨라진다.

해설

관리비는 임지기망가의 최대시기와는 관계가 없다.

46 윤척을 사용하는 방법으로 옳지 않은 것은?

① 수간 축에 직각으로 측정한다.
② 흉고부(지상 1.2m)를 측정한다.
③ 경사진 곳에서는 임목보다 낮은 곳에서 측정한다.
④ 흉고부에 가지가 있으면 가지 위나 아래를 측정한다.

해설

경사지에서는 위쪽 경사면에 서서, 윤척이 수간축에 직각이 되며 3면이 수평하게 되도록 하여 측정한다.

정답 41 ② 42 ④ 43 ① 44 ③ 45 ③ 46 ③

47 25년생 잣나무 임분의 입목재적이 45m³/ha이고 수확표의 입목재적은 50m³/ha라면 입목도는?

① 0.5   ② 0.7
③ 0.9   ④ 1.1

해설

입목도(立木度)는 수확표상의 입목재적에 대한 실제 임분의 입목재적의 비이므로 $\frac{45}{50} = 0.9$이다.

48 자연휴양림 시설의 종류에 해당되지 않는 것은?

① 수익시설   ② 위생시설
③ 체육시설   ④ 체험·교육시설

해설

자연휴양림 내에 설치하는 시설
숙박시설, 편익시설, 위생시설, 체험·교육시설, 체육시설, 전기·통신시설, 안전시설

49 임목축적, 생장률, 생장량의 관계에 대한 설명으로 옳은 것은?

① 생장률이 일정할 경우 임목축적이 작으면 생장량은 커진다.
② 임목축적이 일정한 산림의 경우 생장률과 생장량은 반비례한다.
③ 임목축적이 매우 많은 경우 생장률도 상승하여 생장량이 커진다.
④ 생장률이 높아도 임목축적이 매우 작으면 생장량은 상대적으로 작아진다.

해설

임목축적이 너무 크면 수목의 생장률은 떨어지고 그로 인해 생장량의 값도 작아진다. 반대로 임목축적이 작으면 생장률은 커지게 되는데 이것 또한 생장량은 감소한다. 그러므로 임목축적과 생장률이 적당한 수치를 유지할 때 생장량이 커질 수 있다.

50 이율의 크기를 결정하는 주요 요인이 아닌 것은?

① 대출기간   ② 자본의 크기
③ 자본투하의 위험성   ④ 투하자본의 유동성

해설

이율의 크기를 결정하는 요인
자본사용기간(대출기간), 투하자본의 유동성, 자본투하의 위험성, 투자의 선택성, 담보의 유무 등

51 국유림에서 임목생산을 위한 기준벌기령으로 옳은 것은?

① 잣나무 : 60년
② 참나무류 : 50년
③ 일본잎갈나무 : 30년
④ 리기다소나무 : 20년

해설

주요 수종의 일반 기준벌기령

주요수종	국유림	공·사유림(기업경영림)
소나무 (춘양목보호림단지)	60년 (100년)	40년(30년) (100년)
잣나무	60년	50년(40년)
리기다소나무	30년	25년(20년)
낙엽송(일본잎갈나무)	50년	30년(20년)
삼나무	50년	30년(30년)
편백	60년	40년(30년)
기타 침엽수	60년	40년(30년)
참나무류	60년	25년(20년)
포플러류	3년	3년
기타 활엽수	60년	40년(20년)

정답 47 ③ 48 ① 49 ④ 50 ② 51 ①

52 산림 경영의 지도 원칙 중 경제 원칙에 해당하는 것은?

① 합자연성 원칙
② 공공성의 원칙
③ 보속성의 원칙
④ 환경보전의 원칙

해설

경제원칙에는 수익성의 원칙, 경제성의 원칙, 생산성의 원칙, 공공성의 원칙이 있다.

53 수간석해를 통하여 계산할 수 없는 것은?

① 근주재적
② 지조재적
③ 초단부재적
④ 결정간재적

해설

수간석해를 통한 벌채목의 총재적 계산은 근주재적, 결정간재적, 초단부재적을 합산하여 전체 벌채목의 재적을 구한다.

54 산림문화·휴양 기본계획은 몇 년마다 수립·시행하는가?

① 5년
② 15년
③ 10년
④ 20년

해설

산림청장은 관계중앙행정기관의 장과 협의하여 전국의 산림을 대상으로 산림문화·휴양기본계획을 5년마다 수립·시행할 수 있다.

55 기계톱의 구입가가 100만 원, 내용연수는 10년, 폐기 시 가격이 20만 원일 때 정액법에 의한 감가상각비는?

① 2만 원/년
② 8만 원/년
③ 10만 원/년
④ 20만 원/년

해설

정액법(직선법)

$$\text{연간 감가상각비} = \frac{\text{취득원가} - \text{잔존가치}}{\text{내용연수}}$$

$$= \frac{100만 원 - 20만 원}{10} = 8만 원$$

56 임상 개량의 목적이 달성될 때까지 임시적으로 설정하는 예상적 기간은?

① 회귀년
② 갱신기
③ 윤벌기
④ 정리기

해설

정리기

불법정인 영급관계를 법정인 영급관계로 점차 정리하는 기간이며, 임상 개량의 목적이 달성될 때까지 임시적으로 설정하는 예상적 기간이다.

57 이율이 4%이고 매년 말에 수익이 200만 원일 때 자본가는?(단, 무한연년수입의 전가합계식으로 산정)

① 50만 원
② 192만 원
③ 208만 원
④ 5,000만 원

해설

무한연년이자의 전가식

- 매년 말에 r씩 영구히 얻을 수 있는 이자의 전가합계식
- $K = \dfrac{r}{P} = \dfrac{200만 원}{0.04} = 5,000만 원$

  여기서, P : 이율

58 연년생장량에 대한 설명으로 옳은 것은?

① 벌기에 도달했을 때의 생장량
② 총생장량을 임령으로 나눈 양
③ 일정한 기간 내에 평균적으로 생장한 양
④ 임령이 1년 증가함에 따라 추가적으로 증가하는 수확량

정답 52 ② 53 ② 54 ① 55 ② 56 ④ 57 ④ 58 ④

해설

연년생장량은 1년 동안 추가적으로 증가한 생장량이다.

59 산림 수확 조절 방법으로 다수의 목표를 가지는 의사 결정 문제의 해결에 가장 적합한 것은?

① 목표계획법 ② 정수계획법
③ 선형계획법 ④ 비선형계획법

해설

목표계획법은 선형계획법으로는 해결할 수 없는 다수의 목표를 가지는 의사 결정 문제의 해결에 가장 적합한 수확 조절 방법이다.

60 투자 비용의 현재가에 대하여 투자의 결과로 기대되는 현금유입의 현재가 비율을 나타내어 투자효율을 결정하는 방법은?

① 순현재가치법 ② 투자이익률법
③ 수익비용률법 ④ 내부투자수익률법

해설

수익비용률법
투자비용의 현재가에 대하여 투자의 결과로 기대되는 현금유입의 현재가 비율로 효율을 측정하는 방법이다.

4과목 임도공학

61 산림자원의 조성을 위한 산림관리기반시설에 해당하지 않는 것은?

① 작업로 ② 작업임도
③ 간선임도 ④ 지선임도

해설

산림관리기반시설에는 간선임도, 지선임도, 작업임도가 있다.

62 임도개설 시 흙을 다지는 목적으로 옳지 않은 것은?

① 투수성의 증대 ② 지지력의 증대
③ 압축성의 감소 ④ 흡수력의 감소

해설

임도개설 시 흙을 다지는 목적
투수성 감소, 흡수력의 감소, 압축성의 감소, 지지력의 증대 등

63 컴퍼스 측량에서 전시와 후시의 방위각 차는?

① 0° ② 90°
③ 180° ④ 270°

해설

컴퍼스 측량은 자침의 N극과 S극이 가리키는 방향으로 시준하여 측량하므로 전시와 후시의 방위각 차는 180°이다.

64 다음의 ( ) 안에 들어갈 내용을 순서대로 나열한 것은?

> 배수구는 수리계산과 현지여건을 감안하되 기본적으로 ( )m 내외의 간격으로 설치하며 그 지름은 ( )mm 이상으로 한다. 다만, 부득이한 경우는 배수구의 지름을 ( )mm 이상으로 한다.

① 100, 800, 400 ② 200, 800, 600
③ 100, 1,000, 800 ④ 200, 1,000, 600

해설

배수구는 기본적으로 100m 내외의 간격으로 설치하며, 그 지름은 1,000mm(100cm) 이상으로 한다(현지 여건상 필요한 경우 배수구의 지름을 800mm 이상으로 설치할 수 있다).

정답 59 ① 60 ③ 61 ① 62 ① 63 ③ 64 ③

65 고저 측량에 있어서 후시에 대한 설명으로 옳은 것은?

① 기지점에 세운 수준척 눈금의 값이다.
② 미지점에 세운 수준척 눈금의 값이다.
③ 중간점에 세운 수준척 눈금의 값이다.
④ 측량 진행 방향에 세운 수준척 눈금의 값이다.

해설

후시(B.S)
레벨을 기준으로 표고를 이미 알고 있는 후진 방향의 측점으로 기지점에 세워둔 표척의 눈금을 읽은 값이다.

66 1/25,000 지형도상에서 A점과 B점 간의 표고차이가 400m이고 거리가 20cm인 경우 종단경사는?

① 2% ② 4%
③ 8% ④ 12%

해설

두 지점 간의 표고차는 수직거리로 400m이고, 거리 20cm는 수평거리로 1/25,000 지형도상에서 5,000m이므로,

종단경사 = $\dfrac{\text{수직거리}}{\text{수평거리}} \times 100$

= $\dfrac{400}{5,000} \times 10 = 8\%$ 이다.

67 임도의 시공면과 산지의 경사면이 만나는 점을 연결한 노선의 종축은?

① 영선 ② 중심선
③ 지반선 ④ 지형선

해설

노면의 시공면과 산지의 경사면이 만나는 점을 영점이라 하며, 이 영점을 연결한 노선의 종축을 영선이라 한다.

68 지형지수 산출 인자에 해당하지 않는 것은?

① 식생 ② 곡밀도
③ 기복량 ④ 산복경사

해설

지형지수 산출 인자
임지경사(산복경사), 기복량, 곡밀도

69 임도에서 길어깨의 주요 기능으로 옳지 않은 것은?

① 보행자의 통행을 위한 곳이다.
② 임목의 집재작업을 위한 공간이다.
③ 노상시설, 지하매설물, 유지보수 등의 작업 시 여유를 준다.
④ 차량 주행의 여유를 주어 차량이 밖으로 이탈하지 않도록 한다.

해설

길어깨의 주요 기능
노체구조의 안정, 도로의 유지, 차량의 안전 통행, 주행상 여유 공간, 보행자의 대피 및 통행, 차도의 주요 구조부 보호, 폭설 시 제설 공간 등

70 임도의 합성기울기 설치 기준으로 옳은 것은?(단, 지형여건이 불가피한 경우는 제외)

① 간선임도의 경우 15% 이하로 한다.
② 지선임도의 경우 14% 이하로 한다.
③ 포장노면인 경우 13% 이하로 한다.
④ 비포장노면인 경우 12% 이하로 한다.

해설

간선·지선임도의 합성기울기는 비포장노면인 경우 12% 이하로 한다. 다만, 지형 여건상 불가피한 경우 간선은 13% 이하, 지선은 15% 이하로 가능하며, 포장노면인 경우 18% 이하로 가능하다.

정답 65 ① 66 ③ 67 ① 68 ① 69 ② 70 ④

71 교각법을 이용하여 임도 곡선을 설치할 때, 교각이 90°, 곡선반경이 400m인 단곡선에서의 접선길이는?

① 50m ② 100m
③ 200m ④ 400m

해설

접선길이 $TL = R \cdot \tan\dfrac{\theta}{2} = 400 \times \tan\dfrac{90°}{2}$

$\qquad = 400 \times 1 = 400m$

여기서, R : 곡선반지름
$\qquad \theta$: 교각

72 임도에서 대피소 설치 기준으로 옳은 것은?

① 대피소의 간격은 300m 이내, 너비는 5m 이상, 유효길이는 10m 이상이다.
② 대피소의 간격은 300m 이내, 너비는 5m 이상, 유효길이는 15m 이상이다.
③ 대피소의 간격은 500m 이내, 너비는 5m 이상, 유효길이는 10m 이상이다.
④ 대피소의 간격은 500m 이내, 너비는 5m 이상, 유효길이는 15m 이상이다.

해설

대피소의 설치 기준
간격은 300m 이내, 너비는 5m 이상, 유효길이는 15m 이상이다.

73 옹벽의 안정도를 계산 검토해야 하는 조건이 아닌 것은?

① 전도에 대한 안정 ② 활동에 대한 안정
③ 침하에 대한 안정 ④ 외부응력에 대한 안정

해설

옹벽의 안정 조건
전도에 대한 안정, 활동에 대한 안정, 침하에 대한 안정, 내부응력에 대한 안정

74 임도계획의 순서로 옳은 것은?

① 임도노선 선정 → 임도노선배치 계획 → 임도밀도 계획
② 임도밀도 계획 → 임도노선배치 계획 → 임도노선 선정
③ 임도노선배치 계획 → 임도노선 선정 → 임도밀도 계획
④ 임도밀도 계획 → 임도노선 선정 → 임도노선배치 계획

해설

임도계획은 크게 임도밀도 계획, 임도노선배치 계획, 임도노선선정 계획 순으로 나눌 수 있다.

75 임도의 노체와 노면에 관한 설명으로 옳은 것은?

① 쇄석을 노면으로 사용한 것은 사리도이다.
② 노체는 노상, 노반, 기층, 표층 순서대로 시공한다.
③ 토사도는 교통량이 많은 곳에 적용하는 것이 가장 경제적이다.
④ 노상은 임도의 최하층에 위치하여 다른 층에 비해 내구성이 큰 재료를 필요로 한다.

해설

노체(路體)
도로의 몸체로 기본구조는 깊은 곳으로부터 노상, 노반, 기층, 표층의 순으로 구성된다.

76 급경사지에서 노선거리를 연장하여 기울기를 완화할 목적으로 설치하는 평면선형에서의 곡선은?

① 완화곡선 ② 복심곡선
③ 반향곡선 ④ 배향곡선

정답 71 ④ 72 ② 73 ④ 74 ② 75 ② 76 ④

> **해설**

배향곡선(헤어핀곡선)은 급경사지에서 노선거리를 연장하여 종단기울기를 완화할 때나 같은 사면에서 우회할 때 적용하는 곡선이다.

77 임도의 총길이가 2km이고 산림 면적이 100ha이면 임도 간격은?

① 100m　　② 250m
③ 500m　　④ 1,000m

> **해설**

임도밀도(m/ha) = $\dfrac{\text{임도 총연장거리(m)}}{\text{총면적(ha)}}$

$= \dfrac{2,000}{100} = 20\text{m/ha}$이므로,

임도간격 = $\dfrac{10,000}{\text{적정임도밀도}} = \dfrac{10,000}{20} = 500\text{m}$이다.

78 가선집재 시 머리기둥과 꼬리기둥에 장착하여 본줄의 지지를 하는 도르래는?

① 죔도르래　　② 안내도르래
③ 삼각도르래　　④ 짐달림도르래

> **해설**

삼각도르래
머리기둥과 꼬리기둥에 장착하여 본줄의 지지를 하는 도르래이다.

79 식생이 사면 안정에 미치는 효과가 아닌 것은?

① 표토층 침식 방지
② 심층부 붕괴 방지
③ 강우 및 바람에 의한 토양 유실 방지
④ 급경사지에서 수목 자체 무게로 인한 토양 안정

> **해설**

식생이 사면 안정에 미치는 효과
강우 및 바람에 의한 토양 유실 방지, 표토층의 침식방지 및 심층부의 붕괴방지, 식생 뿌리의 긴박력으로 인한 토양 안정 등이 있다.

80 롤러의 표면에 돌기를 부착한 것으로 점착성이 큰 점성토나 풍화연암 다짐에 적합하며 다짐 유효깊이가 큰 장점을 가진 기계는?

① 탠덤롤러　　② 탬핑롤러
③ 타이어롤러　　④ 머캐덤롤러

> **해설**

탬핑롤러(Tamping Roller)
롤러의 표면에 돌기가 부착되어 있어 점착성이 큰 점질토의 두꺼운 성토층 다짐에 가장 효과적인 롤러이다. 돌기로 인해 토층 내부까지 다져지므로 다지기의 유효 깊이가 상당히 깊다.

5과목 사방공학

81 비탈옹벽 공법을 구조에 따라 분류한 것이 아닌 것은?

① T형 옹벽　　② 돌쌓기 옹벽
③ 부벽식 옹벽　　④ 중력식 옹벽

> **해설**

구조(형식)에 따른 옹벽의 종류
중력식 옹벽, 반중력식 옹벽, T자형 · L자형 옹벽, 부벽식 옹벽 등

82 콘크리트를 쳐서 수화작용이 충분히 계속되도록 보존하는 것은?

① 풍화　　② 배합
③ 경화　　④ 양생

정답 77 ③　78 ③　79 ④　80 ②　81 ②　82 ④

해설

양생(養生)
콘크리트를 친 후 부적절한 온도, 광선, 하중, 충격, 파손 등으로부터 보호하고, 응결과 경화가 안전하게 충분히 진행되도록 관리하는 것을 말한다.

83 퇴적암에 속하지 않는 암석은?

① 혈암 ② 사암
③ 응회암 ④ 섬록암

해설

퇴적암(堆積巖, 수성암)
물이나 바람 등으로 운반된 광물이 퇴적되어 굳은 암석으로 사암(모래퇴적), 혈암(셰일, 점토퇴적), 석회암, 응회암 등이 있다.

84 선떼붙이기 시공요령에 대한 설명으로 옳지 않은 것은?

① 완만한 비탈지에서는 떼붙이기 할 때 표토를 절취할 필요가 없다.
② 선떼의 활착을 좋게 하고 견고도를 높이기 위해서 다지기를 충분히 한다.
③ 바닥떼는 발디딤을 보호하는 효과가 있으므로 저급 선떼붙이기에는 필수적이다.
④ 머리떼는 천단에 놓인 토사의 유출을 방지하여 선떼의 견고도를 높이는 효과가 있다.

해설

바닥떼는 가장 아랫부분에 사용되는 떼로 저급 선떼붙이기에는 필수적이지 않다.

85 직선유로에서 유수의 차단 효과가 가장 큰 사방댐의 설정 방향으로 적합한 것은?

① 유심선에 직각으로 설정
② 유심선과 관계없이 설정
③ 유심선에 평행 방향으로 설정
④ 유심선에 45°의 방향으로 설정

해설

상류의 유심선(흐름방향)에 직각방향으로 댐의 방향을 설정한다.

86 산복수로에서 쌓기공작물의 높이가 3m이고 수로의 깊이가 1m일 때 수로받이의 적절한 길이는?

① 2.0~4.0m ② 4.0~6.0m
③ 6.0~8.0m ④ 8.0~10.0m

해설

수로받이(물받이) = (쌓기공작물 높이 + 수로깊이)×1.5~2
= (3+1)×1.5~2 = 6~8m

87 콘크리트 기슭막이에 대한 설명으로 옳은 것은?

① 앞면기울기는 1 : 0.5를 기준으로 한다.
② 유수의 충격력이 작고 비교적 계안침식이 적은 곳에 설치한다.
③ 신축에 의한 균열을 방지하기 위해 1m마다 신축줄눈을 설치한다.
④ 뒷면기울기는 토압에 따라 결정하지만 대개 수직으로 계획한다.

해설

콘크리트 기슭막이는 앞면기울기는 1 : 0.3, 뒷면기울기는 토압에 따라 결정하지만 대개 수직으로 계획한다. 신축에 의한 균열을 방지하기 위해 10m마다 신축줄눈을 설치한다.

88 비탈면 끝에 흐르는 계천의 가로침식에 의하여 무너지는 침식 현상은?

① 산붕 ② 붕락 ③ 포락 ④ 산사태

해설

포락(浦落)
산지 비탈면의 끝을 흐르는 유수의 가로침식에 의해 무너지는 현상이다.

89 산지 붕괴현상에 대한 설명으로 옳지 않은 것은?

① 토양 속의 간극수압이 낮을수록 많이 발생한다.
② 풍화토층과 하부기반의 경계가 명확할수록 많이 발생한다.
③ 화강암 계통에서 풍화된 사질토와 역질토에서 많이 발생한다.
④ 풍화토층에 점토가 결핍되면 응집력이 약화되어 많이 발생한다.

해설

토양 내 함수량이 증가하고, 공극 사이에 존재하는 물의 압력(간극수압)이 증가하면 수분이 이동하고 붕괴가 일어나게 된다.

90 돌골막이 시공 높이로 가장 적절한 것은?

① 2m 이내 ② 3m 이내
③ 4m 이내 ④ 5m 이내

해설

돌골막이는 돌을 쌓아 구축하는 것으로 높이는 2m 이내, 길이는 4~5m 정도로 한다.

91 사방댐의 방수로 단면결정을 위한 계획홍수량 산정에 시우량법을 이용할 경우 계산인자가 아닌 것은?

① 조도계수 ② 유역면적
③ 유출계수 ④ 최대시우량

해설

시우량법

$$Q = K \frac{A \times \frac{m}{1,000}}{60 \times 60} = \frac{1}{360} \times K \cdot A \cdot m \times \frac{1}{10,000}$$

여기서, Q : 최대홍수유량(m^3/s)
K : 유거계수
A : 유역 면적(m^2)
m : 최대시우량(mm/hr)

92 발생기대본수가 3,000본/m^2, 평균입도가 1,000립/g인 종자가 순량률이 50%, 발아율이 80%라면 1ha의 비탈면에 필요한 종자량은?

① 55kg ② 75kg
③ 550kg ④ 750kg

해설

파종상 전체 면적에 대한 파종량

$$파종량(g) = \frac{파종상면적(m^2) \times 발생기대본수}{1g당 종자입수 \times 순량률 \times 발아율}$$

$$= \frac{10,000 \times 3,000}{1,000 \times 0.5 \times 0.8} = 75,000g = 75kg$$

93 사방사업 대상지와 가장 거리가 먼 것은?

① 황폐계류 ② 황폐산지
③ 벌채 대상지 ④ 생활권 훼손지

해설

사방사업 시공 대상지는 유형에 따라 황폐지, 붕괴지(무너진 땅), 땅밀림지(밀린 땅), 훼손지 등으로 구분한다.

94 하천 바닥에 자갈과 모래의 움직임이 발생하지만 침식이 일어나지 않아 하상 종단면의 형상에는 변화가 없는 것은?

① 임계기울기 ② 안정기울기
③ 홍수기울기 ④ 평형기울기

정답 89 ① 90 ① 91 ① 92 ② 93 ③ 94 ②

해설

안정기울기(안정물매)
사력(砂礫, 모래와 자갈)의 교대는 일어나지만 하상 종단면의 형상에는 변화가 없는 하상의 기울기를 말한다.

95 코코넛 섬유를 원료로 한 비탈덮기용 재료는?

① 툴 파이버 ② 쥬트네트
③ 그린파이버 ④ 코이어네트

해설

코아네트(Coir Net, Coir Mesh)
코코넛 열매의 껍질에서 뽑은 섬유질을 망으로 엮은 천연섬유 재료로 사면의 보호 및 녹화에 사용되며, 코어넷, 코이어네트 등으로도 불린다.

96 해안방재림 조성 공법에 해당되지 않는 것은?

① 사초심기 ② 나무심기
③ 퇴사울세우기 ④ 정사울세우기

해설

퇴사울세우기
해풍에 의해 날리는 모래(비사)를 억류·고정하고 퇴적시켜서 인공 모래언덕(사구)을 조성할 목적으로 퇴사(堆砂)울타리를 시공하는 공법이다.

97 사방댐의 형식을 외력에 의한 저항력에 따라 분류한 것으로 옳지 않은 것은?

① 중력댐 ② 아치댐
③ 강제댐 ④ 3차원댐

해설

사방댐의 종류
구축재료에 따라 돌댐, 전석댐, 콘크리트댐, 철근콘크리트댐, 흙댐, 돌망태댐, 강제댐 등이 있으며, 형식에 따라서는 직선중력댐, 아치댐, 3차원댐, 버트리스댐(부벽댐) 등이 있다.

98 낙석방지망덮기 공법에 대한 설명으로 옳지 않은 것은?

① 철망 눈의 크기는 5mm 정도이다.
② 합성섬유망은 100kg 이내의 돌을 대상으로 한다.
③ 와이어로프의 간격은 가로와 세로 모두 4~5m 정도로 한다.
④ 철망, 합성섬유망 등을 사용하여 비탈면에서 낙석이 발생하지 않도록 한다.

해설

일반적으로 철망눈의 크기는 5~10cm 정도이다.

99 사방공작물 중 횡공작물이 아닌 것은?

① 사방댐 ② 둑쌓기
③ 골막이 ④ 바닥막이

해설

둑쌓기는 계류의 양안을 따라 흙으로 제방을 쌓아 만드는 종공작물이다.

100 다음 설명에서 주어진 장소에 가장 적합한 산복수로는?

- 반원형 형상으로 지반이 견고하고 집수량이 적은 곳
- 상수가 없고 경사가 급한 곳

① 떼수로 ② FRP관수로
③ 콘크리트수로 ④ 돌(메붙임)수로

해설

메붙임 돌수로는 상수(常水)가 없고, 유량이 적으며, 기울기가 비교적 급한 산복에 적용한다.

정답 95 ④ 96 ③ 97 ③ 98 ① 99 ② 100 ④

2021년 1회 기출문제

1과목 조림학

01 산림작업에서 결실량이 많은 해에 일부 임목을 벌채하여 하종을 돕는 과정은?

① 택벌 ② 후벌
③ 예비벌 ④ 하종벌

해설

하종벌(下種伐)
종자가 결실이 되어 충분히 성숙되었을 때 벌채하여 종자의 낙하를 돕는 산벌작업의 단계로 결실량이 많은 해에 1회 벌채로 하종을 실시한다.

02 가지치기 작업에 대한 설명으로 옳은 것은?

① 대체로 5월경이 작업 적기이다.
② 원칙적으로 역지 이하를 잘라주어야 한다.
③ 가지 기부에 존재하는 지융부도 잘라주어야 한다.
④ 가지치기 작업한 나무 아래쪽의 상구는 위쪽 상구보다 유합이 빠르다.

해설

가지치기의 작업시기 및 정도
산 가지치기는 가급적 생장휴지기인 11~3월에 수목의 수액이 유동하기 직전에 실시하며, 역지(으뜸가지) 이하의 가지를 대상으로 한다. 지융부를 훼손하지 않고 그 바깥쪽(지피융기선 : BBR)으로 최대한 밀착하여 실시한다.

03 수관의 모양과 줄기의 결점을 고려하여 우세목을 1급목과 2급목, 열세목을 3, 4, 5급목으로 구분하는 수형급은?

① 덴마크 ② KRAFT
③ 데라사끼 ④ HAWLEY

해설

데라사끼(寺崎)의 수형급
상층임관을 구성하는 우세목과 하층임관을 구성하는 열세목으로 크게 구분한 다음, 수관의 모양이나 줄기의 결함을 고려하여 다시 5급으로 세분하는 수형급이다.

04 강원도 지역에서 수하식재 방법을 이용하여 조림을 실시하고자 할 때 가장 적합한 수종은?

① *Larix kaempferi* ② *Pinus densiflora*
③ *Abies holophylla* ④ *Betula platyphylla*

해설

수하식재(樹下植栽)
임지 표토의 건조와 유실을 막고 보호하기 위해 주임목 아래에 비료효과와 내음성이 있는 수목을 식재하는 것으로, 강원도 지역에서 수하식재로 조림하여 수종을 갱신하고자 할 때에는 추위에도 강하며 내음성이 큰 전나무(*Abies holophylla*)가 적합하다.

05 다음 설명에 해당하는 무기양료로만 나열된 것은?

> 수목의 체내 이동이 어려워 생장점이나 어린잎 등 세포분열이 일어나는 곳에서 결핍증상이 잘 나타난다.

① 칼슘, 철, 붕소
② 질소, 칼슘, 칼륨
③ 철, 망간, 마그네슘
④ 구리, 마그네슘, 질소

정답 01 ④ 02 ② 03 ③ 04 ③ 05 ①

해설

무기염류의 체내 이동성

체내 이동성이 낮은 영양소	• 칼슘(Ca), 철(Fe), 망간(Mn), 붕소(B) • 결핍 시 가지선단이나 어린잎(유엽, 신엽, 새잎)에 증세 발현
체내 이동성이 높은 영양소	• 질소(N), 칼륨(K), 인산(P), 마그네슘(Mg) • 결핍 시 성숙잎(노엽, 늙은 잎)에 증세 발현

06 산림작업종을 분류하는 기준으로 가장 거리가 먼 것은?

① 벌채종 ② 임분의 기원
③ 갱신 임분의 수종 ④ 벌구의 크기와 형태

해설

산림작업종은 임분의 기원, 벌채의 종류(벌채종), 벌구의 크기와 형태에 따라 여러 가지의 작업이 적용될 수 있다.

07 다음 중 삽목 발근이 가장 용이한 수종은?

① *Salix koreensis* ② *Acer palmatum*
③ *Zelkova serrata* ④ *Pinus koraiensis*

해설

삽목 발근이 쉬운 수종

버드나무류(*Salix koreensis*), 은행나무, 사철나무, 플라타너스, 개나리, 삼나무, 주목, 쥐똥나무, 포플러류, 진달래, 측백, 화백, 회양목, 향나무, 동백나무, 무궁화, 배롱나무, 비자나무, 꽝꽝나무 등

08 종자의 활력시험 중 종자 내 산화효소가 살아 있는지의 여부를 시약의 발색반응으로 검사하는 방법은?

① 절단법 ② 환원법
③ X선 분석법 ④ 배추출시험법

해설

환원법(효소검출법, 테트라졸륨 검사법)

테트라졸륨 수용액을 이용하여 종자(배)의 활력을 검정하는 방법으로 종자 내 산화효소가 살아 있는지 시약의 발색반응으로 검사한다. 휴면종자, 수확 직후의 종자, 발아시험기간이 긴 종자에 효과적인 방법이다.

09 덩굴 제거 시 사용되는 디캄바액제에 대한 설명으로 옳지 않은 것은?

① 페녹시계 계통이다.
② 호르몬형 이행성 제초제이다.
③ 약효가 높아지는 30℃ 이상 고온 조건에서 사용한다.
④ 주로 콩과식물에 해당하는 광엽잡초에 효과적이다.

해설

디캄바액제(반벨)

선택성 이행형 호르몬형 제초제로 칡, 아까시나무 등의 콩과식물과 광엽잡초를 선택적으로 제거한다. 고온 시(30℃) 증발하여 주변 식물에 약해를 일으킬 수 있으므로 주의가 필요하다.

10 모수작업에 대한 설명으로 옳은 것은?

① 모수는 ha당 100본 이상이어야 한다.
② 전 임목 본수에서 10% 정도로 모수를 남긴다.
③ 모수는 소나무, 곰솔 등 양수 수종이 적합하다.
④ 작업 대상 임지의 토양 침식과 유실이 발생하지 않는다.

해설

모수작업

벌채지에 종자를 공급할 수 있는 모수(母樹)를 단독 또는 군상으로 남기고, 그 외 나머지 수목들을 모두 벌채하는 작업법으로 주로 소나무, 곰솔(해송), 자작나무 등 양수의 천연갱신에 유리하다. 전체 임목 본수의 2~3% 또는 재적의 약 10% 내외를 모수로 남긴다.

정답 06 ③ 07 ① 08 ② 09 ③ 10 ③

11 다음 설명에 해당하는 목본 식물의 조직은?

- 대사 기능이 없고, 지탱 역할을 한다.
- 세포벽이 두껍고, 원형질이 없다.

① 유조직　　② 후막조직
③ 후각조직　　④ 분비조직

해설

후막조직
세포벽이 두껍고 원형질이 없으며, 지탱 역할을 하며, 대사기능도 없는 조직으로 엽병, 엽맥, 줄기 등에 분포한다.

12 밤나무, 상수리나무, 굴참나무 종자를 저장하는 방법으로 가장 적합한 것은?

① 기건저장법　　② 보호저장법
③ 밀봉냉장법　　④ 노천매장법

해설

보호저장법(건사저장법, 乾沙)
일정 습기를 지니고 있는 종자의 함수량 유지를 위해 종자와 모래를 섞어 용기에 담고 빗물이나 눈 녹은 물이 스며들지 않는 창고 등에 저장하는 방법으로 밤이나 도토리 등과 함수량이 많은 전분(澱粉)종자를 추운 겨울 동안 동결하지 않고 동시에 부패하지 않도록 저장한다.

13 난대림 자생 수종이 아닌 것은?

① 동백나무　　② 가시나무
③ 후박나무　　④ 박달나무

해설

난대림의 대표 수종
- 활엽수 : 가시나무, 붉가시나무, 호랑가시나무, 동백나무, 사철나무, 후박나무, 구실잣밤나무, 생달나무, 녹나무, 감탕나무, 돈나무, 먼나무, 아왜나무, 식나무, 꽝꽝나무, 멀구슬나무 등
- 침엽수 : 삼나무, 편백나무 등

14 지질의 종류 가운데 수목의 2차 대사 물질인 이소프레노이드(Isoprenoid) 화합물이 아닌 것은?

① 고무　　② 수지
③ 테르펜　　④ 리그닌

해설

지질의 종류
- 지방산과 지방산 유도체 : 지방산, 납, 큐틴, 단순지질, 복합지질 등
- 이소프레노이드(Isoprenoid) 화합물 : 고무, 수지, 테르펜(정유), 카로테노이드 등
- 페놀(Phenol) 화합물 : 리그닌, 탄닌 등

15 원생림이 파괴된 뒤에 회복된 산림은?

① 1차림
② 2차림
③ 원시림
④ 극상림

해설

2차림
파괴되었던 천연림이 사람의 인위적 관리 없이 자연적으로 회복된 산림이다.

16 100~110℃로 가열해도 분리되지 않는 토양수분은?

① 결합수　　② 중력수
③ 흡습수　　④ 모세관수

해설

결합수
토양 내 작은 교질 입자 주변에 존재하거나 화학적으로 결합하여 고체를 구성하는 pF 7.0 이상의 수분으로 식물이 흡수·이용할 수 없으며, 토양을 100~110℃로 가열해도 분리되지 않는 결정수이다.

정답 11 ②　12 ②　13 ④　14 ④　15 ②　16 ①

17 다음 조건에 따른 파종량은?

- 파종상 실면적 : 500m²
- 묘목 잔존본수 : 60본/m²
- 1g당 종자평균입수 : 66.5립
- 순량률 : 0.95
- 실험실 발아율 : 0.9
- 묘목 잔존율 : 0.3

① 약 1.8kg ② 약 3.5kg
③ 약 17.6kg ④ 약 35.2kg

해설

파종상 전체 면적에 대한 파종량 계산
파종량(g)
$$= \frac{파종상\ 면적(m^2) \times 가을에\ m^2당\ 남길\ 묘목수}{1g당\ 종자입수 \times 순량률 \times 발아율(\times 득묘율)}$$
$$= \frac{500 \times 60}{66.5 \times 0.95 \times 0.9 \times 0.3} = 1,758.7829 \cdots g$$
∴ 약 1.8kg

18 다음 중 측백나무과 및 낙우송과 수목의 개화 · 결실 촉진에 가장 효과적인 식물호르몬은?

① GA_3 ② IAA
③ NAA ④ 2,4-D

해설

GA_3
편백, 측백 등의 측백나무과와 삼나무, 낙우송 등의 낙우송과 수목의 화아분화를 유도하여 개화결실 촉진에 특히 효과적이다.

19 묘목을 식재할 때 밀도가 높은 경우에 대한 설명으로 옳은 것은?

① 입목의 초살도가 증가한다.
② 솎아베기 작업을 생략할 수 있다.
③ 수고 생장보다는 직경 생장을 촉진한다.
④ 임관이 빨리 울폐되어 표토의 침식과 건조를 방지한다.

해설

식재밀도가 높을수록 수관이 조기에 울폐되어 임지의 침식과 건조를 방지하고, 밀도가 낮을수록 단목재적은 빨리 증가하여 직경생장이 좋아지고 초살도가 높은 용재를 생산한다.

20 소나무 종자가 수분된 후 성숙되는 시기는?

① 개화 당년 ② 개화 3년째 가을
③ 개화 이듬해 여름 ④ 개화 이듬해 가을

해설

소나무류, 상수리나무, 굴참나무, 잣나무 등은 개화 후 다음 해 가을에 종자가 성숙한다(꽃 핀 이듬해 가을 열매 성숙).

2과목 산림보호학

21 박쥐나방을 방제하는 방법으로 옳은 것은?

① 땅속에 서식하는 유충을 굴취하여 소각한다.
② 풀깎기를 하여 유충이 가해하는 초본류를 제거한다.
③ 잎에 산란한 알덩어리를 수거하여 땅에 묻거나 소각한다.
④ 나뭇잎을 길게 말고 형성한 고치를 채취하여 소각한다.

해설

박쥐나방의 부화유충은 초본식물의 줄기 속을 식해하다가 어느 정도 성장하면 나무로 이동하여 피해를 주므로 하예작업(풀깎기)을 시행하여 초본류를 제거하면 효과적이다.

정답 17 ① 18 ① 19 ④ 20 ④ 21 ②

22 매미나방을 방제하는 방법으로 옳지 않은 것은?

① BT균이나 핵다각체바이러스를 살포한다.
② 알덩어리는 부화 전인 4월 이전에 땅에 묻거나 소각한다.
③ 유충기인 4월 하순부터 5월 상순에 적용약제를 수관에 살포한다.
④ 4월 중에 지표에 비닐을 피복하여 땅속에서 우화하여 올라오는 것을 방지한다.

> **해설**
> 매미나방(집시나방)
> 나무줄기나 가지에서 알덩어리로 월동하므로 지표에 비닐을 피복하는 것은 전혀 효과가 없다.

23 다음 ( ) 안에 가장 적합한 것은?

> 밤나무줄기마름병균은 주로 ( )에 의해 전반된다.

① 토양   ② 종자
③ 선충   ④ 바람

> **해설**
> 밤나무줄기마름병균의 포자는 빗물이나 바람, 곤충 등에 의해 전파되고, 줄기의 상처를 통해 침입하여 병을 발생시킨다.

24 해충의 약제 저항성에 대한 설명으로 옳지 않은 것은?

① 약제에 대한 도태 및 생존의 결과이다.
② 약제 저항성이 해충의 다음 세대로 유전되지는 않는다.
③ 해충의 개체군 내에서는 약제 저항성의 차이가 있는 개체가 존재한다.
④ 2종 이상의 살충제에 대하여 저항성이 나타날 때 저항성 유전자가 그중 1종의 살충제에서 기인하면 교차저항성이라고 한다.

> **해설**
> 해충 방제를 위해 살충제를 반복 사용하면 그 살충제에 견디는 능력을 가진 약제 저항성 해충이 출현하기도 하는데, 약제 저항성은 해충의 다음 세대로 유전되어, 농약을 사용하여도 효과가 없는 문제를 발생시킨다.

25 분류학적으로 유리나방과, 명나방과, 솔나방과를 포함하는 목(目)은?

① *Blattaria*
② *Hemiptera*
③ *Plecoptera*
④ *Lepidoptera*

> **해설**
> 나비류와 나방류는 나비목(*Lepidoptera*)에 속한다.

26 낙엽송가지끝마름병균이 월동하는 형태는?

① 균핵
② 자낭각
③ 분생포자각
④ 겨울포자퇴

> **해설**
> 낙엽송가지끝마름병균
> 자낭각의 형태로 월동하며, 이듬해 봄에 자낭포자가 비산하여 전염한다. 특히 바람이 불 때 포자가 빠르게 번성하여 바람이 많이 부는 산림지역에서 피해가 크다.

정답 22 ④ 23 ④ 24 ② 25 ④ 26 ②

27 참나무시들음병을 방제하는 방법으로 옳지 않은 것은?

① 신갈나무숲에 매개충 유인목을 설치한다.
② 병든 부분을 제거하고 소독 후 도포제를 처리한다.
③ 수간 하부부터 지상 2m까지 끈끈이롤 트랩을 감아준다.
④ 피해목을 벌채하고 타포린으로 덮은 후에 훈증제를 처리한다.

해설

참나무시들음병
병원균이 도관에 증식하여 양수분의 이동을 막아 수목 전체에 피해를 주는 수병으로 일부분만을 제거하는 방법으로는 방제가 되지 않는다.

28 다음 중 생엽의 발화 온도가 가장 높은 수종은?

① 피나무   ② 뽕나무
③ 밤나무   ④ 아까시나무

해설

생엽(生葉)의 발화 온도
피나무는 360℃, 뽕나무는 370℃, 아까시나무는 380℃이며, 주목, 밤나무는 460℃, 네군도단풍나무는 490℃로 발화온도가 가장 높다.

29 균사에 격벽이 없는 병원균은?

① *Fusarium spp.*
② *Rhizoctonia solani*
③ *Phytophthora cactorum*
④ *Cylindrocladium scoparium*

해설

*Phytophthora cactorum*은 난균으로 균사에 격막이 없고, 많은 핵으로 구성되어 있으며, *Fusarium oxysporum*, *Rhizoctonia solani*, *Cylindrocladium scoparium*은 불완전균류로 균사에 격막이 있다.

30 상렬에 대한 설명으로 옳지 않은 것은?

① 서리로 인해 발생하는 수목 피해이다.
② 고립목이나 임연부에서 발견되기 쉽다.
③ 상렬을 예방하기 위해서 배수를 원활하게 한다.
④ 추운 지방에서 치수가 아닌 주로 교목의 수간에 발생한다.

해설

상렬(霜裂)
급격한 저온에 따른 수목 조직의 냉각으로 부피가 증가하여 수축 및 팽창 차이로 줄기가 세로로 갈라지는 현상으로 치수가 아닌 연한 수피를 가진 성숙한 수목에서 주로 발생하며, 고립목이나 외부에 노출된 수목(임연목)에서 피해가 나타나기 쉽다. 서리로 인한 수목 피해는 상해이다.

31 아밀라리아뿌리썩음병을 방제하는 방법으로 옳지 않은 것은?

① 묘목은 식재 전에 메타락실 수화제에 침지 처리한다.
② 잣나무 조림지에서 석회를 처리하여 산성토양을 개량한다.
③ 감염목의 주위에 도랑을 파서 균사가 퍼지지 않도록 한다.
④ 과수원에서는 감염목을 자른 다음 그루터기를 제거한다.

정답 27 ② 28 ③ 29 ③ 30 ① 31 ①

> **해설**

아밀라리아뿌리썩음병
임지의 표면과 땅속까지 균사가 퍼지므로 묘목에 살균처리를 하여도 방제할 수 없다.

32 흰가루병을 방제하는 방법으로 옳지 않은 것은?

① 짚으로 토양을 피복하여 빗물에 흙이 튀지 않게 한다.
② 자낭과가 붙어서 월동한 어린 가지를 이른 봄에 제거한다.
③ 묘포에서는 밀식을 피하고 예방 위주의 약제를 처리한다.
④ 그늘에 식재한 나무에서 피해가 심하므로 식재 위치를 잘 선정한다.

> **해설**

흰가루병
잎의 앞뒷면에 하얀 밀가루를 뿌려 놓은 것과 같은 감염 증상이 나타나는 수병으로 통기불량, 일조부족, 질소과다 등이 발병원인이 되므로 사전에 조치하며, 빗물에 의해 전반되지 않으므로 토양피복은 효과가 없다.

33 산림곤충 표본조사법 중 곤충의 음성 주지성을 이용한 방법은?

① 미끼트랩   ② 수반트랩
③ 페로몬트랩   ④ 말레이즈트랩

> **해설**

말레이즈트랩(Malaise Trap)
일종의 텐트와 같은 트랩으로 비행성 해충이 일단 트랩 안으로 들어가면 밖으로 나오지 못하게 되어 채집하는 방법으로 중력의 반대방향(위쪽)으로 이동하는 음성주지성을 이용한 트랩이다.

34 솔잎혹파리에 대한 설명으로 옳지 않은 것은?

① 침엽기부에 혹을 만들고 피해를 준다.
② 성충은 5월 하순과 8월 중순에 2회 발생한다.
③ 유충 형태로 토양, 지피물 밑, 벌레혹에서 월동한다.
④ 교미 후에 수컷은 수 시간 내에 죽고, 암컷은 산란을 위해 1~2일 더 생존한다.

> **해설**

솔잎혹파리
연 1회 발생하고, 5월 하순~6월 상순이 우화 최성기이며 그중에서도 6월에 가장 많이 우화한다.

35 소나무류피목가지마름병을 방제하는 방법으로 가장 효과적인 것은?

① 병든 잎을 태우거나 묻어서 1차 전염원을 줄인다.
② 침투 이행성 살균제를 피해목 수간에 주입한다.
③ 상습 발생지에서는 6월부터 살균제를 토양관주 한다.
④ 남향으로 뿌리가 노출된 수목의 임지에서는 관목을 무육하여 토양 건조를 방지한다.

> **해설**

소나무피목가지마름병
겨울철 이상저온, 이상건조, 해충피해 등으로 수목이 수세가 약할 때 피해가 크므로 관목을 육성하여 토양 건조를 방지하면 효과적이다.

36 유충과 성충이 수목의 동일한 부분을 가해하는 해충은?

① 솔나방   ② 어스렝이나방
③ 오리나무잎벌레 ④ 잣나무넓적잎벌

정답 32 ① 33 ④ 34 ② 35 ④ 36 ③

오리나무잎벌레
유충과 성충이 모두 오리나무류 잎을 가해하여 피해를 준다.

37 1년에 1회 발생하며 단성생식을 하는 해충은?

① 밤나무혹벌
② 넓적다리잎벌
③ 노랑애나무좀
④ 오리나무잎벌레

밤나무혹벌
연 1회 발생하며, 눈의 조직 내에서 유충으로 월동한다. 암컷만이 알려져 있으며, 암수의 수정 없이 단독으로 번식하여 개체를 형성하는 단성생식(單性生殖, 단위생식)을 한다. 즉, 번식은 암컷의 단성생식에 의해 이루어진다.

38 광릉긴나무좀을 방제하는 방법으로 가장 효과가 미미한 것은?

① 내충성 품종을 식재한다.
② 딱따구리 등 천적이 되는 조류를 보호한다.
③ 우화 최성기에 수간에 페니트로티온 유제를 살포한다.
④ 피해목을 잘라 집재하고 타포린으로 밀봉하여 메탐소듐 액제로 훈증한다.

광릉긴나무좀
연 1회 발생하며, 참나무류를 가해하여 참나무시들음병을 매개하는 해충으로 내충성 품종의 식재는 효과가 미미하다.

39 산성비가 토양 및 수목에 미치는 영향으로 옳지 않은 것은?

① 염기의 양 감소
② 질소의 이용량 감소
③ 낙엽층의 축적량 감소
④ 알루미늄, 망간 활성화

산성비가 토양 및 수목에 미치는 영향
- 수소이온의 증가로 땅이 산성화되며, 수목생육에 유용한 치환성 염기의 양은 감소한다.
- 토양 중의 알루미늄, 철, 망간 등이 활성화되어 수목생육에 해를 끼친다.
- 유용 토양미생물의 활동이 저조해지며, 토양의 화학적·물리적 성질을 악화시킨다.
- 낙엽층을 부식시켜 축적량이 감소한다.
- 질산을 다량 함유하고 있어 수목의 질소 이용량은 증가한다.

40 다음 중 중간기주가 없는 수목병은?

① 소나무혹병
② 향나무녹병
③ 회화나무녹병
④ 잣나무털녹병

중간기주가 있는 주요 이종기생녹병균은 잣나무털녹병, 소나무잎녹병, 소나무혹병, 향나무녹병(배나무붉은별무늬병), 포플러잎녹병, 전나무잎녹병 등이 있으며, 회화나무녹병균은 중간기주로 이동하지 않고 회화나무에만 기생하는 동종기생균이다.

정답 37 ① 38 ① 39 ② 40 ③

3과목 임업경영학

41 임령에 따른 연년생장량과 평균생장량의 관계에 대한 설명으로 옳지 않은 것은?

① 처음에는 연년생장량이 평균생장량보다 크다.
② 평균생장량의 극대점에서 두 생장량의 크기는 다르다.
③ 연년생장량은 평균생장량보다 빨리 극대점을 가진다.
④ 평균생장량이 극대점에 이르기까지는 연년생장량이 항상 평균생장량보다 크다.

해설

연년생장량과 평균생장량의 관계
- 처음에는 연년생장량이 평균생장량보다 크다.
- 연년생장량은 평균생장량보다 빨리 극대점에 이른다.
- 평균생장량의 극대점에서 두 생장량의 크기는 같아진다.
- 평균생장량이 극대점에 이르기 전까지는 연년생장량이 항상 평균생장량보다 크다.
- 평균생장량이 극대점을 지난 후에는 연년생장량이 항상 평균생장량보다 작다.

42 임지기망가의 최댓값에 영향을 주는 인자에 대한 설명으로 옳지 않은 것은?

① 이율이 낮을수록 최댓값이 빨리 온다.
② 간벌수익이 클수록 최댓값이 빨리 온다.
③ 주벌수익의 증대속도가 빨리 감퇴할수록 최댓값이 빨리 온다.
④ 관리비는 임지기망가가 최대로 되는 시기와는 관계가 없다.

해설

임지기망가의 최댓값 도달 시기
- 이율 : 이율이 높을수록 임지기망가의 최대 시기가 빨리 온다.
- 간벌수익 : 간벌수익이 클수록 임지기망가의 최대 시기가 빨리 온다.
- 주벌수익 : 주벌수익의 증대속도가 빨리 감퇴할수록 임지기망가의 최대 시기가 빨리 온다.
- 관리비 : 임지기망가의 최대 시기와는 관계가 없다.

43 산림생장 및 예측모델을 구축하는 데 있어서 제일 먼저 수행해야 할 과정은?

① 자료 수집
② 모델 구성
③ 모델 선정 및 설계
④ 자료 분석 및 생장함수식 유도

해설

산림생장 및 예측모델의 구축 과정
모델 선정 및 설계 – 자료 수집 – 자료 분석 및 생장함수식 유도 – 모델 구성 – 검증

44 이자를 계산인자로 포함하는 벌기령은?

① 공예적 벌기령
② 재적수확 최대 벌기령
③ 화폐수익 최대 벌기령
④ 토지순수익 최대 벌기령

해설

토지순수익 최대 벌기령
임지에서 장래 기대되는 순수입의 자본가인 토지기망가가 최대가 되는 시기를 벌기령으로 정하는 방법으로 우리나라에서 적용되는 벌기령이다. 토지기망가는 이자를 계산인자로 포함한다.

정답 41 ② 42 ① 43 ③ 44 ④

45 벌채실행을 모두베기로 할 때 벌채면적은 최대 30ha 이내로 하되, 벌채면적이 5ha 이상일 경우에는 하나의 벌채 구역을 몇 ha 이내로 하는가?

① 3ha
② 5ha
③ 6ha
④ 10ha

해설

벌채면적이 5ha 이상이며 최대 30ha 이내여야 하므로, 최소 벌채면적은 5ha이다. 따라서 하나의 벌채 구역은 5ha 이내로 해야 한다.

46 산림평가 시 임업이율이 보통이율보다 낮아야 하는 이유로 옳지 않은 것은?

① 생산기간의 장기성 때문
② 산림소유의 불안정성 때문
③ 산림의 관리경영이 간편하기 때문
④ 재적 및 금원 수확의 증가와 산림재산 가치의 등귀 때문

해설

임업이율을 낮게 평정해야 하는 이유
산림경영은 수익성이 낮다는 등 아래와 같은 이유로 임업이율을 고율이 아닌 오히려 보통이율보다 약간 저율로 평정해야 한다는 학설이다.
• 산림소유의 안정성
• 산림 관리경영의 간편성
• 생산기간의 장기성
• 산림재산과 임료수입의 유동성
• 재적 및 금원수확의 증가와 산림재산의 가치등귀
• 문화발전에 따른 이율의 저하
• 산림소유에 대한 개인적 가치 평가

47 30년생 임목이 7본, 25년생 임목이 12본, 20년생 임목이 7본인 경우 본수령으로 계산한 평균임령은?

① 15년
② 20년
③ 25년
④ 30년

해설

본수령에 의한 평균임령 계산

$$A = \frac{n_1 a_1 + n_2 a_2 + n_3 a_3 + \cdots + n_n a_n}{n_1 + n_2 + n_3 + \cdots + n_n}$$

$$= \frac{7 \times 30 + 12 \times 25 + 7 \times 20}{7 + 12 + 7} = 25년$$

여기서, a_1, a_2, a_3 : 연령
n_1, n_2, n_3 : 각 연령의 본수

48 임업자산의 유형과 구성요소의 연결로 옳지 않은 것은?

① 유동자산 – 비료
② 유동자산 – 현금
③ 고정자산 – 묘목
④ 임목자산 – 산림축적

해설

임업경영자산

유동자산	• 임업 생산자재 : 종자, 묘목, 비료, 약제 • 미처분 임산물 : 아직 처분하지 못한 임산물 • 유통자산 : 현금, 예금, 증권
고정자산	임지, 임도, 건물, 기계, 기구, 구축물, 대동물 (소, 말)
임목자산	임목축적

49 산림경영의 지도원칙 중 보속성의 원칙에 해당되지 않는 것은?

① 합자연성
② 목재수확 균등
③ 생산자본 유지
④ 화폐수확 균등

정답 45 ② 46 ③ 47 ③ 48 ③ 49 ①

해설

보속성의 원칙
해마다 목재 수확을 계속하여 양적 및 질적으로 균등하게 생산·공급하도록 경영하자는 원칙으로 목재수확의 균등, 화폐수확의 균등, 생산자본의 유지 등을 실현할 수 있다.

50 손익분기점의 분석을 위한 가정에 대한 설명으로 옳지 않은 것은?

① 제품 한 단위당 변동비는 항상 일정하다.
② 총비용은 고정비와 변동비로 구분할 수 있다.
③ 제품의 판매가격은 판매량이 변동하여도 변화되지 않는다.
④ 생산량과 판매량은 항상 다르며 생산과 판매에 보완성이 있다.

해설

손익분기점 분석을 위한 가정
- 제품의 판매가격은 판매량이 변동하여도 변화되지 않는다.
- 원가는 고정비와 변동비로 구분할 수 있다.
- 제품 한 단위당 변동비는 항상 일정하다(한 단위당 변동비는 증가하지 않는다).
- 고정비는 생산량의 증감에 관계없이 항상 일정하다.
- 생산량과 판매량은 항상 같으며, 생산과 판매에 동시성이 있다(재고가 없다).
- 제품의 생산능률은 변함이 없다.

51 임업투자 결정 중 현금유입을 통하여 투자금액을 회수하는 데 소요되는 기간을 가지고 투자 결정을 하는 방법은?

① 회수기간법
② 내부수익률법
③ 순현재가치법
④ 수익·비용비법

해설

회수기간법
투자에 소요된 모든 자금을 회수하는 데 걸리는 기간으로 투자효율을 측정하는 방법이다.

52 법정림(개벌작업)에서 작업급의 윤벌기가 50년인 경우의 법정수확률은?

① 2% ② 3%
③ 4% ④ 5%

해설

법정연벌률(법정수확률, 법정택벌률)
$$P = \frac{200}{U} = \frac{200}{50} = 4\%$$

53 수간석해를 위한 원판 채취방법에 대한 설명으로 옳지 않은 것은?

① 원판의 두께는 10cm가 되도록 한다.
② 원판을 채취할 때는 수간과 직교하도록 한다.
③ 측정하지 않을 단면에는 원판의 번호와 위치를 표시하여 둔다.
④ Huber식에 의한 방법에서 흉고이상은 2m마다 원판을 채취하고 최후의 것은 1m가 되도록 한다.

해설

원판의 채취
흉고직경이 1.2m인 경우, 지상 0.2m를 벌채점으로 하여 3~5cm의 두께로 원판을 채취한다.

54 트레킹길 중 산줄기나 산자락을 따라 길게 조성하여 시점과 종점이 연결되지 않는 길은?

① 둘레길 ② 탐방로
③ 트레일 ④ 산림레포츠길

정답 50 ④ 51 ① 52 ③ 53 ① 54 ③

해설

트레킹길

길을 걸으면서 지역의 역사·문화를 체험하고 경관을 즐기며 건강을 증진하는 활동을 하는 다음의 길
- 둘레길 : 시점과 종점이 연결되도록 산의 둘레를 따라 조성한 길
- 트레일 : 산줄기나 산자락을 따라 길게 조성하여 시점과 종점이 연결되지 않는 길

55 산림경영의 대상이 되는 경영계획구에 대해서 산림소유자나 지방자치단체장이 수립하는 계획은?

① 지역산림계획 ② 산림기본계획
③ 산림경영계획 ④ 국유림경영계획

해설

산림경영계획
- 지방자치단체의 장이 경영계획구를 대상으로 10년마다 수립·시행한다.
- 지방자치단체의 장 외의 공유림 소유자나 사유림 소유자는 10년마다 경영계획서를 작성하여 시장이나 군수, 구청장에게 인가를 받아 수립한다.

56 임목평가의 방법 중에서 유령림의 평가에 가장 적합한 것은?

① Glaser법   ② 시장가역산법
③ 임목기망가법 ④ 임목비용가법

해설

임령에 따른 임목의 평가법

구분	내용
유령림의 임목평가	임목비용가법
중령림의 임목평가	글라저(Glaser)법
벌기 미만인 장령림의 임목평가	임목기망가법
벌기 이상인 성숙림의 임목평가	시장가역산법

57 다음 조건에 따라 정액법으로 구한 임업기계의 감가상각비는?

- 취득원가 : 5,000,000원
- 잔존가치 : 500,000원
- 내용연수 : 50년

① 90,000원/년
② 100,000원/년
③ 500,000원/년
④ 1,100,000원/년

해설

정액법(직선법)

$$\text{연간 감가상각비} = \frac{\text{취득원가} - \text{잔존가치}}{\text{내용연수}}$$

$$= \frac{5,000,000 - 500,000}{50}$$

$$= 90,000 \text{원/년}$$

58 임목재적을 측정하기 위한 흉고형수에 대한 설명으로 옳지 않은 것은?

① 지위가 양호할수록 형수는 작아진다.
② 수고가 작을수록 형수는 작아진다.
③ 연령이 많을수록 형수는 커진다.
④ 흉고직경이 작을수록 형수는 커진다.

해설

흉고형수에 영향을 미치는 주요 인자

주요 인자	형수값
수고가 작을수록	커짐
흉고직경이 작을수록	
지하고가 높고 수관량이 적은 나무일수록	
연령이 많을수록	
지위가 양호할수록	작아짐

정답 55 ③ 56 ④ 57 ① 58 ②

59 이율이 5%이고 앞으로 10년 후에 300,000원의 간벌수익을 얻으리라고 예상하면 간벌수입의 전가합계는?

① 약 69,000원 ② 약 184,000원
③ 약 489,000원 ④ 약 1,296,000원

해설

전가식(前價式)
이율이 P이고, n년 후에 자본금 N을 만들기 위해 현재의 자본금 V(전가)를 구하는 공식

$$V = \frac{N}{(1+P)^n} = \frac{N}{1.0P^n} = \frac{300,000}{1.05^{10}}$$

$= 184,173.976 \cdots$ ∴ 약 184,000원

60 자연휴양림 조성을 신청하려는 자가 제출하여야 하는 자연휴양림 구역도의 축척은?

① 1/5,000 ② 1/10,000
③ 1/15,000 ④ 1/25,000

해설

자연휴양림 지정신청의 절차
신청서와 함께 자연휴양림 예정지의 위치도(축척 1/25,000) 및 구역도(축척 1/5,000 또는 1/6,000) 등의 서류를 첨부하여 시장·군수·구청장에게 제출하여야 한다.

4과목 임도공학

61 가선집재와 비교한 트랙터에 의한 집재작업의 장점으로 옳지 않은 것은?

① 기동성이 높다.
② 작업이 단순하다.
③ 작업생산성이 높다.
④ 잔존임분에 대한 피해가 적다.

해설

트랙터집재의 장점
- 기동성이 높다.
- 작업이 단순하다.
- 작업생산성이 높다.
- 운전이 용이하다.
- 작업비용이 적다.

가선집재의 장점
- 급경사지에서도 작업이 가능하다.
- 잔존임분에 피해가 적다.
- 낮은 임도밀도에서 작업이 가능하다.

62 다음 표는 임도의 횡단측량 야장이다. A, B, C, D에 대한 설명으로 옳지 않은 것은?

좌측		측점	우측	
L 3.0		A No.0	L 3.0	
$\frac{-1.8}{0.4}$	$\frac{L}{1.2}$ C	MC_1	$\frac{L}{1.3}$	$\frac{B +1.5}{1.5}$
B $\frac{-0.3}{2.0}$	$\frac{-0.3}{2.0}$	MC_1 D $+3.70$	$\frac{+0.4}{2.0}$	$\frac{+0.4}{2.0}$

① A : 측점이 No.0인 경우는 기설노면을 의미한다.
② B : 분자는 고저차로서 +는 성토량, -는 절토량을 의미한다.
③ C : 분모는 수평거리로서 측점을 기준으로 왼편 1.2m 지점을 의미한다.
④ D : MC_1 지점으로부터 3.70m 전진한 지점을 뜻한다.

해설

횡단측량 야장 기입방법
기입은 분수식에 의해 분모에 수평거리, 분자에 수직높이(고저차)를 기록한다. B는 수직높이의 변화값으로 높아지면 +, 낮아지면 -로 나타낸다.

정답 59 ② 60 ① 61 ④ 62 ②

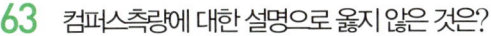

63 컴퍼스측량에 대한 설명으로 옳지 않은 것은?

① 국지인력의 영향 때문에 철제구조물과 전류가 많은 시가지 측량에 적합하다.
② 컴퍼스의 눈금판은 일반적으로 N과 S점에서 양측으로 0~90°까지 나누어져 있다.
③ 시준선이 어떤 방향으로 향할 때 자침이 가리키는 값은 남북방향을 기준으로 한 각이 된다.
④ 농지, 임야지 등과 같이 국지인력의 영향이 없는 곳이나 높은 정밀도를 필요로 하지 않는 곳에서 작업이 신속하고 간편하기에 많이 이용된다.

해설

컴퍼스측량
철제구조물과 전류가 많은 시가지에서는 자력에 방해를 받아 이용하기 어려우며, 산림, 농지, 임야지 등과 같이 국지인력의 영향이 없거나 높은 정밀도를 요하지 않는 곳에서 신속하고 간편하게 측량할 때 자주 이용되고 있다.

64 1/5,000 지형도에 종단경사 10%의 임도 노선을 도상배치 하고자 한다. 이론적인 수치보다 10%의 할증을 더 두어 계산해야 한다면 양각기 폭은?(단, 한 등고선의 간격은 5m)

① 1.0mm
② 1.1mm
③ 10mm
④ 11mm

해설

양각기계획법의 종단물매 계산법

종단물매 = $\dfrac{\text{등고선 간격}}{\text{두 지점 간의 수평거리}} \times 100$,

$10\% = \dfrac{5}{\text{두 지점 간의 수평거리}} \times 100$이므로 두 지점 간의 수평거리는 50m이다. 두 지점 간의 수평거리에 1/5,000의 축척을 적용하면 양각기 1폭의 길이가 나오며 그 폭은 1cm이다. 여기에 10%의 할증을 더 두어야 하므로 1.1cm=11mm가 된다.

65 콘크리트 포장시공에서 보조기층의 기능으로 옳지 않은 것은?

① 동상의 영향을 최소화한다.
② 노상의 지지력을 증대시킨다.
③ 노상이나 차단층의 손상을 방지한다.
④ 줄눈, 균열, 슬래브 단부에서 펌핑현상을 증대시킨다.

해설

보조기층
상부의 교통하중을 분산하여 노상에 전달하며, 줄눈부나 균열부 등에서 진흙이 노면으로 뿜어져 나오는 펌핑현상을 방지한다.

66 임도설계를 위한 중심선측량 시 측점 간격 기준은?

① 10m
② 15m
③ 20m
④ 25m

해설

중심선측량
중심선을 따라 측량하는 것으로 주로 평탄지와 완경사지에서 적용한다. 측점 간격 20m마다 중심말뚝을 설치하며, 필요한 각 점에는 보조말뚝을 설치한다.

67 합성기울기가 10%이고, 외쪽기울기가 6%인 임도의 종단기울기는?

① 4%
② 6%
③ 8%
④ 10%

정답 63 ① 64 ④ 65 ④ 66 ③ 67 ③

해설

합성물매 $S = \sqrt{(i^2 + j^2)}$
$10 = \sqrt{(6^2 + x^2)}$, $x = 8$
∴ 종단기울기 = 8%
여기서, S : 합성물매(%)
i : 횡단물매 or 외쪽물매(%)
j : 종단물매(%)

68 배향곡선지가 아닌 경우 임도의 유효너비 기준은?

① 3m   ② 4m
③ 5m   ④ 6m

해설

유효너비(차도너비)는 길어깨와 옆도랑을 제외한 임도의 유효너비로 3m를 기준으로 한다.

69 산림 토목공사용 기계로 옳지 않은 것은?

① 전압기   ② 착암기
③ 식혈기   ④ 정지기

해설

식혈기(植穴機)
땅에 구멍을 내어 모종을 심는 장치로 주로 조림작업에 사용한다.

70 사리도(자갈길, Gravel Road)의 유지관리에 대한 설명으로 옳지 않은 것은?

① 방진처리에 염화칼슘은 사용하지 않는다.
② 노면의 제초나 예불은 1년에 한 번 이상 실시한다.
③ 비가 온 후 습윤한 상태에서 노면 정지작업을 실시한다.
④ 횡단배수구의 기울기는 5~6% 정도를 유지하도록 한다.

해설

사리도의 유지보수(유지관리)
• 방진처리를 위하여 물, 염화칼슘, 타르 등을 사용한다.
• 노면의 정지작업(노면 고르기)은 가급적 비가 온 후 습윤한 상태에서 실시한다.
• 길어깨가 높아져 배수가 불량할 경우 그레이더로 정형하고(깎아내고) 롤러로 진압한다.
• 노면의 제초나 예불은 1년에 1회 이상 실시한다.
• 횡단배수구의 기울기는 5~6% 정도를 유지하도록 한다.

71 임도 노면 시공방법에 따른 분류로 머캐덤(Macadam)에 해당하는 것은?

① 사리도
② 쇄석도
③ 토사도
④ 통나무길

해설

쇄석도(碎石道, 부순돌길, 머캐덤도)
부순돌끼리 서로 맞물려 죄는 힘과 결합력에 의하여 단단한 노면을 만든 도로이다.

72 임도시공 시 토질조사 작업에서 예비조사의 주요 항목이 아닌 것은?

① 토양
② 지질
③ 기상
④ 지적

해설

원활한 임도시공을 위해서는 시공 전에 그 지역의 토양, 기상, 지형, 지질 등을 사전에 조사하여야 한다.

정답 68 ① 69 ③ 70 ① 71 ② 72 ④

73 임도설계 업무의 진행 순서로 옳은 것은?

① 예비조사 → 예측 → 답사 → 실측 → 설계도 작성
② 예비조사 → 답사 → 예측 → 실측 → 설계도 작성
③ 실측 → 예측 → 지형도 분석 → 답사 → 설계도 작성
④ 실측 → 지형도 분석 → 예측 → 구조물 조사 → 설계도 작성

해설

임도설계 업무의 순서
예비조사 → 답사 → 예측 → 실측 → 설계도 작성 → 공사수량 산출 → 설계서 작성

74 다음 종단측량 결과표를 이용하여 측점 1~4를 연결하는 도로계획선의 종단기울기는?(단, 중심말뚝 간격은 30m)

측점	1	2	3	4
지반고(m)	65.45	66.03	63.67	68.83

① 약 -3.8%
② 약 $+3.8\%$
③ 약 -5.6%
④ 약 $+5.6\%$

해설

종단기울기의 수직거리는 측점 4번과 1번 지반고의 차이므로 68.83−65.45=3.38m이다. 또한 측점 1번부터 4번까지의 수평거리는 3개의 말뚝간격으로 90m이므로,

$$종단물매 = \frac{수직거리}{수평거리} \times 100$$
$$= \frac{3.38}{90} \times 100 = 3.7555\cdots$$

∴ 약 $+3.8\%$

75 임도 시설기준에 대한 설명으로 옳은 것은?

① 배향곡선은 중심선 반지름을 10m 이상으로 한다.
② 종단곡선은 포물선곡선방식을 적용하지 않는다.
③ 특수지형에서 최소곡선반지름은 설계속도와 관계없이 14m 이상으로 한다.
④ 특수지형에서 노면포장을 하는 경우 종단기울기는 20% 범위에서 조정할 수 있다.

해설

임도 시설기준
배향곡선(헤어핀선)은 곡선반지름이 10m 이상 되도록 설치하며, 종단곡선은 일반적으로 포물선 곡선방식을 적용한다. 또한 특수지형에서 최소곡선반지름은 설계속도에 따라 각각 40m, 20m, 12m를 적용하고, 특수지형에서는 노면포장을 하는 경우에 한하여 종단기울기를 18%의 범위 안에서 조정할 수 있다.

76 적정임도밀도가 10m/ha이고 양방향으로 집재할 때 평균집재거리는?

① 250m
② 500m
③ 750m
④ 1,000m

해설

$$평균집재거리 = \frac{2,500}{적정임도밀도}$$
$$= \frac{2,500}{10} = 250m$$

77 일반지형의 경우 임도 설계속도가 20km/시간일 때 설치할 수 있는 최소곡선반지름 기준은?

① 12m
② 15m
③ 20m
④ 30m

정답 73 ② 74 ② 75 ① 76 ① 77 ②

해설

설계속도별 최소곡선반지름 기준

설계속도(km/h)	최소곡선반지름(m)	
	일반지형	특수지형
40	60	40
30	30	20
20	15	12

78 반출할 목재의 길이가 20m인 전간재를 너비가 4m인 임도에서 트럭으로 운반할 때 최소곡선 반지름은?

① 4m
② 20m
③ 25m
④ 50m

해설

최소곡선반지의 계산(운반되는 통나무의 길이에 의한 경우)

최소곡선반지름 $R = \dfrac{l^2}{4B} = \dfrac{20^2}{4 \times 4} = 25\text{m}$

79 임도망 배치의 효율성 정도를 나타내는 개발지수에 대한 설명으로 옳지 않은 것은?

① 평균집재거리와 임도밀도를 곱하여 계산한다.
② 균일하게 임도가 배치되었을 때의 값은 1.0이다.
③ 노선이 중첩되면 될수록 임도배치 효율성은 높아진다.
④ 임도간격과 밀도가 동일하더라도 노망의 배치 상태에 따라 이용효율성은 크게 달라진다.

해설

노선이 중첩될수록 임도망의 이용효율성은 저하된다.

80 흙의 입도분포의 좋고 나쁨을 나타내는 균등계수의 산출식으로 옳은 것은?(단, 통과중량백분율 X에 대응하는 입경은 D_X)

① $D_{10} \div D_{60}$
② $D_{20} \div D_{60}$
③ $D_{60} \div D_{20}$
④ $D_{60} \div D_{10}$

해설

균등계수

$\dfrac{\text{통과중량백분율 60\%에 대응하는 입경}}{\text{통과중량백분율 10\%에 대응하는 입경}} = \dfrac{D_{60}}{D_{10}}$

5과목 사방공학

81 붕괴형 산사태에 대한 설명으로 옳은 것은?

① 지하수로 인해 발생하는 경우가 많다.
② 파쇄 또는 온천 지대에서 많이 발생한다.
③ 속도는 완만해서 흙덩이는 흩어지지 않고 원형을 유지한다.
④ 이동 면적이 1ha 이하로 작고, 깊이도 수 m 이하로 얕은 경우가 많다.

해설

산사태는 산 중턱 부근에서 토사가 갑자기 무너져 내리는 현상으로 급경사지역에서 사질토가 강우로 포화되었을 때 돌발적으로 잘 발생한다. 토괴가 교란되며 빠르게 이동하나, 규모(이동면적)는 1ha 이하로 작고, 깊이도 수 m 이하로 얕은 경우가 많다.

82 유역면적 200ha, 최대시우량 180mm/h, 유거계수 0.6일 때 최대홍수유량(m^3/s)은?

① 60
② 90
③ 120
④ 180

정답 78 ③ 79 ③ 80 ④ 81 ④ 82 ①

해설

시우량법

$$Q = \frac{1}{360} \times K \cdot A \cdot m$$
$$= \frac{1}{360} \times 0.6 \times 200 \times 180 = 60 \text{m}^3/\text{s}$$

여기서, Q : 최대홍수유량(m^3/s)
K : 유거계수
A : 유역면적(ha)
m : 최대시우량(mm/hr)

83 비탈다듬기 공법에 대한 설명으로 옳지 않은 것은?

① 붕괴면의 주변 상부는 충분히 끊어낸다.
② 기울기가 급한 장소에서는 선떼붙이기와 산비탈돌쌓기 등으로 조정한다.
③ 퇴적층 두께가 3m 이상일 때에는 땅속흙막이를 시공한 후 실시한다.
④ 수정기울기는 지질·면적·공법 등에 따라 차이를 두되 대체로 45° 전후로 한다.

해설

수정기울기는 대체로 최대 35° 전후로 한다.

84 비탈면 붕괴를 방지하기 위한 돌망태쌓기 공법에 대한 설명으로 옳지 않은 것은?

① 보강성 및 유연성이 좋다.
② 투수성 및 방음성이 불량하다.
③ 일체성과 연속성을 지닌 구조물이다.
④ 주로 철선으로 짠 망태에 호박돌 또는 잡석을 채워 사용한다.

해설

돌망태공
철선의 망태 안에 돌을 넣은 것으로 주로 계곡이나 하천 양안, 산지비탈면 등의 침식과 붕괴 방지를 위해 사용하며, 개비온(Gabion)이라고도 한다. 내구성은 작은 편(보통 10년 정도)으로 영구적이지는 않지만, 배수성·신축성·일체성·연속성·보강성·유연성·투수성·방음성 등이 우수한 장점이 있다.

85 강우 시 침투능에 대한 설명으로 옳지 않은 것은?

① 나지보다 경작지의 침투능이 더 크다.
② 초지보다 산림지의 침투능이 더 크다.
③ 침엽수림이 활엽수림보다 침투능이 더 크다.
④ 시간이 지속되면 점점 작아지다가 일정한 값이 된다.

해설

침투능의 정도
활엽수림 > 침엽수림 > 초지 > 경작지 > 나지

86 콘크리트흙막이를 산복기초로 시공할 경우 가장 적합한 높이는?

① 2.5m 이하
② 3.0m 이하
③ 3.5m 이하
④ 4.0m 이하

해설

콘크리트흙막이의 높이는 산복기초로는 4m 이하, 산비탈면에서는 2m 정도로 시공한다.

87 황폐계류 유역을 구분하는 데 포함되지 않는 것은?

① 토사준설구역
② 토사생산구역
③ 토사퇴적구역
④ 토사유과구역

황폐계류의 유역은 상류부터 하류까지 「토사생산구역 → 토사유과구역 → 토사퇴적구역」으로 구분할 수 있다.

88 다음 설명에 해당하는 것은?

- 막깬돌, 잡석 및 호박돌 등을 가공하지 않은 상태로 축설한다.
- 유량이 비교적 적고 기울기가 비교적 급한 산복에 이용되는 수로이다.

① 떼붙임 수로 ② 메붙임 돌수로
③ 찰붙임 돌수로 ④ 콘크리트 수로

해설

메붙임 돌수로
- 뒷붙임에 콘크리트를 사용하지 않고, 막깬돌, 호박돌 등을 땅속에 붙여(박아) 축설
- 상수(常水)가 없고, 유량이 적으며, 기울기가 비교적 급한 산복에 적용
- 지반이 견고하고 집수량이 적은 곳에 반원형의 형상으로 시공
- 채움 자갈을 잘 다지기하여 붙임돌이 빠져나오지 않도록 시공

89 기슭막이에 대한 설명으로 옳지 않은 것은?

① 기슭막이의 둑마루 두께는 0.3~0.5m를 표준으로 한다.
② 기슭막이의 높이는 계획고 수위보다 0.5~0.7m 높게 한다.
③ 유로의 만곡에 의해 물의 충격을 받는 수충부 하류에 계획한다.
④ 기초의 밑넣기 깊이는 계상의 상황 등을 고려하여 세굴되지 않도록 한다.

해설

기슭막이 시공요령
둑마루 두께는 0.3~0.5m를 표준으로 하고, 기초부에 세굴 침식이 발생하지 않도록 깊이 파고 묻어야 하며, 높이는 계획홍수위보다 0.5~0.7m 정도 높게 하여 홍수에도 넘치지 않도록 설계한다.

90 설상사구에 대한 설명으로 옳은 것은?

① 주로 파도막이 뒤에 형성되는 모래언덕이다.
② 모래가 정선부에 퇴적하여 얕은 모래둑을 형성한다.
③ 혀 모양의 형태로 모래가 쌓인 후 반달 모양으로 형태가 바뀐 것이다.
④ 치올린 언덕의 모래가 비산하여 내륙으로 이동하면서 수목이나 사초가 있을 때 형성된다.

해설

설상사구(舌狀砂丘)
치올린 모래언덕이 바람에 의해 내륙으로 이동할 때 장애물을 만나 그 뒤편으로 퇴적되어 형성된 혀 모양의 모래언덕이다.

91 비중에 따라 골재를 구분할 경우 중량골재의 비중 기준은?

① 2.50 이하
② 2.60 이하
③ 2.70 이상
④ 2.80 이하

해설

비중에 의한 골재의 구분

경량골재	보통골재	중량골재
비중 2.50 이하	비중 2.50~2.65	비중 2.70 이상

정답 88 ② 89 ③ 90 ④ 91 ③

92 콘크리트 치기 작업의 주의사항으로 옳지 않은 것은?

① 가급적 신속하게 콘크리트 치기를 실시하여 작업을 완료해야 한다.
② 일반적으로 1.5m 이상의 높이에서 콘크리트를 떨어뜨려서는 안 된다.
③ 거푸집 내면의 막음널에 이탈제로 광유를 바르거나 비눗물을 바르기도 한다.
④ 기둥, 교각, 벽 등에는 콘크리트를 쳐 올라감에 따라 뜬물이 생기므로 묽은 반죽으로 하는 것이 좋다.

해설

콘크리트 타설 시 표면으로 물이 스며 나오는 것을 뜬물이라 하는데, 기둥, 교각, 벽 등에는 이러한 뜬물이 생기지 않도록 비교적 된 반죽으로 작업하는 것이 좋다.

93 흙사방댐의 높이가 2.5m일 때 가장 적합한 댐 마루 너비는?(단, Merrimar식 이용)

① 2.0m
② 2.25m
③ 2.5m
④ 2.75m

해설

흙댐의 댐 마루 너비 계산

$$댐\ 마루\ 너비 = \frac{댐\ 높이}{5} + 1.5 = \frac{2.5}{5} + 1.5 = 2m$$

94 토양침식 형태에서 중력침식에 해당되지 않는 것은?

① 붕괴형 ② 지중형
③ 지활형 ④ 유동형

해설

산지 토양침식의 형태

물침식(수식)	우수(빗물)침식, 하천침식, 지중침식, 바다침식
중력침식	붕괴형 침식, 지활형 침식, 유동형 침식
바람침식(풍식)	해안사구(모래언덕)침식, 내륙사구침식

95 사방댐을 직선유로에 계획할 때 올바른 방향은?

① 유심선에 직각
② 유심선에 평행
③ 유심선의 접선에 직각
④ 유심선의 접선에 평행

해설

사방댐은 상류의 유심선(흐름방향)에 직각방향으로 댐의 방향을 설정한다.

96 돌골막이 시공 시 돌쌓기의 표준 기울기로 옳은 것은?

① 1 : 0.1 ② 1 : 0.2
③ 1 : 0.3 ④ 1 : 0.4

해설

돌골막이

돌을 쌓아 구축하는 것으로 높이는 2m 이내, 길이는 4~5m 정도로 한다. 반수면 돌쌓기의 기울기는 1 : 0.3을 표준으로 하며, 중앙부를 활꼴모양으로 약간 낮게 하여 방수한다.

97 비탈면 녹화공법에 해당하지 않는 것은?

① 조공 ② 사초심기
③ 비탈덮기 ④ 선떼붙이기

정답 92 ④ 93 ① 94 ② 95 ① 96 ③ 97 ②

해설

산지사방 녹화공사의 종류

기초공사	비탈다듬기(뭉기기), 단끊기, 땅속흙막이(묻히기), 흙막이(누구막이), 산비탈배수로(산복수로, 산비탈수로내기), 속도랑(배수구)
녹화공사	바자얽기(편책공, 목책공), 선떼붙이기, 조공, 줄떼시공(줄떼다지기, 줄떼붙이기, 줄떼심기), 평떼시공(평떼붙이기, 평떼심기), 단쌓기(떼단쌓기), 비탈덮기(거적덮기), 등고선구공법(수평구공법), 새심기, 씨뿌리기(파종공법), 종비토뿜어붙이기, 나무심기(식재공법)

사초심기
조성된 모래언덕에 사구식물(사초, 沙草)을 심어 모래가 날리는 것을 방지하는 사지조림공법이다.

98 임간나지에 대한 설명으로 옳은 것은?

① 산림이 회복되어 가는 임상이다.
② 비교적 키가 작은 울창한 숲이다.
③ 초기황폐지나 황폐이행지로 될 위험성은 없다.
④ 지표면에 지피식물 상태가 불량하고 누구 또는 구곡침식이 형성되어 있다.

해설

임간나지
지표면에 지피식물 상태가 불량하고, 누구 또는 구곡침식이 형성되어 있는 지역이다.

99 시우량법을 이용하여 최대홍수유량을 산정할 때 침투 정도가 보통인 평지 토양에서 유거계수가 가장 큰 경우는?

① 산림
② 초지
③ 암석지
④ 농경지

해설

유거계수(流去係數, 유출계수)
지표면 및 비탈면의 상태에 따라서는 아스팔트나 콘크리트와 같은 불투수성 포장일수록 값이 크고, 떼나 잡관목 등으로 덮여 거친 비탈면일수록 수치가 작다. 침투 정도가 보통인 평지 토양에서는 암석지가 값이 가장 크며, 다음이 농경지, 초지, 산림 순으로 작다.

100 계류의 임계유속에 대한 설명으로 옳은 것은?

① 유수가 흐르지 않는 상태이다.
② 계상에 침식이 일어나지 않는다.
③ 계상에 침식이 가장 많이 일어난다.
④ 유수의 속도가 가장 빠른 상태이다.

해설

임계유속(臨界流速)
규칙적이며 질서 있게 흐르는 층류(層流)에서 불규칙하게 흐트러져 흐르는 난류(亂流)로 변할 때의 유속을 임계유속이라 한다. 계상에 침식을 일으키지 않는 최대유속으로 임계유속 이상이 되면 사력이 이동하기 시작하며 침식이 발생한다.

정답 98 ④ 99 ③ 100 ②

2021년 1회 기출복원문제

1과목 조림학

01 소나무림을 갱신하는 데 가장 적합한 작업종은?

① 택벌작업　② 산벌작업
③ 모수작업　④ 왜림작업

해설

모수작업
모수를 제외한 나머지 임지는 일시에 노출되므로 주로 소나무, 곰솔(해송), 자작나무 등 양수의 천연갱신에 유리하며, 음수는 적합하지 않다.

02 산림군집을 수직적으로 볼 때 산림 식생의 층상구조가 잘 나타나는 산림은?

① 인공림　② 동령림
③ 천연림　④ 경제림

해설

천연림
자연의 힘으로 이루어진 산림으로 산림 식생의 층상구조가 잘 나타난다.

03 다음 중 성격이 다른 숲은?

① 천연림　② 맹아림
③ 원시림　④ 불완전 천연림

해설

맹아림(왜림)
움이나 맹아 발달을 위해 인위적으로 가꾸어 이루어진 산림으로, 자생하여 천연의 모습을 하고 있는 천연림, 원시림, 불완전 천연림과는 성격이 다르다.

04 수목의 어린뿌리가 토양 중에 있는 곰팡이와 공생을 하는 균근의 역할이 아닌 것은?

① 수목에게 탄수화물을 공급한다.
② 토양 중에 있는 양료의 흡수를 돕는다.
③ 토양의 건조에 대한 저항성을 높여 준다.
④ 생육환경이 나쁜 곳에서는 생장에 중요한 역할을 한다.

해설

균근(菌根)
기주식물로부터 탄수화물을 얻어 균사를 뻗고 더 효율적으로 수분과 무기양분을 흡수하여 기주식물에게 공급하게 된다.

05 묘목의 가식에 대한 설명으로 옳은 것은?

① 가식 장소는 배수가 양호한 사질양토가 좋다.
② 묘포에서 캐낸 묘목의 뿌리를 충분히 말린 후 묻는다.
③ 2~3일 정도 단기간 가식할 경우 묘목 다발을 풀어서 묻는다.
④ 봄에는 노출된 줄기의 끝이 남쪽으로 향하도록 비스듬히 눕혀서 묻는다.

해설

묘목의 가식방법
- 묘포에서 캐낸 묘목의 뿌리가 마르지 않도록 굴취 후에는 1일 이내에 운반하여 신속히 산지에 가식한다.
- 단기간 가식하고자 할 때에는 묘목을 다발째로 비스듬히 누워서 뿌리를 묻는다.
- 봄에 굴취된 묘목은 노출된 가지의 끝이 북쪽을 향하도록 하여 비스듬히 눕혀 묻는다.

정답 01 ③　02 ③　03 ②　04 ①　05 ①

06 우량한 묘목의 조건으로 옳지 않은 것은?

① 측아가 정아보다 우세한 것
② 발육이 완전하고 조직이 충실한 것
③ 주지의 세력이 강하고 곧게 자란 것
④ 양호한 발달 상태와 왕성한 수세를 지닌 것

해설
우량 묘목은 측아보다 정아의 발달이 우세하다.

07 수형급 구분에 의하지 않고 임목 간 거리를 대상으로 하는 간벌방법은?

① 도태간벌   ② 하층간벌
③ 자유간벌   ④ 기계적 간벌

해설
기계적 간벌
수형급에 따르지 않으며, 일정한 임목 간격에 따라 기계적으로 벌채하는 방법이다.

08 양수수종에 해당하는 것은?

① *Larix kaempferi*
② *Abies holophylla*
③ *Taxus cuspidata*
④ *Euonymus japonicus*

해설
수목별 내음성

극음수	주목(*Taxus cuspidata*), 사철나무(*Euonymus japonicus*), 개비자나무, 회양목, 금송, 나한백
음수	가문비나무, 전나무(*Abies holophylla*), 너도밤나무, 솔송나무, 비자나무, 녹나무, 단풍나무, 서어나무, 칠엽수
중용수	잣나무, 편백나무, 목련, 느릅나무, 참나무
양수	소나무, 해송, 은행나무, 오리나무, 오동나무, 향나무, 낙우송, 측백나무, 밤나무, 옻나무, 사시나무, 노간주나무, 삼나무
극양수	낙엽송(일본잎갈나무, *Larix kaempferi*), 버드나무, 자작나무, 포플러, 잎갈나무

09 내음성에 대한 설명으로 옳은 것은?

① 양수는 음수보다 광포화점이 낮다.
② 과수류는 대부분 음수에 해당한다.
③ 수목이 햇빛을 좋아하는 정도에 따라 구분한다.
④ 수목이 그늘에서 견딜 수 있는 정도에 따라 구분한다.

해설
내음성
수목이 햇빛을 좋아하거나 싫어하는 정도를 나타내는 것이 아닌 그늘에서도 견딜 수 있는 정도를 나타낸 것이다. 양수는 음수보다 광포화점이 높으며, 과수류는 대부분 양수에 해당한다.

10 설형(쐐기형) 산벌작업에 대한 설명으로 옳지 않은 것은?

① 풍해에 대비하기 위한 방법이다.
② 벌기가 짧은 소경재 생산에 용이하다.
③ 음수와 양수를 혼합하여 조성할 수 있다.
④ 모수의 보호효과가 크고 갱신과정이 안정적이다.

해설
에버하드의 설형산벌천연하종갱신
대상산벌의 변법으로 벌구의 중앙부터 갱신을 시작해 양쪽으로 확대시켜 나가며 쐐기모양으로 대상산벌을 진행하는 방식이다. 풍해에 대처하고자 고안된 방법으로 모수의 보호효과가 크고 갱신과정이 안정적이다.
※ 소경재 생산은 왜림작업이 적당하다.

11 주로 5월 전후에 채종하는 수종은?

① 주목
② 미루나무
③ 단풍나무
④ 측백나무

정답 06 ① 07 ④ 08 ① 09 ④ 10 ② 11 ②

> 해설

주요 수종의 종자 성숙기(채취시기)

5월	사시나무류, 미루나무, 버드나무류, 황철나무, 양버들
6월	느릅나무, 벚나무, 시무나무, 비술나무
7월	회양목, 벚나무
8월	스트로브잣나무, 향나무, 섬잣나무, 귀룽나무, 노간주나무
9~10월	대부분의 수종
11월	동백나무, 회화나무

12 꽃이 완전화에 속하는 수종은?

① 자작나무 ② 자귀나무
③ 버드나무 ④ 가래나무

> 해설

꽃의 분류
- 양성화(兩性花, 완전화) : 암술과 수술이 다 들어 있는 꽃(자귀나무, 벚나무)
- 단성화(單性花, 불완전화) : 암술과 수술 중 하나만 있는 꽃

13 산림용 묘목의 규격을 결정하는 데 사용되지 않는 것은?

① 간장
② 묘령
③ 근원경
④ 흉고직경

> 해설

산림용 묘목 규격의 결정요인
산림용 묘목은 수종별, 묘령별로 간장, 근원경, H/D율의 규격표를 적용하여 기준에 합당할 때 산출한다.

14 고립목에서의 양엽과 음엽의 특징 중 양엽에 대한 설명으로 옳은 것은?

① 잎이 넓다.
② 광포화점이 낮다.
③ 잎의 두께가 두껍다.
④ 엽록소 함량이 더 많다.

> 해설

양엽과 음엽의 특징

구분	양엽(陽葉)	음엽(陰葉)
엽록소 함량	상대적으로 적음	상대적으로 많음
광보상점, 광포화점	높음	낮음
호흡량	많음	적음
책상조직	발달하여 빽빽하게 배열	엉성하게 배열
잎의 모양	조직이 발달하여 두꺼움	넓고 얇음

15 종자의 보관방법으로 보습저장법이 아닌 것은?

① 냉습적법 ② 보호저장법
③ 상온저장법 ④ 노천매장법

> 해설

종자의 저장법
- 건조자장법 : 상온(실온)저장법, 밀봉(저온)저장법
- 보습저장법 : 노천매장법, 냉습적법, 보호저장법(건사저장법)

16 택벌작업에 대한 설명으로 옳지 않은 것은?

① 양수수종의 갱신에 적합하다.
② 작업한 임분의 심미적 가치가 높다.
③ 병해충에 대한 저항력을 높일 수 있다.
④ 보속 생산을 하는 데 가장 적절한 방법이다.

정답 12 ② 13 ④ 14 ③ 15 ③ 16 ①

해설

택벌작업
한 임분을 구성하고 있는 임목 중 성숙한 임목만을 선택적으로 골라 벌채하는 작업법으로 음수수종의 갱신에 적합하다.

17 경제적 수입을 기대하면서 실시하는 작업 종은?

① 제벌 ② 간벌
③ 밑깎기 ④ 덩굴치기

해설

간벌
조림목 간의 경쟁을 최소화하고, 최종 생산될 잔존목의 생장 촉진과 형질 향상을 위하여 실시하며, 간벌목을 이용하여 경제적 수입도 기대할 수 있다.

18 종자가 성숙한 후 가장 오랫동안 모수에 붙어 있는 수종은?

① 단풍나무 ② 느티나무
③ 양버즘나무 ④ 방크스소나무

해설

방크스소나무(*Pinus banksiana*)
구과는 아주 단단하여 성숙하여도 실편이 벌어지지 않고 수년 동안 가지에 매달려 있으며, 산불과 같은 고온에서만 실편이 열려 종자가 나출된다.

19 종자의 개화 결실을 촉진하기 위한 방법으로 옳지 않은 것은?

① 줄기에 철선묶기 등의 자극을 준다.
② 간벌을 실시하여 생육공간을 확장한다.
③ 수피의 일부를 제거하여 C/N율을 높인다.
④ 단근을 실시하여 질소의 흡수를 증가시킨다.

해설

단근(斷根, 뿌리 끊기)으로 질소의 흡수를 억제하여 개화 결실을 유도한다.

20 소나무와 일본잎갈나무의 첫 번째 제벌을 시작하는 임령으로 옳은 것은?

① 1~2년 ② 4~5년
③ 7~8년 ④ 10~15년

해설

첫 번째 제벌 실시 임령
• 소나무, 낙엽송(일본잎갈나무) : 식재 후 7~8년
• 삼나무, 편백 : 식재 후 10년
• 전나무, 가문비 : 식재 후 13~15년

2과목 산림보호학

21 솔잎혹파리에 대한 설명으로 옳지 않은 것은?

① 벌레혹을 만든다.
② 1년에 2회 발생한다.
③ 5~7월경에 우화한다.
④ 유충은 땅속에서 월동한다.

해설

솔잎혹파리
유충이 솔잎 기부에 들어가 벌레혹을 만들고 그 속에서 수목을 가해하는 해충이다. 연 1회 발생하며, 땅속에서 유충으로 월동한다.

22 해안 방풍림 조성에 가장 적당한 수종은?

① 곰솔 ② 포플러류
③ 사시나무 ④ 일본잎갈나무

정답 17 ② 18 ④ 19 ④ 20 ③ 21 ② 22 ①

해설
곰솔
해송이라고도 부르며, 소나무와 함께 양수로 해안 방풍림 조성에 많이 쓰이는 수종이다.

23 공동충전제로 사용되는 발포성 수지 중 폴리우레탄폼의 배합 비율로 가장 적합한 것은?

① 주제(P.P.G) : 발포경화제(M.D.I) = 2 : 1
② 주제(P.P.G) : 발포경화제(M.D.I) = 1 : 3
③ 주제(P.P.G) : 발포경화제(M.D.I) = 1 : 2
④ 주제(P.P.G) : 발포경화제(M.D.I) = 1 : 1

해설
외과적 수술 후 공동부(空洞)의 충진에는 수지를 주로 이용하며, 발포성 수지 중 폴리우레탄폼의 배합비율은 주제 : 발포경화제 = 1 : 1이다.

24 종실을 가해하는 해충으로만 올바르게 나열한 것은?

① 밤나무혹벌, 굼벵이류
② 가루나무좀, 버들바구미
③ 밤바구미, 복숭아명나방
④ 미끈이하늘소, 미국흰불나방

해설
종실 가해 해충
밤바구미, 복숭아명나방, 솔알락명나방, 도토리거위벌레 등

25 윤작의 연한이 짧아도 방제효과가 가장 큰 수목병은?

① 흰비단병
② 자줏빛날개무늬병
③ 침엽수의 모잘록병
④ 오리나무갈색무늬병

해설
기주범위가 좁아 특정기주가 없으면 살아남지 못하여 윤작의 연한이 짧아도 방제효과가 큰 수목병에는 오리나무갈색무늬병, 오동나무탄저병 등이 있다.

26 밤나무줄기마름병에 대한 설명으로 옳지 않은 것은?

① 과다한 질소 시비를 지양한다.
② 천공성 해충의 피해를 받은 경우 잘 발생한다.
③ 병원균의 중간기주인 포플러를 같이 심지 않는다.
④ 동해나 열해를 받아 수피와 형성층이 손상을 입은 경우 잘 발생한다.

해설
밤나무줄기마름병의 방제법
병원균의 포자는 줄기의 상처를 통해 침입하여 병을 발생시키므로 동해나 피소, 천공성 해충 등으로 수피가 피해를 받지 않도록 한다. 또한 질소질 비료를 과용하지 않는다.

27 잎에 기생하며 흡즙 가해하는 것으로 노린재목에 속하는 해충은?

① 대벌레
② 솔노랑잎벌
③ 배나무방패벌레
④ 백송애기잎말이나방

해설
③ 노린재목(Hemiptera) : 노린재, 방패벌레, 물장군 등

흡즙성(吸汁性) 해충
수목의 잎과 줄기를 흡즙하여 피해를 주는 해충으로 깍지벌레류, 방패벌레류, 진딧물류, 나무이류 등이 있다.

정답 23 ④ 24 ③ 25 ④ 26 ③ 27 ③

28 어스렝이나방이 월동하는 형태는?

① 알 ② 유충
③ 성충 ④ 번데기

해설

어스렝이나방
연 1회 발생하며, 수피 사이에서 알로 월동한다. 유충이 밤나무, 호두나무 등의 잎을 갉아먹는 식엽성 해충이다.

29 전염성 수목병에 있어서 주인에 해당하는 것은?

① 수종 ② 병원체
③ 재배법 ④ 토양조건

해설

병원체의 전염성을 주인(主因), 기주식물의 감수성을 소인(素因), 환경의 유도성을 유인(誘因)이라고도 한다.

30 어린 조림목에 가장 큰 피해를 주는 동물은?

① 어치 ② 다람쥐
③ 왜가리 ④ 멧토끼

해설

멧토끼는 겨울에 어린나무의 수피를 가해하여 어린 조림목에 가장 큰 피해를 준다.

31 수세가 쇠약한 수목의 줄기를 가해하는 것은?

① 독나방 ② 소나무좀
③ 미국흰불나방 ④ 오리나무잎벌레

해설

천공성(줄기 가해) 해충
소나무좀, 박쥐나방, 알락박쥐나방, 향나무하늘소(측백하늘소), 가루나무좀, 알락하늘소, 미끈이하늘소, 솔수염하늘소, 북방수염하늘소, 털두꺼비하늘소, 버들바구미, 광릉긴나무좀 등

32 솔나방에 대한 설명으로 옳지 않은 것은?

① 보통 5령충으로 월동한다.
② 성충은 4월 전후에 발생한다.
③ 1년 1회, 일부 남부지방에서는 2회 발생한다.
④ 부화 유충기인 8월에 비가 많이 오면 사망률이 높아진다.

해설

솔나방 성충의 우화시기는 7~8월경이다.

33 대추나무빗자루병에 대한 설명으로 옳지 않은 것은?

① 바이러스에 의한 수목병이다.
② 매개충은 마름무늬매미충이다.
③ 병든 나무의 분주를 통해 전염될 수 있다.
④ 꽃봉오리가 잎으로 변하는 엽화현상이 발생한다.

해설

파이토플라스마 수목병
대추나무빗자루병, 오동나무빗자루병, 뽕나무오갈병 등

34 주로 가지나 줄기에서 발생하는 수목병은?

① 벚나무빗자루병
② 느티나무흰색무늬병
③ 벚나무갈색무늬구멍병
④ 오동나무자줏빛날개무늬병

해설

흰색무늬병과 갈색무늬구멍병은 잎에 병반이 나타나고, 자줏빛날개무늬병은 뿌리가 썩어 나무가 고사한다.

벚나무빗자루병
빗자루 모양의 잔가지와 잎이 총총히 많이 모여나며(총생), 봄에 꽃이 피지 않게 되는 수병이다.

정답 28 ① 29 ② 30 ④ 31 ② 32 ② 33 ① 34 ①

APPENDIX

35 소나무잎녹병의 중간기주가 아닌 것은?
① 참취 ② 쑥부쟁이
③ 황벽나무 ④ 참나무류

해설

주요 이종기생녹병균의 중간기주

잣나무털녹병	송이풀, 까치밥나무
소나무잎녹병	황벽나무, 참취, 잔대, 쑥부쟁이
소나무혹병	졸참나무 등의 참나무류
배나무붉은별무늬병	향나무

36 수목의 뿌리혹병을 방제하는 방법으로 가장 거리가 먼 것은?
① 건전한 묘목 식재
② 석회 사용량 증가
③ 4~5년간 휴경 실시
④ 병든 묘목 즉시 제거

해설

뿌리혹병은 고온 다습한 알칼리성 토양에서 많이 발생하므로 석회 사용량을 줄여야 한다.

37 산불 피해에 대한 설명으로 옳지 않은 것은?
① 산불의 피해는 여름이 가장 크다.
② 은행나무가 소나무보다 산불의 피해가 작다.
③ 활엽수보다 침엽수가 산불의 피해를 심하게 받는다.
④ 수령이 낮은 임분일수록 산불의 피해를 많이 받는다.

해설

계절 중에는 3~5월의 봄이 대기가 건조하고 강수량이 적으며 바람까지 강하게 불어 산불 발생 및 위험이 가장 높은 시기이다.

38 잣나무넓적잎벌에 대한 설명으로 옳지 않은 것은?
① 유충으로 월동한다.
② 우화 최성기는 7월경이다.
③ 나뭇잎 뒷면에서 월동한다.
④ 1년에 1회 또는 2년에 1회 발생한다.

해설

잣나무넓적잎벌
주로 연 1회 발생하며, 노숙유충이 땅속으로 들어가 흙집을 짓고 월동한다.

39 솔껍질깍지벌레가 수목에 피해를 입히는 형태는?
① 천공 가해 ② 식엽 가해
③ 충영 형성 ④ 흡즙 가해

해설

솔껍질깍지벌레
성충과 약충이 해송과 소나무의 줄기에 긴 주둥이를 꽂고 즙액을 흡즙하여 피해를 준다.
※ 흡즙성(吸汁性) 해충
• 잎 흡즙 : 버즘나무방패벌레, 진달래방패벌레, 느티나무벼룩바구미[성충], 점박이응애, 뽕나무이
• 줄기 흡즙 : 솔껍질깍지벌레

40 수목병의 방제를 위한 예방법과 가장 거리가 먼 것은?
① 숲 가꾸기 ② 임지 정리
③ 환상박피 작업 ④ 건전한 묘목 육성

해설

수목병의 방제법
• 법적 방제 : 법적 조치, 식물검역
• 임업적 방제 : 임지 정리 작업, 건전한 묘목 육성, 내병성(저항성) 수종 식재, 무육작업(숲 가꾸기), 적절한 수확 및 벌채, 혼효림 및 이령림 조성

정답 35 ④ 36 ② 37 ① 38 ③ 39 ④ 40 ③

- 생물(학)적 방제 : 길항 미생물 등 이용
- 화학적 방제 : 화학약제(농약) 이용
- 전염원 및 중간기주 제거, 윤작(돌려짓기) 등

3과목 임업경영학

41 임업조수익을 계산하기 위해 사용되는 인자는?

① 감가상각액
② 현금지출액
③ 임업 외 현금수입액
④ 미처분 임산물 증감액

해설

임업조수익
임업현금수입+임산물 가계소비액+미처분 임산물 증감액+임업생산자재 재고증감액+임목성장액

42 임지기망가에 대한 설명으로 옳은 것은?

① 관리비는 임지기망가가 최대로 되는 시기와 관계없다.
② 이율이 높을수록 임지기망가가 최대로 되는 시기가 늦게 온다.
③ 간벌수익이 클수록 임지기망가가 최대로 되는 시기가 늦게 온다.
④ 임지기망가가 최대로 되는 때를 벌기로 한 것을 시장가격 최대의 벌기령이라 한다.

해설

임지기망가의 최댓값 도달 시기
- 이율 : 이율이 높을수록 임지기망가의 최대 시기가 빨리 온다.
- 주벌수익 : 주벌수익의 증대속도가 빨리 감퇴할수록 임지기망가의 최대 시기가 빨리온다. 즉, 지위가 양호한 임지일수록 최대가 빨리 온다.
- 간벌수익 : 간벌수익이 클수록 임지기망가의 최대 시기가 빨리 온다.
- 조림비 : 조림비가 클수록 임지기망가의 최대 시기가 늦게 온다.
- 관리비 : 임지기망가의 최대 시기와는 관계가 없다.
- 채취비 : 임지기망가식에서 나타내는 인자는 아니지만, 보통 채취비가 클수록 임지기망가의 최대 시기는 늦게 온다.

43 산림평가가 임지와 임목의 평가 이외에도 여러 분야에서 응용되고 있다. 다음 중 응용분야로 거리가 먼 것은?

① 산림의존도의 사정
② 산림과세의 기준 설정
③ 산림피해의 손해액 결정
④ 산림의 매매, 교환의 가격사정

해설

산림평가의 활용
- 산림을 매매, 교환, 분할 및 병합할 때의 가격사정
- 산림을 대차할 때의 가격사정
- 산림보험의 보험금액 및 산림피해의 손해액 산정
- 산림의 과세표준액 결정

44 벌기령에 대한 설명으로 옳은 것은?

① 임목이 실제로 벌채되는 연령
② 모든 임분을 일순벌하는 데 필요한 기간
③ 맨 처음 택벌한 일정구역을 또다시 택벌하는 데 필요한 기간
④ 임분이 생장하는 과정에 있어서 어느 성숙기에 도달하는 계획상의 연수

해설

산림의 생산기간
- 벌기령(伐期齡) : 임목이 경영 용도에 맞는 일정 성숙기에 도달하는 계획상의 연수, 산림경영계획상의 인위적 성숙기

정답 41 ④ 42 ① 43 ① 44 ④

- 벌채령(伐採齡) : 임목이 실제로 벌채되는 연령
- 윤벌기(輪伐期) : 보속작업에서 한 작업급에 속하는 모든 임분을 일순벌(一巡伐)하는 데 소요되는 기간
- 회귀년(回歸年) : 택벌작업급을 몇 개의 벌구로 나눠 매년 순차적으로 택벌하고, 다시 최초의 택벌구로 벌채가 되돌아오는 데 소요되는 기간

45 임분의 재적을 측정하는 방법 중에서 표본점을 필요로 하지 않기 때문에 플롯레스 샘플링(Plotless Sampling)이라고 하는 방법은?

① 표본조사법
② 원형 표준지법
③ 대상 표준지법
④ 각산정 표준지법

해설

각산정 표준지법
스피겔릴라스코프(프리즘)라는 측정기계를 이용하여 임분의 ha당 흉고단면적을 구하고 임분의 전체 재적을 측정하는 방법이다. 표본점을 필요로 하지 않아 플롯레스 샘플링(Plotless Sampling)이라 한다.

46 말구직경 26cm, 중앙직경 30cm, 원구직경 36cm, 재장이 4m인 통나무를 Huber식에 의하여 계산한 재적은?

① 약 0.212m³
② 약 0.283m³
③ 약 0.302m³
④ 약 0.407m³

해설

후버(Huber)식

$$V = r \cdot l = \frac{\pi \cdot d^2}{4} \times l = \frac{\pi \times 0.3^2}{4} \times 4 = 0.2827...$$

∴ 약 0.283m³

여기서, V : 재적(m³), r : 중앙단면적(m²)
l : 재장(m), d : 중앙직경(m)

47 산림경리의 업무내용 중 본업에 속하지 않는 것은?

① 수확규정
② 조림계획
③ 시설계획
④ 산림구획

해설

산림경리의 업무내용
- 전업(예업) : 산림조사, 산림측량, 산림구획, 시업관계사항조사
- 주업(본업) : 수확규정, 조림계획, 시설계획, 시업체계의 조직
- 후업 : 시업조사검정

48 평가방법에 따른 대상으로 올바르게 짝지어진 것은?

① 기망가 – 성숙림
② 매매가 – 장령림
③ 비용가 – 유령림
④ 자본가 – 중령림

해설

임령에 따른 임목의 평가법

구분	내용
유령림의 임목평가	임목비용가법
중령림의 임목평가	글라저(Glaser)법
벌기 미만인 장령림의 임목평가	임목기망가법
벌기 이상인 성숙림의 임목평가	시장가역산법

49 임업의 경제적 특성으로 원목가격 구성요소에서 가장 큰 항목은?

① 지대
② 육림비
③ 운반비
④ 감가상각비

해설

원목가격의 구성요소는 대부분이 운반비이다. 원목은 부피가 크고 무거워 운반비가 차지하는 비율이 가장 크다.

정답 45 ④ 46 ② 47 ④ 48 ③ 49 ③

50 다음 조건에서 단일 수입의 복리산식 중 전가계산식으로 옳은 것은?

- V_n : n년 후의 후가
- V_o : 전가
- p : 이율
- n : 연수

① $V_o = \dfrac{V_n}{(1+p)^n}$

② $V_o = \dfrac{V_n}{(1+p)^{n-1}}$

③ $V_n = \dfrac{V_o(1+p)^n}{p}$

④ $V_n = \dfrac{V_o(1+p)^{n-1}}{p}$

해설

전가식(前價式)
이율이 P이고, n년 후에 자본금 V_n을 만들기 위해 현재의 자본금 V_o(전가)를 구하는 공식이므로

$$V_o = \dfrac{V_n}{(1+P)^n} = \dfrac{V_n}{1.0P^n}$$

51 우리나라 산림의 소유별 구조에서 가장 많은 비율을 차지하고 있는 것은?

① 국유림
② 사유림
③ 도유림
④ 군유림

해설

산림면적 비교
- 소유별 산림면적 : 사유림 > 국유림 > 공유림
- 임상별 산림면적 : 침엽수림 > 활엽수림 > 혼효림

52 임분밀도를 나타내는 척도 중 우세목의 수고에 대한 입목 간 평균거리의 백분율을 의미하는 것은?

① 입목도
② 상대밀도
③ 상대공간지수
④ 임분밀도지수

해설

임분밀도의 척도
- 입목도(立木度) : 이상적인 임분의 재적·본수·흉고단면적에 대한 실제 임분의 재적·본수·흉고단면적의 비율
- 상대밀도 : 흉고단면적과 평방평균직경을 병합
- 상대공간지수 : 우세목의 수고에 대한 입목 간 평균거리의 백분율
- 임분밀도지수 : 기존의 밀도지수표 이용

53 산림경영계획을 위한 지황조사 항목에 대한 설명으로 옳은 것은?

① 방위는 임지의 주 사면을 보고 4방위로 구분한다.
② 지리는 임지의 생산능력에 따라 m 단위로 표시한다.
③ 토양의 건습도는 일반적으로 습, 중, 건 3단계로 분류한다.
④ 경사도는 5단계로 구분하는데 가장 완만한 완경사지는 15° 미만을 말한다.

해설

지황조사
- 방위 : 조사지의 주요 사면을 보고 동, 서, 남, 북, 남동, 남서, 북동, 북서의 8방위로 구분한다.
- 지리 : 해당 임지에서 임도 또는 도로까지의 거리를 100m 단위로 하여 10급지로 구분한다.
- 건습도 : 토양의 수분상태를 감촉에 따라 5가지로 구분한다.
- 경사도 : 경사도에 따라 완경사지, 경사지, 급경사지, 험준지, 절험지로 구분하며, 완경사지는 15° 미만을 말한다.

정답 50 ① 51 ② 52 ③ 53 ④

54 임분재적이 ha당 180m³, 임분형수가 0.4, 임분 평균수고가 15m인 경우 ha당 흉고단면적은?

① 4.8m³ ② 12m³
③ 30m³ ④ 72m³

해설

각산정 표준지법에 의한 임분재적의 계산

$V = G \cdot H \cdot F$, $180 = G \times 15 \times 0.4$ ∴ $G = 30\text{m}^2$

여기서, V : 임분의 ha당 재적(m³)
G : 임분의 ha당 흉고단면적(m²)
H : 임분평균수고
F : 임분형수

55 임업자산 중 고정자산이 아닌 것은?

① 임도 ② 묘목
③ 집재도구 ④ 벌목기계

해설

임업경영자산

유동자산	• 임업 생산자재 : 종자, 묘목, 비료, 약제 • 미처분 임산물 : 아직 처분하지 못한 임산물 • 유통자산 : 현금, 예금, 증권
고정자산	임지, 임도, 건물, 기계, 기구, 구축물, 대동물(소, 말)
임목자산	임목축적

56 임도의 기능과 규모에 따른 종류가 아닌 것은?

① 간선임도 ② 지선임도
③ 국유임도 ④ 작업임도

해설

국유임도는 개설과 관리 주체에 따른 임도의 종류이다.

57 취득원가에서 감가상각비 누계액을 뺀 후 장부원가에 일정률의 감가율을 곱하여 감가상각비를 산출하는 방법은?

① 정률법
② 연수합계법
③ 생산량비례법
④ 작업시간비례법

해설

정률법(체감잔고법)
• 연도 초 고정자산의 가격에서 일정 상각률을 곱해 감가상각액을 구하는 방법이다.
• 감가상각비=(취득원가−감가상각비 누계액)×감가율

58 어느 임분의 ha당 20년 전 재적이 200m³이고 현재 재적이 300m³일 때, 이 임분의 재적을 Pressler 공식으로 계산한 생장률은?

① 2% ② 3%
③ 4% ④ 5%

해설

프레슬러(Pressler)식

$$P = \frac{V-v}{V+v} \times \frac{200}{m} = \frac{300-200}{300+200} \times \frac{200}{20} = 2\%$$

여기서, P : 생장률(%), V : 현재의 재적
v : m년 전의 재적, m : 기간연수

59 법정림에서 법정상태 요건이 아닌 것은?

① 법정축적 ② 법정수확
③ 법정생장량 ④ 법정영급분배

해설

법정상태(법정림)의 요건
법정영급분배, 법정임분배치, 법정생장량, 법정축적

정답 54 ③ 55 ② 56 ③ 57 ① 58 ① 59 ②

60 경영규모의 확장으로 인하여 물리적으로는 고정자산의 사용이 가능하지만 경제적 이유로 이를 사용할 수 없기 때문에 폐기시키는 경우에 해당하는 것은?

① 물리적 감가 ② 부적응 감가
③ 진부화 감가 ④ 부패·부식 감가

해설

부적응에 의한 감가
사업확장, 시장변화, 제조방법 변경 등으로 기존 설비를 사용할 수 없게 되어 가치가 감소하는 것

4과목 산림공학

61 돌쌓기에서 모르타르나 콘크리트를 사용하는 것은?

① 메쌓기 ② 찰쌓기
③ 골쌓기 ④ 켜쌓기

해설

찰쌓기와 메쌓기

찰쌓기	• 돌을 쌓을 때 뒤채움에 콘크리트, 줄눈에 모르타르를 사용하는 돌쌓기 • 표준 기울기는 1 : 0.2
메쌓기	• 돌을 쌓을 때 모르타르를 사용하지 않는 돌쌓기 • 표준 기울기는 1 : 0.3

62 삭도 운재 방법에 대한 설명으로 옳지 않은 것은?

① 대량 운반이 용이하다.
② 임지 훼손을 최소화할 수 있다.
③ 험준한 지형에서도 설치가 가능하다.
④ 지정된 장소에서만 적재 및 하역이 가능하다.

해설

삭도운재
• 공중에 가공삭을 설치하고 여기에 반송기를 장착하여 목재를 운반하는 시설로 지형이 험준하고 복잡한 산악림의 개발에 이용한다.
• 임도 건설에 따른 경비절약이 가능하나, 적재 장소와 운재량이 제한적이며, 큰 목재와 각종 기계의 운반이 어려운 단점이 있다.

63 목재 충해와 균해를 방지(예방)하고, 장기간 보존하기 위하여 주로 사용되는 저목방법은?

① 수중저목 ② 최종저목
③ 중계저목 ④ 산지저목

해설

수중 저목장
목재를 물속에 저장하여 병해충 등을 방지하는 것으로, 주로 장기저장에 이용되는 저목장이다.

64 시멘트에 탄산나트륨이나 탄산칼슘을 넣으면 어떻게 되는가?

① 빨리 굳는다. ② 동해에 강하다.
③ 느리게 굳는다. ④ 방수효과가 있다.

해설

시멘트에 탄산나트륨이나 탄산칼슘을 첨가하면 빨리 굳게 되는 성질인 급결성(急結性)을, 석고를 첨가하면 천천히 굳게 되는 성질인 완결성(緩結性)을 갖게 된다.

65 앞면·길이·뒷면·접촉부 및 허리치기의 치수를 특별히 맞도록 지정하여 제작한 석재는?

① 막깬돌 ② 견치돌
③ 야면석 ④ 호박돌

정답 60 ② 61 ② 62 ① 63 ① 64 ① 65 ②

해설

견치돌
돌을 다듬을 때 앞면, 길이, 뒷면, 접촉부 및 허리치기의 치수를 특별한 규격에 맞도록 지정하여 만든 석재로 단단하고 치밀하여 견고를 요하는 돌쌓기 공사, 사방댐, 옹벽 등에 사용한다.

66 기초공사에 대한 설명으로 옳지 않은 것은?

① 전면기초는 상부구조의 전면적을 받치는 단슬래브의 지지층에 실려 있는 형태이다.
② 확대기초는 직접기초의 일종으로 상부구조의 하중을 확대하여 직접 지반에 전달한다.
③ 직접기초는 견고한 지반 위에 기초콘크리트를 직접 시공하고 하중이 작용하도록 한다.
④ 공기케이슨기초는 큰 관과 같은 모양의 통 내부를 수중 굴착하여 침하시킨 다음 수중콘크리트를 쳐서 만든 기초이다.

해설

공기케이슨기초
토층이 연약한 지반에서 케이슨 관을 견고한 지반까지 관통하고 삽입하여 지지력을 얻는 기초로, 관의 내부를 압축공기에 의해 지하수나 토사의 유입을 막으며 침하시킨다.

67 계류보전사업에서 고려되어야 할 사항이 아닌 것은?

① 계류의 분류점과 합류점은 예각이 되도록 한다.
② 상류부에는 산지사방의 계간사방공사와 연계한다.
③ 계안이나 제방으로 보호할 곳은 기슭막이 시공을 해야 한다.
④ 하류부에는 골막이 또는 사방댐을 설치하여 산각을 고정한다.

해설

상류부에는 골막이, 하류부에는 사방댐을 설치하여 산각을 고정한다.

68 산지개발 효과와 집재작업효율이 높으며, 상향집재도 가능한 산악임도는?

① 계곡임도   ② 산복임도
③ 능선임도   ④ 산정부 개발형 임도

해설

사면임도(산복임도)
계곡임도에서 시작되어 산록부와 산복부에 설치하는 임도로, 집재나 공사비 등의 면에서 효율성과 경제성이 가장 좋은 임도이다. 산지개발 효과와 집재작업효율이 높으며, 상향집재도 가능하다.

69 임도시공에서는 흙쌓기는 시공 후에 시일이 경과하면 수축하여 용적이 감소되어 공사면이 어느 정도 침하된다. 이를 보완하기 위해 시공하는 것은?

① 더쌓기   ② 다지기
③ 단끊기   ④ 물빼기

해설

더쌓기
흙쌓기(성토)는 시공 후에 시일이 경과하면 수축하여 용적이 감소되고 시공면이 일부 침하하게 되는데, 이를 보완하기 위해 흙쌓기 높이의 5~10% 정도를 더쌓기 한다.

70 와이어로프의 폐기기준으로 옳지 않은 것은?

① 꼬임 상태인 것
② 현저하게 변형 또는 부식된 것
③ 와이어로프 소선이 10분의 1 이상 절단된 것
④ 마모에 의한 직경 감소가 공칭 직경의 10%를 초과하는 것

정답 66 ④ 67 ④ 68 ② 69 ① 70 ④

> **해설**
>
> 와이어로프의 폐기기준
> - 꼬임 상태(킹크)인 것
> - 현저하게 변형 또는 부식된 것
> - 와이어로프 소선이 10분의 1(10%) 이상 절단된 것
> - 마모에 의한 직경 감소가 공칭직경의 7%를 초과하는 것

71 아스팔트 포장작업 마무리 및 성토전압에 주로 사용하는 것은?

① 탬핑롤러
② 진동롤러
③ 타이어롤러
④ 진동콤팩터

> **해설**
>
> 타이어롤러(Tire Roller)
> 특수 타이어의 자중을 이용하여 땅을 다지는 기계로, 아스팔트 포장작업 마무리 및 성토전압에 주로 사용한다.

72 임도의 종단기울기가 8%인 구간에 곡선부의 외쪽기울기를 6%로 설치할 때 합성기울기는?

① 2.0%
② 6.9%
③ 10.0%
④ 14.0%

> **해설**
>
> 합성기울기 계산
> $S = \sqrt{(i^2+j^2)} = \sqrt{(6^2+8^2)} = 10\%$
> 여기서, S : 합성물매(%)
> i : 횡단물매 or 외쪽물매(%)
> j : 종단물매(%)

73 임도의 폭이 5m, 반출할 목재의 길이가 20m인 경우에 임도의 최소곡선반지름은?

① 10m   ② 15m
③ 20m   ④ 25m

> **해설**
>
> 최소곡선반지름 계산(운반되는 통나무의 길이에 의한 경우)
> $R = \dfrac{l^2}{4B} = \dfrac{20^2}{4 \times 5} = 20\text{m}$
> 여기서, R : 최소곡선반지름(m)
> l : 반출할 목재의 길이(m)
> B : 도로의 폭(m)

74 비탈면의 녹화를 위한 사방공사에 속하지 않는 것은?

① 조공
② 비탈덮기
③ 바자얽기
④ 비탈다듬기

> **해설**
>
> 산지사방공사의 종류
>
> | 기초공사 | 비탈다듬기(뭉기기), 단끊기, 땅속흙막이(묻히기), 산비탈흙막이(산복흙막이), 누구막이, 산비탈배수로(산복수로, 산비탈수로내기), 속도랑(배수구) |
> |---|---|
> | 녹화공사 | 바자얽기(편책공, 목책공), 선떼붙이기, 조공, 줄떼시공(줄떼다지기, 줄떼붙이기, 줄떼심기), 평떼시공(평떼붙이기, 평떼심기), 단쌓기(떼단쌓기), 비탈덮기(거적덮기), 등고선구공법(수평구공법), 새심기, 씨뿌리기(파종공법), 종비토뿜어붙이기, 나무심기(식재공법) |

75 설계속도가 30km/h인 일반지형 임도의 경우에 종단기울기 설치기준은?

① 7% 이하
② 8% 이하
③ 10% 이하
④ 12% 이하

정답 71 ③ 72 ③ 73 ③ 74 ④ 75 ②

해설

설계속도별 종단기울기 설치기준

설계속도 (km/h)	종단기울기	
	일반지형	특수지형
40	7% 이하	10% 이하
30	8% 이하	12% 이하
20	9% 이하	14% 이하

76 방호책이나 가드레일 등을 노측에 설치하는 방법에 대한 설명으로 옳지 않은 것은?

① 임도의 축조한계 밖에 시설해야 한다.
② 표지와 같은 부속물은 절취 또는 성토 비탈면에 설치한다.
③ 옹벽 등에 설치하는 경우에는 기둥 부분까지 마루너비를 넓힌다.
④ 축조한계와 접하여 설치하는 경우에는 기둥을 얕게 묻어 차량통행에 방해되지 않도록 한다.

해설

방호책이나 가드레일 등은 축조한계 밖의 노측에 설치하며, 축조한계와 접하여 설치하는 경우에는 기둥을 아주 깊게 묻거나, 콘크리트 기초공사를 잘해야 한다.

77 비탈면에 자주 일어나는 침식형태로 산사태, 붕락, 포락 등에 해당하는 것은?

① 붕괴형 침식   ② 지중형 침식
③ 유동형 침식   ④ 땅밀림 침식

해설

붕괴형 침식의 종류
산사태, 산붕, 붕락, 포락, 암설붕락 등

78 녹화용 피복자재가 아닌 것은?

① 식생반   ② 그라우트
③ 볏짚거적   ④ 주트네트

해설

그라우트
지반에 천공을 하고 시멘트 모르타르를 주입하여 채우는 방식을 말하는 것으로, 녹화용 피복자재가 아니다.

79 산림토양 10,000m³를 4m³ 용량의 덤프트럭으로 운반한다면 필요한 덤프트럭의 수는?(단, $L=1.25$)

① 2,000대   ② 2,500대
③ 3,125대   ④ 3,425대

해설

덤프트럭 수 계산
자연상태의 산림토양은 10,000m³이고, L(토량증가율)=1.25이므로

$$L = \frac{흐트러진\ 상태의\ 토량(m^3)}{자연상태의\ 토량(m^3)}$$

$$1.25 = \frac{흐트러진\ 상태의\ 토량(m^3)}{10,000m^3}$$

∴ 흐트러진 상태의 토량 = 12,500m³
여기에, 4m³ 용량의 덤프트럭으로 운반하므로
$\frac{12,500}{4} = 3,125$ 대

80 사방댐 설계 시 고려하여야 할 사항으로 옳은 것은?

① 댐의 하단부에 암석층이 없어야 한다.
② 구역이 긴 구간은 계단상 댐을 설치한다.
③ 평형기울기와 홍수기울기가 같아야 한다.
④ 댐 어깨가 접하는 곳에는 점토가 있어야 한다.

해설

종·횡침식이 일어나는 구간이 긴 구간에서는 원칙적으로 계단상 댐을 계획·설치한다.

정답 76 ④ 77 ① 78 ② 79 ③ 80 ②

2021년 2회 기출문제

산림기사

1과목 조림학

01 가지치기에 대한 설명으로 옳은 것은?
① 활엽수종의 지융부를 제거하면 안 된다.
② 생장휴지기에는 가급적 실시하지 않는다.
③ 수간 상부보다 하부의 비대생장을 촉진시킨다.
④ 가지치기 작업으로 인해 부정아는 생성되지 않는다.

해설

가지치기
- 가지치기는 수간 상층부의 직경생장이 촉진되어 수간의 완만도가 향상되지만, 줄기에 부정아가 발생하는 단점이 있다.
- 지융부가 발달하는 활엽수는 지피융기선이 상하지 않도록 주의하여 제거하며, 산 가지치기는 가급적 생장휴지기인 11~3월에 수목의 수액이 유동하기 직전에 실시한다.

02 어린나무 가꾸기에 대한 설명으로 옳은 것은?
① 조림목은 제거하지 않는다.
② 간벌작업 이전에 실시한다.
③ 생육 휴면기인 겨울철이 적정시기이다.
④ 일반적으로 수관경쟁이 시작되고 조림목의 생육이 저해되는 시점이 적정 시기이다.

해설

어린나무 가꾸기(제벌)
조림목과 경쟁하는 목적 이외의 수종과 조림목 중에서도 형질이 나쁘거나 다른 수목에 피해를 주는 수목 등을 제거하는 작업이다. 조림목이 5~10년 자라서 수관의 경쟁으로 생육 저해가 나타나는 숲에 대해 실시하며, 일 년 중에서는 6~9월(여름)에 실시하는 것이 좋다.

03 체내에서 이동이 용이하여 성숙 잎에서 먼저 결핍증이 나타나는데, 잎에 검은 반점과 황화현상이 나타나고, 결핍 시 뿌리썩음병에 잘 걸리게 되는 무기영양소는?
① 철 ② 칼슘
③ 질소 ④ 칼륨

해설

칼륨 결핍 증상
체내 이동성이 높아 결핍 시 성숙잎에 먼저 증세가 나타난다. 검은 반점과 황화현상이 나타나고, 뿌리썩음병 등을 유발하며, 내건성 및 내동성이 저하한다.

04 풀베기작업을 두 번 하고자 할 때 첫 번째 작업 시기로 가장 적당한 것은?
① 1~3월
② 3~5월
③ 5~7월
④ 7~9월

해설

풀베기의 시기
일반적으로 잡풀들이 자라나 피해를 입히기 시작하는 5~7월에 실시하며, 잡풀들의 세력이 왕성하여 연 2회 작업할 경우 6월(5~7월)과 8월(7~9월)에 실시한다.

정답 01 ① 02 ④ 03 ④ 04 ③

05 음엽과 비교한 양엽의 특성으로 옳은 것은?

① 잎이 넓다.
② 광포화점이 낮다.
③ 책상조직의 배열이 빽빽하다.
④ 큐티클층과 잎의 두께가 얇다.

해설

양엽과 음엽의 특징

구분	양엽(陽葉)	음엽(陰葉)
엽록소 함량	상대적으로 적음	상대적으로 많음
광보상점, 광포화점	높음	낮음
호흡량	많음	적음
책상조직	발달하여 빽빽하게 배열	엉성하게 배열
잎의 모양	조직이 발달하여 두꺼움	넓고 얇음

06 다음 ( ) 안에 들어갈 용어로 올바르게 나열한 것은?

중림작업은 ( ) 작업과 ( ) 작업의 혼합림 작업이다.

① 교림, 죽림
② 교림, 왜림
③ 죽림, 순림
④ 죽림, 왜림

해설

중림작업
동일 임지에 상층은 용재 생산의 교림작업, 하층은 연료재와 소경재 생산의 왜림작업을 함께 시행하는 작업종이다.

07 종자를 건조한 상태로 저장하여도 발아력이 크게 손상되지 않는 수종으로만 올바르게 나열한 것은?

① 목련, 칠엽수
② 편백, 삼나무
③ 밤나무, 가시나무
④ 신갈나무, 가래나무

해설

종자 저장법
- 건조저장법(乾燥貯藏法) : 소나무, 해송, 리기다소나무, 삼나무, 편백, 낙엽송 등 소립종자의 침엽수종에 적용
- 보습저장법(保濕貯藏法) : 참나무류, 가시나무류, 가래나무, 목련 등 건조에 약한 수종에 적용

08 묘목을 식재할 때 뿌리돌림 시기로 가장 적합한 것은?

① 상록활엽수종 : 한겨울
② 상록침엽수종 : 7~8월 상순
③ 낙엽수종 : 11~12월 상순 혹은 2~3월 상순
④ 수종마다 큰 차이가 없고 연중 어느 때든지 적합하다.

해설

뿌리돌림 시기
- 낙엽수종(낙엽송 포함) : 11~12월 상순 또는 2~3월 상순
- 상록침엽수종 : 3~4월 상순 또는 10월 중순
- 상록활엽수종 : 5~6월(장마철) 또는 9~10월

09 난대 수종으로 일반적으로 온대 중부이북에서 조림하기 어려운 수종은?

① *Quercus acuta*
② *Picea jezoensis*
③ *Abies holophylla*
④ *Pinus koraiensis*

해설

산림대와 그 특징수종
- 난대림 특징수종 : 가시나무, 붉가시나무(*Quercus acuta*), 호랑가시나무, 동백나무, 사철나무, 후박나무, 구실잣밤나무, 생달나무, 녹나무, 감탕나무, 돈나무, 먼나무, 아왜나무, 식나무, 꽝꽝나무, 멀구슬나무 등
- 한대림 특징수종 : 가문비나무(*Picea jezoensis*), 분비나무, 주목, 잎갈나무, 종비나무, 잣나무(*Pinus koraiensis*) 전나무(*Abies holophylla*), 눈주목, 구상나무 등

정답 05 ③ 06 ② 07 ② 08 ③ 09 ①

10 삽목 발근이 용이한 수종으로만 올바르게 나열한 것은?

① 감나무, 자작나무
② 백합나무, 사시나무
③ 꽝꽝나무, 동백나무
④ 두릅나무, 산초나무

해설

삽목 발근이 쉬운 수종
버드나무류, 은행나무, 사철나무, 플라타너스, 개나리, 삼나무, 주목, 쥐똥나무, 포플러류, 진달래, 측백, 화백, 회양목, 향나무, 동백나무, 무궁화, 배롱나무, 비자나무, 꽝꽝나무 등

11 비료목에 해당하는 수종으로만 올바르게 나열한 것은?

① 자귀나무, 가시나무, 백합나무
② 자귀나무, 오리나무, 족제비싸리
③ 오리나무, 졸참나무, 물푸레나무
④ 아까시나무, 나도밤나무, 물푸레나무

해설

비료목의 구분

질소고정 O	콩과(*Rhizobium*속 세균)	아까시나무, 싸리나무류, 자귀나무, 칡
	비콩과(*Frankia*속 방사상균)	오리나무류, 소귀나무, 보리수나무류
질소고정 X	• 질소 함량이 높은 잎의 낙엽으로 지력 향상 • 붉나무, 플라타너스, 포플러류, 백합나무 등	

12 종자 결실을 촉진하기 위해 일반적으로 사용하는 방법이 아닌 것은?

① 충분한 관수
② 단근작업 실시
③ 인산 및 칼륨 시비
④ 임분의 입목밀도 조절

해설

개화 결실의 촉진방법
• 수관의 소개 : 간벌, 임분 밀도 조절, 수광량 증가
• 시비 : 비료 3요소를 알맞게 또는 질소보다는 인산, 칼륨을 많이 시비
• 환상박피 : 탄수화물의 지하부 이동 차단
• 접목 : 탄수화물의 지하부 이동 차단
• 식물 생장촉진호르몬(생장조절물질) : 지베렐린, 옥신
• 인식화분(멘토르 화분) : 불화합성 → 화합성 유도
• 스트레스 : 관수 억제, 저온 자극
• 그 밖의 기계적 처리 : 단근, 전지, 철선 묶기

13 택벌에 대한 설명으로 옳지 않은 것은?

① 양수 수종의 갱신에 유리하다.
② 기상 피해에 대한 저항력이 높다.
③ 임관이 항상 울폐된 상태를 유지한다.
④ 경관적 가치가 다른 작업 종에 비해 높다.

해설

택벌작업
한 임분을 구성하고 있는 임목 중 성숙한 임목만을 선택적으로 골라 벌채하는 작업법으로 음수 수종의 갱신에 유리하다.

14 지베렐린에 대한 설명으로 옳지 않은 것은?

① 알칼리성이다.
② 신장 생장을 촉진한다.
③ 일반적으로 지베렐린이 처리된 수목은 개화량과 개화기간이 길어진다.
④ Gibbane의 구조를 가진 화합물이며 일반적으로 GA_3라고 표기한다.

해설

모든 지베렐린은 산성으로 GA(Gibberellin Acid)로 표기하며, GA_3가 대표적이다.

정답 10 ③ 11 ② 12 ① 13 ① 14 ①

15 순림과 비교한 혼효림의 장점으로 옳지 않은 것은?

① 생물의 다양성이 높다.
② 환경적 기능이 우수하다.
③ 병해충에 대한 저항력이 크다.
④ 무육작업과 산림경영이 경제적이다.

해설

무육작업과 산림경영이 경제적인 것은 순림의 장점이다.

16 수목의 증산작용에 대한 설명으로 옳지 않은 것은?

① 잎의 온도를 낮추어 준다.
② 무기염의 흡수와 이동을 촉진시키는 역할을 한다.
③ 식물의 표면으로부터 물이 수증기의 형태로 방출되는 것을 의미한다.
④ 증산작용을 할 수 없는 100%의 상대습도에서는 식물이 자라지 못한다.

해설

증산작용(蒸散作用)
수분이 기체가 되어 식물체 밖으로 빠져나가는 현상으로 주로 잎의 기공을 통해 일어난다. 증산작용은 수분과 함께 무기염류의 흡수와 이동을 촉진하며, 잎의 온도를 낮추어 준다.

17 파종상에서 1년, 이식상에서 2년, 그 뒤 1번 더 이식한 실생묘의 표시는?

① 1/2-1
② 1-1/2
③ 1-2-1
④ 2-1-1

해설

실생묘의 연령
앞에는 파종상에서 지낸 연수, 뒤에는 상체상(판갈이, 이식)에서 지낸 연수를 '-'를 넣어 숫자로 표기한다.

예 2-1 묘 : 파종상에서 2년, 상체되어 1년을 지낸 3년생의 실생묘

18 다음 조건에서 종자의 효율은?

- 종자시료 전체 무게 : 100g
- 순정종자 무게 : 50g
- 종자시료 전체 개수 : 160개
- 발아한 종자 개수 : 80개

① 25%
② 50%
③ 75%
④ 100%

해설

효율은 순량률과 발아율을 곱해 백분율로 나타낸다.

- 순량률(%) = $\dfrac{\text{순정종자량(g)}}{\text{전체 시료 종자량(g)}} \times 100$

  $= \dfrac{50}{100} \times 100 = 50\%$

- 발아율(%) = $\dfrac{\text{발아한 종자수}}{\text{전체 시료 종자수}} \times 100$

  $= \dfrac{80}{160} \times 100 = 50\%$

- 효율(%) = $\dfrac{\text{순량률(\%)} \times \text{발아율(\%)}}{100}$

  $= \dfrac{50 \times 50}{100} = 25\%$

19 모수작업에 의한 갱신이 가장 유리한 수종은?

① *Juglans regia*
② *Pinus densiflora*
③ *Pinus koraiensis*
④ *Quercus acutissima*

해설

모수작업
- 벌채지에 종자를 공급할 수 있는 모수(母樹)를 단독 또는 군상으로 남기고, 그 외 나머지 수목들을 모두 벌채하는 방법의 작업이다.
- 모수를 제외한 나머지 임지는 일시에 노출되므로 주로

정답 15 ④ 16 ④ 17 ③ 18 ① 19 ②

소나무(Pinus densiflora), 곰솔(해송), 자작나무 등 양수의 천연갱신에 유리하다.

20 소나무와 곰솔을 비교한 설명으로 옳지 않은 것은?

① 곰솔의 침엽은 굵고 길다.
② 소나무의 겨울눈은 굵고 회백색이다.
③ 소나무의 수피는 적갈색이고 곰솔은 암흑색이다.
④ 침엽 수지도가 곰솔은 중위이고 소나무는 외위이다.

해설

소나무와 곰솔의 비교

구분	잎	수피	겨울눈
소나무 (적송, 육송)	짧고 가늘며 부드럽다.	적갈색	끝이 뾰족한 작은 솔방울 모양의 타원형, 붉은 갈색
곰솔 (흑송, 해송)	길고 억세며 두껍고 거칠다.	흑갈색 (암흑색)	위가 뾰족하고 울룩불룩한 긴 병 모양, 회백색

2과목 산림보호학

21 다음 설명에 해당하는 바람의 종류는?

- 10~15m/s 정도로 불며, 풍속은 느리지만 규칙적으로 분다.
- 수목 피해 : 만성적으로 눈에 잘 띄지 않으나 임목의 생장을 감소시키고, 수형을 불량하게 한다.

① 폭풍　　② 염풍
③ 육풍　　④ 주풍

해설

주풍(主風)
진행속도가 10~15m/sec로 늘 같은 방향으로 계속해서 부는 바람으로 항상 규칙적으로 부는 바람이라 하여 상풍(常風)이라고도 한다.

22 솔잎혹파리를 방제하는 방법으로 옳지 않은 것은?

① 포식성 조류인 박새, 곤줄박이를 보호한다.
② 간벌하여 임내를 건조시킴으로써 번식을 억제한다.
③ 번데기가 낙하하는 11월 하순~12월 상순에 카보퓨란 입제를 지면에 살포한다.
④ 피해가 심한 임지에서는 산란 및 부화 최성기에 디노테퓨란 액제를 수간 주입한다.

해설

9월 하순~12월 상순에 성숙한 유충은 월동을 위하여 비가 올 때 땅으로 떨어져 소나무를 탈출하는데 이때 카보퓨란 입제를 지면에 살포한다.

23 수목의 외과적 치료방법에 대한 설명으로 옳은 것은?

① 나무주사를 이용하는 방법이다.
② 부후병, 뿌리썩음병에는 효과가 없다.
③ 뽕나무오갈병, 오동나무빗자루병에는 효과가 없다.
④ 살균제 성분을 이용하여 수목 피해를 예방하는 것이다.

해설

외과적 치료
수목의 병든 부위를 일부 절제하는 등의 수술적 치료법으로 부후병, 뿌리썩음병, 벚나무빗자루병 등의 국부감염성 병에 효과적이다. 전신감염성으로 파이토플라스마에 의한 수병인 뽕나무오갈병, 오동나무빗자루병 등에는 방제효과가 없다.

정답　20 ②　21 ④　22 ③　23 ③

24 산성비의 산도에 해당하는 것은?

① pH 5.0~7.0
② pH 5.6~7.5
③ pH 5.6 이하
④ pH 7.0 이상

해설

산성비
대기오염물질이 수분과 만나 생성되는 pH 5.6 이하의 산성으로 내리는 비

25 밤나무혹벌이 주로 산란하는 곳은?

① 밤나무의 눈
② 밤나무의 뿌리
③ 밤나무의 잎 뒷면
④ 밤나무 주변 지피물

해설

우화한 성충이 밤나무의 새 잎눈에 산란을 하면 유충이 충영(벌레혹)을 만들고 그 속에서 가해하여 밤의 결실을 방해한다.

26 소나무류 잎녹병균 중간기주가 아닌 것은?

① 잔대
② 황벽나무
③ 쑥부쟁이
④ 졸참나무

해설

소나무잎녹병의 본기주와 중간기주

구분	수종	포자형태
본기주	소나무	녹병포자, 녹포자
중간기주	황벽나무, 쑥부쟁이, 참취, 잔대	여름포자, 겨울포자, 담자포자

27 박쥐나방에 대한 설명으로 옳지 않은 것은?

① 어린 유충은 초본을 가해한다.
② 성충은 박쥐처럼 저녁에 활발히 활동한다.
③ 성충은 나무에 구멍을 뚫어 알을 산란한다.
④ 1년 또는 2년에 1회 발생하며 알로 월동한다.

해설

박쥐나방의 성충은 공중을 날면서 알을 떨어뜨린다.

28 상륜에 대한 설명으로 옳은 것은?

① 상해의 피해 중 만상의 피해로 나타나는 일종의 위연륜을 말한다.
② 지형적으로 습기가 낮고, 높은 지대, 소택지 등에 상륜의 피해가 많다.
③ 조상의 피해로 나타나는 현상으로 일시 생장이 중지되었을 때 나타난다.
④ 고립목이나 산림의 임연부에서 한겨울 밤수액이 저온으로 얼면서 나타나는 피해현상이다.

해설

상륜(霜輪)
수목이 만상으로 생장이 일시 정지되었다가 다시 생장이 개시되어 1년에 2개의 연륜(나이테)이 생기는 것으로, 만상으로 인한 위연륜(僞年輪)을 말한다.

29 봄에 진딧물의 월동란에서 부화한 애벌레를 무엇이라 하는가?

① 간모
② 유성생식충
③ 산란성 암컷
④ 산자성 암컷

해설

간모(幹母)
진딧물의 월동란에서 부화한 날개 없는 암컷

30 파이토플라스마에 대한 설명으로 옳지 않은 것은?

① 인공 배양이 불가능하다.
② 원핵생물과 진핵생물의 중간적 존재이다.
③ 세포벽이 없으므로 구형 또는 불규칙한 모양이다.
④ 파이토플라스마에 의한 수목병은 대부분 곤충에 의해 전염된다.

해설

파이토플라스마(phytoplasma)
세균보다는 작지만 바이러스보다는 크고, 세포벽이 없으며 원형질막으로 싸여 있는 원핵생물이다.

31 알락하늘소를 방제하는 방법으로 옳지 않은 것은?

① Bt균이나 핵다각체바이러스를 살포한다.
② 성충이 우화하는 시기에 적용 약제를 수관에 살포한다.
③ 유충을 구제하기 위하여 침입공에 적용약제를 주입한다.
④ 철사를 침입공에 넣어 목질부에 서식하고 있는 유충을 찔러 죽인다.

해설

① 병원미생물인 BT균이나 핵다각체바이러스는 주로 나비목 유충방제에 이용된다.

알락하늘소 방제법
성충이 우화하는 시기(6~7월)에 약제를 수관에 살포하며, 유충의 침입공에 약제를 주입하거나 철사로 찔러 죽여 방제한다.

32 미국흰불나방은 1년에 몇 회 우화하는가?

① 1회
② 2~3회
③ 4~5회
④ 6회

해설

미국흰불나방
기주범위가 넓어 버즘나무, 포플러, 벚나무, 단풍나무 등 활엽수 160여 종의 잎을 식해하는 잡식성 해충이다. 연 2회 발생하며, 번데기로 월동한다.

33 희석하여 살포하는 약제가 아닌 것은?

① 액제
② 입제
③ 수화제
④ 캡슐현탁제

해설

제형(製形)에 따른 농약의 분류
- 희석살포제(액체시용제) : 유제, 액제, 수화제, 수용제, 액상수화제
- 직접살포제(고형시용제) : 분제, 입제, 미립제

34 밤바구미에 대한 설명으로 옳지 않은 것은?

① 경제적 피해 수종은 주로 밤나무이다.
② 밤껍질 밖으로 배설물을 방출하므로 쉽게 알 수 있다.
③ 유충이 밤이나 도토리의 과육을 식해하여 피해를 준다.
④ 땅속에서 유충의 형태로 월동한 후에 번데기가 된다.

해설

밤바구미
밤나무, 참나무류를 가해하며, 유충이 밤이나 도토리의 과육을 식해하여 피해를 준다. 수확기의 밤은 유충이 배설물을 밖으로 배출하지 않으며 벌레 먹은 흔적도 없어 외견상으로는 피해 식별이 어렵다.

정답 30 ② 31 ① 32 ② 33 ② 34 ②

35 아밀라리아뿌리썩음병에 대한 설명으로 옳은 것은?

① 주로 천공성 곤충으로 전반된다.
② 침엽수와 활엽수에 모두 발생한다.
③ 표징으로 갈색의 파상땅해파리버섯이 있다.
④ 병원균은 균핵으로 월동하여 이듬해에 1차전염원이 된다.

해설

아밀라리아뿌리썩음병
리지나뿌리썩음병균은 주로 침엽수에 발병하지만, 아밀라리아뿌리썩음병균은 침엽수와 활엽수 모두를 가해하는 다범성 병균이다. 병원균은 근상균사속을 형성하고, 이 근상균사속이 상처나 각피관통을 통하여 수목을 침해한다. 병든 나무의 주변에는 병원균의 자실체인 뽕나무버섯이 관찰된다.

36 오동나무탄저병을 방제하는 방법으로 옳지 않은 것은?

① 거름주기와 가지치기를 철저히 한다.
② 실생묘의 양묘에서는 토양소독을 실시한다.
③ 병든 부분을 제거하고 소독 후 도포제를 처리한다.
④ 짚으로 토양을 피복하여 빗물에 흙이 튀지 않게 한다.

해설
병든 부분을 제거하고 소독 후 도포제를 처리하는 것은 밤나무줄기마름병의 방제법이다.

37 세균에 의한 수목병에 해당하는 것은?

① 녹병
② 탄저병
③ 뿌리혹병
④ 소나무재선충병

해설

세균에 의한 수목병
뿌리혹병, 밤나무눈마름병, 불마름병

38 주로 단위생식으로 번식하는 해충은?

① 솔나방
② 밤나무혹벌
③ 솔잎혹파리
④ 북방수염하늘소

해설

밤나무혹벌
밤나무의 잎눈에 충영(벌레혹)을 만들고 그 속에서 기생하여 밤의 결실을 방해하는 해충이다. 암컷만이 알려져 있으며, 암수의 수정 없이 단독으로 번식하여 개체를 형성하는 단성생식(單性生殖, 단위생식)을 한다.

39 밤나무줄기마름병을 방제하는 방법으로 옳은 것은?

① 침투 이행성 살균제를 피해목 수간에 주입한다.
② 외가닥 RNA가 존재하는 저병원성 균주를 살포한다.
③ 박쥐나방에 의한 피해를 줄이기 위하여 살충제를 살포한다.
④ 습습 발생지에서는 장마 후부터 10일 간격으로 살균제를 3~4회 살포한다.

해설
천공성 해충에 의한 줄기의 상처를 통해 병원균이 침입하기 쉬우므로 박쥐나방과 같은 천공성 해충류의 방제를 위하여 살충제를 살포한다.

정답 35 ② 36 ③ 37 ③ 38 ② 39 ③

40 오리나무갈색무늬병을 방제하는 방법으로 옳지 않은 것은?

① 윤작을 피한다.
② 종자를 소독한다.
③ 솎아주기를 한다.
④ 병든 낙엽은 모아 태운다.

해설

오리나무갈색무늬병균은 기주범위가 좁아 특정기주가 없으면 살아남지 못하므로 연작을 피하고, 윤작을 실시한다.

3과목 임업경영학

41 산림평가와 관련된 산림의 특수성에 대한 설명으로 옳지 않은 것은?

① 관광산업으로 산지 전용 등 산림에 대한 가치관이 다양화되고 있다.
② 산림은 자연적으로 장기간에 걸쳐 생산된 것이므로 완전히 동형·동질인 것은 없다.
③ 산림평가에 있어서 과거와 장래에 걸친 여러 문제는 중요한 평가인자로 고려하지 않는다.
④ 임업의 대상지로서 산림은 수익을 예측하기가 어렵고 적합한 예측방법도 확립되어 있지 않다.

해설

현재뿐만 아니라 과거와 장래의 여러 문제도 중요한 평가인자가 된다.

42 유령림의 임목을 평가하는 방법으로 가장 적합한 것은?

① Glaser법
② 비용가법
③ 기망가법
④ 매매가법

해설

임령에 따른 임목의 평가법

구분	내용
유령림의 임목평가	임목비용가법
중령림의 임목평가	글라저(Glaser)법
벌기 미만인 장령림의 임목평가	임목기망가법
벌기 이상인 성숙림의 임목평가	시장가역산법

43 다음 조건에 따른 자본에 귀속하는 소득은?

- 임업소득 : 10,000,000원
- 가족노임추정액 : 5,000,000원
- 지대 : 1,000,000원
- 자본이자 : 500,000원

① 3,5000,000원
② 4,000,000원
③ 4,500,000원
④ 10,500,000원

해설

자본에 귀속하는 소득
임업소득 − (지대 + 가족노임추정액)
= 10,000,000 − (1,000,000 + 5,000,000)
= 4,000,000

44 임지기망가에 대한 설명으로 옳지 않은 것은?

① 조림비가 클수록 임지기망가가 최대로 되는 시기가 늦어진다.
② 이율이 클수록 임지기망가가 최대로 되는 시기가 빨리 온다.
③ 간벌수익이 클수록 임지기망가가 최대로 되는 시기가 빨리 온다.
④ 지위가 양호한 임지일수록 임지기망가가 최대로 되는 시기가 늦어진다.

정답 40 ① 41 ③ 42 ② 43 ② 44 ④

해설

임지기망가의 최댓값 도달 시기
- 이율 : 이율이 높을수록 임지기망가의 최대 시기가 빨리 온다.
- 주벌수익 : 주벌수익의 증대속도가 빨리 감퇴할수록 임지기망가의 최대 시기가 빨리온다. 즉, 지위가 양호한 임지일수록 최대가 빨리 온다.
- 간벌수익 : 간벌수익이 클수록 임지기망가의 최대 시기가 빨리 온다.
- 조림비 : 조림비가 클수록 임지기망가의 최대 시기가 늦게 온다.
- 관리비 : 임지기망가의 최대 시기와는 관계가 없다.
- 채취비 : 임지기망가식에서 나타내는 인자는 아니지만, 보통 채취비가 클수록 임지기망가의 최대 시기는 늦게 온다.

45 다음 조건을 활용하여 Austrian 공식으로 구한 표준연벌량은?

- 대상 임분 : 소나무림
- 윤벌기 : 60년
- 갱정기 : 20년
- 연년생장량 : 10,500m³
- 현실임분 축적 : 249,000m³
- 법정축적 : 245,000m³

① 10,500m³ ② 10,700m³
③ 11,100m³ ④ 14,500m³

해설

Kameraltaxe법(Austrian 공식)의 연간표준벌채량(Y) 계산

$$Y = 현실\ 연간생장량 + \frac{현실축적 - 법정축적}{갱정기}$$
$$= 10,500 + \frac{249,000 - 245,000}{20} = 10,700m^3$$

46 어떤 잣나무의 흉고형수가 0.4702, 흉고직경이 20cm, 수고가 10m인 경우 형수법에 의한 입목재적은?($\pi = 3.14$)

① 0.1476m³ ② 0.5906m³
③ 1.4764m³ ④ 2.9529m³

해설

형수법에 의한 수간재적
$$V = g \cdot h \cdot f$$
여기서, g : 원의 단면적
h : 수고
f : 형수

직경이 20cm이면 반지름은 10cm=0.1m이므로 원의 단면적 g = 반지름×반지름×π = 0.1×0.1×3.14 = 0.0314m² 이다. 따라서 수간재적은 $V = g \cdot h \cdot f$ = 0.0314×10×0.4702 = 0.1476… ∴ 약 0.1476m³이다.

47 임분재적 측정방법으로 표본조사법 중 선표본점법에 해당하는 것은?

① 임의추출법 ② 층화추출법
③ 부차추출법 ④ 계통적 추출법

해설

계통적 추출법
측정자가 추출 대상에 대해 일정한 계통을 정해 그 기준에 맞게 표본점을 추출하는 방법
- 예 선표본점법 : 임분을 몇 개의 띠의 형상으로 나누고 일정한 계통을 정해 표본점 추출

48 자연휴양림 안에 설치할 수 있는 시설의 규모에 대한 설명으로 옳은 것은?

① 3층 이상의 건축물을 건축하면 안 된다.
② 일반음식점영업소 또는 휴게음식점영업소의 연면적은 900m² 이하로 한다.
③ 자연휴양림시설 중 건축물이 차지하는 총바닥 면적은 10,000m² 이하가 되도록 한다.

정답 45 ② 46 ① 47 ④ 48 ③

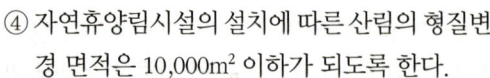

④ 자연휴양림시설의 설치에 따른 산림의 형질변경 면적은 10,000m² 이하가 되도록 한다.

해설

자연휴양림 안에 설치할 수 있는 시설 규모

구분		규모
자연휴양림 시설의 설치에 따른 산림의 형질변경 면적(임도·순환로·산책로·숲체험코스 및 등산로의 면적 제외)		10만 m² 이하
자연휴양림 시설 중 건축물이 차지하는 총바닥면적		1만 m² 이하
연면적	개별 건축물의 연면적	900m² 이하
	휴게음식점영업소 또는 일반음식점영업소의 연면적	200m² 이하
건축물의 층수		3층 이하

49 입목의 직경을 측정하는 데 사용하는 도구가 아닌 것은?

① 윤척(caliper)
② 직경테이프(diameter tape)
③ 빌티모아스틱(biltimore stick)
④ 아브네이 핸드 레블(abney hand level)

해설

직경 측정기구

자, 윤척, 직경테이프, 빌티모아스틱, 포물선윤척, 섹타포크, 스피겔릴라스코프 등이 있으며, 스피겔릴라스코프는 직경과 수고의 측정이 모두 가능하다.

50 공·사유림 산림경영계획을 작성하기 위한 임황조사 항목이 아닌 것은?

① 지위   ② 경급
③ 임령   ④ 총축적

해설

산림조사 항목

- 지황조사 : 지종, 방위, 경사도, 표고, 토성, 토심, 건습도, 지위, 지리, 지세 등
- 임황조사 : 임종, 임상, 수종, 혼효율, 임령, 영급, 수고, 경급, 소밀도, 축적 등

51 산림투자의 경제성 분석방법이 아닌 것은?

① 회수기간법   ② 순현재가치법
③ 외부수익률법   ④ 편익비용비율법

해설

투자효율의 측정(투자의 경제성 분석방법)

구분	특징	종류
현금흐름 할인법	화폐의 시간적 가치를 고려한 투자효율 분석방법	순현재가치법, 내부수익률법, 편익비용비법
현금흐름 비할인법	화폐의 시간적 가치를 고려하지 않은 투자효율 분석방법	투자이익률법, 회수기간법

52 다음 조건에서 시장가역산법을 적용한 소나무 원목의 임목가는?

- 시장가격 : 300,000원
- 생산비용 : 100,000원
- 조재율 : 70%
- 투입자본의 회수기간 : 5년
- 자본의 연이율 : 4%
- 기업이익률 : 30%

① 55,000원   ② 70,000원
③ 95,000원   ④ 125,400원

해설

시장가역산법 계산

$$x = f\left(\frac{a}{1+mp+r} - b\right)$$
$$= 0.7 \times \left(\frac{300,000}{1+5\times0.04+0.3} - 100,000\right)$$
$$= 70,000원$$

여기서, x : 단위재적당 임목가(원/m³)
f : 조재율, m : 자본회수기간
p : 월이율, r : 기업이익률

정답 49 ④ 50 ① 51 ③ 52 ②

a : 원목의 단위재적당 시장가(원목시장단가, 원/m³)

b : 단위재적당 벌목비·운반비·집재비·조재비 등의 생산비용(원/m³)

53 산림의 생산기간에 대한 설명으로 옳지 않은 것은?

① 회귀년이 짧은 경우 단위면적에서 벌채될 재적이 많다.
② 벌기령과 벌채령이 일치할 때 벌기령을 법정벌기령이라 한다.
③ 개량기는 개벌작업을 하는 산림에 적용되는 기간이며 정리기라고도 한다.
④ 윤벌기란 보속작업에 있어서 한 작업급 내의 모든 임분을 1순벌하는 데 필요한 기간이다.

해설

회귀년이 짧게 돌아오면 벌채될 재적은 적고, 임지의 축적은 많이 남게 되며, 회귀년이 길게 돌아오면 벌채될 재적은 많고, 임지의 축적은 적어지게 된다.

54 임업경영의 지표분석 중 수익성 분석 항목이 아닌 것은?

① 자본순수익   ② 자본이익률
③ 토지회전율   ④ 자본회전율

해설

수목은 수확하기까지 보통 수십 년이 걸리므로 수익성 분석 시 토지회전율은 고려하지 않는다.

55 우리나라 임업경영의 특성이 아닌 것은?

① 생산기간이 대단히 길다.
② 임업은 공익성이 크므로 제한성이 많다.
③ 임업노동은 계절적 제약을 크게 받지 않는다.
④ 육성임업과 채취임업은 함께 실시하기 어렵다.

해설

임업은 임목을 인위적으로 처음부터 육성하여 수확하는 육성임업과 기존 산림 내에 천연적으로 존재하던 임목을 수확하는 채취임업이 동시에 행해지고 있다.

56 자연휴양림의 지정권자는?

① 산림청장
② 시·도지사
③ 시장·군수
④ 국립자연휴양림관리소장

해설

자연휴양림의 지정

- 산림청장은 소관 국유림을 자연휴양림으로 지정할 수 있다.
- 산림청장은 공·사유림의 소유자 또는 국유림의 대부 또는 사용허가를 받은 자의 지정 신청에 따라 산림을 자연휴양림으로 지정할 수 있다.

57 산림경영의 지도원칙 중 보속성의 원칙이 아닌 것은?

① 목재생산의 보속
② 임업기술 유지의 보속
③ 생산자본 유지의 보속
④ 목재수확 균등의 보속

해설

보속성의 원칙

해마다 목재수확을 계속하여 양적 및 질적으로 균등하게 생산·공급하도록 경영하자는 원칙으로 목재수확의 균등, 화폐수입의 균등, 생산자본의 유지 등을 실현할 수 있다.

정답 53 ① 54 ③ 55 ④ 56 ① 57 ②

58 법정림을 구성하기 위한 법정상태의 요건에 해당되지 않는 것은?

① 법정축적   ② 법정생장량
③ 법정노동력   ④ 법정임분배치

해설

법정상태의 요건(구비조건)
- 법정영급분배 : 몇 개의 영계를 하나의 영급으로 묶어 각 영급이 동일한 면적 차지
- 법정임분배치 : 보속수확의 유지에 지장이 없도록 배치
- 법정생장량 : 법정림 1년간 생장량의 합계 = 법정연벌량, 벌기임분의 재적(벌기축적)
- 법정축적 : 영급분배와 생장이 법정상태일 때 보유할 작업급 전체의 축적

59 이령림의 연령을 측정하는 방법이 아닌 것은?

① 벌기령   ② 본수령
③ 재적령   ④ 표본목령

해설

이령림의 평균임령 산출법
본수령, 재적령, 면적령, 단면적령, 표본목령 등으로 평균임령 산출

60 다음 손익분기점 분석 공식에서 q가 의미하는 것은?(단, TC는 총비용, FC는 총고정비, v는 단위당 변동비)

$$TC = FC + v \times q$$

① 손실비   ② 총수익
③ 판매가격   ④ 손익분기점의 생산량

해설

손익분기점의 계산
- 판매량(생산량) = $\dfrac{\text{고정비}}{\text{판매가} - \text{변동비}}$
- 총비용 = 고정비 + (변동비 × 판매량)
- 총수익 = 판매가 × 판매량

4과목　임도공학

61 배향곡선지인 경우 길어깨와 옆도랑의 너비를 제외한 임도의 유효너비의 기준은?

① 3m   ② 5m
③ 6m   ④ 10m

해설

유효너비(차도너비)
길어깨와 옆도랑을 제외한 임도의 유효너비로 3m를 기준으로 한다. 단, 배향곡선지의 경우 유효너비는 6m 이상으로 한다.

62 산악지대의 임도노선 선정 형태로 옳지 않은 것은?

① 사면임도   ② 능선임도
③ 계곡임도   ④ 작업임도

해설

산악지대의 임도노선 선정·배치 형태(설치 위치별 구분)
계곡임도, 사면임도(지그재그 방식, 대각선 방식), 능선임도, 산정부 개발형(순환식 노선방식), 계곡분지 개발형

63 수확한 임목을 임내에서 박피하는 이유로 가장 거리가 먼 것은?

① 운재작업 용이
② 병충해 피해방지
③ 신속한 원목 건조
④ 공장에서 작업하는 경우보다 생산원가 절감

정답　58 ③　59 ①　60 ④　61 ③　62 ④　63 ④

해설

임내에서의 박피는 생산원가가 상승하는 등의 문제가 있지만, 신속한 건조, 병충해 피해의 방지, 운재작업의 용이성 등의 이유로 실시한다.

64 등고선에 대한 설명으로 옳지 않은 것은?

① 절벽 또는 굴인 경우 등고선이 교차한다.
② 최대경사의 방향은 등고선에 평행한 방향이다.
③ 지표면의 경사가 일정하면 등고선 간격은 같고 평행하다.
④ 일반적으로 등고선은 도중에 소실되지 않으며 폐합된다.

해설

계곡, 능선, 최대경사선(최대경사의 방향)은 등고선과 직교한다.

65 대피소를 설치할 때 유효길이 기준으로 옳은 것은?

① 5m 이상
② 10m 이상
③ 15m 이상
④ 300m 이상

해설

대피소의 설치기준

구분	기준
간격	300m 이내
너비	5m 이상
유효길이	15m 이상

66 임도의 종단기울기에 대한 설명으로 옳지 않은 것은?

① 최소기울기는 3% 이상으로 설치한다.
② 종단기울기를 낮게 하면 시설비는 증가될 수 있다.
③ 종단기울기를 높게 하면 임도우회율이 적어진다.
④ 보통 자동차가 설계속도의 90% 이상 정도로 오를 수 있도록 설정한다.

해설

종단기울기

배수의 문제가 발생하지 않도록 종단기울기는 최소 2~3% 이상은 되어야 한다. 종단기울기가 높으면 임도우회율이 적어져 시설비가 감소되고, 반대로 종단기울기가 낮으면 우회율이 커져 시설비가 증가될 수 있다.

67 다음 ( ) 안에 해당되는 것을 순서대로 올바르게 나열한 것은?

> 산림관리 기반시설의 설계 및 시설기준에 따르면 배수구의 통수단면은 ( )년 빈도 확률강우량과 홍수도달시간을 이용한 합리식으로 계산된 최대홍수 유출량의 ( )배 이상으로 설계 및 설치한다.

① 50, 1.2
② 50, 1.5
③ 100, 1.2
④ 100, 1.5

해설

배수구의 통수단면은 100년 빈도 확률강우량과 홍수도달시간을 이용한 합리식으로 계산된 최대홍수유출량의 1.2배 이상으로 설계·설치한다.

68 사면붕괴 및 사면침식 등 임도 비탈면의 유지관리를 위한 표면유수 유입방지용 배수시설은?

① 맹거
② 종배수구
③ 횡배수구
④ 산마루측구

해설

산마루측구(비탈어깨돌림수로)

임도시공 시 절토면의 침식이나 붕괴를 방지하기 위해서 긴 절토면 상부에 시설하는 표면유수 유입방지용 배수로이다.

정답 64 ② 65 ③ 66 ④ 67 ③ 68 ④

69 다음과 같은 조건에서 매튜스식(Matthews method)에 의한 적정임도밀도는?

- 집재단가 : 40원/m/m³
- 생산예정재적 : 60m³/ha
- 임도시설단가 : 60,000원/m
- 우회계수는 무시하여 계산

① 10m/ha ② 15m/ha
③ 20m/ha ④ 50m/ha

해설

매튜스에 의한 적정임도밀도

적정임도밀도(m/ha) $D = 50\sqrt{\dfrac{V \times E \times n \times n'}{r}}$

$= 50\sqrt{\dfrac{60 \times 40}{60,000}} = 10\text{m/ha}$

여기서, r : 임도개설단가(원/m)
V : 생산예정재적(m³/ha)
E : 집재단가(원/m/m³)
n : 임도우회계수(1.0~2.0)
n' : 집재우회계수(1.0~1.5)

70 다음 그림에서 각 꼭짓점이 높이(m)를 나타낼 때 점고법을 이용한 전체 토량과, 절토량과 성토량이 균형을 이루는 시공면고(높이)는?(단, 각 구역의 면적은 32m²로 동일)

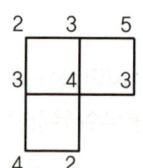

① 전체 토량 : 208m³, 시공면고 : 2.2m
② 전체 토량 : 320m³, 시공면고 : 2.2m
③ 전체 토량 : 208m³, 시공면고 : 3.3m
④ 전체 토량 : 320m³, 시공면고 : 3.3m

해설

- 전체 토량 계산

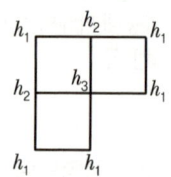

먼저 $\sum h_1, \sum h_2, \sum h_3, \sum h_4$를 구하면, $\sum h_1 = 2 + 5 + 3 + 4 + 2 = 16$, $\sum h_2 = 3 + 3 = 6$, $\sum h_3 = 4$이고 계산식에 대입하면 다음과 같다.

토적량 $= \dfrac{A}{4}(\sum h_1 + 2\sum h_2 + 3\sum h_3 + 4\sum h_4)$

$= \dfrac{32}{4}\{16 + (2 \times 6) + (3 \times 4)\} = 320\text{m}^3$

- 시공면고 계산
점고법에서 높이는 사각형 네 꼭짓점에서의 높이를 평균하여 이용하므로 각 사각기둥의 평균높이를 구하고, 이것을 다시 평균하여 전체의 시공면고를 구한다.

각 사각기둥의 평균 높이는 $\dfrac{2+3+3+4}{4} = 3$,

$\dfrac{3+5+4+3}{4} = 3.75$, $\dfrac{3+4+4+2}{4} = 3.25$이므로,

이것을 다시 평균하면 $\dfrac{3+3.75+3.25}{3} = 3.333\cdots$

∴ 약 3.33m

71 임도의 유지 및 보수에 대한 설명으로 옳지 않은 것은?

① 노체의 지지력이 약화되었을 경우 기층 및 표층의 재료를 교체하지 않는다.
② 노면 고르기는 노면이 건조한 상태보다 어느 정도 습윤한 상태에서 실시한다.
③ 결빙된 노면은 마찰저항이 증대되는 모래, 부순돌, 석탄재, 염화칼슘 등을 뿌린다.
④ 유토, 지조와 낙엽 등에 의하여 배수구의 유수단면적이 적어지므로 수시로 제거한다.

해설

노체의 지지력이 약화되었을 경우 기층 및 표층에 자갈이나 쇄석 등을 교체하여 지지력을 보강한다.

72 임도측량 시 측선 AB의 방위각이 80°이고 길이가 30m라면 AB 사이의 위거 및 경거는?

① 위거 : 5.2m, 경거 : 29.5m
② 위거 : 29.5m, 경거 : 5.2m
③ 위거 : 10.4m, 경거 : 59.1m
④ 위거 : 59.1m, 경거 : 10.4m

해설

위거와 경거 계산

위거 $= AB \times \cos\theta = 30 \times \cos 80 = 5.209\cdots \therefore 5.2m$
경거 $= AB \times \sin\theta = 30 \times \sin 80 = 29.544\cdots \therefore 29.5m$
여기서, AB : 측선거리, θ : 방위각

73 교각법에 의한 임도설계 시 평면도의 곡선제원표에 포함되지 않는 것은?

① 교각점   ② 접선길이
③ 중앙종거   ④ 곡선반지름

해설

교각법의 곡선제원표

교각, 내각, 교각점, 곡선반지름, 접선길이, 외선길이, 곡선길이 등

74 임도 양쪽으로부터 임목이 집재될 때 평균집재거리는 임도간격의 몇 배인가?

① 1/5   ② 1/4
③ 1/3   ④ 1/2

해설

평균집재거리

• 평균이므로 집재거리의 1/2 또는 임도간격의 1/4

• 평균집재거리 = 집재거리 × $\frac{1}{2}$ = 임도간격 × $\frac{1}{4}$
 = $\frac{2,500}{\text{적정임도밀도}}$

75 다음 종단측량 야장에서 측점 간 거리가 20m이고 계획고를 +4% 경사(상향)로 할 때 측점 2에서의 절·성토고는?

(단위 : m)

측점	BS	IH	TP	IP	GH	계획고
0	3.255				104.505	104.650
1				2.525		
2	2.635		0.555			

① 절토고 : 0.955m   ② 성토고 : 0.955m
③ 절토고 : 1.022m   ④ 성토고 : 1.022m

해설

측점 2에서의 절·성토고는 지반고와 계획고의 차이를 통해 구할 수 있으므로 먼저 지반고와 계획고를 구한다.

• 측점 2의 지반고

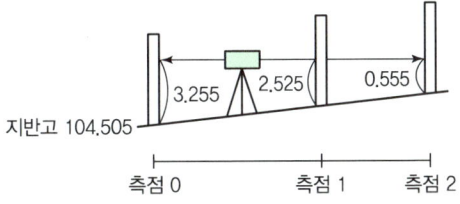

측정 2의 지반고 $= 104.505 + 3.255 - 0.555 = 107.205m$

• 측점 2의 계획고

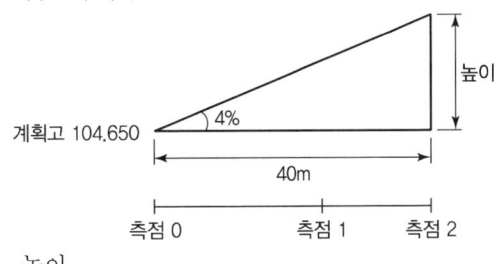

$\frac{\text{높이}}{40} \times 100 = 4\%$ 높이 $= 1.6m$

측점 2의 계획고 $= 104.650 + 1.6 = 106.25m$

정답 72 ① 73 ③ 74 ② 75 ①

따라서, 측점 2의 지반고는 107.205m이고, 계획고는 106.25m이므로 절토 계획이며, 그 수치는 107.205 - 106.25 = 0.955m이다.

76 임도의 비탈면 기울기를 나타내는 방법에 대한 설명으로 옳은 것은?

① 비탈어깨와 비탈 밑 사이의 수직높이 1에 대하여 수평거리가 n일 때 1 : n으로 표기한다.
② 비탈어깨와 비탈 밑 사이의 수평거리 1에 대하여 수직높이가 n일 때 1 : n으로 표기한다.
③ 비탈어깨와 비탈 밑 사이의 수평거리 100에 대하여 수직높이가 n일 때 1 : n으로 표기한다.
④ 비탈어깨와 비탈 밑 사이의 수직높이 100에 대하여 수평거리가 n일 때 1 : n으로 표기한다.

[해설]

기울기(경사도, 물매)의 표현방법

1 : n 또는 1/n	• 수직높이 1에 대하여 수평거리 n으로 나눈 것 • 수직높이 1에 대하여 수평거리가 n일 때
n%	• 수평거리 100에 대한 n의 고저차를 갖는 백분율 • 수평거리 100에 대하여 수직높이가 n일 때의 비율
n‰	• 수평거리 1,000에 대한 n의 고저차를 갖는 천분율(퍼밀) • 수평거리 1,000에 대하여 수직높이가 n일 때의 비율
각도	수평은 0°, 수직은 90°로 하여 그 사이를 90등분한 것

77 롤러 표면에 돌기를 부착한 것으로 점착성이 큰 점성토 다짐에 적합하며 다짐 유효깊이가 큰 장비는?

① 탠덤롤러 ② 탬핑롤러
③ 타이어롤러 ④ 머캐덤롤러

[해설]

탬핑롤러(Tamping roller)
롤러의 표면에 돌기가 부착되어 있어 점착성이 큰 점질토의 두꺼운 성토층 다짐에 가장 효과적인 롤러이다. 돌기로 인해 토층 내부까지 다져지므로, 다지기의 유효깊이가 상당히 깊다.

78 일반지형의 임도의 설계속도가 30km/시간 일 때 최소곡선반지름의 설치 기준은 몇 m 이상인가?

① 20 ② 30
③ 40 ④ 60

[해설]

설계속도별 최소곡선반지름 기준

설계속도 (km/h)	최소곡선반지름(m)	
	일반지형	특수지형
40	60	40
30	30	20
20	15	12

79 임도의 곡선반지름이 15m, 차량의 앞면과 뒤차축과의 거리가 6m인 경우 곡선부에서의 너비넓힘(확폭량)은?

① 0.4m ② 1.0m
③ 1.2m ④ 2.5m

[해설]

확폭(너비넓힘)의 계산

확폭량(m) $\varepsilon = \dfrac{L^2}{2 \cdot R} = \dfrac{6^2}{2 \times 15} = 1.2\text{m}$

여기서, L : 차량 앞면에서 뒷바퀴까지의 거리(m)
R : 중심선의 곡선반지름(m)

정답 76 ① 77 ② 78 ② 79 ③

80 아스팔트 포장과 비교하였을 때 시멘트 콘크리트 포장의 장점으로 옳은 것은?

① 평탄성이 좋다.
② 내마모성이 크다.
③ 시공속도가 빠르다.
④ 간단 공법으로 유지수선이 가능하다.

해설

평탄성이 좋으며, 시공속도가 빠르고, 유지수선이 간단한 것은 아스팔트 포장의 장점이다.

5과목 사방공학

81 사방댐의 위치 선정에 대한 설명으로 옳은 것은?

① 댐은 계상 및 양안에 암반이 존재해야 하며, 사력층 위에는 사방댐을 계획하면 안 된다.
② 지계의 합류점 부근에서 댐을 계획할 때는 일반적으로 합류점의 상류부에 위치를 선정한다.
③ 유출토사 억지 목적의 댐은 퇴적지 하류에서 댐 상류부의 계상기울기가 완만하고 계폭이 좁은 지점에 계획한다.
④ 계단상으로 댐을 계획할 때는 첫 번째 댐의 추정퇴사선이 기존의 계상기울기를 자르는 점에 상류댐을 설치하도록 한다.

해설

사방댐의 시공 적지
• 계상 및 양안에 암반이 있는 곳
• 상류부의 계폭은 넓고, 댐자리가 좁은 곳
• 지류가 합류하는 지점에서는 합류점의 하류부
• 상류의 계상기울기가 완만한 곳
• 붕괴지의 하부 또는 다량의 계상 퇴적물이 존재하는 지역의 직하류부
• 계단상 댐으로 설치할 때는 첫 번째 댐의 추정퇴사선과 구계상이 만나는 지점에 상류댐 설치
• 수생태계에 미치는 영향이 크지 않은 곳

82 황폐계천에 설치하는 사방공작물로 토사퇴적구역에 가장 적합한 것은?

① 사방댐
② 말뚝박기
③ 모래막이
④ 바자얽기

해설

모래막이
상류로부터 토사의 유출량이 과도한 경우 유로의 일부를 확대하여 토사를 저류하기 위해 설치하는 계간공작물로, 황폐계류 유역의 토사퇴적구역으로 적합하다.

83 빗물에 의한 토양이 침식되는 과정의 순서로 옳은 것은?

① 면상 → 우적 → 구곡 → 누구
② 우적 → 면상 → 구곡 → 누구
③ 면상 → 우적 → 누구 → 구곡
④ 우적 → 면상 → 누구 → 구곡

해설

빗물(강우)에 의한 침식의 발달단계

우격침식 (雨擊浸蝕)	토양 표면에서 빗방울의 타격으로 인한 가장 초기 상태의 침식 =우적침식
면상침식 (面狀浸蝕)	토양의 얕은 층이 전면에 걸쳐 넓게 유실되는 현상
누구침식 (涙溝浸蝕)	토양 표면에 잔 도랑이 불규칙하게 생기면서 깎이는 현상
구곡침식 (溝谷浸蝕)	도랑이 커지면서 심토까지 심하게 깎이는 현상

정답 80 ② 81 ④ 82 ③ 83 ④

84 사방용 수종에 요구되는 특성으로 옳지 않은 것은?

① 뿌리가 잘 자랄 것
② 가급적 양수 수종일 것
③ 척악지의 조건에 적응성이 강할 것
④ 생장력이 왕성하며 쉽게 번무할 것

해설

산지사방 식재용 수종의 요구조건
• 생장력이 왕성하여 잘 번성할 것
• 뿌리의 자람이 좋아 토양의 긴박력이 클 것
• 건조, 한해, 각종 병해충에 강할 것
• 갱신이 용이하며, 가급적이면 경제적 가치가 높을 것
• 묘목 생산 비용이 적게 들고, 대량생산이 가능할 것
• 토양개량 효과가 기대될 것

85 다음 설명에 해당하는 것은?

• 비탈면의 물리적 안정을 기대하기 곤란한 곳에 직접 거푸집을 설치하고 콘크리트치기를 하여 뼈대를 만든다.
• 뼈대 내부에 작은 돌이나 흙을 충전하여 녹화한다.

① 비탈힘줄박기   ② 격자틀붙이기
③ 콘크리트블록쌓기 ④ 콘크리트뿜어붙이기

해설

비탈힘줄박기
현장에서 직접 비탈면에 거푸집을 설치하고 콘크리트를 쳐서 뼈대(힘줄)인 틀을 만들고, 틀 안에 떼나 작은 돌 등을 채워 비탈을 안정시키는 공법이다.

86 수제에 대한 설명으로 옳지 않은 것은?

① 상향수제는 길이가 가장 짧고 공사비가 적게 든다.
② 하향수제는 수제 앞부분의 세굴작용이 가장 약하다.
③ 유수의 월류 여부에 따라 월류수제와 불월류수제로 나눈다.
④ 계류의 유심 방향을 변경하여 계안 침식을 방지하기 위해 계획한다.

해설

길이가 가장 짧고 공사비가 적게 드는 것은 직각수제이다.

87 땅밀림과 비교한 산사태 및 산붕에 대한 설명으로 옳지 않은 것은?

① 강우 강도에 영향을 받는다.
② 주로 사질토에서 많이 발생한다.
③ 징후의 발생이 많고 서서히 활동한다.
④ 20° 이상의 급경사지에서 많이 발생한다.

해설

침식 유형의 비교

구분	산사태 및 산붕	땅밀림
토질	사질토 (화강암)	점성토 (혈암, 이질암, 응회암)
경사	20° 이상의 급경사지	20° 이하의 완경사지
원인	강우, 강우강도	지하수
규모 (이동면적)	작다. (1ha 이하)	크다. (1~100ha)
토괴형태	토괴 교란	원형 보존
이동속도	빠르다. (10mm/day 이상)	느리다. (10mm/day 이하)
발생형태	돌발적 발생	계속적·지속적 발생

88 메쌓기 높이가 1.5m일 때 기울기의 기준으로 옳은 것은?

① 흙쌓기의 경우 1 : 0.20
② 땅깎기의 경우 1 : 0.20
③ 흙쌓기의 경우 1 : 0.30
④ 땅깎기의 경우 1 : 0.30

정답 84 ② 85 ① 86 ① 87 ③ 88 ③

해설

찰쌓기와 메쌓기

찰쌓기	• 돌을 쌓을 때 뒤채움에 콘크리트, 줄눈에 모르타르를 사용하는 돌쌓기 • 표준 기울기는 1 : 0.2
메쌓기	• 돌을 쌓을 때 모르타르를 사용하지 않는 돌쌓기 • 표준 기울기는 1 : 0.3

89 경사가 완만하고 상수가 없으며 유량이 적고 토사의 유송이 없는 곳에 가장 적합한 산복수로는?

① 떼붙임수로 ② 메쌓기돌수로
③ 찰쌓기돌수로 ④ 콘크리트수로

해설

떼붙임수로(떼수로)의 시공 적지
• 집수구역이 좁고, 경사가 완만하고, 유량이 적으며, 토사 유송이 적거나 없는 곳
• 상수(常水)가 없는 곳

90 물의 순환과 산림유역의 물수지에 대한 설명으로 옳지 않은 것은?

① 증발량과 증산량은 비슷하다.
② 물의 수문학적 순환은 강수량의 한계범위 내에서 이루어진다.
③ 강수가 없는 동안에도 유역 내 저류되어 있는 물은 유출, 증발 및 증산에 의하여 감소한다.
④ 유역 내에서 강수량은 저류량의 변화와 지하유출을 무시하면 유출량, 증발량, 증산량의 합과 같다.

해설

증발량은 육지, 바다, 호수, 강, 산림 등의 표면으로부터 수분이 기화되어 대기 중으로 흩어지는 양이며, 증산량은 식생 내의 수분이 기공을 통해 기화되어 대기 중으로 흩어지는 양으로 증발량이 증산량보다 많다.

91 산지사방 녹화공사에 해당하지 않는 것은?

① 조공 ② 단끊기
③ 단쌓기 ④ 등고선구공법

해설

산지사방공사의 종류

기초공사	비탈다듬기(뭉기기), 단끊기, 땅속흙막이(묻히기), 산비탈흙막이(산복흙막이), 누구막이, 산비탈배수로(산복수로, 산비탈수로내기), 속도랑(배수구)
녹화공사	바자얽기(편책공, 목책공), 선떼붙이기, 조공, 줄떼시공(줄떼다지기, 줄떼붙이기, 줄떼심기), 평떼시공(평떼붙이기, 평떼심기), 단쌓기(떼단쌓기), 비탈덮기(거적덮기), 등고선구공법(수평구공법), 새심기, 씨뿌리기(파종공법), 종비토뿜어붙이기, 나무심기(식재공법)

92 황폐계류에 대한 설명으로 옳지 않은 것은?

① 유량의 변화가 적다.
② 계류의 기울기가 급하다.
③ 유로의 길이가 비교적 짧다.
④ 호우 시에 사력의 유송이 심하다.

해설

황폐계류는 유량이 강우에 의해 급격히 증가하거나 감소하며, 유량 변화가 크다.

93 사면에 등고선 계단을 계획할 때 사면의 기울기가 45°, 면적이 1ha일 때 계단 간격을 1m로 한다면 평면적법에 의한 계단 연장은?

① 5,000m ② 8,000m
③ 10,000m ④ 15,000m

해설

1ha당 단끊기 계단 연장
수평면의 면적이 1ha(100×100m)인 사면에 단을 끊을 때 계단의 총연장길이(m)를 말하는 것으로 계산식은 다음과 같다.

정답 89 ① 90 ① 91 ② 92 ① 93 ③

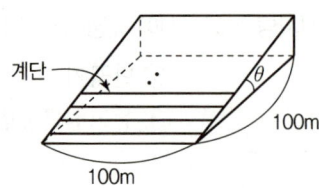

계단 연장길이 = $\dfrac{\text{단끊기 면적}(m^2) \times \tan\theta}{\text{단끊기 높이}}$

$= \dfrac{10,000 \times \tan 45}{1} = 10,000m$

여기서, θ : 사면 경사도

94 사방댐의 높이가 4.5m일 때 총수압의 합력 작용선의 최대높이는 밑면에서 몇 m 지점인가?

① 0.50 ② 0.75
③ 1.00 ④ 1.50

해설

사방댐은 합력작용선이 제저(堤底) 중앙의 1/3 이내를 통과해야 전도하지 않는데, 사방댐의 높이가 4.5m이므로 1/3인 1.5m가 합력작용선의 최대높이이다.

95 땅속흙막이를 설치하는 주요 목적에 해당하는 것은?

① 누구침식의 발달을 방지한다.
② 빗물에 의한 침식을 방지한다.
③ 산지 사면의 계단공사를 하기 위해 설치한다.
④ 비탈다듬기와 단끊기 등에 의해 생산된 퇴적 토사의 활동을 방지한다.

해설

땅속흙막이
비탈다듬기와 단끊기 공사로 발생한 뜬흙을 산지의 계곡부와 같은 오목한 곳에 투입하여 토사의 활동을 방지하고 유치·고정하기 위한 공작물이다.

96 물에 의한 토양의 침식 정도에 영향을 주는 인자로 가장 거리가 먼 것은?

① 강우량과 강우강도
② 토양의 화학적 구조
③ 사면의 길이와 경사도
④ 지표식생의 피복상태

해설

물에 의한 토양의 침식 정도에 영향을 주는 인자
강우량과 강우강도, 경사도와 사면길이, 지표식생의 피복상태, 토양의 성질 등이 있다.

97 임계유속에 대한 설명으로 옳은 것은?

① 계상에 침식을 최대로 일으키는 최소유속이다.
② 계상에 침식을 일으키지 않는 경우의 최대유속이다.
③ 어느 집수유역에도 존재할 수 있는 최소유속이다.
④ 어느 집수유역에서도 존재할 수 있는 최대유속이다.

해설

임계유속(臨界流速)
규칙적이며 질서 있게 흐르는 층류(層流)에서 불규칙하게 흐트러져 흐르는 난류(亂流)로 변할 때의 유속으로 계상에 침식을 일으키지 않는 최대유속이다. 임계유속 이상이 되면 사력이 이동하기 시작하며 침식이 발생한다.

98 해안방재림 조성용 묘목의 식재본수 기준은?

① 5,000본/ha ② 8,000본/ha
③ 10,000본/ha ④ 15,000본/ha

해설

해안방재림 조성을 위한 묘목의 식재본수는 10,000본/ha이 표준이다.

정답 94 ④ 95 ④ 96 ② 97 ② 98 ③

99 사방댐의 표면처리나 돌쌓기 공사에 주로 사용되는 다듬돌의 규격은?

① 15cm × 15cm × 25cm
② 30cm × 30cm × 50cm
③ 45cm × 45cm × 60cm
④ 60cm × 60cm × 60cm

해설

마름돌(다듬돌)
일정한 치수의 긴 직사각육면체가 되도록 각 면을 다듬은 석재로 크기는 보통 가로 30cm, 세로 30cm, 길이 50~60cm이다.

100 황폐계천에서 유수에 의한 계안의 횡침식을 방지하고 산각의 안정을 도모하기 위하여 계류 흐름 방향에 따라 축설하는 것은?

① 밑막이　　② 골막이
③ 바닥막이　④ 기슭막이

해설

기슭막이
황폐계천에서 유수로 인한 계안의 횡침식을 방지하고, 산각의 안정을 도모하기 위하여 계류의 흐름 방향을 따라 축설하는 종(縱)공작물이다.

정답　99 ②　100 ④

2021년 3회 기출문제

1과목 조림학

01 왜림작업에 가장 적합한 수종은?
① *Alnus japonica*
② *Larix kaempferi*
③ *Abies holophylla*
④ *Pinus koraiensis*

해설
왜림작업(맹아갱신) 수종
참나무류, 밤나무, 물푸레나무, 버드나무, 아까시나무, 서어나무, 오리나무(*Alnus japonica*), 리기다소나무 등

02 수목의 기공 개폐에 대한 설명으로 옳지 않은 것은?
① 30~35℃ 이상 온도가 올라가면 기공이 닫힌다.
② 기공은 아침에 해가 뜰 때 열리며 저녁에는 서서히 닫힌다.
③ 엽육 조직의 세포 간극에 있는 이산화탄소농도가 높으면 기공이 열린다.
④ 잎의 수분포텐셜이 낮아지면 수분스트레스가 커지며 기공이 닫힌다.

해설
엽육조직의 세포 간극에 있는 이산화탄소의 농도가 낮으면 광합성에 필요한 이산화탄소의 공급을 위해 기공이 열리고, 이산화탄소의 농도가 높으면 기공이 닫힌다.

03 토양의 공극에 대한 설명으로 옳은 것은?
① 토양의 단위 체적 중량이다.
② 토양 내 물의 용적 비율이다.
③ 토양 측정 시 건조된 토립자의 무게이다.
④ 토양 내 공기 및 물에 의해서 채워진 부분이다.

해설
공극(孔隙)
토양 속에서 공기나 물이 차지하고 있는 흙알갱이 사이의 공간을 말한다.

04 가지치기에 대한 설명으로 옳지 않은 것은?
① 수령이 높을수록 효과가 높다.
② 수목의 직경 생장을 증대시킨다.
③ 산불이 발생했을 때 수관화를 경감시킨다.
④ 임지 표면에 햇빛을 받는 양이 많아져 하층목 발생에 도움을 준다.

해설
가지치기는 제벌이나 간벌 시 함께 시행하기도 하며, 별도의 과정으로 작업하기도 하는데, 수령에 따른 효과를 논할 수는 없으며, 오히려 수령이 높을 때 가지치기를 잘못하면 위험할 수도 있다.

05 숲의 종류를 구분하는 데 있어 작업종 또는 생성 기원에 따르지 않는 것은?
① 교림
② 순림
③ 왜림
④ 중림

해설
임분의 기원에 따른 작업종
• 교림(喬林 또는 高林, 고림) : 종자로부터 발달한 수목(실생묘)으로 성립되는 산림
• 왜림(矮林 또는 低林, 저림) : 움이나 맹아가 발달한 수목으로 성립되는 산림
• 중림(中林) : 용재 생산의 교림작업과 연료재 생산의 왜림작업을 함께 적용한 산림

정답 01 ① 02 ③ 03 ④ 04 ① 05 ②

06 엽록소의 주요 구성성분에 해당하는 무기영양소는?

① 칼슘
② 칼륨
③ 마그네슘
④ 몰리브덴

해설

마그네슘(Mg, magnesium)
질소와 함께 엽록소의 주요 구성성분이며, 마그네슘이온(Mg^{2+})의 형태로 식물에 흡수된다.

07 덩굴식물 가운데 조림목에 피해를 가장 많이 주고 제거가 가장 어려운 것은?

① 칡
② 머루
③ 사위질빵
④ 으름덩굴

해설

무성생식으로도 잘 번식하는 칡은 번식력이 강하여 조림목에 가장 피해를 많이 주고 줄기를 베어도 잘 제거되지 않기 때문에 디캄바액제, 글라신액제 등의 화학적 제초제를 사용하는 것이 바람직하다.

08 택벌작업 시 고려사항으로 옳지 않은 것은?

① 하종벌과 후벌 시기
② 주요 임분의 물리적 안정성
③ 상층으로 자랄 임목의 건전성
④ 자체 조절 능력이 가능한 단계적 갱신

해설

하종벌과 후벌은 산벌작업의 단계이다.

09 다음 조건에 따른 파종량은?

- 파종상 실면적 : 500m²
- 묘목 잔존본수 : 1,000본/m²
- 1g당 종자평균입수 : 60립
- 순량률 : 0.90
- 발아율 : 0.90
- 묘목 잔존율 : 0.4

① 25.7kg
② 27.2kg
③ 28.7kg
④ 29.2kg

해설

파종상 전체 면적에 대한 파종량

파종량(g)
$$= \frac{\text{파종 상면적}(m^2) \times \text{가을에 } m^2\text{당 남길 묘목수}}{\text{1g당 종자입수} \times \text{순량률} \times \text{발아율} \times \text{묘목 잔존율}}$$
$$= \frac{500 \times 1,000}{60 \times 0.9 \times 0.9 \times 0.4}$$
$$= 25,720.164 \cdots g \quad \therefore \text{약 } 25.7kg$$

10 관다발 형성층의 시원세포가 수피 방향으로 분열하여 형성되며, 체내 물질의 이동 통로가 되는 것은?

① 물관부
② 체관부
③ 수지구
④ 수피층

해설

체관부
식물의 잎에서 광합성으로 만들어진 포도당(탄수화물)과 같은 양분이 줄기나 뿌리로 이동하는 통로로 관다발 형성세포가 사부 방향으로 분열하여 형성되는 조직이다.

11 우리나라 천연림 보육에서 적용하고 있는 수형급이 아닌 것은?

① 미래목
② 중용목
③ 중립목
④ 방해목

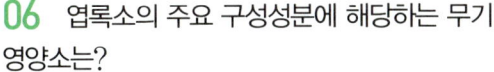

해설

우리나라에서 적용하고 있는 간벌법은 도태간벌로 미래목, 중용목, 보호목, 방해목, 경합목, 지장목으로 수목을 구분하고 있다.

12 소나무과 수종의 개화생리에 대한 설명으로 옳지 않은 것은?

① 암꽃은 주로 수관의 상단에 핀다.
② 같은 가지에서 암꽃이 수꽃보다 위쪽에 핀다.
③ 수꽃은 생장이 저조한 끝가지의 기부에 많이 핀다.
④ 수꽃은 화분 비산이 끝나도 계속 가지에 붙어 있다가 가을에 떨어진다.

해설

소나무과
자웅동주로 암꽃과 수꽃이 한 나무에 같이 피며, 암꽃은 주로 수관의 상단에, 수꽃은 주로 수관의 하단에 핀다. 한 가지에 필 때는 암꽃이 수꽃보다 위쪽에 피며 수꽃은 화분의 비산이 끝나면 곧 떨어진다.

13 산림 종자의 생리적 휴면을 유지시키는 호르몬은?

① 옥신(auxin)
② 지베렐린(gibberellin)
③ 사이토키닌(cytokinin)
④ 아브시스산(abscisic acid)

해설

아브시스산(abscisic acid, ABA, 앱시스산)
옥신, 지베렐린, 시토키닌과 같은 생장촉진물질과 달리 식물의 생장을 억제하는 대표적 생장억제물질이다. 종자의 발아를 억제하여 휴면을 유도하거나, 수분 부족 상황에서 기공을 닫는 등 수목이 불량환경에 처했거나 스트레스를 받을 때 다량 생성된다.

14 봄철에 종자가 성숙하는 수종은?

① *Abies koreana*
② *Pinus densiflora*
③ *Populus davidiana*
④ *Quercus mongolica*

해설

개화한 해의 봄에 종자가 성숙하는 수종
사시나무(*Populus davidiana*), 미루나무, 버드나무, 은백양, 양버들, 황철나무, 느릅나무

15 산림 토양에서 질산화 작용에 대한 설명으로 옳지 않은 것은?

① 질산화 작용이 거의 일어나지 않아 질소가 NH_4^+ 형태로 존재한다.
② 질산화 작용을 담당하는 박테리아는 중성 토양에서 활동이 왕성하다.
③ 질산화 작용이 억제되더라도 뿌리는 균근의 도움으로 암모늄태 질소를 직접 흡수할 수 있다.
④ 질산태 질소는 토양 내 산소 공급이 잘될 때 환원되어 N_2 가스나 NOx 화합물 형태로 대기권으로 돌아간다.

해설

질산화 작용은 암모늄이온이 아질산이온이 되었다가 질산이온으로 산화되는 과정이다. 질산이온이 다시 질소가스(N_2)로 환원되는 과정은 탈질균(세균)에 의한 탈질작용으로 발생한다.

정답 12 ④ 13 ④ 14 ③ 15 ④

16 판갈이 작업에 대한 설명으로 옳지 않은 것은?

① 작업 시기로는 봄이 알맞다.
② 땅이 비옥할수록 판갈이 밀도는 밀식하는 것이 좋다.
③ 지하부와 지상부의 균형이 잘 잡힌 묘목을 양성할 수 있다.
④ 참나무류는 만 2년생이 되어 측근이 발달한 후에 판갈이 작업하는 것이 좋다.

해설

땅이 비옥할수록 묘목의 생장이 좋아 소식하는 것이 좋다.

17 잣나무에 대한 설명으로 옳지 않은 것은?

① 심근성 수종이다.
② 잎 뒷면에 흰 기공선을 가지고 있다.
③ 한대성 수종으로 잎이 5개씩 모여난다.
④ 어려서는 음수이고 자라면서 햇빛 요구량이 줄어든다.

해설

잣나무(Pinus koraiensis)
침엽이 5개씩 모여나며, 심근성이고 주로 높은 산지의 한랭한 기후에서 생장한다. 어릴 때는 음수의 성질을 띠며 천천히 자라다가 점차 양수로 변하여 햇빛 요구량이 많아지며 생장이 빨라진다.

18 임분 갱신방법 및 용어에 대한 설명으로 옳은 것은?

① 소벌구의 모양은 일반적으로 원형이다.
② 산벌은 임목을 한꺼번에 벌채하는 것이다.
③ 소벌구는 측방 성숙임분의 영향을 받는다.
④ 모수는 갱신될 임지에 식재목을 공급하기 위한 묘목이다.

해설

소벌구
소면적의 벌채구로 측방에 있는 성숙임분으로부터 영향을 받을 수 있도록 작게 구획한 것이다.

19 묘목 양성에 대한 설명으로 옳은 것은?

① 밤나무에 흔히 적용하는 접목법은 복접이다.
② 용기묘 양성은 양묘 비용이 많이 들지 않고 특별한 기술이 필요 없다.
③ 발육이 완전하고 조직이 충실하며 측아의 발달이 잘 되어 있는 것이 우량묘의 조건이다.
④ 모식물의 가지를 휘어지게 하여 땅속에 묻어 고정하고 발근하게 하는 방법을 압조법이라 한다.

해설

휘묻이(압조법, 복조법)
모식물에 붙어 있는 가지를 자르지 않은 상태로 휘어 묻어 뿌리를 발생시키는 무성 번식방법이다.

20 종자를 습한 상태로 낮은 온도에서 보관하여 휴면을 타파하는 방법은?

① 추파법
② 노천매장
③ 2차 휴면
④ 상처 유도

해설

노천매장법(露天埋藏法)
노천에 일정 크기(깊이 50~100cm)의 구덩이를 파고 종자를 모래와 섞어서 묻어 저장하는 방법으로 저장과 함께 종자 후숙에 따른 발아촉진의 효과를 겸한다.

정답 16 ② 17 ④ 18 ③ 19 ④ 20 ②

2과목 산림보호학

21 늦여름이나 가을철에 내린 서리로 인하여 수목에 피해를 주는 것은?

① 상렬   ② 만상
③ 조상   ④ 연해

해설

조상(早霜)
늦가을에 수목이 휴면에 들어가기 전 내린 서리로 인한 피해이다(=이른 서리의 해).

22 수목병과 병징(또는 표징) 연결로 옳지 않은 것은?

① 리지나뿌리썩음병 : 침엽수의 뿌리가 침해받아 말라죽는다.
② 균핵병 : 죽은 조직 속 또는 표면에 씨앗 같은 검은 덩어리가 생긴다.
③ 철쭉류 떡병 : 잎, 꽃의 일부분이 떡모양으로 하얗게 부풀어 오른다.
④ 흰가루병 : 침엽수의 잎, 어린가지의 표면에 흰가루를 뿌린 듯한 모습이다.

해설

흰가루병
잎의 앞뒷면에 하얀 밀가루를 뿌려 놓은 것과 같은 감염 증상이 나타나는 수병으로 증상이 잎에만 나타난다. 물푸레나무, 밤나무, 참나무, 포플러 등의 잎에 발병한다.

23 다음 설명에 해당하는 해충은?

- 성충은 열매에 구멍을 내고 열매 속에 산란한다.
- 부화유충은 열매 속에서 가해하고 똥을 외부로 배출하지 않아 피해를 찾아내기 어렵다.

① 밤바구미   ② 버들바구미
③ 밤나무혹벌   ④ 복숭아명나방

해설

밤바구미
성충이 긴 주둥이로 밤에 구멍을 뚫어 1~2개의 알을 산란하면 부화 유충은 밤 종실 속에서 과육을 먹고 성장한다. 수확기의 밤은 유충이 배설물을 밖으로 배출하지 않으며 벌레 먹은 흔적도 없어 외견상으로는 피해 식별이 어렵다.

24 균사에 격벽이 없고, 무성포자인 유주포자를 생성하는 것은?

① 난균류   ② 자낭균류
③ 담자균류   ④ 불완전균류

해설

난균류
균사에 격막이 없으며, 많은 핵으로 구성되어 있는 균류이다. 주로 무성포자인 유주포자(유주자)에 의해 번식한다.

25 방제 대상이 아닌 곤충류에도 피해를 주기 가장 쉬운 농약은?

① 전착제   ② 생물농약
③ 접촉성 살충제   ④ 침투성 살충제

해설

접촉살충제
해충의 몸 표면에 약제가 직접 또는 간접적으로 닿아 죽게 되는 약제로 방제대상이 아닌 곤충에도 피해를 주기 쉽다.

26 7월 하순 이후 참나무류의 종실이 달린 가지가 땅에 많이 떨어져 있다면 이것은 어떤 해충의 피해인가?

① 밤바구미   ② 복숭아명나방
③ 밤나무재주나방   ④ 도토리거위벌레

정답 21 ③ 22 ④ 23 ① 24 ① 25 ③ 26 ④

> 해설

도토리거위벌레
성충은 도토리에 구멍을 뚫고 산란한 후 도토리가 달린 가지째 주둥이로 잘라 땅에 떨어뜨린다. 땅에 떨어진 가지의 도토리 내에서 부화한 유충은 과육을 식해하며 성장한다.

27 가해하는 수목의 종류가 가장 많은 해충은?

① 솔나방
② 솔잎혹파리
③ 천막벌레나방
④ 미국흰불나방

> 해설

미국흰불나방
기주범위가 넓어 버즘나무, 포플러, 벚나무, 단풍나무 등 활엽수 160여 종의 잎을 식해하는 잡식성이다.

28 낙엽층과 조부식층의 상부가 타는 산불의 종류는?

① 수간화
② 지표화
③ 수관화
④ 지중화

> 해설

지표화(地表化)
지표 위의 낙엽, 낙지 등의 지피물과 지상 관목층, 치수 등에서 발생하는 초기단계의 산불이다. 가장 흔한 형태의 산불로 모든 산불의 시초이며, 낙엽층과 조부식층의 상부가 타며 발생한다.

29 파이토플라스마를 매개하는 해충과 수목병의 연결이 옳지 않은 것은?

① 뽕나무오갈병 – 마름무늬매미충
② 붉나무빗자루병 – 담배장님노린재
③ 오동나무빗자루병 – 담배장님노린재
④ 쥐똥나무빗자루병 – 마름무늬매미충

> 해설

수병과 매개충

병원	수병	매개충
선충	소나무재선충병	솔수염하늘소, 북방수염하늘소
파이토플라스마	대추나무빗자루병	마름무늬매미충
	뽕나무오갈병	
	붉나무빗자루병	
	오동나무빗자루병	담배장님노린재
불완전균	참나무시들음병	광릉긴나무좀
바이러스	~모자이크병	진딧물

30 곤충의 일반적인 형태에 대한 설명으로 옳지 않은 것은?

① 소화관은 전장, 중장, 후장으로 나뉜다.
② 앞날개는 앞가슴에, 뒷날개는 뒷가슴에 부착되어 있다.
③ 가슴은 앞가슴, 가운데가슴, 뒷가슴으로 구성되어 있다.
④ 다리는 밑마디, 도래마디, 넓적마디, 종아리마디, 발마디로 구성되어 있다.

> 해설

곤충의 날개
대개 2쌍으로, 가운데가슴에 앞날개 1쌍, 뒷가슴에 뒷날개 1쌍이 부착되어 있다.

31 가루깍지벌레를 방제하는 방법으로 옳지 않은 것은?

① 수피 사이의 번데기를 채취하여 소각한다.
② 밀도가 낮으면 면장갑을 낀 손으로 잡는다.
③ 성충이 되기 전에 적정한 살충제를 살포한다.
④ 포식성 천적인 무당벌레류, 풀잠자리류를 보호 및 활용한다.

정답 27 ④ 28 ② 29 ② 30 ② 31 ①

해설

가루깍지벌레
연 2~3회 발생하며, 주로 수피 밑이나 틈새에서 알로 월동하므로 월동란을 채취하여 소각 방제한다.

32 밤나무혹벌에 대한 설명으로 옳지 않은 것은?

① 천적으로는 노란꼬리좀벌, 남색긴꼬리좀벌이 있다.
② 1년에 1회 발생하며 눈의 조직 내에서 유충의 형태로 월동한다.
③ 유충기를 벌레 혹에서 보낸 후에 탈출하여 번데기는 수피 틈새에 형성한다.
④ 피해목은 개화 및 결실이 잘 되지 않고, 피해가 누적되면 고사하는 경우가 많다.

해설

밤나무혹벌
밤나무의 잎눈에 충영(벌레혹)을 만들고 그 속에서 기생하여 밤의 결실을 방해하는 해충이다. 연 1회 발생하며, 눈의 조직 내에서 유충으로 월동하고 충영 속에서 성충까지 머물다가 구멍을 뚫고 탈출한다.

33 가뭄으로 인한 수목 피해인 한해(drought injury)에 대한 설명으로 옳은 것은?

① 천근성 수종은 한해에 강하다.
② 소나무, 자작나무가 한해에 강하다.
③ 묘포지의 육묘작업을 평년보다 늦게 하여 예방한다.
④ 낙엽 채취를 하여 지피물을 제거해 주면 한해를 방지할 수 있다.

해설

한해(旱害, 가뭄해)
토양이 가물어 수분부족 상태가 지속될 때 수목이 생육에 필요한 수분을 채우지 못해 시들고 말라죽게 되는 현상이다. 소나무, 해송(곰솔), 리기다소나무, 자작나무 등의 건조에 강한 수종이 한해에 강하다.

34 참나무시들음병 방제방법으로 가장 효과가 약한 것은?

① 유인목 설치   ② 끈끈이롤 트랩
③ 예방 나무주사   ④ 피해목 벌채 훈증

해설

참나무시들음병 방제법
• 유인목을 설치하여 매개충을 잡아 훈증 및 파쇄한다.
• 끈끈이롤 트랩을 수간에 감아 매개충을 잡는다.
• 매개충의 우화 최성기인 6월에 살충제인 페니트로티온 유제를 살포한다.
• 피해목을 벌채하여 타포린으로 덮은 후 훈증제를 처리한다.
• 전기충격기를 이용하여 나무 속의 성충과 유충을 감전사시킨다.

35 소나무 또는 잣나무에 발생하는 잎떨림병을 방제하는 방법으로 옳지 않은 것은?

① 병든 낙엽을 모아 태운다.
② 묘포에서 비배관리를 철저히 한다.
③ 포자가 비산하는 6~9월에 약제를 살포한다.
④ 수관 하부보다 상부에 가지치기를 주로 실시한다.

해설

소나무·잣나무잎떨림병 방제법
• 병든 낙엽은 모아 태우거나 땅에 묻는다.
• 수관 하부에 발생이 심하므로 가지치기와 풀베기를 하여 통풍을 좋게 한다.
• 여러 종류의 활엽수를 하목으로 식재한다.
• 자낭포자가 비산하는 시기에 적합한 약제(살균제)를 살포한다.

정답 32 ③ 33 ② 34 ③ 35 ④

36 오리나무갈색무늬병을 방제하는 방법으로 옳지 않은 것은?

① 연작을 실시한다.
② 종자를 소독한다.
③ 병든 낙엽을 태운다.
④ 밀식 시에는 솎아주기를 한다.

해설

오리나무갈색무늬병 방제법
- 연작을 피하고, 윤작을 실시한다.
- 병든 낙엽은 제거하고 소각하며, 종자는 소독한다.
- 잎이 발생하기 전부터 보호살균제인 보르도액을 살포한다.
- 밀식 시에는 솎아주기를 한다.

37 솔수염하늘소에 대한 설명으로 옳지 않은 것은?

① 1년에 1회 발생한다.
② 성충의 우화시기는 5~8월이다.
③ 목질부 속에서 번데기 상태로 월동한다.
④ 유충이 소나무의 형성층과 목질부를 가해한다.

해설

솔수염하늘소
연 1회 발생하며, 유충으로 월동한다. 유충은 소나무류의 수피 내 형성층과 목질부를 식해하며 성장한다. 성충은 5~7월 하순 또는 5~8월 초순경 구멍을 뚫고 나와 우화한다.

38 벚나무빗자루병을 방제하는 방법으로 옳은 것은?

① 매개충을 구제한다.
② 병든 가지를 제거한다.
③ 저항성 품종을 식재한다.
④ 항생제 계통의 약제를 나무주사한다.

해설

벚나무빗자루병 방제법
자낭균에 의한 수병으로 병든 가지를 꾸준히 제거하고 소각하여 방제한다.

39 잣나무털녹병균이 중간기주에 형성하는 포자의 형태가 아닌 것은?

① 녹포자
② 담자포자
③ 겨울포자
④ 여름포자

해설

잣나무털녹병

구분	수종	포자 형태
본기주	잣나무	녹병포자, 녹포자
중간기주	송이풀류, 까치밥나무류	여름포자, 겨울포자, 담자포자

40 오리나무잎벌레를 방제하는 방법으로 옳지 않은 것은?

① 알덩어리가 붙어 있는 잎을 소각한다.
② 5~6월에 모여 사는 유충을 포살한다.
③ 유충 발생기에 적정 살충제를 살포한다.
④ 수은등이나 유아등을 설치하여 성충을 유인한다.

해설

오리나무잎벌레 방제법
- 유충 가해시기인 5월 하순~7월 하순에 디프수화제 등의 살충제를 잎 뒷면에 중점 살포한다.
- 잎 뒷면의 알덩어리를 제거하고 소각한다.
- 유충 및 신성충, 월동성충을 포살한다.

3과목 임업경영학

41 육림비 절감방법으로 옳지 않은 것은?

① 낮은 이자율의 자본을 이용한다.
② 투입한 자본의 회수기간을 짧게 한다.
③ 노임을 절약할 수 있는 방법을 찾는다.
④ 중간 부수입(간벌수입 등)은 최소화한다.

해설

육림비의 절감
- 이자 절감 : 낮은 이자율의 자본 이용, 이자 발생 비용 절감 등
- 경비 절감 : 노임 절약, 풀베기 노동 절약 등
- 자본회수기간의 단축 : 벌기령의 단축, 부수입의 증대 등

42 다음 중 유동자본으로만 올바르게 나열한 것은?

| 가. 묘목 | 나. 임도 |
| 다. 벌목기구 | 라. 제재소 설치비 |

① 가
② 가, 나
③ 나, 다
④ 가, 다. 라

해설

자본재의 종류

	조림비	종자, 묘목, 비료, 약제, 보육비용
유동자본재	관리비	관리자의 급료, 사무비, 수선비, 보험료, 공과잡비
	사업비	임금, 소모품비
고정자본재		임지, 임도, 건물, 기계, 기구, 시설, 설비, 차량

43 연이율이 6%이고 매년 240만 원씩 영구히 순수익을 얻을 수 있는 산림을 3,600만 원에 구입하였을 때의 이익은?

① 225만 원
② 400만 원
③ 3,374만 원
④ 4,000만 원

해설

연이율 6%로 매년 240만 원씩 영구히 얻을 수 있는 순수익이므로 무한연년이자의 전가식을 이용하여 계산한다.

$$K = \frac{r}{0.0P} = \frac{2,400,000}{0.06} = 40,000,000원$$

여기서, r : 매년의 수익, P : 이율

이 산림의 순수익 현재가는 4,000만 원인데, 3,600만 원에 구입하였으므로 이익은 4,000만 원 − 3,600만 원 = 400만 원이다.

44 산림평가에서 임업이율을 높게 평정할 수 없고 오히려 보통이율보다 약간 낮게 평정해야 하는 이유에 해당하지 않는 것은?

① 산림소유의 안정성
② 산림수입의 고소득성
③ 산림관리경영의 간편성
④ 문화발전에 따른 이율의 저하

해설

임업이율을 낮게 평정해야 하는 이유
- 산림소유의 안정성
- 산림 관리경영의 간편성
- 생산기간의 장기성
- 산림재산과 임료수입의 유동성
- 재적 및 금원수확의 증가와 산림재산의 가치등귀
- 문화발전에 따른 이율의 저하
- 산림소유에 대한 개인적 가치 평가

정답 41 ④ 42 ① 43 ② 44 ②

45 입목의 연년생장량과 평균 생장량간의 관계에 대한 설명으로 옳은 것은?

① 초기에는 연년생장량이 평균생장량보다 작다.
② 연년생장량이 평균생장량보다 최대점에 늦게 도달한다.
③ 평균생장량이 최대가 될 때 연년생장량과 평균생장량은 같게 된다.
④ 평균생장량이 최대점에 도달한 후에는 연년생장량이 평균생장량보다 크다.

해설

연년생장량과 평균생장량 간의 관계
- 처음에는 연년생장량이 평균생장량보다 크다.
- 연년생장량은 평균생장량보다 빨리 극대점에 이른다.
- 평균생장량의 극대점에서 두 생장량의 크기는 같아진다. 임목은 이 지점일 때 벌채하여 수확하는 것이 가장 효율적이다.
- 평균생장량이 극대점에 이르기 전까지는 연년생장량이 항상 평균생장량보다 크다.
- 평균생장량이 극대점을 지난 후에는 연년생장량이 항상 평균생장량보다 작다.

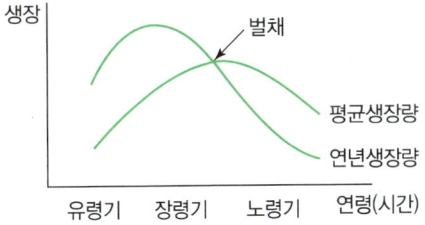

46 임업의 특성에 대한 설명으로 옳지 않은 것은?

① 임업생산은 노동집약적이다.
② 육성임업과 채취임업이 병존한다.
③ 원목가격의 구성요소 중 운반비가 차지하는 비율이 가장 낮다.
④ 토지나 기후조건에 대한 요구도가 타 산업에 비해 상대적으로 낮다.

해설

임업경영의 경제적 특성
- 육성임업과 채취임업이 병존한다.
- 임업노동은 계절적 제약을 크게 받지 않는다.
- 원목가격의 구성요소는 대부분이 운반비이다.
- 임업생산은 조방적이다.
- 공익성이 커서 제한성이 많다.

47 임분의 재적을 측정하기 위해 임분의 임목을 모두 조사하는 방법이 아닌 것은?

① 표본조사법
② 매목조사법
③ 재적표 이용법
④ 수확표 이용법

해설

전림법(全林法)
일정 지역의 임분을 구성하는 모든 나무를 측정하여 전체 재적을 구하는 방법으로 전수조사라고도 한다. 전림법에는 매목조사법, 매목목측법, 재적표 이용법, 수확표 이용법, 항공사진 이용법 등이 있다.

48 임목의 가격을 평가하기 위해 조사해야 할 항목으로 가장 거리가 먼 것은?(단, 주벌수확의 경우임)

① 재종별 시장가격
② 부산물 소득 정도
③ 조재율 또는 이용률
④ 총재적의 재종별 재적

해설

임목의 가격을 평가하기 위해서는 재종별로 나누어 시장가격, 재적 등을 조사하고 조재율을 적용하여 시장가역산법으로 계산한다.

정답 45 ③ 46 ③ 47 ① 48 ②

49 다음 조건에 따른 원목의 재적은?

- 재장 : 4.2m
- 말구직경 : 30cm
- 계산방법 : 말구직경자승법

① 0.126m³ ② 0.378m³
③ 1.260m³ ④ 3.780m³

해설

말구직경자승법(재장이 6m 미만일 때)

재적(m³) $V = d_n^2 \times l \times \dfrac{1}{10,000}$

$= 30^2 \times 4.2 \times \dfrac{1}{10,000} = 0.378\text{m}^3$

여기서, d_n : 말구지름(cm)
l : 재장(m)

50 산림구획 시 현지 여건상 불가피한 경우를 제외하고 임반을 구획하는 면적 기준은?

① 1ha ② 10ha
③ 100ha ④ 500ha

해설

임반의 면적은 100ha 내외로 구획하며, 능선, 하천 등 자연경계나 도로 등의 고정적 시설을 따라 확정한다.

51 산림 생산기간에 대한 설명으로 옳지 않은 것은?

① 회귀년은 택벌작업에 적용되는 용어이다.
② 회귀년의 길이와 연구역면적은 정비례한다.
③ 벌채 후 갱신이 지연되는 경우 늦어지는 기간을 갱신기라고 한다.
④ 어떤 임분에서 벌채와 동시에 갱신이 시작되는 경우 윤벌기와 윤벌령은 동일하다.

해설

회귀년(回歸年)
일정 작업급을 작은 면적의 많은 벌구로 나누면 회귀년은 길어져 회귀년의 길이와 연벌구역면적은 반비례하고, 회귀년이 길수록 늦게 벌채순번이 돌아오므로 일정 구역의 벌채량은 많아져 회귀년의 길이와 일정 구역의 벌채량은 정비례한다.

52 임령에 따라 적용한 임목의 평가방법으로 가장 적합한 것은?

① 유령의 임목 : 비용가법
② 중령의 임목 : 기망가법
③ 벌기 이후의 임목 : Glaser법
④ 벌기 미만 장령의 임목 : 매매가법

해설

임령에 따른 임목의 평가법

구분	내용
유령림의 임목평가	임목비용가법
중령림의 임목평가	글라저(Glaser)법
벌기 미만인 장령림의 임목평가	임목기망가법
벌기 이상인 성숙림의 임목평가	시장가역산법

53 자본장비도 개념을 임업에 도입할 때 자본효율에 해당하는 것은?

① 축적 ② 생장량
③ 벌채량 ④ 생장률

해설

임업에서는 자본장비도가 임목축적, 자본효율이 생장률, 소득이 생장량을 나타낸다.

정답 49 ② 50 ③ 51 ② 52 ① 53 ④

54 산림조사기간 동안 측정할 수 있는 크기로 생장한 새로운 임목들의 재적을 의미하는 것은?

① 순변화량 ② 순생장량
③ 총생장량 ④ 진계생장량

해설

진계생장량
산림조사기간 동안 측정할 수 있는 크기로 생장한 새로운 임목들의 재적량이다.

55 임지생산능력을 판단 및 결정하는 방법으로 가장 거리가 먼 것은?

① 직경에 의한 방법
② 지표식물에 의한 방법
③ 환경인자에 의한 방법
④ 지위지수에 의한 방법

해설

지위사정 방법
- 지위지수에 의한 방법(우세목 수고에 의한 방법) : 지위지수 분류표, 지위지수 분류곡선
- 환경인자에 의한 방법 : 입지환경인자, 토양단면인자
- 지표식물에 의한 방법 : 한랭한 곳

56 산림경영계획 작성 시 임황조사 항목이 아닌 것은?

① 지위 ② 임상
③ 임종 ④ 소밀도

해설

산림조사 항목
- 지황조사 : 지종, 방위, 경사도, 표고, 토성, 토심, 건습도, 지위, 지리, 지세 등
- 임황조사 : 임종, 임상, 수종, 혼효율, 임령, 영급, 수고, 경급, 소밀도, 축적 등

57 임가소득에 대한 설명으로 옳지 않은 것은?

① 농업소득도 임가소득에 포함된다.
② 임업 외 소득도 임가소득에 포함된다.
③ 겸업 또는 부업으로 인한 소득은 임가소득에서 제외된다.
④ 임가소득지표로 생산자원의 소유형태가 서로 다른 임가 사이의 임업경영성과를 직접 비교할 수 없다.

해설

임가소득
임업경영을 하는 임가가 여러 가지 소득행위로 한 해 동안에 얻은 성과의 합계이다. 주 수입원인 임업소득과 농업소득이 있으며, 그 외의 기타 소득이나 겸업 또는 부업으로 인한 소득도 임가소득에 포함된다.

58 임목의 생장량을 측정하는 데 있어서 현실생장량의 분류에 속하지 않는 것은?

① 연년생장량
② 정기생장량
③ 벌기생장량
④ 벌기평균생장량

해설

생장량의 종류
- 현실생장량 : 총생장량, 연년생장량, 정기생장량, 벌기생장량 등
- 평균생장량 : 총평균생장량, 정기평균생장량, 벌기평균생장량 등

59 산림면적이 1,200ha, 윤벌기 40년, 1영급이 10영계일 때 법정영급면적과 법정영계면적을 순서대로 올바르게 나열한 것은?

① 30ha, 100ha   ② 30ha, 300ha
③ 300ha, 30ha   ④ 300ha, 100ha

정답 54 ④ 55 ① 56 ① 57 ③ 58 ④ 59 ③

해설

법정영급면적 $A = \dfrac{F}{U} \times n = \dfrac{1,200}{40} \times 10 = 300\text{ha}$

법정영계면적 $a = \dfrac{F}{U} = \dfrac{1,200}{40} = 30\text{ha}$

여기서, U : 윤벌기, F : 산림면적(ha)
n : 1영급의 영계수

60 다음 조건에 따라 연수합계법으로 계산된 제3년도 감가상각비는?

- 취득원가 : 5,000만 원
- 폐기할 때 잔존가격 : 500만 원
- 추정 내용연수 : 10년

① 약 360만 원 ② 약 655만 원
③ 약 900만 원 ④ 약 1,350만 원

해설

연수합계법

잔존내용연수는 3년도부터 10년도까지 총 8년이므로 감가상각비를 계산하면 아래와 같다.

감가상각비
$= (취득원가 - 잔존가치) \times \dfrac{잔존내용연수}{내용연수의\ 합계}$
$= (5{,}000만\ 원 - 500만\ 원) \times \dfrac{8}{1+2+3+\cdots+10}$
$= 6{,}545{,}454.54\cdots$ ∴ 약 655만 원

4과목 임도공학

61 임도설계 시 종단기울기에 대한 설명으로 옳은 것은?

① 종단기울기의 계획은 설계차량의 규격과 관계가 없다.
② 종단기울기를 급하게 하면 임도우회율을 낮출 수 있다.
③ 종단기울기는 완만한 것이 좋기 때문에 0%를 유지하는 것이 좋다.
④ 종단기울기는 시공 후 임도의 개·보수를 통하여 손쉽게 변경할 수 있다.

해설

종단기울기
배수의 문제가 발생하지 않도록 종단기울기는 최소 2~3% 이상은 되어야 한다. 종단기울기가 높으면 임도우회율이 적어져 시설비가 감소되고, 반대로 종단기울기가 낮으면 우회율이 커져 시설비가 증가될 수 있다.

62 종단기울기가 0%인 임도의 중앙점에서 양측 길어깨로 3%의 횡단경사를 주고자 한다. 임도 폭이 4m일 경우 양측 길어깨는 임도 중앙점보다 얼마나 낮아져야 하는가?

① 1cm ② 2cm
③ 3cm ④ 6cm

해설

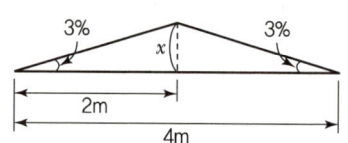

기울기(%) $= \dfrac{높이}{밑변} \times 100$ 에서 $3\% = \dfrac{x}{2} \times 100$ 이므로

$x = 0.06\text{m} = 6\text{cm}$

63 노면 또는 땅깎기 비탈면에 설치하는 배수시설로 길어깨와 비탈 사이에 종단 방향으로 설치하는 것은?

① 겉도랑
② 속도랑
③ 옆도랑
④ 빗물받이

정답 60 ② 61 ② 62 ④ 63 ③

해설
옆도랑(측구)
노면과 절토 비탈면에 흐르는 물을 모아 집수정으로 유도하여 처리하기 위한 배수시설로 길어깨와 비탈 사이에 종단 방향으로 설치한다.

64 도면에서 기울기를 표현하는 방법으로 옳지 않은 것은?

① $1/n$: 수평거리 1에 대하여 높이 n로 나눈 것
② $n\%$: 수평거리 100에 대한 n의 고저차를 갖는 백분율
③ $n‰$: 수평거리 1,000에 대한 n의 고저차를 갖는 천분율
④ 각도 : 수평은 0°, 수직은 90°로 하여 그 사이를 90 등분한 것

해설
기울기(경사도, 물매)의 표현방법

$1:n$ 또는 $1/n$	• 수직높이 1에 대하여 수평거리 n으로 나눈 것 • 수직높이 1에 대하여 수평거리가 n일 때
$n\%$	• 수평거리 100에 대한 n의 고저차를 갖는 백분율 • 수평거리 100에 대하여 수직높이가 n일 때의 비율
$n‰$	• 수평거리 1,000에 대한 n의 고저차를 갖는 천분율(퍼밀) • 수평거리 1,000에 대하여 수직높이가 n일 때의 비율
각도	• 수평은 0°, 수직은 90°로 하여 그 사이를 90 등분한 것

65 간벌을 위한 임도개설 시 적용하는 지수로 가장 적합한 것은?

① 수익성지수 ② 임업효과지수
③ 교통효과지수 ④ 경영기여율지수

해설
임도개설 시 우선순위로 적용하는 지수
• 전체 계획 : 임업효과지수, 교통효과지수
• 전체 계획, 당년도개설연장 : 투자효율지수, 경영기여율지수
• 전체 계획, 간벌임도 : 수익성지수

66 연암 또는 단단한 지반 굴착에 가장 적합한 기계는?

① 로더 ② 리퍼불도저
③ 머캐덤롤러 ④ 모터그레이더

해설
리퍼(ripper)
불도저의 뒷면에 부착하는 갈고리와 같은 부속으로 주로 연암이나 단단한 흙의 굴착 및 파쇄작업에 이용한다.

67 다음 ( ) 안에 적합한 단어로 옳은 것은?

임도노선 배치계획은 (가)에서 결정된 임도연장을 목표로 하여 (나)을(를) 포함한 신설노선의 배치를 결정하는 과정이고, 이 경우도 (다)와(과) 같이 임업의 시업인자 및 (라) 등이 감안되어야 한다.

① 가 : 임도밀도계획
② 나 : 교통도로
③ 다 : 임도보수계획
④ 라 : 준공검사

해설
임도계획
• 임도계획은 임도밀도계획, 임도노선 배치계획, 임도노선선정계획 순으로 구성한다.
• 임도노선 배치계획은 임도밀도계획에서 결정된 임도연장을 목표로 하여 기설임도를 포함한 신설노선의 배치를 결정하는 과정이고, 이 경우도 임도밀도계획과 같이 임업의 시업인자 및 지형인자 등이 감안되어야 한다.

정답 64 ① 65 ① 66 ② 67 ①

68 임도의 유효너비 설치기준으로 다음 ( ) 안에 적합한 수치를 순서대로 나열한 것은?

> 유효너비는 ( )m를 기준으로 하며, 배향곡선지인 경우 ( )m 이상으로 한다.

① 2.5, 5   ② 2.5, 6
③ 3, 5   ④ 3, 6

해설

유효너비(차도너비)
길어깨와 옆도랑을 제외한 임도의 유효너비로 3m를 기준으로 한다. 배향곡선지의 경우 유효너비는 6m 이상으로 한다.

69 임도의 각 측 단면마다 지반고, 계획고, 절·성토고 및 지장목 제거 등의 물량을 기입하는 도면은?

① 평면도   ② 표준도
③ 종단면도   ④ 횡단면도

해설

임도 설계도의 축척 및 기입사항

도면 구분	축척	기입사항
평면도	1 : 1,200	임시기표, 교각점, 측점번호, 사유토지의 지번별 경계, 구조물, 지형지물, 곡선제원
종단면도	횡 1 : 1,000 종 1 : 200	지반고, 계획고, 절토고, 성토고, 종단기울기, 누가거리, 거리, 측점, 곡선
횡단면도	1 : 100	지반고, 계획고, 절토고, 성토고, 단면적(절성토), 지장목 제거, 측구터파기 단면적, 사면보호공 물량

70 실제거리 150m를 지형도에 나타낸 길이가 15cm일 때 지형도의 축척은?

① 1 : 10   ② 1 : 100
③ 1 : 1,000   ④ 1 : 10,000

해설

지도의 15cm가 실제는 150m(= 15,000cm)이므로 축척은 15 : 15,000으로 1 : 1,000이 된다.

71 임도의 평면 선형에서 곡선의 종류가 아닌 것은?

① 단곡선   ② 배향곡선
③ 복선곡선 ④ 반향곡선

해설

평면곡선의 종류
단곡선(원곡선), 복심곡선(복합곡선), 반향곡선(반대곡선), 배향곡선 등

72 임도망 계획에서 설치 위치별 구분이 아닌 것은?

① 사면임도   ② 능선임도
③ 계곡임도   ④ 연결임도

해설

산악지대의 임도노선 선정·배치 형태(설치 위치별 구분)
계곡임도, 사면임도(지그재그 방식, 대각선 방식), 능선임도, 산정부 개발형(순환식 노선방식), 계곡분지 개발형

73 임도 구조물 시공 시 기초공사의 종류가 아닌 것은?

① 전면기초   ② 말뚝기초
③ 고정기초   ④ 확대기초

해설

기초공사의 구분
기초공사는 크게 직접기초(얕은 기초)와 간접기초(깊은 기초)로 구분하며, 다시 확대기초, 전면기초, 말뚝기초, 피어기초, 케이슨기초로 세분한다.

정답 68 ④ 69 ④ 70 ③ 71 ③ 72 ④ 73 ③

74 벽의 안정성 검토 사항으로 옳지 않은 것은?

① 전도
② 활동
③ 다짐
④ 침하

해설

옹벽의 안정조건
전도에 대한 안정, 활동에 대한 안정, 침하에 대한 안정, 내부응력에 대한 안정

75 임도 설계 과정에서 곡선반경이 400m, 교각이 90°인 단곡선에서 접선의 길이는?

① 200m
② 400m
③ 600m
④ 800m

해설

접선길이 $T.L = R \cdot \tan\frac{\theta}{2}$

$= 400 \times \tan\frac{90}{2} = 400\text{m}$

여기서, R : 곡선반지름
θ : 교각

76 타워야더와 비교한 트랙터를 이용한 집재방법에 대한 설명으로 옳지 않은 것은?

① 임도밀도가 높은 경우에 적합하다.
② 주변 환경 및 목재의 피해가 적다.
③ 급경사지보다 완경사지가 적합하다.
④ 장거리 운반에는 바람직하지 못하다.

해설

트랙터집재와 가선집재의 비교

집재 방식	장점	단점
트랙터집재 (면의 집재)	• 기동성이 높다. • 작업이 단순하다. • 작업생산성이 높다. • 운전이 용이하다. • 작업비용이 적다.	• 완경사지에서만 작업이 가능하다. • 잔존임분에 피해가 심하다. • 높은 임도밀도가 요구된다. • 저속이라 장거리 운반이 어렵다.
가선집재 (선의 집재)	• 급경사지에서도 작업이 가능하다. • 잔존임분에 피해가 적다. • 낮은 임도밀도에서 작업이 가능하다.	• 기동성이 낮다. • 숙련된 기술을 요한다. • 작업생산성이 낮다. • 장비구입비가 비싸다. • 설치와 철거에 시간이 필요하다.

77 임도 실시설계를 위한 현지측량에 대한 설명으로 옳지 않은 것은?

① 주로 산악지에는 중심선측량, 평탄지와 완경사지에는 영선측량법을 적용하고 있다.
② 중심선측량은 측점 간격을 20m로 하여 중심말뚝을 설치하되, 필요한 각 지점에는 보조말뚝을 설치한다.
③ 횡단측량은 중심선의 각 측점·지형이 급변하는 지점, 구조물설치 지점의 중심선에서 양방향으로 실시한다.
④ 종단측량은 노선의 중심선을 따라 측량하되, 주요 구조물 주변 및 연장 1km마다 임시기표를 표시하고 평면도에 표시한다.

해설

산악지에서는 영선측량, 평탄지와 완경사지에서는 중심선측량을 적용한다.

78 다음 조건에 따라 양단면적평균법에 의하여 계산한 토량은?

- 시작 구간 단면적 : 30m²
- 종료 구간 단면적 : 70m²
- 구간 거리 : 40m

① 600m³ ② 1,000m³
③ 1,400m³ ④ 2,000m³

해설

양단면적평균법

토량(m³) $V = \dfrac{A_1 + A_2}{2} \times L$

$= \dfrac{30 + 70}{2} \times 40$

$= 2,000\text{m}^3$

여기서, A_1, A_2 : 양단면적
L : 양단면적 간의 거리

79 트래버스 측량 결과가 아래의 표와 같을 경우에 값으로 옳지 않은 것은?(단, 위·경거 오차는 없음)

측점	방위각(°)	거리(m)	위거(m)		경거(m)	
			N(+)	S(−)	E(+)	W(−)
AB	50	10	6.4		7.6	
BC	150	5		4.3	2.5	
CD	(가)	(나)		(다)		(라)
DA	300	7	3.5			6.0

① 가 : 36.2
② 나 : 7
③ 다 : 5.6
④ 라 : 4.1

해설

위거와 경거의 오차는 없으므로 폐합트래버스이며, 위거와 경거의 합은 0이다.

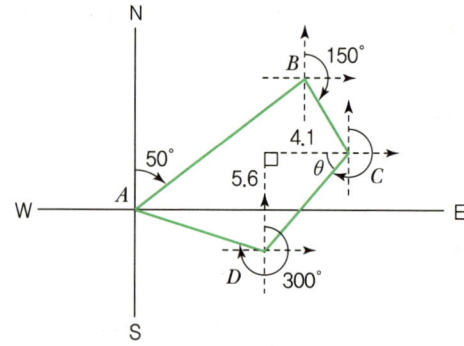

(다) 측선 CD의 위거 : $6.4 - 4.3 + 3.5 = 5.6$m
(라) 측선 CD의 경거 : $7.6 + 2.5 - 6.0 = 4.1$m
(나) 측선 CD의 거리 : 위거와 경거가 각각 5.6, 4.1이므로 직각삼각형에서 피타고라스의 정리를 이용하면
$\overline{CD}^2 = 5.6^2 + 4.1^2$, $\overline{CD} = \sqrt{5.6^2 + 4.1^2}$, $\overline{CD} = 6.940\cdots ≒ 7$m 이다.
(가) 측선 CD의 방위각 : 그림과 같이 측선 CD의 방위각은 적어도 180°보다 커야 한다. 직각삼각형에서
$\tan\theta = \dfrac{5.6}{4.1}$, $\theta = \tan^{-1}\dfrac{5.6}{4.1} = 53.79\cdots ≒ 54°$
이므로 $270° - 54° ≒ 216°$이다.

80 임도 설계 시 작성하는 도면의 축척 기준으로 옳지 않은 것은?

① 평면도 : 1/1,200
② 횡단면도 : 1/500
③ 종단면도 : 종 1/200
④ 종단면도 : 횡 1/1,000

해설

임도 설계도의 축척

도면 구분	축척
평면도	1 : 1,200
종단면도	횡 1 : 1,000 종 1 : 200
횡단면도	1 : 100

정답 78 ④ 79 ① 80 ②

5과목 사방공학

81 해풍에 의한 비사를 억류하고 퇴적시켜서 모래언덕을 조성할 목적으로 시공하는 것은?

① 파도막이
② 모래막이
③ 정사울세우기
④ 퇴사울세우기

해설

퇴사울세우기
해풍에 의해 날리는 모래(비사)를 억류·고정하고 퇴적시켜서 인공 모래언덕(사구)을 조성할 목적으로 퇴사(堆砂)울타리를 시공하는 공법이다.

82 격자틀붙이기공법에서 용수가 있는 격자틀 내부를 처리하는 방법으로 가장 적절한 것은?

① 흙 채움
② 작은 돌 채움
③ 떼붙이기 채움
④ 콘크리트 채움

해설

비탈격자틀붙이기 공법
비탈면에 콘크리트블록을 격자형으로 조립하여 설치하고, 그 안에 흙이나 작은 돌 등을 채워 비탈을 안정시키는 공법이다. 용수가 있는 곳은 자갈로 채운다.

83 유동형 침식의 하나인 토석류에 대한 설명으로 옳은 것은?

① 규모가 큰 돌은 이동시키지 못한다.
② 주로 점성토의 미끄럼 면에서 미끄러진다.
③ 물을 활제로 하여 집합운반의 형태를 가진다.
④ 일반적으로 하루에 0.01~10mm 정도 이동한다.

해설

토석류(土石流)
산지 또는 계곡에서 토석·나무 등이 물과 섞여 쓸려 내려오는 현상으로 물을 윤활제로 하여 집합운반의 형태를 가진다.

84 산지사방에서 기초공사에 해당하지 않는 것은?

① 단끊기
② 단쌓기
③ 땅속흙막이
④ 속도랑 배수구

해설

산지사방공사의 종류

기초공사	비탈다듬기(뭉기기), 단끊기, 땅속흙막이(묻히기), 산비탈흙막이(산복흙막이), 누구막이, 산비탈배수로(산복수로, 산비탈수로내기), 속도랑(배수구)
녹화공사	바자얽기(편책공, 목책공), 선떼붙이기, 조공, 줄떼시공(줄떼다지기, 줄떼붙이기, 줄떼심기), 평떼시공(평떼붙이기, 평떼심기), 단쌓기(떼단쌓기), 비탈덮기(거적덮기), 등고선구공법(수평구공법), 새심기, 씨뿌리기(파종공법), 종비토뿜어붙이기, 나무심기(식재공법)

85 누구침식이 점점 더 진행되어 규모가 커져 깊고 넓은 골을 형성하는 왕성한 침식형태는?

① 구곡침식
② 하천침식
③ 우격침식
④ 면상침식

해설

구곡침식(溝谷浸蝕)
도랑이 커지면서 심토까지 심하게 깎이는 빗물 침식 현상이다. 누구침식이 점점 더 진행되어 규모가 커지고 보다 깊고 넓은 골을 형성하는 왕성한 침식형태이다.

86 산비탈흙막이 공법에 대한 설명으로 옳지 않은 것은?

① 표면 유하수를 분산시키기 위한 공작물이다.
② 산지사방의 부토고정을 위해 설치하는 공작물이다.
③ 비탈면 기울기를 완화하여 비탈면의 안정성을 유지시킨다.

정답 81 ④ 82 ② 83 ③ 84 ② 85 ① 86 ②

④ 사용하는 재료로는 콘크리트, 돌, 통나무, 콘크리트블록 등이 있다.

해설

산지사방의 부토고정을 위해 설치하는 공작물은 땅속흙막이다.

87 유역면적 1ha, 최대시우량 100mm/hr, 유거계수 0.7일 때 시우량법에 의한 최대홍수유량(m³/s)은?

① 0.166 ② 0.194
③ 1.167 ④ 1.944

해설

시우량법(유역면적의 단위가 ha일 때 유량공식)

$Q = \dfrac{1}{360} \times K \cdot A \cdot m = \dfrac{1}{360} \times 0.7 \times 1 \times 100$

$= 0.1944 \cdots ≒ 0.194 \, m^3/s$

여기서, Q : 최대홍수유량(m³/s)
K : 유거계수
A : 유역면적
m : 최대시우량(mm/hr)

88 조도계수가 0.05, 통수단면적이 3m², 윤변이 1.5m, 수로기울기가 2%일 때 Manning의 평균유속공식에 의한 유량은?

① 0.45m³/s ② 4.49m³/s
③ 13.47m³/s ④ 17.58m³/s

해설

매닝(Manning) 공식

경심 $R = \dfrac{유적}{윤변} = \dfrac{3}{1.5} = 2m$ 이고, 수로기울기 2%는 0.02이므로, 유속은 $V = \dfrac{1}{n} \cdot R^{\frac{2}{3}} \cdot I^{\frac{1}{2}} = \dfrac{1}{0.05} \times 2^{\frac{2}{3}}$
$\times 0.02^{\frac{1}{2}} = 4.4898 \cdots m/s$ 이다. 따라서 유량은 $Q =$ 유속 × 유적 $= 4.4898 \times 3 = 13.469 \cdots ≒ 13.47 m^3/s$ 이다.

여기서, V : 평균유속 (m/s)
n : 유로조도계수, R : 경심
m, I : 수로경사(%를 소수로)

89 중력침식 유형 중에서 발생속도가 가장 느린 것은?

① 산붕 ② 포락
③ 산사태 ④ 땅밀림

해설

중력에 의한 침식
- 붕괴형 침식 : 산사태, 산붕, 붕락, 포락, 암설붕락 등
- 지활형 침식 : 땅밀림(중력침식유형 중 발생속도가 가장 느림)
- 유동형 침식 : 토석류, 토류, 암설류 등
- 동상 침식

90 수제의 간격을 결정할 때 고려되어야 할 사항으로 가장 거리가 먼 것은?

① 유수의 강도 ② 수제의 길이
③ 계상의 기울기 ④ 대수면의 면적

해설

수제의 간격 결정 시 고려사항
수제의 길이 및 작용범위, 유수의 강도 및 방향, 계상물매, 형상 등

91 중력식 사방댐의 전도에 대한 안정을 위한 수압 작용점의 높이는?

① 사방댐 밑에서 높이의 1/3 지점
② 사방댐 밑에서 높이의 1/2 지점
③ 사방댐 위에서 밑을 향하여 1/3 지점
④ 사방댐 위에서 밑을 향하여 1/4 지점

정답 87 ② 88 ③ 89 ④ 90 ④ 91 ①

해설

사방댐의 전도(轉倒)에 대한 안정
합력작용선이 제체의 하류 끝에서 중앙까지를 지난다고 볼 때, 전도에 대해서 안전하려면 합력작용선이 제저 중앙의 1/3보다 하류 측을 통과해야 한다.

92 황폐지를 진행상태 및 정도에 따라 구분할 때 초기 황폐지 단계에 대한 설명으로 옳은 것은?

① 지표면의 침식이 현저하여 방치하면 가까운 장래에 민둥산이 될 가능성이 높다.
② 외관상으로 황폐지로 보이지 않지만 임지 내에서 이미 침식상태가 진행 중이다.
③ 산지 비탈면이 여러 해 동안의 표면침식과 토양유실로 토양의 비옥도가 떨어진다.
④ 산지의 임상이나 산지의 표면침식으로 외견상 명확하게 황폐지라 인식할 수 있다.

해설

황폐지의 진행 순서
[척악임지 → 임간나지 → 초기황폐지 → 황폐이행지 → 민둥산 → 특수황폐지]
- 척악임지 : 산지 비탈면이 여러 해 동안의 표면침식과 토양유실로 토양의 비옥도가 떨어진 임지로 황폐지의 초기 단계이다.
- 초기황폐지 : 산지의 임상이나 산지의 표면침식으로 외견상 분명히 황폐지라 인식할 수 있는 상태의 임지이다.
- 황폐이행지 : 지표면의 침식이 현저하여 방치하면 곧 민둥산이 될 가능성이 높은 임지이다.

93 다음 설명에 해당하는 것은?

- 주목적은 토사생산구역에서 구곡침식을 방지하는 것이다.
- 사방댐보다 규모가 작고 반수면만 존재한다.

① 골막이   ② 바닥막이
③ 기슭막이   ④ 누구막이

해설

골막이(구곡막이)
토사생산구역에서 유속을 완화하여 구곡침식을 방지하고자 계류를 횡단하여 설치하는 일종의 소형 사방댐이다. 사방댐은 대수면과 반수면을 모두 축설하지만, 골막이는 반수면만을 축설하고 대수측은 채우기 한다.

94 산림환경보전 공사용 토목재료의 특성으로 옳지 않은 것은?

① 내구성이 커야 한다.
② 변형이 적어야 한다.
③ 내마모성이 커야 한다.
④ 내수성이 낮아야 한다.

해설

산림환경 토목재료는 내구성, 내마모성, 내수성, 내화성 등이 좋아야 한다.

95 우리나라에서 녹화용으로 식재되는 사방 조림수종과 가장 거리가 먼 것은?

① 잣나무   ② 아까시나무
③ 산오리나무 ④ 리기다소나무

해설

주요 사방용 조림수종
리기다소나무, 해송(곰솔), 오리나무류[산오리나무(물오리나무), 사방오리나무], 아까시나무, 참나무류[상수리나무, 졸참나무], 눈향나무(누운향나무), 싸리류, 족제비싸리, 회양목, 병꽃나무

96 비탈면 안정 및 녹화공법에 해당하지 않는 것은?

① 새집공법   ② 생울타리
③ 사초심기   ④ 차폐수벽공

정답 92 ④ 93 ① 94 ④ 95 ① 96 ③

해설

사초심기
조성된 모래언덕에 사구식물(사초, 沙草)을 심어 모래가 날리는 것을 방지하는 해안사방공사이다.

97 산지사방의 공종별 설명으로 옳지 않은 것은?

① 평떼붙이기 : 땅깎기 비탈면에 평떼를 붙여 비탈면 전체 면적을 일시에 녹화한다.
② 새심기 : 산불발생지, 민둥산지, 석력지 등 규모로 녹화가 필요한 곳에 새류의 풀포기를 식재한다.
③ 조공 : 완만한 경사의 비탈면에 수평으로 소단을 만들고, 앞면에는 떼, 새포기, 잡석 등으로 소단을 보호한다.
④ 선떼붙이기 : 비탈다듬기에서 생산된 뜬 흙을 고정하고, 식생을 조성하기 위한 파식상을 설치하는 데 필요한 공작물이다.

해설

새심기
비탈사면에 새, 솔새, 개솔새, 억새 등의 새 포기를 심어 녹화하는 공법이다. 산불발생지, 민둥산지, 석력지 등에서 소규모로 녹화가 필요한 곳에 보완하기 위해 시공한다.

98 사방댐의 주요 기능이 아닌 것은?

① 산각을 고정하여 붕괴를 방지한다.
② 계상기울기를 완화하고 종침식을 방지한다.
③ 유심의 방향을 변경시켜 계안의 침식을 방지한다.
④ 계상에 퇴적한 불안정한 토사의 유동을 방지한다.

해설

유심의 방향을 변경시켜 계안의 침식을 방지하는 것은 수제이다.

99 수제의 간격은 일반적으로 수제 길이의 몇 배 정도인가?

① 0.25~0.50
② 0.50~1.25
③ 1.25~4.50
④ 4.50~8.25

해설

수제의 길이는 소수의 길고 큰 수제보다 다수의 짧은 수제가 효과적이며, 수제의 간격은 일반적으로 수제 길이의 1.25~4.5배가 적당하다.

100 바닥막이에 대한 설명으로 옳지 않은 것은?

① 높이는 사방댐보다 낮게, 골막이보다 높게 설치한다.
② 방수로의 폭은 계천 폭과 같게 하거나 다소 좁게 한다.
③ 연속적인 바닥막이 공사로 계상기울기를 완화시킨다.
④ 계상의 종침식을 방지하는 경우에는 낮은 바닥막이를 계획한다.

해설

바닥막이
높이는 사방댐이나 골막이보다 일반적으로 낮고, 3m 이하로 시공하며, 3m 이상이 되면 바닥막이가 아닌 사방댐으로 분류한다.

정답 97 ② 98 ③ 99 ③ 100 ①

1과목 조림학

01 묘목 양성 시 해가림을 해 주어야 할 수종으로만 올바르게 나열한 것은?

① 주목, 소나무
② 전나무, 삼나무
③ 밤나무, 은행나무
④ 벚나무, 아까시나무

해설

해가림 수종
- 해가림이 필요한 수종 : 가문비나무, 전나무, 잣나무, 삼나무, 낙엽송 등의 침엽수
- 해가림이 필요 없는 수종 : 소나무, 리기다소나무, 곰솔(해송), 사시나무, 아까시나무 등의 양수

02 산림에서 식물군란의 일정한 계열적 변화를 의미하는 것은?

① 식생교란
② 식생변이
③ 식생순화
④ 식생천이

해설

천이(遷移)
일정 장소에서 시간의 흐름에 따라 방향성을 가지고 자연적으로 식생 군집이 변화해 가는 현상을 말한다. 특정 지역에 있는 종들의 방향적이고 계속적인 변화를 의미한다.

03 침엽수의 가지치기 작업방법으로 옳은 것은?

① 줄기와 직각이 되도록 잘라낸다.
② 으뜸가지 이상의 가지를 잘라낸다.
③ 생장휴지기에 실시하는 것이 좋다.
④ 초두부까지 가지를 잘라내어 통직한 간재를 생산하도록 한다.

해설

침엽수의 가지치기
- 비교적 지융부가 발달하지 않은 침엽수는 절단면이 줄기와 평행하게 되도록 가지를 제거한다.
- 역지(으뜸가지) 이하의 가지를 잘라낸다.
- 가급적 생장휴지기인 11~3월(겨울, 이른 봄)에 수목의 수액이 유동하기 직전에 실시한다.

04 대면적 산벌작업의 장점으로 옳지 않은 것은?

① 개벌작업 및 모수작업에 비해 갱신이 더 확실하다.
② 어린나무가 상하지 않고 적은 비용으로 작업할 수 있다.
③ 우량한 임목들을 남겨 갱신되는 임분의 유전적 형질을 개량할 수 있다.
④ 수령이 거의 비슷하고 줄기가 곧은 동령일제림으로 조성할 수 있다.

해설

산벌작업은 후벌 시 자라난 어린나무에 피해를 줄 수 있으며, 개벌이나 모수작업보다 작업이 복잡하여 비용도 많이 든다.

05 간벌작업을 병행하여 실시하는 갱신 작업종은?

① 개벌작업
② 왜림작업
③ 택벌작업
④ 모수림작업

정답 01 ② 02 ④ 03 ③ 04 ② 05 ③

해설

택벌작업
한 임분을 구성하고 있는 임목 중 성숙한 임목만을 선택적으로 골라 벌채하는 작업법으로 갱신이 어떤 기간 안에 이루어져야 한다는 제한이 없으며, 주벌과 간벌의 구별 없이 벌채를 계속 반복한다.

구분	종류
늦어도 11월 말까지 매장	벽오동나무, 팽나무, 물푸레나무, 신나무, 피나무, 층층나무, 옻나무
파종 약 1개월 (한 달) 전에 매장	소나무, 해송, 리기다소나무, 낙엽송, 가문비나무, 전나무, 측백, 편백, 삼나무 등 거의 모든 침엽수

06 임목의 생육에 필요한 양분에 대한 설명으로 옳지 않은 것은?

① 황, 철, 붕소는 미량원소에 속한다.
② 침엽수는 활엽수보다 양분 요구도가 낮다.
③ 토양 산도에 따라 무기영양소의 유용성이 달라진다.
④ 성숙잎이 먼저 황화현상을 나타내는 것은 마그네슘 및 질소의 주요 결핍증상이다.

08 산림토양에서 집적층에 해당되는 층은?

① A층   ② B층
③ C층   ④ O층

해설

수직적 토양단면
유기물층(O층) → 용탈층(A층) → 집적층(B층) → 모재층(C층) → 모암층(R층)

해설

필수원소의 종류

다량원소 (9종)	탄소(C), 산소(O), 수소(H), 질소(N), 칼륨(K), 칼슘(Ca), 인(P), 마그네슘(Mg), 황(S)
미량원소 (8종)	철(Fe), 염소(Cl), 망간(Mn), 붕소(B), 아연(Zn), 구리(Cu), 몰리브덴(Mo), 니켈(Ni)

09 무성번식에 대한 설명으로 옳지 않은 것은?

① 초기생장 및 개화, 결실이 빠르다.
② 실생번식에 비해 기술이 필요하다.
③ 번식방법으로는 삽목, 접목, 취목 등이 있다.
④ 모수와는 다른 다양한 후계 양성이 가능하다.

해설

무성번식
암수의 수정과정에 의한 것이 아닌 식물체의 뿌리, 줄기, 잎 등의 영양기관을 이용하여 번식하는 방식이다. 따라서 모수의 유전적 형질을 그대로 이어받는다.

07 종자를 정선한 후 곧바로 노천매장하는 것이 가장 적합한 수종은?

① Alnus japonica
② Pinus koraiensis
③ Quercus acutissima
④ Robinia pseudoacacia

해설

종자의 노천매장 시기

구분	종류
정선 후 곧 매장 (종자채취 직후)	백합나무, 목련, 백송, 들메나무, 벚나무, 단풍나무, 느티나무, 잣나무(Pinus koraiensis), 호두나무, 은행나무

10 종자의 활력을 검정하는 방법으로 옳지 않은 것은?

① 절단법   ② 환원법
③ 양건법   ④ X선 분석법

해설

종자의 발아검사방법(종자의 활력검사)
항온기에 의한 방법, 환원법(효소검출법, 테트라졸륨 검사법), 절단법, X선 분석법

정답 06 ① 07 ② 08 ② 09 ④ 10 ③

11 다음 조건에 따른 파종량은?

- 파종상 면적 : 500m²
- 묘목 잔존본수 : 600본/m²
- g당 평균입수 : 99입
- 순량률 : 95%
- 발아율 : 90%
- 묘목 잔존율 : 30%

① 약 11.8kg ② 약 12.3kg
③ 약 31.6kg ④ 약 37.3kg

해설

파종상 전체 면적에 대한 파종량

파종량(g)

$$= \frac{\text{파종상면적}(m^2) \times \text{가을에 } m^2\text{당 남길 묘목수}}{1g\text{당 종자입수} \times \text{순량률} \times \text{발아율} \times \text{묘목 잔존율}}$$

$$= \frac{500 \times 600}{99 \times 0.95 \times 0.9 \times 0.3}$$

$$= 11,814.046 \cdots g$$

∴ 약 11.8kg

12 우리나라의 소나무 중에서 수고가 높고, 줄기가 곧으며, 수관이 가늘고 좁고, 지하고가 높은 특성을 보이는 지역형은?

① 금강형 ② 안강형
③ 위봉형 ④ 중남부평지형

해설

우리나라 소나무 6종의 생태형
- 동북형, 금강형, 중남부평지형, 위봉형, 안강형, 중남부고지형
- 금강형의 특징 : 줄기가 곧고, 수관이 가늘고 좁으며, 지하고가 길다.

13 침엽수에 해당하는 수종은?

① *Abies koreana*
② *Betula platyphylla*
③ *Quercus mongolica*
④ *Cornus controversa*

해설

구상나무(*Abies koreana*)
우리나라의 대표적인 재래종 침엽수로 소나무과 전나무속에 속한다. 주로 높은 산에 분포하며, 다른 전나무속의 나무들과 같이 구과가 하늘을 향해 달린다.

14 주로 종자에 의해 양성된 묘목으로 높은 수고를 가지며 성숙해서 열매를 맺게 되는 숲은?

① 왜림 ② 중림
③ 죽림 ④ 교림

해설

교림(喬林, high forest)
종자 또는 삽목에 의해 발달한 수목(실생묘)으로 이루어진 산림으로 주로 침엽수가 교림을 형성한다. 용재를 생산하는 키가 큰 숲을 형성하여 고림(高林)이라고도 부른다.

15 다음 설명에 해당하는 개벌 방법은?

- 대상 임지가 기복이 심하고 임상이 불규칙하거나 소면적 내에서도 입지 차이가 심한 곳에 적합하다.
- 풍설해 및 병충해 등으로 임관이 소개되어 있는 곳이나 치수가 이미 발생하여 생육을 하고 있는 곳을 우선하여 실시하면 좋다.

① 군상개벌 ② 대면적개벌
③ 연속대상개벌 ④ 교호대상개벌

해설

군상개벌(群狀皆伐)
임지가 평탄하지 않거나 기복이 심하고 불규칙한 형상 등으로 숲의 여건상 대상개벌작업이 어려운 곳에서 무더

정답 11 ① 12 ① 13 ① 14 ④ 15 ①

기 형식의 군상으로 개벌하는 방식이다. 풍설해 및 병충해로 임관이 소개되어 있는 곳이나 이미 발생한 치수가 있는 곳, 수목이 죽은 자리에 생긴 공간 등에서부터 시작하여 몇 년 주기로 점차 바깥쪽으로 개벌지를 넓혀 가며 진행한다.

16 너도밤나무가 자연적으로 분포하고 있는 곳은?

① 홍도
② 제주도
③ 강화도
④ 울릉도

해설

너도밤나무(*Fagus engleriana*)
울릉도에 자생하는 수종으로 음수이며, 결실주기가 5년 이상으로 상당히 길다.

17 일반적으로 수목의 광합성에 유효한 광파장 영역은?

① 0~200nm
② 200~400nm
③ 400~700nm
④ 700nm~1,000nm

해설

파장길이 400~700nm의 가시광선은 엽록체가 주로 흡수하여 광합성에 이용하는 유효한 광파장으로, 수목의 생장에 관여한다.

18 풀베기 작업에 대한 설명으로 옳은 것은?

① 여름철보다 겨울철에 실시한다.
② 모두베기할 경우 조림목이 피압될 염려가 없다.
③ 모두베기보다 둘레베기는 노동력이 더 많이 필요하다.
④ 조림목이 양수 수종인 경우 모두베기보다 줄베기 작업을 실시한다.

해설

풀베기
일반적으로 잡풀들이 자라나 피해를 입히기 시작하는 5~7월에 실시한다. 모두베기는 주로 양수에 적용하며, 가장 많은 노동력이 필요하다.

19 어린나무 가꾸기 작업에 대한 설명으로 옳은 것은?

① 병해충의 피해를 받은 임목만 벌채하는 것이다.
② 임분의 수직 구조를 개선하기 위해 실시한다.
③ 목적 이외의 수종이나 형질이 불량한 임목을 제거하는 것이다.
④ 생육공간 확보를 위한 경쟁 과정에서 생육공간 조절을 위하여 벌채하는 것이다.

해설

생육공간 조절과 수직 구조 개선은 간벌의 목적이다.

어린나무 가꾸기
조림목과 경쟁하는 목적 이외의 수종과 조림목 중에서도 형질이 나쁘거나 다른 수목에 피해를 주는 수목 등을 제거하는 작업으로 제벌(除伐) 또는 잡목 솎아내기라고도 한다. 임상을 정비하여 임분 전체의 형질을 향상시키는 데 목적을 둔다.

20 포플러류 등 건조에 약한 종자를 통풍이 잘 되는 옥내에 펴서 건조시키는 방법은?

① 인공건조법
② 양광건조법
③ 자연건조법
④ 반음건조법

해설

종자의 건조

구분	내용
양광건조법 (陽光乾燥法)	• 햇볕이 잘 드는 곳에 펴 널고, 2~3회 뒤집어 건조(양건법) • 소나무류

정답 16 ④ 17 ③ 18 ② 19 ③ 20 ④

구분	내용
반음건조법 (半陰乾燥法)	• 햇볕에 약한 종자를 통풍이 잘 되는 옥내에서 건조 • 오리나무류, 포플러류, 화백
인공건조법 (人工乾燥法)	• 구과건조기를 이용하여 건조 • 보통 25℃에서 시작해 40℃까지 온도 유지, 50℃ 이상은 금물

2과목 산림보호학

21 소나무재선충병을 방제하는 방법으로 옳지 않은 것은?

① 토양관주는 방제효과가 없어 실시하지 않는다.
② 아바멕틴 유제로 나무주사를 실시하여 방제한다.
③ 피해목 내 매개충을 구제하기 위해 벌목한 피해목을 훈증한다.
④ 나무주사는 수지분비량이 적은 12~2월 사이에 실시하는 것이 좋다.

해설

소나무재선충병 방제법
• 피해고사목은 벌채하여 소각하거나 메탐소듐 액제로 밀봉 훈증한다.
• 소나무 주변으로 포스티아제이트 액제를 이용한 토양관주를 실시하여 토양을 소독한다.
• 예방약제인 아바멕틴 또는 에마멕틴벤조에이트의 살충제를 수지분비량이 적은 12~2월에 나무 주사한다.

22 병원체에 대한 설명으로 옳지 않은 것은?

① 흰가루병균과 녹병균은 절대기생체이다.
② 바이러스나 파이토플라스마는 부생체이다.
③ 죽은 식물의 유기물을 영양원으로 하여 살아가는 것을 부생체라 한다.
④ 인공배양이 불가능하며 살아 있는 기주조직 내에서만 증식하는 것을 절대기생체라 한다.

해설

절대기생체(絕對寄生體, 순활물기생체)
• 살아 있는 기주 내에서만 기생하며 양분을 섭취하는 병원체
• 인공배양이 불가능하고 살아 있는 기주 내에서만 증식 가능
• 바이러스, 파이토플라스마, 흰가루병균, 녹병균

23 수목병을 예방하기 위한 숲 가꾸기 작업에 해당하지 않는 것은?

① 제벌   ② 개벌
③ 풀베기   ④ 가지치기

해설

숲 가꾸기 작업
풀베기, 덩굴 제거, 제벌(잡목 솎아내기), 가지치기, 간벌(솎아베기)

24 솔껍질깍지벌레를 방제하는 방법으로 옳은 것은?

① 12월에 이미다클로프리드 분산성액제를 수간에 주사한다.
② 피해목을 잘라 집재하고 비닐로 밀봉하여 메탐소듐 액제로 훈증한다.
③ 성충 우화기인 5~6월에 뷰프로페진 액상수화제를 항공 살포한다.
④ 7월 이후 알을 구제하기 위하여 페니트로티온 유제를 수관에 살포한다.

해설

솔껍질깍지벌레 방제법
• 약충 가해 시기에 침투성 살충제인 포스팜 액제 50%, 이미다클로프리드 분산성액제 등을 수간주사한다.
• 피해가 큰 후약충 가해 시기에 뷰프로페진 수화제를 살포한다.

정답 21 ① 22 ② 23 ② 24 ①

25 후식으로 인한 수목 피해를 주는 해충에 속하는 것은?

① 소나무좀
② 밤나무혹벌
③ 미국흰불나방
④ 오리나무잎벌레

해설

소나무좀
유충과 성충이 모두 소나무류의 목질부를 식해하며 피해를 준다. 유충은 봄에 수피 밑을 식해하며, 성충은 여름과 가을에 신초를 식해하여 전식피해와 후식피해가 발생한다.

26 수목병의 표징에 해당하는 것은?

① 잣나무 줄기에 황색의 녹포자기가 생겼다.
② 소나무 잎이 5~6월에 누렇게 되면서 낙엽이 되었다.
③ 벚나무 잎에 갈색의 반점이 형성되더니 구멍이 뚫렸다.
④ 오동나무 잎이 작고 연한 녹색으로 되고 잔가지가 많이 발생하였다.

해설

병징과 표징
- 병징 : 병에 의해 식물조직에 형태와 색의 변화로 나타나는 눈에 보이는 외형적 이상 증상을 말한다.
- 표징 : 병원체가 병든 식물의 환부에 겉으로 그대로 드러나 감염되었음을 알리는 신호이다. 녹포자기는 녹포자 생성기관으로 병원체 자체이므로 표징이다.

27 대추나무빗자루병이 발병하는 원인이 되는 병원체는?

① 선충
② 진균
③ 바이러스
④ 파이토플라스마

해설

파이토플라스마(phytoplasma)수병
대추나무빗자루병, 오동나무빗자루병, 뽕나무오갈병

28 리지나뿌리썩음병을 방제하는 방법으로 옳지 않은 것은?

① 피해 임지에 적정량의 석회를 뿌린다.
② 임지 내에서 불을 피우는 행위를 막는다.
③ 매개충 구제를 위하여 살충제를 봄에 살포한다.
④ 피해지 주변에 깊이 80cm 정도의 도랑을 파서 피해 확산을 막는다.

해설

리지나뿌리썩음병은 매개충에 의해 발병하지 않는다.

29 수목의 줄기를 주로 가해하는 해충은?

① 솔나방
② 박쥐나방
③ 밤바구미
④ 밤나무산누에나방

해설

천공성 해충(목질부 가해)
소나무좀, 박쥐나방, 알락박쥐나방, 향나무하늘소(측백하늘소), 가루나무좀, 알락하늘소, 미끈이하늘소, 솔수염하늘소, 북방수염하늘소, 털두꺼비하늘소, 버들바구미, 광릉긴나무좀

30 미국흰불나방을 방제하는 방법으로 옳은 것은?

① 11~12월에 카보퓨란 입제를 지면에 살포한다.
② 5~9월에 유아등을 설치하여 유충을 유인 후 포살한다.
③ 피해가 심한 임지에서는 디노테퓨란 액제를 수간에 주입한다.
④ 수피 사이에 고치를 짓고 월동한 번데기를 수시로 채집하여 소각한다.

정답 25 ① 26 ① 27 ④ 28 ③ 29 ② 30 ④

해설

미국흰불나방 방제법
- 유충의 가해시기인 5~10월에 디플루벤주론 수화제와 같은 살충제를 살포한다.
- 군서 중인 알덩어리나 유충 또는 월동 중인 고치를 채집하여 소각한다.

31 소나무좀에 대한 설명으로 옳지 않은 것은?

① 1년에 1회 발생하고 주로 봄과 여름에 가해한다.
② 암컷 성충은 수피를 뚫고 갱도를 만들면서 가해한다.
③ 먹이나무를 설치하여 월동 성충이 산란하게 한 후 소각하여 방제한다.
④ 주로 쇠약목, 이식목, 병해충 피해목에 기생하지만, 벌채목에는 가해하지 않는다.

해설

소나무좀은 쇠약목, 병해충목뿐만 아니라 벌채목도 가해하여 피해를 준다.

32 산성비에 해당하는 pH 농도의 기준값은?

① pH 3.5 이하 ② pH 4.6 이하
③ pH 5.6 이하 ④ pH 6.5 이하

해설

산성비
대기오염물질이 수분과 만나 생성되는 pH 5.6 이하의 산성으로 내리는 비

33 모잘록병에 대한 설명으로 옳은 것은?

① 질소질 비료를 충분히 준 묘목은 발병률이 낮다.
② 토양의 물리적 성질과 발병과는 상관관계가 전혀 없다.
③ 소나무류 묘목의 모잘록병은 겨울철에 발생이 심하다.
④ 토양이 과습하지 않게 배수 관리를 잘하여 발병률을 낮출 수 있다.

해설

모잘록병
토양전염성 병으로 어린 묘목의 뿌리 또는 지제부가 주로 감염되어 변색, 도복, 고사, 부패하게 되는 수병이다. 묘목이 너무 밀식되어 과습하거나 배수와 통풍이 좋지 않은 경우 발생이 심하므로 묘상의 환경개선만으로도 어느 정도 피해를 줄일 수 있다.

34 고온에 의한 볕데기의 피해가 일어나기 쉬운 수종은?

① 소나무 ② 굴참나무
③ 오동나무 ④ 일본잎갈나무

해설

볕데기(피소)의 피해가 큰 수종
- 수피가 평활하고 매끄러우며 코르크층이 발달하지 않은 수종
- 오동나무, 호두나무, 가문비나무, 소태나무, 버즘나무, 배롱나무

35 나무주사 방법에 대한 설명으로 옳지 않은 것은?

① 형성층 안쪽의 목부까지 구멍을 뚫어야 한다.
② 모젯(Mauget) 수간주사기는 압력식 주사이다.
③ 중력식 주사는 약액의 농도가 낮거나 부피가 클 때 사용한다.
④ 소나무류에는 압력식 주사보다는 주로 중력식 주사를 사용한다.

해설

압력식 수간주사
- 피스톤과 같은 주사제를 이용하여 약액을 압력으로 밀어 넣는 방식
- 주입속도가 가장 빠름, 모젯(mauget) 수간주사기

정답 31 ④ 32 ③ 33 ④ 34 ③ 35 ④

- 소나무류에 주로 사용, 소나무재선충의 예방약제인 아바멕틴 유제 등을 수간주사할 때 이용

36 다음 설명에 해당하는 해충은?

- 유충은 땅속에서 수목 뿌리나 부식물을 먹고 자란다.
- 성충이 되어 지상에 나와 수목 잎이나 농작물의 새싹을 가해한다.

① 매미류　　② 풍뎅이류
③ 잎벌레류　④ 하늘소류

해설

풍뎅이류
딱정벌레목 풍뎅이과의 곤충으로 유충은 땅속에서 수목 뿌리나 부식물을 먹고 성장하며, 성충이 되면 지상에 나와 수목 잎이나 농작물의 새싹을 가해하여 피해를 준다.

37 다음 중 내화력이 가장 약한 수종은?

① 삼나무　　② 은행나무
③ 졸참나무　④ 사철나무

해설

내화력이 약한 수종
- 침엽수 : 소나무, 해송(곰솔), 삼나무, 편백 등
- 상록활엽수 : 녹나무, 구실잣밤나무 등
- 낙엽활엽수 : 아까시나무, 벚나무 등

38 잣나무털녹병을 방제하는 방법으로 옳지 않은 것은?

① 중간기주인 송이풀을 제거한다.
② 저항성 품종을 육성하여 식재한다.
③ 풀베기와 간벌을 실시하여 숲에 통풍을 양호하게 해준다.
④ 담자포자 비산시기인 4월 하순부터 10일 간격으로 적용약제를 2~3회 살포한다.

해설

잣나무털녹병 방제법
- 중간기주인 송이풀, 까치밥나무는 겨울포자가 형성되기 전에 제거한다.
- 묘포에는 담자포자 비산시기인 초가을에 보호살균제인 보르도액을 살포한다.
- 병원균에 저항성인 내병성품종을 식재한다.
- 풀베기와 간벌을 실시하여 통풍을 양호하게 해준다.

39 경제적 가해수준에 대한 설명으로 옳은 것은?

① 해충에 의한 피해액과 방제비가 같은 수준의 밀도
② 해충에 의한 피해액이 방제비보다 큰 수준의 밀도
③ 해충에 의한 피해액이 방제비보다 작은 수준의 밀도
④ 해충에 의해 경제적으로 큰 피해를 주는 수준의 밀도

해설

경제적 피해(가해)수준
- 해충의 밀도가 점차 높아져 경제적으로 피해를 주기 시작하는 최소의 밀도
- 해충에 의한 피해액과 방제비가 같은 수준인 해충의 밀도

40 오동나무빗자루병 예방을 위해 매개충인 담배장님노린재를 방제하는 시기로 가장 적절한 것은?

① 3월　　　② 4~6월
③ 7~9월　 ④ 10~12월

해설

담배장님노린재가 가장 왕성하게 발생하는 시기인 7~9월에 살충제를 살포하여 방제한다.

정답 36 ②　37 ①　38 ④　39 ①　40 ③

3과목 임업경영학

41 묘목을 심어 성림하기까지 지출되는 비용에 해당하는 항목은?

① 지대 ② 조림비
③ 채취비 ④ 관리비

해설

조림비
산림을 육성하는 데 소요된 모든 육림적 경비로, 채취비를 제외한 모든 육성적 희생 가치이다. 즉, 묘목을 심어 성림하기까지 지출되는 총육림비용이다.

42 입목 직경을 수고의 $\frac{1}{n}$ 되는 곳의 직경과 같게 하여 정한 형수는?

① 정형수
② 수고형수
③ 절대형수
④ 흉고형수

해설

직경 위치에 따른 형수의 종류
- 흉고형수 : 지상 1.2m의 흉고직경을 비교원주의 직경으로 하는 형수
- 정형수 : 수고의 1/n 위치의 직경을 비교원주의 직경으로 하는 형수
- 절대형수 : 수간 최하부의 직경을 비교원주의 직경으로 하는 형수

43 임업의 경제적 특성으로 옳지 않은 것은?

① 임업생산은 조방적이다.
② 자연조건의 영향을 많이 받는다.
③ 육성임업과 채취임업이 병존한다.
④ 원목가격의 구성요소 대부분이 운반비이다.

해설

산림경영(임업)의 기술적 특성
- 생산 기간이 대단히 길다.
- 임목은 성숙기가 일정하지 않다.
- 자연조건의 영향을 많이 받는다.
- 토지나 기후조건에 대한 요구도가 낮다.

44 원가계산을 위한 원가비교 방법으로 옳지 않은 것은?

① 기간비교 ③ 표준실제비교
② 상호비교 ④ 수익비용비교

해설

원가비교 방법
- 기간비교 : 과거와 현재의 원가비교
- 상호비교 : 다른 업체와의 원가 비교
- 표준실제비교 : 실제원가와 표준원가의 비교. 일반적인 원가비교 방법

45 임업기계의 감가상각비(D)를 정액법으로 구하는 공식으로 옳은 것은?(단, P : 기계구입가격, S : 기계폐기 시의 잔존가치, N : 기계의 수명)

① $D = \dfrac{P-S}{N}$ ② $D = \dfrac{S-P}{N}$
③ $D = \dfrac{N}{S-P}$ ④ $D = \dfrac{N}{P-S}$

해설

정액법(직선법)
- 매년 정해진 액수를 균등하게 감가하는 방법으로 가장 간단하며 보편적인 방법이다.
- 연간 감가상각비 = $\dfrac{취득원가 - 잔존가치}{내용연수}$

  여기서, 취득원가 = 기계구입가격
  잔존가치 = 기계폐기가격 = 폐물가격
  내용연수 = 기계의 수명 = 사용가능연수

정답 41 ② 42 ① 43 ② 44 ④ 45 ①

46 임목 축적이 2010년 150m³, 2020년 220m³일 때 단리에 의한 생장률은?

① -4.7%　　② -3.2%
③ +3.2%　　④ +4.7%

해설

단리산식

생장률(%) $P = \dfrac{V-v}{m \times v} \times 100 = \dfrac{220-150}{10 \times 150} \times 100$

$\qquad\qquad\qquad = 4.666\cdots$ 약 4.7%

여기서, V : 현재의 재적
$\qquad v$: m년 전의 재적
$\qquad m$: 기간연수

47 산림평가에서 전가계산식에 사용되는 요소가 아닌 것은?

① 환원율　　② 할인율
③ 전가계수　　④ 현재가계수

해설

전가식

이율이 P이고, n년 후에 자본금 N을 만들기 위해 현재의 자본금 V(전가)를 구하는 공식

$V = \dfrac{N}{(1+P)^n} = \dfrac{N}{1.0P^n}$

여기서, $\dfrac{1}{(1+P)^n}$: 전가계수, 현재가계수, 할인율

48 유형고정자산의 감가 중에서 기능적 요인에 의한 감가에 해당되지 않는 것은?

① 부적응에 의한 감가
② 진부화에 의한 감가
③ 경제적 요인에 의한 감가
④ 마찰 및 부식에 의한 감가

해설

감가의 종류

- 물질적 감가(물리적 감가) : 자연적 소모에 의한 감가(부패, 부식), 사용 소모에 의한 감가(마찰, 마모, 손상, 오손)
- 기능적 감가 : 진부화에 의한 감가, 부적응에 의한 감가

49 임목을 평가하는 방법에 대한 설명으로 옳은 것은?

① 유령림은 임목기망가로 평가한다.
② 장령림은 임목비용가로 평가한다.
③ 벌기 이상의 성숙림은 시장가역산법으로 평가한다.
④ 식재 직후의 임분은 원가수익절충법으로 평가한다.

해설

임령에 따른 임목의 평가법

구분	내용
유령림의 임목평가	임목비용가법
중령림의 임목평가	글라저(Glaser)법
벌기 미만인 장령림의 임목평가	임목기망가법
벌기 이상인 성숙림의 임목평가	시장가역산법

50 자연휴양림조성계획에 포함되는 사항이 아닌 것은?

① 산림경영계획
② 조성기간 및 연도별 투자계획
③ 시설물의 종류 및 규모 등이 표시된 시설계획
④ 축척 1 : 1,000 임야도가 포함된 시설물 종합배치도

정답　46 ④　47 ①　48 ④　49 ③　50 ④

> **해설**

자연휴양림조성계획에 포함되는 사항
- 시설물(도로 포함)의 종류·규모 등이 표시된 시설계획
- 시설물종합배치도(축척 6,000분의 1 이상, 1,200분의 1 이하 임야도)
- 조성기간 및 연도별 투자계획
- 자연휴양림의 관리 및 운영방법
- 산림경영계획

51 각 계급의 흉고단면적 합계를 동일하게 하여 표준목을 선정한 후 전체 재적을 추정하는 방법은?

① 단급법
② Urich법
③ Hartig법
④ Draudt법

> **해설**

하르티히법(Hartig법)
전 임목을 몇 개의 계급으로 나누고 각 계급의 흉고단면적 합계를 동일하게 하여 각 계급에서 표준목을 선정하는 방법

52 다음 조건에 따라 Hundeshagen 이용률법으로 계산한 연간 벌채량은?

- 현실 축적 : 280m³
- 임분 수확표 축적 : 250m³
- 연간 생장량 : 10m³

① 8.2m³
② 8.9m³
③ 11.2m³
④ 11.5m³

> **해설**

Hundeshagen법의 연간표준벌채량(Y) 계산
수확표상의 연간 생장량은 곧 법정 벌채량이므로 식을 풀면 아래와 같다.

$Y = \dfrac{법정벌채량}{법정축적} \times 현실축적$

$= \dfrac{10}{250} \times 280 = 11.2 m^3$

53 산림에서 임목을 벌채하여 제재목을 생산할 때 부수적으로 톱밥이 생산되는데, 이러한 두 가지 생산물의 관계를 무엇이라고 하는가?

① 결합생산
② 경합생산
③ 보완생산
④ 보합생산

> **해설**

결합생산
하나의 생산과정에서 두 가지의 생산물이 발생할 때를 말한다.

54 법정림의 춘계축적이 900m³, 추계축적이 1,100m³라 할 때 법정축적(m³)은?

① 200
② 1,000
③ 1,100
④ 2,000

> **해설**

법정축적은 주로 춘계축적과 추계축적의 평균인 하계축적을 이용하여 계산한다.

$\dfrac{900+1,100}{2} = 1,000 m^3$

55 임업소득을 계산하는 방법으로 옳은 것은?

① 자본에 귀속하는 소득=임업순수익-(지대+자본이자)
② 가족노동에 귀속하는 소득=임업소득-(지대+자본이자)
③ 임지에 귀속하는 소득=임업소득-(지대+가족노임추정액)
④ 경영관리에 귀속하는 소득=임업소득-(지대+가족노임추정액)

정답 51 ③ 52 ③ 53 ① 54 ② 55 ②

> **해설**
>
> **구성에 따른 임업소득의 계산**
>
> | 임지에 귀속하는 소득 | 임업소득 − (자본이자 + 가족노임추정액) |
> |---|---|
> | 자본에 귀속하는 소득 | 임업소득 − (지대 + 가족노임추정액) |
> | 가족노동에 귀속하는 소득 | 임업소득 − (지대 + 자본이자) |
> | 경영관리에 귀속하는 소득 (기업가 이윤) | 임업소득 − (지대 + 자본이자 + 가족노임추정액)
 임업순수익 − (지대 + 자본이자) |

56 다음 조건에 따라 후버(Huber)식에 의해 구한 원목 재적은?

- 원구 단면적 : 0.030m²
- 중앙 단면적 : 0.025m²
- 말구 단면적 : 0.018m²
- 재장 : 15m

① 0.225m³ ② 0.360m³
③ 0.375m³ ④ 0.450m³

> **해설**
>
> **후버(Huber)식**
> 재적(m³) $V = r \cdot l = 0.025 \times 15 = 0.375 m^3$
> 여기서, r : 중앙단면적(m²)
> l : 재장(m)

57 임분밀도의 척도에 해당하지 않는 것은?

① 입목도 ② 지위지수
③ 흉고단면적 ④ 상대공간지수

> **해설**
>
> **임분밀도의 척도**
> 단위면적당 임목본수·재적·흉고단면적, 상대밀도, 입목도, 임분밀도지수, 수관경쟁인자, 상대공간지수 등

58 산림경영패턴이 영구히 반복된다는 것을 가정한 임지의 평가방법은?

① 비용가법
② 환원가법
③ 매매가법
④ 기망가법

> **해설**
>
> **임지기망가**
> 일제림에서 일정 시업을 앞으로 영구히 실시한다고 가정할 때 그 임지에서 기대되는 순수익의 현재가 합계로 수익방식에 의한 임지평가법이다.

59 수간석해를 할 때 반경은 보통 몇 년 단위로 측정하는가?

① 1년 ② 3년
③ 5년 ④ 10년

> **해설**
>
> **수간석해 반경의 측정**
> 단면의 반경은 5년마다의 간격으로 측정하며, 4방향으로 측정하여 평균한다.

60 임목축적에서 생장에 따른 분류가 아닌 것은?

① 정기생장 ② 재적생장
③ 형질생장 ④ 등귀생장

> **해설**
>
> **수목의 생장에 따른 분류**
> 재적생장, 형질생장, 등귀생장, 총가생장

정답 56 ③ 57 ② 58 ④ 59 ③ 60 ①

4과목 임도공학

61 종단측량 야장을 이용한 No.0 측점부터 No.4 측점까지의 기울기는?(단위 : m, 측점 간 거리 : 20m)

측점	후시	기계고	중간점	이기점	지반고
0	6.4	23.7	—	—	—
1	—	—	4.0	—	19.7
2	—	—	4.6	—	19.1
3	5.4	21.1	—	7.9	15.7
4	—	—	6.6	—	—

① −3.5%   ② +3.5%
③ +5.0%   ④ −5.0%

해설

측점 간의 기울기를 구하려면 먼저 지반고를 구해야 한다.
측점 0의 지반고＝기계고−후시＝23.7−6.4＝17.3m
측점 4의 지반고＝기계고−전시＝21.1−6.6＝14.5m

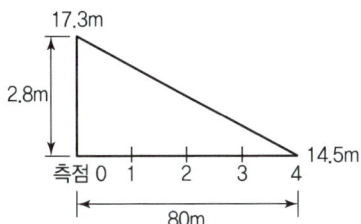

측점 0과 측점 4의 지반고 차이는 17.3−14.5＝2.8m이며, 측점 간의 거리는 20m씩이므로 측점 0~4는 80m이다.

기울기(%)＝ $\dfrac{높이}{밑변} \times 100 = \dfrac{2.8}{80} \times 100 = 3.5\%$ 이며, 지반고는 점점 낮아지고 있으므로 하향기울기로 −3.5%가 된다.

62 토적 계산방법으로 실제의 토적보다 다소 적게 나오지만 양단면평균법보다 오차가 작은 것은?

① 등고선법   ② 각주공식
③ 주상체공식   ④ 중앙단면적법

해설

중앙단면적법
- 양단의 중앙(1/2)에 해당하는 단면적을 이용하여 토적량을 계산하는 방법이다.
- 실제 토적보다 다소 적게 측정되나, 양단면적평균법보다 오차는 작다.

63 중심선측량 및 영선측량에 대한 설명으로 옳지 않은 것은?

① 영선은 절토작업과 성토작업의 경계선이 되기도 한다.
② 영선측량은 지반고 상태에서 측량하며 종단면도상에서 계획선을 결정한다.
③ 지반의 기울기가 급할수록 영선보다 중심선이 경사지의 안쪽에 위치한다.
④ 중심선측량은 평면측량에서 중심선을 설정한 후 종단·횡단 측량을 한다.

해설

중심선 측량은 지반고 상태에서 측량하여 계획고를 산출하며, 영선측량은 시공기면의 시공선을 따라 계획고 상태로 측량한다.

64 집재 및 운재 작업에서 가공본선으로 사용되는 와이어로프의 안전계수 기준은?

① 2.7 이상
② 4.0 이상
③ 4.7 이상
④ 6.0 이상

해설

와이어로프의 안전계수
가공본줄은 2.7 이상, 짐당김줄이나 되돌림줄은 4.0 정도가 적당하다.

정답 61 ① 62 ④ 63 ② 64 ①

65 임도의 평면곡선에 대한 설명으로 옳지 않은 것은?

① 복심곡선은 반지름이 다른 곡선이 같은 방향으로 연속되는 곡선이다.
② 단곡선은 직선에 원호가 접속된 원곡선으로 설치가 용이하여 일반적으로 많이 사용된다.
③ 배향곡선은 상반되는 방향의 곡선을 연속시킨 곡선으로 양호 사이에 직선부를 설치한다.
④ 완화곡선은 임도의 직선으로부터 곡선부로 옮겨지는 곳에는 곡선부의 외쪽기울기와 나비 넓힘이 원활하게 이어지도록 한다.

해설

반향곡선(반대곡선, S-curve)
방향이 서로 다른 곡선을 연속시킨 곡선으로 차량의 안전주행을 위하여 두 곡선 사이에 10m 이상의 직선부를 설치해야 한다.

66 임도의 노체에 대한 설명으로 옳지 않은 것은?

① 측구는 공법에 따라 토사도, 사리도, 쇄석도 등으로 구분한다.
② 임도의 노체는 일반적으로 노상, 노반, 기층 및 표층으로 구성된다.
③ 노면에 가까울수록 큰 응력에 견디기 쉬운 재료를 사용하여야 한다.
④ 통나무길 및 섶길은 저습지대에 있어서 노면의 침하를 방지하기 위하여 사용하는 것이다.

해설

노면은 피복재료와 시공방법에 따라 토사도(흙모랫길), 사리도(자갈길), 쇄석도(부순돌길), 통나무길, 섶길 등으로 구분한다.

67 임도 설계 시 횡단면도 작성에 사용하는 축척은?

① 1/100   ② 1/200
③ 1/1,000   ④ 1/1,200

해설

임도설계도의 축척

도면 구분	축척
평면도	1 : 1,200
종단면도	횡 1 : 1,000 종 1 : 200
횡단면도	1 : 100

68 임도시공 시 부족한 토사의 공급을 위한 장소는?

① 객토장
② 토취장
③ 사토장
④ 집재장

해설

사토장과 토취장
• 사토장(捨土場) : 절성토 시 남는 토사를 처리하는 장소
• 토취장(土取場)/취토장(取土場) : 절성토 시 부족한 토사를 채취하는 장소

69 1 : 25,000 지형도에서 도상거리가 8cm일 때 실제 지상거리는 몇 km인가?

① 0.2   ② 2
③ 8   ④ 20

해설

지도상의 1cm는 실제로 25,000cm(0.25km)이므로, 지도상 8cm는 $1 : 0.25 = 8 : x$로 지상거리는 2km이다.

정답 65 ③ 66 ① 67 ① 68 ② 69 ②

70 임도 교량에 영향을 주는 활하중에 해당하는 것은?

① 주보의 무게
② 바닥 틀의 무게
③ 교량 시설물의 무게
④ 통행하는 트럭의 무게

해설

활하중(活荷重)
교량 및 암거의 활하중은 사하중에 실리는 차량·보행자 등에 따른 교통하중을 말하며, 그 무게산정은 사하중 위에서 실제로 움직이고 있는 DB-18하중(총중량 32.45톤) 이상의 무게에 따른다. 교량을 지나는 차량의 무게 등이 해당된다.

71 임도 설계 시 각 측점의 단면마다 절토고, 성토고 및 지장목 제거, 측구터파기 단면적 등의 물량을 기입하는 설계도는?

① 평면도   ② 종단면도
③ 횡단면도 ④ 구조물도

해설

임도 설계도의 기입사항

평면도	임시기표, 교각점, 측점번호, 사유토지의 지번별 경계, 구조물, 지형지물, 곡선제원
종단면도	지반고, 계획고, 절토고, 성토고, 종단기울기, 누가거리, 거리, 측점, 곡선
횡단면도	지반고, 계획고, 절토고, 성토고, 단면적(절성토), 지장목 제거, 측구터파기 단면적, 사면보호공 물량

72 일반적인 지형 조건에서 임도의 길어깨 및 옆도랑 너비 기준은?

① 각각 20~30cm   ② 각각 30~50cm
③ 각각 50~100cm   ④ 각각 100~150cm

해설

임도의 횡단선형
임도의 유효너비는 3m를 기준으로 하며, 길어깨와 옆도랑은 50cm~1m를 기준으로 한다.

73 급경사의 긴 비탈면인 산지에서는 지그재그 방식, 완경사지에서는 대각선 방식이 가장 적합한 임도의 종류는?

① 계곡임도
② 사면임도
③ 능선임도
④ 산정임도

해설

사면임도(산복임도)
계곡임도에서 시작되어 산록부와 산복부에 설치하는 임도이다. 급경사의 긴 비탈면인 산지에서는 지그재그 방식, 완경사지에서는 대각선 방식이 적당하다.

74 적정지선 임도간격이 500m일 때 적정지선 임도밀도(m/ha)는?

① 20   ② 25
③ 50   ④ 200

해설

임도간격 = $\dfrac{10,000}{적정임도밀도}$ 에서

$500 = \dfrac{10,000}{적정임도밀도}$ 이므로 적정임도밀도는 20m/ha이다.

75 우수한 목재 재질 및 노동 사정을 고려할 때 가장 적합한 벌목 시기는?

① 봄   ② 여름
③ 가을 ④ 겨울

정답 70 ④ 71 ③ 72 ③ 73 ② 74 ① 75 ④

해설

양질의 목재수확이 가능하며, 농한기로 인력수급이 원활한 벌목 시기는 겨울철이다.

76 임도망 계획 시 고려사항으로 옳지 않은 것은?

① 신속한 운반이 되도록 한다.
② 운재비가 적게 들도록 한다.
③ 운재방법이 단일화되도록 한다.
④ 운반량의 상한선을 두어야 한다.

해설

임도망 계획 시 고려사항
- 운재비(운반비)가 적게 들도록 한다.
- 신속한 운반이 되도록 한다.
- 운반량에 제한이 없도록 한다.
- 운재방법이 단일화되도록 한다.
- 날씨와 계절에 따른 운재(운반)능력에 제한이 없도록 한다.
- 목재의 손실이 적도록 한다.
- 산림풍치의 보전과 등산·관광 등의 편익도 고려한다.

77 측선거리가 100m, 방위각이 120°일 때, 위거 및 경거의 값은?(단, cos60°=0.5, sin60°=0.86)

① 위거 +50m, 경거 +86m
② 위거 -50m, 경거 +86m
③ 위거 +50m, 경거 -86m
④ 위거 -50m, 경거 -86m

해설

위거와 경거의 계산
위거 $= AB \times \cos\theta = 100 \times \cos 120° = -50m$
경거 $= AB \times \sin\theta = 100 \times \sin 120° = +86.602 \cdots m$
  여기서, AB : 측선거리
    θ : 방위각

78 임도의 적정 종단기울기를 결정하는 요인으로 가장 거리가 먼 것은?

① 노면 배수를 고려한다.
② 적정한 임도우회율을 설정한다.
③ 주행 차량의 회전을 원활하게 한다.
④ 주행 차량의 등판력과 속도를 고려한다.

해설

종단기울기는 길 중심선의 수평면에 대한 기울기로 주행 차량의 회전을 원활하게 하는 것은 평면곡선과 관계있다.

79 임도시공 시 충분히 다진 후 5m 미만으로 흙쌓기 비탈면을 설치할 때 기울기 기준은?

① 1 : 0.3~0.8   ② 1 : 0.5~1.2
③ 1 : 0.8~1.5   ④ 1 : 1.2~2.0

해설

성토사면의 기울기는 1 : 1.2~2.0의 범위 안에서 설정한다.

80 임도에서 노면과 차량의 마찰계수가 0.15, 노면의 횡단물매가 5%, 설계속도가 20km/h일 때의 곡선반지름은?

① 약 4m   ② 약 8m
③ 약 16m   ④ 약 20m

해설

최소곡선반지름의 계산(원심력과 타이어 마찰계수에 의한 경우)

최소곡선반지름(m) $R = \dfrac{V^2}{127(f+i)}$
$= \dfrac{20^2}{127(0.15+0.05)}$
$= 15.748 \cdots$ 약 16m

여기서, V : 설계속도
  f : 노면과 타이어의 마찰계수
  i : 횡단기울기 또는 외쪽기울기

정답   76 ④   77 ②   78 ③   79 ④   80 ③

5과목 사방공학

81 불투과형 중력식 사방댐의 시공요령으로 옳지 않은 것은?

① 방수로 양옆의 기준 기울기는 1 : 1이다.
② 방수로는 보통 정사각형 모양으로 한다.
③ 계상의 양안에 암반이 있는 지역이 시공적지이다.
④ 찰쌓기댐을 시공할 때 3m²당 1개의 배수구를 설치한다.

해설

사방댐의 방수로(放水路)
상류의 물을 방출하는 출구인 방수로는 역사다리꼴의 형상을 가장 많이 이용하고 있으며, 방수로 양옆의 기울기는 1 : 1, 즉 45°를 표준으로 적용한다.

82 돌흙막이공을 계획할 때 높이 기준은?

① 찰쌓기 2.5m 이하, 메쌓기 1.5m 이하
② 찰쌓기 3.0m 이하, 메쌓기 2.0m 이하
③ 찰쌓기 3.5m 이하, 메쌓기 2.5m 이하
④ 찰쌓기 4.0m 이하, 메쌓기 3.0m 이하

해설

돌흙막이의 앞면기울기는 1 : 0.3으로 하며, 높이는 찰쌓기 3m 이하, 메쌓기 2m 이하로 시공한다.

83 불투과형 중력식 사방댐의 형태인 흙댐의 시공요령으로 내심벽을 만들 때 사용하는 것은?

① 모래   ② 자갈
③ 점토   ④ 호박돌

해설

흙댐은 중앙부에 흙으로 내심벽을 만드는데, 이때 심벽용 흙으로는 주로 순전한 점토(진흙)를 사용한다.

84 다음 조건에 따른 비탈다듬기공사에서 발생한 토사량(m³)은?

- A의 단면적 : 20m²
- B의 단면적 : 30m²
- 단면 사이의 길이 : 50m
- 계산방법 : 평균단면적법

① 125
② 500
③ 1,250
④ 2,500

해설

양단면적평균법
토량(m³) $V = \dfrac{A_1 + A_2}{2} \times L = \dfrac{20+30}{2} \times 50$
$= 1,250 \text{m}^3$
여기서, A_1, A_2 : 양단면적
L : 양단면적 간의 거리

85 해안사방에서 식재목의 생육환경 조성을 위하여 후방에 풍속을 약화시키고 모래의 이동을 막는 목적으로 시공하는 것은?

① 모래덮기
② 사지식수공법
③ 퇴사울세우기
④ 정사울세우기

해설

정사울세우기
전사구(앞모래언덕) 육지 쪽의 후방모래를 고정하여 표면을 안정시키고 식재목이 잘 생육할 수 있는 환경조성을 위해 정사(靜砂)울타리를 시공하는 공법이다.

정답 81 ② 82 ② 83 ③ 84 ③ 85 ④

86 다음 설명에 해당하는 것은?

- 사용자가 지정한 배합 콘크리트를 공장으로부터 현장까지 배달 및 공급하는 특수콘크리트이다.
- 운반 즉시 타설하고, 충분히 다져야 한다.

① AE콘크리트
② 프리팩트콘크리트
③ 레디믹스콘크리트
④ 뿜어붙이기콘크리트

해설

레디믹스콘크리트(ready mix concrete)
콘크리트 제조공장에서 사용자의 지정에 따라 콘크리트를 미리 배합하여 현장까지 운반·공급하는 특수콘크리트이다.

87 강우 및 토양침식능인자, 경사장 및 경사도 인자, 작물경작인자, 침식조절관행인자를 이용하여 연간 토사유출량을 추정하는 방법은?

① 부유사량 측정에 의한 방법
② 하천퇴적량 측정에 의한 방법
③ 만능토양유실량식에 의한 방법
④ 총유실량과 유사운송비 계산에 의한 방법

해설

토양유실예측공식(Universal Soil Loss Equation, 범용 토양유실예측공식, 만능토양유실량식)
강우인자, 토양침식성인자, 경사장 및 경사도 인자, 작물경작인자, 토양침식조절인자 등을 이용하여 수식에 의한 연간 평균토양유실량을 예측하는 공식이다.

88 계단 연장이 3km인 비탈면에 선떼붙이기를 7급으로 할 때에 필요한 떼의 총소요매수는? (단, 떼의 크기 : 40cm×25cm)

① 11,250매
② 15,000매
③ 16,500매
④ 18,750매

해설

7급의 1m당 떼 사용매수는 5매이고, 계단 연장이 3km (3,000m)이므로 총소요매수는 3,000×5=15,000매이다.

89 돌쌓기벽 그림에서 A의 명칭은?

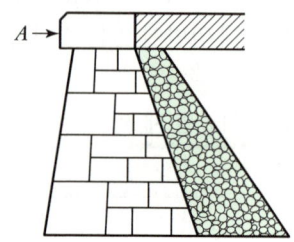

① 갓돌
② 귀돌
③ 모서리돌
④ 뒤채움돌

해설

쌓는 위치에 따른 석재 종류

갓돌 (머리돌)	• 돌쌓기벽의 가장 위에 덮어주는 돌 • 시공면의 보호와 오염 방지 등의 역할
귀돌 (모서리돌)	돌쌓기벽의 모서리에 시공하는 돌

90 사방사업 대상지로 가장 거리가 먼 것은?

① 임도가 미개설되어 접근이 어려운 지역
② 산불 등으로 산지의 피복이 훼손된 지역
③ 황폐가 예상되는 산지와 계천으로 복구공사가 필요한 지역
④ 해일 및 풍랑 등 재해예방을 위해 해안림 조성이 필요한 지역

해설

사방사업 대상지
사방사업은 황폐한 산지, 하천, 해안에서 실시하며 임도가 미개설되어 접근이 어려운 지역은 울폐하여 사방사업 대상지에 포함되지 않는다.

정답 86 ③ 87 ③ 88 ② 89 ① 90 ①

91 빗물에 의한 침식의 발달과정에서 가장 초기상태의 침식은?

① 우격침식 ② 구곡침식
③ 누구침식 ④ 면상침식

해설

빗물(강우)에 의한 침식의 발달단계

우격침식 (雨擊浸蝕)	토양 표면에서 빗방울의 타격으로 인한 가장 초기 상태의 침식 =우적침식
면상침식 (面狀浸蝕)	토양의 얕은 층이 전면에 걸쳐 넓게 유실되는 현상
누구침식 (涙溝浸蝕)	토양 표면에 잔 도랑이 불규칙하게 생기면서 깎이는 현상
구곡침식 (溝谷浸蝕)	도랑이 커지면서 심토까지 심하게 깎이는 현상

92 산지의 침식형태 중 중력에 의한 침식에 해당되지 않는 것은?

① 산붕 ② 포락
③ 산사태 ④ 사구침식

해설

중력에 의한 침식
- 붕괴형 침식 : 산사태, 산붕, 붕락, 포락, 암설붕락 등
- 지활형 침식 : 땅밀림
- 유동형 침식 : 토석류, 토류, 암설류 등
- 동상 침식

93 다음 조건에 따른 비탈파종녹화를 위한 파종량 산출식으로 옳은 것은?

- W : 파종량(g/m³)
- S : 평균입수(입/g)
- B : 발아율(%)
- P : 순량률(%)
- C : 발생기대본수(본/m²)

① $W = \dfrac{B}{S \times P \times C}$ ② $W = \dfrac{P}{S \times B \times C}$

③ $W = \dfrac{S}{P \times B \times C}$ ④ $W = \dfrac{C}{P \times B \times S}$

해설

파종량(g/m²) 계산

$$파종량(W) = \dfrac{발생기대본수}{1g당 종자입수 \times 순량률 \times 발아율}$$
$$= \dfrac{C}{S \times P \times B}$$

94 야계사방 둑쌓기에서 계획홍수량이 200~500m³/s인 경우 둑높이 여유고의 기준은?

① 0.6m 이상 ② 0.8m 이상
③ 1.0m 이상 ④ 1.5m 이상

해설

둑쌓기 여유고의 기준

계획홍수량	둑의 여유높이
200m³/sec 미만	0.6m 이상
200~500m³/sec	0.8m 이상
500~2,000m³/sec	1.0m 이상

95 돌쌓기의 시공요령으로 옳지 않은 것은?

① 메쌓기의 기울기는 1 : 0.3을 기준으로 한다.
② 돌쌓기에서 세로줄눈을 일직선으로 하는 통줄눈으로 한다.
③ 찰쌓기를 할 때는 물빼기 구멍을 반드시 설치하여야 한다.
④ 돌의 배치는 다섯 에움 이상, 일곱 에움 이하가 되도록 한다.

해설

돌쌓기의 세로줄눈은 일직선이 되는 통줄눈은 피하고, 파선줄눈이 되도록 쌓는다.

정답 91 ① 92 ④ 93 ④ 94 ② 95 ②

96 폭 10m, 높이 5m인 직사각형 단면 야계수로에 수심 2m, 평균유속 3m/s로 유출이 일어날 때의 유량(m³/s)은?

① 15   ② 30
③ 60   ④ 150

해설

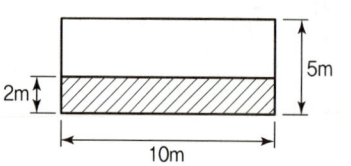

위와 같은 수로에서 유적은 10×2=20m²이므로
유량=유속×유적=3×20=60m³/s이다.

97 다음 설명에 해당하는 것은?

> 비탈다듬기 및 단끊기의 시공과정에서 발생하는 잉여토사를 산복의 깊은 곳에 넣어서 이것을 유치·고정하는 공사이다.

① 골막이   ② 누구막이
③ 땅속흙막이   ④ 산비탈흙막이

해설

땅속흙막이
비탈다듬기와 단끊기 공사로 발생한 뜬흙을 산지의 계곡부와 같은 오목한 곳에 투입하여 토사의 활동을 방지하고 유치·고정하기 위한 공작물이다. 비탈다듬기로 생긴 토사의 활동 방지를 위해 땅속에 묻히는 공작물로 묻히기라고도 한다.

98 다음 설명에 해당하는 것은?

> 산지 계곡을 벗어나 농경지 등과 접한 지역에서 유량 증가에 의한 침식되어 사방사업이 필요한 지역이다.

① 야계   ② 밀린땅
③ 붕괴지   ④ 황폐지

해설

야계(野溪, torrent)
야계란 정비되지 않은 야생의 거친 자연하천으로 강우 시 수량이 급격히 증가하여 빠르게 흘러 계상의 종횡침식과 다량의 토석류를 발생하는 등의 문제를 일으킨다. 특히, 산지 계곡을 벗어나 농경지 등과 접한 지역에서 유량 증가로 침식이 발생하게 된다.

99 야계사방의 공법으로만 올바르게 짝지어진 것은?

① 흙막이, 바닥막이
② 흙막이, 누구막이
③ 기슭막이, 누구막이
④ 기슭막이, 바닥막이

해설

야계사방(계간사방) 공사의 종류
사방댐, 골막이(구곡막이), 바닥막이, 기슭막이, 수제, 모래막이, 계간수로, 둑쌓기

100 평떼붙이기공법에 대한 설명으로 옳지 않은 것은?

① 주로 45° 이상의 급경사 지형에 시공한다.
② 떼를 붙이기 전에 흙다지기를 잘 해야 한다.
③ 붙인 떼는 떼꽂이 등으로 고정하여 활착이 잘 이뤄지게 한다.
④ 심은 후에는 잘 밟아 다져 뗏밥을 주고 깨끗이 뒷정리를 한다.

해설

평떼붙이기
기울기가 1 : 1보다 완만한 비탈(45° 이하)에 흙이 털어지지 않은 평떼(온떼)를 전면적으로 붙여서 비탈을 일시에 녹화하는 공법이다.

정답 96 ③   97 ③   98 ①   99 ④   100 ①

2022년 1회 기출복원문제

1과목 조림학

01 겉씨식물에 속하는 수종은?

① 비자나무   ② 오동나무
③ 신갈나무   ④ 오리나무

해설

침엽수(겉씨식물)
잎이 좁고 평행한 잎맥(평행맥)을 보이며, 밑씨가 씨방에 싸여 있지 않고 밖으로 드러나 있는 수종으로, 소나무, 잣나무, 전나무, 분비나무, 가문비나무, 잎갈나무, 향나무, 비자나무, 은행나무 등이 있다.

02 종자의 품질 평가 기준으로 발아율과 순량률을 곱하여 알 수 있는 것은?

① 효율   ② 순도
③ 발아력   ④ 발아세

해설

$$효율(\%) = \frac{순량률(\%) \times 발아율(\%)}{100}$$

03 인공조림과 천연갱신을 비교한 설명으로 옳지 않은 것은?

① 인공조림은 조림할 수종의 선택의 폭이 넓다.
② 인공조림은 천연갱신에 비해 조림지의 기후와 토양에 적합하지 못할 경우 조림 실패율이 높다.
③ 천연갱신은 그곳의 임목이 이미 긴 세월을 통해서 그곳의 환경에 적응된 것이므로 성립의 실패가 적다.
④ 인공조림은 일반적으로 동령단순림을 조성하는데 이러한 인공조림법의 반복은 임지생산력과 조림성과를 점차적으로 향상시킨다.

해설

인공조림은 일반적으로 동령단순림을 조성하는데 이러한 인공조림법의 반복은 임지생산력과 조림성과를 점차적으로 하락시킨다.

04 내음력이 가장 약한 수종은?

① 녹나무
② 전나무
③ 자작나무
④ 가문비나무

해설

수목별 내음성

극음수	주목, 사철나무, 개비자나무, 회양목, 금송, 나한백
음수	가문비나무, 전나무, 너도밤나무, 솔송나무, 비자나무, 녹나무, 단풍나무, 서어나무, 칠엽수
중용수	잣나무, 편백나무, 목련, 느릅나무, 참나무
양수	소나무, 해송, 은행나무, 오리나무, 오동나무, 향나무, 낙우송, 측백나무, 밤나무, 옻나무, 사시나무, 노간주나무, 삼나무
극양수	낙엽송(일본잎갈나무), 버드나무, 자작나무, 포플러, 잎갈나무

05 온대지역에서 인위적인 요인으로 산림이 파괴되지 않는다면 최종적으로 산림이 형성 되는 수종은?

① 양수수종   ② 음수수종
③ 중용수종   ④ 조림수종

정답 01 ① 02 ① 03 ④ 04 ③ 05 ②

해설

산림천이
우리나라와 같은 온대지역은 맨땅에 이끼류가 들어오기 시작해 초본류, 이어 관목, 양수교목이 차례로 번성하며, 인위적인 요인으로 산림이 파괴되지 않는다면 마지막으로 음수교목의 숲이 형성된다.

06 내음성이 약한 양수를 갱신하는 데 적용하기 힘든 작업종은?

① 택벌작업　　② 개벌작업
③ 모수작업　　④ 왜림작업

해설

택벌작업
어린나무부터 벌기에 달한 성숙목까지 함께 섞여 자라므로 갱신면이 좁고 광선이 충분하지 못해 내음성이 약한 양수 갱신에는 적용하기 힘들다.

07 아래의 종자 단면도에서 내종피는?

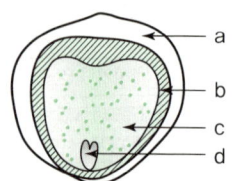

① a　　② b
③ c　　④ d

해설

종자 단면도
a : 외종피, b : 내종피, c : 배유, d : 배

08 수목 체내에서 이동이 비교적 잘 안 되고 부족하면 분열조직에 심한 피해를 주는 양분원소는?

① 인　　② 칼슘
③ 질소　④ 마그네슘

해설

무기염류의 체내 이동성

체내 이동성이 낮은 영양소	• 칼슘(Ca), 철(Fe), 망간(Mn), 붕소(B) • 결핍 시 가지선단이나 어린잎(유엽, 신엽, 새잎)에 증세 발현
체내 이동성이 높은 영양소	• 질소(N), 칼륨(K), 인산(P), 마그네슘(Mg) • 결핍 시 성숙잎(노엽, 늙은잎)에 증세 발현

09 생가지치기를 하면 상처 부위가 부패될 수 있는 가능성이 가장 높은 수종은?

① *Larix kaempferi*
② *Pinus densiflora*
③ *Prunus serrulata*
④ *Populus davidiana*

해설

가지치기 대상 수종
- 위험성이 없는 수종 : 삼나무, 포플러류, 낙엽송(*Larix kaempferi*), 잣나무, 전나무, 소나무(*Pinus densiflora*), 편백
- 위험성이 있는 수종 : 단풍나무, 물푸레나무, 벗나무(*Prunus serrulata*), 느릅나무

10 묘포지를 선정할 때 고려해야 할 사항으로 거리가 먼 것은?

① 기후
② 경사
③ 토양
④ 인접 산지의 식생형태

정답　06 ①　07 ②　08 ②　09 ③　10 ④

> [해설]

묘포지 선정 시 고려사항
토양, 경사, 기후, 방위, 교통, 노동력 수급 관계 등

11 묘목 곤포 작업의 정의로 옳은 것은?

① 굴취한 묘목을 규격에 따라 나누는 일
② 포지에서 양성된 묘목을 식재될 산지까지 수송하는 일
③ 묘목을 식재지까지 운반하기 위해 알맞은 크기로 다발 묶음하여 포장하는 일
④ 묘목을 심기 전 일시적으로 도랑을 파서 그 안에 뿌리를 묻어 건조를 방지하고 생기를 회복시키는 일

> [해설]

묘목의 식재
- 선묘 : 굴취한 묘목을 규격에 따라 나누는 일
- 운반 : 포지에서 양성된 묘목을 식재될 산지까지 수송하는 일
- 곤포 : 묘목을 식재지까지 운반하기 위해 알맞은 크기로 다발 묶음하여 포장하는 일
- 가식 : 묘목을 심기 전 일시적으로 도랑을 파서 그 안에 뿌리를 묻어 건조를 방지하고 생기를 회복시키는 일

12 수관급에 기초해서 행하여지는 간벌방법으로 옳지 않은 것은?

① 정량간벌　　② 하층간벌
③ 상층간벌　　④ 택벌식 간벌

> [해설]

정량간벌(定量間伐)
간벌 시 임령, 수고, 직경 등에 따라 벌채량을 미리 정해 놓고 그에 맞게 기계적으로 벌채하는 방법으로, 수관급에 기초하여 간벌목을 선정하는 것이 아니다.

13 산벌작업에서 충분한 결실연도가 되어 실시하여 1회의 벌채로 그 목적을 달성하는 작업방법은?

① 후벌　　② 하종벌
③ 결실벌　④ 예비벌

> [해설]

하종벌(下種伐)
종자가 결실이 되어 충분히 성숙되었을 때 1회 벌채하여 종자의 낙하를 돕는 작업이다.

14 덩굴치기 작업에 대한 설명으로 옳지 않은 것은?

① 덩굴식물이 뿌리 속의 저장 양분을 소모한 7월 경에 실시하는 것이 좋다.
② 조림목을 감고 올라가서 피해를 주는 각종 덩굴식물을 제거하는 작업이다.
③ 약제 처리할 때 방제효과를 높이기 위하여 비 오는 날은 실시하지 않는다.
④ 칡과 같은 덩굴은 줄기의 지표면 부근을 절단하는 것이 가장 효과적이다.

> [해설]

무성생식으로도 잘 번식하는 칡은 번식력이 강하여 조림목에 가장 피해를 많이 주고 줄기를 베어도 잘 제거되지 않기 때문에 디캄바액제, 글라신액제 등의 화학적 제초제를 사용하는 것이 바람직하다.

15 종자 발아에 후숙을 필요로 하지 않는 수종은?

① 은행나무　　② 들메나무
③ 버드나무　　④ 향나무

> [해설]

후숙 과정을 통해 발아 가능한 수종
은행나무, 주목, 향나무, 들메나무 등

정답　11 ③　12 ①　13 ②　14 ④　15 ③

16 교림의 정의로 옳은 것은?

① 두 가지 이상의 수종으로 이루어진 숲
② 현저한 수령 차이가 있는 수목들로 구성된 숲
③ 영양번식에 의한 맹아가 기원이 되어 이루어진 숲
④ 종자에서 발생한 치수가 기원이 되어 이루어진 숲

해설

교림(고림)
종자로부터 발달한 수목(실생묘)으로 이루어진 산림으로 용재를 생산하는 키가 큰 숲을 형성한다.

17 식재본수 및 식재밀도 결정에 영향을 미치는 인자가 아닌 것은?

① 경영목표 ② 지리적 조건
③ 수종의 특성 ④ 식재인력의 숙련도

해설

식재밀도에 영향을 미치는 인자
경영목표, 지리적 조건, 수종의 특성, 산주의 경영 여건 등

18 일본잎갈나무의 꽃눈이 분화하는 시기는?

① 3월경 ② 5월경
③ 7월경 ④ 9월경

해설

침엽수종은 보통 꽃피는 전해의 여름에 꽃눈이 분화하여 일본잎갈나무는 7월경 분화한다.

19 산림천이에 대한 설명으로 옳지 않은 것은?

① 산림천이 초기에는 종다양성이 증가한다.
② 1차 천이는 2차 천이보다 생산력이 높은 단계에서 시작된다.
③ 산림 벌채 후 산불, 기상재해 등은 산림의 2차 천이를 유발하는 주요 요인이다.
④ 1차 천이는 기존 식물상 자체에 의하여 유도되는 자발천이의 과정으로 볼 수 있다.

해설

2차 천이
원래의 식생이 화재, 태풍, 병충해 등의 자연적 교란이나 인간활동에 의한 인위적 교란을 받은 후 다시 진행하는 천이이다. 천이 도중에 다시 진행되는 천이이므로 1차 천이에 비해 생산력이 높은 단계에서 시작되어 진행이 빠르다.

20 산림 토양의 지력을 증진하기 위한 작업에 해당하지 않는 것은?

① 개벌 실시 ② 적당한 비음유지
③ 토양의 산도조정 ④ 낙엽 및 낙지보호

해설

개벌은 임지의 모든 수목이 제거되므로 지력 유지에 나쁘다.

2과목 산림보호학

21 병징은 있으나 표징이 없는 수목병은?

① 뽕나무오갈병
② 낙엽송잎떨림병
③ 삼나무붉은마름병
④ 소나무리지나뿌리썩음병

해설

병원체가 바이러스, 파이토플라스마, 비전염성병인 경우에는 병징만 나타나고 표징은 없으며, 세균 또한 표징을 나타내는 경우가 드물다. 뽕나무오갈병은 파이토플라스마에 의한 수병으로, 잔가지가 총생하는 병징이 뚜렷하며, 표징은 없다.

정답 16 ④ 17 ④ 18 ③ 19 ② 20 ① 21 ①

22 솔잎혹파리에 대한 설명으로 옳지 않은 것은?

① 우화 최성기가 5~6월이다.
② 10~11월에 번데기로 월동한다.
③ 낙엽 밑이나 흙 속에서 월동한다.
④ 유충이 솔잎 기부에 벌레혹을 형성한다.

해설

솔잎혹파리
9~12월경 성숙한 유충은 월동을 위하여 비가 올 때 땅으로 떨어져 낙엽 밑이나 땅속에서 유충으로 월동하고, 다음 해에 번데기가 된다.

23 잣나무털녹병균의 침입 부위와 발병 부위가 옳게 짝지어진 것은?

① 잎의 기공 – 잎
② 줄기의 피목 – 잎
③ 잎의 기공 – 줄기
④ 줄기의 피목 – 줄기

해설

잣나무털녹병
병원균은 9~10월에 잣나무 잎의 기공을 통하여 침입하고 표피를 직접 뚫고 침입하지는 않으며, 주된 피해는 줄기에 나타나는 것이 특징이다. 즉, 침입 부위는 잎의 기공이며, 발병 부위는 줄기이다.

24 뿌리혹병의 방제법으로 옳지 않은 것은?

① 병이 없는 건전한 묘목을 식재한다.
② 접목할 때 쓰이는 도구는 소독하여 사용한다.
③ 재식할 묘목은 스트렙토마이신 용액에 침지하는 것이 좋다.
④ 심하게 발생한 지역에서는 내병성 수종인 포플러류를 식재한다.

해설

포플러류는 내병성 수종이 아닌 감수성 수종으로, 뿌리혹병이 잘 발병한다.

25 곤충이 부적합한 환경에서 발육을 일정기간 정지하는 것은?

① 이주   ② 탈피
③ 변태   ④ 휴면

해설

휴면
곤충이 불리하고 부적합한 환경을 극복하기 위해 일정기간 발육을 정지하는 것을 말한다.

26 동물에 의한 수목 피해로 옳지 않은 것은?

① 두더지는 묘목의 뿌리를 가해한다.
② 고라니는 새순과 나무 열매를 가해한다.
③ 다람쥐는 겨울철에 나무뿌리를 가해한다.
④ 멧토끼는 겨울에 어린나무의 수피를 가해한다.

해설

다람쥐는 종자나 나무 열매를 식해하여 피해를 준다.

27 방화선의 설치 위치로 적절하지 않은 것은?

① 나지 또는 미립목지에 위치
② 급경사지, 관목 및 고사목 집적지역에 위치
③ 인공적 또는 천연적인 도로, 하천 등이 있는 위치
④ 산정 또는 능선 바로 뒤편 8~9부 능선에 위치

해설

방화선은 산불의 진행을 막기 위해 수목이나 잡관목 등 모든 가연물을 제거하여 설치하는 지대로, 수목이 집적된 지역은 적당하지 않다.

정답 22 ② 23 ③ 24 ④ 25 ④ 26 ③ 27 ②

28 파이토플라스마에 의한 수목병 방제에 사용되는 약제는?

① 아바멕틴
② 테부코나졸
③ 에마멕틴벤조에이트
④ 옥시테트라사이클린

해설

파이토플라스마는 외과적 치료방법으로는 효과가 없으며, 옥시테트라사이클린(Oxytetracycline)계 항생물질의 수간주사로 치료가 가능하다.

29 세균에 의하여 발병하는 수목병은?

① 철쭉떡병
② 포플러잎마름병
③ 호두나무뿌리혹병
④ 낙엽송가지끝마름병

해설

세균에 의한 수병
뿌리혹병, 밤나무눈마름병, 불마름병 등

30 침엽수 묘목의 모잘록병을 방제하는 데 가장 알맞은 방법은?

① 중간기주를 제거한다.
② 살균제로 토양소독과 종자소독을 한다.
③ 살충제를 뿌려서 매개 곤충을 구제한다.
④ 질소질 비료를 충분히 주어 묘목을 튼튼하게 한다.

해설

모잘목병 방제법
• 모잘록병은 토양전염성 병이므로 토양소독 및 종자소독을 실시한다.
• 배수와 통풍이 잘 되어 묘상이 과습하지 않도록 주의한다.
• 질소질 비료의 과용을 피하며, 인산질, 칼륨질 비료를 충분히 주어 묘목이 강건히 자라도록 돕는다.
• 파종량을 적게 하여 과밀하지 않도록 하며, 복토는 두껍지 않게 한다.
• 병든 묘목은 발견 즉시 뽑아서 소각한다.
• 병이 심한 묘포지는 돌려짓기(윤작)를 한다.

31 곤충과 비교한 거미의 특징으로 옳지 않은 것은?

① 홑눈만 있다.
② 날개가 없다.
③ 더듬이가 2쌍이다.
④ 탈바꿈(변태)을 하지 않는다.

해설

거미의 특징
• 몸은 머리가슴과 배의 2부분이다.
• 날개, 더듬이, 겹눈이 없다.
• 다리는 4쌍으로 각 7마디이다.
• 변태(탈바꿈)를 하지 않는다.

32 1년에 2회 이상 발생하는 해충은?

① 솔잎혹파리   ② 광릉긴나무좀
③ 미국흰불나방   ④ 호두나무잎벌레

해설

미국흰불나방
연 2회 발생하며, 번데기로 월동한다.
※ 1년에 2회 발생하는 해충 : 미국흰불나방, 버들재주나방, 미류재주나방

33 잣나무의 구과를 가해하는 해충은?

① 소나무좀   ② 솔알락명나방
③ 잣나무넓적잎벌   ④ 북방수염하늘소

정답 28 ④ 29 ③ 30 ② 31 ③ 32 ③ 33 ②

> 해설

솔알락명나방
소나무류나 잣나무의 구과를 가해하여 잣송이의 수확량을 크게 감소시키는 피해를 준다.
※ 종실가해 해충 : 밤바구미, 복숭아명나방, 솔알락명나방, 도토리거위벌레 등

34 곤충의 기관에서 체외로 방출되어 같은 종끼리 통신을 하는 데 이용되는 물질은?

① 페로몬　　② 호르몬
③ 알로몬　　④ 카이로몬

> 해설

페로몬(Pheromone)
곤충이 같은 종의 다른 개체에게 의사를 전달하고자 할 때 냄새로 알리는 종내 외분비 신호물질이다.

35 봄철 수목생장이 시작된 후 내리는 서리에 의해 수목이 입는 피해는?

① 상렬　　② 상주
③ 조상　　④ 만상

> 해설

만상(晩霜)
봄에 수목이 생장을 개시한 후에 갑자기 내린 서리로 인한 피해로, 늦서리의 해라고 한다.

36 소나무혹병의 중간기주로 방제를 위하여 제거해야 할 수종은?

① 오리나무
② 단풍나무
③ 자작나무
④ 신갈나무

> 해설

이종기생녹병균의 중간기주

잣나무털녹병	송이풀, 까치밥나무
소나무잎녹병	황벽나무, 참취, 잔대, 쑥부쟁이
소나무혹병	졸참나무 등의 참나무류
배나무붉은별무늬병	향나무

37 해충 방제를 위한 임업적 방제방법으로 옳지 않은 것은?

① 단순림 조성의 확대
② 내충성 수종의 식재
③ 적당한 간벌로 임분밀도 조절
④ 토양 및 기후에 적합한 수종의 조림

> 해설

해충의 임업적 방제
혼효림과 복층림 조성, 적당한 간벌과 가지치기 등으로 임분밀도 조절, 내충성 수종 식재, 해충 서식이 어려운 임지환경으로 개선, 해충에 대한 저항성 향상을 위한 시비 등

38 밤나무흰가루병균으로 잎의 앞뒷면에 밀가루를 뿌려 놓은 것 같이 보이는 것은?

① 분생포자　　② 자낭포자
③ 후벽포자　　④ 담자포자

> 해설

흰가루병의 표징

병환부의 흰 가루	균사, 분생포자, 분생자경(분생자병)
병환부의 가을에 나타나는 흑색 알갱이	자낭구

정답 34 ① 35 ④ 36 ④ 37 ① 38 ①

39 토양훈증제의 설명으로 옳지 않은 것은?

① 메탐소듐, 메틸브로마이드 등이 있다.
② 인화성이 있고 구석까지 침투하는 확산능력이 있어야 한다.
③ 비등점이 낮은 원제를 액체, 고체 또는 압축가스의 형태로 용기에 충전한 것이다.
④ 일정한 시간 내에 기화하여 훈증효과를 나타내야 하므로 휘발성이 큰 약제를 써야 한다.

해설

훈증제(燻蒸劑, Gas)
유효성분을 가스상태로 만들어 살균·살충하는 약제로, 휘발성, 침투성, 확산성 등이 좋아야 하며, 비인화성으로 폭발하지 않아야 한다.

40 유충과 성충이 모두 소나무의 목질부를 식해하여 피해를 주는 해충은?

① 소나무좀   ② 밤나무혹벌
③ 미국흰불나방   ④ 느티나무벼룩바구미

해설

소나무좀
연 1회 발생하며, 성충으로 월동하고, 유충과 성충이 봄·가을로 두 번 가해한다.

3과목 임업경영학

41 산림경영계획에 대한 설명으로 옳은 것은?

① 우리나라 국유림종합계획 기간은 5년이다.
② 사유림 소유자의 산림경영계획 수립은 의무가 아니라 권장사항이다.
③ 한번 작성된 산림경영계획은 그 계획 기간 동안에는 변경이 불가능하다.
④ 국유림경영계획 작성의 의무는 국유림이 존재하는 해당 지방자치단체장에게 있다.

해설

산림경영계획
우리나라 국유림종합계획 기간은 10년이며, 산림경영계획은 계획 기간 동안 변경이 가능하고, 국유림경영계획은 지방산림청장이 작성한다.

42 임업경영 지도원칙 중에서 보속성의 원칙에 대한 설명으로 옳은 것은?

① 수익률을 가장 크게 하는 원칙
② 해마다 목재수확을 균등하게 할 수 있는 원칙
③ 최소의 비용으로 최대의 효과를 발휘하는 원칙
④ 생산량을 생산요소의 수량으로 나눈 값이 최고가 되도록 하는 원칙

해설

보속성의 원칙
해마다 목재 수확을 계속하여 양적 및 질적으로 균등하게 생산·공급하도록 경영자는 원칙이다.

43 흉고형수에 영향을 미치는 인자가 아닌 것은?

① 수고   ② 지위
③ 수종   ④ 근원직경

해설

흉고형수에 영향을 미치는 인자
수고, 흉고직경, 지하고, 수종, 지위, 연령, 품종, 기후, 수관밀도 등

44 임업경영의 성과를 나타내는 가장 정확한 지표로, 임업경영의 결과에 의하여 직접적으로 얻은 소득에 해당하는 것은?

① 임업소득   ② 임업조수익
③ 임업총수입   ④ 임업현금수입

정답 39 ② 40 ① 41 ② 42 ② 43 ④ 44 ①

해설

임업소득
임업경영의 성과를 나타내는 가장 정확한 지표로 임업경영의 결과에 의하여 직접적으로 얻은 소득이다. 임업소득은 조림지 면적이 커짐에 따라 증대된다.

45 보속작업에서 한 작업급에 속하는 모든 임분을 일순벌하는 데 필요한 기간을 나타내는 임업생산기간은?

① 윤벌기
② 갱정기
③ 회귀년
④ 정리기

해설

산림의 생산기간
- 윤벌기(輪伐期) : 보속작업에서 한 작업급에 속하는 모든 임분을 일순벌하는 데 소요되는 기간
- 갱정기(정리기) : 불법정인 영급관계를 법정인 영급관계로 점차 정리하는 기간
- 회귀년(回歸年) : 택벌작업급을 몇 개의 벌구로 나눠 매년 순차적으로 택벌하고, 다시 최초의 택벌구로 벌채가 되돌아오는 데 소요되는 기간

46 수확조정기법 중 평분법에 대한 설명으로 옳지 않은 것은?

① 재적평분법은 일반적으로 경제변동에 대한 탄력성이 없는 것으로 평가된다.
② 절충평분법은 재적평분법과 면적평분법의 장점을 채택하여 절충한 것이다.
③ 면적평분법은 제2윤벌기에 산림이 법정상태가 되어 개벌작업에는 응용할 수 없다.
④ 평분법의 특징은 윤벌기를 일정한 분기로 나누어 분기마다 수확량을 균등하게 하는 것이다.

해설

면적평분법
각 분기의 벌채 면적을 동일하게 하여 수확하는 것으로, 재적수확의 균등보다는 장소적인 규제를 더 중시하는 방식이다. 이 방법은 제2윤벌기에 산림이 법정상태가 되어 개벌작업에는 응용할 수 있지만, 택벌작업에는 응용할 수 없다.

47 수간석해 시 반경 측정에 사용되는 방법이 아닌 것은?

① 심각등분법   ② 원주등분법
③ 최소자승법   ④ 절충법

해설

반경측정법
심각등분법, 원주등분법, 절충법

48 우리나라 산림의 소유 구분에 따른 분류로 옳지 않은 것은?

① 법정림   ② 공유림
③ 국유림   ④ 사유림

해설

소유 주체에 따른 산림 분류
국유림, 민유림(공유림, 사유림)

49 음(-)의 값이 나올 수 있는 투자효율 분석법은?

① 회수기간법   ② 순현재가치법
③ 투자이익률법 ④ 수익비용률법

해설

순현재가치법(NPV, Net Present Value)
미래에 발생할 모든 현금흐름을 적절한 이자율로 할인하여 현재의 시점으로 환산해 투자효율을 측정하는 방법이다. '순현가=현금유입의 현재가-현금유출의 현재가'이므로 순현재가치법은 음(-)의 값이 나올 수 있는 분석법이다.

정답 45 ① 46 ③ 47 ③ 48 ① 49 ②

50 산림자원의 효율적 조성과 육성을 위해 산림의 기능 구분에 해당하지 않는 것은?

① 목재생산림 ② 산림휴양림
③ 수원함양림 ④ 기업경영림

해설

산림의 6가지 기능
생활환경보전림, 자연환경보전림, 수원함양림, 산지재해방지림, 산림휴양림, 목재생산림

51 유령림의 임목평가 방법으로 가장 적합한 것은?

① 비용가법 ② 기망가법
③ 매매가법 ④ 환원가법

해설

임령에 따른 임목의 평가법

구분	내용
유령림의 임목평가	임목비용가법
중령림의 임목평가	글라저(Glaser)법
벌기 미만인 장령림의 임목평가	임목기망가법
벌기 이상인 성숙림의 임목평가	시장가역산법

52 임업의 경제적 특성에 해당되는 것은?

① 자연조건의 영향을 많이 받는다.
② 임목의 성숙기가 일정하지 않다.
③ 토지나 기후조건에 대한 요구도가 낮다.
④ 임업노동은 계절적 제약을 크게 받지 않는다.

해설

산림경영(임업)의 경제적 특성
- 육성임업과 채취임업이 병존한다.
- 임업노동은 계절적 제약을 크게 받지 않는다.
- 원목가격의 구성요소는 대부분이 운반비이다.
- 임업생산은 조방적이다.
- 공익성이 커서 제한성이 많다.

53 어떤 소나무림에서 간벌을 하면 500만 원씩의 수입을 얻을 것으로 예상된다. 연중에는 3회 간벌을 하고, 5년간 연 이율을 5%로 적용할 경우 후가계산에 적합한 식은?

① $\dfrac{500만 원 \times [1.05^5 - 1]}{1.05^5}$

② $\dfrac{500만 원 \times [1.05^{15} - 1]}{1.05^5}$

③ $\dfrac{500만 원 \times [1.05^5 - 1]}{1.05^{15} - 1}$

④ $\dfrac{500만 원 \times [1.05^{15} - 1]}{1.05^5 - 1}$

해설

유한정기이자의 후가식
- m년마다 R씩 n회 얻을 수 있는 이자의 후가합계식
- $K = \dfrac{R(1.0P^{mn} - 1)}{1.0P^m - 1} = \dfrac{500만 원 \times (1.05^{15} - 1)}{1.05^5 - 1}$

여기서, P : 이율

54 고정자본재에 해당하는 것은?

① 농약
② 묘목
③ 임도
④ 산림용 비료

해설

자본재의 종류

유동자본재	조림비	종자, 묘목, 비료, 약제, 보육비용
	관리비	관리자의 급료, 사무비, 수선비, 보험료, 공과잡비
	사업비	임금, 소모품비
고정자본재		임지, 임도, 건물, 기계, 기구, 시설, 설비, 차량

정답 50 ④ 51 ① 52 ④ 53 ④ 54 ③

55 임지취득 후 조림 등 임목육성에 적합한 상태로 개량하는 데 소요된 모든 비용의 후가에서 그동안의 수입의 후가를 공제한 값으로 평가하는 방법은?

① 대용법
② 수익환원법
③ 임지비용가법
④ 임지기망가법

해설

임지비용가
임지의 취득과 개량에 들어간 총비용의 후가합계에서 그동안 얻은 수익의 후가합계를 공제한 가격으로 원가방식에 의한 임지평가법이다.

56 각산정 표준지법에서 스피겔릴라스코프를 사용하여 1개의 표준점에서 측정된 나무의 평균 본수가 10본이었으며 사용된 흉고단면적 정수는 $2m^2$이었다면 이 임분의 ha당 흉고단면적은?

① $5m^2$
② $8m^2$
③ $12m^2$
④ $20m^2$

해설

각산정 표준지법에 의한 임분의 ha당 흉고단면적(G) 계산
$G = k \cdot n = 2 \times 10 = 20m^2$
여기서, k : 릴라스코프의 흉고단면적 정수
n : 임목본수

57 법정축적은 일반적으로 어느 계절의 축적으로 계산하는가?

① 춘계
② 하계
③ 추계
④ 동계

해설

법정축적은 주로 춘계축적과 추계축적의 평균인 하계축적을 이용하여 계산한다.

58 25년생 잣나무 임분의 입목재적이 $45m^3/ha$이고 수확표의 입목재적은 $50m^3/ha$이라면 입목도는?

① 0.5
② 0.7
③ 0.9
④ 1.1

해설

입목도(立木度)
- 이상적인 임분의 재적·본수·흉고단면적에 대한 실제 임분의 재적·본수·흉고단면적의 비율
- 입목도 = $\dfrac{현실재적}{수확표재적} = \dfrac{45}{50} = 0.9$

59 임목 측정에서 불완전한 기계 또는 계산에 의해 발생하는 오차는?

① 과오
② 누적오차
③ 상쇄오차
④ 표본오차

해설

누적오차(누차, 정오차)
측정횟수에 따라 오차가 누적되어 누적오차 또는 오차의 크기나 형태가 일정하여 정오차라고 한다. 불완전한 기계 또는 계산에 의해 발생하기 쉬운 오차이다.

60 감가상각비의 계산방법 중에 감가상각비 총액을 각 사용연도에 할당하여 매년 균등하게 감가하는 방법은?

① 정액법
② 정률법
③ 연수합계법
④ 작업시간비례법

해설

정액법(직선법)
매년 정해진 액수를 균등하게 감가하는 방법으로 가장 간단하며 보편적인 방법이다.

정답 55 ③ 56 ④ 57 ② 58 ③ 59 ② 60 ①

3과목 산림공학

61 방위가 S49°10′W일 때의 방위각은?

① 130°50′ ② 229°10′
③ 310°50′ ④ 49°10′

해설

방위가 S49°10′W이면 세 번째 영역에 있으므로, 방위각은 180°+49°10′=229°10′이다.

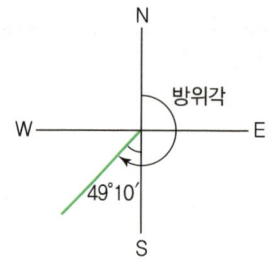

62 벌목과 운재계획을 위한 예비조사가 아닌 것은?

① 임황 및 지황 조사
② 반출방법에 대한 조사
③ 벌목구역의 개황 조사
④ 기존 실행결과에 대한 조사

해설

벌목과 운재계획을 위한 예비조사
벌목구역에 대한 조사, 반출방법에 대한 조사, 기존 실행결과에 대한 조사

63 겨울에 산림수확작업을 수행하는 경우 장점으로 옳지 않은 것은?

① 잔존임분에 대한 영향이 적다.
② 해충과 균류에 의한 피해가 적다.
③ 작업원 안전사고가 적게 발생한다.
④ 수액 정지기간에 작업하므로 양질의 목재를 수확할 수 있다.

해설

겨울작업은 여러 이점이 있지만 작업원의 안전사고가 다른 계절에 비해 잘 발생하는 편이다.

64 임도 식생사면의 유지보수에 대한 설명으로 옳지 않은 것은?

① 사면으로 직접 물이 흐르도록 배수시설을 설치한다.
② 강수량이 일시 집중적인 곳에서 붕괴에 대비하여야 한다.
③ 나무가 너무 커서 넘어질 경우 비탈면 붕괴가 되지 않도록 관리한다.
④ 떼붙임을 한 사면은 주기적으로 풀베기를 실시하여 다른 식물의 생장을 막아주어야 한다.

해설

사면으로 직접 물이 흐르지 않도록 배수구를 설치한다.

65 수중굴착 및 구조물의 기초바닥 등 상당히 깊은 범위의 굴착과 호퍼(Hopper)작업에 적합한 기종은?

① 크레인(Crane)
② 백호우(Backhoe)
③ 클램셸(Clamshell)
④ 어스드릴(Earth Drill)

해설

클램셸(Clam Shell)
붐 끝에 달려 있는 버킷의 양날이 열리고 닫히면서 토사를 움켜쥐는 형식으로, 버킷이 토사를 잡아 굴착을 하고 운반기계 위에서 버킷을 폄으로써 적재할 수 있다. 수중굴착 및 구조물의 기초바닥 등과 같은 상당히 깊은 범위의 굴착과 호퍼(Hopper)작업에 적당하다.

정답 61 ② 62 ① 63 ③ 64 ① 65 ③

66 임도설계 시 곡선설치를 생략하는 기준은?

① 내각이 140° 이상
② 내각이 145° 이상
③ 내각이 150° 이상
④ 내각이 155° 이상

해설

내각이 155° 이상 되는 장소는 곡선을 설치하지 않을 수 있다.

67 암반비탈면 녹화에 주로 사용하는 공법이 아닌 것은?

① 새집공법
② 피복녹화공법
③ 선떼붙이기 공법
④ 덩굴받침망 설치공법

해설

암반비탈면 녹화공법
새집공법, 차폐수벽공법, 피복녹화공법, 덩굴받침망공법 등

68 사방댐의 방수로 크기를 결정하는 주요 요인이 아닌 것은?

① 강수량
② 집수면적
③ 댐의 종류
④ 상류 하상의 상태

해설

방수로 크기 결정 인자
집수면적, 강수량, 산림상태, 산복경사, 황폐상황, 상류 하상의 상태 등

69 다음 석재 중 압축강도가 가장 큰 것은?

① 사암
② 화강암
③ 안산암
④ 석회암

해설

② 화강암 압축강도가 상당히 커서 재질이 굳고 내구성이 강하다.

주요 석재의 압축강도

화강암	1,608kg/cm²
석회암	1,250kg/cm²
안산암	1,048kg/cm²
사암	463kg/cm²

70 습한 지대에서 임도의 노면이 가라앉는 것을 막기 위하여 만드는 것은?

① 자갈길
② 흙모랫길
③ 부순돌길
④ 통나무길

해설

통나무길
통나무를 깔아서 만든 길로, 저습지대에서 노면침하를 방지하기 위하여 사용한다.

71 산지사방 식재용 수종의 요구조건으로 가장 부적절한 것은?

① 토양개량 효과가 기대될 것
② 뿌리 발육이 천천히 진행될 것
③ 생장력이 왕성하여 잘 번성할 것
④ 묘목의 생산비가 적게 들고 대량생산이 가능할 것

해설

산지사방 식재용 수종의 요구조건
- 생장력이 왕성하여 잘 번성할 것
- 뿌리의 자람이 좋아 토양의 긴박력이 클 것
- 건조, 한해, 각종 병해충에 강할 것
- 갱신이 용이하며, 가급적이면 경제적 가치가 높을 것
- 묘목 생산 비용이 적게 들고, 대량생산이 가능할 것
- 토양개량 효과가 기대될 것

정답 66 ④ 67 ③ 68 ③ 69 ② 70 ④ 71 ②

72 주로 사면기울기가 1 : 1보다 완만한 곳에 흙이 털어지지 않은 온떼를 사용하여 전면녹화를 목적으로 시공하는 산지사방 녹화공법은?

① 띠떼심기　　② 줄떼다지기
③ 선떼붙이기　　④ 평떼붙이기

해설

평떼붙이기
기울기가 1 : 1보다 완만한 비탈(45° 이하)에 흙이 털어지지 않은 온떼를 전면적으로 붙여서 비탈을 일시에 녹화하는 공법이다.

73 평판을 설치할 때 만족되어야 하는 필수 조건이 아닌 것은?

① 표정　　② 치심
③ 정준　　④ 방위

해설

평판 설치의 필수 조건

정준 (정치)	수평 맞추기 : 삼각을 바르게 놓고, 앨리데이드를 가로세로로 차례로 놓아가며 기포관의 기포가 중앙에 오도록 수평 조절
구심 (치심)	중심 맞추기 : 구심기의 추를 놓아 지상측점과 도상측점이 일치하도록 조절
표정	방향 맞추기 : 모든 측선의 도면상방향과 지상방향이 일치하도록 조절

74 비탈면 녹화용 피복자재에 해당하지 않는 것은?

① 그라우트　　② 볏집거적
③ 주트네트　　④ 코아네트

해설

그라우트
지반에 천공을 하고 시멘트 모르타르를 주압하여 채우는 방식을 말하는 것으로, 녹화용 피복자재가 아니다.

75 다음 조건에서 임도설계 시 적용하는 곡선반지름으로 가장 적합한 것은?

- 설계속도 : 40km/h
- 노면의 외쪽기울기 : 6%
- 일반지형에서 가로미끄럼에 대한 노면과 타이어의 마찰계수 : 0.15

① 50m
② 60m
③ 70m
④ 80m

해설

최소곡선반지름의 계산(원심력과 타이어 마찰계수에 의한 경우)

$$R = \frac{V^2}{127(f+i)} = \frac{40^2}{127(0.15+0.06)} = 59.992...$$

∴ 약 60m

　여기서, R : 최소곡선반지름(m)
　　　　 V : 설계속도
　　　　 f : 노면과 타이어의 마찰계수
　　　　 i : 횡단기울기 또는 외쪽기울기

76 임도의 합성기울기를 10%로 설정하려 할 때 외쪽기울기가 6%라면 종단기울기는?

① 8%　　② 10%
③ 12%　　④ 14%

해설

합성기울기 계산
$S = \sqrt{i^2 + j^2}$
$10 = \sqrt{6^2 + j^2}$　　∴ $j = 8\%$
　여기서, S : 합성물매(%)
　　　　 i : 횡단물매 or 외쪽물매(%)
　　　　 j : 종단물매(%)

정답 72 ④　73 ④　74 ①　75 ②　76 ①

77 옆도랑과 길어깨를 제외한 임도의 구조는?

① 대피소 ② 유효너비
③ 도로너비 ④ 합성기울기

해설

유효너비(차도너비)
길어깨와 옆도랑을 제외한 임도의 유효너비로 3m를 기준으로 한다. 배향곡선지의 경우 유효너비는 6m 이상으로 한다.

78 체인톱의 쏘체인 규격은 무엇으로 구분하는가?

① 피치 ② 중량
③ 배기량 ④ 엔진출력

해설

쏘체인(Saw Chain)의 규격
피치(Pitch)로 나타내며, 피치란 서로 접한 3개의 리벳 간격을 반으로 나눈 길이를 말한다.

79 기슭막이에 대한 설명으로 옳지 않은 것은?

① 황폐계천에서 유수에 의한 계안의 횡침식을 방지하기 위해 설치한다.
② 유로의 만곡에 의하여 물의 충격을 받거나 붕괴 위험성이 있는 계천변에 설치한다.
③ 계류의 둑쌓기 구간 내에 시공할 경우 둑쌓기 계획비탈기울기와 동일한 기울기로 계획한다.
④ 침식이 심하고 유수의 충돌이 심한 곳에서는 통나무기슭막이나 바자기슭막이를 적용한다.

해설

침식이 심하고 유수의 충돌이 침한 곳에서는 돌이나 콘크리트기슭막이를 적용한다.

80 다음 ( ) 안에 들어갈 용어가 아닌 것은?

> 노면의 종단기울기가 8%를 초과하는 사질토양 또는 점토질의 토양인 구간과 종단기울기가 8% 이하인 구간으로서 지반이 약하고 습한 구간에는 ( )·( )을(를) 부설하거나 ( ) 등으로 포장한다.

① 섶 ② 쇄석
③ 자갈 ④ 콘크리트

해설

종단기울기가 8%를 초과하는 사질토 또는 점질토인 구간과 8% 이하로 지반이 약하고 습한 구간은 (쇄석)·(자갈)을 부설하거나 (콘크리트) 등으로 포장하여야 한다.

정답 77 ② 78 ① 79 ④ 80 ①

2022년 2회 기출문제

1과목 조림학

01 순림과 혼효림에 대한 설명으로 옳지 않은 것은?

① 순림은 산림작업과 경영이 간편하고 경제적으로 수행될 수 있다.
② 순림은 혼효림보다 유기물의 분해가 더 빨라져 무기양료의 순환이 더 잘 된다.
③ 혼효림은 인공적으로 조성하기에는 기술적으로 복잡하고 보호관리에 많은 경비가 소요된다.
④ 혼효림은 심근성과 천근성 수종이 혼생할 때 바람 저항성이 증가하고 토양단면 공간이용이 효과적이다.

해설
유기물의 분해가 빨라져 무기양분의 순환이 더 잘 되는 것은 혼효림이다.

02 곰솔에 대한 설명으로 옳지 않은 것은?

① 수피는 흑갈색이다.
② 소나무과 수종이다.
③ 겨울눈은 붉은색이다.
④ 해안 지역에 주로 분포한다.

해설
소나무와 곰솔의 비교

구분	잎	수피	겨울눈
소나무 (적송, 육송)	짧고 가늘며 부드럽다.	적갈색	끝이 뾰족한 작은 솔방울 모양의 타원형, 붉은 갈색
곰솔 (흑송, 해송)	길고 억세며 두껍고 거칠다.	흑갈색 (암흑색)	위가 뾰족하고 울룩불룩한 긴 병 모양, 회백색

03 덩굴제거 방법으로 옳지 않은 것은?

① 덩굴의 줄기를 제거하거나 뿌리를 굴취한다.
② 디캄바액제는 비선택성 제초제로 일반적인 덩굴에 적용한다.
③ 주로 칡, 다래, 머루 같은 덩굴류가 무성한 지역을 대상으로 한다.
④ 글라신 액제를 이용한 덩굴 제거에서는 도포보다는 주로 주입 방법을 이용한다.

해설
디캄바액제(반벨)
선택성 이행형 제초제로 칡, 아까시나무 등의 콩과식물과 광엽잡초를 선택적으로 제거한다.

04 밤, 도토리 등 함수량이 많은 전분 종자를 추운 겨울 동안 동결하지 않고 부패하지 않도록 저장하는 방법으로 가장 적합한 것은?

① 노천매장법
② 보호저장법
③ 상온저장법
④ 저온저장법

해설
보호저장법(건사저장법)
일정 습기를 지니고 있는 종자의 함수량 유지를 위해 종자와 모래를 섞어 용기에 담고 빗물이나 눈 녹은 물이 스며들지 않는 창고 등에 저장하는 방법이다. 밤이나 도토리 등과 함수량이 많은 전분(澱粉) 종자를 추운 겨울 동안 동결하지 않고 동시에 부패하지 않도록 저장할 수 있다.

정답 01 ② 02 ③ 03 ② 04 ②

05 작업종을 분류하는 기준으로 가장 거리가 먼 것은?(단, 대나무는 제외)

① 벌채 종류 ② 벌구 크기
③ 벌채 위치 ④ 벌구 모양

해설

산림작업종 분류 기준
임분의 기원, 벌채의 종류(벌채종), 벌구의 크기와 형태

06 산림 토양에서 부식에 대한 설명으로 옳지 않은 것은?

① 토양의 입단구조를 형성하게 한다.
② 임상 내 H층에 해당되며 유기물이 많이 함유되어 있다.
③ 토양 미생물의 생육에 필요한 영양분으로 사용 가능하다.
④ 칼슘, 마그네슘, 칼륨 등 염기를 흡착하는 능력인 염기치환용량이 작다.

해설

부식(humus)
낙엽, 낙지, 동식물의 분비물 및 사체 등의 유기물이 토양 미생물에 의해 썩고 분해되어 생성되는 물질이다. 부식은 음전기적 성질이 강해 양이온인 각종 양분들의 흡착 능력이 좋아져 염기치환용량을 증대시킨다.

07 묘목의 굴취를 용이하게 하고 묘목의 생장을 조절하기 위해 실시하는 작업은?

① 심경 ② 관수
③ 단근 ④ 철선 감기

해설

단근(斷根, 뿌리 끊기)
굵은 직근(直根)을 잘라 양수분의 흡수를 담당하는 가는 측근(側根)과 세근(細根)을 발달시키는 작업으로 조림지에 이식하였을 때 활착률이 좋아진다. 묘목의 굴취를 용이하게 하고 묘목의 생장을 조절하기 위해 실시하는 것으로 묘목을 포지에 세워둔 채로 도구를 이용해 절단한다.

08 음수 갱신에 가장 불리한 작업방법은?

① 산벌작업 ② 택벌작업
③ 이단림작업 ④ 모수림작업

해설

모수작업
벌채지에 종자를 공급할 수 있는 모수(母樹)를 단독 또는 군상으로 남기고, 그 외 나머지 수목들을 모두 벌채하는 방법의 작업이다. 모수를 제외한 나머지 임지는 일시에 노출되므로 주로 소나무, 곰솔(해송), 자작나무 등 양수의 천연갱신에 유리하며, 음수는 적합하지 않다.

09 비료의 농도가 너무 높아 묘목이 말라죽는 경우에 토양과 묘목의 수분포텐셜(Ψ)의 관계로 옳은 것은?

① $\Psi_{토양} > \Psi_{묘목}$ ② $\Psi_{토양} = \Psi_{묘목}$
③ $\Psi_{토양} < \Psi_{묘목}$ ④ $\Psi_{토양} \propto \Psi_{묘목}$

해설

수분포텐셜(water potential)
물이 가진 상대적 수분 이동 에너지로 높은 쪽에서 낮은 쪽으로 이동한다. 묘목이 말라죽는 것은 수분을 흡수하지 못하고 오히려 토양 쪽으로 수분이 빠져나간 결과이다. 묘목에서 토양 쪽으로 수분이 이동하였으므로 수분포텐셜은 묘목이 크고, 토양이 작다.

10 우량한 침엽수 묘목에 대한 설명으로 옳지 않은 것은?

① 측아가 정아보다 우세하다.
② 왕성한 수세를 지니며 조직이 단단하다.
③ 균근이나 공생미생물이 충분히 부착되어 있다.
④ 근계가 충실하며 뿌리가 사방으로 균형 있게 발달한다.

정답 05 ③ 06 ④ 07 ③ 08 ④ 09 ③ 10 ①

해설

우량 묘목은 측아보다 정아의 발달이 우세하다.

11 임목 종자에 대한 설명으로 옳지 않은 것은?

① 리기다소나무 종자의 산지는 미국의 동부지역이다.
② 상수리나무 종자는 보습 저장하여 활력을 유지시킨다.
③ 발아율이 80%이고, 순량률이 70%인 종자의 효율은 56%이다.
④ 박태기나무, 아까시나무 종자 탈종에 가장 적합한 방법은 부숙마찰법이다.

해설

종자의 탈종(脫種)

건조봉타법 (乾燥棒打法)	• 건조한 구과나 열매를 막대기로 가볍게 두드려 탈종 • 아까시나무, 박태기나무, 오리나무
부숙마찰법 (腐熟摩擦法)	• 부숙시킨 후 마찰하거나 비벼서 과피를 분리 • 은행나무, 벚나무, 향나무, 주목, 비자나무, 호두나무, 가래나무
도정법 (搗精法)	• 정미기에 넣어 밀랍층(왁스층)을 깎아 제거 • 발아 촉진 겸함 • 옻나무
구도법 (臼搗法)	• 절구에 넣어 약하게 찧는 방법 • 옻나무, 아까시나무

12 수목에 필요한 무기영양원으로 필수원소가 아닌 것은?

① 철   ② 질소
③ 망간   ④ 알루미늄

해설

필수원소의 종류

다량원소 (9종)	탄소(C), 산소(O), 수소(H), 질소(N), 칼륨(K), 칼슘(Ca), 인(P), 마그네슘(Mg), 황(S)
미량원소 (8종)	철(Fe), 염소(Cl), 망간(Mn), 붕소(B), 아연(Zn), 구리(Cu), 몰리브덴(Mo), 니켈(Ni)

13 파종 후 발아 과정에 해가림이 필요한 수종은?

① *Zelkova serrata*
② *Picea jezoensis*
③ *Robinia pseudoacacia*
④ *Fraxinus rhynchophylla*

해설

해가림 수종

• 해가림이 필요한 수종 : 가문비나무(*Picea jezoensis*), 전나무, 잣나무, 삼나무, 낙엽송 등의 침엽수
• 해가림이 필요 없는 수종 : 소나무, 리기다소나무, 곰솔(해송), 사시나무, 아까시나무 등의 양수

14 식재밀도에 따른 임목의 형질과 생산량에 대한 설명으로 옳은 것은?(단, 수종과 연령 및 입지는 동일함)

① 고밀도일수록 연륜폭은 좁아진다.
② 고밀도일수록 지하고는 낮아진다.
③ 고밀도일수록 단목의 평균 간재적은 커진다.
④ 임목밀도에 따라 상층목의 평균수고가 달라진다.

해설

묘목의 식재밀도

식재밀도가 높을수록 연륜폭이 좁아져 지름은 가늘지만 완만하며 지하고가 높은 수목을 생산할 수 있다. 반면, 밀도가 낮을수록 단목재적은 빨리 증가하여 직경생장이 좋아지고 초살도가 높은 용재를 생산한다.

정답 11 ④ 12 ④ 13 ② 14 ①

15 광합성 색소인 카로테노이드(carotenoids)에 대한 설명으로 옳지 않은 것은?

① 노란색, 오렌지색, 빨간색 등을 나타내는 색소이다.
② 광도가 높을 경우 광산화작용에 의한 엽록소의 파괴를 방지한다.
③ 수목 내에 있는 색소 중에서 광질에 반응을 나타내며 광주기 현상과 관련된다.
④ 엽록소를 보조하여 햇빛을 흡수함으로써 광합성 시 보조색소 역할을 담당한다.

해설

광질에 반응을 나타내며 광주기 현상과 관련 있는 것은 파이토크롬(phytochrome)이다.

16 왜림작업으로 갱신하기 가장 부적합한 수종은?

① 잣나무   ② 오리나무
③ 신갈나무   ④ 물푸레나무

해설

왜림작업(맹아갱신) 수종
참나무류, 밤나무, 물푸레나무, 버드나무, 아까시나무, 서어나무, 오리나무, 리기다소나무 등

17 참나무류 줄기에서 수액상승 속도가 다른 수종에 비해 빠른 이유는?

① 뿌리가 심근성이기 때문이다.
② 도관의 지름이 크기 때문이다.
③ 심재가 잘 형성되기 때문이다.
④ 잎의 앞면과 뒷면에 모두 기공이 있기 때문이다.

해설

물관부
식물의 뿌리에서 흡수된 물과 질소, 인산, 칼륨 등의 무기양분이 잎까지 이동하는 통로가 되는 조직이다. 물관에는 도관과 가도관의 형태가 있으며, 도관(導管)은 하나의 긴 대롱과 같은 형태로, 참나무류는 도관의 지름이 커서 수액상승 속도가 다른 수종에 비해 빠르다.

18 어린나무 가꾸기 작업에 대한 설명으로 옳은 것은?

① 주로 6월~9월에 실시하는 것이 좋다.
② 숲 가꾸기 과정에서 한 번만 실시한다.
③ 간벌 이후에 불량목을 제거하기 위해 실시한다.
④ 산림경영 과정에서는 중간 수입을 위해서 실시한다.

해설

어린나무 가꾸기(제벌) 시기
식재 후에 조림목이 임관을 형성한 후부터 간벌하기 이전에 실행한다. 일 년 중에서는 나무의 고사상태를 알고 맹아력을 감소시키기에 가장 적합한 6~9월(여름)에 실시하는 것이 좋다.

19 종자가 성숙하고 산포하는 시기가 개화 당년 봄철인 수종은?

① *Populus nigra*
② *Taxus cuspidata*
③ *Torreya nucifera*
④ *Machilus thunbergii*

해설

개화한 해의 봄에 종자가 성숙하는 수종
사시나무, 미루나무, 버드나무, 은백양, 양버들(*Populus nigra*), 황철나무, 느릅나무

20 수목이 외부 환경으로부터 받은 스트레스를 감지하는 역할을 수행하는 호르몬은?

① 옥신
② 지베렐린
③ 사이토키닌
④ 아브시스산

해설

아브시스산(abscisic acid, ABA, 앱시스산)
식물의 생장을 억제하는 대표적 생장억제물질이다. 종자의 발아를 억제하여 휴면을 유도하거나, 수분 부족 상황에서 기공을 닫는 등 수목이 불량환경에 처했거나 스트레스를 받을 때 다량 생성된다.

2과목 산림보호학

21 액상의 농약을 제조할 때 주제를 녹이기 위하여 사용하는 물질은?

① 유제
② 용제
③ 유화제
④ 증량제

해설

보조제(補助劑)

전착제	약액이 식물이나 해충의 표면에 잘 안착하여 붙어 있도록 하는 약제
용제	농약의 주요 성분을 녹이는 제제
유화제	약액 속에서 약제들이 잘 혼합되어 고루 섞일 수 있도록 하는 제제
증량제	약제의 농도를 낮추기 위하여 첨가하는 제제
협력제	혼합 사용하면 주제(농약원제)의 약효를 증진시키는 약제

22 흡즙성 해충에 해당하는 것은?

① 소나무좀
② 알락하늘소
③ 버즘나무방패벌레
④ 꼬마버들재주나방

해설

해충의 가해양식에 따른 분류

식엽성 (食葉性)		미국흰불나방, 솔나방, 매미나방(집시나방), 오리나무잎벌레, 텐트나방(천막벌레나방), 어스렝이나방(밤나무산누에나방), 잣나무넓적잎벌, 솔노랑잎벌, 호두나무잎벌레, 참나무재주나방, 느티나무벼룩바구미[유충], 버들잎벌레, 대벌레
흡즙성 (吸汁性)	잎	버즘나무방패벌레, 진달래방패벌레, 느티나무벼룩바구미[성충], 점박이응애, 뽕나무이
	줄기	솔껍질깍지벌레
천공성 (穿孔性)		소나무좀, 박쥐나방, 알락박쥐나방, 향나무하늘소(측백하늘소), 가루나무좀, 알락하늘소, 미끈이하늘소, 솔수염하늘소, 북방 수염하늘소, 털두꺼비하늘소, 버들바구미, 광릉긴나무좀
충영성 (蟲癭性)	잎	솔잎혹파리, 아까시잎혹파리, 외줄면충
	눈	밤나무혹벌
종실(種實) 가해		밤바구미, 복숭아명나방, 솔알락명나방, 도토리거위벌레

23 지표를 배회하는 성질의 해충을 채집하는 방법으로 가장 효과적인 도구는?

① 유아등(light trap)
② 함정트랩(pitfall trap)
③ 수반트랩(water trap)
④ 말레이즈트랩(malaise trap)

해설

핏폴트랩(pitfall trap)
유리병과 같은 트랩을 땅속에 묻고 트랩 안으로 곤충이 떨어지면 채집하는 방법이다. 주로 지면을 배회하며 서식하는 해충에 효과적이다. =낙하트랩, 함정트랩

정답 20 ④ 21 ② 22 ③ 23 ②

24 여름포자가 없는 녹병은?

① 향나무녹병 ② 잣나무털녹병
③ 소나무잎녹병 ④ 전나무잎녹병

해설

향나무녹병
이종기생 녹병균에 의한 수병으로 중간기주는 배나무, 사과나무 등의 장미과 식물이다. 이 병원균은 여름포자 세대를 형성하지 않아 4가지 포자로만 생활사를 완성하는 것과 중간기주에서 녹병포자, 녹포자를 생성하는 점이 일반 녹병균과 다르다.

25 다음 설명에 해당하는 해충은?

- 유충은 잎을 갉아먹는다
- 1년에 2~3회 발생한다.
- 성충은 주광성이 강하다.

① 대벌레 ② 박쥐나방
③ 미국흰불나방 ④ 조록나무혹진딧물

해설

미국흰불나방
연 2회 발생하며, 번데기로 월동한다. 유충은 잎을 식해하고, 성충은 주로 밤에 활동하며 주광성이 강하다. 기주 범위가 넓어 버즘나무, 포플러, 벚나무, 단풍나무 등 활엽수 160여 종의 잎을 식해하는 잡식성이다.

26 다음 중 2차 대기오염물질에 해당되는 것은?

① HF ② SO_2
③ 분진 ④ PAN

해설

2차 대기오염물질
오염원으로부터 직접 배출되는 것이 아닌 대기 중의 광화학적 반응에 의해 2차적으로 생성되는 오염물질로, 오존(O_3), 팬(PAN)이 해당된다.

27 밤나무줄기마름병을 방제하는 방법으로 옳지 않은 것은?

① 내병성 품종을 식재한다.
② 동해 및 볕데기를 막고 상처가 나지 않게 한다.
③ 질소질 비료를 많이 주어 수목을 건강하게 한다.
④ 천공성 해충류의 피해가 없도록 살충제를 살포한다.

해설

질소질 비료를 많이 주면 수목은 웃자라며 연약해져 병해충 및 각종 재해에 취약해진다.

28 밤나무혹벌에 대한 설명으로 옳은 것은?

① 연 1회 발생하며 유충으로 월동한다.
② 피해를 받은 나무가 고사하는 경우는 없다.
③ 충영은 성충 탈출 후에도 녹색을 유지한다.
④ 밤나무 잎에 기생하여 직경 1mm 내외의 충영을 만든다.

해설

밤나무혹벌
밤나무의 잎눈에 충영(벌레혹)을 만들고 그 속에서 기생하여 밤의 결실을 방해하는 해충이다. 연 1회 발생하며, 눈의 조직 내에서 유충으로 월동한다. 피해목은 작은 잎이 총생하며 개화 및 결실이 잘 되지 않고, 피해가 누적되면 고사하는 경우가 많다.

29 수목의 그을음병을 방제하는 데 가장 적합한 방법은?

① 중간기주를 제거한다.
② 방풍 시설을 설치한다.
③ 해가림 시설을 설치한다.
④ 흡즙성 곤충을 방제한다.

정답 24 ① 25 ③ 26 ④ 27 ③ 28 ① 29 ④

■ 해설

그을음병 방제법
그을음병은 진딧물이나 깍지벌레가 수목을 흡즙하며 분비하는 감로(甘露)에서 균이 기생하고 번식하므로 흡즙성 해충을 방제한다.

30 주로 토양에서 월동하는 병원균은?
① 모잘록병균
② 잣나무털녹병균
③ 낙엽송잎떨림병균
④ 배나무불마름병균

■ 해설

토양에서 월동하는 병원체
뿌리혹병균, 모잘록병균, 자줏빛날개무늬병균, 뿌리혹선충, 뿌리썩이선충

31 버즘나무방패벌레가 월동하는 형태는?
① 알 ② 성충
③ 유충 ④ 번데기

■ 해설

버즘나무방패벌레
연 3회 발생하며, 버즘나무의 수피 틈에서 성충으로 월동한다. 양버즘나무에서 주로 발생하며, 약충이 버즘나무류의 잎 뒷면에 모여 흡즙하며 피해를 준다.

32 상륜에 대한 설명으로 옳은 것은?
① 조상으로 인하여 나타난다.
② 만상으로 수목의 생장이 저해되어 나타난다.
③ 한겨울 수목의 휴면 기간 중 저온으로 인하여 치수에 발생하는 피해 현상이다
④ 주로 추운 지방에서 고립목이나 임연부의 교목에서 주로 발생하는 상렬의 일종이다.

■ 해설

상륜(霜輪)
수목이 만상으로 생장이 일시 정지되었다가 다시 생장이 개시되어 1년에 2개의 연륜(나이테)이 생기는 것으로, 만상으로 인한 위연륜(僞年輪)이다.

33 산성비로 인한 피해 현상으로 옳지 않은 것은?
① 토양 중 알루미늄 및 망간 등의 중금속을 불용화시킨다.
② 토양이 산성화되어 수목에 대한 양료 공급이 부족해진다.
③ 수목 잎의 조직 내 책상조직에 피해를 주어 세포질을 손상시킨다.
④ 수목 잎의 기공과 큐티클을 통하여 침투한 산성 물질이 내부 세포의 생리 작용에 장해를 준다.

■ 해설

산성비로 인해 토양 중의 알루미늄, 철, 망간 등이 활성화되어 수목생육에 해를 끼친다.

34 털두꺼비하늘소에 대한 설명으로 옳지 않은 것은?
① 피해목에서는 톱밥이 배출되지 않기 때문에 식별이 어렵다.
② 버섯재배용 원목을 가해하여 버섯재배에 피해를 주기도 한다.
③ 벌채목에 방충망을 씌워 성충의 산란을 막아 방제할 수 있다.
④ 주로 1년에 1회 발생하나 2년에 1회 발생하는 경우도 있다.

■ 해설

털두꺼비하늘소
연 1회 발생하며, 성충으로 월동한다. 표고재배용 골목

정답 30 ① 31 ② 32 ② 33 ① 34 ①

(樺木)에 잘 발생하는 해충이다. 피해목에는 톱밥이 배출되어 있어 피해를 식별할 수 있다.

35 곤충의 소화기관 중 입에서 가까운 것부터 올바르게 나열한 것은?

① 전위 → 인두 → 전소장 → 위맹낭
② 인두 → 전위 → 위맹낭 → 전소장
③ 전위 → 인두 → 위맹낭 → 전소장
④ 인두 → 전위 → 전소장 → 위맹낭

해설

곤충의 소화관
크게 전장, 중장, 후장으로 구분되며, 입에서부터 인두, 식도, 소낭, 전위, 위맹낭, 위, 말피기관, 전소장, 직장, 항문으로 구성되어 있다.

36 아까시잎혹파리에 대한 설명으로 옳지 않은 것은?

① 아까시나무만 가해한다.
② 원산지는 북아메리카이다.
③ 땅속에서 성충으로 월동한다.
④ 흰가루병 및 그을음병을 동반한다.

해설

아까시잎혹파리
1년에 5~6회 발생하며, 땅속에서 번데기로 월동한다. 아까시 잎 가장자리를 뒤로 말고 그 속에서 흡즙 가해하며, 원산지는 북아메리카로 외래해충이다.

37 모잘록병을 방제하는 방법으로 옳지 않은 것은?

① 밀식하여 관리한다.
② 토양 소독을 실시한다.
③ 배수와 통풍을 잘하여 준다.
④ 복토를 두껍게 하지 않는다.

해설

모잘록병 방제법
묘목이 너무 밀식되어 과습하거나 배수와 통풍이 좋지 않은 경우 심하게 발생하므로 과밀하지 않도록 한다.

38 소나무재선충병이 발생하는 주요 경로는?

① 종자   ② 토양
③ 매개충   ④ 중간기주

해설

소나무재선충병(소나무시들음병)
재선충이 수목체 내에 증식하여 양수분의 흡수와 이동을 막아 피해가 나타난다. 재선충은 스스로 이동할 수 없으며 솔수염하늘소(소나무), 북방수염하늘소(잣나무) 등의 매개충에 의해 전염이 확산된다.

39 대추나무빗자루병 방제약제로 가장 적합한 것은?

① 베노밀 수화제
② 아진포스메틸 수화제
③ 스트렙토마이신 수화제
④ 옥시테트라사이클린 수화제

해설

대추나무빗자루병
파이토플라스마에 의한 수병으로 옥시테트라사이클린계(oxytetracycline) 항생물질을 수간주사하여 방제한다.

40 침엽수, 활엽수, 초본식물을 모두 기주로 하는 수목병은?

① 흰가루병
② 갈색고약병
③ 리지나뿌리썩음병
④ 아밀라리아뿌리썩음병

정답 35 ② 36 ③ 37 ① 38 ③ 39 ④ 40 ④

해설
리지나뿌리썩음병균은 주로 침엽수에 발병하지만, 아밀라리아뿌리썩음병균은 침엽수와 활엽수 모두를 가해하는 다범성 병균으로 전국에 피해를 주고 있다.

3과목 임업경영학

41 산림경영계획에서 임종 구분으로 옳은 것은?

① 임반, 소반
② 천연림, 인공림
③ 입목지, 무입목지
④ 침엽수림, 활엽수림, 혼효림

해설
임종(林鍾)
임분이 인공림인지 천연림인지에 대한 구분이다.

42 다음 조건에서 정액법에 의한 임업기계의 연간 감가상각비는?

- 내용연수 : 50년
- 취득비용 : 5,000만 원
- 폐기할 때 잔존가치 : 1,000만 원

① 50만 원   ② 80만 원
③ 100만 원   ④ 160만 원

해설
정액법(직선법)

연간 감가상각비 $= \dfrac{\text{취득원가} - \text{잔존가치}}{\text{내용연수}}$

$= \dfrac{5{,}000\text{만 원} - 1{,}000\text{만 원}}{50}$

$= 80\text{만 원}$

여기서, 취득원가=기계구입가격

잔존가치=기계폐기가격=폐물가격
내용연수=기계의 수명=사용가능연수

43 현재의 가치가 10,000원인 임목을 이자율 4%로 4년 동안 임지에 존치하였다면 4년 동안의 임목가치 증가액은?

① 약 1,700원   ② 약 2,700원
③ 약 10,000원   ④ 약 11,700원

해설
후가식(後價式)
- 현재 자본금이 V이고, 이율이 P일 때 n년 후의 자본금 N(후가)을 구하는 공식이다.
- $N = V \times 1.0P^n = 10{,}000 \times 1.04^4 = 11{,}698.585 \cdots$ 약 11,700원

현재의 가치 10,000원의 4년 뒤 후가는 약 11,700원이므로 가치 증가액은 $11{,}700 - 10{,}000 = 1{,}700$원이다.

44 국유림 경영의 목표에서 다섯 가지 주목표에 해당되지 않는 것은?

① 보호 기능   ② 고용 기능
③ 경영수지 개선   ④ 국제협력 강화

해설
국유림의 경영 목적
산림 보호 기능, 임산물 생산 기능, 휴양·문화 기능, 고용 기능, 경영수지의 개선

45 평균생장량과 연년생장량 간의 관계에 대한 설명으로 옳은 것은?

① 초기에는 평균생장량이 연년생장량보다 크다.
② 평균생장량이 연년생장량에 비해 최대점에 빨리 도달한다.
③ 평균생장량이 최대일 때 연년생장량과 평균생장량은 같게 된다.

정답 41 ② 42 ② 43 ① 44 ④ 45 ③

④ 평균생장량이 최대점에 이르기까지는 연년생장량이 평균생장량보다 항상 작다.

해설

연년생장량과 평균생장량 간의 관계
- 처음에는 연년생장량이 평균생장량보다 크다.
- 연년생장량은 평균생장량보다 빨리 극대점에 이른다.
- 평균생장량의 극대점에서 두 생장량의 크기는 같아진다. 임목은 이 지점일 때 벌채하여 수확하는 것이 가장 효율적이다.
- 평균생장량이 극대점에 이르기 전까지는 연년생장량이 항상 평균생장량보다 크다.
- 평균생장량이 극대점을 지난 후에는 연년생장량이 항상 평균생장량보다 작다.

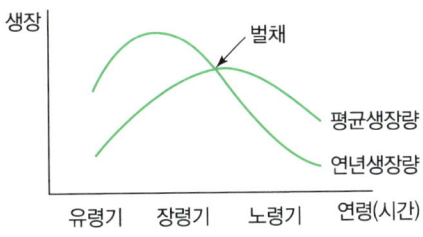

46 자본장비도에 대한 설명으로 옳은 것은?

① 노동생산성은 자본장비도와 자본효율에 의해 결정된다.
② 다른 요소에 변화가 없다고 할 때 자본이 많아지면 자본효율은 커진다.
③ 자본액 중에서 유동자본을 포함한 고정자본을 종사자로 나눈 것이다.
④ 다른 요소에 변화가 없다고 할 때 자본이 많아지면 자본장비도는 작아진다.

해설

소득(Y), 종사자의 수(N), 자본(K) 사이의 관계
- 자본장비도 = $\dfrac{\text{총자본}}{\text{종사자 수}} = \dfrac{K}{N}$
- 노동생산성 = $\dfrac{\text{소득}}{\text{종사자 수}} = \dfrac{Y}{N}$ = 1인당 소득
- 자본생산성 = $\dfrac{\text{소득}}{\text{자본}} = \dfrac{Y}{K}$ = 자본의 효율
→ 노동생산성(1인당 소득)은 자본장비도와 자본효율(자본생산성)에 의해 정해진다.
즉, $\dfrac{Y}{N} = \dfrac{K}{N} \times \dfrac{Y}{K}$

47 유동자본으로만 올바르게 짝지은 것은?

① 임도, 임업기계
② 묘목, 임업기계
③ 임도, 미처분 임산물
④ 묘목, 미처분 임산물

해설

임업경영자산

유동자산	• 임업 생산자재 : 종자, 묘목, 비료, 약제 • 미처분 임산물 : 아직 처분하지 못한 임산물 • 유통자산 : 현금, 예금, 증권
고정자산	임지, 임도, 건물, 기계, 기구, 구축물, 대동물 (소, 말)
임목자산	임목축적

48 임업조수익의 구성요소에 해당하는 것은?

① 감가상각액
② 임업현금지출
③ 미처분 임산물 증감액
④ 농업생산자재 재고 증감액

해설

임업조수익
임업현금수입 + 임산물 가계소비액 + 미처분 임산물 증감액 + 임업생산자재 재고증감액 + 임목성장액

정답 46 ① 47 ④ 48 ③

49 다음 조건에 따른 시장가역산법에 의한 소나무 원목의 임목가는?

- 시장 도매가격 : 100,000원/m³
- 벌채운반 비용 : 60,000원/m³
- 벌목작업 기간 : 3개월
- 월이율 : 2%
- 기업이익률 : 10%
- 조재율 : 80%

① 약 210원/m³　　② 약 2,100원/m³
③ 약 20,970원/m³　④ 약 209,660원/m³

해설

시장가역산법 계산

$$x = f\left(\frac{a}{1+mp+r} - b\right)$$

$$= 0.8\left(\frac{100{,}000}{1+3\times 0.02+0.1} - 60{,}000\right)$$

$$= 20{,}965.517\cdots \quad \therefore \text{약 } 20{,}970\text{원/m}^3$$

여기서, x : 단위재적당 임목가(원/m³)
　　　　f : 조재율, m : 자본회수기간
　　　　p : 월이율, r : 기업이익률
　　　　a : 원목의 단위재적당 시장가(원목시장단가, 원/m³)
　　　　b : 단위재적당 벌목비·운반비·집재비·조재비 등의 생산비용(원/m³)

50 임지기망가의 크기에 영향을 주는 인자에 대한 설명으로 옳지 않은 것은?

① 이율이 높으면 높을수록 임지기망가는 커진다.
② 조림비와 관리비의 값은 (-)이므로 이 값이 클수록 임지기망가는 작아진다.
③ 주벌수익과 간벌수익의 값은 (+)이므로 이 값이 클수록 임지기망가는 커진다.
④ 벌기령이 높아지면 임지기망가는 처음에는 증가하다가 어느 시기에 최대에 도달하고, 그 후부터는 점차 감소한다.

해설

임지기망가의 크기에 영향 주는 요소
- 주벌수익과 간벌수익 : 항상 플러스(+) 값이므로, 값이 크고 시기가 빠를수록 임지기망가는 커진다.
- 조림비와 관리비 : 항상 마이너스(-) 값이므로, 값이 클수록 임지기망가는 작아진다.
- 이율 : 이율이 높으면 임지기망가는 작아지고, 낮으면 임지기망가는 커진다.
- 벌기 : 벌기가 길어지면 임지기망가의 값이 처음에는 증가하다가 어느 시기에 최대에 도달하고, 그 후부터는 점차 감소한다.

51 산림수확 조절방법 중 면적평분법을 적용할 수 없는 작업종은?

① 복벌　　② 재벌
③ 개벌　　④ 택벌

해설

면적평분법

각 분기의 벌채 면적을 동일하게 하여 수확하는 것으로, 재적수확의 균등보다는 장소적인 규제를 더 중시하는 방식이다. 이 방법은 제2윤벌기에 산림이 법정상태가 되어 개벌작업에는 응용할 수 있지만, 택벌작업에는 응용할 수 없다.

52 다음 설명에 해당하는 평가방법은?

투자 효율을 측정할 때 현재가가 0보다 크면 투자할 가치가 있다.

① 회수기간법　　② 순현재가치법
③ 수익비용률법　④ 투자이익률법

해설

순현재가치법(NPV, Net Present Value)

미래에 발생할 모든 현금흐름을 적절한 이자율로 할인하여 현재의 시점으로 환산해 효율을 측정하는 방법이다. 순현가가 0보다 크면 투자안을 선택하고, 0보다 작으면

정답 49 ③　50 ①　51 ④　52 ②

기각하며, 0보다 큰 투자안이 여러 개 있을 때는 가장 큰 투자안을 선택한다.

53 산림경영의 지도원칙 중에서 수익성의 원칙에 대한 설명으로 옳은 것은?

① 토지의 생산력을 최대로 추구하는 원칙
② 최대의 경제성을 올리도록 경영하는 원칙
③ 최소의 비용으로 최대의 효과를 발휘하는 원칙
④ 최대의 이익 또는 이윤을 얻을 수 있도록 경영하는 원칙

해설

수익성의 원칙
최대의 순수익 또는 최고의 수익률을 올리도록 경영하자는 원칙이다. 사기업의 산림경영에 있어 궁극적 최고의 지도원칙이기도 하다.

54 산림경영계획에서 1-2-3-4로 표시된 산림구획이 의미하는 것은?

① 임반-보조임반-소반-보조소반
② 임반-소반-보조임반-보조소반
③ 경영계획구-임반-소반-보조소반
④ 경영계획구-임반-보조임반-소반

해설

산림구획에서 임소반을 표시할 때는 '임반-보조임반-소반-보조소반'의 순으로 한다.

55 형수를 사용해서 입목의 재적을 구하는 방법을 형수법이라고 하는데, 비교원주의 직경위치를 최하단부에 정해서 구한 형수는?

① 정형수   ② 단목형수
③ 흉고형수   ④ 절대형수

해설

직경위치에 따른 형수의 종류
- 흉고형수 : 지상 1.2m의 흉고직경을 비교원주의 직경으로 하는 형수
- 정형수 : 수고의 $1/n$ 위치의 직경을 비교원주의 직경으로 하는 형수
- 절대형수 : 수간 최하부의 직경을 비교원주의 직경으로 하는 형수

56 수간석해를 이용하여 전체 재적을 구할 때 합산하지 않아도 되는 것은?

① 근주재적   ② 지조재적
③ 결정간재적   ④ 초단부재적

해설

수간석해를 통한 벌채목의 총재적 계산
근주재적, 결정간재적, 초단부재적을 합산하여 전체 벌채목의 재적을 구한다.

57 다음에 주어진 법정림 수확표를 이용하여 계산한 법정생장량은?(단, 산림면적은 300ha, 윤벌기는 60년)

임령(년)	20	30	40	50	60
재적(m³/ha)	40	100	180	260	340

① 184m³   ② 920m³
③ 1,700m³   ④ 17,000m³

해설

법정생장량 $I_n = \dfrac{F}{U} \times$ 윤벌기 ha당 재적

$= \dfrac{300}{60} \times 340 = 1,700 \text{m}^3$

여기서, U : 윤벌기
F : 산림면적(ha)

정답 53 ④ 54 ① 55 ④ 56 ② 57 ③

58 임지의 지위지수를 결정하는 방법에 대한 설명으로 옳은 것은?

① 기준임령에서 임분의 전체 축적으로 결정한다
② 기준임령에서 임분의 우세목 수고로 결정한다.
③ 기준임령에서 임분의 우세목 재적으로 결정한다.
④ 기준임령에서 임분을 구성하는 우세목과 열세목의 평균직경으로 결정한다.

해설

지위지수
일정 기준임령에서의 우세목의 평균수고를 조사하여 수치로 나타낸 것으로 지위를 판단하는 지표로 사용된다.

59 유령림의 임목을 평가하는 방법으로 가장 적합한 것은?

① 비용가법 ② 매매가법
③ 기망가법 ④ Glaser법

해설

임령에 따른 임목의 평가법

구분	내용
유령림의 임목평가	임목비용가법
중령림의 임목평가	글라저(Glaser)법
벌기 미만인 장령림의 임목평가	임목기망가법
벌기 이상인 성숙림의 임목평가	시장가역산법

60 임목의 흉고직경을 계산하는 방법으로 산술평균직경법(a)과 흉고단면적법(b)의 관계에 대한 설명으로 옳은 것은?

① a와 b는 같은 값이 된다.
② a가 b보다 큰 값이 된다.
③ b가 a보다 큰 값이 된다.
④ a와 b 사이에는 일정한 관계가 없다.

해설

표준목의 흉고직경 결정
- 흉고단면적법 : 각 수목의 흉고단면적 합계를 전체 본수로 나누어 평균인 흉고단면적을 산출하고 이를 토대로 흉고직경을 결정하는 방법이다.
- 산술평균지름법(산술평균직경법) : 각 수목의 흉고직경 합계를 전체 본수로 나누어 평균인 흉고직경을 얻는 방법이다.
→ 흉고단면적법에 의한 값이 산술평균직경법보다 크게 나온다.

4과목 임도공학

61 절토 경사면이 경암인 경우의 기울기 기준으로 옳은 것은?

① 1 : 0.3~0.8 ② 1 : 0.5~0.8
③ 1 : 0.5~1.5 ④ 1 : 0.8~1.5

해설

절토사면의 기울기 기준

구분		기울기
암석지	경암	1 : 0.3~0.8
	연암	1 : 0.5~1.2
토사지역		1 : 0.8~1.5

62 개발지수에 대한 설명으로 옳지 않은 것은?

① 노망의 배치상태에 따라서 이용효율성은 크게 달라진다.
② 개발지수 산출식은 평균집재거리와 임도밀도를 곱한 값이다.
③ 임도가 이상적으로 배치되었을 때는 개발지수가 10에 근접한다.
④ 임도망이 어느 정도 이상적인 배치를 하고 있는가를 평가하는 지수이다.

정답 58 ② 59 ① 60 ③ 61 ① 62 ③

> **해설**

개발지수

임도망 배치의 효율성 정도를 말하며, 임도망이 어느 정도 이상적인 배치를 하고 있는가를 평가한다. 임도가 이상적으로 균일하게 배치되었을 때는 개발지수가 1이다.

$$개발지수(I) = \frac{평균집재거리 \times 임도밀도}{2,500}$$

63 지반고가 시점 10m, 종점 50m이고 수평거리가 1km일 때 종단기울기는?

① 4% ② 5%
③ 6% ④ 7%

> **해설**

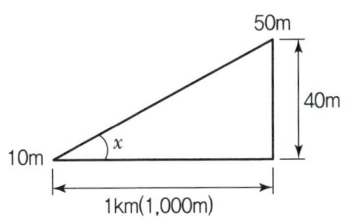

시점이 10m, 종점이 50m이므로 높이차는 40m이고, 수평거리는 1km(1,000m)이므로, 종단기울기 = $\frac{높이}{밑변} \times 100$

$= \frac{40}{1,000} \times 100 = 4\%$ 이다.

64 다음 조건에서 곡선반지름(m)은?

- 설계속도 : 25km/시간
- 가로 미끄럼에 대한 노면과 타이어의 마찰계수 : 0.15
- 노면의 횡단기울기 : 5%

① 약 15 ② 약 25
③ 약 30 ④ 약 50

> **해설**

최소곡선반지름 계산(원심력과 타이어 마찰계수에 의한 경우)

최소곡선반지름(m) $R = \frac{V^2}{127(f+i)}$

$= \frac{25^2}{127(0.15+0.05)}$

$= 24.6062 \cdots$ 약 25m

여기서, V : 설계속도
f : 노면과 타이어의 마찰계수
i : 횡단기울기 또는 외쪽기울기

65 굴삭기의 시간당 작업량 산출 계산을 위한 인자로 거리가 먼 것은?

① 작업효율 ② 버킷계수
③ 체적계수 ④ 버킷면적

> **해설**

백호우(굴삭기)의 시간당 작업량 계산

시간당 작업량(m^3/h) $Q = \frac{3,600 \times q \times K \times f \times E}{C_m}$

여기서, C_m : 1회 사이클시간
q : 버킷용량
K : 버킷계수
f : 토량환산계수
E : 작업효율

66 수준측량 결과가 다음과 같을 때 종점의 지반고는?

- 시점의 지반고 : 100m
- 전시의 합 : 150.8m
- 후시의 합 : 205.4m

① 45.4m ② 54.6m
③ 154.6m ④ 456.2m

정답 63 ① 64 ② 65 ④ 66 ③

해설

최종 고저차=후시의 합계－이기점 전시의 합계
=205.4－150.8=54.6m이며, 시점의 지반고는 100m이므로 100+54.6=154.6m이다.

67 임도의 종단면도에 대한 설명으로 옳지 않은 것은?

① 축척은 횡 1/1,000, 종 1/200로 작성한다.
② 종단면도는 전후도면이 접합되도록 한다.
③ 종단기울기의 변화점에는 종단곡선을 삽입한다.
④ 종단기입의 순서는 좌측 하단에서 상단 방향으로 한다.

해설

좌측 하단에서 상단 방향으로 작성하는 것은 횡단면도이다.

68 임도 측선의 거리가 99.16m이고 방위가 S 39°15′25″ W일 때 위거와 경거의 값으로 옳은 것은?

① 위거 +76.78m, 경거 +62.75m
② 위거 +76.78m, 경거 -62.75m
③ 위거 -76.78m, 경거 +62.75m
④ 위거 -76.78m, 경거 -62.75m

해설

방위가 S39°15′25″W이면 아래의 그림과 같이 3영역에 속하므로 방위각은 180°+39°15′25″=219°15′25″이다.

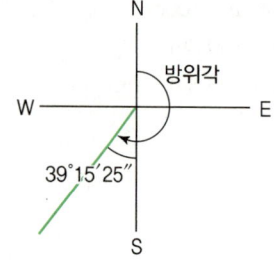

측선 거리는 99.16m이고, 방위각이 219°15′25″이므로 위거와 경거는 아래와 같다.
위거=$AB \times \cos\theta = 99.16 \times \cos 219°15′25″ = -76.781\cdots$
∴ 약 -76.78m
경거=$AB \times \sin\theta = 99.16 \times \sin 219°15′25″ = -62.748\cdots$
∴ 약 -62.75m
여기서, AB : 측선거리, θ : 방위각

69 머캐덤도에 대한 설명으로 옳지 않은 것은?

① 시멘트 머캐덤도 : 쇄석을 시멘트로 결합시킨 도로
② 역청 머캐덤도 : 쇄석을 타르나 아스팔트로 결합시킨 도로
③ 교통체 머캐덤도 : 쇄석이 교통과 강우로 인하여 다져진 도로
④ 수체 머캐덤도 : 쇄석의 틈 사이에 모래 및 마사를 침투시켜 롤러로 다진 도로

해설

수체 머캐덤도
쇄석 틈 사이에 석분을 물로 침투시켜 롤러로 다진 도로이다.

70 임도의 횡단기울기에 대한 설명으로 옳지 않은 것은?

① 노면 배수를 위해 적용한다.
② 차량의 원심력을 크게 하기 위해 적용한다.
③ 포장이 된 노면에서는 1.5~2%를 기준으로 한다.
④ 포장이 안 된 노면에서는 3~5%를 기준으로 한다.

해설

차량의 곡선부 주행 시 원심력에 의해 바깥쪽으로 튕겨나가려는 힘이 발생하는데 이를 줄이고자 외쪽기울기를 적용한다.

정답 67 ④ 68 ④ 69 ④ 70 ②

71 적정임도밀도가 10m/ha이고 집재방향이 양방향일 때 평균집재거리는?(단, 우회계수는 고려하지 않음)

① 10m ② 100m
③ 250m ④ 500m

해설

평균집재거리 = $\dfrac{2,500}{\text{적정임도밀도}} = \dfrac{2,500}{10} = 250\text{m}$

72 임도 측량 방법으로 영선에 대한 설명으로 옳지 않은 것은?

① 노폭의 1/2 되는 점을 연결한 선이다.
② 절토작업과 성토작업의 경계선이 되기도 한다.
③ 산지 경사면과 임도 노면의 시공면과 만나는 점을 연결한 노선의 종축이다.
④ 영선측량의 경우 종단측량을 먼저 실시하여 영선을 정한 후에 평면 및 횡단측량을 한다.

해설

노폭의 1/2 되는 점을 연결한 선은 중심선이다.

73 원목 집재 및 운반용 장비로 가장 적합한 것은?

① 포워더
② 트리펠러
③ 프로세서
④ 하베스터

해설

포워더(Forwarder)
원목을 적재하여 임도변까지 운반하는 집재기로, 목재를 얹어 싣고 운반하는 단일 공정만 수행한다.

74 간선임도의 구조에 대한 설명으로 옳지 않은 것은?

① 차돌림곳은 너비를 10m 이상을 한다.
② 임도의 유효너비는 3m를 기준으로 한다.
③ 대피소의 유효길이는 15m 이상으로 한다.
④ 설계속도 20km/시간일 때 최소곡선반지름은 일반지형의 경우 12m 이상으로 한다.

해설

설계속도별 최소곡선반지름 기준

설계속도 (km/h)	최소곡선반지름(m)	
	일반지형	특수지형
40	60	40
30	30	20
20	15	12

75 지형도의 등고선에 대한 설명으로 옳지 않은 것은?

① 조곡선은 간곡선의 1/2의 거리로 불규칙한 지형을 나타낼 때 사용한다.
② 간곡선은 산지의 형태를 표시하며 주곡선 5개마다 1개를 굵게 표시한다.
③ 주곡선은 가는 실선으로 그리며 지형을 나타내는 기본이 되는 곡선이다.
④ 등고선의 간격은 서로 옆에 있는 등고선 사이의 수직거리를 말하며 평면도의 축척과 같은 의미를 가진다.

해설

등고선의 종류
• 계곡선 : 주곡선 5개마다 1개를 굵게 표시한 선
• 주곡선 : 지형의 기본 곡선으로 가는 실선으로 표시
• 간곡선 : 주곡선 간격의 1/2로 긴 점선으로 표시
• 조곡선 : 간곡선 간격의 1/2로 짧은 점선으로 표시

정답 71 ③ 72 ① 73 ① 74 ④ 75 ②

76 와이어로프의 안전계수가 4이고 절단하중이 360kg이라면 이 와이어로프의 최대장력은?

① 60kg ② 90kg
③ 120kg ④ 180kg

해설

와이어로프의 안전계수
$= \dfrac{\text{와이어로프의 절단하중(kg)}}{\text{와이어로프에 걸리는 최대장력(kg)}}$ 에서

$4 = \dfrac{360}{\text{와이어로프에 걸리는 최대장력(kg)}}$ 이므로

와이어로프의 최대장력은 90kg이다.

77 임도를 설계하고자 할 때 다음 중 가장 먼저 해야 할 업무는?

① 예측 ② 답사
③ 예비조사 ④ 설계도서 작성

해설

임도설계 업무의 순서
예비조사 → 답사 → 예측 → 실측 → 설계도 작성 → 공사수량 산출 → 설계서 작성

78 임도의 노체 구성 순서로 옳은 것은?(단, 아래에서 위로의 순서에 해당됨)

① 노반 → 기층 → 노상 → 표층
② 노상 → 노반 → 기층 → 표층
③ 노반 → 노상 → 기층 → 표층
④ 노상 → 기층 → 노반 → 표층

해설

노체(路體)
도로의 몸체로 기본구조는 깊은 곳으로부터 노상, 노반, 기층, 표층의 순으로 구성된다.

79 임도망 계획 시 고려할 사항으로 옳은 것을 모두 고른 것은?

> 가. 운반비를 적게 한다.
> 나. 목재의 손실이 적게 한다.
> 다. 신속한 운반이 되도록 한다.
> 라. 운반량을 제한하여 계획한다.

① 가, 나, 다
② 가, 나, 라
③ 가, 다, 라
④ 가, 나, 다, 라

해설

임도망 계획 시 고려사항
- 운재비(운반비)가 적게 들도록 한다.
- 신속한 운반이 되도록 한다.
- 운반량에 제한이 없도록 한다.
- 운재방법이 단일화되도록 한다.
- 날씨와 계절에 따른 운재(운반)능력에 제한이 없도록 한다.
- 목재의 손실이 적도록 한다.
- 산림풍치의 보전과 등산·관광 등의 편익도 고려한다.

80 작업임도에서 차량규격으로 2.5톤 트럭의 최소회전반경(m) 기준은?

① 5.0 ② 6.0
③ 7.0 ④ 12.0

해설

설계차량의 최소회전반경
- 소형자동차 : 6m
- 2.5톤 트럭 : 7m
- 보통자동차 : 12m

정답 76 ② 77 ③ 78 ② 79 ① 80 ③

5과목 사방공학

81 수제에 대한 설명으로 옳지 않은 것은?

① 계안으로부터 유심을 향해 돌출한 공작물을 말한다.
② 계상 폭이 좁고 계상 기울기가 급한 황폐계류에 적용한다.
③ 수제의 높이는 최고수위로 하고 끝부분을 다소 낮게 설치한다.
④ 상향수제는 수제 사이의 토사 퇴적이 하향수제보다 많고, 수제 앞부분에서의 세굴이 강하다.

해설

수제
계류의 유속과 흐름 방향을 조절할 수 있도록 둑이나 계안으로부터 유심(流心)을 향해 돌출하여 설치하는 공작물이다. 일반적으로 계상의 너비(폭)가 넓고, 계상물매가 완만한 계류에 적용한다.

82 야계사방의 주요 목적으로 옳지 않은 것은?

① 유송토사 억제 및 조정
② 산각의 고정과 산복의 붕괴방지
③ 계상 기울기를 완화하여 계류의 침식 방지
④ 계류의 수질 정화와 산림 황폐지로 인한 재해 방지

해설

야계사방의 주요 목적
• 계안과 계상의 종횡침식을 방지한다.
• 계상 기울기를 완화하여 계류의 침식 및 토사유출을 억제한다.
• 산각을 고정하여 황폐계류와 계간을 안정상태로 유도한다.
• 붕괴지의 산각을 고정하는 산지사방의 기초가 된다.

83 정사울타리를 설치할 때 기준 높이로 옳은 것은?

① 0.5~0.7m   ② 1.0~1.2m
③ 2.0~2.2m   ④ 2.5~2.7m

해설

정사울세우기
전사구(앞모래언덕) 육지 쪽의 후방모래를 고정하여 표면을 안정시키고 식재목이 잘 생육할 수 있는 환경조성을 위해 정사(靜砂)울타리를 시공하는 공법이다. 울타리의 유효 높이는 1.0~1.2m로 하며, 울타리 사이의 간격은 7~15m로 한다.

84 기슭막이의 시공목적에 대한 설명으로 옳지 않은 것은?

① 기슭의 유로 변경
② 계안의 횡침식 방지
③ 산각의 안정 도모
④ 산지 사방공작물의 기초 보호

해설

기슭막이의 시공목적
• 계안의 횡침식을 방지한다.
• 산복공작물의 기초를 보호한다.
• 산복붕괴를 직접적으로 방지한다.
• 산각의 안정을 도모한다.

85 다음 설명에 해당하는 것은?

• 토양에 대한 적응성이 좋다.
• 내음성 및 내한성이 커서 한랭지에서는 혼파하는 것이 적당하다.

① 큰조아재비(timothy)
② 오리새(orchard grass)
③ 우산잔디(bermuda gass)
④ 능수귀염풀(weeping love grass)

정답 81 ② 82 ④ 83 ② 84 ① 85 ②

해설
우산잔디나 능수귀염풀 등은 난지형으로 추위에 약하나, 오리새는 내음성과 내한성이 커서 한랭지에 혼파하기 좋은 사면녹화용 초본이다.

86 선떼붙이기 공법에서 1등급 증가할 때마다 연장 1m당 떼의 사용매수는 얼마씩 차이가 나는가?(단, 떼의 크기는 길이 40cm, 너비는 25cm)

① 1.25매씩 감소
② 1.25매씩 증가
③ 2.50매씩 감소
④ 2.50매씩 증가

해설
선떼붙이기
수평계단 길이 1m당 떼의 사용매수에 따라 고급인 1급에서 저급인 9급까지 구분하는데, 1등급 증가할 때마다 떼의 사용매수는 1.25매씩 감소한다.

87 비탈면에 설치하는 소단의 효과가 아닌 것은?

① 시공비를 절약할 수 있다.
② 비탈면의 안정성을 높인다.
③ 유지보수작업 시 작업원의 발판으로 이용할 수 있다.
④ 유수로 인하여 비탈면에서 발생하는 침식의 진행을 방지한다.

해설
소단 설치의 효과
• 절성토 사면의 안정성 상승
• 유수로 인한 사면의 침식 저하
• 유지 · 보수 작업 시 작업원의 발판으로 이용 가능

88 돌쌓기 배치방법으로 잘못된 쌓기가 아닌 것은?

① 포갠돌
② 이마대기
③ 여섯 에움
④ 새입붙이기

해설
금기돌
• 돌쌓기를 잘못하면 돌의 접촉부가 맞지 않거나 힘을 받지 못하는 불안정한 돌이 발생하는데 이러한 돌을 말한다.
• 종류 : 선돌, 누운돌, 포갠돌, 뜬돌, 거울돌, 뾰족돌, 떨어진돌, 이마대기, 새입붙이기, 꼬치쌓기 등

89 다음 ( ) 안에 가장 적합한 수치는?

사방댐의 계획기울기는 현 계상기울기의 ( )을(를) 기준으로 설계한다.

① 1/2~2/3
② 1/2~1
③ 2/3~1
④ 2/3~3/2

해설
사방댐의 계획물매
설정하고자 하는 계획물매는 현재 계상물매의 1/2~2/3 정도가 표준으로 가장 실용적이다.

90 계류의 바닥 폭이 3.8m, 양안의 경사각이 모두 45°이고, 높이가 1.2m일 때의 계류 횡단면적(m²)은?

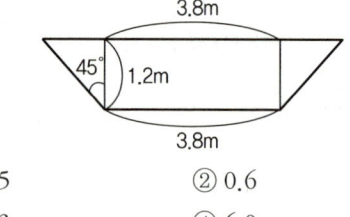

① 0.5
② 0.6
③ 5.3
④ 6.0

> **해설**

사다리꼴 넓이 공식을 이용하면,
넓이 = (윗변 + 아랫변) × 높이 × $\frac{1}{2}$
= {(1.2 + 3.8 + 1.2) + 3.8} × 1.2 × $\frac{1}{2}$ = 6m²

91 유역면적이 10ha이고 최대시우량이 150mm/hr일 때 임상이 좋은 산림지역의 최대홍수유량은?(단, 유거계수는 0.35)

① 약 0.14m³/sec   ② 약 1.46m³/sec
③ 약 14.58m³/sec ④ 약 145.83m³/sec

> **해설**

시우량법(유역면적의 단위가 ha일 때 유량공식)
$Q = \frac{1}{360} \times K \cdot A \cdot m = \frac{1}{360} \times 0.35 \times 10 \times 150$
$= 1.458\cdots$ ∴ 약 1.46m³/s
여기서, Q : 최대홍수유량(m³/s)
K : 유거계수
A : 유역면적
m : 최대시우량(mm/hr)

92 중력식 콘크리트 사방댐의 구조에 포함되지 않는 것은?

① 물받이   ② 방수로
③ 밑막이   ④ 댐둑어깨

> **해설**

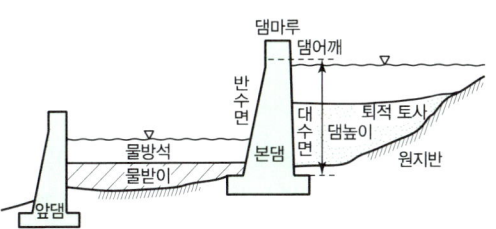

93 산지사방에서 비탈다듬기 공사를 하기 전에 시공하는 것이 효과적인 공사는?

① 단끊기
② 떼단쌓기
③ 땅속흙막이
④ 퇴사울세우기

> **해설**

땅속흙막이
비탈다듬기와 단끊기 공사로 발생한 뜬흙을 산지의 계곡부와 같은 오목한 곳에 투입하여 토사의 활동을 방지하고 유치·고정하기 위한 공작물이다. 비탈다듬기 공사 전에 땅속흙막이를 먼저 시공해 두는 것이 효과적이다.

94 골막이에 대한 설명으로 옳지 않은 것은?

① 토사퇴적 기능은 없다.
② 사방댐보다 규모가 작다.
③ 계류의 상류부에 설치한다.
④ 반수면은 토사를 채우고 대수면은 떼를 입힌다.

> **해설**

골막이(구곡막이)
토사생산구역에서 유속을 완화하여 구곡침식을 방지하고자 계류를 횡단하여 설치하는 일종의 소형 사방댐이다. 사방댐과 외견상 모양이 유사하나 규모가 작고 토사퇴적 기능이 없는 계간사방 횡공작물이다. 반수면만을 축설하고 대수측은 채우기 한다.

95 다음 설명에 해당하는 것은?

- 비탈면 하단부에 흐르는 계천의 가로침식에 의해 일어난다.
- 침식 및 붕괴된 물질은 퇴적되지 않고 대부분 유수와 함께 유실되는 붕괴형 침식이다.

① 산붕   ② 붕락
③ 포락   ④ 산사태

정답 91 ② 92 ③ 93 ③ 94 ④ 95 ③

> **해설**

포락(浦落)
산지 비탈면의 끝을 흐르는 유수의 가로침식에 의해 무너지는 현상으로, 침식 및 붕괴된 물질은 퇴적되지 않고 대부분 유수와 함께 유실된다.

96 산사태와 비교하여 땅밀림에 대한 설명으로 옳지 않은 것은?

① 이동 속도가 빠르다.
② 지하수의 영향이 크다.
③ 완경사면에서 주로 발생한다.
④ 주로 점성토가 미끄럼면으로 활동한다.

> **해설**

침식 유형의 비교

구분	산사태 및 산붕	땅밀림
토질	사질토 (화강암)	점성토 (혈암, 이질암, 응회암)
경사	20° 이상의 급경사지	20° 이하의 완경사지
원인	강우, 강우강도	지하수
규모 (이동면적)	작다. (1ha 이하)	크다. (1~100ha)
토괴형태	토괴 교란	원형 보존
이동속도	빠르다. (10mm/day 이상)	느리다. (10mm/day 이하)
발생형태	돌발적 발생	계속적·지속적 발생

97 사방댐 설치에 있어 홍수기울기와 평형기울기 사이의 퇴사량을 무엇이라 하는가?

① 토사최적량
② 토사안정량
③ 토사침식량
④ 토사조절량

> **해설**

토사조절량
홍수로 급하게 형성된 홍수기울기를 유수가 완만하고 일정하게 흐르는 평형기울기로 개량하는 작업이 하천사방공사인데, 이때 홍수기울기와 평형기울기 사이의 퇴사량을 말한다.

98 시멘트에 대한 설명으로 옳지 않은 것은?

① 조기에 강도를 내기 위하여 염화칼슘을 쓰기도 한다.
② 시멘트를 제조할 때 석고를 넣으면 급결성이 된다.
③ 시멘트는 분말도가 너무 높으면 내구성이 약해지기 쉬우므로 주의해야 한다.
④ 일반적으로 포틀랜드시멘트는 수경성이고 강도가 크며 비중은 대체로 3.10~3.15 정도이다

> **해설**

시멘트에 탄산나트륨이나 탄산칼슘을 첨가하면 빨리 굳게 되는 성질인 급결성(急結性)을, 석고를 첨가하면 천천히 굳게 되는 성질인 완결성(緩結性)을 갖게 된다.

99 돌골막이 공법에서 돌쌓기의 표준 기울기로 옳은 것은?

① 1 : 0.1
② 1 : 0.2
③ 1 : 0.3
④ 1 : 0.4

> **해설**

돌골막이
돌을 쌓아 구축하는 것으로 높이는 2m 이내, 길이는 4~5m 정도로 한다. 반수면 돌쌓기의 기울기는 1 : 0.3을 표준으로 한다.

정답 96 ① 97 ④ 98 ② 99 ③

100 강우에 의한 산지침식의 발달과정 순서로 옳은 것은?

① 구곡침식 → 면상침식 → 누구침식
② 구곡침식 → 누구침식 → 면상침식
③ 면상침식 → 구곡침식 → 누구침식
④ 면상침식 → 누구침식 → 구곡침식

해설

빗물(강우)에 의한 침식의 발달단계

우격침식 (雨擊浸蝕)	토양 표면에서 빗방울의 타격으로 인한 가장 초기 상태의 침식 ＝우적침식
면상침식 (面狀浸蝕)	토양의 얇은 층이 전면에 걸쳐 넓게 유실되는 현상
누구침식 (淚溝浸蝕)	토양 표면에 잔 도랑이 불규칙하게 생기면서 깎이는 현상
구곡침식 (溝谷浸蝕)	도랑이 커지면서 심토까지 심하게 깎이는 현상

2022년 3회 기출복원문제

산림기사

1과목 조림학

01 종자의 실중(A), 용적중(B), 1L당 종자수(C)의 관계식으로 옳은 것은?

① C=B×(A×1,000)
② C=B÷(A×1,000)
③ C=B×(A÷1,000)
④ C=B÷(A÷1,000)

해설

종자 1,000립의 무게인 실중(A)을 1,000으로 나누면 종자 한 알의 무게이며, 종자 1L의 무게인 용적중(B)을 종자 한 알의 무게로 나누면 1L당 종자수(C)이다.

02 중림작업의 장점으로 옳지 않은 것은?

① 임지의 노출이 방지된다.
② 교림작업보다 조림비용이 낮다.
③ 높은 작업기술을 필요로 하지 않는다.
④ 상목은 수광량이 많아서 좋은 성장을 하게 된다.

해설

중림은 작업이 복잡하고, 높은 작업기술을 필요로 한다.

03 묘목의 T/R률에 대한 설명으로 옳지 않은 것은?

① 지상부와 지하부의 중량비이다.
② 수치가 클수록 묘목이 충실하다.
③ 묘목의 근계발달과 충실도를 설명하는 개념이다.
④ 수종과 묘목의 연령에 따라서 다르지만 일반적으로 3.0 정도가 좋다.

해설

T/R률
식물의 뿌리(Root) 생장량에 대한 지상부(Top) 생장량의 무게 비율로, 일반적으로 값이 작아야 묘목이 충실하다.

04 잎의 수분포텐셜에 대한 설명으로 옳은 것은?

① 뿌리보다 높은 값을 가진다.
② 삼투포텐셜은 대부분 + 값이다.
③ 시든 잎의 압력포텐셜은 대부분 + 값이다.
④ 일반적으로 한낮보다 한밤중에 높아진다.

해설

잎의 수분포텐셜
잎의 수분포텐셜은 뿌리보다 낮으며, 삼투포텐셜은 항상 음수(−) 값이고, 시든 잎의 압력포텐셜은 음수(−) 값이다. 대기의 수분포텐셜은 한낮에는 상당이 낮아 증산작용이 빠르게 일어나며, 밤에는 높아진다.

05 삽목의 장점으로 옳지 않은 것은?

① 모수의 특성을 계승한다.
② 묘목의 양성 기간이 단축된다.
③ 천근성이 되어 수명이 길어진다.
④ 종자번식이 어려운 수종의 묘목을 얻을 수 있다.

해설

일반적으로 삽목과 같은 무성번식은 종자번식에 비해 수명이 짧다.

정답 01 ④ 02 ③ 03 ② 04 ④ 05 ③

06 가지치기 작업에 따른 효과가 아닌 것은?

① 무절재를 생산한다.
② 부정아 발생을 억제한다.
③ 수간의 완만도를 높인다.
④ 하층목의 생장을 촉진한다.

해설

가지치기를 하면 줄기에 부정아가 발생한다.

07 개벌작업 이후 밀식을 하는 경우의 장점으로 옳지 않은 것은?

① 줄기는 가늘지만 근계발달이 좋아 풍해 및 설해 등을 입지 않는다.
② 개체 간의 경쟁으로 연륜폭이 균일하게 되어 고급재를 생산할 수 있다.
③ 제벌 및 간벌작업을 할 때 선목의 여유가 생겨 우량 임분으로 유도할 수 있다.
④ 수관의 울폐가 빨리 와서 표토의 침식과 건조를 방지하여 개벌에 의한 지력의 감퇴를 줄일 수 있다.

해설

밀립하면 줄기가 가늘고 근계 발달이 약화되어 풍해, 설해, 병충해 등의 피해가 우려된다.

08 목본식물의 조직 중 사부의 기능으로 옳은 것은?

① 수분 이동　　② 탄소동화작용
③ 탄수화물 이동　④ 수분 증발 억제

해설

사부(篩部) 조직
수피부분으로 내수피와 외수피로 구분하며, 탄수화물의 이동과 지탱 역할을 한다.

09 어린나무 가꾸기 작업에 대한 설명으로 옳은 것은?

① 여름철에 실시하는 것이 좋다.
② 제초제 또는 살목제를 사용하지 않는다.
③ 윤벌기 내에 1회로 작업을 끝내는 것이 원칙이다.
④ 일반적으로 벌채목을 이용한 중간 수입을 기대할 수 있다.

해설

어린나무 가꾸기(제벌) 작업
풀베기 작업이 끝나고 3~5년 후부터 간벌이 시작될 때까지 2~3회 실시한다. 일 년 중에서는 나무의 고사상태를 알고 맹아력을 감소시키기에 가장 적합한 6~9월(여름)에 실시하는 것이 좋다. 벌채목을 이용한 중간 수입을 기대하기 어렵다.

10 정아우세현상을 억제하는 호르몬은?

① 옥신　　　② 지베렐린
③ 아브시스산　④ 사이토키닌

해설

시토키닌(cytokinin, 사이토키닌)
식물의 세포분열을 촉진하여 생장에 관여하는 호르몬이다. 뿌리에서 생성되어 측아의 발달을 촉진하고 정아우세현상을 억제한다.

11 낙엽성 침엽수에 해당하는 수종은?

① *Pinus thubergii*
② *Juniperus chinensis*
③ *Taxodium distichum*
④ *Cryptomeria japonica*

해설

낙엽성 침엽수
은행나무, 낙엽송(일본잎갈나무), 낙우송(*Taxodium distichum*), 메타세쿼이아 등

정답　06 ②　07 ①　08 ③　09 ①　10 ④　11 ③

12 간벌의 효과로 거리가 먼 것은?

① 산불위험도 감소
② 직경의 생장 촉진
③ 임목 형질의 향상
④ 개체목 간 생육 공간 확보, 경쟁 촉진

해설

솎아베기(간벌)
수목이 생장함에 따라 광선, 수분 및 양분 등의 경쟁이 심해지므로 이를 완화하기 위해 일부 수목을 베어 밀도를 낮추고 남은 수목의 생장을 촉진하는 작업이다.

13 혼효림과 비교한 단순림에 대한 장점으로 옳은 것은?

① 식재 후 관리가 용이하다.
② 양료 순환이 빠르게 진행된다.
③ 생물 다양성이 비교적 높은 편이다.
④ 토양양분이 효율적으로 이용될 수 있다.

해설

순림의 장점
- 가장 유리한 수종으로만 임분을 형성할 수 있다.
- 경제적으로 가치 있는 나무를 대량 생산할 수 있다.
- 산림작업(조림, 무육 등)과 경영을 간편하고 경제적으로 수행할 수 있다.
- 임목의 벌채비용과 시장성이 유리하게 될 수 있다.
- 바라는 수종으로 쉽게 임분을 조성할 수 있다.
- 경관상으로 더 아름다울 수 있다.

14 종자의 순량률을 구하는 산식에 필요한 사항으로만 올바르게 나열한 것은?

① 순정 종자의 수, 전체 종자의 수
② 순정 종자의 무게, 전체 종자의 무게
③ 발아된 종자의 수, 발아되지 않은 종자의 수
④ 발아된 종자의 무게, 발아되지 않은 종자의 무게

해설

$$\text{순량률}(\%) = \frac{\text{순정종자량}(g)}{\text{전체 시료 종자량}(g)} \times 100$$

15 점성이 있는 점토가 대부분인 토양은?

① 식토   ② 사토
③ 석력토   ④ 사양토

해설

점토함량에 따른 토성 분류

토성	점토함량(%)	특징
사토	12.5 이하	모래가 대부분인 토양
사양토	12.5~25.0	–
양토	25.0~37.5	–
식양토	37.5~50.0	–
식토	50.0 이상	점토가 대부분인 토양

16 개벌작업에 대한 설명으로 옳지 않은 것은?

① 음수수종 갱신에 유리하다.
② 벌목, 조재, 집재가 편리하고 비용이 적게 든다.
③ 작업의 실행이 빠르고 높은 수준의 기술이 필요하지 않다.
④ 현재의 수종을 다른 수종으로 바꾸고자 할 때 가장 쉬운 방법이다.

해설

개벌작업
갱신지의 모든 임목을 일시에 벌채하는 방법으로 양수 수종 갱신에 유리하다.

17 산벌작업 중 결실량이 많은 해에 1회 벌채하여 종자가 땅에 떨어지도록 하는 것은?

① 종벌   ② 후벌
③ 예비벌   ④ 하종벌

정답 12 ④ 13 ① 14 ② 15 ① 16 ① 17 ④

해설

산벌작업의 단계
- 예비벌 : 갱신 준비 단계의 벌채로 모수로서 부적합한 병충해목, 피압목, 폭목, 불량목 등을 선정하여 제거한다.
- 하종벌 : 종자가 결실이 되어 충분히 성숙되었을 때 벌채하여 종자의 낙하를 돕는 단계로 결실량이 많은 해에 1회 벌채로 하종을 실시한다.
- 후벌 : 남겨 두었던 모수를 점차적으로 벌채하여 신생 임분의 발생을 돕는 단계이다.

18 열매의 형태가 삭과에 해당하는 수종은?

① *Acer palmatum*
② *Ulmus davidiana*
③ *Camellia japonica*
④ *Quercus acutissima*

해설

삭과(朔果)
- 열매가 캡슐의 형태로 나뉘어 각 칸 속에 하나 또는 여러 개의 종자가 들어 있는 과실
- 오동나무류, 포플러류, 동백나무(*Camellia japonica*), 개오동나무, 버드나무류 등

19 일본잎갈나무, 소나무, 삼나무, 편백 등의 종자 저장 및 발아 촉진에 가장 효과가 있는 종자 처리방법은?

① 고온처리법 ② 냉수처리법
③ 황산처리법 ④ 기계적 처리법

해설

냉수침지법
- 온도가 낮은 깨끗한 냉수에 수일간 담갔다가 파종하는 방법이다.
- 소나무류, 편백, 삼나무, 낙엽송 등 주로 종피가 얇은 침엽수류 종자에 적용한다.

20 온량지수 계산 시 기준이 되는 온도는?

① 0℃ ② 5℃
③ 10℃ ④ 15℃

해설

온량지수(warmth index, 溫量指數)
- 월평균기온이 5℃ 이상인 달에 대해 그 월평균기온과 5℃와의 차를 1년 동안 합한 값이다.
- 식물은 여러 조건이 적당할 때 5℃ 이상이면 생장이 가능하다는 점에 착안하여 고안된 개념으로 이 온량지수를 통해 식물의 실제 분포 상태를 파악할 수 있다.

2과목 산림보호학

21 소나무좀의 연간 우화 횟수는?

① 1회 ② 2회
③ 3회 ④ 4회

해설

소나무좀의 생태
- 연 1회 발생하며, 성충으로 월동한다.
- 유충과 성충이 봄·가을로 두 번 가해한다.

22 산불 예방 및 산불 피해 최소화를 위한 방법으로 효과적이지 않은 것은?

① 방화선 설치
② 일제 동령림 조성
③ 가연성 물질 사전 제거
④ 간벌 및 가지치기 실시

해설

단순림과 동령림이 혼효림 또는 이령림보다 산불의 위험도가 높다.

정답 18 ③ 19 ② 20 ② 21 ① 22 ②

23 약해에 대한 설명으로 옳지 않은 것은?

① 농약에 저항성인 개체가 출현한다.
② 가뭄, 강풍 직후 또는 비가 온 후에 일어나기 쉽다.
③ 줄기·잎·열매 등의 변색, 낙엽·낙과 등이 유발되고 심하면 고사한다.
④ 넓은 의미로는 농약 사용 후에 수목이나 인축에 생기는 생리적 장해현상을 말한다.

해설

약해는 처리된 농약으로 인해 식물에 나타나는 피해 작용으로 저항성 개체가 출현하는 것은 약해가 아니다.

24 천공성 해충을 방제하는 데 가장 적합한 방법은?

① 경운법
② 소살법
③ 온도처리법
④ 번식장소 유살법

해설

번식장소 유살법
- 통나무 유살법 : 천공성 해충이 쇠약목에 산란하는 습성을 이용하는 것으로 벌목한 통나무로 유인하고 우화 전 박피하여 소각한다.
- 입목 유살법 : 서 있는 수목에 약제처리 후 약제가 퍼지면 벌목하여 번식장소로서 유인한다.

25 수목의 그을음병을 방제하는 데 가장 적합한 것은?

① 중간기주를 제거한다.
② 방풍시설을 설치한다.
③ 해가림시설을 설치한다.
④ 흡즙성 곤충을 방제한다.

해설

그을음병 방제법
- 진딧물, 깍지벌레 등의 흡즙성 해충을 방제한다.
- 질소질비료를 과용하지 않는다.
- 물을 자주 뿌려주고 깨끗이 닦아낸다.
- 적당한 세제로 닦아낸다.
- 채광과 통풍을 좋게 한다.

26 수목의 줄기를 주로 가해하는 해충은?

① 솔나방
② 박쥐나방
③ 어스렝이나방
④ 삼나무독나방

해설

천공성(穿孔性) 해충
수목의 줄기나 가지에 구멍을 뚫어 수피와 목질부(분열조직)를 가해하는 해충으로, 나무좀과, 하늘소과, 박쥐나방과, 바구미과 등이 있다.

27 균류의 영양기관이 아닌 것은?

① 균사
② 포자
③ 균핵
④ 자좌

해설

병원체의 영양기관과 번식기관

병원체의 영양기관	균사, 균핵, 자좌, 부착기, 발아관, 흡기
병원체의 번식기관	포자, 분생자, 병자, 자낭, 세균점괴, 버섯(자실체)

28 솔잎혹파리가 겨울을 나는 형태는?

① 알
② 성충
③ 유충
④ 번데기

해설

솔잎혹파리
- 유충이 솔잎 기부에 들어가 벌레혹을 만들고 그 속에서 수목을 가해하며 피해를 준다.
- 연 1회 발생하며, 땅속에서 유충으로 월동한다.

정답 23 ① 24 ④ 25 ④ 26 ② 27 ② 28 ③

29 잣나무털녹병 방제방법으로 옳지 않은 것은?

① 중간기주 제거
② 보르도액 살포
③ 병든 나무 소각
④ 주론 수화제 살포

해설

주론(디플루벤주론) 수화제는 살충제로, 녹병균 방제에는 효과가 없다.

30 가해하는 수목의 종류가 가장 많은 해충은?

① 솔나방   ② 솔잎혹파리
③ 천막벌레나방   ④ 미국흰불나방

해설

미국흰불나방
기주범위가 넓어 버즘나무, 포플러, 벚나무, 단풍나무 등 활엽수 160여 종의 잎을 식해하는 잡식성 해충이다.

31 주로 토양에 의하여 전반되는 수목병은?

① 묘목의 모잘록병
② 밤나무줄기마름병
③ 오동나무빗자루병
④ 오리나무갈색무늬병

해설

병원체의 주요 전반수단
- 풍매전반(바람) : 잣나무털녹병 등의 녹병균, 흰가루병균, 밤나무줄기마름병균, 낙엽송가지끝마름병균
- 수매전반(물) : 밤나무줄기마름병균, 벚나무빗자루병균
- 충매전반(곤충) : 대추나무빗자루병, 오동나무빗자루병, 바이러스, 파이토플라스마
- 토양 : 모잘록병균, 리지나뿌리썩음병균, 자줏빛날개무늬병
- 종자 : 모잘록병균, 오리나무갈색무늬병균(종자 표면)

32 밤나무줄기마름병 방제방법으로 옳지 않은 것은?

① 내병성 품종을 식재한다.
② 동해 및 볕데기를 막고 상처가 나지 않게 한다.
③ 질소질 비료를 많이 주어 수목을 건강하게 한다.
④ 천공성 해충류의 피해가 없도록 살충제를 살포한다.

해설

밤나무줄기마름병 방제법
- 동해나 피소로 인한 상처가 나지 않도록 백색 수성페인트를 칠해준다.
- 줄기를 침해하는 천공성 해충류(박쥐나방)의 방제를 위해 살충제를 살포한다.
- 배수가 불량한 곳과 수세가 약한 경우 피해가 심하므로 비배관리를 철저히 해준다.
- 단택, 대보, 이취 등의 저항성(내병성) 품종을 식재한다.
- 상처 부위에 외과수술을 시행하고 도포제를 발라 병원균의 침입을 막는다.
- 질소질 비료를 과용하지 않는다.

33 솔수염하늘소에 대한 설명으로 옳지 않은 것은?

① 1년에 1회 발생한다.
② 성충의 우화시기는 5~8월이다.
③ 목질부 속에서 번데기 상태로 월동한다.
④ 유충이 소나무의 형성층과 목질부를 가해한다.

해설

솔수염하늘소
- 연 1회 발생하며, 유충으로 월동한다.
- 유충은 소나무류의 수피 내 형성층과 목질부를 식해하며 성장한다.
- 5~7월 하순 또는 5~8월 초순경 성충이 구멍을 뚫고 나와 우화하며, 6~7월경이 우화최성기이다.

정답 29 ④ 30 ④ 31 ① 32 ③ 33 ③

34 내동성이 가장 강한 수종은?

① 차나무　② 밤나무
③ 전나무　④ 버드나무

해설

내동성이 강한 수종
주로 가문비나무, 분비나무, 주목, 잎갈나무, 종비나무, 잣나무, 전나무, 눈주목, 구상나무 등의 상록침엽수가 내한성 및 내동성이 강하다.

35 아황산가스에 대한 저항성이 가장 큰 수종은?

① 전나무　② 삼나무
③ 은행나무　④ 느티나무

해설

아황산가스 피해 수종
- 저항성이 약한 수종 : 느티나무, 황철나무, 소나무, 층층나무, 들메나무, 전나무, 벚나무
- 저항성이 큰 수종 : 은행나무, 무궁화, 향나무, 사철나무, 개나리, 철쭉

36 밤나무혹벌 방제법으로 가장 효과가 적은 것은?

① 천적을 이용한다.
② 등화유살법을 사용한다.
③ 내충성 품종을 선택하여 식재한다.
④ 성충 탈출 전의 충영을 채취하여 소각한다.

해설

등화유살법은 야행성인 나방류가 주로 유인되어 밤나무혹벌에는 효과가 적다.

37 경제적 피해수준에 대한 설명으로 옳은 것은?

① 해충에 의한 피해액과 방제비가 같은 수준의 밀도
② 해충에 의한 피해액이 방제비보다 큰 수준의 밀도
③ 해충에 의한 피해액이 방제비보다 작은 수준의 밀도
④ 해충에 의해 경제적으로 큰 피해를 주는 수준의 밀도

해설

경제적 피해(가해) 수준
- 해충의 밀도가 점차 높아져 경제적으로 피해를 주기 시작하는 최소의 밀도
- 해충에 의한 피해액과 방제비가 같은 수준인 해충의 밀도

38 오동나무탄저병에 대한 설명으로 옳은 것은?

① 주로 열매에 많이 발생한다.
② 주로 묘목의 줄기와 잎에 발생한다.
③ 주로 뿌리에 발생하여 뿌리를 썩게 한다.
④ 담자균이 균사상태로 줄기에서 월동한다.

해설

오동나무탄저병
주로 묘목의 줄기와 잎에서 발생하며, 잎은 기형으로 오그라들면서 일찍 낙엽한다.

39 과수 및 수목의 뿌리혹병을 발생시키는 병원의 종류는?

① 세균　② 균류
③ 바이러스　④ 파이토플라스마

정답 34 ③　35 ③　36 ②　37 ①　38 ②　39 ①

해설

세균에 의한 수목병
뿌리혹병, 밤나무눈마름병, 불마름병

40 대추나무빗자루병 방제에 가장 적합한 약제는?

① 페니실린
② 석회유황합제
③ 석회보르도액
④ 옥시테트라사이클린

해설

파이토플라스마(phytoplasma) 수병
- 종류 : 대추나무빗자루병, 오동나무빗자루병, 뽕나무오갈병
- 치료 : 옥시테트라사이클린(oxytetracycline)계 항생물질의 수간주사

3과목 임업경영학

41 유동자산에 해당하지 않는 것은?

① 현금
② 묘목
③ 산림축적
④ 미처분 임산물

해설

임업경영자산

유동자산	• 임업 생산자재 : 종자, 묘목, 비료, 약제	
	• 미처분 임산물 : 아직 처분하지 못한 임산물	
	• 유통자산 : 현금, 예금, 증권	
고정자산	임지, 임도, 건물, 기계, 기구, 구축물, 대동물(소, 말)	
임목자산	임목축적	

42 산림청장은 관계 중앙행정기관의 장과 협의하여 전국의 산림을 대상으로 산림문화·휴양 기본계획을 몇 년마다 수립·시행하는가?

① 1년마다
② 5년마다
③ 10년마다
④ 20년마다

해설

산림 관련 법규의 수립·시행

법규	수립·시행 주체		계획 기간
산림기본계획	산림청장		
지역산림계획	국유림	지방산림청장	20년
	공·사유림	시·도지사(특별시장·광역시장·특별자치시장·도지사·특별자치도지사)	
국유림종합계획	국유림관리소장		
국유림경영계획	지방산림청장		10년
산림경영계획	지방자치단체의 장 또는 산림소유자		
산림문화·휴양기본계획	산림청장		
지역산림문화·휴양계획	산림청장 또는 시·도지사(특별시장·광역시장·특별자치시장·도지사·특별자치도지사)		5년
숲길조성·관리기본계획	산림청장		
산림교육종합계획	산림청장		
산림복지진흥계획	산림청장		

43 산림의 수자원 함양기능을 증진시키기 위한 바람직한 관리방법이 아닌 것은?

① 벌기령을 길게 한다.
② 2단림 작업을 실시한다.
③ 소면적 벌채를 실시한다.
④ 대면적 개벌을 실시한다.

정답 40 ④ 41 ③ 42 ② 43 ④

해설

대면적 개벌은 일시에 모든 임목을 벌채하는 것으로 수자원 함양기능이 저하되며 산림 생태적인 면에서 환경친화적인 작업종과는 가장 거리가 멀다.

44 Huber식에 의한 수간석해 방법으로 옳지 않은 것은?

① 구분의 길이를 2m로 원판을 채취한다.
② 반경은 일반적으로 5년 간격으로 측정한다.
③ 단면의 반경은 4방향으로 측정하여 평균한다.
④ 벌채점의 위치는 흉고 높이인 지상 1.2m로 한다.

해설

흉고직경의 높이가 1.2m인 경우, 지상 0.2m를 벌채점으로 한다.

45 종합원가계산 방법에 대한 설명으로 옳지 않은 것은?

① 공정별 원가계산방법이라고도 한다.
② 제품의 원가를 개개의 제품단위별로 직접 계산하는 방법이다.
③ 같은 종류와 규격의 제품이 연속적으로 생산되는 경우에 사용한다.
④ 생산된 제품의 전체원가를 총생산량으로 나누어서 단위원가를 산출한다.

해설

종합원가계산(공정별 원가계산)
- 일정 기간에 생산된 제품 전체원가를 계산하여 총생산량으로 나누고 단위 원가를 산출하는 방식이다.
- 종류와 규격이 같은 제품을 연속해서 다량 생산하는 경우에 적용한다.
- 공정별로 원가를 산정하는 제지업, 화학공업, 방적공업 등에 해당한다.

46 투자에 의해 장래에 예상되는 현금 유입과 유출의 현가를 동일하게 하는 할인율로서 투자효율을 결정하는 방법은?

① 회수기간법
② 순현재가치법
③ 내부수익률법
④ 수익·비용비법

해설

내부수익률법(IRR, Internal Rate of Return)
투자에 의하여 장래에 예상되는 현금유입과 유출의 현재가를 동일하게 하는 할인율(내부이익률)로 효율을 측정하는 방법이다.

47 임지기망가 계산식에서 필요한 인자가 아닌 것은?

① 조림비
② 산림면적
③ 주벌수익
④ 간벌수익

해설

임지기망가

$$B_u = \frac{A_u + D_a 1.0P^{u-a} + \cdots + D_q 1.0P^{u-q} - C1.0P^u}{1.0P^u - 1} - \frac{v}{0.0P}$$

여기서, u : 벌기
A_u : 주벌수익
$D_a, D_b \ldots$: $a, b \ldots$년도 간벌수익
C : 조림비
v : 관리비
P : 이율

48 법정상태의 요건이 아닌 것은?

① 법정벌채량
② 법정생장량
③ 법정영급분배
④ 법정임분배치

정답 44 ④ 45 ② 46 ③ 47 ② 48 ①

해설

법정상태의 요건(구비조건)
- 법정영급분배 : 몇 개의 영계를 하나의 영급으로 묶어 각 영급이 동일한 면적 차지
- 법정임분배치 : 보속 수확의 유지에 지장이 없도록 배치
- 법정생장량 : 법정림 1년간 생장량의 합계
- 법정축적 : 영급분배와 생장이 법정상태일 때 보유할 작업급 전체의 축적

49 법정림의 산림면적이 60ha, 윤벌기 60년, 1영급을 편성한 영계가 10개로 구성된 경우 법정영급면적은?(단, 갱신기는 고려하지 않음)

① 10ha ② 20ha
③ 30ha ④ 50ha

해설

법정영급면적

$$A = \frac{F}{U} \times n = \frac{60}{60} \times 10 = 10\text{ha}$$

여기서, U : 윤벌기
F : 산림면적(ha)
n : 1영급의 영계 수

50 다음 그림과 같은 4가지 형태의 산림의 구조 중 속성수 도입 및 복합임업경영(혼농임업 등) 도입이 필요한 산림구조는?

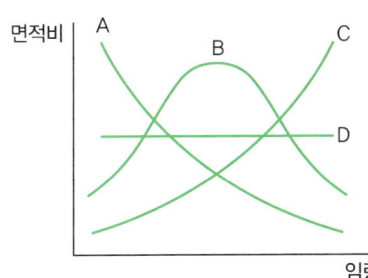

① A ② B
③ C ④ D

해설

A형 구조
- 유령목이 많은 산림으로 투자는 많지만 얻는 수입이 적거나 없는 구조이다.
- 우리나라 대부분의 현실적 산림구조로 임업경영만으로는 수입이 어려워 속성수 도입 및 복합임업경영 등의 시도를 통해 조기에 재정수입의 확보가 가능하도록 해야 한다.

51 노령림과 미숙림이 함께 존재하는 임분을 벌채할 때 어느 쪽이든지 경제적 불이익을 감소시키기 위하여 설정하는 기간은?

① 갱신기 ② 윤벌기
③ 회귀년 ④ 정리기

해설

정리기(개량기, 갱정기)
- 불법정인 영급관계를 법정인 영급관계로 점차 정리하는 기간이다.
- 임상 개량의 목적이 달성될 때까지 임시적으로 설정하는 예상적 기간으로 개벌작업을 하는 산림에 적용된다.
- 노령림과 유령림이 함께 존재하는 임분을 벌채할 때 윤벌기로 구한 연벌량에서 오는 불이익을 적게 하여 수확량을 대략 균등하게 지속시키기 위하여 채택한다.

52 소생림 중심의 자연휴양림 관리방법으로 옳은 것은?

① 여름철 산책공간 조성을 위해 교목림으로 육성한다.
② 출입제한 등의 이용규제가 없어도 높은 자연성을 유지할 수 있다.
③ 이용밀도가 가장 높은 공간이므로 답압에 의한 영향을 고려해야 한다.
④ 인위적 관리를 통해 수목은 적게 하고 잔디 및 초지가 잘 자라도록 관리한다.

정답 49 ① 50 ① 51 ④ 52 ①

해설

소생림형(疎生林型)
- 수림피도가 40~60%로 산개림과 밀생림의 중간 정도에 해당하는 유형이다.
- 여름철 산책공간 조성을 위해 교목림으로 육성하는 등 인공적 관리가 기본적으로 필요한 형태이다.
- 이용밀도나 레크리에이션의 활동 자유도는 중간이다.

53 임목의 흉고직경은 20cm, 수고는 15m, 형수는 0.4를 적용하였을 경우 임목의 재적은?

① 0.018m³   ② 0.188m³
③ 1.884m³   ④ 18.840m³

해설

수간재적

$$V = g \cdot h \cdot f = \frac{\pi \cdot d^2}{4} \cdot h \cdot f$$

$$= \frac{\pi \times 0.2^2}{4} \times 15 \times 0.4 = 0.1884\ldots$$

∴ 약 0.188m³

여기서, f : 형수
g : 원의 단면적(m²)
h : 수고(m)

54 생장량을 구분할 때 수목의 생장에 따른 분류와 임목의 부분에 따른 분류가 있다. 다음 중 수목의 생장에 따른 분류에 해당되지 않는 것은?

① 등귀생장   ② 직경생장
③ 재적생장   ④ 형질생장

해설

생장량의 종류
- 수목의 생장에 따른 분류 : 재적생장, 형질생장, 등귀생장, 총가생장
- 임목의 부분에 따른 분류 : 지름생장(직경생장), 수고생장, 재적생장

55 임도를 신설하기 위해 필요한 비용을 전액 대출받고 10년간 상환하는 경우에 임도 시설비용에 대하여 매년마다 균등한 액수의 상환비용을 의미하는 것은?

① 유한연년이자 전가식
② 유한연년이자 후가식
③ 무한정기이자 전가식
④ 무한정기이자 후가식

해설

10년간 매년 상환하므로 유한연년이자식이며, 그 전체금액의 현재가이므로 전가식이다.

56 임목의 흉고직경을 계산하는 방법으로 산술평균직경법(a)과 흉고단면적법(b)의 관계에 대한 설명으로 옳은 것은?

① a와 b는 같은 값이 된다.
② a가 b보다 큰 값이 된다.
③ b가 a보다 큰 값이 된다.
④ a와 b 사이에는 일정한 관계가 없다.

해설

표준목의 흉고직경 결정
- 산술평균직경법(a) : 각 수목의 흉고직경 합계를 전체 본수로 나누어 평균인 흉고직경을 얻는 방법이다.
- 흉고단면적법(b) : 각 수목의 흉고단면적 합계를 전체 본수로 나누어 평균인 흉고단면적을 산출하고 이를 토대로 흉고직경을 결정하는 방법이다.
→ 흉고단면적법 직경이 산술평균직경법 직경보다 큰 값이 나온다.

정답 53 ② 54 ② 55 ① 56 ③

57 다음 시장가역산식에서 b가 의미하는 것은?

임목단가 = 이용율 ×
$\left(\dfrac{생산원목의 판매예정단가}{1 + 자본회수기간 \times 이율 + 기업이익률} - b\right)$

① 조재율
② 임목시가
③ 임목가격
④ 단위생산비용

해설

시장가역산법의 계산

$x = f\left(\dfrac{a}{1 + mp + r} - b\right)$

여기서, x : 단위재적당 임목가(원/m³)
f : 조재율
m : 자본회수기간
p : 월이율
r : 기업이익률
a : 원목의 단위재적당 시장가(원목시장단가, 원/m³)
b : 단위재적당 벌목비·운반비·집재비·조재비 등의 생산비용(원/m³)

58 조림 후 5년이 경과한 산지에 산불로 인하여 임목이 소실되었을 경우 피해액을 조사하기 위해 가장 적합한 임목가 계산방법은?

① Glaser법
② 임목매매가
③ 임목기망가
④ 임목비용가

해설

임목비용가
- 임목 육성에 들어간 총비용의 후가합계에서 그동안 얻은 수익의 후가합계를 공제한 가격으로 유령림의 임목 평가에 적용한다.
- 조림 후 얼마 지나지 않아 산불로 임목이 소실된 경우 피해액 산정 등에 적용한다.

59 임업소득의 계산방법으로 옳은 것은?

① 자본에 귀속하는 소득 = 임업순수익 − (지대 + 자본이자)
② 자본에 귀속하는 소득 = 임업소득 − (자본이자 + 가족노임추정액)
③ 가족노동에 귀속하는 소득 = 임업소득 − (지대 + 자본이자)
④ 가족노동에 귀속하는 소득 = 임업소득 − (지대 + 가족노임추정액)

해설

구성에 따른 임업소득의 계산

임지에 귀속하는 소득	임업소득 − (자본이자 + 가족노임추정액)
자본에 귀속하는 소득	임업소득 − (지대 + 가족노임추정액)
가족노동에 귀속하는 소득	임업소득 − (지대 + 자본이자)
경영관리에 귀속하는 소득(기업가 이윤)	임업소득 − (지대 + 자본이자 + 가족노임추정액) 임업순수익 − (지대 + 자본이자)

60 벌채목의 길이가 20m, 원구단면적이 0.6m², 중앙단면적이 0.55m², 말구단면적이 0.4m²일 경우에 스말리안(Smalian)식에 의한 재적은?

① 8.0m³
② 10.0m³
③ 10.3m³
④ 11.0m³

해설

재적(m³)

$V = \dfrac{g_o + g_n}{2} \times l = \dfrac{0.6 + 0.4}{2} \times 20 = 10\text{m}^3$

여기서, g_o : 원구단면적(m²)
g_n : 말구단면적(m²)
l : 재장(m)

정답 57 ④ 58 ④ 59 ③ 60 ②

4과목 임도공학

61 점착성이 큰 점질토의 두꺼운 성토층 다짐에 가장 효과적인 롤러는?

① 탬핑롤러 ② 텐덤롤러
③ 머캐덤롤러 ④ 타이어롤러

해설

탬핑롤러(Tamping roller)
롤러의 표면에 돌기가 부착되어 있어 점착성이 큰 점질토의 두꺼운 성토층 다짐에 가장 효과적인 롤러이다.

62 임도의 설계에서 종단면도를 작성할 때, 횡·종의 축척은 얼마로 해야 하는가?

① 횡 : 1/100, 종 : 1/1200
② 횡 : 1/200, 종 : 1/1000
③ 횡 : 1/1000, 종 : 1/200
④ 횡 : 1/1200, 종 : 1/100

해설

임도 설계도의 축척 및 기입사항

도면 구분	축척	기입사항
평면도	1 : 1,200	임시기표, 교각점, 측점번호, 사유토지의 지번별 경계, 구조물, 지형지물, 곡선제원
종단면도	횡 1 : 1,000 종 1 : 200	지반고, 계획고, 절토고, 성토고, 종단기울기, 누가거리, 거리, 측점, 곡선
횡단면도	1 : 100	지반고, 계획고, 절토고, 성토고, 단면적(절성토), 지장목 제거, 측구터파기 단면적, 사면보호공 물량

63 임도 시공 시 벌개제근 작업에 대한 설명으로 옳지 않은 것은?

① 절취부에 벌개제근 작업을 할 경우에는 시공효율을 높일 수 있다.
② 성토량이 부족할 경우 벌개제근된 임목을 묻어 부족한 토량을 보충하기도 한다.
③ 벌개제근 작업을 완전히 하지 않으면 나무 사이의 공극에 토사가 잘 들어가지 않는다.
④ 벌개제근 작업을 제대로 하지 않으면 부식으로 인한 공극이 발생하여 성토부가 침하하는 원인이 되기도 한다.

해설

벌개제근(伐開除根)
임도시공 시 미리 나무뿌리, 잡초, 초목 등을 제거하여 지표면을 정리하는 작업이다. 벌개제근된 나무는 반출처리하며, 성토부에 묻지 않는다.

64 임도 노면 시공방법에 따른 분류로 머캐덤(Macadam)도라고도 불리는 것은?

① 쇄석도 ② 사리도
③ 토사도 ④ 통나무길

해설

쇄석도(碎石道, 부순돌길)
부순돌끼리 서로 맞물려 죄는 힘과 결합력에 의하여 단단한 노면을 만든 도로로 머캐덤도라고도 한다.

65 임도의 노체를 구성하는 기본적인 구조가 아닌 것은?

① 노상 ② 기층
③ 표층 ④ 노층

해설

노체
도로의 몸체로 기본구조는 깊은 곳으로부터 노상, 노반, 기층, 표층의 순으로 구성된다.

정답 61 ① 62 ③ 63 ② 64 ① 65 ④

66 영선측량과 중심선측량에 대한 설명으로 옳지 않은 것은?

① 영선은 절토작업과 성토작업의 경계점이 된다.
② 산지경사가 완만할수록 중심선이 영선보다 안쪽에 위치하게 된다.
③ 중심선측량은 지형상태에 따라 파형지형의 소능선과 소계곡을 관통하며 진행된다.
④ 산지경사가 45%~55% 정도일 때 두 측량방법으로 각각 측량한 측점이 대략 일치한다.

해설
산지경사가 완만할수록 중심선이 영선보다 경사지의 바깥쪽에 위치한다(영선이 안쪽이다).

67 적정임도밀도에 대한 설명으로 옳지 않은 것은?

① 임도밀도가 증가하면 조재비, 집재비는 낮아진다.
② 임도간격이 크면 단위면적당 임도개설비용은 감소한다.
③ 집재비와 임도개설비의 합계비용을 최대화하여 산정한다.
④ 집재비와 임도개설비의 합계는 임도간격이 좁거나 넓어도 모두 증가한다.

해설
적정임도밀도
임업생산비 중 임도개설연장의 증감에 따라 변화되는 주벌의 집재비와 임도개설비의 합계를 가장 최소화하는 임도밀도이다.

68 임도 곡선 설정법에 해당하지 않는 것은?
① 우회법   ② 편각법
③ 교각법   ④ 진출법

해설
임도 곡선 설정법
교각법, 편각법, 진출법

69 콘크리트 포장 시공에서 보조기층의 기능으로 옳지 않은 것은?

① 동상의 영향을 최소화한다.
② 노상의 지지력을 증대시킨다.
③ 노상이나 차단층의 손상을 방지한다.
④ 줄눈, 균열, 슬래브 단부에서 펌핑현상을 증대시킨다.

해설
콘크리트 포장 시공에서 보조기층의 기능
• 상부의 교통하중을 균등하게 분산하여 노상에 전달한다.
• 노상의 지지력을 증대시킨다.
• 노상이나 차단층(노상 아래층)의 손상을 방지한다.
• 포장층 내 물고임을 방지한다.
• 동상(동결)의 영향을 최소화한다.
• 노상의 세립토가 기층 속으로 침투하는 것을 방지한다.
• 줄눈부나 균열부 등에서 펌핑현상을 방지한다.
  * 펌핑현상 : 차량통과 시 보조기층이나 노상의 흙이 진흙이 되어 줄눈이나 균열부를 통해 노면으로 뿜어져 나오는 현상이다.

70 비탈면의 위치와 기울기, 노체와 노상의 끝손질 높이 등을 표시하여 흙깎기와 흙쌓기 공사를 정확히 실시하기 위해 설치하는 것은?
① 수평틀   ② 토공틀
③ 흙일겨냥틀   ④ 비탈물매 지시판

해설
겨냥틀(흙일겨냥틀)
• 토공에 있어 수평, 경사, 높이, 너비 등을 맞추기 위한 기준이 되는 틀로 일정 간격으로 겨냥틀을 설치한다.
• 비탈면의 위치와 기울기, 노체와 노상의 끝손질 높이

정답 66 ② 67 ③ 68 ① 69 ④ 70 ③

등을 표시하여 흙깎기와 흙쌓기 공사를 정확히 실시하기 위해 설치한다.

71 흙의 입도분포의 좋고 나쁨을 나타내는 균등계수의 산출식으로 옳은 것은?(단, 통과중량백분율 x에 대응하는 입경은 D_x)

① $D_{10} \div D_{60}$ ② $D_{20} \div D_{60}$
③ $D_{60} \div D_{20}$ ④ $D_{60} \div D_{10}$

해설

흙의 균등계수 = $\dfrac{\text{통과중량백분율 60\%에 대응하는 입경}}{\text{통과중량백분율 10\%에 대응하는 입경}}$

$= \dfrac{D_{60}}{D_{10}}$

여기서, D_{10} : 유효입경(유효지름), 입도분포곡선상에서 통과중량백분율의 10%에 해당하는 입경

72 A지점의 지반고가 19.5m, B지점의 지반고가 23.5m이고, 두 지점 간의 수평거리가 40m일 때 이 사면의 기울기는 얼마인가?

① 10% ② 12%
③ 14% ④ 16%

해설

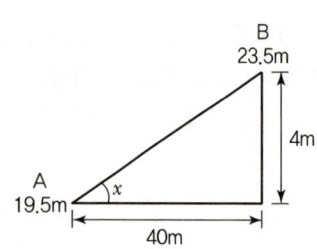

기울기(%) = $\dfrac{\text{수직거리}}{\text{수평거리}} \times 100 = \dfrac{4}{40} \times 100 = 10\%$

73 사리도(자갈길, gravel road)의 유지관리에 대한 설명으로 옳지 않은 것은?

① 방진처리에 염화칼슘은 사용하지 않는다.
② 노면의 제초나 예불은 1년에 한 번 이상 실시한다.
③ 비가 온 후 습윤한 상태에서 노면 정지작업을 실시한다.
④ 횡단배수구의 기울기는 5~6% 정도를 유지하도록 한다.

해설

방진처리를 위하여 물, 염화칼슘, 타르 등을 사용한다.

74 임도의 종단기울기에 대한 설명으로 옳지 않은 것은?

① 최소 기울기는 2~3% 이상으로 설치한다.
② 종단기울기를 높게 하면 임도우회율이 작아진다.
③ 설계속도가 40km/h일 때 일반지형의 종단기울기는 8%이다.
④ 임도 설계 시 종단기울기 변경은 전 노선을 조정하여 재시공하는 의미를 갖는다.

해설

설계속도별 종단기울기 설치기준(간선·지선 임도)

설계속도 (km/h)	종단기울기	
	일반지형	특수지형
40	7% 이하	10% 이하
30	8% 이하	12% 이하
20	9% 이하	14% 이하

정답 71 ④ 72 ① 73 ① 74 ③

75 임도 종단면도에 기록하는 사항이 아닌 것은?

① 측점
② 단면적
③ 성토고
④ 누가거리

해설

임도 설계도의 축척 및 기입사항

도면 구분	축척	기입사항
평면도	1 : 1,200	임시기표, 교각점, 측점번호, 사유토지의 지번별 경계, 구조물, 지형지물, 곡선제원
종단면도	횡 1 : 1,000 종 1 : 200	지반고, 계획고, 절토고, 성토고, 종단기울기, 누가거리, 거리, 측점, 곡선
횡단면도	1 : 100	지반고, 계획고, 절토고, 성토고, 단면적(절성토), 지장목 제거, 측구터파기 단면적, 사면보호공 물량

76 임도 측선의 거리가 99.16m이고 방위가 S 39°15′25″W일 때 위거와 경거의 값으로 옳은 것은?

① 위거 = +76.78m 경거 = +62.75m
② 위거 = +76.78m 경거 = -62.75m
③ 위거 = -76.78m 경거 = +62.75m
④ 위거 = -76.78m 경거 = -62.75m

해설

측선의 방위가 S 39°15′25″W이면 아래 그림과 같이 3영역이므로 방위각(θ)은 39°15′25″ + 180° = 219°15′25″이다.

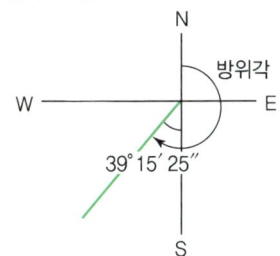

- 위거 = $AB \times \cos\theta$ = 99.16 × cos219°15′25″
  = -76.781…
  ∴ 약 -76.78m
- 경거 = $AB \times \sin\theta$ = 99.16 × sin219°15′25″
  = -62.748…
  ∴ 약 -62.75m
  여기서, AB : 측선의 거리
  θ : 방위각

77 법령상 임도설치가 가능한 지역은?

① 산지관리법에서 정한 산지전용 제한지역
② 임도 타당성 평가점수가 60점 이상인 지역
③ 임도거리의 10% 이상의 지역이 경사 35° 미만인 지역
④ 농어촌도로 정비법에 따른 농로로 확정·고시된 노선과 중복되는 지역

해설

임도노선을 설치할 수 없는 경우

- 산지전용이 제한되는 지역이 포함되어 있는 경우
- 임도거리의 10% 이상이 경사 35° 이상의 급경사지를 지나게 되는 경우
- 임도거리의 10% 이상이 도로로부터 300m 이내인 지역을 지나게 되는 경우
- 임도거리의 20% 이상이 화강암질풍화토로 구성된 지역을 지나게 되는 경우
- 임도거리의 30% 이상이 암반으로 구성된 지역을 지나게 되는 경우
- 「도로법」에 의한 도로 또는 「농어촌도로 정비법」에 의한 농로로 확정·고시된 노선과 중복되는 경우

78 가선집재와 비교한 트랙터에 의한 집재작업의 장점으로 옳지 않은 것은?

① 기동성이 높다.
② 작업이 단순하다.
③ 작업생산성이 높다.
④ 잔존임분에 대한 피해가 적다.

정답 75 ② 76 ④ 77 ③ 78 ④

> [해설]
>
> **트랙터집재와 가선집재의 비교**

집재 방식	장점	단점
트랙터 집재	• 기동성이 높다. • 작업이 단순하다. • 작업생산성이 높다. • 운전이 용이하다. • 작업비용이 적다.	• 완경사지에서만 작업이 가능하다. • 잔존임분에 피해가 심하다. • 높은 임도밀도가 요구된다. • 저속이라 장거리 운반이 어렵다.
가선집재	• 급경사지에서도 작업이 가능하다. • 잔존임분에 피해가 적다. • 낮은 임도밀도에서 작업이 가능하다.	• 기동성이 낮다. • 숙련된 기술을 요한다. • 작업생산성이 낮다. • 장비구입비가 비싸다. • 설치와 철거에 시간이 필요하다.

79 절토·성토사면에 붕괴의 우려가 있는 지역에 사면길이 2~3m마다 설치하는 소단의 폭 기준은?

① 0.1~0.5m ② 0.5~1.0m
③ 1.5~2.5m ④ 2.5~3.5m

> [해설]
>
> **소단 설치**
>
> 절성토 경사면이 붕괴 또는 밀려 내려갈 우려가 있는 지역에는 사면길이 2~3m마다 폭 50~100cm로 단을 끊어서 소단을 설치한다.

80 다음 조건에서 양단면적평균법으로 계산한 토량은?

- 단면적 A_1 : 4m²
- 단면적 A_2 : 6m²
- 양단면적 간의 거리 : 5m

① 25m³   ② 50m³
③ 75m³   ④ 100m³

> [해설]
>
> **양단면적평균법**
>
> 토량(m³) $V = \dfrac{A_1 + A_2}{2} \times L = \dfrac{4+6}{2} \times 5 = 25 \text{m}^3$
>
> 여기서, A_1, A_2 : 양단면적
> L : 양단면적 간의 거리

5과목 사방공학

81 3ha 유역에 최대시우량이 60mm/h이면 시우량법에 의한 최대 홍수유량은?(단, 유거계수는 0.8)

① 0.04m³/s   ② 0.4m³/s
③ 4.0m³/s   ④ 40.0m³/s

> [해설]
>
> **시우량법(유역면적의 단위가 ha일 때)**
>
> $Q = \dfrac{1}{360} \times K \cdot A \cdot m = \dfrac{1}{360} \times 0.8 \times 3 \times 60 = 0.400...$
>
> ∴ 0.4m³/s
>
> 여기서, Q : 최대홍수유량(m³/s), K : 유거계수
> A : 유역면적, m : 최대시우량(mm/h)

82 땅깎기 비탈면의 안정과 녹화를 위한 시공방법으로 옳지 않은 것은?

① 경암 비탈면은 풍화·낙석 우려가 많으므로 새심기 공법이 적절하다.
② 점질성 비탈면은 표면침식에 약하고 동상·붕락이 많으므로 떼붙이기 공법이 적절하다.
③ 모래층 비탈면은 절토공사 직후에는 단단한 편이나 건조해지면 붕락되기 쉬우므로 전면적 객토가 좋다.
④ 자갈이 많은 비탈면은 모래 유실 후, 요철면이 생기기 쉬우므로 떼붙이기보다 분사파종공법이 좋다.

정답 79 ② 80 ① 81 ② 82 ①

해설

풍화와 낙석의 우려가 많은 절토비탈면 등에는 낙석방지 망덮기 공법이 적당하다.

83 벌도목, 간벌재를 이용하여 강우로 인한 토사유출을 방지할 목적으로 시공하는 방법은?

① 식책공 ② 식수공
③ 편책공 ④ 돌망태공

해설

편책공(編柵工, 바자얽기)
- 비탈면에 나무 말뚝을 일정 간격으로 박고, 여기에 초두목(梢頭木)이나 가지를 엮어서 울타리를 조성하는 공법으로, 일반적으로 바자얽기라고 하면 이 편책공을 일컫는다.
- 벌도목이나 간벌재 등을 이용하여 강우로 인한 토사유출을 방지할 목적으로 주로 시공한다.

84 시멘트 콘크리트의 응결경화 촉진제로 많이 사용하는 혼화제는?

① 석회 ② 규조토
③ 규산백토 ④ 염화칼슘

해설

응결경화 촉진제
빠른 강도 증진을 위하여 응결과 경화를 촉진하는 제제로, 염화칼슘($CaCl_2$)이 대표적이며, 염화알루미늄, 규산나트륨 등도 이용한다.

85 산사태의 발생요인에서 내적 요인에 해당하는 것은?

① 강우 ② 지진
③ 벌목 ④ 토질

해설

산사태의 발생요인

외적 요인 (직접적 인자)	자연적 요인	강우, 강설, 지진, 동결과 융해 등
	인위적 요인	벌목, 토목공사, 산림개발, 저수지 수위 변동 등
내적 요인 (간접적 인자)	지질적 요인	토질, 절리 및 단층대의 존재, 붕적토의 분포, 암반 풍화
	지형적 요인	급경사지, 남쪽 사면, 침식받기 쉬운 곳 등

86 전수직응력이 $100gf/cm^2$, $\tan\varphi$ (φ는 내부마찰각) 값이 0.8, 점착력이 $20gf/cm^2$일 때, 토양의 전단강도는? (단, 간극수압은 무시함)

① $80gf/cm^2$ ② $100gf/cm^2$
③ $120gf/cm^2$ ④ $145gf/cm^2$

해설

전단강도
$C + \sigma\tan\varphi = 20 + 100 \times 0.8 = 100gf/cm^2$
여기서, C : 흙의 점착력
σ : 수직응력
φ : 내부마찰각

87 메쌓기 사방댐의 시공 높이 한계는?

① 1.0m ② 2.0m
③ 3.0m ④ 4.0m

해설

메쌓기댐은 안정성을 위하여 4m보다 높게 시공하지 않는다. 즉, 시공 높이 한계는 4m로 한다.

88 돌쌓기 기슭막이 공법의 표준 기울기는?

① 1 : 0.3~0.5 ② 1 : 0.3~1.5
③ 1 : 0.5~1.3 ④ 1 : 1.3~1.5

정답 83 ③ 84 ④ 85 ④ 86 ② 87 ④ 88 ①

해설

돌기슭막이의 돌쌓기 기울기는 1 : 0.3~0.5가 표준으로, 찰쌓기는 1 : 0.3, 메쌓기는 1 : 0.5를 적용한다.

89 비탈다듬기나 단끊기 공사로 생긴 토사를 계곡부에 넣어서 토사 활동을 방지하기 위해 설치하는 산지사방 공사는?

① 골막이
② 누구막이
③ 기슭막이
④ 땅속흙막이

해설

땅속흙막이
비탈다듬기와 단끊기 공사로 발생한 뜬흙을 산지의 계곡부와 같은 오목한 곳에 투입하여 토사의 활동을 방지하고 유치·고정하기 위한 공작물이다.

90 땅깎기비탈면에 흙이 붙어 있는 반떼를 수평방향으로 줄로 붙여 활착·녹화하는 공법은?

① 줄떼심기공법
② 줄떼다지기공법
③ 줄떼붙이기공법
④ 평떼붙이기공법

해설

줄떼 시공

줄떼다지기	• 수평골을 파고, 흙이 붙어 있는 반떼를 한 줄로 수평으로 넣고, 흙을 살짝 덮은 후 나무판으로 다지기하여 활착·녹화하는 공법 • 주로 흙쌓기비탈면에 사용
줄떼붙이기	• 흙이 붙어 있는 반떼를 수평 방향으로 줄을 따라 떼꽂이로 고정하여 붙이고 활착·녹화하는 공법 • 주로 땅깎기비탈면에 사용
줄떼심기	• 20~30cm 정도로 줄을 띄워 골을 판 후, 반떼를 심고 흙을 덮어 고루 밟아 녹화하는 공법 • 주로 평탄지에 사용

91 계류의 유심을 변경하여 계안의 붕괴와 침식을 방지하는 사방공작물은?

① 수제
② 둑막이
③ 바닥막이
④ 기슭막이

해설

수제
• 계류의 유속과 흐름 방향을 조절할 수 있도록 둑이나 계안으로부터 유심을 향해 돌출하여 설치하는 공작물이다.
• 계류의 유심 방향을 변경시켜 계안의 침식과 붕괴를 방지하기 위해 설치한다.

92 비탈면 하단부에 흐르는 계천의 가로침식에 의해 일어나며, 침식 및 붕괴된 물질은 퇴적되지 않고 대부분 유수와 함께 유실되는 붕괴형 침식은?

① 산붕
② 포락
③ 붕락
④ 산사태

해설

붕괴형 침식의 구분

산사태 (山沙汰)	• 흙덩어리가 계곡·계류를 향하여 일시에 연속적으로 길게 붕괴되는 현상 • 주로 호우에 의하여 산정에서 가까운 산복부에서 많이 발생
산붕(山崩)	산사태와 원인은 같으나 소규모이며, 산록부에서 많이 발생
붕락(崩落)	주로 집중호우나 눈과 얼음이 녹은 물(융설수)에 의해 토층이 포화되어 토괴가 균형을 잃고 아래로 무너져 떨어지는 현상
포락(浦落)	• 산지 비탈면의 끝을 흐르는 유수의 가로침식에 의해 무너지는 현상 • 침식 및 붕괴된 물질은 퇴적되지 않고 대부분 유수와 함께 유실
암설붕락 (巖屑崩落)	돌 부스러기의 비탈면(토석더미)이 붕괴되어 밀려 내려오는 현상

정답 89 ④ 90 ③ 91 ① 92 ②

93 2매의 선떼와 1매의 갓떼 또는 바닥떼를 사용하는 선떼붙이기는?

① 2급
② 4급
③ 6급
④ 8급

해설

선떼붙이기
4급 이상의 고급 선떼붙이기는 갓떼(머리떼), 선떼, 받침떼, 바닥떼 등을 시공하며, 6급은 2매의 선떼와 1매의 갓떼 또는 바닥떼를 사용한다.

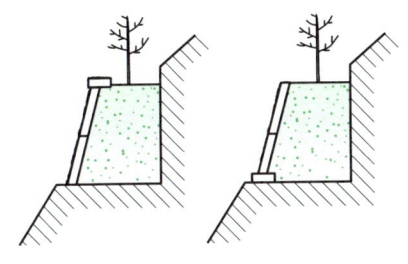

| 6급 선떼붙이기 |

94 폐탄광지의 복구녹화에 대한 설명으로 옳지 않은 것은?

① 경제림을 단기적으로 조성한다.
② 차폐식재하여 좋은 경관을 만든다.
③ 폐석탄 등을 제거하고 복토하여 식재한다.
④ 사면붕괴 방지를 위해 사면 안정각을 유지한다.

해설

폐탄광지의 경우 폐석탄 등을 제거한 후 복토하여 식재하며, 차폐식재로 좋은 경관을 유도하고, 사면붕괴 방지를 위해 사면 안정각을 유지한다.

95 임내 강우량의 구성요소가 아닌 것은?

① 수간유하우량
② 수관통과우량
③ 수관적하우량
④ 수관차단우량

해설

강우량 중 수간을 따라 흘러내리는 물(수간유하우량), 수관을 통과하는 물(수관통과우량), 수관에서 떨어지는 물(수관적하우량)을 통틀어 임내강우량이라 하며, 식물의 잎과 가지에 부착되어 증발되고 임지에 도달하지 못하는 물을 수관차단우량이라 한다.

96 중력식 사방댐 설계에서 고려하는 안정조건이 아닌 것은?

① 전도
② 퇴적
③ 제체 파괴
④ 기초지반 지지력

해설

중력댐(사방댐)의 안정조건
전도에 대한 안정, 활동에 대한 안정, 제체의 파괴에 대한 안정, 기초지반의 지지력에 대한 안정

97 사방사업 대상지 유형 중 황폐지에 속하는 것은?

① 밀린 땅
② 붕괴지
③ 민둥산
④ 절토사면

해설

황폐지 유형
척악임지, 임간나지, 초기황폐지, 황폐이행지, 민둥산, 특수황폐지

정답 93 ③ 94 ① 95 ④ 96 ② 97 ③

98 사방댐의 설계요인에 대한 설명으로 옳지 않은 것은?

① 댐의 위치는 계상에 암반이 존재해야만 설치할 수 있다.
② 계획 계상기울기는 현 계상기울기의 1/2~2/3 정도가 가장 실용적이다.
③ 종·횡침식이 일어나는 구간이 긴 구간에서는 원칙적으로 계단상 댐을 계획한다.
④ 단독의 높은 댐과 연속된 낮은 댐군의 선택은 그 지역의 토사생산의 특성과 시공 및 유지의 난이도를 충분히 검토하여 결정한다.

해설
계상에 암반이 없어도 안정공법을 적용하고, 방수로의 위치 등을 고려하면 설치할 수 있다.

99 침식의 원인이 다른 것은?
① 자연침식   ② 가속침식
③ 정상침식   ④ 지질학적 침식

해설
정상침식
자연 조건에 의하여 서서히 진행되는 침식으로, 자연침식 또는 지질학적 침식이라고도 한다.

100 비탈면 돌쌓기에 대한 설명으로 옳지 않은 것은?

① 돌을 쌓는 방법에 따라 골쌓기와 켜쌓기가 있다.
② 찰쌓기는 2~3m²마다 물빼기 구멍을 설치한다.
③ 돌쌓기는 일곱 에움 이상 아홉 에움 이하가 되도록 한다.
④ 비탈기울기가 1 : 1보다 완만한 경우는 돌붙이기 공사라고 한다.

해설
돌의 배치는 다섯 에움 이상 일곱 에움 이하가 되도록 한다.

정답 98 ① 99 ② 100 ③

2023년 1회 기출복원문제

1과목 조림학

01 파괴되었던 천연림이 자연적으로 회복되었을 때의 산림을 무엇이라 하는가?

① 1차림   ② 2차림
③ 처녀림   ④ 원시림

해설

파괴되었던 천연림이 사람의 인위적 관리 없이 자연적으로 회복된 산림을 2차림이라 한다.

02 산림의 분류 중 발생기원에 따라 분류한 것으로 옳은 것은?

① 주로 종자에 의해 양성된 묘목으로 이루어진 숲을 왜림이라 한다.
② 맹아가 발달하여 이루어진 숲을 교림이라 한다.
③ 상층은 교림을, 하층은 왜림을 조성한 숲을 중림이라 한다.
④ 용재를 생산하는 키 큰 숲을 형성할 때 중림이라 한다.

해설

수목의 발생기원에 따른 분류
- 교림 : 종자 또는 삽목에 의해 발달한 수목으로 이루어진 산림으로 용재를 생산하는 키 큰 숲을 형성한다.
- 왜림 : 움이나 맹아가 발달한 수목으로 이루어진 산림으로 연료재나 펄프재 등을 생산하는 키 낮은 숲을 형성한다.
- 중림 : 상층은 교림을, 하층은 왜림을 같은 임지에 함께 조성하는 산림이다.

03 곰솔에 대한 설명으로 옳지 않은 것은?

① 수피는 흑갈색이다.
② 소나무과 수종이다.
③ 겨울눈이 적갈색이다.
④ 해안 지역에 주로 분포한다.

해설

소나무와 곰솔의 비교

구분	잎	수피	겨울눈
소나무 (적송, 육송)	짧고 가늘며 부드럽다.	적갈색	끝이 뾰족한 작은 솔방울 모양의 타원형, 붉은 갈색
곰솔 (흑송, 해송)	길고 억세며 두껍고 거칠다.	흑갈색 (암흑색)	위가 뾰족하고 울룩불룩한 긴 병 모양, 회백색

04 개화한 해의 봄에 종자가 성숙하는 수목은?

① *Populus nigra*   ② *Taxus cuspidata*
③ *Torreya nucifera*   ④ *Machilus thunbergii*

해설

개화한 해의 봄에 종자가 성숙하는 수종
사시나무, 미루나무, 버드나무, 은백양, 양버들(*Populus nigra*), 황철나무, 느릅나무

05 종자를 정선 후 곧바로 노천 매장하는 것이 가장 적합한 수목은?

① *Alnus japonica*
② *Robinia pseudoacacia*
③ *Quercus acutissima*
④ *Pinus koraiensis*

정답 01 ② 02 ③ 03 ③ 04 ① 05 ④

해설

종자의 노천매장 시기

정선 후 곧 매장 (종자채취 직후)	백합나무, 목련, 백송, 들메나무, 벚나무, 단풍나무, 느티나무, 잣나무(Pinus koraiensis), 호두나무, 은행나무
늦어도 11월 말까지 매장	벽오동나무, 팽나무, 물푸레나무, 신나무, 피나무, 층층나무, 옻나무
파종 약 1개월(한 달) 전에 매장	소나무, 해송, 리기다소나무, 낙엽송, 가문비나무, 전나무, 측백, 편백, 삼나무 등 거의 모든 침엽수

06 종자의 활력을 검사하는 방법이 아닌 것은?

① 절단법   ② 사선법
③ X–선법   ④ 환원법

해설

종자의 활력검사에는 항온기에 의한 방법, 환원법(효소검출법, 테트라졸륨 검사법), 절단법, X선 분석법이 있으며, 사선법은 종자정선법이다.

07 파종량에 대한 설명으로 옳은 것은?

① 파종량과 종자입수와의 관계는 비례한다.
② 파종량과 순량률은 비례한다.
③ 파종량과 발아율은 비례한다.
④ 파종량과 발생기대본수와는 비례한다.

해설

파종량(g/m²)

$$= \frac{\text{가을에 m}^2\text{당 남길 묘목수}}{1\text{g당 종자입수} \times \text{순량률} \times \text{발아율}(\times \text{득묘율})}$$

이므로, 파종량은 종자입수, 순량률, 발아율과는 반비례하며, 가을에 m²당 남길 묘목수(발생기대본수)와는 비례한다.

08 해가림이 필요한 수종으로만 나열된 것은?

① 소나무, 곰솔
② 아까시나무, 낙엽송
③ 전나무, 삼나무
④ 리기다소나무, 잣나무

해설

해가림 수종
- 해가림이 필요한 수종 : 가문비나무, 전나무, 잣나무, 삼나무, 낙엽송 등의 침엽수
- 해가림이 필요 없는 수종 : 소나무, 리기다소나무, 곰솔(해송), 사시나무, 아까시나무 등의 양수

09 묘목의 연령에 대한 설명으로 옳지 않은 것은?

① 1/2묘 : 뿌리는 1년, 줄기는 2년이 된 삽목묘
② 1–0묘 : 판갈이를 하지 않고 1년이 경과한 실생묘목
③ 1–1묘 : 파종상에서 1년, 판갈이하여 1년이 경과된 2년생 묘목
④ 2–1–1묘 : 파종상에서 2년, 판갈이하여 1년, 다시 판갈이하여 1년을 지낸 4년생 묘목

해설

1/2묘는 0/1묘가 1년 경과하여 뿌리는 2년, 줄기는 1년이 된 삽목묘이다.

10 정삼각형 식재와 정방형 식재의 본수 관계로 옳은 것은?

① 정삼각형 식재가 정방형 식재보다 11.5% 적다.
② 정삼각형 식재가 정방형 식재보다 11.5% 많다.
③ 정삼각형 식재가 정방형 식재보다 15.5% 적다.
④ 정삼각형 식재가 정방형 식재보다 15.5% 많다.

정답 06 ② 07 ④ 08 ③ 09 ① 10 ④

해설

정삼각형 식재
묘목의 전체 간격이 모두 같은 정삼각형 형태로 식재하는 방법으로 일정 면적에 대해 정방형 식재보다 15.5% 본수는 증가하고, 묘목 1본의 면적은 86.6%로 감소한다.

11 토양수분의 결속력이 큰 순으로 나열한 것으로 옳은 것은?

① 결합수 > 흡습수 > 모관수 > 중력수
② 흡습수 > 결합수 > 모관수 > 중력수
③ 결합수 > 흡습수 > 중력수 > 모관수
④ 흡습수 > 결합수 > 중력수 > 모관수

해설

토양수분장력(pF)이 클수록 토양과 수분은 결속력이 크다. 토양수분장력의 크기는 결합수 > 흡습수 > 모관수 > 중력수 순이므로 결속력 또한 이와 같다.

12 무기염류 중 필수원소에 해당하는 것은?

① Ca   ② Si
③ Al   ④ Co

해설

필수원소의 종류

다량원소 (9종)	탄소(C), 산소(O), 수소(H), 질소(N), 칼륨(K), 칼슘(Ca), 인(P), 마그네슘(Mg), 황(S)
미량원소 (8종)	철(Fe), 염소(Cl), 망간(Mn), 붕소(B), 아연(Zn), 구리(Cu), 몰리브덴(Mo), 니켈(Ni)

알루미늄(Al), 규소(Si) 등의 무기염류는 식물생육에 꼭 있어야 하는 필수원소는 아니다.

13 임목이 광합성에 이용하는 유효한 광파장은?

① 적외선   ② 자외선
③ 가시광선   ④ 근적외선

해설

파장길이 400~700nm의 가시광선이 엽록체가 주로 흡수하여 광합성에 이용하는 유효한 광파장으로, 수목의 생장에 관여한다.

14 수목이 불량환경에 처했거나 스트레스를 받을 때 다량 생성되는 호르몬은?

① 옥신   ② 지베렐린
③ 사이토키닌   ④ 아브시스산

해설

아브시스산(abscisic acid, ABA, 앱시스산)
식물의 생장을 억제하는 대표적 생장억제물질이다. 종자의 발아를 억제하여 휴면을 유도하거나, 수분 부족 상황에서 기공을 닫는 등 수목이 불량환경에 처했거나 스트레스를 받을 때 다량 생성된다.

15 식생이 입지에 주는 영향으로 천이 진행의 원동력이 되는 것은?

① 식생의 작용   ② 식생의 반작용
③ 식생의 경쟁   ④ 식생의 공생

해설

식생의 반작용
식생이 입지에 주는 영향을 식생의 반작용이라 한다. 초기 식물들이 들어와 나고 죽기를 반복하면서 점차 후대 식물이 생장하기에 쉬운 환경을 만들게 되고, 보다 다양한 생물들이 자리 잡으면서 환경조건이 더욱 유리하게 되는 현상으로 천이 진행의 원동력이 된다.

정답   11 ①   12 ①   13 ③   14 ④   15 ②

16 임지피복의 효과에 대한 설명으로 옳지 않은 것은?

① 토양의 침식 및 유실 방지
② 토양수분 유지 및 건조 방지
③ 토양의 산도 개선
④ 잡초 발생 억제

해설

임지피복의 효과
- 강우에 의한 표토의 침식과 유실 방지
- 임지의 건조 방지와 토양수분 유지
- 잡초 발생 억제
- 표토의 온도를 조절하여 토양미생물을 보호
- 토양에 유기물 양분을 공급하여 양료 증가
- 보수성이 좋아져 수목의 근계가 발달

17 풀베기 작업에 대한 설명으로 옳은 것은?

① 여름철보다 겨울철에 실시한다.
② 모두베기할 경우 조림목이 피압될 염려가 없다.
③ 모두베기보다 둘레베기는 노동력이 더 많이 필요하다.
④ 조림목이 양수 수종인 경우 모두베기보다 줄베기 작업을 실시한다.

해설

풀베기
일반적으로 잡풀들이 자라나 피해를 입히기 시작하는 5~7월에 실시한다. 모두베기는 주로 양수에 적용하며, 가장 많은 노동력이 필요하다.

18 가지치기의 효과에 대한 설명으로 옳지 않은 것은?

① 무절 완만재를 생산한다.
② 수간의 완만도가 향상된다.
③ 부정아가 발생한다.
④ 연륜폭이 넓어진다.

해설

가지치기의 효과
가지치기는 연륜폭이 고르게 발달하여 무절 완만재를 생산할 수 있다. 직경생장을 촉진하여 연륜폭이 넓어지고 재적생장이 증가하는 것은 간벌의 효과이다.

19 천연갱신과 비교하여 인공갱신에 대한 설명으로 옳은 것은?

① 원하는 품종으로 조림이 가능하다.
② 각종 위해에 대한 저항성이 강하다.
③ 임지의 지력이 유지된다.
④ 갱신에 필요한 각종 비용이 적게 든다.

해설

인공갱신은 원하는 수종과 품종으로 조림이 가능하여 조림수종 선택의 폭이 넓다.

20 갱신지의 모든 임목을 일시에 벌채하고 천연하종갱신이 가능한 산림작업종은?

① 개벌
② 택벌
③ 산벌
④ 모수작업

해설

개벌작업
갱신지의 모든 임목을 일시에 벌채하는 방법으로 벌채 후에는 인공갱신과 천연갱신이 모두 가능하다.

정답 16 ③ 17 ② 18 ④ 19 ① 20 ①

2과목 산림보호학

21 내화력에 약한 수종으로 옳은 것끼리 나열한 것은?

① 은행나무, 낙엽송
② 참나무, 음나무
③ 삼나무, 편백
④ 가문비나무, 사시나무

해설

수목의 내화력

구분	강한 수종	약한 수종
침엽수	은행나무, 잎갈나무, 분비나무, 낙엽송, 가문비나무, 개비자나무, 대왕송	소나무, 해송(곰솔), 삼나무, 편백
상록활엽수	동백나무, 사철나무, 회양목, 아왜나무, 황벽나무, 가시나무	녹나무, 구실잣밤나무
낙엽활엽수	참나무류, 고로쇠나무, 음나무, 피나무, 마가목, 사시나무	아까시나무, 벚나무

22 봄에 수목이 생장을 개시한 후에 갑자기 내린 서리로 인한 피해는?

① 동상 ② 만상
③ 한상 ④ 조상

해설

상해의 종류
- 조상(早霜) : 늦가을에 수목이 휴면에 들어가기 전 내린 서리로 인한 피해 = 이른 서리의 해
- 만상(晚霜) : 봄에 수목이 생장을 개시한 후에 갑자기 내린 서리로 인한 피해 = 늦서리의 해

23 한해(旱害, 가뭄해)에 약한 수종은?

① 소나무 ② 자작나무
③ 곰솔   ④ 오리나무

해설

한해 피해 수종
- 한해에 약한 수종 : 은백양, 포플러류, 오리나무, 버드나무, 들메나무 등의 습지성 수종
- 한해에 강한 수종 : 소나무, 해송(곰솔), 리기다소나무, 자작나무 등의 건조에 강한 수종

24 식물바이러스를 방제하는 방법으로 옳지 않은 것은?

① 묘포장에서는 윤작을 실시한다.
② 매개충을 구제한다.
③ 생장점 배양으로 무병주를 생산한다.
④ 감염된 접수나 대목은 고온에서 열처리한다.

해설

식물바이러스의 방제법
묘포장과 같이 집단적으로 묘목을 육성할 경우에는 윤작을 피하고, 바이러스에 감염된 묘목을 조기에 제거하여 관리한다.

25 뿌리혹병을 방제하는 방법으로 옳지 않은 것은?

① 병이 없는 건전한 묘목을 식재한다.
② 접목할 때 쓰이는 도구는 소독하여 사용한다.
③ 재식할 묘목은 스트렙토마이신 용액에 침지하는 것이 좋다.
④ 심하게 발생한 지역에서는 내병성 수종인 포플러류를 식재한다.

해설

포플러류는 내병성 수종이 아닌 뿌리혹병이 잘 발병하는 수종이다.

정답 21 ③ 22 ② 23 ④ 24 ① 25 ④

26 모잘록병을 방제하는 방법으로 옳은 것은?

① 산성토양을 중화하여 개량한다.
② 복토를 두껍게 하여 종자를 보호한다.
③ 토양소독 및 종자소독을 실시한다.
④ 매개충을 구제한다.

해설

모잘록병 방제법
- 모잘록병은 토양전염성 병이므로 토양소독 및 종자소독을 실시한다.
- 배수와 통풍이 잘 되어 묘상이 과습하지 않도록 주의한다.
- 질소질 비료의 과용을 피하며, 인산질, 칼륨질 비료를 충분히 주어 묘목이 강건히 자라도록 돕는다.
- 파종량을 적게 하여 과밀하지 않도록 하며, 복토는 두껍지 않게 한다.
- 병든 묘목은 발견 즉시 뽑아서 소각한다.
- 병이 심한 묘포지는 돌려짓기(윤작)를 한다.

27 산불이 있었던 지역에서 많이 발생하는 수병은?

① 모잘록병
② 리지나뿌리썩음병
③ 자줏빛날개무늬병
④ 아밀라리아뿌리썩음병

해설

리지나뿌리썩음병은 임지가 고온일 때 포자가 발아하여 모닥불 자리나 산불이 있었던 지역에서 많이 발생한다.

28 벚나무빗자루병의 병원은?

① 담자균
② 불완전균
③ 자낭균
④ 파이토플라스마

해설

벚나무빗자루병
- 빗자루 모양의 잔가지와 잎이 총총히 많이 모여나며(총생), 봄에 꽃이 피지 않게 되는 수병이다.
- 대추나무빗자루병, 오동나무빗자루병 등은 파이토플라스마에 의한 수병인 데 반해 벚나무빗자루병은 진균(자낭균)에 의한 수병이다.

29 다음에서 설명하는 수병은?

- 동양의 밤나무 품종은 이 병에 저항성이 강한 편이다.
- 동양에서 수입한 밤나무로 인해 미국의 밤나무에 큰 피해를 주었다.

① 밤나무줄기마름병　② 밤나무눈마름병
③ 밤나무잎마름병　　④ 밤나무잉크병

해설

밤나무줄기마름병은 동양의 풍토병으로, 동양에서 수입한 밤나무로 인해 미국의 밤나무가 큰 피해를 입었다.

30 오동나무탄저병을 방제하는 방법으로 옳은 것은?

① 병든 부분을 제거하고 소독 후 도포제를 처리한다.
② 연작을 피하고, 윤작을 실시한다.
③ 중간기주를 제거한다.
④ 방풍림을 조성한다.

해설

오동나무탄저병 방제법
- 연작을 피하고, 윤작을 실시한다.
- 병든 줄기와 잎은 소각한다.
- 실생묘 양성 시 토양소독을 실시한다.
- 거름주기와 가지치기를 철저히 한다.
- 짚으로 토양을 피복하여 빗물에 흙이 튀지 않도록 한다.

정답　26 ③　27 ②　28 ③　29 ①　30 ②

31 소나무재선충병을 방제하는 방법으로 옳지 않은 것은?

① 매개충을 구제하기 위해 벌목한 피해목을 훈증한다.
② 아바멕틴 유제로 나무주사를 실시하여 방제한다.
③ 토양관주는 방제효과가 없어 실시하지 않는다.
④ 나무주사는 수지분비량이 적은 12~2월 사이에 실시하는 것이 좋다.

> **해설**
>
> **소나무재선충병 방제법**
> - 피해고사목은 벌채하여 소각하거나 메탐소듐 액제로 밀봉·훈증한다.
> - 소나무 주변으로 포스티아제이트 액제를 이용한 토양관주를 실시하여 토양을 소독한다.
> - 예방약제인 아바멕틴 또는 에마멕틴벤조에이트의 살충제를 수지분비량이 적은 12~2월에 나무주사한다.

32 참나무시들음병의 매개충은?

① 솔수염하늘소
② 광릉긴나무좀
③ 마름무늬매미충
④ 담배장님노린재

> **해설**
>
> **수병과 매개충**
>
> | 병원 | 수병 | 매개충 |
> |---|---|---|
> | 선충 | 소나무재선충병 | 솔수염하늘소, 북방수염하늘소 |
> | 파이토플라스마 | 대추나무빗자루병 | 마름무늬매미충 |
> | | 뽕나무오갈병 | |
> | | 붉나무빗자루병 | |
> | | 오동나무빗자루병 | 담배장님노린재 |
> | 불완전균 | 참나무시들음병 | 광릉긴나무좀 |
> | 바이러스 | ~모자이크병 | 진딧물 |

33 곤충의 피부 조직 중 가장 안쪽에 위치하는 것은?

① 진피세포   ② 내원표피
③ 외원표피   ④ 기저막

> **해설**
>
> **곤충 체벽(피부)의 구성요소**
> 체벽(피부)은 바깥으로부터 표피층(외표피, 원표피), 진피층, 기저막으로 구성된다. 기저막은 체강과의 경계 조직으로 피부 조직 중에서 가장 안쪽에 위치한다.

34 곤충의 구조적 특징으로 옳지 않은 것은?

① 머리, 가슴, 배의 3부분으로 구성되어 있다.
② 머리에는 더듬이, 입틀, 겹눈, 홑눈 등이 있다.
③ 날개는 앞가슴과 가운데가슴에 1쌍씩 총 2쌍이다.
④ 다리는 앞가슴, 가운데가슴, 뒷가슴에 1쌍씩 총 3쌍이다.

> **해설**
>
> 곤충의 날개는 가운데가슴, 뒷가슴에 1쌍씩 총 2쌍이다.

35 다음 설명에 해당하는 해충은?

- 유충이 잎을 갉아 먹어 피해를 준다.
- 성충은 주로 밤에 활동하며 주광성이 강하다.
- 연 2~3회 발생한다.

① 솔나방   ② 집시나방
③ 미국흰불나방   ④ 텐트나방

> **해설**
>
> **미국흰불나방**
> - 연 2회 발생하며, 번데기로 월동한다.
> - 유충은 잎을 식해하고, 성충은 주로 밤에 활동하며 주광성이 강하다.
> - 기주범위가 넓어 버즘나무, 포플러, 벚나무, 단풍나무 등 활엽수 160여 종의 잎을 식해하는 잡식성이다.

정답 31 ③ 32 ② 33 ④ 34 ③ 35 ③

36 국외로부터 침입한 외래해충이 아닌 것은?

① 솔나방
② 솔잎혹파리
③ 미국흰불나방
④ 버즘나무방패벌레

해설

외래해충
미국흰불나방, 솔껍질깍지벌레, 버즘나무방패벌레, 솔잎혹파리, 아까시잎혹파리, 소나무재선충, 꽃매미, 미국선녀벌레, 흰개미 등 ✏️ 솔나방 ✕

37 솔노랑잎벌의 월동 형태로 옳은 것은?

① 알
② 성충
③ 유충
④ 번데기

해설

솔노랑잎벌
• 연 1회 발생하며, 알로 월동한다.
• 유충은 군서하며 주로 묵은 솔잎을 가해한다.

38 다음에서 설명하는 해충은?

• 연 1회 발생하며, 성충으로 월동한다.
• 골목(榾木)에서 잘 발생한다.

① 솔수염하늘소
② 참나무하늘소
③ 향나무하늘소
④ 털두꺼비하늘소

해설

털두꺼비하늘소는 연 1회 발생하며 성충으로 월동하는 천공성 해충으로, 표고재배용 골목에 잘 발생한다.

39 농약의 효력을 충분히 발휘하도록 첨가하는 물질은?

① 훈증제   ② 보조제
③ 유인제   ④ 기피제

해설

보조제(補助劑)
농약의 효력을 충분히 발휘하도록 첨가하는 물질로 전착제, 용제, 유화제, 증량제, 협력제 등이 있다.

40 염풍에 강한 수종으로 옳은 것은?

① 소나무   ② 전나무
③ 자귀나무   ④ 삼나무

해설

염풍 피해 수종
• 염풍에 약한 수종 : 소나무, 삼나무, 벚나무, 전나무, 편백, 화백, 사과나무, 배나무
• 염풍에 강한 수종 : 해송(곰솔), 팽나무, 후박나무, 자귀나무, 돈나무, 사철나무, 향나무

3과목 임업경영학

41 산림경영(임업)의 경제적 특성에 대한 설명으로 옳지 않은 것은?

① 임업생산은 조방적이다.
② 육성임업과 채취임업이 병존한다.
③ 임업노동은 계절적 제약을 크게 받지 않는다.
④ 원목가격의 구성요소 중 운반비가 차지하는 비율이 가장 낮다.

해설

임업의 경제적 특성
• 육성임업과 채취임업이 병존한다.
• 임업노동은 계절적 제약을 크게 받지 않는다.
• 원목가격의 구성요소는 대부분이 운반비이다.

정답 36 ① 37 ① 38 ④ 39 ② 40 ③ 41 ④

- 임업생산은 조방적이다.
- 공익성이 커서 제한성이 많다.

42 자본장비도 개념을 임업에 도입할 때 자본장비도에 해당하는 것은?

① 생장률 ② 임목축적
③ 생장량 ④ 소득

해설

임업에서는 자본장비도가 임목축적, 자본효율이 생장률, 소득이 생장량을 나타낸다.

43 산림경영의 지도원칙에 해당하지 않는 것은?

① 경제성 원칙 ② 생산성 원칙
③ 기회성 원칙 ④ 공공성 원칙

해설

산림경영의 지도원칙
수익성의 원칙, 경제성의 원칙, 생산성의 원칙, 공공성의 원칙, 보속성의 원칙, 합자연성의 원칙, 환경보전의 원칙

44 법정림의 법정상태 요건이 아닌 것은?

① 법정축적 ② 법정벌채량
③ 법정영급분배 ④ 법정임분배치

해설

법정상태의 요건(구비조건)
- 법정영급분배 : 몇 개의 영계를 하나의 영급으로 묶어 각 영급이 동일한 면적 차지
- 법정임분배치 : 보속 수확의 유지에 지장이 없도록 배치
- 법정생장량 : 법정림 1년간 생장량의 합계
- 법정축적 : 영급분배와 생장이 법정상태일 때 보유할 작업급 전체의 축적

45 임지의 지위지수를 결정하는 방법에 대한 설명으로 옳은 것은?

① 기준임령에서 임분의 전체 축적으로 결정한다.
② 기준임령에서 임분의 우세목 수고로 결정한다.
③ 기준임령에서 임분의 우세목 재적으로 결정한다.
④ 기준임령에서 임분을 구성하는 우세목과 열세목의 평균직경으로 결정한다.

해설

지위지수
일정 기준임령에서의 우세목의 평균수고를 조사하여 수치로 나타낸 것으로 지위를 판단하는 지표로 사용된다.

46 현재의 산림축적이 $1,000\text{m}^3$이고 연평균 생장률이 4%일 때, 10년 후 산림축적을 후가식으로 계산하면?

① 약 $1,460\text{m}^3$
② 약 $1,470\text{m}^3$
③ 약 $1,480\text{m}^3$
④ 약 $1,490\text{m}^3$

해설

후가식(後價式)
- 현재 자본금이 V이고, 이율이 P일 때 n년 후의 자본금 N(후가)을 구하는 공식
- $N = V \times 1.0P^n = 1,000 \times 1.04^{10} = 1,480.244 \cdots$
  ∴ 약 $1,480\text{m}^3$

47 산림경영에서 매년 발생하는 수익이 20만 원, 연이율이 5%인 경우에 자본가는?

① 1만 원 ② 4만 원
③ 1백만 원 ④ 4백만 원

정답 42 ② 43 ③ 44 ② 45 ② 46 ③ 47 ④

해설

무한연년이자의 전가식
- 매년 말에 r씩 영구히 얻을 수 있는 이자의 전가합계식
- $K = \dfrac{r}{0.0P} = \dfrac{20만\ 원}{0.05} = 4백만\ 원$
  여기서, P : 이율

48 유령림의 임목평가 방식으로 옳은 것은?

① Glaser식
② 임목비용가법
③ 시장가역산법
④ 임목기망가법

해설

임령에 따른 임목의 평가법

구분	내용
유령림의 임목평가	임목비용가법
중령림의 임목평가	글라저(Glaser)법
벌기 미만인 장령림의 임목평가	임목기망가법
벌기 이상인 성숙림의 임목평가	시장가역산법

49 임업경영자산의 유형과 구성요소의 연결로 옳지 않은 것은?

① 고정자산 – 묘목
② 유동자산 – 현금
③ 유동자산 – 비료
④ 임목자산 – 산림축적

해설

임업경영자산

유동자산	• 임업 생산자재 : 종자, 묘목, 비료, 약제 • 미처분 임산물 : 아직 처분하지 못한 임산물 • 유통자산 : 현금, 예금, 증권
고정자산	임지, 임도, 건물, 기계, 기구, 구축물, 대동물(소, 말)
임목자산	임목축적

50 어떤 산림의 임목벌채권 취득원가가 6,000만 원이고, 잔존가치는 1,000만 원이라고 한다. 총벌채 예정량은 10만 m³이고 당기 벌채량은 5천 m³라고 하면 당기 총감가상각비는?

① 1,500,000원
② 2,000,000원
③ 2,500,000원
④ 3,000,000원

해설

생산량 비례법
총감가상각비
$= (취득원가 - 잔존가치) \times \dfrac{실제\ 생산량}{총생산량}$
$= (6,000만\ 원 - 1,000만\ 원) \times \dfrac{5,000}{100,000}$
$= 2,500,000원$

51 생산활동에 있어 여러 방안 중에 한 가지를 선택함으로써 포기되는 다른 방안의 수익으로 옳은 것은?

① 기회원가
② 한계원가
③ 증분원가
④ 매몰원가

해설

기회원가
- 생산활동에 있어 여러 방안 중 한 가지를 선택함으로써 포기되는 다른 방안의 수익
- 한 가지 방안의 선택 때문에 다른 방안을 선택할 수 없어서 포기한 수익

52 임목생산에 들어간 비용의 원리합계는?

① 지대
② 육림비
③ 노동비
④ 감가상각비

해설

육림비
그동안 임목생산에 들어간 비용의 원금과 이자의 후가합계(원리합계)이다.

정답 48 ② 49 ① 50 ③ 51 ① 52 ②

53 측고기 사용 시 주의사항으로 옳지 않은 것은?

① 여러 방향에서 측정하면 오차를 줄일 수 있다.
② 경사지에서는 가급적 등고 위치에서 측정한다.
③ 측정하고자 하는 나무 끝과 근원부가 잘 보이는 지점을 선정해야 한다.
④ 측정위치가 멀면 오차도 생기므로 나무 높이의 절반 정도 떨어진 곳에서 측정하는 것이 좋다.

해설

측정위치가 멀거나 가까우면 오차가 생기므로 나무 높이 정도 떨어진 곳에서 측정한다.

54 현임목의 생장량을 측정하는 데 있어서 현실생장량의 분류에 속하지 않는 것은?

① 연년생장량
② 정기생장량
③ 벌기생장량
④ 벌기평균생장량

해설

생장량의 종류
- 현실생장량 : 총생장량, 연년생장량, 정기생장량, 벌기생장량 등
- 평균생장량 : 총평균생장량, 정기평균생장량, 벌기평균생장량 등

55 5년 전의 임분재적이 80m³/ha이고, 현재의 임분재적이 100m³/ha인 경우 Pressler식에 의한 임분재적 생장률은?

① 약 3.3%
② 약 4.4%
③ 약 5.5%
④ 약 6.6%

해설

프레슬러(Pressler)식

생장률(%) $P = \dfrac{(V-v)}{(V+v)} \times \dfrac{200}{m}$

$= \dfrac{100-80}{100+80} \times \dfrac{200}{5} = 4.444\cdots$

∴ 약 4.4%

여기서, V : 현재의 재적
v : m년 전의 재적
m : 기간연수

56 원구직경 40cm, 중앙직경 34cm, 말구직경 28cm, 재장 10m인 원목의 후버(Huber)식에 의한 재적은?

① 약 0.908m³
② 약 1.257m³
③ 약 0.616m³
④ 약 0.902m³

해설

후버(Huber)식

$V = r \cdot l = \dfrac{\pi d^2}{4} \times l = \dfrac{\pi \times 0.34^2}{4} \times 10 = 0.9079\cdots$

∴ 약 0.908m³

여기서, V : 재적(m³)
r : 중앙단면적(m²)
l : 재장(m)
d : 중앙직경(m)

57 어떤 통나무의 원구직경이 16cm, 말구직경이 14cm, 재장이 8.5m일 때 국내산 원목의 재적검량방법에 의한 재적은?

① 0.099m³   ② 0.167m³
③ 0.198m³   ④ 0.218m³

> **해설**
>
> **말구지름제곱법에 의한 우리나라의 재적검량방법**
> 재장이 6m 이상일 때
>
> $$\begin{aligned} 재적(m^3)\ V &= \left(d_n + \frac{l'-4}{2}\right)^2 \times l \times \frac{1}{10,000} \\ &= \left(14 + \frac{8-4}{2}\right)^2 \times 8.5 \times \frac{1}{10,000} \\ &= 0.2176\,m^3 \\ &\therefore 약\ 0.218\,m^3 \end{aligned}$$
>
> 여기서, d_n : 말구지름
> l : 재장
> l' : 1m 단위의 재장

58 공·사유림 산림경영계획을 작성하기 위한 임황조사 항목이 아닌 것은?

① 지위
② 경급
③ 임령
④ 총축적

> **해설**
>
> **산림조사 항목**
> - 지황조사 : 지종, 방위, 경사도, 표고, 토성, 토심, 건습도, 지위, 지리, 지세 등
> - 임황조사 : 임종, 임상, 수종, 혼효율, 임령, 영급, 수고, 경급, 소밀도, 축적 등

59 산림수확조절을 위한 선형계획모형의 전제조건이 아닌 것은?

① 부가성
② 불분할성
③ 제한성
④ 확정성

> **해설**
>
> **선형계획모형의 전제조건**
> 비례성, 비부성, 부가성, 분할성, 선형성, 제한성, 확정성

60 자연휴양림 안에 설치할 수 있는 시설의 종류가 아닌 것은?

① 위생시설
② 체육시설
③ 안정시설
④ 편익시설

> **해설**
>
> **자연휴양림 시설의 종류**
> 숙박시설, 편익시설, 위생시설, 체험·교육시설, 체육시설, 전기·통신시설, 안전시설

4과목 임도공학

61 산림면적이 500ha인 임지에 간선임도 1km, 지선임도 9km가 개설되어 있을 때 임도밀도는?

① 18m/ha
② 19m/ha
③ 20m/ha
④ 21m/ha

> **해설**
>
> $$임도밀도(m/ha) = \frac{임도\ 총연장거리(m)}{총면적(ha)}$$
> $$= \frac{1,000 + 9,000}{500} = 20\,m/ha$$

62 임도의 타당성평가 항목이 아닌 것은?

① 농산촌마을 연결
② 도로와의 연접성
③ 멸종위기 동식물 서식지
④ 개발여건

정답 58 ① 59 ② 60 ③ 61 ③ 62 ④

해설
임도의 타당성평가의 항목별 기준

평가항목	세부항목		평가기준
필요성	산림경영, 산림보호 및 관리, 산림휴양자원이용, 농산촌마을 연결		–
적합성	경사도	35° 이상 구간	10% 이상 시 설치 ×
	도로와의 연접성	300m 이내 구간	
	토질	화강암질풍화토 구간	20% 이상 시 설치 ×
	노출암반	암반지역 구간	30% 이상 시 설치 ×
환경성	멸종위기 동식물 서식지, 산사태 등 재해취약지, 상수원 오염 등 주민생활 저해요인		'불가' 항목이 없어야 통과

63 임도의 횡단선형에서 길어깨의 기능이 아닌 것은?

① 시거의 여유 공간
② 폭설 시 제설 공간
③ 보행자의 통행 공간
④ 차량의 주행상 여유 공간

해설
길어깨의 기능
노체구조의 안정, 도로의 유지, 차량의 안전 통행, 주행상 여유 공간, 보행자의 대피 및 통행, 차도의 주요 구조부 보호, 폭설 시 제설 공간 등

64 대피소 설치기준으로 다음 ( ) 안에 들어갈 숫자를 옳게 나열한 것은?

- 간격 : (　)m 이내
- 너비 : (　)m 이상
- 유효길이 : (　)m 이상

① 300, 5, 15
② 300, 15, 5
③ 300, 5, 10
④ 300, 10, 5

해설
대피소의 설치기준
간격은 300m 이내, 너비는 5m 이상, 유효길이는 15m 이상이다.

65 임도의 종단기울기가 4%, 횡단기울기가 3%일 때 합성기울기는?

① 1%
② 5%
③ 7%
④ 25%

해설
합성물매 $S = \sqrt{(i^2+j^2)} = \sqrt{3^2+4^2} = 5\%$
여기서, S : 합성물매(%)
i : 횡단물매 or 외쪽물매(%)
j : 종단물매(%)

66 임도에서 설계속도가 30km/h, 노면과 차량의 마찰계수가 0.15, 노면의 횡단물매가 4%인 경우 노선의 최소곡선반지름은?

① 약 1.7m
② 약 12.9m
③ 약 37.1m
④ 약 37.3m

해설
최소곡선반지름의 계산(원심력과 타이어 마찰계수에 의한 경우)

최소곡선반지름 $R = \dfrac{V^2}{127(f+i)}$
$= \dfrac{30^2}{127(0.15+0.04)} = 37.297\cdots$
∴ 약 37.3m

여기서, V : 설계속도
f : 노면과 타이어의 마찰계수
i : 횡단기울기 또는 외쪽기울기

정답 63 ③ 64 ① 65 ② 66 ④

67 임도의 곡선반경이 13m 이상에서 14m 미만일 때 곡선부 너비 확대기준은?

① 2.25m ② 2.0m
③ 1.75m ④ 1.50m

해설

곡선반경에 따른 확대기준
임도의 곡선반경이 10m 이상일 경우 곡선부 너비를 확대하며, 13m 이상에서 14m 미만일 때의 확대기준은 2.0m 이다.

68 교각법을 이용하여 임도곡선을 설치할 때, 교각이 90°, 곡선반경이 400m인 단곡선에서의 접선길이는?

① 50m
② 100m
③ 200m
④ 400m

해설

접선길이 $T.L = R \cdot \tan\dfrac{\theta}{2} = 400 \times \tan\dfrac{90°}{2}$
$\qquad\qquad = 400 \times 1 = 400\text{m}$

여기서, R : 곡선반지름
$\qquad\;\; \theta$: 교각

69 임도의 각 측 단면마다 지반고, 계획고, 절성토고 및 지장목 제거 등의 물량을 기입하는 도면은?

① 평면도
② 종단면도
③ 횡단면도
④ 표준도

해설

임도 설계도의 축척 및 기입사항

도면 구분	축척	기입사항
평면도	1 : 1,200	임시기표, 교각점, 측점번호, 사유토지의 지번별 경계, 구조물, 지형지물, 곡선제원
종단면도	• 횡 1 : 1,000 • 종 1 : 200	지반고, 계획고, 절토고, 성토고, 종단기울기, 누가거리, 거리, 측점, 곡선
횡단면도	1 : 100	지반고, 계획고, 절토고, 성토고, 단면적(절성토), 지장목 제거, 측구터파기 단면적, 사면보호공 물량

70 설계서의 내용으로 옳지 않은 것은?

① 특별시방서
② 예정공정표
③ 사업평가표
④ 예산내역서

해설

설계서의 내용과 순서
목차, 공사설명서(설계설명서), 일반시방서, 특별시방서, 예정공정표, 예산내역서, 일위대가표, 단가산출서, 각종 중기경비계산서, 공종별 수량계산서, 각종 소요자재총괄표, 토적표, 산출기초 순으로 작성한다.

71 적절한 토공(흙일)의 균형을 얻기 위해 작성하는 곡선은?

① 토질곡선 ② 유토곡선
③ 종단곡선 ④ 토압곡선

해설

유토곡선(토량곡선, 토적곡선)
최적 토량 배분, 토사 운반거리 산출, 토공기계 선정, 작업환경 결정 등을 목적으로 적절한 토공(흙일)의 균형을 얻기 위해 작성하는 곡선이다.

정답 67 ② 68 ④ 69 ③ 70 ③ 71 ②

72 임도과 같이 폭이 좁고 길이가 긴 구간의 토량 산출법이 아닌 것은?

① 등고선법
② 양단면적평균법
③ 중앙단면적법
④ 주상체공식

해설

토량계산법
- 폭이 좁고 길이가 긴 구간 : 양단면적평균법, 중앙단면적법, 주상체공식(각주공식) 등
- 넓은 지역 : 점고법(직사각형기둥법, 삼각형기둥법), 등고선법 등

73 비탈면의 위치와 기울기, 노체와 노상의 끝손질 높이 등을 표시하여 흙깎기와 흙쌓기 공사를 정확히 실시하기 위해 설치하는 것은?

① 수평틀
② 토공틀
③ 흙일겨냥틀
④ 비탈물매 지시판

해설

겨냥틀(흙일겨냥틀)
토공에 있어 수평, 경사, 높이, 너비 등을 맞추기 위한 기준이 되는 틀로 비탈면의 위치와 기울기, 노체와 노상의 끝손질 높이 등을 표시하여 흙깎기와 흙쌓기 공사를 정확히 실시하기 위해 설치한다.

74 사면 안정공사에서 돌쌓기와 돌붙이기 공의 사면기울기에 따른 기준으로 옳은 것은?

① 1 : 1.0
② 1 : 1.2
③ 1 : 1.5
④ 1 : 2.0

해설

사면기울기가 1할, 즉 1 : 1의 기울기보다 급하면 돌을 쌓는다고 표현하며, 완만하면 돌을 붙인다고 표현한다.

75 비탈힘줄박기 공법에 대한 설명으로 옳지 않은 것은?

① 현장에서 직접 비탈면에 거푸집을 설치하고 콘크리트를 쳐서 만든다.
② 지하수의 용출 및 누수에 의한 침식이 심한 비탈면 등에서 이용한다.
③ 시공작업이 어렵고, 기간도 길어 비탈격자틀 공법보다 비능률적이다.
④ 비탈면에 콘크리트블록을 격자형으로 조립하여 설치한다.

해설

비탈면에 콘크리트블록을 격자형으로 조립하여 설치하는 것은 비탈격자틀붙이기 공법이다.

76 자침편차의 변화값이 아닌 것은?

① 일차
② 주차
③ 월차
④ 연차

해설

자침편차의 변화
- 일변화(일차) : 오전 11시경이 평균, 오후 2시경이 최대가 되는 하루 사이의 변화
- 연변화(연차) : 매년 사이의 변화
- 주기변화(주차) : 오랜 기간에 걸쳐 주기적으로 나타나는 변화＝영년변화
- 불규칙변화 : 돌발적으로 불규칙하게 나타나는 변화

77 정오차에 대한 설명으로 옳지 않은 것은?

① 발생 원인을 분명히 알 수 있다.
② 오차의 크기나 형태가 일정하다.
③ 불완전한 기계 또는 계산에 의해 발생하기 쉽다.
④ 측량자의 착각, 부주의 등으로 발생한다.

정답 72 ① 73 ③ 74 ① 75 ④ 76 ③ 77 ④

해설

누적오차(누차, 정오차)
- 발생 원인을 분명히 알 수 있는 오차로 측량 후 오차의 보정이 가능하다.
- 측정횟수에 따라 오차가 누적되어 누적오차 또는 오차의 크기나 형태가 일정하여 정오차라고 한다.
- 불완전한 기계 또는 계산에 의해 발생하기 쉬운 오차이다.

78 배토판의 좌우를 위아래로 기울일 수 있는 도저는?

① 앵글도저
② 틸트도저
③ 레이크도저
④ 트리도저

해설

틸트도저(tilt dozer)
배토판의 좌우를 위아래로 기울일 수 있는 도저로 삽날의 좌우 높이를 조절하여 작업한다.

79 트랙터집재와 비교한 가선집재의 특징으로 옳은 것은?

① 기동성이 높다.
② 잔존임분에 대한 피해가 적다.
③ 작업생산성이 높다.
④ 완경사지에서만 작업이 가능하다.

해설

가선집재의 특징
- 장점 : 급경사지에서도 작업이 가능하며, 잔존임분에 피해가 적고, 낮은 임도밀도에서 작업이 가능하다.
- 단점 : 기동성이 낮고, 숙련된 기술을 요하며, 작업생산성이 낮다. 장비구입비가 비싸고, 설치와 철거에 시간이 필요하다.

80 다음 ( ) 안에 적합한 단어로 옳은 것은?

임도노선배치계획은 (가)에서 결정된 임도연장을 목표로 하여 (나)을(를) 포함한 신설노선의 배치를 결정하는 과정이고, 이 경우도 (다)와(과) 같이 임업의 시업인자 및 (라) 등이 감안되어야 한다.

① 가 : 임도밀도계획
② 나 : 교통도로
③ 다 : 임도보수계획
④ 라 : 준공검사

해설

임도계획
- 임도계획은 임도밀도계획, 임도노선배치계획, 임도노선선정계획 순으로 구성한다.
- 임도노선배치계획은 임도밀도계획에서 결정된 임도연장을 목표로 하여 기설임도를 포함한 신설노선의 배치를 결정하는 과정이고, 이 경우도 임도밀도계획과 같이 임업의 시업인자 및 지형인자 등이 감안되어야 한다.

5과목 사방공학

81 수로 경사가 30°, 경심이 0.6m, 유속계수가 0.17일 때 Chezy 평균유속공식에 의한 유속은?

① 약 0.05m/s
② 약 0.10m/s
③ 약 0.15m/s
④ 약 0.20m/s

해설

경사가 30°인 경우, 경사(%)는 다음과 같다.

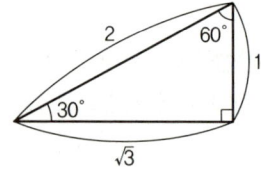

$$경사(\%) = \frac{높이}{밑변} \times 100$$
$$= \frac{1}{\sqrt{3}} \times 100 = 57.73 \cdots ≒ 58\%$$

유속 $V = c\sqrt{R \cdot I} = 0.17\sqrt{0.6 \times 0.58}$
$= 0.1002 \cdots ≒ 0.10 \text{m/s}$

정답 78 ② 79 ② 80 ① 81 ②

여기서, V : 평균유속(m/s)
 c : 유속계수
 R : 경심(m)
 I : 수로 경사(%)

82
유출계수가 0.9이고 유역면적이 100ha인 험준한 산악지역에 시간당 100mm의 강도로 비가 내리고 있다면 합리식법으로 계산한 최대홍수량은?

① 23m³/s   ② 24m³/s
③ 25m³/s   ④ 26m³/s

해설

합리식법(유역면적의 단위가 ha일 때)

$$Q = \frac{1}{360} \times C \cdot I \cdot A$$

$$= \frac{1}{360} \times 0.9 \times 100 \times 100 = 25 \text{m}^3/\text{s}$$

여기서, Q : 최대홍수유량(m³/s)
 C : 유출계수
 I : 강우강도(mm/h)
 A : 유역면적

83 누구침식에 대한 설명으로 옳은 것은?

① 토양의 얕은 층이 전면에 걸쳐 넓게 유실된다.
② 빗방울의 타격으로 인한 침식이다.
③ 경운작업으로 쉽게 제거 가능하다.
④ 도랑이 커지면서 심토까지 심하게 깎인다.

해설

누구침식(涙溝浸蝕)
- 토양 표면에 잔 도랑이 불규칙하게 생기면서 깎이는 현상
- 침식이 계속되는 비탈면을 따라 흐르는 작은 물길에 의해 발생
- 침식의 규모가 아직은 작아 경운작업으로 쉽게 제거 가능

84 시멘트의 응결경화 촉진제로 많이 쓰이는 혼화제는?

① 염화칼슘   ② 석회
③ 규산백토   ④ 규조토

해설

응결경화 촉진제
빠른 강도 증진을 위하여 응결과 경화를 촉진시키는 제제로 염화칼슘($CaCl_2$)이 대표적이며, 염화알루미늄, 규산나트륨 등도 이용된다.

85 녹화용 외래초본식물이 아닌 것은?

① 오리새   ② 까치수영
③ 겨이삭   ④ 우산잔디

해설

녹화용 주요 초본류

재래초본 (향토초본)	김의털, 비수리, 까치수영, 새, 솔새, 개솔새, 수크령, 잔디, 억새, 참억새, 칡, 차풀, 매듭풀, 제비쑥
외래초본 (도입초본)	나도 김의털, 오리새(Orchard Grass), 겨이삭, 우산잔디(Switch Grass), 갈풀, 능수귀염풀

86 해안식재용 수종으로 옳지 않은 것은?

① 곰솔
② 상수리나무
③ 아까시나무
④ 사시나무

해설

해안 식재 수종
곰솔(해송)이 가장 대표적이며, 그 외에 사시나무, 아까시나무, 보리수나무, 순비기나무, 싸리 등이 있다.

정답 82 ③ 83 ③ 84 ① 85 ② 86 ②

87 사방댐을 설치하는 주요 목적으로 옳지 않은 것은?

① 산각의 고정
② 종횡침식의 방지
③ 계상기울기의 완화
④ 지표수의 신속 배제

해설

사방댐의 시공(설치) 목적
- 계상물매를 완화하여 유속을 감소시킨다.
- 종횡침식을 방지한다.
- 산각을 고정하여 사면 붕괴를 방지한다.
- 계상에 퇴적된 불안정한 토석류의 이동을 저지한다.
- 하류지역의 피해를 방지한다.
- 각종 용수로서 댐 내의 물을 이용한다.

88 선떼붙이기에서 발디딤을 설치하는 주요 목적이 아닌 것은?

① 작업용 흙을 쌓아 둠
② 공작물의 파괴를 방지함
③ 바닥떼의 활착을 조장함
④ 밟고 서서 작업하도록 함

해설

발디딤의 설치 목적
- 선떼 밑부분의 붕괴를 방지한다.
- 작업 시 인부들의 발 디딤판 역할로 작업의 편의를 도모한다.
- 바닥떼의 활착을 조장한다.

89 야계사방의 주요 목적으로 옳지 않은 것은?

① 유송토사 억제 및 조정
② 산각의 고정과 산복의 붕괴방지
③ 계상 기울기를 완화하여 계류의 침식 방지
④ 계류의 수질 정화와 산림 황폐지로 인한 재해 방지

해설

야계사방의 주요 목적
- 계안과 계상의 종횡침식을 방지한다.
- 계상 기울기를 완화하여 계류의 침식 및 토사유출을 억제한다.
- 산각을 고정하여 황폐계류와 계간을 안정상태로 유도한다.
- 붕괴지의 산각을 고정하는 산지사방의 기초가 된다.

90 중력식 사방댐의 전도에 대한 안정을 위한 수압작용점의 높이는?

① 사방댐 위에서 밑을 향하여 1/4 지점
② 사방댐 위에서 밑을 향하여 1/3 지점
③ 사방댐 밑에서 높이의 1/3 지점
④ 사방댐 밑에서 높이의 1/2 지점

해설

중력식 사방댐의 전도(轉倒)에 대한 안정
합력작용선이 제저(堤底) 중앙의 1/3 이내를 통과해야 전도하지 않는다.

91 사방댐의 방수면에 설치하는 물받이 길이에 대한 설명으로 옳은 것은?

① 댐높이와 월류수심 차의 1.5~2.0배로 하는 것이 좋다.
② 댐높이와 월류수심 차의 2.0~2.5배로 하는 것이 좋다.
③ 댐높이와 월류수심 합의 1.5~2.0배로 하는 것이 좋다.
④ 댐높이와 월류수심 합의 2.0~2.5배로 하는 것이 좋다.

해설

물받이
방수로에서 떨어지는 유수의 낙차에 의한 반수면 하단의

정답 87 ④ 88 ① 89 ④ 90 ③ 91 ③

세굴을 방지하기 위해 설치하는 시설로 길이는 일반적으로 댐높이와 월류수심 합의 1.5~2.0배로 하는 것이 좋다.

92 황폐계천에서 유수에 의한 계안의 횡침식을 방지하고 산각의 안정을 도모하기 위하여 계류 흐름 방향에 따라 축설하는 것은?

① 밑막이　　② 골막이
③ 바닥막이　④ 기슭막이

해설

기슭막이
황폐계천에서 유수로 인한 계안의 횡침식을 방지하고, 산각의 안정을 도모하기 위하여 계류의 흐름 방향을 따라 축설하는 종(縱)공작물이다.

93 평면형상에 따른 모래막이의 종류가 아닌 것은?

① 위형　　② 침상형
③ 자루형　④ 주걱형

해설

평면형상에 따른 모래막이의 종류에는 주걱형, 반주걱형, 자루형, 위형이 있다.

94 장래에 민둥산이나 붕괴지가 될 위험성이 있는 상태의 황폐지는?

① 척악임지　　② 임간나지
③ 초기황폐지　④ 황폐이행지

해설

황폐이행지
초기황폐지 단계에서 복구되지 않으면 점점 더 급속히 악화되어 가까운 장래에 민둥산이나 붕괴지가 될 위험성이 있는 상태의 임지이다.

95 산지사방에서 기초공사에 해당하지 않는 것은?

① 단쌓기　　② 비탈다듬기
③ 땅속흙막이　④ 산복수로

해설

산지사방공사의 종류

기초공사	비탈다듬기(뭉기기), 단끊기, 땅속흙막이(문히기), 산비탈흙막이(산복흙막이), 누구막이, 산비탈배수로(산복수로, 산비탈수로내기), 속도랑(배수구)
녹화공사	바자얽기(편책공, 목책공), 선떼붙이기, 조공, 줄떼시공(줄떼다지기, 줄떼붙이기, 줄떼심기), 평떼시공(평떼붙이기, 평떼심기), 단쌓기(떼단쌓기), 비탈덮기(거적덮기), 등고선구공법(수평구공법), 새심기, 씨뿌리기(파종공법), 종비토뿜어붙이기, 나무심기(식재공법)

96 사방사업 대상지로 가장 거리가 먼 것은?

① 임도가 미개설되어 접근이 어려운 지역
② 산불 등으로 산지의 피복이 훼손된 지역
③ 황폐가 예상되는 산지와 계천으로 복구공사가 필요한 지역
④ 해일 및 풍랑 등 재해예방을 위해 해안림 조성이 필요한 지역

해설

사방사업 대상지
사방사업은 황폐한 산지, 하천, 해안에서 실시하며, 임도가 미개설되어 접근이 어려운 지역은 울폐하여 사방사업 대상지에 포함되지 않는다.

97 해안사방에서 모래언덕조성 공법에 해당하지 않는 것은?

① 모래덮기　　② 정사울세우기
③ 퇴사울세우기　④ 파도막이

정답　92 ④　93 ②　94 ④　95 ①　96 ①　97 ②

해설

해안사방공사의 종류

사구조성공법	퇴사울세우기, 구정바자얽기, 모래담쌓기, 모래덮기, 사초심기, 파도막이
사지조림공법	정사울세우기, 사지 식수공법

98 강우의 특성에서 강수량의 총량과 관련이 적은 것은?

① 유출량   ② 증발량
③ 시우량   ④ 증산량

해설

강수량＝유출량＋증발량＋증산량

99 다음 조건에 따른 비탈다듬기공사에서 발생한 토사량(m³)은?

- A의 단면적 : 20m²
- B의 단면적 : 30m²
- 단면 사이의 길이 : 50m
- 계산방법 : 평균단면적법

① 125   ② 500
③ 1,250   ④ 2,500

해설

양단면적평균법

토량(m³) $V = \dfrac{A_1 + A_2}{2} \times L = \dfrac{20 + 30}{2} \times 50$

$= 1,250 \text{m}^3$

여기서, A_1, A_2 : 양단면적
L : 양단면적 간의 거리

100 돌쌓기 공사에서 금기돌이 아닌 것은?

① 굄돌   ② 뜬돌
③ 거울돌   ④ 포갠돌

해설

금기돌

- 돌쌓기를 잘못하면 돌의 접촉부가 맞지 않거나 힘을 받지 못하는 불안정한 돌이 발생하는데 이러한 돌을 말한다.
- 종류 : 선돌, 누운돌, 포갠돌, 뜬돌, 거울돌, 뾰족돌, 떨어진돌, 이마대기, 새입붙이기, 꼬치쌓기 등

정답 98 ③ 99 ③ 100 ①

2023년 1회 기출복원문제

1과목 조림학

01 꽃이 핀 그 해 가을 종자가 성숙하는 수종은?

① Larix kaempferi
② Pinus densiflora
③ Torreya nucifera
④ Quercus variabilis

해설

주요 수종의 3가지 종자 발달 형태
- 개화한 해의 봄에 종자 성숙(꽃 핀 직후 열매 성숙) : 사시나무, 미루나무, 버드나무, 은백양, 양버들, 황철나무, 느릅나무
- 개화한 해의 가을에 종자 성숙(꽃 핀 그해 가을 열매 성숙) : 삼나무, 편백, 낙엽송(Larix kaempferi), 전나무, 가문비나무, 자작나무류, 오동나무, 오리나무류, 떡갈나무, 졸참나무, 신갈나무, 갈참나무
- 개화 후 다음 해 가을에 종자 성숙(꽃 핀 이듬해 가을 열매 성숙) : 소나무류, 상수리나무, 굴참나무, 잣나무

02 산벌작업 순서로 옳은 것은?

① 후벌 → 하종벌 → 예비벌
② 하종벌 → 예비벌 → 후벌
③ 예비벌 → 후벌 → 하종벌
④ 예비벌 → 하종벌 → 후벌

해설

산벌작업
예비벌, 하종벌, 후벌의 순서로 작업을 진행하며, 동시에 천연하종으로 갱신을 유도하는 작업법이다.

03 수목의 기본구조 중에서 영양구조에 해당하는 기관만으로 옳게 짝지어진 것은?

① 잎, 뿌리, 줄기
② 꽃, 열매, 종자
③ 종자, 열매, 줄기
④ 뿌리, 줄기, 열매

해설

영양기관(營養器官)
- 무성생식을 위한 기관으로 잎, 줄기, 뿌리가 있다.
- 꽃, 열매, 종자는 생식기관이다.

04 산림토양의 수직적 단면 순서를 표면에서부터 바르게 나열한 것은?

① 유기물층 → 집적층 → 용탈층 → 모재층
② 유기물층 → 집적층 → 모재층 → 용탈층
③ 유기물층 → 용탈층 → 모재층 → 집적층
④ 유기물층 → 용탈층 → 집적층 → 모재층

해설

산림토양의 층위 순서
유기물층(O층) → 용탈층(A층) → 집적층(B층) → 모재층(C층) → 모암층(R층)

05 묘목 식재를 위하여 뿌리를 잘라주는 주요 목적은?

① 인건비가 절감된다.
② 양분 소모를 막는다.
③ 수분의 소모를 막는다.
④ 가는 뿌리 발달이 좋아진다.

정답 01 ① 02 ④ 03 ① 04 ④ 05 ④

> **해설**

단근의 효과(목적)
- 가는 뿌리의 발달 촉진
- 활착률의 향상
- T/R률이 낮은 묘목 생산
- 품질 좋은 묘목 생산

06 묘포지 구비조건에 대한 설명으로 옳지 않은 것은?

① pH 7.5 이상의 알칼리성 토양이 좋다.
② 평탄지보다 5° 이하의 완경사지가 좋다.
③ 토심이 깊고, 너무 비옥하지 않은 사양토가 좋다.
④ 사방이 높은 산으로 막힌 산간 지역의 좁은 계곡 지역은 피해야 한다.

> **해설**

묘포지의 선정 조건(묘포의 적지 선정 시 고려사항)
- 사양토나 식양토로 너무 비옥하지 않은 곳
- 토심이 깊은 곳
- pH 6.5 이하의 약산성 토양인 곳
- 평탄지보다 관배수가 좋은 5° 이하의 완경사지인 곳
- 사방이 높은 산으로 막힌 산간지역의 좁은 계곡지역은 피함(기류 정체로 서리 피해가 심함)

07 동령임분의 흉고직경 분포를 나타낸 그림에서 빗금 친 부분을 간벌하였다면 어떠한 간벌방식이 적용된 것인가?

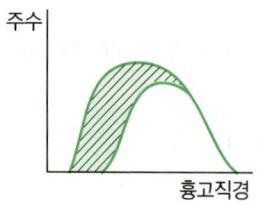

① 하층간벌   ② 상층간벌
③ 택벌식 간벌   ④ 기계적 간벌

> **해설**

하울리(Hawley)의 4가지 간벌법

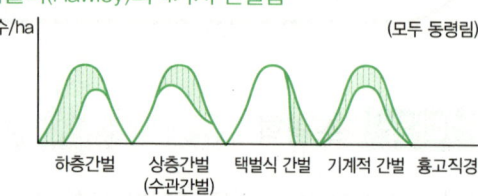

08 숲의 교란과 복원에 대한 설명으로 옳지 않은 것은?

① 교란의 종류에는 산불, 산사태, 병충해 등이 해당된다.
② 교란은 생태계의 구조와 기능에 심각한 영향을 끼친다.
③ 훼손은 발생빈도, 공간규모, 훼손강도가 일정한 패턴을 띤다.
④ 훼손된 생태계가 복원되기란 매우 어렵고 시간이 많이 걸린다.

> **해설**

훼손은 발생빈도, 공간규모, 훼손강도가 어떠한 일정한 패턴으로 발생하는 것이 아니므로 철저히 대비하여 문제가 발생하지 않도록 예방하는 것이 최선이다.

09 글라신액제를 사용한 덩굴제거 작업에 대한 설명으로 옳지 않은 것은?

① 모든 임지에 적용 가능하다.
② 광엽잡초나 콩과식물을 선택적으로 제거한다.
③ 신진대사를 교란시켜 뿌리까지 고사시킬 수 있다.
④ 덩굴류 생장기인 5~9월 중에 작업하는 것이 효과적이다.

정답 06 ① 07 ① 08 ③ 09 ②

해설
- 글라신액제(근사미)는 비선택성 이행형 제초제로 모든 임지의 덩굴류에 적용 가능하다. 생장점까지 이행되므로 신진대사를 교란시켜 뿌리까지 고사시킨다.
- 광엽잡초나 콩과식물을 선택적으로 제거하는 것은 디캄바액제이다.

10 광색소에서 파이토크롬에 대한 설명으로 옳지 않은 것은?

① 햇빛을 받으면 합성이 일부 금지되거나 파괴된다.
② 높은 광조건하에서 기른 식물체 내에서 많이 검출된다.
③ 피롤(pyrrole) 4개가 모여서 이루어진 발색단을 가진다.
④ 분자량이 120,000Da(Dalton)가량 되는 두 개의 동일한 폴리펩타이드로 구성되어 있다.

해설
파이토크롬(Phytochrome)
환경 속의 빛을 감지하고 받아들여 식물의 여러 과정을 조절하는 감광 색소 단백질로 낮은 광도에서 더욱 반응하여, 암흑 속에서 기른 식물체에서 많이 검출된다.

11 왜림작업에 관한 설명으로 옳은 것은?

① 소나무림의 갱신에 쉽게 적용할 수 있다.
② 신탄재나 연료재 생산림을 경영할 때 적용하기 쉽다.
③ 왜림작업 지역은 산불 발생의 위험성이 교림 지역보다 낮다.
④ 왜림 조성을 위한 갱신 벌채는 맹아 발생이 왕성한 여름철이 좋다.

해설
왜림작업
- 주로 연료생산을 위해 단벌기로 벌채 · 이용하고, 맹아를 이용하여 갱신이 이루어지는 작업이다. 신탄재나 연료재, 소경재 생산에 적합하다.
- 교림보다 산불 발생 위험성이 높다.
- 맹아 발생을 위한 수목 벌채 시기는 생장휴지기인 11월 이후부터 이듬해 2월 이전까지로 늦겨울에서 초봄 사이에 실시한다.

12 무성번식의 장점으로 옳지 않은 것은?

① 초기생장이 빠르다.
② 개화 및 결실이 빠르다.
③ 실생묘에 비해 대량생산이 쉽다.
④ 모수의 유전형질을 이어받을 수 있다.

해설
무성번식의 특징
- 모수의 유전형질을 그대로 이어받는다.
- 초기 생장이 빠르다.
- 개화 및 결실이 빠르다.
- 생장이 빨라 묘목 양성기간이 단축된다.
- 결실이 불량한 수목의 번식에 적합하다.
- 종자번식이 어려운 수종의 묘목을 얻을 수 있다.
- 종자번식에 비해 수명이 짧다.
- 실생묘에 비해 대량생산이 어렵다.
- 실생번식보다 기술이 필요하다.

13 택벌작업의 장점이 아닌 것은?

① 토양이 보호된다.
② 하층목 손상이 거의 없다.
③ 잔존 수목의 결실이 잘된다.
④ 좁은 면적의 경우 보속적 수확을 올리는 작업을 할 수 있다.

해설
택벌작업은 하층목(치수)의 손상이 많은 단점이 있다.

정답 10 ② 11 ② 12 ③ 13 ②

14 소나무 종자 시료를 1kg 채취하여 협잡물 100g을 골라내어 정선하였고, 정선된 종자의 발아율 시험 결과 87%인 경우 소나무 종자의 효율은?

① 78.3%
② 79.2%
③ 84.7%
④ 85.8%

해설

$$순량률(\%) = \frac{순정종자량(g)}{전체\ 시료\ 종자량(g)} \times 100$$

$$= \frac{900}{1,000} \times 100 = 90\%$$

$$효율(\%) = \frac{순량률(\%) \times 발아율(\%)}{100}$$

$$= \frac{90 \times 87}{100} = 78.3\%$$

15 생가지치기를 할 경우 부후의 위험성이 가장 높은 수종은?

① 소나무
② 삼나무
③ 단풍나무
④ 일본잎갈나무

해설

가지치기 대상 수종
- 위험성이 없는 수종 : 삼나무, 포플러류, 낙엽송, 잣나무, 전나무, 소나무, 편백
- 위험성이 있는 수종 : 단풍나무, 물푸레나무, 벚나무, 느릅나무

16 이령림과 비교한 동령림에 대한 특징으로 옳지 않은 것은?

① 대부분 사람에 의해 조성된 숲이다.
② 숲을 구성하고 있는 나무의 나이가 같거나 거의 비슷하다.
③ 숲의 공간적 구조가 복잡하고 생태적 측면에서 안정적이다.
④ 일반적으로 크기가 비슷한 나무를 단위 면적당 많이 생산할 수 있다.

해설

- 동령림(同齡林)은 한 임분을 구성하는 모든 수목의 나이가 동일한 경우의 산림을 말하는 것이나 임업상으로는 나무의 굵기와 높이가 비슷하면 동령으로 취급한다. 일반적으로 단위면적당 더 많은 목재를 생산할 수 있다.
- 숲의 공간적 구조가 복잡하고 생태적 측면에서 안정적인 것은 이령림의 특징이다.

17 종자의 품질을 나타내는 순량률은 종자의 무엇을 기준으로 한 것인가?

① 수량　　② 부피
③ 크기　　④ 무게

해설

순량률(純量率, purity percent)
어떤 종자의 시료 중에 각종 협잡물 등을 제외한 순정종자의 양(무게, g)을 백분율로 나타낸 것이다.

18 동일한 수목의 양엽과 음엽을 비교한 설명으로 옳지 않은 것은?

① 양엽은 음엽보다 광포화점이 높다.
② 음엽은 양엽보다 잎의 두께가 두껍다.
③ 음엽은 양엽보다 엽록소 함량이 더 많다.
④ 양엽은 음엽보다 책상조직이 빽빽하게 배열되어 있다.

정답 14 ① 15 ③ 16 ③ 17 ④ 18 ②

해설

양엽과 음엽의 특징

구분	양엽(陽葉)	음엽(陰葉)
엽록소 함량	상대적으로 적음	상대적으로 많음
광보상점, 광포화점	높음	낮음
호흡량	많음	적음
책상조직	발달하여 빽빽하게 배열	엉성하게 배열
잎의 모양	조직이 발달하여 두꺼움	넓고 얇음

19 수목의 개화생리 순서로 옳은 것은?

가 : 화아형성 나 : 화아분화
다 : 수정   라 : 수분

① 나 – 가 – 다 – 라
② 나 – 라 – 가 – 다
③ 가 – 나 – 다 – 라
④ 가 – 나 – 라 – 다

해설

개화생리의 순서
화아형성 – 화아분화 – 수분 – 수정

20 5월경 종자가 성숙하는 수종은?

① 호두나무
② 벚나무
③ 버드나무
④ 회양목

해설

주요 수종의 종자 성숙기

5월	사시나무류, 미루나무, 버드나무류, 황철나무, 양버들
6월	느릅나무, 벚나무, 시무나무, 비술나무
7월	회양목, 벚나무
8월	스트로브잣나무, 향나무, 섬잣나무, 귀룽나무, 노간주나무
9~10월	대부분의 수종
11월	동백나무, 회화나무

2과목 산림보호학

21 병원체임을 입증하는 방법으로 파이토플라스마와 같은 절대기생체에 적용되지 않는 조건은?

① 병원균은 반드시 환부에 존재한다.
② 분리된 병원균은 인공 배지상에서 배양될 수 있어야 한다.
③ 배양한 병원균을 접종하여 동일한 병이 발생되어야 한다.
④ 발병한 환부에서 접종균과 동일한 병원균이 재분리되어야 한다.

해설

병원체의 동정에는 일반적으로 코흐의 4원칙을 따르고 있으나, 살아 있는 조직 내에서만 증식이 가능한 바이러스, 파이토플라스마, 흰가루병균, 녹병균 등의 절대기생체는 배양이 불가능하여 코흐의 원칙을 적용하지 않는다.

22 잠복기간이 가장 긴 수목병은?

① 소나무혹병
② 잣나무털녹병
③ 포플러잎녹병
④ 낙엽송잎떨림병

해설

병원체가 침입하여 병징이 나타날 때까지의 기간을 잠복기라 하며, 잣나무털녹병균은 2~4년으로 긴 잠복기를 가진다.

23 잣나무털녹병 방제방법으로 적합하지 않은 것은?

① 중간기주를 제거한다.
② 내병성 품종을 심는다.
③ 토양소독을 철저히 한다.
④ 병든 나무는 지속적으로 제거한다.

정답 19 ④ 20 ③ 21 ② 22 ② 23 ③

> **해설**

잣나무털녹병은 이종기생녹병균에 의한 수병으로 중간기주 제거, 내병성 품종 식재 등으로 방제가 가능하며, 토양소독과는 무관하다.

24 식물기생선충에 대한 설명으로 옳지 않은 것은?

① 고착성 선충과 이동성 선충으로 구분한다.
② 선충에 의해 병이 발생하면 병징은 지상부에서만 나타난다.
③ 생활사의 일부 또는 전부가 토양을 경유하는 토양선충이 대부분이다.
④ 선충이 분비하는 침과 분비물에 의해 식물의 생리적 변화가 발생한다.

> **해설**

식물기생선충
식물기생선충은 토양선충이 대부분으로 병징은 지상부와 지하부 모두에서 나타난다.

25 일반적으로 연간 발생횟수가 가장 많은 해충은?

① 매미나방　　② 솔잎혹파리
③ 밤나무 혹벌　④ 미국흰불나방

> **해설**

매미나방, 솔잎혹파리, 밤나무혹벌은 1년 1회 발생이며, 미국흰불나방은 1년 2회 발생이다.

26 솔껍질깍지벌레에 대한 설명으로 옳지 않은 것은?

① 전성충은 수컷에서만 볼 수 있다.
② 암컷은 수컷보다 2령 약충 기간이 길다.
③ 암컷은 불완전변태를 수컷은 완전변태를 한다.
④ 주로 소나무에 피해를 주며, 곰솔에는 피해를 주지 않는다.

> **해설**

솔껍질깍지벌레
성충과 약충이 해송과 소나무의 줄기에 긴 주둥이를 꽂고 즙액을 흡즙하여 피해를 준다.

27 소나무좀 신성충이 가해하는 부위는?

① 잎　　　　② 수간
③ 새 가지　　④ 오래된 가지

> **해설**

소나무좀
유충과 성충이 모두 소나무류의 목질부를 식해하며 피해를 준다. 유충은 수피 밑을 식해하고, 신성충은 소나무 신초(새가지)를 가해한다.

28 나무의 수피와 목질부 표면을 환상으로 식해하며 거미줄을 토해 벌레똥과 먹이 잔재물을 식해부위에 철하여 놓는 해충은?

① 박쥐나방　　② 알락하늘소
③ 광릉긴나무좀　④ 잣나무넓적잎벌

> **해설**

박쥐나방
부화유충은 초본식물의 줄기 속을 식해하다가 어느 정도 성장하면 나무로 이동하여 수피와 목질부 표면을 환상으로 식해하며 거미줄을 토해 배설물을 식해 부위에 철해 놓는다.

29 해충 방제에 사용되는 천적 곤충이 아닌 것은?

① 기생벌　　② 무당벌레
③ 풀잠자리　④ 투리사이드

정답 24 ②　25 ④　26 ④　27 ③　28 ①　29 ④

> **해설**

④ 투리사이드는 병원성 세균이다.

천적 곤충
- 포식성 곤충 : 풀잠자리, 무당벌레 등
- 기생성 곤충 : 기생벌, 기생파리, 맵시벌, 고치벌, 먹좀벌, 송충알벌 등

30 수목병을 일으키는 바이러스의 전염 수단이나 방법으로 가장 거리가 먼 것은?

① 바람 ② 접목
③ 종자 ④ 토양선충

> **해설**

바이러스(virus)
전신감염성으로 접목, 삽목 등의 영양번식으로도 전염될 수 있으며, 주로 종자, 토양선충, 진딧물·응애 등의 곤충, 감염식물의 즙액접촉 등에 의해서 전염된다. 바이러스와 파이토플라스마는 절대기생체로 바람이나 물로 전반되지 않는다.

31 해충 방제를 위한 물리적 방제방법이 아닌 것은?

① 고온처리 ② 습도처리
③ 방사선처리 ④ 토양소독처리

> **해설**

물리적 방제
온도처리법, 습도처리법, 방사선 이용법, 고주파 이용법 등

32 우리나라 산불의 원인으로 가장 빈도수가 낮은 것은?

① 담뱃불 ② 입산자 실화
③ 벼락에 의한 경우 ④ 논과 밭두렁의 소각

> **해설**

산불의 원인으로는 매우 드물지만 번개나 벼락(낙뢰)에 의하여 자연적으로 불이 붙기도 하나 대부분의 경우는 사람에 의해 발생하여 입산자의 실화, 논과 밭두렁의 소각, 불사용의 부주의, 담뱃불 등이 대형 산불로 이어지기도 한다.

33 완전변태를 하는 해충은?

① 대벌레 ② 노린재
③ 가루깍지벌레 ④ 도토리거위벌레

> **해설**

④ 도토리거위벌레는 딱정벌레목으로 완전변태를 한다.

곤충의 변태

완전변태 (完全變態)	• 유충이 번데기 시기를 거쳐 성충이 되는 것 • 알 → 유충 → 번데기 → 성충 • 벌목, 나비목, 딱정벌레목, 파리목, 벼룩목 등
불완전변태 (不完全變態)	• 성숙한 약충이 번데기 시기를 거치지 않고 바로 성충이 되는 것 • 알 → 약충 → 성충 • 잠자리목, 매미목, 노린재목, 대벌레목, 메뚜기목, 하루살이목 등

34 밤나무줄기마름병에 대한 설명으로 옳지 않은 것은?

① 병원체는 담자균이다.
② 질소비료를 적게 주고 상처가 나지 않도록 한다.
③ 동해 및 피소를 받아 형성층이 손상된 경우 쉽게 감염된다.
④ 발생 초기에는 감염 수목의 수피가 황갈색 또는 적갈색으로 변한다.

> **해설**

밤나무줄기마름병
밤나무의 줄기가 마르면서 패이거나 두껍게 부풀어 궤양을 만드는 자낭균에 의한 수병이다.

정답 30 ① 31 ④ 32 ③ 33 ④ 34 ①

35 낙엽송잎떨림병의 방제방법으로 가장 효과적인 것은?

① 10월경 낙엽을 모아 태운다.
② 중간기주인 참나무류를 제거한다.
③ 매개충인 끝동매미충을 방제한다.
④ 일본잎갈나무의 단순림을 조성한다.

해설

낙엽송잎떨림병 방제법
- 자낭포자가 병든 낙엽에서 월동하므로 낙엽을 모아 태우거나 땅에 묻는다.
- 낙엽송 단순림을 피하고 활엽수와의 혼효림을 유도한다.
- 자낭포자 비산 시기인 5~7월에 4-4식 보르도액, 만코제브 수화제 등의 살균제를 살포한다.

36 조류에 의한 수목의 피해로 옳지 않은 것은?

① 딱따구리 – 줄기 가해
② 직박구리 – 과실 가해
③ 올빼미 – 어린 순 가해
④ 백로류 – 배설물로 인한 나무의 고사

해설

올빼미는 육식성이며, 나무 구멍에 둥지를 트는 수동형 영소조류이다.

37 수목치료를 위한 수간주입방법 중 주입기 용량이 가장 적은 것은?

① 중력식   ② 삽입식
③ 흡수식   ④ 미세압력식

해설

삽입식 수간주사법
수간에 구멍을 내고 캡슐 형태의 약액을 삽입하는 방식으로 주입기 용량이 가장 적다.

38 모잘록병 방제방법으로 옳지 않은 것은?

① 파종상에서는 토양소독을 한다.
② 토양산도가 염기성이 되도록 한다.
③ 묘상이 과습하지 않도록 주의한다.
④ 질소질 비료보다 인산, 칼륨질 비료를 더 많이 준다.

해설

모잘록병 방제법
- 모잘록병은 토양전염성 병이므로 토양소독 및 종자소독을 실시한다.
- 배수와 통풍이 잘 되어 묘상이 과습하지 않도록 주의한다.
- 질소질 비료의 과용을 피하며, 인산질, 칼륨질 비료를 충분히 주어 묘목이 강건히 자라도록 돕는다.
- 파종량을 적게 하여 과밀하지 않도록 하며, 복토는 두껍지 않게 한다.
- 병든 묘목은 발견 즉시 뽑아서 소각한다.
- 병이 심한 묘포지는 돌려짓기(윤작)를 한다.

39 대기오염에 의한 산림의 피해를 최소화시킬 수 있는 방안으로 거리가 먼 것은?

① 방음벽 시설 설치
② 공해배출의 법적 규제
③ 공해저항성 수종의 식재
④ 임지비배를 통한 산림관리

해설

① 대기 중에 발생하는 아황산가스와 같은 가스·연기 형태, 매연이나 분진과 같은 오염물질은 방음벽을 설치하여 막을 수 없다.

대기오염에 의한 산림의 피해를 최소화시킬 수 있는 방안
공해 배출의 법적 규제, 공해 저항성 수종의 식재, 임지비배를 통한 산림관리 등

정답 35 ① 36 ③ 37 ② 38 ② 39 ①

40 소나무재선충병 방제방법으로 옳지 않은 것은?

① 매개충의 방제
② 감염된 수목은 벌채 후 소각
③ 매개충 우화 최성기에 나무주사 처리
④ 포스티아제이트 액제를 이용한 토양관주

해설

소나무재선충병 방제법
- 피해고사목은 벌채하여 소각하거나 메탐소듐 액제로 밀봉·훈증한다.
- 성충 발생시기인 5~7월에 살충제를 뿌려 매개충인 하늘소류를 구제한다.
- 솔수염하늘소 성충의 우화시기인 5~7월 전에 살충제인 티아메톡삼 분산성액제를 나무주사한다.
- 소나무 주변으로 포스티아제이트 액제를 이용한 토양관주를 실시하여 토양을 살충소독한다.

3과목 임업경영학

41 삼각법을 응용한 수고 측고기는?

① 와이제측고기
② 아소스측고기
③ 크리스튼측고기
④ 블루메라이스측고기

해설

측고기의 구분
- 상사삼각형 응용 측고기 : 와이제측고기, 아소스측고기, 크리스튼측고기, 메리트측고기 등
- 삼각법 응용 측고기 : 아브네이(핸드)레블, 하가측고기, 블루메라이스측고기, 순토측고기, 덴드로미터, 트랜싯, 스피겔릴라스코프 등

42 수확조정 방법에 대한 설명으로 옳지 않은 것은?

① 면적평분법은 주로 택벌작업에 응용된다.
② 임분경제법과 등면적법은 영급법에 속한다.
③ 재적배분법, 재적평분법 등은 재적수확의 보속을 추구한다.
④ 면적평분법, 순수영급법 등은 법정상태의 실현을 추구한다.

해설

면적평분법

각 분기의 벌채 면적을 동일하게 하여 수확하는 것으로 재적수확의 균등보다는 장소적인 규제를 더 중시하는 방식이다. 이 방법은 제2윤벌기에 산림이 법정상태가 되어 개벌작업에는 응용할 수 있지만, 택벌작업에는 응용할 수 없다.

43 순현재가치를 영(0)이 되게 하는 할인율의 크기로 투자효율을 평가하는 방법은?

① 회수기간법   ② 순현재가치법
③ 내부수익률법 ④ 수익비용비법

해설

내부수익률법(IRR)

투자에 의하여 장래에 예상되는 현금유입과 유출의 현재가를 동일하게 하는 할인율(내부이익률)로 효율을 측정하는 방법이다. 현금유입의 현재가와 현금유출의 현재가가 같아 결국 순현재가치가 0이 되는 이자율로 투자효율을 평가하는 것이다.

44 임분의 재적을 추정할 때 전 임목을 몇 개의 계급으로 나누어 각 계급의 본수를 동일하게 한 다음 각 계급에서 같은 수의 표준목을 선정하는 방법은?

① 단급법   ② Urich법
③ Hartig법   ④ Draudt법

정답 40 ③ 41 ④ 42 ① 43 ③ 44 ②

> **해설**

표준목법

단급법	전체의 임분을 하나의 급으로 취급하여 단 한 개의 표준목을 선정하는 방법
드라우드법 (Draudt법)	각 직경급의 본수에 따라 비례배분하여 표준목을 선정하는 방법
우리히법 (Urich법)	전 임목을 몇 개의 계급으로 나누고 각 계급의 본수를 동일하게 한 다음 각 계급에서 같은 수의 표준목을 선정하는 방법
하르티히법 (Hartig법)	전 임목을 몇 개의 계급으로 나누고 각 계급의 흉고단면적 합계를 동일하게 하여 각 계급에서 표준목을 선정하는 방법

45 임업경영을 경제적 특성과 기술적 특성으로 구분할 때 기술적 특성에 해당하는 것은?

① 생산기간이 대단히 길다.
② 육성임업과 채취임업이 병존한다.
③ 원목가격의 구성요소 대부분이 운반비이다.
④ 임업노동은 계절적 제약을 크게 받지 않는다.

> **해설**

산림경영(임업)의 기술적 특성
- 생산 기간이 대단히 길다.
- 임목은 성숙기가 일정하지 않다.
- 자연조건의 영향을 많이 받는다.
- 토지나 기후조건에 대한 요구도가 낮다.

46 주벌수확의 임목가격을 사정하기 위해 일반적으로 고려하지 않는 것은?

① 조재율
② 단위재적당 채취비
③ 총재적의 재종별 재적
④ 화폐가치 하락에 의한 임목 가격의 상대적 등귀

> **해설**

주벌수확의 임목가를 평가하기 위해서는 재종별로 나누어 시장가격, 재적 등을 조사하고 조재율을 적용하여 시장가역산법으로 계산한다.

47 이상적인 임분의 재적 또는 흉고단면적에 대한 실제 임분의 재적 또는 흉고단면적의 비율로 나타내는 임분밀도의 척도는?

① 입목도
② 상대밀도
③ 임분밀도지수
④ 상대공간지수

> **해설**

입목도(立木度)
이상적인 임분의 재적·본수·흉고단면적에 대한 실제 임분의 재적·본수·흉고단면적의 비율

48 산림경리의 업무 내용이 아닌 것은?

① 산림조사　② 조림계획
③ 수확규정　④ 임업소득률 결정

> **해설**

산림경리의 업무내용
- 전업(예업) : 산림조사, 산림측량, 산림구획, 시업관계 사항조사
- 주업(본업) : 수확규정, 조림계획, 시설계획, 시업체계의 조직
- 후업 : 시업조사검정

49 총비용과 총수익이 같아져서 이익이 0(zero)이 되는 판매액의 수준을 무엇이라 하는가?

① 고정비　② 변동비
③ 손실영역　④ 손익분기점

정답 45 ① 46 ④ 47 ① 48 ④ 49 ④

> **해설**

손익분기점
- 손실과 이익이 나누어지는 지점
- 총비용과 총수익이 같아져 이익이 0이 되는 판매량 또는 판매액의 수준
- 이익도 손실도 발생하지 않는 판매수준

50 흉고직경이 50cm, 수고가 18m, 수간재적이 1.59m³인 입목의 흉고형수는?

① 약 0.40   ② 약 0.45
③ 약 0.50   ④ 약 0.55

> **해설**

- 원의 넓이 $g = \dfrac{\pi \cdot d^2}{4} = \dfrac{\pi \times 0.5^2}{4} = 0.1963 \cdots$
  $\fallingdotseq 0.196$
- 형수 $f = \dfrac{V}{g \cdot h} = \dfrac{1.59}{0.196 \times 18} = 0.4506 \cdots$
  ∴ 약 0.45
  여기서, f : 형수
  　　　　g : 원의 단면적(m²)
  　　　　h : 수고(m)

51 산림평가에 영향을 끼칠 수 있는 주요 산림 구성내용이 아닌 것은?

① 임지   ② 임목
③ 관리비   ④ 부산물

> **해설**

산림평가의 구성내용
임지, 임목, 부산물, 시설, 공익적 기능 등

52 10년 후에 100만 원의 가치가 있는 산림의 전가(현재가)는?(단, 이율은 5%)

① 약 853,000원   ② 약 613,900원
③ 약 653,000원   ④ 약 813,900원

> **해설**

전가식
이율이 P이고, n년 후에 자본금 N을 만들기 위해 현재의 자본금 V(전가)를 구하는 공식
$$V = \dfrac{N}{1.0P^n} = \dfrac{1,000,000}{1.05^{10}} = 613,913.253 \cdots$$
∴ 약 613,900원

53 벌채목의 중앙단면적과 재장의 길이로 재적을 측정하는 방법은?

① 후버식
② 뉴턴식
③ 스말리안식
④ 브레레튼식

> **해설**

후버(Huber)식
- 계산이 간단하여 널리 사용되는 방법으로 중앙단면적식이라고도 한다.
- 원의 넓이 공식을 이용하여 중앙단면적을 구하고 재장을 곱해 산출한다.
- 재적(m³) $V = r \cdot l = \dfrac{\pi \cdot d^2}{4} \times l$

54 유령림의 임목평가에 가장 적합한 방법은?

① 환원가법   ② 기망가법
③ 비용가법   ④ 매매가법

> **해설**

임령에 따른 임목의 평가법

구분	내용
유령림의 임목평가	임목비용가법
중령림의 임목평가	글라저(Glaser)법
벌기 미만인 장령림의 임목평가	임목기망가법
벌기 이상인 성숙림의 임목평가	시장가역산법

정답 50 ②　51 ③　52 ②　53 ①　54 ③

55 다음 ( ) 안에 들어갈 용어로 가장 적합한 것은?

> 임업경영은 일정한 목적을 가지고 ( )을 하는 조직과 활동을 말한다.

① 경제활동　　② 임업생산
③ 경제적 기능　④ 공익적 기능

해설
산림경영은 일정한 목적을 가지고 임업생산을 하는 조직과 활동을 말한다.

56 감가상각비 계산을 위한 요소가 아닌 것은?
① 취득원가　　② 잔존가치
③ 자산상태　　④ 추정내용연수

해설
감가상각비(정액법)의 계산 요소
$$연간\ 감가상각비 = \frac{취득원가 - 잔존가치}{내용연수}$$

57 국유림경영계획을 위한 지황 조사항목에 대한 설명으로 옳지 않은 것은?
① 방위는 8방위로 구분한다.
② 무입목지는 미입목지와 제지로 구분한다.
③ 경사도에서 험준지는 25° 이상 30° 미만을 말한다.
④ 임지에서 도로까지 450m인 경우 지리는 4급지로 표시한다.

해설
지리
해당 임지에서 임도 또는 도로까지의 거리를 100m 단위로 하여 10급지로 구분한다. 임지에서 도로까지 450m인 경우 지리는 5급지로 표시한다.

58 면적이 150ha이고 윤벌기가 30년이며 1개의 영급이 10개의 영계로 구성되어 있는 산림의 법정영급면적은?
① 3ha　　② 30ha
③ 50ha　④ 300ha

해설
법정영급면적 $A = \dfrac{F}{U} \times n = \dfrac{150}{30} \times 10 = 50\text{ha}$

여기서, U : 윤벌기
F : 산림면적(ha)
n : 1영급의 영계 수

59 「산림자원의 조성 및 관리에 관한 법률」 규정에 의한 산림기술자 중 산림 경영기술자의 업무범위가 아닌 것은?
① 산림경영계획의 수립
② 임도사업과 사방사업의 설계 및 시공
③ 도시숲 등의 조성 사업 설계 및 시공
④ 산림병해충 방제 관련 사업 설계 및 시공

해설
산림경영기술자의 업무범위(기술등급)
• 산림조사 및 산림경영계획서 작성
• 다음의 산림사업 설계 · 시공 및 감리
 - 산림조성사업(조림, 숲가꾸기, 벌채 등 산림의 조성 · 육성 또는 이용을 위하여 시행하는 사업)
 - 산림병해충 방제사업
 - 삼림욕장의 조성사업
 - 도시숲 등 조성 · 관리사업

60 중령림의 평가방법으로 원가수익절충방식을 적용하는 대표적인 평가방법은?
① Glaser법　　② 매매가법
③ 수익환원법　④ 임목기망가법

정답 55 ② 56 ③ 57 ④ 58 ③ 59 ② 60 ①

해설

임령에 따른 임목의 평가법

구분	내용
유령림의 임목평가	임목비용가법
중령림의 임목평가	글라저(Glaser)법
벌기 미만인 장령림의 임목평가	임목기망가법
벌기 이상인 성숙림의 임목평가	시장가역산법

4과목 산림공학

61 외래 초본류를 도입하여 사용하는 파종공법에 대한 설명으로 옳지 않은 것은?

① 재래초본류를 혼합하여 사용하지 않는다.
② 일반적으로 발아가 빠르고 조기에 피복한다.
③ 생육이 왕성하여 뿌리의 자람이 좋은 편이다.
④ 지표의 유기물질을 집적하여 토양의 성질을 개선해 준다.

해설

파종에 의하여 비탈면에 응급히 식생을 도입하고자 하는 경우 외래초본류를 주로 하고 여기에 재래초본류를 첨가하여 조성한다.

62 해안사지 조림용 수종의 구비조건으로 거리가 먼 것은?

① 바람에 대한 저항력이 클 것
② 양분과 수분에 대한 요구가 클 것
③ 온도의 급격한 변화에도 잘 견디어 낼 것
④ 울폐력이 좋고 낙엽, 낙지 등에 의하여 지력을 증진시킬 수 있을 것

해설

해안사방 조림용 수종의 구비조건
• 양분과 수분에 대한 요구가 적을 것
• 왕성한 낙엽 · 낙지 등으로 지력을 향상시킬 수 있을 것
• 급격한 온도 변화에도 잘 견딜 것
• 울폐력이 좋을 것
• 바람, 건조, 염분, 비사에 대한 저항력이 클 것
• 맹아력이 좋을 것

63 임도망 편성에 있어 설치 위치별 분류에 해당되지 않는 것은?

① 계곡임도   ② 사면임도
③ 임연임도   ④ 능선임도

해설

산악지대의 임도노선 선정 · 배치 형태(설치 위치별 구분)

계곡임도, 사면임도(산복임도), 능선임도, 산정부 개발형(순환선 노선방식), 계곡분지 개발형

64 트랙터 주행장치의 유형에서 타이어방식과 비교한 크롤러 바퀴방식의 특징으로 옳지 않은 것은?

① 기동력이 높다.
② 회전 반지름이 작다.
③ 가격이 고가이고, 수리 유지비가 많이 소요된다.
④ 견인력과 접지면적이 커서 험준한 지형에서도 주행성이 양호하다.

해설

트랙터 주행장치의 유형 비교

구분	타이어바퀴식	크롤러바퀴식(무한궤도)
접지압	크다.	작다.
견인력	작다.	크다.
기동력	높다.	낮다.
등판력	약간 떨어진다.	좋다.
회전반지름	크다.	작다.
최저지상고	높다.	낮다.

정답 61 ① 62 ② 63 ③ 64 ①

구분	타이어바퀴식	크롤러바퀴식(무한궤도)
운전성	비교적 쉽다.	어렵다.
경비	저렴, 수리·유지비 적게 소요	고가, 수리·유지비 다량 소요
기타 능력	높이 20~30cm까지의 장애물 통과	높이 50cm까지의 장애물 통과

65 사방댐 중에서 흙댐의 경우 댐 높이가 10m일 때 댐 마루 너비는?

① 2m ② 2.5m
③ 3m ④ 3.5m

해설

흙댐의 댐 마루 너비의 계산(Merrimar식)

$$댐\ 마루\ 너비 = \frac{댐\ 높이}{5} + 1.5 = \frac{10}{5} + 1.5 = 3.5m$$

66 비탈안정공법에 해당되지 않는 것은?

① 자연석쌓기
② 격자틀붙이기
③ 비탈힘줄박기
④ 종비토뿜어붙이기

해설

사면안정공과 보호공(녹화공)

사면안정공사 (비탈안정공)	돌쌓기와 돌붙이기공, 비탈옹벽공, 비탈흙막이공(돌망태공), 비탈힘줄박기공, 비탈격자틀붙이기공, 콘크리트뿜어붙이기공, 낙석방지공(낙석방지망덮기, 낙석저지책)
사면보호공사 (비탈녹화공)	비탈선떼붙이기공, 줄떼·평떼공(줄떼다지기공, 평떼붙이기공), 파종공(종비토뿜어붙이기), 식수공, 식생공(식생반공)

67 반송기를 사용하는 장비는?

① 체인톱 ② 예불기
③ 펠러번처 ④ 타워야더

해설

타워야더(tower yarder)
트랙터나 트럭 등에 타워(철기둥)와 반송기를 포함한 가선집재장치를 탑재한 이동식 차량형 집재기계이다.

68 임도의 선형 설계에서의 제약요소로 가장 거리가 먼 것은?

① 기상 조건의 제약
② 시공상에서의 제약
③ 지질, 지형에서의 제약
④ 사업비, 유지관리비 등에서의 제약

해설

선형 설계 시 제약 요소
• 자연환경의 보존, 국토보전상에서의 제약
• 지질·지형·지물 등에 의한 제약
• 시공상에서의 제약
• 사업비·유지관리비 등에 의한 제약

69 산지사방 기초공사에 해당되지 않는 것은?

① 바자얽기 ② 누구막이
③ 비탈다듬기 ④ 땅속흙막이

해설

산지사방공사의 종류

구분	내용
기초공사	비탈다듬기(뭉기기), 단끊기, 땅속흙막이(묻히기), 산비탈흙막이(산복흙막이), 누구막이, 산비탈배수로(산복수로, 산비탈수로내기), 속도랑(배수구)

정답 65 ④ 66 ④ 67 ④ 68 ① 69 ①

구분	내용
녹화공사	바자얽기(편책공, 목책공), 선떼붙이기, 조공, 줄떼공(줄떼다지기, 줄떼붙이기, 줄떼심기), 평떼시공(평떼붙이기, 평떼심기), 단쌓기(떼단쌓기), 비탈덮기(거적덮기), 등고선구공법(수평구공법), 새심기, 씨뿌리기(파종공법), 종비토뿜어붙이기, 나무심기(식재공법)

70 벌목작업 시 수구를 만드는 방향은?

① 계곡 쪽
② 임도가 있는 쪽
③ 작업자가 있는 쪽
④ 벌도목이 넘어지는 쪽

해설

수구 자르기(방향 베기)
- 수구(under cut)란 벌도 시 벌목 방향을 확정하고 벌도목이 쪼개지는 것을 방지하기 위하여 근원 부근에 만드는 칼집이다.
- 수구는 벌도목이 넘어지는 방향 쪽으로 만든다.

71 적정임도밀도가 25m/ha인 산림에서 도로 양쪽에서 임목을 집재한다면 이 지역의 평균 집재거리는?

① 25m ② 50m
③ 100m ④ 200m

해설

평균집재거리 = $\dfrac{2,500}{적정임도밀도} = \dfrac{2,500}{25} = 100\text{m}$

72 임도설계에서 교각법에 의하여 단곡선 설정 시 내각이 90°, 곡선반경이 500m이면 접선길이는?

① 100m ② 250m
③ 500m ④ 1,000m

해설

내각과 교각의 합은 180°이므로 내각(α)이 90°이면 교각(θ)도 90°이다.

접선길이 $T.L = R \cdot \tan\dfrac{\theta}{2} = 500 \times \tan\dfrac{90°}{2}$
$= 500 \times \tan 45° = 500 \times 1 = 500\text{m}$

여기서, R : 곡선반지름
θ : 교각

73 해안사방에서 모래언덕 조성 방법에 속하지 않는 방법은?

① 모래덮기 ② 파도막이
③ 퇴사울세우기 ④ 정사울세우기

해설

해안사방공사의 종류
- 사구조성공법 : 퇴사울세우기, 구정바자얽기, 모래담쌓기, 모래덮기, 사초심기, 파도막이 등
- 사지조림공법 : 정사울세우기, 사지 식수공법 등

74 와이어로프의 폐기기준으로 옳지 않은 것은?

① 킹크 상태인 것
② 현저하게 변형된 것
③ 와이어로프 소선이 10% 이상 절단된 것
④ 마모에 의한 직경 감소가 공칭직경의 10%를 초과하는 것

해설

와이어로프의 폐기(교체)기준
- 꼬임 상태(킹크)인 것
- 현저하게 변형 또는 부식된 것
- 와이어로프 소선이 10분의 1(10%) 이상 절단된 것
- 마모에 의한 직경 감소가 공칭직경의 7%를 초과하는 것

정답 70 ④ 71 ③ 72 ③ 73 ④ 74 ④

75 임도의 유지·보수에 대한 설명으로 옳지 않은 것은?

① 작업임도에 대해서도 관리를 하여야 한다.
② 지선임도는 유지보수 관리 대상이 아니다.
③ 결함이 있을 때에는 보수공사를 하여야 한다.
④ 수시점검, 정기점검 등이 있다.

해설

결함이 있을 때는 간선임도와 지선임도는 물론 작업임도에 대해서도 유지관리 및 보수공사를 하여야 한다.

76 비탈면 녹화에 사용하는 사방용 초본류 중 재래종이 아닌 것은?

① 김의털 ② 오리새
③ 제비쑥 ④ 까치수영

해설

사방용 주요 초본류

재래초본 (향토초본)	김의털, 비수리, 까치수영, 새, 솔새, 개솔새, 수크령, 잔디, 억새, 참억새, 칡, 차풀, 매듭풀, 제비쑥
외래초본 (도입초본)	나도 김의털, 오리새(orchard grass), 겨이삭, 우산잔디(switch grass), 갈풀, 능수귀염풀

77 밑판, 종자, 표면덮개의 3부분으로 구성된 녹화용 피복자재는?

① 식생대 ② 식생반
③ 식생자루 ④ 식생매트

해설

식생반(植生盤)
뗏떼(온떼) 대용품으로 고안되었으며, 밑판, 종자, 표면덮개의 3부분으로 구성된 녹화용 피복재료이다.

78 임도를 설계할 때 필요하지 않은 도면은?

① 평면도 ② 측면도
③ 종단면도 ④ 횡단면도

해설

임도의 설계도면
위치도, 평면도, 종단면도, 횡단면도, 구조물도 등

79 임도설치 관련 규정에 의한 임도의 종류에 포함되지 않은 것은?

① 사설임도 ② 공설임도
③ 단체임도 ④ 테마임도

해설

「임도설치 및 관리 등에 관한 규정」에 의한 임도의 종류에는 국유임도, 공설임도, 사설임도, 테마임도가 있다.

80 다음 ( ) 안에 들어갈 용어가 아닌 것은?

> 노면의 종단기울기가 8퍼센트를 초과하는 사질토 또는 점질토인 구간과 종단기울기가 8퍼센트 이하인 구간으로서 지반이 약하고 습한 구간에는 ( )·( )을(를) 부설하거나 ( ) 등으로 포장한다.

① 섶 ② 쇄석
③ 자갈 ④ 콘크리트

해설

종단기울기가 8%를 초과하는 사질토 또는 점질토인 구간과 8% 이하로 지반이 약하고 습한 구간은 쇄석·자갈을 부설하거나 콘크리트 등으로 포장하여야 한다.

정답 75 ② 76 ② 77 ② 78 ② 79 ③ 80 ①

2023년 2회 기출복원문제

1과목 조림학

01 관다발 형성의 시원세포가 목부 방향으로 분열하여 형성하는 조직은?

① 부정아 ② 체관부
③ 물관부 ④ 수피층

해설

물관부
- 식물의 뿌리에서 흡수된 물과 질소, 인산, 칼륨 등의 무기양분이 잎까지 이동하는 통로
- 목부의 변재부에 존재, 관다발 형성 세포가 목부 방향으로 분열하여 형성되는 조직

02 산림 내에서 나무가 죽어 공간이 생기면 주변의 나무들이 빈 공간 쪽으로 자라나고, 숲의 가장자리에 위치한 나무는 햇빛이 많이 있는 바깥쪽으로 빨리 자란다. 이는 어떤 현상과 가장 밀접한 관련이 있는가?

① 굴지성
② 주광성
③ 휴면성
④ 삼투성

해설

식물의 주광성(走光性)
식물이 빛의 방향으로 자라는 성질이다. 산림에 빈 공간이 생기면 주변 수목들이 점차 자라 들어가고, 숲가장자리 수목은 햇빛을 받으려고 바깥쪽으로 기울어 자라게 되는 현상이다.

03 수목의 개화 촉진방법이 아닌 것은?

① 환상박피 실시 ② 단근, 이식 실시
③ 봄철에 질소 시비 ④ 간벌, 가지치기 실시

해설

질소를 시비하면 수목 체내에 질소성분이 탄수화물의 양보다 많아 C/N율이 낮아지고 꽃눈 형성이 늦어지며 영양생장을 계속한다.

04 파종량을 산정할 때 필요한 인자가 아닌 것은?

① 발아세 ② 종자수
③ 발아율 ④ 순량률

해설

파종량(g)

$$\frac{파종상\ 면적(m^2) \times 가을에\ m^2당\ 남길\ 묘목수}{1g당\ 종자입수 \times 순량률 \times 발아율\ (\times 득묘율)}$$

05 식재 후 첫 번째 제벌작업이 실시되는 임종별 임령으로 옳은 것은?

① 소나무림 : 15년
② 삼나무림 : 20년
③ 상수리나무림 : 15년
④ 일본잎갈나무림 : 8년

해설

첫 번째 제벌 실시 임령
- 소나무, 낙엽송(일본잎갈나무) : 식재 후 7~8년
- 삼나무, 편백 : 식재 후 10년
- 전나무, 가문비 : 식재 후 13~15년

정답 01 ③ 02 ② 03 ③ 04 ① 05 ④

06 광합성 작용에 의해서 생성된 탄수화물이 이동·운반되는 통로는?

① 체관 ② 물관
③ 헛물관 ④ 수지관

해설

체관부
- 식물의 잎에서 광합성으로 만들어진 포도당(탄수화물)과 같은 양분이 줄기나 뿌리로 이동하는 통로
- 사부의 내수피에 존재, 관다발 형성 세포가 사부 방향으로 분열하여 형성되는 조직

07 묘목의 자람이 늦어 묘상에 가장 오랫동안 거치하는 수종은?

① Picea jezoensis ② Larix kaempferi
③ Pinus densiflora ④ Quercus acutissima

해설

수종별 상체연도
- 1년생 상체 : 소나무(Pinus densiflora), 낙엽송(Larix kaempferi), 삼나무, 편백
- 2년생 상체 : 참나무류(측근 발달 후)
- 오랜 거치 후 상체 : 가문비나무(Picea jezoensis), 전나무

08 침엽수의 적절한 가지치기 방법은?

① 역지 이상의 가지를 자른다.
② 역지 이하의 가지를 자른다.
③ 수고의 1/2 이상의 가지를 자른다.
④ 수고의 1/2 이하의 가지를 자른다.

해설

침엽수의 가지치기 방법
비교적 자유부가 발달하지 않은 침엽수는 절단면이 줄기와 평행하게 되도록 가지를 제거하며, 가지치기의 정도는 역지(으뜸가지) 이하의 가지로 한다.

09 소나무류에서 주로 실시하는 접목은?

① 절접 ② 박접
③ 아접 ④ 할접

해설

할접
대목이 굵고, 접수가 가늘 때 적용되는 방법으로, 소나무류의 접목에 흔히 이용된다.

10 천연림 보육에 대한 설명으로 옳지 않은 것은?

① 하층임분은 특별한 이유가 없는 한 그대로 둔다.
② 미래목은 실생목보다 맹아목을 우선적으로 고려하여 선정하는 것이 좋다.
③ 세력이 너무 왕성한 보호목은 가지를 제거하여 미래목의 생장에 영향이 없도록 한다.
④ 상층목의 생육공간을 확보해주기 위하여 수관경쟁을 하고 있는 불량 형질목과 가치가 낮은 임목은 제거한다.

해설

미래목은 실생목 위주의 우세목으로 선정한다.

11 인공조림에 의하여 새로운 수종의 숲을 조성하는 데 가장 효율적인 갱신방법은?

① 모수작업 ② 산벌작업
③ 택벌작업 ④ 개벌작업

해설

개벌작업
갱신지의 모든 임목을 일시에 벌채하는 방법으로, 인공조림에 의하여 새로운 수종의 숲을 조성하는 데 가장 간편하며 효율적인 갱신법이다.

정답 06 ① 07 ① 08 ② 09 ④ 10 ② 11 ④

12 잎의 유관속이 1개인 수종은?

① Pinus rigida ② Pinus densiflora
③ Pinus koraiensis ④ Pinus Thunbergii

해설

소나무류와 잣나무류의 유관속 비교

구분	유관속	수종
소나무류	2개	소나무(Pinus densiflora), 리기다소나무(Pinus rigida), 곰솔(Pinus Thunbergii) 등
잣나무류	1개	잣나무(Pinus koraiensis), 눈잣나무 등

13 단순림과 비교한 혼효림의 장점으로 옳은 것은?

① 산림병해충 등 각종 재해에 대한 저항력이 높다.
② 가장 유리한 수종으로만 임분을 형성할 수 있다.
③ 산림작업과 경영이 간편하고 경제적으로 수행할 수 있다.
④ 숲을 구성하는 임목의 나이 차이가 거의 없어 관리하기 용이하다.

해설

혼효림(混淆林, mixed forest)
두 가지 이상의 수종으로 이루어진 산림으로, 병해충 등 각종 재해에 대한 저항력이 높다.

14 산벌작업 방법에 속하는 것은?

① 단벌 ② 윤벌
③ 후벌 ④ 전벌

해설

산벌작업의 단계
• 예비벌 : 갱신 준비 단계의 벌채로 모수로서 부적합한 병충해목, 피압목, 폭목, 불량목 등을 선정하여 제거한다.
• 하종벌 : 종자가 결실이 되어 충분히 성숙되었을 때 벌채하여 종자의 낙하를 돕는 단계로 결실량이 많은 해에 1회 벌채로 하종을 실시한다.
• 후벌 : 남겨 두었던 모수를 점차적으로 벌채하여 신생 임분의 발생을 돕는 단계이다.

15 테트라졸륨의 사용 목적으로 옳은 것은?

① 바이러스 검출
② 종자활력검사
③ 발아촉진 유도
④ 대기오염의 영향 검사

해설

테트라졸륨 검사법(환원법, 효소검출법)
테트라졸륨 수용액을 이용하여 종자(배)의 활력을 검정하는 화학반응 검사법이다. 종자 내 산화효소가 살아 있는지 시약의 발색반응으로 확인한다.

16 Möller의 항속림 사상의 강조 내용으로 옳은 것은?

① 인공갱신을 원칙으로 한다.
② 정해진 윤벌기에 군상택벌을 원칙으로 한다.
③ 벌채목선정은 산벌작업의 선정기준에 준해서 한다.
④ 개벌을 금하고 해마다 간벌형식의 벌채를 반복한다.

해설

뮬러(Möller)의 항속림 사상의 원칙
• 개벌을 금하고 해마다 간벌형식의 벌채를 반복한다.
• 이령혼효림을 지향한다.
• 갱신은 천연갱신이 원칙이다.
• 벌채는 단목택벌이 원칙이다.
• 지표 유기물을 잘 보존한다.
• 자연법칙을 존중하며 경영하자는 합자연성의 원칙에 해당한다.

정답 12 ③ 13 ① 14 ③ 15 ② 16 ④

17 토양 수분에서 수목이 이용 가능한 것은?

① 결합수　② 흡습수
③ 팽윤수　④ 모세관수

해설

모세관수(모관수)
중력에 저항하여 토양입자와 물분자 간의 부착력에 의해 모세관 사이에 남아 있는 수분으로 pF 2.7~4.5이며 수목의 뿌리가 이용 가능한 수분이다.

18 잎의 기공을 열게 하여 증산작용을 촉진하는 방법은?

① 암흑 조건을 제공한다.
② 잎의 수분포텐셜을 높여준다.
③ 휴면 유도 물질인 ABA를 주입한다.
④ 잎의 엽육조직 세포간극에 존재하는 탄산가스 농도를 높여준다.

해설

잎의 수분포텐셜이 낮으면 수분스트레스를 받아 기공이 닫히고, 높으면 기공이 열린다.

19 나자식물의 엽육조직에서 책상조직과 해면조직이 분화되지 않는 수종은?

① 주목
② 전나무
③ 소나무
④ 은행나무

해설

식물의 엽육조직은 크게 책상조직과 해면조직으로 구성되어 있는데, 나자식물 중 소나무의 엽육조직은 책상조직과 해면조직으로 잘 분화되어 있지 않다.

20 소립종자 1,000개의 무게로 나타내는 종자검사기준은?

① 실중　② 효율
③ 용적률　④ 발아력

해설

종자 품질검사 기준
- 실중(實重) : 종자 1,000립의 무게, g 단위
- 용적중(容積重) : 종자 1리터의 무게, g 단위
- 순량률(純量率) : 전체 시료 종자량(g)에 대한 순정종자량(g)의 백분율
- 발아율(發芽率) : 전체 시료 종자수에 대한 발아종자수의 백분율
- 발아세(發芽勢) : 전체 시료 종자수에 대한 가장 많이 발아한 날까지 발아한 종자수의 백분율
- 효율(效率) : 종자의 실제 사용가치로, 순량률과 발아율을 곱한 백분율

2과목　산림보호학

21 리지나뿌리썩음병에 대한 설명으로 옳은 것은?

① 침엽수와 활엽수 모두 잘 발생한다.
② 불이 발생한 지역에서 잘 발생한다.
③ 병원균의 포자는 저온에서도 잘 발아한다.
④ 산성 토양보다는 중성 토양에서 병원균의 활력이 높다.

해설

리지나뿌리썩음병
주로 소나무, 해송 등의 침엽수에 발생하며, 병원균이 뿌리를 침해하여 양수분의 흡수에 지장을 주고 말라죽게 한다. 임지가 고온일 때 포자가 발아하여 모닥불자리나 산불이 있었던 지역에서 많이 발생한다.

정답　17 ④　18 ②　19 ③　20 ①　21 ②

22 솔잎혹파리 및 솔껍질깍지벌레 방제를 위하여 수간주사에 사용되는 약제는?

① 테부코나졸 유제
② 디플루벤주론 수화제
③ 페니트로티온 수화제
④ 이미다클로프리드 분산성 액제

해설

이미다클로프리드 분산성액제
약제를 식물의 뿌리, 줄기, 잎 등에 흡수시켜 식물 전체에 퍼지면 그 식물을 가해하는 해충이 죽게 되는 침투성 살충제이다. 흡즙성 해충에 효과적으로 솔잎혹파리, 솔껍질깍지벌레 등의 방제 수간주사에 이용한다.

23 종실을 가해하는 해충이 아닌 것은?

① 밤바구미
② 버들바구미
③ 솔알락명나방
④ 복숭아명나방

해설

종실 가해 해충
밤바구미, 복숭아명나방, 솔알락명나방, 도토리거위벌레
※ 버들바구미는 천공성 해충이다.

24 수병목을 예방하기 위한 숲 가꾸기 작업에 해당하지 않는 것은?

① 제벌
② 개벌
③ 풀베기
④ 가지치기

해설

- 숲 가꾸기 작업 : 풀베기, 덩굴 제거, 제벌(잡목 솎아내기), 가지치기, 간벌(솎아베기)
- 갱신작업 : 개벌작업, 모수작업, 산벌작업, 택벌작업, 왜림작업, 중림작업

25 벚나무빗자루병원균에 해당하는 것은?

① 세균
② 자낭균
③ 담자균
④ 파이토플라스마

해설

벚나무빗자루병
다른 빗자루병과 달리 자낭균에 의한 수병으로 빗자루 모양의 잔가지와 잎이 총총히 많이 모여나며(총생), 봄에 꽃이 피지 않게 된다.

26 볕데기(sun scorch)에 대한 설명으로 옳지 않은 것은?

① 수피가 평활하고 매끄러운 수종에서 주로 발생한다.
② 수피에 상처가 발생하지만 부후균 침투로 2차 피해는 발생하지 않는다.
③ 피소현상이라고도 하며 고온에서 수피 부분에 수분증발이 발생하여 수피조직이 고사한다.
④ 임연목이나 가로수, 정원수 등의 고립목의 수간이 태양의 직사광선을 받았을 때 나타난다.

해설

볕데기
강한 직사광선을 받은 줄기가 고온으로 인해 수피 부분에 과도한 수분증발이 발생하여 수피조직이 일부 고사하게 되는 현상으로 피소(皮燒)라고도 한다. 수피에 상처가 생기므로 부후균 침투로 인한 2차 피해가 발생하기도 한다.

27 소나무재선충병 방제방법으로 거리가 먼 것은?

① 매개충 구제
② 예방나무주사
③ 중간기주 제거
④ 병든 나무 제거

정답 22 ④ 23 ② 24 ② 25 ② 26 ② 27 ③

해설

③ 재선충병은 중간기주에 의해 발생하지 않는다.

소나무재선충병(소나무시들음병)
- 재선충이 수목체 내에 증식하여 양수분의 흡수와 이동을 막아 피해가 나타나는 수병이다.
- 재선충은 스스로 이동할 수 없으며 매개충에 의해 전염되므로 매개충을 구제하여 방제한다.

28 모잘록병 방제법으로 옳지 않은 것은?

① 밀식으로 관리한다.
② 토양소독을 실시한다.
③ 배수와 통풍을 잘하여 준다.
④ 복토를 두껍게 하지 않는다.

해설

모잘록병 방제법
- 모잘록병은 토양전염성 병이므로 토양소독 및 종자소독을 실시한다.
- 배수와 통풍이 잘 되어 묘상이 과습하지 않도록 주의한다.
- 질소질 비료의 과용을 피하며, 인산질·칼륨질 비료를 충분히 주어 묘목이 강건히 자라도록 돕는다.
- 파종량을 적게 하여 과밀하지 않도록 하며, 복토는 두껍지 않게 한다.
- 병든 묘목은 발견 즉시 뽑아서 소각한다.
- 병이 심한 묘포지는 돌려짓기(윤작)를 한다.

29 약제 살포 시 천적에 대한 피해가 가장 적은 살충제는?

① 훈증제
② 접촉살충제
③ 소화중독제
④ 침투성 살충제

해설

침투성 살충제
약제를 식물의 뿌리, 줄기, 잎 등에 흡수시켜 식물 전체에 퍼지면 그 식물을 가해하는 해충이 죽게 되는 약제로, 천적에 대한 피해가 가장 적어 천적 보호에 유리하다.

30 성충으로 월동하는 것으로만 올바르게 나열한 것은?

① 독나방, 솔나방
② 박쥐나방, 가루나무좀
③ 소나무좀, 루비깍지벌레
④ 밤바구미, 어스렝이나방

해설

성충으로 월동하는 해충
오리나무잎벌레, 호두나무잎벌레, 버즘나무방패벌레, 진달래방패벌레, 느티나무벼룩바구미, 점박이응애, 소나무좀, 향나무하늘소(측백하늘소), 털두꺼비하늘소, 루비깍지벌레 등

31 식물병을 유발하는 바이러스의 구조적 특성은?

① 고등생물의 일종이다.
② 단백질로만 구성되어 있다.
③ 동물 세포와 같은 구조를 지니고 있다.
④ 핵단백질로 이루어져 있고 입자상 구조를 띤 비세포성 생물이다.

해설

바이러스(virus)
세포가 아닌 핵산과 외부 단백질로 이루어진 일종의 핵단백질로 입자상 구조를 띤 비세포성 생물이다.

정답 28 ① 29 ④ 30 ③ 31 ④

32 산림해충 방제에 대한 설명으로 옳지 않은 것은?

① 방제약제 선정 시 천적류에 대한 영향을 고려해야 한다.
② 약제 저항성 해충의 출현은 동일한 살충제를 연용한 탓이다.
③ 생물적 방제는 대체로 환경친화적 방법이므로 널리 권장할 수 있다.
④ 불임법을 이용한 방제는 생물윤리법에 위배되므로 규제를 받는다.

해설

방사선을 이용한 불임화 조장은 공공연하게 이용되고 있는 물리적 방제법이다.

33 솔나방에 대한 설명으로 옳지 않은 것은?

① 8령충 때 월동한다.
② 1년에 1~2회 발생한다.
③ 500여 개의 알을 산란한다.
④ 부화유충은 번데기가 되기까지 7회 탈피한다.

해설

솔나방
보통은 연 1회 발생하나 따뜻한 남부지방에서는 2회 발생하기도 하며, 5령충으로 수피나 지피물 사이에서 월동한다.

34 가해하는 기주범위가 가장 넓은 해충은?

① 솔나방 ② 솔알락명나방
③ 미국흰불나방 ④ 참나무재주나방

해설

미국흰불나방
기주범위가 넓어 버즘나무, 포플러, 벚나무, 단풍나무 등 활엽수 160여 종의 잎을 식해하는 잡식성 해충이다.

35 어린 유충은 초본의 줄기 속을 식해하지만 성장한 후 나무로 이동하여 수피와 목질부를 가해하는 해충은?

① 솔나방 ② 매미나방
③ 박쥐나방 ④ 미국흰불나방

해설

박쥐나방
부화유충은 초본식물의 줄기 속을 식해하다가 어느 정도 성장하면 나무로 이동하여 수피와 목질부 표면을 환상으로 식해하며 피해를 주는 해충이다.

36 염풍에 강한 수종이 아닌 것은?

① 곰솔 ② 돈나무
③ 자귀나무 ④ 전나무

해설

염풍 피해 수종
- 염풍에 약한 수종 : 소나무, 삼나무, 벚나무, 전나무, 편백, 화백, 사과나무, 배나무
- 염풍에 강한 수종 : 해송(곰솔), 팽나무, 후박나무, 자귀나무, 돈나무, 사철나무, 향나무

37 대추나무빗자루병 방제에 가장 적합한 약제는?

① 보르도액
② 페니트로티온
③ 스트렙토마이신
④ 옥시테트라사이클린

해설

대추나무빗자루병
작고 가늘며 왜소한 가지와 잎이 총총히 모여나 마치 빗자루와 같은 증상을 나타내는 파이토플라스마에 의한 수병이다. 옥시테트라사이클린계(oxytetracycline) 항생물질을 수간주사하여 방제한다.

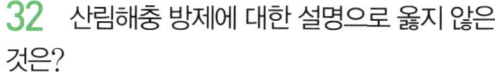

정답 32 ④ 33 ① 34 ③ 35 ③ 36 ④ 37 ④

38 산불 발생 시 직접소화법이 아닌 것은?

① 맞불 놓기
② 토사 끼얹기
③ 불털이개 사용
④ 소화약제 항공 살포

해설

산불 소화방법
- 직접소화법 : 물 뿌리기, 진화도구(불털이개) 사용, 토사 끼얹기, 소화약제 항공 살포
- 간접소화법 : 방화선 구축, 맞불 놓기

39 세균에 의한 수목병에 대한 설명으로 옳지 않은 것은?

① 주로 각피 침입으로 기주를 감염시킨다.
② 병징으로는 무늬, 위조, 궤양, 부패 등이 있다.
③ 국내에서는 그람음성세균이 수목에 피해를 준다.
④ 월동 장소는 토양, 병든 잎, 병든 가지 등 다양하다.

해설

세균
직접 각피를 뚫고 식물체 내로 침입은 불가능하여 기공, 수공, 피목, 밀선 등의 자연개구부나 상처를 통해서만 침입이 가능하다.

40 주로 목재를 가해하는 해충은?

① 밤바구미 ② 솔노랑잎벌
③ 가루나무좀 ④ 솔알락명나방

해설

가루나무좀
유충이 가구, 목조건물, 마른 목재 등에 구멍을 뚫고 들어가 표면만 남기고 내부를 불규칙하게 식해하여 피해를 준다.

3과목 임업경영학

41 시장가역산법으로 임목의 가격을 평가하기 위해 조사해야 할 항목으로 가장 거리가 먼 것은?

① 원목의 시장가격
② 부산물 소득 정도
③ 조재율 또는 이용률
④ 임목의 생산비용

해설

시장가역산법의 계산
$$x = f\left(\frac{a}{1+mp+r} - b\right)$$

여기서, x : 단위재적당 임목가(원/m³)
f : 조재율, m : 자본회수기간
p : 월이율, r : 기업이익률
a : 원목의 단위재적당 시장가(원목시장단가, 원/m³)
b : 단위재적당 벌목비·운반비·집재비·조재비 등의 생산비용(원/m³)

42 다음 그림에서 총수익선과 총비용선이 만나는 점(A)을 무엇이라 하는가?

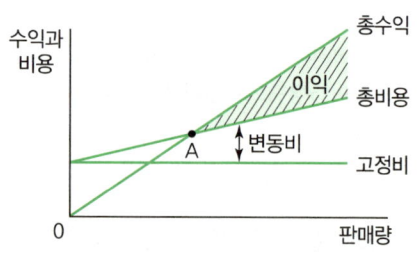

① 수익최대점 ② 비용최대점
③ 비용최소점 ④ 손익분기점

해설

손익분기점
손실과 이익이 나누어지는 지점으로, 총비용과 총수익이 같아져 이익이 0이 되는 판매량 또는 판매액의 수준이다.

정답 38 ① 39 ① 40 ③ 41 ② 42 ④

43 어떤 임목의 흉고단면적이 0.1m^2, 수고가 14m, 형수는 0.4일 때 형수법에 의한 재적(m^3)은?

① 0.14 ② 0.56
③ 1.4   ④ 5.6

해설

수간재적

$V = g \cdot h \cdot f = 0.1 \times 14 \times 0.4 = 0.56\text{m}^3$

여기서, f : 형수
g : 원의 단면적(m^2)
h : 수고(m)

44 배치 시설별 숲해설가 배치기준으로 옳지 않은 것은?

① 수목원 : 2명 이상
② 국립공원 : 1명 이상
③ 삼림욕장 : 1명 이상
④ 자연휴양림 : 2명 이상

해설

산림교육전문가의 배치기준

산림전문가	배치시설	배치기준
숲해설가	자연휴양림, 수목원	2명 이상
	산림욕장, 국민의 숲, 생태숲(산림생태원 포함), 도시숲 및 생활숲, 자연공원(국립공원 제외)	1명 이상
유아숲 지도사	유아숲체험원	유아숲체험원 운영인력의 배치기준
	그 밖에 국가 또는 지방자치단체의 장이 유아숲지도사 활용에 적합하다고 인정하는 지역	1명 이상
숲길등산 지도사	숲길	2명 이상
	자연휴양림, 산림욕장, 자연공원(국립공원 제외)	1명 이상

45 임업이율의 성격으로 옳지 않은 것은?

① 현실이율이 아니고, 평정이율이다.
② 단기이율이 아니고, 장기이율이다.
③ 대부이자가 아니고, 자본이자이다.
④ 명목적 이율이 아니고, 실질적 이율이다.

해설

임업이율의 성격
- 임업이율은 대부이자가 아니고 자본이자이다.
- 임업이율은 단기이율이 아니고 장기이율이다.
- 임업이율은 현실이율이 아니고 평정이율(계산이율)이다.
- 임업이율은 실질적 이율이 아니고 명목적 이율이다.
- 임업이율의 계산은 복리를 적용한다.

46 다음 조건에서 Huber식에 의한 통나무 재적은?

- 재장 : 5m
- 원구직경 : 25cm
- 중앙직경 : 23cm
- 말구직경 : 18cm

① 약 0.127m^3 ② 약 0.157m^3
③ 약 0.208m^3 ④ 약 0.245m^3

해설

후버(Huber)식

재적(m^3) $V = r \cdot l = \dfrac{\pi \cdot d^2}{4} \times l$

$= \dfrac{\pi \times 0.23^2}{4} \times 5 = 0.2077\ldots$

∴ 약 0.208m^3

여기서, r : 중앙단면적(m^2)
l : 재장(m)
d : 중앙직경(m)

정답 43 ② 44 ② 45 ④ 46 ③

47 수간석해에 대한 설명으로 옳지 않은 것은?

① 표준목을 대상으로 실시한다.
② 수간과 직교하도록 원판을 채취한다.
③ 흉고를 1.2m로 했을 경우 지상 1.2m를 벌채점으로 한다.
④ 수목의 성장과정을 정밀히 사정할 목적으로 측정하는 것이다.

해설

흉고직경의 높이가 1.2m인 경우, 지상 0.2m를 벌채점으로 한다.

48 임업경영비를 올바르게 표현한 것은?

① 임업소득 – 가족임금추정액
② 임업소득 – (자본이자 + 가족노임추정액)
③ 임업현금수입 + 임산물가계소비액 + 임목성장액 + 미처분 임산물증감액 + 임업생산 자재 재고증감액
④ 임업현금지출 + 감가상각액 + 주임목감소액 + 미처분 임산물재고 감소액 + 임업생산 자재 재고감소액

해설

산림경영 성과의 계산

임가소득	임업소득+농업소득+기타소득
임업소득	임업조수익 – 임업경영비
임업조수익	임업현금수입 + 임산물 가계소비액 + 미처분임산물 증감액 + 임업생산자재 재고증감액 + 임목성장액
임업경영비	임업현금지출 + 감가상각액 + 미처분임산물 재고감소액 + 임업생산자재 재고감소액 + 주(벌)임목 감소액
임업순수익	임업소득 – 가족임금추정액 = 임업조수익 – 임업경영비 – 가족임금추정액
임업의존도	$\frac{임업소득}{임가소득} \times 100$

임업소득률	$\frac{임업소득}{임업조수익} \times 100$
임업소득 가계충족률	$\frac{임업소득}{가계비} \times 100$
자본수익률	$\frac{순수익}{자본} \times 100$

49 치유의 숲 안에 설치할 수 있는 시설에 해당하지 않는 것은?

① 편익시설   ② 위생시설
③ 안정시설   ④ 전기, 통신시설

해설

치유의 숲 시설
산림치유시설, 편익시설, 위생시설, 전기·통신시설, 안전시설이 있으며, 숙박시설, 체육시설, 체험·교육시설은 포함되어 있지 않다.

50 임목의 평균생산량이 최대가 될 때를 벌기령으로 정한 것은?

① 재적수확 최대의 벌기령
② 화폐수익의 최대 벌기령
③ 토지순이익 최대 벌기령
④ 산림순수익 최대 벌기령

해설

재적수확 최대의 벌기령
단위면적당 목재의 (평균)생산량이 최대가 되는 연령을 벌기령으로 정하는 방법이다. 벌기평균생장량(총평균생장량)이 최대인 시기가 적당하다.

51 임지 평가 방식 중 비교방식에 의한 임지평가는?

① 비용가법   ② 매매가법
③ 수익환원가법   ④ 기망가법

정답 47 ③ 48 ④ 49 ③ 50 ① 51 ②

해설

임지의 평가방식

구분	내용
원가방식에 의한 임지평가	임지 비용가법
수익방식에 의한 임지평가	임지 기망가법, 수익환원가법
비교방식에 의한 임지평가	임지 매매가법
절충방식에 의한 임지평가	원가·수익·비교 방식의 절충

52 산림 관리회계에서 주로 다루는 내용으로 옳지 않은 것은?

① 원가평가
② 원가계산
③ 업적평가
④ 계획수립과 특수한 의사결정에 도움이 되는 정보

해설

산림관리회계에서 주로 다루는 내용
원가통제, 원가계산, 업적평가, 계획수립과 특수한 의사결정에 도움이 되는 정보 등이 있다.

53 흉고형수에 대한 설명으로 옳은 것은?

① 지위가 양호할수록 형수가 크다.
② 흉고직경이 작아질수록 형수가 작다.
③ 수고가 작은 나무일수록 형수가 크다.
④ 지하고가 낮고 수관의 양이 적은 나무의 형수가 크다.

해설

흉고형수에 영향을 미치는 주요 인자

주요 인자	형수값
수고가 작을수록	커짐
흉고직경이 작을수록	
지하고가 높고 수관량이 적은 나무일수록	
연령이 많을수록	
지위가 양호할수록	작아짐

54 산림수확조절 기법 중 한 윤벌기를 몇 개의 분기로 나누고, 각 분기의 벌채 재적을 동일하게 하여 수확하는 방식은?

① 면적평분법
② 재적평분법
③ 재적배분법
④ 비례구획윤벌법

해설

재적평분법
한 윤벌기를 몇 개의 분기로 나누고, 각 분기의 벌채 재적을 동일하게 하여 재적수확의 균등을 도모하려는 방식이다.

55 임업투자결정방법에 있어 수익비용률법에 의해 투자효율을 분석하는 식은?

① 수익 ÷ 비용
② 비용 ÷ 수익
③ 수익 − 비용
④ 비용 − 수익

해설

편익비용비법(B/C ratio)
수익비용률법, 편익비용률법, B/C율이라고도 하며, 수익(편익)의 총계를 비용의 총계로 나눈 값에 해당한다.

$$수익비용률 = \frac{현금유입의\ 현재가}{투자비용의\ 현재가} = \frac{수익}{비용}$$

56 지황조사 항목으로 토양의 점토 함유량이 35%인 경우 토양형은?

① 사토(사)
② 양토(양)
③ 사양토(사양)
④ 식양토(식양)

정답 52 ① 53 ③ 54 ② 55 ① 56 ④

해설

토성(土性)

구분	약어	특징
사토	사, S	흙을 비볐을 때, 거의 모래만 감지되는 토양. 점토함량 10% 이하
사양토	사양, SL	모래가 대략 1/3~2/3인 토양. 점토함량 20% 이하
양토	양, L	모래와 미사가 대략 1/3~1/2씩인 토양. 점토함량 27% 이하
식양토	식양, CL	모래와 미사가 대략 1/5~1/2씩인 토양. 점토함량 27~40%
식토	식, C	점토가 대부분인 토양. 점토함량 50% 이상

57 다음 조건의 잣나무 임분에서 하이어(Heyer) 공식법에 의한 표준벌채량(m^3/ha)은?

- 평균 생장량 : 7m^3/ha
- 현실축적 : 350m^3/ha
- 법정축적 : 400m^3/ha
- 갱정기 : 20년
- 조정계수 : 0.9

① 3.8 ② 4.8
③ 5.3 ④ 6.3

해설

하이어(Heyer) 공식법

연간표준벌채량 = 임분의 평균생장량 × 조정계수
$$+ \frac{현실축적 - 법정축적}{갱정기(정리기)}$$
$$= 7 \times 0.9 + \frac{350-400}{20} = 3.8 m^3/ha$$

58 임목평가 방법에 대한 설명으로 옳지 않은 것은?

① 장령림의 임목평가는 임목기망가법을 적용한다.
② 벌기 이상의 임목평가는 시장가역산법을 적용한다.
③ 중령림의 임목평가에는 원가수익절충방법인 Glaser법을 적용한다.
④ 유령림의 임목평가는 비용가법을 적용하며 이자를 포함하지 않는다.

해설

④ 임목비용가는 이율을 포함하여 계산한다.

임령에 따른 임목의 평가법

구분	내용
유령림의 임목평가	임목비용가법
중령림의 임목평가	글라저(Glaser)법
벌기 미만인 장령림의 임목평가	임목기망가법
벌기 이상인 성숙림의 임목평가	시장가역산법

59 임업의 경제적 특성으로 옳지 않은 것은?

① 임업생산은 조방적이다.
② 자연조건의 영향을 많이 받는다.
③ 육성임업과 채취임업이 병존한다.
④ 원목가격의 구성요소는 대부분이 운반비이다.

해설

산림경영(임업)의 경제적 특성
- 육성임업과 채취임업이 병존한다.
- 임업노동은 계절적 제약을 크게 받지 않는다.
- 원목가격의 구성요소는 대부분이 운반비이다.
- 임업생산은 조방적이다.
- 공익성이 커서 제한성이 많다.

정답 57 ① 58 ④ 59 ②

60 임분 수확표에 필요한 인자로 옳지 않은 것은?

① 임지표고
② 지위지수
③ 평균직경
④ 흉고단면적

해설

수확표
수종에 따라 연령별, 지위지수별, 주·부임목별로 산림의 단위면적당 본수, 단면적, 재적, 생장량(연년, 평균)과 평균직경, 평균수고, 평균재적, 생장률 등을 5년마다의 수치로 기록한 표이다.

4과목 임도공학

61 지반고가 시점 10m, 종점 50m이고 수평거리가 1,000m일 때 종단기울기는?

① 4%
② 5%
③ 6%
④ 7%

해설

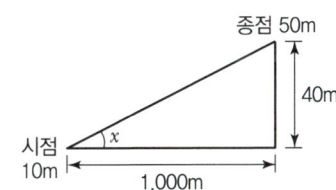

기울기(%) = $\dfrac{수직거리}{수평거리} \times 100 = \dfrac{40}{1,000} \times 100 = 4\%$

62 다각형의 좌표가 다음과 같을 때 면적은?

측점	X	Y
A	3	2
B	6	3
C	9	7
D	4	10
E	1	7

① 33.5m²
② 34.5m²
③ 35.5m²
④ 36.5m²

해설

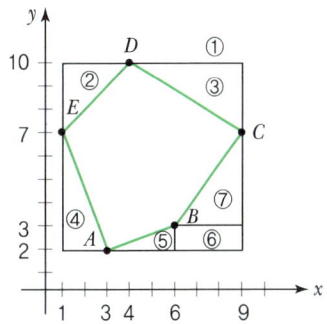

① 전체 사각형 면적 : $8 \times 8 = 64\text{m}^2$

② 삼각형 면적 : $3 \times 3 \times \dfrac{1}{2} = 4.5\text{m}^2$

③ 삼각형 면적 : $5 \times 3 \times \dfrac{1}{2} = 7.5\text{m}^2$

④ 삼각형 면적 : $2 \times 5 \times \dfrac{1}{2} = 5\text{m}^2$

⑤ 삼각형 면적 : $3 \times 1 \times \dfrac{1}{2} = 1.5\text{m}^2$

⑥ 사각형 면적 : $3 \times 1 = 3\text{m}^2$

⑦ 삼각형 면적 : $3 \times 4 \times \dfrac{1}{2} = 6\text{m}^2$

따라서 다각형 좌표의 면적은
①-(②+③+④+⑤+⑥+⑦)
= 64 - (4.5 + 7.5 + 5 + 1.5 + 3 + 6) = 36.5m²

정답 60 ① 61 ① 62 ④

63 중심선측량과 영선측량에 대한 설명으로 옳지 않은 것은?

① 영선측량은 평탄지에서 주로 적용된다.
② 영선측량은 시공기면의 시공선을 따라 측량한다.
③ 중심선측량은 파상지형의 소능선과 소계곡을 관통하여 진행된다.
④ 균일한 사면의 경우에는 중심선과 영선은 일치되는 경우도 있지만 대개 완전히 일치되지 않는다.

해설

영선측량은 영선을 따라 측량하는 것으로 주로 산악지에서 적용하며, 중심선측량은 중심선을 따라 측량하는 것으로 주로 평탄지와 완경사지에서 적용한다.

64 산림토목 공사용 기계 중 토사 굴착에 가장 적합하지 않은 것은?

① 백호우(back hoe)
② 불도저(bulldozer)
③ 트리도저(tree dozer)
④ 트랙터셔블(tractor shovel)

해설

트리도저(Tree dozer)
트리푸셔(pusher)를 장착해 벌목, 제근, 도목 작업 등에 이용하는 벌채용 도저이다.

65 종단기울기가 0인 임도의 중앙점에서 양측 길섶(길어깨)으로 3%의 횡단경사를 주고자 한다. 임도폭이 4m일 경우 양측 길섶은 임도 중앙점보다 얼마나 낮아져야 하는가?

① 1cm
② 2cm
③ 3cm
④ 6cm

해설

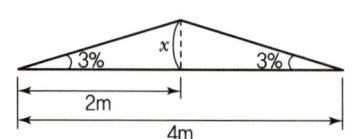

기울기(%)= $\dfrac{높이}{밑변} \times 100$ 에서 3%= $\dfrac{x}{2} \times 100$ 이므로
$x=0.06m=6cm$

66 임도의 횡단면도를 설계할 때 사용하는 축척으로 옳은 것은?

① 1/100
② 1/200
③ 1/1000
④ 1/1200

해설

임도 설계도의 축척 및 기입사항

도면 구분	축척	기입사항
평면도	1 : 1,200	임시기표, 교각점, 측점번호, 사유토지의 지번별 경계, 구조물, 지형지물, 곡선제원
종단면도	횡 1 : 1,000 종 1 : 200	지반고, 계획고, 절토고, 성토고, 종단기울기, 누가거리, 거리, 측점, 곡선
횡단면도	1 : 100	지반고, 계획고, 절토고, 성토고, 단면적(절성토), 지장목 제거, 측구터파기 단면적, 사면보호공 물량

67 임도망 계획 시 고려사항으로 옳지 않은 것은?

① 운재비가 적게 들도록 한다.
② 신속한 운반이 되도록 한다.
③ 운재방법이 다양화되도록 한다.
④ 산림풍치의 보전과 등산, 관광 등의 편익도 고려한다.

정답 63 ① 64 ③ 65 ④ 66 ① 67 ③

해설

임도망 계획 시 고려사항
- 운재비(운반비)가 적게 들도록 한다.
- 신속한 운반이 되도록 한다.
- 운반량에 제한이 없도록 한다.(운반량에 탄력성이 있도록)
- 운재방법이 단일화되도록 한다.
- 날씨와 계절에 따른 운재(운반)능력에 제한이 없도록 한다.
- 목재의 손실이 적도록 한다.
- 산림풍치의 보전과 등산·관광 등의 편익도 고려한다.

68 노면을 쇄석, 자갈로 부설한 임도의 경우 횡단기울기의 설치기준은?

① 1.5~2% ② 3~5%
③ 6~10% ④ 11~14%

해설

횡단기울기 설치기준(간선·지선임도)

구분	횡단기울기
포장을 하지 않은 노면 (쇄석도, 사리도)	3~5%
포장도	1.5~2%

69 급경사지에서 노선거리를 연장하여 기울기를 완화할 목적으로 설치하는 평면선형에서의 곡선은?

① 완화곡선 ② 배향곡선
③ 복심곡선 ④ 반향곡선

해설

배향곡선(헤어핀곡선)
반지름이 작은 원호의 앞이나 뒤에 반대방향 곡선을 넣어 헤어핀 모양으로 된 곡선이다. 급경사지에서 노선거리를 연장하여 종단기울기를 완화할 때나 같은 사면에서 우회할 때 적용한다.

70 어떤 산림의 임도를 설계하고자 할 때 가장 먼저 해야 할 사항은?

① 실측
② 답사
③ 예비조사
④ 설계서 작성

해설

임도설계 업무의 순서
예비조사 → 답사 → 예측 → 실측 → 설계도 작성 → 공사수량 산출 → 설계서 작성

71 임도개설 시 흙을 다지는 목적으로 옳지 않은 것은?

① 압축성의 감소
② 지지력의 증대
③ 흡수력의 감소
④ 투수성의 증대

해설

임도개설 시 흙을 다지는 목적
투수성 감소, 흡수력 감소, 압축성 감소, 지지력 증대 등

72 평판을 한 측점에 고정하고 많은 측점을 시준하여 방향선을 그리고, 거리는 직접 측량하는 방법은?

① 전진법 ② 방사법
③ 도선법 ④ 전방교회법

해설

방사법(사출법)
평판을 한 측점에 고정하고 많은 측점을 시준하여 방향선을 그리고, 거리는 직접 측정하여 도면상에 측점의 위치를 결정하는 방법이다.

정답 68 ② 69 ② 70 ③ 71 ④ 72 ②

73 임목수확작업에서 일반적으로 노동재해의 발생빈도가 가장 높은 신체부위는?

① 손　　　　② 머리
③ 몸통　　　④ 다리

해설

산림수확 작업 시 일반적으로 노동재해의 발생빈도가 가장 높은 신체 부위는 손이며, 하루 중에서는 오후 3시경에 안전사고가 가장 많이 발생한다.

74 임도시공 시 불도저 리퍼에 의한 굴착작업이 어려운 곳은?

① 사암　　　② 혈암
③ 점판암　　④ 화강암

해설

리퍼(ripper)
- 불도저의 뒷면에 부착하는 갈고리와 같은 부속
- 주로 연암이나 단단한 흙의 굴착 및 파쇄작업에 이용
- 화강암, 안산암과 같은 단단한 암석은 굴착이 어려움

75 산림관리 기반시설의 설계 및 시설기준에서 암거, 배수관 등의 유수가 통과하는 배수구조물 등의 통수단면은 최대홍수유량 단면적에 비해 어느 정도 되어야 한다고 규정하고 있는가?

① 1.0배 이상
② 1.2배 이상
③ 1.5배 이상
④ 1.7배 이상

해설

통수단면은 100년 빈도 확률강우량과 홍수도달시간을 이용한 합리식으로 계산된 최대홍수유출량의 1.2배 이상으로 설계 · 설치한다.

76 임도의 유지 및 보수에 대한 설명으로 옳지 않은 것은?

① 노체의 지지력이 약화되었을 경우 기층 및 표층의 재료를 교체하지 않는다.
② 노면고르기는 노면이 건조한 상태보다 어느 정도 습윤한 상태에서 실시한다.
③ 결빙된 노면은 마찰저항이 증대되는 모래, 부순돌, 석탄재, 염화칼슘 등을 뿌린다.
④ 유토, 지조와 낙엽 등에 의하여 배수구의 유수 단면적이 적어지므로 수시로 제거한다.

해설

노체의 지지력이 약화되었을 경우 기층 및 표층에 자갈이나 쇄석 등을 교체하여 지지력을 보강한다.

77 일반적으로 지주를 콘크리트 흙막이나 옹벽 위에 설치하는 비탈면 안정공법은?

① 바자얽기공법
② 낙석저지책공법
③ 돌망태흙막이공법
④ 낙석방지망덮기공법

해설

낙석저지책공법
낙석이 노면으로 떨어지는 것을 방지하기 위해 울타리를 설치하는 공법으로 낙석방지울타리라고도 한다. 주로 기초 콘크리트 흙막이나 옹벽 위에 설치하여 비탈면의 안정을 도모한다.

78 임도노선의 곡선설정 시 사용되는 식에서 곡선 반지름과 tan(교각/2) 값을 곱하여 알 수 있는 것은?

① 곡선길이　　② 곡선반경
③ 외선길이　　④ 접선길이

정답 73 ① 74 ④ 75 ② 76 ① 77 ② 78 ④

해설

접선길이 $T.L = R \cdot \tan \dfrac{\theta}{2}$

여기서, R : 곡선반지름
θ : 교각

79 개발지수에 대한 설명으로 옳지 않은 것은?

① 노망의 배치상태에 따라서 이용효율성은 크게 달라진다.
② 개발지수 산출식은 평균집재거리와 임도밀도를 곱한 값이다.
③ 임도가 이상적으로 배치되었을 때는 개발지수가 10에 접근한다.
④ 임도망이 어느 정도 이상적인 배치를 하고 있는가를 평가하는 지수이다.

해설

임도가 이상적으로 균일하게 배치되었을 때는 개발지수가 1이다.

80 임도에 설치하는 대피소의 유효길이 기준은?

① 5m 이상
② 10m 이상
③ 15m 이상
④ 20m 이상

해설

대피소의 설치기준

구분	기준
간격	300m 이내
너비	5m 이상
유효길이	15m 이상

5과목 사방공학

81 땅밀림 침식에 대한 설명으로 옳지 않은 것은?

① 침식의 규모는 1~100ha이다.
② 5~20°의 경사지에서 발생한다.
③ 사질토로 된 곳에서 많이 발생한다.
④ 침식의 이동속도가 10mm/day 이하로 느리다.

해설

땅밀림 침식의 특징
이동속도가 10mm/day 이하로 느리고, 침식의 규모는 1~100ha로 크며, 5~20°의 완경사지에서 주로 발생한다. 토질은 점성토에서 잘 발생한다.

82 사방사업 대상지로 가장 거리가 먼 것은?

① 황폐계류
② 황폐산지
③ 벌채 대상지
④ 생활권 훼손지

해설

사방사업 시공 대상지
유형에 따라 황폐지, 붕괴지(무너진 땅), 땅밀림지(밀린 땅), 훼손지 등으로 구분하며, 주로 자연적 현상에 의해 발생하나 훼손지는 인위적 요인에 의해 발생한다.

83 조도계수가 가장 큰 수로는?

① 흙수로
② 야면석수로
③ 콘크리트수로
④ 큰 자갈과 수초가 많은 흙수로

해설

바진(Bazin)의 신공식에서 '큰 자갈과 수초가 많은 흙수로(황폐계류)'일 때 조도계수의 값이 가장 크다.

정답 79 ③ 80 ③ 81 ③ 82 ③ 83 ④

84 경사지에서 침식이 계속되는 비탈면을 따라 작은 물길에 의해 일어나는 빗물침식은?

① 구곡침식
② 면상침식
③ 우적침식
④ 누구침식

해설

빗물(강우)에 의한 침식의 발달단계

우격침식 (雨擊浸蝕)	토양 표면에서 빗방울의 타격으로 인한 가장 초기 상태의 침식
면상침식 (面狀浸蝕)	토양의 얕은 층이 전면에 걸쳐 넓게 유실되는 현상
누구침식 (涙溝浸蝕)	• 토양 표면에 잔 도랑이 불규칙하게 생기면서 깎이는 현상 • 침식이 계속되는 비탈면을 따라 흐르는 작은 물길에 의해 발생
구곡침식 (溝谷浸蝕)	• 도랑이 커지면서 심토까지 심하게 깎이는 현상 • 누구침식이 점점 더 진행되어 규모가 커지고 보다 깊고 넓은 골을 형성하는 왕성한 침식형태

85 사방댐에 설치하는 물받침에 대한 설명으로 옳지 않은 것은?

① 앞댐, 막돌놓기 등의 공사를 함께 한다.
② 사방댐 본체나 측벽과 분리되도록 설치한다.
③ 방수로를 월류하여 낙하하는 유수에 의해 대수면 하단이 세굴되는 것을 방지한다.
④ 토석류의 충돌로 인해 발생하는 충격이 사방댐 본체와 측벽에 바로 전달되지 않도록 한다.

해설

방수로에서 떨어지는 유수의 낙차에 의한 반수면 하단의 세굴을 방지한다.

86 답압으로 인한 임지 피해에 대한 설명으로 옳지 않은 것은?

① 휴양활동이 많은 곳에서 많이 발생한다.
② 답압이 지속되면 지표면에 쌓인 낙엽층이 손실된다.
③ 답압에 의해 토양입자가 서로 완화되어 토양 유실이 감소한다.
④ 답압된 토양 속으로 물이 침투되기 어려워 지표유출이 증가한다.

해설

답압이 지속되면 지표면에 쌓인 낙엽층이 소실되어, 지표면이 드러나고 토양유실이 증가하며, 답압된 토양 속으로 물이 침투되기 어려워 지표유출이 증가한다.

87 비탈면에서 분사식 씨뿌리기에 사용되는 혼합재료가 아닌 것은?

① 비료
② 종자
③ 전착제
④ 천연섬유 네트

해설

분사식 씨뿌리기공법(분사식 파종공법)
종자, 비료, 양생제, 전착제를 물과 함께 혼합한 것을 사면에 기계로 압력·분사하여 파종하는 공법이다.

88 산지 붕괴현상에 대한 설명으로 옳지 않은 것은?

① 토양 속의 간극수압이 낮을수록 많이 발생한다.
② 풍화토층과 하부기관의 경계가 명확할수록 많이 발생한다.
③ 화강암계통에서 풍화된 사질토와 역질토에서 많이 발생한다.
④ 풍화토층에 점토가 결핍되면 응집력이 약화되어 많이 발생한다.

정답 84 ④ 85 ③ 86 ③ 87 ④ 88 ①

해설

공극 사이에 존재하는 물의 압력(공극수압)이 증가하면 수분이 이동하게 되고 붕괴가 일어나게 된다. 즉, 공극수압이 클 때 붕괴가 많이 발생한다.

89 선떼붙이기 공법에서 급수별 떼 사용 매수로 옳은 것은?(단, 떼 크기는 40cm×25cm)

① 1급 : 3.75매/m ② 3급 : 10매/m
③ 5급 : 6.25매/m ④ 8급 : 12.5매/m

해설

급수별 1m당 떼 사용 매수

1급	3급	5급	6급	7급	8급
12.5매	10매	7.5매	6.25매	5매	3.75매

90 새집공법 적용에 가장 적당한 곳은?

① 절개 암반지 ② 산불 피해지
③ 사질 성토사면 ④ 사질 절토사면

해설

새집공법
암벽면의 요철 부분에 터파기를 하고 반달형 제비집 모양으로 돌을 쌓아 그 안을 흙으로 채우고 식생을 도입하는 공법이다. 경암지역의 땅깎기비탈면(절개 암반지) 안정에 가장 적합하다.

91 경사가 완만하고 수량이 적으며 토사의 유송이 적은 곳에 가장 적합한 산복수로는?

① 떼(붙임)수로 ② 콘크리트수로
③ 돌(찰붙임)수로 ④ 돌(메붙임)수로

해설

떼붙임수로(떼수로)의 시공 적지
- 집수구역이 좁고, 경사가 완만하고, 유량이 적으며, 토사 유송이 적거나 없는 곳
- 상수(常水)가 없는 곳

92 유역면적이 100ha이고 최대시우량이 150mm/h일 때 임상이 좋은 산림지역의 홍수유량은?(단, 유거계수는 0.35)

① 약 $0.14m^3/sec$
② 약 $1.46m^3/sec$
③ 약 $14.58m^3/sec$
④ 약 $145.83m^3/sec$

해설

시우량법(유역면적의 단위가 ha일 때)

$$Q = \frac{1}{360} \times K \cdot A \cdot m = \frac{1}{360} \times 0.35 \times 100 \times 150$$

$$= 14.583... \therefore 약 14.58m^3/s$$

여기서, Q : 최대홍수유량(m^3/s)
K : 유거계수
A : 유역면적
m : 최대시우량(mm/h)

93 산지사방의 기초공사에 해당하는 것은?

① 바자얽기 ② 수평구공법
③ 선떼붙이기 ④ 땅속흙막이

해설

산지사방공사의 종류

기초공사	비탈다듬기(뭉기기), 단끊기, 땅속흙막이(묻히기), 산비탈흙막이(산복흙막이), 누구막이, 산비탈배수로(산복수로, 산비탈수로내기), 속도랑(배수구)
녹화공사	바자얽기(편책공, 목책공), 선떼붙이기, 조공, 줄떼시공(줄떼다지기, 줄떼붙이기, 줄떼심기), 평떼시공(평떼붙이기, 평떼심기), 단쌓기(떼단쌓기), 비탈덮기(거적덮기), 등고선구공법(수평구공법), 새심기, 씨뿌리기(파종공법), 종비토뿜어붙이기, 나무심기(식재공법)

정답 89 ② 90 ① 91 ① 92 ③ 93 ④

94 파종한 종자의 유실을 방지하기 위하여 급경사 비탈면에 시공하는 것으로 가장 적합한 공법은?

① 떼단쌓기 ② 비탈덮기
③ 선떼붙이기 ④ 줄떼다지기

해설

비탈덮기
표면침식 방지 및 토양수분 보전을 위하여 단과 단 사이의 비탈면이나 급경사 나지비탈면을 여러 재료로 덮어주어 종자의 유실을 방지하고 식생의 활착과 녹화를 조장하는 공법이다.

95 물에 의한 침식의 종류가 아닌 것은?

① 지중침식 ② 사구침식
③ 하천침식 ④ 우수침식

해설

가속침식의 종류

물침식(수식)	우수(빗물)침식, 하천침식, 지중침식, 바다침식
중력침식	붕괴형 침식, 지활형 침식, 유동형 침식, 동상침식
바람침식(풍식)	해안사구(모래언덕)침식, 내륙사구침식

96 비탈면 안정녹화공법에 대한 설명으로 옳지 않은 것은?

① 사초심기, 사지식수공법 등이 있다.
② 수목 식재 시에는 비탈면 기울기를 완화시킨다.
③ 규모가 큰 비탈의 경우에는 소단을 분할하여 설치한다.
④ 콘크리트 블록이나 옹벽에는 덩굴식물을 심어 은폐한다.

해설

사초심기와 사지식수공법은 해안사방으로 모래언덕을 조성하거나 유지하기 위한 공법이다.

97 계류의 바닥 폭이 4m, 양안의 경사각이 모두 45°이고, 높이가 2.4m일 때의 계류횡단 면적(m²)은?

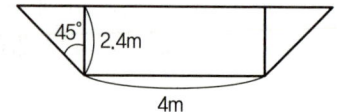

① 15.16 ② 15.36
③ 16.36 ④ 14.26

해설

사다리꼴 넓이 공식을 이용한다.

넓이 = (윗변+아랫변) × 높이 × $\frac{1}{2}$

= {(2.4+4+2.4)+4} × 2.4 × $\frac{1}{2}$ = 15.36m²

98 사방댐에 대한 설명으로 옳지 않은 것은?

① 계상기울기를 완화하여 계류의 침식을 방지한다.
② 가장 많이 이용되는 것은 중력식 콘크리트 사방댐이다.
③ 황폐한 계류에서 돌, 흙, 모래, 유목 등 각종 침식유송물을 저지한다.
④ 한 개의 높은 사방댐의 대용으로 낮은 사방댐을 연속적으로 만들 수 없다.

해설

단독의 높은 댐과 연속된 낮은 댐군의 선택은 그 지역의 토사생산의 특성과 시공 및 유지의 난이도를 충분히 검토하여 결정한다. 즉, 한 개의 높은 사방댐의 대용으로 낮은 사방댐을 연속적으로 만들 수 있다.

정답 94 ② 95 ② 96 ① 97 ② 98 ④

99 붕괴지 현황조사 항목에서 붕괴 3요소에 해당되지 않는 것은?

① 붕괴 형태
② 붕괴 면적
③ 붕괴 평균깊이
④ 붕괴 평균경사각

해설

사면붕괴의 3요소(붕괴지 현황조사 항목)
붕괴 평균경사각, 붕괴 평균깊이, 붕괴 면적

100 사방댐 설계를 위한 안정조건이 아닌 것은?

① 전도에 대한 안정
② 풍력에 대한 안정
③ 지반 지지력에 대한 안정
④ 제체의 파괴에 대한 안정

해설

중력댐(사방댐)의 안정조건
전도에 대한 안정, 활동에 대한 안정, 제체의 파괴에 대한 안정, 기초지반의 지지력에 대한 안정

정답 99 ① 100 ②

2023년 3회 기출복원문제

▶ 산림기사

1과목 조림학

01 묘포지 선정 조건으로 가장 적합한 것은?
① 평탄한 점질토양
② 10° 정도의 경사지
③ 남쪽지방에서 남향
④ 배수가 좋은 사양토

해설
묘포지의 선정 조건(묘포의 적지 선정 시 고려사항)
- 사양토나 식양토로 너무 비옥하지 않은 곳
- 평탄지보다 관배수가 좋은 5° 이하의 완경사지인 곳
- 따뜻한 남쪽 지방에서는 북향이 유리

02 대면적의 임분을 한꺼번에 벌채하여 측방 천연하종으로 갱신하는 방법은?
① 택벌작업
② 개벌작업
③ 산벌작업
④ 보잔목작업

해설
개벌작업
갱신지의 모든 임목을 일시에 벌채하는 방법으로 벌채 후에는 인공갱신과 천연갱신이 모두 가능하다.

03 염기성 토양에 가장 잘 견디는 수종은?
① 곰솔
② 오리나무
③ 떡갈나무
④ 가문비나무

해설
토양산도에 따른 적합 수종

강산성	소나무, 곰솔, 리기다소나무, 낙엽송(일본잎갈나무), 가문비나무, 전나무, 잣나무, 노간주나무, 밤나무, 진달래, 아까시나무, 싸리나무, 사방오리나무
약산성 (pH 5.5~6.5)	대부분의 수목, 참나무, 단풍나무, 피나무, 느릅나무
알칼리성 (염기성)	회양목, 오리나무, 물푸레나무, 사시나무(포플러), 개오동나무, 서어나무, 호두나무, 백합나무, 측백나무

04 결실주기가 5년 이상인 수종은?
① *Salix koreensis*
② *Larix kaempferi*
③ *Betula platyphylla*
④ *Chamaecyparis obtusa*

해설
주요 수종의 결실 주기

매년(해마다)	오리나무류, 포플러류, 버드나무류
격년결실	오동나무, 소나무류, 자작나무류, 아까시나무
2~3년	낙우송, 참나무류(상수리, 굴참), 들메나무, 느티나무, 삼나무, 편백
3~4년	가문비나무, 전나무, 녹나무
5년 이상	낙엽송(일본잎갈나무, *Larix kaempferi*), 너도밤나무

정답 01 ④ 02 ② 03 ② 04 ②

05 식재밀도에 따른 수목 생장에 대한 설명으로 옳은 것은?

① 식재밀도가 높으면 초살형으로 자란다.
② 식재밀도가 높을수록 단목재적이 빨리 증가된다.
③ 식재밀도는 수고생장보다 직경생장에 더 큰 영향을 끼친다.
④ 식재밀도가 낮으면 경쟁이 완화되어 단목의 생활력이 약해진다.

해설

묘목의 식재밀도에 따른 특징
- 식재밀도가 높을수록 연륜폭이 좁아져 지름은 가늘지만 완만한 목재를 생산할 수 있으며, 가지의 생장이 억제되어 총생산량 중 가지의 비율이 감소하고 간재적의 비율은 증가한다.
- 반면, 밀도가 낮을수록 단목재적은 빨리 증가하여 직경생장이 좋아지고 초살도가 높은 용재를 생산한다.
- 식재밀도는 수고생장에도 영향을 주지만 직경생장에 더 큰 영향을 끼친다.

06 제벌 작업에 대한 설명으로 옳은 것은?

① 6~9월에 실시하는 것이 좋다.
② 숲가꾸기 과정에서 한 번만 실시한다.
③ 간벌 이후에 불량목을 제거하기 위해 실시한다.
④ 산림경영 과정에서 중간 수입을 위해서 실시한다.

해설

제벌시기
- 식재 후에 조림목이 임관을 형성한 후부터 간벌하기 이전에 실행한다.
- 풀베기 작업이 끝나고 3~5년 후부터 간벌이 시작될 때까지 2~3회 실시한다.
- 일 년 중에서는 6~9월(여름)에 실시하는 것이 가장 좋다.

07 난대성 수종에 해당하지 않는 것은?

① *Abies nephrolepis*
② *Pittosporum tobira*
③ *Machilus thunbergii*
④ *Cinnamomum camphora*

해설

난대성 수종
- 활엽수 : 가시나무, 붉가시나무, 호랑가시나무, 동백나무, 사철나무, 후박나무(*Machilus thunbergii*), 구실잣밤나무, 생달나무, 녹나무(*Cinnamomum camphora*), 감탕나무, 돈나무(*Pittosporum tobira*), 먼나무, 아왜나무, 식나무, 꽝꽝나무, 멀구슬나무 등
- 침엽수 : 삼나무, 편백나무 등

08 종자가 5월경에 성숙하는 수종은?

① 회화나무
② 사시나무
③ 자작나무
④ 구상나무

해설

주요 수종의 종자 성숙기

5월	사시나무류, 미루나무, 버드나무류, 황철나무, 양버들
6월	느릅나무, 벚나무, 시무나무, 비술나무
7월	회양목, 벚나무
8월	스트로브잣나무, 향나무, 섬잣나무, 귀룽나무, 노간주나무
9~10월	대부분의 수종
11월	동백나무, 회화나무

정답 05 ③ 06 ① 07 ① 08 ②

09 수목에 나타나는 미량요소 결핍증에 대한 설명으로 옳지 않은 것은?

① 아연이 결핍되면 잎이 작아진다.
② 철 결핍은 주로 알칼리성 토양에서 일어난다.
③ 구리가 결핍되면 잎 끝부분부터 괴사현상이 일어난다.
④ 칼륨 결핍 증상은 잎에 검은 반점이 생기거나 주변에 황화현상이 나타나는 것이다.

해설

구리(Cu)
매우 적은 양만 필요하여 결핍현상이 나타나기가 극히 드물지만, 소나무의 어린 줄기와 잎이 꼬이는 증상이 나타난다.

10 수목 체내의 질소화합물에 해당하지 않는 것은?

① 핵산 관련 그룹
② 대사의 2차 산물 그룹
③ 아미노산과 단백질 그룹
④ 지방산과 지방산 유도체 그룹

해설

식물 체내의 질소화합물
- 아미노산과 단백질 그룹, 핵산 관련 그룹, 대사 중개물질 그룹, 대사의 2차 산물 그룹
- 지방산과 지방산 유도체는 지질의 종류이다.

11 소나무의 구과 발달에 대한 설명으로 옳은 것은?

① 개화한 후 빨라 자라서 3~4개월 만에 성숙한다.
② 개화한 그 해 5~6월경에 빨리 자라서 수정하고 가을에 성숙한다.
③ 개화한 해에 수정해서 크게 되고, 다음 해에는 크게 자라지 않으며, 2년째 가을에 성숙한다.
④ 개화한 해에는 거의 자라지 않고, 다음 해 5~6월경에 빨리 자라서 수정하며, 2년째 가을에 성숙한다.

해설

침엽수종의 4가지 구과 발달 형태
- 개화한 해의 5~6월경에 빨리 자라 수정하고 가을에 성숙 **예** 삼나무
- 개화한 해에 수정하여 크게 자라고, 다음 해에는 크게 자라지 않으며, 2년째 가을에 성숙 **예** 향나무
- 개화한 해에는 거의 자라지 않고, 다음 해 5~6월경에 빨리 자라 수정하여 2년째 가을에 성숙 **예** 소나무
- 개화한 해에는 거의 자라지 않고, 다음 해 봄에 수정하여 크게 자라며 3년째 가을에 성숙 **예** 노간주나무

12 Hawley의 간벌방법 중 피압목부터 제거하는 방법은?

① 택벌간벌　② 상층간벌
③ 하층간벌　④ 기계적간벌

해설

하층간벌
처음에는 가장 낮은 수관층의 피압목을 벌채하고 점차로 높은 층의 수목을 벌채하는 방법이다.

13 광합성 색소인 카로테노이드(carotenoids)에 관한 설명으로 옳지 않은 것은?

① 식물에서 노란색, 오렌지색, 빨간색 등을 나타내는 색소이다.
② 광도가 높을 경우 광산화작용에 의한 엽록소의 파괴를 방지한다.
③ 식물체내에 있는 색소 중에서 광질에 반응을 나타내며 광주기 현상과 관련된다.
④ 엽록소를 보조하여 햇빛을 흡수함으로써 광합성이 보조색소 역할을 담당한다.

정답 09 ③　10 ④　11 ④　12 ③　13 ③

해설

광질에 반응을 나타내며 광주기 현상과 관련 있는 것은 파이토크롬(phytochrome)이다.

14 가지치기의 목적과 효과에 대한 설명으로 옳지 않은 것은?

① 무절재를 생산한다.
② 역지 이하의 가지를 제거한다.
③ 산불 발생 시 수간화를 줄여준다.
④ 연륜폭을 조절하여 수간의 완만도를 높인다.

해설

가지치기의 효과
- 마디가 없는 무절 완만재를 생산할 수 있다.
- 수간 상층부에 직경생장이 집중되어 수간의 완만도가 향상된다.
- 연륜폭도 고르게 발달하며, 신장생장이 증가하여 수고 생장을 촉진한다.
- 하층목에 수광량이 증가하여 생장을 촉진시킨다.
- 지조(枝條)의 연소물을 제거하므로 수관화의 위험성을 경감시킨다.

15 잣나무 묘목을 가로 2.5m, 세로 2.0m 간격으로 2ha에 식재할 경우 필요한 묘목 본수는?

① 100주 ② 400주
③ 1,000주 ④ 4,000주

해설

장방형 식재

$N = \dfrac{A}{a \times b} = \dfrac{20,000}{2.5 \times 2} = 4,000$주

여기서, N : 소요 묘목 본수
A : 조림지 면적(m²)
a : 묘간거리(m)
b : 줄사이거리(m)

16 택벌작업을 통한 갱신방법에 대한 설명으로 옳은 것은?

① 양수 수종 갱신이 어렵다.
② 병충해에 대한 저항력이 낮다.
③ 임목벌채가 용이하여 치수 보존에 적당하다.
④ 일시적인 벌채량이 많아 경제적으로 효율적이다.

해설

택벌작업
- 성숙한 임목만을 선택적으로 골라 벌채하는 작업법이다.
- 내음성이 약한 양수 갱신에는 적용하기 힘들다.
- 병충해 및 기상피해에 대한 저항력이 높다.
- 작업과정에서 하층목(치수)의 손상이 많다.
- 일시적인 벌채량은 적어 경제적으로 비효율적이다.

17 모수작업에 의한 갱신이 가장 유리한 수종은?

① 소나무
② 잣나무
③ 호두나무
④ 상수리나무

해설

모수작업

모수를 제외한 나머지 임지는 일시에 노출되므로 주로 소나무, 곰솔(해송), 자작나무 등 양수의 천연갱신에 유리하며, 음수는 적합하지 않다.

18 비교적 작은 입자(2~5mm)로 구성되어 모서리가 둥글고 딱딱하고 치밀하며 주로 건조한 곳에서 발달하는 토양 구조는?

① 벽상 구조 ② 입상 구조
③ 단립상 구조 ④ 세립상 구조

정답 14 ③ 15 ④ 16 ① 17 ① 18 ②

해설

입상구조
- 모서리가 둥근 구형의 토괴로 비교적 작은 입자(2~5mm)로 구성되어 딱딱하며 치밀한 구조
- 주로 건조한 곳에서 발달하는 토양 구조
- 식물 생육에 가장 좋은 구조로 보수성, 통기성이 좋음

19 음이온의 형태로 수목의 뿌리로부터 흡수되는 것은?

① K ② Ca
③ NH₄ ④ SO₄

해설

양분의 이온 형태
- K(칼륨) → K^+, Ca(칼슘) → Ca^{2+}
  NH₄(암모늄) → NH_4^+, SO₄(황산) → SO_4^{2-}
- NO_3^-(질산이온), SO_4^{2-}(황산이온), PO_4^{3-}(인산이온) 등의 이온은 음이온의 형태로 수목의 뿌리로부터 흡수된다.

20 순림의 장점이 아닌 것은?

① 병충해에 강하다.
② 간벌 등 작업이 용이하다.
③ 조림이 경제적으로 될 수 있다.
④ 경관상으로 더 아름다울 수 있다.

해설

순림은 경제적 측면에서는 이로울 수 있으나, 각종 병해충에는 취약한 단점이 있다.

2과목 산림보호학

21 대추나무빗자루병 방제 약제로 가장 적합한 것은?

① 베노밀 수화제
② 아진포스메틸 수화제
③ 스트렙토마이신 수화제
④ 옥시테트라사이클린 수화제

해설

파이토플라스마(phytoplasma)
- 수병 : 대추나무빗자루병, 오동나무빗자루병, 뽕나무오갈병
- 옥시테트라사이클린(oxytetracycline)계 항생물질의 수간주사로 치료가 가능

22 완전변태과정을 거치지 않는 것은?

① 벌목
② 나비목
③ 노린재목
④ 딱정벌레목

해설

곤충의 변태

완전변태 (完全變態)	• 유충이 번데기 시기를 거쳐 성충이 되는 것 • 알 → 유충 → 번데기 → 성충 • 벌목, 나비목, 딱정벌레목, 파리목, 벼룩목 등
불완전변태 (不完全變態)	• 성숙한 약충이 번데기 시기를 거치지 않고 바로 성충이 되는 것 • 알 → 약충 → 성충 • 잠자리목, 매미목, 노린재목, 대벌레목, 메뚜기목, 하루살이목 등

정답 19 ④ 20 ① 21 ④ 22 ③

23 도토리거위벌레에 대한 설명으로 옳지 않은 것은?

① 유충으로 월동한다.
② 산란하는 곳은 어린 가지의 수피이다.
③ 우화한 성충은 도토리에 주둥이를 꽂고 흡즙 가해한다.
④ 도토리가 달린 가지를 주둥이로 잘라 땅에 떨어뜨린다.

해설

도토리거위벌레
- 연 1회 발생하며, 땅속에서 흙집을 짓고 노숙유충으로 월동한다.
- 우화 성충은 도토리에 주둥이를 꽂고 흡즙 가해하며, 도토리에 구멍을 뚫고 산란한 후 도토리가 달린 가지째 주둥이로 잘라 땅에 떨어뜨린다.

24 나무주사 방법에 대한 설명으로 옳지 않은 것은?

① 소나무류에는 주로 중력식 주사를 사용한다.
② 형성층 안쪽의 목부까지 구멍을 뚫어야 한다.
③ 모젯(Mauget) 수간주사기는 압력식 주사이다.
④ 중력식 주사는 약액의 농도가 낮거나 부피가 클 때 사용한다.

해설

소나무류에는 주로 압력식 주사를 사용하며, 소나무재선충의 예방약제인 아바멕틴 유제 등을 수간주사할 때 이용한다.

25 세균에 의한 수목병은?

① 뽕나무오갈병
② 소나무줄기녹병
③ 포플러모자이크병
④ 호두나무뿌리혹병

해설

세균에 의한 수병
뿌리혹병, 밤나무눈마름병, 불마름병

26 밤바구미에 대한 설명으로 옳지 않은 것은?

① 참나무류의 도토리에도 피해가 발생한다.
② 산란기간은 8월에서 10월까지이며 최성기는 9월이다.
③ 유충이 똥을 밖으로 배출하므로 피해식별이 용이하다.
④ 9월 하순 이후부터 피해종실에서 탈출한 노숙유충이 흙집을 짓고 월동한다.

해설

밤바구미
- 밤나무, 참나무류를 가해하며, 유충이 밤이나 도토리의 과육을 식해하여 피해를 준다.
- 유충이 배설물을 밖으로 배출하지 않으며 벌레 먹은 흔적도 없어 외견상으로는 피해 식별이 어렵다.

27 밤나무 종실을 가해하는 해충은?

① 솔알락명나방
② 복숭아명나방
③ 복숭아심식나방
④ 백송애기잎말이나방

해설

복숭아명나방
- 밤나무, 복숭아나무, 사과나무 등 다수의 종실을 가해하는 다식성 해충이다.
- 복숭아명나방과 밤바구미는 밤나무의 주요한 종실을 가해하는 해충이다.

정답 23 ② 24 ① 25 ④ 26 ③ 27 ②

28 오리나무갈색무늬병의 방제법으로 옳지 않은 것은?

① 윤작을 피한다.
② 종자소독을 한다.
③ 솎아주기를 한다.
④ 병든 낙엽은 모아 태운다.

해설

오리나무갈색무늬병 방제법
- 연작을 피하고, 윤작을 실시한다.
- 병든 낙엽은 제거하고 소각하며, 종자는 소독한다.
- 잎이 발생하기 전부터 보호살균제인 보르도액을 살포한다.
- 밀식 시에는 솎아주기를 한다.

29 태풍 피해가 예상되는 지역에서의 적절한 육림방법으로 옳은 것은?

① 갱신 시에 임분밀도는 높이는 것이 유리하다.
② 이령림은 유리하나 혼효림 조성은 효과가 크지 않다.
③ 간벌을 충분히 하여 수간의 직경생장을 증가시킨다.
④ 개벌이 불가피한 지역에서는 가급적 대면적으로 실시한다.

해설

태풍 피해가 예상되는 지역에서의 적절한 육림방법
- 각종 위해에 강한 혼효림을 조성한다.
- 간벌을 충분히 하여 수간의 직경생장을 촉진시킨다.
- 갱신 시 임분의 밀도가 높으면 근계의 발달과 생장이 빈약한 수목이 많아 피해가 커지므로 적당한 밀도를 유지한다.
- 개벌이 불가피한 지역에서는 가급적 소면적으로 실시한다.

30 모잘록병 방제방법으로 옳지 않은 것은?

① 질소질 비료를 많이 준다.
② 병든 묘목은 발견 즉시 뽑아 태운다.
③ 병이 심한 묘포지는 돌려짓기를 한다.
④ 묘상이 과습하지 않도록 배수와 통풍에 주의한다.

해설

모잘록병 방제법
- 모잘록병은 토양전염성 병이므로 토양소독 및 종자소독을 실시한다.
- 배수와 통풍이 잘 되어 묘상이 과습하지 않도록 주의한다.
- 질소질 비료의 과용을 피하며, 인산질, 칼륨질 비료를 충분히 주어 묘목이 강건히 자라도록 돕는다.
- 파종량을 적게 하여 과밀하지 않도록 하며, 복토는 두껍지 않게 한다.
- 병든 묘목은 발견 즉시 뽑아서 소각한다.
- 병이 심한 묘포지는 돌려짓기(윤작)를 한다.

31 식엽성 해충이 아닌 것은?

① 솔나방   ② 솔수염하늘소
③ 미국흰불나방   ④ 오리나무잎벌레

해설

해충의 가해양식에 따른 분류

구분		내용
식엽성(食葉性)		미국흰불나방, 솔나방, 매미나방(집시나방), 오리나무잎벌레, 텐트나방(천막벌레나방), 어스렝이나방(밤나무산누에나방), 잣나무넓적잎벌, 솔노랑잎벌, 호두나무잎벌레, 참나무재주나방, 느티나무벼룩바구미(유충), 버들잎벌레, 대벌레
흡즙성 (吸汁性)	잎	버즘나무방패벌레, 진달래방패벌레, 느티나무벼룩바구미(성충), 점박이응애, 뽕나무이
	줄기	솔껍질깍지벌레

정답 28 ① 29 ③ 30 ① 31 ②

구분		내용
천공성(穿孔性)		소나무좀, 박쥐나방, 알락박쥐나방, 향나무하늘소(측백하늘소), 가루나무좀, 알락하늘소, 미끈이하늘소, 솔수염하늘소, 북방수염하늘소, 털두꺼비하늘소, 버들바구미, 광릉긴나무좀
충영성(蟲癭性)	잎	솔잎혹파리, 아까시잎혹파리, 외줄면충
	눈	밤나무혹벌
종실(種實) 가해		밤바구미, 복숭아명나방, 솔알락명나방, 도토리거위벌레

32 소나무재선충병에 대한 설명으로 옳지 않은 것은?

① 토양관주는 방제 효과가 없어 실시하지 않는다.
② 아바멕틴 유제로 나무주사를 실시하여 방제한다.
③ 피해목 내 매개충을 구제하기 위해 벌목한 피해목을 훈증한다.
④ 나무주사는 수지 분비량이 적은 12~2월 사이에 실시하는 것이 좋다.

해설

소나무재선충병 방제법
- 피해고사목은 벌채하여 소각하거나 메탐소듐 액제로 밀봉 훈증한다.
- 소나무 주변으로 포스티아제이트 액제를 이용한 토양관주를 실시하여 토양을 소독한다.
- 예방약제인 아바멕틴 또는 에마멕틴벤조에이트의 살충제를 수지분비량이 적은 12~2월에 나무 주사한다.

33 바다 바람에 대한 저항력이 큰 수종으로만 옳게 짝지어진 것은?

① 화백, 편백
② 소나무, 삼나무
③ 벚나무, 전나무
④ 향나무, 후박나무

해설

염풍 피해 수종
- 염풍에 약한 수종 : 소나무, 삼나무, 벚나무, 전나무, 편백, 화백, 사과나무, 배나무
- 염풍에 강한 수종 : 해송(곰솔), 팽나무, 후박나무, 자귀나무, 돈나무, 사철나무, 향나무

34 솔껍질깍지벌레가 바람에 의해 피해지역이 확대되는 것과 관련이 있는 충태는?

① 알
② 약충
③ 성충
④ 번데기

해설

솔껍질깍지벌레
- 성충과 약충이 해송과 소나무의 줄기에 긴 주둥이를 꽂고 즙액을 흡습하여 피해를 준다.
- 부화약충이 바람을 타고 이동하므로 바람이 많이 부는 해안지역에 피해 확산이 빠르다.

35 산림해충의 임업적 방제법에 속하지 않는 것은?

① 내충성 품종으로 조림하여 피해 최소화
② 혼효림을 조성하여 상태계의 안정성 증가
③ 천적을 이용하여 유용식물 피해 규모 경감
④ 임목밀도를 조절하여 건전한 임목으로 육상

해설

해충의 임업적 방제
혼효림과 복층림 조성, 임분밀도 조절, 내충성 수종 식재, 임지환경 개선, 시비 등

정답 32 ① 33 ④ 34 ② 35 ③

36 볕데기(sun scorch)가 잘 일어나지 않는 경우는?

① 남서방향 임연부의 성목
② 울폐된 숲이 갑자기 개방된 경우
③ 수간 하부까지 지엽이 번성한 수종
④ 수피가 평활하고 코르크층이 발달되지 않은 수종

> **해설**
> 볕데기의 피해가 적거나 없는 수종
> • 수피의 코르크층이 발달한 수종 : 굴참나무, 상수리나무
> • 수간 하부까지 지엽이 번성하여 수피를 보호하는 수종
> • 볕데기가 발생할 만한 두꺼운 수간이 아직 발달하지 않은 치수

37 곤충의 더듬이를 구성하는 요소가 아닌 것은?

① 자루마디
② 채찍마디
③ 팔굽마디
④ 도래마디

> **해설**
> 더듬이는 머리쪽으로부터 자루(기부)마디, 팔굽(흔들)마디, 채찍마디의 세 부분이다.

38 대추나무빗자루병에 대한 설명으로 옳은 것은?

① 균류에 의해 전반된다.
② 토양에 의해 전반된다.
③ 공기에 의해 전반된다.
④ 분주에 의해 전반된다.

> **해설**
> 대추나무빗자루병
> • 파이토플라스마에 의한 수목병이다.
> • 파이토플라스마는 전신감염성으로 병든 수목에서 채취한 접수 및 삽수를 이용하거나 분주(포기 나누기) 등을 실시할 때 전염된다.

39 잣나무털녹병균의 중간기주는?

① 현호색
② 송이풀
③ 뱀고사리
④ 참나무류

> **해설**
> 이종기생녹병균의 중간기주
>
> | | |
> |---|---|
> | 잣나무털녹병 | 송이풀, 까치밥나무 |
> | 소나무잎녹병 | 황벽나무, 참취, 잔대, 쑥부쟁이 |
> | 소나무혹병 | 졸참나무 등의 참나무류 |
> | 배나무붉은별무늬병 | 향나무 |

40 수목병에 대한 설명으로 옳지 않은 것은?

① 밤나무줄기마름병은 1900년경 미국으로부터 침입한 병이다.
② 흰가루병균은 분생포자를 많이 만들어서 잎을 흰가루로 덮는다.
③ 그을음병은 진딧물이나 깍지벌레 등이 가해한 나무에 흔히 볼 수 있는 병이다.
④ 철쭉떡병균은 잎눈과 꽃눈에서 옥신의 양을 증가시켜 흰색의 둥근 덩어리를 만든다.

> **해설**
> 밤나무줄기마름병
> 동양의 풍토병으로, 동양에서 수입한 밤나무로 인해 미국의 밤나무가 큰 피해를 입었다.

정답 36 ③ 37 ④ 38 ④ 39 ② 40 ①

3과목 임업경영학

41 재적조사에 대한 설명으로 옳지 않은 것은?

① 유용 수종은 수종별로 나누어 실시한다.
② 원칙적으로 모든 소반을 답사하여 표준지가 될 수 있는 지역을 정한다.
③ 산림의 실태조사 중에서 제일 중요한 작업으로서 수확을 조절하는 데 절대 필요한 작업이다.
④ 법정축적법, 재적평분법, 조사법 등과 같이 축적과 생장량에 중점을 두고 있는 방법에서는 정확하게 할 필요가 없이 약식으로 한다.

해설

법정축적법, 재적평분법, 조사법 등과 같은 수확조정법을 통해 정확한 수확량을 산출한다.

42 원가계산을 위한 원가비교 방법으로 옳지 않은 것은?

① 기간비교
② 상호비교
③ 수익비용비교
④ 표준실제비교

해설

원가비교 방법
- 기간비교 : 과거와 현재의 원가비교
- 상호비교 : 다른 업체와의 원가비교
- 표준실제비교 : 실제원가와 표준원가의 비교

43 현재 축적이 $1,000m^3$이고 생장률이 연 3%일 때 단리법에 의한 9년 후 축적은?

① $1,270m^3$
② $1,300m^3$
③ $1,344m^3$
④ $1,453m^3$

해설

단리법
$N = V(1 + nP)$
$= 1,000(1 + 9 \times 0.03) = 1,270m^3$
여기서, N : 원리합계, V : 원금
n : 기간, P : 이율

44 임업이율의 성격으로 옳은 것은?

① 명목이율
② 실질이율
③ 대부이율
④ 현실이율

해설

임업이율의 성격
- 임업이율은 대부이자가 아니라 자본이자이다.
- 임업이율은 단기이율이 아니라 장기이율이다.
- 임업이율은 현실이율이 아니라 평정이율(계산이율)이다.
- 임업이율은 실질적 이율이 아니라 명목적 이율이다.

45 임목의 연년생장량과 평균생장량 간의 관계에 대한 설명으로 옳은 것은?

① 초기에는 연년생장량이 평균생장량보다 작다.
② 연년생장량이 평균생장량보다 최대점에 늦게 도달한다.
③ 평균생장량이 최대가 될 때 연년생장량과 평균생장량은 같게 된다.
④ 평균생장량이 최대점에 이르기까지는 연년생장량이 평균생장량보다 항상 작다.

해설

연년생장량과 평균생장량 간의 관계
- 처음에는 연년생장량이 평균생장량보다 크다.
- 연년생장량은 평균생장량보다 빨리 극대점에 이른다.
- 평균생장량의 극대점에서 두 생장량의 크기는 같아진다. 임목은 이 지점일 때 벌채하여 수확하는 것이 가장 효율적이다.

정답 41 ④ 42 ③ 43 ① 44 ① 45 ③

- 평균생장량이 극대점에 이르기 전까지는 연년생장량이 항상 평균생장량보다 크다.
- 평균생장량이 극대점을 지난 후에는 연년생장량이 항상 평균생장량보다 작다.

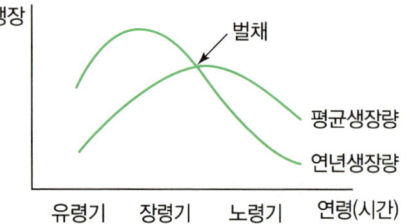

46 형수를 사용해서 입목의 재적을 구하는 방법을 형수법이라고 하는데, 비교 원주의 직경 위치를 최하단부에 정해서 구한 형수는?

① 정형수   ② 단목형수
③ 절대형수 ④ 흉고형수

해설

직경 위치에 따른 형수의 종류
- 흉고형수 : 지상 1.2m의 흉고직경을 비교원주의 직경으로 하는 형수
- 정형수 : 수고의 1/n 위치의 직경을 비교원주의 직경으로 하는 형수
- 절대형수 : 수간 최하부의 직경을 비교원주의 직경으로 하는 형수

47 투자비용의 현재가에 대하여 투자의 결과로 기대되는 현금 유입의 현재가 비율을 나타내는 것으로 투자효율을 결정하는 방법은?

① 회수기간법   ② 수익비용률법
③ 순현재가치법 ④ 투자이익률법

해설

수익비용률법
투자비용의 현재가에 대하여 투자의 결과로 기대되는 현금유입의 현재가 비율로 효율을 측정하는 방법이다.

48 수확표의 내용과 관련이 없는 것은?

① 재적   ② 평균수고
③ 지위등급   ④ 지리등급

해설

수확표
수종에 따라 연령별, 지위지수별, 주·부임목별로 산림의 단위면적당 본수, 단면적, 재적, 생장량(연년, 평균)과 평균직경, 평균수고, 평균재적, 생장률 등을 5년마다의 수치로 기록한 표이다.

49 다음 조건에서 5년간 발생한 순수익은?

- 35년생 소나무림 임목축적 : 90m³
- 40년생 소나무림 임목축적 : 100m³
- 5년 동안의 이용재적량 : 30m³
- 소나무의 임목 1m³당 가격 : 10,000원

① 350,000원
② 400,000원
③ 450,000원
④ 500,000원

해설

5년간 순수익
(100−90)+30=40m³, 40×10,000=400,000원

50 자연휴양림시설의 종류에 따른 규모의 기준으로 옳지 않은 것은?

① 건축물의 층수는 3층 이하일 것
② 건축물이 차지하는 총 바닥면적은 1만 제곱미터 이하일 것
③ 음식점을 제외한 개별 건축물의 연면적은 900 제곱미터 이하일 것
④ 시설 설치에 따른 산림의 형질변경 면적은 20만 제곱미터 이하일 것

정답 46 ③ 47 ② 48 ④ 49 ② 50 ④

> **해설**

자연휴양림시설의 설치에 따른 산림의 형질변경 면적은 다음의 기준에 따를 것
- 자연휴양림 조성 대상지의 산림면적이 20만 제곱미터 이상인 경우 또는 섬지역에 자연휴양림을 조성하는 경우 : 10만 제곱미터 이하
- 자연휴양림 조성 대상지의 산림면적이 13만 제곱미터 이상부터 20만 제곱미터 미만인 경우 : 자연휴양림 전체 면적의 50퍼센트 이하

51 임업경영의 생산성 원칙을 달성하기 위하여 어떤 종류의 생장량이 최대인 시기를 벌기로 결정해야 하는가?

① 총생장량
② 연년생장량
③ 평균생장량
④ 한계생장량

> **해설**

생산성의 원칙
- 생산량을 투입한 생산요소의 수량으로 나눈 값이 최대가 되도록 경영하자는 원칙
- 단위면적당 최대의 목재를 생산하도록 경영하자는 최대 목재 생산의 원칙과 일맥상통
- 임목의 평균생장량이 최대인 시기를 벌기로 결정, 즉 재적수확최대의 벌기령 채택

52 자본장비도와 자본효율의 개념을 임업에 도입할 때 자본장비도에 해당하는 것은?

① 노동
② 소득
③ 생장률
④ 임목축적

> **해설**

임업에서는 자본장비도가 임목축적, 자본효율이 생장률, 소득이 생장량을 나타낸다.

53 임분밀도를 나타내는 척도로 옳지 않은 것은?

① 재적
② 입목도
③ 지위지수
④ 상대공간지수

> **해설**

임분밀도의 척도
단위면적당 임목본수 · 재적 · 흉고단면적, 상대밀도, 입목도, 임분밀도지수, 수관경쟁인자, 상대공간지수

54 자연휴양림으로 지정된 산림에 휴양시설의 설치 및 숲가꾸기 등의 조성계획을 승인하는 자는?

① 산림청장
② 시 · 도지사
③ 농림축산식품부장관
④ 자연휴양림 관리소장

> **해설**

국유림 외 자연휴양림의 조성 · 변경 절차
조성하려는 자의 신청 → 시장 · 군수 · 구청장에게 서류 제출 → 현지조사 실시 → 시 · 도지사에게 결과 제출 → 시 · 도지사의 승인 → 산림청장에게 통보

55 다음과 같은 조건에서 시장가역산식을 이용한 임목가는?

- 원목시장가격 : 100,000원
- 총비용 : 30,000원
- 정상이윤 : 20,000원

① 50,000원
② 70,000원
③ 80,000원
④ 150,000원

정답 51 ③ 52 ④ 53 ③ 54 ② 55 ①

해설

시장가역산법
성숙한 임목이 벌채·운반되어 시장에서 원목으로 매매될 때를 기준으로 하므로 공제되는 비용으로는 벌채·운반과 관련된 벌목비, 운반비, 집재비, 조재비 등의 일체 비용과 투자이익(이윤)이 있다.
임목가 = 100,000 − 30,000 − 20,000 = 50,000원

56 벌구식 택벌작업에서 맨 처음 벌채된 벌구가 다시 택벌될 때까지의 소요기간을 무엇이라고 하는가?

① 회귀년   ② 벌기령
③ 윤벌기   ④ 벌채령

해설

회귀년(回歸年)
- 택벌작업급을 몇 개의 벌구로 나눠 매년 순차적으로 택벌하고, 다시 최초의 택벌구로 벌채가 되돌아오는 데 소요되는 기간이다.
- 즉, 벌구식 택벌작업에서 맨 처음 벌채된 벌구가 다시 택벌될 때까지의 소요기간이다.

57 수간석해에서 원판 반경측정 방법에 해당하는 것은?

① 표준목법   ② 수고곡선법
③ 직선연장법   ④ 원주등분법

해설

수간석해의 원판 반경측정 방법
심각등분법, 원주등분법, 절충법

58 임업경영자산 중 유동자산으로 볼 수 없는 것은?

① 임업 종자   ② 임업용 기계
③ 미처분 임산물   ④ 임업 생산 자재

해설

임업경영자산

유동자산	• 임업 생산자재 : 종자, 묘목, 비료, 약제 • 미처분 임산물 : 아직 처분하지 못한 임산물 • 유통자산 : 현금, 예금, 증권
고정자산	임지, 임도, 건물, 기계, 기구, 구축물, 대동물(소, 말)
임목자산	임목축적

59 임목 재적 측정 시 가장 먼저 할 일은?

① 조사목 선정
② 조사구역 설정
③ 조사목의 중량측정
④ 임분의 현존량 추정

해설

임목의 재적 측정 시에는 가장 먼저 표준지가 될 수 있는 조사구역을 설정하고, 다음으로 그 구역 내에서 조사목을 선정하여 실시한다.
조사구역 설정 → 조사목 선정 → 조사목 측정

60 어떤 임지는 육림용으로 사용할 수도 있고, 목축용으로 사용할 수도 있다. 이때 임지를 육림용으로 사용할 경우 목축용으로 사용할 때 얻을 수 있는 수익을 포기하는 것을 의미하는 원가는?

① 기회원가   ② 변동원가
③ 한계원가   ④ 증분원가

해설

기회원가
- 생산활동에 있어 여러 방안 중 한 가지를 선택함으로써 포기되는 다른 방안의 수익
- 한 가지 방안의 선택 때문에 다른 방안을 선택할 수 없어서 포기한 수익

정답 56 ① 57 ④ 58 ② 59 ② 60 ①

4과목 임도공학

61 임도 노체의 기본구조를 순서대로 나열한 것은?

① 노상 – 노반 – 기층 – 표층
② 노상 – 기층 – 노반 – 표층
③ 노상 – 기층 – 표층 – 노반
④ 노상 – 표층 – 기층 – 노반

해설

노체(路體)
도로의 몸체로 기본구조는 깊은 곳으로부터 노상, 노반, 기층, 표층의 순으로 구성된다.

62 실제 지상의 두 점간 거리가 100m인 지점이 지도상에서 4mm로 나타났다면 이 지도의 축척은?

① 1/1,000
② 1/2,500
③ 1/25,000
④ 1/50,000

해설

100m=10,000cm, 4mm=0.4cm이므로,
10,000÷0.4=25,000

63 40ha 면적의 산림에 간선임도 500m, 지선임도 300m, 작업임도 200m가 시설되어 있다면 임도밀도는?

① 12.5m/ha
② 20m/ha
③ 25m/ha
④ 40m/ha

해설

$$임도밀도(m/ha) = \frac{임도\ 총연장거리(m)}{총면적(ha)}$$
$$= \frac{500+300+200}{40} = 25m/ha$$

64 임도 배수구 설계 시 배수구의 통수단면은 최대홍수 유출량의 몇 배 이상으로 설계·설치하는가?

① 1.0배
② 1.2배
③ 1.5배
④ 2.0배

해설

배수구의 통수단면
100년 빈도 확률강우량과 홍수도달시간을 이용한 합리식으로 계산된 최대홍수유출량의 1.2배 이상으로 설계·설치한다.

65 임도의 적정 종단기울기를 결정하는 요인으로 가장 거리가 먼 것은?

① 노면 배수를 고려한다.
② 적정한 임도우회율을 설정한다.
③ 주행차량의 회전을 원활하게 한다.
④ 주행차량의 등판력과 속도를 고려한다.

해설

적정 종단기울기를 결정하는 요인
- 노면의 배수를 고려한다.
- 적정한 임도우회율을 설정한다.
- 주행차량의 등판력과 속도를 고려한다.

66 임도 설계서 작성에 필요한 내용으로 옳지 않은 것은?

① 목차
② 토적표
③ 특별시방서
④ 타당성평가표

해설

임도 설계서 작성의 내용과 순서
설계서는 목차, 공사설명서(설계설명서), 일반시방서, 특별시방서, 예정공정표, 예산내역서, 일위대가표, 단가산출서, 각종 중기경비계산서, 공종별 수량계산서, 각종 소요자재 총괄표, 토적표, 산출기초 순으로 작성한다.

정답 61 ① 62 ③ 63 ③ 64 ② 65 ③ 66 ④

67 임도 선형 설계를 제약하는 요소로 적합하지 않은 것은?

① 시공상에서의 제약
② 대상지 주요 수종에 의한 제약
③ 사업비·유지관리비 등에 의한 제약
④ 자연환경의 보존·국토보전상에서의 제약

해설

선형 설계 시 제약 요소
- 자연환경의 보존, 국토보전상에서의 제약
- 지질·지형·지물 등에 의한 제약
- 시공상에서의 제약
- 사업비·유지관리비 등에 의한 제약

68 시장 또는 국유림관리소장은 임도 노선별로 노면 및 시설물의 상태를 연간 몇 회 이상 점검하도록 되어 있는가?

① 1회 이상
② 2회 이상
③ 3회 이상
④ 4회 이상

해설

임도시설물의 관리
시장·군수 또는 국유림관리소장은 임도 노선별로 노면 및 시설물의 상태를 연간 2회 이상 점검하고 보수하여야 한다.

69 임도의 각 측점 단면마다 지반고, 계획고, 절·성토고 및 지장목 제거 등의 물량을 기입하는 도면은?

① 평면도
② 표준도
③ 종단면도
④ 횡단면도

해설

임도 설계 시 기입사항

평면도	임시기표, 교각점, 측점번호, 사유토지의 지번별 경계, 구조물, 지형지물, 곡선제원
종단면도	지반고, 계획고, 절토고, 성토고, 종단기울기, 누가거리, 거리, 측점, 곡선
횡단면도	지반고, 계획고, 절토고, 성토고, 단면적(절성토), 지장목 제거, 측구터파기 단면적, 사면보호공 물량

70 다음 그림과 조건을 이용하여 계산한 측선 CA의 방위각은?

- 내각 ∠A = 62°15′24″
- 내각 ∠B = 54°37′46″
- 내각 ∠C = 63°06′50″
- 측선 AB의 방위각 = 27°35′15″

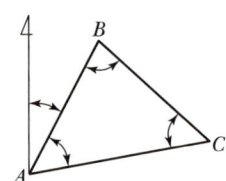

① 89°50′39″
② 89°50′42″
③ 269°50′39″
④ 269°50′42″

해설

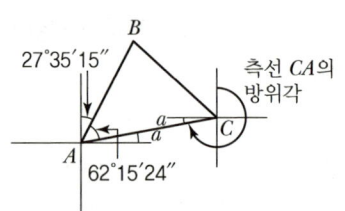

∠a = 90° − 62°15′24″ − 27°35′15″ = 0°9′21″
측선 CA의 방위각 = 270° − 0°9′21″ = 269°50′39″

정답 67 ② 68 ② 69 ④ 70 ③

71 다음 설명에 해당하는 임도노선 배치방법은?

> 지형도상에서 임도노선의 시점과 종점을 결정하여 경험을 바탕으로 노선을 작성한 다음 허용기울기 이내인가를 검토하는 방법이다.

① 자유배치법　　② 자동배치법
③ 선택적배치법　④ 양각기 분할법

해설

자유배치법
지형도상에서 임도노선의 시점과 종점을 결정하여 경험을 바탕으로 노선을 작성한 다음, 임의로 각각의 구간별 물매만을 계산하여 허용기울기 이내인가를 검토하는 방법이다.

72 지형지수 산출 인자로 옳지 않은 것은?

① 식생　　② 곡밀도
③ 기복량　④ 산복경사

해설

지형지수 산출 인자
임지경사(산복경사), 기복량, 곡밀도

73 가장 일반적으로 이용되는 다각측량의 각 관측방법으로 임도곡선 설정 시 현지에서 측점을 설치하는 곡선설정 방법은?

① 교각법　② 편각법
③ 진출법　④ 방위각법

해설

교각법
- 가장 일반적으로 이용되는 다각측량 방법으로 두 직선의 교각을 통해 곡선을 설치한다.
- 임도와 같이 비교적 반지름이 작은 평면곡선을 설정할 때 이용한다.

74 임도 개설에 따른 절·성토 시 부족한 토사 공급을 위한 장소는?

① 객토장　② 사토장
③ 집재장　④ 토취장

해설

사토장, 토취장의 지정
- 사토장(捨土場) : 절성토 시 남는 토사를 처리하는 장소
- 토취장(土取場)/취토장(取土場) : 절성토 시 부족한 토사를 채취하는 장소

75 임도의 횡단배수구 설치장소로 적당하지 않은 곳은?

① 구조물 위치의 전·후
② 노면이 암석으로 되어 있는 곳
③ 물 흐름 방향의 종단기울기 변이점
④ 외쪽기울기로 인한 옆도랑 물이 역류하는 곳

해설

임도의 횡단배수구 설치장소
- 물 흐름 방향의 종단기울기 변이점
- 구조물 위치의 전후
- 외쪽기울기로 인해 옆도랑 물이 역류하는 곳
- 흙이 부족하여 속도랑으로는 부적당한 곳(겉도랑 설치)
- 체류수가 있는 곳

76 토사지역에 절토 경사면을 설치하려고 할 때 기울기의 기준은?

① 1 : 0.3~0.8　② 1 : 0.5~1.2
③ 1 : 0.8~1.5　④ 1 : 1.2~1.5

해설

절토사면의 기울기 기준

구분		기울기
암석지	경암	1 : 0.3~0.8
	연암	1 : 0.5~1.2
토사지역		1 : 0.8~1.5

정답　71 ①　72 ①　73 ①　74 ④　75 ②　76 ③

77 와이어로프의 안전계수식을 옳게 나타낸 것은?

① 와이어로프의 최소장력 ÷ 와이어로프에 걸리는 절단하중
② 와이어로프의 최대장력 ÷ 와이어로프에 걸리는 절단하중
③ 와이어로프의 절단하중 ÷ 와이어로프에 걸리는 최소장력
④ 와이어로프의 절단하중 ÷ 와이어로프에 걸리는 최대장력

해설

와이어로프의 안전계수

$$\text{안전계수} = \frac{\text{와이어로프의 절단하중(kg)}}{\text{와이어로프에 걸리는 최대장력(kg)}}$$

78 임도의 합성기울기를 11%로 설정할 경우 외쪽기울기가 5%일 때 종단기울기로 가장 적당한 것은?

① 약 8%   ② 약 10%
③ 약 12% ④ 약 14%

해설

합성물매 $S = \sqrt{(i^2 + j^2)}$

$11 = \sqrt{5^2 + x^2}$, $x = 9.797 \cdots$

∴ 약 10%

여기서, S : 합성물매(%)
   i : 횡단물매 or 외쪽물매(%)
   j : 종단물매(%)

79 임도의 횡단선형을 구성하는 요소가 아닌 것은?

① 길어깨   ② 옆도랑
③ 차도너비 ④ 곡선반지름

해설

횡단선형 구성요소

차도너비, 길어깨, 옆도랑, 절·성토면 등

80 집재가선을 설치할 때 본줄을 설치하기 위한 집재기 쪽의 지주를 무엇이라 하는가?

① 머리기둥
② 꼬리기둥
③ 안내기둥
④ 받침기둥

해설

머리기둥과 꼬리기둥
- 머리기둥 : 본줄 설치를 위한 집재기 쪽의 지주목
- 꼬리기둥 : 집재기 반대쪽의 지주목

5과목　사방공학

81 빗물에 의한 침식의 발생 순서로 옳은 것은?

① 우격침식 – 면상침식 – 구곡침식 – 누구침식
② 우격침식 – 구곡침식 – 면상침식 – 누구침식
③ 우격침식 – 누구침식 – 면상침식 – 구곡침식
④ 우격침식 – 면상침식 – 누구침식 – 구곡침식

해설

빗물(강우)침식

우격침식 – 면상침식 – 누구침식 – 구곡침식의 순으로 발달한다.

정답 77 ④ 78 ② 79 ④ 80 ① 81 ④

82 다음 시우량법 공식에서 K가 의미하는 것은?

$$Q = K \times \frac{A \times \frac{m}{1000}}{60 \times 60}$$

① 유역면적   ② 총강우량
③ 총유출량   ④ 유거계수

해설

시우량법(유역면적의 단위가 m²일 때 유량공식)

$$Q = K \frac{A \times \frac{m}{1,000}}{60 \times 60} = \frac{1}{360} \times K \cdot A \cdot m \times \frac{1}{10,000}$$

여기서, Q : 최대홍수유량(m³/s)
K : 유거계수
A : 유역면적
m : 최대시우량(mm/hr)

83 산지사방공사에 해당하지 않는 것은?

① 기슭막이   ② 비탈다듬기
③ 땅속흙막이   ④ 선떼붙이기

해설

산지사방공사의 종류

기초공사	비탈다듬기(뭉기기), 단끊기, 땅속흙막이(묻히기), 산비탈흙막이(산복흙막이), 누구막이, 산비탈배수로(산복수로, 산비수로내기), 속도랑(배수구)
녹화공사	바자얽기(편책공, 목책공), 선떼붙이기, 조공, 줄떼시공(줄떼다지기, 줄떼붙이기, 줄떼심기), 평떼시공(평떼붙이기, 평떼심기), 단쌓기(떼단쌓기), 비탈덮기(거적덮기), 등고선구공법(수평구공법), 새심기, 씨뿌리기(파종공법), 종비토뿜어붙이기, 나무심기(식재공법)

84 선떼붙이기 공법에 대한 설명으로 옳지 않은 것은?

① 발디딤은 작업의 편의를 도모한다.
② 1~2급을 적용하는 것이 경제적이다.
③ 1급 선떼붙이기에 가까울수록 고급 공법이다.
④ 1m당 떼의 사용 매수에 따라 1~9급으로 구분한다.

해설

선떼붙이기의 시공 요령
- 공법은 수평계단길이 1m당 떼의 사용매수에 따라 고급인 1급에서 저급인 9급까지 구분한다.
- 1급 선떼붙이기에 가까울수록 고급이며, 경사가 급할수록 고급인 낮은 급수를 적용한다.
- 저급을 적용할수록 경제적이나 일반적으로 산지사방에서는 6~7급을 가장 많이 시공하고 있다.

85 사력의 교대는 일어나지만 하상 종단면의 형상에는 변화가 없는 하상의 기울기는?

① 임계기울기   ② 안정기울기
③ 홍수기울기   ④ 평형기울기

해설

안정기울기(안정물매)
사력(砂礫, 모래와 자갈)의 교대는 일어나지만 하상 종단면의 형상에는 변화가 없는 하상의 기울기를 말한다.

86 사방댐에서 안전시공을 위해 고려해야 할 외력이 아닌 것은?

① 수압   ② 풍력
③ 양압력   ④ 퇴사압

해설

사방댐의 외력
- 제체의 중량(自重) : 댐 본체의 중량(자중)
- 수압(水壓) : 댐 상류면에 가해지는 물에 의한 압력

정답 82 ④ 83 ① 84 ② 85 ② 86 ②

- 퇴사압(堆沙壓) : 댐 상류면에 가해지는 퇴사(쌓인 토사류)에 의한 압력
- 양압력(揚壓力) : 제체를 위로 밀어 올리는 압력

87 산사태의 발생 원인에서 지질적 요인이 아닌 것은?

① 절리의 존재 ② 단층대의 존재
③ 붕적토의 분포 ④ 지표수의 집중

[해설]

산사태의 발생 요인

구분		내용
외적 요인 (직접적 인자)	자연적 요인	강우, 강설, 지진, 동결과 융해 등
	인위적 요인	벌목, 토목공사, 산림개발, 저수지 수위 변동 등
내적 요인 (간접적 인자)	지질적 요인	토질, 절리 및 단층대의 존재, 붕적토의 분포, 암반 풍화
	지형적 요인	급경사지, 남쪽 사면, 침식받기 쉬운 곳 등

88 수로 경사가 30도, 경심이 1.0m, 유속계수가 0.36일 때 Chezy 평균유속공식에 의한 유속은?

① 약 0.10m/s ② 약 0.21m/s
③ 약 0.27m/s ④ 약 0.38m/s

[해설]

경사가 30°인 경우, 경사(%)는 다음과 같다.

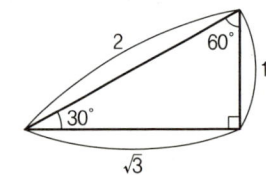

$$경사(\%) = \frac{높이}{밑변} \times 100$$
$$= \frac{1}{\sqrt{3}} \times 100 = 57.73 \cdots ≒ 58\%$$

유속 $V = c\sqrt{R \cdot I} = 0.36\sqrt{1 \times 0.58}$
$= 0.274 \cdots ≒ 0.27 \text{m/s}$

여기서, c : 유속계수
R : 경심(m)
I : 수로 경사(%)

89 사방댐 중에서 가장 많이 시공된 댐은?

① 흙댐 ② 돌망태댐
③ 강철틀댐 ④ 콘크리트댐

[해설]

콘크리트댐
콘크리트를 직접 타설하여 구축하는 댐으로 종류별 사방댐 중 중력식 콘크리트댐이 가장 많이 시공된다.

90 사방댐의 설치 목적이 아닌 것은?

① 산각을 고정하여 사면 붕괴 방지
② 계상 기울기를 완화하고 종침식 방지
③ 유수의 흐름 방향을 변경하여 계안 보호
④ 계상에 퇴적된 불안정한 토사의 유동 방지

[해설]

사방댐의 시공(설치) 목적
- 계상물매를 완화하여 유속을 감소시킨다.
- 종 · 횡침식을 방지한다.
- 산각을 고정하여 사면 붕괴를 방지한다.
- 계상에 퇴적된 불안정한 토석류의 이동을 저지한다.
- 하류지역의 피해를 방지한다.
- 각종 용수로서 댐 내의 물을 이용한다.

91 비탈면에 직접 거푸집을 설치하고 콘크리트 치기를 하여 틀을 만드는 비탈안정공법은?

① 비탈힘줄박기공법
② 비탈블록붙이기공법
③ 비탈지오웨이브공법
④ 콘크리트뿜어붙이기공법

정답 87 ④ 88 ③ 89 ④ 90 ③ 91 ①

> 해설

비탈힘줄박기 일반
현장에서 직접 비탈면에 거푸집을 설치하고 콘크리트를 쳐서 뼈대(힘줄)인 틀을 만들고, 틀 안에 떼나 작은 돌 등을 채워 비탈을 안정시키는 공법이다.

92 채광지 복구 과정에서 사용되는 공법으로 가장 부적합한 것은?

① 돌단쌓기 ② 모래덮기
③ 씨뿜어붙이기 ④ 기초옹벽식 돌쌓기

> 해설

채광지는 기초옹벽식 돌쌓기, 산복돌쌓기, 돌단쌓기, 돌조공 등의 비탈흙막이공법과 비탈격자틀붙이기, 힘줄박기, 파종공, 씨뿜어붙이기 등의 공법을 적용한다. 모래덮기는 해안사방 공법이다.

93 산지사방에서 비탈다듬기 공사를 하기 전에 시공하는 것이 효과적인 공사는?

① 단끊기 ② 떼단쌓기
③ 땅속흙막이 ④ 퇴사울세우기

> 해설

땅속흙막이
비탈다듬기와 단끊기 공사로 발생한 뜬흙을 산지의 계곡부와 같은 오목한 곳에 투입하여 토사의 활동을 방지하고 유치·고정하기 위한 공작물로 비탈다듬기 공사를 하기 전에 시공하는 것이 효과적이다.

94 배수로 단면의 윤변이 10m이고 유적이 15m²일 때 경심은?

① 0.7m ② 1.0m
③ 1.5m ④ 2.0m

> 해설

$$경심 = \frac{유적}{윤변} = \frac{15}{10} = 1.5m$$

95 땅밀림과 비교한 산사태에 대한 설명으로 옳지 않은 것은?

① 점성토를 미끄럼면으로 하여 속도가 느리게 이동한다.
② 주로 호우에 의하여 산정에서 가까운 산복부에서 많이 발생한다.
③ 흙덩어리가 일시에 계곡, 계류를 향하여 연속적으로 길게 붕괴하는 것이다.
④ 비교적 산지 경사가 급하고 토층 바닥에 암반이 깔린 곳에서 많이 발생한다.

> 해설

산사태
- 흙덩어리가 계곡·계류를 향하여 일시에 연속적으로 길게 붕괴되는 현상
- 주로 호우에 의하여 산정에서 가까운 산복부에서 많이 발생
- 비교적 산지 경사가 급하고, 토층 바닥에 암반이 깔린 곳에서 많이 발생
- 주로 30~35° 부근의 변곡점에서 많이 발생
- 사질토로 된 지점에서 많이 발생

96 콘크리트 혼화제 중 응결경화촉진제에 해당하는 것은?

① AE제 ② 포졸란
③ 염화칼슘 ④ 파라핀 유제

> 해설

응결촉진제
빠른 강도 증진을 위하여 응결과 경화를 촉진시키는 제제로 염화칼슘($CaCl_2$)이 대표적이며, 염화알루미늄, 규산나트륨 등도 이용된다.

정답 92 ② 93 ③ 94 ③ 95 ① 96 ③

97 비탈면에 나무를 심을 때 고려할 사항으로 옳지 않은 것은?

① 비탈면에는 관목을 식재하지 않는 것이 좋다.
② 수목이 넘어져도 위험성이 없도록 해야 한다.
③ 흙쌓기 비탈면에서는 비탈면의 하단부에 식재하는 것이 좋다.
④ 인공재료에 의한 시공에 비해 비탈면 기울기를 완화시켜야 한다.

해설

절성토면의 식재 시 고려사항
- 흙깎기 비탈면에서는 사면의 상단부에, 흙쌓기 비탈면에서는 사면의 하단부에 수목을 식재한다.
- 인공재료에 의한 시공에 비해 비탈면 기울기를 완화시킨다.
- 비탈사면에는 교목이나 대묘를 식재하지 않는 것이 원칙이다.
- 만일 비탈면에 수목을 식재하고자 하는 경우에는 기울기를 완화시킨다.
- 수목이 넘어져도 위험성이 없도록 식재해야 한다.

98 견치돌의 길이는 앞면의 크기의 몇 배 이상인가?

① 0.8
② 1.0
③ 1.2
④ 1.5

해설

견치돌
- 돌을 다듬을 때 앞면, 길이, 뒷면, 접촉부 및 허리치기의 치수를 특별한 규격에 맞도록 지정하여 만든 석재
- 앞면은 사각형, 뒤로 갈수록 전체적으로 좁아지는(허리치기) 형상
- 1개의 무게는 약 70~100kg, 전체 길이는 앞면 크기의 1.5배 이상

99 사방사업 대상지 분류에서 황폐지의 초기단계에 속하는 것은?

① 척악임지
② 땅밀림지
③ 임간나지
④ 민둥산지

해설

황폐지의 진행 순서
척악임지 → 임간나지 → 초기황폐지 → 황폐이행지 → 민둥산 → 특수황폐지

100 비탈면 끝을 흐르는 계천의 가로침식에 의하여 무너지는 침식현상은?

① 산붕
② 포락
③ 붕락
④ 산사태

해설

붕괴형 침식의 구분

산사태 (山沙汰)	• 흙덩어리가 계곡·계류를 향하여 일시에 연속적으로 길게 붕괴되는 현상 • 주로 호우에 의하여 산정에서 가까운 산복부에서 많이 발생
산붕(山崩)	산사태와 원인은 같으나 소규모이며, 산록부에서 많이 발생
붕락(崩落)	주로 집중호우나 눈과 얼음이 녹은 물(융설수)에 의해 토층이 포화되어 토괴가 균형을 잃고 아래로 무너져 떨어지는 현상
포락(浦落)	• 산지 비탈면의 끝을 흐르는 유수의 가로침식에 의해 무너지는 현상 • 침식 및 붕괴된 물질은 퇴적되지 않고 대부분 유수와 함께 유실
암설붕락 (巖屑崩落)	돌 부스러기의 비탈면(토석더미)이 붕괴되어 밀려 내려오는 현상

정답 97 ① 98 ④ 99 ① 100 ②

2024년 1회 기출복원문제

1과목 조림학

01 산림 갱신작업종 중 예비벌, 하종벌, 후벌 단계를 거치는 작업종은?

① 개벌작업　② 택벌작업
③ 모수작업　④ 산벌작업

해설

갱신작업종
- 개벌작업 : 임목 전부를 일시에 벌채. 모두베기
- 모수작업 : 모수만 남기고, 그 외의 임목을 모두 벌채
- 산벌작업 : 3단계의 점진적 벌채. 예비벌-하종벌-후벌
- 택벌작업 : 성숙한 임목만을 선택적으로 골라 벌채. 골라베기
- 왜림작업 : 연료재 생산을 위한 짧은 벌기의 개벌과 맹아갱신
- 중림작업 : 용재의 교림과 연료재의 왜림을 동일 임지에 실시

02 종자의 발아휴면성 원인과 관련 없는 것은?

① 배의 미성숙
② 가스교환 촉진
③ 종피의 기계적 작용
④ 종자 내의 생장억제 물질 존재

해설

종자휴면의 원인
종피의 불투수성, 기계적·물리적 압박, 가스교환 억제, 발아억제물질 존재 등의 종피에 기인한 휴면과 미발달배(미성숙배), 생리적 휴면(배휴면) 등이 있다.

03 회귀년을 고려하여야 할 작업종은?

① 개벌작업　② 택벌작업
③ 모수작업　④ 산벌작업

해설

회귀년(回歸年)
택벌작업급을 몇 개의 벌구로 나눠 매년 순차적으로 택벌하고, 다시 최초의 택벌구로 벌채가 되돌아오는 데 소요되는 기간으로 택벌작업에 따른 개념이다.

04 토양입자의 구분 중에서 자갈의 입경 크기 기준은?

① 0.001mm 이상
② 0.2mm 이상
③ 2.0mm 이상
④ 10.0mm 이상

해설

국제토양학회에서는 토양을 입경에 따라 자갈, 모래, 미사, 점토로 분류하고 있으며, 자갈의 입경이 2.0mm 이상으로 가장 크고, 점토의 입경이 0.002mm 이하로 가장 작다.

05 중림작업을 통한 갱신에 대한 설명으로 옳은 것은?

① 내음성이 약한 수종을 하층목으로 식재한다.
② 하층목은 개벌에 의한 맹아갱신을 반복한다.
③ 상층목으로 쓰이는 것은 지하고가 낮은 것이 좋다.
④ 상층목이 하층목 생장에 방해되지 않도록 ha당 1000본 정도로 식재한다.

정답 01 ④　02 ②　03 ②　04 ③　05 ②

해설

중림작업(中林作業)
- 하층목은 10~20년의 짧은 윤벌기로 개벌하고 맹아갱신을 반복하며, 일정 기간 반복하는 동안 성숙한 상층목은 택벌식으로 벌채하는 형식이다.
- 내음성이 강하고 맹아력이 좋은 수종을 하층목으로 식재하며, 상층목은 하층목 발달을 위하여 지하고가 높은 것이 좋다.

06 조림지의 풀베기 작업에 대한 설명으로 옳은 것은?

① 풀베기 작업은 겨울철에 실시한다.
② 밀식조림의 경우에는 줄베기 작업을 한다.
③ 모두베기할 경우 조림목이 피압될 염려가 없다.
④ 둘레베기 작업은 노동력이 가장 많이 필요하다.

해설

풀베기 작업
- 일반적으로 잡풀들이 자라나 피해를 입히기 시작하는 5~7월에 실시한다.
- 모두베기는 가장 많은 인력이 소요되며, 조림목이 피압될 염려가 없다.

07 묘포 입지선정 조건으로 가장 부적합한 것은?

① 완경사지
② 점토질 토양
③ 관개, 배수가 유리한 곳
④ 교통과 노동력 공급이 유리한 곳

해설

묘포지의 선정 조건
- 사양토나 식양토로 너무 비옥하지 않은 곳
- 토심이 깊은 곳
- pH 6.5 이하의 약산성 토양인 곳
- 평탄지보다 관배수가 좋은 5° 이하의 완경사지인 곳
- 교통과 노동력의 공급이 편리한 곳 등

08 토양수분에 대한 설명으로 옳지 않은 것은?

① 중력수는 중력의 작용에 의하여 이동할 수 있어 토양공극으로부터 쉽게 제거된다.
② 토양 내 작은 교질 입자 주변에 존재하거나 화학적으로 결합한 결합수는 식물이 이용 가능하다.
③ 모세관수는 중력에 저항하여 토양입자와 물 분자 간의 부착력에 의해 모세관 사이에 남아있다.
④ 포화습도의 공기 중에 시든 식물을 둔다 하더라도 시든 식물이 회복되지 않을 때의 수분량을 영구위조점이라 한다.

해설

결합수
토양 내 작은 교질 입자 주변에 존재하거나 화학적으로 결합하여 고체를 구성하는 pF 7.0 이상의 수분으로 식물이 흡수 이용할 수 없으며, 토양을 100~110℃로 가열해도 분리되지 않는 결정수이다.

09 극양수에 해당하는 수종은?

① 주목
② 단풍나무
③ 서어나무
④ 일본잎갈나무

해설

수목별 내음성

극음수	주목, 사철나무, 개비자나무, 회양목, 금송, 나한백
음수	가문비나무, 전나무, 너도밤나무, 솔송나무, 비자나무, 녹나무, 단풍나무, 서어나무, 칠엽수
중용수	잣나무, 편백나무, 목련, 느릅나무, 참나무
양수	소나무, 해송, 은행나무, 오리나무, 오동나무, 향나무, 낙우송, 측백나무, 밤나무, 옻나무, 사시나무, 노간주나무, 삼나무
극양수	낙엽송(일본잎갈나무), 버드나무, 자작나무, 포플러, 잎갈나무

정답 06 ③ 07 ② 08 ② 09 ④

APPENDIX

10 왜림작업으로 갱신하려고 할 때 왕성한 맹아발아를 위해 가장 유리한 벌채 시기는?

① 겨울~봄 ② 봄~여름
③ 여름~가을 ④ 가을~겨울

해설

왜림작업 시기
맹아 발생을 위한 수목 벌채 시기는 생장휴지기인 11월 이후부터 이듬해 2월 이전까지로 늦겨울에서 초봄 사이에 실시한다.

11 식토에 관한 설명으로 옳지 않은 것은?

① 식토는 사토에 비하여 보수력이 높다.
② 식토는 사토보다 식물의 뿌리 발달에 유리하다.
③ 식토는 사토에 비하여 양이온 치환용량(C.E.C)이 크다.
④ 식토는 토양수분함량이 낮아질 때 거북등처럼 갈라지나 사토는 그렇지 않다.

해설

식토의 특징
작은 알갱이로 이루어진 식토(점토)는 사토에 비해 양이온 치환용량이 크며 보습력이 좋은 장점이 있으나, 수분함량이 낮아지면 거북등처럼 갈라지는 특징이 있다. 식물 뿌리의 발달은 사토에서 더 유리하다.

12 목부 조직의 횡단면이 다음 그림과 같은 형태를 보이는 수종은?

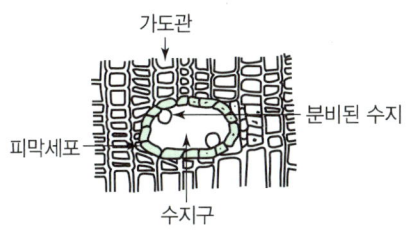

① *Abies koreana*
② *Quercus mongolica*
③ *Cornus controversa*
④ *Robinia pseudoacacia*

해설

구상나무(*Abies koreana*)
우리나라의 대표적인 재래종 침엽수로 소나무과 전나무속에 속한다. 그림에서는 수지구와 수지가 보이며, 가도관이 발달한 것으로 보아 침엽수(나자식물)의 횡단면이다. *Quercus mongolica*(신갈나무), *Cornus controversa*(층층나무), *Robinia pseudoacacia*(아까시나무)는 활엽수이다.

13 산성 토양에 가장 잘 적응할 수 있는 수종은?

① *Catalpa ovata*
② *Acer negundo*
③ *Alnus japonica*
④ *Larix kaempferi*

해설

Larix kaempferi(낙엽송)은 강산성에서도 잘 적응하는 수종이며, *Catalpa ovata*(개오동나무), *Acer negundo*(네군도단풍), *Alnus japonica*(오리나무)은 알칼리성에서 잘 적응하는 수종이다.

토양산도에 따른 적합 수종

강산성	소나무, 곰솔, 리기다소나무, 낙엽송(일본잎갈나무), 가문비나무, 전나무, 잣나무, 노간주나무, 밤나무, 진달래, 아까시나무, 싸리나무, 사방오리나무
약산성 (pH 5.5~6.5)	대부분의 수목, 참나무, 단풍나무, 피나무, 느릅나무
알칼리성 (염기성)	회양목, 오리나무, 물푸레나무, 사시나무(포플러), 개오동나무, 서어나무, 호두나무, 백합나무, 측백나무

정답 10 ① 11 ② 12 ① 13 ④

14 노지에서 1년생으로 상체하는 것이 적합한 수종은?

① 곰솔
② 잣나무
③ 전나무
④ 가문비나무

해설

수종별 상체연도
- 1년생 상체 : 소나무류(소나무, 곰솔), 낙엽송(일본잎갈나무), 삼나무, 편백
- 2년생 상체 : 참나무류(측근 발달 후)
- 오랜 거치 후 상체 : 가문비나무, 전나무

15 묘목의 굴취를 용이하게 하고 묘목의 생장을 조절하기 위해 실시하는 작업은?

① 단근
② 심경
③ 관수
④ 철선감기

해설

단근(斷根, 뿌리 끊기)
굵은 직근을 잘라 양수분의 흡수를 담당하는 가는 측근과 세근을 발달시키는 작업으로 묘목의 굴취를 용이하게 하고 묘목의 생장을 조절하기 위해 실시한다.

16 다음과 같은 조건에서 소나무 종자를 산파하려고 할 때 파종량은?

- 파종상의 면적 : 10m²
- 가을에 세워둘 묘목 수 : 500본/m²
- 종자입수 : 10,000개/L
- 순량률 : 80%
- 종자발아율 : 50%
- 묘목잔존율 : 50%

① 1L
② 1.5L
③ 2L
④ 2.5L

해설

여기서는 g당 종자입수가 아닌 L당 종자입수가 주어졌으므로 파종량도 L로 결정된다.

파종량(L)

$$= \frac{\text{파종상 면적}(m^2) \times \text{가을에 } m^2\text{당 남길 묘목 수}}{\text{1L당 종자입수} \times \text{순량률} \times \text{발아율} \times \text{득묘율}}$$

$$= \frac{10 \times 500}{10,000 \times 0.8 \times 0.5 \times 0.5} = 2.5L$$

17 암수딴그루인 수종으로만 짝지어진 것은?

① 소철, 은행나무
② 소나무, 삼나무
③ 버드나무, 자작나무
④ 단풍나무, 상수리나무

해설

단성화(불완전화)의 분류
- 자웅동주(암수한그루)
  - 암꽃과 수꽃이 같은 나무에서 달리는 것
  - 소나무류, 삼나무, 오리나무류, 호두나무, 참나무류, 가래나무
- 자웅이주(암수딴그루)
  - 암꽃과 수꽃이 각각 다른 나무에서 달리는 것
  - 은행나무, 소철, 포플러류, 주목, 호랑가시나무, 꽝꽝나무, 가죽나무

18 잣나무에 대한 설명으로 옳지 않은 것은?

① 침엽이 5개씩 모여 난다.
② 종자에 달린 날개는 퇴화되어 있다.
③ 어려서 음수이며 커감에 따라 햇빛 요구량이 줄어든다.
④ 한대수종으로 토심이 깊고 비옥하고 적윤한 곳에서 잘 자란다.

정답 14 ① 15 ① 16 ④ 17 ① 18 ③

해설

잣나무(*Pinus koraiensis*)
우리나라의 재래종으로 주로 높은 산지의 한랭한 기후에서 생장하며, 침엽이 5개씩 모여 난다. 어릴 때는 음수의 성질을 띠며 천천히 자라다가 점차 양수로 변하여 햇빛 요구량이 많아지며 생장이 빨라진다.

19 지존작업에 대한 설명으로 옳은 것은?

① 묘목을 심기 위하여 구덩이를 파는 작업이다.
② 개간한 곳에 조림 묘목을 식재하는 작업이다.
③ 조림지에서 덩굴치기, 제벌을 행하는 것을 뜻한다.
④ 조림 예정지에서 잡초, 덩굴식물, 관목 등을 제거하는 작업이다.

해설

지존작업(ground clearance)
조림 예정지에서 잡초, 덩굴식물, 관목 등을 제거하는 조림 준비작업이다.

20 종자를 파종하기 한 달쯤 전에 노천매장을 하여 발아를 촉진시키는 수종은?

① 삼나무 ② 벚나무
③ 단풍나무 ④ 들메나무

해설

종자의 노천매장 시기

구분	종류
정선 후 곧 매장 (종자채취 직후)	백합나무, 목련, 백송, 들메나무, 벚나무, 단풍나무, 느티나무, 잣나무, 호두나무, 은행나무
늦어도 11월 말까지 매장	벽오동나무, 팽나무, 물푸레나무, 신나무, 피나무, 층층나무, 옻나무
파종 약 1개월(한 달) 전에 매장	소나무, 해송, 리기다소나무, 낙엽송, 가문비나무, 전나무, 측백, 편백, 삼나무 등 거의 모든 침엽수

2과목 산림보호학

21 아황산가스 등 대기오염의 피해를 받은 나무에 심하게 나타나는 병은?

① 소나무 잎녹병
② 소나무 줄기녹병
③ 낙엽송 가지끝마름병
④ 소나무 그을음잎마름병

해설

소나무 그을음잎마름병
대기 중 아황산가스의 농도가 높을 때 피해가 심하며, 잎의 끝부분부터 적갈색으로 변색되어 차차 아래로 내려오는 수병이다.

22 담자균류에서 발생되지 않는 포자는?

① 녹포자기 안의 녹포자
② 녹병정자기 안의 정자
③ 분생포자각 안의 분생포자
④ 겨울포자퇴 안의 겨울포자

해설

③ 담자균은 무성포자인 분생포자를 생성하지 않는다.

담자균류
- 포자생성 기관인 담자기에서 유성포자인 담자포자를 생성하는 균류이다.
- 녹병균은 녹병포자(녹병정자), 녹포자, 여름포자, 겨울포자, 담자포자(소생자)의 5가지 포자를 형성한다.

23 솔나방에 대한 설명으로 옳지 않은 것은?

① 알로 월동한다.
② 1년에 1회 발생한다.
③ 성충은 주로 밤에 활동한다.
④ 6월~7월경 번데기가 된다.

정답 19 ④ 20 ① 21 ④ 22 ③ 23 ①

해설

솔나방
- 보통은 연 1회 발생하며, 유충(5령충)으로 월동한다.
- 7~8월에 성충이 우화하여 주로 밤에 활동하며, 솔잎 사이에 산란한다.
- 8~11월에 부화유충이 솔잎을 식해하며, 다음 해 4~7월에 월동유충이 솔잎을 식해하며 가해한다.
- 6~7월경 8령충의 노숙유충이 번데기가 된다.

24 곤충의 수컷 생식기관이 아닌 것은?

① 수정관 ② 수정낭
③ 부속샘 ④ 저정낭

해설

곤충의 생식계
- 암컷 생식기관 : 난소(알집), 수란관, 수정낭(수컷의 정자 보관), 부속샘
- 수컷 생식기관 : 고환(정집), 수정관, 사정관, 저정낭(정자 저장), 부속샘

25 소나무와 참나무류에 군집하여 생활하며, 산성을 띤 배설물에 의해 임목을 고사시키는 조류는?

① 백로, 왜가리 ② 참새, 할미새
③ 박새, 산까치 ④ 어치, 산비둘기

해설

조류 종류에 따른 가해 양상
- 백로, 왜가리 : 소나무와 참나무류 등에 군집하여 생활하며, 특히 번식기 때 산성을 띤 새끼의 배설물에 의해 임목이 고사
- 참새, 할미새 : 묘포지의 종자 식해
- 박새, 산까치 : 어린순 가해
- 동박새, 직박구리, 어치, 산비둘기 : 과실 가해
- 딱따구리 : 줄기 가해

26 리기다소나무 조림지에 피해를 주는 푸사리움가지마름병에 대한 설명으로 옳지 않은 것은?

① 병원균은 상처를 통해 침입한다.
② 감염된 잎은 빛바랜 갈색으로 말라 죽는다.
③ 바람이 약한 지역에서 더 심하게 발생한다.
④ 봄부터 가을까지 특히 태풍이 지나간 다음 테부코나졸 유탁제를 살포한다.

해설

소나무푸사리움가지마름병
- 주로 어린 가지가 고사하여 감염 부위에 송진이 흐르고, 잎은 빛바랜 갈색으로 말라 죽는다.
- 곰팡이 포자가 바람이나 매개충에 의해 가지에 난 상처로 침입하며, 바람이 강한 지역에서 더 심하게 발생한다.

27 소나무좀에 대한 설명으로 옳지 않은 것은?

① 연 1회 발생한다.
② 수피 속에서 알로 월동한다.
③ 수피를 뚫고 들어가 산란한다.
④ 쇠약한 나무, 고사한 나무에 주로 기생하여 가해한다.

해설

소나무좀
- 연 1회 발생하며, 성충으로 월동한다.
- 유충과 성충이 봄·가을(여름)로 두 번 가해한다.

28 보르도액을 반복하여 사용하면 어떤 성분이 토양에 축적되어 수목에 독성을 나타낼 수 있는가?

① 철 ② 구리
③ 붕소 ④ 망간

해설

보르도액
- 효력의 지속성이 큰 보호살균제로 비교적 광범위한 병

정답 24 ② 25 ① 26 ③ 27 ② 28 ②

원균에 유효하다.
- 약액 1리터당 황산구리와 수산화칼슘의 양(g)으로 나타내어 표시한다.
- 반복 사용 시 구리가 토양에 축적되어 수목에 독성을 나타내므로 주의한다.

29 수목의 뿌리를 통해서 감염되지 않는 것은?

① 뿌리혹병 ② 모잘록병
③ 그을음병 ④ 자줏빛날개무늬병

해설

뿌리혹병, 모잘록병, 자줏빛날개무늬병은 토양서식 병균에 의한 수병으로 뿌리를 통해 감염한다. 그을음병은 진딧물, 깍지벌레 등의 흡즙성 해충에 의해 균이 기생하고 번식한다.

30 제초제로 인한 수목 피해에 대한 설명으로 옳지 않은 것은?

① 피해목 주변의 토양을 비닐로 피복하면 제초제 성분의 해독이 더 어렵다.
② 피해증상은 전신적으로 나타나는 경우보다 국부적으로 나타나는 경우가 많다.
③ 동일 장소의 서로 다른 수종이나 지표의 초본 식물에도 비슷한 증상이 나타난다.
④ 병해충의 피해와 혼동되는 경우가 많으므로 정확한 진단에 따른 대책이 필요하다.

해설

제초제는 경엽에 전체적으로 살포되거나 뿌리로 흡수되어 피해증상은 전신적으로 나타나는 경우가 더 많다.

31 솔잎혹파리의 천적으로 생물적 방제를 위해 방사하는 것은?

① 상수리좀벌 ② 노란꼬리좀벌
③ 남색긴꼬리좀벌 ④ 솔잎혹파리먹좀벌

해설

솔잎혹파리의 생물적 방제법
- 솔잎혹파리먹좀벌, 혹파리살이먹좀벌, 혹파리등뿔먹좀벌 등의 천적 기생벌을 이용한다.
- 박새, 진박새, 쇠박새 등의 천적 조류를 보호하여 낙하 유충을 포식하도록 한다.

32 세균이 수목에 침입하는 경로가 아닌 것은?

① 각피 ② 수공
③ 기공 ④ 상처

해설

세균이 직접 각피를 뚫고 식물체 내로 침입하는 것은 불가능하며, 기공, 수공, 피목, 밀선 등의 자연 개구부나 상처를 통해서만 침입이 가능하다.

33 약제를 식물체의 줄기, 잎 등에 살포하여 부착시켜 식엽성 해충이 먹이와 함께 약제를 섭취하여 독작용을 일으키는 살충제는?

① 기피제 ② 유인제
③ 소화중독제 ④ 침투성 살충제

해설

소화중독제
약제를 식물체의 줄기, 잎 등에 살포·부착시켜 식엽성 해충이 먹이와 함께 약제를 직접 섭취하면 소화관 내에서 중독증상을 일으켜 죽게 되는 약제이다.

34 수목병의 발생원인 중 주인에 해당하는 것은?

① 인간의 활동성 ② 기주의 감수성
③ 환경의 유도성 ④ 병원체의 전염성

해설

병원체의 전염성을 주인(主因), 기주식물의 감수성을 소인(素因), 환경의 유도성을 유인(誘因)이라고 한다.

정답 29 ③ 30 ② 31 ④ 32 ① 33 ③ 34 ④

35 가구, 건물 및 마른 나무 등에 구멍을 뚫고 들어가 표면만 남기고 내부를 불규칙하게 식해하는 해충은?

① 가루나무좀
② 밤나무혹벌
③ 천막벌레나방
④ 호두나무잎벌레

해설

가루나무좀
유충이 가구, 목조건물, 마른 목재 등에 구멍을 뚫고 들어가 표면만 남기고 내부를 불규칙하게 식해하여 피해를 준다. 유충기가 상당히 길어 한 번 발생한 목재의 내부는 피해가 심하다.

36 기주식물 뿌리에 기생하여 피해를 주는 것은?

① 새삼
② 환삼덩굴
③ 꼬리겨우살이
④ 오리나무더부살이

해설

기생위치에 따른 기생식물

구분	내용
줄기 기생	• 겨우살이과 - 우리나라 : 겨우살이, 참나무겨우살이, 붉은겨우살이, 꼬리겨우살이, 동백나무겨우살이 - 미국 : 소나무겨우살이 • 메꽃과 : 새삼
뿌리 기생	열당과 : 오리나무더부살이

37 소나무재선충병에 대한 설명으로 옳은 것은?

① 기공을 통해 침입한다.
② 잣나무에서도 발생한다.
③ 중간기주는 참나무류이다.
④ 매개충은 담배장님노린재이다.

해설

소나무재선충병
• 재선충이 수목체 내에 증식하여 양수분의 흡수와 이동을 막아 피해가 나타난다.
• 적송(육송), 흑송(해송)이 매우 감수성이며, 우리나라에서는 잣나무에서도 발병된다.
• 재선충은 스스로 이동할 수 없으며 솔수염하늘소, 북방수염하늘소 등의 매개충에 의해 전염이 확산된다.

38 방화선 설치 위치로 가장 적절한 것은?

① 급경사지
② 고사목 집적 지역
③ 관목 및 임목밀생지
④ 능선 바로 뒤편 8~9부 능선

해설

방화선 설치 위치
• 연소물이 없는 나지(裸地)나 미입목지에 위치시킨다.
• 산림구획선, 산능선, 하천, 임도 등을 이용하여 효율적으로 구축한다.
• 산정 또는 능선 바로 뒤편 8~9부 능선에서 화세가 약해지는 경향이 있어 이 능선에 위치시키면 좋다.

39 솔수염하늘소에 대한 설명으로 옳지 않은 것은?

① 유충으로 월동한다.
② 남부지방에서는 1년에 2회 발생한다.
③ 성충의 우화시기는 5~8월경이다.
④ 성충을 쇠약목이나 고사목에 산란한다.

해설

솔수염하늘소
• 연 1회 발생하며, 유충으로 월동한다.
• 유충은 소나무류의 수피 내 형성층과 목질부를 식해하며 성장한다.
• 5~8월경 성충이 구멍을 뚫고 나와 우화한다.
• 우화한 암컷은 고사목이나 쇠약목의 수피에 산란한다.

정답 35 ① 36 ④ 37 ② 38 ④ 39 ②

40 병에 의한 식물체 조직 변화로 외관의 이상을 나타내는 것은?

① 병징 ② 표징
③ 발병 ④ 감염

해설

병징
병에 의해 식물조직에 형태와 색의 변화로 나타나는 눈에 보이는 외형적 이상 증상을 말한다.

3과목 임업경영학

41 다음 설명에 해당하는 것은?

> 국민이 안전하고 쾌적하게 등산 또는 트레킹을 할 수 있도록 해설하거나 지도, 교육하는 사람

① 숲해설가
② 유아숲지도사
③ 숲길등산지도사
④ 산림치유지도사

해설

산림교육전문가의 종류

구분	내용
숲해설가	국민이 산림문화·휴양에 관한 활동을 통하여 산림에 대한 지식을 습득하고 올바른 가치관을 가질 수 있도록 해설하거나 지도·교육하는 사람
유아숲지도사	유아가 산림교육을 통하여 정서를 함양하고 전인적(全人的) 성장을 할 수 있도록 지도·교육하는 사람
숲길등산지도사	국민이 안전하고 쾌적하게 등산 또는 트레킹(길을 걸으면서 지역의 역사·문화를 체험하고 경관을 즐기며 건강을 증진하는 활동)을 할 수 있도록 해설하거나 지도·교육하는 사람

42 산림청장은 산림복지의 진흥을 위하여 산림복지진흥계획을 몇 년마다 수립 및 시행하여야 하는가?

① 5년 ② 10년
③ 15년 ④ 20년

해설

산림청장은 산림복지의 진흥을 위하여 산림복지진흥계획을 5년마다 수립·시행하여야 한다.

43 임업경영은 목적에 따라 종속적, 부차적, 주업적 임업경영으로 나눌 수 있다. 이 중 종속적 임업경영에 대한 설명으로 옳지 않은 것은?

① 주요 생산적 임업의 용역을 제공하는 것이다.
② 주업경영의 생산을 내부적으로 지탱하기 위한 것이다.
③ 주요 생산적 임업의 생산에 필요한 자재를 공급하는 것이다.
④ 생산요소의 유휴화를 막고 이용률을 높여 경영전체의 수익을 높이기 위한 것이다.

해설

종속적 산림경영
- 주업적 산업의 자재를 제공하기 위해 종속적으로 경영하는 형태이다.
- 농가의 영농자재나 표고재배업자가 표고재배용 수목을 생산하거나 제지회사에서 종이의 원료인 펄프를 조달하고자 경영하는 형태이다.
- 사업에 필요한 원목을 자체 공급해 주업경영의 생산을 내부적으로 지탱하기 위한 방안이다.

44 산림의 이용구분에 따른 보전산지 중 공익용산지가 아닌 것은?

① 채종림의 산지 ② 사찰림의 산지
③ 자연휴양림의 산지 ④ 산림보호구역의 산지

정답 40 ① 41 ③ 42 ① 43 ④ 44 ①

해설

산지 구분

구분		내용
임업용(생산용) 산지		채종림, 시험림, 보전국유림, 임업진흥권역 등의 산지
보전 산지	공익용 산지	자연휴양림, 사찰림, 야생생물보호구역, 공원구역, 문화재보호구역, 상수원보호구역, 개발제한구역, 녹지지역, 생태경관보전지역, 습지보호지역, 특정도서, 백두대간보호지역, 산림보호구역 등의 산지
준보전산지		보전산지 외의 산지

45 임업 투자계획의 경제성을 평가하는 방법이 아닌 것은?

① 순현재가치의 방법
② 편익비용비의 방법
③ 내부수익률의 방법
④ 수확표에 의한 방법

해설

임업 투자계획의 경제성을 평가하는 방법

구분	특징	종류
현금흐름 할인법	화폐의 시간적 가치를 고려한 투자효율 분석방법	순현재가치법, 내부수익률법, 편익비용비법
현금흐름 비할인법	화폐의 시간적 가치를 고려하지 않은 투자효율 분석방법	투자이익률법, 회수기간법

46 임업순수익의 계산 방법으로 옳은 것은?

① 임업조수익 + 임업경영비
② 임업조수익 − 감가상각액
③ 임업조수익 + 가족임금추정액
④ 임업조수익 − 임업경영비 − 가족임금추정액

해설

임업순수익 = 임업소득 − 가족임금추정액
= 임업조수익 − 임업경영비
  − 가족임금추정액

47 중앙직경이 16cm, 재장이 22m인 통나무의 Huber식에 의한 재적(m³)은?

① 0.3323
② 0.4423
③ 0.4523
④ 1.4423

해설

$$V = \frac{\pi \times d^2}{4} \times l = \frac{\pi \times 0.16^2}{4} \times 22 = 0.44233 \cdots$$

∴ 약 0.4423m³

여기서, V : 재적
d : 중앙직경(m)
l : 재장(m)

48 측고기를 사용할 때 주의사항으로 옳지 않은 것은?

① 경사지에서 측정할 때에는 오차가 생기기 쉬우므로 여러 방향에서 측정하여 평균해야 하고, 가급적 등고선 방향으로 이동하여 측정한다.
② 여러 방향에서 측정하면 오차값을 줄일 수 있다.
③ 측정하고자 하는 나무 끝과 근원부가 잘 보이는 지점을 선정해야 한다.
④ 측정위치가 멀면 오차가 생기므로 나무 높이의 절반 정도 떨어진 곳에서 측정하는 것이 좋다.

해설

측정위치가 멀거나 가까우면 오차가 생기므로 나무 높이 정도 떨어진 곳에서 측정한다.

정답 45 ④ 46 ④ 47 ② 48 ④

49 임지의 자연적 생산력을 가장 포괄적으로 표시하는 것은?

① 지리
② 지위
③ 토양습도
④ 임목비옥도

해설

지위(地位)
토양조건, 지형, 기후, 기타 환경인자 등의 상호작용 결과로 얻어진 임지의 자연적 생산능력, 즉 임지의 생산능력을 나타낸다.

50 연이율이 6%이고, 매년 240만 원씩 영구히 순수익을 얻을 수 있는 산림을 3,600만 원에 구입하였을 때의 손익은?

① 이익 24만 원
② 손해 24만 원
③ 이익 400만 원
④ 손해 400만 원

해설

무한연년이자의 전가식
- 매년 말에 r씩 영구히 얻을 수 있는 이자의 전가합계식
- $K = \dfrac{r}{0.0p} = \dfrac{240만\ 원}{0.06} = 4,000만\ 원$
- 4,000만 원 가치의 산림을 3,600만 원에 구입하였으므로 400만 원의 이익이 발생한다.

51 다음은 수확조절방법 중의 Kameral taxe법 공식이다. 이때 Ir의 의미는?

$$Ya = Ir + \dfrac{Va - Vn}{a}$$

① 연간생장률
② 작업급의 연간생장량
③ 연간가치생장량
④ 연간벌채량과 생장량과의 차이

해설

Kameraltaxe법의 연간표준벌채량(Y) 계산

$$Y = I + \dfrac{G_a - G_r}{a}$$

$= $ 현실 연간생장량 $+ \dfrac{\text{현실축적} - \text{법정축적}}{\text{갱정기(정리기)}}$

52 산림환경자원으로서 야생동물의 서식밀도는 어떻게 표시하는가?

① 10ha당의 마리수(봄철)
② 10ha당의 마리수(여름철)
③ 100ha당의 마리수(봄철)
④ 100ha당의 마리수(여름철)

해설

산림환경자원으로서 야생동물의 서식밀도는 100ha당의 마릿수(여름철)로 나타낸다.

53 수간석해를 위한 원판 채취방법에 대한 설명으로 옳지 않은 것은?

① 원판의 두께는 10cm가 되도록 한다.
② 원판을 채취할 때는 수간과 직교하도록 한다.
③ 측정하지 않을 단면에는 원판의 번호와 위치를 표시하여 둔다.
④ Huber식에 의한 방법에서 흉고 이상은 2m마다 원판을 채취하고, 최후의 것은 1m가 되도록 한다.

해설

원판의 채취
흉고직경이 1.2m인 경우, 지상 0.2m를 벌채점으로 하여 3~5cm의 두께로 원판을 채취한다.

정답 49 ② 50 ③ 51 ② 52 ④ 53 ①

54 임업경영 성과분석 방법 중 임업의존도의 계산식으로 옳은 것은?

① $\dfrac{가계비}{임업소득} \times 100$

② $\dfrac{임업소득}{가계비} \times 100$

③ $\dfrac{임업소득}{임가소득} \times 100$

④ $\dfrac{임업소득}{임업조수익} \times 100$

해설

성과분석의 계산

구분	내용
임업의존도	$\dfrac{임업소득}{임가소득} \times 100$
임업소득률	$\dfrac{임업소득}{임업조수익} \times 100$
임업소득 가계충족률	$\dfrac{임업소득}{가계비} \times 100$

55 산림의 6가지 기능 중 생태·문화 및 학술적으로 보호할 가치가 있는 산림을 보호·보전하기 위한 기능은?

① 수원함양기능
② 자연환경보전기능
③ 생활환경보전기능
④ 산지재해방지기능

해설

자연환경보전림(자연환경보전기능)
생태·문화 및 학술적으로 보호할 가치가 있는 자연 및 산림을 보호·보전하기 위한 산림이다.

56 시장가역산법에 의한 임목가 결정에 필요한 인자로 가장 거리가 먼 것은?

① 원목시장가   ② 벌채운반비
③ 기업이익율   ④ 조림무육관리비

해설

시장가역산법
- 원목의 시장 매매가를 조사하고 시장까지의 벌채·운반비를 역으로 공제하여 임지에 서 있는 임목가를 산정하는 평가법으로 벌기 이상인 성숙림의 임목평가에 적용한다.
- 조림비, 육림비(임목육성 비용), 간벌수익 등은 계산에 포함되지 않는다.

57 우리나라에서는 전국 산림을 대상으로 계획을 수립하는데, 임업경영의 조직별로 산림기본계획, 지역산림계획, 산림경영계획을 수립한다. 다음 중 산림경영계획의 내용으로 틀린 것은?

① 수립주체는 지방자치단체의 장 또는 산림소유자이다.
② 지방자치단체의 장은 10년마다 수립·시행한다.
③ 산림기본계획 및 지역산림계획의 내용에 부합되도록 작성 및 수립한다.
④ 사유림 소유자의 산림경영계획 수립은 의무사항이다.

해설

사유림 소유자의 산림경영계획 수립은 의무가 아니라 권장사항이다.

58 전체 임목본수 200본 중에서 표준목을 10본 선정하고자 한다. 어떤 직경급의 본수가 35본이면 이 직경급에 몇 본의 표준목을 실제적으로 배정하는 것이 가장 좋은가?

① 1본   ② 2본
③ 3본   ④ 4본

정답 54 ③ 55 ② 56 ④ 57 ④ 58 ②

해설

$200:10=35:x$, $x=1.75$이므로 2본을 배정한다.

59 농업이나 축산 등의 기타 사업을 하면서 여력을 이용하여 임업을 경영하는 형태는?

① 농가임업
② 부업적 임업
③ 겸업적 임업
④ 주업적 임업

해설

부업적 임업
소유 규모가 5~30ha일 때의 경영형태로 농업, 축산 등의 기타 사업을 하면서 여력을 이용하여 부업으로 경영하는 임업이다.

60 소나무 임분의 벌기평균생장량이 6m³/ha이고, 윤벌기가 50년이라고 할 때, 이 임분의 법정연벌량과 법정수확률은 각각 얼마인가?

① 250m³/ha, 4%
② 250m³/ha, 5%
③ 300m³/ha, 4%
④ 300m³/ha, 5%

해설

법정연벌량과 법정연벌률
- 법정연벌량 = 벌기평균생장량 × 윤벌기
  $= 6 \times 50 = 300\text{m}^3/\text{ha}$
- 법정연벌률(법정수확률) $= \dfrac{200}{U} = \dfrac{200}{50} = 4\%$

  여기서, U : 윤벌기

4과목 임도공학

61 지선임도의 설계속도 기준은?

① 30~10km/시간
② 30~20km/시간
③ 40~20km/시간
④ 40~30km/시간

해설

임도의 설계속도 기준

구분	설계속도(km/h)
간선임도	40~20
지선임도	30~20
작업임도	20 이하

62 적정임도밀도가 5m/ha일 때 임도간격은 얼마인가?

① 1,000m
② 2,000m
③ 3,000m
④ 4,000m

해설

임도간격 $= \dfrac{10,000}{\text{적정임도밀도}} = \dfrac{10,000}{5} = 2,000\text{m}$

63 교각법에 의해 임도곡선을 설치하고자 한다. 교각이 60°이고 곡선반지름이 20m일 때, 접선길이를 구하는 계산식은?

① 20m×tan30°
② 40m×tan30°
③ 20m×tan60°
④ 40m×tan60°

해설

접선길이 $= R \cdot \tan\dfrac{\theta}{2} = 20\text{m} \times \tan\dfrac{60°}{2}$
$= 20\text{m} \times \tan 30°$

여기서, R : 곡선반지름
θ : 교각

정답 59 ② 60 ③ 61 ② 62 ② 63 ①

64 중심선측량과 영선측량에 대한 설명으로 옳지 않은 것은?

① 영선은 절토작업과 성토작업의 경계선이 되지는 않는다.
② 영선측량은 시공기면의 시공선을 따라 측량하므로 굴곡부를 제외하고는 계획고 상태로 측량한다.
③ 균일한 사면일 경우에는 중심선과 영선이 일치되는 경우도 있지만 대개 완전히 일치되지 않는다.
④ 중심선측량은 지반고 상태에서 측량하며 종단면도상에서 계획선을 설정하여 계획고를 산출한 후 종단과 횡단의 형상이 결정된다.

해설

영선은 절토작업과 성토작업의 경계선이 되기도 한다.

65 일반적으로 돌쌓기 중 찰쌓기의 표준 기울기는 얼마로 하는가?

① 1 : 0.2   ② 1 : 0.3
③ 1 : 0.5   ④ 1 : 1

해설

찰쌓기와 메쌓기

찰쌓기	• 돌을 쌓을 때 뒤채움에 콘크리트, 줄눈에 모르타르를 사용하는 돌쌓기 • 표준 기울기는 1 : 0.2
메쌓기	• 돌을 쌓을 때 모르타르를 사용하지 않는 돌쌓기 • 표준 기울기는 1 : 0.3

66 컴퍼스의 검사 및 조정에 대한 설명으로 옳지 않은 것은?

① 자침은 어떠한 곳에 설치하여도 운동이 활발하고 자력이 충분하여야 한다.
② 컴퍼스를 수평으로 세웠을 때 자침의 양단이 같은 도수를 가리키고 있어야 한다.
③ 수준기의 기포를 중앙에 오게 한 후 수평으로 180° 회전시켜도 기포가 중앙에 있어야 한다.
④ 컴퍼스를 세우고 정준한 다음 적당한 거리에 연직선을 만들어 시준할 때 시준종공 또는 시준사와 수평선이 일치하면 정상이다.

해설

시준장치로 시준할 때 시준종공 또는 시준사와 목표물의 수직선이 일치하여야 한다.

67 임의의 등고선과 교차되는 두 점을 지나는 임도의 노선 기울기가 10%이고, 등고선 간격이 5m일 때 두 점 간의 수평거리는?

① 5m   ② 10m
③ 50m   ④ 100m

해설

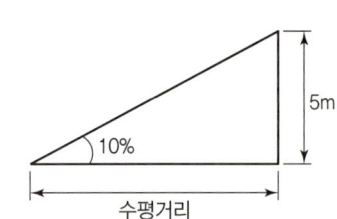

종단물매(%) = $\dfrac{\text{등고선 간격}}{\text{수평거리}} \times 100$

$10\% = \dfrac{5}{\text{수평거리}} \times 100$ ∴ 수평거리 = 50m

68 임도설계 시 설계서에 포함되지 않는 것은?

① 시방서
② 예산내역서
③ 측량성과서
④ 공종별 수량계산서

> **해설**

설계서의 내용과 순서
목차, 공사설명서(설계설명서), 일반시방서, 특별시방서, 예정공정표, 예산내역서, 일위대가표, 단가산출서, 각종 중기경비계산서, 공종별 수량계산서, 각종 소요자재 총괄표, 토적표, 산출기초 순으로 작성한다.

69 임도 노면의 시공에 대한 사항으로 다음 ( ) 안에 공통적으로 해당하는 것은?

> 노면의 종단기울기가 ( )%를 초과하는 사질토 또는 점질토인 구간과 종단기울기가 ( )% 이하인 구간으로서 지반이 약하고 습한 구간에는 쇄석·자갈을 부설하거나 콘크리트 등으로 포장한다.

① 8　　② 13
③ 15　　④ 18

> **해설**

종단기울기가 8%를 초과하는 사질토 또는 점질토인 구간과 8% 이하로 지반이 약하고 습한 구간은 쇄석·자갈을 부설하거나 콘크리트 등으로 포장하여야 한다.

70 평판측량에 있어서 어느 다각형을 전진법에 의하여 측량하였다. 이때 폐합오차가 20cm 발생하였다면 측점 C의 오차배분량은?(단, $AB=50m$, $BC=20m$, $CD=20m$, $DA=10m$)

① 0.1m　　② 0.14m
③ 0.18m　　④ 0.2m

> **해설**

폐합오차가 20cm=0.2m이므로
오차배분량
$= \dfrac{\text{시작점에서 수정할 측점까지의 길이}}{\text{전 측선의 총길이}} \times \text{폐합오차}$
$= \dfrac{50+20}{50+20+20+10} \times 0.2 = 0.14m$

71 임도의 교각법에 의한 곡선 설치 시 각 기호에 대한 용어가 올바르게 나열된 것은?

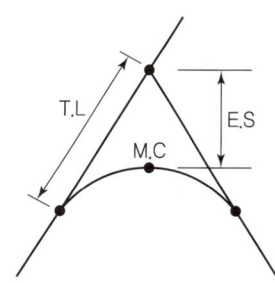

① T.L : 접선길이, M.C : 곡선중점, E.S : 곡선길이
② T.L : 곡선길이, M.C : 곡선시점, E.S : 접선길이
③ T.L : 접선길이, M.C : 곡선중점, E.S : 외선길이
④ T.L : 곡선길이, M.C : 곡선시점, E.S : 외선길이

> **해설**

교각법의 용어 정리

용어	약어
교각	θ
내각	α
교각점	I.P (Intersecting Point)
곡선반지름	R
접선길이 (접선장, 절선장)	T.L (Tangent Length)
외선길이 (외선장, 외할장)	E.S (External Secant)
곡선길이	C.L (Curve Length)

그 외 B.C(곡선시점, Beginning of Curve), M.C(곡선중점, Middle of Curve), E.C(곡선종점, End of Curve)가 있다.

72 지표면 및 비탈면의 상태에 따른 유출계수가 가장 작은 것은?

① 떼비탈면　　② 흙비탈면
③ 아스팔트포장　　④ 콘크리트포장

정답 69 ①　70 ②　71 ③　72 ①

> **해설**

유거계수(유출계수)
유역에 내린 강수량과 하천을 빠져나간 유출량의 비로 지표면 및 비탈면의 상태에 따라서는 아스팔트나 콘크리트와 같은 불투수성 포장일수록 값이 크고, 떼나 잡관목 등으로 덮여 거친 비탈면일수록 수치가 작다.

73 일반지형에서 임도의 설계속도가 20km/h일 때 적용하는 종단기울기는?

① 7% 이하
② 8% 이하
③ 9% 이하
④ 10% 이하

> **해설**

설계속도별 종단기울기 설치기준(간선·지선임도)

설계속도 (km/h)	종단기울기	
	일반지형	특수지형
40	7% 이하	10% 이하
30	8% 이하	12% 이하
20	9% 이하	14% 이하

74 배수 구조물의 크기를 결정하는 데 영향을 가장 적게 미치는 요인은?

① 구조물의 재질
② 집수구역의 면적
③ 집수구역의 지형 및 식생구조
④ 확률강우에 의한 최대시우량

> **해설**

배수구 크기의 결정 요인
확률강우에 의한 최대시우량, 집수구역의 면적, 집수구역의 지형 및 식생구조 등

75 흙의 동결로 인한 동상을 가장 받기 쉬운 토질은?

① 모래
② 실트
③ 자갈
④ 점토

> **해설**

자갈, 모래, 실트, 점토 중 실트질 토양은 공극이 적정하여 모세관 상승높이가 크고 투수성도 적당하여 얼음층이 잘 형성되므로 동상(凍上)이 잘 발생한다.

76 임도의 설계도면 중 종단면도에 기록되는 사항이 아닌 것은?

① 측점
② 단면적
③ 성토고
④ 누가거리

> **해설**

임도 설계도의 축척 및 기입사항

도면 구분	축척	기입사항
평면도	1 : 1,200	임시기표, 교각점, 측점번호, 사유토지의 지번별 경계, 구조물, 지형지물, 곡선제원
종단면도	횡 1 : 1,000 종 1 : 200	지반고, 계획고, 절토고, 성토고, 종단기울기, 누가거리, 거리, 측점, 곡선
횡단면도	1 : 100	지반고, 계획고, 절토고, 성토고, 단면적(절성토), 지장목 제거, 측구터파기 단면적, 사면보호공 물량

77 어떤 측점에서부터 차례로 측량을 하여 최후에 다시 출발한 측점으로 되돌아오는 측량방법으로 소규모의 단독적인 측량에 많이 이용되는 트래버스 방법은?

① 결합 트래버스
② 폐합 트래버스
③ 개방 트래버스
④ 다각형 트래버스

> **해설**

폐합 트래버스
어떤 측점에서 차례로 측량을 시작하여 최후에 다시 출발한 측점으로 되돌아오는 측량방법으로 소규모의 단독적인 측량에 많이 이용되는 트래버스이다.

정답 73 ③ 74 ① 75 ② 76 ② 77 ②

78 다음 조건에서 각주공식에 의한 체적(m³)은?

- 양단면적 : 80m², 40m²
- 중앙단면적 : 65m²
- 끝단면부에서 중앙단면부까지의 높이 : 30m

① 1,800 ② 2,800
③ 3,800 ④ 4,800

해설

끝단면부에서 중앙단면부까지의 높이가 30m이므로 끝단면적 간의 거리는 60m이다.

$$V = \frac{L}{6}(A_1 + 4A_m + A_2)$$
$$= \frac{60}{6}(80 + 4 \times 65 + 40)$$
$$= 3,800 \text{m}^3$$

여기서, V : 토량(m³)
L : 끝단면적 간의 거리(m)
A_1, A_2 : 양단면적(m²)
A_m : 중앙단면적(m²)

79 임도교량에 미치는 활하중에 속하는 것은?

① 주보의 무게
② 교상의 시설물
③ 바닥 틀의 무게
④ 통행하는 트럭의 무게

해설

사하중과 활하중
- 사하중 : 교량 시설물 자체의 무게를 말하는 것으로 주보의 무게, 교상의 시설물, 바닥틀의 무게 등이 해당된다.
- 활하중 : 사하중에 실리는 차량·보행자 등에 따른 교통하중을 말하며, 교량을 지나는 차량의 무게 등이 해당된다.

80 임도의 종단기울기가 6%이고, 곡선반지름이 36m일 때 물매곡률비는?

① 0.66 ② 1
③ 6 ④ 60

해설

$$K = \frac{R}{I} = \frac{36}{6} = 6$$

여기서, K : 물매곡률비
R : 곡선반지름(m)
I : 종단물매(%)

5과목 사방공학

81 중력에 의한 침식에 해당하지 않는 것은?

① 지활형 침식 ② 유동형 침식
③ 지중형 침식 ④ 붕괴형 침식

해설

가속침식의 종류

구분	내용
물침식(수식)	우수(빗물)침식, 하천침식, 지중침식, 바다침식
중력침식	붕괴형 침식, 지활형 침식, 유동형 침식, 동상침식
바람침식(풍식)	해안사구(모래언덕)침식, 내륙사구침식

82 본댐의 유효고가 H(m)이고 월류수심이 t(m)일 때, 본댐과 앞댐과의 간격 L(m)을 구하는 식은?(단, 낮은 댐의 경우)

① $L \geq 1.5 \times (H-t)$
② $L \geq 2.0 \times (H-t)$
③ $L \geq 1.5 \times (H+t)$
④ $L \geq 2.0 \times (H+t)$

정답 78 ③ 79 ④ 80 ③ 81 ③ 82 ④

> **해설**

물받이의 길이(본댐과 앞댐 사이의 간격) 계산
일반적으로 댐높이(H)와 월류수심(t) 합의 1.5~2.0배로 하는 것이 좋다.
- $H+t$가 6m 이상인 높은 댐 : 1.5배 적용
- $H+t$가 6m 미만인 낮은 댐 : 2배 적용

$$L \geq (H+t) \times (1.5 \sim 2.0)$$

여기서, L : 물받이 길이
H : 본댐높이
t : 월류수심

83 해안사방에서 사초심기공법에 관한 설명으로 옳지 않은 것은?

① 망 구획 크기는 2m×2m로 하며 내부에도 사이심기를 한다.
② 식재사초는 모래의 퇴적으로 잘 말라죽지 않는 초종으로 선택한다.
③ 다발심기는 사초 30~40포기를 한다발로 만들어 30~50cm 간격으로 심는다.
④ 줄심기는 1~2주를 1열로 하여 주간거리 4~5cm, 열간거리 30~40cm가 되도록 심는다.

> **해설**

다발심기는 4~8포기의 사초를 한다발로 하여 30~50cm 간격으로 심는다.

84 황폐계류에 대한 설명으로 옳지 않은 것은?

① 유량이 강우에 의해 급격히 증감한다.
② 유로연장이 비교적 길고, 하상기울기가 완만하다.
③ 토사생산구역, 토사유과구역, 토사퇴적구역으로 구분된다.
④ 호우가 끝나면 유량은 격감되고, 모래와 자갈의 유송은 완전히 중지된다.

> **해설**

유로의 연장(길이)이 비교적 짧으며, 계상기울기가 급하다.

85 흙댐에 관한 설명으로 옳지 않은 것은?

① 심벽 재료로는 사질토나 점질토를 사용한다.
② 일반적으로 흙댐의 높이는 2~5m 정도로 한다.
③ 유역면적이 비교적 좁고, 유량과 유송토사가 적지만, 계폭이 비교적 넓은 경우에 건설한다.
④ 포화수선은 댐 밑 외부에 있어야 댐이 안정되고, 심벽은 포화수선을 위로 올려주는 역할을 한다.

> **해설**

댐의 상류 수위에서 댐을 횡단하여 흐르는 물이 이루는 선을 포화수선이라고 하는데, 이 포화수선은 댐 밑 내부에 있어야 댐이 안정되며, 심벽은 포화수선을 아래로 내려주는 역할을 하여 댐이 무너지지 않고 안정할 수 있다.

86 돌쌓기 공사에 사용될 수 있도록 특별한 규격으로 다듬은 석재는?

① 야면석　　② 막깬돌
③ 견치돌　　④ 호박돌

> **해설**

견치돌
돌을 다듬을 때 앞면, 길이, 뒷면, 접촉부 및 허리치기의 치수를 특별한 규격에 맞도록 지정하여 만든 석재로 단단하고 치밀하여 견고를 요하는 돌쌓기 공사, 사방댐, 옹벽 등에 사용한다.

87 사방녹화용 재래초본식물은?

① 겨이삭　　② 오리새
③ 김의털　　④ 지팽이풀

정답　83 ③　84 ②　85 ④　86 ③　87 ③

해설

사방용 주요 초본류

구분	종류
재래초본 (향토초본)	김의털, 비수리, 까치수영, 새, 솔새, 개솔새, 수크령, 잔디, 억새, 참억새, 칡, 차풀, 매듭풀, 제비쑥
외래초본 (도입초본)	나도 김의털, 오리새(orchard grass), 겨이삭, 우산잔디(switch grass), 갈풀, 능수귀염풀

88 폭 10m, 높이 5m인 직사각형 단면 야계수로에 수심 2m, 평균유속 3m/sec로 유출이 일어날 때의 유량(m³/sec)은?

① 15
② 30
③ 60
④ 150

해설

수로의 단면적은 10×5이지만, 수심이 2m이므로 유적은 10×2=20m²이다.
따라서 유량=유속×유적=3×20=60m³/s 이다.

89 비탈면 안정을 위한 녹화공법으로만 나열된 것은?

① 새심기, 힘줄박기
② 비탈덮기, 줄떼다지기
③ 씨뿌리기, 산비탈수로내기
④ 비탈다듬기, 등고선구공법

해설

산지사방공사의 종류

구분	내용
기초공사	비탈다듬기(뭉기기), 단끊기, 땅속흙막이(묻히기), 산비탈흙막이(산복흙막이), 누구막이, 산비탈배수로(산복수로, 산비탈수로내기), 속도랑(배수구)
녹화공사	바자얽기(편책공, 목책공), 선떼붙이기, 조공, 줄떼시공(줄떼다지기, 줄떼붙이기, 줄떼심기), 평떼시공(평떼붙이기, 평떼심기), 단쌓기(떼단쌓기), 비탈덮기(거적덮기), 등고선구공법(수평구공법), 새심기, 씨뿌리기(파종공법), 종비토뿜어붙이기, 나무심기(식재공법)

90 낙석방지망덮기 공법에 대한 설명으로 옳지 않은 것은?

① 철망눈의 크기는 5mm 정도이다.
② 합성섬유망은 100kg 이내의 돌을 대상으로 한다.
③ 와이어로프의 간격은 가로와 세로 모두 4~5m로 한다.
④ 철망, 합성섬유망 등을 사용하여 비탈면에서 낙석이 발생하지 않도록 한다.

해설

일반적으로 철망눈의 크기는 5~10cm 정도이다.

91 산지사방의 주요 목적과 거리가 먼 것은?

① 사방 조림 확대
② 붕괴 확대 방지
③ 표토 침식 방지
④ 산사태 위험 방지

해설

산지사방의 주요 목적
표토 침식 방지, 붕괴 확대 방지, 산사태 위험 방지

92 $Q = C \times I \times A$로 나타내는 최대홍수량 산정방법은?(단, Q는 유역출구에서의 최대홍수량, C는 유출계수, I는 강우강도, A는 유역면적)

① 시우량법
② 유출량법
③ 합리식법
④ 홍수위흔적법

정답 88 ③ 89 ② 90 ① 91 ① 92 ③

해설

합리식법
확률강우강도와 유역면적 및 유출계수를 이용하여 1초 동안의 최대홍수유량을 산정하는 방식이다. 유출계수, 강우강도, 유역면적을 곱한 합리식을 이용한다.

93 돌쌓기 공사에서 금기돌이 아닌 것은?
① 굄돌 ② 뜬돌
③ 거울돌 ④ 포갠돌

해설

① 굄돌은 돌쌓기 시 안정성을 위하여 흔들리지 않도록 괴어주는 돌로 금기돌이 아니다.

금기돌
- 돌쌓기를 잘못하면 돌의 접촉부가 맞지 않거나 힘을 받지 못하는 불안정한 돌이 발생하는데 방법에 어긋나게 시공된 이러한 돌을 말한다.
- 종류에는 선돌, 누운돌, 포갠돌, 뜬돌, 거울돌, 뾰족돌, 떨어진돌, 이마대기, 새입붙이기, 꼬치쌓기 등이 있다.

94 누구막이에 대한 설명으로 옳지 않은 것은?
① 땅속흙막이보다 작은 규모의 대상지에 계획한다.
② 하류를 향하여 중심선에 직각방향으로 축설한다.
③ 수로개설 바닥파기 후 잉여토사의 적치가 필요한 곳에 계획한다.
④ 산복수로를 계획할 때에 횡공작물로서 수로의 기울기를 완화시키고자 하는 곳에 시공한다.

해설

누구막이는 상류를 향하여 중심선에 직각 방향으로 축설한다.

95 해풍에 의해 날리는 모래를 억류하고 퇴적시켜 인공사구를 조성하기 위해 사용하는 공법은?
① 모래덮기 ② 사초심기
③ 정사울세우기 ④ 퇴사울세우기

해설

퇴사울세우기
해풍에 의해 날리는 모래(비사)를 억류·고정하고 퇴적시켜서 인공 모래언덕(사구)을 조성할 목적으로 퇴사(堆砂)울타리를 시공하는 공법이다.

96 초기황폐지 단계에서 복구되지 않으면 점점 더 급속히 악화되어 가까운 장래에 민둥산이나 붕괴지가 될 위험성이 있는 상태는?
① 척악임지 ② 임간나지
③ 황폐이행지 ④ 특수황폐지

해설

황폐지의 진행 순서
- 척악임지 → 임간나지 → 초기황폐지 → 황폐이행지 → 민둥산 → 특수황폐지
- 황폐이행지 : 초기황폐지 단계에서 복구되지 않으면 점점 더 급속히 악화되어 가까운 장래에 민둥산이나 붕괴지가 될 위험성이 있는 상태의 임지이다.

97 지하수가 유출되는 절토사면에 설치하는 가장 적합한 공작물은?
① 집수정 ② 선떼붙이기
③ 산복 돌수로 ④ 돌망태 옹벽

해설

돌망태공
- 철선의 망태 안에 돌을 넣은 것으로 주로 계곡이나 하천 양안, 산지비탈면 등의 침식과 붕괴 방지를 위해 사용하며, 개비온(Gabion)이라고도 한다.
- 배수성, 신축성, 일체성, 투수성 등이 우수하여 지하수 유출 사면에서도 안정적으로 설치 가능하다.

정답 93 ① 94 ② 95 ④ 96 ③ 97 ④

98 침식에 대한 설명으로 옳지 않은 것은?

① 가속침식은 자연침식 또는 지질학적 침식이라고 한다.
② 침식은 그 원인에 따라 크게 정상침식과 가속침식으로 나뉜다.
③ 정상침식은 자연적인 지표의 풍화 상태로써 토양의 형성과 분포에 기여한다.
④ 가속침식은 주로 사람의 작용에 의한 지피식생의 파괴와 물이나 바람 등의 작용에 의하여 이루어진다.

해설

원인에 따른 침식의 종류
- 정상침식 : 자연 조건에 의하여 서서히 진행되는 침식으로 자연침식 또는 지질학적 침식이라고도 한다.
- 가속침식 : 주로 인위적인 활동이 원인이 되어 빠르게 진행되는 침식으로 이상침식이라고도 한다.

99 콘크리트블록과 같은 가벼운 블록으로 비탈면을 처리하기 곤란한 지역에 거푸집을 설치하고 콘크리트치기를 하는 비탈안정공법은?

① 비탈힘줄박기 공법
② 비탈지오웨브 공법
③ 비탈블록붙이기 공법
④ 비탈격자틀붙이기 공법

해설

비탈힘줄박기 공법
현장에서 직접 비탈면에 거푸집을 설치하고 콘크리트를 쳐서 뼈대(힘줄)인 틀을 만들고, 틀 안에 떼나 작은 돌 등을 채워 비탈을 안정시키는 공법이다.

100 개수로에서 이용하는 평균유속공식이 아닌 것은?

① Chezy 공식
② Bazin 공식
③ Kutter 공식
④ Thiery 공식

해설

평균유속 산정식
Chezy 공식, Manning 공식, Bazin 공식, Kutter 공식

정답 98 ① 99 ① 100 ④

2024년 1회 기출복원문제

산림산업기사

1과목 조림학

01 모수작업을 위한 모수로 가장 불리한 수종은?

① 천근성 수종
② 암수한그루 수종
③ 수피가 두꺼운 수종
④ 생육입지 요구가 낮은 수종

해설

모수는 풍도의 해를 입을 수 있어 심근성으로 바람에 대한 저항력이 강한 수종이 좋다.

02 임지에서 적정한 석회질 비료를 주었을 때 나타나는 효과로 옳지 않은 것은?

① 산성토양을 중화시킨다.
② 토양의 풍화를 촉진한다.
③ 미생물의 번식을 촉진한다.
④ 토양의 이화학적 성질을 개량한다.

해설

석회질 비료
칼슘이 주성분으로 알칼리성을 띠며, 산성토양을 중화하여 개량하는 데 사용한다. 유용 미생물의 번식을 촉진하여 입단화 등 토양의 이화학적 성질을 개량한다.

03 천연갱신에 대한 설명으로 옳지 않은 것은?

① 천연하종, 맹아갱신 등에 의해 이루어진다.
② 인공조림에 비하여 실행하기 어렵고 오래 걸린다.
③ 울창한 숲 상태에서는 양수보다 음수가 더 유리하다.
④ 인공조림에 비하여 각종 피해에 대한 저항력이 약하다.

해설

천연갱신(天然更新)
벌채 후 자연적으로 떨어진 종자(천연하종), 벌채된 수목의 맹아(맹아갱신) 등에 의한 천연적 발생으로 새로운 임분이 형성되는 것을 말한다. 인공조림에 비하여 각종 피해에 대한 저항력이 강하다.

04 비료목으로 활용 가능한 수종으로 가장 거리가 먼 것은?

① 단풍나무   ② 자귀나무
③ 오리나무   ④ 족제비싸리

해설

비료목의 구분

질소고정 O	콩과(*Rhizobium*속 세균)	아까시나무, 싸리나무류, 자귀나무, 칡
	비콩과(*Frankia*속 방사상균)	오리나무류, 소귀나무, 보리수나무류
질소고정 ×	• 질소 함량이 높은 잎의 낙엽으로 지력 향상 • 붉나무, 플라타너스, 포플러류, 백합나무 등	

05 5~6월에 종자가 성숙하여 종자 채종이 가능한 수종으로만 올바르게 나열된 것은?

① 회양목, 미루나무, 회화나무
② 양버들, 사시나무, 졸참나무
③ 버드나무, 사시나무, 느릅나무
④ 밤나무, 느릅나무, 아까시나무

정답 01 ① 02 ② 03 ④ 04 ① 05 ③

해설

주요수종의 종자 성숙기(채취시기)

월(月)	수종
5월	사시나무류, 미루나무, 버드나무류, 황철나무, 양버들
6월	느릅나무, 벚나무, 시무나무, 비술나무
7월	회양목, 벚나무
8월	스트로브잣나무, 향나무, 섬잣나무, 귀룽나무, 노간주나무
9~10월	대부분의 수종
11월	동백나무, 회화나무

06 임지에 존재하는 무기성분 중 가장 풍부하지만 임목생장에 있어 가장 결핍되기 쉬운 것은?

① 인산
② 칼륨
③ 질소
④ 구리

해설

질소(N, nitrogen)
아미노산과 단백질의 합성에 중요한 역할을 하여 수목생장에 크게 관여하는 양분이다. 임지에 존재하는 무기성분 중 가장 풍부하지만 임목생장에 있어 가장 결핍되기 쉬운 원소이기도 하다.

07 묘목 식재에 방해가 되는 잡목을 제거하는 작업이 아닌 것은?

① 화입법
② 쳐내기법
③ 수구치기법
④ 약제처리법

해설

지존작업 시 잡목 제거 방법
• 쳐내기법 : 소도구를 이용하여 인력으로 잡목을 쳐내는 방법
• 화입법 : 식재작업에 지장을 주는 잡목을 태워버리는 방법
• 약제처리법 : 제초제를 이용한 화학적 처리법

08 가지치기에 대한 설명으로 옳지 않은 것은?

① 포플러류는 역지 이상의 가지를 제거한다.
② 가지의 지름이 5cm 이상인 것은 자르지 않는다.
③ 자연낙지가 잘 되는 수종은 생략해도 무방하다.
④ 일반 소경재인 경우에는 가지치기를 실시하지 않는다.

해설

활엽수는 대체적으로 생가지치기가 적당하지 않으나, 포플러나무류, 참나무류, 사시나무류는 으뜸가지 이하의 가지까지만 제거한다.

09 어린나무 가꾸기에 대한 설명으로 옳지 않은 것은?

① 풀베기 작업이 끝난 후 실시한다.
② 11월 전후에 실시하는 것을 원칙으로 한다.
③ 조림목과 경쟁하는 목적 이외의 수종을 제거한다.
④ 보육 대상목의 생장에 지장을 주는 나무는 가급적 지표면에서 가깝게 잘라낸다.

해설

제벌(어린나무 가꾸기) 시기
일 년 중에서는 나무의 고사상태를 알고 맹아력을 감소시키기에 가장 적합한 6~9월(여름)에 실시하는 것이 좋다.

10 숲가꾸기 작업 중 덩굴 제거에서 사용되는 디캄바액제 사용법으로 옳지 않은 것은?

① 칡 등 콩과 잡초에 적용한다.
② 비선택성, 호르몬형 제초제이다.
③ 고온에서는 증발에 의해 주변 식물에 약해를 일으킬 수 있다.
④ 약제 처리 후 24시간 이내에 강우가 예상될 경우 작업을 중지한다.

정답 06 ③ 07 ③ 08 ① 09 ② 10 ②

> **해설**

디캄바액제(반벨)
선택성 이행형 호르몬형 제초제로 칡, 아까시나무 등의 콩과식물과 광엽잡초를 선택적으로 제거한다. 고온 시 증발하여 주변 식물에 약해를 일으킬 수 있으므로 주의가 필요하다.

11 탈종 방법에 대한 설명으로 옳지 않은 것은?
① 벚나무 종자는 침수하여 부숙시킨 후 세척한다.
② 두꺼운 육질의 종자는 침수하여 물에 불리고 세척한다.
③ 소나무나 콩과 수종의 종자는 건조 후 흔들거나 굴린다.
④ 부드러운 섬유상 과육의 종자는 침수하고 연화하여 세척한다.

> **해설**

두꺼운 육질의 종자는 과피를 그대로 뭉개서 종자를 분리시킨다.

12 노천매장에 대한 설명으로 옳지 않은 것은?
① 종자와 모래를 섞어 묻는다.
② 배수가 양호한 곳을 택하여야 한다.
③ 종자의 발아촉진을 겸한 저장법이다.
④ 종자를 묻고 비가 들어가지 않도록 한다.

> **해설**

노천매장법(露天埋藏法)
노천에 일정 크기(깊이 50~100cm)의 구덩이를 파고 종자를 모래와 섞어서 묻어 저장하는 방법으로 저장과 함께 종자 발아촉진의 효과도 겸한다. 양지 바르고 배수가 좋으며 지하수가 고이지 않는 장소에 매장하고, 겨울에 눈이나 빗물이 그대로 스며들 수 있도록 한다.

13 교림에 대한 설명으로 옳은 것은?
① 맹아에 의하여 갱신된 산림
② 순수한 원시림으로 유지된 산림
③ 숲가꾸기가 적기에 실시된 산림
④ 주로 실생묘로 성립된 키 큰 산림

> **해설**

교림(고림)
종자로부터 발달한 수목(실생묘)으로 성립되는 키가 큰 산림

14 척박한 산지에 사방 조림용 수종으로 가장 적합한 것은?
① *Zelkova serrata*
② *Pinus densiflora*
③ *Castanea crenata*
④ *Robinia pseudoacacia*

> **해설**

아까시나무(*Robinia pseudoacacia*)
수분과 양분요구도가 낮으며, 발아력과 맹아력이 모두 좋아 척박지에서도 생장이 좋을 뿐만 아니라 임지비배효과도 있어 우리나라에서 대표적으로 많이 식재되고 있는 사방수종이다.

15 밀식에 대한 설명으로 옳지 않은 것은?
① 풀베기 작업 비용이 절감된다.
② 초살도가 높은 용재가 생산된다.
③ 수목의 근계발달이 약해질 수 있다.
④ 조기에 울폐되어 임지보호 효과가 높다.

> **해설**

소식(疏植)일 때 직경생장이 좋아지고 초살도가 높은 용재를 생산한다.

정답 11 ② 12 ④ 13 ④ 14 ④ 15 ②

16 중력이 작용하는 방향으로 수목이 자라는 것을 의미하는 것은?

① 굴지성 ② 주지성
③ 주광성 ④ 굴광성

해설

굴지성(屈地性, 굴중성)
- 수목이 중력의 자극에 의해 특정 방향으로 자라는 성질
- 줄기는 광합성을 위해 중력의 반대방향인 위로(음성굴지성), 뿌리는 영양분 흡수를 위해 중력방향인 아래로(양성굴지성) 자라는 현상

17 묘목의 가식을 위한 토양으로 가장 좋은 것은?

① 점질토 ② 석력토
③ 사질양토 ④ 부식질토

해설

가식의 장소
- 배수와 통기가 좋은 사질양토인 곳
- 토양습도가 적당한 곳
- 배수가 양호하며, 그늘지고 서늘한 곳
- 물이 고이거나 과습하지 않은 곳
- 건조한 바람과 직사광선을 막을 수 있는 곳
- 주변의 대기 습도가 적당히 높은 곳
- 조림지의 최근거리에 위치한 곳

18 수목의 뿌리가 이용 가능한 토양수분은?

① 결합수 ② 중력수
③ 범람수 ④ 모세관수

해설

모세관수(모관수)
중력에 저항하여 토양입자와 물분자 간의 부착력에 의해 모세관 사이에 남아 있는 수분으로 pF 2.7~4.5이며 수목의 뿌리가 이용 가능한 수분이다.

19 발아촉진 방법에 해당하지 않는 것은?

① 수선법 ② 침수법
③ 열탕처리법 ④ 황산처리법

해설

① 수선법은 종자의 정선법이다.

발아촉진법(휴면타파)
기계적 처리법, 침수처리법[냉수침지법, 온탕침지법(온탕처리법, 열탕처리법)], 황산처리법, 노천매장법, 고저온처리법, 화학약품처리법, 광처리법, 파종시기 변경(추파법, 채파법)

20 5ha 임지에 묘간거리 4m, 열간거리 5m의 장방형 식재를 위한 필요 묘목수는?

① 250본 ② 500본
③ 2,500본 ④ 5,000본

해설

장방형 식재

$$N = \frac{A}{a \times b} = \frac{50,000}{4 \times 5} = 2,500본$$

여기서, N : 소요 묘목 본수
A : 조림지 면적(m²)
a : 묘간거리(m)
b : 줄사이거리(m)

2과목 산림보호학

21 농약의 약제를 제형에 따라 분류한 용어가 아닌 것은?

① 유제 ② 액제
③ 용제 ④ 수화제

해설

제형에 따른 농약 분류
- 희석살포제(액체시용제) : 유제, 액제, 수화제, 수용제,

정답 16 ① 17 ③ 18 ④ 19 ① 20 ③ 21 ③

액상수화제
- 직접살포제(고형시용제) : 분제, 입제, 미립제

22 솔나방의 월동 충태는?
① 알 ② 성충
③ 유충 ④ 번데기

해설

솔나방
부화유충이 솔잎을 식해하며 가해하다가 5령충(4회 탈피)으로 수피와 지피물 사이에서 월동한다.

23 해충의 생물적 방제를 위한 천적 선택 조건으로 옳지 않은 것은?
① 단식성이어야 한다.
② 소량으로 증식해야 한다.
③ 천적에 기생하는 곤충이 없어야 한다.
④ 해충의 출현과 천적의 생활사가 잘 일치 하여야 한다.

해설

천적 선택 조건
- 대량으로 증식해야 한다. 즉, 증식력이 커야 한다.
- 목적 해충만을 가해할 수 있도록 단식성(單食性)이어야 한다.
- 해충의 출현과 천적의 생활사가 잘 일치해야 한다.
- 천적에 기생하는 곤충(2차 기생봉)이 없어야 한다.
- 성비가 커야 한다.

24 잎을 가해하는 해충이 아닌 것은?
① 솔나방
② 매미나방
③ 박쥐나방
④ 미국흰불나방

해설

해충의 가해양식에 따른 분류

구분		내용
식엽성(食葉性)		미국흰불나방, 솔나방, 매미나방(집시나방), 오리나무잎벌레, 텐트나방(천막벌레나방), 어스렝이나방(밤나무산누에나방), 잣나무넓적잎벌, 솔노랑잎벌, 호두나무잎벌레, 참나무재주나방, 느티나무벼룩바구미[유충], 버들잎벌레, 대벌레
흡즙성(吸汁性)	잎	버즘나무방패벌레, 진달래방패벌레, 느티나무벼룩바구미[성충], 점박이응애, 뽕나무이
	줄기	솔껍질깍지벌레
천공성(穿孔性)		소나무좀, 박쥐나방, 알락박쥐나방, 향나무하늘소(측백하늘소), 가루나무좀, 알락하늘소, 미끈이하늘소, 솔수염하늘소, 북방 수염하늘소, 털두꺼비하늘소, 버들바구미, 광릉긴나무좀
충영성(蟲癭性)	잎	솔잎혹파리, 아까시잎혹파리, 외줄면충
	눈	밤나무혹벌
종실(種實) 가해		밤바구미, 복숭아명나방, 솔알락명나방, 도토리거위벌레

25 균사에 격벽이 없는 균류는?
① 난균류 ② 담자균류
③ 자낭균류 ④ 불완전균류

해설

난균류
다른 균류와 다르게 균사에 격막(격벽)이 없으며, 많은 핵으로 구성되어 있다. 주로 무성포자인 유주포자(유주자)에 의해 번식한다.

26 수목병원성 세균은 대부분 어떤 형태인가?
① 공모양 ② 실모양
③ 나선모양 ④ 막대모양

정답 22 ③ 23 ② 24 ③ 25 ① 26 ④

해설

세균(細菌, bacteria, 박테리아)
세균의 형태에는 공모양, 실모양, 나선모양, 부정형 등 여러 가지가 있지만 식물에 기생하는 대부분의 세균은 짧은 몽둥이와 같은 막대모양(간상형)의 간균(杆菌)이다.

27 딱정벌레목에 속하는 해충이 아닌 것은?

① 밤바구미
② 알락하늘소
③ 솔껍질깍지벌레
④ 오리나무잎벌레

해설

딱정벌레목
바구미, 하늘소, 잎벌레, 거위벌레, 무당벌레, 풍뎅이 등

28 수목병과 매개충의 연결로 옳지 않은 것은?

① 아까시나무모자이크병 – 진딧물
② 밤나무흰가루병 – 밤나무순혹벌
③ 오동나무빗자루병 – 담배장님노린재
④ 대추나무빗자루병 – 마름무늬매미충

해설

② 흰가루병은 매개충에 의해 전염되지 않는다.

수병과 매개충

병원	수병	매개충
선충	소나무재선충병	솔수염하늘소, 북방수염하늘소
파이토플라스마	대추나무빗자루병	마름무늬매미충
	뽕나무오갈병	
	오동나무빗자루병	담배장님노린재
불완전균	참나무시들음병	광릉긴나무좀
바이러스	~모자이크병	진딧물

29 잣나무털녹병에 대한 설명으로 옳지 않은 것은?

① 중간기주로는 우리나라에서 송이풀이 있다.
② 여름포자는 여름 동안 소생자를 만들고 소생자는 겨울포자를 만든다.
③ 잣나무에 녹병정자와 녹포자를 형성하고 중간기주에 여름포자, 겨울포자, 담자포자 등을 형성한다.
④ 병원균은 잣나무의 수피조직 내에서 균사 형태로 월동하고 4월 중순~5월 하순경 가지와 줄기에 녹포자를 형성한다.

해설

잣나무털녹병

구분	수종	포자 형태
본기주	잣나무	녹병포자, 녹포자
중간기주	송이풀류, 까치밥나무류	여름포자, 겨울포자, 담자포자

중간기주에서는 여름포자, 겨울포자를 순차적으로 형성하고, 겨울포자에서 곧 담자포자(소생자)가 형성되어 9~10월에 바람에 의해 잣나무로 날아가 후에 병을 발생시킨다.

30 모잘록병 예방법으로 가장 효과적인 것은?

① 햇볕을 막아 그늘지게 한다.
② 질소질 비료를 충분하게 준다.
③ 파종량을 적게 하고 복토를 두껍게 한다.
④ 배수와 통풍이 잘 되고 과습하지 않도록 한다.

해설

모잘록병 방제법
- 모잘록병은 토양전염성 병이므로 토양소독 및 종자소독을 실시한다.
- 배수와 통풍이 잘 되어 묘상이 과습하지 않도록 주의한다.

정답 27 ③ 28 ② 29 ② 30 ④

- 질소질 비료의 과용을 피하며, 인산질, 칼륨질 비료를 충분히 주어 묘목이 강건히 자라도록 돕는다.
- 파종량을 적게 하여 과밀하지 않도록 하며, 복토는 두껍지 않게 한다.
- 병든 묘목은 발견 즉시 뽑아서 소각한다.
- 병이 심한 묘포지는 돌려짓기(윤작)를 한다.

31 대기오염물질에 의한 활엽수의 병징으로 옳지 않은 것은?

① PAN : 엽맥 사이 조직의 황화현상 및 잎의 왜성화
② 아황산가스 : 잎의 끝 부분과 엽맥 사이 조직의 괴사
③ 오존 : 잎 표면에 주근깨 같은 반점이 형성되고, 반점이 합쳐져 표면의 백색화
④ 질소산화물 : 초기에 흩어진 회녹색 반점이 생기다가 잎의 가장자리 조직 괴사

[해설]

팬(PAN)의 피해 증상
잎의 뒷면부터 피해가 나타나 은회색을 띤다.

32 방화선 설치에 대한 설명으로 옳지 않은 것은?

① 너비는 보통의 경우 1~2m로 한다.
② 방화선 설치 시 가연물은 제거해야 한다.
③ 산의 능선, 산림 구획선, 임도 등을 이용한다.
④ 삽, 괭이, 기계톱 등을 이용하여 방화선을 구축한다.

[해설]

방화선(防火線)
산불의 진행을 막기 위해 일정 넓이로 설치하는 지대로 보통 10~20m의 폭으로 땅을 파 엎고 수목이나 잡관목 등 모든 가연물을 제거한다. 산림구획선, 산능선, 하천, 임도 등을 이용하여 효율적으로 구축한다.

33 토양을 소독하면 방제효과가 가장 높은 병은?

① 잎떨림병　　② 모잘록병
③ 빗자루병　　④ 줄기마름병

[해설]

모잘록병은 토양전염성 병이므로 토양소독을 실시하면 방제효과가 높다.

34 산림해충의 임업적 방제법으로 옳지 않은 것은?

① 복층림과 혼효림을 조성하여 임상을 다양하게 한다.
② 토양의 경운, 토성의 개량을 통한 임지환경을 조정한다.
③ 농약 사용을 지양하고 포살법이나 유살법을 이용하여 해충을 방제한다.
④ 간벌 및 가지치기 등을 실시하여 해충의 잠복 장소를 제거하고 수목의 활력을 증대 시킨다.

[해설]

③ 포살법이나 유살법은 기계적 방제법이다.

해충의 임업적 방제
혼효림과 복층림 조성, 적당한 간벌과 가지치기 등으로 임분밀도 조절, 내충성 수종 식재, 해충의 서식이 어려운 임지환경으로 개선, 해충에 대한 저항성 향상을 위한 시비 등

35 오동나무빗자루병을 일으키는 병원체는?

① 세균　　　② 조균
③ 바이러스　④ 파이토플라스마

[해설]

파이토플라스마 수병
대추나무빗자루병, 오동나무빗자루병, 뽕나무오갈병

정답 31 ① 32 ① 33 ② 34 ③ 35 ④

36 옥시테트라사이클린을 주입하여 치료하는 병은?

① 잣나무털녹병
② 포플러모자이크병
③ 밤나무근두암종병
④ 오동나무빗자루병

해설

오동나무빗자루병은 파이토플라스마에 의한 수병이며, 옥시테트라사이클린(Oxytetracycline)계 항생물질의 수간주사로 치료가 가능하다.

37 포플러 잎녹병균의 유성포자 형성을 나타낸 그림에서 A에 해당하는 명칭은?

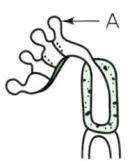

① 녹포자
② 여름포자
③ 겨울포자
④ 담자포자

해설

그림은 겨울포자에서 전균사가 네 가닥으로 자라나서 그 끝에 소생자(담자포자)가 달려 있는 모습이다.

38 소나무좀에 대한 설명으로 옳지 않은 것은?

① 성충으로 월동한다.
② 1년에 2회 발생한다.
③ 봄과 여름 두 번 가해한다.
④ 주로 소나무와 잣나무를 가해한다.

해설

소나무좀
유충과 성충이 모두 소나무류의 목질부를 식해하며 피해를 주는 해충이다. 연 1회 발생하며, 성충으로 월동한다. 유충과 성충이 봄·여름으로 두 번 가해한다.

39 외국에서 유입된 해충이 아닌 것은?

① 솔나방
② 솔잎혹파리
③ 아까시잎혹파리
④ 솔껍질깍지벌레

해설

외래해충
미국흰불나방, 솔껍질깍지벌레, 버즘나무방패벌레, 솔잎혹파리, 아까시잎혹파리, 소나무재선충, 꽃매미, 미국선녀벌레, 흰개미 등 ✎ 솔나방 ✕

40 매미나방의 월동 충태는?

① 알
② 성충
③ 유충
④ 번데기

해설

매미나방(집시나방)
연 1회 발생하며, 알로 월동한다.

알로 월동하는 해충
매미나방(집시나방), 텐트나방(천막벌레나방), 어스렝이나방(밤나무산누에나방), 솔노랑잎벌, 박쥐나방, 버들바구미, 미류재주나방, 외줄면충 등

3과목 임업경영학

41 경영계획구 면적이 500ha이고 윤벌기가 50년이며 1영급이 20영계일 경우 법정영급면적은?

① 200ha
② 400ha
③ 600ha
④ 800ha

해설

법정영급면적의 계산
$$A = \frac{F}{U} \times n = \frac{500}{50} \times 20 = 200\text{ha}$$
여기서, A : 법정영급면적(ha), U : 윤벌기
F : 산림면적(ha), n : 1영급의 영계수

정답 36 ④ 37 ④ 38 ② 39 ① 40 ① 41 ①

42 수확조정 기법과 관계가 없는 것으로 연결된 것은?

① 생장량법 – 연년생장량
② 조사법 – 택벌림에서 실행
③ 재적평분법 – 개위면적 산출
④ 임분경제법 – 경제성 중시

해설

재적평분법
각 분기의 벌채 재적을 동일하게 하여 재적수확의 균등을 도모하려는 방식으로 개위면적은 산출하지 않는다.

43 손익분기점 분석에 설정하는 가정으로 옳지 않은 것은?

① 재고는 없다.
② 제품 단위당 비용은 일정하다.
③ 제품의 생산능률은 변함이 없다.
④ 제품의 판매가는 생산량에 따라 변한다.

해설

손익분기점 분석을 위한 가정
- 제품의 판매가격은 판매량이 변동해도 변화하지 않는다.
- 원가는 고정비와 변동비로 구분할 수 있다.
- 제품 한 단위당 변동비는 항상 일정하다(한 단위당의 변동비는 증가하지 않는다).
- 고정비는 생산량의 증감에 관계없이 항상 일정하다.
- 생산량과 판매량은 항상 같으며, 생산과 판매에 동시성이 있다(재고가 없다).
- 제품의 생산능률은 변함이 없다.

44 지황조사 항목에 포함되지 않는 것은?

① 지리   ② 지위
③ 소밀도 ④ 경사도

해설

산림조사
- 지황조사 : 지종, 방위, 경사도, 표고, 토성, 토심, 건습도, 지위, 지리, 지세 등
- 임황조사 : 임종, 임상, 수종, 혼효율, 임령, 영급, 수고, 경급, 소밀도, 축적 등

45 임지 생산력을 판단하는 기준 중 가장 정확한 지위사정 방법은?

① 환경인자에 의한 방법
② 지위지수에 의한 방법
③ 지표식물에 의한 방법
④ 종자 생산량에 의한 방법

해설

지위지수에 의한 방법(우세목 수고에 의한 방법)
임지의 생산능력을 구체적 수치로 나타낸 지위지수에 의해 판정하는 방법으로 지위사정 방법 중 가장 정확하여 주로 사용한다. 지위지수 분류표와 지위지수 분류곡선을 이용하는 방법이 있다.

46 공유림 경영의 목적으로 옳지 않은 것은?

① 공공복지의 증진
② 재정 수입의 확보
③ 국유림 경영의 지원
④ 사유림 경영의 시범

해설

공유림의 경영 목적
- 공공복지의 증진 : 지방자치단체의 공적 복지 증진을 목적으로 한다.
- 재정 수입의 확보 : 경영기관의 재정 수입 확보에 기여하여야 한다.
- 사유림 경영의 시범 : 모범적인 산림경영으로 사유림 경영의 시범이 되어야 한다.

정답 42 ③ 43 ④ 44 ③ 45 ② 46 ③

47 일반적으로 적용하는 침엽수의 조재율은?

① 0.4~0.7   ② 0.4~0.9
③ 0.6~0.7   ④ 0.6~0.9

해설

조재율(이용률)
입목 간재적에 대한 실제 이용재적(원목재적)의 비율로 활엽수는 0.4~0.7, 침엽수는 0.6~0.9, 소나무는 0.5~0.8이다.

48 직경과 수고측정이 모두 가능한 기구는?

① 섹타포크   ② 덴드로미터
③ 아브네이레벨   ④ 스피겔릴라스코프

해설

섹타포크는 직경 측정기구이며, 덴드로미터와 아브네이레벨은 수고 측정기구이다. 피겔릴라스코프는 직경과 수고의 측정이 모두 가능하다.

49 임목 평가 방법이 아닌 것은?

① 임목상각가   ② 임목매매가
③ 임목비용가   ④ 임목기망가

해설

임목의 평가 방식

구분	내용
원가방식에 의한 임목평가	원가법, 비용가법
수익방식에 의한 임목평가	기망가법, 수익환원법
원가수익절충방식에 의한 임목평가	임지기망가 응용법, 글라저(Glaser)법
비교방식에 의한 임목평가	매매가법, 시장가역산법

50 주벌수익에 해당하지 않는 것은?

① 제벌 과정에서 벌채 작업으로 수확한 것
② 갱신 과정에서 병충해 피해로 인한 벌채 작업으로 수확한 것
③ 적합한 벌채시기에 완전한 생산물로 임목을 벌채 작업으로 수확한 것
④ 임지를 임목육성 이외의 용도로 사용하기 위하여 벌채 작업으로 수확한 것

해설

주수익의 분류

주수익	주벌수익	• 성숙기에 달한 임목을 갱신하거나 갱신준비를 위해 벌채하여 얻어진 수익 • 임지를 다른 용도로 전환하기 위해 벌채하여 얻어진 수익 • 각종 산림피해로 인해 벌채하여 얻어진 수익
	간벌수익	산림 무육 시 벌채하여 얻어진 수익

51 육림비 항목 중 가장 큰 비중을 차지하는 것은?

① 이자   ② 지대
③ 재료비   ④ 감가상각비

해설

육림비의 대부분은 이자로 육림비 중 가장 큰 비중을 차지하는 항목이다.

52 임업이율이 다른 이율에 비해 고율인 이유로 옳지 않은 것은?

① 목재 생산기간이 길기 때문에
② 자본을 장기간 고정시키기 때문에
③ 자본이자가 아닌 대부이자이기 때문에
④ 임업투자에 대한 예측하지 못한 위험성과 불확실성이 크기 때문에

해설

임업이율이 다른 이율에 비해 고율인 이유
• 목재 생산 기간이 길어 자본이 장기간 고정되므로 현금수익 불가
• 임업투자에 대한 예측하지 못한 위험성과 불확실성의 존재

정답 47 ④ 48 ④ 49 ① 50 ① 51 ① 52 ③

53 유동자본재에 해당하지 않는 것은?

① 묘목 ② 입목
③ 종자 ④ 벌채 후 목재

해설

자본재의 종류

유동자본재	조림비	종자, 묘목, 비료, 약제, 보육비용
	관리비	관리자의 급료, 사무비, 수선비, 보험료, 공과잡비
	사업비	임금, 소모품비
고정자본재		임지, 임도, 건물, 기계, 기구, 시설, 설비, 차량

임목 자체는 계속해서 스스로 생장하므로 벌채 전에는 고정자본재로 보며, 벌채된 후에는 그 생산기능을 잃어 유동자본재로 본다. 즉, 입목(立木)은 고정자본재, 원목은 유동자본재이다.

54 다음 조건에서 말구직경자승법에 의한 통나무 재적(m^3)은?

- 원구직경 : 40cm
- 중앙직경 : 30cm
- 말구직경 : 20cm
- 재장 : 5m

① 0.20 ② 0.45
③ 0.80 ④ 2.00

해설

말구지름제곱법(말구직경자승법)에 의한 재적 계산
재장이 5m이므로 6m 미만일 때의 식을 적용한다.

$$V = d_n^2 \times l \times \frac{1}{10,000}$$
$$= 20^2 \times 5 \times \frac{1}{10,000} = 0.2 m^3$$

여기서, V : 재적(m^3)
d_n : 말구지름(cm)
l : 재장(m)

55 다음 조건에서 임업평가자본은?

- 토지평가액 : 100,000원
- 건물평가액 : 600,000원
- 임업용기계평가액 : 400,000원
- 임목축적평가액 : 700,000원
- 벌도목재고평가액 : 300,000원
- 차입금 : 600,000원
- 미불금 : 70,000원

① 830,000원 ② 1,430,000원
③ 2,100,000원 ④ 2,630,000원

해설

- 임업평가자본총액
  = 토지평가액 + 건물평가액 + 임업용 기계평가액
    + 임목축적평가액 + 벌도목재고평가액
  = 100,000 + 600,000 + 400,000 + 700,000 + 300,000
  = 2,100,000원
- 부채 = 차입금 + 미불금 = 600,000 + 70,000 = 670,000원
∴ 순임업평가자본 = 임업평가자본총액 - 부채
  = 2,100,000 - 670,000 = 1,430,000원

56 취득 원가가 20만 원인 기계톱의 내용연수가 5년이고 폐기 시 잔존가치가 5만원일 때, 정액법에 의한 연간 감가상각비는?

① 2만 원 ② 3만 원
③ 4만 원 ④ 5만 원

해설

정액법(직선법)

연간 감가상각비 = $\dfrac{\text{취득원가} - \text{잔존가치}}{\text{내용연수}}$

= $\dfrac{20만\ 원 - 5만\ 원}{5}$

= 3만 원

정답 53 ② 54 ① 55 ② 56 ②

57 임업경영의 지도원칙에서 협의의 보속 개념이란?

① 사경제적 보속성
② 공경제적 보속성
③ 목재 생산의 보속성
④ 목재 공급의 보속성

해설

보속성의 원칙
보속성(保續性)이란 좁은 의미로는 매년 지속적 목재의 수확을 통한 공급 측면에서의 보속이며, 넓은 의미로는 임지가 항상 임목을 꾸준히 육성하는 생산 측면에서의 보속이다.
• 협의 : 목재 공급의 보속성
• 광의 : 목재 생산의 보속성

58 숲가꾸기 표준지의 면적은 대상지 전제면적의 몇 % 이상으로 선정하는가?

① 0.1 ② 1
③ 5   ④ 10

해설

우리나라 숲가꾸기 표준지의 조사 · 관리
표준지 조사비율을 사업대상지 면적의 1% 이상으로 한다(「지속 가능한 산림자원 관리지침」中).

59 어떤 임분의 면적이 10ha이고 표준지 면적이 0.1ha이며 표준지 재적이 10m³이라면 임분 재적(m³)은?

① 1   ② 10
③ 100   ④ 1,000

해설

비례식을 이용하면 0.1 : 10 = 10 : x이므로 임분재적은 1,000m³이다.

60 조림비가 500만 원이 소요된 산림에서 30년 뒤의 후가는?(단, 이율은 5%임)

① 524만 원
② 1,500만 원
③ 2,160만 원
④ 15,000만 원

해설

후가식(後價式)
• 현재 자본금이 V이고, 이율이 P일 때 n년 후의 자본금 N(후가)을 구하는 공식
• $N = V \times 1.0P^n$
  $= 500$만 원 $\times 1.05^{30} = 21{,}609{,}711.87 \cdots$
  ∴ 약 2,160만 원

4과목 산림공학

61 산지에서 발생하는 침식의 형태 중 중력침식에 해당하지 않는 것은?

① 붕괴형 침식
② 지활형 침식
③ 유동형 침식
④ 곡상형 침식

해설

중력침식
붕괴형 침식, 지활형 침식, 유동형 침식, 동상 침식 등

62 황폐계류의 유역면적이 1~10km²에 해당하는 비유량(m³/s)은?

① 10   ② 15
③ 20   ④ 25

정답 57 ④ 58 ② 59 ④ 60 ③ 61 ④ 62 ④

해설

황폐계류에서의 비유량

유역면적(km²)	비유량(m³/s/km²)
0~10	25
10~20	20
20~40	15
40~60	12
60~80	10

63 임도 설계에 필요한 도면이 아닌 것은?

① 투시도 ② 평면도
③ 종단면도 ④ 횡단면도

해설

임도의 설계도면에는 위치도, 평면도, 종단면도, 횡단면도, 구조물도 등이 있다.

64 황폐지의 녹화를 위해 분사식 씨뿌리기 공법을 사용할 경우 초본의 발아 생립 본수 기준(본/m²)은?

① 1,500 ② 2,000
③ 2,500 ④ 3,000

해설

분사식 씨뿌리기공법(분사식 파종공법)
종자, 비료, 양생제, 전착제를 물과 함께 혼합한 것을 사면에 기계로 압력·분사하여 파종하는 공법이다. 초본종자의 발아 생립 본수(발생기대본수) 기준은 2,000본/m²이다.

65 임도의 횡단면도에 나타나지 않는 것은?

① 누가거리 ② 절성토 높이
③ 절성토 면적 ④ 지장목 제거 물량

해설

임도 설계도의 축척 및 기입사항

도면 구분	축척	기입사항
평면도	1 : 1,200	임시기표, 교각점, 측점번호, 사유토지의 지번별 경계, 구조물, 지형지물, 곡선제원
종단면도	횡 1 : 1,000 종 1 : 200	지반고, 계획고, 절토고, 성토고, 종단기울기, 누가거리, 거리, 측점, 곡선
횡단면도	1 : 100	지반고, 계획고, 절토고, 성토고, 단면적(절성토), 지장목 제거, 측구터파기 단면적, 사면보호공 물량

66 사방댐의 안정조건 중 지반지지력 안정을 위한 설명으로 옳지 않은 것은?

① 허용항압강도 대신 지반의 지지력 강도를 이용하면 된다.
② 지반이 받는 최대압력이 지반의 허용지지력보다 커야 한다.
③ 제저에 발생되는 최대압력강도는 지반의 지지력 강도를 초과해서는 안 된다.
④ 기초지반이 사력인 경우에는 침투에 의한 파괴에 대해서도 안정되도록 설계해야 한다.

해설

지반이 받고 있는 최대압력은 지반의 허용지지력보다 작아야 안정할 수 있다.

67 1차로의 임도에서 설계속도가 40km/시간이고 자동차폭이 2.5m라면 적정 차도폭은?

① 3.5m ② 3.6m
③ 3.7m ④ 3.8m

정답 63 ① 64 ② 65 ① 66 ② 67 ④

해설

차도폭의 산출(설계속도에 의한 경우)
$$W = B + \frac{V}{50} + 0.5 = 2.5 + \frac{40}{50} + 0.5 = 3.8m$$
여기서, W : 차도폭(m)
　　　　B : 자동차의 폭(m)
　　　　V : 설계속도(km/h)

68 와이어로프의 폐기기준으로 옳지 않은 것은?

① 꼬임상태(킹크)가 발생한 것
② 현저하게 변형 또는 부식된 것
③ 와이어로프 소선이 1/100 이상 절단된 것
④ 마모에 의한 직경 감소가 공칭직경의 7% 초과하는 것

해설

와이어로프 소선이 10분의 1(10%) 이상 절단된 것

69 1/25,000 지형도에서 지도상 거리가 10cm 이면 실제거리는?

① 250m　　　② 1,000m
③ 2,500m　　④ 10,000m

해설

실제거리 = 도상거리 × 축척의 수치
　　　　 = 10 × 25,000 = 250,000cm = 2,500m

70 벌채 작업장의 안전을 위해 작업조 간의 최소 안전거리로 적합한 것은?

① 수고의 0.5배 간격
② 수고의 1.5배 간격
③ 수고의 2.5배 간격
④ 수고의 3.5배 간격

해설

벌목구역의 최소 작업 범위는 벌도 대상목 수고의 1.5배로 이 구역 내에는 다른 근로자가 들어오지 않아야 하며, 반드시 작업자만 있어야 한다.

71 집재용 도구가 아닌 것은?

① 피비　　　② 펄프훅
③ 마세티　　④ 파이크폴

해설

집재작업 도구
사피, 도비, 피비, 캔트훅, 피커룬, 파이크폴, 펄프훅 등

72 석재를 쌓고 모르타르를 사용하지 않아 침투수의 배수가 용이한 돌쌓기 방법은?

① 메쌓기　　② 찰쌓기
③ 골쌓기　　④ 켜쌓기

해설

찰쌓기와 메쌓기

찰쌓기	• 돌을 쌓을 때 뒤채움에 콘크리트, 줄눈에 모르타르를 사용하는 돌쌓기 • 배수를 위하여 시공면적 2~3m²마다 직경 3cm 정도의 물빼기 구멍을 반드시 설치
메쌓기	• 돌을 쌓을 때 모르타르를 사용하지 않는 돌쌓기 • 돌 틈으로 배수가 용이하여 물빼기 구멍을 설치하지 않음

73 가선집재와 비교한 트랙터집재에 대한 설명으로 옳은 것은?

① 기동성이 떨어진다.
② 환경에 대한 피해가 적다.
③ 급경사지에서 실행하기 어렵다.
④ 장비설치 및 철거시간이 필요하다.

정답　68 ③　69 ③　70 ②　71 ③　72 ①　73 ③

해설

트랙터집재와 가선집재의 비교

집재 방식	장점	단점
트랙터집재 (면의 집재)	• 기동성이 높다. • 작업이 단순하다. • 작업생산성이 높다. • 운전이 용이하다. • 작업비용이 적다.	• 완경사지에서만 작업이 가능하다. • 잔존임분에 피해가 심하다. • 높은 임도밀도가 요구된다. • 저속이라 장거리 운반이 어렵다.
가선집재 (선의 집재)	• 급경사지에서도 작업이 가능하다. • 잔존임분에 피해가 적다. • 낮은 임도밀도에서 작업이 가능하다.	• 기동성이 낮다. • 숙련된 기술을 요한다. • 작업생산성이 낮다. • 장비구입비가 비싸다. • 설치와 철거에 시간이 필요하다.

74 돌망태골막이에 대한 설명으로 옳지 않은 것은?

① 구곡에 호박돌 크기의 자연석이 많은 장소에서 이를 이용하여 축조하는 철선돌망태이다.
② 암석지대나 산사태, 토석류가 발생하는 지대의 활동성이 있는 구곡의 발달을 저지하고 산각을 고정하기 위해 이용한다.
③ 콘크리트 공작물보다 자연친화적이고 상수가 흐르는 곳에서는 수서생물 서식에 효과적이다.
④ 공작물 자체가 안정적이지만 철선은 쉽게 부식되므로 일시적인 소모품으로 취급되기도 한다.

해설

철선이 부식되기 쉬워 내구성이 영구적이지는 않지만, 상당기간 동안 안정적으로 이용 가능하다.

75 배향곡선지가 아닌 경우 임도의 유효너비 기준은?

① 2.5m ② 3m
③ 5m   ④ 6m

해설

유효너비(차도너비)

길어깨와 옆도랑을 제외한 임도의 유효너비로 3m를 기준으로 한다. 배향곡선지의 경우 유효너비는 6m 이상으로 한다.

76 설계속도가 40km/시간이고 일반지형에서 설치하는 임도의 종단기울기 기준은?

① 7% 이하   ② 8% 이하
③ 9% 이하   ④ 10% 이하

해설

설계속도별 종단기울기 설치기준

설계속도 (km/h)	종단기울기	
	일반지형	특수지형
40	7% 이하	10% 이하
30	8% 이하	12% 이하
20	9% 이하	14% 이하

77 임도의 대피소 유효길이 기준은?

① 10m 이상   ② 15m 이상
③ 20m 이상   ④ 25m 이상

해설

대피소의 설치기준

구분	기준
간격	300m 이내
너비	5m 이상
유효길이	15m 이상

정답 74 ④ 75 ② 76 ① 77 ②

78 정사울타리 공작물의 통풍비는?

① 1 : 1
② 1 : 2
③ 1 : 3
④ 1 : 4

해설

정사울 구역을 다시 작은 구역으로 세분하여 낮은 울타리를 설치하는데, 낮은 울타리의 유효높이는 30~50cm, 통풍비는 1 : 1로 시공한다.

79 철도나 삭도운재와 비교하여 트럭을 이용한 도로운재에 대한 설명으로 옳지 않은 것은?

① 기동성이 높다.
② 시설비 및 유지보수가 적게 든다.
③ 대규모 장거리 운재작업에는 비용이 높다.
④ 운반시간 지체 등의 운반사고 발생이 적다.

해설

트럭 도로운재의 특징
- 기동성이 높으며, 시설비 및 유지보수비가 적게 든다.
- 대규모 장거리 운재작업에는 비용이 높다.
- 운반시간 지체 등의 운반사고 발생이 많다.

80 산림작업 기계화의 주 목적으로 가장 거리가 먼 것은?

① 생산비용의 절감
② 노동생산성의 향상
③ 환경피해의 최소화
④ 중노동으로부터의 해방

해설

임업생산 시 기계화의 장단점
- 인력작업보다 작업능률이 월등히 높다.
- 작업시간을 단축시킬 수 있으며, 인력이 절감된다.
- 인건비의 감소로 생산비용이 절감된다.
- 적은 인력으로 많은 생산량을 달성하여 노동생산성이 향상된다.
- 노동에 대한 부담이 줄고, 고된 중노동으로부터 벗어나게 한다.
- 균일한 작업이 가능하여 생산된 상품의 질이 높다.
- 작업성과가 기계를 다루는 인력에 좌우된다.
- 기계작업으로 인한 재해의 발생 가능성이 있다.
- 임지 및 자연환경의 훼손이 문제가 된다.

정답 78 ① 79 ④ 80 ③

2024년 2회 기출복원문제

산림기사

1과목 조림학

01 삽목 방법에 대한 설명으로 옳지 않은 것은?

① 삽수의 끝눈은 남쪽을 향하게 한다.
② 삽수가 건조하거나 눈이 상하지 않도록 한다.
③ 포플러류 같은 속성수는 삽수를 수직으로 세운다.
④ 비가 온 직후 상면이 습할 때 실시하면 활착률이 높다.

해설
비가 온 직후 상면이 너무 습할 때는 실시하지 않는다.

02 목본식물 내 존재하는 지질(lipid)에 대한 설명으로 옳지 않은 것은?

① 보호층을 조성한다.
② 저항성을 증진한다.
③ 세포의 구성성분이다.
④ 세포액의 삼투압을 증가시킨다.

해설
수목체 내에서 지질(脂質, lipid)의 기능
세포의 구성성분, 보호층 조성, 저항성 증진, 저장물질의 역할, 2차 산물의 역할 등

03 산림 토양에서 부식에 대한 설명으로 옳지 않은 것은?

① 토양미생물의 생육을 자극한다.
② 토양의 입단구조를 형성하게 한다.
③ 칼슘, 마그네슘, 칼륨 등 염기를 흡착하는 능력인 염기치환용량이 작다.
④ 임상 내 H층에 해당되며 유기물이 많이 함유되어 있다.

해설
산림토양에서 유기물 및 부식(humus)의 기능
• 임상 내 H층에 해당되며 유기물 다량 함유
• 토양미생물의 생육 자극
• 토양구조 개량, 토립을 연결시켜 안정한 입단구조 형성
• 통기성 및 보수력 증대
• 염기치환용량의 증대
• 산성토양의 간접적 개량
• 토양색을 검게 하여 토양온도(지온) 상승
• 토양의 완충능 증대

04 가지치기에 대한 설명으로 옳지 않은 것은?

① 줄기의 완만도를 조절한다.
② 활엽수는 지융부를 제거한다.
③ 옹이 없는 무절재를 생산한다.
④ 산불 발생 시 수관화 확산을 감소시킨다.

해설
지융부가 발달하는 활엽수는 지피융기선이 상하지 않도록 주의하여 최대한 가깝게 제거한다.

05 종자 정선 시 입선법을 이용하기 가장 적당하지 않은 수종은?

① 목련(*Magnolia kobus*)
② 밤나무(*Castanea crenata*)
③ 자작나무(*Betula platyphylla*)
④ 가래나무(*Juglans mandshurica*)

정답 01 ④ 02 ④ 03 ③ 04 ② 05 ③

해설

입선법(粒選法)
- 종자 낱알을 눈으로 보며 직접 손으로 하나하나 선별하는 방법
- 밤나무, 호두나무, 가래나무, 상수리나무, 칠엽수, 목련 등의 대립종자에 적용

06 제초의 효과가 있는 성분은?
① IAA
② NAA
③ TTC
④ 2,4-D

해설

옥신(auxin)
- 수목의 정아에서 생성되어 측아생장을 억제하고 정아 생장을 촉진시키는 호르몬으로 길이생장에 관여한다.
- 옥신 중 특히 2,4-D(이사디)는 제초제로 널리 이용되고 있다.

07 처음에는 피압된 가장 낮은 수관층의 수목을 벌채하고, 그 후 점차 상층의 수목을 제거하는 Hawley의 간벌방법은?
① A종간벌
② 수관간벌
③ 하층간벌
④ 상층간벌

해설

하울리(Hawley)의 간벌법
- 하층간벌 : 하층목 간벌, 처음에는 가장 낮은 수관층의 피압목을 벌채하고 점차로 높은 층의 수목을 벌채하는 방법
- 수관간벌(상층간벌) : 준우세목 간벌, 주로 준우세목이 벌채되며 우량목에 지장을 주는 중간목과 우세목의 일부도 벌채
- 택벌식 간벌 : 우세목 간벌, 1급목을 벌채하여 자람이 좋은 하층목의 생육을 촉진하는 방법
- 기계적 간벌 : 수형급에 따르지 않으며, 일정한 임목 간격에 따라 기계적으로 벌채하는 방법

08 파종 후 발아 과정에서 해가림이 필요한 수종은?
① 느티나무
② 가문비나무
③ 물푸레나무
④ 아까시나무

해설

해가림 수종
- 해가림이 필요한 수종 : 가문비나무, 전나무, 잣나무, 삼나무, 낙엽송 등의 침엽수
- 해가림이 필요 없는 수종 : 소나무, 리기다소나무, 곰솔(해송), 사시나무, 아까시나무 등의 양수

09 발아율이 85%이고, 발아세가 80%인 종자의 경우, 발아율에서 발아세를 뺀 값인 5%의 종자에 대한 설명으로 옳은 것은?
① 발아가 빠르게 되는 종이다.
② 불량묘가 될 가능성이 높은 종자이다.
③ 묘포에 파종할 때 발아가 되지 않는 종자이다.
④ 종자를 채취할 때 섞여 들어간 다른 수종의 종자이다.

해설

발아율과 발아세
- 발아율(發芽率) : 전체 시료 종자수에 대한 발아종자수의 백분율
- 발아세(發芽勢) : 전체 시료 종자수에 대한 가장 많이 발아한 날까지 발아한 종자수의 백분율로, 발아율에서 발아세를 뺀 값에 속하는 종자는 불량묘가 될 가능성이 높음

10 침엽수의 가지치기 작업방법으로 옳은 것은?
① 으뜸가지 이상의 가지를 친다.
② 줄기와 직각이 되도록 잘라낸다.
③ 생장휴지기에 실시하는 것이 좋다.
④ 초두부까지 가지를 쳐내어 통직한 간재를 생산하도록 한다.

정답 06 ④ 07 ③ 08 ② 09 ② 10 ③

> **해설**

침엽수의 가지치기
- 산 가지치기는 가급적 생장휴지기인 11~3월(겨울, 이른 봄)에 수목의 수액이 유동하기 직전에 실시한다.
- 가지치기의 정도는 역지(으뜸가지) 이하의 가지로 한다.
- 비교적 지융부가 발달하지 않은 침엽수는 절단면이 줄기와 평행하게 되도록 가지를 제거한다.

11 산림 생태적인 면에서 환경친화적인 작업종과 가장 거리가 먼 것은?

① 개벌작업　　② 택벌작업
③ 모수작업　　④ 산벌작업

> **해설**

개벌작업
- 갱신지의 모든 임목을 일시에 벌채하는 방법으로, 한 번의 벌채로 모든 임목을 제거한다 하여 1벌 또는 모두 베기라고 부른다.
- 산림 생태적인 면에서 환경친화적인 작업종과는 가장 거리가 멀다.

12 일반 공기 중에는 약 78%가 질소로 구성되어 있으나 식물이 이를 직접 이용하기는 어렵다. 식물이 질소를 이용 가능한 형태로 바꾸는 것을 무엇이라 하는가?

① 질소이동　　② 질소환원
③ 질소순환　　④ 질소고정

> **해설**

질소고정
대기 중에 존재하는 기체상태의 질소를 식물이 이용 가능한 형태로 전환하는 과정을 말한다.

13 인공림 침엽수의 수형목 지정기준으로 옳지 않은 것은?

① 상층 임관에 속할 것
② 수관이 넓고 가지가 굵을 것
③ 밑가지들이 말라서 떨어지기 쉽고 그 상처가 잘 아물 것
④ 주위 정상목 10본의 평균보다 수고 5%, 직경 20% 이상 클 것

> **해설**

인공림 침엽수의 수형목 지정기준
- 상층 임관에 속할 것
- 주위 정상목 10본의 평균보다 수고는 5%, 직경은 20% 이상 클 것
- 생장이 왕성할 것
- 수관이 좁고 가지가 가늘며 한쪽으로 치우치지 말 것
- 밑가지들이 말라 떨어지기 쉽고 그 상처가 잘 아물 것
- 심한 병충에 걸리지 않은 것
- 수간이 완만하고 굽거나 비틀어지지 않은 것
- 상당량의 종자가 달릴 것

14 다음 무기영양소 중 수목 내 이동이 상대적으로 어려운 원소는?

① 황, 철　　　② 칼륨, 구리
③ 칼슘, 붕소　④ 질소, 마그네슘

> **해설**

무기염류의 체내 이동성

체내 이동성이 낮은 영양소	• 칼슘(Ca), 철(Fe), 망간(Mn), 붕소(B) • 결핍 시 가지선단이나 어린잎(유엽, 신엽, 새잎)에 증세 발현
체내 이동성이 높은 영양소	• 질소(N), 칼륨(K), 인산(P), 마그네슘(Mg) • 결핍 시 성숙잎(노엽, 늙은 잎)에 증세 발현

정답 11 ① 12 ④ 13 ② 14 ③

15 난대 수종으로, 일반적으로 온대 중부 이북에서 조림하기 어려운 수종은?

① *Quercus acuta*
② *Abies holophylla*
③ *Pinus Koraiensis*
④ *Fraxinus rhynchophylla*

해설

전나무(*Abies holophylla*), 잣나무(*Pinus Koraiensis*)는 한대림 수종이며, 물푸레나무(*Fraxinus rhynchophylla*)는 온대림 수종이다.

난대림 수종
- 활엽수 : 가시나무, 붉가시나무(*Quercus acuta*), 호랑가시나무, 동백나무, 사철나무, 후박나무, 구실잣밤나무, 생달나무, 녹나무, 감탕나무, 돈나무, 먼나무, 아왜나무, 식나무, 꽝꽝나무, 멀구슬나무 등
- 침엽수 : 삼나무, 편백나무 등

16 용기(container) 육묘에 대한 설명으로 옳지 않은 것은?

① 포트대의 높이는 지면에서 60~80cm 정도에 설치한다.
② 물주기를 할 때 지하수나 수돗물을 자주 주는 것이 필요하다.
③ 포트대 아래는 공기 순환이 잘 되도록 하여 뿌리가 썩지 않도록 주의해야 한다.
④ 포트대를 설치하는 이유 중 하나는 포트 밖으로 나온 뿌리가 땅속으로 뻗지 못하게 하기 위해서이다.

해설

물주기를 할 때 수돗물이나 지하수를 바로 주는 경우 물이 차면 묘목이 피해를 받을 위험이 있으므로 수돗물이나 지하수 등을 바로 자주 주기보다는 일단 실내에 물을 받아 둔 후 수온이 적당하게 된 이후에 관수하는 것이 좋다. 주 2~3회 정도 관수한다.

17 정상적인 생육을 위해 무기양분을 가장 많이 요구하는 수목은?

① 향나무   ② 소나무
③ 오리나무   ④ 느티나무

해설

수종별 무기양분 요구도

무기양분 요구도	수종
많음	오동나무, 느티나무, 밤나무, 전나무, 물푸레나무, 미루나무, 참나무류, 낙우송, 백합나무
중간	잣나무, 낙엽송, 서어나무, 버드나무
적음	소나무, 해송, 향나무, 오리나무, 아까시나무, 자작나무

18 개화 후 다음 해 10월경에 종자가 성숙하는 수종은?

① *Quercus dentata*
② *Quercus serrata*
③ *Quercus mongolica*
④ *Quercus acutissima*

해설

주요 수종의 3가지 종자 발달 형태
- 개화한 해의 봄에 종자 성숙 : 사시나무, 미루나무, 버드나무, 은백양, 양버들, 황철나무, 느릅나무
- 개화한 해의 가을에 종자 성숙 : 삼나무, 편백, 낙엽송, 전나무, 가문비나무, 자작나무류, 오동나무, 오리나무류, 떡갈나무(*Quercus dentata*), 졸참나무(*Quercus serrata*), 신갈나무(*Quercus mongolica*), 갈참나무
- 개화 후 다음 해 가을에 종자 성숙 : 소나무류, 상수리나무(*Quercus acutissima*), 굴참나무, 잣나무

정답 15 ① 16 ② 17 ④ 18 ④

19 잣나무 성목을 대상으로 실시한 가지치기 작업이 임목에 미치는 영향으로 옳지 않은 것은?

① 무절재의 생산
② 수고생장 촉진
③ 직경생장 촉진
④ 수간의 완만도 향상

해설

가지치기는 수간 상층부에 직경생장이 집중되어 수간의 완만도가 향상되며, 간벌은 직경생장 촉진으로 재적생장이 증가한다.

20 임목의 개화결실을 촉진시키는 방법으로 가장 효과가 적은 것은?

① 도태간벌
② 환상박피
③ 충분한 비료주기
④ 생장촉진호르몬 처리

해설

개화결실의 촉진방법
- 수관의 소개 : 간벌, 임분 밀도 조절, 수광량 증가
- 시비 : 비료 3요소를 알맞게 또는 질소보다는 인산, 칼륨을 많이 시비
- 환상박피 : 탄수화물의 지하부 이동 차단
- 접목 : 탄수화물의 지하부 이동 차단
- 식물 생장촉진호르몬(생장조절물질) : 지베렐린, 옥신
- 인식화분(멘토르 화분) : 불화합성 → 화합성 유도
- 스트레스 : 관수 억제, 저온 자극
- 그 밖의 기계적 처리 : 단근, 전지, 철선묶기

2과목 산림보호학

21 유충이 소나무나 곰솔의 엽초에 쌓인 두 침엽 접합 부위에 혹을 만들어 나무 생육에 피해를 주는 해충은?

① 솔나방
② 솔잎혹파리
③ 솔수염하늘소
④ 솔껍질깍지벌레

해설

솔잎혹파리
성충이 소나무 두 침엽 접합 부위 사이에 알을 낳으면, 깨어난 유충이 솔잎 아랫부분에 잠입하여 벌레혹(충영)을 만들고, 그 속에서 즙액을 흡즙하며 피해를 준다.

22 밤나무줄기마름병 방제방법으로 옳지 않은 것은?

① 질소비료를 적게 준다.
② 내병성 품종을 재배한다.
③ 상처 부위에 도포제를 바른다.
④ 중간기주인 현호색을 제거한다.

해설

현호색은 포플러잎녹병의 중간기주이다.

밤나무줄기마름병 방제법
- 동해나 피소(볕데기)로 인한 상처가 나지 않도록 백색 수성페인트를 칠해준다.
- 줄기를 침해하는 천공성 해충류(박쥐나방)의 방제를 위해 살충제를 살포한다.
- 수세가 약하거나 배수가 불량한 곳의 피해가 심하므로 비배관리를 철저히 해준다.
- 단택, 대보, 이취 등의 저항성(내병성) 품종을 식재한다.
- 상처 부위에 외과수술을 시행하고 도포제를 발라 병원균의 침입을 막는다.
- 질소질 비료를 과용하지 않는다.

정답 19 ③ 20 ① 21 ② 22 ④

23 기주를 교대하며 발생하는 병이 아닌 것은?

① 향나무녹병
② 소나무혹병
③ 포플러잎녹병
④ 삼나무붉은마름병

해설

이종기생 녹병균
- 두 가지 식물에 번갈아 가며 기생하는 기주교대를 통해 생활사를 완성할 수 있는 녹병균이다.
- 잣나무털녹병, 소나무잎녹병, 소나무혹병, 향나무녹병, 포플러잎녹병, 전나무잎녹병 등

24 잎을 가해하는 해충은?

① 박쥐나방
② 밤바구미
③ 어스렝이나방
④ 미끈이하늘소

해설

해충의 가해양식에 따른 분류

식엽성(食葉性)		미국흰불나방, 솔나방, 매미나방(집시나방), 오리나무잎벌레, 텐트나방(천막벌레나방), 어스렝이나방(밤나무산누에나방), 잣나무넓적잎벌, 솔노랑잎벌, 호두나무잎벌레, 참나무재주나방, 느티나무벼룩바구미[유충], 버들잎벌레, 대벌레
흡즙성(吸汁性)	잎	버즘나무방패벌레, 진달래방패벌레, 느티나무벼룩바구미[성충], 점박이응애, 뽕나무이
	줄기	솔껍질깍지벌레
천공성(穿孔性)		소나무좀, 박쥐나방, 알락박쥐나방, 향나무하늘소(측백하늘소), 가루나무좀, 알락하늘소, 미끈이하늘소, 솔수염하늘소, 북방수염하늘소, 털두꺼비하늘소, 버들바구미, 광릉긴나무좀
충영성(蟲廮性)	잎	솔잎혹파리, 아까시잎혹파리, 외줄면충
	눈	밤나무혹벌
종실(種實) 가해		밤바구미, 복숭아명나방, 솔알락명나방, 도토리거위벌레

25 거미의 외부형태를 구분한 것으로 옳은 것은?

① 머리가슴, 배 2부분
② 머리, 가슴, 배 3부분
③ 머리가슴, 꼬리 2부분
④ 머리, 가슴, 꼬리 3부분

해설

거미의 특징
- 거미는 곤충강이 아니며, 절지동물문 거미강으로 따로 분류한다.
- 몸은 머리가슴과 배의 2부분이다.
- 날개, 더듬이, 겹눈이 없다.
- 다리는 4쌍으로 각 7마디이다.
- 변태(탈바꿈)를 하지 않는다.

26 피소(볕데기) 현상이 가장 잘 발생하는 것은?

① 늦은 가을 기온이 내려갈 때
② 추운 겨울날 기온이 급감할 때
③ 봄에 수목의 생리작용이 시작될 때
④ 더운 여름날 강한 직사광선을 받았을 때

해설

볕데기(皮燒, 피소)
- 강한 직사광선을 받은 줄기가 고온으로 인해 수피 부분에 과도한 수분증발이 발생하여 수피조직이 일부 고사하게 되는 현상이다.
- 더운 여름날 강한 직사광선을 받았을 때 가장 피해가 심하다.

27 희석하여 살포하는 약제가 아닌 것은?

① 입제
② 액제
③ 수화제
④ 캡슐현탁제

정답 23 ④ 24 ③ 25 ① 26 ④ 27 ①

해설

제형(製形)에 따른 농약 분류
- 희석살포제(액체사용제) : 유제, 액제, 수화제, 수용제, 액상수화제 등
- 직접살포제(고형사용제) : 분제, 입제, 미립제 등

28 파이토플라스마를 매개하는 해충은?

① 광릉긴나무좀
② 담배장님노린재
③ 북방수염하늘소
④ 복숭아혹진딧물

해설

수병과 매개충

병원	수병	매개충
선충	소나무재선충병	솔수염하늘소, 북방수염하늘소
파이토플라스마	대추나무빗자루병	마름무늬매미충
	뽕나무오갈병	
	붉나무빗자루병	
	오동나무빗자루병	담배장님노린재
불완전균	참나무시들음병	광릉긴나무좀
바이러스	~모자이크병	진딧물

29 흡즙성 해충에 속하는 것은?

① 솔나방
② 박쥐나방
③ 솔껍질깍지벌레
④ 오리나무잎벌레

해설

흡즙성 해충
- 잎 흡즙 : 버즘나무방패벌레, 진달래방패벌레, 느티나무벼룩바구미(성충), 점박이응애, 뽕나무이
- 줄기 흡즙 : 솔껍질깍지벌레

30 수목에 나타나는 현상 중 표징에 해당하는 것은?

① 부패
② 위조
③ 얼룩
④ 포자형성

해설

병징과 표징
- 병징 : 변색(황화, 위황화, 갈색화, 백화, 반점, 얼룩), 위조(시듦), 총생(빗자루모양), 부패(썩음), 기관의 탈락, 괴사, 비대, 암종, 위축, 왜소화, 줄기마름, 가지마름, 분비 등
- 표징 : 균사, 균핵, 자좌, 포자, 분생자, 병자, 자낭, 세균점괴, 버섯(자실체) 등

31 암컷만으로 생식이 가능한 해충은?

① 솔나방
② 소나무좀
③ 솔잎혹파리
④ 밤나무혹벌

해설

밤나무혹벌
암컷만이 알려져 있으며, 암수의 수정 없이 단독으로 번식하여 개체를 형성하는 단성생식(單性生殖, 단위생식)을 한다. 즉, 번식은 암컷의 단성생식에 의해 이루어진다.

32 곤충의 완전변태에 해당하는 것은?

① 알 → 유충 → 성충의 과정을 거치는 것
② 알 → 약충 → 성충의 과정을 거치는 것
③ 알 → 유충 → 번데기 → 성충의 과정을 거치는 것
④ 알 → 약충 → 번데기 → 성충의 과정을 거치는 것

정답 28 ② 29 ③ 30 ④ 31 ④ 32 ③

> **해설**

곤충의 변태

완전변태 (完全變態)	• 유충이 번데기 시기를 거쳐 성충이 되는 것 • 알 → 유충 → 번데기 → 성충 • 벌목, 나비목, 딱정벌레목, 파리목, 벼룩목 등
불완전변태 (不完全變態)	• 성숙한 약충이 번데기 시기를 거치지 않고 바로 성충이 되는 것 • 알 → 약충 → 성충 • 잠자리목, 매미목, 노린재목, 대벌레목, 메뚜기목, 하루살이목 등

33 물에 녹지 않는 유효성분을 유기용매에 녹여 유화제를 첨가한 용액으로 제조한 약제는?

① 유제
② 액제
③ 수용제
④ 수화제

> **해설**

유제(乳劑, EC)
• 물에 녹지 않는 주제를 용제(유기용매)에 녹여 유화제(계면활성제)를 첨가한 약제
• 물에 희석하여 살포하는 액체상태의 농약제제

34 잣나무털녹병균의 침입 부위와 시기가 맞는 것은?

① 3~4월에 잎으로
② 3~4월에 줄기로
③ 9~10월에 잎으로
④ 9~10월에 줄기로

> **해설**

잣나무털녹병

병원균은 9~10월에 잣나무 잎의 기공을 통하여 침입하고 표피를 직접 뚫고 침입하지는 않으며, 주된 피해는 줄기에 나타나는 것이 특징이다. 즉, 침입 부위는 잎의 기공이며, 발병 부위는 줄기이다.

35 토양에 의해 전염을 하지 않는 것은?

① 그을음병
② 뿌리혹병
③ 모잘록병
④ 자줏빛날개무늬병

> **해설**

그을음병은 진딧물, 깍지벌레 등의 흡즙성 해충에 의해 균이 기생하고 번식한다.

토양서식 병균
• 토양에 서식하며 전염시키는 병균
• 뿌리혹병균, 모잘록병균, 자줏빛날개무늬병균 등

36 북미가 원산지이며 연 2회 발생하고, 160여 종의 활엽수를 가해하며, 번데기로 월동하는 해충은?

① 매미나방
② 미국흰불나방
③ 어스렝이나방
④ 천막벌레나방

> **해설**

미국흰불나방
• 연 2회 발생하며, 번데기로 월동한다.
• 기주범위가 넓어 버즘나무, 포플러, 벚나무, 단풍나무 등 활엽수 160여 종의 잎을 식해하는 잡식성이다.
• 북미(캐나다)가 원산지로 우리나라에서는 1958년 미군 주둔지 근처에서 처음 발생하였다.

37 수목병 방제를 위한 예방법과 가장 거리가 먼 것은?

① 윤작
② 종묘 소독
③ 항생제 주입
④ 혼효림 조성

> **해설**

항생제 주입은 예방법이 아닌 이미 수병이 발생한 수목에 치료 목적으로 이용한다.

정답 33 ① 34 ③ 35 ① 36 ② 37 ③

38 약제를 식물체의 뿌리, 줄기, 잎 등에 흡수시켜 깍지벌레와 같은 흡즙성 곤충을 죽게 하는 살충제는?

① 기피제
② 유인제
③ 소화중독제
④ 침투성 살충제

해설

침투성 살충제
약제를 식물의 뿌리, 줄기, 잎 등에 흡수시켜 식물 전체에 퍼지면 그 식물을 가해하는 해충이 죽게 되는 약제로 깍지벌레류, 진딧물류 등의 흡즙성 해충에 효과적이다.

39 다음 수목병 중에서 병원균의 유형이 다른 것은?

① 뽕나무오갈병
② 벚나무빗자루병
③ 오동나무빗자루병
④ 대추나무빗자루병

해설

파이토플라스마에 의한 수병
대추나무빗자루병, 오동나무빗자루병, 뽕나무오갈병이 있으며, 벚나무빗자루병은 자낭균에 의한 수병이다.

40 배설물을 종실 밖으로 배출하지 않아 외견상으로 피해 식별이 어려운 해충은?

① 밤바구미
② 복숭아명나방
③ 솔알락명나방
④ 도토리거위벌레

해설

밤바구미
- 밤나무, 참나무류를 가해하며, 유충이 밤이나 도토리의 과육을 식해하여 피해를 준다.
- 유충이 배설물을 밖으로 배출하지 않으며 벌레 먹은 흔적도 없어 외견상으로는 피해 식별이 어렵다.

3과목 임업경영학

41 작업급의 영급 관계가 편중되어 노령림이 너무 많거나 유령림이 너무 많을 때 윤벌기로 구한 연벌량에서 오는 불이익을 적게 하여 수확량을 대략 균등하게 지속시키기 위해서 채택하는 생산기간은?

① 정리기
② 회귀년
③ 갱신기
④ 윤벌기

해설

정리기(개량기, 갱정기)
- 불법정인 영급관계를 법정인 영급관계로 점차 정리하는 기간이다.
- 노령림과 유령림이 함께 존재하는 임분을 벌채할 때 윤벌기로 구한 연벌량에서 오는 불이익을 적게 하여 수확량을 대략 균등하게 지속시키기 위하여 채택한다.

42 기준벌기령 이상에 해당하는 임지에서 수확을 위한 벌채가 아닌 것은?

① 골라베기
② 모두베기
③ 솎아베기
④ 모수작업

해설

수확계획
- 수확을 위한 벌채 : 모두베기, 골라베기, 모수작업, 왜림작업
- 숲 가꾸기를 위한 벌채 : 솎아베기

정답 38 ④ 39 ② 40 ① 41 ① 42 ③

43 다음 조건을 활용한 관계식으로 가장 적합한 것은?

- NAC : 법정연간벌채량
- I_n : 법정생장량
- MAI : 벌기평균생장량
- R : 윤벌기
- V_r : 벌기임분의 재적

① $NAC = I_n = MAI \div R = V_r$
② $NAC = I_n = MAI \times R = V_r$
③ $NAC = 2 \times I_n = MAI \div R = 2 \times V_r$
④ $NAC = 2 \times I_n = MAI \times R = 2 \times V_r$

해설

법정벌채량=법정연벌량=법정생장량=벌기임분재적
=벌기평균생장량×윤벌기

44 임업경영자산 중 고정자산이 아닌 것은?

① 묘목   ② 임지
③ 임도   ④ 기계

해설

임업경영자산

유동자산	• 임업 생산자재 : 종자, 묘목, 비료, 약제 • 미처분 임산물 : 아직 처분하지 못한 임산물 • 유통자산 : 현금, 예금, 증권
고정자산	임지, 임도, 건물, 기계, 기구, 구축물, 대동물 (소, 말)
임목자산	임목축적

45 자산, 부채, 자본의 관계를 잘 나타낸 것은?

① 자산=자본−부채
② 자산=자본+부채
③ 자산=부채−자본
④ 자산=자본÷부채

해설

자산(총재산)=자본(자기자본)+부채(타인자본)

46 산림평가에 대한 설명으로 옳지 않은 것은?

① 부동산 감정평가와 동일한 평가방법 적용이 용이하다.
② 공익적 기능을 포함한 다면적 이용에 대한 평가도 포함한다.
③ 산림을 구성하는 임지·임목·부산물 등의 경제적 가치를 평가한다.
④ 생산기간이 장기적이고 금리의 변동이 커서 정밀하게 평가하기 쉽지 않다.

해설

산림평가는 임지와 임목은 부동산으로 평가하지만, 일반 부동산의 평가방법과는 상당히 다르다.

47 법정상태 때의 임목본수와 현재 생육하고 있는 임목본수의 비로 표시하는 것은?

① 입목도   ② 소밀도
③ 울폐도   ④ 폐쇄도

해설

입목도(立木度)
• 이상적인 임분의 재적·본수·흉고단면적에 대한 실제 임분의 재적·본수·흉고단면적의 비율
• 법정상태의 임목본수에 대한 현재 생육하고 있는 임목본수의 비

48 복합적 임업경영의 형태 중에서 임지의 일부 또는 수목이 적은 곳의 임지를 활용하여 목초, 특용작물(약초, 인삼), 산채 등을 재배하여 임업수입의 다양화를 도모하는 방법은?

① 혼목임업
② 혼농임업
③ 농지임업
④ 부산물임업

정답 43 ② 44 ① 45 ② 46 ① 47 ① 48 ②

해설

농지임업과 혼농임업
- 농지임업 : 농지 주변, 둑, 농지와 산지의 경계 등에 속성수, 유실수, 특용수 등을 식재하여 수입의 조기화 도모
- 혼농임업 : 임지의 일부 또는 수목이 적은 곳의 임지를 활용하여 목초, 특용작물(약초, 인삼), 산채 등을 재배

49 산림교육의 활성화에 관한 법률에서 제시된 산림교육전문가가 아닌 것은?

① 숲해설가
② 유아숲지도사
③ 산림치유지도사
④ 숲길등산지도사

해설

산림교육전문가의 종류

숲해설가	국민이 산림문화·휴양에 관한 활동을 통하여 산림에 대한 지식을 습득하고 올바른 가치관을 가질 수 있도록 해설하거나 지도·교육하는 사람
유아숲지도사	유아가 산림교육을 통하여 정서를 함양하고 전인적(全人的) 성장을 할 수 있도록 지도·교육하는 사람
숲길등산지도사	국민이 안전하고 쾌적하게 등산 또는 트레킹(길을 걸으면서 지역의 역사·문화를 체험하고 경관을 즐기며 건강을 증진하는 활동)을 할 수 있도록 해설하거나 지도·교육하는 사람

50 산림경영계획의 체계에 대한 설명으로 옳은 것은?

① 국가적 또는 지역적인 관점에서 종합적인 계획에 근간을 두고 있다.
② 산림청장은 지역산림계획을 5년 단위로 공표하거나 상황에 따라 수정한다.
③ 국유림을 경영·관리하는 기관은 산림청 → 국유림관리소 → 지방산림청 순서체계로 구성된다.
④ 산림기본계획은 지역산림계획에 따라 시·도지사 및 산림청장이 수립한다.

해설

산림계획의 체계

- 산림기본계획
  - 수립주체 : 산림청장
  - 대상 : 전국 산림
  - 수립주기 : 20년

- 국유림
  - 지역산림계획
    - 수립주체 : 지방산림청장
    - 대상 : 관할구역
    - 수립주기 : 20년
  - 국유림종합계획
    - 수립주체 : 국유림관리소장
    - 대상 : 관할구역
    - 수립주기 : 10년
  - 국유림경영계획
    - 수립주체 : 지방산림청장
    - 대상 : 경영계획구
    - 수립주기 : 10년

- 공·사유림
  - 지역산림계획
    - 수립주체 : 시·도지사
    - 대상 : 관할구역
    - 수립주기 : 20년
  - 산림경영계획
    - 수립주체 : 지방자치단체장 또는 산림소유자
    - 대상 : 경영계획구
    - 수립주기 : 10년

51 산림의 순수익이 최대가 되는 벌기령 결정과 가장 거리가 먼 인자는?

① 이율
② 조림비
③ 관리비
④ 주벌수입

해설

산림순수익 최대의 벌기령
총수입(주벌수입, 간벌수입)에서 총지출(조림비, 관리비)을 공제한 액수의 평균액이 가장 큰 시기를 벌기령으로 정하는 방법으로 이율은 고려하지 않는다.

정답 49 ③ 50 ① 51 ①

52 산림문화 휴양에 관한 법률에서 정의된 "국민의 정서함양, 보건휴양 및 산림교육 등을 위하여 조성한 산림"에 해당하는 것은?

① 숲길
② 산림욕장
③ 치유의 숲
④ 자연휴양림

해설

자연휴양림
국민의 정서함양, 보건휴양 및 산림교육 등을 위하여 조성한 산림을 말한다.

53 산림평가방법이 올바르게 짝지어진 것은?

① 유령림 – 비용가법
② 중령림 – 기망가법
③ 장령림 – 매매가법
④ 성숙림 – Glaser식

해설

임령에 따른 임목의 평가법

유령림의 임목평가	임목비용가법
중령림의 임목평가	글라저(Glaser)법
벌기 미만인 장령림의 임목평가	임목기망가법
벌기 이상인 성숙림의 임목평가	시장가역산법

54 복합임업경영의 주목적으로 가장 적합한 것은?

① 임업 주수입의 증대
② 임업 조수입의 증대
③ 임업경영지의 대단지화
④ 임업수입의 조기화와 다양화

해설

복합산림(임업)경영
농가에서 임업수입을 늘리기 위하여 다각적 방법으로 산림을 경영하는 것으로 주요 목적은 임업수입의 조기화와 다양화이다.

55 감가상각비에 대한 설명으로 옳지 않은 것은?

① 고정자산의 감가원인은 물리적 원인과 기능적 원인으로 나눌 수 있다.
② 감가상각비는 시간의 경과에 따른 부패, 부식 등에 의한 가치의 감소를 포함한다.
③ 새로운 발명이나 기술진보에 따른 사용가치의 감가는 감가상각비로 처리하지 않는다.
④ 시장변화 및 제조방법 등의 변경으로 인하여 사용할 수 없게 된 경우에도 감가상각비로 처리한다.

해설

새로운 발명이나 기술진보에 따른 가치 감소는 진부화에 의한 감가로 기능적 감가에 해당한다.

감가의 발생 원인
- 물질적 감가(물리적 감가) : 자연적 소모에 의한 감가(부패, 부식), 사용 소모에 의한 감가(마찰, 마모, 손상, 오손)
- 기능적 감가 : 진부화에 의한 감가, 부적응에 의한 감가

56 측고기를 사용할 때 주의사항으로 옳지 않은 것은?

① 경사지에서 측정할 때에는 오차가 생기기 쉬우므로 여러 방향에서 측정하여 평균해야 하고 가급적 등고선 방향으로 이동하여 측정한다.
② 여러 방향에서 측정하면 오차값을 줄일 수 있다.
③ 측정하고자 하는 나무 끝과 근원부가 잘 보이는 지점을 선정해야 한다.
④ 측정위치가 멀면 오차가 생기므로 나무 높이의 절반 정도 떨어진 곳에서 측정하는 것이 좋다.

해설

측정위치가 멀거나 가까우면 오차가 생기므로 나무 높이 정도 떨어진 곳에서 측정한다.

정답 52 ④ 53 ① 54 ④ 55 ③ 56 ④

57 면적이 120ha, 윤벌기 40년, 1영급이 10 영계인 산림의 법정영계면적과 법정영급면적은?

① 10ha, 3ha ② 30ha, 3ha
③ 3ha, 30ha ④ 10ha, 30ha

해설

- 법정영계면적 $a = \dfrac{F}{U} = \dfrac{120}{40} = 3\text{ha}$
- 법정영급면적 $A = \dfrac{F}{U} \times n = \dfrac{120}{40} \times 10 = 30\text{ha}$

여기서, U : 윤벌기
F : 산림면적(ha)
n : 1영급의 영계수

58 매년 산림경영관리에 투입되는 비용이 20만 원, 연이율이 5%인 경우에 자본가는?

① 4만 원 ② 19만 원
③ 100만 원 ④ 400만 원

해설

무한연년이자의 전가식
- 매년 말에 r씩 영구히 얻을 수 있는 이자의 전가합계식
- $K = \dfrac{r}{0.0P} = \dfrac{20만 원}{0.05} = 400만 원$

여기서, P : 이율

59 임목 및 임분을 측정하는 경우 불완전한 기계 또는 계산에 의한 오차는?

① 과오 ② 부주의
③ 누적오차 ④ 상쇄오차

해설

누적오차(누차, 정오차)
- 발생 원인을 분명히 알 수 있는 오차로 측량 후 오차의 보정이 가능하다.
- 측정횟수에 따라 오차가 누적되어 누적오차 또는 오차의 크기나 형태가 일정하여 정오차라고 한다.
- 불완전한 기계 또는 계산에 의해 발생하기 쉬운 오차이다.

60 산림평가에서 임업이율을 고율로 평정할 수 없고 오히려 보통이율보다 약간 저율로 평정해야 하는 이유에 해당하지 않는 것은?

① 산림소유의 안정성
② 산림소유의 고소득성
③ 산림 관리경영의 간편성
④ 문화발전에 따른 이율의 저하

해설

임업이율을 낮게 평정해야 하는 이유
- 산림소유의 안정성
- 산림 관리경영의 간편성
- 생산기간의 장기성
- 산림재산과 임료수입의 유동성
- 재적 및 금원수확의 증가와 산림재산의 가치등귀
- 문화발전에 따른 이율의 저하
- 산림소유에 대한 개인적 가치 평가

4과목 임도공학

61 수확한 임목을 임내에서 박피하는 이유로 가장 부적합한 것은?

① 신속한 건조
② 병충해 피해방지
③ 운재작업의 용이
④ 고성능 기계화로 생산원가의 절감

해설

임내 박피작업의 이유
임내에서의 박피는 생산원가가 상승하는 등의 문제가 있지만, 신속한 건조, 병충해 피해방지, 운재작업의 용이성 등의 이유로 실시한다.

정답 57 ③ 58 ④ 59 ③ 60 ② 61 ④

62 불도저(bulldozer)의 작업 범위가 아닌 것은?

① 굴착 및 운반
② 노면 다짐
③ 벌도목 적재
④ 벌목 및 제근

해설

불도저(bulldozer)의 작업 범위
- 일반 불도저는 주로 굴착과 운반을 수행하지만, 땅을 고르는 정지작업 및 다지는 다짐작업 등도 다양하게 수행이 가능하다.
- 트리도저는 벌목, 제근, 도목 작업 등도 가능하다.

63 산림토목 시공용 기계 중 정지작업에 가장 적합한 것은?

① 클램쉘
② 드랙라인
③ 파워셔블
④ 모터그레이더

해설

모터그레이더(motor grader)
차체의 중심에 블레이드 날이 달려 있어 주로 땅을 고르는 데 사용하는 정지작업 전용 기계이다.

64 지반조사에 이용되는 것이 아닌 것은?

① 오거보링
② 관입시험
③ 케이슨공법
④ 파이프 때려박기

해설

케이슨공법은 기초공사 중에서도 간접기초공사에 속한다.

지반조사 방법
오거보링, 관입시험, 베인시험, 파이프 때려박기 등

65 임도 시공 시 흙깎기 공사에 대한 설명으로 옳지 않은 것은?

① 임도에 사용된 흙은 함수비가 낮을수록 좋다.
② 현장에 적당한 간격으로 흙일겨냥틀을 설치한다.
③ 근주지름 30cm 이상의 입목은 체인톱으로 벌채한다.
④ 굴착식 경암은 불도저에 부착된 리퍼로 굴착하는 것이 유리하다.

해설

불도저의 리퍼(ripper)는 주로 연암이나 단단한 흙의 굴착 및 파쇄 작업에 이용하며, 단단한 암석(경암)은 굴착이 어렵다.

66 설계속도가 25km/시간, 가로 미끄럼에 대한 노면과 타이어의 마찰계수가 0.15, 노면의 횡단기울기가 5%일 경우 곡선반지름은?

① 약 25m
② 약 30m
③ 약 35m
④ 약 40m

해설

최소곡선반지름의 계산
원심력과 타이어 마찰계수에 의한 경우

최소곡선반지름 $R = \dfrac{V^2}{127(f+i)}$

$= \dfrac{25^2}{127(0.15+0.05)}$

$= 24.606...$

∴ 약 25m

여기서, V : 설계속도(km/h)
f : 노면과 타이어의 마찰계수
i : 횡단기울기 또는 외쪽기울기

67 임도 비탈면의 녹화공법 종류에 속하지 않는 것은?

① 떼단쌓기 공법
② 분사식 파종 공법
③ 비탈선떼붙이기 공법
④ 비탈격자틀붙이기 공법

해설

사면안정공과 보호공(녹화공)

사면안정공사 (비탈안정공)	돌쌓기와 돌붙이기공, 비탈옹벽공, 비탈흙막이공(돌망태공), 비탈힘줄박기공, 비탈격자틀붙이기공, 콘크리트뿜어붙이기공, 낙석방지공(낙석방지망덮기, 낙석저지책)
사면보호공사 (비탈녹화공)	비탈선떼붙이기공, 줄떼·평떼공(줄떼다지기공, 평떼붙이기공), 파종공(종비토뿜어붙이기), 식수공, 식생공(식생반공)

68 임도의 노체와 노면의 구조에 관한 설명으로 옳은 것은?

① 쇄석을 노면으로 사용한 것은 사리도이다.
② 노체는 노상, 노반, 기층, 표층 순서대로 시공한다.
③ 토사도는 교통량이 많은 곳에 적용하는 것이 가장 경제적이다.
④ 노상은 임도의 최하층에 위치하여 다른 층에 비해 내구성이 큰 재료를 필요로 한다.

해설

임도의 노체와 노면의 구조
• 쇄석을 노면으로 사용한 것은 쇄석도이다.
• 노체의 기본구조는 깊은 곳으로부터 노상, 노반, 기층, 표층의 순으로 구성된다.
• 토사도는 주로 교통량이 적은 곳에 시공한다.
• 노상은 임도의 최하층에 위치하는 도로의 기초부분으로 다른 층에 비해 작은 응력을 받으므로 내구성이 큰 재료를 필요로 하지 않는다.

69 사면에 설치하는 소단의 효과가 아닌 것은?

① 사면의 안정성을 높인다.
② 임도의 시공비를 절약할 수 있다.
③ 유지·보수 작업 시 작업원의 발판으로 이용할 수 있다.
④ 유수로 인하여 사면에서 발생하는 침식의 진행을 방지한다.

해설

소단 설치의 효과
• 절성토 사면의 안정성 상승
• 유수로 인한 사면의 침식 저하
• 유지·보수 작업 시 작업원의 발판으로 이용 가능

70 다음 ( ) 안에 해당하는 것은?

> 곡선부의 중심선 반지름은 산림관리기반시설의 설계기준에 의한 규격 이상으로 설치하여야 한다. 다만, 내각이 ( )도 이상 되는 장소에 대하여는 곡선을 설치하지 아니할 수 있다.

① 125   ② 135
③ 145   ④ 155

해설

곡선반지름
평면선형에서 노선의 굴곡 정도를 표현하는 것으로 내각이 155° 이상 되는 장소는 곡선을 설치하지 않을 수 있다.

71 등고선에 대한 설명으로 옳지 않은 것은?

① 등고선은 도중에 소실되지 않으며 폐합된다.
② 낭떠러지 또는 동굴인 경우 등고선이 교차한다.
③ 최대경사의 방향은 등고선에 평행한 방향이다.
④ 지표면의 경사가 일정하면 등고선 간격은 같고 평행하다.

정답 67 ④ 68 ② 69 ② 70 ④ 71 ③

> [해설]

등고선의 특징
- 같은 등고선 위의 점들은 높이가 동일하다.
- 높이가 다른 등고선은 서로 만나지 않는다.
- 등고선은 도중에 소실되지 않으며 폐합된다.
- 절벽(낭떠러지) 또는 동굴인 경우 등고선이 교차한다.
- 등고선 간격이 넓으면 완경사지, 좁으면 급경사지, 일정하면 경사가 균일하다.
- 계곡, 능선, 최대경사선(최대경사의 방향)은 등고선과 직교한다.

72 동일사면에 배향곡선을 2개 설치하려 한다. 다음 조건에 해당하는 배향곡선의 적정간격은?

- 임도간격 : 200m
- 산지사면기울기 : 30%
- 종단기울기 : 6%

① 20m ② 40m
③ 500m ④ 1,000m

> [해설]

배향곡선의 적정간격(m)

$= 0.5 \times 임도간격 \times \dfrac{산지사면기울기}{종단기울기}$

$= 0.5 \times 200 \times \dfrac{30}{6}$

$= 500\text{m}$

73 레벨을 이용한 고저측량 시 기고식 야장법에 의한 지반고를 구하는 방법은?

① 기계고 - 전시 ② 기계고 + 전시
③ 기계고 - 후시 ④ 기계고 + 후시

> [해설]

지반고 = 기계고 - 전시
     = 기지점의 지반고 + 후시 - 전시

74 암석의 굴착 시 리퍼(ripper) 작업이 가장 어려운 것은?

① 사암 ② 혈암
③ 점판암 ④ 안산암

> [해설]

리퍼(ripper)
- 불도저의 뒷면에 부착하는 갈고리와 같은 부속이다.
- 주로 연암이나 단단한 흙의 굴착 및 파쇄 작업에 이용한다.
- 화강암, 안산암과 같은 단단한 암석(경암)은 굴착이 어렵다.

75 점착성이 큰 점질토의 두꺼운 성토층 다짐에 가장 효과적인 롤러는?

① 탬핑롤러 ② 탠덤롤러
③ 머캐덤롤러 ④ 타이어롤러

> [해설]

탬핑롤러(tamping roller)
롤러의 표면에 돌기가 부착되어 있어 점착성이 큰 점질토의 두꺼운 성토층 다짐에 가장 효과적인 롤러이다.

76 산록부와 산복부에 설치하는 임도이며, 임도 하단부에 있는 임목을 가선집재 방법으로 상향 집재할 필요가 있다 하더라도 임도의 노선선정은 하단부로부터 점차적으로 선형을 계획하는 임도는?

① 사면임도 ② 계곡임도
③ 능선임도 ④ 산정부 임도

> [해설]

사면임도(산복임도)
계곡임도에서 시작되어 산록부와 산복부에 설치하는 임도로, 노선선정은 하단부로부터 점차적으로 선형을 계획하여 진행한다.

정답 72 ③ 73 ① 74 ④ 75 ① 76 ①

77 자침편차 중 일차에 해당하는 변화량은?

① 0~5′ ② 5~10′
③ 15~20′ ④ 20~25′

해설
자침편차 중 일변화(일차)는 오전 11시경이 평균, 오후 2시경이 최대가 되는 하루 사이의 변화로 약 5~10′이다.

78 최소곡선반지름의 크기에 영향을 미치는 인자가 아닌 것은?

① 도로의 너비
② 임도의 밀도
③ 반출할 목재의 길이
④ 차량의 구조 및 운행속도

해설
최소곡선반지름 크기에 영향을 미치는 인자
도로의 너비(노폭, 유효폭), 반출할 목재의 길이, 차량의 구조, 운행속도(설계속도), 도로의 구조, 시거, 타이어와 노면의 마찰계수 등

79 보통골재에 해당하는 것은?

① 비중이 2.50 이하인 골재
② 비중이 2.50~2.65 정도의 골재
③ 비중이 2.65~2.80 정도의 골재
④ 비중이 2.80 이상인 골재

해설
비중에 의한 골재의 구분

경량골재	보통골재	중량골재
비중 2.50 이하	비중 2.50~2.65	비중 2.70 이상

80 AB 측선의 방위가 S45°E이면 그 역방위는?

① S45°W ② S45°E
③ N45°W ④ N45°E

해설
AB측선의 방위가 S45°E이므로 180° 반대되는 역방위는 다음 그림과 같이 N45°W가 된다.

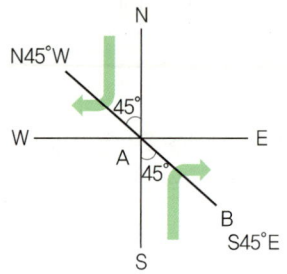

5과목 사방공학

81 산지사방 녹화공사를 위한 묘목심기의 1ha당 식재본수로 가장 적합한 것은?

① 2,000~4,000본 ② 4,000~6,000본
③ 6,000~8,000본 ④ 8,000~10,000본

해설
식재공법
산지사방 녹화공사를 위한 묘목심기의 1ha당 식재본수는 4,000~6,000본이 가장 적합하다.

82 산지사방에서 비탈다듬기공사를 실시할 경우 단면 A와 B의 단면적이 30m²와 40m²이고, 단면 사이의 길이가 20m일 때, 평균단면적법에 의해 계산된 토사량(m³)은?

① 500m³ ② 700m³
③ 900m³ ④ 1,100m³

정답 77 ② 78 ② 79 ② 80 ③ 81 ② 82 ②

> **해설**

양단면적평균법(평균단면적법)

$$V = \frac{A_1 + A_2}{2} \times L = \frac{30 + 40}{2} \times 20 = 700\text{m}^3$$

여기서, V : 토량(m^3)
A_1, A_2 : 양단면적(m^2)
L : 양단면적 간의 거리(m)

83 산지사방사업에서 1m 높이의 돌쌓기를 할 때 찰쌓기의 표준 기울기는?

① 1 : 0.20
② 1 : 0.25
③ 1 : 0.30
④ 1 : 0.35

> **해설**

찰쌓기와 메쌓기

찰쌓기	• 돌을 쌓을 때 뒤채움에 콘크리트, 줄눈에 모르타르를 사용하는 돌쌓기 • 표준 기울기는 1 : 0.2
메쌓기	• 돌을 쌓을 때 모르타르를 사용하지 않는 돌쌓기 • 표준 기울기는 1 : 0.3

84 수제에 대한 설명으로 옳지 않은 것은?

① 하향수제는 두부의 세굴작용이 가장 약하다.
② 상향수제는 길이가 가장 짧고 공사비가 저렴하다.
③ 유수의 월류 여부에 따라 월류수제와 불월류수제로 나눈다.
④ 계류의 유심 방향을 변경하여 계안 침식을 방지하기 위해 계획한다.

> **해설**

길이가 가장 짧고 공사비가 적게 드는 것은 직각수제이다.

85 Thiessen법에 의한 유역의 평균 강수량 산정법에 대한 설명으로 옳은 것은?

① 평야지역에서 강우분포가 비교적 균일한 경우에 사용하는 것이 좋다.
② 산악 효과는 고려되고 있지만, 우량계의 분포 상태가 무시되어 부정확하다.
③ 우량계에 의한 인접한 두 지배면적 간의 평균 강우량을 이용하여 산정한다.
④ 산악 효과는 무시하지만, 우량계의 분포상태가 고려되어 산술평균법보다 정확하여 가장 널리 사용된다.

> **해설**

티센(Thiessen)법
• 우량계가 유역에 불균등하게 분포되었을 경우 사용하는 방법으로, 각 관측점의 지배면적을 가중하여 계산하므로 티센의 가중법(티센법)이라고도 불린다.
• 산악효과는 무시하지만, 우량계의 분포상태가 고려되어 산술평균법보다 정확하므로 가장 널리 사용된다.

86 콘크리트의 압축강도와 가장 관계 깊은 것은?

① 물 – 잔골재 비
② 물 – 시멘트 비
③ 물 – 굵은 골재 비
④ 물 – 염화칼슘 비

> **해설**

콘크리트의 압축강도
콘크리트의 압축강도는 물 – 시멘트 비와 가장 관계가 깊으며, 물 – 시멘트 비는 시멘트에 대한 물의 중량비로 물이 많을수록 콘크리트의 강도는 작아진다.

정답 83 ① 84 ② 85 ④ 86 ②

87 붕괴형 침식의 종류가 아닌 것은?

① 산사태　　② 붕락
③ 땅밀림　　④ 산붕

해설

중력에 의한 침식
- 붕괴형 침식 : 산사태, 산붕, 붕락, 포락, 암설붕락 등
- 지활형 침식 : 땅밀림
- 유동형 침식 : 토석류, 토류, 암설류 등
- 동상 침식

88 투과형 버트리스 사방댐에 대한 설명으로 옳지 않은 것은?

① 측압에 강하다.
② 스크린댐이 가장 일반적인 형식이다.
③ 주로 철강재를 이용하여 공사기간을 단축할 수 있다.
④ 구조적으로 댐 자리의 폭이 넓고 댐 높이가 낮은 곳에 시공한다.

해설

버트리스댐(buttress dam)
투과형 사방댐으로 기존의 철강재를 이용하므로 시공이 간단하고 공사기간을 단축할 수 있는 장점이 있지만, 큰 돌의 충격이나 측방의 압력(측압)에는 약한 단점이 있다.

89 평균유속이 4m/s이고, 유량이 50m³/s 일 때 수로의 횡단면적(m²)은?

① 11.5m²　　② 12.5m²
③ 13.5m²　　④ 14.5m²

해설

유량=유속×유적이므로 50=4×유적
∴ 유적=12.5m²

90 최대홍수유량 산정 방법이 아닌 것은?

① 비유량법　　② 합리식법
③ 시우량법　　④ 산술평균법

해설

유량과 유속의 산정

평균강수량(강우량) 산정법	산술평균법, Thiessen법(티센의 가중법), 등우선법
평균유속 산정식	Chezy 공식, Manning 공식, Bazin 공식, Kutter 공식
최대홍수유량 산정식	시우량법, 합리식법, 비유량법

91 비탈 식재녹화공법 중에서 비탈면 기울기가 1 : 1보다 완만한 비탈에 전면적으로 떼를 붙여서 비탈을 일시에 녹화하는 공법은?

① 떼단쌓기
② 줄떼다지기
③ 선떼붙이기
④ 평떼붙이기

해설

평떼붙이기
기울기가 1 : 1보다 완만한 비탈(45° 이하)에 흙이 털어지지 않은 평떼(온떼)를 전면적으로 붙여서 비탈을 일시에 녹화하는 공법이다.

92 빗물 침식 중 흐르는 물에 의한 침식이 아닌 것은?

① 면상침식　　② 누구침식
③ 우격침식　　④ 구곡침식

해설

우격침식(雨擊浸蝕)
토양 표면에서 빗방울의 타격으로 인한 가장 초기 상태의 침식이다.

정답　87 ③　88 ①　89 ②　90 ④　91 ④　92 ③

93 사방댐과 비교한 골막이의 특징으로 옳지 않은 것은?

① 규모가 작다.
② 토사퇴적 기능은 없다.
③ 계류의 상류에 설치한다.
④ 대수 측만 축설하고 반수 측은 채우기를 한다.

해설

골막이(구곡막이)
- 사방댐과 외견상 모양이 유사하나 규모가 작고 토사 퇴적 기능이 없는 계간사방 횡공작물이다.
- 사방댐은 주로 계류의 하류부에 축설하지만, 골막이는 주로 상류부에 축설한다.
- 사방댐은 대수면과 반수면을 모두 축설하지만, 골막이는 반수면만을 축설하고 대수 측은 채우기를 한다.

94 산복사방공사에서 현지조사 시 실시해야 할 내용이 아닌 것은?

① 사방사업 면적 산출
② 사방사업 대상지 황폐화 원인
③ 공사에 필요한 자재의 현지 채취 가능성
④ 멸종위기식물, 희귀식물 등의 유무

해설

산복사방공사에서 현지조사 시 실시해야 할 내용
사방사업 대상지 황폐화 원인, 공사에 필요한 자재의 현지 채취 가능성, 멸종위기식물·희귀식물 등의 유무 등

95 Bazin 구공식에서 자갈이 있는 불규칙한 자연수로의 조도계수는 얼마인가?(단, α, β는 조도계수)

① $\alpha=0.0004$, $\beta=0.0007$
② $\alpha=0.00024$, $\beta=0.00006$
③ $\alpha=0.00028$, $\beta=0.00035$
④ $\alpha=0.00019$, $\beta=0.000133$

해설

바진(Bazin) 구공식에서 '자갈이 있는 불규칙한 자연수로(황폐계류)'일 때 조도계수의 값이 가장 크며, 값은 $\alpha=0.0004$, $\beta=0.0007$이다.

96 계류 곡선부에 설치하는 사방댐의 방향은 유심선과 어느 각도를 이루도록 계획하는 것이 가장 안정한가?

① 45도
② 60도
③ 90도
④ 180도

해설

사방댐의 방향
- 상류의 유심선(흐름방향)에 직각방향으로 댐의 방향을 설정한다.
- 부득이하게 계류의 곡선부에 설치할 경우 유심선의 접선에 직각방향(90°)이 되도록 계획하는 것이 가장 안정하다.

97 떼의 규격은 40×25 cm이고 흙두께가 5cm 정도일 때 6급 선떼붙이기의 1m당 떼 사용매수는?

① 3.75매
② 6.25매
③ 7.50매
④ 10.00매

해설

급수별 1m당 떼 사용 매수

1급	3급	5급	6급	7급	8급
12.5매	10매	7.5매	6.25매	5매	3.75매

98 통나무쌓기 흙막이의 높이는 보통 얼마로 하는가?

① 0.5m 이하 ② 1.5m 이하
③ 2.5m 이하 ④ 3.5m 이하

해설

통나무쌓기 흙막이의 높이는 보통 1.5m 이하로 한다.

99 야계사방공사의 시공목적과 가장 거리가 먼 것은?

① 계류바닥의 종횡침식을 방지한다.
② 붕괴지의 산각을 고정하는 산지사방의 기초가 된다.
③ 산각을 고정하여 황폐계류와 계간을 안정상태로 유도한다.
④ 인위적으로 발생한 사면의 안정화와 경관조성을 추구한다.

해설

야계사방의 주요 목적
- 계안과 계상의 종횡침식 방지, 계상기울기 완화, 계류의 침식 및 토사유출 억제, 산각을 고정하여 황폐계류와 계간을 안정상태로 유도, 붕괴지의 산각을 고정하는 산지사방의 기초
- 붕괴지의 인공적인 복구나 경관조성의 추구, 계류의 수질정화 등을 주요 시공 목적으로 하지 않는다.

100 수류(flow)에 대한 설명으로 옳지 않은 것은?

① 홍수 시의 하천은 정류에 속한다.
② 정류는 등류와 부등류로 구분할 수 있다.
③ 자연하천은 엄밀한 의미에서는 등류 구간이 없다.
④ 수류는 시간과 장소를 기준으로 하여 정류와 부정류로 구분할 수 있다.

해설

수류(flow)
- 수류는 시간과 장소를 기준으로 크게 정류(定流)와 부정류(不定流)로 나뉘고, 다시 정류는 등류(等流)와 부등류(不等流)로 구분한다.
- 홍수 시의 하천은 부정류이다.

정답 98 ② 99 ④ 100 ①

2024년 3회 기출복원문제

산림기사

1과목 조림학

01 환원법에 의한 종자활력검사 방법에 대한 설명으로 옳지 않은 것은?

① 단기간 내에 실시할 수 있다.
② 테트라졸륨 대신 테룰루산칼륨도 사용된다.
③ 휴면종자에는 적용이 어렵다.
④ 침엽수의 종자는 배와 배유가 함께 염색되도록 한다.

해설

환원법(효소검출법, 테트라졸륨 검사법)
테트라졸륨 수용액을 이용하여 종자(배)의 활력을 검정하는 화학반응 검사법으로 휴면종자, 수확 직후의 종자, 발아시험기간이 긴 종자에 효과적인 방법이다.

02 순림과 비교하여 혼효림의 장점으로 옳지 않은 것은?

① 생물의 다양성이 높다.
② 환경적 기능이 우수하다.
③ 병해충에 대한 저항력이 크다.
④ 무육작업과 산림경영이 경제적이다.

해설

혼효림은 인공적으로 조성하기에는 기술적으로 복잡하고, 보호관리에 많은 경비가 소요되는 단점이 있다.

혼효림의 장점
- 심근성과 천근성 수종이 혼생할 때 바람 저항성이 증가하고 토양 단면의 공간 이용 또한 보다 효율적이다.
- 유기물의 분해가 빨라져 무기양분의 순환이 더 잘 된다.
- 수관에 의한 공간의 이용이 효율적이다.
- 혼효림 내의 기후상태는 변화의 폭이 좁아진다.
- 산림 병해충 등 각종 재해에 대한 저항력이 크다.
- 생물 다양성이 높으며, 환경적 기능이 우수하다.

03 점토 함량에 따른 토성의 구분 중 점토 함량이 20%일 때를 무엇이라 하는가?

① 사토　　　② 사양토
③ 양토　　　④ 식양토

해설

점토 함량에 따른 일반적 토성 분류

토성	점토 함량(%)	특징
사토	12.5 이하	모래가 대부분인 토양
사양토	12.5~25.0	-
양토	25.0~37.5	-
식양토	37.5~50.0	-
식토	50.0 이상	점토가 대부분인 토양

04 일반 소나무와 비교한 곰솔의 특징으로 옳지 않은 것은?

① 겨울눈은 붉은 갈색의 타원형이다.
② 잎은 길고 억세며 두껍다.
③ 수피는 암흑색이다.
④ 해안지대에 많이 분포한다.

해설

소나무와 곰솔의 비교

구분	잎	수피	겨울눈
소나무 (적송, 육송)	짧고 가늘며 부드럽다.	적갈색	끝이 뾰족한 작은 솔방울 모양의 타원형, 붉은 갈색
곰솔 (흑송, 해송)	길고 억세며 두껍고 거칠다.	흑갈색 (암흑색)	위가 뾰족하고 울룩불룩한 긴 병 모양, 회백색

정답 01 ③　02 ④　03 ②　04 ①

05 염해(염풍)에 약한 수종이 아닌 것은?

① *Pinus densiflora* ② *Prunus serrulata*
③ *Abies holophylla* ④ *Pittosporum tobira*

해설

염풍 피해 수종
- 염풍에 약한 수종 : 소나무(*Pinus densiflora*), 삼나무, 벚나무(*Prunus serrulata*), 전나무(*Abies holophylla*), 편백, 화백, 사과나무, 배나무
- 염풍에 강한 수종 : 해송(곰솔), 팽나무, 후박나무, 자귀나무, 돈나무(*Pittosporum tobira*), 사철나무, 향나무

06 종자 저장 관리 중 건조해서 사용하는 종자로만 올바르게 나열한 것은?

① 목련, 칠엽수
② 리기다소나무, 삼나무
③ 가시나무, 갈참나무
④ 가래나무, 밤나무

해설

종자 저장법
- 건조저장법(乾燥貯藏法) : 소나무, 해송, 리기다소나무, 삼나무, 편백, 낙엽송 등 소립종자의 침엽수종에 적용
- 보습저장법(保濕貯藏法) : 참나무류, 가시나무류, 가래나무, 목련 등 건조에 약한 수종에 적용

07 종자의 품질검사 방법에 대한 설명으로 옳지 않은 것은?

① 순량률은 전체 시료 무게(g)에 대한 순정종자 무게(g)의 백분율이다.
② 발아율은 일정 기간 내에 발아된 종자수의 비율을 의미한다.
③ 발아세는 단기간 내 일시에 발아된 종자수의 비율을 의미한다.
④ 효율은 순량률과 발아세를 곱하여 표시한 것으로, 종자의 품질을 의미한다.

해설

종자 품질검사 기준
- 실중(實重) : 종자 1,000립의 무게, g 단위
- 용적중(容積重) : 종자 1리터의 무게, g 단위
- 순량률(純量率) : 전체 시료 종자량(g)에 대한 순정종자량(g)의 백분율
- 발아율(發芽率) : 전체 시료 종자수에 대한 발아종자수의 백분율
- 발아세(發芽勢) : 전체 시료 종자수에 대한 가장 많이 발아한 날까지 발아한 종자수의 백분율
- 효율(效率) : 종자의 실제 사용가치로, 순량률과 발아율을 곱한 백분율

08 활엽수의 가지치기 방법으로 옳지 않은 것은?

① 원칙적으로 직경 5cm 이상의 가지는 자르지 않는다.
② 참나무류와 사시나무류는 으뜸가지 이하의 가지만 잘라준다.
③ 절단면이 줄기와 평행하도록 가지를 제거한다.
④ 단풍나무, 벚나무는 상처 유합이 잘 안 되므로 자연낙지를 유도한다.

해설

가지치기 방법
- 원칙적으로 직경 5cm 이상의 가지는 자르지 않는다.
- 활엽수는 대체적으로 생가지치기가 적당하지 않으나 포플러나무류, 참나무류, 사시나무류는 으뜸가지 이하의 가지까지만 제거한다.
- 활엽수 중 특히 단풍나무, 물푸레나무, 벚나무, 느릅나무 등은 절단부위가 상처유합이 잘 안 되고 썩기 쉬워 생가지치기를 하지 않으며, 죽은 가지만 제거하고 밀식으로 자연낙지를 유도한다.
- 비교적 지융부가 발달하지 않은 침엽수는 절단면이 줄기와 평행하게 되도록 가지를 제거한다.
- 지융부가 발달하는 활엽수는 지피융기선이 상하지 않도록 주의하여 최대한 가깝게 제거한다.

정답 05 ④ 06 ② 07 ④ 08 ③

09 우리나라의 난대림(난대성) 특징 수종이 아닌 것은?

① 후박나무 ② 신갈나무
③ 가시나무 ④ 녹나무

해설

우리나라 난대림의 대표 특징 수종
- 활엽수 : 가시나무, 붉가시나무, 호랑가시나무, 동백나무, 사철나무, 후박나무, 구실잣밤나무, 생달나무, 녹나무, 감탕나무, 돈나무, 먼나무, 아왜나무, 식나무, 꽝꽝나무, 멀구슬나무 등
- 침엽수 : 삼나무, 편백나무 등

10 중림작업에 대한 설명으로 옳은 것은?

① 상층임관은 교림, 하층임관은 왜림으로 구성하는 작업을 말한다.
② 모수작업에서 중간목을 벌채하는 작업을 말한다.
③ 나무 높이가 크지도 작지도 않은 중경목을 생산하는 작업종이다.
④ 산벌작업에서 중간에 벌채하는 작업종이다.

해설

중림작업(中林作業)
동일 임지에 상층은 용재 생산의 교림작업, 하층은 연료재와 소경재 생산의 왜림작업을 함께 시행하는 작업종이다.

11 2-1로 표시된 묘목의 연령으로 옳은 것은?

① 2년생 실생묘 ② 3년생 이식묘
③ 3년생 접목묘 ④ 3년생 삽목묘

해설

2-1 묘
파종상에서 2년, 상체(이식)되어 1년을 지낸 3년생의 실생묘

12 묘포지 선정 조건으로 가장 적절한 것은?

① 평탄한 점토질 토양
② 5° 이하의 완경사지
③ 한랭한 지역에서는 북향
④ 남향에 방풍림이 있는 곳

해설

묘포지의 선정 조건(묘포의 적지 선정 시 고려사항)
- 사양토나 식양토로 너무 비옥하지 않은 곳
- 토심이 깊은 곳
- pH 6.5 이하의 약산성 토양인 곳
- 평탄지보다 관배수가 좋은 5° 이하의 완경사지인 곳
- 위도가 높고 한랭한 지역은 동남향이 유리
- 교통과 노동력의 공급이 편리한 곳
- 서북향에 방풍림이 있어 북서풍을 차단할 수 있는 곳

13 식물생육에 없어서는 안 될 중요한 양분인 필수원소가 아닌 것은?

① 수소 ② 칼륨
③ 염소 ④ 알루미늄

해설

필수원소의 종류

다량원소 (9종)	탄소(C), 산소(O), 수소(H), 질소(N), 칼륨(K), 칼슘(Ca), 인(P), 마그네슘(Mg), 황(S)
미량원소 (8종)	철(Fe), 염소(Cl), 망간(Mn), 붕소(B), 아연(Zn), 구리(Cu), 몰리브덴(Mo), 니켈(Ni)

14 일본에서 도입하여 조림된 수종은?

① *Pinus rigida*
② *Zelkova serrata*
③ *Larix kaempferi*
④ *Quercus acutissima*

정답 09 ② 10 ① 11 ② 12 ② 13 ④ 14 ③

해설

도입수종(외래종)
- 일본 : 낙엽송(*Larix kaempferi*), 삼나무, 편백, 화백, 일본전나무, 사방오리나무, 가이즈카향나무 등
- 미국 : 리기다소나무(*Pinus rigida*), 낙우송, 플라타너스, 아까시나무, 미루나무, 연필향나무, 미국물푸레나무, 방크스소나무, 버지니아소나무, 스트로브잣나무 등
- 유럽 : 은백양, 양버들, 독일가문비나무, 유럽소나무, 이태리포플러 등

15 참나무류 임분을 왜림작업으로 갱신하려 할 때 벌채 시기로 가장 적절한 것은?

① 늦겨울~초봄
② 늦봄~초여름
③ 늦여름~초가을
④ 늦가을~초겨울

해설

왜림작업 시기
맹아 발생을 위한 수목 벌채 시기는 생장휴지기인 11월 이후부터 이듬해 2월 이전까지로 늦겨울에서 초봄 사이에 실시한다.

16 옥신의 생리적 효과로 옳지 않은 것은?

① 측아생장을 억제하고 정아생장을 촉진시킨다.
② 종자의 휴면을 유도한다.
③ 고농도에서는 제초 효과를 나타낸다.
④ 꽃눈 생성에 관여하여 개화결실을 촉진한다.

해설

종자 휴면을 유도하는 호르몬은 아브시스산이다.

옥신의 생리적 효과
정아우세, 뿌리생장 촉진, 발근 촉진, 개화결실 촉진, 제초제 효과, 단위결과의 유도 등

17 월평균기온이 다음과 같은 지역의 한랭지수는?

월	1	2	3	4	5	6
평균기온(℃)	-3	1	8	12	17	21
월	7	8	9	10	11	12
평균기온(℃)	24	25	20	14	7	2

① -15
② -9
③ -3
④ 0

해설

월평균기온이 5℃ 이하인 달은 1월, 2월, 12월이므로 각 달의 기온에 -5를 하면, -8, -4, -3이므로 (-8)+(-4)+(-3) = -15이다.

한랭지수(coldness index, 寒冷指數)
월평균기온이 5℃ 이하인 달에 대해 그 월평균기온과 5℃와의 차를 1년 동안 합한 값

18 광색소인 파이토크롬(Phytochrome)에 대한 설명으로 옳은 것은?

① 분자량이 120Dalton이다.
② 높은 광도에서만 반응한다.
③ 생장점 부근에 가장 적게 나타난다.
④ 암흑 속에서 기른 식물체에서 많이 검출된다.

해설

파이토크롬(phytochrome, 피토크롬)
- 환경 속의 빛을 감지하여 식물의 발아, 분화, 성장, 개화, 결실 등의 여러 과정을 조절하는 감광 색소 단백질이다.
- 낮은 광도에서 더욱 반응하여, 암흑 속에서 기른 식물체에서 많이 검출된다.
- 분자량이 12만 달톤(dalton) 정도 되는 두 개의 동일한 폴리펩티드(polypeptide)로 구성되어 있다.
- 식물체 내 대부분의 기관에 존재하는데, 뿌리를 포함하여 생장점 근처에 가장 많이 존재한다.

정답 15 ① 16 ② 17 ① 18 ④

19 1,000개의 종자의 실중이 500g이고 용적중이 600g일 때, 2L의 종자립 수는?

① 600립
② 1,000립
③ 1,200립
④ 2,400립

해설

용적중이 600g이므로 1L당의 종자 무게는 600g이고, 2L는 1,200g이다. 이때 종자 1,000개의 무게가 500g이므로 1,000 : 500 = x : 1,200으로 x = 2,400립이다.

20 솎아베기(간벌)에 대한 설명으로 옳은 것은?

① 도태간벌은 하층간벌에 속한다.
② Hawley가 제시한 택벌식 간벌에서는 주로 우세목을 간벌한다.
③ 일본잎갈나무의 최초 간벌 적기는 조림 후 25~30년이 경과한 이후이다.
④ 지위가 나쁜 곳에서는 지위가 좋은 곳에 비해 빨리 간벌을 하는 것이 좋다.

해설

일본잎갈나무의 최초 간벌개시 임령은 10~15년이며, 지위가 나쁜 곳에서는 지위가 좋은 곳에 비해 늦게 간벌하는 것이 좋다.

하울리(Hawley)의 간벌법
하층간벌, 수관간벌, 택벌식 간벌, 기계적 간벌이 있으며, 택벌식 간벌은 우세목 간벌로 1급목을 벌채하여 자람이 좋은 하층목의 생육을 촉진하는 방법이다.

2과목 산림보호학

21 산불 발생 시 적용하는 직접 소화방법이 아닌 것은?

① 물 뿌리기
② 토사 끼얹기
③ 맞불 놓기
④ 소화약제 살포

해설

산불소화방법

직접소화법	• 초기나 측면의 약한 산불에 효과적이며, 직접적으로 불길을 잡는 방법 • 물 뿌리기, 진화도구(불털이개) 사용, 토사 끼얹기, 소화약제 항공 살포
간접소화법	• 방화선 구축 • 맞불 놓기 : 불길이 거세 진화가 어려운 경우 반대편에 맞불을 놓아 전소시킴으로써 더 이상의 진전을 막는 방법

22 식물이 기상에 의해 받는 피해 중 온도에 의한 피해가 아닌 것은?

① 상해(霜害)
② 한해(旱害)
③ 피소(皮燒)
④ 상렬(霜裂)

해설

기상 및 기후에 의한 피해
- 저온에 의한 피해 : 냉해(冷害), 한상(寒傷), 한해(寒害), 동해(凍害), 상해(霜害), 상렬(霜裂), 상주(霜柱) 등
- 고온에 의한 피해 : 볕데기(皮燒, 피소), 열해(熱害), 열사(熱死) 등
- 물에 의한 피해 : 한해(旱害, 가뭄해), 습해(濕害) 등
- 눈에 의한 피해 : 관설해(冠雪害), 설압해(雪壓害) 등
- 바람에 의한 피해 : 주풍(主風), 폭풍(暴風), 염풍(鹽風), 한풍(寒風) 등

23 밤나무 흰가루병의 제1차 전염원이 되는 것은?

① 자낭포자 ② 겨울포자
③ 여름포자 ④ 유주포자

해설

흰가루병
병원은 자낭균으로 주로 자낭구의 형태로 병든 낙엽에서 월동하고, 다음 해에 자낭포자가 제1차 전염원이 되며, 그 후 분생포자에 의해 가을까지 반복적으로 2차 전염이 일어난다.

24 느티나무벼룩바구미에 대한 설명으로 옳지 않은 것은?

① 1년에 1회 발생한다.
② 수피에서 성충으로 월동한다.
③ 유충은 주로 잎살을 가해한다.
④ 성충은 주로 수피를 가해한다.

해설

느티나무벼룩바구미
- 연 1회 발생하며, 수피에서 성충으로 월동한다.
- 유충은 주로 잎살(엽육)을 식해하며, 성충은 잎을 흡즙 가해한다.

25 곤충 더듬이의 머리로부터 마디 구성이 옳은 것은?

① 자루마디, 채찍마디, 팔굽마디
② 자루마디, 팔굽마디, 채찍마디
③ 팔굽마디, 자루마디, 채찍마디
④ 팔굽마디, 채찍마디, 자루마디

해설

곤충의 더듬이(촉각, 觸角)
머리 쪽으로부터 자루(기부)마디, 팔굽(흔들)마디, 채찍마디의 세 부분으로 구성되어 있다.

26 임지 내의 모닥불자리 또는 산불이 났던 곳에 주로 발생하는 수목병은?

① 뿌리혹선충병
② 근주심재부후명
③ 자주빛날개무늬병
④ 리지나무뿌리썩음병

해설

리지나뿌리썩음병
- 주로 소나무, 해송 등의 침엽수에 발생하며, 병원균이 뿌리를 침해하여 양수분의 흡수에 지장을 주고 말라 죽게 한다.
- 임지가 고온일 때 포자가 발아하여 모닥불자리나 산불이 있었던 지역에서 많이 발생한다.

27 솔잎혹파리의 기생성 천적이 아닌 것은?

① 솔잎혹파리먹좀벌
② 혹파리원뿔먹좀벌
③ 혹파리살이먹좀벌
④ 혹파리등뿔먹좀벌

해설

솔잎혹파리의 천적 기생벌
솔잎혹파리먹좀벌, 혹파리살이먹좀벌, 혹파리등뿔먹좀벌 등

28 소나무류의 푸사리움(Fusarium) 가지마름병에 대한 설명으로 옳지 않은 것은?

① 불완전균류에 의한 수병이다.
② 피해가지는 송진이 흐르며 고사한다.
③ 병원균은 잎의 기공을 통하여 침입한다.
④ 묘목으로부터 대경목까지 모든 크기의 나무가 피해를 받는다.

정답 23 ① 24 ④ 25 ② 26 ④ 27 ② 28 ③

> [해설]

소나무푸사리움가지마름병
- 불완전균에 의한 수병이다.
- 주로 외래 도입종인 리기다소나무에서 발생하며, 어린 나무부터 큰 나무까지 모든 연령대의 나무가 피해를 받는다.
- 주로 어린 가지가 고사하여 감염 부위에 송진이 흐르고, 잎은 빛바랜 갈색으로 말라 죽는다.
- 곰팡이 포자가 바람이나 매개충에 의해 가지에 난 상처로 침입하며, 바람이 강한 지역에서 더 심하게 발생한다.

29 외국에서 유입된 해충이 아닌 것은?

① 솔잎혹파리 ② 소나무재선충
③ 잣나무넓적잎벌 ④ 버즘나무방패벌레

> [해설]

외래해충
미국흰불나방, 솔껍질깍지벌레, 버즘나무방패벌레, 솔잎혹파리, 아까시잎혹파리, 소나무재선충, 꽃매미, 미국선녀벌레, 흰개미 등

30 밤나무줄기마름병에 대한 설명으로 옳은 것은?

① 중간기주는 뱀고사리이다.
② 질소비료를 적게 주어 방제한다.
③ 미국에서 유입된 병해이다.
④ 병든 부위에 흰색의 포자각이 표피를 뚫고 나온다.

> [해설]

밤나무줄기마름병
- 자낭균에 의한 수병으로 중간기주가 존재하지 않는다.
- 동양의 풍토병으로, 동양에서 수입한 밤나무로 인해 미국의 밤나무가 큰 피해를 입었다.
- 방제 : 질소질 비료를 과용하지 않는다.

31 다배생식하는 해충은?

① 솔나방 ② 송충알좀벌
③ 밤나무혹벌 ④ 솔잎혹파리

> [해설]

송충알좀벌의 생태 특성
- 솔나방, 미국흰불나방 등의 알에 기생하는 천적
- 한 개의 알에 두 개 이상의 배가 생기는 다배생식(多胚生殖)을 함

32 수간에 약액을 주입하여 수병을 치료하거나 해충을 죽게 하는 나무주사 방법이 아닌 것은?

① 압착식 ② 압력식
③ 중력식 ④ 삽입식

> [해설]

나무주사(수간주사)법

중력식 (링거식)	링거와 같은 수액이 중력에 의해 위에서 아래로 떨어지며 주사하는 가장 일반적인 방식
압력식	피스톤과 같은 주사제를 이용하여 약액을 압력으로 밀어 넣는 방식
삽입식	수간에 구멍을 내고 캡슐 형태의 약액을 삽입하는 방식

33 다음 각 해충이 주로 가해하는 수종으로 옳지 않은 것은?

① 미국흰불나방 : 소나무류
② 광릉긴나무좀 : 참나무류
③ 복숭아명나무 : 사과나무
④ 버즘나무방패벌레 : 물푸레나무

> [해설]

미국흰불나방
기주범위가 넓어 버즘나무, 포플러, 벚나무, 단풍나무 등 활엽수 160여 종의 잎을 식해하는 잡식성이다.

정답 29 ③ 30 ② 31 ② 32 ① 33 ①

34 중간기주와 기주교대를 하지 않는 병원균은?

① 소나무혹병균
② 잣나무털녹병균
③ 오리나무잎녹병균
④ 느티나무흰무늬병균

해설

느티나무흰무늬병은 불완전균에 의한 수병이다.

기주교대를 하는 이종기생 녹병균
잣나무털녹병, 소나무잎녹병, 소나무혹병, 향나무녹병(배나무붉은별무늬병), 포플러잎녹병, 전나무잎녹병 등

35 주로 종실을 가해하는 해충이 아닌 것은?

① 밤바구미
② 솔알락명나방
③ 참나무재주나방
④ 복숭아명나방

해설

참나무재주나방은 식엽성 해충이다.

종실 가해 해충
밤바구미, 복숭아명나방, 솔알락명나방, 도토리거위벌레 등

36 대기오염물질 중 식물 체내에서 산화적 장해를 유발시키는 것이 아닌 것은?

① 오존
② 염소
③ 이산화질소
④ 아황산가스

해설

산화적 장해 유발 오염원
- 대기오염물질이 식물체 내에서 산화작용으로 피해를 주는 것
- 이산화질소(NO_2), 오존(O_3), 팬(PAN), 염소(Cl_2)

37 식물에 기생하는 대부분의 세균 형태는?

① 구형(coccus)
② 간상(bacillus)
③ 나선상(spirillum)
④ 부정형(pleomorphic)

해설

세균(細菌, bacteria, 박테리아)
- 하나의 세포로 이루어진 단세포 하등생물로 형태가 단순하며, 세포 내에 핵과 핵막이 없다.
- 세균의 형태는 공모양, 실모양, 나선모양, 부정형 등 여러 가지가 있지만, 식물에 기생하는 대부분의 세균은 짧은 몽둥이와 같은 막대모양(간상형)의 간균(杆菌)이다.

38 표징으로 나타나는 병원체의 기관 중에 번식기관인 것은?

① 균핵
② 발아관
③ 부착기
④ 분생자병

해설

병원체의 영양기관과 번식기관

병원체의 영양기관	균사, 균핵, 자좌, 부착기, 발아관, 흡기
병원체의 번식기관	포자, 분생자, 병자, 자낭, 세균점괴, 버섯(자실체)

39 모잘록병 방제 방법으로 옳지 않은 것은?

① 묘상이 과습하지 않도록 한다.
② 인산비료보다는 질소비료를 충분히 준다.
③ 병이 심한 묘포지는 돌려짓기를 한다.
④ 복토가 너무 두껍지 않도록 한다.

해설

모잘록병 방제법
- 모잘록병은 토양전염성 병이므로 토양소독 및 종자소독을 실시한다.

정답 34 ④ 35 ③ 36 ④ 37 ② 38 ④ 39 ②

- 배수와 통풍이 잘 되어 묘상이 과습하지 않도록 주의한다.
- 질소질 비료의 과용을 피하며, 인산질·칼륨질 비료를 충분히 주어 묘목이 강건히 자라도록 돕는다.
- 파종량을 적게 하여 과밀하지 않도록 하며, 복토는 두껍지 않게 한다.
- 병든 묘목은 발견 즉시 뽑아서 소각한다.
- 병이 심한 묘포지는 돌려짓기(윤작)를 한다.

40 해충의 약제 저항성에 관한 설명으로 옳지 않은 것은?

① 약제에 대한 도태 및 생존의 결과이다.
② 약제 저항성이 해충의 다음 세대로 유전되지는 않는다.
③ 해충의 개체군 내에서는 약제 저항성의 차이가 있는 개체가 존재한다.
④ 어떤 살충제에 대하여 저항성인 해충이 다른 살충제에도 저항성이 발달하는 현상은 교차 저항성이라 한다.

해설

농약의 저항성
- 해충 개체군 내에는 약제 저항성의 차이가 있는 개체가 존재하며, 약제에 대한 도태와 생존으로 인한 유전의 반복으로 저항성 해충이 나타난다.
- 약제 저항성은 해충의 다음 세대로 유전되어, 농약을 사용하여도 효과가 없는 문제를 발생시킨다.
- 어떤 살충제에 대하여 저항성인 해충이 작용 기구가 같은 다른 살충제에도 저항성이 발달하는 현상을 교차저항성이라 한다.

3과목 임업경영학

41 표준목법에 의한 임분재적 측정 방법으로, 전 임목을 몇 개의 계급으로 나누고 각 계급의 흉고단면적 합계를 동일하게 하여 표준목을 선정하는 것은?

① 단급법 ② Urich법
③ Hartig법 ④ Draudt법

해설

표준목법
표준목을 선정하여 전체 임분의 재적을 산출하는 방법

단급법	전체의 임분을 하나의 급으로 취급하여 단 한 개의 표준목을 선정하는 방법
드라우드법 (Draudt법)	각 직경급의 본수에 따라 비례배분하여 표준목을 선정하는 방법
우리히법 (Urich법)	전 임목을 몇 개의 계급으로 나누고 각 계급의 본수를 동일하게 한 다음 각 계급에서 같은 수의 표준목을 선정하는 방법
하르티히법 (Hartig법)	전 임목을 몇 개의 계급으로 나누고 각 계급의 흉고단면적 합계를 동일하게 하여 각 계급에서 표준목을 선정하는 방법

42 생장량에 대한 설명으로 옳지 않은 것은?

① 연년생장량은 임령이 1년 증가함에 따라 추가적으로 증가하는 생장량이다.
② 정기평균생장량은 일정한 기간 내에 평균적으로 생장한 양이다.
③ 총평균생장량은 벌기에 도달했을 때의 총생장량이다.
④ 정기생장량은 일정 기간 동안의 생장량이다.

해설

생장량의 종류
- 총생장량 : 임목이 발아하여 현재 크기까지 자라난 생장량의 총량
- 연년생장량 : 1년 동안 추가적으로 증가한 생장량
- 정기생장량 : 일정 기간 동안의 생장량

- 총평균생장량(평균생장량) : 현재의 총생장량을 총생육연수로 나눈 평균적인 생장량
- 정기평균생장량 : 일정 기간의 생장량(정기생장량)을 그 기간의 연수로 나눈 생장량

43 산림의 생산기간에 대한 설명으로 옳지 않은 것은?

① 회귀년이 짧은 경우 단위면적에서 벌채될 재적이 많다.
② 벌기령과 벌채령이 일치할 때 벌기령을 법정벌기령이라 한다.
③ 개량기는 개벌작업을 하는 산림에 적용되는 기간이며, 정리기라고도 한다.
④ 윤벌기란 보속작업에 있어서 한 작업급 내의 모든 임분을 1순벌하는 데 필요한 기간이다.

해설

회귀년(回歸年)
- 택벌작업급을 몇 개의 벌구로 나눠 매년 순차적으로 택벌하고, 다시 최초의 택벌구로 벌채가 되돌아오는 데 소요되는 기간이다.
- 회귀년이 짧게 돌아오면 벌채될 재적은 적고, 임지의 축적은 많이 남게 되며, 회귀년이 길게 돌아오면 벌채될 재적은 많고, 임지의 축적은 적어지게 된다.

44 산림문화 · 휴양에 관한 법률에 정의된 사항으로 다음 설명에 해당하는 것은?

> 국민의 건강 증진을 위하여 산림 안에서 맑은 공기를 호흡하고 접촉하며 산책 및 체력단련 등을 할 수 있도록 조성한 산림

① 숲길
② 산림욕장
③ 치유의 숲
④ 자연휴양림

해설

산림문화 · 휴양에 관한 법률
- 자연휴양림 : 국민의 정서 함양, 보건 휴양 및 산림교육 등을 위하여 조성한 산림을 말한다.
- 산림욕장(山林浴場) : 국민의 건강 증진을 위하여 산림 안에서 맑은 공기를 호흡하고 접촉하며 산책 및 체력단련 등을 할 수 있도록 조성한 산림을 말한다.
- 산림치유 : 향기, 경관 등 자연의 다양한 요소를 활용하여 인체의 면역력을 높이고 건강을 증진시키는 활동을 말한다.
- 치유의 숲 : 산림치유를 할 수 있도록 조성한 산림을 말한다.
- 숲길 : 등산, 트레킹, 레저스포츠, 탐방 또는 휴양, 치유 등의 활동을 위하여 산림에 조성한 길을 말한다.

45 산림기본법에 의한 산림기본계획 및 지역산림계획에 따라 국유림종합계획은 몇 년마다 수립·시행하여야 하는가?

① 5년   ② 10년
③ 15년 ④ 20년

해설

산림 관련 법규의 수립 · 시행

법규	계획기간
산림기본계획	20년
지역산림계획	
국유림종합계획	10년
국유림경영계획	
산림경영계획	
산림문화 · 휴양기본계획	5년
지역산림문화 · 휴양계획	
숲길조성 · 관리기본계획	
산림교육종합계획	
산림복지진흥계획	

정답 43 ① 44 ② 45 ②

46 다음 조건에서 국내산 원목의 재적검량방법에 의해 계산한 벌채목의 재적(m³)은?

- 말구직경 : 14cm
- 원구직경 : 10cm
- 중앙직경 : 12cm
- 재장 : 8.5m

① 0.099
② 0.167
③ 0.198
④ 0.218

해설

말구지름제곱법(말구직경자승법)에 의한 우리나라의 재적검량방법
재장이 6m 이상일 때

$$재적(m^3)\ V = \left(d_n + \frac{l'-4}{2}\right)^2 \times l \times \frac{1}{10,000}$$

$$= \left(14 + \frac{8-4}{2}\right)^2 \times 8.5 \times \frac{1}{10,000}$$

$$= 0.2176 m^3$$

∴ 약 0.218m³

여기서, d_n : 말구지름(말구직경)
l : 재장
l' : 1m 단위의 재장

47 임업조수익 중에서 임업소득이 차지하는 비율은?

① 임업소득률
② 임업의존율
③ 임업순수익율
④ 임업소득가계충족률

해설

성과분석의 계산

임업의존도	$\frac{임업소득}{임가소득} \times 100$
임업소득률	$\frac{임업소득}{임업조수익} \times 100$
임업소득 가계충족률	$\frac{임업소득}{가계비} \times 100$

48 임목재적을 측정하기 위한 흉고형수에 대한 설명으로 옳지 않은 것은?

① 지위가 양호할수록 형수가 작다.
② 수고가 작을수록 형수는 작아진다.
③ 연령이 많아질수록 형수는 커진다.
④ 흉고직경이 작아질수록 형수는 커진다.

해설

수고와 흉고직경은 작을수록 수간재적의 감소보다 원주 부피의 감소폭이 더 커져 형수는 커지며, 수고와 흉고직경이 클수록 반대로 형수는 작아진다.

흉고형수에 영향을 미치는 주요 인자

주요 인자	형수값
수고가 작을수록	커짐
흉고직경이 작을수록	
지하고가 높고 수관량이 적은 나무일수록	
연령이 많을수록	
지위가 양호할수록	작아짐

49 재적수확이 최대가 되는 벌기령은?

① 화폐수익이 최대인 때
② 토지순수익이 최대인 때
③ 벌기평균생장량이 최대인 때
④ 벌기평균생장률이 최대인 때

해설

재적수확 최대의 벌기령
- 단위면적당 목재의 (평균)생산량이 최대가 되는 연령을 벌기령으로 정하는 방법이다.
- 벌기평균생장량(총평균생장량)이 최대인 시기가 적당하다.

정답 46 ④ 47 ① 48 ② 49 ③

50 다음 조건에서 작업시간 비례법으로 계산한 기계톱의 총감가상각비는?

- 취득원가 : 460,000원
- 잔존가치 : 50,000원
- 총 사용 가능시간 : 85,000시간
- 실제 작업시간 : 3,400시간

① 12,400원 ② 16,400원
③ 20,400원 ④ 25,400원

해설

작업시간 비례법

총감가상각비 = (취득원가 − 잔존가치) × $\dfrac{실제\ 작업시간}{총\ 작업시간}$

$= (460,000 - 50,000) \times \dfrac{3,400}{85,000}$

$= 16,400원$

51 평균생장량과 연년생장량 간의 관계를 옳게 설명한 것은?

① 초기에는 평균생장량이 연년생장량보다 크다.
② 평균생장량이 연년생장량에 비해 최대점에 빨리 도달한다.
③ 평균생장량이 최대가 될 때 연년생장량과 평균생장량은 같게 된다.
④ 평균생장량이 최대점에 이르기까지는 연년생장량이 평균생장량보다 항상 작다.

해설

연년생장량과 평균생장량 간의 관계
- 처음에는 연년생장량이 평균생장량보다 크다.
- 연년생장은 평균생장량보다 빨리 극대점에 이른다.
- 평균생장량의 극대점에서 두 생장량의 크기는 같아진다. 임목은 이 지점일 때 벌채하여 수확하는 것이 가장 효율적이다.
- 평균생장량이 극대점에 이르기 전까지는 연년생장량이 항상 평균생장량보다 크다.
- 평균생장량이 극대점을 지난 후에는 연년생장량이 항상 평균생장량보다 작다.

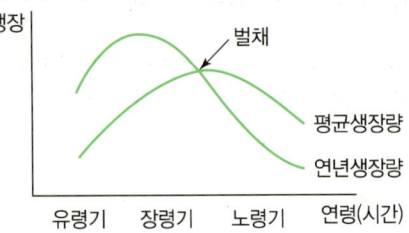

52 법정림에 있어서 윤벌기가 40년인 경우, 법정연벌률(법정수확률)은?

① 2% ② 3%
③ 4% ④ 5%

해설

법정연벌률(법정수확률)

$P = \dfrac{200}{U} = \dfrac{200}{40} = 5\%$

여기서, U : 윤벌기

53 산림자원의 조성 및 관리에 관한 법률에 의한 사유림경영계획구의 유형이 아닌 것은?

① 특별경영계획구 ② 일반경영계획구
③ 협업경영계획구 ④ 기업경영림계획구

해설

경영계획구의 구분

공유림 경영계획구		해당 지역에 소재하는 공유림으로서 그 소유자가 산림경영계획을 작성할 산림의 단위
사유림 경영계획구	일반경영 계획구	사유림의 소유자가 자기 소유의 산림을 단독으로 경영하기 위한 경영계획구
	협업경영 계획구	서로 인접한 사유림을 2인 이상의 산림소유자가 협업으로 경영하기 위한 경영계획구
	기업경영림 계획구	기업경영림을 소유한 자가 기업경영림을 경영하기 위한 경영계획구

정답 50 ② 51 ③ 52 ④ 53 ①

54 임지의 특성에 해당하지 않는 것은?

① 임업 이외의 다른 사업이 어려운 편이다.
② 임지는 넓고 험하여 집약적인 작업이 어렵다.
③ 교통의 편리성에 따라 임지의 경제적 가치는 결정된다.
④ 수직적으로 생육환경이 다르지만 비교적 수종 분포가 균일하다.

해설

임지의 특성
- 임지는 넓고 험하며 지대가 높아 집약적 작업이 어렵고, 조방적 작업이 이루어진다.
- 수직적으로 생육환경이 다르므로 여러 수종의 임목이 생육한다.
- 여타 산업과 비교하여 단위면적당 생산성이 낮다.
- 교통의 편리에 따라 임지의 경제적 가치가 결정된다.
- 한랭한 곳이 많아 임업 이외의 다른 사업은 적당하지 않다.

55 소반의 지종구분에서 제지에 대한 설명으로 옳은 것은?

① 암석 및 석력지로서 조림이 불가능한 임지
② 수관점유면적 비율이 30% 이하인 임분
③ 수관점유면적 비율이 30%를 초과하는 임분
④ 관련 법률에 의거 지정된 법정임지

해설

입목재적 또는 본수 비율에 따른 지종 구분

입목지		입목재적 또는 본수 비율이 30%를 초과하는 임분
무입목지	미입목지	입목재적 또는 본수 비율이 30% 이하인 임분
	제지	암석 및 석력지로 조림이 불가능한 임지

56 임지기망가의 최대치에 도달하는 속도를 빠르게 하기 위한 조건으로 옳지 않은 것은?

① 이율이 높을수록
② 조림비가 클수록
③ 간벌수익이 클수록
④ 주벌수익의 증대속도가 빨리 감퇴할수록

해설

임지기망가의 최대치에 도달하는 속도가 빠른 경우
이율이 높을수록, 주벌수익의 증대속도가 빨리 감퇴할수록, 간벌수익이 클수록, 조림비가 적을수록, 채취비가 적을수록이며, 관리비는 무관하다.

57 임목의 평가방법을 짝지은 것으로 옳지 않은 것은?

① 원가방식 – 비용가법
② 수익방식 – 기망가법
③ 비교방식 – 수익환원법
④ 원가수익절충방식 – Glaser법

해설

임목의 평가방식

원가방식에 의한 임목평가	원가법, 비용가법
수익방식에 의한 임목평가	기망가법, 수익환원법
원가수익절충방식에 의한 임목평가	임지기망가 응용법, 글라저(Glaser)법
비교방식에 의한 임목평가	매매가법, 시장가역산법

58 치유의 숲에 설치하는 시설이 아닌 것은?

① 체육시설
② 편익시설
③ 위생시설
④ 산림치유시설

정답 54 ④ 55 ① 56 ② 57 ③ 58 ①

해설

치유의 숲 시설
산림치유시설, 편익시설, 위생시설, 전기·통신시설, 안전시설이 있으며, 숙박시설, 체육시설, 체험·교육시설은 포함되어 있지 않다.

59 산림평가에 쓰이는 용어 중 의미가 다른 것은?

① 복리율 ② 할인율
③ 전가계수 ④ 현재가계수

해설

산림평가의 복리산공식

후가식 (後價式)	• 현재 자본금이 V이고, 이율이 P일 때 n년 후의 자본금 N(후가)을 구하는 공식 • $N = V \times 1.0P^n$ 여기서, $1.0P^n$: 후가계수, 복리율
전가식 (前價式)	• 이율이 P이고, n년 후에 자본금 N을 만들기 위해 현재의 자본금 V(전가)를 구하는 공식 • $V = \dfrac{N}{1.0P^n}$ 여기서, $\dfrac{1}{1.0P^n}$: 전가계수, 현재가계수, 할인율

60 원주 직경을 수고의 $\dfrac{1}{n}$이 되는 곳의 직경과 같게 하여 정한 형수는?

① 흉고형수 ② 수고형수
③ 절대형수 ④ 정형수

해설

직경위치에 따른 형수의 종류
• 흉고형수 : 지상 1.2m의 흉고직경을 비교원주의 직경으로 하는 형수
• 정형수 : 수고의 $\dfrac{1}{n}$ 위치의 직경을 비교원주의 직경으로 하는 형수
• 절대형수 : 수간 최하부의 직경을 비교원주의 직경으로 하는 형수

4과목 임도공학

61 롤러의 표면에 돌기를 만들어 부착한 것으로 점질토의 다짐에 적당하고, 제방, 도로, 비행장, 댐 등 대규모의 두꺼운 성토의 다짐에 주로 사용되는 것은?

① 진동롤러 ② 탬핑롤러
③ 타이어롤러 ④ 머캐덤롤러

해설

탬핑롤러(tamping roller)
• 롤러의 표면에 돌기가 부착되어 있어 점착성이 큰 점질토의 두꺼운 성토층 다짐에 가장 효과적인 롤러이다.
• 돌기로 인해 토층 내부까지 다져지므로 다지기의 유효 깊이가 상당히 깊다.
• 제방, 도로, 비행장, 댐 등 대규모의 두꺼운 성토 다짐에 주로 사용된다.

62 임도개설과 같이 폭이 좁고 길이가 상대적으로 긴 구간에서 발생되는 토량을 산출하기 위하여 사용되는 토적 계산식으로 가장 적합하지 않은 것은?

① 주상체공식 ② 중앙단면적법
③ 양단면적평균법 ④ 직사각형 기둥법

해설

넓은 지역의 토적계산에는 점고법(직사각형 기둥법, 삼각형 기둥법), 등고선법 등이 이용된다.

임도와 같이 폭이 좁고 길이가 상대적으로 긴 구간에서의 토량 산출 계산식
양단면적평균법, 중앙단면적법, 주상체공식(각주공식) 등

정답 59 ① 60 ④ 61 ② 62 ④

63 지선임도 개설단가는 10,000원/ha, 지선임도밀도가 20m/ha, 수확재적은 25m³/ha일 때, 지선임도가격은 얼마인가?

① 6,000원/m³ ② 7,000원/m³
③ 8,000원/m³ ④ 9,000원/m³

해설

지선임도가격 = $\dfrac{\text{지선임도 개설단가} \times \text{지선임도밀도}}{\text{수확재적}}$

$= \dfrac{10,000 \times 20}{25} = 8,000$ 원/m³

64 비탈면 기울기가 1 : 1.2로 표시된 설계도의 경사도(%)는?

① 13 ② 43
③ 83 ④ 123

해설

1 : 1.2는 수직거리 1에 대하여 수평거리가 1.2인 비율의 경사이므로

경사도(%) = $\dfrac{\text{수직거리}}{\text{수평거리}} \times 100$

$= \dfrac{1}{1.2} \times 100$

$= 83.33\ldots$

∴ 약 83%

65 벌목 제근 작업에 가장 적합한 기계는?

① cable crane ② rake dozer
③ tractor shovel ④ ripper bulldozer

해설

레이크도저(rake dozer)
배토판 대신 쟁기모양의 작업판인 레이크를 장착한 도저로 발근 전용은 아니나 나무뿌리 제거(제근)에 효과적이다.

66 임도의 성토사면에 있어서 붕괴가 일어날 가능성이 적은 경우는?

① 공극수압이 감소될 때
② 함수량이 증가할 때
③ 동결 및 융해가 반복될 때
④ 토양의 점착력이 약해질 때

해설

붕괴 가능성이 큰 경우
- 눈·빗물 등에 의해 함수량이 증가할 때
- 토양 내 공극수압(간극수압)이 증가될 때
- 토양의 점착력이 약해질 때
- 동결 및 융해가 반복될 때(온도 변화에 의해 토양입자가 신축할 때)
- 눈·빗물로 인해 사면 토양에 과다한 하중이 발생할 때
- 지진 또는 발파 등의 충격이 가해질 때

67 사리도의 유지보수에 대한 설명으로 옳지 않은 것은?

① 방진처리를 위하여 물, 염화칼슘 등이 사용된다.
② 횡단기울기를 10~15% 정도로 하여 노면배수가 양호하도록 한다.
③ 노면의 정지작업은 가급적 비가 온 후 습윤한 상태에서 실시하는 것이 좋다.
④ 길어깨가 높아져 배수가 불량할 경우 그레이더로 정형하고 롤러로 다진다.

해설

사리도의 유지보수(유지관리)
- 방진처리를 위하여 물, 염화칼슘, 타르 등을 사용한다.
- 노면의 정지작업(노면 고르기)은 가급적 비가 온 후 습윤한 상태에서 실시한다.
- 길어깨가 높아져 배수가 불량할 경우 그레이더로 정형하고(깎아내고) 롤러로 진입한다.
- 노면의 제초나 예불은 1년에 1회 이상 실시한다.
- 횡단배수구의 기울기는 5~6% 정도를 유지하도록 한다.

정답 63 ③ 64 ③ 65 ② 66 ① 67 ②

68 어떤 두 측점 간의 측량 결과 방위각이 127°30′일 때 역방위각은?

① 307°30′
② 127°30′
③ 37°30′
④ 19°30′

해설
역방위각
방위각과 180° 반대되는 방향의 방위각으로 127°30′는 180° 미만이므로, 역방위각=방위각+180°=127°30′+180°=307°30′이다.

69 임도설계업무 요소를 순서에 맞게 나열한 것은?

㉠ 예비조사, ㉡ 실측, ㉢ 설계도 작성, ㉣ 답사, ㉤ 설계서 작성, ㉥ 예측, ㉦ 공사수량의 산출

① ㉣→㉥→㉠→㉡→㉤→㉢→㉦
② ㉣→㉠→㉥→㉡→㉢→㉦→㉤
③ ㉠→㉣→㉥→㉡→㉤→㉢→㉦
④ ㉠→㉣→㉥→㉡→㉢→㉦→㉤

해설
임도설계 업무의 순서
예비조사 → 답사 → 예측 → 실측 → 설계도 작성 → 공사수량 산출 → 설계서 작성

70 임도측량 방법으로 영선측량과 중심선측량을 비교한 설명으로 옳지 않은 것은?

① 영선은 절토작업과 성토작업의 경계선이 되기도 한다.
② 산지경사가 45%~55% 정도일 때 중심선과 영선이 거의 일치한다.
③ 산지경사가 완만할수록 중심선이 영선보다 안쪽에 위치하게 된다.
④ 중심선 측량은 지형상태에 따라 파상지형의 소능선과 소계곡을 관통하며 진행된다.

해설
산지경사가 완만할수록 중심선이 영선보다 경사지의 바깥쪽에 위치한다(영선이 안쪽이다).

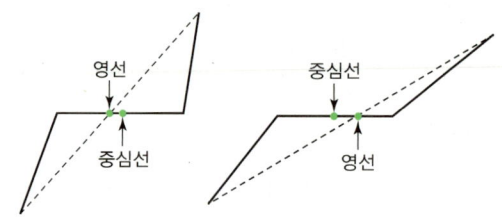

[경사에 따른 위치 비교]

71 측선 길이 100m, 위거오차 0.1m, 경거오차 0.5m, 전 측선 총길이가 200m라 하면 경거와 위거의 조정량을 컴퍼스 법칙에 의해 계산한 값은?

① 위거조정량 : 0.01m, 경거조정량 : 0.05m
② 위거조정량 : 0.25m, 경거조정량 : 0.05m
③ 위거조정량 : 0.05m, 경거조정량 : 0.25m
④ 위거조정량 : 0.50m, 경거조정량 : 0.25m

해설

- 위거조정량 $= \dfrac{\text{위거오차} \times \text{해당 측선의 길이}}{\text{측선의 총길이}}$
$= \dfrac{0.1 \times 100}{200}$
$= 0.05\,m$

- 경거조정량 $= \dfrac{\text{경거오차} \times \text{해당 측선의 길이}}{\text{측선의 총길이}}$
$= \dfrac{0.5 \times 100}{200}$
$= 0.25\,m$

정답 68 ① 69 ④ 70 ③ 71 ③

72 반출할 목재의 길이가 18m, 도로의 폭이 5m일 때 최소곡선반지름은?

① 16.2m
② 15.2m
③ 14.2m
④ 13.2m

해설

최소곡선반지름의 계산
운반되는 통나무의 길이에 의한 경우
최소곡선반지름 $R = \dfrac{l^2}{4B} = \dfrac{18^2}{4 \times 5} = 16.2\text{m}$

여기서, l : 반출할 목재의 길이(m)
B : 도로의 폭(m)

---

73 임도망 배치 모델의 적정성을 분석하기 위한 평가지표로 평균집재거리가 있다. 아래의 조건에서 평균집재거리가 가장 짧아 노선 배치가 가장 양호하다고 평가할 수 있는 것은?

① 임도밀도=8m/ha, 우회계수=1.0
② 임도밀도=10m/ha, 우회계수=1.0
③ 임도밀도=8m/ha, 우회계수=1.2
④ 임도밀도=10m/ha, 우회계수=1.2

해설

임도밀도가 크고 우회계수가 작을수록 평균집재거리가 짧아 노선배치가 양호하다. 우회계수가 1.0이면 임도는 직선이다.

---

74 다음은 기고식에 의한 종단측량 야장이다. 괄호 안에 들어갈 수치로 옳은 것은?

측점	후시	기계고	전시 이기점	전시 중간점	지반고	비고
B.M	2.30	32.30			30.0	B.M의 H=30.0m
1				3.20	(ㄱ)	
2				(ㄴ)	29.80	
3	4.25	35.45	1.10		31.20	
4				2.30	33.15	
5				2.10	33.35	
6				3.50	31.95	측점 6은 B.M에 비하여 1.95m 높다.
계	+6.55		−4.60			

① ㄱ : 29.1, ㄴ : 0.7
② ㄱ : 29.1, ㄴ : 2.5
③ ㄱ : 35.5, ㄴ : 0.7
④ ㄱ : 35.5, ㄴ : 2.5

해설

ㄱ : 지반고=기계고−전시=32.30−3.20=29.1
ㄴ : 지반고=기계고−전시이므로
29.80=32.30−전시에서 전시=2.5

---

75 임도에서 합성기울기와 관련이 있는 조합은?

① 횡단기울기와 편기울기
② 종단기울기와 역기울기
③ 편기울기와 곡선반지름
④ 종단기울기와 횡단기울기

해설

합성기울기(합성물매)
종단기울기와 횡단기울기(또는 외쪽기울기)를 합성한 기울기

정답 72 ① 73 ② 74 ② 75 ④

76 임도의 구조물 시공 시 기초공사의 종류가 아닌 것은?

① 전면기초　　② 말뚝기초
③ 고정기초　　④ 깊은 기초

해설

기초공사의 구분
기초공사는 크게 직접기초(얕은 기초)와 간접기초(깊은 기초)로 구분하며, 다시 확대기초, 전면기초, 말뚝기초, 피어기초, 케이슨기초로 세분한다.

77 다음 중 정지 및 전압 전용기계가 아닌 것은?

① trencher
② tamper
③ motor grader
④ vibrating compactor

해설

정지 및 전압 가능 기계

구분	작업내용	기계 종류
정지작업	땅고르기	모터그레이더, 불도저, 스크레이퍼 도저
다짐(전압) 작업	땅다지기	탬핑롤러, 로드롤러(탠덤, 머캐덤), 타이어롤러, 진동롤러, 진동콤팩터, 탬퍼, 래머, 불도저

78 지성선 중 동일 방향으로 경사져 있으나, 기울기가 다른 두 면의 교차선은?

① 경사변환선　　② 경사교차선
③ 방향교차선　　④ 방향변환선

해설

경사변환선
- 철면 또는 요면 위에서 경사가 다른 두 면이 만나는 선
- 동일한 방향으로 경사져 있으나, 기울기가 다른 두 면의 교차선

79 임도 횡단측량 시 측량해야 할 지점이 아닌 것은?

① 중심선의 각 지점
② 구조물 설치 지점
③ 지형이 급변하는 지점
④ 노선 연장 100m마다의 지점

해설

횡단측량 실시 지점
중심선의 각 지점, 지형이 급변하는 지점, 구조물 설치 지점의 중심선에서 좌우 양방향으로 횡단측량을 실시한다.

80 노면 또는 땅깎기 비탈면에 설치하는 배수시설로 길어깨와 비탈 사이에 종단 방향으로 설치하는 것은?

① 속도랑　　② 겉도랑
③ 옆도랑　　④ 빗물받이

해설

옆도랑(측구)
노면과 절토 비탈면에 흐르는 물을 모아 집수정으로 유도하여 처리하기 위한 배수시설로 길어깨와 비탈 사이에 종단 방향으로 설치한다.

정답　76 ③　77 ①　78 ①　79 ④　80 ③

5과목 사방공학

81 해안사방의 사구조성공법에 해당하지 않는 것은?

① 파도막이 ② 모래덮기
③ 퇴사울세우기 ④ 정사울세우기

해설

해안사방공사의 종류

사구조성공법	퇴사울세우기, 구정바자얽기, 모래담쌓기, 모래덮기, 사초심기, 파도막이
사지조림공법	정사울세우기, 사지식수공법

82 기슭막이의 시공목적에 대한 설명으로 옳지 않은 것은?

① 기슭의 유로 변경
② 계안 횡침식 방지
③ 산복공작물의 기초 보호
④ 산복붕괴의 직접적인 방지

해설

기슭막이의 시공목적
- 계안의 횡침식을 방지한다.
- 산복공작물의 기초를 보호한다.
- 산복붕괴를 직접적으로 방지한다.
- 산각의 안정을 도모한다.

83 불투과형 중력식 사방댐의 형태인 흙댐의 시공요령으로 내심벽을 만들 때 사용하는 것은?

① 모래 ② 자갈
③ 점토 ④ 호박돌

해설

흙댐은 중앙부에 흙으로 내심벽을 만드는데, 이때 심벽용 흙으로는 주로 순전한 점토(진흙)를 사용한다.

84 단끊기 작업에 대한 설명으로 옳지 않은 것은?

① 일반적으로 하부에서 상부 방향으로 진행한다.
② 비탈면에 너비가 일정한 소단을 만드는 공사이다.
③ 단상(段上)에는 될 수 있는 대로 원래의 표토를 존치하도록 한다.
④ 주로 경사가 급한 비탈면에서 식생을 조기에 도입하기 위한 곳에 실시한다.

해설

단끊기
- 비탈다듬기를 실시한 후에 수평으로 단을 끊고, 식생을 파종하거나 식재하여 사면을 안정·녹화시키는 기초공사이다.
- 공사는 비탈의 상부로부터 하부로 시공한다.

85 강우에 의한 침식의 발달과정 순서로 옳은 것은?

① 구곡침식 → 면상침식 → 누구침식
② 구곡침식 → 누구침식 → 면상침식
③ 면상침식 → 구곡침식 → 누구침식
④ 면상침식 → 누구침식 → 구곡침식

해설

빗물(강우)에 의한 침식의 발달단계

우격침식 (雨擊浸蝕)	토양 표면에서 빗방울의 타격으로 인한 가장 초기 상태의 침식 =우적침식
면상침식 (面狀浸蝕)	토양의 얇은 층이 전면에 걸쳐 넓게 유실되는 현상
누구침식 (涙溝浸蝕)	토양 표면에 잔 도랑이 불규칙하게 생기면서 깎이는 현상
구곡침식 (溝谷浸蝕)	도랑이 커지면서 심토까지 심하게 깎이는 현상

정답 81 ④ 82 ① 83 ③ 84 ① 85 ④

86 비탈 옹벽공법을 구조에 따라 분류한 것이 아닌 것은?

① T형 옹벽
② 부벽식 옹벽
③ 돌쌓기 옹벽
④ 중력식 옹벽

해설

구조(형식)에 따른 옹벽의 종류
중력식 옹벽, 반중력식 옹벽, T자형·L자형 옹벽, 부벽식 옹벽 등

87 계획홍수량이 200~500m³/sec인 경우 둑높이 여유고의 기준은?

① 0.8m 이상
② 1.0m 이상
③ 1.2m 이상
④ 1.4m 이상

해설

둑쌓기 여유고의 기준

계획홍수량	둑의 여유높이
200m³/sec 미만	0.6m 이상
200~500m³/sec	0.8m 이상
500~2,000m³/sec	1.0m 이상

88 토사퇴적구역에 대한 설명 중 옳지 않은 것은?

① 유수의 유송력이 대부분 상실되는 지점이다.
② 침적지대 또는 사력퇴적지역 등으로 불린다.
③ 황폐계류의 최하부로서 계상기울기가 급하고 계폭이 좁다.
④ 유송토사의 대부분이 퇴적되어 계상이 높아지게 된다.

해설

토사퇴적구역
• 선상지를 형성하는 황폐계류의 최하부 구역이다.
• 계상물매가 완만하고, 계폭이 넓다.
• 유수의 유송력이 대부분 상실되어 토사가 퇴적된다.
• 유송토사의 대부분이 퇴적되어 계상이 높아지게 된다.
• 침적지대 등으로도 불린다.

89 산림의 물수지를 계산할 때 필요하지 않은 인자는?

① 유출량
② 포화량
③ 강수량
④ 증발량

해설

물수지의 계산
• 유출량, 증발량, 증산량 및 강수량 등을 통하여 일정 산림지역으로 물이 유입되고 유출된 물수지를 계산할 수 있다.
• 강수량=유출량+증발량+증산량

90 비탈 녹화공법에 적용하기 가장 부적합한 것은?

① 조공
② 새심기
③ 사초심기
④ 씨뿌리기

해설

사초심기는 해안사방 사구조성공법이다.

산지사방 녹화공사
바자얽기(편책공, 목책공), 선떼붙이기, 조공, 줄떼시공(줄떼다지기, 줄떼붙이기, 줄떼심기), 평떼시공(평떼붙이기, 평떼심기), 단쌓기(떼단쌓기), 비탈덮기(거적덮기), 등고선구공법(수평구공법), 새심기, 씨뿌리기(파종공법), 종비토뿜어붙이기, 나무심기(식재공법) 등

91 유역면적 10ha, 최대시우량 100mm/hr, 유거계수 0.6일 때, 시우량법에 의한 계획지점에서의 최대홍수유량(m³/s)은?

① 0.166
② 1.946
③ 1.676
④ 1.667

정답 86 ③ 87 ① 88 ③ 89 ② 90 ③ 91 ④

해설

시우량법(유역면적의 단위가 ha일 때)

$Q = \dfrac{1}{360} \times K \cdot A \cdot m = \dfrac{1}{360} \times 0.6 \times 10 \times 100$

$= 1.6666...$

∴ 약 $1.667 m^3/s$

92 계단 연장이 4,000m인 산복면에 선떼붙이기를 6급으로 시행할 때에 필요한 떼의 총소요 매수는?(단, 떼의 크기 : 40cm×25cm)

① 25,000매
② 26,000매
③ 27,000매
④ 28,000매

해설

급수별 1m당 떼 사용 매수

1급	3급	5급	6급	7급	8급
12.5매	10매	7.5매	6.25매	5매	3.75매

6급의 1m당 떼 사용 매수는 6.25매이므로
4,000×6.25=25,000매

93 다음 중 산지사방 기초공사에 해당하는 것은?

① 사방댐
② 누구막이
③ 기슭막이
④ 바닥막이

해설

산지사방공사의 종류

기초공사	비탈다듬기(뭉기기), 단끊기, 땅속흙막이(묻히기), 산비탈흙막이(산복흙막이), 누구막이, 산비탈배수로(산복수로, 산비탈수로내기), 속도랑(배수구)
녹화공사	바자얽기(편책공, 목책공), 선떼붙이기, 조공, 줄떼공(줄떼다지기, 줄떼붙이기, 줄떼심기), 평떼공(평떼붙이기, 평떼심기), 단쌓기(떼단쌓기), 비탈덮기(거적덮기), 등고선구공법(수평구공법), 새심기, 씨뿌리기(파종공법), 종비토뿜어붙이기, 나무심기(식재공법)

94 Bazin 공식에 관한 설명으로 옳은 것은?

① 풍부한 경험에 의한 조도계수가 필요하다.
② 계수 산정이 복잡하고 물리적 의미도 명확하지 않다.
③ 물의 흐름이 등류상태에 있는 경우의 단면 평균유속을 구하는 식이다.
④ 기울기가 급하고 유속이 빠른 수로에서 평균유속을 구하는 식이다.

해설

바진(Bazin) 공식
주로 기울기가 급하고, 유속이 빠른 수로에서 평균유속을 구할 때 이용하는 공식이다.

95 사방댐 설치에 있어 홍수기울기와 평형기울기 사이의 퇴사량을 무엇이라 하는가?

① 토사퇴적량
② 토사조절량
③ 토사안정량
④ 토사침식량

해설

토사조절량
홍수로 급하게 형성된 홍수기울기를 유수가 완만하고 일정하게 흐르는 평형기울기로 개량하는 작업이 하천사방공사인데, 이때 홍수기울기와 평형기울기 사이의 퇴사량을 말한다.

96 야계사방공사에서 계상기울기 결정에 이용되는 임계유속이란 무엇인가?

① 계상 바닥에서 발생하는 유속
② 계상침식을 일으키는 최대유속
③ 계상에 침식을 일으키지 않는 최대유속
④ 수표면에서 발생하는 표면유속

정답 92 ① 93 ② 94 ④ 95 ② 96 ③

해설

임계유속(臨界流速)
- 규칙적이며 질서 있게 흐르는 층류(層流)에서 불규칙하게 흐트러져 흐르는 난류(亂流)로 변할 때의 유속을 임계유속이라 한다.
- 계상에 침식을 일으키지 않는 최대유속으로 임계유속 이상이 되면 사력이 이동하기 시작하며 침식이 발생한다.

97 평탄지에 주로 사용되는 줄떼 시공법은?
① 줄떼심기
② 줄떼다지기
③ 줄떼붙이기
④ 줄떼엮기

해설

줄떼시공
- 줄떼다지기 : 주로 흙쌓기비탈면에 사용
- 줄떼붙이기 : 주로 땅깎기비탈면에 사용
- 줄떼심기 : 주로 평탄지에 사용

98 앵커박기 공법의 적용대상지로 가장 적합한 곳은?
① 비탈 보호나 완만한 경사로 성토를 할 곳
② 급경사의 대규모 암반비탈에 암석이 노출되어 녹화공사가 불가능한 곳
③ 비탈의 암질이 복잡하고 마사토로 구성되어 취급이 곤란하고 지하수가 용출하는 곳
④ 비탈 경사가 현저하게 급한 곳에서 토압이 큰 곳이나 비탈틀공법 혹은 흙막이공사 등을 계획하는 곳

해설

앵커박기 공법
- 기반암 위에 토양이 형성된 곳은 땅밀림으로 인한 붕괴가 발생할 수 있으므로, 기반암 속에 앵커를 매입 설치하여 인장력을 줌으로써 이동토괴를 고정하고 땅밀림을 방지하는 안정공법이다.
- 비탈 경사가 현저하게 급한 곳에서 토압이 큰 곳이나 비탈틀공법 또는 흙막이공사 등을 계획하는 곳 등을 적용대상지로 한다.

99 중력침식유형 중 발생 속도가 가장 느린 것은?
① 토석류
② 산사태
③ 땅밀림
④ 급경사지 붕괴

해설

지활형(地滑型) 침식
- 땅속의 지하수에 의해 토괴가 비탈면 아래로 원형을 보존한 채 서서히 미끄러져 내려오는 침식현상이다.
- 땅밀림이 대표적인 침식형태로 중력침식유형 중 발생 속도가 가장 느리다.

100 임간나지에 대한 설명으로 옳은 것은?
① 산림이 회복되어 가는 임상이다.
② 비교적 키가 작은 울창한 숲이다.
③ 초기황폐지나 황폐이행지로 될 위험성은 없다.
④ 지표면에 지피식물 상태가 불량하고 누구 또는 구곡침식이 형성되어 있다.

해설

임간나지
지표면에 지피식물 상태가 불량하고, 누구 또는 구곡침식이 형성되어 있는 지역이다.

황폐지의 진행 순서
척악임지 → 임간나지 → 초기황폐지 → 황폐이행지 → 민둥산 → 특수황폐지

정답 97 ① 98 ④ 99 ③ 100 ④

memo

산림기사 · 산업기사 필기

발행일 | 2021. 5. 20. 초판발행
2023. 1. 20. 개정 1판1쇄
2023. 9. 20. 개정 2판1쇄
2024. 4. 20. 개정 3판1쇄
2025. 1. 10. 개정 4판1쇄

저　자 | 이정희
발행인 | 정용수
발행처 |  예문사

주　소 | 경기도 파주시 직지길 460(출판도시) 도서출판 예문사
T E L | 031) 955-0550
F A X | 031) 955-0660
등록번호 | 11-76호

- 이 책의 어느 부분도 저작권자나 발행인의 승인 없이 무단 복제하여 이용할 수 없습니다.
- 파본 및 낙장은 구입하신 서점에서 교환하여 드립니다.
- 예문사 홈페이지 http://www.yeamoonsa.com

정가 : 45,000원
ISBN 978-89-274-5576-9　14520